Halácsy, Eugen von

Flora von Niederösterreich

Halácsy, Eugen von

Flora von Niederösterreich

Inktank publishing, 2018

www.inktank-publishing.com

ISBN/EAN: 9783747764305

FLORA

VON

NIEDERÖSTERREICH.

ZUM GEBRAUCHE
AUF EXCURSIONEN UND ZUM SELBSTUNTERRICHT
BEARBEITET

VON

DR. EUGEN VON HALÁCSY.

PRAG. F. TEMPSKY.

WIEN. F. TEMPSKY.

LEIPZIG. G. FREYTAG.

1896.

Druck von Rudolf M. Rohrer in Brünn.

Vorwort.

Obzwar über die Flora von Niederösterreich derart mustergiltige Bearbeitungen vorliegen, dass es für den ersten Blick fast überflüssig erscheint, mit einem neuen diesbezüglichen Werke vor die Oeffentlichkeit zu treten, so hat sich doch andererseits mehrfach das Bedürfniss nach einem compendiösen Buche, welches man auf Excursionen mitnehmen kann, um gleich in der freien Natur Bestimmungen vornehmen zu können, geltend gemacht.

Der Verfasser glaubt mit der vorliegenden, nach dem Muster der allgemein verbreiteten Garcke'schen Flora von Deutschland bearbeiteten Excursionsflora diesem Bedürfnisse entsprochen zu haben.

Die Grundlage für die Bearbeitung derselben bildete Neilreich's classische Flora von Niederösterreich, welchem ausgezeichneten Werke Verfasser in der Anordnung der Gattungen und Arten, aus praktischen Gründen selbst hin und wieder entgegen den modernsten Anschauungen, fast vollständig gefolgt ist. Dass hiebei die späteren floristischen Publicationen, insbesondere aber Beck's nach dem neuesten Stande unserer Kenntniss der niederösterreichischen Phanerogamen bearbeitete Flora von Niederösterreich ebenfalls wesentlich benützt wurden, ist selbstredend. Die zahlreichen im letzgenannten Werke angeführten, oft minimalen Abänderungen der Arten konnten jedoch, um den Umfang des Buches nicht zu sehr zu vergrössern, nur zum Theil berücksichtigt werden. Auch fanden, der leichteren Orientierung wegen, viele in neuerer Zeit unterschiedene Arten von geringerer morphologischer Selbstständigkeit bei jenen Arten eine Besprechung, zu denen sie allgemein als für zunächst verwandt gehalten werden, womit übrigens über deren systematischen Wert als Varietät oder Art der Verfasser kein Urtheil ausgesagt haben wollte.

Der Verfasser war sich der Schwierigkeit einer solchen Arbeit wohl bewusst und ist durchaus nicht der Meinung, mit derselben allen Ansprüchen gerecht worden zu sein; insbesondere sieht er einen erheblichen Mangel darin, dass die Gattungen eine wesentlich ungleichartige Behandlung erfuhren und manche von ihnen, wie Rubus, Rosa, Mentha ausführlich bis in die kleinsten Formen berücksichtigt wurden, während oft bei anderen, nicht minder kritischen, dies Mangels betreffender Vorarbeiten, nicht geschehen konnte. Trotzdem glaubt er jedoch dem Anfänger, für dessen Gebrauch das Buch im eigentlichen Sinne berechnet ist, einen brauchbaren Führer zur Orientierung in der niederösterreichischen Phanerogamenflora an die Hand gegeben zu haben und gibt sich zugleich der angenehmen Hoffnung hin, damit auch neue Freunde der Floristik zuzuführen.

In diesem Sinne übergibt er dieses Buch auch dem botanischen Publicum, um dessen Wohlwollen und nachsichtige Beurtheilung er zugleich ersucht.

Wien im Januar 1895.

Der Verfasser.

Erklärung der Abkürzungen.

A. Br.	A. Braun
Adans.	Adanson
Ait.	Aiton
A. Kern.	A. Kerner
All.	Allioni
Andrz.	Andrzejowski
Ands.	Anderson
Ang.	Angelis
Arn.	Arnold
Asso	Asso
Aschers.	Ascherson
Ausserd.	Ausserdorfer
Bach	Bach
Backh.	Backhouse
Balb.	Balbis
Bart.	Bartalini
Bartl.	Bartling
Bast.	Bastard
Baumg.	Baumgarten
Bayer	Bayer
Bechst.	Bechstein
Beck	Beck
Becker	Becker
Bell.	Bellardi
Benek.	Beneken
Benth.	Bentham
Berg.	Bergius
Bernh.	Bernhardi
Bert.	Bertoloni
Bess.	Besser
Bir.	Biria
Bisch.	Bischoff
Bluff	Bluff
Boenningh.	Boenningshausen
Boerh.	Boerhave
Bogenh.	Bogenhard
Bois.	Boissier
Bolla	Bolla
Bor.	Boreau
Borb.	Borbás
Borb. et Br.	Borbás et Braun
Borkh.	Borkhausen
Boullu	Boullu
Britt.	Brittinger
Brong.	Brongniard
Bronn	Bronn
Brügg.	Brügger
Buek	Buek
Bunge	Bunge
Burnat	Burnat
Camb.	Cambessedes
C. A. Mey.	C. A. Meyer
Car.	Cariot
Cass.	Cassini
Cav.	Cavanilles
Cel.	Celakovsky
Ces.	Cesati
Chab.	Chabert
Cham.	Chamisso
Chaub.	Chaubard
Christ	Christ
Christen.	Christener
C. Koch	C. Koch
Clairv.	Clairville
Clar.	Clarion
Coss.	Co son
Coult.	Coulter
Court.	Courtois
Cr.	Crantz
Crép.	Crépin
Curt.	Curtis
Cuss.	Cusson
Cust.	Custer
Cyr.	Cyrillo
Dalla Torre	Dalla Torre
DC.	Decandolle
Dec.	Decaisne

Dég.	Dégen
De la Soie	De la Soie
Delarb.	Delarbre
Dés.	Déseglise
Desf.	Desfontaine
Desp.	Desportes
Desv.	Desvaux
Dichtl	Dichtl
Dietr.	Dietrich
Dill.	Dillenius
Doell	Doell
Doll.	Dolliner
Don	Don
Duby	Duby
Duch.	Duchesne
Ducr.	Ducroz
Dum.	Dumortier
Dun.	Dunal
Dur.	Durieu
Du Roi.	Du Roi
Drej.	Drejer
Ehrh.	Ehrhart
Eichl.	Eichler
Endl.	Endlicher
Engl.	Engler
Erd.	Erdinger
Facch.	Facchini
Fenzl	Fenzl
Fieg.	Fiegert
Fingh.	Fingerhut
Fisch.	Fischer
Floerke	Floerke
Fl. Wett.	Flora der Wetterau
Focke	Focke
Forb.	Forbes
Foug.	Fougeroux
Fourr.	Fourreau
Fr.	Fries
Franch.	Franchet
Fritsch	Fritsch
Froel.	Froelich
Funk	Funk
F. W. Schultz	F. W. Schultz
Gaertn.	Gaertner
Garcke	Garcke
Gaud.	Gaudin
Gay	Gay
Genev.	Genevier
Germ.	Germain
Gilib.	Gilibert
Gm.	Gmelin
God.	Godet
Godr.	Godron
Good.	Goodenough
Gou.	Gouan
Goup.	Goupil
Grab.	Grabowsky
Gray.	Gray
Gremli	Gremli
Gren.	Grenier
Grimm	Grimm
Griessel.	Griesselich
Griseb.	Grisebach
Gruett.	Gruetter
Guenth.	Guenther
Gunn.	Gunnerus
Guss.	Gussone
Hack.	Hackel
Hacq.	Hacquet
H. Br.	H. Braun
Haenke	Haenke
Hal.	Halácsy
Hal. et Br.	Halácsy et Braun
Hall.	Haller
Han.	Hanausek
Hartm.	Hartmann
Hausm.	Hausmann
Haussk.	Haussknecht
Hayne	Hayne
Heer	Heer
Hegetschw.	Hegetschweiler
Heim.	Heimerl
Heist.	Heister
Heldr.	Heldreich
Herb.	Herbert
Herm.	Hermann
Heuff.	Heuffel
Hoffm.	Hoffmann
Holand.	Holandre
Hol.	Holuby
Hoppe	Hoppe
Horn.	Hornemann
Host	Host
Huds.	Hudson
Hut.	Huter

Ilse	Ilse
J. Kern.	J. Kerner
Jacq.	Jacquin
Janka	Janka
Joo	Joo
Jord.	Jordan
Jur.	Juratzka
Juss.	Jussieu
Kab.	Kabath
Kalbr.	Kalbruner
Kaltenb.	Kaltenbach
Kan.	Kanitz
Kell.	Keller
Kirschl.	Kirschleger
Kit.	Kitaibel
Kitt.	Kittel
Klotzsch.	Klotzsch
Kluk	Kluk
Koch	Koch
Koel.	Koeler
Koern.	Koernicke
Koerte	Koerte
Kost.	Kosteletzky
Knaf	Knaf
Kov.	Kováts
Kras.	Krašan
Krock.	Krocker
Kunth	Kunth
Kunze	Kunze
L.	Linné
Laest.	Laestadius
Lagg.	Lagger
Lam.	Lamarck
Lap.	Lapeyrouse
Lang	Lang
Lasch	Lasch
Lecoy.	Lecoyer
Led.	Ledebour
Leers	Leers
Lef.	Lefèbre
Lehm.	Lehmann
Lej.	Lejeune
Lem.	Leman
Less.	Lessing
Leyss.	Leysser
Lge.	Lange
L'Herit.	L'Heritier

Lib.	Libert
Lightf.	Lightfoot
Lindb.	Lindberg
Lindem.	Lindemann
Lindl.	Lindley
Lk.	Link
L. Kell.	L. Keller
Loehr	Loehr
Lois.	Loiseleur
Lumn.	Lumnitzer
M.	Mertens
M. a B.	Marschall a Bieberstein
Maly	Maly
Marss.	Marsson
Mart.	Martius
Med.	Medicus
Meisn.	Meisner
Mér	Mérat
Mey.	Meyer
Michal.	Michalet
Michaux	Michaux
Mik.	Mikan
Mill.	Miller
Mirb.	Mirbel
Moench	Moench.
Monn.	Monnier
Moq.	Moquin
Mor.	Moretti
Moritzi	Moritzi
Mühlenb.	Mühlenberg
Müll.	Müller
Mülln.	Müllner
Münchh.	Münchhausen
Murb.	Murbeck
Murr	Murr
Murray	Murray
Mut.	Mutel
Myg.	Mygind
Naeg.	Naegeli
Neck.	Necker
Nees	Nees
Neilr.	Neilreich
Nestl.	Nestler
Neum.	Neumann
Nolte	Nolte

Not.	Notaris
Nutt.	Nuttall
Nym.	Nyman
Ob.	Oborny
Ob. et Br.	Oborny et Braun
O. F. Lang.	O. F. Lang
Op.	Opiz
Ortm.	Ortmann
Ozan.	Ozanon
P. B.	Palisot de Beauvois
Pall.	Pallas
Panc.	Pančic
Pant.	Pantocsek
Panz.	Panzer
Parl.	Parlatore
Patr. Br.	Patrick Brown
Pav.	Pavon
Per.	Pérard
Perr.	Perrier
Pers.	Persoon
Pet.	Peter
Peterm.	Petermann
Pfund	Pfund
Piré	Piré
Pok.	Pokorny
Poir.	Poiret
Poll.	Pollini
Pollich	Pollich
Port.	Portenschlag
Pourr.	Pourret
Prantl	Prantl
Presl	Presl
Pritz.	Pritzel
Pug.	Puget
Pursh	Pursh
Rabenh.	Rabenhorst
Ram.	Ramond
Rau	Rau
R. Br.	R. Brown
Rchb.	Reichenbach
Reb.	Rebentisch
Rech.	Rechinger
Reichard	Reichard
Reichardt	Reichardt
Ren.	Reneaulme
Retz.	Retzius
Reut.	Reuter
Reyn.	Reynier
Rich.	Richard
Richt.	Richter
Rip.	Ripart
Roch.	Rochel
Roehl.	Roehling
Roemer	Roemer
Rog.	Rogowicz
Rostkov.	Rostkovius
Rostr.	Rostrup
Roth	Roth
Rouy	Rouy
Roz.	Rozier
Ruhm.	Ruhmer
Ruiz	Ruiz
Rupr.	Ruprecht
Sabr.	Sabransky
Sadl.	Sadler
Salisb.	Salisbury
Saut.	Sauter
Schaeff.	Schaeffer
Sch. Bip.	Schultz Bipontinus
Scheele	Scheele
Scheutz	Scheutz
Schimp.	Schimper
Schkuhr	Schkuhr
Schlecht.	Schlechtendal
Schleich.	Schleicher
Schleid.	Schleiden
Schloss.	Schlosser
Schmalh.	Schmalhausen
Schmidt	Schmidt
Schönh.	Schönheit
Scholl	Scholler
Schott	Schott
Schrad.	Schrader
Schreb.	Schreber
Schrank	Schrank
Schult.	Schultes
Schultz	Schultz
Schum.	Schummel
Schur	Schur
Schweigg.	Schweigger
Scop.	Scopoli
Seid.	Seidel
Sennh.	Sennholz
Ser.	Seringe

Sibth.	Sibthorp
Sieb.	Sieber
Simk.	Simonkai
Sims	Sims
Sm.	Smith
Sole	Sole
Somm.	Sommerauer
Sond.	Sonder
Song.	Songeon
Soy. Will.	Soyer Willemet
Spach	Spach
Spenn.	Spenner
Spreng.	Sprengel
Stapf	Stapf
Steph.	Stephan
Sternb.	Sternberg
Stev	Steven
St. Hil.	Saint Hilaire
Störck	Störck
Strail	Strail
Sturm	Sturm
Sut.	Suter
Sw.	Swartz
Tausch	Tausch
Ten.	Tenore
Thom.	Thomas
Thuill.	Thuillier
Torr.	Torrey
Tourn.	Tournefort
Tratt.	Trattinik
Treuinf.	Treuinfels
Trev.	Treviranus
Trevis.	Trevisan
Uechtr.	Uechtritz
Vahl	Vahl
Vaill.	Vaillant
Vent.	Ventenat
Vest	Vest
Vill.	Villars
Vis.	Visiani
Vitm.	Vitmann
Vuk.	Vukotinovic
W.	Waldstein
Wahlenb.	Wahlenberg
Wallm.	Wallmann
Wallr.	Wallroth
Walp.	Walpers
Weig.	Weigel
Weitenw.	Weitenweber
Welw.	Welwitsch
Wend.	Wenderoth
Wettst.	Wettstein
Wh.	Weihe
W. Hall	W. Hall.
Wib.	Wibel
Wich.	Wichura
Wickst.	Wickstroem
Wiem.	Wiemann
Wiesb.	Wiesbaur
Wigg.	Wiggers
Willd.	Willdenow
Willk.	Willkomm
Wim.	Wimmer
Winkl.	Winkler
With.	Withering
Wol.	Woloszczak
Wolf	Wolf
Woods	Woods
Wulf.	Wulfen
Zahlbr.	Zahlbruckner
Zauschn.	Zauschner
Zimm.	Zimmeter
Ziz.	Zizo

⊙ = einjährig
⊙⊙ = zweijährig
♃ = ausdauernd
♄ = Holzgewächs
♂ = männlich
♀ = weiblich
a. d. = an der
Aut = Autorum
fil. = filius
H. = Höhe
M. = Meter
cm. = Centimeter
od. = oder
p. p. = pro parte
u. = und
w. v. = wie vorige
U. W. W. = Unter-Wienerwald
O. W. W. = Ober-Wienerwald
U. M. B. = Unter-Manhartsberg
O. M. B. = Ober-Manhartsberg

Uebersicht

der im

Lande vorkommenden Familien.

I. Hauptabtheilung. **Angiospermae** *Brong.* Pflanzen, deren Samen von einem oder mehreren Fruchtblättern eingeschlossen sind.

I. Classe. DICOTYLEDONES JUSS. Keim mit 2 gegenständigen, nicht scheidenartigen Keimblättern, sehr selten nur 1 Keimblatt vorhanden od. beide verkümmert; Gefässbündel im Stengel ringförmig angeordnet, bei Holzgewächsen zu einem Holzringe geschlossen, wodurch Mark und Rinde geschieden werden; Blätter netzaderig; Blüthentheile vorherrschend 5zählig.

I. Unterclasse. THALAMIFLORAE DC. Kronblätter mehrere getrennt u. nebst den Staubgefässen dem Fruchtboden eingefügt

a. Fruchtknoten von 1 Fruchtblatt gebildet, einer bis viele, frei od. am Grunde verwachsen.

1. **Ranunculaceae Juss.** Blüthen meist zwittrig, regelmässig od. unregelmässig; Kelch 3—vielblättrig, oft kronblattartig, abfällig od. bleibend; Kronblätter 3—viele, oft honigbehälterförmig od. auch fehlend; Staubgefässe zahlreich, Staubbeutel der Länge nach aufspringend; Fruchtknoten oberständig; Samenknospen umgewendet, aufrecht od. hängend; Griffel so viele als Fruchtknoten; Frucht nussartig, 1samig od. kapselartig, mehrsamig, selten beerenartig; Keim klein, im Grunde des Eiweisses.

2. **Berberidaceae Vent.** Blüthen zwittrig, regelmässig; Kelch 3—9blättrig, abfällig; Kronblätter so viele als Kelchblätter, selten doppelt so viele; Staubgefässe so viele als Kronblätter, diesen gegenständig, Staubbeutel mit Klappen aufspringend; Fruchtknoten oberständig; Samenknospen umgewendet, aufsteigend; Frucht beeren- od. kapselartig; Keim in der Axe des Eiweisses.

b. Fruchtknoten von 2 od. mehreren unter einander verwachsenen Fruchtblättern gebildet, nicht od. am Grunde mit der Kelchröhre verwachsen.

α. Fruchtknoten 1, mit wandständigen Samenträgern.

* Fruchtknoten vielfächerig; Kronblätter zahlreich, allmälig in Staubgefässe übergehend.

3. **Nymphaeaceae DC.** Blüthen zwittrig; Kelch 4—6blättrig, bleibend od. abfällig; Staubgefässe zahlreich; Fruchtknoten dem

Kelche oberständig od. mit ihm verwachsen u. unterständig, Fächer vieleiig, Narben strahlig; Frucht beerenartig, unregelmässig sich öffnend; Keim ausserhalb des Eiweisses, in ein Säckchen eingeschlossen.

* * Fruchtknoten 1fächerig, seltner unvollständig 3fächerig od. 2fächerig; Kronblätter 4—6.

o Kronblätter 4, selten 6; Frucht nicht klappig aufspringend od. die Klappen von den stehenbleibenden Samenträgern sich ablösend.

· Kelch 2blättrig, hinfällig.

4. **Papaveraceae DC.** Blüthen zwittrig: Blumenkrone regelmässig, 4blättrig: Staubgefässe zahlreich, frei; Fruchtknoten oberständig, 1fächerig, vieleiig, Narben so viele als Fruchtfächer, oft zu einer strahligen Scheibe vereinigt; Frucht kapselartig, mit kurzen Klappen unter der Narbe lochförmig aufspringend od. schotenartig; Keim am Grunde des Eiweisses.

5. **Fumariaceae DC.** Blüthen zwittrig; Blumenkrone unregelmässig, 4blättrig, gespornt; Staubgefässe 6, in 2 Bündel verwachsen; Fruchtknoten oberständig, 1fächerig, 1—mehreiig. Narben 2lappig; Frucht schotenartig, 2klappig, vielsamig od. nussartig, einsamig; Keim am Grunde des Eiweisses.

·· Kelch 4blättrig od. 4—6theilig.

6. **Cruciferae Juss.** Blüthen zwittrig; Kelch 4blättrig, abfällig; Blumenkrone regelmässig, Kronblätter 4, mit den Kelchblättern abwechselnd; Staubgefässe 6, 4mächtig, Staubbeutel mit Längsritzen aufspringend; Fruchtknoten oberständig, meist vollständig 2fächerig; Fruch eine Schote od. Schötchen, 2klappig aufspringend, seltener nussartig u. nicht aufspringend od. quer in einzelne Glieder zerfallend; Keim eiweisslos, gekrümmt.

7. **Resedaceae DC.** Blüthen zwittrig; Kelch 4—6theilig, bleibend; Blumenkrone unregelmässig, Kronblätter 4—6, mit den Kelchblättern abwechselnd; Staubgefässe 3—viele, der Länge nach aufspringend; Fruchtknoten oberständig, 1fächerig, an der Spitze offen, 3—6lappig, Lappen in einen kurzen kugeligen Griffel endigend; Frucht kapselig, an der Spitze offen, meist vielsamig; Keim gleichläufig-gekrümmt, eiweisslos.

o o Kronblätter 5; Frucht kapselartig, meist 3klappig, durch Wandtheilung aufspringend.

8. **Violaceae DC.** Blüthen zwittrig; Kelch 5blättrig od. 5theilig, bleibend; Blumenkrone unregelmässig, 5blättrig; Staubgefässe 5, frei oder am Grunde 1brüderig, Staubbeutel der Länge nach aufspringend, an der Spitze mit häutigem Anhängsel; Fruchtknoten oberständig, 1fächerig, mit 3 wandständigen Samenträgern, Griffel 1, mit schräger Narbe; Kapsel 3klappig; Keim meist gerade, in der Axe des Eiweisses.

9 **Cistaceae Dun.** Blüthen zwittrig; Kelch 3—5blättrig, bleibend; Blumenkrone regelmässig, 5blättrig; Staubgefässe zahlreich,

frei, Staubbeutel der Länge nach aufspringend; Fruchtknoten oberständig, 1fächerig od. unvollkommen 3—10fächerig mit wandständigen od. dem Rande der halben Scheidewände angewachsenen Samenträgern, Griffel 1, Narben so viele als Samenträger, verwachsen; Kapsel 3—10 klappig; Keim gekrümmt, im reichlichen Eiweiss.

10. **Droseraceae DC.** Blüthen zwittrig; Kelch 5blättrig od. 5theilig, bleibend; Blumenkrone regelmässig, 5blättrig; Staubgefässe 5 od. mehr, frei, Staubbeutel mit 2 Längsritzen od. 2 Löchern aufspringend; Fruchtknoten oberständig, meist 1fächerig, mit wandständigen Samenträgern; Griffel mehrere od. mehrere sitzende Narben; Kapsel meist 3—5klappig; Keim gerade, in der Axe des Eiweisses.

β. Fruchtknoten 1, 1fächerig od. unterwärts mehrfächerig mit mittelständigem ganz od. oberhalb freiem Samenträger; Keim ringförmig das Eiweiss umgebend.

11. **Silenaceae DC.** Blüthen zwittrig, seltener 2häusig-vielehig; Kelch 4—5zähnig frei; Kronblätter 5, benagelt, nebst den Staubgefässen auf einem meist stielartigen Fruchtträger unter dem Fruchtknoten eingefügt; Staubgefässe doppelt so viele als Kronblätter, seltner eben so viele, Staubbeutel der Länge nach aufspringend; Fruchtknoten oberständig, 1fächerig od. unterwärts 2—5fächerig, Griffel 2—5; Kapsel vielsamig, klappig aufspringend, seltener beerenartig.

12. **Alsinaceae DC.** Blüthen zwittrig; Kelch 4—5theilig, am Grunde mit dem Blüthenboden verwachsen; Kronblätter 4—5; Staubgefässe 10 od. weniger, auf einem aus Drüsen gebildeten, mehr minder kelchständigen u. mehr minder deutlichen Ringe eingefügt, Staubbeutel der Länge nach aufspringend; Fruchtknoten oberständig, 1fächerig, Griffel od. Narben 2—5; Kapsel meist vielsamig, klappig aufspringend.

γ. Fruchtknoten 1, 2—mehrfächerig, Samenknospen im inneren Winkel der Fächer; Keim im Eiweiss od. eiweisslos.

* Kelch in der Knospenlage klappig.

13. **Tiliaceae Juss.** Blüthen zwittrig; Kelch 4—5blättrig, abfällig; Kronblätter so viele als Kelchblätter, in der Knospenlage dachig; Staubgefässe zahlreich, frei od. vielbrüderig, Staubbeutel 2fächerig, der Länge nach aufspringend; Fruchtknoten oberständig, 2—10fächerig, Fächer 2—mehreiig; Frucht nussartig oder kapslig; Keim in der Axe des Eiweisses.

14. **Malvaceae R. Br.** Blüthen zwittrig; Kelch 5blättrig od. 3—5spaltig, bleibend oder abfallend, oft mit einem Aussenkelche; Kronblätter so viele, als Kelchabschnitte, in der Knospenlage gedreht; Staubgefässe zahlreich, in eine Röhre verwachsen, Staubbeutel 1fächerig, rundum aufspringend; Fruchtknoten oberständig, aus 2—vielen verwachsenen Fruchtblättern gebildet, mehr—vielfächerig, Fächer 1—mehreiig; Frucht eine Kapsel od. in einsamige Theilfrüchtchen zerfallend; Keim im spärlichen Eiweiss.

1*

* * Kelch in der Knospenlage dachig.

o Fruchtknoten am Grunde ohne Drüse od. unterständige Scheibe.

• Staubgefässe zahlreich, wenigstens 3—4mal so viele als Kronblätter.

15. **Hypericaceae DC.** Blüthen zwittrig; Kelch 4—5blättrig od. -theilig, bleibend; Kronblätter so viele als Kelchzipfel, in der Knospenlage gedreht; Staubgefässe meist vielbrüderig, Staubbeutel der Länge nach aufspringend; Fruchtknoten oberständig, 3—5-fächerig od. 1fächerig, Fächer vieleiig; Griffel 3—5, oder mehrere; Frucht kapslig, 3—5klappig; Keim eiweisslos.

•• Staubgefässe so viele od. doppelt so viele als Kronblätter.

; Fruchtknoten 2fächerig.

16. **Polygalaceae Juss.** Blüthen zwittrig; Kelch 4—5blättrig od. 3spaltig, unregelmässig, bleibend od. abfällig; Kronblätter 3—5, unregelmässig, am Grunde meist zusammenhängend; Staubgefässe 8, 1- od. 2brüdrig, Staubbeutel mit einem Loche aufspringend; Fruchtknoten oberständig, Fächer 1- od. 2eiig; Griffel 1; Kapsel fachspaltig—2klappig; Keim in der Achse des Eiweisses od eiweisslos.

; ; Fruchtknoten 3—5fächerig od. unvollständig 8—10fächerig.

, Kelch abfällig.

17. **Balsaminaceae Rich.** Blüthen zwittrig; Kelch 3—5blättrig, unregelmässig, das untere Kelchblatt gespornt; Blumenkrone unregelmässig, 5- od. 3blättrig; Staubgefässe 5, an der Spitze zusammenhängend, Staubbeutel meist der Länge nach aufspringend; Fruchtknoten oberständig, 5fächerig, vielsamig; Griffel 1; Narben 5, oft verwachsen; Kapsel 5klappig; Keim eiweisslos.

„ Kelch bleibend.

— Frucht eine Spaltfrucht.

18. **Geraniaceae DC.** Blüthen zwittrig; Kelch 5blättrig, das hintere Blatt manchmal gespornt; Kronblätter 5, gleich od. ungleich; Staubgefässe 10, am Grunde mehr minder verwachsen, Staubbeutel der Länge nach aufspringend; Fruchtknoten oberständig, aus 5 verwachsenen Fruchtblättern gebildet, 5fächerig, Griffel 5, schnabelartig verwachsen; Spaltfrucht 5theilig, Klappen vom Grunde bis zur Spitze mit dem zusammengerollten Griffel von der Fruchtsäule sich ablösend; Keim eiweisslos.

= Frucht eine freie Kapsel.

19. **Oxalidaceae DC.** Blüthen zwittrig; Kelch 5theilig; Blumenkrone ziemlich regelmässig, 5blättrig; Staubgefässe 10, am Grunde meist zusammenhängend, Staubbeutel der Länge nach aufspringend; Fruchtknoten oberständig, 5fächerig, Griffel 5; Frucht eine 5klappige Kapsel od. eine Beere; Keim in der Axe des Eiweisses.

20. **Linaceae DC.** Blüthen zwittrig; Kelch 4—5blättrig; Blumenkrone regelmässig, 4—5blättrig; Staubgefässe 4—5, am Grunde in einen Ring verwachsen, öfters mit 4—5 Zähnchen dazwischen, Staubbeutel der Länge nach aufspringend; Fruchtknoten ober-

ständig 4--5fächerig, Fächer oft durch unvollständige Scheidewände verdoppelt. Griffel 4—5; Frucht eine wandspaltige Kapsel od. Steinfrucht; Keim eiweisslos.

21. **Elatinaceae Camb.** Blüthen zwittrig; Kelch 4—5theilig; Blumenkrone regelmässig, 2—5blättrig; Staubgefässe so viele als Kronblätter od. doppelt so viele, frei, Staubbeutel der Länge nach aufspringend, Fruchtknoten oberständig, 3—5fächerig, vieleiig, Griffel 3—5; Kapsel 3—5klappig; Keim eiweisslos.

o o Fruchtknoten auf einer unterständigen Scheibe sitzend od. von unterständigen Drüsen umgeben.

· Frucht geflügelt.

22. **Aceraceae DC.** Blüthen zwittrig od. vielehig; Kelch 4—9-theilig, abfällig; Kronblätter regelmässig, so viele als Kelchzipfel, am Rande der unterweibigen Scheibe eingefügt; Staubgefässe 4—12, in der Mitte der Scheibe, Staubbeutel der Länge nach aufspringend; Fruchtknoten oberständig, 2fächerig, flüglig—2lappig, Fächer 2eiig, Griffel 1, Narben 2; Frucht in 2 meist 1samige Theilfrüchtchen zerfallend; Keim eiweisslos.

·· Frucht ungeflügelt.

; Frucht eine Kapsel od. Schliessfrucht.

23. **Rutaceae Juss.** Blüthen zwittrig; Kelch 4—5theilig, bleibend od. abfällig; Kronblätter regelmässig od. etwas ungleich, so viele als Kelchzipfel, vor der unterweibigen Scheibe eingefügt; Staubgefässe so viele als Kronblätter od. doppelt so viele, der Scheibe eingefügt, Staubbeutel der Länge nach aufspringend; Fruchtknoten oberständig, 3—5lappig, 3—5fächerig, Fächer 3—4-eiig, Griffel 3—5; Frucht eine Kapsel, am Innenrande der Fächer od. durch Fachtheilung aufspringend; Keim mit od. ohne Eiweiss. Nebenblätter fehlend.

24. **Zygophyllaceae. R. Br.** Blüthen zwittrig; Kelch 5blättrig, bleibend od. abfällig; Kronblätter 5, regelmässig, dem Fruchtboden eingefügt; Staubgefässe 10, dem Fruchtboden eingefügt, Staubbeutel der Länge nach aufspringend; Fruchtknoten oberständig, 4—5fächerig, seltner 2—12fächerig, Griffel 1, seltner 5; Frucht eine Kapsel, seltner eine Schliessfrucht od. in Theilfrüchtchen zerfallend. Nebenblätter vorhanden.

; ; Frucht eine Beere.

25. **Ampelidaceae Kunth.** Blüthen zwittrig od. vielehig; Kelch ungetheilt od. 4—5zähnig, abfällig; Kronblätter 4—5, unregelmässig, am Rande der unterweibigen Scheibe eingefügt; Staubgefässe so viele als Kronblätter, vor diesen der Scheibe eingefügt, Staubbeutel der Länge nach aufspringend; Fruchtknoten oberständig, 2—6fächerig, Griffel 1; Keim im Grunde des Eiweisses.

II. Unterclasse. CALYCIFLORAE DC. Kelchblätter mehr weniger unter einander verwachsen; Kronblätter u. Staubgefässe einer dem Kelchgrunde angewachsenen Scheibe eingefügt od. der mit dem Fruchtknoten verwachsene Kelch die Blumenkrone u. Staubgefässe tragend. (Selten die Blüthenhülle einfach.)

a. Blumenkrone aus getrennten Blättern bestehend, selten fehlend.

α. Blumenkrone unterständig.

* Fruchtknoten von 1 Fruchtblatt gebildet, einer od. mehrere.

o Früchtchen am Grunde mit einer unterständigen Schuppe. Nebenblätter fehlend.

26. **Crassulaceae DC.** Blüthen zwittrig, selten eingeschlechtig; Kelch 3—20theilig, bleibend; Kronblätter so viele als Kelchzipfel, frei od. am Grunde zusammenhängend, dem Kelchgrunde eingefügt; Staubgefässe so viele als Kronblätter od. doppelt so viele, Staubbeutel der Länge nach aufspringend; Fruchtknoten so viele als Kronblätter; Frucht entweder aus 3—20quirligen, einfächerigen, einwärts aufspringenden Balgkapseln bestehend od. die Fruchtknoten zu einer 4—5fächerigen auswärts aufspringenden Kapsel vereinigt; Keim in der Axe des spärlichen Eiweisses.

o o Früchtchen ohne unterständige Schuppe; Nebenblätter vorhanden.

· Blumenkrone regelmässig.

27. **Rosaceae Juss.** Blüthen zwittrig od. eingeschlechtig; Kelch 3—9spaltig, bleibend od. der Saum abfällig, oft mit einem Aussenkelche; Kronblätter so viele als Kelchzipfel, sammt den meist zahlreichen Staubgefässen dem Kelchschlunde eingefügt; Staubbeutel der Länge nach aufspringend; Fruchtknoten 1—viele, 1fächerig, meist 1eiig; Griffel 1, end- od. seitenständig; Früchtchen meist nussartig, seltner steinfrucht- od. kapselartig; Keim eiweisslos.

28. **Amygdalaceae Juss.** Blüthen meist zwittrig; Kelch 5spaltig, abfällig; Kronblätter 5, sammt den zahlreichen Staubgefässen dem Rande der Scheibe eingefügt; Staubbeutel der Länge nach aufspringend; Fruchtknoten 1, 1fächerig, mit 2 hängenden Eichen u. einfachem Griffel; Steinfrucht mit meist 1 Samen; Keim eiweisslos.

·· Blumenkrone unregelmässig.

29. **Papilionaceae L.** Blüthen zwittrig; Kelch 5theilig bis 5zähnig, abfällig od. verwelkend, Zipfel mehr minder ungleich, dadurch u. durch Verwachsung oft 2lippig; Kronblätter 5, nebst den Staubgefässen dem Kelchgrunde eingefügt, das hinterste (Fahne) meist grösser, die 2 seitlichen (Flügel) unter sich gleich, die 2 vorderen (Schiffchen), meist rinnenförmig verwachsen; Staubgefässe 10, 1—2brüderig, Staubbeutel der Länge nach, seltener an der Spitze mit Löchern aufspringend; Fruchtknoten 1, meist vieleiig; Frucht eine Hülse; Keim meist eiweisslos.

* * Fruchtknoten von 2 od. mehreren unter einander verwachsenen Fruchtblättern gebildet.

o Fruchtknoten 1, mit wandständigen Samenträgern.

30. **Tamaricaceae Desv.** Blüthen zwittrig; Kelch 4—5blättrig od. 4—5theilig, bleibend; Kronblätter 4—5, dem Kelchgrunde ein-

gefügt; Staubgefässe so viele als Kronblätter od. doppelt so viele, frei oder am Grunde einbrüderig, Staubbeutel der Länge nach aufspringend; Fruchtknoten 1fächerig, mit 2—4 vieleiigen Samenträgern, Griffel 2—4; Kapsel 2—4klappig, Samen schopfig; Keim eiweisslos.

o o Fruchtknoten 1, mit mittelständigem Samenträger.

31. **Scleranthaceae Lk.** Blüthen zwittrig; Kelch 4—5theilig, bleibend; Kronblätter fehlend; Staubgefässe 5 od. 10, vor dem kelchständigen Ringe eingefügt, Staubbeutel der Länge nach aufspringend; Fruchtknoten 1fächerig, 2eiig; Griffel 2; Frucht nicht aufspringend; Keim ringförmig, mit Eiweiss.

32. **Paronychiaceae St. Hil.** Blüthen zwittrig; Kelch 5-, seltner 3—4theilig, bleibend; Kronblätter so viele als Kelchzipfel, staubfadenähnlich; Staubgefässe so viele als Kronblätter, auf dem oft undeutlichen kelchständigen Ringe eingefügt; Fruchtknoten 1fächerig, 1- seltner vieleiig; Griffel 1—3; Frucht 3klappig od. nicht aufspringend; Keim seitenständig od. ringförmig, mit Eiweiss.

33. **Portulaccaceae Juss.** Blüthen zwittrig; Kelch 2blättrig od. 2—5spaltig, abfällig od. bleibend; Kronblätter 4—6, getrennt od. am Grunde verwachsen, dem Kelchgrunde eingefügt od. fehlend; Staubgefässe so viele als Kronblätter, seltner wenige od. durch Verdoppelung viele, dem Fruchtboden od. dem Kelche eingefügt; Fruchtknoten 1—8fächerig, 3—vieleiig; Griffel 1; Frucht rundum od. klappig aufspringend od. steinfruchtartig; Keim ringförmig, mit Eiweiss.

o o o Fruchtknoten 1, Eichen im inneren Winkel der Fächer.
. Kelch in der Knospenlage klappig.

34. **Anacardiaceae R. Br.** Blüthen zwittrig od. eingeschlechtig; Kelch 3—5theilig, frei od. an den Fruchtknoten angewachsen, meist bleibend; Kronblätter 3—5, dem Kelche eingefügt; Staubgefässe so viele als Kronblätter od. doppelt so viele, seltner mehr, Staubbeutel der Länge nach aufspringend; Fruchtknoten 1-, seltner mehrfächerig, 1eiig; Griffel meist 1; Frucht steinfruchtartig; Keim eiweisslos.

35. **Rhamnaceae R. Br.** Blüthen zwittrig od. 2häusig—vielehig; Kelch 4—5spaltig, frei od. unterwärts an den Fruchtknoten angewachsen, Zipfel abfällig; Kronblätter 4—5, dem Rande der Scheibe eingefügt, od. fehlend; Staubgefässe so viele als Kelchzipfel, der Länge od. der Quere nach aufspringend; Fruchtknoten 2—4fächerig, Fächer 1eiig; Griffel 1; Frucht kapslig od. steinfruchtartig; Keim in der Axe des Eiweisses.

36. **Lythraceae Juss.** Blüthen zwittrig; Kelch 3—12zähnig, frei bleibend; Kronblätter 3—6, dem oberen Rande der Kelchröhre eingefügt, seltner fehlend; Staubgefässe so viele als Kronblätter, od. 2—3mal mehr, seltner weniger, Staubbeutel der Länge nach

aufspringend; Fruchtknoten 2—6fächerig, Fächer vieleiig, Griffel 1; Kapsel unregelmässig zerreissend, od. rundum- od. klappig- aufspringend; Keim eiweisslos.

·· Kelch in der Knospenlage dachig.

37. **Celastraceae R. Br.** Blüthen zwittrig od. 1geschlechtig; Kelch 4—5spaltig, frei, bleibend od. abfällig; Kronblätter so viele als Kelchzipfel, dem Rande der Scheibe eingefügt; Staubgefässe so viele als Kronblätter, Staubbeutel der Länge nach aufspringend; Fruchtknoten 2—5fächerig, Fächer 1—mehreiig; Frucht kapslig, beeren- od. steinfruchtartig; Keim mit od. ohne Eiweiss.

β. Blumenkrone oberständig.

* Frucht eine Beere od. eine Steinfrucht.

o Fruchtknoten 1fächerig.

38. **Grossulariaceae DC.** Blüthen zwittrig od. 1geschlechtig; Kelchröhre mit dem Fruchtknoten verwachsen, mit 4—5theiligem verwelkenden Saume; Kronblätter 4—5, dem Kelchschlunde eingefügt; Staubgefässe 4—5, Staubbeutel der Länge nach aufspringend; Fruchtknoten 1, vieleiig; Griffel 2—4spaltig; Frucht eine vielsamige Beere; Keim im fast hornartigen Eiweiss.

39. **Loranthaceae Don.** Blüthen zwittrig od. 1geschlechtig; Kelchröhre mit dem Fruchtknoten verwachsen, mit gezähntem od. ganzrandigem Saume; Kronblätter 4—8, dem Kelchrande od. einer oberweibigen Scheibe eingefügt, frei od. in eine vorn aufgeschlitzte Röhre verwachsen od. fehlend; Staubgefässe 4—8, der Länge od. Quere nach aufspringend od. mit Löchern sich öffnend; Fruchtknoten 1, 1eiig; Griffel 1 od. fehlend; Frucht eine 1samige Beere.

o o Fruchtknoten 2—mehrfächerig.

40. **Araliaceae Juss.** Blüthen meist zwittrig; Kelchröhre mit dem Fruchtknoten verwachsen, mit 4—5zähnigem od. ganzrandigem bleibenden Saume; Kronblätter 5—10, dem Rande einer oberweibigen Scheibe eingefügt; Staubgefässe 5—10, Staubbeutel der Länge nach aufspringend; Fruchtknoten 1, 2—10fächerig, Fächer 1eiig; Griffel 2—mehrere, frei od. verwachsen; Frucht eine Beere; Keim in der Axe des Eiweisses.

41. **Cornaceae DC.** Blüthen meist zwittrig; Kelchröhre mit dem Fruchtknoten verwachsen, mit 4zähnigem bleibenden Saume; Kronblätter 4, der Kelchröhre eingefügt; Staubgefässe 4, Staubbeutel der Länge nach aufspringend; Fruchtknoten 1, 2—3fächerig, Fächer 1eiig; Griffel 1; Steinfrucht mit 1—3fächerigem Steine.

* * Frucht meist trocken, kapselartig od. in Theilfrüchtchen zerfallend od. mit der Kelchröhre zu einer Scheinfrucht verwachsend.

o Staubgefässe so viele od. doppelt so viele als Kronblätter od. ein einziges.

· Frucht kapselig, 2—vielsamig, selten durch Verkümmerung 1samig.

42. **Saxifragaceae DC.** Blüthen zwittrig; Kelch 4—5theilig, bleibend, frei od. mit dem Fruchtknoten mehr minder verwachsen;

Kronblätter 4—5, dem Kelche eingefügt od. fehlend; Staubgefässe so viele od. doppelt so viele als Kelchzipfel; Staubbeutel der Länge nach, seltner mit Löchern aufspringend; Fruchtknoten 1, 1—2fächerig, vieleiig; Griffel 2; Frucht kapslig mit einem Loche od. klappig aufspringend; Keim in der Axe des Eiweisses.

43. **Onagraceae Juss.** Blüthen zwittrig; Kelchröhre mit dem Fruchtknoten verwachsen, mit 3—5theiligem Saume; Kronblätter so viele als Kelchzipfel, dem Kelche eingefügt; Staubgefässe so viele od. doppelt so viele als Kelchzipfel, selten um die Hälfte weniger, Staubbeutel der Länge nach aufspringend; Fruchtknoten 1, 2—4fächerig, Fächer 1—vieleiig; Griffel 1; Keim eiweisslos.

·· Frucht steinfruchtartig od. in 2—4 einsamige Theilfrüchtchen zerfallend.

44. **Halorrhagidaceae R. Br.** Blüthen zwittrig od. durch Fehlschlagen 1geschlechtig; Kelchröhre mit dem Fruchtknoten verwachsen, mit 2—4theiligem od. verwischtem Saume; Kronblätter so viele als Kelchzipfel, dem Kelchschlunde eingefügt, hinfällig od. fehlend; Staubgefässe so viele oder doppelt so viele als Kelchzipfel od. ein einziges. Staubbeutel der Länge nach aufspringend; Fruchtknoten 1, 1—4fächerig, Fächer 1eiig; Griffel fehlend, Narben 4; Frucht nuss- od. steinfruchtartig, nicht aufspringend od. zerfallend; Keim in der Axe des Eiweisses.

45. **Umbelliferae Juss.** Blüthen zwittrig, seltner 1geschlechtig; Kelchröhre mit dem Fruchtknoten verwachsen, mit 5zähnigem od. verwischtem Saume; Kronblätter 5, dem Kelche eingefügt; Staubgefässe 5, Staubbeutel der Länge nach aufspringend; Fruchtknoten 1. 2fächerig, Fächer 1eiig; Griffel 2, am Grunde in den Griffelpolster erweitert; Frucht eine Spaltfrucht, in zwei an der Spitze durch einen ungetheilten od. 2spaltigen Fruchtträger zusammengehaltene Theilfrüchtchen zerfallend. Die Berührungsfläche dieser mehr minder flach, Rücken convex u. von 5 Hauptriefen durchzogen, deren zwei äussere bisweilen am Rande des Früchtchens liegen od. über den Rand auf die Berührungsfläche hinausgeschoben sind; die 4 Räume (Thälchen) zwischen den Hauptriefen rinnig bis convex, zuweilen jedes Thälchen von einer Nebenriefe durchzogen; in den Thälchen u. auf der Berührungsfläche liegen meist ölführende Kanälchen (Striemen). Samen mit der Fruchtschale verwachsen; Keim im oberen Ende des reichlichen Eiweisses.

o o Staubgefässe 4mal so viele als Kronblätter od. mehr.

46. **Pomaceae Juss.** Blüthen meist zwittrig; Kelchröhre mit dem Fruchtknoten verwachsen, mit 5spaltigem vertrocknenden Saume; Kronblätter 5, im Schlunde des Kelches eingefügt; Staubbeutel der Länge nach aufspringend; Fruchtknoten 1, 2—5fächerig, Fächer 2—mehreiig, Griffel 2—5; Früchtchen 2—5, unter sich u. mit der fleischig werdenden Kelchröhre zu einer falschen Scheinfrucht verwachsend; Keim eiweisslos.

b. Blumenkrone am Grunde zu einer Röhre verwachsen.

α. Staubgefässe so viele als Blumenkronzipfel od. weniger.

Kelchröhre mit dem Grunde der Blumenkrone verwachsen, beide zusammen abfallend.

47. **Cucurbitaceae Juss.** Blüthen 1- od. 2häusig; Kelch 5spaltig, bei der ♂ Blüthe glockig, bei der ♀ die Röhre mit dem Fruchtknoten verwachsen, Saum oberständig; Blumenkrone oberständig, 5theilig od. 5spaltig; Staubgefässe meist 5, meist 3brüderig, dem Kelchgrunde eingefügt; Fruchtknoten 1, 3—10fächerig, seltner 1fächerig, vieleiig, Griffel 3theilig; Frucht beerenartig, Keim eiweisslos.

* * Kelch und Blumenkrone nicht verwachsen.

o Blumenkrone von den Staubgefässen völlig getrennt, für sich abfallend.

48. **Campanulaceae Juss.** Blüthen zwittrig; Kelchröhre mit dem Fruchtknoten mehr weniger verwachsen, Saum ober- od. halboberständig, 3—10spaltig bleibend; Blumenkrone dem Kelche eingefügt, 3—10spaltig; Staubgefässe 3—10, mit der Blumenkrone eingefügt, Staubbeutel frei od. in eine Röhre zusammenklebend, der Länge nach aufspringend; Fruchtknoten 1, 2—10fächerig, Fächer mehreiig; Griffel 1, mit soviel Narben als Fächer; Kapsel vielsamig, mit Ritzen oder Löchern aufspringend; Keim in der Axe des Eiweisses.

o o Staubgefässe der Blumenkrone eingefügt, mit dieser zusammen abfallend.

· Fruchtknoten 1, 1fächerig, 1eiig.

49. **Dipsaceae DC.** Blüthen zwittrig, in von einer Hülle umgebenen Köpfchen, jede mit einem kelchartigen Hüllchen (Aussenkelch) versehen; Kelch (Innenkelch) mit der Röhre dem Fruchtknoten mehr weniger angewachsen, Saum oberständig, beckenförmig, meist gezähnt od. beborstet; Blumenkrone dem Kelchschlunde eingefügt, mit unregelmässigem, 4—5spaltigem Saume; Staubgefässe 4, frei, Staubbeutel der Länge nach aufspringend; Griffel 1; Schliessfrucht häutig, nicht aufspringend, vom Kelchsaume gekrönt u. vom Hüllchen eingeschlossen; Keim in der Axe des Eiweisses.

50. **Compositae Vaill.** Blüthen zwittrig od. theilweise 1geschlechtig, auf dem gemeinschaftlichen, verbreiterten flachen od. kegelförmigen Blüthenlager, in ein von einer gemeinsamen Hülle (Hüllkelch) umgebenes Köpfchen zusammengedrängt, zuweilen jede einzelne Blüthe (bei Echinops) noch eine besondere Hülle besitzend; Schuppen des Hüllkelches (Hüllschuppen) manchmal mit Nebenschuppen umgeben; Blüthenlager nackt od. spreublättrig, kahl od. behaart; Kelchröhre mit dem Fruchtknoten verwachsen, Saum (Pappus) unentwickelt od. ein häutiger, öfter in spreuartige Blättchen getheilter Rand, meist aber zu einer aus einfachen od. gefiederten Haaren bestehenden Haarkrone auswachsend; Blumenkrone einer oberweibigen Scheibe eingefügt, röhrenförmig, 3—5spaltig od. zungenförmig, selten, 2lippig; Staubgefässe 5, Staubbeutel in eine

den Griffel umschliessende Röhre verwachsen, der Länge nach aufspringend; Griffel 1, in 2 Schenkel getheilt; Frucht eine Schliessfrucht (Achene), nicht aufspringend, meist vom vergrösserten Kelchsaume gekrönt; Keim eiweisslos.

51. **Ambrosiaceae Lk.** Blüthen 1 geschlechtig, die ♂ zahlreich, in von einer getrennt- od. am Grunde verwachsenblättrigen einreihigen Hülle umgebenen Köpfen, die ♀ zu 1—2, selten 4, in der Blüthenaxe eingesenkt u. von verwachsenen Schuppen völlig eingeschlossen; ♂ Blüthen: Blumenkrone 5zähnig, regelmässig Staubgefässe 5, frei od. verwachsen, Griffel fädlich; ♀ Blüthen: Kelch mit dem Fruchtknoten verwachsen, Blumenkrone fehlend od. unvollkommen, Griffel 1, in 2 Schenkel getheilt; Achenen pappuslos, in der erhärteten Hülle eingeschlossen; Keim eiweisslos.

·· Fruchtknoten 1, 2—5fächerig, Fächer 1—mehreiig.

52. **Valerianaceae DC.** Blüthen zwittrig od. 2häusig-vielehig: Kelch mit dem Fruchtknoten verwachsen, Saum oberständig, gezähnt u. bleibend od. zuletzt eine Haarkrone bildend; Blumenkrone trichterig, öfter höckerig, in der Knospenlage dachig, Saum 3—5-spaltig; Staubgefässe 1—5, frei, Staubbeutel der Länge nach aufspringend; Fruchtknoten 3fächerig, 2 Fächer leer, das dritte 1eiig, Griffel 1; Schliessfrucht lederig od. häutig; Keim eiweisslos.

53. **Rubiaceae Juss.** Blüthen zwittrig od. vielehig; Kelchröhre mit dem Fruchtknoten verwachsen, mit oberständigem gezähnten od. undeutlichem, bleibendem od. abfälligem Saume; Blumenkrone 3—6spaltig, in der Knospenlage klappig; Staubgefässe 3—6, Staubbeutel der Länge nach aufspringend; Fruchtknoten 2—mehrfächerig, Fächer 1—mehreiig; Griffel 1—2; Frucht eine Spaltfrucht, Steinfrucht od. Beere; Keim im Eiweiss.

54. **Caprifoliaceae Juss.** Blüthen zwittrig: Kelchröhre mit dem Fruchtknoten mehr weniger verwachsen, Saum oberständig od. halboberständig, 2—5spaltig, bleibend od. abfällig; Blumenkrone röhrig od. radförmig, meist 5spaltig, in der Knospenlage dachig, selten klappig; Staubgefässe meist 5, Staubbeutel der Länge nach aufspringend; Fruchtknoten 2—5fächerig, Fächer 1—mehreiig; Narben 1—5; Frucht beeren- od. steinfruchtartig, öfter aus 2 verwachsenen Fruchtknoten gebildet; Keim im hornartigen Eiweiss.

β. Staubgefässe doppelt so viele als Blumenkronzipfel, von der Blumenkrone getrennt.

55. **Ericaceae Endl.** Blüthen zwittrig; Kelch frei, 4—5theilig od. mit dem Fruchtknoten verwachsen; Saum oberständig, 4—6-zähnig od. verwischt; Blumenkrone 3—6spaltig, auf einer oberständigen od. halboberständigen Scheibe eingefügt; Staubbeutel mit Längsritzen od. Löchern aufspringend; Fruchtknoten 1, oberständig od. unterständig, 1—mehrfächerig, Fächer 1—vieleiig; Griffel 1; Frucht eine fach- od. wandspaltige Kapsel, od. beeren-, od. steinfruchtartig; Keim in der Axe des Eiweisses.

56. **Hypopityaceae Klotzsch.** Blüthen zwittrig; Kelch 3—5theilig, frei, bleibend; Blumenkrone 4—5blättrig, auf dem Fruchtboden; Staubbeutel der Länge nach od. mit Löchern aufspringend; Fruchtknoten 1, oberständig, 3—5fächerig od. halb 4—5fächerig, Fächer vieleiig; Griffel 1; Kapsel 3—5klappig-fachspaltig; Samen mit Samenmantel; Keim in der Axe od. Spitze des Eiweisses.

c. Blüthenhülle einfach od. fehlend.

57. **Ceratophyllaceae Gray.** Blüthen 1häusig; Blüthenhülle vieltheilig; Staubbeutel ohne Fäden zu 10—20 dicht an einander gestellt, oben 2—3spitzig, unregelmässig zerreissend; Fruchtknoten 1, 1fächerig, 1eiig; Griffel 1; Frucht nussartig; Keim eiweisslos, mit 4 Keimblättern.

58. **Callitrichaceae Lk.** Büthen zwittrig od. 1geschlechtig, von 2 häutigen fast kronblattartigen Deckblättern gestützt; Staubgefässe 1, selten 2, Staubbeutel quer aufspringend; Fruchtknoten 1, 4fächerig, Fächer 1eiig; Griffel 1; Frucht in 4 Theilfrüchtchen zerfallend; Keim in der Axe des Eiweisses.

III. Unterclasse. COROLLIFLORAE DC. Kelch verwachsenblättrig; Blumenkrone verwachsenblättrig, unterständig; Staubgefässe der Blumenkrone eingefügt; Fruchknoten frei.

a. Fruchtknoten 2—4fächerig od. 1fächerig mit wandständigen Samenträgern.

α. Blumenkrone meist regelmässig, 4—6theilig; Staubgefässe meist 5, selten 4—10 od. 2 gleichlange.

* Staubgefässe 2.

59. **Oleaceae Lindl.** Blüthen zwittrig od. vielehig; Kelch 4zähnig od. 4theilig, selten fehlend; Blumenkrone 4spaltig od. 4blättrig mit paarweise zusammenhängenden Kronblättern, selten fehlend; Staubbeutel der Länge nach auspringend; Fruchtknoten 1, 2fächerig, Fächer 2—vieleiig; Griffel 1; Frucht eine Beere, Steinfrucht, Kapsel od. Flügelfrucht; Keim in der Axe des Eiweisses.

* * Staubgefässe 4—10, meist 5.

o Fruchtknoten 2, getrennt, 1fächerig, jeder mit einem Samenträger.

60. **Apocynaceae. R. Br.** Blüthen zwittrig; Kelch 5theilig, bleibend; Blumenkrone 5spaltig, in der Knospenlage gedreht; Staubgefässe 5, frei, Staubbeutel 2fächerig, der Länge nach aufspringend, der Narbe aufliegend u. mit ihr zusammenhängend, Blüthenstaub körnig; Fruchtknoten meist vieleiig, Griffel 1; Frucht 2 od. durch Verkümmerung nur 1 Balgkapsel, eine 2fächerige Kapsel, eine Beere od. Steinfrucht; Keim in der Axe des Eiweises.

61. **Asclepiadaceae R. Br.** Blüthen zwittrig; Kelch 5theilig bleibend; Blumenkrone 5spaltig, in der Knospenlage meist eingerollt; Staubgefässe 5, meist in eine Röhre verwachsen, aussen mit eine Nebenkrone bildenden Anhängseln, Staubbeutel 2—4fächerig, mit Längs- od. Querritze aufspringend, Blüthenstaub in wachsartige Massen geballt; Fruchtknoten vieleiig, Griffel 1; Frucht 2 od.

durch Verkümmerung nur 1 Balgkapsel; Keim in der Axe des Eiweisses.

o o Fruchtknoten 1, 2—6fächerig od. 1fächerig mit 2 Samenträgern.

· Frucht in 4 1samige od. 2fächerige Theilfrüchtchen zerfallend.

62. **Boraginaceae Juss.** Blüthen meist zwittrig; Kelch 5theilig bis 5zähnig, bleibend; Blumenkrone trichterig bis radförmig, 5spaltig od. 5zähnig, Schlund oft durch Haarbüschel, flache od. hohle Schuppen (Deckklappen) geschlossen; Staubgefässe 5, Staubbeutel der Länge nach aufspringend; Fruchtknoten 4lappig od. 4fächerig, Fächer 1eiig; Griffel 1; Keim eiweisslos od. mit spärlichem Eiweiss.

·· Frucht steinfruchtartig.

63. **Aquifoliaceae DC.** Blüthen zwittrig od. vielehig; Kelch 4—5zähnig, bleibend; Blumenkrone 4—5theilig; Staubgefässe so viele als Blumenkronzipfel, Staubbeutel der Länge nach aufspringend; Fruchtknoten 2—6fächerig, Fächer 1eiig, Narben fast sitzend, so viele als Fächer; Keim in der Axe des Eiweisses.

··· Frucht eine Kapsel od. Beere.

; Fruchtknoten 1fächerig, selten unvollständig 2fächerig.

64. **Gentianaceae Juss.** Blüthen zwittrig; Kelch 4—10theilig od. -zähnig, bleibend; Blumenkrone trichterig bis radförmig, in der Knospenlage gedreht, selten klappig, 4—10spaltig; Staubgefässe 4—10, frei, Staubbeutel mit Löchern od. Längsspalten aufspringend; Fruchtknoten 1fächerig, selten unvollständig 2fächerig, vieleiig; Griffel 2, meist verwachsen; Frucht eine 2klappig- od. nicht aufspringende Kapsel; Keim im Eiweiss.

; ; Fruchtknoten 3fächerig.

65. **Polemoniaceae Lindl.** Blüthen zwittrig; Kelch 5theilig bis 5zähnig, bleibend; Blumenkrone trichterig bis radförmig, in der Knospenlage dachig, 5spaltig; Staubgefässe 5, Staubbeutel der Länge nach aufspringend; Fruchtknotenfächer 1—mehreiig; Griffel 1; Kapsel fachspaltig—3klappig; Keim im Eiweiss.

; ; ; Fruchtknoten 2fächerig od. 4fächerig.

66. **Convolvulaceae Juss.** Blüthen zwittrig; Kelch 4—5spaltig od. zähnig, bleibend; Blumenkrone 4—5spaltig, in der Knospenlage gedreht; Staubgefässe 4—5, frei; Staubbeutel der Länge nach aufspringend; Griffel 1; Kapsel 2—4klappig, od. rundum od. gar nicht aufspringend, 1—2samig; Keim gekrümmt, im Eiweiss od. um dasselbe schraubenförmig gewunden.

67. **Solanaceae Juss.** Blüthen zwittrig; Kelch 3—5theilig bis -zähnig, bleibend; Blumenkrone 5spaltig, in der Knospenlage klappig od. gefaltet; Staubgefässe 5, frei; Staubbeutel der Länge nach od. mit Löchern aufspringend; Griffel 1; Frucht vielsamig, eine Beere od. eine wandspaltig- od. rundum aufspringende Kapsel; Keim gekrümmt od. gerade im Eiweiss.

β. **Blumenkrone unregelmässig, oft 2lippig; Staubgefässe 4, 2mächtig; selten 2 od. 5.**

* **Fruchtknoten meist 2fächerig, selten 1fächerig mit 2 Samenträgern, Frucht eine Kapsel.**

68. **Scrofulariaceae Lindl.** Blüthen zwittrig; Kelch 4—5theilig bis -zähnig, oft 2lippig, bleibend; Blumenkrone glockig, radförmig od. 2lippig; Staubgefässe 4, 2mächtig, selten 2 od. 5, Staubbeutel der Länge nach aufspringend; Fruchtknoten 2fächerig, Samenträger 2—vieleiig; Griffel 1, ungetheilt od. 2spaltig; Kapsel 2fächerig, 2klappig, wandbrüchig od. an der Spitze mit Löchern aufspringend; Keim in der Axe des Eiweisses.

69. **Orobanchaceae Lindl.** Blüthen zwittrig; Kelch 4—5spaltig od. -theilig, bleibend; Blumenkrone 2lippig; Staubgefässe 4, 2mächtig, Staubbeutel der Länge nach aufspringend; Fruchtknoten 1fächerig, vieleiig; Griffel 1, ungetheilt; Kapsel 1fächerig, mehr minder vollständig 2klappig; Keim im Grunde des Eiweisses.

* * **Fruchtknoten meist 4fächerig, selten 2fächerig od. mehrfächerig; Frucht in 4 1samige Theilfrüchtchen zerfallend od. eine 1—4steinige Steinfrucht od. Beere.**

70. **Labiatae Juss.** Blüthen zwittrig od. 2häusig-vielehig; Kelch 5- seltner 10zähnig od. 2lippig, bleibend; Blumenkrone meist 2lippig; Staubgefässe 4 u. 2mächtig, selten 2, Staubbeutel der Länge nach aufspringend; Fruchtknoten tief 4theilig, 4fächerig, Fächer 1eiig; Griffel 1, 2spaltig; Frucht in 4 1samige Theilfrüchtchen zerfallend; Keim in der Axe des Eiweisses.

71. **Verbenaceae Juss.** Blüthen zwittrig; Kelch 4—5zähnig od. -spaltig, bleibend; Blumenkrone meist trichterig, ungleich od. 2lippig; Staubgefässe 4- u. 2mächtig od. 2, Staubbeutel der Länge nach aufspringend; Fruchtknoten 2—8fächerig, Fächer 1—2eiig; Griffel 1, ungetheilt; Frucht eine 1—4steinige Steinfrucht od. 1—4fächerige Beere; Keim eiweissloss od. mit spärlichem Eiweiss.

b. **Fruchtknoten 1fächerig, mehreiig mit mittelständigem Samenträger od. 1eiig.**

α. **Staubgefässe 2.**

72. **Lentibulariaceae Lindl.** Blüthen zwittrig; Kelch 2—5theilig, bleibend; Blumenkrone 2lippig, gespornt; Staubbeutel quer—2klappig od. mit Längsritze aufspringend; Fruchtknoten vieleiig, Griffel 1, Narbe 2lippig; Frucht eine 2klappige od. unregelmässig zerreissende Kapsel; Keim eiweisslos.

β. **Staubgefässe 4, 5 od. 10.**

* **Fruchtknoten 1eiig.**

73. **Globulariaceae DC.** Blüthen zwittrig, in kugeligen spreublättrigen Köpfchen; Kelch 5spaltig, bleibend; Blumenkrone 2lippig, Oberlippe 2spaltig, seltener ungetheilt od. unmerklich, Unterlippe 3spaltig; Staubgefässe 4, Staubbeutel der Quere nach aufspringend; Griffel 1; Frucht nicht aufspringend; Keim in der Axe des Eiweisses.

74. **Plumbaginaceae Juss.** Blüthen zwittrig; Kelch 5zähnig, faltig, bleibend; Blumenkrone 5spaltig, od. 5theilig; Staubgefässe 5,

Staubbeutel der Länge nach aufspringend; Griffel 3—5, frei od. verwachsen; Frucht 5klappig od. nicht aufspringend; Keim im Eiweiss.

* * Fruchtknoten mehreiig.

75. **Primulaceae Vent.** Blüthen zwittrig od. 2häusig—vielehig; Kelch 4—5zähnig bis 4—5theilig, bleibend; Blumenkrone trichterig bis radförmig, 4—5spaltig, selten fehlend; Staubgefässe so viele od. doppelt so viele als Blumenkronzipfel, Staubbeutel der Länge nach aufsprindend; Griffel 1, mit ungetheilter Narbe; Frucht eine Kapsel, mit Klappen od. Zähnen, selten rundum aufspringend; Keim im Eiweiss.

76. **Plantaginaceae Juss.** Blüthen zwittrig od. 1geschlechtig; Kelch 4theilig, bleibend; Blumenkrone 4spaltig, trockenhäutig; Staubgefässe 4, Staubbeutel der Länge nach aufspringend; Griffel 1, mit ungetheilter Narbe; Frucht eine mit Deckel queraufspringende Kapsel od. nussartig; Keim in der Axe des Eiweisses.

IV. Unterclasse. MONOCHLAMYDEAE DC. Blüthenhülle einfach, kelch- od. blumenkronartig, bisweilen fehlend (selten, bei einigen Euphorbiaceen u. bei Empetraceen, doppelt).

a. Fruchtknoten 2—mehrfächerig.

77. **Euphorbiaceae R. Br.** Blüthen 1- od. 2häusig; Blüthenhülle (bei unseren Gattungen) einfach od. fehlend, od. (bei fremden Gattungen) in Kelch- u. Blumenkrone gegliedert; Blumenblätter frei od. verwachsen; ♂ Blüthe: Staubgefässe 1—viele, dem Blüthenboden eingefügt, Staubbeutel der Länge nach od. an der Spitze mit einem Loche aufspringend; ♀ Blüthe: Fächer des Fruchtknotens 1—2eiig, Griffel so viele als Fächer, öfter verwachsen; Frucht eine fachspaltig aufspringende Kapsel od. eine in 2—mehrere 1samige, 2klappige od. nicht aufspringende Theilfrüchtchen zerfallende Spaltfrucht; Keim in der Axe des Eiweisses.

78. **Empetraceae Nutt.** Blüthen 2häusig—vielehig; Kelch 3blättrig, bleibend; Kronblätter 3, dem Fruchtboden eingefügt; Staubgefässe 3, Staubbeutel der Länge nach aufspringend; Fruchtknoten 1, 3—9fächerig, Fächer 1eiig, Narben strahlig-gelappt; Steinfrucht beerenartig, mit 3—9 1samigen Steinkernen; Keim in der Axe des Eiweisses.

b. Fruchtknoten 1fächerig od. durch wandständige Samenträger unvollständig gefächert.

α. Blüthen zwittrig u. 1geschlechtig, die rein ♂ nicht in Kätzchen.

* Perigon oberständig.

79. **Aristolochiaceae Juss.** Blüthen zwittrig; Perigon 3—4spaltig od. unregelmässig mit schiefem Saume; Staubgefässe 6—12, dem Fruchtknoten eingefügt, Staubbeutel der Länge nach aufspringend; Fruchtknoten 1, 3—6fächerig, vieleiig; Griffel 1, Narbe 6strahlig, die Staubbeutel bedeckend; Frucht kapsel-, seltener beerenartig, vielsamig; Keim im Grunde des Eiweisses.

80. **Santalaceae R. Br.** Blüthen zwittrig; Perigon 4-5spaltig; Staubgefässe 4—5, am Grunde der Perigonzipfel eingefügt, Staubbeutel der Länge nach aufspringend; Fruchtknoten 1, 1fächerig, 2—4eiig; Griffel 1, Narbe kopfig od. 2—3lappig; Frucht nuss- od. steinfruchtartig, 1samig; Keim in der Axe des Eiweisses.

* * Perigon unterständig od. fehlend.

o Nebenblätter fehlend.

· Staubgefässe der Perigonröhre eingefügt.

81. **Thymelaeaceae Juss.** Blüthen zwittrig; Perigon röhrig, mit 4—5spaltigem Saume; Staubgefässe so viele od. doppelt so viele als Perigonzipfel, Staubbeutel der Länge nach aufspringend; Fruchtknoten 1, 1fächerig, meist 1eiig; Griffel 1, Narbe einfach; Frucht nuss- od. steinfruchtartig; Keim mit od. ohne Eiweiss.

· · Staubgefässe am Grunde des Perigons od. auf dem Blüthenboden eingefügt.

82. **Elaeagnaceae R. Br.** Blüthen zwittrig od. 1geschlechtig; Perigon 2—4blättrig od. 2—5spaltig, meist fortwachsend; Staubgefässe auf dem Blüthenboden eingefügt, so viele od. doppelt so viele als Perigonzipfel, Staubbeutel der Länge nach aufspringend; Fruchtknoten 1, 1fächerig, 1eiig; Griffel 1, Narbe zungenförmig; Frucht eine falsche Beere od. Steinfrucht, aus der fleischig gewordenen Perigonröhre gebildet; Keim gerade in der Axe des Eiweisses.

83. **Chenopodiaceae Vent.** Blüthen zwittrig od. 1geschlechtig; deckblattlos od. von 1—2, das Perigon ersetzenden Deckblättern gestützt; Perigon 2—5theilig od. -spaltig, bleibend, nach dem Verblühen öfters fortwachsend; Staubgefässe so viele als Perigonzipfel od. weniger, am Grunde des Perigons od. auf dem Blüthenboden eingefügt, Staubbeutel der Länge nach aufspringend; Fruchtknoten 1, 1fächerig, 1eiig; Griffel 1, einfach od. 2—4theilig; Frucht nuss- od. schlauchartig, nicht aufspringend, vom trockenen od. fleischiggewordenen Perigone eingeschlossen; Keim um das Eiweiss ring- oder hufeisenförmig gekrümmt od. schraubenförmig, selten das Eiweiss fehlend od. in 2 Theile getheilt.

83. **Amarantaceae Juss.** Blüthen zwittrig od. 1geschlechtig, jede von 2—3 Deckblättern gestützt; Perigon 3—5theilig, bleibend; Staubgefässe 3—5, auf dem Blüthenboden eingefügt, frei od. verwachsen; Staubbeutel der Länge nach aufspringend; Fruchtknoten 1, 1fächerig, 1—mehreiig; Griffel 1, Narbe einfach od. 2—vielspaltig; Frucht schlauchartig, unregelmässig zerreissend od. rundum aufspringend; Keim gekrümmt am Umkreise des Eiweisses.

o o Nebenblätter vorhanden.

· Narben 2—4.

; Nebenblätter tutenförmig verwachsen, bleibend.

85. **Polygonaceae Juss.** Blüthen zwittrig od. 1geschlechtig; Perigon 3—6theilig, die inneren Zipfel oft grösser u. fortwachsend; Staubgefässe 3—9, am Grunde des Perigons eingefügt, Staub-

beutel der Länge nach aufspringend; Fruchtknoten 1, 1fächerig, 1eiig, Griffel 2—4, oft verwachsen; Frucht nussartig, vom Perigone eingeschlossen od. mit demselben verwachsen; Keim mit Eiweiss.

; ; Nebenblätter frei bleibend od. abfällig.

86. **Ulmaceae Mirb.** Blüthen zwittrig; Perigon 4—5- od. 8spaltig, verwelkend; Staubgefässe so viele als Perigonzipfel, am Grunde des Perigons eingefügt, Staubbeutel der Länge nach aufspringend; Fruchtknoten 1, 1fächerig, 1eiig, selten unvollständig 2fächerig; Griffel 2; Frucht kapslig od. eine Flügelfrucht; Keim gerade, eiweisslos.

87. **Cannabaceae Endl.** Blüthen 2häusig; ♂ Blüthen traubig od. rispig; Perigon 5theilig; Staubgefässe 5, am Grunde des Perigons eingefügt, Staubbeutel der Länge nach aufspringend; ♀ Blüthen in Scheinähren od. Kätzchen; Perigon krugförmig; Fruchtknoten 1, 1fächerig, 1eiig, Narben 2, sitzend; Frucht nussartig; Keim gekrümmt od. schraubenförmig, eiweisslos.

.. Narbe 1.

88. **Urticaceae Endl.** Blüthen zwittrig od. 1geschlechtig; Perigon 2—5blättrig bis -spaltig, bleibend od. verschwindend; Staubgefässe so viele als Perigonzipfel, in der Knospenlage einwärts geknickt, beim Aufblühen elastisch zurückschnellend, Staubbeutel der Länge nach aufspringend; Fruchtknoten 1, 1fächerig, 1eiig; Frucht nussartig; Keim gerade, in der Axe des Eiweisses.

β. Blüthen 1geschlechtig, ♂ u. ♀ gesondert in getrennten Blüthenständen; die ♂ in Kätzchen.

* Fruchtknoten durch 2—6wandständige Samenträger gefächert, Fächer 1—2eiig; Blüthen 1häusig.

89. **Cupuliferae Rich.** ♂ Blüthen: Perigon 5—8theilig od. aus 1—2 Schuppen gebildet, Staubgefässe 4—viele, am Grunde des Perigons um eine fleischige Scheibe od. der Schuppe eingefügt, Staubbeutel der Länge nach aufspringend; ♀ Blüthen: 1—mehrere, jede derselben od. 2—3 zusammen von einer, häufig mit den Deckblättern verwachsenen Hülle umgeben, Perigon mit dem Fruchtknoten verwachsen, Saum oberständig, undeutlich; Fruchtknoten 2—6fächerig, Fächer 1—2eiig; Griffel 1, Narben 2—6; Frucht nussartig, 1—2samig; Keim eiweisslos.

90. **Betulaceae Bartl.** Blüthen in Kätzchen mit schuppenförmigen Deckblättern; ♂ Blüthen: Kätzchenschuppen gestielt, 3blüthig, mit 2—4 Nebenschüppchen; Perigon 4spaltig od. eine Schuppe, auf dem Stiele der Kätzchenschuppe sitzend; Staubgefässe 4, Staubbeutel der Länge nach aufspringend: ♀ Blüthen: Kätzchenschuppen sitzend, 2—3blüthig, mit 2—4 Nebenschüppchen; Perigon fehlend; Fruchtknoten frei, 2fächerig, Fächer 1eiig; Narben 2; Frucht nussartig, 1samig; Keim eiweisslos.

* * Fruchtknoten 1fächerig, mit 2 wandständigen vieleiigen Samenträgern; Blüthen 2häusig.

91. **Salicaceae Rich.** Blüthen in Kätzchen mit schuppenförmigen Deckblättern, Perigon fehlend, statt desselben eine becherförmige Scheibe od. 1—2 Honigdrüsen; ♂ Blüthen: Staubgefässe 2—viele, Staubbeutel der Länge nach aufspringend; ♀ Blüthen: Fruchtknoten 1, in der Achsel eines Deckblattes. Narben 2; Frucht kapslig, 2klappig. Samen haarschopfig; Keim eiweisslos.

II. Classe MONOCOTYLEDONES JUSS. Keim mit einem scheidenartig geschlossenen Keimblatte; Gefässbündel im Stengel zerstreut, Mark und Rinde nicht scharf geschieden; Blätter parallelnervig (selten mit verzweigten Nerven); Blüthentheile vorherrschend 3zählig.

a. Perigon vollständig, 6blättrig od. 6theilig (selten 4- od. 8theilig).

α. Perigon unterständig.

* Fruchtknoten mehrere, getrennt od. theilweise verwachsen.

o Keim eiweisslos.

92. **Alismaceae Juss.** Blüthen zwittrig od. 1geschlechtig; Perigon 6blättrig, die 3 äusseren Blätter kelchartig, die 3 inneren blumenblattartig; Staubgefässe unterständig, 6—viele, Staubbeutel der Länge nach aufspringend; Fruchtknoten 3, 6 od. viele, fast ganz frei, 1fächerig, 1—2eiig; Narben so viele als Fruchtknoten; Frucht nicht aufspringend; Keim hackig gekrümmt.

93. **Juncaginaceae Rich.** Blüthen zwittrig; Perigon 6blättrig, Blätter kelchartig; Staubgefässe 6, unterständig, Staubbeutel der Länge nach aufspringend; Fruchtknoten 3 od. 6, am Grunde od. auch völlig verwachsen, 1fächerig, 1—2eiig; Narben so viele als Fruchtknoten; Frucht in 3—6, einwärts aufspringende, 1samige Theilfrüchtchen sich theilend; Keim gerade.

94. **Butomaceae Lindl.** Blüthen zwittrig; Perigon 6blättrig; die 3 äusseren Blätter kelchartig, die 3 inneren blumenblattartig, Staubgefässe zahlreich, unterständig, Staubbeutel der Länge nach aufspringend; Fruchtknoten 6—viele, frei od. verwachsen, 1fächerig, vieleiig; Narben so viele als Fruchtknoten; Frucht kapslig, einwärts aufspringend; Keim gerade od. gekrümmt.

o o Keim im Eiweiss.

95. **Colchicaceae DC.** Blüthen zwittrig od. 1geschlechtig; Perigon 6blättrig od. 6theilig, blumenkronartig; Staubgefässe 6, dem Perigone eingefügt, Staubbeutel der Länge nach od. rundum aufspringend; Fruchtknoten 3, mehr weniger verwachsen, 1fächerig, vieleiig; Griffel 3; Kapsel einwärts aufspringend.

* Fruchtknoten 1.

96. **Liliaceae DC.** Blüthen zwittrig od. 1geschlechtig; Perigon 6blättrig bis 6zählig, seltener 4—8theilig, blumenkronartig; Staubgefässe 6 od. 4—8, dem Blüthenboden od. dem Perigone eingefügt,

Staubbeutel der Länge nach aufspringend; Fruchtknoten 3fächerig; seltener 2—4fächerig. Fächer 1—vieleiig; Griffel 1—4 od. fehlend, Frucht eine Kapsel oder Beere; Keim im Eiweiss.

97. **Juncaceae Bartl.** Blüthen zwittrig; Perigon 6blättrig, trockenhäutig; Staubgefässe 6, selten 3, dem Perigone eingefügt, Staubbeutel der Länge nach aufspringend; Fruchtknoten 1—3fächerig, 3—vieleiig; Griffel 1; Frucht eine Kapsel; Keim im Eiweiss.

β. Perigon oberständig.

* Blüthen zwittrig; Frucht kapslig.

o Blüthen unregelmässig; Staubgefässe 3, mit dem Griffel zur Befruchtungssäule verwachsen, meist nur das mittlere (selten die 2 seitlichen) fruchtbar.

98. **Orchidaceae Juss.** Perigon blumenkronartig, unregelmässig, aus 2 3zähligen Kreisen bestehend, der unpaare Zipfel (Lippe) des inneren Kreises meist grösser u. oft gespornt, die übrigen 5 Zipfel meist ziemlich gleich; Staubbeutel 2fächerig, an die Befruchtungssäule angewachsen od. frei, manchmal in einer aus der hinteren Spitze der Befruchtungssäule u. dem Schnäbelchen der Narbe gebildeten Höhle (Antherengrube) verborgen; Blüthenstaub in 2, 4 od. 8 Blüthenstaubmassen zusammengeballt; Blüthenstaubmassen mittelst einer gemeinschaftlichen od. besonderen Klebdrüse auf dem Narbenrand angeklebt; Klebdrüse oft in einer sackförmigen Querfalte (Beutelchen) der Narbe od. im Grunde des Antherenfaches verborgen; Narbe abgestutzt od. mit einem Schnäbelchen endigend; Fruchtknoten 1fächerig, mit 3 wandständigen vieleiigen Samenträgern; Kapsel 3klappig; Keim eiweisslos.

o o Blüthen meist regelmässig; Staubgefässe 3 od. 6, frei, fruchtbar.

99. **Iridaceae Juss.** Perigon blumenkronartig, 6theilig; Staubgefässe 3, am Grunde der äusseren Perigonzipfel eingefügt; Staubbeutel auswärts gewendet, der Länge nach aufspringend; Fruchtknoten 1, 3fächerig, vieleiig; Griffel 3spaltig, Narben oft blumenblattartig verbreitert; Kapsel 3klappig; Keim im Grunde des Eiweisses.

100. **Amaryllidaceae R. Br.** Perigon blumenkronartig, 6theilig, mit od. ohne Nebenkrone; Staubgefässe 6, dem Blüthenboden od. dem Perigon eingefügt, Staubbeutel einwärts gewendet, der Länge nach od. an der Spitze aufspringend; Fruchtknoten 1, 3fächerig; vieleiig, Griffel 1, Narbe ungetheilt od. 3lappig; Kapsel 3klappig; Keim in der Axe des Eiweisses.

* * Blüthen meist 2häusig; Frucht beerenartig.

101. **Hydrocharidaceae DC.** Perigon 6blättrig, die 3 äusseren Blätter kelchartig, die 3 inneren blumenblattartig; Staubgefässe 3—viele, dem Perigone eingefügt, die äusseren oft unfruchtbar, Staubbeutel der Länge nach aufspringend; Fruchtknoten 1, 1 mehrfächerig, vieleiig; Narben 2—6, meist 2spaltig; Keim eiweisslos.

2*

b. Perigon fehlend od. unvollkommen.

α. Blüthen ohne spelzenartige Deckblätter.

* Blüthen einzeln od. in einfachen Achren.

102. **Lemnaceae Duby.** Blüthen 1häusig, nackt, ♂ u. ♀ in gemeinsamen Hohlräumen u. Spalten der Sprossglieder (Laub) versteckt; Staubgefässe 2, mit 2 fast kugeligen der Länge nach aufspringenden Staubbeutelfächern; Fruchtknoten 1, 1fächerig 1—6eiig, Griffel 1; Frucht schlauchig, nicht aufspringend od. kapslig, rundum aufspringend; Keim in der Axe des Eiweisses.

103. **Najadaceae Rich.** Blüthen zwittrig od. 1geschlechtig; Perigon fehlend od. kelchartig, unterständig, manchmal auch eine häutige Blumenscheide; Staubgefässe 1—4. Staubbeutel 1—4fächerig der Länge nach od. an der Spitze zerreissend; Fruchtknoten 1fächerig, 1eiig, 1—3narbig, einzeln od. zu 2—6 zusammen; Frucht nuss- od. steinfruchtartig; Keim eiweisslos.

* * Blüthen in Kolben od. kolbenförmigen Achren.

104. **Araceae Juss.** Blüthen 1häusig od. zwittrig, in Kolben; Perigon fehlend od. 4—8blättrig; Staubgefässe zahlreich od. so viele als Perigonzipfel, Staubbeutel der Länge nach od. mit Löchern aufspringend; Fruchtknoten 1—mehrfächerig, 2—mehreiig, einzeln od. zahlreich; Frucht eine Beere, saftig oder trocken; Keim in der Axe des Eiweisses.

105. **Typhaceae Juss.** Blüthen 1häusig, in walzlichen od. kugeligen Achren, die oberen Blüthenstände ♂, die unteren ♀; Perigon aus Borsten od. 3 häutigen Blättchen gebildet od. fehlend; ♂ Blüthen mit 2—mehreren Staubgefässen, Staubbeutel der Länge nach aufspringend; ♀ Blüthen: Fruchtknoten frei od. paarweise verwachsen, 1—2fächerig, 1—2eiig; Frucht nuss- od. steinfruchtartig; Keim in der Axe des Eiweisses.

β. Blüthen in den Achseln spelzenartiger Deckblätter (Bälge).

106. **Cyperaceae Juss.** Blüthen zwittrig od. 1geschlechtig, in Achren jede mit einem spelzenartigen Deckblatte gestützt; Perigon fehlend oder aus unterständigen Borsten bestehend; Staubgefässe 3, seltener 1—2 od. mehr als 3, Staubbeutel der Länge nach aufspringend; Fruchtknoten 1, 1fächerig, 1eiig; Griffel 2—3, innen narbig; Frucht nussartig, nackt od. von den bleibenden Borsten od. von einem krugförmigen Schlauche umgeben; Keim sehr klein, am Grunde des Eiweisses.

107. **Gramineae Juss.** Blüthen zwittrig od. 1geschlechtig, von 2 gegenständigen Deckblättern umgeben, in mehr-, selten 1blüthigen Achrchen angeordnet; das unterste Paar Deckblätter (Hüllspelzen) leer, das folgende Paar od. die folgenden Paare (Blüthenspelzen) die Befruchtungsorgane u. oft auch 1—3 kleine, das Perigon andeutende Schüppchen (Honigspelzen) einschliessend; Hüllspelzen u. untere Blüthenspelzen häufig gegrannt; Staubgefässe 3, selten

1—2. Staubbeutel der Länge nach od. an der Spitze aufspringend: Fruchtknoten 1, oberständig, 1fächerig, 1eiig, Griffel 2, selten 1 od. 3; Schalfrucht frei od. mit den Blüthenspelzen verwachsend; Keim ausserhalb des schildförmigen Eiweisses an dessen Grunde liegend.

II. Hauptabtheilung. **Gymnospermae** *Brong.* Eichen nackt auf einem offenen Fruchtblatte od. auf einer geöffneten Scheibe liegend.

108. **Coniferae Juss.** Blüthen 1- od. 2häusig; ♂ Blüthen aus 6—vielen nackten, ährenförmig angeordneten Staubgefässen bestehend, Staubfäden in ein schuppenförmiges od. schildförmiges, an der Unterseite die Staubbeutel tragendes Connectiv erweitert; ♀ Blüthen aus einem, auf einem schuppenförmigen, von einem Deckblatte gestützten Fruchtblatte od. ohne Fruchtblatt, in der Achsel eines Deckblattes sitzenden, nackten Eichen bestehend, einzeln od. in Aehren (Zapfen); Fruchtschuppen holzig od. fleischig; Keim in der Axe des Eiweisses.

I. Hauptabtheilung. **Angiospermae** *Brong.*

I. Classe DICOTYLEDONES JUSS.

I. Unterclasse THALAMIFLORAE DC.

I. Familie **Ranunculaceae Juss.**

1 Früchtchen nussartig, 1fächerig, 1samig, nicht aufspringend: Staubbeutel auswärts aufspringend 2
Früchtchen mehrsamig; Kelch in der Knospe dachig . . . 12
2 Kelch blumenkronartig, in der Knospe klappig mit geraden oder eingeschlagenen Rändern; Kronblätter ohne Honiggrube oder fehlend 3
Kelch in der Knospe dachig 4
3 Blumenkrone fehlend . . . . **Clematis**
Blumenkrone vielblättrig, viel kleiner als der Kelch **Atragene**
4 Kronblätter ohne Honiggrube oder fehlend 5
Kronblätter meist 5, am Grunde mit einer Honiggrube . . 9
5 Früchtchen einem scheibenförmigen Fruchtboden eingefügt . . . . **Thalictrum**
Früchtchen einem halbkugeligen oder kegelförmigen Fruchtboden eingefügt 6
6 Blumenkrone fehlend; unter der Blüthe eine 3—4blättrige Hülle 7
Blumenkrone 5—vielblättrig; Hülle fehlend . . . . . **Adonis**
7 Hüllblätter kelchartig, ungetheilt, an die Blüthe fast angedrückt . . . . **Hepatica**
Hüllblätter laubartig, getheilt, von der Blüthe entfernt . . 8
8 Früchtchen durch den verlängerten zottigen Griffel geschwänzt . . . . **Pulsatilla**
Früchtchen ungeschwänzt . . . . **Anemone**
9 Kelchblätter am Grunde mit einem pfriemlichen Sporn **Myosurus**
Kelchblätter ohne Sporn 10
10 Früchtchen mit 2 seitl. unfruchtbaren Fächern **Ceratocephalus**
Früchtchen ohne seitliche Fächer 11
11 Kelchblätter 5, selten 3; Kronblätter meist 5; Samenknospe aufrecht . . . . **Ranunculus**
Kelchblätter 5—10; Kronblätter 10—20; Samenknospe herabhängend . . . . **Callianthemum**
12 Staubbeutel auswärts-aufspringend 13
Staubbeutel einwärts-aufspringend 20

13 Kelch regelmässig 14
Kelch unregelmässig 19
14 Blumenkrone fehlend . . . . **Caltha**
Blumenkrone vorhanden 15
15 Kronblätter klein, spornlos 16
Kronblätter gross, trichterförmig, nach abwärts gespornt **Aquilegia**
16 Kelch vielblättrig; Kronblätter am Grunde mit einer Honiggrube . . . . **Trollius**
Kelch 5—6blättrig; Kronblätter honigbehälterförmig . . . 17
17 Kelch bleibend; Kapseln am Grunde verwachsen . **Helleborus**
Kelch abfällig 18
18 Kronblätter kurzröhrig, 1lippig; Kapseln fast frei . **Isopyrum**
Kronblätter eingeknickt-aufsteigend, benagelt, Platte 2lippig: Kapseln verwachsen . . . . **Nigella**
19 Kelch 5blättrig, das obere Blatt gespornt . . . . **Delphinium**
Kelch 5blättrig, das obere Blatt viel grösser, helmartig **Aconitum**
20 Kelch hinfällig 21
Kelch bleibend . . . . **Paeonia**
21 Früchtchen einzeln, beerenartig . . . . **Actaea**
Früchtchen 2—5, kapselartig . . . . **Cimicifuga**

---

1. Gruppe. Clematideae DC Kelch blumenkronartig, in der Knospe klappig mit geraden od. eingeschlagenen Rändern; Kronblätter ohne Honiggrube od, fehlend; Staubbeutel auswärts aufspringend; Früchtchen nussartig, 1samig. nicht aufspringend.

1. Clematis L. Waldrebe. Kelch 4—5blättrig, abfällig; Blumenkrone fehlend.

1. **C. vitalba L.** *Stengel kletternd, strauchig; Blätter fiederschnittig,* Blättchen ei- oder herzförmig, ganzrandig, grobgesägt oder gelappt; Blüthen in meist achselständigen Trugdolden; *Kelchblätter* länglich, *beiderseits filzig, weiss.* ♄ Hecken, gemein. H. 2,0—5,0 M. Juli-Aug.

2. **C. recta L.** *Stengel aufrecht, krautig; Blätter fiederschnittig,* Blättchen eiförmig, ganzrandig; Blüthen in endständiger rispenförmiger Trugdolde; *Kelchblätter* länglich, *kahl, aussen am Rande weichhaarig, weiss.* ♃ Steinige, bebuschte Orte, zerstreut. H. 0,5—1,2 M. Juni-Juli.

3. **C. integrifolia L.** *Stengel aufrecht, krautig; Blätter ungetheilt,* eiförmig oder eilanzettlich, ganzrandig; Blüthen überhängend; *Kelchblätter* länglich-lanzettlich, *kahl am Rande filzig, dunkelblau* (sehr selten weiss). ♃ Auen, feuchte Wiesen; häufig im südöstlichen Marchfelde und im Thalwege der March, dann bei Achau, Laxenburg, Guntramsdorf, Münchendorf, Götzendorf, Bruck a. d. Leitha, am Neusiedlersee bei Winden und Breitenbrunn H. 0,3—0,6 M. Mai-Juni.

2. Atragene L. Alpenrebe. Kelch 4—5blättrig, abfällig; Blumenkrone vielblättrig, viel kleiner als der Kelch.

4. **A. alpina L.** Stengel kletternd, holzig; Blätter doppelt 3schnittig, mit ei- oder länglich-lanzettlichen, ungleich-gesägten Blättchen; Blüthen einzeln, überhängend. Kelchblätter lanzettlich, hellblau, (selten weiss). ♃. Schluchten, Felsen der Kalkalpen und Voralpen, nicht häufig: Schneeberg und dessen Vorberge, Sonnwendstein, Rax, Nasswald, Trauch, Gippl, Gefäller Alpe, Voralpe, um Hohenberg, Annaberg, Gaming, Lunz, Lackenhof, Neuhaus, am Erlafsee, Lassingfall. A. austriaca Jacq. Clematis alpina Mill. H. bis 3,0 M. Mai-Juli.

2. Gruppe. Anemoneae DC. Kelch und Kronblätter in der Knospe dachig; Kronblätter ohne Honiggrube oder fehlend; Staubbeutel auswärts aufspringend. Früchtchen nussartig, 1fächerig, 1samig, nicht aufspringend.

3. Thalictrum L. Wiesenraute. Hülle fehlend; Kelch kronblattartig, 4—5blättrig, hinfällig; Blumenkrone fehlend; Früchtchen ungeschwänzt, einem scheibenförmigen Fruchtboden eingefügt.

a. Früchtchen 3kantig geflügelt, ungerieft, gestielt; Blumen lila.

5. **T. aquilegifolium L.** Blätter 2—3fach fiederschnittig, mit häutigen Nebenblättchen an den Verästelungen des Blattstiels; Staubfäden lila. ♃. Schluchten, Waldränder der Kalkvoralpen häufig, auch herabgeschwemmt in der Ebene, so in der Lichtenwörtherau bei Neunkirchen, Traisenauen bei St. Pölten; seltener auf Schiefer u. Granit, in der Aspanger Klause, im Kremsthale bei Meissling, bei Zwettl, Rappottenstein, Karlstift, Wurmbrand, Ottenschlag, Altenmarkt im Isperthale, Raabs, Hardegg. H. 0,4—1,2 M. Mai-Juli.

b. Früchtchen ungeflügelt, längsfurchig, sitzend; Blumen gelb.

α. Rispe pyramidal; Blüthen sammt den Staubgefässen überhängend.

* Blättchen rundlich od. keilig-verkehrteiförmig; Oerchen der Blattscheiden abgerundet.

6. **T. minus L.** Wurzelstock nicht kriechend; *Stengel* sammt den Blättern mehr weniger *bereift*, am Grunde blattlos, ungefähr in der Mitte beblättert; *Blätter* 2—3fach-fiederschnittig, nach oben meist *plötzlich an Grösse abnehmend;* Blattspindeln abgerundet od. mit vorspringenden Linien versehen; *Rispe locker, mit einzelnstehenden ausgesperrten Aesten.* ♃. Felsige Stellen, Nadelwälder der Kalkberge häufig. — b) glandulosum (Wallr.) Stengel, Blätter u Blüthenkiele drüsenhaarig. So im Miesenbachthale bei Oed nächst Wr.-Neustadt. H. 0,3—1,5 M. Mai-Juli.

7. **T. majus Cr.** Wurzelstock nicht kriechend; *Stengel unbereift,* vom Grunde bis hinauf beblättert; *Blätter* 2—3fach fiederschnittig, *allmälig an Grösse abnehmend;* Blattspindeln abgerundet od. mit vorspringenden Linien versehen. *Rispe locker, mit wirteligen, aufrechtabstehenden Aesten.* ♃. Waldränder der Voralpen, selten bei Gutenstein, Stixenstein, in der Emmerberger Klause, am Gans oberhalb Payerbach. — b) capillare (Rchb.) Blüthenstiele stark

verlängert, fast haarförmig-dünn, weitschweifig. So bei Stixenstein. H. 0,5—1,5 M. Juni-Juli.

8. **T. flexuosum Bernh.** Wurzelstock nicht kriechend; *Stengel unbereift*, vom Grunde bis zur Rispe beblättert; *Blätter* 2—3fach-fiederschnittig, *allmälig an Grösse abnehmend*; Blattspindeln mit mehreren scharfen Kanten versehen; *Rispe gedrungen*, mit aufrecht-abstehenden Aesten. ♃. Wiesen, buschige Orte, verbreitet auf der Hügelkette von Ernsbrunn bis Stillfried, bei Staatz, im südöstlichen Marchfelde bis in die Auen bei Aspern, bei Berg u. Wolfsthal; Simmering, am Laaerberg, bei Velm, im Rauhenwarther u. Schwadorfer Holze, im Ellender Walde, am Bisamberg, in der Klosterneuburger Au, Brigittenau, im Prater: im Sirningthal bei St. Johann, bei dem Pötschinger Sauerbrunn, Leesdorf bei Baden, Luggraben bei Scheibbs, Greinsfurt, Langenlois, Melk, Stein, Weinzierl, Krems, Mautern, Grafenwörth, Stockerau. T. collinum Wallr. T. elatum Jacq. T. Jacquinianum Koch. — b) repens. Wurzelstock kriechend. Ausläufer treibend. T. silvaticum Neilr. non Koch. So auf der Neustadt-Wöllersdorfer Heide u. im Neustädter Föhrenwalde. H. 0,3 bis 1,0 M. Juni-Aug.

* * Blättchen lineal; Oerchen der oberen Blattscheiden zugespitzt.

9. **T. galioides Nestl.** Wurzelstock kriechend; Stengel unbereift, vom Grunde bis zur Spitze beblättert; Blätter 2—3fach-fiederschnittig. Blättchen ungetheilt od. 2—3spaltig; Rispe länglich, gedrungen, mit aufrechtabstehenden Aesten. ♃. Nasse Wiesen, selten; Krieau im Prater, Marchegg, Eisgrub, Moosbrunn, Münchendorf, Bruck a. d. Leitha, Soos bei Baden, Hölles, Furtherthal bei Pottenstein, Prein. T. angustifolium L. p. p. T. Bauhini Cr. H. 0,3—1,0 M. Juni-Juli.

β. Rispe fast ebensträussig; Blüthen sammt den Staubgefässen aufrecht.

10. **T. lucidum L.** *Wurzel* büschlig, *ohne Ausläufer;* Blätter 2—3fach-fiederschnittig. Blättchen länglich-keilförmig bis lineal, meist ungetheilt, *ohne häutige Nebenblättchen.* ♃. Feuchte Wiesen, verbreitet. T. angustissimum Cr. T. angustifolium Jacq. — b) nigricans (Scop.) Blättchen breiter, länglich-lanzettlich bis keilförmig, öfters gelappt od. grobgezähnt. So auf den Donauinseln, in den Auen der Traisen, Erlaf, Ibbs. — c) glandipilum (Borb.). Blättchen wie bei b), aber fein-drüsig. (v. glandulosum Lecoy). In den Donauauen. H. 0,3—1,0 M. Juni-Juli.

11. **T. flavum L.** *Wurzelstock kriechend*; Blätter 2—3fach fiederschnittig. Blättchen verkehrtei-keilförmig, meist 3spaltig, *mit häutigen Nebenblättchen.* ♃. Sumpfwiesen bei Himberg, Achau, Laxenburg, Gramat-Neusiedel, Moosbrunn, Ebreichsdorf, Bruck a. d. Leitha. H. 0,3—1,0 M. Juni-Juli.

4. **Hepatica Rupr.** Leberblümchen. Hülle kelchartig, 3—4blättrig, an die Blüthe fast angedrückt; Kelch blumenkronartig, 6—mehr-

blättrig, abfällig; Blumenkrone fehlend; Früchtchen ungeschwänzt, einem halbkugeligen Fruchtboden eingefügt.

12. **H. triloba Gilib.** Stengel einfach, blattlos, einblüthig; grundständige Blätter herzförmig-3lappig, ganzrandig; Kelchblätter blau, (sehr selten weiss od. rosa) ♃. Laubwälder gemein. Anemone hepatica L. H. nobilis Moench. -- b) rhaetica Brügg. Lappen der meisten Blätter mit 1—2 Nebenlappen versehen. So selten bei Aggsbach u. am Kahlengebirge. H. 0,08—0,15 M. März-April.

5. Pulsatilla Tourn. Hülle laubartig, vieltheilig, von der Blüthe entfernt; Kelch blumenkronartig, meist 6blättrig, abfällig; Früchtchen geschwänzt, einem halbkugeligen Fruchtboden eingefügt.

α. Hüllblätter handförmig getheilt, sitzend, am Grunde zu einer Scheide verwachsen.

* Grundständige Blätter im Herbste absterbend.

13. **P. nigricans Störck.** Grundständige Blätter 2—3fachfiedertheilig, mit linealen Zipfeln; *Blüthen nickend;* Kelch glockig. *Kelchblätter* an der Spitze umgerollt, schwarzviolett (höchst selten weiss od. grünlich), *etwas länger als die Staubgefässe.* ♃. Sonnige Hügel, häufig; stellenweise jedoch, wie z. B. um St. Pölten fehlend. Anemone pratensis L. p. p. P. pratensis Mill. p. p. A. pratensis v. patula Pritz. H. 0,2—0,5 M. April-Mai.

13 × 14. **P. nigricans × vulgaris.** Von P. nigricans durch schmälere, längere, lichtergefärbte, an der Spitze nicht od. kaum umgerollte Kelchblätter; von P. vulgaris durch kürzere, breitere, dunklere Kelchblätter verschieden. Die Blüthen sind bald übergebogen, bald aufrecht. P. affinis Lasch. P. mixta Hal. P. Petteri Beck. Sehr selten, auf dem Bisamberge, bei Kalksburg und am Eichkogel bei Mödling, ehemals auch auf der Türkenschanze bei Wien.

14. **P. vulgaris Mill.** Grundständige Blätter 2—3fach fiedertheilig, mit linealen od. lanzettlichen Zipfeln; *Blüthen aufrecht;* Kelch glockig. *Kelchblätter* schwach auswärts gebogen, bleich-violett. *doppelt so lang als die Staubgefässe.* ♃. Sonnige Hügel, Bergwiesen, häufig. Anemone pulsatilla L. — b) grandis (Wend.). Blattzipfel breiter, 3—7 mm. breit, Blüthen grösser. Mit der Grundform, am häufigsten auf kahlen, sonnigen Kalkhügeln. H. 0,15—0,3 M. März-April.

* * Grundständige Blätter überwinternd.

15. **P. vernalis. (L.). Mill.** Grundständige Blätter einfach-fiedertheilig, mit verkehrteiförmigen bis eiförmig-länglichen, oft 3spaltigen Zipfeln; Blüthen nickend; Kelch glockig, doppelt so lang als die Staubgefässe, weisslich, aussen hellila. ♃. Bisher blos auf der Probsteiwiese zwischen Schönau und Reichenbach bei Litschau. Anemone vernalis L. H. 0,15—0,3 M. April-Mai.

β. Hüllblätter von der Gestalt der grundständigen Blätter, auf einer kurzen erweiterten Blattscheide sitzend.

16. **P. alpina (L.) Delarb.** Grundständige Blätter doppelt-3schnittig, Blättchen fiederspaltig-eingeschnitten, mit lanzettlichen Zipfeln; Blüthen aufrecht; Kelchblätter ausgebreitet, weiss, aussen oft bläulich ♃. Kalkalpen und Voralpen häufig. Anemone alpina L. A. Burseriana Scop. H. 0,15—0,3 M. Mai-Juni.

6. Anemone L. Windröschen. Hülle laubartig, 3—4blättrig, von der Blüthe entfernt; Kelch blumenkronartig, meist 6blättrig, abfällig; Früchtchen ungeschwänzt, einem halbkugel- od. kegelförmigen Fruchtboden eingefügt.

α. Hüllblätter sitzend, fingerig-eingeschnitten; Früchtchen kahl.

17. **A. narcissiflora L.** Grundständige Blätter 3—5theilig, mit breit-keilförmigen, 3spaltigen, mehr weniger eingeschnittenen Zipfeln; Blüthen in einer endständigen, 3—7blüthigen Dolde; Kelchblätter weiss, kahl. ♃. Alpen, Voralpen, häufig. H. 0,15—0,4 M. Mai-Juni.

β. Hüllblätter gestielt, von der Gestalt der grundständigen Blätter; Früchtchen rauhhaarig od. filzig.

o Kelchblätter weiss od. rosa.

18. **A. silvestris L.** *Wurzelstock kurz, aufrecht;* Stengel meist 1blüthig; grundständige Blätter 5theilig, mit 2—3spaltigen Zipfeln; *Kelchblätter aussen zottig,* weiss (sehr selten roth). ♃. Steinige, buschige Orte; häufig im Wiener Becken u. im ganzen Donauthale. H. 0,15—0,4 M. Mai-Juni.

19. **A. trifolia L.** *Wurzelstock wagrecht, kriechend, fast weiss;* Stengel 1blüthig; Hüllblätter 3schnittig, doppelt so lang als ihr Stiel, *Abschnitte gleichmässig-gesägt; Kelchblätter kahl.* ♃. Steinige buschige Stellen, selten u. nur im südwestl. Theile des Landes: Dürnbachgraben bei Gresten, Zogelsbachgraben bei Ibbsitz, Sonntagsberg bei Waidhofen, Ibbsthal von Oppenitz bis Seitenstetten, Ibbser Heide. H. 0,1—0,25 M. April-Mai.

20. **A. nemorosa L.** *Wurzelstock wagrecht, kriechend, dunkelwachsgelb;* Stengel 1blüthig; Hüllblätter 3schnittig, doppelt so lang als ihr Stiel. *Abschnitte ungleich-eingeschnitten-gesägt; Kelchblätter kahl.* ♃. Wälder, Bergwiesen, gemein; am Wechsel auch in der Alpenregion. H. 0,1—0,25 M. April-Mai.

o o Kelchblätter sattgelb.

21. **A. ranunculoides L.** Wurzelstock wagrecht, kriechend; Stengel 1—3blüthig; Hüllblätter 3schnittig, vielmal länger als ihr Stiel, Abschnitte ungleich-eingeschnitten-gesägt; Kelchblätter aussen flaumig. ♃. Wälder, Auen gemein. H. 0,1—0,25 M. April-Mai.

20 × 21. **A. nemorosa × ranunculoides.** Blüthen einzeln, weissgelblich; Früchtchen verkümmernd. Bei Neuwaldegg und auf dem

Hermannskogel bei Wien. A. nemorosa v. sulphurea Pritz. non A. sulphurea L. A. intermedia Winkl. non Schult. A. nemorosa v. flava Peterm. non A. flava Gilib. A. lipsiensis et vindobonensis Beck.

o o o Kelchblätter blau.

22. **A. appenina L.** Wurzelstock knollenförmig; Stengel 1blüthig; Hüllblätter 3schnittig, so lang als ihr Stiel, Abschnitte ungleich-eingeschnitten-gesägt; Kelchblätter kahl. ♃. Nur auf dem Krähenbühel bei Gresten nächst Gaming, wahrscheinlich verwildert. H. 0,1—0,25 M. Mai.

7. Adonis L. Teufelsauge. Hülle fehlend; Kelch 5blättrig, abfällig: Früchtchen einem eikegelförmigen Fruchtboden eingefügt, ungeschwänzt.

* Wurzel einjährig; Schnabel der Früchtchen aufsteigend, kegelförmig; Staubbeutel schwarzviolett.

23. **A. phoenicea (L.) Fritsch.** Blätter mehrfach fiedertheilig, mit linealen Zipfeln; *Kelch kahl;* Früchtchen am oberen Rande 2zähnig, am unteren 1zähnig, *mit grünem Schnabel,* ⊙ Brachen, unter Getreide, häufig. A. annua v. phoenicea L. A. aestivalis L. H. 0,2 bis 0,45 M. Mai-Juli. — a) miniata (Jacq.) Kronblätter mennigroth, am Grunde schwarz. — b) flava (Vill.) Kronblätter gelb, am Grunde braun. A. citrina Hoffm. Viel seltener.

24. **A. flammea Jacq.** Blätter mehrfach fiedertheilig, mit linealen Zipfeln; *Kelch behaart;* Früchtchen zahnlos od. am unteren Rande undeutlich 1zähnig, *mit an der Spitze schwarzem Schnabel.* ⊙ Aecker, minder häufig. H. 0,2—0,4 M. Juni-Juli. Kronblätter scharlachroth, am Grunde oft schwarz od. b) citrina (DC). Kronblätter gelb. So sehr selten.

Anm. A. autumnalis L. Von vorigen durch abstehende Kelchblätter verschieden, wurde einigemal, zufällig eingeschleppt, beobachtet.

* * Wurzelstock ausdauernd; Schnabel der Früchten hackig-gekrümmt; Staubbeutel gelb.

25. **A. vernalis L.** Stengel am Grunde beschuppt, oben beblättert; Blätter mehrfach fiedertheilig, mit linealen Zipfeln; Kelch behaart, Kronblätter gelb; Früchtchen zahnlos, mit gleichfarbigem Schnabel. ♃. Sonnige Triften, häufig auf den Kalkbergen des Wiener Beckens, bei Münchendorf, im Steinfelde bei Neustadt, bei St. Pölten, Leithagebirge, Hainburger Berge u. im Hügellande des Kreises U. M. B. H. 0,1—0,3 M. April-Mai.

3. Gruppe. Ranunculeae DC. Kelch u. Kronblätter in der Knospe dachig; Kronblätter am Grunde mit Honiggrube; Staubbeutel auswärts aufspringend; Früchtchen nussartig, einfächerig, einsamig, nicht aufspringend.

8. Myosurus L. Mäuseschwanz. Kelch 5blättrig, am Grunde mit pfriemlichem Sporn; Kronblätter 5, benagelt, Nagel länger als die Platte; Früchtchen einem walzlichen Fruchtboden eingefügt.

26. **M. minimus L.** Blätter grundständig, lineal; Schaft 1blüthig; Kronblätter gelblich; Fruchtähre walzlich-kegelförmig. ⊙ Feuchte Aecker, Lachenränder, selten: Laaerberg, Eichenwäldchen zwischen Leesdorf u. Vöslau, bei Soos; Parndorf, Goyss u. Neusiedl am See; Magyarfalva; Raabs, Waidhofen a. d. Thaya, Krumau, Pulkau, Wachberg bei Krems, Gansbach, Gurhof, Merkendorf, Rosenfeld, Mank, Teufelhof bei St. Pölten. Vor der Favoritenlinie, bei Erlaa und Hernals kommt er nicht mehr vor. H. 0,01—0,1 M. April-Juni.

9. Ceratocephalus Moench. Hornköpfchen. Kelch 5blättrig, spornlos; Kronblätter 5, undeutlich benagelt; Früchtchen einem walzlichen Fruchtboden angefügt, ober dem fruchtbaren Fache mit 2 seitlichen unfruchtbaren Fächern.

27. **C. testiculatus (Cr.) Kern.** Blätter grundständig, handförmig-3—vieltheilig, mit linealen Zipfeln; Früchtchen auf der obern Seite zwischen den Höckern schmalgefurcht, auf dem Rücken mit einem schwachgezähnelten Kamme, *Schnabel fast gerade.* ⊙ Sandige Grasplätze, stellenweise u. nur um Wien; vor der Belvedere-, Favoriten- u. St. Marxerlinie über Simmering bis zum Neugebäude, Arsenal, Laaerberg, Wienerberg, Schönbrunner-, Dornbacherstrasse, Grinzing, vor dem Neusiedlerthore bei Mödling u. an der Laxenburger Bahn. Ranunculus testiculatus Cr. C. orthoceras DC. H. 0,03—0,1 M. April-Mai.

28. **C. falcatus (L.) Pers.** Früchtchen auf der obern Seite zwischen den Höckern breitrinnig, am Rücken ohne Kamm, *Schnabel sichelförmig einwärtsgebogen,* sonst w. v. ⊙ Sandige Grasplätze, ehemals vor der Favoritenlinie, bei Penzing an der Schönbrunnerstrasse bis auf die Schmelz, auf der Türkenschanze: heute kein sicherer Standort mehr bekannt. Ranunculus falcatus L. H. 0,03—0,1 M. April-Mai.

10. Callianthemum C. A. Mey. Kelch 5—10blättrig, abfällig; Kronblätter 10—20, mehr minder benagelt; Früchtchen einem kugeligen Fruchtboden eingefügt, ohne unfruchtbare Fächer; Samenknospe zweihüllig, herabhängend.

29. **C. anemonoides (Zahlbr.) Schott.** Wurzelstock schopfig; Stengel einblüthig, 1—2blättrig od. nur 1—2schuppig; grundständige Blätter doppelt-3schnittig od. doppelt-fiederschnittig, Abschnitte 3theilig—vielspaltig mit lineallänglichen Zipfeln; Kronblätter weiss od. rosa, am Grunde gelb; Früchtchen feinrunzlig, kurzgeschnäbelt. ♃ Felsige buschige Orte der Kalkvoralpen, selten: am Gaier bei Pottenstein, in der Oed an der Piesting, bei Pernitz, beim Trauch- und Ortnerbauer in der Schwarzau, zwischen Rohr und Hohenberg, am Fusse des Göllers bei dem Aufstieg zur

Schindleralpe, im Tuffgraben bei St. Egyd, auf dem Sattelbauerberg, der Wildalpe und Salzaleiten bei Mariazell, in der Hundsau bei Gössling, in der Seeau bei der Voralpe. Ranunculus anemonoides Zahlbr. ♃. 0,08—0,2 M. April.

11. Ranunculus L. Hahnenfuss. Kelch 5-, selten 3blättrig, abfällig; Kronblätter 5, selten mehr, mehr minder benagelt; Früchtchen einem kugeligen od. kegelförmigen Fruchtboden eingefügt, ohne unfruchtbare Fächer; Samenknospe einhüllig, aufrecht.

I. Blüthenstiele zur Fruchtzeit zurückgekrümmt; Kronblätter weiss; Früchtchen querrunzlig. Fluthende Wasserpflanzen.

α. Untergetauchte Blätter im Umriss rundlich, mit ausgebreiteten Zipfeln: Fruchtboden rauhhaarig.

* Untergetauchte Blätter ausserhalb des Wassers pinselförmig zusammenfallend, schwimmende 3—5lappig, stumpfgekerbt.

30. **R. aquatilis L.** Untergetauchte Blätter borstig-vielspaltig, untere gestielt, obere sitzend; schwimmende nierenförmig, unterseits angedrückt-behaart; Staubgefässe länger als das Fruchtknotenköpfchen. ♃. Um Wien sehr selten, bisher nur in der Mödling, scheint dagegen im Waldviertel häufiger zu sein, so bei Schwarzbach an der Lainsitz, im Ritzmannsdorfer Teiche bei Zwettl. R. peltatus Schrank. Batrachium aquatile Dum. Mai-Aug.

* * Untergetauchte Blätter ausserhalb des Wassers mit allseits starr abstehenden Zipfeln, schwimmende (wenn vorhanden) 3—5theilig, ziemlich spitzgekerbt.

31. **R. paucistamineus Tausch.** Blätter meist nur untergetaucht, borstenförmig-vielspaltig, sämmtlich gestielt, der *Mittelabschnitt 2—3mal kürzer als die 2 seitlichen Abschnitte;* Schwimmblätter unterseits angedrückt-behaart; *Nebenblattscheiden rauhhaarig;* Blüthenstiele so lang od. doppelt so lang als ihr Blatt; Kronblätter schmal, von einander abstehend; *Staubgefässe* meist 10—15, *nicht über das Fruchtknotenköpfchen hinausragend;* Fruchtboden kugelig. ♃. Verbreitet im ganzen Lande; mit Schwimmblättern sehr selten, im kleinen Teiche zwischen Lainz und St. Veit. Mai-Aug.

32. **R. Petiveri Koch.** Blätter meist nur untergetaucht, borstenförmig-vielspaltig, untere gestielt, obere sitzend, der *Mittelabschnitt nur wenig schwächer als die 2 seitlichen Abschnitte;* Schwimmblätter 3spaltig, mit keilförmig-spateligen, vorne eingeschnittenen Lappen, unterseits kahl; *Nebenblattscheiden kahl;* Blütenstiele 2—4mal länger als ihr Blatt; Kronblätter verkehrteiförmig, sich berührend; *Staubgefässe 14—18, nicht über das Fruchtknotenköpfchen hinausragend;* Fruchtboden ei- bis eikegelförmig. ♃. Bei Feldsberg, im Neustädter Kanal bei Simmering, bei Mödling, Achau, Laxenburg; die Succulentform bei Winden am Neusiedlersee. Batrachium carinatum Schur. Mai-Aug.

33. **R. Rionii Lagg.** Blätter sämmtlich untergetaucht, borstenförmig-vielspaltig, die unteren manchmal gestielt, der *Mittelabschnitt*

viel schwächer, als die beiden seitlichen Abschnitte; Nebenblattscheiden kahl; Blüthenstiele bis anderthalbmal so lang als ihr Blatt; Kronblätter verkehrteiförmig, sich berührend; *Staubgefässe kürzer als das Fruchtknotenköpfchen;* Fruchtboden walzlich verlängert; Früchtchen sehr zahlreich. ♃. In Lachen am Nimmersatt-Teiche bei Feldsberg. Mai-Juli.

*** Blätter sämmtlich untergetaucht, in eine kreisrunde Fläche starr ausgebreitet.

34. **R. divaricatus Schrank.** Blätter borstenförmig-vielspaltig, viel kürzer als die Stengelglieder, untere kurzgestielt, obere sitzend; Staubgefässe länger als das Fruchtknotenköpfchen. ♃. In Sümpfen der Donau u. der Nebenflüsse, sowie auf der südöstl. Niederung Wiens, seltner in Bergsümpfen u. im Waldviertel. Kommt auch als Succulentform vor. R. circinnatus Sibth. Mai-Aug.

β. Untergetauchte Blätter im Umriss länglich, mit parallel vorgestreckten Zipfeln; Fruchtboden kahl.

35. **R. fluitans Lam.** Blätter sämmtlich untergetaucht, borstenförmig-vielspaltig, untere langgestielt, obere sitzend; Staubgefässe kürzer als das Fruchtknotenköpfchen. ♃. Selten, am Kamp von Altpölla, Steinegg über Rosenburg, Gars, Stiefern, Haindorf u. Hadersdorf bis zur Mündung desselben in die Donau u. in der Thaya bei Hardegg. Batrachium fluitans Fr. R. fluviatilis Wigg. Juni-Aug.

II. Blüthenstiele zur Fruchtzeit gerade; Früchtchen glatt (sehr selten feinrunzlig). Landpflanzen od. nicht fluthende Sumpfpflanzen.

A. Kronblätter weiss od. rosa.

* Stengel 1- (sehr selten 2-) blüthig, 5—15 cm. hoch.

36. **R. alpestris L.** *Grundständige Blätter 3—5spaltig od. lappig;* Stengel 1—2blättrig od. blattlos; Kronblätter weiss, Früchtchen glatt, langgeschnäbelt. ♃. Auf allen Kalkalpen gemein; seltner auf Voralpen, wie Unterberg, Reisalpe, Kalterberg in der Prein od. herabgeschwämmt, wie im Gr. Höllenthale. H. 0,05—0,15 M. Juni-Aug.

37. **R. Traunfellneri Hoppe.** *Grundständige Blätter fast bis zum Grunde 3theilig,* Mittellappen 3spaltig, die seitlichen tief 3spaltig, Zipfel oft wieder 2—3spaltig, mit lineallanzettlichen Zipfelchen, sonst w. v. ♃. Kalkalpen, viel seltener; auf der Rax zwischen den Liechtensternhütten u. der Heukuppe, am Dürnstein. H. 0,05—0,08 M. Juli-Aug.

* * Stengel 3—vielblüthig, 30—80 cm. hoch.

38. **R. aconitifolius L.** Stengel am Grunde aufsteigend mit abstehenden Aesten; die unteren Blätter gestielt, handförmig 3—7theilig, Abschnitte 2—3spaltig od. ungetheilt, eingeschnitten gesägt, die obersten sitzend mit rhombisch-lanzettlichen *bis od. fast bis zur Spitze gleichmässig gesägten Abschnitten;* Blüthenstiele aufrecht-abstehend, steif, *1—3mal länger als das sie stützende*

Hochblatt, unter der Blüthe kurzhaarig; Kronblätter weiss; Staubgefässe so lang als die Griffel; Früchtchen feinrunzlig, kahl, kurzgeschnäbelt. ♃. Feuchte, sumpfige Orte gebirgiger Gegenden; im Waldviertel bei Kottes, St. Oswald im Isperthale, am Burgstein bei Pögstall, Ottenschlag; bei Waidhofen an der Ibbs, Seitenstetten, am Sattelbauer Gschaid bei St. Egyd, bei Mariazell. H. 0,25—0,6 Juni-Juli.

39. **R. platanifolius L.** Stengel aufrecht mit aufrechtabstehenden Aesten; die obersten Blätter sitzend mit *schmallanzettlichen, nur in der Mitte gesägten, in eine lange ganzrandige Spitze ausgezogenen Abschnitten;* Blüthenstiele aufrecht, schlank 4—5*mal länger als das sie stützende Hochblatt, unter der Blüthe stets kahl,* nur tiefer abwärts zerstreut bewimpert; Kronblätter kleiner; Staubgefässe die Griffel mit der Anthere überragend, sonst w. v. ♃. An steinigen kräuterreichen Stellen der Voralpen bis in die Krummholzregion häufig; auch bei Karlstift. H. 0,3— 0,8 M. Juni-Juli.

B. Kronblätter gelb.

a. Kelchblätter 5, Kronblätter 5, selten mehr.

α. Wurzelfasern knollig verdickt.

40. **R. pthora Cr.** *Grundständiges u. unterstes stengelständiges Blatt nierenförmig,* querbreiter, vorne gestutzt, eingeschnittenlappig, blüthenständige lanzettlich, *kahl* wie die ganze Pflanze; Früchtchen bauchig, gekielt, langgeschnäbelt. ♃. Felsenschutt der Kalkalpen, nicht gemein; Wassersteig, Abfälle des Ochsenbodens vom Saugraben bis über die Bockgrube des Schneeberges hinaus; Griesleiten, Schlangenweg, Eishüttenalpe, Wetterkogel und Keilwand der Rax; Göller, Oetscher, Dürnstein, Hochkohr. R. hybridus Bir. R. pseudothora Host. H. 0,08—0,2 M. Juni-Juli.

41. **R. illyricus L.** *Blätter 3zählig,* untere gestielt, obere sitzend; Abschnitte lineallanzettlich, ungetheilt od. 2—3theilig, *seidenhaarig-wollig,* wie die ganze Pflanze; Früchtchen zusammengedrückt, breitberandet, langbeschnäbelt. ♃. Weiden, Vorhölzer, selten u. nur gegen die ungarische Grenze; Magyarfalva, Marchegg, Schlosshof, Wiener und Laaerberg, Schwadorfer Holz, Hundsheimer- u. Braunsburg, Spittelberg bei Bruck, Parndorfer Heide, Goyss, Winden, Haglersberg; auf dem Kalenderberg bei Mödling u. in Grasgärten bei Penzing eingeschleppt. H. 0,3—0,45 M. Mai-Juni.

β. Wurzelfasern nicht verdickt.

* Früchtchen wehrlos (bei R. lateriflorus u. sardous manchmal feinwarzig), berandet, geschnäbelt; Fruchtköpfchen fast kugelig.

o Blätter alle ungetheilt.

42. **R. flammula L.** *Wurzelstock ohne Ausläufer;* Stengel aufsteigend od. niedergestreckt; Blätter elliptisch od. lineallanzettlich, spitz, untere langgestielt; Kronblätter 5 mm breit; Früchtchen

mit kurzem, geraden Schnabel. ♃. Gräben, feuchte Wiesen; häufig im Marchthale u. südöstl. Marchfelde, in den südöstl. Niederungen Wiens bis zur Leitha; bei Reichenau, Prein; von St. Pölten westlich, über Melk, Steinakirchen bis in das Peulenthal ober Scheibbs. H. 0,1—0,4 M. Juni-Herbst.

43. **R. lingua L.** *Wurzelstock mit unterirdischen Ausläufern;* Stengel aufrecht; Blätter verlängert-lanzettlich, langzugespitzt, untere kurzgestielt; Kronblätter 15—18 mm breit; Früchtchen *mit breitem, gekrümmten Schnabel.* ♃. Sümpfe, Gräben, selten: Donauinseln bei Grafenegg, Langenzersdorf, Lobau, im Marchthale bis Zwerndorf herab; am kalten Gange, an der Piesting u. Fischa bei Himberg, Velm, Ebergassing, Moosbrunn, an der Leitha bei Wilfleinsdorf, bei St. Lorenzen nächst Neunkirchen; Fladnitzthal bei Herzogenburg, Rosenfeld bei Melk, Krenstetten bei Seitenstetten, bei Zwettl, Kirchberg am Walde, Hoheneich u. im Schrattenthal bei Ober-Hollabrunn. H. 0,5—1,2 M. Juli-Aug.

44. **R. lateriflorus DC.** *Wurzel jährig;* Stengel vom Grunde aus wiederholt-gabelästig; untere Blätter eilänglich, obere lanzettlich; *Blüthen einzeln, blattwinkelständig, sitzend od. sehr kurz gestielt;* Kronblätter klein; Früchtchen mit kurzem, etwas gebogenem Schnabel, auf den Flächen etwas warzig. ⊙ Bisher bloss auf der Parndorfer Heide. R. nodiflorus Rchb. non L. H. 0,05—0,25 M. Mai-Juli.

o o Blätter sämmtlich od. doch die stengelständigen handförmig-getheilt.

· Blüthenstiele stielrund; Früchtchen behaart, Fruchtboden kahl.

45. **R. auricomus L.** *Stengel am Grunde ohne Scheiden;* grundständige Blätter 2—4, gestielt, rundlich-nierenförmig, ungetheilt od. 3—mehrspaltig, stengelständige sitzend, *mit linealen, meist ganzrandigen Abschnitten;* Früchtchen gewölbt. ♃. Wiesen, Wälder, verbreitet. H. 0,15—0,45 M. April-Juni.

46. **R. cassubicus L.** *Stengel* am Grunde *mit häutigen blattlosen Scheiden;* grundständige Blätter 1—2, gestielt, rundlich-nierenförmig, meist ungetheilt, stengelständige sitzend, *mit länglichen od. verkehrteilänglichen, gesägten Abschnitten;* Früchtchen stark gewölbt. ♃. Im Walde des Zeiselberges bei Sebarn; bei Wolfsthal u. Edelsthal nächst Hainburg. H. 0,35—0,6 M. Mai.

· · Blüthenstiele stielrund; Früchtchen u. Fruchtboden kahl.

47. **R. acris L.** *Wurzelstock kurz, abgebissen;* Stengel u Blattstiele angedrückt-behaart; Blätter handförmig-5theilig, Abschnitte rautenförmig, ungleich eingeschnitten; *Früchtchen kurzgeschnäbelt.* ♃. Wiesen bis in die Alpenregion, gemein. R. Boraeanus Jord. H. 0,3—1,0 M. Mai-Sept.

48. **R. Steveni Andrz.** *Wurzelstock wagrecht, kriechend;* Stengel u. Blattstiele angedrückt-behaart: Blätter handförmig-3theilig, Abschnitte breit-rautenförmig, grobgezähnt; *Früchtchen kurz-*

geschnäbelt. ♃. Kunstwiesen; Liechtensteinischer u. botanischer Garten in Wien, im Kalksburger u. im Laxenburger Parke, bei Währing, im Krapfenwaldel bei Grinzing, am Handlesberge. R. Frieseanus Jord. R. silvaticus Fr. non Thuill. R. tuberosus Schur. non Lap. H. 0,4—0,8 M. Mai-Juni.

49. **R. lanuginosus L.** *Wurzelstock kurz, abgebissen;* Stengel u. Blattstiele abstehend-rauhhaarig; Blätter handförmig-getheilt, Abschnitte breit-rautenförmig, ungleich-grobgezähnt; *Schnabel fast halb so lang als das Früchtchen.* ♃. Feuchte Waldstellen, gemein. H. 0,3—1,2 M. Mai-Juli.

. . . **Blüthenstiele stielrund; Früchtchen kahl, Fruchtboden borstlich.**

50. **R. montanus L.** Wurzelstock dickwalzlich, meist abgebissen; grundständige Blätter gestielt, handförmig-getheilt; Abschnitte verkehrteiförmig, stumpflich-gezähnt; stengelständige sitzend, mit spreitzenden länglich-linealen Zipfeln; *Fruchtboden gegen die Spitze zu borstlich.* ♃. Kalkalpen und Voralpen gemein. H. 0,05—0,3 M. Juni-Aug.

51. **R. breyninus Cr.** Wurzelstock dünnwalzlich, abgebissen; grundständige Blätter gestielt, handförmig-getheilt; Abschnitte verkehrteiförmig, spitzgezähnt; stengelständige sitzend, mit wenigabstehenden, linealen Zipfeln; *Fruchtboden durchaus dicht borstlich.* ♃. Bisher bloss auf der Raxalpe auf Abstürzen in der Nähe des Schutzhauses und am Nordabhange des Schneeberges. R. Hornschuchii Hoppe. R. Villarsii Koch, non DC. H. 0,15—0,3 M. Juni-Aug.

. . . . **Blüthenstiele gefurcht; Früchtchen kahl, Fruchtboden borstlich, ; Kelch abstehend.**

52. **R. nemorosus DC.** Stengel aufrecht, *ohne Ausläufer*, anliegend-behaart; grundständige Blätter, 3—5spaltig od. lappig, *Abschnitte breit-verkehrteiförmig,* 6spaltig; *Schnabel kurz-hakenförmig, an der Spitze eingerollt.* ♃. Waldränder meist subalpiner Gegenden bis an die Grenze des Krummholzes verbreitet, meist auf Kalk, aber auch auf Sandstein, wie am Leopolds- u. Schafberge bei Wien u. auf Schiefer u. Granit, wie im Gföhler Walde u. bei Karlstift. H. 0,25—0,6 M. Mai-Juli.

53. **R. polyanthemus L.** Stengel aufrecht, *ohne Ausläufer*, unterwärts abstehend-behaart; grundständige Blätter handförmig 5theilig, *Abschnitte rautenförmig,* meist doppelt 3spaltig, mit linealen od. lineallanzettlichen Zipfeln; *Schnabel gebogen od. etwas hakenförmig* ♃. Wiesen, Waldränder niedriger u. gebirgiger Gegenden, häufig. H. 0,3—0,6 M. Mai-Juli.

54. **R. repens L.** Stengel aufsteigend, *beblätterte Ausläufer treibend,* kahl od. behaart, grundständige u. untere Stengelblätter 3zählig od. doppelt 3zählig, mit 3spaltigen eingeschnitten-gezähnten

Zipfeln; Früchtchen sehr fein punktirt, mit hackenförmigem Schnabel. ♃. Gräben gemein. H. 0,15—0,6 M. Mai-Juli.

; ; Kelch zurückgeschlagen.

55. **R. bulbosus L.** Stengel am Grunde *knollenförmig-verdickt;* untere Blätter 3zählig. Abschnitte 3spaltig. ♃. Wiesen, Raine, gemein. H. 0,15—0,4 M. Mai-Juli.

56. **R. sardous Cr.** Stengel am Grunde *nicht verdickt;* Früchtchen schärfer berandet, sonst w. v. ⊙ Gräben, feuchte Aecker, gemein im Wiener Becken, in den 2 oberen Kreisen seltener. R. philonotis Ehrh. R. pseudobulbosus Schur. H. 0,1—0,3 M. Mai-Sept. — b) verrucosus (Presl) Früchtchen fein warzig. So seltener.

* * Früchtchen wehrlos, unberandet, bespitzt; Fruchtköpfchen länglich-walzlich.

57. **R. sceleratus L.** Stengel aufrecht hohl; untere Blätter 3theilig, mit eingeschnitten-gekerbten Abschnitten; Kelch zurückgeschlagen; Kronblätter sehr klein; Früchtchen sehr zahlreich, klein, feinrunzlig. ⊙ Ufer, Gräben, Sümpfe, verbreitet. H. 0,15 bis 0,8 M. Juni-Herbst.

* * * Früchtchen mit kegelförmigen Knötchen od. pfriemlichen Dornen.

58. **R. arvensis L.** Untere Blätter 3theilig, mit keilförmigen ungleich eingeschnitten-gezähnten Abschnitten; Kelche abstehend; Früchtchen langgeschnäbelt, mit pfriemlichen Dornen. ⊙ Aecker, Brachen gemein. H. 0,15—0,45 M. Mai-Juli. — b) tuberculatus (DC.) Früchtchen mit kegelförmigen Knötchen dicht besetzt. So seltner.

b. Kelchblätter 3, Kronblätter 8—12; Früchtchen ungeschnäbelt.

59. **R. ficaria L.** Wurzel aus keulenförmigen Knollen u. spärlichen Fasern zusammengesetzt; Blätter rundlich-herzförmig, gekerbt od. geschweift, mit am Grunde auseinanderfahrenden Blattlappen; Früchtchen unberandet, behaart. ♃. Auen, Hecken, Wälder, gemein. Ficaria verna Huds. F. ranunculoides Roth H. 0,1—0,2 M. April-Mai. — b) calthaefolius (Bluff). Blattlappen am Grunde sich berührend od. deckend. So selten u. meist einzeln. Ficaria calthaefolia Rchb. F. nudicaulis A. Kern.

4. Gruppe. Helleboreae DC. Kelch u. Kronblätter in der Knospe dachig od. letztere fehlend; Staubbeutel auswärts aufspringend; Früchtchen kapslig, einfächerig, mehrsamig, einwärts aufspringend.

12. Caltha L. Dotterblume. Kelch regelmässig, 5blättrig, abfällig; Blumenkrone fehlend; Kapseln 5—10, frei.

60. **C. palustris L.** Stengel aufsteigend, hohl, kahl wie die ganze Pflanze; Blätter herzförmig-rundlich, gekerbt; Kelchblätter gross, gelb; Kapseln aufrecht, plötzlich in den Griffel verschmälert, am Rücken bogig gekrümmt. ♃. Sümpfe, quellige Orte, verbreitet. — b) laeta (Schott.) Kapseln aufrecht, plötzlich in den Griffel verschmälert, am Rücken gerade. — c) cornuta (Schott.) Kapseln

abstehend, S förmig-gekrümmt, allmälig in den etwas längeren Griffel verschmälert. An Bächen, Sümpfen, verbreitet; b) in den Voralpen und in der Bergregion. H. 0,15—0,50 M. April-Mai.

13. Trollius L. Trollblume Kelch regelmässig, vielblättrig, abfällig; Kronblätter 5—viele, flach, lineal, mit Honiggrube; Kapseln zahlreich, frei.

61 **T. europaeus L.** Stengel aufrecht, meist 1blüthig; Blätter handförmig 3—5theilig. Abschnitte 3spaltig, gesägt; Kelchblätter gross, kugelförmig-zusammenschliessend, gelb. ♃. Feuchte Wiesen, gemein in den Voralpen bis auf die Alpen, auch stellenweise in der Ebene bei Laxenburg, Münchendorf, Vöslau, Hölles; um Wien seltner, so im Güterthal bei Kalksburg, Breitenfurth, Brühl, Gaden; auch bei St. Pölten und Statzendorf, zwischen Merkendorf u. Schallaburg, Ravelsbach, Grafendorf, Dunkelsteiner- u. Ernstbrunner Wald. H. 0,2—0,5 M. Mai-Juni, auf Alpen bis Aug.

14. Helleborus L. Niesswurz. Kelch regelmässig, 5blättrig, bleibend; Kronblätter 5—viele, honigbehälterförmig, röhrig, 2lippig; Kapseln 3—10, am Grunde etwas verwachsen.

62. **H. viridis L.** *Stengel* 1—mehrblüthig, nur an den Verästlungen *beblättert*; grundständige Blätter fussförmig, Abschnitte breitlanzettlich, gesägt, mit hervorspringenden Adern; *Kelchblätter grün*. ♃. Bergwälder, nicht häufig, im Wienerwalde auf dem Kahlenberg, Sofienalpe, Rosskopf, Heuberg, Satzberg, Park von Neuwaldegg, Halterthal, von Hadersdorf über Hainbach, Steinbach, Mauerbach bis zum Tulbingersteig; Untersberg gegen Ramsau bis Hainfeld, Salzbachthal bei Kleinzell, Traisenthal zwischen Lilienfeld u. Lehenroth, Oberndorf u. St. Anton bei Scheibbs, Zelking bei Melk, zwischen Seitenstetten u. Steyer; auch um Horn u. im südöstl. Schiefergebiete bei Lembach u. am Hutmeiselberge bei Kirchschlag. H. 0,15—0,45 M. März-April.

Anm. H. dumetorum K. et W. mit kleineren, zahlreicheren Blüthen, kommt hin u. wieder in Bauerngärten verwildert vor.

63. **H. niger L.** *Stengel* 1- selten 2blüthig, *blattlos*, nur oben mit 2—3 kleinen Deckblättern; Blätter fussförmig, lederig, breitlanzettlich, vorn gesägt; *Kelchblätter weiss* o. rosa überlaufen. ♃. Kalkalpen und Voralpen des südl. Gebietes, östlich bis zum Schwarzathal, von hier über Neunkirchen u. die Hohewand bis Pottenstein, nördlich über Altenmarkt, Hainfeld, Ochsenburg, Scheibbs, Gresten u. Waidhofen bis Amstetten vordringend, im Westen u. Süden bis zur Grenze reichend; auch am Hiesberg bei Melk u. Jauerling. H. 0,1—0,2 M. Februar Mai, je nach der Lage.

Anm. Eranthis hiemalis (L.) kommt verwildert in einigen Parken vor.

15. Isopyrum L. Muschelblümchen. Kelch regelmässig, 5—6blättrig, abfällig; Kronblätter 5—6, honigbehälterförmig, kurzröhrig, 1lippig; Kapseln 3—viele, fast frei.

64. **I. thalictroides L.** Wurzelstock kriechend; Stengel vielblüthig, oben beblättert; Blätter, doppelt 3zählig; Blüthe weiss. ♃. Laubwälder. Auen, nicht gemein; Halterthal. Hütteldorferau, Weidlingau, Hadersdorf. Purkersdorf. Gablitz, Mauerbach, Rappoltenkirchen; Hainburgerberge, Leithagebirge. Thernberg. Akademiepark von Neustadt. Lichtenwörtherau: Auen der unteren Traisen, Göttweigerberg. Aignerthal bei Mautern, Rabenstein an der Pielach, Geroldiug, Zelking, Winden u. Grosspriel bei Melk: Sirnitzthal bei Langenlois. Horn: Stockerauerau. Waldteich bei Grossrussbach. Ernstbrunnerwald, Höbesbrunn, Hochleiten und Schlossgarten von Angern. H. 0,15—0,3 M. März—April

16. Nigella L. Schwarzkümmel. Kelch regelmässig, 5blättrig, abfällig; Kronblätter 5—10, honigbehälterförmig, eingeknickt-aufsteigend, benagelt, Platte 2lippig; Kapseln 5—10, verwachsen.

65. **N. arvensis L.** Stengel meist ausgebreitet-ästig; Blätter 2—3fach fiedertheilig, mit linealen Zipfeln; Hülle fehlend; Kelchblätter weiss, gegen die Spitze bläulich; Staubbeutel stachelspitzig. ⊙ Brachen. Aecker. stellenweise häufig. in mancher Gegend jedoch, wie z. B. um St. Pölten gänzlich fehlend. H. 0,1—0,25 M. Juli-Sept.

Anm. N. damascena L. Im Süden einheimisch, mit feinblättriger Hülle u. nicht stachelspitzigen Staubbeuteln, kommt zuweilen als Gartenflüchtling vor.

17. Aquilegia L. Akelei. Kelch regelmässig. 5blättrig, abfällig; Kronblätter 5, trichterförmig, nach abwärts gespornt; Kapseln 5, frei

66. **A. vulgaris L.** Stengel ästig; Blätter doppelt 3zählig, mit rundlichen od. eiförmigen Blättchen; Blüthen überhängend; Kelch- u. Kronblätter violett, rosa od. weiss; *Saum der Kronblätter nur etwas kürzer als die Staubgefässe.* ♃. Wälder, zerstreut im ganzen Gebiete. H. 0,3—0,6 M. Mai-Juni.

67. **A. atrata Koch.** Blüthen kleiner, schwärzlich-violett od. purpurbraun; *Saum der Kronblätter $1\frac{1}{2}$mal kürzer als die Staubgefässe,* sonst w. v. ♃. Bisher nur an der Ibbs bei Grosshollenstein u Seitenstetten. A. vulgaris v. nigricans Neilr. A. nigricans Rchb. non Baumg. H. 0,3—0,6 M. Mai-Juni.

18. Delphinium L. Rittersporn. Kelch unregelmässig, 5blättrig, abfällig, das obere Blatt gespornt; Kronblätter 4. entweder frei u. die 2 oberen gespornt od. in ein einziges gesporntes verwachsen, Sporn im Sporne des Kelches verborgen; Kapsel 1—5, frei.

68. **D. consolida L.** Stengel ausgebreitet-ästig; Blätter doppelt 3theilig, Abschnitte getheilt, mit linealen Zipfeln; Traube locker,

wenigblüthig; Blüthen blau, rosa od. weiss. Blüthenstiele dünn, einkapslig, länger als das Deckblatt; *Kapsel kahl,* plötzlich in den langen Griffel zugespitzt. ⊙ Brachen, Aecker. gemein. H. 0,3—0,45 M. Juni-Aug.

69. **D. orientale Gay.** Stengel aufrecht-ästig; Traube dicht, vielblüthig; Blüthen violett, Blüthenstiele dick, einkapslig, so lang oder kürzer als das Deckblatt; *Kapsel weich-behaart,* plötzlich in den kurzen Griffel zugespitzt. ⊙ Brachen, Wiesen, früher einzeln bei Hütteldorf u. Rodaun, neuestens auf Wiesen bei Achau u. St. Pölten zahlreich. H. 0,3—0,9 M. Juni-Aug.

Anm. **D. ajacis L.** Von voriger durch kürzere Deckblätter u. allmälig in den mässig kurzen Griffel zugespitzte Kapseln verschieden, wird in Gärten gezogen u. verwildert bisweilen. — **D. elatum L.** vor Jahren im Kalkgraben bei Baden, ist längst von dort verschwunden.

19. Aconitum L. Eisenhut. Kelch unregelmässig, 5blättrig, das obere Blatt helmförmig; Kronblätter 2—5, die 2 oberen im Helm eingeschlossen, langbenagelt, mit einer kapuzenförmigen gespornten Platte, die 3 unteren fadenförmig od. fehlend; Kapseln 3—5, frei.

a. Kelchblätter blauviolett, manchmal weissgefleckt.

70. **A. napellus L.** Wurzelstock knollig; *Stengel* oben sammt den Blüthenstielen und Kelchen *krausflaumhaarig;* Blätter fussförmig-5theilig; Blüthen in gedrungener Traube; *Helm breiter als hoch, die 2 oberen Kronblätter wagrecht-nickend.* ♃. Kalkalpen häufig. H. 0,3—1,2 M. Aug.-Sept.

71. **A. rostratum Bernh.** Wurzelstock knollig; *Stengel kahl* od. grösstentheils kahl, wie die ganze Pflanze; Blätter fussförmig, 5—7theilig, Blüthen in einfacher od ästiger Traube, oft weissgescheckt; *Helm verlängert, die 2 oberen Kronblätter aufrecht.* ♃. Waldränder, Torfmoore; häufig in den Kalkvoralpen der beiden südl. Kreise; im Waldviertel von Schauenstein im Kampthale aufwärts über Zwettl, Rapottenstein bis Schönbach u. Karlstadt, im Debernitzthale bei Alt- u. Neupölla, im Thayathale bei Raabs u. Hardegg; auch bei Göllersdorf u. im Ernstbrunnerwald. A. Cammarum Jacq. A. variegatum Koch, non L. H. 0,3—1,5 M. Juli-Sept.

b. Kelchblätter, blassgelb.

72. **A. lycoctonum L.** p. p. *Wurzelstock* abgebissen, *mit dicken Fasern;* Blätter handförmig-5spaltig, Lappen keilig-rautenförmig, 1—2 mal 3spaltig, mit breitlanzettlichen Zipfeln; *Kelch abfällig; Helm verlängert;* Kapseln behaart od. kahl. ♃. Bergwälder verbreitet. H. 0,3—1,2 M. Juli-Aug. — a) thelyphonum (Rchb.). Helm konisch-verlängert. A. intermedium et pauciflorum Host. — b) vulparia (Rchb.). Helm cylindrisch-verlängert, am Grunde erweitert. A. Jacquinianum Host. — c) ranunculifolium

(Rchb.). Blätter tiefer getheilt, mit schmalen Abschnitten. So selten, am Oberberge u. nächst Schirmesthal bei Schwarzau, am Dürnstein.

73. **A. anthora L.** *Wurzelstock knollig;* Blätter handförmig-5—9theilig. Abschnitte fiederförmig-vieltheilig, mit linealen Zipfeln: *Kelch bleibend, Helm halbkreisrund;* Kapseln behaart od. zuletzt kahl. ♃. Felsige, buschige Orte, selten: Wirflacher Klause, Schrattenstein, Gösing, Schlossberg von Stixenstein, Kuhschneeberg; im oberen Donauthale bei Häusling, zwischen Arnsdorf, Rossatz u. Mautern, um Dürrenstein, am Pfaffenberg bei Stein, im Kremsthale bei Senftenberg u. Meissling, im Kampthale bei Steinegg, Gars, Rosenburg. A. Jacquini Rchb. H. 0,3—0,9 M. Aug.-Sept.

5. Gruppe. Paeonieae DC. Kelch- u. Kronblätter in der Knospe dachig od. letztere fehlend; Staubbeutel einwärts aufspringend; Früchte kapsel- od. beerenartig.

20. Actaea L. Christofskraut. Kelch 4—5blättrig, hinfällig; Kronblätter 4—6, spatelförmig, ohne Honiggrube; Früchtchen einzeln, beerenartig.

74. **A. nigra (L.) Fritsch.** Blätter 2—3mal 3schnittig, Blättchen eiförmig od. länglich, ungleich gesägt; Blüthen in eiförmigen Trauben; Kronblätter so lang als die Staubgefässe. ♃. Schattige Bergwälder, verbreitet, aber meist einzeln. A. spicata v. nigra L. H. 0,3—0,6 M. Mai-Juni.

21. Cimicifuga L. Wanzenkraut. Kelch 3—5blättrig, hinfällig; Kronblätter 3—5, mit Honiggrube; Früchtchen 2—5, kapselartig.

75. **C. foetida L.** Blätter 3schnittig, Abschnitte doppelt-fiederschnittig, Blättchen eiförmig länglich, ungleich-gesägt; Blüthen in einer aus langen Trauben zusammengesetzten Rispe. ♃. Bisher nur bei Hardegg im Merkersdorfer Forste. Actaea cimicifuga L. H. 0,5—1,5 M. Juli-Aug.

22. Paeonia L. Kelch 5blättrig, bleibend; Kronblätter 5—8, ohne Honiggrube; Früchtchen 2—5, kapselartig.

76. **P. corallina Retz.** Wurzelfasern rübenförmig-verdickt; Stengel 1blüthig; Blätter doppelt-3zählig, Blättchen länglich od. oval, ungetheilt, ganzrandig, unterseits graugrün; Kronblätter gross, karminroth. ♃. Buschige Orte der Voralpen, höchst selten; bisher bloss am südl. Abhange der hinteren Lilienfelder Alpe gegen das Hohenbergerthal u. oberhalb der Schindleralpe auf der Nordseite des Göller; auf dem Schlossberge von Wartenstein bei Gloggnitz als Gartenflüchtling. H. 0,5—1,0 M. April-Mai.

II. Familie. Berberidaceae Vent.

23. Berberis L. Sauerdorn. Kelch 6blättrig, abfällig; Kronblätter 6, am Grunde mit 2 Drüsen; Frucht eine 2samige Beere.

77. **B. vulgaris L.** Strauch; Blätter gebüschelt, länglich-verkehrt-eiförmig, wimperig-gesägt, am Grunde mit einem einfachen od 3theiligen Dorne; Trauben hängend; Kronblätter gelb; Beeren länglich. roth. ♃. Gebüsche, gemein. H. 1,2—2,0 M. Mai-Juni.

III. Familie. Nymphaeaceae DC.

24. Nymphaea L. Seerose. Kelch 4blättrig; Kronblätter zahlreich, ohne Honiggrube; Kronblätter u. Staubgefässe am Grunde mit dem Fruchtknoten verwachsen.

78. **N. alba L.** Blattstiele stielrund, Blätter rundlich, tief-herzförmig. ganzrandig, lederig, schwimmend; Kronblätter weiss, die äusseren länger als die Kelchblätter: *die innersten Staubfäden lineal, kaum so breit als ihre Staubbeutel;* Narbenstrahlen 10—20. lanzettlich, ungefurcht, gelb. ♃. Sümpfe, Teiche; häufig entlang der March von Hohenau bis Marchegg, bei Breitensee u. Unter-Siebenbrunn; bei Himberg, Moosbrunn, Münchendorf u. Ebreichsdorf; bei Sitzenberg nächst Atzenbruck u. bei St. Andrä an der Traisen; im nordwestl. Waldviertel. Juni-Sept.

79. **N. candida Presl.** *Die innersten Staubfäden breiter als ihre Staubbeutel;* Narbenstrahlen 6—10, eilänglich, rinnig, gelb od. hochroth, sonst w. v. ♃. In Teichen bei Gmünd und Litschau; verpflanzt im Erlafsee. Juli-Sept.

25. Nuphar Sm. Teichrose. Kelch 5blättrig; Kronblätter zahlreich, mit einer Honiggrube auf dem Rücken; Fruchtknoten frei.

80. **N. luteum (L.) Sm.** Blattstiele 3kantig, Blätter oval, tiefherzförmig, ganzrandig, lederig, schwimmend; *Kelchblätter ansehnlich, 2—3mal länger als die Kronblätter,* beide sattgelb: Staubbeutel lineallänglich; *Narbe* vertieft, *ganzrandig* od. geschweift. 10—12strahlig, Strahlen vor dem Rande verschwindend. ♃. Sümpfe, Teiche; an der Donau von Theiss bis Neu-Aigen, Zwischenbrückenau, Lobau, Gross-Enzersdorf u. Probstdorf; an der March von Hohenau bis Marchegg; bei Laxenburg, Himberg, Marienthal, Bruck a. d. Leitha, Kaisersteinbruch; im Erlafsee, in der Url u. im Stiftsteiche bei Seitenstetten, bei Waidhofen a. d. Ibbs; gemein in der Lainsitz u. den Teichen des nordwestl. Waldviertels. Nymphaea lutea L. Juni-Sept.

81. **N. minimum Sm.** Blattstiele zusammengedrückt; Blätter oval, tiefherzförmig, ganzrandig, lederig, schwimmend; *Kelchblätter klein, etwa 5mal länger als die Kronblätter,* gelb, aussen grünlich; Staubbeutel 4eckig; *Narbe* ziemlich flach, am Rande *sternförmig, spitzgezähnt,* 10—20strahlig, Strahlen bis zum Rande auslaufend. ♃. Bisher nur im Reissbache bei Schönau nächst Litschau. Juni-Aug.

IV. Familie. Papaveraceae DC.

26. Papaver L. Mohn. Kapsel unvollkommen 4—20fächerig, unter der 4—20lappigen Narbe mit eben so viel Klappen aufspringend.

a. Kapsel steifhaarig.

82. **P. alpinum L.** *Ausdauernd, rasig; Stengel blattlos*, steifhaarig; Blätter doppelt-fiedertheilig, mit lineallanzettlichen od. keiligen Zipfeln: Kronblätter weiss; *Staubfäden pfriemlich;* Kapsel verkehrt-eiförmig, angedrükt-steifhaarig. ♃. Gerölle der Kalkalpen, selten; Sangraben u. Breite Ries des Schneeberges. Abfälle der Heukuppe gegen das Raxenthal, auf dem Sonnleitstein, Göller, Oetscher, Dürnstein, Hochkohr; herabgeschwemmt an der Enns bei Steyr. P. Burseri Cr. H. 0.08—0.25 M. Juni-Aug.

83. **P. argemone L.** *Jährig; Stengel beblättert*, steifhaarig, Blätter doppelt-fiederspaltig, mit lanzettlichen od. linealen Zipfeln; Kronblätter roth, mit schwarzem Fleck am Grunde; *Staubfäden oberwärts verbreitert;* Kapsel keulenförmig, abstehend-steifhaarig. ⊙ Aecker, wüste Plätze, selten u. meist vorübergehend: vor der St. Marxer- u. Belvedere-Linie Wiens, zwischen Simmering u. dem Laaerberge, auf der Türkenschanze bei Weinhaus, bei Mariabrunn, Rodaun, Baden, Ebreichsdorf, Gloggnitz, Klamm, Gleichenbach, Lilienfeld, Scheibbs, Bergern, zwischen Ruprechtshofen u. Zwerbach: im Spitzer Graben, Rehberger Thale, bei Mitterberg, Gföhl, Zwettl, Krug, Fuglau, Thaia, Grossau. H. 0,15—0,3 M. Mai-Juli.

b. Kapsel kahl.

84. **P. dubium L.** *Stengel oberwärts angedrückt-steifhaarig;* Blätter fiederspaltig oder fiedertheilig, mit lineal-lanzettlichen, wenig-eingeschnittenen Abschnitten; Kronblätter roth; Staubfäden pfriemlich; Kapsel keulenförmig, *Narbenscheibe mit 6—9 von einander getrennten Lappen.* ⊙ Raine, Weingartenränder, stellenweise im ganzen Gebiete. H. 0,2—0,6 M. Mai-Juni.

85. **P. rhoeas L.** *Stengel abstehend-steifhaarig;* Blätter fiederspaltig od. fiedertheilig, mit länglichen od. lanzettlichen eingeschnitten-gezähnten Abschnitten; Kronblätter roth; Staubfäden pfriemlich; Kapsel verkehrt-eiförmig, *Narbenscheibe mit 8—12, mit den Rändern sich deckenden Lappen.* ⊙ Aecker, Getreide gemein. — b) strigosum (Bönningh.) Stengel angedrückt behaart. So bei Wien u. im Kahlengebirge. H. 0,3—0,6 M. Juni-Juli.

Anm. P. somniferum L. Stengel sammt den Blättern kahl; Blätter buchtig-gezähnt; Kronblätter roth, violett od. weiss; Staubfäden oberwärts verbreitert; Kapsel fast kuglig; Narbe vielstrahlig. Wird gebaut u. verwildert zuweilen;

27. Glaucium Tourn. Hornmohn. Narbe 2lappig; Kapsel schotenförmig, von der Spitze an 2klappig-aufspringend; Samen in die schwammige Scheidewand eingesenkt.

86. **G. flavum** Cr. *Stengel fast kahl;* Blätter lappig-fiederspaltig, obere mit tief-herzförmigem Grunde stengelumfassend;

Blüthenstiele kahl. Blüthen citronengelb; *Kapseln von spitzigen Knötchen rauh.* ⊙ Sandfelder, Raine, ziemlich selten: am Mitterbache bei Kaiser-Ebersdorf, Wienerberg bei Inzersdorf, Neustädter Kanal bei Guntramsdorf, zwischen Mödling u. Neudorf, an der Schwechat von Leesdorf bis Laxenburg; bei Herzogenburg, zwischen Mitterau u. Melk. Chelidonium glaucium L. G. luteum Scop. H. 0,3—0,8 M. Juni-Aug.

87. **G. corniculatum (L.) Curt.** *Stengel u. Blüthenstiele steifhaarig;* Blätter buchtig-fiederspaltig, obere mit abgestutztem Grunde sitzend; Blüthen hochroth, mit schwarzem Fleck am Grunde: *Kapseln borstig-steifhaarig.* ⊙ Wege, wüste Plätze, zerstreut; in der Nähe aller Ortschaften rings um Wien, aber meist vorübergehend; häufig an der March bei Hausbrunn, Hohenau, Dürnkrut, Oberweiden, Schlosshof, bei Höbesbrunn, Gänserndorf; an der Bruckerstrasse von Schwadorf abwärts, am Braunsberge bei Hainburg, bei Parndorf, Neusiedel, Goyss u. Breitenbrunn; bei Ebreichsdorf, Liesing, Neustadt, St. Egyden, Neunkirchen. Chelidonium corniculatum L. G. phoeniceum Cr. H. 0.15—0,45 M. Juni-Aug.

28. Chelidonium L. Schöllkraut. Kapsel schotenförmig, vom Grunde an 2klappig aufspringend; Samen an 2 Samenträger angeheftet.

88. **C. majus L.** Stengel ästig; Blätter fiederspaltig, mit eiförmigen ungleich-lappig-gekerbten Abschnitten; Blüthen in armblüthigen Dolden, gelb; Staubfäden oberwärts verbreitert. ♃. Zäune, Mauern, gemein. H. 0,3—0,8 M. Mai-Herbst.

V. Familie. Fumariaceae DC.

29. Corydalis Vent. Hohlwurz. Blumenkrone 4blättrig, fast rachig, das obere Blatt gespornt; Frucht schotenförmig, 2klappig, vielsamig; Samen mit kammförmigem Anhängsel.

a. Stengel ohne spornförmige Schuppe.

89. **C. cava (L.) Schweigg. et Körte.** Wurzelstock knollig, hohl; Blätter doppelt-3zählig, mit 2—3spaltigen Abschnitten; Fruchttraube aufrecht; Deckblätter ganzrandig; Blüthenstiele 3mal kürzer als die Frucht; Blüthen purpurn od. gelblich-weiss. ♃. Gebüsche, Auen, Wälder, verbreitet. Fumaria bulbosa α. cava L. C. bulbosa Pers. C. albiflora Kit. H. 0,1—0,3 M. April-Mai.

b. Stengel am Grunde mit einer spornförmigen Schuppe.

* Traube auch zur Fruchtzeit aufrecht; Blüthenstiele so lang als die Frucht.

90. **C. solida (L.) Sw.** Wurzelstock knollig, meist hohl; Blätter doppelt-3zählig, mit 2—3spaltigen Abschnitten; Deckblätter handförmig-gespalten od. vorn eingeschnitten-gezähnt, selten ganzrandige eingemischt, so lang als die Blüthenstiele; Blüthen blasspurpurn. ♃. Gebüsche, Auen, Wälder, seltener als vorige; um Wien am Sattel-

kogel, Grossen Flössel, Höllenstein, Kalenderberg u. Windthal, Anninger; Lichtenwörther Au, Schlattenbachthal bei Ternitz, an der Schwarza zwischen Gloggnitz u. Reichenau, bei Aspang, zwischen Scheiblingkirchen u. Thernberg, Sebenstein u. Gleisenfeld; im oberen Donauthale bei Krems, Mautern, Göttweig, Landegg, Aggsbach, Mühldorf; im Gföhler Walde, bei Horn, Kottes, an der Lainsitz bei Eichberg, an der Thaia u. auf dem Pommersdorfer Berge bei Raabs. Fumaria bulbosa γ. solida L. C. digitata Pers. H. 0,1—0,3 M. März-April.

* * Fruchttraube überhängend; Blüthenstiele mehrmal kürzer als die Frucht.

91. **C. pumila (Host) Rchb.** Wurzelstock knollig, nicht hohl; Blätter doppelt-3zählig, mit 2—3spaltigen Abschnitten; *Deckblätter breit—keilförmig, handförmig-gespalten od. vorn eingeschnitten-gezähnt*, selten ganzrandige eingemischt, länger als die Blüthenstiele; Blüthen blasspurpurn. ♃. Bergwälder, selten; Sattelkogel u. Weideberg bei Giesshübel, Grosser Flössel bei Kaltenleutgeben, Höllenstein, Hundskogel u. Kalenderberg bei Mödling, Anninger, Eisernes Thor; bei Gloggnitz, Spittelberg bei Bruck a. d. Leitha u. Haglersberg. Fumaria pumila Host. H. 0,1—0,2 M. März-April.

92. **C. intermedia (L.) Mer.** *Deckblätter eiförmig, ganzrandig*, sonst w. v. ♃. Bergwälder selten: Hermannskogel, Sattelkogel, Grosser Flössel bei Kaltenleutgeben, Höllenstein, Lichtenwörtherau bei Neustadt, Spittelberg bei Bruck a. d. Leitha, im oberen Donauthale bei Bergern u. an der Thaia bei Raabs. Fumaria bulbosa β. intermedia L. C. fabacea Pers. H. 0,1—0,2. M. März-April.

30. Fumaria L. Erdrauch. Blumenkrone 4blättrig, das obere Blatt gespornt; Frucht nussartig, nicht aufspringend, 1samig; Samen ohne Anhängsel.

a. Kelchblätter eiförmig-lanzettlich, 3mal kürzer als die Blumenkrone.

93. **F. officinalis L.** Blätter doppelt-fiederschnittig, Abschnitte tief-eingeschnitten, mit lineal-lanzettlichen Zipfeln; Blumenkrone purpurn, an der Spitze schwärzlich; Früchte kuglig, querbreiter, gestutzt-ausgerandet. ⊙ Brachen, wüste Plätze, gemein. H. 0,15—0,3 M. Mai-Herbst. b) Wirtgeni (Koch.) Früchte kuglig, kurzbespitzt, nicht ausgerandet; Blumenkrone kleiner. Selten, in der Brühl.

b. Kelchblätter eiförmig-spitz, sehr klein, 5—10mal kürzer als die Blumenkrone.

94. **F. Schleicheri Soy. Will.** Blätter meist hellgrün, mit lineal-lanzettlichen Zipfeln; *Blüthenstielchen zur Fruchtzeit 3—4mal länger als das Deckblatt*, beträchtlich länger als die Frucht; Kelchblätter 5mal kürzer als die dunkelrothe Blumenkrone; äussere Kronblätter stumpf, in eine lange schmale Röhre zusammenschliessend; *Früchte* kuglig, *mit einem kurzen bleibenden Spitzchen*. ⊙ Aecker, wüste Plätze, Weinberge, verbreitet in Weingärten von

Dornbach u. Mödling, hinter der Weilburg bei Baden. F. acrocarpa Peterm. H. 0,15—0,3 M. Mai-Herbst.

95. F. **Vaillantii** Lois. Blätter graugrün, mit lanzettlichen Zipfeln; *Blüthenstielchen zur Fruchtzeit wenig bis 2mal länger als das Deckblatt*, so lang als die Frucht; Kelchblätter vielmal kürzer als die blassröthliche Blumenkrone; äussere Kronblätter stumpf, in eine dickliche kurze Röhre zusammenschliessend; *Früchte* kuglig, *stumpf*, in der Jugend spitzlich. ⊙ Aecker, Weingärten, wüste Plätze verbreitet. H. 0,1—0,25 M. Mai-Herbst.

c. Kelchblätter rundlich-eiförmig, zugespitzt, gross, halb so lang als die Blumenkrone.

96. F. **rostellata** Knaf. Blätter schwach graugrün, mit länglichen od. lanzettlichen Zipfeln; Blüthenstielchen zur Fruchtzeit meist länger als das Deckblatt, so lang als die Frucht; Blumenkrone purpurn; äussere Kronblätter mit kuzzer schnabelförmiger Spitze, das obere schmal, nach hinten in den dicklichen Sporn stark emporgekrümmt; Früchte kuglig, kurzbespitzt. ⊙ Aecker, Brachen, selten, bei Fischau nächst Neustadt, bei Neunkirchen, Gloggnitz u. Eichberg; Schlosshof an der March. F. calycina Kit. F. prehensilis Kit. H. 0,15—0,5 M. Juni-Herbst.

VI. Familie. **Cruciferae Juss.**

1 Frucht eine Schote (4—vielmal länger als breit) 2
  Frucht ein Schötchen (so lang od. höchstens 3mal länger als breit) 22
2 Schoten 2fächerig, 2klappig-aufspringend 3
  Schoten nicht aufspringend, ohne Längsscheidewand im Innern . . . . **Raphanus**
3 Kronblätter gelb od. gelblich 4
  Kronblätter nicht gelb 15
4 Schoten abwärtsgebogen . . . . **Arabis turrita**
  Schoten aufwärtsgerichtet 5
5 Wurzelstock fleischig-zackig; Stengel an der Spitze mit 3 3schnittigen Blättern, sonst nackt . **Dentaria enneaphyllos**
  Wurzel faserig; Stengel beblättert 6
6 Samen in jedem Fache einreihig 7
  Samen in jedem Fache 2reihig 14
7 Schoten langgeschnäbelt 8
  Schoten nicht- od. kurzgeschnäbelt 9
8 Klappen mit 3 od. 5 starken Nerven . . . . **Sinapis**
  Klappen mit 1 starken Nerven . . . . **Brassica**
9 Klappen 3nervig 10
  Klappen 1nervig 11
10 Schoten 8kantig . . . . **Conringia austriaca**
  Schoten stielrundlich . . . . **Sisymbrium**
11 Schoten stielrundlich . . . . **Erucastrum**
  Schoten 4kantig od. abgerundet-4kantig 12

12 Blätter (wenigstens die untersten) leierförmig . . **Barbaraea**
Blätter ganzrandig, gezähnt bis buchtig-gezähnt 13
13 Stengelblätter oval, ganzrandig, herzförmig-stengelumfassend **Conringia orientalis**
Blätter länglich-lanzettlich bis lineal, in den Stiel verschmälert od. sitzend . . . . **Erysimum**
14 Blätter mit Ausnahme der grundständigen ganzrandig, pfeilförmig-stengelumfassend; Kronblätter bleichgelb . **Turritis**
Blätter buchtiggezähnt od. fiederspaltig; Kronblätter citrongelb . . . . **Diplotaxis**
15 Wurzelstock fleischig-zackig; Blattwinkel zwiebeltragend **Dentaria bulbifera**
Wurzel faserig; Blattwinkel nicht zwiebeltragend 16
16 Klappen nervenlos 17
Klappen längsaderig od. 1—3nervig 18
17 Schoten flach. Samen in jedem Fache 1reihig . . **Cardamine**
Schoten stielrundlich; Samen in jedem Fache unregelmässig 2reihig . . . . **Nasturtium**
18 Schoten 4kantig; Klappen 3nervig . . . . **Alliaria**
Schoten stielrundlich od. flach; Klappen 1nervig od. längsaderig 19
19 Narbe stumpf od. ausgerandet 20
Narbe aus 2 aufrechten aneinanderliegenden Plättchen gebildet 21
20 Schoten zusammengedrückt. Klappen flach; ausdauernd od. 1—2jährig, dann aber die Stengelblätter am Grunde herz- od. pfeilförmig . . . . **Arabis**
Schoten stielrundlich, Klappen gewölbt; 1jährig, Stengelblätter am Grunde verschmälert . . . . . **Stenophragma**
21 Narbenplättchen stumpf, oval . . . . **Hesperis**
Narbenplättchen zugespitzt, kegelförmig . . . . . . **Wilckia**
22 Schötchen der Länge nach 2klappig aufspringend 23
Schötchen nicht aufspringend 40
23 Schötchen vom Rücken her mehr weniger zusammengedrückt od. fast kuglig, Klappen daher flach od. gewölbt; Scheidewand so breit als der grössere Querdurchmesser des Schötchens 24
Schötchen von der Seite her zusammengedrückt, Klappen am Rücken gekielt od. geflügelt; Scheidewand vielmal schmäler als der grössere Querdurchmesser des Schötchens 33
24 Kronblätter rosa od. lila 25
Kronblätter weiss od. gelb 26
25 Stengel blattlos. Schötchen convex, 4mm lang . . **Petrocallis**
Stengel beblättert, Schötchen flachgedrückt, über 3 cm lang **Lunaria**
26 Staubfäden alle od. einige am Grunde mit 1 flügelförmigen Anhängsel od. 2 borstlichen Zähnchen 27
Staubfäden ungeflügelt u. ungezähnt 28

27 Kronblätter gelb . . . . **Alyssum**
Kronblätter weiss . . . . **Berteroa**
28 Griffel nach dem Aufspringen an einer der Klappen sitzend **Camelina**
Griffel auf der Scheidewand sitzend 29
29 Die 4 längeren Staubfäden in der Mitte knieförmig gebogen **Kernera**
Staubfäden nicht knieförmig gebogen 30
30 Grundständige Blätter rosettig; Schötchen oval, elliptisch bis lanzettlich, flach od. etwas gedunsen 31
Grundständige Blätter nicht rosettig; Schötchen kuglig, ellipsoidisch od. stielrund 32
31 Kronblätter bis zur Hälfte 2spaltig . . . . **Erophila**
Kronblätter abgerundet od. seicht ausgerandet . . . . **Draba**
32 Kronblätter weiss . . . . **Cochlearia**
Kronblätter gelb . . . . **Roripa**
33 Schötchen am Grunde und an der Spitze ausgerandet. brillenförmig . . . . **Biscutella**
Schötchen nicht brillenförmig 34
34 Staubfäden am Grunde mit einem Anhängsel od. Flügel . . 35
Staubfäden ohne Anhängsel 36
35 Kronblätter weiss, grundständige Blätter rosettig, stengelständige in der Regel fehlend . . . . **Teesdalia**
Kronblätter röthlich, Stengel beblättert, die untersten Blätter nicht rosettig . . . . **Aethionema**
36 Kronblätter sehr ungleich, die der äusseren Blüthen strahlend . . . . **Iberis**
Kronblätter gleichgross 37
37 Fächer des Schötchens 1samig . . . . **Lepidium**
Fächer des Schötchens 2—vielsamig 38
38 Klappen auf dem Rücken geflügelt . . . . **Thlaspi**
Klappen nicht geflügelt 39
39 Schötchen elliptisch, nicht ausgerandet, Fächer 2samig **Hutchinsia**
Schötchen verkehrt-3eckig, oben seicht ausgerandet, Fächer vielsamig . . . . **Capsella**
40 Schötchen 2gliedrig, unteres Glied länglich walzlich, oberes kuglig . . . . **Rapistrum**
Schötchen nicht gegliedert 41
41 Kronblätter weiss 42
Kronblätter gelb 44
42 Stengel niedergestreckt, Blätter fiedertheilig, Schötchen nierenförmig . . . . **Coronopus**
Stengel aufsteigend od. aufrecht, Blätter ganzrandig od. entferntgezähnt, Schötchen nicht nierenförmig 43
43 Schötchen kuglig od. eiförmig, aufrecht, gablig behaart **Soria**
Schötchen flachgedrückt, fast kreisrund, herabhängend, kahl **Peltaria**

44 Schötchen drüsig-punktirt, 4kantig, 4fächerig . . . . **Bunias**
Schötchen nicht drüsig-punktirt, flachgedrückt od. kuglig od. birnförmig 45
45 Schötchen herabhängend, flachgedrückt . . . . **Isatis**
Schötchen kuglig od. birnförmig, aufrecht 46
46 Blätter kahl, Schötchen birnförmig, 3fächerig . . . **Myagrum**
Blätter gablig-behaart, Schötchen kuglig, 1fächerig . . **Neslia**

I. Ordnung. **Siliquosae DC.** Schoten lineal od. lineallanzettlich, 2klappig aufspringend.

1. Gruppe. Arabideae. DC. Keimblätter flach od. (bei Dentaria) am Rande gefaltet: Würzelchen seitlich auf der Berührungsspalte der beiden Keimblätter.

31. Barbaraea R. Br. Barbenkraut Kronblätter gelb: Schoten stielrund-4kantig, Klappen 1nervig, Narbe stumpf od. ausgerandet, Samen in jedem Fache einreihig: Keimblätter flach.

97. **B. vulgaris R. Br.** Stengel oberwäts mit abstehenden Aesten; untere Blätter leierförmig, mit grossem Endlappen, obere verkehrt-eiförmig, geschweift-gezähnt; *Kronblätter etwa doppelt so lang als der Kelch; Schoten aufrecht-abstehend.* ⊙ Ufer, Gräben, gemein. Erysimum barbaraea L. B. vulgaris β patens Neilr. H. 0,3—0,8 M. Mai-Juni. — b) arcuata (Rchc.) Schoten bogig-aufsteigend. B. vulgaris γ. et δ Neilr. An gleichen Orten, etwas früher blühend.

98. **B. stricta Andrz.** Stengel mit aufrecht-abstehenden Aesten; untere Blätter leierförmig mit sehr grossen Endlappen, obere verkehrteiförmig, geschweift-gezähnt; *Kronblätter wenig länger als der Kelch; Schoten an die Spindel angedrückt, aufrecht.* ⊙ Ufer. Gräben, viel seltener. B. parviflora Fr. B. vulgaris α Neilr. H. 0,5—1,0 M. Mai-Juni.

Anm. Cheirantus cheiri L. in Gärten u. Töpfen häufig cultivirt, verwildert zuweilen, so in Mödling, auf Mauern des Schlosses Trautmannsdorf u. an Felsen des Schlosses Schönbühel bei Melk.

32. Turritis L. Thurmkraut. Kronblätter gelblichweiss; Schoten zusammengedrückt-4kantig, Klappen 1nervig, Narbe stumpf; Samen in jedem Fache 2reihig; Keimblätter flach.

99. **T. glabra L.** Wurzelblätter rosettig, buchtig-gezähnt, sternhaarig, stengelständige pfeilförmig, ganzrandig, kahl; Schoten aufrecht, angedrückt. ⊙ Waldränder, Gehölze häufig. T. stricta Host. H. 0,5—1,3 M. Mai-Juli.

33. Arabis L. Gänsekraut. Kronblätter weiss, rosa od. blau; Schoten flach, Klappen 1nervig od. längsaderig, Narbe stumpf od. ausgerandet; Samen in jedem Fache 1reihig; Keimblätter flach.

a. Schoten aufwärts gerichtet; Kronblätter nicht gelblichweiss.
α. Stengelblätter mit herz- od. herzpfeilförmigem Grunde stengelumfassend.
* Stengel u. Blätter kahl.

100. **A. pauciflora (Grimm) Garcke.** Blätter ganzrandig, die unteren oval od. länglich, in den langen Blattstiel verschmälert; Kronblätter abstehend, weiss; Schoten locker, Klappen 1nervig; Samen ungeflügelt. ♃. Gebirgswälder, selten; Leopoldsberg, Thal von Kalksburg zum rothen Stadl, Geissberg, Grosser Flössel sowohl gegen Kaltenleutgeben als gegen Giesshübel, Weissenbach, Ruine Emmersberg, Kettenliss oberhalb Grünbach, Gösing, Stixenstein. Schwarzathal zwischen Gloggnitz u. Reichenau; Gurhofgraben bei Aggsbach, Jauerling, Drosendorf, Hardegg. Brassica alpina L. Turritis pauciflora Grimm. A. brassicaeformis Wallr. H. 0,3—0,9 M. Mai-Juni.

* * Stengel u. Blätter mehr weniger behaart.
o Wurzel beblätterte Ausläufer u. ästige Stämmchen treibend.

101. **A. alpina L.** Stengel u. Blätter gablig-behaart; Kronblätter abstehend, länglich-verkehrteiförmig, weiss; Schoten locker, abstehend, Klappen längsaderig; Samen schmal-randhäutig. ♃. Voralpen, Alpen, häufig. H. 0,1—0,3 M. Mai-Sept.

o o Wurzel ohne Ausläufer.
• Schoten locker, abstehend.

102. **A. auriculata Lam.** Stengel u. Blätter gablig-behaart; Kronblätter aufrecht, lineal-keilig, weiss; Klappen fast 3nervig; Samen mit einem dunklen Rande. ♃. Sonnige Triften; gemein auf den Kalkbergen des Wiener Beckens von Rodaun bis Guttenstein u. Fischau, auch auf der Türkenschanze, am Leopoldsberg, bei Klosterneuburg, Brigittenau, Simmering, Velm, Moosbrunn, Gramat-Neusiedl, Wolfsthal bei Hainburg, Leithagebirge, Hutwischberg, Kirchschlag; Ochsenburg bei St. Pölten, Förthof oberhalb Stein, Sonnwendberg bei Rossatz, Horn. H. 0,08—0,3 M. April-Mai. — b) dasycarpa Gaud. Schoten feinflaumig. Seltner.

• Schoten dicht, an die Spindel angelehnt.

103. **A. Gerardi Bess.** *Stengel* dicht beblättert, sammt den Blättern *gablig-behaart: Oerchen der Stengelblätter angedrückt;* Kronblätter linealkeilig, weiss; Klappen längsaderig; Samen schmalgeflügelt, netzig-punktirt. ⊙ u. ♃. Wiesen niedriger Gegenden, angeblich im Prater u. bei Moosbrunn. Turritis Gerardi Bess. H. 0,4 bis 1,0 M. Mai-Juni.

104. **A. hirsuta (L.) Scop.** *Stengel* mässig beblättert, sammt den Blättern mit *meist einfachen Haaren; Oerchen der Stengelblätter abstehend;* Kronblätter linealkeilig, weiss; Klappen 1nervig; Samen an der Spitze schmalgeflügelt, schwachpunktirt. ⊙ u. ♃. Wälder, Wiesen, gemein. Turritis hirsuta L. H. 0,2—0,6 M. Mai-Juli. — b) sagittata (DC). Stengel oberwärts ziemlich kahl. Blätter mit tief-herzpfeilförmigem Grunde, Klappen mit schwächerem Längsnerven. Verbreitet.

β. Stengelblätter am Grunde abgerundet od. verschmälert, bisweilen halbstengelumfassend, aber nicht herzförmig.

* Alle Blätter ungetheilt, dabei gezähnt od. ganzrandig, die grundständigen in den Blattstiel herablaufend, die stengelständigen stets sitzend; Schoten aufrechtstehend gedrungen.

o Kronblätter weiss.

· Samen dunkel berandet, nicht geflügelt.

105. **A. ciliata (Reyn.) R. Br.** Blätter ganzrandig od. schwachgezähnt, mit einfachen u. gabligen Haaren od. nur gewimpert, die grundständigen rosettig; Kronblätter linealkeilig, aufrecht: Klappen 1nervig. ♃. Kalkalpen u. Voralpen, ziemlich selten: Unterberg, Grosse Kanzel der Wand bei Neustadt, Grünbach, Kettenliss, Gans, Handlesberg, Schneeberg, Rax, Sonnwendstein, Atlitzgräben: Muckenkogel bei Lilienfeld, Blasenstein bei Scheibbs, Staatsberg, bei Plankenstein, Oetscher, Scheiblingstein, Dürnstein, an der Enns bei Steyer. Turritis alpina Jacq. T. ciliata Reyn. H. 0,1—0,2 M. Mai-Juni.

·· Samen breit-häutig-geflügelt.

106. **A. pumila Jacq.** *Blätter* ganzrandig od. schwachgezähnt, *mit einfachen u. gabligen Haaren od. nur gewimpert*, die grundständigen rosettig, *die stengelständigen 2—3*, nicht umfassend; Kronblätter länglich-verkehrteiförmig, abstehend: Klappen 1nervig. ♃. Kalkalpen, verbreitet. H. 0,05—0,2 M. Mai-Juli.

107. **A. bellidifolia Jacq.** *Blätter* ganzrandig od. schwachgezähnt, *kahl*, die grundständigen rosettig, *die stengelständigen 6—12*, halbumfassend; Kronblätter länglich-verkehrteiförmig, abstehend, kleiner als bei voriger; Klappen 1nervig. ♃. Alpenthäler, ziemlich selten: Furterthal bei Rohr, Höllenthal, Krumbachgraben u. Prein bei Reichenau, Preinmühle hinter Nasswald, Stille Mürz am Fuss des Göllers u. in den Achner Mauern, Traisenthal zwischen Türnitz u. Annaberg, Staatsberg bei Plankenstein, Lassingfall, Höllenseige oberhalb der Terz, Thäler der Ibbs u. ihrer Nebenbäche von Neuhaus durch die Langau bis zum Lunzersee, an der Enns bei Steyer. A. Jacquinii Beck. H. 0,15—0,4 M. April-Mai.

o o Kronblätter bläulich-violett.

108. **A. coerulea (All.) Haenke**. Blätter spärlich-bewimpert, die grundständigen nicht rosettig, vorn 3—5zähnig; Kronblätter linealkeilig aufrecht; Klappen 1nervig. ♃. Schneegruben, Felsen der Kalkalpen, selten: Saugraben, Heuplagge, Ochsenboden u. Kaiserstein des Schneebergs; Eishüttenalpe, Lichtensternhütten u. Heukuppe der Rax. Turritis coerulea All. H. 0,03—0,08 M. Juli-Aug.

* * Grundständige Blätter buchtig-gezähnt bis fiederspaltig od. leierförmig-schrottsägig, seltener ungetheilt u. dann mit einem deutlichen nackten Blattstiel: Schoten abstehend, locker.

109. **A. hispida Myg.** *Wurzel* mehrköpfig, *ohne Ausläufer; Stengel kahl od. nur am Grunde spärlich-behaart; grundständige Blätter* gebüschelt, länglich-verkehrt-eiförmig, *meist buchtig-gezähnt*

od. leierförmig, selten ganzrandig, kahl od. spärlich-behaart, langgestielt, *obere* länglich-lineal, *ganzrandig*, kahl, sitzend; Kronblätter weiss, 6—10 mm. lang; Schoten flach, Klappen 1nervig; Samen an der Spitze schmalgeflügelt. ♃. Felsen, besonders der Kalkberge; bei Kaltenleutgeben, Mödlinger Klause, Lichtenstein, Kleiner Anninger, Rauheneck, Rauhenstein, Eisernes Thor, Sooser Lindkogel; Weissenbach bei Pottenstein, Emmersberger Klause u. Zweierwiese bei Fischau, Ruine Schrattenstein, an der Schwarza bei Neunkirchen u. Gloggnitz; Thalhofriese bei Reichenau; im oberen Donauthale von Krems bis Melk auf Schiefer, dann auf den Ruinen von Senftenberg u. Kronsegg. A. Crantziana Ehrh. A. petraea Koch, Neilr. non Lam. H. 0,1—0,2 M. April-Mai. — b) psammophila Beck. Blüthen doppelt kleiner, Schoten schmäler. So bei Pernitz, Guttenstein, Dürre Wand, von Feuchtenbach über die Mandling u. den Geier bis Pottenstein.

110. **A. arenosa (L.) Scop.** *Wurzel* einfach, *ohne Ausläufer; Stengel sammt den Blättern einfach- u. gablig-behaart, grundständige Blätter* rosettig, kurzgestielt, *leierförmig-schrotsägig, mit 4—9 Läppchen* jederseits, *obere gleichgestaltet* od. ganzrandig, sitzend; Kronblätter weiss, rosa od. lila, 5 mm lang; Schoten flach, Klappen 1nervig; Samen an der Spitze schmalgeflügelt. ⨀ u. ♃. Ufer, sandige Stellen, Auen, verbreitet. Sisymbrium arenosum L. H. 0,1—0,8 M. Mai-Juli. — b) multiceps Neilr. Wurzel mehrköpfig. In den Flussgebieten der Piesting, Schwarza, Traisen, Erlaf, Ibbs, Krems, Thaia, des Kamp u. im oberen Donauthale.

111. **A. Halleri L.** *Wurzel beblätterte Ausläufer treibend;* Stengel nebst den Blättern kahl od. zerstreut-behaart, schlaff. grund- u. untere stengelständige *Blätter* langgestielt, *rundlich-herz- od. eiförmig mit 1—3 Läppchen*, die obersten fast sitzend; Kronblätter weiss, rosa od. lila, 4 mm lang; Schoten gedunsen, Klappen 1nervig; Samen an der Spitze schmalgeflügelt. ♃. Wiesen, Aecker, Waldränder, selten; Schottwien, Atlitzgräben, Semmering u. Otterberg, Wechsel, Preinthal hinter Nasswald, Voralpen des Göllers u. Gippls, Josefsberg, Mariazell, Gössling; angeblich auch im Waldviertel. H. 0,1—0,3 M. Mai-Juni.

b. Schoten abwärts-gebogen; Kronblätter gelblichweiss.

112. **A. turrita L.** Blätter gablig-behaart, gezähnt, untere elliptisch, obere länglich, mit herzförmigem Grunde stengelumfassend; Kronblätter abstehend; Schoten flach, Klappen längsaderig; Samen häufig-geflügelt. ⨀ u. ♃. Steinige, buschige Hügel, verbreitet. H. 0,3—0,6 M. April-Mai. — b) lasiocarpa Uechtr. Schoten behaart. Bei Hardegg.

34. Cardamine L. Schaumkraut. Kronblätter weiss od. rosa; Schoten flach, Klappen nervenlos, Narbe stumpf od. ausgerandet; Samen in jedem Fache 1reihig; Keimblätter flach.

a. Alle Blätter ungetheilt; Samen ungeflügelt.

113. **C. alpina Wild.** Blätter eirautenförmig, ganzrandig od. undeutlich-gelappt, die grundständigen lang-, die stengelständigen kurz-gestielt; Kronblätter 2mal länger als der Kelch, weiss; Schoten gedrungen. ♃. Angeblich am Oetscher u. Dürnstein. H. 0,03—0,08 M. Juli-Aug.

b. Blätter 3spaltig od. 2—vielpaarig fiederschnittig, selten die untersten ungetheilt.

α. Die ersten grundständigen Blätter ungetheilt, die übrigen 3spaltig od. 2—3paarig fiedertheilig; Samen an der Spitze schmalgeflügelt.

114. **C. resedifolia L.** Unterste grundständige Blätter rundlich, langgestielt, die übrigen 3spaltig od. so wie die stengelständigen 2—3paarig fiedertheilig, mit rundlichem Endläppchen; Kronblätter 2mal länger als der Kelch, weiss; Schoten gedrungen. ♃. Felsige Stellen der Alpen, höchst selten: Abdachung des hohen Schneebergs gegen den Kuhschneeberg u. Schlangenweg der Rax. H. 0,03—0,13 M. Juni-Aug.

β. Blätter alle fiederschnittig; Samen ungeflügelt.

* Stengelblätter am Grunde pfeilförmig-geöhrelt.

115. **C. impatiens L.** Stengel kantig-gefurcht; Blätter vielpaarig, untere bei der Fruchtreife meist abgestorben, Abschnitte eiförmig, länglich bis lanzettlich; Kronblätter $1^1/_2$mal länger als der Kelch, weiss; Schoten locker, zugespitzt. ⊙ Auen, Wälder, verbreitet. H. 0,15—0,5 M. Mai-Juni.

* * Stengelblätter nicht geöhrelt.

o Staubbeutel gelb.

Kronblätter klein, 3—5 mm. lang, doppelt so lang als der Kelch.

116. **C. silvatica Lk.** *Stengel* kantig-gefurcht, *steifhaarig,* reichblättrig; Blätter 4—6paarig, Abschnitte geschweift-gezähnt; Kronblätter weiss: *Staubgefässe meist 6; Schoten abstehend, die obersten nicht od. nur wenig über die Blüthen hinausragend;* Griffel so lang als die Breite der Schote. ♃. Schattige Laubwälder: häufig in den beiden südl. Kreisen; selten im Waldviertel, bei Grosspertholz u. auf dem Hochmoor bei Karlstift. H. 0,15—0,4 M. April-Juni.

117. **C. hirsuta L.** *Stengel* kantig-gefurcht, *spärlich behaart od. kahl,* wenig beblättert; Blätter 2—4paarig, Abschnitte geschweift-gezähnt; Kronblätter weiss; *Staubgefässe meist 4; Schoten aufrecht; die obersten über die Blüthen hinausragend;* Griffel kürzer als die Breite der Schote. ⊙ u. ⊙ Waldränder, Ufer, nicht häufig: im Wienerwalde bei Weidlingbach, Steinbach, Mauerbach, Hainbach, Hadersdorf, Mariabrunn, Wolfsgraben, Tullnerbach, Purkersdorf, Rekawinkel; Akademiepark zu Neustadt, in der Steinapiesting, Reichenau, Gloggnitz, Kirchberg, Scheiblingskirchen; an der Erlaf bei Scheibbs u. an der Enns bei Steyer. H. 0,08—0,25 M. April-Mai.

· · Kronblätter gross, 7—15 mm. lang, 2—3mal länger als der Kelch.

118. **C. Matthioli Mor.** Wurzel meist vielstenglig; Stengel schwachgerillt, reichblättrig; *Blätter 5—12paarig,* Abschnitte der

4*

grundständigen rundlich, mit fast gleichgrossem Endabschnitte, die der stengelständigen lineal, sitzend, genähert, ganzrandig; *Kronblätter 7—9 mm. lang,* weiss od. blasslila; Schoten ziemlich gedrungen. ♃. Wiesen, stellenweise sehr häufig, im Wienerwalde bei Mariabrunn, Bauntzen bei Weidlingau, im Hadersdorferthal über Hainbach, Steinbach bis Mauerbach; bei St. Pölten, Aignerthal bei Mautern, Oberbergern, Gansbach. C. pratensis Hayneana Welw. H. 0,2—0,35 M. April-Mai.

119. **C. pratensis L.** Wurzel 1—mehrstenglig; Stengel schwachgerillt, wenig-beblättert; *Blätter 3—8paarig,* Abschnitte der grundständigen rundlich, mit viel grösserem Endabschnitte, die der stengelständigen lanzettlich od. lineal, gestielt, entfernt, ganzrandig od. der endständige keilig-3zähnig; *Kronblätter 12—15 mm. lang,* lila, selten weiss; Schoten locker. ♃. Feuchte Wiesen, Auen, Bäche, verbreitet. H. 0,2—0,5 M. April-Mai. — b) d e n t a t a (Schult.) Abschnitte der Stengelblätter 1—3zähnig. Selten, in den Donauauen, am Tulbingersteig u. zwischen Steinbach u. Mauerbach. — c) f l o r e p l e n o Rchb. Blüthen gefüllt. Bei Angern, Himberg, Moosbrunn, Ebergassing, an der Fischa bei Neustadt, an der kleinen Erlaf bei Wieselburg, Rappoltenkirchen.

o o Staubbeutel purpurn.

120. **C. amara L.** Wurzelstock kriechend, ausläufertreibend; Stengel kantig-gefurcht; Blätter 2—4paarig, die unteren Blättchen meist abwechselnd; Kronblätter 2—3mal länger als der Kelch, weiss; Schoten locker, zugespitzt. ♃. An Sümpfen, Bächen, gebirgiger u. subalpiner Gegenden. H. 0,2—0,45 M. April-Juni. — b) h i r t a Wim. et Grab. Stengel u. Blätter zerstreut behaart. Sehr selten; an der Schwarza zwischen Reichenau u. Hirschwang. — c) O p i z i i (Presl.) Blätter 5—8paarig, Blättchen gegenständig, sammt dem Stengel behaart. So auf dem Wechsel u. in der Steinapiesting.

c. Blätter 3zählig; Samen ungeflügelt.

121. **C. trifolia L.** Wurzelstock kriechend; Stengel blattlos od. mit einem sehr kleinen Blatte; Blattabschnitte rautenförmig-rundlich, geschweift-gekerbt; Kronblätter 3mal länger als der Kelch, weiss; Schoten locker. ♃. Schattige Wälder gebirgiger u. subalpiner Gegenden; um Wien bei Weidlingbach, Mauerbach, Gablitz, Purkersdorf, Laab, Breitenfurth, Kaltenleutgeben; häufig in den Kalk-Voralpen, auch in der Aspanger Klause, im Waldviertel am Oberstein, Ostrong, Jauerling, Pommersdorfer Wald bei Raabs. H. 0,15—0,25 M. April-Juni.

35. Dentaria L. Zahnwurz. Kronblätter gelb od. lila; Schoten flach, Klappen nervenlos. Narbe stumpf od. ausgerandet; Samen in jedem Fache 1reihig; Keimblätter am Rande gefaltet.

122. **D. bulbifera L.** *Stengel von der Mitte an beblättert; Blätter wechselständig, untere 5—7zählig-fiederschnittig,* obere 3zählig od.

ungetheilt, in den Winkeln zwiebeltragend. Abschnitte lanzettlich; *Blumenkrone lila.* ♃. Bergwälder verbreitet. H. 0,3—0,6 M. Mai-Juni.

123. **D. enneaphyllos L.** *Stengel nackt, an der Spitze 3blättrig; Blätter quirlig, 3schnittig,* in den Winkeln nicht zwiebeltragend, Abschnitte eilanzettlich; *Blumenkrone blassgelb.* ♃. Bergwälder, häufig auf Sandstein u. Kalk bis in die Krummholzregion; seltener auf Schiefer, im Kremsthale, Gföhler Wald, Jauerling, Hirschwand bei Rossatz. Gurhofgraben bei Aggsbach; Pommersdorfer Wald bei Raabs. H. 0,15—0,4 M. April-Mai.

36. **Nasturtium** Rchb. Brunnenkresse. Kronblätter weiss; Schoten stielrundlich-zusammengedrückt, Klappen nervenlos. Narbe stumpf od. ausgerandet; Samen in jedem Fache unregelmässig 2reihig; Keimblätter flach.

124. **N. fontanum (Lam.) Aschers.** Stengel am Grunde kriechend, kantig-gefurcht; Blätter fiederschnittig, 2—7paarig, am Grunde geöhrelt. Abschnitte elliptisch oder eiförmig, der endständige grösser; Staubbeutel gelb; Schoten locker, meist gekrümmt. ♃. Bäche, Sümpfe, nicht überall; in der Wien zwischen Hütteldorf u. Purkersdorf, bei Moosbrunn, Ebergassing, Hölles, Neustadt. Gainfahrn, Pottenstein. Traisenthal bei Lilienfeld, St. Pölten u. Traismauer, Wererbach bei Grosspriel, Oberndorf bei Scheibbs; Donauauen bei Krems; Kroissenbrunn im Marchfelde. Sisymbrium nasturtium L. Cardamine fontana Lam. N. officinale R. Br. H. 0,3—1,0 M. Mai-Juli.

2. Gruppe. Sisymbrieae DC. Keimblätter flach; Würzelchen auf dem Rücken des einen Keimblattes.

37. **Hesperis L.** Nachtviole. Kronblätter verschiedenfärbig; Schoten lineal. Klappen 1nervig, Narbe oval aus 2 aufrechten, stumpfen, aneinanderliegenden Plättchen gebildet; Samen in jedem Fache 1reihig.

125. **H. matronalis L.** *Stengel kahl od. mit zerstreuten gabligen u. einfachen Haaren; Blätter* eilanzettlich, *gezähnt; Kronblätter verkehrt-eiförmig, lila,* selten weiss; *Schoten stielrund,* bogig-abstehend. ⊙ u. ♃. Hecken. Waldränder; vom Leopoldsberg bis auf das Eiserne Thor stellenweise, Föhrenwald bei Neustadt, bei Fischau, an der Schwarza bei Wörth, im Nassthale, zwischen Annaberg u. Mitterbach; bei Mauternbach, im Kamp- u. Plättelthale bei Horn. Gföhl, Raabs; von Ernstbrunn über Hohenruppersdorf bis an die March u. auf der Hochleiten; wahrscheinlich oft mit der folgenden Art verwechselt. H. 0,5—1,0 M. Mai-Juli.

126. **H. silvestris Cr.** *Stengel von einfachen u. drüsigen Haaren dicht flaumig; Blätter* eilanzettlich, buchtig-gezähnt, *die untersten leierförmig; Kronblätter verkehrt-eiförmig, lila; Schoten* länger, ziemlich *stielrund,* bogig-abstehend. ⊙ u. ♃. Hecken, Waldränder;

Leopoldsberg, Helenenthal u. Eisernes Thor bei Baden, Fischau. Neustadt; Unter-Olberndorf. Remisen bei Tallesbrunn u. Marchegg. H. runcinata W. et K. H. 0.5—1,0 M. Mai-Juli.

127. **H. tristis L.** *Stengel rauhhaarig;* Blätter eilanzettlich, ganzrandig od. schwachgezähnt; *Kronblätter lineallanzettlich, bräunlichgelb, mit violetten Adern; Schoten flach,* sparrig-abstehend. ⊙ Wiesen. Raine, Vorhölzer; bei Stockerau, Kräuterhof bei Spillern, von Ernstbrunn über Wolkersdorf bis zur March. bei Stopfenreith, Hainburg, Petronell, Leithagebirge. Schwadorf u. Rauhenwarther Holz. Simmering. Laaerberg bis zum Linienwalle bei St. Marx. Kalenderberg. u. Eichkogel bei Mödling, Gumpoldskirchen. Leobersdorf, Felixdorf. Neustadt, Neunkirchen, Blindendorf, Buchberg. Schwarzau u. Sebenstein. H. 0,2—0,5 M. Mai.

38. **Wilckia Scop.** Wilckie. Kronblätter lila; Schoten lineal, Klappen 3nervig, Narbe kegelförmig, aus 2 aufrechten zugespitzten. aneinanderliegenden Plättchen gebildet; Samen in jedem Fache 1reihig.

128. **W. africana (L.)** Stengel meist ausgesperrt-ästig, sammt den Blättern gablig-rauhhaarig; Blätter länglich-lanzettlich. ganzrandig od. schwachgezähnt: Kronblätter klein; Schoten abstehend. rauhhaarig. ⊙ Auf Aeckern zwischen Hundsheim u. Edelsthal; im Prater von Wien zufällig. Hesperis africana L. Malcolmia africana R. Br. H. 0,15—0,3 M. April-Mai.

39. **Sisymbrium L.** Rauke. Kronblätter gelb; Schoten stielrundlich vom Rücken her etwas zusammengedrückt, Klappen 3nervig, Narbe stumpf od. ausgerandet; Samen in jedem Fache 1reihig.

a. Blätter verschiedenartig getheilt.

α. Schoten pfriemlich zugespitzt, an die Spindel angedrückt.

129. **S. officinale (L.) Scop.** Blätter schrotsägeförmig-fiederspaltig, mit grossem spiessförmigem Endabschnitt; Schoten 5—6mal länger u. so dick als ihr Stiel. ⊙ Wüste Plätze, Mauern, gemein. Erysimum officinale L. H. 0,3—0,6 M. Juni-Aug.

β. Schoten überall gleichdick, abstehend.

* Blätter schrotsägeförmig-fiedertheilig.

o Blüthenstiele dünner als die Schote.

130. **S. austriacum Jacq.** *Stengel u. Blätter kahl* od. nur spärlich borstig, Blattabschnitte 3eckig od. lanzettlich, ung.eich-gezähnt. der endständige spiessförmig; Kelch abstehend; *Schoten* gedrungen. aufrecht-abstehend, bei der Reife *3—4mal länger als ihr Stiel,* die jüngeren kürzer als die gewölbte Doldentraube. ⊙ Raine. Mauern, sehr selten u. nur zufällig u. vorübergehend; wurde bisher gefunden: bei der Kettenbrücke im Prater, an der Bahn zwischen Neunkirchen und Ternitz. bei Weikersdorf am Steinfelde. in den Thälern des Schneebergs, im unteren Scheibwalde, Atlitzgraben

u. bei Mautern. — b) acutangulum (DC.) Schoten gegen die Spindel geneigt od. um dieselbe gewunden. So im Prater. zufällig. H. 0.3—0,6 M. Mai-Juni.

131. **S. Loeselii L.** *Stengel u. Blätter steifhaarig,* Blattabschnitte 3eckig od. lanzettlich. ungleich-gezähnt, der endständige spiessförmig: Kelch abstehend: *Schoten* gedrungen, abstehend. bei der Reife *3—4mal länger als ihr Stiel,* die jüngeren kürzer als die gewölbte Doldentraube. ☉ Wüste Plätze, Mauern, Wege, verbreitet. H. 0.3—1.0 M. Juni-Juli.

132. **S. irio L.** *Stengel u. Blätter kahl od. feinbehaart,* Blattabschnitte länglich od. lanzettlich, ungleich-gezähnt. der endständige spiessförmig; Kelch abstehend: *Schoten* locker, weitabstehend. bei der Reife *6—8mal länger als ihr Stiel, die jüngeren über die flache Doldentraube hinausragend.* ☉ Mauern. Raine. sehr selten u. nur zufällig u. vorübergehend; wurde bisher gefunden: zwischen Dornbach u. Währing, im Prater. am Rennweg in Wien. am Neustädter Kanal zwischen Simmering u. Klederling. bei Inzersdorf. Himberg. Velm. Vöslau, Poisdorf u. Wilhelmsdorf. H. 0,15—0.4 M. Mai-Juli.

o o Blüthenstiele so dick als die Schote.

133. **S. Columnae Jacq.** Stengel u. Blätter kurzhaarig od. oben fast kahl. Abschnitte der unteren Blätter eilänglich, ungleich-gezähnt. der endständige spiessförmig. *die oberen Blätter lanzettlich od. lineal: Kelch aufrecht:* Schoten locker. bei der Reife 8—10mal länger als ihr Stiel, die jüngeren kürzer als die Doldentraube. ☉ Mauern. wüste Plätze. Dämme, stellenweise gemein. an anderen Orten wie z. B. um St. Pölten. jedoch fehlend; auch noch beim Baumgartner auf dem Schneeberge. H. 0,3—1,0 M. Juni Juli.

134. **S. sinapistrum Cr.** Stengel unterwärts steifhaarig. oben kahl u. bereift; Abschnitte der unteren Blätter eilänglich od. lanzettlich. ungleich gezähnt. *obere Blätter einfach-fiederschnittig,* mit schmal-linealen Abschnitten; *Kelch weit-abstehend:* Schoten locker. bei der Reife 8—10mal länger als ihr Stiel, die jüngeren kürzer od. länger als die Doldentraube. ☉ Dämme. Aecker. wüste Plätze; häufig im Prater, Brigittenau. Wall der Hundsthurmer u. Favoritenlinie, Arsenal, Alseck bei Hernals. Türkenschanze. Laaerberg. Schwechat, Himberg, Schwadorf. Wolfsthal. Bruck a. d Leitha. Parndorf. entlang der Bahn bei Wagram, Gänserndorf. Marchegg. Angern; Kalenderberg über Lichtenstein bis in die Brühl; Mautern. S. pannonicum Jacq. H. 0,3—1,0 M. Mai-Juni.

* * Blätter 2—3fach fiedertheilig.

135. **S. sophia L.** Stengel u. Blätter grauflaumig: Blattabschnitte lineal; Kelch aufrecht; Blütenstiele dünner als die Schote: Schoten locker. aufwärts-gebogen. bei der Reife 2—3mal länger als ihr Stiel. ☉ Wege. wüste Plätze. gemein. H. 0.3—1.0 M. Mai-Herbst.

b. Blätter ungetheilt.

136. **S. strictissimum L.** Stengel u. Blätter kurzhaarig od. fast kahl; Blätter länglich-lanzettlich, ungleich-gezähnt; Blüthenstiele dünner als die Schote; Schoten gedrungen, aufsteigend, bei der Reife 6mal länger als ihr Stiel. ♃. Gebüsche, Waldränder, nicht selten; am Kahlengebirge vom Leopoldsberg bis in das Reichenauer Thal stellenweise häufig, am Leitha- u. Rosaliengebirge; an der Traisen bei Melk, an der Erlaf u. Ibbs; am Kamp bei Rosenburg, an der Thaia bei Hardegg. H. 0,5—2,0 M. Juni-Juli.

40. Stenophragma Celak. Thalskraut. Kronblätter weiss; Schoten stielrundlich, von der Seite her etwas zusammengedrückt, Klappen 1nervig, Narbe stumpf; Samen in jedem Fache 1reihig.

137. **S. Thalianum (L.) Celak.** Stengel aufrecht, ästig, unten kurzhaarig, oben kahl; Blätter gablig-behaart, die grundständigen rosettig, gezähnt, die oberen lanzettlich; Schoten locker abstehend. ⊙ Aecker, Grasplätze, stellenweise; Marchfeld, Donauinseln, Laaerberg, Schönbrunn, Dreimarkstein bei Salmannsdorf, Hainbach, Steinbach, Mauerbach, Hadersfeld, Gablitz, Purkersdorf, Rappoltenkirchen; Gloggnitz, Payerbach über den Semmering bis Aspang, Edlitz u. Ziegersberg; Rosalien- u. Leithagebirge, Haglersberg; gemein im Waldviertel u. auf den Schiefern des O. W. W. bis St. Pölten. Arabis Thaliana L. Sisymbrium Thalianum Gay. H. 0,08—0,3 M. April-Mai.

41. Alliaria Adans. Lauchkraut. Kronblätter weiss; Schoten 4kantig, Klappen 3nervig, Narbe stumpf; Samen in jedem Fache 1reihig.

138. **A. officinalis Andrz.** Blätter gestielt, nierenförmig od. herzförmig-rundlich, buchtig-gezähnt; Schoten abstehend, so dick als ihr Stiel. ⊙ Auen, Hecken, Gebüsche, gemein. Erysimum alliaria L. Sisymbrium alliaria Scop. H. 0,3—1,0 M. April-Mai.

42. Erysimum L. Hederich. Kronblätter gelb; Schoten 4kantig, Klappen 1nervig, Narbe stumpf od. ausgerandet; Samen in jedem Fache 1reihig.

a. Blüthenstiele 2—3mal so lang als der Kelch.

139. **E. cheiranthoides L.** Blätter länglich-lanzettlich, ganzrandig od. geschweift-gezähnelt, mit 3spaltigen Haaren bestreut; Kronblätter sehr klein; Schoten zerstreut-sternhaarig od. fast kahl, gleichmässig grün, aufrecht-abstehend, dicker u. doppelt so lang als ihr Stiel; Samen ungeflügelt. ⊙ Auen, Ufer, Aecker; an der Donau, March, Thaia, Leitha, Wien, Als, Schwechat, Tullnerbach, Piesting, Fischa, Schwarza. H. 0,3—0,7 M. Juni-Aug.

b. Blüthenstiele so lang als der Kelch.

140. **E. hieracifolium L.** *Blätter* länglich-lanzettlich, geschweift-gezähnelt, *mit 3spaltigen Haaren bestreut, ohne seitliche Aestchen in*

den Blattwinkeln; Platte der Kronblätter keilig in den Nagel verschmälert, 2—4 mm. breit: Schoten sternhaarig, graugrün, aufrecht. dicker u. vielmal länger als ihr Stiel; *Samen an der Spitze häutig-geflügelt.* ⊙ Auen, Ufer. nicht gemein; entlang der Donau von der Isper bis zur March stellenweise, an der Wien von Penzing bis Purkersdorf u. an der Strasse von Weidlingau nach Gablitz. E. strictum Fl. Wett. H. 0.3—1.0 M. Juni-Juli.

141. **E. canescens Roth.** *Blätter* lineal-lanzettlich, ganzrandig, od. entfernt-gezähnelt. an der Spitze meist zurückgekrümmt, *mit fast lauter einfachen* angedrückten *Haaren* bestreut u. *mit sterilen Aestchen in den Blattwinkeln:* Platte der Kronblätter keilig in den Nagel verschmälert, 2—4 mm. breit; Schoten grau behaart. mit kahleren grünen Kanten. dicker u. vielmal länger als ihr schiefabstehender Stiel; *Samen ungeflügelt.* ⊙ u. ♃. Sonnige Triften; häufig im Wiener Becken. Türkenschanze, Vorhügeln des Kahlengebirges. Donauinseln. Marchfeld. Steinfeld. Leithagebirge, an der mährischen Grenze bei Eisgrub; im oberen Donauthale zwischen Langenlois u. Dürrenstein. Cheiranthus alpinus Jacq. H. 0,3—0,8 M. Juni-Juli.

c. Blüthenstiele so lang als der halbe Kelch.

142. **E. repandum L.** Blätter lanzettlich, geschweift- od. buchtig-gezähnt, mit angedrückten einfachen u. 3spaltigen Haaren bestreut, mit od. ohne sterile Aestchen in den Blattwinkeln; *Platte der Kronblätter 2 mm. breit, keilig in den Nagel verschmälert: Schoten* behaart, gleichmässig grün, *so dick* u. vielmal länger *als ihr wagrecht-abstehender Stiel; Samen an der Spitze schmal-geflügelt.* ⊙ Wüste Plätze. Aecker, gemein im Wiener Becken, im westlichen Gebiete dagegen selten. E. ramosissimum Cr. H. 0.1—0,4 M. April-Juni.

143. **E. pannonicum Cr.** Blätter länglich-lanzettlich. geschweift-gezähnt, mit angedrückten 3spaltigen Haaren bestreut, ohne sterile Aestchen in den Blattwinkeln; *Platte der Kronblätter 4—6 mm. breit, verkehrteirund; Schoten* sternhaarig-graufilzig, mit fast kahlen grünen Kanten. *dicker* u. vielmal länger *als ihr an die Spindel angelehnter Stiel; Samen ungeflügelt.* ⊙ Dämme. Gebüsche, Holzschläge; auf allen Vorhügeln des Kahlengebirges von Gloggnitz bis über den Bisamberg hinaus, am Steinfelde. Leithagebirge; Traisenthal von Lilienfeld bis Herzogenburg, Melk: bei Spitz. am Zöbinger Berge bei Langenlois, im Fuggnitzthale bei Hardegg. E. odoratum Ehrh. H. 0,2—0.9 M. Juni-Juli. — b) dentatum Koch. Wurzelblätter buchtig-fiederspaltig, Stengelblätter buchtig-gezähnt. Bei Kottingbrunn, Solenau u. am Bahnhofe von Payerbach.

144. **E. cheiranthus Pers.** Blätter lineal-lanzettlich. ganzrandig od. entfernt-gezähnelt. mit angedrückten fast nur einfachen Haaren bestreut. ohne sterile Aestchen in den Blattwinkeln: *Platte der Kronblätter gross, 5—8 mm. breit, verkehrteirund; Schoten* behaart,

mit gleichen od. kahleren grünen Kanten, *dicker* u. vielmal länger *als ihr schiefabstehender Stiel; Samen an der Spitze häutig-geflügelt.* ♃. Felsen, Nadelwälder, von den Badner Kalkbergen längs des ganzen Voralpenzuges bis an die Enns; Hainburger Berge. E. lanceolatum R. Br. Cheiranthus silvestris Cr. H. 0,1—0,5 M. Mai-Juni.

43. Conringia Heist. Ackerkohl. Kronblätter gelblich-weiss od. gelb: Schoten 4kantig mit vielfach geaderten Klappen od. 8kantig mit 3nervigen Klappen, Narbe stumpf; Samen in jedem Fache 1reihig.

145. **C. orientalis (L.) Andrz.** Blätter kahl, bläulich-bereift, ganzrandig, die unteren verkehrteiförmig, kurzgestielt, die oberen oval, herzförmig-stengelumfassend: Kronblätter grünlich-gelb; *Schoten abstehend, 4kantig, Klappen 1nervig.* ⊙ Brachen, verbreitet, im westlichen Gebiete jedoch seltener. Brassica orientalis L. Erysimum perfoliatum Cr. E. orientale R. Br. H. 0,1 bis 0,5 M. Mai-Juli.

146. **C. austriaca (Jacq.) Rchb.** Kronblätter gelb; *Schoten aufrecht, 8kantig, Klappen 3nervig,* sonst w. v. ⊙ u. ⊙ Felsige buschige Stellen, sehr selten; südöstl. Abdachung des Leopoldsbergs u. Felsen am Wege von Mödling nach Gumpoldskirchen. Brassica austriaca Jacq. Erysimum austriacum DC. Goniolobium austriacum Beck. H. 0,2—0,8 M. Mai-Juni.

3. Gruppe. Brassiceae DC. Keimblätter der Länge nach rinnig, das Würzelchen in der Rinne umfassend. — Kronblätter gelb.

44. Brassica L. Kohl. Schoten geschnäbelt; Klappen mit 1 geraden starken Nerven, ohne od. mit 2 schwachen schlänglichen Seitennerven: Samen kuglig, in jedem Fache 1reihig.

a. Obere Stengelblätter sitzend; Schoten abstehend.

147. **B. oleracea L.** *Blätter* kahl, *bläulich-bereift,* untere gestielt, leierförmig-fiederspaltig, *obere länglich, am Grunde verschmälert;* Traube schon während des Aufblühens verlängert u. locker, *die offenen Blüthen die Knospen nicht überragend:* Kelch aufrecht: Kronblätter 17—22 mm. lang, schwefelgelb. ⊙ Brachen, Schuttplätze, nur verwildert; stammt von den Küsten Westeuropas u. wird bei uns in vielen Spielarten gebaut: — a) acephala DC. Blauer Kohl. Blätter ausgebreitet, nicht zu einem Knopfe geschlossen. — b) sabauda L. Kelch od Blasenkohl. Blätter blasig-runzlig, zu einem lockeren Kopfe geschlossen. — c) capitata L. Kraut. Blätter glatt, zu einem festen kugligen Kopf geschlossen. — d) gemmifera DC. Sprossenkohl od. Sprosserln. Stengeltreibend. Stengel mit halbgeschlossenem Endköpfchen u. vielen geschlossenen Seitenköpfchen. — e) gongylodes, L. Kohlrabi. Stengel über der Erde zu einem dicken kugligen Knollen verdickt. — f) botrytis L. Karfiol od. Blumenkohl. Obere Blätter u. Blüthenstiele

zu einer fleischigen, höckerigen Masse umgewandelt. H. 0,5 bis 1,2 M. Mai-Juni.

148. **B. napus L.** *Blätter bläulich-bereift,* kahl od. die zuerst kommenden unterseits zerstreut-steifhaarig, untere gestielt, leierförmig-fiederspaltig, *obere länglich, mit verbreitertem, herzförmigem Grunde stengelumfassend;* Traube schon während des Aufblühens verlängert u. locker, *die offenen Blüthen die Knospen nicht überragend;* Kelch abstehend; Kronblätter goldgelb, 13—17 mm. lang. ⊙ u. ⚇ Brachen, Schuttplätze, verwildert u. gebaut als: — a) oleifera DC. Oelreps. Wurzel spindelförmig, Blätter wenig eingeschnitten. Besonders in den 2 westl. Kreisen, um St. Pölten, Melk, Scheibbs, Seitenstetten u. Haag; Raabs u. Grossau, sonst nur in einzelnen Feldern. — b) napobrassica L. Stockrübe. Wurzel u. Stengelgrund kuglig verdickt. H. 0,3—1,0 M. April-Aug.

149. **B. campestris L.** *Unterste Blätter* grasgrün, *unbereift,* beiderseits zerstreut-steifhaarig, leierförmig-fiederspaltig, *obere* eilänglich, wenig gezähnt od. ganzrandig, bläulich-bereift, meist kahl *mit tiefherzförmigem Grunde stengelumfassend;* Traube während des Aufblühens flach u. gedrungen, *die offenen Blüthen die Knospen überragend;* Kelch abstehend; Kronblätter goldgelb, 9—13 mm. lang. ⊙ u. ⚇ Brachen, Schuttplätze, unter dem Getreide, gleichsam wild; gebaut unter dem Namen Sommer-Rübenreps; — b) rapa (L.) Weisse Rübe. Wurzel rübenförmig-verdickt, fleischig, sonst w. v. H. 0,3 bis 0,5 M. April-Aug.

b. Alle Blätter gestielt; Blüthenstiele u. Schoten der Spindel angedrückt.

150. **B. nigra (L.) Koch.** Untere Blätter grasgrün, zerstreut-steifhaarig od. kahl, leierförmig, gezähnt, obere lanzettlich, ganzrandig, kahl, bläulich-bereift; Kelch abstehend, Kronblätter 6—9 mm. lang. ⊙ Wüste Plätze, Getreide, zufällig: Belvedere-Linie, Prater, Brigittenau, Hernals, Breitensee, Hietzing, Lainz, Melk. Sinapis nigra L. H. 0,4—1,2 M. Juni-Juli.

45. Sinapis L. Senf. Schoten langgeschnäbelt; Klappen mit 3—5 starken geraden Nerven; Samen kuglig, in jedem Fache 1reihig.

151. **S. arvensis L.** *Blätter eiförmig od. länglich,* ungleichgezähnt, untere fast leierförmig; Schoten kahl, meist länger als ihr etwas zusammengedrückter Schnabel, 3—5mal länger als ihr Stiel, *Klappen 3nervig;* Samen schwarzbraun, glatt. ⊙ Aecker, wüste Plätze, gemein. — b) orientalis Murray. Schoten steifhaarig. Mit der Grundform. H. 0,3—0,6 M. Mai-Aug.

152. **S. alba L.** *Blätter leierförmig-fiedertheilig,* Abschnitte buchtig-gezähnt; Schoten dicht steifhaarig, so lang od. kürzer als ihr schwertförmig-2schneidiger Schnabel, so lang als ihr Stiel. *Klappen 5nervig;* Samen gelblich, grubig-punktirt. ⊙ Aecker, Getreide, gemein. H. 0,3—0,6 M. Juni-Herbst.

46. Erucastrum Presl. Rempe. Schoten undeutlich geschnäbelt, Klappen mit 1 geraden Nerven; Samen eiförmig od. länglich, in jedem Fache 1reihig.

153. **E. Pollichii Schimp. et Spenn.** Blätter buchtig-fiederspaltig, mit länglichen, stumpfen, ungleich eckig-gezähnten Abschnitten; *Traube unterwärts mit Deckblättern;* Kelchlätter aufrecht-abstehend; Kronblätter weissgelblich; längere Staubfäden an den Griffel angedrückt. ⊙ u. ⊙ Aecker, Dämme, nicht häufig; an der Donau von Ibbs über Melk, Mautern bis Hainburg, im Marchfelde, bei Vöslau, Eichberg am Semmering, an der Ibbs von Kemmelbach abwärts, bei Amstetten, am Kamp bei Hadersdorf. Sisymbrium hirtum Host. H. 0,2—0,6 M Mai-Herbst.

154. **E. obtusangulum (Hall.) Rchb.** *Traube ohne Deckblätter;* Kelchblätter wagrecht-abstehend; Kronblätter citronengelb, grösser; längere Staubfäden vom Griffel abgebogen, sonst w. v. ♃. Ufer, Aecker, Auen, viel seltener; Türkenschanze u. an der Strasse von Dornbach nach Ottakring, doch in letzter Zeit hier nicht mehr gefunden, bei Inzersdorf am Wienerberg, in Liesing, Rothneusiedel, zwischen Neudorf u. Biedermannsdorf, an der Schwechat zwischen Achau u. Laxenburg, Ebreichsdorf, Velm, Heidethurm bei Hainburg, zwischen Follenhof u. der Katzelsdorfer Remise, bei Vöslau, Mautern. Sisymbrium obtusangulum Hall. H 0,3—1,0 M. Juni-Juli.

47. Diplotaxis DC. Rampe. Schoten undeutlich geschnäbelt; Klappen mit 1 geraden Nerven; Samen oval od. länglich, in jedem Fache 2reihig.

155. **D. tenuifolia (L.) DC.** Stengel am Grunde fast halbstrauchig, reichblättrig; Blätter fiederspaltig, mit länglichen od. linealen, ganzrandigen od. entfernt-gezähnten Abschnitten; untere Blüthenstiele 2—3mal so lang als die Blüthe; Kronblätter 10—14 mm. lang; *Schoten so lang als ihr Stiel, über dem Kelchansatz noch einmal kurz gestielt.* ♃. Aecker, Dämme, Mauern, gemein. Sisymbrium tenuifolium L. H. 0,3—0,6 M. Juni-Herbst.

156. **D. muralis (L.) DC.** Stengel krautig, nackt od. armblättrig; Blätter buchtig-gezähnt oder fiederspaltig, mit eiförmigen od. länglichen, ganzrandigen od. gezähnten Abschnitten; untere Blüthenstiele etwa so lang als die Blüthe; Kronblätter 7 mm. lang; *Schoten 2—3mal länger als ihr Stiel, über dem Kelchansatz nicht gestielt.* ⊙ u ⊙ Mauern, wüste Plätze, Aecker, gemein. Sisymbrium murale L. H. 0,1—0,4 M. Mai-Herbst.

II. Ordnung. **Siliculosae L.** Frucht ein Schötchen, 2klappig aufspringend.

A. Latiseptae DC. Schötchen mit der Scheidewand parallel zusammengedrückt; letztere so breit als der grösste Querdurchmesser des Schötchens.

1. Gruppe. Alyssineae DC. Keimblätter flach; Würzelchen seitlich auf der Berührungsspalte der beiden Keimblätter (bei Kernera auch auf dem Rücken).

48. Alyssum L. Steinkraut. Kronblätter abgerundet od. ausgerandet, gelb; Staubfäden alle od. einige am Grunde mit einem flügelförmigen Anhängsel od. mit 2 borstlichen Zähnchen, gerade; Schötchen rundlich, linsenförmig zusammengedrückt; Klappen nervenlos; Samen 1—2 in jedem Fache.

a. Kronblätter goldgelb, noch einmal so lang als die Kelchblätter.

157. **A. saxatile L.** Stengel am Grunde halbstrauchig, *Blätter länglich,* ganzrandig od. geschweift-gezähnt, graufilzig, die *unteren 7—10 cm. lang;* Traube rispig, kurz; Kronblätter breit ausgerandet; Kelch nach dem Verblühen abfallend; *Staubfäden innen am Grunde stumpfgezähnt; Schötchen kahl.* ♃. Felsen, Mauern; verbreitet im oberen Donauthale von Stein u. Mautern bis Melk u. in den Seitenthälern, an der Pielach bis Osterburg, an der Krems bis Hartenstein, am Kamp über Gars u. Rosenburg bis Idolsberg; an der Thaia von Raabs über Drosendorf bis Hardegg; Staatzerberg bei Laa, Steinabrunn; Braunsberg bei der Ruine Röthelstein, Wolfsthal u. Hainburg H. 0,1—0,4 M. April-Mai.

158. **A. montanum L.** Stengel krautig, am Grunde fast halbstrauchig; *Blätter verkehrteiförmig od. lanzettlich,* ganzrandig, *7—20 mm. lang,* graugrün; Traube einfach, zuletzt verlängert; Kronblätter meist abgerundet; Kelch nach dem Verblühen abfallend; *längere Staubfäden geflügelt, kürzere am Grunde mit länglichem Anhängsel; Schötchen angedrückt-sternhaarig.* ♃. Felsen, sandige Hügel, gemein auf den Kalkbergen des Wiener Beckens bis in die Voralpen; bei Hollenburg, Spitz, Aggsbach, Stein, Krems, Mautern, Rosenburg bei Horn; Leisergebirge, Marchthal von Stillfried bis Schlosshof, Hainburger Berge, Leithagebirge, Kukuberg, Reisenberg, Laxenburg, Himberg, Sebenstein. H. 0,1—0,2 M. März-Mai.

b. Kronblätter blass-schwefelgelb, zuletzt weiss-verbleichend, wenig länger als die Kelchblätter.

159. **A. calycinum L.** Stengel krautig; Blätter verkehrteiförmig bis lanzettlich, ganzrandig, graugrün; Traube zuletzt verlängert, Kronblätter gestutzt; *Kelch zur Fruchtzeit bleibend;* längere Staubfäden ungeflügelt, kürzere am Grunde mit 2 borstlichen Zähnchen; *Schötchen angedrückt-sternhaarig.* ⊙ Aecker, Mauern, gemein. H. 0,1—0,3 M. Mai-Herbst.

160. **A. desertorum Stapf.** Stengel krautig; Blätter verkehrteiförmig bis lanzettlich, ganzrandig, graugrün; Traube zuletzt verlängert; Kronblätter gestutzt; *Kelch nach dem Verblühen abfallend;* längere Staubfäden ungeflügelt, kürzere geflügelt und nebstbei am Grunde mit 2 borstlichen Zähnchen; *Schötchen kahl.* ⊙ Sandige Hügel, Grasplätze, sehr selten; bei Neustadt vor dem Neunkirchner Thore, Neudorf bei Mödling, am Fusse des Anningers gegen Siegenfeld zu, zwischen Wagram und Gänserndorf, bei der Schanzen von Jedlesee. A. minimum Willd. non L. A. vindobonense Beck. H. 0.05—0.2 April-Mai.

49. Berteroa DC. Berteroe. Kronblätter 2spaltig, weiss; Staubfäden am Grunde mit einer Schwiele, gerade; Schötchen rundlich, linsenförmig zusammengedrückt, Klappen nervenlos; Samen 5—8 in jedem Fache.

161. **B. incana (L.) DC.** Blätter lanzettlich, ganzrandig od. geschweift, graugrün; Kelch nach dem Verblühen abfallend; Kronblätter 2mal so lang als der Kelch; längere Staubfäden am Grunde geflügelt, kürzere gezähnt; Schötchen angedrückt-sternhaarig. ⊙ Wege, Mauern, gemein. Alyssum incanum L. Farsetia incana R. Br. H. 0,2—0,5 M. Juni-Herbst.

50. Lunaria L. Mondviole. Kronblätter abgerundet, violett; Staubfäden ungeflügelt u. ungezähnt, gerade; Schötchen oval, flach, auf einem stielförmigen Fruchtträger, Klappen nervenlos; Samen 1—2 in jedem Fache.

162. **L. rediviva L.** Blätter gestielt, herzförmig; Schötchen sehr gross, elliptisch-lanzettlich, an beiden Enden spitz, überhängend. ♃. Bergwälder bei Giesshübel, Eisernes Thor oberhalb der Augustiner Hütten, Neustadt, Donauauen bei Rohrendorf, Melk, verbreitet in den Kalkalpen, auch am Pischlingbach in der Aspanger Klause; im Waldviertel im Horner, Pommersdorfer u. Gföhler Walde, bei Karlstift, Gutenbrunn, im Isperthale. H. 0,5—1,2 M. Mai-Juni.

51. Petrocallis R. Br. Steinschmückel. Kornblätter abgerundet, rosa; Staubfäden ungeflügelt u. ungezähnt, gerade; Schötchen oval, convex, Klappen erhaben-nervig, Fächer 2samig.

163. **P. pyrenaica (L.) R. Br.** Stämmchen dichte Polster bildend; Stengel blattlos; grundständige Blätter rosettig, keilig, 3—5spaltig, gewimpert; Schötchen kahl. ♃. Felsen der Kalkalpen häufig. Draba pyrenaica L. H. 0,03—01 M. Mai-Juni.

52. Draba L. Steinschötchen. Kronblätter ausgerandet, gelb od. weiss; Staubfäden ungeflügelt u. ungezähnt, gerade; Schötchen oval, eliptisch od. lanzettlich, flach od. convex, Klappen nervenlos; Fächer vielsamig.

a. Wurzelstock zahlreiche ausdauernde Stämmchen treibend; Stengel nackt od. 1—3blättrig.

* Stengel blattlos kahl; Kronblätter gelb.

164. **D. aizoides L.** Grundständige Blätter lineal, starr, ganzrandig, steifborstig-gewimpert, dichte Rosetten bildend; *Kronblätter 5—8 mm. lang, so lang als die Staubgefässe; Schötchen kahl od. am Rande borstlich;* Griffel fast so lang als der Querdurchmesser des Schötchens. ♃. Gemein auf Felsen der Kalkalpen. H. 0,05 bis 0,12 M. April-Juli. — b) affinis (Host) Stengel kürzer, Kronblätter grösser, Schötchen länger. D. Beckeri Kern. Im Wassergesprenge bei Giesshübel, Mödlinger Klause, Ruine Liechtenstein,

am Ballenstein bei Schwarzensee, Gaisstein bei Furt, Unterberg, Hohe Wand, Schneeberg.

165. **D. aizoon Wahlenb.** Grundständige Blätter, lineallänglich; *Kronblätter 4—5 mm. lang, länger als die Staubgefässe; Schötchen rundum borstlich*; Griffel kürzer als der Querdurchmesser des Schötchens, sonst w. v. ♃. Auf Felsen in der Mödlinger Klause. D. lasiocarpa Roch. H. 0,08—0,25 M. April-Mai.

* * Stengel 1—3blättrig, unten sternhaarig; Kronblätter weiss.

166. **D. austriaca Cr.** Blätter sternhaarig, eiförmig od. lanzettlich, gezähnt od. ganzrandig, die grundständigen rosettig; Schötchen kahl. ♃. Felsen und Gerölle der Kalkalpen, selten: Saugraben, Waxriegel und Kaiserstein des Schneeberges, Raxalpe vom Jacobskogel bis zur Heukuppe u. auf der Hohen Lehne, Oetscher, Dürnstein. D. stellata Jacq. H. 0,3—0,12 M. Juni-Juli.

b. Wurzel jährig; Stengel beblättert.

167. **D. nemorosa L.** Blätter eiförmig, gezähnt, die grundständigen rosettig, die stengelständigen sitzend; Kronblätter gelb; Schötchen kahl od. behaart, 3—4mal kürzer als die meist wagrecht abstehenden Blüthenstiele. ⨀ Grasige Abhänge, sehr selten; im Prater von Wien, am Bahndamm zwischen Gramat-Neusiedl u. Götzendorf, auf dem Laaberge. D. nemoralis Ehrh. H. 0,1 bis 0,3 M. Mai-Juni.

53. Erophila DC. Hungerblümchen. Kronblätter 2spaltig, weiss; Staubfäden ungeflügelt u. ungezähnt, gerade; Schötchen oval bis länglich, etwas gewölbt; Klappen nervenlos; Fächer vielsamig.

168. **E. verna (L.) Mey.** Stengel blattlos; grundständige Blätter lanzettlich, rosettig; Blüthenstielchen aufrecht-abstehend; Schötchen länglich bis lanzettlich. ⨀ Triften, Aecker, gemein. Draba verna L. E. vulgaris DC. H. 0,05—0,2 M. März-Mai. — b) praecox (Rchb.) Schötchen rundlich. An gleichen Orten.

54. Kernera Med. Kernere. Kronblätter abgerundet, weiss; Staubfäden ungeflügelt u. ungezähnt, die 4 längeren knieförmig gebogen; Schötchen kuglig, undeutlich nervig; Fächer vielsamig.

169. **K. saxatilis (L.) Rchb.** Grundständige Blätter länglich-verkehrt-eiförmig, in den Blattstiel verlaufend, rosettig, die stengelständigen lineal-länglich, sitzend; Schötchen kahl. ♃. Voralpenthäler bis in die Krummholzregion der Kalkalpen, gemein. Myagrum saxatile L. Cochlearia saxatilis Lam. Nasturtium saxatile Cr. H. 0,15—0,3 M. Mai-Juni.

55. Cochlearia L. Löffelkraut. Kronblätter abgerundet, weiss; Staubfäden ungeflügelt und ungezähnt, gerade; Schötchen kuglig od. elliptisch, Klappen 1nervig; Fächer vielsamig.

170. **C. officinalis L.** Wurzel rasig; untere Blätter langgestielt, breiteiförmig, randschweifig, am Grunde schwachherzförmig, die stengelständigen eiförmig, mit tiefherzförmigem Grunde stengelumfassend; Staubfäden bogig-zusammenneigend; Schötchen so lang od. etwas kürzer als ihr Stiel, ♃. Auf Moorwiesen der Ebene; bei Moosbrunn von der Jesuitenmühle bis gegen Mitterndorf. H. 0,15 bis 0,3 M. April-Mai. — b) pyrenaica (DC). Grundständige Blätter nierenförmig; Kronblätter etwas breiter u. plötzlich in den Nagel verschmälert. An Bächen der Voralpen; Pernitz, Rohr, Hallbachthal bei Guttenstein. St. Egyd. Schwarzau, Höllenseige oberhalb der Terz, in der Frein im Mürzthale, Grünau bei Mariazell, unterer Lunzer See.

56. Roripa Scop. Kronblätter gelb od. weiss; Staubfäden ungeflügelt und ungezähnt, gerade; Schötchen kuglig bis stielrund; Klappen nervenlos; Fächer vielsamig.

a. Kronblätter weiss.

171. **R. armoracia (L.)** Wurzel mit Ausläufer unter der Erde kriechend; grundständige Blätter langgestielt, sehr gross, eilänglich od. herzförmig, gekerbt, die stengelständigen kurzgestielt, kämmig-fiederspaltig, die obersten länglich bis lineal, ganzrandig; Staubfäden gerade; Schötchen mehrmal kürzer als ihr Stiel. ♃. Häufig gebaut u. zuweilen an Ufern, Rainen verwildert. Cochlearia armoracia L. Armoracia rusticana Fl. Wett. Roripa rusticana Gr. et Godr. H. 0,4—1,2 M. Mai-Juni.

b. Kronblätter gelb.

* Kronblätter fast 2mal so lang als der Kelch, goldgelb.

o Alle od. doch die oberen Blätter ungetheilt.

172. **R. austriaca (Cr.) Bess.** Wurzel mit Ausläufer unter der Erde kriechend; *Stengel ausgefüllt,* am Grunde fast holzig; Blätter länglich od. lanzettlich, die unteren gezähnt od. fiederspaltig, die oberen *mit tiefherzförmig-geöhreltem Grunde sitzend;* Schötchen kuglig, vielmal kürzer als ihr Stiel. ♃. Ufer, Gräben, verbreitet im südl. Wiener Becken, auch bei Wismatt im südöstl. Schiefergebiete, bei Rappoltenkirchen; seltner in den 2 oberen Kreisen, Franzhausen bei Traismauer, zwischen Mautern u. Baumgarten, Weitra, Weitersfeld. Nasturtium austriacum Cr. Myagrum austriacum Jacq. Camelina austriaca Pers. H. 0,3—1,0 M. Juni-Juli.

173. **R. amphibia (L.) Bess.** Wurzel faserig; *Stengel hohl,* Blätter länglich od. lanzettlich, untere meist kamm- od. leierförmig-fiederspaltig, obere *mit verschmälertem Grunde sitzend;* Schötchen elliptisch od fast kuglig, 3—4mal kürzer als ihr Stiel. ♃. Bäche, Gräben, Sümpfe, nicht häufig: an der March bei Angern, Marchegg, Baumgarten, der Leitha bei Trautmannsdorf, Wilflenisdorf, am Neustädter Canal bei Simmering, bei Achau, Laxenburg, Guntramsdorf, Himberg, Moosbrunn, Kottingbrunn: an der Donau in der Freudenau des Praters, bei Kaiser-Ebersdorf,

bei Mautern, Krems, Theiss, Grafenegg, Neu-Aigen; bei Seefeld und Kadolz. Sisymbrium amphibium L. Nasturtium amphibium R. Br. H. 0,3—1,0 M. Mai-Juni.

o o Blätter sämmtlich fiedertheilig.

174. **R. silvestris (L.) Bess.** Wurzel mittelst Ausläufer kriechend; Blätter gestielt od. die obersten mit verschmälertem Grunde sitzend, Abschnitte länglich-lanzettlich, gezähnt od. fiederspaltig; Schötchen lineal, so lang od. länger als ihr Stiel. ♃. Ufer, Gräben, gemein. Sisymbrium silvestre L. Nasturtium silvestre R. Br. H. 0,2—0,5 M. Mai-Herbst.

172×174. **R. austriaca×silvestris.** Von R. austriaca durch die sämmtlich kämmig-eingeschnittenen od. fiederspaltigen Blätter u. die länglich-linealen Schötchen, von R. silvestris durch die mit herzförmig-geöhreltem Grunde sitzenden, seichter getheilten Blätter verschieden. An der Wien bei Penzing, Hütteldorf, Weidlingau, bei Mauerbach, Neulengbach, an der Als bei Hernals, am Mitterbache bei Kaiser-Ebersdorf, bei Parndorf, Wolfpassing bei Tulln. Nasturtium amoracioides Tausch. R. Neilreichii Beck. R. Morisonii Beck.

173×174. **R. amphibia×silvestris.** Von R. amphibia durch die sämmtlich fiederspaltigen Blätter, von R. silvestris durch die seichter getheilten Blätter und die länglich-elliptischen Schötchen, welche 2—3mal kürzer als ihr Stiel sind, verschieden. Himberg, Freudenau des Praters, am Mitterbache bei Kaiser-Ebersdorf, zwischen Lanzendorf u. Himberg, Achau u. Laxenburg, bei Krems. Sisymbrium anceps Wahlenb. Nasturtium anceps Rchb.

Anm. Auch zwischen R. austriaca u. amphibia, dann zwischen R. silvestris u. palustris wurden Bastarde beobachtet, doch sind sie bei uns mit Sicherheit noch nicht gefunden wurden.

* * Kronblätter so lang als der Kelch, bleichgelb.

175. **R. palustris (Leyss.) Bess.** Wurzel ohne Ausläufer; untere Blätter leierförmig, gestielt, obere fiederspaltig, mit geöhreltem Grunde sitzend, Abschnitte länglich, gezähnt: Schötchen länglich-elliptisch, so lang als ihr Stiel. ⊙ u. ⊙ Ufer, Gräben; an der March, am Weiden- u. Stempfelbache im Marchfelde, Donauinseln, an der Wien und am Mauerbache, bei Laxenburg, Münchendorf, Neustadt; gemein im Waldviertel. Sisymbrium palustre Leyss. Nasturtium palustre DC. H. 0,2—0,7 M. Juni-Juli.

5. Gruppe. Camelineae DC. Keimblätter flach; Würzelchen auf dem Rücken des einen Keimblattes.

57. **Camelina Cr.** Leindotter. Kronblätter abgerundet, gelb; Staubfäden ungeflügelt u. ungezähnt, gerade; Schötchen birnförmig, Klappen 1nervig, Fächer vielsamig.

176. **C. microcarpa Andrz.** Stengel nebst den Blättern von ästigen u. einfachen Haaren rauh; Blätter länglich-lanzettlich od.

lanzettlich, ganzrandig od. gezähnelt; *Schötchen verkehrteirund, hartschalig mit breitem Rande, 4—5 mm. lang, 2—3mal länger als der Griffel; Samen 3kantig-eiförmig.* ⊙ Brachen, Getreide. Wege, gemein. C. silvestris Wallr. C. sativa Aut. H. 0,3—0,6 M. Mai-Juli.

177. **C. sativa (L.) Cr.** Stengel nebst den Blättern von zerstreuten, kurzen, angedrückten, meist sternförmigen Haaren etwas rauh; Blätter länglich-lanzettlich od. lanzetllich, ganzrandig od. gezähnelt; *Schötchen birnförmig-gedunsen, hartschalig mit schmalem Rande, 7—8 mm. lang, 3—4mal länger als der Griffel; Samen 3kantig-walzlich,* doppelt so gross als bei voriger. ⊙ Raine, Wege, wüste Plätze, seltner als vorige; Prater, Türkenschanze, Penzing, Kalvarienberg bei Baden; sicher weiter verbreitet. Myagrum sativum L. H. 0,3—0,8 M. Mai-Juli.

178. **C. foetida Fr.** Stengel nebst den Blättern zerstreut behaart bis fast kahl; Blätter lanzettlich, ganzrandig od. gezähnelt; *Schötchen kuglig- od. verkehrteirundlich-birnförmig-gedunsen, oben gestutzt od. ausgerandet, weichschalig, mit schmalem Rande, 7—9 mm. lang, 4—5mal länger als der Griffel; Samen doppelgestaltig, 3kantig und flach-eirundlich.* ⊙· Leinfelder, häufig im Kreise O. M. B. und auf den Schieferbergen des Kreises O. W. W., auch bei Scheibbs. H. 0,3—0,7 M. Juni-Juli. — b) dentata (Pers.) Untere Blätter buchtig-gezähnt bis fast fiederspaltig.

B. Augustiseptae DC. Schötchen quer auf die Scheidewand zusammengedrückt, letztere schmäler als der grösste Querdurchmesser des Schötchens.

6. Gruppe. Thlaspideae DC. Keimblätter flach; Würzelchen seitlich auf der Berührungsspalte der beiden Keimblätter.

58. **Thlaspi L.** Täschelkraut. Kronblätter ziemlich gleich, weiss od. lila; Staubfäden ohne Anhängsel; Schötchen verkehrteiförmig, od. rundlich, oben ausgerandet; Klappen kahnförmig, geflügelt. Fächer 2—mehrsamig.

a. Kronblätter weiss; Schötchen in einer verlängerten Traube.

α. Wurzel jährig.

* Samen bogig-gerieft

179. **T. arvense L.** Blätter ganzrandig od. geschweift-gezähnt, die grundständigen länglich-verkehreiförmig, gestielt, nicht rosettig, die stengelständigen länglich, mit pfeilförmigem Grunde sitzend; Schötchen rundlich-verkehrteiförmig, breitgeflügelt. Fächer 5—mehrsamig. ⊙ Aecker, wüste Plätze, gemein. H. 0,15—0,35 M. Mai-Herbst.

* * Samen glatt.

180. **T. perfoliatum L.** Blätter ganzrandig od. gezähnelt, die grundständigen eiförmig od. rundlich, rosettig, die stengelständigen eiförmig-länglich, mit herzpfeilförmigem Grunde stengelumfassend; Schötchen verkehrt-herzförmig, vorn breitgeflügelt, Fächer 3—4-samig. ⊙ Brachen, Grasplätze, gemein. H. 0,08—0,25 M. März-Mai.

β. Wurzelstock ausdauernd, ästige Stämmchen treibend.

* Staubbeutel purpurroth; Kronblätter klein, noch einmal so lang als der Kelch.

181. T. **alpestre L.** Stämmchen kurz, rasenartig zusammengedrängt; Stengel einfach; grundständige Blätter spatlig in den Stiel verschmälert, stengelständige mit herzförmigem Grunde sitzend; Schötchen länglich-verkehrteiförmig, am Grunde verschmälert, vorn breitgeflügelt; Griffel kürzer od. kaum länger als die Ausrandung; Fächer 4—8samig. ♃. Buschige Orte, höchst selten, bisher bloss im südöstl. Schiefergebiete im Kohlgraben bei Zügen. H. 0,2—0,3 M. April-Mai.

* * Staubbeutel gelb; Kronblätter gross, 2—3mal so lang als der Kelch.

182. T. **goesingense Hal.** *Stämmchen kurz*, rasenartig zusammengedrängt; Stengel einfach od. ästig; grundständige Blätter spatlig in den Stiel verschmälert, stengelständige mit herzförmigem Grunde sitzend; *Schötchen* länglich-verkehrt-herzförmig, *am Grunde verschmälert*, vorn breitgeflügelt; Griffel mehrmals länger als die Ausrandung; Fächer 4—6samig. ♃. Felsen, Nadelwälder; massenhaft auf dem Goesing u. der Flatzer Wand bei Ternitz, dann an der ung. Grenze bei Redlschlag. T. umbrosum Waisb. H. 0,2—0,5 M. April-Mai.

183. T. **montanum L.** *Stämmchen verlängert, ausläuferartig*, Stengel einfach; grundständige Blätter spatlig in den Stiel verschmälert, stengelständige mit herzförmigem Grunde sitzend; *Schötchen* rundlich-verkehrteiförmig, *am Grunde abgerundet*, vorn breitgeflügelt; Griffel aus der Ausrandung etwas hervorragend; Fächer 1—2samig. ♃. Felsen, Nadelwälder, gemein in der Bergregion der Kalkgebirge; in den Voralpen bei Furt, auch im Gurhofgraben bei Aggsbach, bei Steinegg im Kampthale u. bei Bernstein im südöstl. Schiefergebiete. H. 0,1—0.2 M. April-Mai.

184. T. **alpinum Cr.** *Stämmchen verlängert, ausläuferartig*; Stengel einfach, sehr selten ästig; grundständige Blätter spatlig in den Stiel verschmälert, stengelständige mit herzförmigem Grunde sitzend; *Schötchen* länglich-verkehrt-herzförmig, *am Grunde verschmälert*, vorn schmalgeflügelt; Griffel mehrmals länger als die Ausrandung; Fächer 1—4samig. ♃. Kalkalpen, gemein; in den Voralpen bei Steinapiesting. H. 0,25—0,15 M. Mai-Juli.

b. Kronblätter lila, Schötchen in einer gedrungenen Doldentraube.

185. T. **rotundifolium (L.) Gaud.** Stämmchen verlängert, ausläuferartig; Stengel einfach; grundständige Blätter in den Stiel herablaufend, stengelständige mit schwach geöhreltem Grunde sitzend; Schötchen länglich-keilig, fast flügellos; Fächer 1—3-samig. ♃. Felsenschutt der Kalkalpen, sehr selten; Kaiserstein des Schneebergs und Eishüttenalpe der Rax. Iberis rotundifolia L. Lepidium rotundifolium All. H. 0,03—0.1 M. Juli-Aug.

59. Iberis L. Bauernsenf. Kronblätter sehr ungleich, die der äusseren Blüthen strahlend, weiss od. lila; Staubfäden ohne Anhängsel; Schötchen verkehrt-herzförmig od. rundlich, oben ausgerandet; Klappen kahnförmig, geflügelt, Fächer 1samig.

186. **I. amara L.** *Blätter* keilförmig, *vorn eingeschnitten-gezähnt;* Kronblätter weiss od. lila; Fruchttraube etwas verlängert; Schötchen fast kreisrund, Läppchen vorgestreckt, spitz. ⊙ Verwildert u. ohne bleibenden Standort; wurde gefunden im Steinbruche am Gallizin, in der Brühl, an der Liesing bei Kaltenleutgeben, der Schwarza bei Neunkirchen; Donauauen bei Melk, an der Erlaf bei Scheibbs, an der Ibbs bei Seitenstetten, Kemmelbach u. abwärts bis zur Mündung in die Donau, an der Enns bei Steyr. H. 0,08—0,2 M, Juli-Aug. — b) ruficaulis (Lej.) Blätter schmal, fast ganzrandig; Pflanze violett überlaufen. An der Enns bei Steyer.

187. **I. pinnata L.** *Blätter* unten lineal, gegen den Grund verschmälert, *vorn 2—3theilig od. 2paarig-fiedertheilig,* die obersten auch ungetheilt, Zipfel lineal; Kronblätter weiss; Fruchttraube verkürzt, fast doldentraubig; Schötchen fast kreisrund, Läppchen auseinanderstehend, stumpf. ⊙ Stammt aus dem Süden; bei uns zufällig u. vorübergehend, so bei Dornbach, in der Vorderbrühl, zwischen Münchendorf u. Guntramsdorf, bei Baden u. Siegenfeld. H. 0,1—0,2 M. Juni-Juli.

60. Teesdalia R. Br. Tisdaelie. Kronblätter ungleich, die der äusseren Blüthen etwas strahlend, weiss; Staubfäden am Grunde mit kronblattartigem Anhängsel; Schötchen rundlich-verkehrtherzförmig, oben ausgerandet; Klappen kahnförmig, schmalgeflügelt, Fächer 2samig.

188. **I. nudicaulis (L.) R. Br.** Stengel blattlos od. mit wenigen lanzettlichen bis linealen Blättern; grundständige Blätter rosettig, leierförmig-fiederspaltig; Kronblätter sehr klein. ⊙ Sandige Aecker, Raine, selten; im Waldviertel bei Wittingau, Litschau, Gmünd, Pyrabruck, Heinrichs, Breitensee, Zuggers, Weissenbach, Naglitz, Schwarzbach; auch bei Langegg u. Kollapriel südwestl. von Melk. Iberis nudicaulis L. H. 0,05—0,15 M. April-Juni.

61. Biscutella L. Brillenschötchen. Kronblätter gleich, gelb; Staubfäden ohne Anhängsel; Schötchen brillenförmig; Klappen nach dem Aufspringen die Samen nicht ausstreuend, Fächer 1samig.

189. **B. laevigata L.** Stengel und Blätter steifhaarig, untere Blätter länglich, in den Stiel verschmälert, obere lanzettlich bis lineal, mit halbstengelumfassendem Grunde sitzend; Schötchen kahl, glatt. ♃. Gemein auf allen Kalkbergen bis in die Alpen; auch bei Dürnstein, Aggsbach u. Rossatz. H. 0,1—0,4 M. April-Mai, auf Alpen bis August. — b) lucida (DC.) Stengel u. Blätter kahl od. nur spärlich gewimpert. Viel seltner, an der Schwarza

bei Neunkirchen u. Ternitz, am Goesing, Ochsenboden u. Kaiserstein des Schneebergs, Wetterkogel der Rax, Guttenstein, Traisenberg bei St. Egyd, Weissenbach an der Triesting, Pottenstein.

7. Gruppe. Lepidieae DC. Keimblätter flach; Würzelchen auf dem Rücken des einen Keimblattes.

62. Lepidium L. Kresse. Kronblätter weiss od. gelb; Staubfäden ohne Anhängsel; Schötchen eiförmig od. rundlich, oben ausgerandet od. ganz; Klappen kahnförmig, gekielt od. geflügelt Fächer 1samig.

a. Untere Blätter 1—3fach fiedertheilig.

190. **L. ruderale L.** Untere Blätter gestielt, 1—2fach fiedertheilig, *obere lineal, sitzend;* Blüthen 2männig, Kronblätter weiss, meist fehlend; Schötchen rundlich-eiförmig, an der Spitze schwach ausgerandet und schmalgeflügelt; Griffel fast fehlend. ⊙ u. ⊙ Mauern, Wege, Schutt, gemein. H. 0,1—0,3 M. Mai-Juni.

191. **L. perfoliatum L.** Untere Blätter gestielt, 2—3fach fiedertheilig, *obere tief-herzeiförmig, ganzrandig, stengelumfassend;* Kronblätter gelb; Schötchen rundlich-eiförmig, an der Spitze schmal ausgerandet u. schmalgeflügelt; Griffel kurz. ⊙ Raine, Wege, Wiesen, aus Ungarn eingewandert: Prater, Türkenschanze, Dornbach, Nussdorf, Bisamberg, Zwischenbrücken, St. Marxer- u. Belvedere-Linie, Arsenal, Laaerberg, Simmering, Schwechat, Ebersdorf, Lanzendorf, Gramat-Neusiedl, Himberg; zwischen Breitensee u. Kroissenbrunn; Kaltenleutgeben, Perchtholdsdorf, Gloggnitz, Seitenstetten, Krems, Laa a. d. Thaia, an allen Orten, jedoch selten bleibend; gemein am Neusiedlersee. H. 0.1—0.3 M. Mai-Juni.

Anm. L. sativum L. mit geflügelten an die Spindel angedrückten Schötchen, wird hie u. da gebaut, u. verwildert zuweilen. — Auch L. graminifolium L. wurde einmal vor der Belvedere-Linie beobachtet.

b. Blätter nicht fiedertheilig; Kronblätter weiss.

* Griffel kurz od. fast fehlend.

192. **L. crassifolium W. et K.** *Stengel unten kahl,* oben feinflaumig; *Blätter* ungetheilt, *kahl, ganzrandig,* die unteren eiförmig od. elliptisch, in den Stiel verlaufend, *obere* länglich, mit pfeilförmigem Grunde *stengelumfassend;* Blüthenstand doldentraubig; *Schötchen eiförmig, spitz, kahl, runzlig.* ♃. Salzige Triften, bisher nur am Neusiedlersee zwischen Goyss u. Winden spärlich, häufiger am östlichen Ufer bei Weiden bis Appetlan. H. 0,15—0,25 M. Mai-Juni.

193. **L. latifolium L.** *Stengel kahl; Blätter* ungleich, *kahl od. die unteren zerstreut behaart, ganzrandig oder gesägt,* die unteren eiförmig langgestielt, *obere* eilanzettlich, *sehr kurzgestielt od. sitzend;* Blüthenstand pyramidal-rispig; *Schötchen oval, abgerundet, weich-*

haarig, glatt. ♃. Salzige Stellen, bisher bloss bei Zwingendorf zwischen Haugsdorf und Laa; eingeschleppt im Prater u. bei Oberrana nächst Spitz. H. 0,25—1,0 M. Juni-Juli.

194. **L. campestre (L.) R. Br.** *Stengel u. Blätter graufiaumig, untere Blätter* länglich, in den Stiel verschmälert, am Grunde *buchtig-gezähnt bis fiederspaltig,* obere gezähnelt, mit pfeilförmigem Grunde sitzend; Bluthenstand traubig; *Schötchen* eiförmig od. oval, *vorn breitgeflügelt, weichhaarig, warzig-punktirt.* ⊙ Brachen, wüste Plätze, gemein. Thlaspi campestre L. H. 0,15—0,4 M. Mai-Juli.

* Griffel lang, länger als das halbe Schötchen.

195. **L. draba L.** Stengel u. Blätter grauflaumig; Blätter ungetheilt, länglich, geschweift-gezähnt, untere in den Stiel verschmälert, obere mit pfeilförmigem Grunde stengelumfassend; Blüthenstand doldentraubig; Schötchen querbreiter, am Grunde herzförmig, kahl, aderig-runzlig. ♃. Wege, Raine, gemein im Wiener Becken, fehlt dagegen im Waldviertel. Cardaria draba Desv. H. 0,3—0,5 M. Mai-Juni.

63. Hutchinsia R. Br. Hutchinsie. Kronblätter weiss; Staubfäden ohne Anhängsel; Schötchen elliptisch, spitz od. ausgerandet; Klappen kahnförmig, gekielt; Fächer 2samig.

196. **H. petraea (L.) R. Br.** *Stengel ästig, beblättert;* Blätter tief-fiederspaltig; *Kronblätter wenig länger als der Kelch;* Schötchen elliptisch, stumpflich. ⊙ Felsen, Waldränder der Kalkberge; vom Geissberge über Mödling, Baden bis in die Voralpen, stellenweise, auch am Steinfeld bei Neustadt, bei Ebreichsdorf u. auf dem Hundsheimer Berge. Lepidium petraeum L. Teesdalia petraea Rchb. Thlaspi pinnatum Beck. H. 0,04—0,15 M. April-Mai.

197. **H. alpina (L.) R. Br.** *Stengel einfach, blattlos;* Blätter tief-fiederspaltig; *Kronblätter noch einmal so lang als der Kelch;* Schötchen länglich, spitz. ♃. Felsen der Kalkalpen häufig; auch im Kies der Enns bei Steyr. Lepidium alpinum L. Noccaea alpina Rchb. H. 0,01—0,1 M. Juni-Aug.

64. Capsella Vent. Hirtentäschel. Kronblätter weiss; Staubfäden ohne Anhängsel; Schötchen verkehrt-3eckig, seicht ausgerandet; Klappen kahnförmig, gekielt. Fächer vielsamig.

198. **C. bursapastoris (L.) Moench.** Blätter ganzrandig od. ungleich-gezähnt bis fiederspaltig, die grundständigen rosettig, in den Stiel verschmälert, die stengelständigen mit pfeilförmigem Grunde sitzend; Schötchen kahl. ⊙ Aecker, Wege, gemein. Thlaspi bursa pastoris L. H. 0,05—0,4 M. März-Herbst. — b) apetala Schlecht. Kronblätter fehlend, meisst in Staubgefässe umgestaltet u. dann die Blüthen 10männig. Häufig.

65. Aethionema R. Br. Steintäschel. Kronblätter röthlich; die 4 längeren Staubfäden geflügelt, Flügel oft 1zähnig, Schötchen rundlich, oben ausgerandet od. ganz: Klappen kahnförmig, geflügelt, Fächer 2—mehrsamig.

199. **A. saxatile (L.) R. Br.** Stengel u. Blätter bläulich-bereift; untere Blätter länglich-verkehrteiförmig, in den Stiel verschmälert, obere länglich-lineal. sitzend; Schötchen kahl, mit geschweiften od. gezähnelten Flügeln. ♃. Felsen, Gerölle, häufig in den Kalkvoralpen, auch am Wechsel, seltener in der Bergregion, wie zwischen Soos u. Vöslau, Sooser Lindkogel, Eisernes Thor od. in niedrigeren Gegenden, wie an der Schwarza bei Neunkirchen u. an der Enns bei Steyr. Thlaspi saxatile L. H. 0.1—0,2 M. Mai-Juni.

III. Ordnung. **Nucamentaceae DC.** Frucht schötchenartig, nicht der Länge nach 2klappig aufspringend.

A. Frucht ungegliedert.

8. Gruppe. Brachycarpae DC. Keimblätter hufeisenförmig gekrümmt; Würzelchen auf dem Rücken des einen Keimblattes.

66. Coronopus Hall. Krähenfuss. Kronblätter weiss; Schötchen nierenförmig, von der Seite zusammengedrückt, 2fächerig, Fächer 1samig.

200. **C. procumbens Gilib.** Stengel ausgebreitet-ästig, niedergestreckt; Blätter fiedertheilig mit linealen od. keilförmigen, ganzen od. eingeschnittenen Zipfeln: Trauben kurz, blattgegenständig; Schötchen netzig-runzlig, am Rande gezackt, so lang als ihr Stiel. ☉ Weiden, Gruben, Dörfer, nur im östlichen Theile des Landes; Donaucanal im Prater, Klosterneuburg, Stockerau, an der Als vor Hernals, Laaerberg, Alt- u. Neu-Erlaa, Gallbrunn, Margarethen am Moos, Laxenburg, Münchendorf, Moosbrunn, Marienthal, Traiskirchen, Guntramsdorf, Neudorf, Pfaffstätten, Tribuswinkel, Vöslau, Kottingbrunn; gemein im Marchfelde bei Kagran, Wagram, Gänserndorf, Weikersdorf, Angern, Zwerndorf, Baumgarten, Marchegg, Breitensee, Schlosshof; bei Wülzeshofen, Dürnkrut, Laa; am Neusiedlersee bei Parndorf, Winden u. Donnerskirchen. Cochlearia coronopus L. Coronopus Ruelli All. Senebiera coronopus Poir. Stengel 0,03—0,2 M. lang. Mai-Sept.

9. Gruppe. Peltarieae Beck. Keimblätter flach; Würzelchen auf der Berührungsspalte der beiden Keimblätter.

67. Peltaria L. Scheibenkraut. Kronblätter weiss; Schötchen fast rundlich, vom Rücken her flachgedrückt, 1fächerig, meist 1samig.

201. **P. alliacea Jacq.** Stengel u. Blätter bläulich-bereift, kahl, die grundständigen gestielt, eiförmig, geschweift-gezähnt, die stengelständigen sitzend, länglich-lanzettlich, mit herzförmigem Grunde stengelumfassend; Schötchen herabhängend. ♃. Waldränder; von der Wand bis Grünbach, Strelzhof u. Dreistetten

Rehleiten bei Brunn am Steinfelde, Goesing und dessen westliche Abfälle in das Sirningthal, über Sieding, Stixenstein bis Buchberg u. östlich bei Flatz u. St. Lorenzen, an der Schwarza bei Neunkirchen. H. 0,2—0,7 M. Mai-Juni.

68. Soria Adans. Schnabelschötchen. Kronblätter weiss; Schötchen kuglig od. eiförmig, in den schnabelartigen Griffel zugespitzt, 2fächerig, Fächer 1samig.

202. **S. syriaca (L.) Desv.** Stengel ausgesperrt-ästig, nebst den Blättern u. Schötchen gablig-behaart; Blätter länglich-lanzettlich, in den Stiel verschmälert; unterste Schötchen blattwinkelständig; Griffel gekrümmt, ⊙ Wüste Plätze, Wege, nur im Wiener Becken; Hernals, Wildgrube bei Grinzing, Nussdorfer-, Belvedere- u. St. Marxer-Linie, Arsenal, Simmering, Sofienbrücke, Prater, Zwischenbrücken, im Marchfelde zwischen Raasdorf u. Leopoldsdorf, Pyrawart u. Schweinbart, Zwerndorf, Schlosshof, Gross-Enzersdorf; Neustädter Kanal bei Lanzendorf u. Gumpoldskirchen, Leesdorf, Traiskirchen, Möllersdorf, Brühl, Waldmühle bei Kaltenleutgeben; zwischen Bruck u. Goyss, Parndorf; bei Berg u. Kittsee. Anastatica syriaca L. Bunias syriaca Gaertn. Euclidium syriacum R. Br. H. 0,1—0,3 M. Mai.

10. Gruppe. Isatideae DC. Keimblätter flach od. etwas rinnig; Würzelchen auf dem Rücken des einen Keimblattes.

69. Isatis L. Waid. Kronblätter gelb; Schötchen lineal-keilig bis oval, von der Seite her flachgedrückt, 1fächerig, 1—2samig, mit geflügelten Klappen.

203. **I. tinctoria L.** Stengel u. Blätter bläulich-bereift, untere Blätter länglich in den Stiel verschmälert, obere lanzettlich, mit pfeilförmigem Grunde sitzend; Schötchen stumpf od. ausgerandet, kahl, herabhängend. ♃. Raine, Dämme, Getreide; bei Korneuburg, am Bisamberg, häufig im Marchfelde u. im südl. Wiener Becken: bei Neulengbach; zwischen Gneixendorf und Dürrenstein; bei Seefeld u. Kadolz. I. campestris Stev. H. 0,3—1,2 M. Mai-Juni.

70. Myagrum Tourn. Hohldotter. Kronblätter gelb; Schötchen birnförmig, 3fächerig, die 2 oberen Fächer leer, das untere 1samig.

204. **M. perfoliatum L.** Stengel u. Blätter bläulich-bereift; Blätter länglich, grundständige buchtig-gezähnt, stumpf, in den Stiel verlaufend, rosettig, obere ganzrandig od. gezähnt, spitz, mit pfeilförmigem Grunde stengelumfassend; Schötchen kahl, mit verdickten Stielen. ⊙ Getreide, Brachen; Hernals, Nussdorfer Linie, Brigittenau, Prater, Floridsdorf, Kaiser-Ebersdorf, Laaerberg, Gramat-Neusiedel, Margarethen am Moos, Moosbrunn, Reisenberg, Münchendorf, Achau, Laxenburg, Baden, Eichkogel, Mödling, Perchtoldsdorf, Lainz, Hütteldorf; Angern; oft nur vorübergehend. H. 0,3—0,6 M. Mai-Juni.

71. Neslia Desv. Neslie. Kronblätter gelb; Schötchen kuglig, mit dem fädlichen Griffel gekrönt, 1fächerig, 1samig.

205. **N. paniculata (L.) Desv.** Blätter lanzettlich, sammt dem Stengel gablig-behaart, untere in den Stiel verschmälert, stumpf, obere mit pfeilförmigem Grunde sitzend, spitz; Schötchen netzig-runzlig, kahl. ⊙ Getreide, Brachen, häufig. Myagrum paniculatum L. Vogelia paniculata Horn. Chamaelinim paniculatum Host. H. 0,15—0,6 M. Juni-Juli.

11. Gruppe. Buniadeae DC. Keimblätter kreisförmig-eingerollt; Würzelchen auf dem Rücken des einen Keimblattes.

72. Bunias L. Zackenschote. Kronblätter gelb; Schötchen 4kantig, eiförmig, quer-2fächerig oder mit 2 Paar Fächer übereinander, Fächer 1samig.

206. **B. erucago L.** Stengel drüsig-punktirt, nebst den Blättern fein-behaart; untere Blätter schrottsägeförmig-fiederspaltig, gestielt, obere lanzettlich, ungleich-gezähnt, buchtig od. fiederspaltig; Schötchen zackig-geflügelt, drüsig-punktirt. ⊙ Aecker, Getreide, Wege, eingeschleppt u. meist vorübergehend; wurde gefunden: Prater, Brigittenau, Döbling, Hernals, Hetzendorf, Kaiser-Ebersdorf, Hohe Wand, Mauerbach, Rappoltenkirchen, Krems, Theiss, zwischen Steyr und Seitenstetten. H. 0,15—0,3 M. Mai-Juni.

Anm. B. orientalis L. wurde einmal zufällig im Prater beobachtet.

B. Frucht eine Gliederschote.

12. Gruppe. Raphaneae DC. Keimblätter rinnig-gefaltet, das Würzelchen umfassend.

73. Rapistrum Boerh. Repsdotter. Kronblätter gelb; Schötchen 2gliedrig, Glieder 1samig, bei der Reife sich quer trennend, das untere walzlich, das obere kuglig, geschnäbelt.

207. **R. perenne (L.) All.** Stengel und Blätter steifhaarig; Blätter schrotsägeförmig-fiederspaltig, mit ungleich-eckig-gezähnten Zipfeln; Schötchen kahl, Griffel dick, kürzer als das obere Glied des Schötchens. ♃ Aecker, Raine, stellenweise häufig. Myagrum perenne L. H. 0,3—0,6 M. Juni-Juli.

Anm. R. rugosum All. wurde am Bahndamme bei Penzing einmal gefunden.

74. Raphanus L. Rettig. Kronblätter gelb, violett od. weisslich; Schoten stielrundlich, langgeschnäbelt, mehrsamig, zwischen den Samen mehr weniger quer eingeschnürt, in einzelne Glieder zerfallend od. ganz bleibend.

208. **R. raphanistrum L.** Stengel unterwärts nebst den Blättern steifhaarig; untere Blätter leierförmig, obere lanzettlich; Kronblätter blassgelb od. weiss mit violetten Adern; *Schoten* auf-

steigend, langfurchig, zwischen den Samen *eingeschnürt u. zuletzt in 1samige Glieder zerspringend,* ⨀ Aecker, Brachen, gemein. Raphanistrum lampsana Gaertn. H. 0,3—0,5 M. Mai-Sept.

209. **R. sativus L.** Kronblätter hellviolett. *Schoten* abstehend, schwach längsstreifig, *nicht eingeschnürt u. nicht zerfallend*, sonst w. v. ⨀ u. ⊙ Gebaut u. öfters verwildert. H. 0,3—1,0 M. Juni-Sept. — a) silvestris Koch. Wurzel spindlig, nur so dick als der Stengel. — b) radicula (Pers.) Wurzel klein, rübenförmig, aussen weiss od. roth. — c) niger DC. Wurzel sehr gross, rübenförmig, aussen schwarz.

VII. Familie. Cistaceae Dun.

75. Helianthemum Tourn. Sonnenröschen. Kelch 5blättrig, die 2 äusseren Blätter kleiner od. fehlend; Blumenkrone hinfällig; Kapsel 3klappig, 1fächerig od. unvollkommen 3fächerig; Klappen in der Mitte an den Rändern der Scheidewände od. auf 3 vorspringenden Leisten die Samen tragend.

a. Nebenblätter vorhanden; Blätter gegenständig; Blüthen in endständigen Trauben.

210. **H. vulgare Gaertn.** *Blätter* oval od. länglich, *unterseits weissfilzig-sternhaarig;* Nebenblätter klein; *Kelchblätter eirund, spitz, rundum flaumig-filzig;* Kronblätter 8—10 mm. lang, hellgelb; Samen fast glatt. ♃. Sonnige Hügel; von Krems bis Weissenbach, Melk u. an die Pielach, besonders in der Wachau Cistus helianthemum L. H. 0,1—0,3 M. Juni-Aug.

211. **H. hirsutum (Thuill.) A. Kern.** *Blätter* oval od. länglich, *trübgrün, zerstreut büschelig-sternhaarig;* Nebenblätter länger als die Blattstiele; *Kelchblätter eirund, spitz, flaumig-kraushaarig;* Kronblätter 8—10 mm. lang, hellgelb; Samen sehr feinwarzig. ♃. Auf Bergwiesen, Hügeln, gemein. H. 0.1—0,3 M. Cistus hirsutus Thuill H. obscurum Pers. Juni-Aug.

212. **H. glabrum (Koch) A. Kern.** *Blätter* elliptisch od. länglich, am Rande u. an dem Mittelnerven *gewimpert, sonst kahl,* hellgrün; *Kelchblätter elliptisch, zugespitzt, an den Nerven bewimpert, sonst kahl;* Kronblätter 12—15 mm. lang, goldgelb; Samen feinwarzig ♃. Triften der Kalkalpen, häufig. H. vulgare v. glabrum Koch. Cistus serpyllifolius Cr. non L. H. 0,1—0.3 M. Juli-Aug.

b. Nebenblätter fehlend.

* Blätter gegenständig; Blüthen in endständigen Trauben.

213. **H. canum (L.) Dun.** *Blätter* oval od. länglich, graugrün, *unterseits von Sternhaaren graufilzig; Kelch feinfilzig;* Blumenkrone 8—12 mm. breit, hellgelb; Fruchtstiele bogig aufwärts gerichtet. ♃. Sandige, steinige Hügel, besonders auf Kalk; fehlt im Waldviertel. Cistus canus L. H. oelandicum γ. Neilr. H. 0,1 bis 0,2 M. Mai-Juni.

214. **H. alpestre (Jacq.) Dun.** *Blätter* oval od. länglich, hellgrün, *am Rande und auf dem Mittelnerven mit steifen, einfachen u. büscheligen Haaren, sonst kahl; Kelch steifhaarig;* Blumenkrone 10—15 mm. breit, goldgelb; Fruchtstiele herabgeschlagen. ♃. Triften der Kalkalpen, häufig. Cistus alpestris Jacq. H. oelandicum α. u. β. Neilr. H. 0,1—0,15 M. Juli-Aug.

* * Blätter wechselständig; Blüthen einzeln, seitenständig.

215. **H. fumana (L.) Mill.** Blätter schmallineal, fast nadelförmig, stachelspitzig; Kelch kurzhaarig; Blumenkrone 15—20 mm breit, goldgelb. ♃. Sonnige, felsige Stellen, zerstreut in der unteren Bergregion der Kalkzone. Hainburger Berge, Haglersberg, Türkenschanze, Hetzendorfer Berg bei Maxing, Steinfeld; Spitz an der Donau, Wachberg bei Melk. Cistus fumana L. Fumana procumbens Gr. et Godr. H. 0,1—0,15 M. Juni-Aug.

VIII. Familie. Violaceae DC.

76. Viola L. Veilchen. Blüthe überhängend, umgekehrt; Kelch am Grunde mit Anhängseln; unteres Kronblatt grösser, gespornt; Staubgefässe zusammenneigend, die beiden unteren am Grunde mit spornartigem Anhängsel; Samen eiförmig.

a. Die 2 mittleren Kronblätter wagrecht abstehend od. abwärtsgerichtet.

α. Pflanze 2axig: Hauptaxe verkürzt, meist unterirdisch, einen Büschel grundständiger gestielter Blätter treibend, aus deren Winkeln die Blüthenstiele als zweite Axe entspringen. Kelchzipfel stumpf.

* Fruchtstiele aufrecht; Narbe in ein schiefes Scheibchen erweitert; Kapsel 3seitig, kahl, nickend.

216. **V. palustris L.** Wurzelstock ausläufertreibend; Blätter rundlich-nierenförmig, gekerbt, kahl; Nebenblätter eiförmig, zugespitzt, kurzgefranst od. ganzrandig; Kronblätter blasslila, dunkelgeadert, geruchlos. ♃. Moosige Waldstellen und torfige Wiesen; Aspang, Wechsel, Reichenau, Kraitzberg in der Prein, Hallthal bei Maria-Zell, oberer Lunzer See; im Waldviertel bei Gföhl, Zwettl, Gross-Gerungs, Etzen, Altmelon, Kirchberg am Walde, Schrems, Karlstift, Traunstein, Ottenschlag, St. Oswald, am Jauerling, bei Gansbach. H. 0,06—0,15 M. Mai-Juni.

* * Fruchtstiele niedergestreckt; Narbe in ein hackig-gebogenes Schnäbelchen verschmälert; Kapseln kuglig, meist flaumig, an die Erde gedrückt.

o Wurzelstock beblätterte kriechende Ausläufer treibend.

· Fruchtknoten u. Kapsel flaumig.

217. **V. odorata L.** Ausläufer lang, meist erst im zweiten Jahre blühend; *Blätter nieren- od. breitherzförmig, mit enger Bucht,* sammt den Stielen feinhaarig, freudiggrün, *die vorjährigen zur Blüthezeit nicht mehr vorhanden;* Nebenblätter eiförmig-lanzettlich, spitz, kurz gefranst, fast kahl; Blüthenstiele etwa in der Mitte mit 2 Deckblättern; Kelchbucht spitzwinkelig; *Kronblätter violett,* selten rosa od. weiss, wohlriechend. ♃. Hecken,

Auen, Waldränder, verbreitet. V. funesta Richt. H. 0,05—0,1 M. März-Mai.

218. **V. austriaca A. et J. Kern.** Ausläufer verkürzt, meist erst im zweiten Jahre blühend; *Blätter herzeiförmig, mit enger Bucht*, sammt den Stielen feinhaarig, im Sommer sehr lang gestielt, freudiggrün, *die vorjährigen zur Blüthezeit nicht mehr vorhanden;* Nebenblätter lanzettlich zugespitzt, langgefranst, gewimpert; Blüthenstiele unter der Mitte mit 2 Deckblättern; Kelchbucht ausgerundet; *Kronblätter violett, am Schlunde weiss*, wohlriechend. ♃. Hecken, Auen, Wälder; häufig im südlichen Wiener Becken bis Gloggnitz; am Bisamberg, bei Krems, Leithagebirge, Hainburger Berge. V. suavis Aut. non M. a. B. V. insignis Richt. H. 0,05—0,1 M. März-Mai.

219. **V. alba Bess.** Ausläufer lang, schon im ersten Jahre blühend: *Blätter fast 3eckig-herzeiförmig, mit breiter Bucht*, kurzhaarig, *die vorjährigen zur Blüthezeit noch vorhanden;* Blattstiele von abstehenden weissen Haaren rauh; Nebenblätter lineallanzettlich, zugespitzt, gefranst, gewimpert; Blüthenstiele über die Mitte mit 2 Deckblättern; Kelchbucht spitzwinkelig; Kronblätter weiss od. violett, wohlriechend. ♃. Wälder, Gebüsche, häufig im südlichen Wiener Becken, wahrscheinlich weiter verbreitet. H. 0,05—0,1 M. März-Mai. — a) scotophylla (Jord.) Blätter dunkelgrün, Blumenkrone weiss od. violett, Sporn violett. — b) virescens (Jord.) Blätter freudiggrün, Blumenkrone weiss, Sporn gelblichweiss.

·· Fruchtknoten u. Kapsel kahl.

220. **V. cyanea Celak.** Ausläufer verkürzt, meist erst im zweiten Jahre blühend; Blätter rundlich od. herzeiförmig mit enger Bucht, zur Blüthezeit fast kahl und glänzend; Nebenblätter lanzettlich, langzugespitzt kurzgefranst, fast kahl; Blüthenstiele unter der Mitte mit 2 Deckblättern; Kelchbucht ausgerundet; Kronblätter kornblumenblau, am Schlunde weiss, wohlriechend. ♃. Grasplätze in Währing, bei Kalksburg, Rodaun, Baden, Gloggnitz; Wolfsthal bei Hainburg. H. 0,05—0,1 M. März-April

o o Wurzelstock ohne Ausläufer.

221. **V. hirta L.** *Blätter 3eckig-herzeiförmig, mit breiter Bucht, kurzhaarig*, freudiggrün; Blattstiele dicht-abstehend-langhaarig; *Nebenblätter* eiförmig bis lanzettlich, spitz, *kahl, kurzgefranst*, Fransen kürzer als die Breite des Nebenblattes; Blüthen blasslila, selten weiss, *geruchlos*. ♃. Wiesen, Hecken, Wälder, gemein. V. spectabilis Richt. H. 0,05—0,1 M. März-Mai.

222. **V. collina Bess.** *Blätter breitherzförmig, mit ziemlich enger Bucht, weichhaarig*, unterseits graugrün; Blattstiele dicht abwärts-abstehend-langhaarig; *Nebenblätter* lanzettlich, langzugespitzt, *gewimpert, langgefranst*, Fransen länger als die Breite des Nebenblattes; Blüthen blasslila, *wohlriechend*. ♃. Hügel, Hecken,

felsige Stellen, seltner: Bisamberg, Langenzersdorf, Mödlinger Klause, Rauheneck u. Rauhenstein bei Baden, am Grimmenstein im südöstl. Schiefergebiete, Höllenthal, Schwarzau, Ramsau bei Hainfeld, Seitenstetten, Pielachberg, Melk, Winden, Langenlois, Stein, Bergern, bei der Ruine Kollmitz und bei Eibenstein nächst Raabs; Hainburger Berge. V. umbrosa Hoppe, non Fr. H. 0,05 bis 0,1 M. April-Mai.

223. **V. ambigua W. et K.** *Blätter 3eckig-eilänglich, gestutzt od. geschweift in den Stiel verlaufend,* dicklich, etwas fleischig, zur Blüthezeit röhrig-zusammengerollt, *fast kahl;* Blattstiele kurzhaarig; Nebenblätter lanzettlich, zugespitzt, gefranst, kahl; Blüthen tiefviolett, *wohlriechend.* ♃. Gebüsche, Waldränder, felsige Stellen, selten: Eichkogel u. Jennyberg bei Mödling, Pfaffstettner Kogel, Reissenberg an der Leitha, Neudorf an der March, Bisamberg u. im oberen Donauthale oberhalb Stein u. Krems. H 0,05 bis 0,1 M. März-April.

Bastarte:

217 218. **V. austriaca × odorata.** Von V. austriaca durch breitere, kürzer gestielte Blätter, breitere Nebenblätter; von V. odorata durch den weissen Schlund der Blumenkrone verschieden. Häufig: Bisamberg, Brigittenau, Schmelz, Himmel, Laxenburger Park, Mauer, Kalksburg, Rodaun, Perchtholdsdorf, Mödling; Königswarte bei Wolfsthal. V. vindobonensis Wiesb.

218 × 221. **V. austriaca × hirta.** Von V. hirta durch schmälere, stärker gefranste Nebenblätter, dunklere Blüthen u. viele kurze, nicht wurzelnde Ausläufer; von V. austriaca durch den Mangel längerer Ausläufer, die Blüthenfarbe u. den Mangel an Wohlgeruch; von V. permixta durch längergestielte, schmälere Blätter, schmälere u. stärker gefranste Nebenblätter u. tiefer gestellte Deckblätter, verschieden. Häufig: Bisamberg, Kahlenberg, Kalksburg, Kaltenleutgeben, Mauer, Rodaun, Perchtholdsdorf, Mödling, Gaden, Baden, Gumpoldskirchen, Heiligenkreuz, Laxenburg; Leithagebirge um Sommerein u. Kaisersteinbruch; Hainburger Berge bei Wolfsthal. V. Kerneri Wiesb.

218 × 222. **V. collina × austriaca.** Von V. austriaca durch dichtere Behaarung, höher, in od. nur etwas unter der Mitte stehende Deckblätter; von V. collina durch weniger gefranste Nebenblätter u. zahlreiche kurze Ausläufer, von beiden durch lichtblau-violette Blüthen mit weissem Schlunde u. weisslichem Sporne, verschieden. Selten, in Wäldern bei Kalksburg, Rodaun u. Kaltenleutgeben. V. suaveolens Wiesb. non Perr. et Song. V. suaviflora Borb. et Br.

217 × 219. **V. alba × odorata.** Von V. alba durch länger gestielte Blätter, breitere Nebenblätter u. meist zahlreichere, längere

Ausläufer; von V. odorata durch schmälere, stärker gefranste Nebenblätter u. nichtwurzelnde Ausläufer verschieden. Ueberall, wo die Stammarten zusammenwachsen. V. multicaulis Jord. non Koch. V. pluricaulis Borb.

218 × 219. **V. alba × austriaca.** Von V. austriaca durch zahlreichere, längere Ausläufer; von V. alba durch länger gestielte Blätter; von beiden durch die gleichförmig blassblauen Blüthen verschieden. Bei Grinzing, Kalksburg, Rodaun, Giesshübel, Hinterbrühl, Mödling, Leithagebirge zwischen Sommerein u. Kaisersteinbruch; Wolfsthal bei Hainburg. V. kalksburgensis Wiesb.

219 × 221. **V. alba × hirta.** Von V. alba durch schmälere Blätter, durch meist tiefer stehende Nebenblätter, den Mangel des Wohlgeruchs; von V. hirta durch breitere Blätter u. kurze Ausläufer verschieden. Häufig am Kahlengebirge vom Leopoldsberg bis Vöslau, am Leithagebirge um Sommerein u. Kaisersteinbruch bis gegen Bruck; Hainburger Berge bei Wolfsthal u. Berg. V. adulterina Godr. V. badensis Wiesb. V. radians Beck.

219 × 222. **V. alba × collina.** Von V. alba hauptsächlich durch die kurzen Ausläufer u. die breiteren Nebenblätter; von V. collina durch das Vorhandensein der Ausläufer; von V. suaviflora durch stärkere Behaarung u. höher gestellte Deckblätter, verschieden. Um Kalksburg u. Kaltenleutgeben, selten. V. fragrans Wiesb. non Sieb. V. Wiesbaurii Sabr.

217 × 221. **V. hirta × odorata.** Von V. hirta durch breitere Blätter, dunklere Blüthen u. viele kurze Ausläufer; von V. odorata durch schmälere Blätter, kürzere Ausläufer u. geruchlose Blüthen, verschieden. Ueberall unter den Stammeltern. V. permixta Jord. V. sepincola Jord. V. hybrida Schur. V. oenipontana Murr. V. subhirta Beck.

217 × 222. **V. collina × odorata.** Von V. collina durch weniger gefranste Nebenblätter u. zahlreiche Ausläufer; von V. odorata durch nicht wurzelnde Ausläufer u. stärker gefranste Nebenblätter; von V. Wiesbaurii u. V. suaevolens durch breitere Blätter, von ersterer noch durch schwächere Behaarung, von letzterer durch höher, über der Mitte des Blüthenstiels stehende Deckblätter, verschieden. Selten, um Kalksburg, Mödling, Gumpoldskirchen, Merkenstein, Eisernes Thor. V. merkensteinensis Wiesb.

221 × 222. **V. hirta × collina.** Von V. hirta durch die stärker gefransten Nebenblätter; von V. collina durch schmälere Blätter u. die geruchlosen Blüthen verschieden. Bisher bloss am Bisamberg, bei Hainburg u. Reichenau. V. hybrida Wiesb. non Wulf. V. interjecta Borb.

218 × 223. **V. ambigua × austriaca.** Von V. ambigua durch die länger gestielten Blätter u. die am Schlunde weissen Kronblätter; von V. austriaca durch Mangel der Ausläufer verschieden.

Selten; Eichkogel bei Mödling, Reissenberg a. d. Leitha und Thebner Kogel. V. Haynaldi Wiesb.

221 × 223. **V. ambigua × hirta.** Von V. hirta durch schmälere länger gefranste Nebenblätter u. schwachriechende Blüthen; von V. ambigua durch lichtere Blüthen und stärkere Behaarung verschieden. Selten, am Eichkogel u. Jennyberg bei Mödling, Bisamberg. Reissenberg a. d. Leitha. V. hirtaeformis Wiesb.

217 × 223. **V. ambigua × odorata.** Von V. ambigua durch länger gestielte, breitere, herzeiförmige Blätter u. dunklere Blüthen; von V. odorata durch den Mangel der Ausläufer u. die schmäleren Blätter verschieden. Eichkogel bei Mödling, Bisamberg. V. hungarica Deg. et Sabr. V medlingensis Wiesb.

222 × 223. **V. ambigua × collina.** Von V. ambigua durch breitere, herzförmige Blätter, am Rücken behaarte Nebenblätter; von V. collina durch schmälere, weniger behaarte Blätter, kurzgefranste Nebenblätter u. grössere Blüthen verschieden. Bei Kalksburg. V. Neilreichii Richt. V. Dioszegiana Borb.

220 × 223. **V. cyanea × ambiqua.** Von V. cyanea durch die am Grunde fast abgestutzten Blätter; von V. ambigua durch breitere Blätter, schmälere Nebenblätter, am Schlunde weisse Blüthen u. kahle Kapseln verschieden. Bei Mödling. V. Neilreichiana Borb.

220 × 222. **V. cyanea × collina.** Von V. cyanea durch reichlich behaarte Blätter u. langgefranste Nebenblätter; von V. collina durch die am Schlunde weissen Blüthen u. kahle Kapseln verschieden. Bei Rodaun u. Kalksburg. V. atriochocarpa Borb.

219 × 220. **V. cyanea × alba.** Von V. cyanea durch reichlich behaarte, spitzere, nicht glänzende, zum Theil überwinternde Blätter; von V. alba durch kurze Ausläufer, breitere Blätter u. höher stehende Deckblätter verschieden. Bei Kalksburg. V. Halleri Borb.

β. **Pflanze 2axig:** Hauptaxe ohne grundständige Blätterbüschel, über der Erde verlängert, aufrecht, beblättert, aus den Blattwinkeln die Blüthenstiele als zweite Axe treibend. Kelchzipfel spitz. Narbe in ein hakig-gebogenes Schnäbelchen verschmälert.

* Nebenblätter kürzer als der halbe Blattstiel; Kapsel stumpf, mit kurzem Spitzchen.

224. **V. canina L.** Blätter aus seichtherzförmigem od. fast gestutztem Grunde länglich-eiförmig, kahl; Blattstiele fast ungeflügelt; Nebenblätter schmallanzettlich, gefranst-gesägt; Blüthen hellazurblau, geruchlos, Sporn fast doppelt so lang als die Anhängsel des Kelches, gelblich. ♃. Bergwiesen, besonders auf Sandstein u. Schiefer, verbreitet. H. 0.15—0.3 M. April-Mai. — b) e r i c e t o r u m (Schrad.) Stengel meist niedriger, Blätter kleiner, kürzer gestielt, Blüthen kleiner. An mehr trockenen Orten.

* * Nebenblätter mindestens länger als der halbe, meist aber so lang od. länger als der ganze Blattstiel; Kapsel zugespitzt.

o Stengel und Blätter kahl.

225. **V. stagnina Kit.** Blätter aus seichtherzförmigem od. gestutztem Grunde länglich-lanzettlich, etwas lederig, glänzend: *Blattstiele schmalgeflügelt; Nebenblätter* lanzettlich, gezähnelt, die mittleren *etwas länger als der halbe Blattstiel;* Kronblätter eiförmig, milchweiss, geruchlos, Sporn etwa so lang als die Anhängsel des Kelches, grünlich. ♃. Nasse Wiesen, sumpfige Stellen, Gräben, selten: Neuwaldegg, Mauerbach, Weidlingbach, Laxenburg, Himberg, Moosbrunn, Münchendorf. V. persicifolia Roth. p. p. H. 0,1—0,25 M. Mai-Juni. — b) Hornemanniana (R. et Sch.) Blätter herz-eiförmig, breiter. Südl. Wiener Becken.

226. **V. pumila Chaix.** *Blätter* aus gestutztem od. keiligem Grunde lanzettlich, etwas lederig, glänzend, *in den breitgeflügelten Blattstiel* verlaufend; *Nebenblätter* gross, blattartig, ungleich-eingeschnitten-gesägt, die mittleren *so lang od. länger als der Blattstiel;* Kronblätter länglich, wässerig-azurblau, geruchlos, Sporn etwa so lang als die Anhängsel des Kelches, gelblich. ♃. Nasse Wiesen, sumpfige stellen, Gräben, häufig im Marchfelde u. im Thalwege der March, in der südöstl. Niederung Wiens bis Neustadt, am Laaerberge, Donauinseln, Langenrohr, Aignerthal bei Mautern, Langenlois, an der unteren Pielach. V. pratensis M. et K. H. 0,1—0,15 M. Mai-Juni.

o o Stengel oberwärts sammt den Blättern flaumig.

227. **V. elatior Fr.** Blätter aus gestutztem od. seichtherzförmigem Grunde länglich bis länglich-lanzettlich, etwas weich, matt, in den breitgeflügelten Blattstiel verlaufend; Nebenblätter gross, blattartig, gezähnt, die mittleren so lang od. länger als der Blattstiel; Kronblätter länglich-eiförmig, hellblau, geruchlos: Sporn so lang als die Anhängsel des Kelches od. etwas länger, gelblich. ♃. Auen, feuchte Gebüsche der Ebene, nicht häufig: Tallesdorf, Zwerndorf u. Baumgarten im Marchthale, Donauauen bei Mautern, Grafenegg, Stockerau, Prater, Lobau, Kaiser-Ebersdorf, Wolfsthal; in dem südl. Wiener Becken bei Simmering, Margarethen am Moos, Maria-Lanzendorf, Achau, Laxenburg, Fischau u. Neustadt. H. 0,15—0,45 M. Mai-Juni.

β. Pflanze 3axig; Hauptaxe verkürzt, einen Büschel grundständiger gestielter Blätter treibend, aus deren Winkeln beblätterte Stengel als zweite Axe u. aus den Blattwinkeln dieser Stengel erst die Blüthenstiele als dritte Axe entspringen. Kelchzipfel spitz. Narbe in ein hackig-gebogenes Schnäbelchen verschmälert.

* Hauptaxe ohne schuppige Niederblätter; beblätterte Stengel (zweite Axe) stets entwickelt, Blüthenstiele daher nur stengelständig.

228. **V. silvestris Lam.** *Stengel u. Blätter kahl* od. fast kahl; Blätter herzeiförmig; Nebenblätter lineallanzettlich, gefranst: *Kelchanhängsel sehr kurz; Kronblätter länglich, 4—5 mm. breit,*

violett, geruchlos. *Sporn gleichfarbig,* schlank, kaum gefurcht; *Kapsel kahl, spitz.* ♃. Auen, Wälder, gemein. V. Wettsteinii Richt. H. 0,1—0,15 M. April-Mai.

229. **V. Riviniana Rchb.** Nebenblätter lanzettlich, wimperig-gezähnt; *Kelchanhängsel 3eckig-länglich, länger; Kronblätter verkehrt-eiförmig, 8—10 mm. breit,* lichtviolett, *Sporn gelblich-weiss,* dick, unten mit einer Furche, sonst w. v. ♃. Auen, Wälder, gemein. H. 0,1—0,25 M. April-Mai.

230. **V. arenaria DC.** *Stengel u. Blätter kurzhaarig;* Blätter rundlich-herzförmig; Nebenblätter eiförmig-länglich, gefranst-gesägt; Kelchanhängsel kurz; Kronblätter eiförmig, 4—5 mm. breit, violett od. weiss, geruchlos, Sporn kurz-walzlich; *Kapsel flaumig, stumpflich.* ♃. Grasplätze, sandige Stellen, verbreitet im March- u. Donauthale, am Kahlengebirge, an der Erlaf bei Scheibbs, Thaya bei Raabs. H. 0,03—0,08 M. April-Mai. — b) rupestris (Schmidt). Spärlich behaart, fast kahl. So seltener, bei Grinzing, Mödling, Stettelsdorf.

* * **Hauptaxe mit schuppigen, rothbraunen Niederblättern; Stengel (zweite Axe) anfangs sehr verkürzt, die ersten Blüthenstiele daher grundständig.**

231. **V. mirabilis L.** Stengel und Blattstiele 1reihig-behaart; Blätter breitherzförmig, untere fast nierenförmig; Nebenblätter eiförmig-lanzettlich, ganzrandig, drüsig-gewimpert; Kelchblätter länglich-lanzettlich, Anhängsel der 2 vorderen u. des hintersten breit 4seitig; die ersten Blüthen mit blassvioletten grossen Kronblättern u. gelblichem Sporne, wohlriechend, meist unfruchtbar, die späteren mit verkümmerten Kronblättern, fruchttragend; Kapsel kahl, spitz. ♃. Gebüsche, Wälder, stellenweise im ganzen Lande. H. 0,1—0,25 M. April-Mai.

Bastarte:

226×227. **V. pumila×elatior.** In der Jugend der V. pumila, im späteren Stadium der V. elatior ähnelnd, der sie sich auch durch den hohen Stengel und die kurze schwache Behaarung nähert. Am Lechnerdamm und bei der Fasanerie von Laxenburg. V. Skofitziana Wiesb.

224×229. **V. canina×Riviniana.** Von V. canina durch die tiefer herzförmigen Blätter, die weniger gesägten Nebenblätter; von V. Riviniana durch kleinere Nebenblätter und breiteren weisslichen Sporn verschieden. Bei Mantern, Sievering, Ober-St. Veit, Neuwaldegg, Mariabrunn, Kalksburg. V. neglecta Schmidt. V. caninaeformis Richt. V. intersita Beck.

228×229. **V. silvestris×Riviniana.** Ist eine Mittelform, welche bald der einen, bald der anderen der naheverwandten Stammarten sich nähert. Ueberall, wo letztere vorkommen. V. dubia Wiesb. V. Bethkei Richt. V. pseudosilvatica Richt.

228×230. **V. silvestris > rupestris.** Von V. silvestris durch die behaarten, kleineren, rundlich-herzförmigen Blätter und die feinflaumige Kapsel; von V. rupestris durch den höheren Wuchs, grössere Blätter u. Blüthen verschieden. Am Thebner Kogel, bei Deutsch-Altenburg. V. glauca M. a. B. V. cinerascens A. Kern.

229×230. **V. Riviniana×rupestris.** Stimmt in Behaarung u. Blattform mit V. rupestris, in der Tracht, besonders in den grossen Blüthen jedoch mit V. Riviniana überein; Sporn blau. Bei dem Waschberge nächst Stockerau. V. Burnati Gremli.

228×231. **V. silvestris×mirabilis.** Von V. silvestris durch die zerstreut-behaarten Stengel, Blüthenstiele u. unteren Blattflächen, breitlanzettliche, kurzgewimperte Nebenblätter u. wohlriechende Blüthen; von V. mirabilis durch die herzeiförmigen Blätter u. die gesägt-gefransten Nebenblätter verschieden. Auf dem Kahlenberge, bei Neuwaldegg, auf dem Höllenstein u. Hundsheimerberg. V. spuria Celak. V. Bogenhardiana Gremli.

229×231. **V. Riviniana×mirabilis.** Von der Tracht einer stengelblüthigen V. mirabilis, mit dieser auch in der Blattform u. die einreihig behaarten Blattstiele u. Stengel übereinstimmend; an V. Riviniana dagegen durch den weisslichen Sporn u. die lineallanzettlichen fransig-gewimperten Nebenblätter erinnernd. Hundsheimerberg. V. Uechtritziana Borb.

b. Die zwei mittleren Kronblätter zu den zwei oberen emporgerichtet, dieselben mit dem oberen Rande deckend.

* Narbe gestutzt, flach, fast 2lappig.

232. **V. biflora L.** Stengel zart, meist 2blättrig, 1—2blüthig; Blätter nierenförmig, gekerbt; Nebenblätter eilänglich, ganzrandig; Kelchzipfel spitz; Kronblätter länglich, sattgelb, bräunlich gestreift; Kapsel stumpf, kahl. ♃. Auf höheren Voralpen bis in die Alpenregion auf Kalk u. Schiefer. H. 0,1—0,15 M. Mai-Aug.

* * Narbe gross, beckenförmig-ausgehölt.

o Stengel fehlend, Blätter u. Blüthenstiele grundständig.

233. **V. alpina Jacq.** Blätter rundlich-eiförmig, gekerbt, sämmtlich grundständig; Nebenblätter länglich, ganzrandig od. gezähnt, bis über die Mitte an den Blattstiel angewachsen; Blüthenstiele grundständig, auch bei der Fruchtreife aufrecht; Kronblätter gross, sattblau, sehr selten weiss; Kapsel eiförmig, kahl. ♃. Kalkalpen, häufig auf dem Schneeberge u. der Raxalpe; fehlt auf den übrigen Alpen. H. 0,03—0,1 M. Juni-Juli.

o o Krautige beblätterte Stengel vorhanden.

234. **V. tricolor L.** Blätter gekerbt, die unteren rundlich bis eiförmig, die oberen länglich bis lanzettlich; Nebenblätter leierförmig-fiederspaltig, der mittlere Zipfel gekerbt; Kelchzipfel zuge-

spitzt; *Blumenkrone 15—25 mm. im Querdurchmesser*, länger als der Kelch, gelb oder violett; Kapsel eiförmig, kahl. ☉ ⚇ u. ♃. Aecker, Wiesen; sehr häufig längs der Grenze von Steiermark, auf den Schiefern des Wechselgebirges u. der Prein, den Werfner Schiefern in der Kalkzone des Kreises O. W. W.; im oberen Donauthale u. Waldviertel. H. 0 15—0.3 M. April-Herbst.

235. **V. arvensis Murray.** *Blumenkrone 4—6 mm. im Querdurchmesser, so lang od. kürzer als der Kelch*, blassgelb od. etwas violett gefleckt, sonst w. v. ☉ Aecker, Wiesen, gemein. H. 0,05 bis 0,3 M. April-Herbst.

IX. Familie. **Resedaceae DC.**

77. Reseda L. Wau. Kronblätter 4—6, ungleich, 3—vielspaltig, seltener ganz; Griffel 3—6; Kapsel 3—6zähnig, 1fächerig.

236. **R. phyteuma L.** Stengel ausgebreitet; *Blätter ungetheilt od. die mittleren 2—3spaltig;* Blüthentraube locker; *Kelch 6theilig;* Zipfel zur Fruchtzeit sehr vergrössert; Kronblätter weiss; *Kapsel länglich, herabhängend;* Samen runzlig. ☉ Aecker, Raine, stellenweise bei Simmering, Rauhenwarth, Ebergassing, Gramat-Neusiedl, Neudorf, Traiskirchen, Oberwaltersdorf, Gumpoldskirchen, Baden, Soos, Vöslau, Ginselsdorf, Solenau, über Neustadt auf das Steinfeld bis Neunkirchen, Höllenthal u. Prein; im Marchfelde bei Jedlersee, bei Winden am Neusiedlersee; im oberen Donauthal bei Hollenburg, Langenlois, Gneixendorf, im Rehberger Thal, zwischen Stein u. dem Rothenhof, bei Spitz, Melk, an der Traisen bei Nussdorf H. 0,1—0,3 M. Juni-Aug.

237. **R. lutea L.** Stengel ausgebreitet; *mittlere Stengelblätter 1—2fach fiederspaltig;* Blüthentraube gedrungen; *Kelch 6theilig,* Zipfel zur Fruchtzeit nicht vergrössert; Kronblätter grüngelb; *Kapsel länglich, aufrecht;* Samen glatt. ⚇ u. ♃. Grasplätze, gemein. H. 0,2—0,5 M. Mai-Herbst.

238. **R. luteola L.** Stengel steifaufrecht; *Blätter* länglichlanzettlich, *ungetheilt* am Grunde jederseits 1zähnig; Traube dicht ährenförmig; *Kelch 4theilig;* Zipfel zur Fruchtzeit nicht vergrössert; Kronblätter gelblich; *Kapsel rundlich, aufrecht;* Samen glatt. ⚇ Wege, wüste Plätze, verbreitet. H. 0,3—1,2 M. Juni-Herbst.

X. Familie. **Droseraceae DC.**

78. Drosera L. Sonnenthau. Kelch 5theilig; Blumenkrone 5blättrig, ohne Nebenkrone, bleibend; Griffel 3, 2spaltig; Kapsel 1fächerig, an der Spitze 3—5klappig.

239. **D. rotundifolia L.** *Blätter* grundständig, rosettig, *kreisrund, wagrecht-ausgebreitet,* plötzlich in den Stiel zusammengezogen, mit rothen Drüsenhaaren besetzt; Kronblätter weiss. ♃. Sumpf-

wiesen, Moore; gemein im Waldviertel von Gföhl über Zwettl u. Schrems bis zur böhm. Grenze u. über Gutenbrunn u. Ottenschlag bis in das Isperthal u. auf dem Jauerling; im O. W. W. am oberen Lunzersee, Lassing, Ofenau im Steinbach, Neuhaus, Hechtensee, Mitterbach, Annaberg, Göller; in U. W. W. Höllgraben bei Klamm, Wechsel, Aspanger Klause, Hollabrunner Riegel, von Kaltenberg bis Krumbach, Spratzau. H. 0,1—0,2 M. Juli-Aug.

240. **D. longifolia L.** p. p. *Blätter lineal-keilig, 3—5mal länger als breit, aufrecht-abstehend,* allmählig in den Stiel verschmälert, sonst w. v. ♃. Moore, bisher nur bei Hechtensee u. Mitterbach, D. anglica Huds. H. 0,1—0,2 M. Juli-Aug.

239 × 240. **D. rotundifolia × longifolia.** Blätter verkehrteiförmig, 2mal länger als breit, allmählig in den Stiel verschmälert, Samen fehlschlagend. ♃. Unter den Eltern auf dem Mitterbacher- und Hechtensee-Torfmoor, häufig. D. obovata M. et K.

79. Parnassia L. Herzblatt. Kelch 5theilig; Blumenkrone 5blättrig, mit 5 zerschlitzten Nebenkronblättern, abfällig; Griffel fehlend, Narben 4; Kapsel 1fächerig, an der Spitze 4klappig.

241. **P. palustris L.** Blätter herzförmig, die grundständigen langgestielt, das einzige stengelständige stengelumfassend; Kronblätter weiss; Nebenkronblätter drüsig-gewimpert. ♃. Feuchte Wiesen, verbreitet, auf Bergwiesen der Sandstein-, Schiefer- und Granitberge, durch die ganze Kalkalpenkette; auch in der südöstl. Niederung Wiens, im Marchthale u. in Auen der oberen Donau. H. 0,15—0,25 M. Juli-Sept.

XI. Familie. Polygalaceae Juss.

80. Polygala L. Kreuzblume. Kelch 5blättrig, die 2 inneren Blätter (Flügel) grösser, kronblattartig; Blumenkrone 3—5blättrig, unter sich und mit den Staubfäden verwachsen, das untere Blatt kahnförmig, mit einem Anhängsel; Kapsel zusammengedrückt, 2fächerig.

a. Kelchflügel in die Höhe gerichtet od. zurückgeschlagen, bei der Fruchtreife abfallend; Anhängsel der Blumenkrone 4lappig; Staubgefässe nur am Grunde verwachsen, Staubbeutel mit 3 Klappen aufspringend. Blätter immergrün.

242. **P. chamaebuxus L.** Stengel strauchig, kriechend; Blätter länglich-lanzettlich, stachelspitzig; Blüthen einzeln oder zu 2 in den Blattwinkeln; Blumenkrone gelb, Flügel weisslich. ♃. Waldwiesen, häufig auf den Kalkbergen südlich der Donau bis in die Voralpen. — b) purpurea Neilr. Flügel u. Blumenkronröhre purpurn, nur der Saum der letzteren gelb. Vorzugsweise in den Voralpen, aber auch in der Bergregion, wie auf dem Geissberge bei Rodaun, bei Weissenbach, Eisernes Thor; auch auf Sandstein am Auberge bei Judenau und auf Urgestein, wie bei Redlschlag. H. 0,1—0,2 M. April-Mai.

b. Kelchflügel vorgestreckt, bleibend; Anhängsel der Blumenkrone kämmig-vielspaltig; Staubgefässe in einem Bündel. Staubbeutel mit einer lochförmigen Spalte aufspringend. Blätter abfallend.

* Kelchflügel kürzer als die Kronröhre; Stiel des Fruchtknotens 2—4mal länger als derselbe. Blüthen 15—17 mm. lang.

243. **P. major Jacq.** Stengel aufsteigend; Blätter lineallanzettlich, die untersten breiter, nicht rosettig; Blüthen in endständigen Trauben, rosa, selten blau oder weiss; Deckblätter länger als die nicht geöffneten Blüthen. ♃. Bergwiesen; auf dem Kahlengebirge, auf dem Grasberge bei Wasserburg, Schildberge bei Mechters, Waidhofen a. d. Ibbs; im Hügellande des Kreises U. M. B. bei Hollenburg, Obritzberg, Göttweig, Krems. Doberndorf. — b) neglecta (A. Kern). Deckblätter kürzer als die nicht geöffneten Blüthen. P. major v. achaetes Neilr. non Döll. Mit der Grundform.

* * Kelchflügel so lang od. länger als die Kronröhre; Stiel des Fruchtknotens so lang als derselbe. Blüthen 5—10 mm. lang.

o Unterste Blätter nicht rosettig; Flügel 3nervig, Seitennerven an der Spitze durch eine schiefe Ader mit dem mittleren Nerven verbunden.

244. **P. vulgaris L.** Stengel aufsteigend; Blätter lineallanzettlich. die untersten breiter; Traube an der Spitze abgerundet; Deckblätter schmallanzettlich, zu 3. *das mittlere so lang als der Blüthenstiel, vor dem Aufblühen die Blüthen nicht überragend;* Blüthen rosa od. blau, selten weiss; Kelchflügel eiförmig-elliptisch, vorn abgerundet, die Kapsel deckend. ♃. Wiesen, Holzschläge bis in die Voralpen. — b) oxyptera (Rchb.). Kelchflügel elliptisch. spitz, schmäler als die Kapsel. So viel seltner. H. 0.1—0.25 M. Mai-Juni.

245. **P. comosa Schkuhr.** Traube an der Spitze kegelförmig, *das mittlere Deckblatt länger als der Blüthenstiel, vor dem Aufblühen die Blüthe überragend,* sonst w. v. ♃. Wiesen, gemein. H. 0,1—0,25 M. Mai-Juni.

o o Unterste Blätter rosettig; Flügel 3nervig, Seitennerven an der Spitze nicht mit dem mittleren Nerven verbunden.

246. **P. amara L.** Stengel aufsteigend; Rosettenblätter verkehrteiförmig-keilig, Stengelblätter verkehrteilänglich, die oberen lanzettlich; *Blüthen gross, 10 mm. lang,* blau, seltner rosa oder weiss; Kelchflügel kurzkeilig, so breit und länger als die Kapsel; Samen eiförmig, $2^1/_2$ mm. lang, behaart. ♃. Bergwiesen bis in die Alpen, nur auf Kalk. H. 0.06—0,17 M. April-Mai, in den Alpen bis Aug.

247. **P. amarella Cr.** Stengelblätter verkehrteilänglich. die obersten lineallanzettlich; *Blüthen klein. 4—6 mm. lang;* Kelchflügel ziemlich langkeilig. so lang und schmäler als die Kapsel; Samen $1^1/_2$ mm. lang, steifhaarig, sonst w. v. ♃. Feuchte Wiesen der Ebene bis in die Voralpen. P. uliginosa Rchb. — b) austriaca (Cr.) Stengel länger, Kapsel etwas länger als breit. H. 0,05—0,2 M. April-Juni.

XII. Familie. **Silenaceae DC.**

1 Kelch ohne Commissuralnerven (d. h. die Verbindungslinie zweier Kelchblätter zwischen zwei Nerven fallend) . . 2
Kelch mit Commissuralnerven (d. h. die Randnerven genau in die Verbindungslinie zweier Kelchblätter fallend) . . 6
2 Kelch deckblattlos; Samen nierenförmig oder kuglig . . . 3
Kelch mit 2 oder mehr Deckblättern versehen; Samen schildförmig 5
3 Kelch kurzglockig; Kronblätter in den Nagel allmählig keilig-verschmälert . . . . **Gypsophila**
Kelch walzlich oder bauchig; Kronblätter plötzlich in den linealen Nagel zusammengezogen 4
4 Kelch walzlich, ungeflügelt; Kronblätter mit einem Krönchen am Grunde der Platte; Samen nierenförmig **Saponaria**
Kelch bauchig, fast geflügelt; Kronblätter ohne Krönchen; Samen kuglig . . . . **Vaccaria**
5 Kelch glockig; Kronblätter allmählig in den Nagel verlaufend . . . . **Tunica**
Kelch walzlich; Kronblätter in einem linealen Nagel zusammengezogen . . . . **Dianthus**
6 Kapsel beerenartig, nicht aufspringend . . . . . **Cucubalus**
Kapsel mit Zähnen aufspringend 7
7 Griffel 5, Kapsel mit 5 Zähnen aufspringend . . **Agrostemma**
Griffel 3—5, selten mehr, mit doppelt so vielen Zähnen als Griffel vorhanden, aufspringend 8
8 Samen von einem strahlenden Kamme umgeben **Heliosperma**
Samen ohne strahlenden Kamm 9
9 Kapsel 1fächerig 10
Kapsel am Grunde unvollständig 2—5fächerig 11
10 Kapsel mit doppelt so vielen Zähnen als Griffel vorhanden, aufspringend . . . . **Melandrium**
Kapsel mit so vielen Zähnen als Griffel vorhanden, aufspringend . . . . **Lychnis**
11 Kapsel mit so vielen Zähnen als Griffel vorhanden, aufspringend . . . . **Viscaria**
Kapsel mit doppelt so vielen Zähnen als Griffel vorhanden, aufspringend . . . . **Silene**

1. Gruppe. **Diantheae A. Br.** Kelch ohne Commissuralnerven (d. h. die Verbindungslinie zweier Kelchblätter zwischen zwei Nerven fallend). Narben 2.

81. Gypsophila L. Gypskraut. Kelch glockig, 5spaltig od. 5zähnig, deckblattlos, Kelchblätter 1- oder 3nervig; Kronblätter in den Nagel allmählig keilig-verschmälert, ohne Krönchen; Kapsel 1fächerig, an der Spitze 4klappig; Samen nierenförmig-kuglig.

* Wurzel ausdauernd; Blüthen in endständigen reichblüthigen Trugdolden.

248. **G. repens L.** *Wurzel unfruchtbare rasige Stämmchen treibend; Stengel* ästig, *kahl;* Kronblätter ausgerandet, 5—6 mm.

lang. weiss od. rosa. ♃. Kalkalpen und mit den Bächen in die Thäler herabgeschwemmt: Wassersteig, Kuhplagge u. Buchberger Wand des Schneebergs, Preiner Schütt u. Haferfeld der Rax gegen die kleine Nass u. von hier durch das Bärenloch über die Keilwand in das Reisthal; Lassingfall, Oetscher, Dürnstein, Hochkohr, an der Erlaf bei Scheibbs u. der Enns bei Steyr. H. 0,06—0.15 M. Juli-Aug.

249. **G. fastigiata L.** *Wurzel keine Stämmchen treibend; Stengel* an der Spitze gedrungen-ebensträussig. *dichtdrüsig-flaumig:* Kronblätter abgerundet, 4—5 mm. lang, weiss. ♃. Auf der oberen Heide bei Lassee. G. arenaria W. et K. H. 0,3—0,7 M. Juli-Aug.

250. **G. paniculata L.** *Wurzel keine Stämmchen treibend; Stengel* ausgebreitet, reichästig, *oben kahl;* Kronblätter abgerundet, 3—4 mm. lang, weiss. ♃. Sandäcker, Dämme: Marchfeld längs der Bahn von Wagram bis Lundenburg u. Marchegg, dann zwischen Gänserndorf u. Schlosshof, bei Oberlaa. H. 0,3—1,2 M. Juni-Juli.

Anm. G. acutifolia Fisch, ehemals an einigen Standorten angegeben, kommt heute nirgends mehr vor.

* * Wurzel jährig; Blüthen über die ganze, fast vom Grunde an gabligästige Pflanze zerstreut.

251. **G. muralis L.** Kronblätter gekerbt od. ausgerandet, klein, rosa. ☉ Sandige Stellen, Mauern, stellenweise; im Marchthale bei Angern, Baumgarten, Marchegg, Gallbrunn, Laaerberg, bei den Hüttlern von Hütteldorf, Liesing, Tulln, Hafning, Wörth, Aspang; Horn, Gföhl, Zwettl, Hoheneich, Schrems, Gmünd, Raabs, Ottenschlag, Pöggstall, Melk, Mank, Aggsbach, Oberbergern, Teufelhofwald bei St. Pölten. H. 0,05—0,15 M. Juli-Sept.

82. Tunica Scop. Felsnelke. Kelch glockig, 5zähnig, am Grunde mit 4 Deckblättern, Kelchblätter 3nervig; Kronblätter in den Nagel allmählig keilig verschmälert, ohne Krönchen; Kapsel 1fächerig, an der Spitze 4klappig; Samen schildförmig.

252. **T. saxifraga (L.) Scop.** Blüthen in lockeren rispenförmigen Trugdolden: Kronblätter ausgerandet, klein, rosa. ♃. Sandplätze, trockene Hügel, verbreitet. Dianthus saxifragus L. H. 0.1—0,25 M. Juni-Sept.

83. Dianthus L. Nelke. Kelch walzlich, 5zähnig, am Grunde mit 2—mehr Deckblättern, Kelchblätter 3—7—9- od. 11nervig; Kronblätter in den linealen Nagel zusammengezogen, ohne Krönchen; Kapsel 1fächerig, an der Spitze 4klappig; Samen schildförmig.

a. Blüthen gebüschelt.

α. Büschel kopfig, von 3 Paar trockenhäutigen Deckblättern eng umschlossen; Kelchblätter 3nervig, durch häutige Randstreifen verbunden; Kapsel den Kelch seitlich durchbrechend.

253. **D. prolifer. L.** Stengel u. Blätter kahl; Büschel endständig, 3—8blüthig, die äussersten Deckblätter klein, stachelspitzig, die

folgenden grösser, stumpf, die innersten in den Achseln Seitenblüthen tragend; Kronblätter klein, lila. ⊙ Sandige, buschige Stellen, zerstreut; Tulln, Türkenschanze, Neustift, zwischen Gersthof und Dornbach, Kaltenleutgeben, Kalvarienberg bei Baden, Soos, Vöslau, Kottingbrunn, Leobersdorf über das Steinfeld bis Neunkirchen, Gloggnitz und Schottwien, Knappenberg bei Reichenau; Rosaliengebirge bei Aichbichl; Haglersberg; viel seltner in den 2 oberen Kreisen, bei St. Pölten, Scheibbs, Oberndorf, Zelking, oberes Pulkathal, Zwettl, Thayathal bei Hardegg, Retz. Kohlrauschia prolifera Kunth. Tunica prolifera Scop. H. 2,2—0,45 M. Juli-Aug.

β. Büschel mehr weniger zusammengezogen, am Grunde von 2—mehr trockenhäutigen od. krautigen Deckblättern umgeben: Kelchblätter 7—9- od. 11nervig, ohne häutige Randstreifen; Kapsel den Kelch nicht einreissend.

* Stengel, Blätter, Deckblätter u. Kelchröhre flaumig.

254. **D. armeria L.** Blattscheiden so lang als die Breite des Blattes; Büschel end- und seitenständig, 2—10blüthig; Deckblätter krautig; Kronblätter karmin. ⊙ Gebüsche, Waldblössen, verbreitet. H. 0,3—0.6 M. Juni-Aug.

* * Ganze Pflanze kahl.

o Blattscheiden so lang als die Blattbreite.

255. **D. collinus W. et K.** Blüthen in 1—3 endständige, gedrungene Büschel gehäuft; Deckblätter krautig; Platte der Kronblätter so lang als ihr Nagel, hellpurpurn. ♃. Wiesen, bisher nur an der March zwischen Baumgarten und Marchegg und bei den Hirschgrandeln nächst letzterem Orte. H. 0,3—0,5 M. Juni-Aug.

o o Blattscheiden 3—4mal länger als die Blattbreite.

256. **D. carthusianorum L.** Blüthen zu 3—10 in einem endständigen kopfförmigen Büschel; Deckblätter lederig, rauschend, braun; *Platte der Kronblätter so lang als ihr Nagel*, hellpurpurn. ♃. Wiesen, verbreitet. H. 0,25—0.6 M. Juni-Juli. — b) alpestris Neilr. Stengel niedriger, 3—6blüthig, Blumen grösser. Voralpen bis in das Krummholz, selten; am Gans und in der Thalhofenge bei Reichenau, Saugraben des Schneebergs, Buchberg, Nasswald, Lackenhof, Lunz.

257. **D. Pontederae Kern.** Blüthen zu 6—20; *Platte der Kronblätter 2mal kürzer als ihr Nagel*, dunkelpurpurn, sonst w. v. ♃. Trockene Hügel bei Retz, Gänserndorf, Marchegg, von Wolfsthal über Hainburg bis Deutsch-Altenburg. D. diutinus Rchb. non Kit. D atrorubens Neilr. non All. H. 0,3—0,6 M. Juni-Juli. — b) nanus Ser. Stengel 0,03—0,1 M. hoch, 1—3blüthig, Blüthen klein, bleichpurpurn. Auf dürren Heiden bei Schlosshof und am Haglersberg.

b. Blüthen einzeln, in lockeren Trugdolden; Kelchblätter 7—9- od. 11nervig, ohne häutige Randstreifen.

α. Kronblätter gezähnt.

258. **D. deltoides L.** *Stengel oberwärts gabelspaltig-ästig, sammt den Blättern fein-rauhaarig;* Blumen klein, 15 mm. im Durchmesser,

purpurn, weisspunktirt. ♃. Bergwiesen, nicht auf Kalk; von Kierling über Weidlingbach, Hermannskogel, Hameau, Rosskopf, Hohewand, Mauerbach, Steinbach, Hadersdorf, Mariabrunn und Tullnerbach; häufig auf den Schiefern der beiden südlichen Kreise und im Waldviertel; auch im Ernstbrunner Walde, bei Ladendorf und Angern. H. 0,15–0,4 M. Juni-Juli.

259. **D. alpinus L.** *Stengel einfach, meist 1blüthig, sammt den Blättern kahl;* Blumen gross, 25—40 mm. im Durchmesser, rosa, im Schlunde dunkler gefleckt. ♃. Kalkalpen und Voralpen, gemein: auch herabgeschwemmt. H. 0,05—0,2 M. Juni-Aug.

β. Kronblätter tief-zerschlitzt.

* Blätter linealpfriemlich; Kronblätter bis ein Drittel od. bis zur Hälfte handförmig zerschlitzt, mit verkehrteiförmigem Mittelfelde.

260. **D. serotinus W. et K.** Vielköpfig, rasig; *Stengel* unter dem Blüthenstande *stielrund; Blätter grasgrün; Deckblätter* 2—3 paarig, *kurzgespitzt;* Kronblätter blassrosa, *Platte vorne feinzähnig-zerschlitzt,* in den Nagel zusammengezogen. ♃. Sandige Grasplätze im Marchfelde bei Wolkersdorf, Schönkirchen, Oberweiden, Gänserndorf, Markgraf-Neusiedl, Siebenbrunn. H. 0,2—0,3 M. Juli-Sept.

261. **D. Lumnitzeri Wiesb.** Vielköpfig, rasig; *Stengel 4kantig, Blätter seegrün; Deckblätter* 2paarig, *geschweift-zugespitzt;* Kronblätter blassrosa, *Platte vorne feinzähnig-zerschlitzt,* in den Nagel zusammengezogen. ♃. Auf den Hainburger Bergen. D. virgineus Lumn. non L. H. 0,1—0,2 M. Mai-Juni.

262. **D. plumarius L.** Vielköpfig, rasig; *Stengel 4kantig; Blätter seegrün; Deckblätter* 2paarig, *kurzbespitzt;* Kronblätter blassrosa, *Platte rundum feinzähnig-zerschlitzt,* in den Nagel plötzlich zusammengezogen. ♃. Auf Kalkfelsen, am Kalvarienberg und in der Klause von Mödling, auf dem kleinen Anninger; an der Enns bei Steyr. H. 0,15—0,35 M. Juni-Juli.

* * Blätter lineallanzettlich; Kronblätter fast bis zum Grunde wiederholt zerschlitzt, mit schmal länglichem Mittelfelde.

263. **D. superbus L.** Wurzel wenige blühende u. nichtblühende Stengel treibend, sammt den Blättern grasgrün; Deckblätter 3mal kürzer als die Kelchröhre; Kronblätter blassrosa. ⊙ u. ♃. Wiesen: gemein in der südöstl. Niederung Wiens von Ebergassing über Himberg, Inzersdorf und Laxenburg bis an das Leithagebirge; Kritzendorf, Tulln, zwischen Theiss und Neu-Aigen, Brigittenau, Lobau; Neuwaldegg, Hintersdorf, Hainbach, Brühl, Soos, Vöslau, Eisernes Thor, Schmidsdorf bei Gloggnitz, Atlitzgräben; Rappoltenkirchen, St. Pölten, Winden, bei Melk u. Ernegg bei Scheibbs; im Waldviertel längs der oberösterr. Grenze; im Kreise U. M. B. bei Karnabrunn, Wagram, Gänserndorf, Gaunersdorf und an der March. H. 0,3—0,5 M. Juli-Aug.

84. Saponaria L. Seifenkraut. Kelch walzlich, 5zähnig, deckblattlos, Kelchblätter 3 od. 5nervig; Kronblätter plötzlich in einen linealen Nagel zusammengezogen, mit einem Krönchen am Grunde der Platte; Kapsel 1fächerig, an der Spitze 4klappig; Samen nierenförmig.

264. **S. officinalis L.** Wurzelstock kriechend; Blüthen gebüschelt; Kelch ungeflügelt; Kronblätter ausgerandet, blassrosa. ♃. Ufer, Gebüsche, verbreitet. H. 0,3—0,7 M. Juni-Aug.

85. Vaccaria Med. Kuhkraut. Kelch bauchig, 5zähnig, deckblattlos, Kelchblätter 7nervig; Kronblätter plötzlich in einen linealen, mit Flügelleisten versehenen Nagel zusammengezogen, ohne Krönchen; Kapsel am Grunde unvollständig—4fächerig, an der Spitze 4klappig; Samen kuglig.

265. **V. parviflora Moench.** Wurzel senkrecht; Blüthen locker ebensträussig; Kelch 5flügelig; Kronblätter vorn kleingezähnelt, rosenroth, kürzer als der halbe Kelch. ⊙ Getreide. Brachen, stellenweise. Saponaria vaccaria L. H. 0,3—0,6 M. Juli-Aug. — b) grandiflora (Fisch.) Kronblätter vorne deutlich ausgerandet, so lang od. länger als der halbe Kelch. Wien, Mödling, Höbesbrunn.

2. Gruppe. Lychnideae A. Br. Kelch mit Commissuralnerven (d. h. die Randnerven genau in die Verbindungslinie zweier Kelchblätter fallend). Narben 3 od. 5.

86. Cucubalus Tourn. Taubenkropf. Kelch kurzglockig, 5zähnig, verwischtnervig, deckblattlos; Kronblätter allmählig in einen linealen Nagel verschmälert, mit kurzem Krönchen; Griffel 3; Kapsel beerenartig, 1fächerig, nicht aufspringend; Samen ohne strahlenden Kamm.

266. **C. baccifer L.** Stengel kletternd, ausgesperrt-ästig; Blüthen einzeln; Kronblätter grünlichweiss. ♃. Gebüsche; Auen der Donau und der einmündenden Nebenflüsse von Melk bis Hainburg, Pulkathal bei Kadolz, Marchthal, an der Piesting bei Moosbrunn, Triesting bei Schönau, bei Vöslau und an der Fischa bei Neustadt. H. 1,0—2,0 M. Juli-Aug.

87. Silene L. Leimkraut. Kelch walzlich, eiförmig bis fast glockig, 5zähnig bis 5spaltig, 10—20 od. 30nervig, deckblattlos; Kronblätter in einen linealen Nagel zusammengezogen, meist mit Krönchen; Griffel 3, selten 5; Kapsel am Grunde 3- selten 5fächerig, mit 6 od. 10 Zähnen aufspringend; Samen ohne strahlenden Kamm.

a. Kronblätter am Schlunde ohne Krönchen.

* Kronblätter zweispaltig.

267. **S. viscosa (L.) Pers.** *Stengel klebrig-zottig;* Blätter wellig, die oberen länglich-lanzettlich, mit breitem Grunde sitzend; Traube quirlig; *Kelch* walzlich, *in der Mitte etwas bauchig;* Kronblätter

milchweiss. ⊙ Wiesen; bei Unter-Nalb, Marchthal bei Angern und Baumgarten; Bruck an der Leitha, Parndorf, Neusiedlersee bei Goyss, Neusiedel, Weiden und Podersdorf; auch zufällig im Prater bei der Kronprinz Rudolfs-Brücke, Simmering, Gersthof und der Ruine Lichtenstein. Cucubalus viscosus L. H. 0.3—0,6 M. Mai-Juni.

268. **S. multiflora Pers.** *Stengel feinflaumig, nicht klebrig;* Blätter nicht wellig, die oberen linealen, mit verschmälertem Grunde, sitzend, Traube quirlig od. am Grunde ästig; *Kelch* walzlich-keulenförmig, *oberwärts bauchig:* Kronblätter grünlich-weiss ⊙ Nasse Wiesen, nur im Wiener Becken: an der Fischa bei Ebergassing; Marchfeld zwischen Wagram u. Grossengersdorf, Marchegg; Neusiedlersee bei Goyss, Neusiedel, Weiden und Podersdorf; auch im Prater eingeschleppt. H. 0,5—1,0 M. Juni-Juli.

* * Kronblätter ungetheilt.

269. **S. otites (L.) Sm.** Stengel nebst den Blättern grauflaumig; Blüthen quirlig-traubig oder rispig mit quirlig-traubigen Aesten; Kelch röhrig-glockig, kahl; Kronblätter lineal, sehr klein, grünlich-gelb. ♃. Trockene Wiesen, Hügel, stellenweise häufig. Cucubalus otites L. H. 0,3—0,6 M. Mai-Juli.

b. Kronblätter am Schlunde mit einem Krönchen od. statt des Krönchens 2höckerig.

α. Kronblätter ganzrandig, gezähnelt od. ausgerandet; mit einem Krönchen.

* Kelch 10nervig.

270. **S. acaulis L.** *Stengellos,* dichte polsterförmige Rasen bildend; Blätter grundständig, lineal; *Blüthen einzeln:* Kelch walzlich; Kronblätter seichtausgerandet, hellpurpurn od. rosa, sehr selten weiss ♃. Kalkalpen, gemein, selten auch herabgeschwemmt. H. 0,03—0,1 M. Juni-Juli.

271. **S. gallica L.** *Stengel aufrecht,* oberwärts drüsig; *Blüthen in traubenartigen Wickeln;* Kelch walzlich, drüsig-klebrig, rauhhaarig; Kronblätter fleischfarben. ⊙ Getreide, wüste Plätze, nur zufällig u. unbeständig; bei Simmering, Steinriegel u. Windischhütten nächst Weidlingbach, Hintersdorf bei Tulln; bei Neunkirchen, am Hofaubach bei Thernberg, zwischen Krumbach u. Kirchschlag, am Forst u. bei Penk südlich von Strassdorf; Donauufer bei Stein, bei Pulkau. H. 0.15—0,4 M. Juni-Aug.

Anm. S. linicola Gm., ehemals auf einem Leinfelde bei Hütteldorf u. Staningersdorf, ist im Gebiete nicht wieder gefunden worden. — S. armeria L. kommt hie u. wieder als Gartenflüchtling zufällig u. vorübergehend vor.

* * Kelch 30nervig.

272. **S. conica L.** Stengel oberwärts meist drüsig-klebrig; Blüthen in lockeren Trugdolden; Kelch walzlich-kegelförmig, am Grunde bauchig, klebrig-flaumig; Kronblätter rosenroth. ⊙ Sandige Hügel, selten u. nur im Wiener Becken; Türkenschanze, Prater, Arsenal, Damm der Südbahn, Kanal bei Klederling; häufig

zwischen Baumgarten u. Marchegg im Marchfelde. H. 0,15—0,4 M. Mai-Juni.

β. Kronblätter 2spaltig od. 2theilig.

* Kelch 10nervig, nicht aufgeblasen; Kronblätter mit einem Krönchen.

273. **S. dichotoma Ehrh.** Wurzel spindlig; *Blüthen kurzgestielt in traubenartigen Wickeln;* Kelch walzlich, am Grunde bauchig, langhaarig, mit eilanzettlichen Zähnen; Kronblätter weiss, mit gestutztem Krönchen. ⊙ Wiesen, Hügel, selten u. meist nur vorübergehend; Ober-St. Veit, Türkenschanze, Kaisermühlen im Prater, Südbahnhof, Laaerberg, zwischen Hetzendorf u. Erlaa, häufig an der Bahn zwischen Gramat-Neusiedel u. Götzendorf, Marchthal bei Dürnkrut, Marchegg, Schlosshof. H. 0,3—0,7 M. Mai-Juni.

274. **S. nutans L.** Wurzel spindlig-ästig, mehrköpfig; *Blüthen in lockeren Trugdolden*, einseitswendig, *überhängend;* Kelch walzlich-keulenförmig, klebrig-behaart, mit eiförmigen Zähnen; Kronblätter weiss, mit spitzgezähntem Krönchen. ♃. Wälder, buschige Orte gemein. H. 0,3—0,6 M. Juni-Juli.

Anm. S. saxifraga L. angeblich auf der Wildalpe bei Mariazell, ist in neuerer Zeit nicht wieder gefunden worden.

* * Kelch 20nervig, aufgeblasen; Kronblätter statt des Krönchens 2höckerig.

275. **S. cucubalus Wib.** Stengel aufrecht, aufsteigend, 3 bis vielblüthig; Kelch eiförmig, kahl; Kronblätter weiss, seltner lila; *Samen spitzhöckerig.* ♃. Wiesen, Hügel, bis in die Krummholzregion der Alpen, gemein. Cucubalus behen L. S. inflata Sm. H. 0,3 bis 0,6 M. Mai-Sept.

276. **S. alpina (Lam.) Thom.** Stengel niederliegend-aufsteigend, rasenbildend, 1—3blüthig; *Samen stumpfhöckerig*, doppelt so gross, sonst w. v. ♃. Gerölle der Kalkalpen, häufig. Cucubalus alpinus Lam. H. 0,1—0,3 M. Juli-Aug.

88. **Heliosperma Rchb.** Strahlensame. Kelch kreiselförmig, 5zähnig, 10nervig, deckblattlos; Kronblätter in einen linealen Nagel zusammengezogen, mit einem Krönchen; Griffel 3; Kapsel 1fächerig, mit 6 Zähnen aufspringend; Samen am Rande mit einem strahlenden Kamme.

277. **H. quadrifidum (L.) A. Br.** Wurzel dünne zerbrechliche Stämmchen treibend; Blätter schmallineal; Kelch kahl, selten zerstreut-behaart; Blumenkrone 5—10 mm. breit; Kronblätter 4zähnig, weiss; *Kapsel so lang als der Kelch.* ♃. Felsen, moosige Stellen der Kalkalpen, oft auch herabgeschwemmt. Silene quadrifida L. H. 0,1—0,2 M. Juni-Aug.

278. **H. alpestre (Jacq.) A. Br.** Wurzel fast holzige Stämmchen treibend; Blätter lineallanzettlich od. lanzettlich; Kelch feindrüsigflaumig od. rauh; Blumenkrone 10—15 mm. breit; Kronblätter

4—5zähnig, weiss; *Kapsel 2mal länger als der Kelch*. ♃. Felsige Stellen der Kalkalpen, gemein, oft auch herabgeschwemmt. Silene alpestris Jacq. H. 0,15—0,25 M. Juni-Aug.

89. Viscaria Roehl. Pechnelke. Kelch walzlich-keulenförmig, 5zähnig, 10nervig, deckblattlos; Kronblätter in einen linealen Nagel zusammengezogen, mit einem Krönchen; Griffel 5; Kapsel am Grunde 5fächerig, mit 5 Zähnen aufspringend; Samen ohne strahlenden Kamm.

279. **V. vulgaris Roehl.** Stengel kahl, unter den oberen Knoten klebrig; Blüthen traubig-rispig, fast quirlig; Kronblätter verkehrt-eirund, ausgerandet, karmin. ♃. Wiesen, Wälder, verbreitet. Lychnis viscaria L. H. 0,3—0,8 M. Mai-Juni.

90. Lychnis L. Lichtnelke. Kelch walzlich-glockig, 5zähnig od. 5spaltig, 10nervig, deckblattlos; Kronblätter in einen linealen Nagel zusammengezogen, mit einem Krönchen; Griffel 5; Kapsel 1fächerig, mit 5 Zähnen aufspringend; Samen ohne strahlenden Kamm.

280. **L. flos cuculi L.** Stengel oben kurzhaarig; Blüthen in einer rispenförmigen Trugdolde; Kronblätter handförmig- 4theilig, mit linealen Zipfeln, rosa. ♃. Wiesen, gemein. H. 0,3—0,7 M. Mai-Juli.

91. Melandrium Roehl. Nachtnelke. Kelch bauchig, 5zähnig, 10 od. 20nervig; Kronblätter in einen linealen Nagel zusammengezogen, mit einem Krönchen; Griffel 3 od. 5; Kapsel 1fächerig, mit 6 od. 10 Zähnen aufspringend; Samen ohne strahlenden Kamm.

a. Blüthen 2häusig; Griffel 5.

281. **M. album (Mill.) Garcke.** Stengel sammt den Blättern kurzhaarig, oberwärts drüsig; obere Blätter lanzettlich od. länglich-lanzettlich; Kronblätter weiss, höchst selten rosa; *Kapsel* eikegelförmig, *mit vorgestreckten, paarweise verbundenen Zähnen aufspringend*. ⊙ u. ♃. Wiesen, Raine, gemein. Lychnis dioica L. p. p. L. alba Mill. L. vespertina Sibth. M. pratense Roehl. H. 0,3 bis 1,0 M. Mai-Herbst.

282. **M. rubrum (Weig.) Garcke.** Stengel sammt den Blättern kurzhaarig, ohne Drüsenhaare; obere Blätter eiförmig, kurz zugespitzt; Kronblätter rosa, höchst selten weiss; *Kapsel* eiförmig, *mit zurückgerollten, getrennten Zähnen aufspringend*. ♃. Auen, Waldränder, gemein in den Voralpen bis in die Krummholzregion; in der Bergregion seltner, Aignerthal bei Göttweig, Landegg, Pöggstall, Gutenbrunn, Karlstift, Rosenau, an der Thaya bei Raabs u. Hardegg; Neumarkt an der Ibbs, Mank; Rappoltenkirchen; auch in niedrigen Gegenden, an der Schwarza bei Neunkirchen, der Donau bei Melk, Stockerau, Sofien- u. Staatsbahn-

brücke bei Wien, bei Simmering. Lychnis dioica L. p. p. L. dioica var. rubra Weig. L. diurna Sibth. M. silvestre Roehl. H. 0,3—0,6 M. Mai-Juli.

b. Blüthen zwittrig; Griffel 3.

283. **M. noctiflorum (L.) Fr.** Stengel sammt den Blättern rauhhaarig, oberwärts drüsig-zottig; obere Blätter lanzettlich od. länglich-lanzettlich; Kronblätter weiss od. bleichrosa, Kapsel eiförmig mit zurückgerollten Zähnen aufspringend. ☉ u. ☉ Brachen, Auen, Raine, stellenweise. Silene noctiflora L. H. 0,15—0,8 M. Juli-Herbst.

92. **Agrostemma L.** Kornrade. Kelch länglich, bauchig, 5spaltig, mit blattartigen Zipfeln, 10nervig, deckblattlos; Kronblätter in einen linealen Nagel zusammengezogen, ohne Krönchen; Griffel 5, aussen behaart; Kapsel 1fächerig, mit 5 Zähnen aufspringend; Samen ohne strahlenden Kamm.

284. **A. githago L.** Blüthen einzeln; Kelch seidenhaarig-zottig, Zipfel länger als die purpurnen Kronblätter. ☉ Getreide, gemein. Lychnis githago Lam. Githago segetum Desf. H. 0,8—1,0 M. Juni-Juli.

XIII. Familie. Alsinaceae DC.

1 Blätter mit häutigen Nebenblättern 2
Blätter ohne Nebenblätter 3
2 Blätter gebüschelt, Samen kreisrund . . . . **Spergula**
Blätter gegenständig, Samen birn- od. eiförmig . . **Spergularia**
3 Kapsel mit so vielen Klappen als Griffel vorhanden aufspringend 4
Kapsel mit doppelt so vielen Zähnen od. Klappen als Griffel vorhanden aufspringend 5
4 Griffel 4—5, Kapsel 4—5klappig . . . . **Sagina**
Griffel 3, Kapsel 3klappig . . . . **Alsine**
5 Kronblätter ganz od. seichtausgerandet, seltner ausgebissen-gezähnt 6
Kronblätter 2spaltig od. 2theilig 8
6 Samen am Nabel mit Anhängsel . . . . **Moehringia**
Samen ohne Anhängsel 7
7 Kronblätter ganz od. seichtausgerandet, Samen kuglig od. nierenförmig . . . . **Arenaria**
Kronblätter ausgebissen-gezähnt, Samen schildförmig (convex-concav) . . . . **Holosteum**
8 Griffel 3, Kapsel bis über die Mitte mit 6 ungetheilten Klappen aufspringend . . . . **Stellaria**
Griffel 5, Kapsel bis über die Mitte mit 5 an der Spitze 2spaltigen Klappen aufspringend . . . . **Myosoton**
Griffel 5, selten 3, mit 10 od. 6 kurzen Zähnen aufspringend . . . . **Cerastium**

1. Gruppe. Sperguleae Fenzl. Blätter mit häutigen Nebenblättern.

93. Spergula L. Spark. Kelch 5theilig; Kronblätter 5, ungetheilt; Staubgefässe 5 od. 10, Griffel 5; Kapsel 1fächerig, 5klappig; Samen kreisrund, geflügelt. Blätter gebüschelt.

285. **S. arvensis L.** Blätter lineal-pfriemlich, quirlig-gebüschelt; Kronblätter stumpf, weiss; Samen kuglig-linsenförmig, mit schmalem, häutigem Rande. ⊙ Aecker, Raine, Getreide u. Leinfelder, gemein im Waldviertel u. den Schieferbergen der Kreise U. u. O. W. W., seltner u. nur stellenweise im Wiener Becken, am häufigsten im Marchfelde u. Steinfelde. — a) vulgaris (Boenningh.) Samen mit weisslichen, später braunen Wärzchen besetzt, weissberandet. — b) sativa (Boenningh.) Samen fast glatt, feinpunktirt, schwarzberandet.

Anm. S. pentandra L. einst auf dem Glacis u. in der Brigittenau, wurde in neuerer Zeit nirgends beobachtet.

94. Spergularia Presl. Schuppenmiere. Kelch 5theilig, Kronblätter 5, ungetheilt od. ausgerandet; Staubgefässe 5 od. 10; Griffel 3; Kapsel 1fächerig, 3klappig; Samen 3eckig-birnförmig od. eiförmig, geflügelt od. flügellos. Blätter gegenständig.

286. **S. campestris (L.) Aschers.** Blätter lineal-fädlich, stachelspitzig, beiderseits flach; *Kelchzipfel so lang als die Kapsel;* Blumenkrone rosa; *Samen 3eckig-birnförmig, feinrunzlig,* flügellos. ⊙ u. ⊙ Sandplätze, zerstreut; am Tabor und im oberen Belvederehofe in Wien, Nussdorf, Bahnhof von Neustadt. Hafning bei Neunkirchen; Forchtenau auf dem Rosaliengebirge; bei Danegg, Krumbach, Schönau u. Kirchschlag; Simmering, Kreuzberg bei Reichenau; Flussgebiete der Pitten; Plateau des Waldviertels u. dessen südl. u. östl. Abfälle, Becken von Wittingau, Mautern, Kremsthal, Rosenfeld nächst Melk, Stockerau, Zwingendorf, Marchthal, besonders zwischen Angern u. Schlosshof; Parndorfer Heide. Arenaria rubra a. campestris L. S. rubra Presl. Alsine rubra Wahlenb. Lepigonum rubrum Fr. H. 0,08—0,15 M. Mai-Sept.

287. **S. marina (L.) Griseb.** Blätter lineal-fädlich, stumpflich, beiderseits gewölbt; *Kelchzipfel so lang od. etwas kürzer als die Kapsel;* Blumenkrone rosa; *Samen eiförmig, zusammengedrückt, sehr schwach runzlig, sämmtlich flügellos* od. nur sehr wenige geflügelt. ⊙ u. ⊙ Sandige od. salzige Stellen, selten; Simmeringer Heide, Gallbrunn, Kanal bei Biedermannsdorf, Achau; Zwingendorf bei Laa. Arenaria rubra b. marina L. S. salina Presl. Lepigonum medium Wahlenb. L. salinum Fr. H. 0,1—0,2 M. Mai-Sept.

288. **S. media (L.) Presl.** *Kapsel fast doppelt so lang als der Kelch; Samen sämmtlich geflügelt,* sonst w. v. ♃. Sandige od. salzige Stellen, von Mailberg durch das Pulkathal bis Laa, stellenweise, bei Feldsberg; bei Gallbrunn, Achau, an den Ufern des

Neusiedlersees. Arenaria media L. A. marginata DC. Lepigonum marinum Wahlenb. L. marginatum Koch. H. 0,15—0,3 M. Mai-Sept.

2. Gruppe. Alsineae Fenzl. Blätter nebenblattlos.

95. Sagina L. Mastkraut. Kelch 4—5theilig; Kronblätter 4—5, ungetheilt od. ausgerandet, bisweilen fehlend; Staubgefässe 4, 5 od. 10; Griffel 4—5; Kapsel 1fächerig, 4—5klappig-aufspringend; Samen nierenförmig, flügellos.

* Kelch 4theilig; Kronblätter u. Staubgefässe 4; Kapsel 4klappig.

289. **S. ciliata Fr.** *Stengel aufrecht, nicht wurzelnd; Blätter* lineal, am Grunde *gewimpert;* Blüthenstiele nach dem Verblühen hakig-herabgekrümmt, zuletzt aufrecht; *Kelchblätter stumpf, die 2 äusseren kurz-stachelspitzig,* bei der Fruchtreife aufrecht-abstehend; Kronblätter weiss, vielmal kürzer als der Kelch oder fehlend; Kapsel nur wenig länger als der Kelch. ⊙ Bisher bloss auf Brachen zwischen Kollapriel und Rosenfeld nächst Melk, bei Maufing nächst St. Pölten u. bei Rappoltenkirchen. S. patula Jord. H. 0,02—0,05 M. Mai-Juli.

290. **S. procumbens L.** *Stengel liegend od. aufsteigend, am Grunde wurzelnd; Blätter* lineal, *ungewimpert;* Blüthenstiele nach dem Verblühen hackig-herabgekrümmt, zuletzt aufrecht; *Kelchblätter stumpf, ohne Stachelspitze,* bei der Fruchtreife wagrecht-abstehend; Kronblätter weiss, 2—3mal kürzer als der Kelch oder fehlend; Kapsel nur wenig länger als der Kelch. ♃. Grasplätze, Aecker, Gruben, überall aber sehr zerstreut; am häufigsten am Rosalien- u. Wechselgebirge u. im Waldviertel; steigt bis in die höchste Alpenregion, so am Alpengipfel des Schneebergs. H. 0,02 bis 0,08 M. Mai-Sept. — b) bryoides (Froel.) Blätter schwach gezähnelt, fein gewimpert. Viel seltner.

* Kelch 5theilig; Kronblätter 5; Staubgefässe 10; Kapsel 5klappig.

291. **S. saginoides (L.) Beck.** Stengel liegend od. aufsteigend, manchmal wurzelnd; Blätter lineal, ungewimpert; *Blüthenstiele nach dem Verblühen hakig-herabgekrümmt,* zuletzt aufrecht; Kelchblätter stumpf, ohne Stachelspitze, bei der Fruchtreife an die Kapsel angedrückt; *Kronbätter* weiss, *höchstens so lang als der Kelch;* Kapsel länger als der Kelch. ♃. Feuchte Stellen der Alpen und höherer Voralpen, häufig. Spergula saginoides L. S. Linnaei Presl. S. saxatilis Wim. Spergella saginoides Rchb. H. 0,02—0,1 M. Juni-Aug. — b) macrocarpa (Rchb.) Kapsel doppelt so lang als der Kelch. Spergella macrocarpa Rchb. So seltner.

292. **S. nodosa (L.) Fenzl.** Stengel liegend od. aufsteigend, manchmal wurzelnd; Blätter lineal, kahl od. drüsig-flaumig, in den Winkeln knäuelförmige Blätterbüschel tragend; *Blüthenstiele stets aufrecht;* Kelchblätter stumpf, ohne Stachelspitze, bei der Fruchtreife an die Kapsel angedrückt; *Kronblätter* weiss, *doppelt so lang als der Kelch;* Kapsel wenig länger als der Kelch. ♃. Feuchter

Sandboden, Gräben, stellenweise; am Klosterbache bis Gutenstein abwärts, bei Blindendorf nächst Neunkirchen, Heufeld bei Gloggnitz, an der Schwarza im Höllenthale, unterer Scheibwald, Nassthal, Hechtenseemoor, St. Aegyd, Gössling, Peulenthal bei Scheibbs, Hochkohr, Pöverding bei Melk, im Kies der Traisen und Enns; wurde auch auf den Donauinseln u. an der Bahn bei Weikendorf im Marchfelde gefunden; fehlt im Waldviertel. Spergula nodosa L. Spergella nodosa Rchb. H. 0,05—0,15 M. Juli-Aug.

96. Alsine Wahlenb. Miere. Kelch 5- selten 4theilig; Kronblätter 5, selten 4, ungetheilt od. ausgerandet; Staubgefässe 10, selten weniger; Griffel 3 (selten 4—5); Kapsel 1fächerig, 3klappig-aufspringend (selten 4—5klappig); Samen nierenförmig, flügellos.

a. Stengellos, dichte zusammengepresste Polster bildend mit einzelnen am Ende der Stämmchen fast sitzenden Blüthen; Kronblätter meist fehlend.

293. **A. sedoides (L.) Kitt.** Blätter dachig, rinnig, lineal, stumpf; Kelchblätter stumpf, 3nervig, am Rande trockenhäutig; Kronblätter borstlich, so lang als der Kelch, weiss od. meist fehlend. ♃. Kalkalpen, gemein; auch herabgeschwemmt, so an der Göstritz bei Schottwien und an der Enns bei Steyer. Cherleria sedoides L. A. Cherleri Fenzl. H. 0,03—0,05 M. Juni-Juli.

b. Stengeltreibend; Kronblätter stets vorhanden.

α. Blätter 3nervig; Kelchzipfel spitz od. zugespitzt; Blumenkronen klein, nicht über 10 mm. breit.

* Wurzel jährig, keine Stämmchen treibend; Kronblätter kürzer als der Kelch.

294. **A. fasciculata (L.) M. et K.** Blätter pfriemlich, nebst dem Stengel und den Kelchen kahl od. flaumig; *Blüthen in büscheligen Trugdolden;* Blüthenstiele so lang od. 2mal länger als der Kelch; *Kelchblätter* ungleich, weiss, *knorpelig, mit 2 grünen Rückenstreifen;* Kronblätter weiss, unmerklich. ⊙ Felsen, Mauern; Kahlengebirge bei Grinzing, Penzinger Friedhofmauer, vom Geissberge über die Mödlinger und Badner Berge bis in das Klosterthal bei Gutenstein, Steinfeld von Leobersdorf über Neustadt bis Neunkirchen, Gloggnitz, Klamm, Atlitzgräben; Hainburger Berge, Leithagebirge bei Sz. György und Bruck; an der Traisen von Lilienfeld bis unter St. Pölten; Baumgarten nächst Mautern, Dürnstein, Wachberg bei Krems, Melk, Langenlois; Ernstbrunn und Staatz. Arenaria fasciculata L. Alsine Jacquini Koch. H. 0,1—0,3 M. Juli-Aug.

295. **A. viscosa Schreb.** Blätter pfriemlich, nebst dem Stengel und den Kelchen drüsig-flaumig; *Blüthen in lockeren gabeltheiligen Trugdolden;* Blüthenstiele 2—3mal länger als der Kelch; *Kelchblätter* gleich, *krautig, 3nervig,* am Rande häutig; Kronblätter weiss, unmerklich. ⊙ Trockene Grasplätze auf den Schieferbergen von Krems bei Egelsee und bei dem Waldhof; zwischen Wolfsthal und Hainburg. A. tenuifolia Neilr. non Cr. Sabulina viscosa Rchb. H. 0,03—0,1 M. Mai-Juni.

* * Wurzel ausdauernd, ästige Stämmchen treibend, rasig; Kronblätter so lang od. länger als der Kelch.

o Blüthenstiele nur 2—3mal länger als der Kelch.

296. **A. verna (L.) Bartl.** Stengel unten kahl, oben drüsenhaarig, reichblüthig: Blätter linealpfriemlich; *Kelchblätter krautig, 3nervig*, am Rande häutig; *Kronblätter* länglich, weiss, *so lang als der Kelch*, plötzlich in den Nagel zusammengezogen. ♃. Trockene Hügel; Türkenschanze und auf der gegenüberliegenden Hügelreihe zwischen Hernals und Pötzleinsdorf; Fischau und Brunn am Steinfelde; im südöstl. Schiefergebiete bei Thann; Haglersberg, Hundsheimer Berge, Wolfsthal; Marchthal zwischen Angern und Schlosshof bis Breitensee. Arenaria verna L. Sabulina caespitosa Rchb. H. 0,05 bis 0,15 M. Mai-Juni.

297. **A. Gerardi Willd.** Rasen dichter; Stengel armblüthig; Blätter kürzer, dem Stengel fast angedrückt, an den nichtblühenden Stengeln oft dachig; *Kronblätter grösser*, elliptisch, *länger als der Kelch*, sonst w. v. ♃. Felsen der Kalkalpen, häufig, manchmal auch herabgeschwemmt. H. 0,05—0,1 M. Juli-Aug. — b) ambigua Beck. Blätter breiter, Blüthenstiele dicker, Kelch grösser, Kapseln 3—4klappig. Sehr selten auf dem Schneeberge.

298. **A. setacea M. et K.** Stengel unten kurzhaarig, oben kahl; Blätter pfriemlich-borstlich; *Kelchblätter weissknorpelig, 1nervig, mit 2 grünen Rückenstreifen; Kronblätter* länglich, weiss, *etwas länger als der Kelch*, allmälig in den Nagel verlaufend. ♃. Felsige Orte; Rauheneck, Merkenstein, Pernitz, Mariahilfer Berg, Steinfeld über Felixdorf, Leobersdorf, Neustadt, Brunn, Neunkirchen bis Ternitz, Grünbach, Hohe Wand; Leithagebirge bei Sz. György und Goyss; Staatz und Falkenstein. H. 0,1—0,25 M. Juni-Aug.

o o Blüthenstiele 5—mehrmal länger als der Kelch.

299. **A. austriaca (Jacq.) M. et K.** Stengel kahl od. oben zerstreut drüsenhaarig; Blätter linealpfriemlich; Kelchblätter krautig, 3nervig, wenigstens die inneren am Rande häutig; Kronblätter länglich, weiss, fast 2mal länger als der Kelch, gegen den Grund keilig verschmälert. ♃. Kalkalpenfelsen, häufig. Arenaria austriaca Jacq. H. 0,05—0,25 M. Juni-Aug.

β. Blätter nervenlos; Kelchzipfel stumpf; Blumenkronen gross, 16—18 mm. breit.

300. **A. laricifolia Cr.** Stengel feinflaumig; Blätter linealpfriemlich, am Rande rauh; Kelchblätter krautig, 3nervig, am Rande häutig; Kronblätter keilig-verkehrteiförmig, weiss, 2mal länger als der Kelch. ♃. Felsen der Kalkalpen und Voralpen, dann im Sande subalpiner Bäche; Piestingthal von Waldeck bis über Gutenstein, Höllenthal, Saugraben des Schneebergs, Preiner Schütt und Geflötze der Rax bis auf den Wetterkogel, Atlitzgräben, Unrechttraisenthal zwischen Hohenberg und St. Aegyd, Göller, Lassingfall, kleiner Oetscher, Hochkohr. H. 0,1—0,25 M. Juli-Sept.

97. Moehringia L. Möhringie. Kelch 4—5theilig; Kronblätter 4—5, ungetheilt oder ausgerandet; Staubgefässe 8 oder 10; Griffel 2—3; Kapsel 1fächerig, 4- oder 6klappig-aufspringend; Samen nierenförmig, am Nabel mit einem Anhängsel.

* Blätter schmallineal bis fädlich, nervenlos.

301. **M. muscosa L.** Stengel rasenförmig: Blüthenstiele 10 bis 25 mm. lang; *Kelchblätter 4, spitz: Kronblätter 4*, länger als der Kelch, weiss; *Staubgefässe 8; Griffel 2; Kapseln 4klappig.* ♃. Felsen, moosige Stellen der Voralpen bis in das Krummholz der Alpen, gemein; seltner in der Bergregion, wie Mödlinger Klause, Helenenthal. Siegenfeld, Heiligenkreuz, Schöpfel. H. 0,05—0,15 M. Juni-August.

302. **M. polygonoides (Wulf.) M. et K.** Stengel rasenförmig; Blüthenstiele 5—8 mm. lang; *Kelchblätter 5, stumpf; Kronblätter 5*, länger als der Kelch, weiss; *Staubgefässe 10; Griffel 3; Kapseln 6klappig.* ♃. Kalkalpen; Saugraben u. Waxriegel des Schneebergs. Raxalpe. Göller, Oetscher. Dürnstein, Hochkohr u. herabgeschwemmt an der Enns bei Steyr. Arenaria polygonoides Wulf. H. 0,05 bis 0,15 M. Juli-Aug.

* * Blätter eiförmig od ellänglich, 3—5nervig.

303. **M. trinervia (L.) Clairv.** Kelchblätter 5, spitz; Kronblätter 5, kürzer als der Kelch, weiss; Staubgefässe 10; Griffel 3; Kapseln 6klappig ☉ u. ⊙ Wälder, verbreitet. Arenaria trinervia L. H. 0.15—0,3 M. Mai-Juni.

98. Arenaria L. Sandkraut. Kelch 5theilig; Kronblätter 5. ungetheilt od. ausgerandet: Staubgefässe 10; Griffel 3; Kapsel 1fächerig, zuerst mit 6 Zähnen, dann mit 3 zweispaltigen Klappen aufspringend; Samen linsen- od. nierenförmig, convex ohne Anhängsel.

* Kronblätter 2—3mal kürzer als der Kelch.

304. **A. serpyllifolia L.** Wurzel keine Stämmchen treibend; Stengel feinflaumig; Blätter eiförmig, 3—mehrnervig; Blüthenstiele aufrecht-abstehend; Kelchblätter spitz, 3nervig. feinflaumig; Kronblätter weiss, unmerklich; Kapsel derb, am Grunde bauchig erweitert. ⊙ Aecker, Mauern, gemein. H. 0.05—0,15 M. Mai-Aug. — b) viscida (Lois.) Pflanze oberwärts drüsig-flaumig. Häufig auf den Kalkbergen um Wien. — c) leptoclados (Rchb) Zarter, Kapsel dünnwandig, am Grunde nur wenig erweitert. So selten, bei Mödling, im Lechnergraben am Dürrenstein.

* * Kronblätter länger als der Kelch.

305. **A. multicaulis L.** Wurzel ästige Stämmchen treibend, dichtrasig; *Stengel flaumig*, 1—2blüthig; *Blätter eiförmig oder lanzettlich*, spitz, am Rande nicht verdickt, 1nervig, borstlich-gewimpert; Blüthenstiele aufrecht-abstehend; Kelchblätter spitz,

7*

undeutlich-3nervig, am Grunde schwach-gewimpert; Kronblätter fast 2mal länger als der Kelch, weiss ♃. Kalkalpen, häufig auf der Raxalpe, dem Schneeberge und Göller. A. ciliata L. p. p. H. 0.03—0,1 M. Juli-Sept.

306. **A. grandiflora All.** Wurzel ästige Stämmchen treibend, rasig; *Stengel drüsig-flaumig,* 1—3blüthig; *Blätter linealpfriemlich,* in eine steife Granne zugespitzt, am Rande verdickt, 1nervig, am Grunde borstlich-gewimpert; Blüthenstiele steif-aufrecht; Kelchblätter feinzugespitzt, 1nervig, drüsigflaumig; Kronblätter 2mal länger als der Kelch, weiss. ♃. Felsen, Gerölle der Kalkalpen, bisher bloss in der Preiner Schütt, am Wetterkogelsteig u. Schlangenweg der Raxalpe. H. 0,05—0,1 M. Juli-Aug.

99. Holosteum L. Spurre. Kelch 5theilig; Kronblätter 5, ausgebissen gezähnelt; Staubgefässe 3 (selten 4—5); Griffel meist 3; Kapsel einfächerig, mit meist 6 Zähnen aufspringend; Samen schildförmig, convex-concav, ohne Anhängsel.

307. **H. umbellatum L.** Stengel oben drüsenhaarig; Blätter eiförmig; Blüthen in einer endständigen doldenförmigen Trugdolde; Blüthenstiele nach dem Verblühen zurückgeschlagen; Kronblätter länger als der Kelch, weiss. ⊙ Aecker, Raine, gemein. H. 0,05 bis 0,2 M. März-Mai.

100. Stellaria L. Vogelkraut. Kelch 5theilig; Kronblätter 5, 2spaltig oder 2theilig; Staubgefässe 10, selten weniger; Griffel 3, Kapsel 1fächerig, bis über die Mitte mit 6 Klappen aufspringend; Samen nierenförmig, convex, ohne Anhängsel.

a. Stengel 4kantig; Blätter sämmtlich sitzend.

α. Deckblätter krautig, grün.

308. **S. holostea L.** Blätter lanzettlich, langzugespitzt, feingewimpert; Kelchblätter nervenlos, halb so lang als die Kronblätter; Kronblätter 2spaltig, weiss; Kapsel kuglig. ♃. Auen, Wälder, gemein. H. 0,15—0,3 M. April-Mai.

β. Deckblätter trockenhäutig, weiss.

* Kelch am Grunde abgerundet, kürzer od. so lang als die Kronblätter.

309. **S. palustris Ehrh.** Blätter lineallanzettlich, kahl, graugrün; *Deckblätter ungewimpert; Kelchblätter* 3nervig, *halb so lang als die Kronblätter;* Kronblätter 2spaltig, weiss; Kapsel länglicheiförmig. ♃. Auen, sumpfige Wiesen, sehr selten; Donauauen bei Langenzersdorf, Prater; an der March bei Magyarfalva und Baumgarten; Kampmündung bei Grunddorf, bei Hoheneich und Raabs. S. glauca With. H. 0,2—0,4 M. Juni-Juli.

310. **S. graminea L.** Blätter lineal oderlanzettlich, am Grunde gewimpert, grasgrün; *Deckblätter gewimpert ; Kelchblätter* 3nervig,

so lang od. nur etwas kürzer als die Kronblätter: Kronblätter 2spaltig, weiss; Kapsel länglich. ♃. Wiesen, Gebüsche, gemein. H. 0,15—0,4 M. Mai-Juli.

* * Kelch am Grunde trichterförmig, fast 2mal länger als die Kronblätter.

311. **S. uliginosa Murray.** Blätter eiförmig-länglich od. länglich-lanzettlich, am Grunde gewimpert, graugrün; Deckblätter ungewimpert; Kelchblätter 3nervig; Kronblätter 2theilig, weiss; Kapsel eiförmig. ♃. Sumpfige Waldstellen und Wiesen, stellenweise: höhere Sandsteinwälder des Kahlengebirges, Rosalien- und Wechselgebirge, Kalkvoralpen: bei Rosenfeld, Zelking, Hiesberg und Prackersberg bei Melk, Seitenstetten; überall im Waldviertel; fehlt im Viertel U. M. B. H. 0.15—0,3 M. Juni-Juli.

b. Stengel stielrund; untere Blätter gestielt.

* Kronblätter so lang od. kürzer als der Kelch od. fehlend.

312. **S. media (L.) Cyr.** Stengel 1reihig-behaart, grasgrün; Blätter eiförmig, spitz, kahl, die oberen mit abgerundetem Grunde sitzend; *Blüthenstiele nach dem Verblühen herabgeschlagen; Kelchblätter länglich, stumpflich;* Kronblätter tief-2spaltig, weiss; Staubgefässe 3—5; Kapsel ellipsoidisch, gedunsen mit sehr kurzem Mittelsäulchen. ⨀ u. ⨀⨀ Aecker, Raine, gemein. H. 0,05—0,4 M. Alsine media L. März-Octob. b) neglecta (Wh.). Pflanze stärker, reichblüthiger, Staubgefässe meist 10. Mit der Grundform.

313. **S. pallida Piré.** Stengel gelbgrün; Blätter zugespitzt, die oberen mit verschmälertem Grunde sitzend; *Blüthenstiele nach dem Verblühen aufrecht, kürzer; Kelchblätter zugespitzt;* Kronblätter fehlend; Staubgefässe 2—3; Kapsel kaum gedunsen, sonst w. v. ⨀ u. ⨀⨀ An gleichen Orten, jedoch seltner. S. Boraeana Jord. H. 0,05—0,15 M. März-Mai.

* * Kronblätter 2mal so lang als der Kelch.

314. **S. nemorum L.** Stengel rundum od. doch 2reihig behaart drüsig; Blätter eiförmig od. länglich-eiförmig, zugespitzt, die unteren am Grunde herzförmig; Blüthenstiele nach dem Verblühen wagrecht-abstehend; Kelchblätter lanzettlich, breit-hautrandig; Kronblätter tief-2spaltig; Kapsel ellipsoidisch, mit verlängertem Mittelsäulchen. ♃. Schattige Waldstellen, häufig in den Voralpen; stellenweise im oberen Donauthale u. Waldviertel, Gföhler Wald, am Kamp bei Zwettl, Karlstift, Guttenbrunn, Burgstein, Bergern, Melk, Thaiathal bei Hardegg; selten auf dem Kahlengebirge, Rosskopf, Breitenfurth, Mauerbach, Hadersfeld u. den Donauinseln, wie am Heustadelwasser im Prater, Stockerau u. Spillern. H. 0,3—0,6 M. Juni-Juli.

101. Myosoton Moench. Weichkraut. Kelch 5theilig; Kronblätter 5, 2theilig; Staubgefässe 10; Griffel 5; Kapsel 1fächerig, eiförmig, 5eckig, mit 5 an der Spitze 2spaltigen Klappen aufspringend; Samen fast kuglig, ohne Anhängsel.

315. **M. aquaticum (L.) Moench.** Stengel liegend od. klimmend, oft wurzelnd, oben drüsenhaarig; Blätter herzeiförmig, zugespitzt, untere gestielt, obere sitzend; Kronblätter 2mal länger als der Kelch, weiss. ♃. Auen, Gräben, gemein. Cerastium aquaticum L. Malachium aquaticum Fr. Larbrea aquatica Ser. H. 0,3—0,6 M. Juni-Sept.

102. **Cerastium L.** Hornkraut. Kelch 5theilig; Kronblätter 5, kurz oder bis zur Hälfte 2spaltig; Staubgefässe 10; Griffel 5, selten 3; Kapsel 1fächerig, cylindrisch, mit 10 oder 6 kurzen Zähnen aufspringend; Samen fast kuglig, ohne Anhängsel.

a. Griffel in der Regel 3; Kapsel mit 6 Zähnen aufspringend.

316. **C. anomalum W. et K.** Wurzel jährig; *Stengel drüsigflaumig*, wie die ganze Pflanze; Blätter lineal, trübgrün, die unteren gestielt, fast spatelig; *Blüthenstiele stets aufrecht;* Blumenkrone 10 mm. breit, weiss; Kapsel walzlich, länger als der Kelch. ☉ Sandige Grasplätze, sehr selten und stets vorübergehend; ehemals am Glacis u. im Stadtgraben von Wien, in der Brigittenau, an der Schwechat bei Baden u. auf der Türkenschanze; in neuerer Zeit bei dem Floridsdorfer Brückenhaufen. Stellaria viscida M. a B. H. 0,1—0,2 M. Mai-Juni.

317. **C. cerastoides (L.)** Wurzel ausdauernde Stämmchen treibend, rasig; *Stengel kahl od. oben einreihig-behaart;* Blätter lineallanzettlich od. länglich, grasgrün, kahl, die unteren am Grunde verschmälert; *Blüthenstiele* flaumig, nach dem Verblühen *herabgeschlagen;* Blumenkrone 14—18 mm. breit, weiss; Kapsel länglich, so lang als der Kelch. ♃. Kalkalpen, sehr selten; bisher bloss im Saugraben des Schneebergs u. auf der Rax gegen das Bärenloch. Stellaria cerastoides L. C. trigynum Vill. H. 0,05—0,15 M. Juli-August.

b. Griffel in der Regel 5; Kapsel mit 10 Zähnen aufspringend.

α. Wurzel jährig, nur blühende Stengel treibend.

* Haare der Deck- u. Kelchblätter über die Spitze derselben bärtig hinausragend.

318. **C. brachypetalum Desp.** Pflanze langhaarig, graugrün, drüsenlos; Blätter länglich od. oval, die unteren in den Stiel verschmälert; *Blüthen in lockeren Trugdolden;* Kronblätter weiss, am Nagel wie die *Staubgefässe gewimpert; fruchttragende Blüthenstiele 2—4mal länger als der Kelch.* ☉ Sonnige Abhänge, Raine; im südl. Wiener Becken stellenweise häufig, Kahlengebirge, Laaerberg, Schwadorfer u. Rauhenwarther Holz, zwischen Neustadt u. Neunkirchen; in den übrigen Kreisen selten, bei Schallaburg, Melk, Kremsthal bei Imbach, Eggenburg, Hardegg. H. 0,1—0,3 M. April-Mai. — b) tauricum (Spreng.) Pflanze oberwärts drüsig-haarig. So seltner, bei Weidling, Weissenbach an der Triesting, Spielberg bei Melk und Plankenstein.

319. **C. viscosum L.** Pflanze langhaarig, gelblichgrün, oberwärts meist drüsig; Blätter oval od. rundlich, die unteren in den Stiel verschmälert; *Blüthen geknäuelt;* Kronblätter weiss, am Nagel schwach-gewimpert, bisweilen fehlend; *Staubgefässe kahl; fruchttragende Blüthenstiele so lang als der Kelch od. kürzer.* ⊙ Wiesen, Raine, selten; Circuswiese im Prater, Maria Brunn, Rappoltenkirchen, Leithagebirge zwischen Sommerein und Breitenbrunn; Kirchberg, Trattenbach, Otterthal, Prein, St. Pölten, Pelzberg bei Gaming, Seitenstetten. C. glomeratum Thuill. H. 0,1—0,25 M. Mai-Aug.

* * Haare der Deck- u. Kelchblätter nicht über die Spitze derselben hinausragend.

320. **C. semidecandrum L.** Stengel kurzhaarig, oberwärts meist drüsig; Blätter länglich od. oval, untere in den Stiel verschmälert; *Deck- u. Kelchblätter breit-trockenhäutig;* Kronblätter schmal, ungewimpert, weiss; Staubgefässe kahl; fruchttragende Blüthenstiele 2—3mal länger als der Kelch, zurückgeschlagen. ⊙ Grasplätze, verbreitet. H. 0,03—0,15 M. April-Mai.

321. **C. pumilum Curt.** *Untere Deckblätter krautig, obere sammt den Kelchblättern schmalrandhäutig;* fruchttragende Blüthenstiele geneigt od. wagrecht; Kronblätter breiter, sonst w. v. ⊙ Grasplätze, verbreitet. C. glutinosum Fr. H. 0,03—0,3 M. April-Mai.

322. **C. obscurum Chaub.** Dunkler grün; *Deckblätter sämmtlich krautig, an der Spitze schmalhäutig;* Kelch grösser, fast so gross wie Kelch u. Kapsel der vorigen Art, sonst wie diese. ⊙ Grasplätze, häufig auf den Kalkbergen von Rodaun bis Mödling, sicher weiter verbreitet. H. 0,03—0,15 M. April-Mai.

β. Wurzel 2—mehrjährig, blühende u. nichtblühende Stengel treibend.

* Wurzel keine ästigen zerbrechlichen rasenbildenden Stämmchen treibend.

o Kronblätter ungefähr so lang als der Kelch.

323. **C. vulgatum L.** Stengel kurzhaarig, am Grunde zuletzt wurzelnd; Blätter länglich od. lanzettlich, untere in den Stiel verschmälert, jene der nichtblühenden Stengel gleichgestaltet; Deck- u. Kelchblätter meist krautig, kurzhaarig; Kronblätter ungewimpert, weiss; fruchttragende Blüthenstiele 2—3mal länger als der Kelch; *Kapseln bis doppelt so lang als der Kelch.* ♃ u. ⊙ Grasplätze, gemein. C. triviale Lk. H. 0,1—0,5 M. April-Herbst. — b) glandulosum Boenningh. Blüthenstiele und Kelche drüsenhaarig. So seltner. — c) holosteoides Fr. Stengel 1reihig-behaart, Blätter und Kelche ziemlich kahl. Selten, Moosbrunn, Gottschakogel bei Gloggnitz, Kampstein des Wechsels. — d) nemorale Uechtr. Blätter grösser, die unteren und die der nichtblühenden Stengel eiförmig od. elliptisch, plötzlich in den Stiel zusammengezogen; fruchttragende Blüthenstiele 3—4mal länger als der Kelch, oberwärts drüsig. Selten, bei Mauerbach, Purkersdorf, Ufer der Liesing, Kaufberg bei Kalksburg, Gumpoldskirchen.

324. **C. fontanum Baumg.** *Kapseln breiter, fast 3mal so lang als der Kelch;* Blumen etwas grösser; Samen doppelt so gross, sonst w. v. ♃. Triften der Alpen, häufig. C. macrocarpum Schur. C. longirostre Wich. H. 0,15—0,4 M. Juli-Aug.

o o Kronblätter doppelt so lang als der Kelch.

325. **C. silvaticum W. et K.** Stengel kurzhaarig, am Grunde wurzelnd; Blätter länglich od. lanzettlich, untere u. die der nichtblühenden Stengel eiförmig oder elliptisch, plötzlich in den Stiel zusammengezogen; Kronblätter ungewimpert, weiss; fruchttragende Blüthenstiele 3—6mal länger als der Kelch; Kapseln doppelt so lang als der Kelch. ♃. Laubwälder, stellenweise; Tulbingersteig, Hainbach, Mauerbach, Gablitz, Rappoltenkirchen, Purkersdorf, Pressbaum, Laab, Breitenfurth, Kaufberg bei Kalksburg, Sulz, Heiligenkreuz, Bodenberg, Rauheneck bei Baden, Reisthal bei Nasswald, Ochsenburg bei St. Pölten; Kaiserwald des Rosaliengebirges. C. umbrosum Kit. H. 0,3—0,5 M. Juni-Aug.

* * Wurzel ästige zerbrechliche rasenbildende Stämmchen treibend; Kronblätter doppelt so lang als der Kelch, weiss.

326. **C. arvense L.** Stengel mehrblüthig, sammt den Blättern kurzhaarig, graugrün, oberwärts oft drüsig; *Blätter* lineal-lanzettlich, *in den Winkeln meist mit sterilen Blätterbüscheln;* Deckblätter behaart, am Rande trockenhäutig; *Kelchzipfel behaart;* Blüthenstiele nach dem Verblühen seitwärts-geneigt; *Samen spitz- u. erhaben-warzig,* Schale dem Eiweisse eng anliegend. ♃. Abhänge, Wiesen, gemein. H. 0,1—0,25 M. Mai-Juni. — b) strictum (L.) Stengel kurzhaarig od. unten kahl, Blätter kahl od. gewimpert, grasgrün. Felsen, steinige Stellen der Kalkalpen.

327. **C. carinthiacum Vest.** Stengel meist reichblüthig, kurzhaarig od. unten kahl, oberwärts oft behaart; *Blätter* eiförmig, länglich od. eilanzettlich, kahl od. gewimpert, *in den Winkeln selten mit sterilen Blätterbüscheln;* Deckblätter kahl od. gewimpert, am Rande meist trockenhäutig; *Kelchzipfel kahl* od. fast kahl; Blüthenstiele nach dem Verblühen wagrecht-abstehend; *Samen stumpf- u. verwischtwarzig,* Schale das Eiweiss locker umgebend, fast aufgeblasen. ♃. Felsen u. Gerölle der Kalkalpen, nicht gemein, mitunter auch herabgeschwemmt. C. ovatum Hoppe. H. 0,5—0,15 M. Juli-Aug. — b) rutilum (Fenzl). Blüthenstiele und Kelche drüsig. Selten, Schneeberg und Raxalpe.

328. **C. latifolium L.** Stengel 1—3blüthig, sammt den Blättern weichhaarig, drüsig; *Blätter* eiförmig od. breitlanzettlich, *in den Winkeln ohne sterile Blätterbüschel;* Deckblätter krautig, behaart; *Kelchzipfel behaart;* Blüthenstiele nach dem Verblühen wagrecht-abstehend; *Samen stumpf- u. verwischtwarzig,* Schale das Eiweiss locker umgebend, fast aufgeblasen. ♃. Kalkalpen, sehr selten, angeblich auf der Rax in der Nähe des Schutzhauses, auf dem Oetscher und Dürnstein. H. 0,03—0,1 M. Juli-Aug.

Anm. C. manticum L. wurde ehemals im Prater beobachtet.

XIV. Familie. Elatinaceae Camb.

103. Elatine L. Tännel. Kronblätter 3—4; Staubgefässe 3—8; Griffel 3—4; Kapsel 3—4fächerig, vielsamig: Samen fadenförmig, stielrund.

a. Blätter gegenständig.

* So viel Staubgefässe als Kronblätter.

329. **E. triandra Schkuhr.** Blätter kurzgestielt, Stiel kürzer als die Spreite; Blüthen sitzend; Kelch 2theilig; Kronblätter 3, röthlich; Staubgefässe 3; Samen schwachgekrümmt. ⊙ Ueberschwemmte Stellen; bloss im Waldviertel, am Fischteiche bei Franzen, am unteren Ritzmannshofer Teiche bei Zwettl und am Gemeindeteiche bei Schrems. H. 0,02—0,06 M. Juni-Aug.

* * Doppelt so viel Staubgefässe als Kronblätter.

330. **E. hexandra DC.** Blätter kurzgestielt, Stiel kürzer als die Spreite; Blüthen gestielt: *Kelch 3theilig; Kronblätter 3*, röthlich; *Staubgefässe 6; Samen schwachgekrümmt.* ⊙ Bisher bloss am Fischteiche bei Franzen u. am oberen Ritzmannshofer Teiche bei Zwettl. H. 0,02—0,1 M. Juli-Aug.

331. **E. hydropiper L.** Blätter langgestielt, wenigstens bei den unteren der Stiel länger als die Spreite; Blüthen sitzend od. sehr kurz gestielt; *Kelch 4theilig; Kronblätter 4*, röthlich; *Staubgefässe 8; Samen hufeisenförmig-gekrümmt.* ⊙ Ueberschwemmte Stellen; angeblich bei Penzing, im Prater u. auf der schwarzen Lacke; zweifelhaft. H. 0.02—0,1 M. Juni-Aug.

b. Blätter quirlig.

332. **E. alsinastrum L.** Stengel kriechend, röhrig; Blätter sitzend, eiförmig bis eilänglich, die untergetauchten lineal; Blüthen sitzend; Kelch 4theilig; Kronblätter 4, grünlichweiss; Staubgefässe 8; Samen schwachgekrümmt, ♃. Ueberschwemmte Stellen, Lachen, sehr selten; am Laaerberg, zwischen Neunkirchen u. Diepholz; Magyarfalva bei Angern, Staatz, Mollends nächst Langenlois. H. 0,05 bis 0,2 M. Juli-Aug.

XV. Familie. Linaceae DC.

104. Linum L. Flachs. Kelch 5blättrig; Kronblätter 5; Staubgefässe 5; Griffel meist 5; Kapsel 5fächerig, Fächer durch eine unvollständige falsche Scheidewand in 2 Abtheilungen getheilt, Abtheilungen 1samig.

a. Blätter wechselständig.

α. Blätter am Grunde beiderseits mit einer Drüse: Blumen gelb, gross.

333. **L. flavum L.** Stengel kahl, oben scharfkantig: Blätter 3nervig, kahl, untere länglich-verkehrteiförmig, obere lanzettlich, Blüthenstiele stets aufrecht; Kelchblätter lanzettlich, drüsig-ge-

wimpert, sonst kahl; Kronblätter am Grunde zusammenhängend. ♃. Trockene Wiesen, Hügel; verbreitet im Wiener Becken; im Kreise O. W. W. auf der Fucha bei Göttweig, Kaibling bei Herzogenburg, Hollenburg, Zelking, Hürm, Obritzberg. Teufelhof bei St. Pölten. Lilienfeld; im Ernstbrunner Walde; fehlt im Kreise O. M. B. H. 0,2—0.5 M. Juni-Juli.

Anm. L. tauricum Willd. von voriger Art durch schmälere 1nervige Blätter u. halb so grosse blasse Blüthen verschieden, soll angeblich auf der Pötzleinsdorfer Höhe vorkommen.

β. Blätter am Grunde drüsenlos; Blumen blau, lila od. rosa, gross.

* Kelchblätter drüsig-gewimpert.

334. **L. hirsutum L.** Stengel sammt den Blättern zottig; *Blätter 3—5nervig,* untere *länglich-verkehrteiförmig,* obere lanzettlich; *Kelchblätter* lanzettlich, zugespitzt, *zottig;* Kronblätter am Grunde zusammenhängend, himmelblau mit weissgelblichen Nägeln; Narbe länglich-lineal. ♃. Sonnige, buschige Orte, stellenweise; im Hügellande des Kreises U. M. B., auf Vorhügeln des Kahlengebirges, Bisamberg, Haselhof nächst Weidling, Neustifter Thal, Weinberge zwischen Weinhaus u. Dornbach, Perchtoldorf, Mitterberg u. Weixelthal bei Baden, Dreistetten bei Neustadt, zwischen Weikersdorf u. Fischau; Laaerberg gegen Unter-Laa, über Rauhenwart. Ellend. Gallbrunn bis auf die Hainburger Berge, Leithagebirge, Haglersberg; Wiesen bei Moosbrunn, Münchendorf, Velm, Ebergassing; Alaunthal bei Krems, Stein. H. 0,3—0,6 M. Juni-Juli.

335. **L. tenuifolium L.** Stengel kahl; *Blätter 1nervig, lineal,* am Rande wimperig-rauh; *Kelchblätter* lanzettlich zugespitzt, drüsig-gewimpert, sonst *kahl;* Kronblätter frei, bleichrosa; Narbe kopfig. ♃. Trockene Hügel, verbreitet. H. 0,15—0,3 M. Juni-Juli.

* * Kelchblätter drüsenlos.

o Wurzel ausdauernd.

336. **L. perenne L.** Stengel kahl, meist reichblüthig; Blätter 1nervig, lineallanzettlich, kahl; Blüthen in zuletzt langen Trauben; *Blüthenstiele bei der Fruchtreife steif-aufrecht;* Kelchblätter eiförmig, kahl, die inneren sehr stumpf; *Kronblätter* frei, *mit dem ganzen Seitenrande sich deckend, azurblau;* Narbe kopfig; Kapsel eiförmig-kuglig, noch einmal so lang als der Kelch. ♃. Grasplätze, selten; Prater unterhalb der Kettenbrücke, dann in den Donauauen bei Mautern bis Thalern, Hundsheim u. am Fuss des Wachberges bei Melk, bei Kottes, Steiss u. Grafenegg, zwischen Stockerau und Spillern; bei Hainburg, am Neusiedlersee. H. 0.3 bis 0,5 M. Mai-Juli.

337. **L. alpinum Jacq.** Stengel kahl, 1—6blüthig; Blätter 1nervig, lineallanzettlich, kahl; Blüthen in endständigen Trugdolden; *Blüthenstiele bei der Fruchtreife steif-aufrecht;* Kelchblätter eiförmig, kahl, die inneren sehr stumpf; *Kronblätter* frei,

von der Mitte an auseinandertretend, blassblau; Narbe kopfig; Kapsel oval, um ein Drittel länger als der Kelch. ♃. Gerölle der Kalkalpen, oft auch herabgeschwemmt. H. 0.1—0,25 M. Juli-Aug.

338. L. **austriacum L.** Stengel kahl, meist reichblüthig; Blätter 1nervig, lineallanzettlich, kahl; Blüthen in zuletzt langen Trauben; *Blüthenstiele bei der Fruchtreife herabgebogen;* Kelchblätter eiförmig, kahl, die inneren sehr stumpf; *Kronblätter* frei, *mit dem ganzen Seitenrande sich deckend, azurblau;* Narbe kopfig; Kapsel kuglig, um ein Drittel länger als der Kelch. ♃. Im Wiener Becken stellenweise häufig, sowohl im nördl. Hügellande als auf dem Kahlengebirge, am häufigsten aber in der südl. Bucht vom Linienwalle St. Marx bis in das Leithagebirge u. auf das Steinfeld: im oberen Donauthale bei Gneixendorf, Hollenburg, Göttweig; bei Bergern, Retz. H. 0.3—0,6 M. Mai-Juni.

o o Wurzel jährig.

339. **L. usitatissimum L.** Stengel kahl; Blätter 3nervig, schmallanzettlich, kahl; Blüthenstiele bei der Fruchtreife steif-aufrecht; Kelchblätter eiförmig, zugespitzt, kurzgewimpert; Kronblätter frei; Narben keulenförmig; Kapsel kuglig, so lang als der Kelch. ⨀ Gebaut, am meisten im Kreise O. M. B. und dann öfters verwildert. H. 0.3—0,8 M. Juni-Aug. — b) h u m i l e (Mill.) Niedriger, ästiger, Blätter, Blüthen u. Kapseln grösser, letztere elastisch aufspringend. L. usitatissimum v. crepitans Boenningh. Gebaut.

b. Blätter gegenständig, am Grunde drüsenlos; Blumen weiss, sehr klein.

340. **L. catharticum L.** Stengel fädlich, kahl; Blätter 1nervig, untere spatelig, obere lanzettlich; Kelchblätter elliptisch, drüsiggewimpert. ⨀ Wiesen, gemein. H. 0,08—0,25 M. Juni-Aug.

105. Radiola Dill. Zwerglein. Kelch tief 4spaltig, mit 2—3 spaltigen Zipfeln; Kronblätter 4; Staubgefässe 4; Kapsel 4fächerig, sonst wie Linum.

341. **R. linoides Gm.** Stengel fadenförmig, vom Grunde an gabelspaltig-vielästig; Blätter gegenständig, eiförmig, sitzend; Blüthen klein, weiss, fast knäuelartig beisammenstehend. ⨀ Sandige Plätze, an der Landesgrenze bei Magyarfalva u. am Stankauer Teiche. Linum radiola L. R. millegrana Sm. H. 0,03—0.06 M. Juni-Sept.

XVI. F a m i l i e. **Malvaceae R. Br.**

1. G r u p p e. Malveae Endl. Frucht aus 5—vielen freien Früchtchen gebildet od. eine in einzelne Früchtchen wandspaltig-zerfallende Kapsel.

106. Malva L. Käspappel. Kelch doppelt, der äussere 3blättrig, der innere 5spaltig; Kronblätter 5; Staubgefässe 1brüderig; Griffel viele; Früchtchen zahlreich, 1samig, zu einer kreisrunden Frucht verbunden.

a. Stengelblätter handförmig-getheilt; Blüthen einzeln od. oberwärts zu mehreren gehäuft.

342. **M. alcea L.** Stengel von angedrückten Sternhaaren graugrün; Blattabschnitte keilig-rautenförmig, tief- od. fiederspaltig-eingeschnitten; *äussere Kelchblätter eiförmig od. eilänglich;* Blumenkrone 5—7 cm. breit. rosa; *Früchtchen querrunzlig, sowie die Fruchtknoten kahl.* ♃. Raine, Gebüsche, selten; am häufigsten im Kreise O. M. B., bei Pötzles, Schrems, Thiergarten. Altweitra, Pöggstall, im Isperthale, in der Zaucha bei dem Jauerling, an der Thaya zwischen Eibenstein und Primmersdorf, Haudegg, Zemmendorf; im Kreise O. W. W., Gösslinger Strasse bei Lassing, Seitenstetten, Aschbach, Amstetten, St. Pölten, Hiesberg bei Melk; im Wiener Becken nur jenseits der March bei Magyarfalva. H. 0,5 bis 1,2 M. Juli-August. — b) italica (Poll.) Blattabschnitte schmäler, verkehrteiförmig, ausgesperrt fiederspaltig. M. excisa Rchb. Mit der Grundform.

343. **M. moschata L.** Stengel von abstehenden meist einfachen Haaren rauh; Blattabschnitte einfach- od. doppeltfiederspaltig; *äussere Kelchblätter schmallineal-lanzettlich;* Blumenkrone 5 cm. breit, rosa; *Früchtchen glatt, so wie die Fruchtknoten dichtrauhhaarig.* ♃. Wiesen, buschige Stellen, selten; zwischen Döbling u. Neustift, Grinzing, Kierling, Rosskopf, Sofienalpe, Mauer, Gallizin, Nonnenwiese in der Brühl, zwischen Hundskogel u. Weissenbach, Giesshübel; Lilienfeld, Wolfsbach bei Seitenstetten; Kottes. H. 0,5 –1,0 M. Juli-Aug.

b. Blätter herzförmig-rundlich, 5—7lappig; Blüthen zu 2—6 in den Blattwinkeln gehäuft.

344. **M. silvestris L.** *Blüthenstiele* bei der Fruchtreife *aufrecht;* äussere Kelchblätter länglich; *Kronblätter 3—4mal länger als der Kelch,* tiefausgerandet, hellpurpurn mit dunkleren Streifen; *Früchtchen grubig-runzlig.* ⊙ u, ♃. Wüste Plätze, Wege, verbreitet. H. 0,3—1,0 M. Juli-Herbst.

Anm. M. mauritiana L. mit kahlerem Stengel, stumpfen Blattlappen u. dunkleren, weniger ausgerandeten Kronblättern kommt hie u. wieder verwildert vor. Ebenso M. crispa L. u. M. nicaeensis All.

345. **M. neglecta Wallr.** *Blüthenstiele* bei der Fruchtreife *abwärts-geneigt;* äussere Kelchblätter lineallanzettlich; *Kronblätter 2—3mal länger als der Kelch,* tiefausgerandet, lichtrosa od. fast weiss; *Früchtchen glatt.* ⊙ bis ♃. Wüste Plätze, Wege. M. rotundifolia Neilr. M. vulgaris Fr. H. 0,1—0,4 M. Juli-Herbst.

346. **M. rotundifolia L.** *Blüthenstiele* bei der Fruchtreife *abwärts-geneigt;* äussere Kelchblätter lineallanzettlich; *Kronblätter so lang als der Kelch,* schwachausgerandet, weisslich; *Früchtchen grubig-runzlig.* ⊙ bis ♃. Wüste Plätze. M. pusilla Sm. M. borealis Wallm. H. 0,1—0,3 M. Juli-Herbst.

354×346. **M. neglecta × rotundifolia.** Kronblätter schwach ausgerandet, länger als der Kelch; Früchtchen schwachrunzlig. M. adulterina Wallr. M. hybrida Celak. Bei Biedermannsdorf u. Hof a. d. March.

107. Althaea L. Eibisch. Kelch doppelt, der äussere 6—9spaltig, der innere 5spaltig; Kronblätter 5; Staubgefässe 1brüdrig; Griffel viele; Früchtchen zahlreich, 1samig, zu einer kreisrunden Frucht verbunden.

a. Staubbeutel purpurn.

347. **A. officinalis L.** *Blätter weichfilzig,* ungleich gekerbt, die untersten herzförmig-rundlich, schwach 5lappig, die folgenden eiförmig, 3lappig; *Blüthenstiele* mehrblüthig, *kürzer als das Blatt*; Kronblätter weiss od. blassrosa. ♃. Ufer, Gräben, wirklich wild nur in den beiden östl. Kreisen; Pulkathal bei Hadres, Seefeld, Zwingendorf, Wülzeshofen, Laa; Ober-Kreuzstetten u. Herzogbierbaum bei Korneuburg, Wolkersdorf, Wagram, Gänserndorf, Breitensee, Oberweiden, Baumgarten, Zwerndorf, Angern; Laxenburg, Velm, Moosbrunn, Münchendorf, Traiskirchen, Götzendorf, Gallbrunn, Trautmannsdorf, Bruck, Neusiedl und Winden am Neusiedlersee; verwildert häufig um Dörfer. H. 0,5—1,0 M. Juli-Aug. — b) micrantha (Wiesb.) Blattlappen schmäler, Blüthen kleiner. Bei Zwingendorf, Neustadt.

348. **A. cannabina L.** *Blätter filzig-rauh,* ungleich-grobgesägt, handförmig, die unteren 5spaltig, die folgenden 5theilig, die oberen 3theilig; *Blüthenstiele* 1—2blüthig, *viel länger als das Blatt;* Kronblätter rosa mit purpurnem Schlunde. ♃. Buschige Orte, höchst selten; mit Sicherheit nur am Bisamberge; angeblich auch bei Bruck a. d. Leitha. H. 0,6—1,5 M. Juli-Aug.

b. Staubbeutel gelb.

349. **A. hirsuta L.** Blätter abstehend-steifhaarig, grobgekerbt, die unteren rundlich-herzförmig, schwach 5lappig, die oberen handförmig 5spaltig od. 3—5theilig; *Blüthenstiele* 1blüthig, *länger als das Blatt; Blumenkrone 25—35 mm. breit,* lila od. blassrosa. ⊙ Brachen, selten; Kahlen- und Leopoldsberg, Prater, Simmering, Klederling, Laxenburg, Eichkogel, Rodaun, Hinterbrühl, Giesshübel, Siegenfeld, Sooss, Gainfahren, zwischen Kottingbrunn u. Teesdorf; Bruck a. d. Leitha; Waidhofen a. d. Ybbs; fehlt in den 2 nördl. Kreisen. H. 0,15—0,5 M. Juni-Aug.

250. **A. pallida W. et K.** Blätter filzig-rauhhaarig, ungleichgekerbt, rundlich-herzförmig, schwach 5—7lappig; *Blüthenstiele* 1blüthig, *nur so lang als der Kelch; Blumenkrone 7—9 cm. breit,* lila mit gelben Nägeln. ⊙ Aecker, Raine; an der Bahn bei dem Leesdorfer Eichenwäldchen, zwischen Sooss u. Vöslau, Eichkogel, Kanal zwischen Simmerung und Klederling, Unter-Laa, an der Strasse von Himberg nach Ebergassing; Korneuburg, Pulkathal bei Hadres. H. 0,3—1,2 M. Juli-Aug.

108. Lavatera L. Lavatere. Kelch doppelt, der äussere verwachsenblättrig, 3spaltig, der innere 5spaltig; Kronblätter 5; Staubgefässe 1brüdrig; Griffel viele; Früchtchen zahlreich, 1samig, zu einer kreisrunden Frucht verbunden.

351. **L. thuringiaca L.** Blätter unterseits dünnfilzig, oberseits flaumig, gekerbt, die unteren eckig 5lappig, die oberen 3lappig; Blüthenstiele einzeln, langgestielt; Blumenkrone 6—8 cm. breit, blassrosa; Staubbeutel gelb. ♃. Buschige Stellen; verbreitet im Hügellande des Kreises U. M. B. bis an die March u. südöstl. von Wien vom Laaerberge bis Hainburg und das Leithagebirge; am Kahlengebirge, Leopoldsberg, Gallizin, Eichkogel, Brühl, Lindkogel, Rappoltenkirchen; Pottenstein, Fahrafeld, Sirningthal, zwischen Stuppach u. Berglach bei Gloggnitz, bei Petersbaumgarten, Rosaliengebirge; im oberen Donauthale bei See, Gedersdorf, Stein, Rossatz, Winden, auf der Fucha. H. 0,5—1,0 M. Juli-Aug.

2. Gruppe. Hibisceae Endl. Frucht eine 3—10fächerige, fachspaltig-aufspringende Kapsel.

109. Hibiscus L. Ibisch. Kelch doppelt, der äussere vieltheilig, der innere 5spaltig; Kronblätter 5; Staubgefässe 1brüdrig; Griffel 5; Früchtchen 5, mehrsamig.

352. **H. trionum L.** Blätter gezähnt, die unteren schwach 5lappig, die oberen 3theilig mit länglichen Abschnitten; Blüthenstiele 1blüthig; Kelch aufgeblasen, häutig, nervig-aderig; Kronblätter gelblich, am Rande schwarzpurpurn. ⊙ Brachen, selten u. meist nur vorübergehend; Türkenschanze, Laaerberg, Kalksburg; Angern, Oberwaiden; Eisenstadt; Oberndorf u. Schöllgraben bei Scheibbs. H. ternatus Cav. H. 0,1—0,4 M. Juli-Aug.

XVII. Familie. **Tiliaceae Juss.**

110. Tilia L. Linde. Kelch 5blättrig, am Grunde mit einer Honiggrube; Kronblätter 5; Staubgefässe zahlreich, frei od. in 5 Bündel verwachsen; Frucht nussartig; durch Verkümmerung 1—2samig.

353. **T. platyphyllos Scop.** *Blätter* schiefherzförmig-rundlich, *unterseits kurzhaarig, in den Achseln der Adern weisslich-gebärtet, beiderseits gleichfarbig;* Trugdolden 2—5blüthig; Kronblätter weisslich; Staubgefässe frei; Narbenlappen aufrecht; Frucht 5kantig, dickschalig. ♄ Wälder, verbreitet; sehr häufig angepflanzt. T. europaea L. p. p. H. bis 30,0 M. Juni-Juli. — a) typica. Einjährige Aeste und Blattstiele zerstreut behaart bis kahl; Hauptnerven unterseits zerstreut behaart, Adernetz kahl od. etwas behaart. α) spectabilis (Host.) Flügelschuppe der Blüthenstiele meist bis zum Grunde reichend, Blätter am Grunde schiefherzförmig, manchmal (T. aenobarba Borb. et. Br.) unterseits in den Achseln der Adern braunlich bebärtet. β) mutabilis (Host.). Flügelschuppe

nicht bis zum Grunde des Blüthenstieles reichend — b) Braunii (Simk.). Einjährige Aeste kahl, Blattstiele am Grunde kahl, oberwärts wenig behaart. Adernetz reichlich, ziemlich lang und weich behaart. T. grandifolia × platyphyllos Simk. Neuwaldegg, Gainfahrn. — c) grandifolia (Ehrh.). Einjährige Aeste und Blüthenstiele reichlich behaart; Hauptnerven u. Adernetz reichlich, oft (S. mollis Ortm.) sehr dicht behaart. Verbreitet.

354. **T. cordata Mill.** *Blätter* schiefherzförmig-rundlich, *beiderseits kahl, unterseits seegrün, in den Achseln der unteren Adern bräunlich-gebärtet;* Trugdolden 3—9blüthig; Kronblätter weisslich; Staubgefässe frei; Narbenlappen wagrecht-abstehend; Frucht schwachkantig, dünnschalig. ♄ Wälder, verbreitet; sehr häufig angepflanzt. T. europaea L. p. p. T. ulmifolia Scop. T. parvifolia Ehrh. H. bis 25,0 M. Juni-Juli. — b) ovalifolia (Spach.). Blätter am Grunde abgerundet od. schief gestutzt. Mit der Grundform.

Anm. T. tomentosa Moench. u. andere Arten kommen in Alleen, Parkanlagen angepflanzt vor.

XVIII. Familie. Hypericaceae DC.

111. Hypericum L. Johanniskraut. Kelch 5blättrig od. 5theilig; Kronblätter 5; Staubgefässe zahlreich, am Grunde in 3 od. 5 Bündel verwachsen; Kapsel 3fächerig, 3klappig; Fächer vielsamig.

a. Kelchblätter ganzrandig, weder gefranst, noch drüsig-gesägt.

α. Stengel fädlich, niederliegend; Staubgefässe 15—20.

355. **H. humifusum L.** Stengel 2kantig; Blätter eiförmig-länglich, durchscheinend-punktirt; Kelchblätter länglich, stumpf, stachelspitzig, doppelt so lang als der Fruchtknoten; Kronblätter hellgelb. ♃. Triften, Sandäcker; häufig im Kreise O. M. B., bei Schrems, Raabs, Zuggers, Thiergarten, Weissenbach, Zwettl, Grafenschlag, Gutenbrunn, Münichreit, Maria-Laach; im Donauthale am Sandlberg, Scheibenhof, bei Melk, Dürrenstein, Rossatz, Oberbergern, Karlstetten, Oberndorf, Herzogenburg, Obermamau bis zum Teufelhofe bei St. Pölten; Dunkelsteiner Wald, Blasenstein und Lampelsberg bei Scheibbs, Seitenstetten, Waidhofen a. d. Ibbs; selten im Wienerwalde, Troppberg u. Pallenstein bei Gablitz, Pressbaum, Rekawinkel; häufiger wieder im südöstlichen Schiefergebiete, bei Edlitz, Krumbach, Hollabrunner Riegel, Ramslach, Gleissenfeld, Aspanger Klause, über den Wechsel bei Kirchberg, bei Berglach, Gloggnitz, in der Prein u. bei Priglitz; angeblich auch bei Baden u. an der Leitha ober Neustadt. H. 0,05 bis 0,15 M. Juni-Aug.

β. Stengel aufrecht; Staubgefässe 50—60.

* Stengel rundlich—2kantig.

356. **H. perforatum L.** Stengel fast ungeflügelt; Blätter eiförmig od. länglich, durchscheinend-punktirt; Kelchblätter lanzettlich,

sehr spitz, doppelt so lang als der Fruchtknoten; Kronblätter goldgelb. ♃. Wiesen, Raine, gemein. H. 0,3—0,6 M. Juli-Aug. — b) veronense (Schrank). Blätter lineallänglich, Kelchblätter so lang als der Fruchtknoten. Seltner, sonnige Kalkhügel u. sandige Stellen im Marchfelde. — c) latifolium Koch. Blätter oval, breiter; Kelchblätter breitlanzettlich od. die äusseren elliptisch, spitz od. einige stumpf. Sehr selten, Taborau, Rosskopf, Rodaun, Vierzigerwald bei Schiltern, Seitenstetten. Vielleicht Bastard mit H. quadrangulum L.

* Stengel 4kantig.

357. **H. quadrangulum L.** Stengel hohl, *Kanten ungeflügelt*; Blätter eiförmig od. länglich, zerstreut und gross durchscheinend punktirt; *Kelchblätter elliptisch, stumpf*, so lang als der Fruchtknoten; Kronblätter goldgelb. ♃. Voralpen bis an die Grenze des Krummholzes verbreitet, auch in der Bergregion des Waldviertels, bei Heinrichs, Karlstift, Schönbach, Traunstein, Gutenbrunn, Martinsberg, Ottenschlag, Jauerling, Ostrong, Isperthal. H. dubium Leers. H. 0,3—0,6 M. Juli-Aug.

358. **H. tetrapterum Fr.** Stengel hohl, *Kanten schmalgeflügelt;* Blätter eiförmig od. länglich, dicht durchscheinend punktirt; *Kelchblätter lanzettlich, zugespitzt*, so lang als der Fruchtknoten; Kronblätter hellgelb. ♃. Feuchte Wiesen, Gräben, verbreitet. H. quadrangulare Murray. H. 0,3—0,6 M. Juli-Aug.

b. Kelchblätter am Rande drüsig-gesägt od. fransig-gewimpert.

α. Stengel u. Blätter kurzhaarig.

359. **H. hirsutum L.** Stengel stielrund; Blätter eiförmig od. länglich, durchscheinend punktirt; Kelchblätter lanzettlich, spitz, drüsig-gesägt; Kronblätter goldgelb; Samen sammtartig-behaart. ♃. Wälder, Gebüsche, gemein. H. 0,3—0,6 M. Juni-Juli.

β. Stengel und Blätter kahl.

* Kelchblätter drüsig-gesägt.

360. **H. montanum L.** *Stengel stielrund*, aber der entfernt stehenden Blatthaare wegen fast nackt; Blätter eiförmig od. länglich, unterseits an den Nerven etwas rauh, die oberen durchscheinend punktirt; *Blüthen fast kopfartig gedrängt;* Kelchblätter lanzettlich spitz, drüsig-gesägt, *Kronblätter hellgelb;* Samen feinpunktirt. ♃. Bergwälder zerstreut. H. 0,3—0,6 M. Juni-Aug.

361. **H. elegans Steph.** *Stengel oberwärts 2kantig*, ziemlich dicht beblättert; Blätter aus herzförmigem Grunde lanzettlich od. eiförmig, am Rande zurückgerollt, dicht durchscheinend punktirt; *Blüthen in lockeren Trugdolden*; Kelchblätter lanzettlich, spitz, drüsig-gesägt; *Kronblätter goldgelb;* Samen feinpunktirt. ♃. Sonnige Hügel, höchst selten; bisher bloss zwischen Weingärten hinter Stein bei Krems. H. Kohlianum Spreng. H. 0,15—0,3 M. Juni-Juli.

* * Kelchblätter von krausen drüsenlosen Fransen gewimpert.

362. **H. barbatum Jacq.** Stengel stielrundlich 2schneidig; Blätter länglich-lanzettlich, durchscheidend punktirt; Blüthen in armblüthigen Trugdolden; Kelchblätter lanzettlich, spitz; Kronblätter goldgelb; Samen der Länge nach wellig-gestreift. ♃. Bergwiesen, höchst selten, mit Sicherheit nur bei Mauerbach; angeblich auch bei Hirschwang, dann bei Hütteldorf, Hadersdorf und Weidlingau, doch in neuerer Zeit nicht gefunden. H. 0,3—0,5 M. Juni-Juli.

XIX. Familie **Aceraceae DC.**

112. Acer L. Ahorn. Blüthen vielehig; Kelch 5theilig; Kronblätter 5; Staubgefässe 8, Frucht 2flügelig, in 2 nussartige 1—2-samige Theilfrüchtchen zerfallend.

a. Blüthen in überhängenden Trauben; Staubgefässe der männlichen Blüthen doppelt so lang als die Kronblätter.

363. **A. pseudoplatanus L.** Blätter handförmig-5lappig, ungleich kerbig-gesägt, unterseits seegrün, behaart; Kronblätter grün; Fruchtflügel vorwärts-gerichtet. ♄ Wälder, Auen, verbreitet. H. 20,0 bis 25,0 M. April-Mai.

b. Blüthen in aufrechten Doldentrauben; Staubgefässe der männlichen Blüthen so lang als die Kronblätter.

364. **A. platanoides L.** Blätter handförmig—5lappig, beiderseits gleichfarbig, kahl, Lappen fein-zugespitzt, 3—5zähnig; *Blüthenstiele, Kelche und die gelbgrünen Kronblätter kahl;* Fruchtflügel wagrecht-ausgespreizt. ♄ Wälder, Auen, verbreitet; häufig in Alleen. H. 20,0—25,0 M. April-Mai.

365. **A. campestre L.** Blätter handförmig—5lappig, beiderseits gleichfarbig, unterseits flaumig, Lappen ganzrandig, der mittlere stumpf, 3lappig; *Blüthenstiele, Kelche und die grünen Kronblätter abstehend-behaart;* Fruchtflügel wagrecht-ausgespreizt. ♄ Wälder Auen, gemein. H. 3,0—15,0 M. Mai. — a) leiocarpum (Wallr.) Früchte kahl. — b) hebecarpum (DC.) Früchte sammtig. — c) austriacum (Tratt.) Blattlappen spitz.

Anm. A. tataricum L. u. A. negundo L. werden zuweilen angepflanzt.

XX. Familie. **Ampelidaceae H. B. K.**

113. Vitis L. Weinrebe. Kelch seicht—5zähnig; Kronblätter 5, an der Spitze mützenförmig zusammenhängend; Beere 2—3fächerig, Fächer 1—2samig.

366. **V. vinifera L.** Blätter herzförmig-rundlich, 3—5lappig; grobgezähnt; Wickelranken gablig, den Blättern gegenständig; Blüthen in Rispen; Kronblätter gelbgrün. ♄ Gebaut, in den Donau-

und Marchauen auch verwildert. V. silvestris Gm. H. 2,0—3,0 M. und mehr. Juni-Juli.

Anm. Ampelopsis quinquefolia K. et Sch. unter dem Namen „Wilder Wein" zur Bekleidung von Spalieren, Lauben überall angepflanzt, kommt nirgends verwildert vor.

XXI. Familie. **Geraniaceae DC.**

114. Geranium L. Storchschnabel. Staubgefässe 10, meist alle fruchtbar; Theilfrüchtchen 1samig, mit dem kreisförmig-zurückgerollten, inwendig kahlen Griffel elastisch abspringend.

a. Kelchblätter zur Blüthezeit ausgebreitet; Nagel der Kronblätter viel kürzer als die Platte.

α. Wurzelstock walzlich, abgebissen, mit langen Fasern besetzt; Kronblätter gross, 10—12 mm. lang, 6—15 mm. breit.

* Blätter handförmig 5—7theilig, mit tief 2—3spaltigen Abschnitten u. linealen Zipfeln; Blüthenstiele 1blüthig.

367. **G. sanguineum L.** Stengel abstehend-rauhhaarig, ohne Drüsenhaare; Blüthenstiele nach dem Verblühen mit aufwärts-gerichtetem Kelche seitwärts geneigt; Kronblätter purpurn; Früchtchen behaart, ohne Querfalten; Samen feinpunktirt. ♃. Steinige buschige Stellen, häufig. H. 0,25—0,5 M. Mai-Juli.

* * Blätter handförmig 5—7theilig od. spaltig, mit eingeschnitten-gesägten Abschnitten; Blüthenstiele 2blüthig.

o Kronblätter kurzbespitzt; Staubfäden unten langbehaart; Früchtchen oben querfaltig; Samen glatt.

368. **G. phaeum L.** Stengel kurzhaarig, ohne Drüsenhaare; Blüthenstielchen aufrecht oder nach dem Verblühen mit aufwärts gerichtetem Kelche seitwärts-geneigt; Kronblätter schwarzviolett; Früchtchen behaart. ♃. Wälder, Auen, Wiesen; häufig in den Voralpen, seltner in der Bergregion und der Ebene, wie an der Wien bei Penzing, Hütteldorf, im Mauerbachthale, Tulbinger-Steig, Brühl, an der Fischa bei Neustadt, an der Traisen bis über St. Pölten herab; im oberen Donauthale bei Melk, St. Leonhard, Ruprechtshofen, Neumarkt; in den 2 nördl. Kreisen nur bei Hardegg und auf der Hochleiten bei Wolkersdorf. H. 0,3—0,6 M. Mai-Juni.

o o Kronblätter abgerundet; Staubfäden kahl od. sehr fein behaart; Früchtchen ohne Querfalten; Samen feinpunktirt.

· Stengel oberwärts, Blüthenstiele u. Früchtchen meist drüsenhaarig; Blüthen blau od. violett.

369. **G. pratense L.** Stengel kurzhaarig; *Blüthenstielchen nach dem Verblühen mit abwärts gerichtetem Kelche herabgeschlagen;* Kronblätter himmelblau; Staubfäden aus fast kreisförmigem Grunde plötzlich verschmälert. ♃. Wiesen, Auen; in der nördl. und südl. Bucht des Wiener Beckens, sowie in den Thälern des Kahlengebirges stellenweise häufig, auch im Waldviertel und in den Kamp-

auen; seltner im Kreise O. W. W., Traisenthal, Donauauen bei Theiss und Melk, Erlafthal bei Neustift. H. 0,3—0,6 M. Juli-Aug.

370. **G. silvaticum L.** Stengel weichhaarig; *Blüthenstielchen und Kelche stets aufrecht;* Kronblätter violett, sehr selten weiss; Staubfäden lanzettlich, allmälig verschmälert. ♃. Waldränder der Voralpen bis in die Krummholzregion, gemein H. 0,15—0,6 M. Juni-Aug. — b) eglandulosum Cel. Ohne Drüsenhaare. Handlesberg, Rax und Voralpe.

* * Stengel, Blüthenstiele u. Früchtchen behaart, ohne Drüsenhaare; Blüthen purpurn.

371. **G. palustre L.** Blüthenstielchen nach dem Verblühen mit aufwärts gerichtetem Kelche herabgeschlagen; Staubfäden lanzettlich. ♃. Wiesen, Gebüsche, selten; bei Marchegg; Pötschinger Sauerbrunn; im Kreise O. W. W. bei Weizendorf, Viehofen und Mooshöfen bei St. Pölten, Paltmühle bei Oberbergern, zwischen Melk u. Sooss bei Pöverding. Rosenfeld, Schallaburg, Hohenreit, Steinparz, Seitenstetten u. Steyr; im Kreise O. M. B. bei Raabs. H. 0,15—0,6 M. Juli-Aug.

β. Wurzel spindlig, einfach; Kronblätter klein, 5—10 mm. lang, 2—6 mm. breit.

* Blüthenstiele 1blüthig.

372. **G. sibiricum L.** Stengel rauhhaarig; Blätter handförmig 5theilig, mit länglich-rautenförmigen, eingeschnittenen Abschnitten; Kronblätter blassrosa, dunkelgestreift, so lang oder etwas länger als der Kelch; Früchtchen ohne Querfalten, kurzhaarig; Samen feinpunktirt. ♃. Wege, Zäune, bisher bloss an der Leitha bei Katzelsdorf, Zillingdorf und in Auen von Sarasdorf bei Bruck. H. 0,3—0,6 M. Juli-Aug.

* * Blüthenstiele 2blüthig.

o Blätter handförmig 5—9spaltig, mit breit keilförmigen vorn kerbig-eingeschnittenen Abschnitten.

· Kronblätter abgerundet od. abgestutzt; Samen netzförmig-grubig.

373. **G. rotundifolium L.** Stengel weichhaarig; Kronblätter keilig, etwas länger als der Kelch, rosa; Früchtchen ohne Querfalten, abstehend-drüsig-behaart. ⊙ Grasplätze, Abhänge, sehr selten; mit Sicherheit nur auf dem Haglersberge am Neusiedlersee; angeblich auch bei Hernals, St. Veit u. Rodaun. H. 0,1—0,25 M. Mai-Juni.

· · Kronblätter tiefausgerandet od. kurz 2spaltig; Samen glatt.

; Kronblätter 2mal länger als der Kelch.

374. **G. pyrenaicum L.** Stengel kurz—weichhaarig u. von langen Haaren etwas zottig; Kronblätter verkehrtherzförmig, hellviolett, sehr selten weiss; Früchtchen ohne Querfalten, angedrückt-behaart. ♃. Wiesen, Auen, gemein. H. 0,2—0,5 M. Mai-Herbst.

; ; Kronblätter so lang od. nur etwas länger als der Kelch.

375. **G. molle L.** Stengel von kürzeren und langen abstehenden Haaren zottig; Kelchblätter langhaarig-zottig; Kronblätter verkehrt-

herzförmig, über dem Nagel gewimpert, rosa, selten weiss; *Früchtchen querfaltig, kahl, Schnabel feinbehaart.* ⊙ Grasplätze, Wege, ziemlich selten; am Krotenbach bei Döbling, Pötzleinsdorf, zwischen Baumgarten und Hütteldorf, Schönbrunn, Rodauner Schlossberg, Waldmühle bei Kaltenleutgeben, an der Mödling gegen Neudorf, Hinterbrühl, Rauhenecker Berg, zwischen Baden u. Weikersdorf, Biedermannsdorf, Akademiepark zu Neustadt; Wolfsthal nächst Hainburg; Herrenmühle nächst Melk, Schenkenbrunn bei Retz. H. 0,1—0,3 M. Mai-Herbst.

376. **G. pusillum L.** Stengel kurzhaarig; Kelchblätter kurzhaarig, am Rande mit langen abstehenden Haaren; Kronblätter länglich-verkehrtherzförmig, am Grunde kahl, rosa od. lila; *Früchtchen ohne Querfalten, sammt dem Schnabel angedrückt-behaart.* ⊙ Grasplätze, Brachen, gemein. H. 0,15—0,4 M. Mai-Herbst.

o o Blätter handförmig 5—7theilig, mit in schmale lineale Zipfel getheilten Abschnitten; Samen netzförmig-grubig.

377. **G. dissectum L.** Stengel rauhharig, oberwärts mitunter drüsenhaarig; Blüthenstiele kurz, höchstens so lang als das sie stützende Blatt; *Kronblätter* so lang als der Kelch, *dunkelpurpurn; Früchtchen abstehend-drüsenhaarig* ⊙ Aecker, Brachen, Gartenland, ziemlich selten; bei Neustift, Gersthof, Salmannsdorf, Neuwaldegg, Hütteldorf, Mariabrunn, Gallizin, Mauer Giesshübel, Brunn, Gaden, Baden, Vöslau; im Kreise O. W. W. bei Rappoltenkirchen, St. Pölten Scheibbs, zwischen Hohenberg u. St. Aegyd, Mank, Ibbs, Seitenstetten; im oberen Donauthale von Krems bis Pöchlarn; bei Raabs; im Marchfelde stellenweise. H. 0,15—0,3 M. Mai-Herbst.

378. **G. columbinum L.** Stengel angedrückt-behaart; Blüthenstiele viel länger als das sie stützende Blatt; *Kronblätter* etwas länger als der Kelch, *hellpurpurn; Früchtchen* kahl od. angedrückt-behaart, *drüsenlos.* ⊙ Steinige Orte, Raine, zerstreut. H. 0,15 bis 0,4 M. Juni-Herbst.

b. Kelchblätter zur Blüthezeit aufrecht; Nagel der Kronblätter so lang od. länger als die Platte; Wurzel spindlig, einfach.

379. **G. lucidum L.** *Stengel kahl,* wie die ganze Pflanze oder oben feinflaumig; *Blätter handförmig 5—7spaltig, Abschnitte kurz 3spaltig;* Kelchblätter querrunzlich; Kronblätter etwas länger als der Kelch, rosa; Früchtchen netzig-runzlig; Samen glatt. ⊙ Steinige Orte in Gebirgswäldern, sehr selten; Sattelkogel u. Hundskogel bei Giesshübel, Kaltenleutgeben, bei Prieglitz und nächst dem Rosenbüchl bei Gloggnitz, in der Prein; Hiesberg bei Melk. H. 0,1 bis 0,3 M. Juni-Juli.

380. **G. Robertianum L.** *Stengel drüsig-rauhhaarig,* wie die ganze Pflanze; *Blätter 3—5schnittig, Abschnitte einfach od. doppelt-fiederspaltig;* Kelchblätter ohne Querrunzeln; Kronblätter 2mal länger als der Kelch, rosa; Früchtchen netzig-runzlig; Samen glatt.

⊙ Gebüsche. Wälder, gemein. H. 0,2—0,5 M. Mai-Herbst. — b) dasycarpum Beck. Früchtchen kurzhaarig. Am Sonnwendstein.

115. Erodium L'Herit. Reiherschnabel. Staubgefässe 10, 5 mit, 5 ohne Staubbeutel; Theilfrüchtchen 1samig, mit dem schraubenförmig-gewundenen, inwendig bärtigen Griffel elastisch abspringend.

381. **E. cicutarium (L.) L'Herit.** Stengel rauhhaarig; Blätter fiederschnittig, Abschnitte tief-eingeschnitten-fiederspaltig; Kronblätter klein, rosa, selten weiss; Früchtchen steifhaarig. ⊙ Grasplätze, Wege, gemein. Geranium cicutarium L. H. 0,1—0,3 M. März-Octob.

Anm. E. ciconium Willd. aus dem Süden eingeschleppt, wurde mehrere Jahre hindurch am Bahndamme bei Unter-Laa beobachtet.

XXIII. Familie. Balsaminaceae Rich.

116. Impatiens L. Springkraut. Kelch 5blättrig, das untere Blatt kronblattartig, gespornt, die 2 seitlichen kleiner, die 2 oberen sehr klein, meist fehlend; Kronblätter 5, die 4 oberen paarweise verwachsen; Kapsel 5klappig, Klappen vom Grunde an sich elastisch nach innen rollend.

382. **I nolitangere L.** Stengel kahl wie die ganze Pflanze, an den Gelenken angeschwollen; Blätter eiförmig: Blüthen überhängend; Kronblätter gelb, am Schlunde roth punktirt. ⊙ Bergwälder, häufig; seltner in Auen, wie auf den Donauinseln. H. 0,3—0,6 M. Juli-Aug.

XXIV. Familie. Oxalidaceae DC.

117. Oxalis L. Sauerklee. Kelch 5blättrig: Kronblätter 5; Staubgefässe am Grunde verwachsen; Kapsel 5klappig.

* Beblätterte Stengel fehlend, Blatt- u. Blüthenstiele grundständig; Kronblätter weiss od. röthlich, 4mal länger als der Kelch.

383. **O. acetosella L.** Wurzelstock kriechend, zackig; Blätter 3zählig, mit verkehrtherzförmigen Blättchen; Blüthenstiele 1blüthig; Kapseln eiförmig. ♃. Wälder, Auen, verbreitet. H. 0,6—0,12 M. April-Mai.

* * Stengel beblättert; Kronblätter gelb, doppelt so lang als der Kelch.

384. **O. stricta L.** *Wurzelstock Ausläufer treibend;* Blätter 3zählig, mit verkehrtherzförmigen Blättchen; *Nebenblätter fehlend;* Blüthenstiele 1—5blüthig, nach dem Verblühen aufrecht-abstehend; Kapseln walzlich-5kantig. ♃. Bebauter Boden, Auen: in den meisten Gärten Wiens, dann am Gallizin, bei Dornbach, Sofienalpe, Hütteldorf, Rappoltenkirchen, Baden, Vöslau, Gloggnitz, Payerbach; im Parke von Bruck a. d. Leitha; häufig in Donauauen bei Kagran, Grossenzersdorf, Stockerau, Theiss, Melk, Fraissingau u. Berging. H. 0,15—0,3 M. Juni-Herbst.

385. **O. corniculata L.** *Wurzel* spindlig, *ohne Ausläufer; Blattstiele* am Grunde *mit 2 kleinen angewachsenen Nebenblättern;* Blüthenstiele nach dem Verblühen herabgebogen, sonst w. v. ⊙ In Anlagen, sehr selten: Pazzani'scher u. Beer'scher Garten im 3. Bezirke Wiens u. Schönauer'scher Garten in Stockerau, Stiftsgarten von Seitenstetten. H. 0,1—0,25 M. Juni-Herbst.

XXV. Familie. Zygophyllaceae R. Br.

118. Tribulus L. Bürzeldorn. Kelch abfällig; Griffel sehr kurz, Narbe 5kantig, 5strahlig; Spaltfrucht 5eckig, in fünf 2—4samige Theilfrüchtchen zerfallend.

386. **T. orientalis A. Kern.** Blätter 5—7paarig-gefiedert; Blüthenstiele 1blüthig; Kronblätter gelb, länger als der Kelch; Staubgefässe kürzer als die Kronblätter; Früchtchen kahl, am Rücken mit einem kielartigen, mit langen, weissen Borsten besetzten Kamme. ⊙ Aecker, Wege, sehr selten; bei Marchegg und am Wege von Angern nach Magyarfalva. T. terrestris Neilr. non L. H. 0,15 bis 0,3 M. Juni-Herbst.

XXVI. Familie. Rutaceae Juss.

119. Dictamnus L. Diptam. Kelch 5theilig, abfällig; Kronblätter 5, ungleich; Staubgefässe 10; Spaltfrucht 5theilig, unten zusammengewachsen, 1—3samig, die knorpelige innere Haut der Fächer zuletzt elastisch abspringend.

387. **D. albus L.** Stengel oberwärts drüsig; Blätter unpaarig-gefiedert; Blättchen eiförmig od. länglich, durchscheinend punktirt; Blüthen in Trauben; Kronblätter röthlich mit purpurnen Adern. ♃. Steinige buschige Stellen; häufig im Wiener Becken, sowohl im Hügellande des Kreises U. M. B., als auch in jenem südöstlich von Wien bis auf die Hainburger Berge u. das Leithagebirge; am Kahlengebirge; südliche u. östliche Abfälle des Waldviertels, Alaunthal, bei Strass, Schönberg, am Manhartsberge; auf dem Weinbergkogel bei Seitenstetten. D. fraxinella Pers. H. 0,3—0,6 M. Mai-Juni.

II. Unterclasse. CALYCIFLORAE DC.

XXVII. Familie. Celastraceae R. Br.

120. Staphylea L. Pimpernuss. Kelch 5theilig, abfällig; Kronblätter 5; Staubgefässe 5; Kapsel 2—3lappig u. -fächerig, häutig-aufgeblasen, Fächer armsamig; Samen ohne Mantel.

388. **S. pinnata L.** Blätter unpaarig-gefiedert, Blättchen eiförmig od. länglich; Rispen überhängend, traubig; Kronblätter weisslich. ♄ Gebüsche, Waldränder, verbreitet. H. 2,0—3,0 M. Mai-Juni.

121. Evonymus Tourn. Spindelbaum. Kelch 4—5spaltig; Kronblätter 4—5; Staubgefässe 4—5; Kapsel 4 5klappig u. -fächerig. Fächer 1samig; Samen mit einem fleischigen Mantel.

a. Aeste glatt; Samen vom orangegelben Mantel ganz eingehüllt.

389. **E. europaea L.** Jüngere Aeste 4kantig; Blüthen meist 4blättrig u. 4männig; Kronblätter grünlich-weiss; *Kapseln meist 4lappig, an den Kanten abgerundet.* ♄ Auen, Gebüsche, häufig. H. 2,0 bis 3,0 M. Mai-Juni.

390. **E. latifolia Scop.** Aeste zusammengedrückt-stielrundlich; Blüthen meist 5blättrig u. 5männig; Kronblätter grünlich-braun; *Kapseln meist 5lappig, an den Kanten geflügelt.* ♄ Gebirgswälder, vorzugsweise in den Voralpen; grosser Föhrenwald bei Neustadt, Kettenliss bei Flatz, am Hals, Piestingthal bei Muckendorf, Gutenstein, Mariahilferberg, Matzingergraben, im Schwarzathal am Feuchter und Thalhofriese bei Reichenau, Kaiserbrunn, unterer Scheibwald, Traisenthal bei St. Aegyd, Lilienfeld, Blassenstein bei Scheibbs, von hier über Gaming, Lunz bis Gössling, Annaberg, Lassingfall, Hallthal bei Mariazell, Waidhofen, Seitenstetten; im oberen Donauthale bei Aggstein, Gurhofgraben, Jauerling. H. 2,0 bis 3,0 M. Mai-Juni.

b. Aeste warzig; Samen vom orangegelben Mantel nur halbbedeckt.

391. **E. verrucosa Scop.** Aeste stielrund; Blüthen meist 4blättrig und 4männig; Kronblätter braun; Kapseln meist 4lappig, an den Kanten abgerundet. ♄ Vorhölzer, Wälder, verbreitet. H. 2,0 bis 3,0 M. Mai-Juni.

XXVIII. Familie. Rhamnaceae R. Br.

122. Rhamnus L. Kreuzdorn. Blüthen zwittrig od. 2häusig, vielehig; Kelch 4—5spaltig, umschnitten-abfallend; Kronblätter 4—5; Staubgefässe 4—5; Griffel 1; Steinfrucht mit 1—5 einsamigen Steinen.

a. Aeste wechselständig, dornenlos: Blüthen zwittrig, 5zählig; Griffel ungetheilt, mit kopfförmiger Narbe; Samen linsenförmig mit einwärts gewendeter Naht.

392. **R. frangula L.** Blätter elliptisch, gestielt, ganzrandig; Kronblätter grünlich-weiss; Früchte anfangs roth, zuletzt schwarz. ♄ Auen, Wälder, verbreitet. Frangula alnus Mill. H. 1,5—3,0 M. Mai-Aug.

b. Aeste gegenständig, dornig; Blüthen 2häusig, meist 4zählig; Griffel 2—4spaltig; Samen mit einer tiefen Rückenfurche.

393. **R. cathartica L.** Stamm aufrecht, junge Zweige flaumig; Blätter rundlich-oval, am Grunde abgerundet od. etwas herzförmig, feingesägt; *Blattstiele 2—3mal so lang als die Nebenblättchen;* Kronblätter gelb-grünlich; Früchte schwarz, auf dem bleibenden, ziemlich convexen Grunde des Kelches sitzend; Rückenfurche der

Samen geschlossen. ♄ Gebüsche, Wälder, verbreitet. H. 1,5—3,0 M. Mai-Juni.

394. **R. tinctoria W. et K.** *Stamm aufrecht*, junge Zweige fast zottig; *Blätter* elliptisch, am Grunde verschmälert, feingesägt, *unterseits behaart; Blattstiele so lang als die Nebenblättchen;* Kronblätter gelb-grünlich; Früchte schwarz, auf dem bleibenden, halbkugligen kantigen Grunde des Kelches sitzend; Rückenfurche der Samen klaffend. ♄ Auf dem Leithagebirge zwischen Bruck u. dem Neusiedlersee, vermischt mit der folgenden. H. 1,0—1,5 M. Mai-Juni.

395. **R. saxatilis Jacq.** *Stamm meist niedergestreckt*, junge Zweige flaumig; *Blätter* elliptisch od. lanzettlich, am Grunde verschmälert, feingesägt, *kahl; Blattstiele so lang als die Nebenblättchen;* Kronblätter gelb-grünlich; Früchte schwarz, auf dem bleibenden, flachen, ziemlich convexen Grunde des Kelches sitzend; Rückenfurche der Samen klaffend. ♄ In der Bergregion der Kalkgebirge verbreitet. H. 0,3—1,0 M. Mai-Juni.

XXIX. Familie. **Anacardiaceae R. Br.**

123. Rhus Tourn. Sumach. Blüthen zwittrig od. 2häusig-vielehig; Kelch 5theilig; Kronblätter 5, unter einer kreisrunden Scheibe eingefügt; Staubgefässe 5; Griffel 3; Steinfrucht trocken, mit einem 1samigen Steinkerne.

396. **R. cotinus L.** Blätter verkehrteiförmig; Rispe locker, unfruchtbare Blüthenstiele von wagrecht-abstehenden Haaren zottig; Kronblätter sehr klein, grünlich. ♄ Buschige Hügel, selten; vom Kalvarienberg bei Baden auf den Pfaffstättner Kogel und den Mitterberg, am Fusse der Soosser Berge u. auf dem Lusthausberge bei Vöslau, bei Unter-Piesting; Rehberg im Kremsthale; Staatzer Berg; häufig auch in Anlagen. H. 0,5—2,5 M. Mai-Juni.

XXX. Familie. **Papilionaceae L.**

1 Staubgefässe 1brüderig (alle 10 vom Grunde bis über $^2/_3$ ihrer Länge in eine Röhre verwachsen) 2
  Staubgefässe 2brüderig (9 verwachsen, 1 frei) 6
2 Flügel der Blumenkrone, am oberen Rande gegen den Grund zu runzlig-gefaltet, Staubgefässe gegen die Spitze nicht verbreitert 3
  Flügel nicht gefaltet, Staubgefässe gegen die Spitze verbreitert 5
3 Griffel kreisförmig eingerollt . . . . **Sarothamnus**
  Griffel aufsteigend 4
4 Blätter einfach . . . . **Genista**
  Blätter 3zählig . . . . **Cytisus**

5 Kelch 5spaltig, zur Fruchtzeit offen; Blätter 3zählig oder die oberen einfach . . . . **Ononis**
Kelch 5zähnig, zur Fruchtzeit vertrocknend, geschlossen; Blätter gefiedert oder die untersten ungetheilt . **Anthyllis**
6 Blätter 3zählig od. scheinbar 5zählig, rankenlos 7
Blätter gefiedert, sehr selten (bei Lathyrus nissolia) der Blattstiel zu einem Stielblatt erweitert und Blättchen fehlend 13
7 Schiffchen stumpf, ungeschnäbelt 8
Schiffchen in einen Schnabel zugespitzt 12
8 Hülse sichel- od. schneckenförmig gewunden . . . . **Medicago**
Hülse lineal, eiförmig od. kuglig 9
9 Blumenkrone bleibend, zusammenschrumpfend od. vertrocknend, Staubgefässe mehr weniger mit dem Grunde der Blumenkrone in eine Röhre verwachsen . . . . **Trifolium**
Blumenkrone abfällig, Staubgefässe mit ihr nicht verwachsen 10
10 Flügel mit einem blasigen Bausche versehen; Hülse kuglig . . . . **Dorycnium**
Flügel gleichmässig convex; Hülse eiförmig od. lineal . . 11
11 Blüthen in blattwinkelständigen, sitzenden Döldchen; Hülse lineal, 2klappig, 4—vielsamig . . . . **Trigonella**
Blüthen in gestielten Trauben; Hülse eiförmig, nicht aufspringend, 1—2samig . . . . **Melilotus**
12 Hülse stielrund, ungeflügelt; Griffel an der Spitze verschmälert . . . . **Lotus**
Hülse 4kantig, geflügelt; Griffel an der Spitze verdickt **Tetrogonolobus**
13 Blätter unpaarig-gefiedert, rankenlos 14
Blätter paarig-gefiedert, Blattstiel in eine Ranke od Stachelspitze auslaufend, selten der Blattstiel erweitert u. die Blättchen fehlend 22
14 Hülse in 1samige Fächer quer-abgetheilt, in einzelne Glieder zerfallend 15
Hülse nicht quer-abgetheilt, nicht in einzelne Glieder zerfallend 17
15 Schiffchen stumpf, ungeschnäbelt . . . . **Hedysarum**
Schiffchen in einen Schnabel zugespitzt 16
16 Hülse stielrund od. 4—6kantig, an den Gelenken eingeschnürt . . . . **Coronilla**
Hülse lineal, zusammengedrückt, an der Bauchnaht buchtig-ausgeschnitten . . . . **Hippocrepis**
17 Hülse durch Einwärtsbiegung der Bauch- od. Rückennaht der Länge nach 2fächerig od. halb-2fächerig 18
Hülse 1fächerig 19
18 Schiffchen unterhalb des stumpfen Endes stachelspitzig: Hülse durch die Bauchnaht 2fächerig . . . . **Oxytropis**
Schiffchen stumpf, ohne Stachelspitze; Hülse durch die Rückennaht 2fächerig . . . . **Astragalus**

19 Griffel dichtbewimpert . . . . **Colutea**
Griffel kahl 20
20 Hülse länglich, aufgeblasen, an der Bauchnaht aufspringend . . . . **Phaca**
Hülse nicht aufgeblasen, nicht aufspringend 21
21 Hülse stielrund . . . . **Galega**
Hülse rundlich . . . . **Onobrychis**
22 Griffel fädlich od. von der Seite her kaum zusammengedrückt, unter der Narbe bärtig od. rundum behaart, selten kahl; untere Staubgefässe höher verwachsen als die oberen . . . . **Vicia**
Griffel vom Rücken her flachgedrückt, auf der Innenseite behaart; Staubgefässe ziemlich gleich hoch verwachsen . . . . **Lathyrus**

1. Gruppe. Genisteae Bronn. Staubgefässe 1brüderig: Hülse 1fächerig, 2klappig; Blätter einfach od. 3zählig od. unpaarig-gefiedert.

124. Sarothamnus Wim. Besenstrauch. Kelch 2lippig, Oberlippe 2zähnig, Unterlippe 3zähnig; Schiffchen stumpf; Flügel am oberen Rande gegen den Grund zu runzlich-faltig; Staubgefässe gegen die Spitze nicht verbreitert; Griffel kreisförmig-eingerollt.

397. **S. scoparius (L.) Koch.** Aeste ruthenförmig; Blätter 3zählig, seidenhaarig, obere einfach: Blüthen goldgelb; Hülsen an den Nähten zottig. ♄ Bei Gross-Russbach, Bockflüs, Hausbrunn. Magyarfalva, Marchegg, Schlosshof, Kierling, Hadersfeld, Gallizin, Rehgraben u. Troppberg bei Gablitz, Lichtenstein u. Hundskogel bei Mödling, Vöslau, Katzelsdorf, Krumbach; Schönbüchel, Hiesberg bei Melk, Seitenstetten; Jauerling, Schallaburg, Egelsee, Krems, Rehberg, Senftenberg, Horn, Krumau, Gmünd, Hoheneich, Eisgarn, Weinern, Hardegg. Spartitum scoparium L. S. vulgaris Wim. H. 0,5—1,5 M. Mai-Juni.

125. Genista L. Ginster. Kelch 3theilig, die 2 oberen Zipfel ungetheilt, der untere 3spaltig, Narbe gegen die Fahne, selten (bei G. sagittalis) gegen das Schiffchen abschüssig, od. der Kelch 2lippig mit 2zähniger Ober- u. 3zähniger Unterlippe u. die Narbe gegen die Fahne abschüssig; Schiffchen stumpf; Flügel am oberen Rande gegen den Grund zu runzlig-faltig; Staubgefässe gegen die Spitze nicht verbreitet; Griffel aufsteigend. — Blätter einfach, ungetheilt.

* Kelch 3theilig, die 2 oberen Zipfel ungetheilt, der untere 3spaltig; Blüthenstiele höchstens so lang als der Kelch.

o Stengel dornig.

398. **G. germanica L.** Blüthentragende Aeste dornenlos; Blätter lanzettlich od. elliptisch; Blumenkrone gelb; Hülsen eiförmig-länglich, zottig ♄ Wälder, verbreitet. H. 0,25—0,5 M. Mai-Juni.

o o Stengel dornenlos.

· Stengel ungeflügelt.

399. **G. pilosa L.** *Stengel niederliegend; Blätter* länglich-lanzettlich, unterseits sammt den Aesten, Blüthenstielen, *Blüthen u.*

Hülsen seidenhaarig; Blumenkrone gelb, seitenständig ♄ Sonnige Hügel, lichte Wälder, besonders auf Kalk, bis in die Alpenregion verbreitet. H. 0,1—0,25 M. April-Mai.

400. **G. tinctoria L.** *Stengel aufrecht* od. aufsteigend; *Blätter* länglich od. elliptisch, *spärlich behaart*, bis fast kahl; *Blumenkrone* gelb, in endständigen Trauben, *sammt den Hülsen kahl.* ♄ Wiesen, Wälder, gemein. H. 0,3—0,6 M. Juni-Juli. b) lasiocarpa (Spach) Hülsen namentlich an den Kanten behaart. Hermannskogel, Eichkogel, Pottenstein.

·· Stengel 2schneidig geflügelt.

401. **G. sagittalis L.** Blätter länglich od. länglich-lanzettlich; Blumenkrone gelb, in endständigen Trauben; Hülsen seidenhaarig. ♄ Wiesen, Gehölze, nur im Kreise U. W. W.; Laaerberg u. Gatterhölzchen, ehemals auch im Eichenwalde von Schönbrunn und bei Schwechat. Steinfeld bei Neunkirchen, von Gloggnitz über Eichberg, Klamm, Semmering, Kobermann, Gottschakogel bis in die Prein, Reichenau und Payerbach; um Mönichkirchen, Aspang, Krumbach, Südseite des Wechsels. Cytisus sagittalis Koch. H. 0,1—0,3 M. Mai-Juni.

* Kelch 2lippig; Oberlippe 2zähnig, Unterlippe 3zähnig; Blüthenstiele 3mal so lang als der Kelch.

402. **G. procumbens W. et K.** Stengel dornenlos, ungeflügelt; Blätter länglich-lanzettlich, unterseits seidenhaarig; Blüthen seitenständig; Kronblätter kahl, gelb; Hülsen seidenhaarig. ♄ Buschige Hügel, nur im Kreise U. M. B. von Grossweikendorf über Göllersdorf, Oberhollabrunn, Ernstbrunnerwald, Hochleiten, Matznerwald bis Stillfried, dann am Bisamberge. Cytisus Kitaibelii Vis. H. 0,15 bis 0,3 M. Mai-Juni.

126. Cytisus L. Geisklee. Kelch 2lippig, Oberlippe gestutzt oder 2zähnig, Unterlippe 3zähnig; Flügel am oberen Rande gegen den Grund zu runzelig-gefaltet; Staubgefässe gegen die Spitze nicht verbreitert; Griffel aufsteigend. Narbe gegen das Schiffchen abschüssig. Blätter 3zählig.

a. Blüthen in unbeblätterten Trauben.

403. **C. laburnum L.** Baum oder hoher Strauch; *Trauben* seitenständig, *überhängend;* Blüthen 20 mm. lang, gelb; *Hülsen seidenhaarig* ♄ Bergwälder; Leithagebirge zwischen Mannersdorf und Kaisersteinbruch, zwischen Winden und Breitenbrunn, Buschberg bei Michelstetten nächst Mistelbach; sehr häufig augepflanzt und verwildert. H. 2,5—6,0 M. Mai. a) Linnaeanus Wettst. Zähne der Kelchoberlippe zusammenneigend oder verwachsen; Fahne herzeiförmig, etwas ausgerandet. b) Jacquinianus Wettst. Zähne der Kelchoberlippe auseinandergespreizt; Fahne fast runzelich, kaum ausgerandet.

404. **C. nigricans L.** Strauch; *Trauben* endständig, *aufrecht;* Blüthen 10—13 mm. lang, gelb; *Hülsen angedrückt-behaart* ♄ Wälder, buschige Hügel, gemein. H. 0,5—1,5 M. Juni-Juli.

b. Blüthen endständig-kopfig od. seitenständig zu 1—3 in den Blattwinkeln.

* Blüthen endständig-kopfig, an der Spitze beblätterter heuriger Zweige.

405. **C. austriacus L.** *Zweige* aufrecht, von anliegenden oder etwas abstehenden Haaren *graufilzig; Blättchen* länglich-keilförmig, *von anliegenden Haaren beiderseits grau, seidig-glänzend;* Kronblätter gelb, *Fahne oberseits dichtseidig,* ohne Flecken, Hülsen zottig. ♄ Gehölze, sandige Hügel; verbreitet im Hügellande des Kreises U. M B., östlich bis zur March, südwestlich bis auf den Wagram zwischen Stetteldorf und Hadersdorf und bis Krems; im Kreise U. W. W. von Simmering, Laaerberg, über Rauhenwarth und Ellend bis Hainburg und das Leithagebirge. H. 0,3—0,6 M. Juli-Aug.

405 × 406. **C. austriacus × supinus.** *Zweige* aufrecht, *unterwärts abstehend behaart; Blättchen* länglich verkehrteiförmig, beiderseits *abstehend-behaart,* graugrün, die oberen etwas seidigglänzend; Kronblätter gelb, *Fahne oberseits schwach seidig-behaart,* mit einem röthlichblauen Flecken, Hülsen zottig. ♄ Buschige Orte, sehr selten; Bisamberg und Laaerberg bei Wien. C. virescens Kov. C. austriaco- capitatus Neilr. H. 0,3—0,6 M. Juni-Juli.

406. **C. supinus L.** *Zweige rauhhaarig-zottig,* die verholzten, liegend, die krautigen aufrecht; *Blättchen* länglich-verkehrteiförmig, beiderseits *abstehend-behaart,* trübgrün; Blüthen; Kronblätter gelb, *Fahne kahl oder fast kahl,* mit einem röthlichbraunen Flecken; Hülsen zottig. ♄ Wälder, buschige Orte, verbreitet. C. capitatus Scop. H. 0,3—0,6 M. Juni-Juli.

* Endständige Blüthen fehlend.

407. **C. ratisbonensis Schaeff.** *Zweige* liegend od. aufsteigend, *grauseidig-behaart; Blättchen* länglich-verkehrteiförmig, oberseits kahl, *unterseits angedrückt-behaart, grauseidig-glänzend; Kelch seidenhaarig;* Kronblätter gelb, Fahne mit einem röthlichbraunen Flecken, oberseits kahl; Hülsen seidig-filzig. ♄ Sonnige Hügel, lichte Wälder, gemein. C. biflorus Koch. C. supinus Neilr. H. 0,15—0,5 M. April-Mai.

408. **C. hirsutus L.** *Zweige* liegend oder aufsteigend, *abstehend-behaart; Blättchen* verkehrteiförmig-keilig, *beiderseits abstehend-behaart; Kelch abstehend-zottig;* Kronblätter gelb. Fahne mit einem röthlichbraunen Flecken, kahl oder fast kahl; Hülsen zottig. ♄ Lichte Wälder verbreitet. H. 0,3—0,6 cm Mai-Juni.

407 × 408. **C. ratisbonensis × hirsutus.** Stengel, Blattstiele u. Kelche abstehend-, die aus langkeiligem Grunde elliptisch-lanzettlichen Blättchen mehr anliegend-behaart. C. cetius Beck. Bei Kritzendorf.

127. Ononis L. Hauhechel. Kelch 5spaltig, zur Fruchtzeit offen; Flügel nicht quergefaltet; Staubgefässe 1brüderig, gegen die Spitze verbreitert.

a. Blumenkrone rosa, selten weiss; Nebenblätter halbeiförmig, krautig.

* Hülsen so lang od. länger als der Kelch.

409. **O. spinosa L.** *Stengel* aufrecht oder aufsteigend, *mit zahlreichen, oft gezweiten Dornästen,* 1—2reihig-behaart und zerstreut drüsenhaarig; *Blüthen* meist einzeln in den Blattwinkeln unterbrochene oder ziemlich *gedrungene Trauben bildend.* ♄ Triften, gemein. H. 0,3—0,6 M. Juni-Aug.

410. **O. foetens All.** *Stengel* liegend oder aufsteigend, am Grunde wurzelnd, *wehrlos oder unten mit einzelnen Dornen besetzt,* rundum behaart und drüsenhaarig; *Blüthen einzeln* in den Blattwinkeln, *lockere verlängerte Trauben bildend.* ♄ Wiesen, selten; Mariabrunn, Hohewand, Baden, Vöslau, Mandling und Mariahilferberg bei Gutenstein, an der Fischa bei Lichtenwörth, bei Blindendorf, Ternitz, St. Johann, auf dem Gösing, Pottschach, Stuppachgraben, Kuhhaltwald und an der Schwarza bei Gloggnitz, Reichenau, Semmering; im Kreise O. W. W. bei Hollenburg, Winden, Feichsen, Ernegg, Steinakirchen, Waidhofen und Seitenstetten: bei Unternalb, O. repens Aut. non L. O. mitis Gm. O. austriaca Beck. H. 0,3 bis 0,6 M. Juni-Aug.

* * Hülsen kürzer als der Kelch.

411. **O. hircina Jacq.** *Stengel* aufrecht od. aufsteigend, nicht wurzelnd, *wehrlos,* rundum zottig u. drüsenhaarig; *Blüthen zu 2* od. die oberen einzeln in den Blattwinkeln *dichtgedrängte Trauben bildend.* ♄ Wiesen, Triften, sehr selten: bei Feldsberg, auf dem Hundsheimerberg, um Eisenstadt, Sauerbrunn, Oggau, Rust; im Laxenburger Parke, zwischen Münchendorf u. Guntramsdorf, in Föhrenwäldern des Steinfeldes bei Neunkirchen, an der Sirning zwischen Ternitz u. St. Johann, bei Reichenau. H. 0,3—0,8 M. Juli-August.

b. Blumenkrone gelb; Nebenblätter lanzettlich, bräunlich.

412. **O. subocculta Vill.** Stengel aufrecht od. aufsteigend, wehrlos, drüsig-flaumig; Blüthen einzeln in den Blattwinkeln, kurze gedrungene Achren bildend; Hülsen so lang od. länger als der Kelch. ♄ Sonnige Hügel, lichte Nadelwälder, selten; Kalksburg, Kalenderberg, Klause bei Mödling, Halterkogel in der Brühl, kleiner Anninger, Pfaffstättnerkogel, Kalvarien- u. Mitterberg bei Baden, Rauhenstein, Rauheneck, Soosser Lindkogel, Eisernes Thor, Lusthausberg bei Vöslau, Föhrenwald zwischen St. Egyden und Neunkirchen, Gutenstein; Leithagebirge bei Winden. O. Columnae All. H. 0,08—0,25 M. Juni-Aug.

128. Anthyllis L. Wundklee. Kelch 5zähnig, zur Fruchtzeit vertrocknend, geschlossen; Flügel nicht quergefaltet; Staubgefässe 1brüderig, gegen die Spitze verbreitert.

a. Blätter 1—5paarig gefiedert; Blättchen ungleich, das endständige viel grösser; Kelchzähne ungleich, viel kürzer als die Kelchröhre.

* Stengel weit hinauf, fast gleichmässig beblättert.

413. **A. polyphylla Kit.** *Stengel oberwärts von anliegenden u. abstehenden Haaren weissfilzig, unterwärts sammt den Blättern rauhhaarig-zottig; Deckblätter so lang als die Blüthenköpfchen;* Fruchtkelch länglich, fast röhrenförmig, abstehend zottig-behaart; Blumenkrone meist blassgelb, selten orange; Platte der Fahne 6 mm. lang, kürzer als ihr Nagel; Hülsen nur über dem Samen stark gedunsen. ♃. Grasplätze, Dämme; stellenweise im Becken von Wien, besonders gegen die ungarische Grenze zu. H. 0,3 bis 0,4 M. Mai-Juli.

414. **A. vulneraria L.** *Stengel oberwärts* sammt der Unterseite Blätter von *anliegenden Haaren grauseidig, unterwärts anliegend od. abstehend-behaart; Deckblätter kürzer als die Blüthenköpfchen;* Fruchtkelch eiförmig, von aufrecht-abstehenden Haaren weichseidig-zottig; Blumenkrone meist blassgelb, seltner safranfarbig; Platte der Fahne 7 mm. lang, kürzer als ihr Nagel; Hülsen gleichmässig gedunsen. ♃. Wiesen, Triften, stellenweise. H. 0,3—0,4 M. Mai-Juli.

* * Stengel nur in der unteren Hälfte beblättert; Blüthenköpfchen an langen nackten Stielen.

415. **A. vulgaris (Koch) A. Kern.** Blätter oberseits kahl, unterseits sammt dem Stengel anliegend-kurzhaarig; *Kelch* weiss, mit *anliegenden kurzen schimmernden Härchen besetzt;* Blumenkrone goldgelb, *Platte der Fahne etwas kürzer als ihr Nagel.* ♃. Wiesen, besonders in der Sandsteinzone, gemein. A. vulneraria a. vulgaris Koch. H. 0,15—0,2 M. Mai-Juli.

416. **A. affinis Britt.** Blätter oberseits kahl, unterseits sammt dem Stengel anliegend-kurzhaarig; *Röhre des Fruchtkelches* weiss, *von abstehenden langen Haaren zottig;* Blumenkrone meist blassgelb, mit dunkelpurpurnem Schiffchen. *Platte der Fahne so lang oder etwas länger als ihr Nagel.* ♃. Wiesen subalpiner Gegenden, gemein. H. 0.1—0,25 M. Juni-Juli.

417. **A. alpestris Kit.** *Röhre des Fruchtkelches* schmutzig grünlich-grau, *von aufrechten langen Haaren seidig;* Blumenkrone gold-gelb, grösser, sonst wie vorige. ♃. Alpentriften, gemein. H. 0,05—0,15 M. Juni-Juli.

b. Blätter 8—20paarig gefiedert; Blättchen gleichgross; Kelchzähne gleichlang, so lang als die Kelchröhre.

418. **A. Jacquini A. Kern.** Wurzel ästige, am Boden ausgebreitete Wurzelköpfe treibend; Blätter seidenhaarig; Kronblätter weisslich od. röthlich; Platte der Fahne noch einmal so lang als ihr Nagel. ♃. Sonnige Grasplätze, lichte Nadelwälder, sehr selten; Geissberg, hinterer Föhrenkogel, Kanzel der Hohen Wand u. Gösing

gegen Stixenstein zu. A. montana Jacq. non L. H. 0,1—0,15 M. Mai-Juni.

2. Gruppe. Trifolieae Bronn. Staubgefässe 2brüderig; Hülse 1fächerig, 2klappig od. nicht aufspringend; Blätter 3zählig.

129. Medicago L. Schneckenklee. Kelch 5spaltig oder 5zähnig; Blumenkrone abfällig, Schiffchen stumpf; Staubgefässe mit der Blumenkrone nicht verwachsen, nicht verbreitert; Fruchtknoten nach dem Verblühen an die Fahne angedrückt, Griffel kahl; Hülse sichel- oder schneckenförmig-gewunden, am äusseren Rande sich öffnend od. nicht aufspringend, 1—vielsamig.

a. Hülsen sichel- od. schneckenförmig gewunden, in der Mitte offen.

* Blüthenstielchen kürzer als der Kelch, aufrecht.

419. **M. sativa L.** Stengel aufrecht; Trauben länglich, vielblüthig; *Blumenkrone blau oder violett; Hülsen schneckenförmig gewunden, mit 2—3 Windungen.* ♃. Wiesen, gemein. H. 0,3 bis 0,8 M. Juni-Sept.

420. **M. falcata L.** Stengel liegend od. aufsteigend; Trauben kurz, fast kopfig, meist vielblüthig; *Blumenkrone gelb; Hülsen sichelförmig* oder mit 1 Windung. ♃. Wiesen, Triften, gemein. H. 0,2—0,5 M. Juni-Sept.

419 × 420. **M. sativa × falcata.** Stengel liegend bis aufrecht; Trauben kurz; Blumenkrone schmutzig-gelb oder grünlich-violett; Hülsen 1—2½mal gewunden. ♃. Wiesen, verbreitet. M. varia Mart. M. media Pers. H. 0,2—0,8 M. Juni-Sept.

* Blüthenstielchen fast 2mal länger als der Kelch, nach dem Verblühen hinabgeschlagen.

421. **M. prostrata Jacq.** Stengel liegend; Trauben kurz, fast kopfig, meist 3—5blüthig; Blumenkrone gelb; Hülsen schneckenförmig gewunden mit 2—3 Windungen. ♃. Grasplätze, nur im Gebiete von Wiener-Neustadt, sowohl auf den Kalkbergen bei Dreistetten, Muthmannsdorf, Brunn u. Emmerberg, als auf der Ebene von Felixdorf über Theresienfeld u. Wöllersdorf bis Neustadt selbst. H. 0,1—0,3 M. Juni-Aug.

420 × 421. **M. falcata × prostrata.** Blüthenstiele meist so lang als der Kelch, nach dem Verblühen wagrecht-abstehend od. etwas zurückgebogen; Hülsen mit 1—2 Windungen. An der Bahn zwischen Theresienfeld und Neustadt. M. mixta Sennh.

b. Hülsen nierenförmig od. schneckenförmig-gewunden, in der Mitte geschlossen.

422. **M. lupulina L.** Stengel sammt den Blättern angedrückt-behaart; Trauben vielblüthig; Blumenkrone gelb; *Hülsen nierenförmig, gedunsen, stachellos.* ⊙ Wiesen, Triften, gemein. H. 0,1 bis 0,4 M. Mai-Herbst. b) Willdenowii (Bönnigh.) Hülsen drüsenhaarig. An gleichen Orten.

423. **M. minima Bart.** Stengel sammt den Blättern dicht-zottig; Trauben 1—7blüthig; Blumenkrone gelb; *Hülsen* mit 3—5 Windungen, *hackig bestachelt.* ⊙ Wiesen, Grasplätze, stellenweise; im Kreise U. M. B., Staatzer Berg, Zellerndorf, Pulkau, Schlosshof, Angern, Wagram, Gänserndorf, Thürnthal, Bisamberg; im Kreise U. W. W., Türkenschanze, Prater, Simmering, Linienwall von St. Marx, Perchtholdsdorf, Kalenderberg und Eichkogel bei Mödling, Sattelkogel bei Giesshübel, Kalvarienberg bei Baden, Leesdorf, Kottingbrunn, Steinfeld u. Lichtenwörtherau bei Neustadt bis über das Leithagebirge zum Neusiedlersee; in den 2 oberen Kreisen bei Scheibbs, Aschbach, Winden nächst Melk, Stein, Alaunthal bei Krems, Weinzierl, Langenlois, Kammern. H. 0,1—0,3 M. Mai-Juni.

130. Trigonella L. Hornklee. Kelch 5spaltig od. 5zähnig; Blumenkrone abfällig, Schiffchen stumpf; Staubgefässe mit der Blumenkrone nicht verwachsen, nicht verbreitert; Fruchtknoten nach dem Verblühen von der Fahne entfernt, Griffel kahl; Hülse lineal, zusammengedrückt, gerade oder gekrümmt, 2klappig, 4—vielsamig.

424. **T. monspeliaca L.** Stengel liegend od. aufsteigend; Blüthen in blattwinkelständigen, sitzenden, kopfförmigen Döldchen; Kronblätter sehr klein, gelb; Hülsen lineal, gebogen, sternförmig abstehend ⊙ Aecker, Grasplätze, selten; am Walle zwischen der St. Marxer u Belvederelinie; bei Pillichsdorf nächst Wolkersdorf, Markgrafneusiedel u. um den Reuhof zwischen Wagram u. Grossengersdorf im Marchfelde; Haglersberg, Neusiedel am See und weiter gegen Gols und Podersdorf; zwischen Kottingbrunn und Leobersdorf, Neunkirchen; ehemals auch bei Simmering, Himberg u. Moosbrunn. H. 0,05 bis 0,3 M. Mai-Juni.

Anm. T. foenum graecum L. aus dem Süden, wird wiewohl sehr selten, angebaut u. kommt hie u. wieder verwildert vor.

131. Melilotus Tourn. Steinklee. Kelch 5zähnig; Blumenkrone abfällig, Schiffchen stumpf; Staubgefässe mit der Blumenkrone nicht verwachsen, nicht verbreitert; Griffel kahl; Hülse eiförmig, gedunsen, nicht aufspringend, 1—2samig.

a. Trauben verlängert; Blüthen herabhängend.

α. Nebenblätter aus breitem, gezähntem Grunde pfriemlich; Hülsen kahl.

425. **M. dentatus (W. et K.) Pers.** Stengel aufrecht od. aufsteigend; Blättchen länglich, scharf gesägt; Blüthen gelb, klein, Flügel kürzer als die Fahne, länger als das Schiffchen; Hülsen eiförmig, spitzlich, netzig-runzelig, meist 2samig. ⊙ Nasse Wiesen, stellenweise; an der oberen Donau bei Kammern und Neu-Aigen; Unternalb, Pulkathal, Marchthal, Russ- u. Stempfelbach im Marchfelde, Marchegg; von Simmering über Schwechat, Schwadorf, Gallbrunn bis zur Leitha und an den Neusiedlersee; bei Himberg, Velm, Moosbrunn, Münchendorf, Ebreichsdorf. Trifolium dentatum W. et K. T. Kochianum Hayne. H. 0,3—0,6 M. Juli-Sept.

β. Nebenblätter pfriemlich, ganzrandig.

* Blüthen gelb.

o Hülsen zugespitzt, netzig-runzlig, angedrückt-behaart.

426. **M. macrorhizus (W. et K.) Pers.** Stengel aufsteigend; Blättchen lineal-länglich, geschärft-gesägt; *Trauben nicht schopfig; Kelchzähne kurz*, der noch zusammengefalteten Krone *anliegend;* Blumenkrone 5—6 mm. lang, Flügel und Schiffchen so lang als die Fahne; Hülsen meist 1samig. ♃. Feuchte Wiesen, selten: bei Kalksburg, Mödling, Laxenburg, Münchendorf, Moosbrunn, Wolfsthal, am Neusiedlersee. Trifolium macrorhizum W. et K. H. 0.4 bis 1.5 M. Juli-Sept. b) palustris (Kit.) Stengel höher, aufrecht; Blättchen klein und entfernt-gesägt, die obersten fast ganzrandig. Trifolium palustre W. et K. Angeblich in der Zwischenbrückenau bei Wien.

427. **M. altissimus Thuill.** Stengel aufrecht; Blättchen grösser geschärft-gesägt, die der unteren Blätter verkehrteiförmig, die der oberen länglich bis lineallänglich; *Trauben an der Spitze schopfig; Kelchzähne abstehend, doppelt so lang als bei voriger;* Blumenkrone 7—9 mm. lang; Hülsen meist 2samig. ♃. Wiesen, Auen, Wälder, selten; Hütteldorfer Au, Neuwaldegg, Hadersdorf u. Mauerbach. M. macrorhizus Koch. H. 0,5—1,5 M. Juli-Sept.

o o Hülsen stumpf, stachelspitzig, querrunzlig, kahl.

428. **M. officinalis (L.) Desr.** Stengel aufrecht oder aufsteigend; Blättchen eiförmig bis länglich, geschärft-gesägt; Flügel u. Fahne gleichlang, länger als das Schiffchen; Hülsen eiförmig, meist 1samig ⊙ Wege, Wiesen, gemein. Trifolium melilotus officinalis L. M. arvensis Wallr. H. 0,4—1,2 M. Juni-Sept.

* * Blüthen weiss.

429. **M. albus Desr.** Stengel aufrecht; Flügel und Schiffchen gleichlang, kürzer als die Fahne; Hülsen eiförmig, netzig-runzlig, kahl, meist 1samig ⊙ Auen, Wiesen, Wege; verbreitet im Marchfelde, Donauthale, in der südlichen Bucht des Wiener Beckens u. in den Thälern der Traisen, Pielach, Melk und Ibbs. H. 0,3—1,0 M. Juli-Sept.

b. Trauben kopfförmig; Blüthen aufrecht, lila.

430. **M. procumbens Bess.** Stengel liegend oder aufsteigend; Blätter länglich oder länglich-lineal; Nebenblätter aus verbreitertem Grunde pfriemlich; Flügel kürzer als die Fahne, länger als das Schiffchen; Hülsen eilänglich, in einen borstlichen Schnabel zugespitzt. ⊙ Grasplätze; bisher nur am Neusiedlersee von Neusiedel bis Breitenbrunn und am östlichen Ufer zwischen Weiden und Podersdorf. M. laxiflorus Koch. Trigonella Besseriana Ser. H. 0,15—0,5 M. Juni-Juli.

Anm. M. coerulens Desr. Von voriger durch breitelliptische Blättchen, gedrungenere rundliche Traube, längere Kelchzähne u. blasig aufgetriebene Hülsen verschieden, wird hin u. wieder gepflanzt u. verwildert zuweilen, wie bei Scheibbs.

132. Trifolium L. Klee. Kelch 5spaltig oder 5zähnig; Blumenkrone bleibend, zusammenschrumpfend oder vertrocknend, Schiffchen stumpf; Staubgefässe mit dem Grunde der Blumenkrone mehr weniger verwachsen, gegen die Spitze etwas verbreitert; Griffel kahl; Hülse eiförmig oder länglich, nicht aufspringend od. unregelmässig zerreissend, 1—5samig.

a. Blüthen sitzend, deckblattlos; Kelchschlund mit einem behaarten schwieligen Ringe; Griffel an der Spitze hakig.

α. Wurzel ausdauernd; Kelchzähne kürzer als die Blumenkrone; Köpfchen ansehnlich.

* Kelchröhre aussen kahl.

431. **T. rubens L.** *Stengel* aufrecht, sammt den Blättern *kahl;* Blättchen länglich-lanzettlich, stachelspitzig-gezähnt; Nebenblätter an der Spitze kleingesägt; Köpfchen 5—8 cm. lang, purpurn; *Kelch 20nervig.* ♃. Vorhölzer, verbreitet. H. 0,3—0,6 M. Juni-Juli.

432. **T. medium L.** *Stengel* aufsteigend, sammt der Blattunterseite anliegend-*behaart;* Blättchen elliptisch, fast ganzrandig; Nebenblätter ganzrandig; Köpfchen 25—40 mm. lang, purpurn; *Kelch 10nervig.* ♃. Vorhölzer, verbreitet. T. flexuosum Jacq. H. 0,3—0,5 M. Juni-Juli.

* * Kelchröhre aussen weichhaarig od. zottig.

o Blüthen purpurn (selten weiss).

433. **T. pratense L.** Blättchen eiförmig oder elliptisch; Nebenblätter eiförmig, plötzlich in eine Granne zusammengezogen; *Kelch 10nervig,* anliegend-behaart ♃. Wiesen, gemein. H. 0,15—0,3 M. Mai-Sept. b) nivale (Sieb.) Niedriger, stärker behaart, Wurzel holziger, Köpfchen grösser, Blüthen lichter. Alpen; Eishütten und Wetterkogel der Rax, Oetscher, Hochkohr, Voralpe.

434. **T. alpestre L.** Blättchen länglich-lanzettlich: Nebenblätter lanzettlich, in eine pfriemliche Spitze vorgezogen; *Kelch 20nervig,* zottig. ♃. Wiesen, Vorhölzer, verbreitet. H. 0,15—0,3 M. Juni-Juli.

Anm. T. incarnatum L. mit zottigem Stengel u. Blättern, stammt aus dem Süden u. wurde versuchsweise hin und wieder gebaut, kommt auch zuweilen verwildert vor, wie bei Süssenbrunn u. Angern, im Krotenbachthale bei Döbling, Stockerau, Meidlingthale bei Göttweig, um St. Pölten.

o o Blüthen blassgelb.

435. **T. ochroleucum L.** Blättchen länglich-elliptisch; Nebenblätter lanzettlich, in eine pfriemliche Spitze vorgezogen; Kelch 10nervig, rauhhaarig ♃. Wiesen, Vorhölzer, stellenweise; im Hügellande des Kreises U. M. B., besonders im Ernstbrunnerwalde; häufig am Kahlengebirge; in den oberen Kreisen seltener, Mückenkogel bei Lilienfeld, Buchberg und Ginselhöhe bei Scheibbs, Mautern u. Oberbergern. H. 0,2—0,4 M. Juni-Juli.

β. Wurzel jährig; Kelchzähne so lang od. länger als die Blumenkrone, zottig; Köpfchen klein.

436. **T. arvense L.** Blättchen lineallänglich; Nebenblätter lanzettlich-pfriemlich; *Köpfchen gestielt, einzeln, am Grunde ohne Hülle; Kelch* wollig-zottig, *zur Fruchtzeit unverändert;* Blumenkrone rosa. ⊙ Aecker, Grasplätze, verbreitet, in den 2 nördlichen Kreisen stellenweise massenhaft. H. 0,1—0,3 M. Juli-Sept. b) gracile (Thuill.) Zarter. Stengel sammt den Blättern viel weniger behaart; Kelchzähne fast kahl. Bei Berglach und Prigglitz nächst Gloggnitz. T. rubellum Jord.

437. **T. striatum L.** Blättchen verkehrteiförmig; Nebenblätter eiförmig; *Köpfchen* einzeln oder paarweise, *von den sitzenden obersten Stengelblättern umgeben; Kelch* zottig, *zur Fruchtzeit bauchig aufgeblasen;* Blumenkrone rosa. ⊙ Weiden, Triften, sehr selten; oberes Belvedere, Laaerberg, Oberweiden im Marchfelde, zwischen Parndorf und Neusiedel am See. H. 0,1—0,25 M. Mai-Juni.

b. Blüthen kürzer od. länger gestielt, von Deckblättern gestützt; Kelchschlund nackt; Griffel nicht hakig.

α. Blüthen aufrecht; Kelch 2lippig, zur Fruchtheit kuglig-aufgeblasen.

438. **T. fragiferum L.** Stengel kriechend; Blättchen verkehrteiförmig; Köpfchen langgestielt, am Grunde von einer aus den verwachsenen untersten Deckblättern gebildeten vieltheiligen Hülle umgeben; Blüthen fast sitzend; Kelch netzaderig, zottig; Kronblätter rosa oder weiss. ♃. Feuchte Triften niedriger Gegenden häufig. H. 0,1—0,3 M. Mai-Sept.

β. Blüthen nach dem Verblühen herabgeschlagen; Kelch 5zähnig, zur Fruchtzeit nicht aufgeblasen.

* Kelchzähne gleichlang od. die 2 oberen länger; Blumenkrone weiss od. rosa.

o Wurzel jährig; Kelch etwas länger als die Blumenkrone.

439. **T. strictum L.** Blättchen verkehrteiförmig; Nebenblätter eiförmig, in eine pfriemliche Spitze vorgezogen; Blüthen sehr kurzgestielt, Stielchen 3mal kürzer als die Kelchröhre. ⊙ Trockene Hügel, sehr selten; zwischen Simmering und dem Laaerberge und zufällig auf dem Schützenplatze im Prater, häufiger zwischen Parndorf und Neusiedel am See. T. parviflorum Ehrh. H. 0,03 bis 0,2 M. Mai-Juni.

o o Wurzel ausdauernd; Kelch halb so lang als die Blumenkrone.

· Stengel aufrecht od. aufsteigend.

440. **T. montanum L.** Blättchen länglich-lanzettlich, unterseits behaart; Nebenblätter eiförmig, zugespitzt; *Blüthen* weiss, *kurzgestielt, Stielchen 3mal kürzer als die Kelchröhre.* ♃. Wiesen, häufig. H. 0,2—0,5 M. Mai-Juli.

441. **T. hybridum L.** Blättchen verkehrteiförmig od. elliptisch, kahl; Nebenblätter eilanzettlich, allmälig in eine Granne zugespitzt;

9*

Blüthen weiss und rosa, *langgestielt, die inneren Stielchen 2 bis 3mal länger als die Kelchröhre.* ♃. Sumpfige Wiesen, verbreitet. H. 0,2—0,5 M. Mai-Sept.

·· Stengel kriechend.

442. **T. repens L.** Blättchen verkehrteiförmig, fast kahl; Nebenblätter eiförmig, plötzlich in eine Granne zugespitzt; Blüthen weiss oder röthlich, langgestielt, die inneren Stielchen so lang oder länger als die Kelchröhre. ♃. Wiesen, Triften, gemein. H. 0,1 bis 0,3 M. Mai-Sept.

* * Die 2 oberen Kelchzähne kürzer als die 3 unteren; Blumenkrone gelb.

o Die obersten Blätter gegenständig; Fahne gefurcht, vom Grunde an eiförmig gewölbt; Flügel gerade vorgestreckt; Köpfchen vielblüthig.

443. **T. badium Schreb.** *Wurzelstock ausdauernd*, vielköpfig; Stengel anliegend-behaart od. ziemlich kahl; Nebenblätter länglich-lanzettlich, die obersten breiter, schiefeiförmig; *Köpfchen kuglig, zuletzt oval*; Blüthen zuletzt hellbraun; Griffel halb so lang als die Hülse. ♃. Alpentriften; bisher nur auf dem Hochkohr am Wege vom Tegel zur Saumauer u. am Ausgange des Königsgrabens. H. 0,1—0,2 M. Juli-Aug.

444. **T. spadiceum L.** *Wurzel jährig;* Stengel kahl od. fast kahl; Nebenblätter länglich-lanzettlich; *Köpfchen länglich, zuletzt walzlich;* Blüthen kleiner, zuletzt dunkelbraun; Griffel $^1/_4$ so lang als die Hülse. ⊙ Sumpfige Wiesen; nur im Kreise O. M. B., bei Mittelberg, Gföhl, Rastenberg, Rudmanns, Zwettl, Weinern, Schrems, Erdweiss, Naglitz, Gmünd, Karlstift, Gutenbrunn, Ottenschlag. H. 1,15—0,35 M. Juli-Aug.

o o Blätter alle wechselständig.

· Fahne gefurcht, erst vorne löffelartig erweitert und gewölbt; Flügel auseinanderfahrend; Köpfchen 20—50blüthig.

445. **T. aureum Poll.** *Blättchen länglich-lanzettlich, alle sitzend;* Nebenblätter länglich-lanzettlich, die oberen meist länger als der Blattstiel; *Griffel so lang als die Hülse.* ⊙ bis ♃. Wiesen, Holzschläge, häufig. T. agrarium L. herb. non Spec. H. 0,15—0,4 M. Juni-Juli.

446. **T. agrarium L.** *Blättchen verkehrteiförmig, das mittlere langgestielt,* die 2 seitlichen sitzend; Nebenblätter eiförmig, kürzer als der Blattstiel; *Griffel kürzer als die Hülse.* ⊙ Wiesen, Brachen, häufig. T. procumbens Aut. non L. H. 0,1—0,25 M. Mai-Sept. a) campestre (Schreb.) Aufsteigend od. aufrecht; Köpfchenstiele meist so lang als das sie stützende Blatt. b) Schreberi (Jord.) Meist liegend; Köpfchen blasser, kleiner, ihr Stiel doppelt so lang als das sie stützende Blatt.

·· Fahne fast glatt, zusammengelegt; Flügel gerade vorgestreckt; Köpfchen 5—15blüthig.

447. **T. procumbens L.** Blättchen verkehrteiförmig, alle 3 sitzend od. das mittlere gestielt; Nebenblätter eiförmig; Griffel

mehrmals kürzer als die Hülse. ⊙ Wiesen, Triften, zerstreut; in der Schüttau im Prater, bei Angern, Moosbrunn, am Kahlengebirge, bei Kierling, Klosterneuburg, Weidling, Sievring, Salmannsdorf, Pötzleinsdorf, Gallizin, Hütteldorf, St. Veit, Mauer, Mödling, Gainfahrn, Abfaltersgraben bei Gloggnitz, im ganzen südöstlichen Schiefergebiete; Lilienfeld, Scheibbs, Melk, St. Pölten, Schallaburg, Gurhofgraben bei Aggsbach, Kremsthal, Egelsee, Jauerling, Bergern, Haindorf, Zöbing, Mollands, Eisgarn, Altenburg, Gföhl, Purbach, Gmünd, Gratzen, Grossau. T. minus Sm. T. filiforme Aut. non L. H. 0,1—0,3 M. Mai-Sept.

133. Dorycnium Tourn. Backenklee. Kelch 5zähnig; Blumenkrone abfällig, Schiffchen stumpf, Flügel mit einem blasigen Bausche versehen; Staubgefässe mit der Blumenkrone nicht verwachsen, abwechselnd verbreitert; Griffel kahl; Hülse kuglig, 2klappig, 1—2samig.

448. **D. decumbens Jord.** *Blättchen* linealkeilig, *angedrückt-seidenhaarig;* Köpfchen meist 12blüthig; *Kelch seidenhaarig-zottig;* Blumenkrone weiss mit einem schwarzvioletten Fleck am Schiffchen; *Hülsen ellipsoidisch.* ♃. Trockene, sonnige Orte, besonders auf Kalk, häufig. Lotus dorycnium L. D. suffruticosum Aut. non Vill. H. 0,15—0,3 M. Mai-Juli.

449. **D. herbaceum Vill.** *Blättchen* breiter, länglich-keilig, *zerstreut u. abstehend-behaart;* Köpfchen meist 20blüthig. Blüthen kleiner; *Kelch angedrückt-behaart,* mit kürzeren Zähnen; *Hülsen kugelig,* sonst w. v. ♃. Waldränder, Holzschläge, besonders auf Sandstein; verbreitet im Kahlengebirge. H. 0,3—0,6 M. Mai-Juli.

134. Lotus L. Schotenklee. Kelch 5spaltig od. 5zähnig; Blumenkrone abfällig, Schiffchen zugespitzt; Staubgefässe mit der Blumenkrone nicht verwachsen, abwechselnd verbreitert; Griffel kahl, an der Spitze verschmälert; Hülse stielrund, ungeflügelt, 2klappig, vielsamig.

* Wurzelstock ohne Ausläufer.

450. **L. corniculatus L.** Stengel kantig, fest u. hart; *Blättchen u. Nebenblätter breit-lanzettlich* bis schief- od. verkehrteiförmig, kahl od. zerstreut behaart; Köpfchen meist 5blüthig; Kelchzähne vor dem Aufblühen zusammenneigend; Blumenkrone goldgelb, Flügel breit-verkehrteiförmig, Schiffchen fast rautenförmig, rechtwinkelig aufsteigend, plötzlich zugespitzt. ♃. Wiesen, buschige Stellen, gemein. H. 0,1—0,3 M. Mai-Sept. b) hirsutus (Koch.) Pflanze allenthalben mehr weniger rauhhaarig. L. villosus Aut. non Thuill. Sonnige Kalkberge.

451. **L. tenuifolius L.** *Blättchen u. Nebenblätter lineal oder lineal-lanzettlich;* Flügel länglich-verkehrteiförmig, sonst w. v.

♃. Sandige u. salzige Stellen der Ebene, stellenweise; hinter dem Freibade und bei der Rudolfsbrücke in Wien, längs der Bahn im Marchfelde, bei Laxenburg, bei Parndorf u. am Neusiedlersee zwischen Neusiedel u. Weiden; bei Haniftlhal u. Zwingendorf. H. 0,1 bis 0,3 M. Mai-Sept.

* * Wurzelstock unterirdische Ausläufer treibend.

452. **L. uliginosus Schkuhr.** Stengel stielrundlich, weich, weitröhrig; Blättchen länglich-verkehrteiförmig; Köpfchen meist 12blüthig; Kelchzähne vor dem Aufblühen zurückgeschlagen; Blumenkrone goldgelb, Schiffchen bogig-aufsteigend, aus eiförmigem Grunde allmählig verschmälert. ♃. Nasse Wiesen; angeblich bei Kammern am Kamp. L. major Sm. H. 0,2—0,4 M. Juni-Sept.

135. Tetragonolobus Scop. Spargelerbse. Kelch 5spaltig; Blumenkrone abfällig; Staubgefässe mit der Blumenkrone nicht verwachsen, abwechselnd verbreitert; Griffel kahl, an der Spitze verdickt; Hülse lineal, 4kantig, geflügelt, 2klappig, vielsamig.

453. **T. siliquosus (L.) Roth.** Stengel meist liegend; Blättchen verkehrtei-keilförmig; Nebenblätter eiförmig; Blüthen blassgelb, einzeln, selten zu 2, langgestielt; Hülse 4mal breiter als ihre Flügel. ♃. Feuchte Wiesen, stellenweise. Lotus siliquosus L. H. 0,1—0,3 M. Mai-Juni.

3. Gruppe. Galegeae Bronn. Staubgefässe 2brüderig; Hülse 1fächrig, 2klappig oder seitlich oder gar nicht aufspringend; Blätter unpaarig-gefiedert.

136. Galega L. Geisraute. Kelch 5zähnig; Schiffchen kurzgeschnäbelt; Griffel fädlich, kahl, Narbe endständig; Hülse ungestielt, stielrund, nicht aufspringend.

454. **G. officinalis L.** Blättchen lanzettlich, stachelspitzig; Nebenblätter halbpfeilförmig; Trauben aufrecht; Blumenkrone lila. ♃. Ufer, Gebüsche, sehr zerstreut; Pulkathal bei Haugsdorf, Hadres, Zwingendorf, bei Laa, Feldsberg; Marchthal bei Hausbrunn, Angern, Baumgarten, Marchegg; Götzendorf, Klederling, Sofienbrücke bei Wien, Bisamberg, Kahlengebirge am Cobenzl, Park von Neuwaldegg, Hütteldorf, Mauerbach, Purkersdorf, Lainzerbach bei Speising, Laab, Leesdorf, an der Schwarza bei Reichenau, Atlitzgraben; im Kreise O. W. W., am Fladnitzbach bei Meidling, Absdorf, Eitzendorf, Hiesberg bei Melk; Aggsbach, Pfeifermühle bei Bergern. H. 0,5—1,2 M. Juni-Juli.

Anm. Robinia pseudacacia L., aus Nordamerika stammend, wird überall gepflanzt und verwildert zuweilen.

Anm. Glycyrrhiza glabra L. wird in Weingärten am südl. Abhange der Hochleiten bei Wolkersdorf cultivirt.

137. Colutea L. Blasenstrauch. Kelch 5zähnig; Schiffchen kurzgeschnäbelt; Griffel halbstielrund, gewimpert, hackig gebogen, Narbe in der Biegung des Hakens; Hülse auf einem stielförmigen Fruchtträger, eilänglich, aufgeblasen, nicht od. an der Spitze sich öffnend.

455. **C. arborescens L.** Blättchen oval od. rundlich; Nebenblätter 3eckig-lanzettlich; Trauben aufrecht, 3—6blüthig. ♄ Steinige, buschige Orte; bei Weidling, Kaltenleutgeben, Brühl, Gumpoldskirchen, Pfaffstättner Kogel u. Kalvarienberg bei Baden: Leithagebirge zwischen Bruck u. Goyss bis an den Neusiedlersee; Rosaliengebirge bei Katzelsdorf, Sauerbrunn; Reuhofer Wäldchen nächst Pillichsdorf bei Wolkersdorf; im oberen Donauthale bei Schönberg, Dürrenstein, Arnsdorf, Schönbühel, Melker Klosterberg; Minnichholz bei Steyr; wird auch häufig angepflanzt u. ist oft nur verwildert. H. 1,0—4,0 M. Mai-Juni.

138. Phaca L. Berglinse. Kelch 5zähnig; Schiffchen stumpf; Griffel fädlich, kahl, Narbe endständig; Hülse auf einem stielförmigen Fruchtträger, länglich, aufgeblasen, an der Bauchnaht aufspringend.

456. **P. frigida L.** Blätter 4—5paarig gefiedert; Blättchen oval od. eilänglich; Nebenblätter eiförmig, halbstengelumfassend; Trauben kurz, gedrungen; Blumenkrone gelblichweiss; Hülsen kurzhaarig, gestielt. ♃. Triften der Kalkalpen; bisher bloss auf dem Ochsenboden des Schneebergs vom Waxriegel u. dem Ausgange des Saugrabens bis zum Fusse des Klosterwappens u. Kaisersteins. H. 0,05—0,15 M. Juli.

4. Gruppe. Astragaleae DC. Staubgefässe 2brüderig; Hülse durch Einwärtsbiegung der Bauch- oder Rückennaht vollständig od. halb 2fächerig, 2klappig od. seitlich aufspringend; Blätter unpaarig-gefiedert.

139. Oxytropis DC. Spitzkiel. Kelch 5zähnig; Schiffchen an dem stumpfen Ende stachelspitzig; Griffel kahl; Hülse durch die Bauchnaht 2fächerig, an der Bauchnaht seitlich aufspringend.

457. **O. pilosa (L.) DC.** *Stengel aufrecht* od. aufsteigend, zottig; Blättchen länglich bis lineal; Aehren eiförmig, zuletzt länglich; *Blumenkrone blassgelb; Hülsen* zottig, 2fächerig, *im Kelche fast sitzend.* ♃. Sonnige Hügel, selten; Eichkogel, Maaberg u. Anninger bei Mödling; Fischamend; Braunsberg bei Hainburg; Neusiedlersee zwischen Weiden und Podersdorf; Staatzer Berg; angeblich auch auf dem Geiss- und Leopoldsberge bei Wien, doch in neuerer Zeit nicht gefunden. Astragalus pilosus L. H. 0,15—0,4 M Juni-Juli.

458. **O. Jacquini Bunge.** *Stengel fehlend od. verkürzt*, abstehend behaart; Blätter eiförmig od. lanzettlich; Aehren rundlich-eiförmig; *Blumenkrone hellviolett; Hülsen* kurzhaarig, halb 2fächerig, *im Kelche deutlich gestielt.* ♃. Triften der Kalkalpen, häufig; selten auf Voralpen, wie Reisalpe. Astragalus montanus Jacq. non L. O. montana Aut. non DC. H. 0,05—0,2 M. Juli-Aug.

140. Astragalus L. Traganth. Kelch 5zähnig; Schiffchen stumpf, ohne Stachelspitze; Griffel kahl; Hülse durch die Rückennaht 2fächerig, 2klappig-aufspringend.

a. Blumenkrone blassgelb.

α. Stengel verkürzt, scheinbar fehlend.

459. **A. exscapus L.** Blätter grundständig, 10—15paarig-gefiedert, zottig; Blüthen auf dem Wurzelstocke gehäuft; Hülsen länglich, aufgeblasen, zottig. ♃. Grasplätze, sehr selten; bisher bloss auf dem Pfaffenberge bei Deutsch-Altenburg u. auf der Parndorfer Heide bei Bruck a. d. Leitha. H. 0,03—0,1 M. Mai-Juni.

β. Stengel vorhanden.

* Stengel liegend; Blättchen eiförmig od. länglich.

460. **A. glycyphyllos L.** Blätter 5—7paarig gefiedert, kahl od. spärlich behaart; Nebenblätter eiförmig od. oval, die oberen getrennt; Blüthentrauben länglich; *Kelche kahl; Hülsen lineal, stumpf, 3kantig, kahl, zuletzt aufrecht-zusammenneigend.* ♃. Lichte Wälder, Vorhölzer, verbreitet. H. 0,5—1,5 M. Juni-Juli.

461. **A. cicer L.** Blätter 8—13paarig-gefiedert, angedrückt-behaart; Nebenblätter eiförmig oder eilanzettlich, zusammengewachsen; Blüthentrauben eiförmig; *Kelche angedrückt-behaart; Hülsen kuglig-eiförmig, aufgeblasen, rauhhaarig, aufrecht.* ♃. Wiesen, Raine, verbreitet. H. 0,3—0,6 M. Juni-Juli.

* * Stengel aufrecht; Blättchen lanzettlich od. lineal.

462. **A. asper Jacq.** Blätter 10—15paarig-gefiedert, angedrückt-behaart; Nebenblätter lanzettlich, getrennt; Blüthentrauben verlängert-lineal; Kelche angedrückt-behaart; *Hülsen länglich, undeutlich 3kantig, angedrückt-behaart, an die Spindel angedrückt.* ♃. Wiesen, selten; bei Laxenburg; am Neusiedlersee bei Goyss, Weiden, Podersdorf, Illnitz, Appetlan; bei Lembach nächst Kirchschlag gegen die ungar. Grenze; ehemals auch bei Hernals, Penzing, Liesing u. Himberg. H 0,3—0,6 M. Mai-Juni.

b. Blumenkrone purpurblau od. lila.

* Blüthen klein, 6—9 mm. lang.

463. **A. sulcatus L.** Stengel aufrecht; Blätter 7—10paarig-gefiedert, Blättchen lanzettlich oder lineal; Trauben locker; Deckblätter länger als das Blüthenstielchen; Fahne länglich-verkehrt-herzförmig, *Flügel ungetheilt; Hülsen aufrecht,* spärlich behaart, unvollständig 2fächerig. ♃. Wiesen, selten; Prater, Brigittenau, Alserbach, Arsenal, Simmering, Schwechat, Johannesberg bei Oberlaa, Liesing, Moosbrunn, Spittelberg bei Bruck a. d. Leitha, zwischen Lundenburg u. Feldsberg, an den meisten dieser Orte jedoch zufällig und einzeln; sehr häufig am Neusiedlersee bei Neusiedel, Goyss, Wieden u. an dessen östl. Ufer. H. 0,2—0,5 M. Mai-Juni.

464. **A. austriacus Jacq.** Stengel ausgebreitet, liegend; Deckblätter kürzer als das Blüthenstielchen; Fahne breit-verkehrt-herzförmig, *Flügel 2spaltig; Hülsen hängend,* dichtflaumig, 2fächerig, sonst w. v. ♃. Grasplätze, sonnige Hügel; Abfälle des Manhartsberges gegen das Pulkathal, bei Zwingendorf, Seefeld, Kadolz; Marchthal bei Angern, Marchegg, Schlosshof; Kahlengebirge vom Kalenderberge über den Eichkogel, Anninger und die Badener Berge bis in das Piestingthal u. auf das Steinfeld; auf der Hügelreihe südöstl. von Wien, von der St. Marxerlinie bis Hainburg; bei Himberg, Achau, Laxenburg, Münchendorf, Ebreichsdorf, Moosbrunn, Ebergassing; Parndorfer Heide und Neusiedlersee. H. 0,15 bis 0,4 M. Mai-Juli.

* * Blüthen gross, 15—20 mm. lang.

465. **A. vesicarius L.** *Stengel unten holzig;* Blätter 5—7paarig-gefiedert; Blättchen länglich od. elliptisch; Nebenblätter lanzettlich, getrennt; Trauben dicht, kopfförmig; *Fahne länglich-verkehrt-eiförmig, etwas länger als die Flügel: Hülsen* länglich, aufgeblasen, zottig, *halb 2fächerig.* ♃. Sonnige Hügel, sehr selten; Braunsberg bei Hainburg u. zwischen Neusiedel am See u. Weiden. A. albidus W. et K. H. 0,1—0,2 M. Mai-Juni.

466. **A. onobrychis L.** *Stengel krautig;* Blätter 8—14paarig-gefiedert; Blättchen länglich od. lineallanzettlich; Nebenblätter eiförmig, zusammengewachsen; Trauben dicht, eiförmig; *Fahne lineallänglich, 3mal länger als die Flügel; Hülsen* eilänglich, stumpf, 3kantig, zottig, *2fächerig.* ♃. Wiesen, Hügel, gemein. H, 0,2—0,5 M. Juni-Juli.

Anm. A. alpinus L. soll vor Jahren auf der Raxalpe ohne nähere Angabe des Standorts gesammelt worden sein, wurde jedoch seither nicht wieder gefunden, bleibt daher für die Flora von Nied.-Österr. zweifelhaft.

5. Gruppe. Hedysareae DC. Staubgefässe 2brüderig; Hülse in einsamige Fächer quer abgetheilt u. in einzelne Glieder zerfallend, od. einfächerig, nussartig und nicht aufspringend; Blätter unpaarig-gefiedert.

141. Coronilla L. Kronwicke. Kelch 5zähnig, fast 2lippig; Schiffchen in einen Schnabel zugespitzt; Staubgefässe abwechselnd verbreitert; Griffel kahl; Hülse stielrund od. 4—6kantig, querabgetheilt, in einzelne Glieder zerfallend.

a. Kronblätter goldgelb, langbenagelt, Nägel 3mal so lang als der Kelch.

467. **C. emerus L.** Strauchig, aufrecht; Nebenblätter lanzettlich, getrennt; Dolden 2—3blüthig; Hülsen stielrundlich. ♄ Vorhölzer, Waldränder, verbreitet; fehlt im Waldviertel u. im westl. Theile des Kreises O. W. W. H. 0,5—1.50 M. Mai-Juni.

b. Kronblätter kurzbenagelt, Nägel so lang als der Kelch.

* Blumenkrone gelb.

468. **C. vaginalis Lam.** Stengel niedergestreckt; Blätter 3 bis 4paarig-gefiedert, das unterste Blättchenpaar vom Grunde des

Blattstieles entfernt; *Nebenblätter* zusammengewachsen, von der Grösse der Blättchen, *bleibend;* Dolden 4—10blüthig; *Blüthenstielchen so lang als die Kelchröhre; Hülsen 6kantig.* ♄ Nadelwälder, verbreitet von den Badener Bergen bis in die Alpen. H. 0,1—0,25 M. Mai-Juni.

469. **C. coronata L.** Stengel aufrecht; Blätter meist 5paarig-gefiedert, das unterste Blättchenpaar am Grunde des Blattstieles sitzend; *Nebenblätter* zusammengewachsen, kleiner als die Blättchen, *hinfällig;* Dolden 15—20blüthig; *Blüthenstielchen 2—3mal länger als die Kelchröhre; Hülsen 4kantig.* ♃. Bergwälder südl. der Donau, besonders auf Kalk, verbreitet; auch auf dem Bisamberge. C. montana Jacq. H. 0,3—0,5 M. Juni-Juli.

* * Blumenkrone rosa.

470. **C. varia L.** Stengel liegend od. aufsteigend; Nebenblätter lanzettlich, getrennt; Dolden 10—20blüthig; Hülsen 4kantig. ♃. Wiesen, Gebüsche, gemein. H. 0,3—1,0 M. Juni-Juli.

142. Hippocrepis L. Hufeisenklee. Kelch 5zähnig, fast 2lippig; Schiffchen in einen Schnabel zugespitzt; Staubgefässe abwechselnd verbreitert; Griffel kahl; Hülse lineal, zusammengedrückt, an der Bauchnaht buchtig-ausgeschnitten, in einsamige Glieder zerfallend.

471. **H. comosa L.** Stengel ausgebreitet; Blätter 5—7paarig-gefiedert; Nebenblätter getrennt; Dolden 4—8blüthig; Nägel der Kronblätter 2mal länger als der Kelch; Glieder der Hülse hufeisenförmig. ♃. Wiesen, Triften der Kalkgebirge; vom Geissberge bei Rodaun, stellenweise über Giesshübel, Mödling, Baden bis in die Alpen; auch in Donauauen bei Krems, bei Rohrendorf, Grafenwörth, bei Melk, bei Hollenburg bis Angern u. Wagram. H. 0,1—0,25 M. Mai-Juli.

143. Hedysarum L. Hahnenkopf. Kelch 5spaltig; Schiffchen stumpf; Staubgefässe pfriemlich; Griffel kahl; Hülse lineal, zusammengedrückt, in 1samige Fächer querabgetheilt, in einzelne Glieder zerfallend.

472. **H. obscurum L.** Stengel aufrecht; Blätter 5—9paarig-gefiedert; Nebenblätter zusammengewachsen, 2spaltig; Trauben gedrungen; Blüthen überhängend, purpurn; Glieder der Hülse rundlich od. oval. ♃. Triften der Kalkalpen; Schneeberg, Alpl, Raxalpe, Gippl, Dürnstein, Hochkohr. H. 0,1—0,25 M. Juli-Aug.

144. Onobrychis Tourn. Esparsette. Kelch 5spaltig; Schiffchen stumpf; Staubgefässe pfriemlich; Hülse rundlich, zusammengedrückt, 1fächerig, nicht aufspringend.

473. **O. viciaefolia Scop.** Stengel aufsteigend; Blätter 9 bis 12paarig-gefiedert; Nebenblätter zusammengewachsen; Trauben

langgestielt, gedrungen, an der Spitze abgerundet; *Kelchzähne 2—3mal länger als ihre Röhre;* Blüthen rosa; *Hülsen netziggrubig, kurzstachlig.* ♃. Wiesen, gemein. Hedysarum onobrychis L. O. sativa Lam. H. 0,3—0,8 M. Mai-Juli.

474. **O. arenaria (Kit.) Ser.** Trauben fein u. lang zugespitzt, sehr bald gelockert; *Kelchzähne so lang od. nur wenig länger als ihre Röhre; Hülsen kurzzähnig,* sonst w. v. ♃. Auf dem Bisamberge. Hedysarum arenarium Kit. H. 0,3—0,8 M. Juni-Juli.

6. Gruppe. Vicieae Bronn. Staubgefässe 2brüderig; Hülse 1fächerig, 2klappig; Blätter paarig-gefiedert, Blattstiele in eine Ranke oder Stachelspitze auslaufend. Bei Lathyrus nissolia Blättchen und Ranke fehlend.)

145. **Vicia L.** Wicke. Kelch 5spaltig oder 5zähnig; Staubgefässe 2brüderig, pfriemlich, die unteren höher verwachsen als die oberen; Griffel fädlich oder von der Seite her kaum zusammengedrückt, unter der Narbe bärtig, rundum behaart, selten kahl.

a. Blüthen in langgestielten Trauben.

α. Trauben 1–6blüthig, Blüthen klein.

* Nebenblätter ganzrandig, halbpfeilförmig, die oberen lanzettlich.

475. **V. hirsuta (L.) Koch.** Blätter meist 6paarig-gefiedert; *Trauben 2—6blüthig; Kelchzähne pfriemlich, länger als die Kelchröhre;* Kronblätter bläulichweiss; *Hülsen* 2—3samig, *kurzhaarig.* ⊙ Aecker, Gebüsche, häufig. Ervum hirsutum L. H. 0,3—0,6 M. Mai-Juli.

476. **V. tetrasperma (L.) Moench.** Blätter 3—4paarig-gefiedert; *Trauben 1—2blüthig; Kelchzähne 3eckig-lanzettlich, kürzer als die Kelchröhre;* Kronblätter bläulichweiss; *Hülsen* 3—5samig, *kahl.* ⊙ Aecker, Gebüsche, verbreitet. Ervum tetraspermum L. V. gemella Cr. H. 0,2—0,6 M. Mai-Juli.

* * Nebenblätter paarweise ungleich, das eine lineal und sitzend, das andere halbmondförmig, borstig-zerschlitzt u. gestielt.

477. **V. monantha (L.) Desf.** Blätter meist 7paarig-gefiedert; Trauben 1- selten mehrblüthig; Kelchzähne pfriemlich, länger als die Kelchröhre; Blumenkrone grösser, weiss, Fahne lila; Hülsen 2—4samig, kahl. ⊙ Stammt aus dem Süden und wird in manchen Gegenden als Viehfutter gebaut und kommt dann oft verwildert vor; bei Pulkau, Eggenburg, über Dreieichen bis Horn u. südl. bis Gars, Kriegenreit, Freischling und Plank, bei Kautzen, Raabs, Laa, Oberndorf bei Scheibbs, einzeln auch auf der Türkenschanze und bei dem Arsenal von Wien. Ervum monanthos L. H. 0,3 bis 0,5 M. Juni-Juli.

β. Trauben vielblüthig, Blüthen ansehnlich.

* Blüthen blassgelb.

478. **V. pisiformis L.** Blätter 3—5paarig-gefiedert, kahl; Nebenblätter gross, halbpfeilförmig, ungleich-gezähnt. ♃. Wald-

ränder, Holzschläge, zerstreut; Kahlengebirge: Leopoldsberg, Kahlenberg, Dreimarkstein. Gallizin. Eichenwäldchen bei St. Veit, zwischen dem Geissberge und Giesshübel, Windthal bei Mödling, Anninger bei Gumpoldskirchen, Mühlleiten bei Baden. Burbach bei Siegenfeld; zwischen Fischau und Muthmannsdorf, Schmidsberg und bei Eichberg nächst Gloggnitz; Rosaliengebirge; Spitlberg und Heiligenkreuzerwald bei Bruck a. d. Leitha; Wolfsteingraben bei Aggsbach. Reisertwald bei Mollands, Zedingwald und Kollmitzberg bei Raabs, Hardegg; Waschberg bei Stockerau. vom Ernstbrunnerwald über Höbesbrunn, Hochleiten, Stillfried bis zur March zwischen Zwerndorf und Baumgarten. Ervum pisiforme Peterm. H. 1,0—2,0 M. Juni-Juli.

* * Blüthen blasslila bis dunkelviolett.

o Nebenblätter halbmondförmig, alle od. doch die unteren eingeschnitten-gezähnt.

479. **V. dumetorum L.** Blätter 3—5paarig-gefiedert, Blättchen am Rande gewimpert; Blüthen röthlichviolett; *Platte der Fahne etwas kürzer als ihr Nagel;* Griffel unter der Narbe bärtig. ♃. Wälder, Gebüsche, zerstreut. H. 0,5—1,5 M. Juni-Aug.

480. **V. silvatica L.** Blätter 6—9paarig-gefiedert, Blättchen kleiner, kahl; Blüthen weisslichlila; *Platte der Fahne 2mal länger als ihr Nagel;* Griffel unter der Narbe kurzhaarig. ♃. Wälder. Gebüsche; im Kreise U. W. W. nur bei Gutenstein; häufiger in den 2 westlichen Kreisen bei Annaberg, am Fuss der Voralpe, Sendelbachgraben bei Oberbergern. Balzenberg bei Rossatz, Gurhofgraben bei Aggsbach. Waldhof bei Krems, Spitz, zwischen Senftenberg und Gföhl, Meissling, Olbersdorf, Freischling, Reisertwald bei Mollands, Vierzigerwald bei Schiltern. Dobersberg, Georgiwald bei Grossau; fehlt im Kreise U. M. B. H. 0,5—1,5 M. Juni-Juli.

o Nebenblätter halbspiessförmig od. die obersten lanzettlich, ganzrandig.

· Trauben kürzer als das Blatt.

481. **V. cassubica L.** Blätter 8—12paarig-gefiedert, abstehendbehaart; Blumenkrone roth-violett. Platte der Fahne so lang als ihr Nagel; Griffel unter der Narbe kurzhaarig. ♃. Lichte Wälder. Gebüsche; verbreitet im Wienerwalde, am Leitha- und Rosaliengebirge, Jauerling. H. 0,4—0,6 M. Juni-Juli.

· · Trauben länger als das Blatt.

; Platte der Fahne so lang od. länger als ihr Nagel.

482. **V. cracca L.** Blätter 8—12paarig-gefiedert, Blättchen lineallanzettlich, spitz, anliegend-behaart; *Platte der Fahne so lang als ihr Nagel;* Griffel unter der Narbe bärtig; Hülsen am Grunde plötzlich verschmälert. ♃. Gebüsche, Aecker, gemein. Cracca major Gr. et Godr. H. 0,3—1,20 M. Juni-Juli. b) latifolia Neilr. Blättchen länglich, stumpf. Seltner.

483. **V. tenuifolia Roth.** Stengel steifer: Blättchen schmallineal: *Platte der Fahne doppelt so lang als ihr Nagel;* Hülsen am

Grunde allmälig verschmälert, sonst w. v. ♃. An gleichen Orten, jedoch seltener oder oft verwechselt: bei St. Veit, zwischen Laxenburg und Himberg. H. 0,3—1,20 M. Juni-Juli.

; ; Platte der Fahne halb so lang als ihr Nagel.

484. **V. villosa Roth.** Stengel zottig; Blätter 6—8paarig-gefiedert, abstehend-behaart; Trauben länger als das Blatt; Griffel unter der Narbe bärtig. ⊙ Getreide, Aecker, verbreitet. Cracca villosa Gr. et Godr. H. 0,3—1,0 M. Juni-Juli. b) glabrescens Koch. Stengel fast kahl; Blätter spärlich-behaart; der unterste Kelchzahn länger, Trauben daher vor dem Aufblühen deutlich beschopft. Stellenweise; Belvedere, Gallizin, Mödling, Scheibbs, Lunz, Aggsbach.

b. Blüthen in sehr kurzgestielten Trauben od. zu 1—2 in den Blattwinkeln fast sitzend.

α. Blüthen weiss od. blassgelb.

* Blätter mit einfacher Stachelspitze endigend.

485. **V. oroboides Wulf.** Wurzelstock knotig; Blätter 1—3-paarig-gefiedert, Blättchen oberseits und am Rande schwachflaumig, zugespitzt, die untersten stumpf; Blüthen in sehr kurzen, 2—6blüthigen, blattwinkelständigen Trauben, blassgelb; Hülsen kahl. ♃. Voralpen, selten; Unterberg bei Gutenstein, Klosterthal, Schwarzau, Bodenwiese und Abfälle des Gans gegen die Thalhofriese, Maumau, Fadnerkogel, Hengst Baumeck, Steinritzel, Handlesberg, Obersberg, Mürzthal beim Todten Weib, Reisalpe u. Muckenkogel bei Lilienfeld, Terz gegen die Wildalpe zu. Orobus Clusii Spreng H. 0,3—0,4 M. Mai-Juni.

Anm. V. faba L. wird hin und wieder cultivirt.

* * Blätter mit einer Wickelranke endigend.

486. **V. pannonica Cr.** *Stengel behaart, oberwärts fast zottig;* Blätter 5—8paarig-gefiedert; Blüthen in sehr kurzen, 2—4 blüthigen blattwinkelständigen Trauben; *Fahne von aussen zottig*, grüngestreift; *Hülsen länglich, zottig.* ⊙ Getreide, Aecker, stellenweise und oft nur eingeschleppt; Communalbad von Wien, zwischen Döbling, Währing und Hernals, St. Marxer Linie über Simmering bis Laa, zwischen Mödling und Neudorf, Eichkogel, Gumpoldskirchen, Baden, Vöslau, Kottingbrunn, Fischau, Neustadt, Prigglitz; Rappoltenkirchen, Grasberg bei Wasserburg, Golbling, Aschbach; Marchfeld bei Probstdorf, Baumgarten, Niederweiden, Schönkirchen, Schlosshof; von Bruck über das Leithagebirge bis zum Neusiedlersee. H. 0,3—0,6 M. Mai-Juli. b) striata (M. a. B.). Blüthen röthlich-violett. Im Muldergraben bei Grossau, zufällig. V. purpurascens DC.

487. **V. sordida W. et K.** *Stengel flaumig oder fast kahl;* Blätter 3—7paarig-gefiedert; Blüthen zu 1—2 in den Blattwinkeln fast sitzend; *Fahne kahl*, bräunlich; *Hülsen* lineallänglich, kurz-

flaumig, *zuletzt kahl*. ⊙ und ⊙ Aecker, buschige Orte, sehr selten; im Prater, bei dem Friedhofe von St. Marx, an der Schwechat bei dem Bahnhofe von Lanzendorf, Jesuitenmühle bei Moosbrunn, Baden, Mödling, Haimbach; Loimersdorf im Marchfelde; Kadolz. H. 0,3—0,6 M. Mai-Juni.

Anm. V. lutea L. mit kahler Fahne und cilänglichen rauhhaarigen (Haare auf einem Knötchen sitzend) Hülsen, wurde eingeschleppt im Prater u. am Laaerberge beobachtet.

β. Blüthen violett od. purpurn.

* Blättchen scharfgezähnt.

488. **V. serratifolia** Jacq. Blätter 1—3paarig-gefiedert; Blüthen in sehr kurzen 2—4blüthigen blattwinkelständigen Trauben; Hülsen von am Grunde zwiebeligen Haaren gewimpert. ⊙ und ⊙ Vorhölzer sehr selten; Gruberholz bei Gallbrunn; Leithagebirge bei Sommerein, Kaisersteinbruch, Winden, Breitenbrunn, zwischen Goyss und Neusiedel; zufällig auf dem Nussberge bei Nussdorf. H. 0,3—0,6 M. Mai-Juni.

* * Blättchen ganzrandig.

o Blüthen in 3—5blüthigen Trauben; Kelchzähne ungleich, 2—3mal kürzer als die Röhre.

489. **V. sepium L.** Blätter 4—8paarig-gefiedert, Blättchen eiförmig bis eilanzettlich; Hülsen länglich, kahl. ♃. Wälder, Auen, Hecken, verbreitet. H. 0,3—0.6 M. Mai-Juni.

o o Blüthen einzeln od. zu 2 in den Blattwinkeln fast sitzend; Kelchzähne fast gleich, so lang als die Röhre.

• Blätter 4—8paarig-gefiedert, mit mehrgabliger Wickelranke endigend; Nebenblätter gezähnt; Samen glatt.

490. **V. sativa L.** Blätter meist 7paarig-gefiedert, *Blättchen* verkehrteiförmig, ausgerandet, stachelspitzig, die der oberen Blätter *länglich-verkehrteiförmig;* Blumenkrone 20—25 mm. lang, Fahne hellviolett, Flügel purpurn; *Hülsen länglich, holperig, kurzhaarig, reif hellbraun.* ⊙ Gebaut und an Ackerrändern, Brachen verwildert. H. 0,3—0,6 M. Mai-Juli.

491. **V. angustifolia** Roth. Blätter meist 5paarig-gefiedert, *Blättchen* stumpf oder zugespitzt, schmäler, die der oberen Blätter *lineal;* Blumenkrone kleiner, etwa 15 mm. lang, einfarbig; *Hülsen lineal, nicht holperig, reif kahl, schwarz.* ⊙ Wiesen, Aecker, Auen, verbreitet. H. 0,1—0,4 M. Mai-Juli. b) segetalis (Thuill). Blättchen der oberen Blätter lineal-lanzettlich; Hülsen lineallänglich, fast kahl, reif schwarzbraun. Hie und da.

•• Blätter 2—3paarig-gefiedert, mit Stachelspitze od. einfacher Wickelranke endigend; Nebenblätter ganzrandig; Samen feinwarzig.

492. **V. lathyroides L.** Blättchen lanzettlich oder lineal, die der untersten Blätter verkehrteiförmig; Blumenkrone 6—9 mm. lang, einfarbig; Hülsen lineal, kahl. ⊙ Gras-

plätze selten; Donauinseln, Türkenschanze, Kahlenberg, Himmel, Klosterneuburg, Eichenwald von Schönbrunn, Halterthal, Purkersdorf; Laaerberg, Königsberg an der Fischa, Wolfsthal bei Hainburg, Haglersberg am Neusiedlersee, Thernberg; Göttweih, Langenlois, Stein, zwischen dem Scheibenhofe und Dürrenstein, Aggsbach. H. 0,08—0,2 M. April-Juni.

146. Lathyrus L. Platterbse. Kelch 5spaltig oder 5zähnig; Staubgefässe 2brüderig, pfriemlich, ziemlich gleich hoch verwachsen: Griffel vom Rücken her flachgedrückt, auf der Innenseite behaart.

a. Blattstiele zu einem Stielblatte verbreitert, ohne Wickelranke; Blättchen fehlend.

493. **L. nissolia L.** Stengel aufrecht, ungeflügelt; Blattstiele lineallanzettlich: Nebenblätter sehr klein, pfriemlich: Blüthen einzeln, langgestielt, purpurn; Hülsen feinbehaart oder kahl. ⊙ Waldwiesen, sehr selten; Heuberg gegen den Gallizin, Hameau, Rosskopf bei Neuwaldegg in der Nähe des rothen Kreuzes, Hornauskogel im Thiergarten, Gumpoldskirchen. H. 0,3—0,5 M. Mai-Juli.

b. Blätter gefiedert, mit einer Wickelranke endigend.

α. Stengel ungeflügelt; Blätter 1paarig gefiedert.

494. **L. pratensis L.** *Wurzelstock ohne knollig verdickte Wurzeln;* Blättchen pfeilförmig lanzettlich; Nebenblätter breitlanzettlich: *Blumenkrone gelb:* Hülsen zusammengedrückt, kahl. ♃. Wiesen, Hecken, gemein. H. 0,3 bis 1,0 M. Juni-Juli.

495. **L. tuberosus L.** *Wurzelstock mit knollig verdickten Wurzeln;* Blättchen länglich-verkehrteiförmig; Nebenblätter halbpfeilförmig, lineallanzettlich; *Blumenkrone purpurn;* Hülsen holperig, kahl. ♃. Aecker, Brachen verbreitet. H. 0,3—1,0 M. Juni-Juli.

β. Stengel geflügelt.

* Blätter 1paarig-gefiedert.

o Hülsen rauhhaarig.

496. **L. hirsutus L.** Blättchen länglich bis lineallanzettlich: Blüthenstiele 1—3blüthig; Blumenkrone lila, Fahne purpurn. ⊙ u. ⊙ Aecker, Grasplätze, sehr selten; Marchthal bei Baumgarten, Zwerndorf u. Magyarfalva; Heiligenkreuzer Wald am Leithagebirge; zufällig bei Giesshübel u. Gumpoldskirchen. H. 0,3—1.0 M. Juni-Juli.

o o Hülsen kahl.

· Blüthenstiele 1blüthig.

497. **L. sativus L.** Blättchen lineallanzettlich; Blüthen langgestielt, weiss, rosa od. bläulich; Hülsen am oberen Rande 2flügelig. ⊙ Gebaut, zuweilen verwildert. H. 0,3—0,6 M. Juni-Juli.

· · Blüthenstiele mehrblüthig.

; Samen flachrunzelig, Nabel die Hälfte des Samens umgebend.

498. **L. silvestris L.** Flügel des Stengels doppelt so breit als die der Blattstiele; Blättchen lineallanzettlich oder lanzettlich, spitz, grasgrün; Nebenblätter halbpfeilförmig, lineal oder lineal-lanzettlich, schmäler als der Stengel; Blumenkrone gelblichgrün, rosa überlaufen. ♃. Waldränder, stellenweise; im Wienerwalde zwischen Neuwaldegg, Hütteldorf und Mauerbach, so wie längs der Grenze des Alpenkalkes; Bisamberg, Krems- und oberes Donauthal, Scheibbs, Grossau. b) platyphyllus (Retz). Flügel der Blattstiele fast ebenso breit als die des Stengels; Blättchen breiter, länglich-lanzettlich, stumpflich, stachelspitzig; Nebenblätter breiter, sonst w. v. ♃. Waldränder; auf der Königswarte bei Wolfsthal, Silbersberg und Schmidsberg bei Gloggnitz. L. intermedius Wallr. H. 1,0—1,8 M. Juli-Aug.

; ; Samen warzig-runzelig, Nabel den dritten Theil des Samens umgebend.

499. **L. latifolius L.** Flügel des Stengels so breit od. schmäler als die der Blattstiele; Blättchen oval, verkehrteiförmig od. länglich-lanzettlich, blaugrün; Nebenblätter halbpfeilförmig, länglich-lanzettlich, so breit od. breiter als der Stengel; Blumenkrone sattrosa. ♃. Wiesen, Grasplätze, verbreitet im Wiener Becken; auf der Fucha u. bei Hollenburg. H. 1,0—1,8 M. Juli-Aug.

* * Blätter 2—4paarig-gefiedert.

500. **L. palustris L.** Blattstiele ungeflügelt, Blättchen lineal-lanzettlich od. länglich; Nebenblätter halbpfeilförmig, lineal-lanzettlich; Blüthen blau. ♃. Sumpfige Wiesen, selten; Heustadelwasser im Prater, Ebergassing, Margarethen am Moos, Himberg, Moosbrunn, Laxenburg; Marchthal bei Oberweiden und Angern; Neusiedlersee bei Neusiedel. Orobus palustris Rchb. H. 0,3—0,6 M. Juni-Juli.

c. Blätter gefiedert, mit einer Stachelspitze endigend.

α. Blätter 2—3paarig-gefiedert.

* Blättchen eiförmig, zugespitzt.

501. **L. vernus (L.) Bernh.** Wurzelstock kurz, ästig; *Trauben locker, Spindel u. Blüthenstiele kahl;* Blüthen 15—20 mm. lang, purpurn, zuletzt blau, sehr selten weiss; *Kelch u. Hülsen kahl.* ♃. Bergwälder, gemein. Orobus vernus L. H. 0,2—0,4 M. April-Mai.

502. **L. variegatus (Ten.) Gr. et Godr.** Wurzelstock kurz, ästig; *Trauben gedrängt, Spindel u. Blüthenstiele behaart;* Blüthen 10—13 mm. lang, Flügel u. Schiffchen rosa, Fahne purpurn mit dunkleren Streifen; *Kelch u. Hülsen rothdrüsig.* ♃. In Wäldern zwischen Wechsenberg und Reisenmarkt. H. 0,2—0,4 M. Juni-Juli.

* * Blättchen lineal od. lineallanzettlich, spitz.

503. **L. pannonicus (Jacq.) Garcke.** Wurzel knollig verdickt, *Knollen kurz, keulenförmig;* Stengel meist einfach: *Blüthenstiele zur Fruchtzeit etwa doppelt so lang als das Blatt;* Blumenkrone gelblichweiss, Fahne röthlich. ♃. Nasse Wiesen; verbreitet im Kreise U. W. W. Orobus pannonicus Jacq. O. austriacus Cr. O. albus L. fil. H. 0,3—0,5 M. Mai-Juni.

504. **L. versicolor (Gm.) Beck.** *Knollen verlängert,* dünn, walzlich od. spindlig; Stengel verästelt; *Blüthenstiele zur Fruchtzeit so lang als das Blatt,* sonst w. v. ♃. Sonnige Hügel, selten; zwischen dem Kahlen- u. Leopoldsberge, bei Kalksburg u. Kaltenleutgeben, Brühl. Orobus versicolor Gm. O. varius Sol. O. lacteus M. a B. H. 0,3—0,5 M. April-Mai.

β. Blätter 4—8paarig-gefiedert.

505. **L. niger (L.) Bernh.** Blättchen eiförmig oder länglich, graugrün; Kronblätter purpurn; Hülsen schwarz ♃. Wälder; verbreitet im Hügellande der beiden unteren Kreise, auf dem Leithagebirge, Kahlengebirge, im oberen Donauthale, am Manhartsberge. Orobus niger L. H. 0,4—1,0 M. Juni-Juli.

Anm. Lens esculenta Moench, Pisum sativum L., Pisum arvense L., Phaseolus vulgaris L. und Phaseolus multiflorus Lam. werden, zum Theil im Grossen, gebaut und kommen hin u. wieder auch verwildert vor.

XXXI. Familie Amygdalaceae Juss.

147. Amygdalus L. Mandel. Kelch 5spaltig; Blumenkrone 5blättrig; Steinfrucht trocken, das Fleisch bei der Reife unregelmässig zerreissend; Steinschale glatt od. schwach-gefurcht mit od. ohne Löchelchen.

506. **A. nana L.** Blätter lanzettlich, gesägt, in den kurzen Blattstiel verschmälert; Blumenkrone gesättigt rosa; Frucht rundlich; Steinschale ohne Löchelchen. ♄ Buschige Hügel, sehr selten; auf der Hochleiten u. auf dem Höhenzuge zwischen Ebenthal u. Stillfried; Parndorfer Heide u. östl. Ufer des Neusiedlersees. H 0,3—1,0 M. April-Mai.

Anm. A. communis L. (Mandelbaum), u. Persica vulgaris Mill. (Pfirsichbaum) werden in Gärten und Weingärten cultivirt.

148. Prunus L. Pflaume. Kirsche. Weichsel, Aprikose. Kelch 5spaltig; Blumenkrone 5blättrig; Steinfrucht saftig, nicht aufspringend; Steinschale glatt, ohne Löchelchen.

a. Blüthen einzeln od. zu 2—3; Frucht bereift.

* Blüthenstiele kahl, doppelt so lang als die Kelchröhre.

507. **P. spinosa L.** Strauch mit zahlreichen dornigen Seitentrieben; Aestchen feinflaumig; Blätter elliptisch oder länglich

Blüthen meist einzeln, weiss; Frucht kuglig, aufrecht. ♄ Hecken, Raine, gemein. H. 1,0—2,0 M. April-Mai.

* * Blüthenstiele feinflaumig, mehrmal länger als die Kelchröhre.

508. **P. insititia L.** Strauch od. Baum, wehrlos od. mit dornigen Seitentrieben; *Aestchen feinflaumig;* Blätter elliptisch od. länglich; Blüthen meist zu 2; Kronblätter rundlich, weiss; *Frucht kuglig,* hängend, Fruchtfleisch der Steinschale anhängend. ♄ Gepflanzt u. hin u. wieder verwildert. H. 2,0—5,0 M. April-Mai.

509. **P. domestica L.** Baum, wehrlos; *Aestchen kahl;* Blätter elliptisch od. länglich; Blüthen meist zu 2; Kronblätter länglicheiförmig, grünlich-weiss; *Frucht länglich-eiförmig,* hängend, Fruchtfleisch von der Steinschale sich lösend. ♄ Gepflanzt, selten verwildert. H. 3,0—6,0 M. April-Mai.

b. Blüthen in doldenförmigen 2—5blüthigen Büscheln; Frucht unbereift.

* Blattstiele oben mit 1—2 Drüsen; Blüthenbüschel am Grunde von häutigen Schuppen umgeben.

510. **P. avium L.** Baum; Blätter zugespitzt, etwas runzlig, unterseits weichhaarig; Blüthen weiss; Frucht eiförmig-kuglig, süss. ♄ Vorhölzer, Wälder, zerstreut; häufig gepflanzt. H. 3,0 bis 12,0 M. April-Mai.

* * Blattstiele drüsenlos; Blüthenbüschel am Grunde von kleinen Blätterbüscheln umgeben.

511. **P. cerasus L.** *Baum; Blätter zugespitzt,* lederig, glänzend, kahl; Kronblätter rundlich, weiss od. blassrosa; Frucht plattkugelig, sauer. ♄ Gepflanzt u. hin u. wieder verwildert. H. 3,0 bis 6,0 M. April-Mai.

512. **P. chamaecerasus L.** *Strauch; Blätter* lederig, glänzend, kahl, die oberen zugespitzt, *die seitenständigen abgerundet, stumpf;* Kronblätter kleiner, verkehrteiförmig, weiss; Frucht plattkuglig, sauer. ♄ Raine, Hecken, verbreitet; Kahlengebirge, Hügelreihe südöstl. von Wien vom Laaerberge über die Rauhenwarter u. Ellender Höhe bis Hainburg u. das Leithagebirge; Hügelland des Kreises U. M. B., unteres Kampthal, an der oberen Donau von Langenlois bis Melk, St. Pölten, Herzogenburg, Hollenburg. H. 0,5 bis 1,0 M. April-Mai.

511 × 512. **P. cerasus × chamaecerasus.** Strauchartig mit kleinen Blüthen und zugespitzten Blättern. Laaerberg, Bisamberg, Pötzleinsdorf, Nussdorf, Kahlenbergerdorf, Grinzing. Cerasus intermedia Host. P. eminens Beck.

c. Blüthen traubig; Frucht unbereift.

513. **P. padus L.** Baum od. Strauch; *Blätter elliptisch,* fast doppelt gesägt; *Trauben überhängend, lang,* vielblüthig; Blüthen

weiss; Frucht kuglig. ♄ Auen, Waldränder, zerstreut; häufig gepflanzt H. 2,0—10,0 M. April-Mai.

514. **P. mahaleb. L.** Strauch od. Baum; *Blätter rundlich-eiförmig,* stumpfgesägt; *Trauben aufrecht, kurz,* 4—12blüthig; Blüthen weiss; Frucht ellipsoidisch. ♄ Felsige, buschige Stellen; häufig auf den Kalkbergen von Mödling über Baden u. die Wand bis auf den Gösing, auf den Hainburger Bergen; Steinberg bei Ernstbrunn; an der Erlaf bei Scheibbs H. 2,0—6,0 M. April-Mai.

Anm. P. armeniaca L. (Marillenbaum) wird in Gärten cultivirt.

XXXII. Familie. Rosaceae Juss.

1 Früchtchen kapselartig, 2—mehrsamig, oft an der Bauch- od. Rückennaht aufspringend . . . . **Spiraea**
  Früchtchen nuss- od. steinfruchtartig, 1samig 2
2 Früchtchen nuss- od. steinfruchtartig, meist zahlreich, auf einem trockenen od. saftigen Fruchtboden sitzend, vom niedrigen, beckenförmigen Becher nicht eingeschlossen . 3
  Früchtchen nussartig, zu 1—4, im Grunde des ausgebildeten, verhärteten od. unveränderten Bechers sitzend und von diesem eingeschlossen 9
  Früchtchen nussartig, zahlreich, am Grunde des mit dem hohlen Fruchtboden verwachsenen Bechers eingefügt, von diesem bis auf die hervorragenden Griffel eingeschlossen . . . . **Rosa**
3 Kelch deckblattlos 4
  Kelch 4—5spaltig, Saum mit 4—5 kleineren mit den Kelchzipfeln abwechselnden Deckblättern umgeben 5
4 Kelch 5spaltig; Blumenkrone 5blättrig; Früchtchen steinfruchtartig, auf einem kegelförmigen trockenen Fruchtboden eingefügt und in eine am Grunde ausgehöhlte abfällige Scheinbeere mehr minder verwachsen . . **Rubus**
  Kelch 8—9spaltig; Blumenkrone 8—9blättrig; Früchtchen nussartig, auf dem schwachgewölbten trockenen Fruchtboden eingefügt u. von dem in einen zottigen Schweif auswachsenden Griffel gekrönt . . . . **Dryas**
5 Früchtchen von dem erhärteten Griffel geschwänzt . . **Geum**
  Früchtchen ungeschwänzt 6
6 Staubgefässe 5 (selten 10) . . . . **Sibbaldia**
  Staubgefässe zahlreich 7
7 Früchtchen nussartig, auf dem zu einer abfälligen Scheinbeere vergrösserten, zuletzt fleischig-saftigen Fruchtboden eingefügt . . . . **Fragaria**
  Früchtchen nussartig; Fruchtboden nicht abfällig 8
8 Blüthen 5zählig; Fruchtboden schwammig-fleischig; Kronblätter bleibend . . . . **Comarum**
  Blüthen 5-, seltner 4zählig; Fruchtboden trocken oder schwammig; Kronblätter abfällig . . . . . . **Potentilla**

9 Blumenkrone 5blättrig . . . . **Agrimonia**
Blumenkrone fehlend 10
10 Kelch 8spaltig, deckblattlos; Blätter handförmig 5—9 lappig od. schnittig . . . . **Alchemilla**
Kelch 4spaltig, von 2—3 Deckblättern umgeben: Blätter gefiedert . . . . **Sanguisorba**

1. Gruppe Spireac Endl. Früchtchen kapselartig, 2—mehrsamig, oft an der Bauch- od. Rückennaht aufspringend.

149. Spiraea L. Spierstaude. Kelch 5spaltig, bleibend; Blumenkrone 5blättrig; Staubgefässe zahlreich; Früchtchen 2—12.

a. Nebenblätter fehlend.

515. **S. salicifolia L.** Stengel strauchig; *Blätter länglich-lanzettlich*, ungleich-gesägt; Rispe endständig, pyramidal; Blüthen zwittrig; Kronblätter rosa. ♄ Ufer, Teichränder, selten; um Hohenau, bei Pöggstall, am Kamp bei Schönbach, Rappoltenstein u. Zwettl, Weitra, Waschteich bei Naglitz, Gmünd, Schrems, Hoheneich, Schönau, Litschau, Burgerhofwaid bei Scheibbs. H. 1,0—2,0 M. Juni-Juli.

Anm. S. ulmifolia Scop. mit eiförmigen Blättern u. gewölbten weissen Doldentrauben wird häufig in Anlagen cultivirt u. kommt gleichsam verwildert vor; ebenso auch andere Arten.

516. **S. aruncus L.** Stengel krautig; *Blätter 3—4mal 3schnittig-fiederschnittig;* Blüthen 2häusig, in langen rispig zusammengestellten Aehren; Kronblätter gelblich-weiss. ♃ Schattige Waldstellen, verbreitet. Aruncus silvester Kost. H. 1,0—1,5 M. Juni-Juli.

b. Nebenblätter vorhanden.

517. **S. ulmaria L.** *Wurzelfasern fädlich;* Blätter unterbrochen-fiederschnittig, Abschnitte eiförmig od. eilänglich, ungleich-doppelt-gesägt, unterseits weissfilzig, der endständige grösser, 3—5lappig; Kronblätter gelblich-weiss: *Früchtchen kahl, schraubenförmig-gewunden.* ♃. Nasse Wiesen, verbreitet. H. 0,6—1,2 M. Juni-August. b) denudata (Presl). Blätter beiderseits kahl u. grün. Mit der Grundform.

518. **S. filipendula L.** *Wurzelfasern knollig-verdickt;* Blätter unterbrochen-fiederschnittig, Abschnitte länglich, fiederspaltig-eingeschnitten, gewimpert; Kronblätter gelblich-weiss; *Früchtchen behaart, nicht gewunden.* ♃. Wiesen, gemein. H. 0,3—0,6 M. Juni-Juli.

2. Gruppe. Dryadeae Vent. Früchtchen nuss- od. steinfruchtartig, meist zahlreich, auf einem trockenen od. saftigen Fruchtboden sitzend, vom niedrigen beckenförmigen Becher nicht eingeschlossen, öfter eine falsche Beere darstellend.

150. Dryas L. Dryade. Kelch 8—9spaltig, bleibend, deckblattlos; Blumenkrone 8—9blättrig; Staubgefässe zahlreich; Früchtchen nussartig, zahlreich, 1samig, auf dem schwachgewölbten saftlosen Fruchtboden eingefügt u. von dem in einen zottigen Schweif auswachsenden Griffel gekrönt.

519. **D. octopetala L.** Stengel niedergestreckt; Blätter länglich, gekerbt, am Rande umgerollt; Blüthen einzeln. weiss; Früchte zottig. ♄ Kalkalpen; manchmal auch herabgeschwemmt. H. 0,03—0,1 M. Juni-Aug.

151. Geum L. Nelkenwurz. Kelch 5spaltig, bleibend, Saum mit 5 kleineren, mit den Kelchzipfeln abwechselnden Deckblättern umgeben; Blumenkrone 5blättrig; Staubgefässe zahlreich; Früchtchen nussartig, zahlreich, 1samig, auf dem walzlichen saftlosen Fruchtboden eingefügt u. von dem erhärteten Griffel geschwänzt.

a. Stengel mehrblättrig; Griffel in der Mitte hackenförmig gegliedert.

520. **G. urbanum L.** *Stengel* abstehend-behaart, *ohne Drüsenhaare;* untere Blätter leierförmig od. fiederschnittig; *Blüthen aufrecht.* Kronblätter ausgebreitet, unbenagelt, gelb; Fruchtkelch zurückgeschlagen; Fruchtköpfchen ungestielt; *unteres Griffelglied 4mal so lang als das obere, kahl,* oberes am Grunde behaart. ♃. Auen, Gebüsche. gemein. H. 0,3—0.6 M. Juni-Aug.

521. **G. rivale L.** *Stengel* abstehend-behaart, *oberwärts drüsig;* untere Blätter leierförmig-fiederschnittig; *Blüthen nickend,* Kronblätter aufrecht. lang benagelt. gelb, röthlich überlaufen; Fruchtkelch aufrecht; Fruchtköpfchen im Kelche langgestielt; *unteres Griffelglied am Grunde drüsenhaarig, so lang als das bis zur Spitze behaarte obere.* ♃. Wälder der Kalkvoralpen bis in die untere Alpenregion, verbreitet; auch am Nadlbache bei St. Pölten, Hiesberg bei Melk, Etzen u. Koth nächst Mank. Seitenstetten; im Kreise O. M. B. in Donauauen bei Krems. Gföhlerwald, Jauerling, Pöggstall, Gross-Gerungs. H. 0,2—0,5 M. Mai-Juli.

520×521. **G. urbanum × rivale.** Von G. urbanum durch grössere etwas nickende Blüthen, kurzbenagelte aufrecht-abstehende Kronblätter, abstehenden Fruchtkelch, kurzgestielte Fruchtköpfchen u. das kürzere untere Griffelglied; — von G. rivale durch kürzer benagelte aufrecht-abstehende Kronblätter, abstehenden Fruchtkelch. kurzgestielte Fruchtköpfchen u. das längere untere Griffelglied verschieden. Auf dem Hengst bei dem Kalten Wasser und höher hinauf zwischen dem Sattel u. der Kuhplagge des Schneebergs, dann am Semmering. G. intermedium Ehrh.

b. Stengel 1blättrig; Griffel nicht gegliedert.

522. **G. montanum L.** Stengel zottig; untere Blätter leierförmig-fiederschnittig, mit sehr grossem Endlappen; Blüthen aufrecht. Kronblätter kurzbenagelt, ausgebreitet, gelb; Griffel zottig. ♃. Alpen u. höhere Voralpen. auf Kalk u. auf den Schiefern des Wechsels häufig. Sieversia montana Willd. H, 0,05—0.3 M. Mai-Juli.

152. Rubus L. Brombeere. Kelch 5spaltig, bleibend, deckblattlos; Blumenkrone 5blättrig; Staubgefässe zahlreich; Früchtchen steinfruchtartig, zahlreich, 1samig. auf einem kegelförmigen trockenen Fruchtboden eingefügt u. in eine am Grunde ausgehöhlte abfällige Scheinbeere mehr minder verwachsen.

I. Wurzelstock 1jährige Blüthenstengel u. Schösslinge treibend, Nebenblätter stengelständig; Blüthenboden flach; Früchte roth, kahl.

523. **R. saxatilis L.** Schössling niedergestreckt, ausläuferartig, mit borstenförmigen Stacheln; Blätter 3zählig, beiderseits grün; Rispe endständig, doldentraubig, 3—6blüthig, Kronblätter lineallänglich, weiss. ♃. Waldränder; um Wien selten, Weixelthal. Soosser Lindkogel und Eisernes Thor; häufig in den Voralpen bis in die Krummholzregion der Alpen; seltner auf Schiefer, Jauerling, Stixendorf und Dross bei Krems, Kottes od. auf tertiären Hügeln, wie im Ernstbrunner Wald; auch auf Serpentin bei Bernstein. Mai-Juli.

II. Wurzelstock 2jährige Schösslinge treibend, die erst im 2. Jahre Blüthen tragen; Nebenblätter blattstielständig; Früchte vom kegelförmigen trockenen Fruchtboden sich ablösend, sammtig behaart, roth.

524. **R. idaeus L.** Schössling aufrecht, an der Spitze überhängend, stielrund, bereift, mit kleinen zerstreuten Stacheln; Blätter 3zählig oder 5—7zählig fiederschnittig, mit sitzenden Seitenblättchen, unterseits weiss-filzig; Doldentrauben wenigblüthig; Kronblätter länglich-keilförmig, weiss. ♄ Wälder, Holzschläge, gemein. Mai-Juni.

III. Wurzelstock 2jährige Schösslinge treibend, die erst im 2. Jahre Blüthen tragen; Nebenblätter blattstielständig; Früchte mit dem erweichenden oberen Theile des Fruchtbodens verbunden abfallend, schwarz (selten braunroth), kahl.

§. 1. Nebenblätter lineal; äussere Seitenblättchen meist ganz deutlich gestielt.

A. Achsen ohne Stieldrüsen (sehr selten vereinzelte kurze an Blüthenstielchen u. Deckblättchen).

a. Schössling aufrecht, an der Spitze überhängend, fast nie wurzelnd; Blätter beiderseits grün, 3—5-, seltner 7zählig, mit fast sitzenden od. kurzgestielten äusseren Blättchen; Blüthenstand meist einfach traubig; Staubgefässe nach dem Verblühen nicht zusammenneigend. (Suberecti.)

α. Schösslingstacheln kegelförmig od. pfriemlich; Früchte braunroth.

525. **R. nessensis W. Hall.** Schössling stumpfkantig, kahl, mit kleinen geraden Stacheln; Blätter*) 3—5- öfter auch 7zählig. Endblättchen herzeiförmig, langzugespitzt; Rispe armblüthig, doldentraubig; Kelchzipfel nach dem Verblühen abstehend, weissfilzig berandet; Kronblätter verkehrt-eiförmig, weiss; Staubgefässe die Griffel überragend; Früchte klein. ♄ Wälder, selten; Krumbach, Edlitz und Hassbach im südöstl. Schiefergebiete; Leithagebirge bei Mannersdorf; bei Gratzen, Thaja- und Fugnitzthal bei Hardegg, Pöggstall. Rorregg R. suberectus Ands. R. fastigiatus Wh. p. p. R. fruticosus-idaeus Kuntze. Mai-Juni.

β. Schösslingsstacheln am Grunde breit zusammengedrückt; Früchte schwarz.

526. **R. fruticosus L.** Schössling scharfkantig, schwach gefurcht, kahl, mit mittelstarken Stacheln; Blätter 5zählig, *Blättchen ge-*

*) In der Beschreibung sind der Kürze halber stets nur jene des Schösslings berücksichtigt, da diese oft für die Art charakteristisch sind. Bei Einsammlungen muss daher immer auch ein Stück vom Schösslinge mitgenommen werden.

faltet, zerstreut angedrückt-behaart, das endständige herzeiförmig, zugespitzt; Rispe wenigblüthig, fast traubig; *Kelchzipfel nach dem Verblühen abstehend*, weissfilzig berandet; Kronblätter verkehrt-eiförmig, weiss oder röthlich; *Staubgefässe kürzer oder so lang als die Griffel;* Früchte eiförmig. ♄ Wälder, selten; Krems, Dürrenstein, wahrscheinlich im Waldviertel verbreitet. R. plicatus Wh. et N. R. corylifolius Hayne non Sm. Juni-Juli.

527. **R. sulcatus Vest.** Blättchen nicht gefaltet; *Kelchzipfel nach dem Verblühen zurückgeschlagen*; Kronblätter grösser; *Staubgefässe länger als die Griffel:* Früchte länglich-eiförmig, sonst w. v. ♄ Wälder, nicht häufig: Rohrerhütte bei Neuwaldegg, Rosskopf, Scheiblingstein, Rudolfshöhe bei Purkersdorf, Tullnerbach, Troppberg, Hochstrass, Kaltenleutgeben, Hochrotherd, Zug- und Kaufberg bei Kalksburg; Hassbach, Aspanger Klause; Thajathal bei Hardegg; St. Pölten. R. fastigiatus Wh. et N. p. p. Juni-Juli.

b. Schössling hoch- od. niedrig-bog'g, im Herbste wurzelnd; Blätter unterseits meist grau- od. weissfilzig, die meisten 5zählig, mit deutlich gestielten äusseren Blättchen; Blüthenstand zusammengesetzt, rispig; Staubgefässe die Griffel überragend, nach dem Verblühen zusammenneigend. (Thyrsoidei.)

α. Schössling hochbogig, zuletzt kahl, unbereift; Blüthenstand nach oben zu traubig, nach der Spitze verjüngt, dicht bestachelt; Kelchzipfel abstehend od. halb aufgerichtet. (Rhamnifolii.)

528. **R. senticosus Koehl.** Schössling kantig, mit kräftigen sicheligen Stacheln; Blättchen gefaltet, unterseits graufilzig, das endständige elliptisch oder länglich-verkehrteiförmig, zugespitzt; Rispe am Grunde beblättert, mit langen pfriemlichen Stacheln dicht bewehrt, Blüthenstielchen und Deckblätter manchmal vereinzelte Stieldrüsen führend; Kronblätter weiss; Fruchtknoten kahl oder etwas behaart. ♄ Am Muglerberg bei Rossatz. R. montanus Wirtg. R. pseudoradula Hol. Juni-Juli.

β. Schössling hochbogig, meist kahl, unbereift; Blüthenstand verlängert, schmal, zur Spitze kaum verjüngt, wenig bestachelt; Kelchzipfel zurückgeschlagen. (Candicantes.)

529. **R. Vestii Focke.** Schössling kantig, kahl oder spärlich behaart, mit mittelstarken geneigten Stacheln; *Blättchen* unterseits feinhaarig bis dünn-graufilzig, *das endständige breit herzeiförmig oder fast kreisrund*, kurz bespitzt; Rispe oft fast stachellos; Kronblätter eiförmig, weiss; *Fruchtknoten an der Spitze bärtig-zottig.* ♄ Häufig im Wienerwalde; bei Gloggnitz, Dürrenstein. Juni-Juli.

530. **R. montanus Lib.** *Blättchen* unterseits grau oder weissfilzig, *das endständige elliptisch bis herzeiförmig*, mit schlanker Spitze; *Fruchtknoten meist kahl.* ♄ In Bergwäldern, an Waldrändern verbreitet. R. candicans Wh. R. thyrsoideus Wim. Juni-Juli.

527×530 **R. montanus × sulcatus.** Von R. montanus durch schwächer filzige Blättchen, fast sitzende äussere Seitenblättchen und derbere Bestachelung; — von R. sulcatus durch die dichtere Blattbehaarung und den zusammengesetzten Blüthenstand verschieden. Auf dem Troppberg. R. incertus Hal.

γ. Schössling bogig, fast kahl od. behaart; Blüthenstand zusammengesetzt, breit, zur Spitze verjüngt, reich bestachelt; Kelchzipfel zurückgeschlagen. (Villicaules.)

* Blätter fussförmig- 5zählig, oberseits kahl, unterseits weissfilzig.

531. **R. bifrons Vest.** Schössling niedrigbogig, kantig, rothbraun, zerstreut behaart, mit kräftigen geraden Stacheln; Endblättchen verkehrteiförmig; Rispe verlängert, mit schlanken geraden Stacheln bewehrt; Kronblätter röthlich; Fruchtknoten zerstreut langhaarig. ♄ Verbreitet im südlichen Wienerbecken bis in die Voralpen und zum Leithagebirge; dann bei St. Pölten, Rossatz, Mautern, Kottes, Pöggstall, Rorregg. R. albatus Bayer. Juli.

Anm. R. Grossbaueri Beck. ein muthmaasslicher Bastard des R. bifrons u. einer drüsigen Art, wurde bei Pöggstall u. Rorregg und R. kuebensis Beck. ein solcher zwischen R. bifrons u. R. Gremlii bei Klamm und Gloggnitz gefunden.

* * Blätter gefingert- 5zählig, oberseits mehr minder behaart, unterseits behaart od. graufilzig.

o Schössling stark bereift, reichlich behaart.

532. **R. rorulentus Hal.** Schössling hochbogig, scharfkantig, mit kräftigen, sicheligen, gelben Stacheln; Blättchen unterseits graufilzig, das endständige eiförmig; Rispe verlängert, mit hackigen gelben Stacheln bewehrt; Kronblätter weiss; Fruchtknoten behaart. ♄ Bei Gloggnitz. R. carpinifolius Hal. et Br. non Wh. Juli.

o o Schössling unbereift.

· Schössling hochbogig; Blattunterseite graufilzig; Rispe mit sicheligen od. hackigen Stacheln bewehrt.

533. **R. discolor Wh. et N.** Schössling kantig, fast kahl, mit kräftigen meist geraden Stacheln; *Blättchen* lederig, *unterseits dicht graufilzig*, das endständige breitelliptisch, *am Grunde herzförmig*, bespitzt; Rispe dicht, oberwärts gedrungen; *Kronblätter rundlich, weiss oder röthlich; Staubgefässe und Griffel grünlich*; Fruchtknoten kahl ♄ Waldränder, Hecken gemein. R. macrostemon Focke. Juli.

533×554. **R. discolor×Gremlii.** Von R. discolor durch die dünneren unterseits dünner bekleideten Blättchen und vereinzelte Stieldrüsen an den Deckblättchen; — von R. Gremlii durch die dünnfilzige Blattunterseite, röthliche Kronblätter und äusserst spärliche Stieldrüsen verschieden. Auf der Sofienalpe, höchst selten. R. spurius Hal. et Br.

534. **R. rhombifolius Wh.** Schössling kantig, fast kahl, mit geraden Stacheln; *Blättchen* grün, *unterseits blässer, dünnfilzig*, das endständige eiförmig, *am Grunde gerundet*, langbespitzt;

Rispe locker: *Kronblätter verkehrteiförmig, rosa; Staubgefässe und Griffel rosa;* Fruchtknoten kahl oder spärlich behaart. ♄ Bisher nur bei Pitten. Juli.

.. Schössling niedrigbogig; Blattunterseite mehr minder dicht behaart; Rispe mit geraden, meist schwachen Stacheln bewehrt.

535. **R. Kelleri Hal.** *Schössling* stumpfkantig, *fast kahl*, mit mittelstarken geneigten Stacheln; *Blättchen dunkelgrün, unterseits an den Nerven behaart*, das endständige breitelliptisch, *kurzbespitzt*, am Grunde herzförmig; *Rispe* locker, *bis zur Spitze durchblättert, mit langen entfernten bogig-abstehenden Aesten, reichlich mit langen Stacheln bewehrt*, an Blüthenstielchen u. Deckblättchen vereinzelte sehr kurze Stieldrüsen führend; Kronblätter weiss; *Fruchtknoten kahl*. ♄ Auf dem Eichberg bei Gloggnitz. Juli.

536. **R. macrophyllus Wh. et N.** *Schössling* stumpfkantig, *fast kahl*, mit schwachen geraden Stacheln: *Blättchen auffallend gross, grün, unterseits an den Nerven behaart*, das endständige herzeiförmig, *langzugespitzt; Rispe* locker, *mit entfernten abstehenden Aesten, mit zerstreuten schwachen Stacheln bewehrt;* Kronblätter weiss; *Fruchtknoten kahl*. ♄ In Laubwäldern: Sofienalpe bei Steinbach, bei Hainbach, Kirchbach, Hainburg; Kottes. R. Schlechtendalii Beck non Wh. Juli.

537. **R. quadicus Sabr.** *Schössling* scharfkantig, *deutlich behaart*, mit mittelstarken geraden Stacheln; *Blättchen unterseits graugrün, dichtbehaart, die jüngeren graufilzig*, das endständige herzeiförmig-rundlich, *kurzbespitzt; Rispe* locker, *mit abstehenden Aesten, mit zerstreuten schwachen Stacheln bewehrt*, an Blüthenstielchen und Deckblättchen vereinzelte kurze Stieldrüsen führend; Kronblätter weiss; *Fruchtknoten behaart*. ♄ Rehgraben bei Gloggnitz. Juli.

B. Achsen reichlich mit Stieldrüsen besetzt.

1. Blattstiele rinnig; Blätter oberseits sternhaarig, mit kurzgestielten äusseren Seitenblättchen. (Tomentosi.)

538. **R. tomentosus Borkh.** Schössling kantig, spärlich behaart oder kahl, mit schwachen kurzen Stacheln und Stieldrüsen besetzt; Blätter 3—5zählig, oberseits sternfilzig, unterseits weissfilzig, das endständige rautenförmig; Rispe schmal; Kelchzipfel zurückgeschlagen; Kronblätter klein, elliptisch, gelblichweiss: Staubgefässe griffelhoch; Fruchtknoten kahl ♄ Holzschläge, Vorhölzer verbreitet. b) hypoleucos (Vest.) Blätter oberseits glänzend, fast kahl; Achsen mit zerstreuten od. (R. Lloydianus Gener.) zahlreichen Stieldrüsen und Stachelchen besetzt. Juli.

550 × 538. **R. montanus × tomentosus.** Von R. montanus durch sternhaarige Blattoberseite und stieldrüsige Rispe: von R. tomentosus durch kräftige Bestachelung, eiförmige Blättchen und länger gestielte äussere Seitenblättchen verschieden. Kalksburg. Giesshübel, Troppberg. R. polyanthus Müll.

531 × 538. **R. bifrons × tomentosus.** Von R. bifrons durch sternhaarige Blattoberseite und stieldrüsige Rispe; von R. tomentosus durch kräftige Bestachelung, eiförmige Blättchen und länger gestielte, fussförmig gestellte äussere Seitenblättchen verschieden. Heuberg bei Dornbach, Gumpoldskirchen, Baden, Gloggnitz, Pitten; Rossatz. R. anomalus Müll. R. megathamnos A. Kern.

533 × 538. **R. discolor × tomentosus.** Von R. discolor durch sternhaarige Blattoberseite und stieldrüsige Rispe; von R. tomentosus durch hackige Bestachelung, eiförmige Blättchen und länger gestielte äussere Seitenblättchen und Drüsenarmuth verschieden. Dornbach, Purkersdorf, Gloggnitz. R. moestus et Schwarzeri Hol. R ablutus, Henrici et stellulans Beck.

538 × 572. **R. hirtus? × tomentosus.** Von R. hirtus durch sternhaarige Blattoberseite; von R. tomentosus durch rundliche Schösslinge, zahlreiche Stieldrüsen und die Tracht verschieden. Kalksburg. R. trichothamnos Dichtl.

538 × 573. **R. lamprophyllus × tomentosus.** Von R. lamprophyllus durch unterseits silberweiss schimmernde filzige u. oberseits sternhaarige Blätter; von R. tomentosus durch die Tracht eines Glandulosen verschieden. Eichberg bei Gloggnitz. R. hirtus v. calophyllus Sabr. R. lamproleucus Borb. et Sabr.

Anm. R. neortus Borb. et Sabr. ist der sternhaarigen Blattoberseite wegen auch ein Bastard des R. tomentosus mit irgend einem Glandulosen. Bei Neuwaldegg.

2. Blattstiele flach; Blätter oberseits ohne Sternhaare, mit deutlich gestielten äusseren Seitenblättchen.

a. Schössling mit ziemlich gleichartigen grösseren Stacheln, nebst diesen oft auch mit Stachelchen u. Stachelhöckern besetzt, mehr weniger stieldrüsig; Stieldrüsen im Blüthenstande kurz od. doch nicht erheblich länger als die Haare od. der Querdurchmesser der Blüthenstiele. (Adenophori).

α. Schössling zerstreut behaart od. kahl, mit fast gleichförmigen Stacheln, zerstreuten, zuweilen sehr spärlichen Stieldrüsen, oft auch mit Stachelhöckern besetzt; Blättchen unterseits grün bis dichtfilzig; Blüthenstand mit abstehend behaarten od. kurzfilzigen Achsen. (Enadenophori).

* Schössling hochbogig; Kelchzipfel nach dem Verblühen aufrecht od. abstehend; Staubgefässe kürzer als die Griffel.

539. **R. orthosepalus Hal.** Schössling hochbogig, stumpfkantig, reichlich behaart, bereift, mit kräftigen geraden gelblichen Stacheln und zerstreuten Stieldrüsen; Blätter fussförmig-5zählig, grün, unterseits an den Nerven behaart, das endständige herzeiförmig bis eirundlich; Kronblätter klein, weiss; Fruchtknoten dicht behaart. ♄ Auf dem Semmering oberhalb Klamm. Juli.

* * Schössling niedrigbogig; Kelchzipfel zurückgeschlagen; Staubgefässe so lang od. länger als die Griffel.

o Blätter unterseits grün, an den Nerven behaart.

· Schössling niedrigbogig, mit zerstreuten Stieldrüsen; Rispe entwickelt.

540. **R. epipsilos Focke.** *Schössling* ziemlich kräftig, oberwärts kantig, *wenig behaart oder kahl, schwach bereift,* mit

geneigten Stacheln, zerstreuten Stieldrüsen, oft auch Stachelborsten; Blätter fussförmig-5zählig, unterseits weichhaarig, Endblättchen breit-eiförmig, lang zugespitzt; *Rispe nicht durchblättert, Aeste oberwärts genähert;* Kronblätter rundlich-elliptisch, weiss; *Staubgefässe griffelhoch;* Fruchtknoten meist behaart. ♄ Bei Neuwaldegg zwischen Steinbach und Weidlingau, Kaltenleutgeben Juli.

541. **R. Beckii Hal.** *Schössling* ziemlich kräftig, kantig, *ziemlich dicht behaart, unbereift,* mit geraden Stacheln u. zerstreuten Stieldrüsen; Blätter fussförmig-5zählig, unterseits behaart, Endblättchen elliptisch, zugespitzt; *Rispe locker, durchblättert, oberwärts traubig;* Kronblätter länglich, weiss oder rosa; *Staubgefässe die Griffel überragend;* Fruchtknoten behaart. ♄ Im Payerbach-Graben, angeblich auch am Rosskopf bei Neuwaldegg. R. laxiflorus Hal. olim, non Müll. et Lef. Juli-Aug.

·· Schössling niederliegend, fast stieldrüsenlos; Rispe klein, wenigblüthig, oft ganz traubig.

542. **R. styriacus Hal.** Schössling dünn, kantig, fast kahl, unbereift, mit geraden oder gekrümmten Stacheln u. vereinzelten sehr kurzen Stieldrüsen; Blätter meist 3zählig, seltner fussförmig 5zählig, unterseits weichhaarig, Endblättchen elliptisch, lang-zugespitzt; Kronblätter elliptisch, weiss; Staubgefässe die Griffel weit überragend; Fruchtknoten kahl. ♄ Bei Gloggnitz, Kranichberg. Juli.

o o Blätter unterseits mehr weniger dicht graufilzig.

· Endblättchen fast kreisrund; Staubgefässe purpurn.

543. **R. ceticus Hal.** Schössling niedrigbogig, stumpfkantig, behaart, schwach bereift, mit fast gleichartigen, mittelstarken Stacheln u. zerstreuten Stieldrüsen; Blätter fussförmig-5zählig; Rispe umfangreich; Kronblätter elliptisch, purpurn; Staubgefässe die Griffel überragend; Fruchtknoten behaart. ♄ An der Tullnerstrasse bei Scheiblingstein. Juli-Aug.

·· Endblättchen eiförmig od. elliptisch; Staubgefässe grün.

544. **R. inaequalis Hal.** *Schössling* niedrigbogig, stumpfkantig, spärlich behaart, *bereift,* mit mittelstarken, gleichartigen, geraden Stacheln und zerstreuten Stieldrüsen; Blätter fussförmig-5zählig, *Endblättchen herz-eiförmig,* lang-zugespitzt; *Rispe oberwärts gedrungen; Kronblätter* elliptisch, *rosa; Staubgefässe griffelhoch; Fruchtknoten behaart.* ♄ Am Hartholz u. im Rehgraben bei Gloggnitz. Juli.

545. **R. Caflischii Focke.** *Schössling* deutlich behaart, *unbereift;* Endblättchen kurz-bespitzt; Rispe gestutzt; Kronblätter breit-elliptisch, blassrosa; *Staubgefässe viel länger als die Griffel,* sonst w. v. ♄ Im Schachergraben bei Payerbach. R. breyninus Beck. Juli.

546. **R. pseudomelanoxylon Hal.** *Schössling* niederliegend, rundlich, zerstreut-behaart, *unbereift*, mit zahlreichen, gleichartigen, geraden Stacheln und zerstreuten Stieldrüsen; Blätter fussförmig 5zählig, *Endblättchen* elliptisch od. breit-eiförmig, zugespitzt, *am Grunde abgerundet;* Rispe oberwärts gedrungen; *Kronblätter klein*, verkehrt-eiförmig, *weiss; Staubgefässe griffelhoch; Fruchtknoten kahl.* ♄ Sofienalpe bei Wien. Juli.

β. **Schössling verwirrt-abstehend-rauhhaarig, mit fast gleichförmigen Stacheln, zerstreuten od. zahlreichen Stieldrüsen, oft auch kleinen Stachelchen besetzt; Blättchen unterseits dichtfilzig u. durch lange schimmernde Haare an den Nerven sammtig; Blüthenstand mit meist rauhhaarigen Achsen. (Vestiti).**

* **Kelchzipfel an der Frucht zurückgeschlagen.**

· **Endblättchen u. Kronblätter fast kreisrund.**

547. **R. leucostachys Schleich.** Schössling niedrigbogig, stumpfkantig, unbereift, mit geraden, kräftigen Stacheln u. zerstreuten Stieldrüsen; Blätter fussförmig-5zählig, dunkelgrün; Rispe verlängert, mit kurzen, wenigblüthigen Aesten; Kronblätter weiss od. röthlich; Staubgefässe die Griffel etwas überragend; Fruchtknoten kahl od. spärlich behaart. ♄ Purkersdorf, Rekawinkel, Troppberg, Hochrotherd, Laab, Kalksburg, Weissenbach in der Brühl, Baden, Siegenfeld, Schwarzenbach a. d. Gölsen. R. vestitus Wh. et N. R. pilosissimus Bayer. Juli.

530 × 547. **R. leucostachys × montanus.** Von R. leucostachys durch höheren Wuchs, schwächer behaarten Schössling, helleren Filz der Blattunterseite u. eiförmige Endblättchen; von R. montanus durch behaarten Schössling, sammtige Blattunterseite und Stieldrüsen in der Rispe verschieden. — Rudolfshöhe bei Purkersdorf. R. villosulus Hal.

531 × 547. **R. leucostachys × bifrons.** Von R. leucostachys durch schwächere Behaarung aller Theile, hellere Färbung des Laubes u. den Mangel an Stieldrüsen; von R. bifrons durch dicht behaarten Schössling, unterseits sammtige Blätter und eiförmig-rundliche Endblättchen verschieden. Föhrenwald bei Mauer. R. pseudovestitus Hal.

·· **Endblättchen u. Kronblätter elliptisch od. eiförmig.**

548. **R. pyramidalis Kaltenb.** *Schössling* niedrigbogig, stumpfkantig, *unbereift, mit geraden,* ziemlich kräftigen *Stacheln* und zahlreichen Stieldrüsen; Blätter gefingert-5zählig, dunkelgrün, *Endblättchen elliptisch, kurzbespitzt*; Rispe pyramidal, mit vielblüthigen, rauhhaarigen Aesten, mit geraden Stacheln bewehrt: Kronblätter blassrosa; *Staubgefässe die Griffel überragend*; Fruchtknoten kahl. ♄ Bei Kottes u. am Leithagebirge in den Hofer Waldungen. Juli.

549. **R. Halácsyi Borb.** *Schössling* niedrigbogig, kantig, *bereift, mit* mittelstarken, *sicheligen Stacheln,* spärlichen Stachelborsten u. Stieldrüsen; Blätter 3—5zählig, hellgrün, *Endblättchen herz-*

eiförmig, langbespitzt; Rispe umfangreich, Achsen kurzfilzig, mit gelben hackigen Stacheln; Kronblätter weiss; *Staubgefässe griffelhoch;* Fruchtknoten kahl. ♄ Semmering oberhalb Klamm. R. decorus Hal. non Müll. Juli.

* * Kelchzipfel an der Frucht abstehend od. aufrecht.

550. **R. fuscidulus Hal.** *Schössling* niederliegend, rundlich, unbereift, *mit ungleichen, geraden Stacheln*, zahlreichen Drüsenborsten und Stieldrüsen; Blätter 3—5zählig, *Endblättchen eiförmig-rhombisch, kurz bespitzt; Rispe kurz*, mit zahlreichen Nadelstacheln u. röthlichen Stieldrüsen bewehrt; *Kelchzipfel abstehend*; Kronblätter weiss od. röthlich; *Staubgefässe so lang od. kürzer als die röthlichen Griffel*; Fruchtknoten dicht behaart. ♄ Ober-Tullnerbach, Rekawinkel. R. nacophyllus Beck. Juli.

551. **R. vestitifolius Fritsch.** *Schössling* niedrigbogig, stumpfkantig, unbereift, *mit ziemlich gleichen, grösseren Stacheln*, Drüsenborsten u. Stieldrüsen; Blätter 3zählig, *Endblättchen breiteirundlich, ohne abgesetzte Spitze*; *Rispe entwickelt, durchblättert*, mit zahlreichen Nadelstacheln u. Stieldrüsen bewehrt; *Kelchzipfel aufrecht;* Kronblätter weiss; *Staubgefässe länger als die Griffel*; Fruchtknoten filzig. ♄ Eichberg bei Gloggnitz. Juli.

γ. Schössling kahl od. behaart, von meist dichtgestellten Stachelborsten u. Stieldrüsen gleichmässig rauh, ohne mittlere u. mit fast gleichen grösseren Stacheln; Blättchen unterseits grün bis dichtfilzig; Blüthenstand mit kurzfilzigen od. abstehend behaarten Aesten. (Radulae).

* Blätter unterseits angedrückt grau- od. weissfilzig.

552. **R. denticulatus A. Kern.** Schössling niedrigbogig oder kletternd, rundlich, zerstreut-behaart, rothbraun; Blätter fussförmig 5zählig od. 3zählig, Endblättchen eiförmig; Rispe schmal, Achsen rothbraun, abstehend-behaart, mit röthlichen Nadelstacheln und kurzen Stieldrüsen bewehrt; Kelchzipfel rothdrüsig, nach dem Verblühen abstehend, an der Frucht aufrecht; Kronblätter weiss; Staubgefässe griffelhoch, röthlich; Fruchtknoten schwach behaart. ♄ An Hecken zwischen Küb und Klamm am Semmering. R. aemulus (Beck). b) chloroxylon Hal. Achsen grün, Stacheln gelblich, Stieldrüsen hell. Am selben Standorte. Eine offenbare Schattenform. Juli.

* * Blätter unterseits grün, an den Nerven behaart, nur selten dünnfilzig.

o Endblättchen am Grunde abgerundet.

553. **R. rudis Wh. et N.** Schössling niedrigbogig od. kletternd, unbereift, oberwärts scharfkantig, kahl od. fast kahl; Blätter 3- bis 5zählig, Endblättchen eiförmig od. elliptisch; Rispe sparrig, Achsen kurzfilzig, mit Nadelstacheln u. kurzen Stieldrüsen bewehrt; Kelchzipfel abstehend oder leicht zurückgeschlagen; Kronblätter klein, blassröthlich; Staubgefässe die Griffel überragend; Fruchtknoten kahl. ♄ Bei Kottes. Juli.

Anm. R. foliosus Wh. et W. soll angeblich auf der Soifenalpe vorgekommen sein, ist jedoch in neuerer Zeit nicht wieder gefunden worden.

o o Endblättchen herzförmig.

· Staubgefässe länger als die Griffel.

554. **R. Gremlii Focke.** *Schössling* niedrigbogig od. kletternd, stumpfkantig, *unbereift*, spärlich behaart; Blätter fussförmig- 5zählig; Rispe oberwärts gedrungen, Achsen filzig-kurzhaarig, mit geneigten Stacheln und kurzen Stieldrüsen bewehrt; *Kelchzipfel an der Frucht zurückgeschlagen; Kronblätter grünlich-weiss; Staubgefässe grünlich;* Fruchtknoten kahl oder spärlich behaart. ♄ In Wäldern verbreitet. R. Clusii Borb. Juli.

530 × 554. **R. Gremlii × montanus**. Von R. Gremlii durch die lockere Rispe, schwächere Bestachelung, graufilzige Blattunterseite u. spärliche Bedrüsung; — von R. montanus durch schwächere Behaarung der Blattunterseite u. das Vorhandensein ziemlich zahlreicher Stieldrüsen verschieden. R. Obornyanus Hal. R. mollicellus Beck. Derselben Combination entspricht auch wahrscheinlich R. radula Wh. v. sparsisetus Hal. Auf der Sofienalpe.

Anm. R. scotophilus Hal., ein muthmaasslicher Bastart des R. Gremlii mit R. hirtus ist auf dem Kahlenberge u. bei Steinbach gefunden worden.

555. **R. Joannis Beck.** *Schössling* niedrigbogig, stumpfkantig. *bereift,* ziemlich reichlich behaart; Blätter 5zählig-gefingert; Rispe durchblättert, Achsen kurzfilzig, mit Nadelstacheln und ungleichlangen Stieldrüsen bewehrt; *Kelchzipfel an der Frucht abstehend; Kronblätter röthlich; Staubgefässe oft roth;* Fruchtknoten kahl od. behaart. ♄ Am Gallizin bei Wien, bei Pöggstall, Rorregg. Juli.

· · Staubgefässe kürzer als die Griffel.

556. **R. amplus Fritsch.** *Schössling* niedrigbogig, kantig, *kahl, unbereift;* Blätter 3—5zählig; *Rispe umfangreich, mit langen, vielblüthigen Aesten,* Achsen filzig, mit Nadelstacheln und kurzen Stieldrüsen bewehrt; *Kelchzipfel nach dem Verblühen abstehend;* Kronblätter klein, weiss; *Fruchtknoten filzig.* ♄ Bei Kranichberg. R. rudis Hal. et Br. non Wh. et K. Juli-Aug.

557. **R. brachystemon Heim.** *Schössling* bogig-niederliegend, rundlich, *fast kahl, unbereift;* Blätter 3—5zählig; *Rispe sehr schmal, mit sehr kurzen Aesten,* Achsen kurzhaarig, mit Nadelstacheln und kurzen Stieldrüsen bewehrt; *Kelchzipfel nach dem Verblühen zurückgeschlagen;* Kronblätter klein, weiss; *Fruchtknoten kahl.* ♄ Bei Kranichberg. Aug.

558. **R. macrocalyx Hal.** *Schössling* niedrigbogig, stumpfkantig, *kurzhaarig, bereift;* Blätter fussförmig- 5zählig; *Rispe eiförmig, ziemlich gedrungen,* Achsen dicht abstehend-behaart, mit Nadelstacheln und Stieldrüsen bewehrt; *Kelchzipfel langbespitzt, nach dem Verblühen aufrecht-abstehend;* Kronblätter ansehnlich, weiss; *Fruchtknoten spärlich behaart.* ♄ Eichberg bei Gloggnitz. Juli.

b. Schössling meist rundlich, bogig niederliegend, meist dicht ungleich stachelig, zwischen Stieldrüsen, Stachelhöckern u. Stacheln mancherlei Uebergänge vorhanden: Stieldrüsen im Blüthenstande weit länger als die Haare od. der Querdurchmesser der Blüthenstiele (Glandulosi).

α. Schössling stumpfkantig od. rundlich, meist unbereift, die grösseren Stacheln kräftig; Blüthenstand zusammengesetzt, die mittleren Aestchen trugdoldig, die obersten einfach. (Hystrices).

* Kelchzipfel zurückgeschlagen.

559. **R. Koehleri Wh. et N.** *Schössling* ziemlich kräftig, spärlich behaart, *unbereift;* Blätter meist fussförmig-5zählig, oberseits spärlich behaart, unterseits weichhaarig. Endblättchen breit-elliptisch, am Grunde abgerundet oder seicht herzförmig; *Rispe locker, ziemlich lang, meist bis zur Spitze durchblättert;* Kronblätter weiss; *Staubgefässe die Griffel überragend;* Fruchtknoten kahl od. flaumig. ♄ Bei Gmünd. Juli.

560. **R. Caroli Beck.** *Schössling* ziemlich kräftig, behaart, *bereift;* Blätter 3zählig, oberseits reichlich behaart, unterseits von langen abstehenden Haaren schimmernd. Endblättchen herzeiförmig; *Rispe kurz, eiförmig, gedrungen:* Kronblätter weiss; *Staubgefässe kürzer od. so lang als die Griffel;* Fruchtknoten behaart. ♄ Eichberg bei Gloggnitz. Juli.

* * Kelchzipfel nach dem Verblühen aufgerichtet.

o Staubgefässe die Griffel überragend.

561. **R. apricus Wim.** Schössling abstehend behaart, unbereift; Blätter 3—5zählig, unterseits an den Nerven behaart, *Endblättchen breit-elliptisch, am Grunde abgerundet; Rispe kurz, wenig durchblättert, oberwärts gedrungen, fast halbkuglig;* Kronblätter weiss; Fruchtknoten kahl oder fast kahl. ♄ Im Fuggnitzthal bei Hardegg. Juli.

562. **R. foliolatus Hal.** Schössling spärlich behaart, unbereift; Blätter 3—5zählig, unterseits sehr wenig behaart, *Endblättchen herzeiförmig; Rispe verlängert, locker,* mit zahlreichen einfachen Blättern bis zur Spitze *durchblättert;* Kronblätter weiss; Fruchtknoten fast kahl. ♄ Payerbachgraben. R. foliolosus Hal. olim. Juli.

o o Staubgefässe griffelhoch.

563. **R. pilocarpus Gremli.** *Schössling* spärlich behaart, *schwach bereift; Blätter* 3—5zählig, *unterseits grün od. häufiger kurzhaarig-graufilzig. Endblättchen fast rundlich,* am Grunde herzförmig; Rispe unten durchblättert, an der Spitze meist traubig; *Kelchzipfel kurz; Kronblätter rosa;* Fruchtknoten langhaarig. ♄ Rosskopf bei Neuwaldegg, in neuerer Zeit jedoch nicht wieder gefunden. Juli.

564. **R. glottocalyx Beck.** *Schössling* spärlich behaart, *unbereift; Blätter* 3—5zählig, *unterseits an den Nerven behaart, Endblättchen breit, verkehrteiförmig-elliptisch,* am Grunde seicht herz-

förmig; Rispe locker, durchblättert, an der Spitze meist traubig; *Kelchzipfel sehr verlängert, 15—22 mm. lang; Kronblätter weiss;* Fruchtknoten behaart. ♄ Auf der Hohen Wand bei Neuwaldegg. Juli.

β. **Schössling rundlich, bereift od. unbereift, meist dicht ungleichstachlig; Blüthenstand an der Spitze traubig, unterwärts mit traubig wenigblüthigen Aesten. (Euglandulosi).**

* **Stacheln des Schösslings ungleich, die grösseren aus breiten zusammengedrücktem Grunde rückwärts geneigt od. gebogen, ziemlich kräftig.**

565. **R. Schleicheri Wh.** *Schössling* schwachbereift, *behaart,* dichtbestachelt; Blätter 3zählig, unterseits behaart, Endblättchen verkehrt-eiförmig, am Grunde gestutzt; *Rispe schmal,* locker, *Achsen mit zahlreichen die Haare nicht überragenden und zerstreuten längeren Stieldrüsen besetzt;* Kelchzipfel nach dem Verblühen halbaufgerichtet, zuletzt zurückgeschlagen; Kronblätter weiss; Staubgefässe die Griffel überragend; *Fruchtknoten kurzhaarig-filzig.* ♄ Bei Mauer. Juni-Juli.

566. **R. Richteri Hal.** *Schössling* dünn, unbereift, *fast kahl,* zerstreut bestachelt; Blätter 3zählig, glänzend, unterseits spärlich behaart, bald verkahlend, Endblättchen eiförmig, am Grunde seicht herzförmig; *Rispe kurz,* locker, *mit langen hin u. her gebogenen Blüthenstielen, Achsen mit zerstreuten die Haare überragenden Stieldrüsen besetzt;* Kelchzipfel nach dem Verblühen abstehend; Kronblätter weiss; Staubgefässe die Griffel weit überragend; *Fruchtknoten kahl.* ♄ Eichberg bei Gloggnitz. Juli.

567. **R. insolatus Müll.** *Schössling* unbereift, *locker behaart,* dicht bestachelt; Blätter 3zählig, derb, unterseits wenig behaart; Endblättchen eiförmig oder fast rundlich, am Grunde seicht herzförmig; *Rispe ziemlich lang,* durchblättert, *kurzhaarig, dicht mit langen Stieldrüsen besetzt;* Kelchzipfel nach dem Verblühen aufgerichtet, zuletzt zurückgeschlagen; Kronblätter weiss; Staubgefässe die Griffel überragend; *Fruchtknoten flaumig.* ♄ Schlöglmühl u. Gloggnitz. Juli.

* * **Stacheln des Schösslings schwach, pfriemlich od. nadelig.**

o **Staubgefässe mehrreihig, länger oder doch so lang als die Griffel.**

· **Blättchen mit schmaler aufgesetzter Spitze.**

568. **R. Bellardi Wh. et N.** Schössling bereift, spärlich behaart; Blätter fast stets 3zählig, hellgrün, unterseits kurz-behaart, *Endblättchen elliptisch, am Grunde meist abgerundet; Rispe kurz,* mit sperrigen Aesten, Achsen rothdrüsig; Kelchzipfel nach dem Verblühen aufgerichtet; Kronblätter weiss; *Staubgefässe so lang als die Griffel;* Fruchtknoten kahl. ♄ St. Pölten, Rorregg, Pöggstall; Gloggnitz. b) subalpinus Hal. Blätter glänzend, untere Rispenäste entfernt, mit 3zähligen Blättern gestützt; Bedrüsung heller. In der Prein und bei Kirchberg am Wechsel. Juni-Juli.

569. **R. vindobonensis Sabr.** Schössling bereift, kahl; Blätter fussförmig-5zählig oder 3zählig, hellgrün, unterseits spärlich behaart, *Endblättchen breit-elliptisch od. fast rundlich, am Grunde herzförmig; Rispe umfangreich, pyramidal,* durchblättert, Achsen gelblich-drüsig; Kelchzipfel nach dem Verblühen abstehend; Kronblätter grünlich-weiss; *Staubgefässe länger als die Griffel;* Fruchtknoten kahl. ♄ Auf dem Exelberge und an der Tullnerstrasse bei Neuwaldegg. R. eurythyrsos Sabr. et Br. non G. Br. Juli. b) trichogynis Borb. Fruchtknoten dicht behaart. Bei Neuwaldegg.

· · Blättchen allmälig zugespitzt.

, Schössling zerstreut-behaart

570. **R. serpens Wh.** Schössling bereift; Blätter 3—5zählig, kurzhaarig, Endblättchen herzeiförmig, lang-zugespitzt; *Rispe kurz, traubig,* seltner verlängert u. mehrblüthig; Kelchzipfel zur Fruchtzeit aufrecht; Kronblätter weiss; *Staubgefässe wenig länger als die Griffel; Fruchtknoten kahl.* ♄ Rettenbachgraben der Raxalpe. Juli.

571. **R. rivularis Müll.** *Rispe ansehnlich, verlängert,* unterwärts durchblättert, unterbrochen; *Staubgefässe deutlich länger als die Griffel;* Fruchtknoten filzig-kurzhaarig, sonst w. v. ♄ Neuwaldegg, Gloggnitz. Juli.

. . Schössling dicht-behaart.

572. **R. hirtus W. et K.** Schössling meist bereift; *Blätter* 3zählig, seltner fussförmig-5zählig, *unterseits behaart,* Endblättchen breit-elliptisch, am Grunde abgerundet; *Rispe* mässig entwickelt, *mit langen violettrothen Drüsenborsten und Stieldrüsen dicht bewehrt;* Kelchzipfel durch zahlreiche dunkle Stieldrüsen violett-roth od. schwärzlich, nach dem Verblühen aufrecht; Kronblätter weiss; Staubgefässe die Griffel überragend; Fruchtknoten behaart. ♄ Bergwälder, häufig. b) cyclocardius (Borb. et Sabr.). Blätter fussförmig-5zählig, Endblättchen lang-gestielt, breit-eiförmig oder rundlich, am Grunde tief-herzförmig. Im Rehgraben bei Gloggnitz. Juli.

530×572. **R. montanus × hirtus.** Von R. montanus durch niedrigen Wuchs, stieldrüsige Achsen, schwächere Behaarung der Blattunterseite u. die wenig entwickelte Rispe; von R. hirtus durch stumpfkantige Schösslinge, spärliche kräftigere Bestachelung, spärliche helle Bedrüsung u. grössere Blüthen verschieden. Sofienalpe, Payerbach. R. debilis Hal.

Anm. R. adenodes Richtl. vom Hermannskogel ist wahrscheinlich auch ein Bastart des R. hirtus, vielleicht mit R. Vestii od. einer anderen Art.

573. **R. lamprophyllus Gremli.** Schössling schwachbereift; *Blätter* 3zählig, graugrün, *unterseits dichthaarig schimmernd, die jüngeren selbst graufilzig,* Endblättchen verkehrteiförmig, am Grunde ausgerandet; *Rispe* kurz, armblüthig, *mit gelblichen Nadeln*

und zahlreichen, wenig gefärbten Stieldrüsen bewehrt; Kelchzipfel zum Theil rothdrüsig, nach dem Verblühen aufrecht; Kronblätter weiss; Staubgefässe etwas länger als die Griffel; Fruchtknoten wenig behaart. ♄ Eichberg bei Gloggnitz. Juli.

o o Staubgefässe fast einreihig, kürzer als die Griffel.

· Griffel purpurn.

574. **R. Guentheri Wh. et N.** Schössling ziemlich dicht behaart, meist unbereift; *Blätter* meist 3zählig, dunkelgrün, *beiderseits anliegend behaart,* Endblättchen eiförmig, am Grunde ausgerandet; *Rispe bald kurz und wenigblüthig, bald verlängert,* Achsen mit schwarzrothen Stieldrüsen besetzt; Kelchzipfel roth-drüsig, zuletzt aufrecht; Kronblätter weiss; Fruchtknoten kahl oder spärlich behaart. ♄ Zugberg bei Kalksburg, Ober-Tullnerbach, Sofienalpe. Juli.

575. **R. polyacanthus Gremli.** *Blätter* unterseits durch dichtere Behaarung *seidig-schimmernd; Rispe* abstehend-ästig, oft sehr *reichblüthig und durchblättert;* Fruchtknoten filzig, sonst w. v. ♄ Kirchberg am Wechsel. b) chloro sericeus Sabr. Schössling deutlich bereift, filzig behaart. Blätter unterseits weichsammtig. Sofienalpe. Juli.

·· Griffel gelblichgrün.

576. **R. erythrostachys Sabr.** *Schössling dicht behaart,* schwachbereift; Blätter 3zählig, zerstreut-behaart, Endblättchen herzeiförmig, zugespitzt; Rispe mässig entwickelt, *Achsen dünnfilzig, mit sehr langen violettrothen Drüsenborsten u. Stieldrüsen dicht besetzt;* Kelchzipfel *schwärzlich-drüsig,* nach dem Verblühen aufrecht; Kronblätter weiss; Fruchtknoten kahl oder behaart. ♄ Gloggnitz, Neuwaldegg, am Nebelstein bei Weitra. R. gracilis Hol. non Presl. R. longistylus Borb. R. vinodorus Sabr. Juli.

577. **R. Bayeri Focke.** *Schössling kahl od. wenig behaart,* unbereift oder schwach bereift; Blätter 3zählig, spärlich behaart, Endblättchen eiförmig, zugespitzt; Rispe schmal, *Achsen* kurzhaarig, *mit meist hellen Stieldrüsen dicht besetzt;* Kelchzipfel grünlich- oder röthlich-drüsig; Kronblätter weiss; Fruchtknoten kahl od. behaart. ♄ Wienerwald, Gloggnitz, Aspang. b) brachyandrus (Gremli). Schössling stärker behaart, Fruchtknoten filzig. Hartholz bei Gloggnitz. c) tardiflorus (Focke). Schössling dicht behaart, Blätter unterseits fast filzig, Fruchtknoten kahl. Eichberg bei Gloggnitz. Juli.

§ 2. Nebenblätter lineallanzettlich od. lanzettlich; Achsen mit Stieldrüsen; Schössling meist niedrigbogig od. niederliegend, bereift, meist kahl; Blätter 3—5zählig, mit fast sitzenden äusseren Seitenblättchen. (Corylifolii).

a. Schössling rundlich, ungleich stachlig u. drüsig, Stacheln meist gerade, pfriemlich; Nebenblätter lineallanzettlich; Blüthenstand drüsenreich; Kelchzipfel abstehend od. der Frucht angedrückt; Früchte unbereift (Orthacanti).

* Blätter unterseits graufilzig.

578. **R. Heimerlii Hal.** *Schössling* niederliegend, rundlich, dünn, *wenig behaart,* unbereift, mit feinen Nadelstacheln u. Stiel-

drüsen; Blätter 3zählig. *Endblättchen eirautenförmig, spitz, am Grunde herzförmig;* Rispe kurz, armblüthig. Achsen kurz-filzig, stieldrüsig; Kelchzipfel zuletzt aufrecht; Kronblätter weiss; *Staubgefässe länger als die Griffel; Fruchtknoten kahl.* ♄ In Wäldern bei Klamm u. Schottwien. Juni-Juli.

579. **R. subsessilis Hal.** *Schössling dicht abstehend-rauhhaarig; Endblättchen eiförmig, mit breiter langer Spitze;* Rispe beblättert, oberwärts gedrungen; *Staubgefässe griffelhoch; Fruchtknoten filzig,* sonst w. v. ♄ Kahlengebirge bei Wien. Juli.

* * Blätter unterseits an den Nerven behaart, grün.

580. **R. oreogeton Focke.** *Schössling* niederliegend, *oberwärts stumpfkantig,* wenig behaart, bereift, mit *ungleichen, geraden Stacheln, zahlreichen Drüsenborsten u. Stieldrüsen;* Blätter 3—5 zählig, unterseits weichhaarig. *Endblättchen rundlich* oder breiteiförmig, am Grunde ausgerandet; *Rispe kurz, mit wenigblüthigen Aesten,* dicht-stieldrüsig; Kronblätter breit-eiförmig, weiss; *Staubgefässe die Griffel deutlich überragend;* Fruchtknoten kahl. ♄ Rehgraben bei Gloggnitz, Klamm. Juli-Aug.

581. **R. pseudopsis Gremli.** *Schössling* dünn, rundlich, schwach bereift, *mit pfriemlichen Stachelchen und zerstreuten Stieldrüsen;* Blätter 3zählig, wenig behaart, *Endblättchen elliptisch* od. eiförmig, am Grunde abgerundet; *Rispe klein, fast traubig;* Kronblätter eilänglich, weiss; *Staubgefässe so lang oder wenig länger als die Griffel;* Fruchtknoten etwas behaart. ♄ Laubwälder bei Neuwaldegg; Gloggnitz. Juli.

b. Schössling stumpfkantig od. rundlich, drüsenlos od. zerstreut-drüsig, mit fast gleichen, häufig am Grunde zusammengedrückten Stacheln; Nebenblätter lineallanzettlich; Blüthenstand oft drüsig; Kelchzipfel nach dem Verblühen aufrecht od. abstehend, selten zurückgeschlagen; Früchte unbereift (Sepincoli).

582. **R. dumetorum Wh.** Schössling niedrigbogig, meist bereift, wenig behaart; Blätter 3—5zählig, Blättchen mit den Rändern sich deckend, unterseits behaart bis filzig, das endständige rundlich oder eiförmig; Rispe oft fast ebensträussig, meist drüsig; Kronblätter ansehnlich, weiss oder rosa; Staubgefässe so lang od. länger als der Griffel; Fruchtknoten kahl. ♄ Wegränder, Hecken, gemein, selten in Wäldern. R. corylifolius Sm. R. nemorosus Hayne. Juni-Juli. Eine vielfach abändernde Sammelart, zu welcher im weiteren Sinne auch nachfolgende Bastarte des R. caesius gezählt werden können.

529 × 583. **R. Vestii × caesius.** Von R. Vestii durch meist bereiften Schössling und stieldrüsige Achsen, fast sitzende äussere Seitenblättchen und lineallanzettliche Nebenblätter; von R. caesius durch bogigen Schössling, verlängerte Rispe und kräftigen Wuchs verschieden. Wienerwald. R. anonymus Beck.

530 × 583. **R. montanus × caesius.** Durch dieselben Merkmale von den Stammarten wie voriger verschieden. R. Laschii Focke verbreitet.

532 × 583. **R. rorulentus × caesius.** Wie voriger: durch eine sehr reichblüthige Inflorescenz ausgezeichnet. Gloggnitz. R. gloggnitzensis Hal.

533 × 583. **R. discolor × caesius.** Durch dickere lederige Blättchen von vorigen abweichend. R. dumalis Hal. R. macrostemonides Fritsch.

538 × 583. **R. tomentosus × caesius.** Vom ersteren durch niederliegende bereifte Schösslinge und aufrechten Fruchtkelch; vom letzteren durch sternhaarige Blattoberseite verschieden. Ueberall, wo die Stammeltern vorkommen. R. agrestis W. et K.

549 × 583. **R. Halácsyi × caesius.** Vom ersteren durch niederliegende kahle Schösslinge, sitzende Seitenblättchen, aufrechte Kelchzipfel; vom letzteren durch 5zählige, unterseits graufilzige Blätter und reichblüthige Rispe verschieden. Klamm am Semmering R. Eugeni Beck.

c. Schössling rundlich, drüsig, mit kleinen, fast gleichartigen Stacheln; Nebenblätter lanzettlich; Blüthenstand drüsig; Kelchzipfel nach dem Verblühen aufrecht; Früchte bereift (Caesii).

583. **R. caesius L.** Schössling niederliegend, bereift; Blätter 3zählig, Endblättchen eiförmig bis rundlich; Rispe fast ebensträussig; Kronblätter weiss; Staubgefässe griffelhoch; Fruchtknoten kahl. ♄ Aecker, Auen, Waldränder, gemein. a) umbrosus Rchb. Blätter spärlich behaart. b) arvalis Rchb. Blätter kleiner, runzlich, unterseits dichtbehaart. Juni.

524 × 583. **R. caesius × idaeus.** Blätter 5—7zählig fiederschnittig oder fussförmig-5zählig, seltner 3zählig, unterseits graufilzig; Früchte meist fehlschlagend oder röthlich, bereift, flaumig. Neuwaldegg. R. pseudocaesius et pseudoidaeus Lej.

153. Fragaria L. Erdbeere. Kelch 5spaltig bleibend, Saum mit 5 kleineren, mit den Kelchzipfeln abwechselnden Deckblättern umgeben; Blumenkrone 5blättrig; Staubgefässe zahlreich; Früchtchen nussartig, zahlreich, 1samig, auf dem zu einer abfälligen Scheinbeere vergrösserten, zuletzt fleischig saftigen Fruchtboden eingefügt.

*** Kelchzipfel zur Fruchtzeit abstehend od. zurückgeschlagen.**

584. **F. vesca L.** *Haare* am Stengel und an den Blattstielen wagrecht-abstehend, *an den äusseren oder auch an allen Blüthenstielen angedrückt oder aufrecht*; Nebenkelchblätter länglich, kürzer oder so lang als die Kelchblätter, Blumenkrone weiss. ♃. Holzschläge, Wiesen, gemein. H. 0,05—0,15 M. Mai-Juni.

585. **F. moschata Duch.** Kräftiger, *Haare* am Stengel, an den Blattstielen und *an allen Blüthenstielen wagrecht abstehend*; Nebenkelchblätter lineal, kürzer und viel schmäler als die Kelch-

blätter; Blumenkrone weiss, höchst selten carminroth. ♃. Wälder, Holzschläge, verbreitet. F. elatior Ehrh. H. 0,15—0,3 M. Mai-Juni.

584 × 585. **F. vesca × moschata.** Von F. vesca durch kräftigeren Wuchs, von beiden Eltern durch die abstehende Behaarung der äusseren und die anliegende der inneren Blüthenstiele verschieden. Rodaun. F. intermedia Bach. F. drymophila Jord. et Fourr.

* * Kelchzipfel der Frucht angedrückt.

586. **F. viridis Duch.** Haare am Stengel und an den Blattstielen wagrecht-abstehend, an den äusseren oder auch an allen Blüthenstielen angedrückt oder aufrecht; Nebenkelchblätter länglich, länger als die Kelchblätter, nicht selten so breit als diese; Blumenkrone weiss. ♃. Sonnige Hügel, Waldränder, verbreitet. F. collina Ehrh. H. 0,05—0,15 M. Mai-Juni.

584 × 586. **F. vesca × viridis.** Von F. vesca durch angedrückte Fruchtkelche und breite eiförmige Nebenkelchblätter; von F. viridis durch kürzere (so lang oder kürzer als die Kelchblätter) Nebenkelchblätter verschieden. Wienerwald. Bisamberg. F. praestabilis Beck.

585 × 586. **F. moschata × viridis.** Von F. moschata durch kürzere Stengel, Nebenkelchblätter, welche länger als die Kelchblätter sind und durch angeschlossene Fruchtkelche; von F. viridis durch die angedrückte oder aufrechtabstehende Behaarung verschieden. Bisamberg. Krapfenwaldl, Rappoltenkirchen. F. neglecta Lindem.

154. Comarum L. Blutauge. Kelch 5spaltig, bleibend, Saum mit 5 kleineren, mit den Kelchzipfeln abwechselnden Deckblättern umgeben; Blumenkrone 5blättrig, bleibend; Staubgefässe zahlreich; Früchtchen nussartig, zahlreich, 1samig, auf den schwammig-fleischigen Fruchtboden eingefügt.

587. **C. palustre L.** Stengel kriechend; Blätter meist 2paarig fiederschnittig, unterseits graugrün; Blumenkrone dunkelpurpurn, kleiner als die inwendig dunkelrothbraunen Kelchblätter. ♃. Sumpfwiesen, Torfmoore, stellenweise; gemein im westl. Waldviertel; im Kreise O. W. W. in der Terz, auf dem Mitterbacher- und Hechtensee, Torfmoor, am oberen Lunzersee, Hiesberg bei Melk; im Kreise U. W. W. in der Vois, Terz, und ehemals bei Reichenau. H. 0,25 bis 0,7 M. Juni-Juli.

155. Potentilla L. Fingerkraut. Kelch 4—5spaltig, bleibend, Saum mit 4—5 kleineren mit den Kelchzipfeln abwechselnden Deckblättern umgeben; Blumenkrone 4—5blättrig, abfällig; Staubgefässe zahlreich; Früchtchen nussartig, zahlreich, 1samig, auf den saftlosen Fruchtboden eingefügt.

A. Wurzel einen od. mehrere mittelständige Stengel u. seitliche meist bald verwelkende Blätterbüschel treibend.

a. Blumenkrone weiss; seitliche Blätterbüschel bleibend.

588. **P. rupestris L.** Stengel aufrecht, oberwärts gabelästig; untere Blätter 2—3paarig fiederschnittig, obere 3zählig; ♃. Buschige Stellen, ziemlich selten; Leopoldsberg, Strasse von Sievring nach Weidlingbach, Salmansdorf, Pötzleinsdorf, Neuwaldegg, Sparbach, Sittendorf, Gaden, Eichenwäldchen zwischen Leesdorf und Vöslau, Fahrafeld; Leithagebirge bei Mannersdorf und Sommerein; Rosaliengebirge bei Sauerbrunn; in den 2 oberen Kreisen: Aggsbach, Scheibenhof, Alaunthal, Kremsthal, Lengenfeld, Gföhlerwald, Fuchsberg und Dreieichen bei Horn, Thayathal bei Hardegg. H. 0,3—0,45 M. Mai-Juni.

b. Blumenkrone gelb; seitliche Blätterbüschel verwelkend.

α. Wurzel 1—2jährig; Kronblätter klein, kürzer als der Kelch.

589. **P. supina L.** Stengel zerstreut-behaart, meist schon vom Grunde an gabelästig; Blätter 2—5paarig fiederschnittig, obere 3zählig; *Blüthenstiele nach dem Verblühen herabgebogen.* ⊙ und ⊙⊙ Gräben, überschwemmte Stellen; häufig im Marchfelde, auf den Donauinseln und in der südöstl. Niederung Wiens; am Rosaliengebirge; bei Sieghartskirchen, seltner im oberen Donauthale, um Langenlois, im Rehbergerthale, bei Stein. H. 0,1—0,3 M. Juni-Herbst.

590. **P. norvegica L.** Stengel rauhharig, oberwärts gabelspaltig; Blätter 3zählig; *Blüthenstiele stets aufrecht.* ⊙ und ⊙⊙ Teichränder, sehr selten: Gmünd, Herren-, Gemeinde- und Steinvierteiteich bei Schrems. H. 0,15—0,4 M. Juni-Juli.

β. Wurzel ausdauernd; Kronblätter länger als der Kelch.

591. **P. recta L.** *Stengel* aufrecht, *nebst kurzen oberwärts drüsentragenden Haaren, von langen abstehenden Haaren zottig; Blätter* 5—7zählig gefingert, *beiderseits grün, langhaarig;* Früchtchen mit flügelförmigem, bleicherem Kiele. ♃. Steinige, buschige Orte; im Kreise U. W. W. am Kahlengebirge, Laaerberge, bei Laxenburg, Wolfsthal bei Hainburg, am Leithagebirge, bei Kirchschlag, Hochneunkirchen; im Kreise O. W. W. bei Rappoltenkirchen, Mautern, Winden, Zelking, Petzenkirchen, am Hiesberg bei Melk; im Kreise O. M. B. bei Steinegg am Kamp, Strass, Kronsegg, Hardegg, im Alaunthale bei Krems; im Hügellande des Kreises U. M. B. H. 0,3—0,6 M. Juni-Juli. b) obscura (Willd.) Kronblätter kleiner, dunklergelb. Mit der vorigen, aber seltner.

592. **P. canescens Bess.** *Stengel* aufrecht oder aufsteigend, *graufilzig und mit aufrecht-abstehenden drüsenlosen Haaren bedeckt; Blätter* 5—7zählig gefingert, oberseits angedrückt-behaart oder fast kahl, grasgrün, *unterseits langhaarig-graufilzig;* Früchtchen mit schwachem Kiele. ♃. Steinige, buschige Hügel, sehr zerstreut; Kahlengebirge vom Bisamberg bis Vöslau stellenweise,

Neustadt, Laaerberg, Katzelsdorf, Sebenstein, Pötschinger Sauerbrunn; im oberen Donauthale, bei Oberndorf bei Scheibbs, Mauer bei Seitenstetten; Gföhlerwald, Hardegg. P. inclinata Aut. non Vill. b) Uechtritzii Zimm. Blättchen mit nur 2—3, schmäleren Zähnen. Bei Wien, Krems, H. 0,3—0,4 M. Juni-Juli.

593. **P. argentea L.** *Stengel* aufsteigend, *filzig, ohne abstehende längere Haare; Blätter* 5—7zählig gefingert, oberseits angedrückt-behaart oder kahl, *unterseits weiss- oder graufilzig;* Früchtchen unberandet. ♃. Grasplätze, Raine, häufig. b) dissecta (Wallr.) Blättchen tiefer eingeschnitten. An gleichen Orten. H. 0,15—0,3 M. Juni-Juli.

B. Wurzel einen mittelständigen Büschel od. Rasen von Blättern u. seitliche Stengel treibend.

a. Blumenkrone gelb; Früchtchen kahl.

α. Stengel nicht kriechend.

* Blätter 2farbig, oberseits dunkelgrün, unterseits langhaarig-graufilzig.

594. **P. collina Wib.** Stengel liegend oder aufsteigend, zottig-filzig, reichblättrig, oben trugdoldig-ästig, vielblüthig; Blätter 5—7zählig; Blättchen klein, vorn deutlich verbreitert, mit 2—3 stumpflichen Zähnen. ♃. Grasplätze, selten; Türkenschanze, Prater, St. Marx, Belvedere, Laaerberg, Fischau bei Neustadt, zwischen Neudörfl und Pötsching; Grafenegg, Oberndorf und Plankenstein im Kreise O. W. W.; Wagram, Gänserndorf, Langenlois. b) Wiemanniana Günth. et Schum. Blättchen grösser, wenig verbreitert, mit 3—4 tiefen Zähnen. P. Güntheri Pohl. c) Vockei Müll. Blättchen klein, vorn deutlich verbreitert, mit 3—4 tiefen fast spitzen Zähnen.

* * Blätter gleichfarbig od. ziemlich gleichfarbig, unterseits nicht langhaarig-graufilzig.

○ Blüthen 5zählig.

· Blättchen am Rande mit einem von langen Haaren seidenglänzenden Streifen eingefasst.

595. **P. aurea L.** Stengel aufrecht oder aufsteigend, oben trugdoldig-ästig, mehrblüthig; Blätter 5zählig, die oberen 3zählig, unterseits silberglänzend seidenhaarig; Kronblätter gross, fast doppelt so lang als die Kelchblätter. ♃. Triften der Kalkalpen und Voralpen, auch auf den Schiefern des Wechsels, verbreitet. H. 0,1 bis 0,25 M. Juni-Juli.

· · Blättchen am Rande nicht seidenglänzend.

; Stengel in der Regel 1—2blüthig; Blätter alle 3zählig.

596. **P. minima Hall.** Blätter grasgrün, unterseits und am Rande anliegend-behaart, vorne tief-gesägt. ♃. Alpentriften, selten; Alpl, Ochsenboden und Kaiserstein des Schneebergs, Geflötz und Plateau der Rax, von der Heukuppe bis zur Hohen Lehne und auf

den Grünschacher, Gipfel des Göllers und Oetschers, Dürnstein, Hochkohr. H. 0,01—0,04 M. Juli-Aug.

; ; Stengel mehrblüthig; Blätter 3—7zählig.

, Nebenblätter der grundständigen Blätter lanzettlich od. eilänglich.

597. **P. villosa (Cr.) Zim.** *Stengel* aus aufsteigendem Grunde *aufrecht, weichhaarig, grün;* Blätter 5zählig. *Blättchen breit verkehrt-eirund,* mit den Rändern sich deckend, am Rande und auf den Adern abstehend-behaart, ohne Sternhaare; Blüthen ansehnlich. ♃. Alpentriften, sehr selten; Waxriegel des Schneebergs, Geflötz der Rax, Grünschacher und Oberer Scheibwald. Fragaria villosa Cr. P. maculata Pourr P. salisburgensis Hänke. P. alpestris Hall. f. H. 0,05—0,15 M. Juni-Juli.

598. **P. opaca L.** *Stengel niederliegend* oder aufsteigend, roth überlaufen, sammt den Blättern *von langen wagrechtabstehenden Haaren zottig;* Blätter 5—9zählig. *Blättchen länglich keilförmig,* mit den Rändern sich nicht deckend, ohne Sternhaare; Blüthen klein. ♃. Abhänge, lichte Wälder gebirgiger Gegenden, zerstreut. Fragaria rubens Cr. P. dubia Moench. b) gadensis Beck. Reichlich drüsenhaarig. Bei Hütteldorf, Seebarn. Gaden, Siegenfeld. H. 0,05—0,15 m. April-Juni.

598×602. **P. opaca × incana.** Von P. opaca durch unterseits sternhaarige Blätter; von P. incana durch mehrzählige Blätter u. zerstreut-sternhaarige Blattunterseite verschieden. Bei Ober St. Veit. P. subrubens Borb.

599. **P. glandulifera Kras.** *Stengel* niederliegend oder aufsteigend, *angedrückt oder aufrechtabstehend-behaart, oberwärts reich-drüsenhaarig;* Blätter 5—7zählig, *Blättchen keilig-verkehrteiförmig,* mit den Rändern sich nicht deckend, ohne Sternhaare; Blüthen klein. ♃. Mariahilferberg, Höllenthal. H. 0,05—0.15 m. April-Mai.

, , Nebenblätter der grundständigen Blätter lineal.

600. **P. verna L.** *Stengel mit aufrecht-abstehenden Haaren bekleidet; Blätter 5—7zählig, beiderseits grün, einfach behaart, unterseits nicht oder nur zerstreut sternhaarig, oberseits ohne Sternhaare,* Blättchen verkehrteiförmig oder länglich, grob sägekerbig; Früchtchen fast glatt. ♃. Sonnige Grasplätze, gemein. P. verna v. viridis Neilr. b) vindobonensis (Zim). Blätter unterseits reichlicher sternhaarig; Blüthenstiele reichlich drüsenhaarig. Verbreitet. H. 0,05—0,15 M. März-Mai.

601. **P. verna × opaca.** Bald der einen, bald der anderen Stammart näherstehend; von ersterer durch die abstehende Behaarung, von letzterer durch meist 5zählige Blätter und breiter verkehrteiförmige, weniger gezähnte Blättchen verschieden. Bei

Schönbrunn, Windischhütten, in der Paunzen. P. aurulenta Gremli. P. explanata Zim. P. lasiothrix Beck.

602. **P. incana Gaertn.** *Stengel filzig* und nebstbei mit aufrechtabstehenden Haaren bekleidet; *Blätter 3—5zählig, unterseits dicht sternhaarig-filzig, grauweiss, oberseits sternhaarig, mattgrün;* Früchtchen erhaben-riefig, sonst wie P. verna. ♃. Sonnige Hügel, gemein im Wiener Becken, auch im oberen Donauthale. P. arenaria Borkh. P. verna v. cinerea Neilr. H. 0,05—0,15 März-Mai.

o o Blüthen (in der Regel) 4zählig.

603. **P. erecta (L.) Dalla Torre.** Grundständige Blätter 3 bis 5zählig, die stengelständigen 3zählig, sitzend; Nebenblätter gross, blattartig, 3—5spaltig. ♃. Wiesen, Wälder, verbreitet. Tormentilla erecta L. P. silvestris Neck. P. tormentilla erecta Scop. H. 0,1—0,3 M. Juni-Sept.

β. Stengel ausläuferartig, kriechend.

604. **P. reptans L.** *Blätter 5zählig*, mit einzelnen 3zähligen gemischt. Blättchen länglich-verkehrteiförmig, gekerbt- gesägt, unterseits zerstreut-behaart. ♃. Gräben, Wiesen, verbreitet. H. 0.3 bis 0,6 M. Juni-Sept.

605. **P. anserina L.** *Blätter unterbrochen-fiederschnittig.* Blättchen länglich, eingeschnitten-gesägt, seidenhaarig oder fast kahl. ♃. Ufer, Gräben, feuchte Triften, verbreitet. H. 0,15—0,4 M. Mai-Sept.

b. Blumenkrone weiss; Früchtchen überall od. am Nabel behaart.

α. Grundständige Blätter 5zählig.

* Staubfäden zottig.

606. **P. caulescens L.** Stengel aufsteigend, reichblüthig; Blättchen länglich od. keilig, vorn gesägt, unterseits seidenhaarig-zottig od. ziemlich kahl; Kronblätter länglich-keilig; Früchtchen zottig. ♃. Kalkfelsen; Soosser Lindkogel, Kloster- und Piestingthal bei Gutenstein, Höllen-, Nass-, Reisthal, Saurüssel bei Reichenau, Atlitzgraben, Hallbachthal bei Klein-Zell, Hohenberg, Göller, Lassingfall, Erlafthal von St. Anton bis Scheibbs, Steinbach bei Gössling, Seeau bei Hollenstein, Waidhofen a. d. Ibbs, Enns bei Steyr. H. 0,08—0,2 M. Juli-Aug.

* * Staubfäden kahl.

607. **P. Clusiana Jacq.** Stengel 1—3blüthig; *Blättchen* länglich-lanzettlich oder keilig, höchstens 15 mm. lang, an der Spitze 3—5zähnig, *gleichfärbig, kahl od. angedrückt-behaart;* Kronblätter verkehrteiförmig; Früchtchen zottig. ♃. Felsen der Kalkalpen, häufig; auch auf höheren Voralpen, wie Dürre Wand, Unterberg, Handlesberg. H. 0,03—0,1 M. Juli-Aug.

608. **P. alba L.** Stengel 1—3blüthig; *Blättchen* länglich oder länglich-lanzettlich, 20—60 mm. lang, vorn gesägt, *oberseits kahl, dunkelgrün, unterseits seidenhaarig-silbergrau;* Kronblätter verkehrt-herzförmig; Früchtchen am Nabel behaart. ♃. Wiesen, buschige Abhänge, verbreitet. H. 0,08—0,2 M. April-Mai.

β. Grundständige Blätter 3zählig.

609. **P. sterilis (L.) Garcke.** *Wurzelstock beblätterte und oft wurzelnde Ausläufer treibend;* Stengel 1—2blüthig, zottig; Blätter sämmtlich 3zählig, *Blättchen* rundlich-eiförmig, grobgesägt *mit 4 bis 7 Zähnen jederseits; Kronblätter fast elliptisch,* länger als der Kelch, mit ausgerandeter Spitze; Staubfäden fädlich; Früchtchen am Nabel behaart. ♃. Wiesen, Waldränder, selten; Sievring, Dreimarkstein bei Salmansdorf, Neuwaldegger Park, Oberweidlingbach, Tullnerbachthal, Dreikohlstätten bei Purkersdorf; Pressbaum, Rekawinkel, Hochrotherd, Breitenfurth; Gurhof- und Wolfsteingraben, zwischen der Karthause von Aggsbach und der Ruine Wolfstein, Gansbach, Langegg, St. Pölten, Steinparz bei Melk, Dunkelsteinerwald, Viehhofen, Türnitz, Erlafthal bei Scheibbs, Grubberg und Mausrodel bei Gaming, Seitenstetten. Fragaria sterilis L. P. fragariastrum Ehrh. H. 0,05—0,15 M. April-Mai.

610. **P. micrantha Ram.** *Wurzelstock keine Ausläufer treibend;* Stengel 1—2blüthig, zottig; grundständige Blätter 3zählig, stengelständige ungetheilt. *Blättchen* oval, grobgesägt, *mit 6—11 Zähnen jederseits; Kronblätter länglich-verkehrtherzförmig,* so lang oder etwas kleiner als der Kelch; Staubfäden flach; Früchtchen am Nabel behaart. ♃. Steinige, buschige Orte, sehr selten; Grubberg und Föllbaumhöhe bei Gaming, am Wege von Lunz zum unteren See, Steinbachthal bei Gössling. H. 0,05—0,1 M. April-Mai.

156. Sibbaldia L. Sibbaldie. Kelch 5spaltig, bleibend, Saum mit 5 kleineren mit den Kelchzipfeln abwechselnden Deckblättern umgeben; Blumenkrone 5blättrig; Staubgefässe 5, selten 10; Früchtchen nussartig, 5—10, 1samig, im Grunde des Kelches sitzend.

611. **S. procumbens L.** Blätter 3zählig, Blättchen keilig, an der Spitze 3zähnig; Kronblätter lanzettlich, sehr klein, gelb. ♃. Alpentriften; bisher nur auf dem Hochkohr im sog. Tegel u. am Wege von hier zur Saumauer. H. 0,03—0,08 M. Juli-Aug.

3. Gruppe. Sanguisorbeae Torr. et Gray. Früchtchen nussartig, zu 1—4, im Grunde des ausgebildeten, verhärteten od. unveränderten Bechers sitzend u. von diesem eingeschlossen.

157. Alchemilla Tourn. Löwenfuss. Blüthen zwittrig; Kelch 8spaltig, deckblattlos, Zipfel 2reihig, die äusseren viel kleiner; Blumenkrone fehlend; Staubgefässe 1—4; Früchtchen 1samig, zu 2—4 in den erhärteten Becher eingeschlossen.

a. Blüthen in endständigen doldenrispigen Trugdolden.

612. **A. vulgaris L.** *Blätter* rundlich, *seicht 5—9lappig, gleichfärbig, unterseits besonders an den Nerven behaart;* Blüthen 2

bis 4männig, grünlichgelb. ♃. Wiesen, Waldränder, häufig. H. 0,1 bis 0,3 M. Mai-Juli. b) hybrida (L.). Stengel und Blattstiele zottig, Blätter beiderseits seidenhaarig-zottig. So seltner. c) alpestris (Schmidt). In allen Theilen kahl od. nur hie u. da spärlich behaart. A. glabra Poir. Auf den Alpen u. höheren Voralpen.

613. **A. alpina L.** *Blätter 5—7zählig-gefingert, oberseits kahl, dunkelgrün, unterseits seidenhaarig-glänzend, silbergrau;* Blüthen 2—4männig, grünlichgelb. ♃. Gerölle der Kalkalpen, sehr selten: zwischen dem Grossen Zellerhut u. dem Schwarzkogel bei Neuhaus, zwischen der Voralpenspitze u. dem Esslinger Almgraben, im Kies der Enns bei Steyr; angeblich auch im Kuhgraben zwischen Kuh- u. Hochschneeberg. H. 0,1—0,2 M. Juli-Aug. b) podophylla (Tausch). Blattabschnitte am Grunde miteinander deutlich verwachsen. A. anisiaca Wettst. Am Hochkohr.

b. Blüthen in blattwinkelständigen geknäuelten Trugdolden.

614. **A. arvensis (L.) Scop.** Blätter handförmig-3spaltig, am Grunde keilig, Zipfel vorn eingeschnitten, 3—5zähnig; Blüthen 1—2männig, grünlichgelb. ⊙ Aecker, Brachen; im Becken von Wien selten, so im nördl. Hügellande, am Kahlengebirge bei Sievring, Währing, Hernals, Ottakring, Breitensee, Hütteldorf, Giesshübel, Sittendorf, Maierling, am Steinfelde von Ginselsdorf bis Neustadt, bei Küb und Pettenbach nächst Gloggnitz, bei Kirchau im südöstl. Schiefergebiete: St. Pölten, Lilienfeld, Scheibbs, Wieselburg, Mautern, Mank, Melk, Steitenstetten; gemein im Waldviertel. Aphanes arvensis L. H. 0,05—0,15 M. Mai-Herbst.

158. **Sanguisorba L.** Wiesenknopf. Blüthen zwittrig od. vielehig; Kelch 4spaltig, von 2—3 Deckblättern umgeben; Blumenkrone fehlend; Staubgefässe 4—viele; Narbe kopfig-franzig; Früchtchen 1samig, zu 1—3 in den erhärteten Becher eingeschlossen.

615. **S. officinalis L.** Blätter gefiedert, Blättchen herzförmig-länglich, kerbiggesägt; Blüthen zwittrig, *in eiförmig-länglichen schwarzpurpurnen Köpfchen.* ♃. Nasse Wiesen; häufig in der südöstl. Niederung Wiens bis an die Leitha, im Marchthale und im Kreise O. M. B.; seltner am Kahlengebirge, bei Rappoltenkirchen, Neuwaldegg, Scheiblingstein, Laab, Breitenfurth, Kalksburg, bis in die Voralpen, bei Fahrafeld, Reichenau; im Kreise O. W. W. Herzogenburg, Fladnitzthal bei Meidling, Mank, im Pielach-, Melk- u. Ibbsthal. H. 0,4—1,0 M. Juni-Aug.

616. **S. minor Scop.** Blätter gefiedert, Blättchen rundlich od. oval, tiefgesägt; *Blüthen in eiförmig-rundlichen, röthlich-grünen Köpfchen,* die unteren männlich, die oberen weiblich, die mittleren oft zwittrig. ♃. Hügel, Wiesen, verbreitet. Poterium sanguisorba L. H. 0,2—0,5 M. Mai-Juli.

159. Agrimonia Tourn. Odermenig. Blüthen zwittrig; Kelch 5-spaltig, deckblattlos: Blumenkrone 5blättrig; Staubgefässe 12—20; Früchtchen 1samig, zu 1—2 in den erhärteten Becher eingeschlossen.

617. **A. eupatoria L.** Stengel aufrecht, zottig: Blätter unterbrochen-fiederschnittig, Blättchen elliptisch, grobgesägt; Blüthen in verlängerten, ährenförmigen Trauben, goldgelb; Fruchtkelch am Grunde mit hackigen Stacheln. ♃. Wiesen, Hügel, verbreitet. H. 0,3—0.8 M. Juni-Aug.

4. Gruppe. Roseae DC. Früchtchen nussartig, zahlreich, am Grunde des mit dem hohlen Fruchtboden verwachsenen Bechers eingefügt u. von diesem bis auf die hervorragenden Griffel eingeschlossen.

160. Rosa L. Kelch bauchig, am Schlunde durch eine ringförmige Scheibe verengt. Saum 5spaltig; Blumenkrone 5blättrig; Staubgefässe zahlreich, sammt den Kronblättern dem Rande der Scheibe eingefügt; Früchtchen 1samig.

I. Griffel verwachsen od. frei, so lang od. halb so lang als die Staubgefässe (Synstylae).

A. Alle Nebenblätter gleichgestaltet; Scheibe nicht kegelförmig vorgezogen; (Aequibracteatae).

a. Den derberen Stacheln keine Borsten beigemengt (Arvenses).

618. **R. silvestris Herm.** Strauch niederliegend; Blättchen 5 bis 7, mittelgross, eirund od. elliptisch, einfach-gesägt, unterseits an den Nerven u. am Rande öfters beflaumt; Nebenblätter schmal; Blüthenstiele zu 1—3, lang, kahl od. stieldrüsig; Kelchzipfel ungetheilt oder etwas fiederspaltig, nach dem Verblühen zurückgeschlagen; Blumenkrone weiss: Griffel verwachsen, so lang als die Staubgefässe; Scheinfrucht roth. ♄ Bergwälder, häufig. * *Alle Aeste niederliegend; Blätter oberseits matt; Blüthenstiele 3—8mal länger als die Scheinfrucht:* o *Scheinfrucht eiförmig od. eilänglich:* a) ovata (Lej.) Blättchen oval od. oval-elliptisch, am Mittelnerv beflaumt; Blüthen gross oder (R. Rothii Seidl) klein. Baden, Dreistätten, Neuwaldegg, Pötzleinsdorf. o o *Scheinfrucht kuglig bis kurz birnförmig:* · *Blüthen- u. Blattstiele drüsenlos:* b) erronea (Rip.) Neuwaldegg. R. arvensis Huds. p. p. · · *Blüthenstiele armdrüsig; Blattstiele drüsenlos, behaart:* c) subatrata Kell. Blättchen kleiner, scharfbespitzt. Mödling, Baden, Fahrafeld. · · · *Blüthen- u. Blattstiele drüsig:* d) repens (Scop.). Blättchen kahl, höchstens der Mittelnerv etwas behaart. Verbreitet. e) badensis (A. Kern.). Blättchen oberseits anliegend behaart, unterseits beflaumt. Bei Baden u. in den Voralpen. * * *Aeste u. mittlere Zweige aufgerichtet, lang; Blätter oberseits fast glänzend; Blüthenstiele 8—15 mal länger als die Scheinfrucht:* f) subbibracteata H. Br. Blättchen gross, fast lederig, kahl; Blüthenstiele kurzdrüsig. Scheinfrucht kurzeiförmig bis kugelig. Hundskogel in der Brühl, Scharfeneck bei Baden. R. bibracteata Kell. non Bast. Juni-Juli.

b. Den derben Stacheln Borsten od. kleine dünne Stacheln beigemengt (Hybridae).

619. **R. hybrida Schleich.** Strauch aufrecht; Blättchen 5—7, elliptisch, einfach od. unvollständig doppelt-gesägt, unterseits behaart; Nebenblätter schmal; Blüthenstiele zu 1—2, stieldrüsig; Kelchzipfel fast ganzrandig od. fiederspaltig, nach dem Verblühen zurückgeschlagen; Blumenkrone gross, weiss, am Rande rosa; Griffel frei, behaart, so lang als die Staubgefässe; Scheinfrucht verkümmert, orange. ♃. Bei Dornbach. R. Schleicheri H. Br. * *Griffel behaart, nicht weisswollig.* b) Neilreichii (Wiesb.). Blättchen unvollständig doppelt-gesägt, unterseits dicht-behaart; Blüthen klein, weiss; Griffel an der Spitze kahl. Am Anninger. R. gallica-arvensis Neilr. c) Wiedermanni H. Br. Blättchen theils einfach-, theils doppelt-gesägt, unterseits an den Nerven behaart; Blüthen blassrosa; Griffel kahl oder befläumt. Kreuth nächst Rappoltenkirchen. * * *Griffel weisswollig:* d) Beckii (H. Br.). Blättchen unregelmässig-gesägt, unterseits graugrün, kahl; Blüthen unbekannt; Griffel so lang als die Staubgefässe. Gainfahrn. e) Kalksburgensis (austriaca × arvensis) Wiesb. Blättchen einfach-gesägt, unterseits bläulichgrün, an den Nerven behaart; Blüthen rosa; Griffel halb so lang als die Staubgefässe; Scheinfrucht verkümmert. Kalksburg. f) Rhodani (Chab.). Blättchen unvollständig doppelt-gesägt, unterseits bläulichgrün, am Mittelnerven behaart; Blüthen rosa; Griffel halb so lang als die Staubgefässe, Scheinfrucht, kurz-birnförmig. Kalksburg. Juni-Juli.

B. Nebenblätter an den blühenden Zweigen viel breiter; Scheibe kegelförmig vorgezogen (Stylosae).

620. **R. systyla Bast.** Grosser Strauch mit hackigen strohgelben Stacheln, ohne Stachelborsten; Blättchen 5—7, länglich-elliptisch, einfach-gesägt, unterseits an den Nerven behaart; Blüthenstiele in vielblüthigen Doldentrauben, sehr lang, mit feinen Stieldrüsen; Kelchzipfel fiederspaltig, nach dem Verblühen herabgeschlagen; Blumenkrone mittelgross, weiss od. blassrosa; Griffel verwachsen, kahl od. befläumt, etwas kürzer als die Staubgefässe; Scheinfrucht klein, eiförmig, roth. ♄ Kahlenberg. R. canina × arvensis Neilr. b) matraensis (Borb.). Blättchen eiförmig, kahl, einfach-gesägt, am Grunde abgerundet; Blüthenstiele kurz; Blüthen rosa; Griffel wollig, so lang als die Staubgefässe. Schwarzau im Gebirge. c) seposita (Dés.). Blättchen elliptisch, kahl, doppelt-gesägt, am Grunde schmal zugerundet; Blüthenstiele länger; Blüthen rosa; Griffel behaart, halb so lang als die Staubgefässe. Gumpoldskirchen, Baden. d) pygmaeopsis Kell. et Han. Blättchen eiförmig oder lanzettlich, doppelt-gesägt; Blüthenstiele länger; Blüthen unbekannt; Griffel stark behaart, so lang als die Staubgefässe. Unterbergern, Rappoltenkirchen. Juni-Juli.

II. Griffel frei u. viel kürzer als die Staubgefässe (Brevistylae).

A. Schössling dicht mit Borsten u. eingemischten geraden pfriemlichen od. gekrümmten Stacheln bewehrt (Setosae).

a. Schössling mit kleinen hackigen derberen Stacheln, Pfriemenstacheln u. Drüsenborsten bewehrt; Nebenblätter an allen Zweigen gleichgestaltet, nicht eingerollt; Kelchzipfel fiederspaltig, nach dem Verblühen zurückgeschlagen, abfällig (Gallicanae).

621. **R. gallica L.** Niedriger Strauch mit grösseren pfriemlichen u. kleineren borstigen Stacheln bewehrt. Blüthenzweige drüsenborstig: Blättchen 5—7, gross, elliptisch od. länglich, fast einfach-drüsig-gesägt, unterseits mehr minder behaart; Blüthenstiele meist einzeln, dichtdrüsig; Blumenkrone gross, purpurn, wohlriechend; Griffel wollig; Scheinfrucht ellipsoidisch. ♄ Bei Langenlois, wahrscheinlich verwildert. * *Griffel wollig:* o *Blättchen mit theilweise drüsenloser Serratur:* b) h a p l o d o n t a (B o r b.). Scheinfrucht kuglig. Laaerberg, Laxenburg, Gumpoldskirchen. o o *Blättchen doppelt-drüsig-gesägt:* c) p u m i l a (J a c q.). Blättchen kleiner, elliptisch; Blüthenstiele dichtdrüsig; Scheinfrucht birnförmig. Auf Wiesen zerstreut bis in die Voralpen. d) a u s t r i a c a (C r.). Blättchen rundlich-elliptisch bis eirund; Scheinfrucht kuglig oder birnförmig; Blüthenstiele dichtdrüsig oder (R. pannonica Wiesb.) nebstbei mit kleinen gebogenen Stacheln bewehrt. Waldränder, Holzschläge. e) c o r d i f o l i a (H o s t.). Blättchen fast sitzend, am Grunde herzförmig. Blüthen blasser, sonst w. v. * * *Griffel an der Spitze kahl od. fast kahl:* f) C z a k i a n a (B e s s.). Blättchen länglich-elliptisch, ungleich-drüsig od. fast drüsenlos-gesägt, unterseits drüsenlos, so bei Marchegg, Schlosshof, oder (R. subglandulosa Borb.) unterseits an den Nerven rothdrüsig. Giesshübel, Haglersberg. Juni.

b. Schössling vorwiegend mit Pfriemenstacheln u. Drüsenborsten bewehrt, hackige derbe Stacheln fehlend; Nebenblätter gleich od. ungleich gestaltet, nicht eingerollt; Kelchzipfel meist ganzrandig, nach dem Verblühen aufwärtsgerichtet, bleibend (Orthacanthae).

α. Blättchen 7—11; Kelchzipfel an der Spitze verbreitert, meist ganzrandig, so lang od. länger als die geöffnete Blumenkrone; Blumenkrone purpurn; Scheinfrüchte roth, meist nickend (Alpinae).

622. **R. pendulina L.** Aeste zumeist wehrlos; Blättchen länglich meist 9, doppelt- bis 3fach-gesägt, unterseits kahl oder schwach behaart; Nebenblätter an den blühenden Zweigen grösser; Blüthenstiele einzeln, deckblattlos, meist stieldrüsig, selten kahl; Kelchzipfel drüsig; Griffel wollig; Scheinfrucht länglich, stieldrüsig, zuletzt nickend. ♄ Waldränder gebirgiger Gegenden bis in die Krummholzregion. * *Zweige meist unbewehrt:* o *Blättchen unterseits kahl, höchstens am Mittelnerven behaart:* · *Scheinfrucht länglich, kahl:* b) r u p e s t r i s (C r.). Blüthenstiele stieldrüsig. c) l a g e n a r i a (V i l l.). Blüthenstiele kahl oder behaart. · · *Scheinfrucht kuglig:* d) a l p i n a (L.) Blüthenstiele stieldrüsig: Scheinfrucht mit od. ohne Stieldrüsen. Alle 3 Formen an gleichen Orten wie die Grundform. o o *Blättchen unterseits auf der Fläche behaart:* e) n o r i c a K e l l. Blättchen tief-gesägt; Scheinfrucht länglich, drüsenlos. Badner Lindkogel, Eisernes Thor; Kottes. * * *Zweige meist mit borstlichen, nadelförmigen Stacheln:* f)

intercalaris (Dés.). Bewehrung reichlich; Blättchen etwas behaart, unterseits auf den Nerven etwas drüsig. Badner Lindkogel. g) subgentilis (Kell.). Bewehrung gering: Blüthenstiele und Kelchzipfel röthlich; Scheinfrüchte kleiner, sonst w. v. Gösing. Juni-Juli.

β. Blättchen meist 7—9; Kelchzipfel fast fädlich auslaufend, meist ganzrandig, kürzer als die geöffnete Blumenkrone; Blumenkrone weiss od. blassrosa; Scheinfrüchte schwarz, selten roth, aufrecht (Pimpinellifoliae).

623. **R. spinosissima L.** Aeste pfriemlich od. borstlich bestachelt: Blättchen rundlich od. oval, einfach gesägt, kahl od. unterseits an den Nerven fläumlich; Nebenblätter an den blühenden Zweigen etwas verbreitert; Blüthenstiele einzeln, meist deckblattlos, dichtstieldrüsig; Griffel weiss-wollig; Scheinfrucht kugelig, drüsenborstig, schwarz. ♄ Steinige buschige Orte, häufig. * *Blättchen einfach oder fast einfach gesägt:* o *Blumenkrone weiss:* · *Griffel weisswollig.* b) Megalacantha Borb. Borsten u. Nadeln kurz, derbere Pfriemenstacheln vorherrschend: Blüthenstiele dicht weichstachlig; Scheinfrüchte klein, ganz od. nur am Grunde beborstet. Mitterberg bei Baden. c) poterifolia (Bess.). Aeste dicht drüsenborstig: Blüthenstiele u. Scheinfrüchte glatt od. (subspinosa H. Br.) erstere drüsenborstig. Verbreitet. d) sorboides H. Br. Blüthenstiele u. Scheinfrüchte kahl oder letztere schwach drüsenborstig; Blättchen länglich bis elliptisch. Kahlengebirge, Stockerau. · · *Griffel kahl:* e) leiostyla Koch. Laaerberg. o o *Blumenkrone rosa oder weiss u. rosa angehaucht, in der Knospe an der Spitze stets rosa:* · *Blüthenzweige bestachelt:* f) pimpinellifolia (L.) Blüthenstiele kahl oder drüsenborstig: Scheinfrüchte glatt: Griffel weisswollig; Kelchblätter am Rande drüsenlos oder (ciliosa H. Br.) drüsig-gewimpert. Verbreitet. g) subdiminuta H. Br. Griffel fast kahl. Rodaun. Bisamberg. · · *Blüthenzweige wehrlos;* h) inermis (DC). Griffel leichtwollig. Bisamberg, Anninger. Badner Lindkogel. * * *Blättchen doppelt-gesägt:* i) glandulosa (Bell.). Zweige wehrlos; Blättchen 9—11: Scheinfrüchte länglich, glatt. Rappoltenkirchen. Mai-Juni.

γ. Blätter 5—9: Kelchzipfel fiederspaltig, an der Spitze meist sehr verbreitert, kürzer als die geöffnete Blumenkrone: Blumenkrone blas rosa; Scheinfrüchte schmutzigroth, aufrecht (Subulatae).

624. **R. Braunii Kell.** Aeste dicht mit Pfriemenstacheln, Borsten u. Stieldrüsen bewehrt; Blättchen elliptisch, 2—3fach drüsig-gesägt, unterseits filzig und reichdrüsig: Nebenblätter purpurn, behaart, unterseits drüsig, an den blühenden Zweigen etwas breiter; Blüthenstiele einzeln, stieldrüsig; Kelchzipfel dicht stieldrüsig, oft ganz purpurn; Griffel wollig; Scheinfrucht kugelig, drüsenborstig, schmutzigroth. ♄ An der Südostseite des Haglersberges am Neusiedlersee. Mai.

c. Schössling dicht borstenförmig bestachelt u. mit gekrümmten derberen Stacheln bewehrt (od. ohne letztere u. dann an den Stämmen gekrümmte Stacheln auftretend): Nebenblätter ungleich gestaltet, die der nichtblühenden

Zweige schmal, röhrig-eingerollt od. ziemlich flach, die der Blüthenzweige verbreitert, flach; Kelchzipfel ganzrandig, nach dem Verblühen aufwärtsgerichtet, bleibend od. abfallend.

625. **R. cinnamomea L.** Aeste zimmtbraun, am Grunde mit borstlichen, oft fehlenden, unter den Nebenblättern mit derben, gekrümmten, gepaarten Stacheln bewehrt; Blättchen 5—7, länglich-elliptisch, einfach-gesägt, unterseits hechtgrau, dichtflaumhaarig; Nebenblätter der nichtblühenden Zweige schmal, röhrig-eingerollt; Blüthenstiele einzeln od. zu 2—3, kahl, von Deckblättern eingehüllt; Kelchzipfel kahl, bleibend; Blumenkrone rosa; Griffel wollig; Scheinfrucht kugelig, glatt, roth. ♄ Angeblich wild bei Grafenwörth, Spillern, ehemals auch am Dreimarkstein bei Salmannsdorf. b) foecundissima (Muenchh.). Blüthe halbgefüllt od. gefüllt. Gepflanzt und verwildert; Park von Neuwaldegg, Mauerbach, Gaming, Scheibbs, Seitenstetten, Mautern, Krems, Gföhl, Zwettl, Weitra, Waidhofen a. d. Thaya; Kirchschlag, Hochneunkirchen. Mai-Juni.

Anm. R. blanda Ait. kommt hie u. wieder vewildert vor, so bei Heiligenstadt, in der Brühl, bei Reichenau. Ebenso R. turbinata Ait. bei St. Veit, Laxenburger Park, Münchendorf, Baden, Hochleiten, Mautern. Beiden Arten fehlen die eingerollten Nebenblätter.

B. Schössling nie dicht mit geraden Stacheln, Borsten u. eingemischten Drüsenborsten bewehrt (Asetosae).

a. Blätter lederig, nicht weichsammtig; Stacheln meist derb u. gekrümmt, seltener fast gerade und zart; Blüthenstiele meist nicht auffallend lang; Kelchzipfel nicht bleibend (Campylacanthae).

α. Kelchzipfel ganzrandig od. mehr minder fiederspaltig, meist fädlich ausgezogen u. so lang od. länger, als die geöffnete Blumenkrone, nach dem Verblühen meist aufwärts gerichtet, bis zur Verfärbung der Scheinfrucht bleibend; Blüthenstiele oft sehr kurz u. durch die sehr entwickelten Deckblätter verdeckt; Griffel meist dichtwollig (Coronatae).

* Blättchen beiderseits kahl.

o Kelchzipfel ganzrandig od. fast ganzrandig; Scheinfrucht klein.

626. **R. ferruginea Vill.** Zweige hechtblau bereift, mit dunkelrother Rinde; Stacheln derb, klein, gerade od. gekrümmt, seltner pfriemlich od. borstlich; Blättchen 5—7, länglich od. elliptisch, einfach-gesägt, hechtblau bereift; *Blüthenstiele* einzeln od. doldentraubig, *glatt; Kelchzipfel drüsenlos,* länger als die Blumenkrone; Blumenkrone sattrosa; Griffel dichtwollig; Scheinfrucht kuglig od. ellipsoidisch, glatt. ♄ Angeblich zwischen Mariazell u. Weichselboden. b) glaucescens (Wulf.) Blüthenstiele u. oft auch die Scheinfrüchte drüsenborstig. R. gutensteinensis Jacq. R. livida Host. In den Voralpen, auf Kalk und Schiefer, bis 950 m., zerstreut. Juni-Juli.

o o Kelchzipfel mehr minder fiederspaltig; Scheinfrucht ansehnlich.

627. **R. glabrata Vest.** Zweige oft violett überlaufen; Stacheln stark, fast gerade; Blättchen 5—7, rundlich-elliptisch, einfach-gesägt, unterseits graugrün; *Blüthenstiele* meist doldentraubig, *steif-*

borstig; Kelchzipfel steifdrüsig, meist so lang als die Blumenkrone; Blumenkrone blassrosa; Griffel wollig; Scheinfrucht kugelig bis eikugelig. ♄ Prein und Höllenthal. b) Vestii H. Br. Blättchen theils einfach-, theils drüsig-gesägt; Kelchzipfel höchstens nur ein Paar schmaler Anhängsel tragend, kürzer als die Blumenkrone; Scheinfrucht kuglig bis eikuglig. Griesleiten der Rax. c) breynina H. Br. Blättchen doppelt- od. unregelmässig drüsig-gesägt; Scheinfrucht gross, ellipsoidisch. Griesleiten der Rax. Krumbachgraben des Schneebergs. Juni.

628. **R. glauca Vill.** Zweige etwas bereift; Stacheln stark, fast gerade od. etwas gekrümmt; Blättchen 5—7, breit-eirundlich, einfach-gesägt, unterseits meist schwach bereift, seegrün; *Blüthenstiele* meist doldentraubig, *glatt; Kelchzipfel drüsenlos,* so lang als die Blumenkrone; Blumenkrone lebhaftrosa; Griffel wollig; Scheinfrucht kuglig. ♄ Bei Gloggnitz u. durch das Höllenthal bis Schwarzau, in der Prein; Weitra, Drosendorf. * *Blüthenstiele kurz, kaum halb so lang als die unreife Scheinfrucht:* o *Blüthenstiele drüsenlos:* · *Blättchen einfach- od. unregelmässig doppelt-gesägt:* b) Graveti (Crép.). Blättchen kleiner, elliptisch bis lanzettlich; Scheinfrucht eikuglig. Gutenstein, Höllenthal. c) Reuteri (God.). Blättchen ziemlich gross, gegen den Grund stark verschmälert, oft keilig; Scheinfrucht eiförmig bis eilänglich; öfter (R. pennina De la Soie) neben den starken auch pfriemliche Stacheln führend. Häufig am Semmering, im Schneeberg- und Raxgebiete. Hieher auch: R. diversisepala H. Br. mit theils langfadenförmigen, theils blattartig verbreiterten Kelchzipfeln, so im Griesthale bei Rohr; und R. falcata Pug. mit grossen unregelmässig-gesägten Blättchen, so bei Gloggnitz, Reichenau, Prein. d) atrovirïdis Borb. Blättchen unregelmässig-gesägt; Kelchzipfel am Rücken mit einigen schwarzen Sitzdrüsen; Griffel weniger behaart. Gutenstein. · · *Blättchen doppelt bis mehrfach drüsig-gesägt:* e) complicata (Gren.). Blättchen breit, rundlich oder (acutifolia Borb.) elliptisch und die oberen eilanzettlich; Kelchzipfel am Rücken drüsenlos od. (myriodonta Christ) drüsig. Gutenstein, Semmering; Krems, Kottes, Weitra, Litschau, Fladnitz, Drosendorf. o o *Blüthenstiele stieldrüsig:* f) fugax (Gren.). Kelchzipfel drüsig; Blättchen doppelt od. (R. Mayeri H. Br.) einfach-gesägt. Krems, Hardegg. * * *Blüthenstiele verlängert:* o *Blättchen einfach-gesägt:* · *Griffel weisswollig:* g) melanophylloides Kell. Blättchen gross, elliptisch, beiderseits gleichfarbig; Scheinfrucht eirund bis eiförmig. Kuhberg bei Krems. h) acutiformis H. Br. Blättchen länglich-elliptisch, unterseits seegrün; Scheinfrucht länglich. Hardegg, Asparn a. d. Zaya. i) subcanina (Christ). Blättchen breiteiförmig, unterseits auf den Nerven beflaumt; Scheinfrucht kuglig od. eikuglig. Reichenau im Waldviertel. · · *Griffel behaart:* j) rigida (H. Br.). Blättchen elliptisch, unregelmässig-gesägt; Scheinfrucht länglich. Braunstorferberg bei Krems. o o *Blättchen*

unregelmässig doppelt-gesägt; k) sarmentacea (Woods). Kelchzipfel am Rande stieldrüsig. Röschitz bei Pulkau. Juni.

* * Blättchen wenigstens auf der Unterseite behaart.

629. **R. coriifolia Fr.** Strauch von matter grauer Farbe; Stacheln derb, krumm; *Blättchen* 5—7, eilänglich, einfach-gesägt, *oberseits angedrückt-behaart,* zuletzt verkahlend, unterseits filzig, graugrün: *Blüthenstiele* zu 1—3, verkürzt, *glatt; Kelchzipfel* reich fiederspaltig, *drüsenlos;* Blumenkrone lebhaft rosa; Griffel weisswollig: *Scheinfrucht* kuglig od. kurzeiförmig, *drüsenlos, aufrecht.* ♄ Krems, Kottes, Lexnitz, Waldkirchen. * *Blättchen einfach-gesägt:* b) pseudovenosa H. Br. Zweige u. Deckblätter roth überlaufen; Stacheln kurz, fast gerade; Blättchen unterseits mit stark hervortretendem, silberweiss behaartem Adernetze. Keilberg bei Retz, Mauternbach bei Mautern. c) minutiflora Kell. Kelchzipfel halb so lang wie bei der Grundform; Blumenkrone auffallend klein. Mönichkirchen. * * *Blättchen mehr minder doppelt-gesägt:* o *Blättchen oberseits kahl:* d) subcollina (Christ). Blättchen eilanzettlich; Griffel fast kahl. Hardegg, angeblich auch bei Kalksburg. e) saxetana H. Br. Blättchen elliptisch oder verkehrt-eirund; Griffel stark behaart bis fast wollig. R. frutetorum Kell. non Bess. Bisamberg, Krems, Hardegg. o o *Blättchen beiderseits, unterseits dichter, graugrünlich behaart:* f) vialis H. Br. Blattstiele bestachelt, Kelchzipfel am Rücken drüsenlos. Zwischen Wielands u. Weitra. g) Mannagettae H. Br. Blattstiele wehrlos; Kelchzipfel am Rücken spärlich-drüsig. Litschau. Juni.

630. **R. Kerneri H. Br.** Stacheln an den Aesten derb, krumm; Blüthenzweige meist wehrlos; *Blättchen* 5—7, elliptisch, einfach-gesägt, *oberseits fast kahl,* unterseits behaart, graugrün; *Blüthenstiele* zu 1—3, verkürzt, *drüsenborstig; Kelchzipfel* fiederspaltig, *drüsenborstig;* Blumenkrone sattrosa; Griffel weisswollig; *Scheinfrucht kuglig, drüsig-borstig, aufrecht.* ♄ Auf dem Kühling bei Krems. b) Zoisaeana Ob. et Br. Blüthenzweige mit derben, pfriemlichen u. Drüsenstacheln bewehrt. Keilberg bei Retz, Hardegg. Juni.

631. **R. hispidocarpa Kell.** Aeste und Blüthenzweige unbewehrt; *Blättchen* zu 7, elliptisch, unregelmässig-gesägt, *oberseits zerstreut,* unterseits dichter *behaart; Blüthenstiele* zu 1—3, *dicht drüsenborstig; Kelchzipfel* meist ganzrandig, *drüsigpunktirt;* Blumenkrone lichtpurpurn; *Scheinfrucht eiförmig, drüsenborstig, nickend.* ♄ Jauerling. R. alpino-canina Neilr. Juni.

β. Kelchzipfel fiederspaltig, nicht schmal u. lang vorgezogen, meist kürzer als die geöffnete Blumenkrone, nach dem Verblühen meist zurückgeschlagen, abfällig (Campylopodae).

* Blättchen drüsenlos od. höchstens unterseits am Mittelnerv, sehr selten auch an den Seitennerven zerstreut drüsig (Caninae).

o Blättchen beiderseits kahl.

· Blüthenstiele u. Rücken der Kelchzipfel drüsenlos (Eucaninae).

, Blättchen einfach gesägt, drüsige Secundärzähnchen fehlend (Lutetianae).

632. **R. canina L.** Stacheln breit. hackig: Blättchen 5—7. mittelgross od. gross*), elliptisch od. eiförmig-elliptisch; Blüthenstiele zu 3—5: Blumenkrone hellrosa; Griffel kurzwollig-behaart; Scheinfrucht ellipsoidisch; ♄ An Hecken. in Vorhölzern, verbreitet. * *Griffel wollig-behaart:* o *Blättchen grösser:* · *Scheinfrucht ellipsoidisch bis länglich-ellipsoidisch:* b) syntrichostila (Rip.). Griffel verlängert, eine mehr minder vorragende Säule bildend; Blumenkrone weiss; Scheinfrucht klein. eiförmig. Wien. Schwarzau. Krems. c) nitescens H. Br. Griffel kurz: Blumenkrone rosa; Scheinfrucht ellipsoidisch; Blättchen sehr gross. Mödling, Gumpoldskirchen. · · *Scheinfrucht kuglig od. eikuglig:* d) dilucida (Dés. et Ozan.). Blättchen am Grunde mehr weniger abgerundet oder keilig. Mödling, Reichenau, häufig im südl. Wiener Becken. am Neusiedlersee, bei Schlosshof. o o *Blättchen klein, Scheinfrucht ellipsoidisch:* e) submyrtillus H. Br. Blättchen am Grunde verschmälert oder (vaccinoides H. Br.) schwach zugerundet. Retz. Röschitz. * * *Griffel mehr minder behaart, nicht wollig.* o *Scheinfrucht ellipsoidisch oder eiförmig:* · *Blättchen grösser:* f) lutetiana (Lem.). Blättchen rundlich oder (fallens Dès.) breitoval. am Grunde meist verschmälert od. (oxyphylla Rip.) fast lanzettlich od. (Touranginiana Dès. et Rip.) kreisrund od. (nitens Desv.) breitoval u. auffallend firnissartig glänzend. Verbreitet. · · *Blättchen kleiner:* g) firmula (God.). Blättchen lederig. Blumenkrone sattrosa. Bei Mauer. o o *Scheinfrucht kuglig oder eikuglig:* h) sphaerica (Gren.). Blättchen grösser, so häufig, oder (oxyodonta A. Kern.) kleiner, so bei Krems, oder (arnbergensis H. Br.) zum Grunde verschmälert, so bei Rappoltenkirchen. * * * *Griffel kahl:* o *Scheinfrucht eiförmig:* i) flexibilis (Dès.). Blättchen grösser, eiförmig od. eiförmig-elliptisch, am Grunde verschmälert, so bei Pressbaum, oder (albolutescens Rip.) abgerundet, so bei Grinzing, Giesshübel, Baden, Payerbach. j) mucronulata (Dès.). Blättchen kleiner, oval-elliptisch. Fischau. o o *Scheinfrucht kuglig oder eikuglig:* k) subversuta H. Br. Blättchen mittelgross od. klein. Krems. Juni.

, , Blättchen theils einfach u. drüsenlos-, theils drüsig-, doch nie völlig drüsig doppelt-gesägt (Transitoriae).

633. **R. Swartzii Fr.** Stacheln breit, hackig; Blättchen 5—7, mittelgross, elliptisch, am Grunde zugerundet od. verschmälert; Blüthenstiele zu 3—5; Kelchzipfel am Rande nicht mit zahlreichen Drüsen besetzt; Blumenkrone blassrosa, fast weisslich; Griffel leicht befläumt, fast kahl; Scheinfrucht eiförmig-elliptisch oder eilänglich. ♄ Auf dem Kahlenberge, Bisamberge, bei Röschitz. R. Wettsteinii H. Br. * *Kelchzipfel am Rande nicht mit zahlreichen Drüsen besetzt.* o *Griffel leicht befläumt bis kahl:* b) frondosa (Stev.).

---

*) Die grossen od. mittelgrossen sind 16—45 (meist 26) mm. lang, 14—28 (meist 16) mm. breit; die kleinen 8—24 (meist 16) mm. lang, 6—12 (meist 8) mm. breit.

Blüthenzweige wehrlos, seltner mit einzelnen Stacheln; Blättchen elliptisch-lanzettlich, am Grunde fast keilig; Griffel leicht beflaumt; Scheinfrucht eiförmig bis eiförmig-elliptisch. Mauer, Kalksburg, Perchtholdsdorf, Krems. c) o l o l e i a (R i p.). Blüthenzweige wehrlos oder nicht dicht bestachelt; Blättchen kleiner, eiförmig-elliptisch; Griffel fast kahl; Scheinfrucht eiförmig od. eilänglich, so bei Stockerau. Krems; oder (valdearmata H. Br.) Bestachelung dicht, fast wirtelig, so bei Leesdorf, o o *Griffel mehr minder dicht beborstet, nicht wollig behaart:* · *Blättchen kleiner:* d) m y r t i l l o i d e s (T r a t t.). Blättchen eiförmig-elliptisch, am Grunde abgerundet, Scheinfrucht eiförmig-elliptisch, so bei Krems, Röschitz, oder (ramosissima Rau) Blättchen am Grunde spitz, so bei Neuwaldegg, Stockerau, Röschitz. e) v a c c i n i f o l i a H. B r.). Blättchen elliptisch; Scheinfrucht kuglig. Höllenthal. Röschitz. · · *Blättchen grösser:* , *Scheinfrucht eikuglig od. kuglig:* f) g l o b u l a r i s (F r a n c h.). Blättchen eiförmig-elliptisch bis elliptisch-lanzettlich; Blüthenstiele lang; Kelchzipfel nach dem Verblühen aufgerichtet oder ausgebreitet. Schwarzau am Gebirge, Deutsch-Altenburg. g) s u b v i r e n s (K e l l. e t W i e s b.). Kelchzipfel zurückgeschlagen, zuweilen (subcalophylla Kell.) in lange lineale Anhängsel auslaufend: Scheinfrucht oft länger. Häufig im Wiener Becken. , , *Scheinfrucht ellipsoidisch bis länglich:* h) s p u r i a (P u g.). In allen Theilen roth überlaufen; Blättchen elliptisch bis eiförmig-elliptisch. am Grunde abgerundet od. (oenophora Kell.) verschmälert. Jauerling, Burgstock, Krems, Asparn; Gahnsgebirge. Schwarzau im Gebirge, Brühl. i) f i s s i s p i n a (W i e s b.). Blättchen grün, keilig zum Blattstiele verlaufend od. (fissidens Borb.) am Grunde abgerundet. Verbreitet. o o o *Griffel mehr minder wollig behaart:* · *Scheinfrucht eikuglig od. kuglig:* j) a c i p h y l l a R a u.). Blättchen kleiner, eilanzettlich, langzugespitzt; Blüthenzweige fast pfriemlich, bestachelt. Grinzing, Neuwaldegg. k) m o n t i v a g a (D è s.). Blättchen grösser, oval, am Grunde abgerundet; Blüthenzweige bestachelt; Kelchzipfel nach dem Verblühen etwas aufgerichtet, so bei Gumpoldskirchen, Jauerling, Röschitz, Krems, oder (intercedens H. Br.) zurückgeschlagen u. die Blättchen am Grunde verschmälert, so bei Mauer, Pertholdsdorf, Gumpoldskirchen. l) e u o x y p h y l l a (B o r b.). Blüthenzweige oft unbestachelt; Blättchen grösser, eilanzettlich bis lanzettlich. Schlosshof. · · *Scheinfrucht ellipsoidisch bis länglich:* m) s e m i b i s e r r a t a (B o r b.). Blättchen am Grunde abgerundet. Kahlenberg, Bisamberg, Hardegg. Röschitz, Langschlag, Weitra. n) m e n t a c e a (P u g.). Blättchen am Grunde verschmälert, elliptisch od. (lapidicola H. Br.) fast rhombisch-elliptisch. Krems. Neuwaldegg. * * *Kelchzipfel am Rande mit zahlreichen Drüsen besetzt:* o) p r a t i n c o l a (H. B r.). Griffel leicht behaart; Scheinfrucht fast eikuglig. Neuwaldegg, Pressbaum, Anzbach. p) c a l o s e p a l a (H. B r.). Griffel fast zottig-beborstet; Scheinfrucht eiförmig bis eilänglich. Krems, Weitra. q) v e r s u t a (H. B r.). Griffel mehr minder dicht behaart; Scheinfrucht kuglig. Bisamberg, Mödling. Juni.

, , . Blättchen mehr minder scharf drüsig doppelt gesägt (Biserratae).

634. **R. dumalis Bechst.** Stacheln breithackig; Blättchen 5—7, ziemlich gross, eiförmig bis elliptisch, am Grunde zugerundet, unterseits nicht seegrün; Blüthenstiele zu 1—3; Kelchzipfel nicht drüsig berandet, Fiedern manchmal mit Drüsen besetzt; Blumenkrone lebhaft rosa; Griffel dicht behaart, oft wollig; Scheinfrucht eiförmig. ♄ Gemein. R. stipularis Mér. * *Kelchzipfel nicht drüsig berandet; Fiedern manchmal mit Drüsen besetzt:* o *Griffel dicht wollig-behaart:* · *Scheinfrucht ellipsoidisch, eiförmig od. länglich:* , *Blättchen grösser, unterseits nicht see- od. graugrün:* b) i n n o c u a (R i p.). Blättchen breitrundlich oder (recognita Rouy) eiförmig, am Grunde abgerundet, oder (laxifolia Borb.) elliptisch bis elliptisch-lanzettlich, am Grunde keilig. Verbreitet. , , *Blättchen grösser, unterseits grau od. seegrün:* c) r u b e l l i f l o r a (R i p.). Blumenkrone tief rosa. Baden, Sievring, Krems, Röschitz, Falkenstein, Asparn, Bruck, Neusiedel, Goyss d) o p a c a (F r.). Blumenkrone blassrosa. Blättchen elliptisch-rundlich am Grunde abgerundet, so bei Litschau, od. (glaucina Rip.) eirundlich bis eilänglich mit fast unbehaarten od. (glaucifolia Op.) deutlich behaarten Blattstielen, so bei Neuwaldegg, Röschitz, Eggenburg, seltner (subglaucina H. Br.) die Blumenkrone weiss, so bei Stockerau. , , , *Blättchen kleiner:* e) d e n s i f o l i a H. B r. Blättchen elliptisch, am Grunde schmal zugerundet, so bei Mödling, Baden, oder lanzettlich bis eilanzettlich, unterseits bläulichgrau, so bei Krems. · · *Scheinfrucht eikuglig oder kuglig:* , *Blättchen grösser, unterseits nicht see- od. graugrün:* f) s p h a e r o i d e a (R i p.). Griffel kurz, ein dichtbehaartes od. wolliges Köpfchen od. (eriostyla Rip. et Dés.) Säulchen bildend. Verbreitet. , , *Blättchen grösser, unterseits see- oder graugrün:* g) g r e g a r i a H. B r. Zweige braun, Blätter grün, so bei Gumpoldskirchen, Röschitz, Eggenburg; oder (malmudariensis Lej.) ganzer Strauch roth überlaufen, Zweige bläulich-bereift, Blättchen eiförmig-elliptisch, am Grunde abgerundet, so bei Baden, oder (podolica Tratt.) elliptisch, am Grunde verschmälert, so bei Haschendorf. , , , *Blättchen kleiner:* h) v i r i d i c a t a (P u g.) Blättchen eiförmig od. eilanzettlich. Gumpoldskirchen, Röschitz, Stockerau; Haglersberg. o o *Griffel deutlich behaart, aber nicht wollig:* · *Scheinfrucht ellipsoidisch, eiförmig od. länglich:* , *Blättchen grösser:* i) s a r m e n t o i d e s (P u g.). Blättchen unterseits seegrün, so bei Stockerau, Mailberg, Hardegg, Obergrub, Jauerling, zuweilen (Krameri H. Br.) mit verlängerten Blüthenstielen, so am Pfaffenberg. j) i n s i g n i s (G r.). Blättchen unterseits nicht seegrün, eiförmig, am Grunde abgerundet oder (racemulosa H. Br.) elliptisch, am Grunde verschmälert. Häufig im Wienerwalde. . . *Blättchen kleiner:* k) s q u a r r o s a (R a u). Stämme dicht mit grauen od. (squarrosula Kell.) braunen, geraden od. (ascita Dés.) hackigen Stacheln bewehrt. Kahlengebirge. · · *Scheinfrucht eikuglig oder kuglig:* l) r u b e s c e n s (R i p.). Blättchen ziemlich gross, Blumenkrone tiefrosa od. (calophylla Christ) blassrosa; od. (silvularum Rip.) Blättchen klein. Zerstreut. o o o

Griffel kahl oder nur im unteren Theile behaart: · Scheinfrucht kuglig od. eikuglig: m) glaberrima (Dum.) Blättchen elliptisch, gegen den Grund verschmälert; Kelchzipfel mit fast drüsenlosen, so bei Vöslau, od. (effusa H. Br.) drüsig-gesägten Fiedern, so bei Eggenburg, Röschitz, Krems. · · *Scheinfrucht ellipsoidisch, eiförmig oder länglich: ; Blattstiele meist dauernd behaart:* n) medioxima Dés.). Blättchen kreisrundlich, unterseits seegrün, Blumenkrone tiefrosa, so bei Laxenburg, Baden, Schwarzau; oder (oreogeton Hal. et Br.) Blumenkrone blassrosa, Blättchen unterseits nicht seegrün, elliptisch, so bei Mauer, Röschitz, Pulkau. od. (Sabranskyi H. Br.) breitelliptisch und auffallend scharfgesägt, so bei Mödling. *; ; Blattstiele kahl od. nur an den Gelenken flaumig: . Blättchen sehr scharf und fast geschlitzt eingeschnitten gesägt, Blüthenstiele verlängert:* o) Pernteri Wiesb. et Kell. Blättchen oval; Blumenkrone rosa; Griffel kahl. Kalksburg. *, , Blättchen nicht zerschlitzt-gesägt, Blüthenstiele kürzer: — Griffel stets kahl:* p) Carioti (Chab.). Blattstiele kahl, Scheinfrucht eiförmig, so bei Röschitz, Fischau, Gloggnitz, oder (oblongata Op.) Blattstiele drüsig, Scheinfrucht eilänglich, so bei Soos. *= Griffel unterwärts flaumhaarig:* q) oblonga (Dès. et Rip.). Griffel stielartig über die kegelige Scheibe vorragend, Blüthenzweige bewehrt od. (cladoleia Rip.) unbewehrt. Verbreitet. r) curticola (Pug.). Griffel nicht stielartig über die kegelige Scheibe vorragend, Blüthenzweige bewehrt od. (attenuata Rip.) meist wehrlos. Verbreitet. ** * Kelchzipfel an den Rändern reichlich drüsig-bewimpert: o Griffel kahl oder undeutlich-flaumig:* s) levistyla (Rip.). Blättchen eiförmig bis eiförmig-elliptisch, so bei Röschitz, Reichenau, am Semmering, zuweilen (labilipoda Kell.) am Mittelnerv und an einzelnen Seitennerven mit schwarzen oder purpurnen Drüsen besetzt, so bei Bruck, am Neusiedlersee. *o o Griffel mehr minder behaart:* t) biserrata (Mér). Blättchen elliptisch, dunkelgrün, so am Gahus, bei Stockerau, oder (disparabilis Luc. et Ozan.) breit-rundlich-elliptisch, unterseits seegrün, so bei Pernitz, Mukendorf, Gutenstein. Juni.

· · **Blüthenstiele drüsenborstig, Rücken der Kelchzipfel drüsig od. glatt (Hispidae).**

635. **R. andegavensis Bast.** *Bestachelung einfach, höchst selten den derben Stacheln eine Borste beigemengt; Blättchen* 5—7, gross, oval od. elliptisch, am Grunde verschmälert, *einfach-gesägt;* Blüthenstiele zu 2—3; Kelchzipfel am Rücken drüsig; Blumenkrone rosa; Griffel meist schwach behaart; Scheinfrucht eilänglich, mit vereinzelten Stieldrüsen. ♄ Kahlenberg. ** Blättchen einfach-gesägt:* b) transmota (Crép.). Blättchen eirund, Kelchzipfel drüsigbewimpert, am Rücken drüsenlos. Grinzing. c) germanica (Doll.). Blättchen kleiner, Blattstiele dicht fläumlich; Griffel weichhaarig-wollig; Scheinfrucht drüsenlos. Bei Wien. ** * Blättchen unregelmässig- oder völlig-doppelt-gesägt: o Griffel kahl:* d) oenensis (A. Kern.). Kelchzipfel am Rücken drüsenlos; Scheinfrucht klein. Fischau, Schwarzau. *o o Griffel behaart bis*

wollig: · *Kelchzipfel am Rücken drüsenlos oder fast drüsenlos:* e) v i x h i s p i d a Christ. Blättchen länglich-elliptisch; Kelchzipfel am Rücken drüsenlos od. (subhirtella H. Br.) fast drüsenlos. Giesshübel. · · *Kelchzipfel am Rücken drüsig:* , *Blättchen reichdoppeltdrüsig-gesägt:* f) S c h o t t i a n a (S e r.). Blüthenzweige meist wehrlos; Blättchen eiförmig, unterseits bläulichgrau; Griffel wollig-zottig; Scheinfrucht eiförmig oder kuglig. Stein, Mautern. g) s u p e r b a (J. K e r n. et K e l l.) Blüthenzweige bewehrt; Blättchen rundlich-elliptisch, unterseits nicht bläulichgrau: Griffel wollig-zottig; Scheinfrucht breit-ellipsoidisch. Auf dem Kühling bei Krems ,, *Blättchen unregelmässig-gesägt:* h) K o s i n s c i a n a (B e s s.). Blattstiele kahl. Blättchen rundlich-elliptisch: Griffel weisswollig; Scheinfrucht ellipsoidisch; nur am Grunde drüsig. Stein. Mautern. Thebner Kogel. i) D o l l i n e r i a n a (K e l l.). Blattstiele flaumhaarig: Blättchen eiförmig-elliptisch: Griffel schwach-wollig; Scheinfrucht unbekannt. Wechsel. j) r e t i c u l o s a H. B r. Blattstiele dicht behaart: Blättchen breit-elliptisch: Griffel dicht-behaart; Scheinfrucht eikuglig oder kuglig. Stockerau. Juni.

636. **R. Timeroyi Chab.** *Bestachelung doppelt, den derben Stacheln an den Blüthenzweigen borstenförmige beigemischt*: *Blättchen* zu 7, gross, eiförmig-elliptisch, am Grunde meist abgerundet, *theils einfach-, theils unregelmässig-doppelt-gesägt;* Blüthenstiele zu 2—3; Kelchzipfel am Rücken drüsig: Blumenkrone rosa: Griffel wollig; Scheinfrucht eiförmig. ♄ Perchtholdsdorf. Thayathal bei Znaim. * *Blättchen theils einfach, theils unregelmässig-doppelt-gesägt:* b) a v a r i c a H. B r. Blättchen oval bis kreisrund; Blumenkrone lichtpurpurn; Griffel kahl. Schwadorf. R. Waitziana var. leiostyla Kell. * * *Blättchen völlig drüsig-doppelt-gesägt:* c) g l a b r i u s c u l a (K e l l.). Blättchen mittelgross, fast kreisrundlich od. eiförmig: Blüthenstiele drüsenlos, nur mit einigen gelben Borsten bewehrt; Kelchzipfel am Rücken drüsenlos; Scheinfrucht eiförmig. Auf dem Kühling bei Krems. R. Chaberti v. glabriuscula Kell. d) A u n i e r i (C a r.). Blättchen gross, elliptisch, die unteren fast kreisrund; Blüthenstiele drüsig; Kelchzipfel am Rücken fast drüsenlos; Scheinfrucht eikuglig oder kuglig. Giesshübel. e) o c c u l t a (C r é p.) Blättchen kleiner, eirund oder breit-elliptisch; Blüthenstiele drüsig; Kelchzipfel reich drüsig; Scheinfrucht ellipsoidisch. Unterlaa, Thayathal bei Znaim. Juni.

o o Blättchen mindestens unterseits auf dem Mittelnerven od. überhaupt mehr weniger dicht behaart.

· Blüthenstiele kahl od. behaart, selten mit einzelnen Drüsen bekleidet (Pubescentes).

, Blättchen beiderseits mehr minder dicht behaart.

637. **R. dumetorum Thuill.** Stacheln breit hackig; Blättchen 5—7, gross, rundlich-elliptisch, einfach-gesägt, Blattstiele dicht-flaumhaarig; Blüthenstiele zu 1—3, kahl od. befläumt, drüsenlos; Kelchzipfel drüsenlos; Blumenkrone blassrosa; Griffel behaart; Schein-

frucht fast kuglig. ♄ Verbreitet in der Hügel- u. Bergregion, von Kalksburg über Mödling, Baden, Gutenstein bis Gloggnitz; Stockerau, Unter-Oberndorf. Krems, Oberndorf, Jauerling, Röschitz. Weitra; Haglersberg. * *Scheinfrucht kuglig od. eikuglig:* o *Griffel mehr minder behaart:* b) Walziana Borb. Blättchen gross, breit-eiförmig, Blattstiele roth überlaufen; Blumenkrone dunkelrosa. Alaunthal bei Krems. Dobler bei Spillern; Haglersberg. R. dumetorum v. subgallicana Kell. c) obtusifolia (Desv.) Blättchen mittelgross, eiförmig-elliptisch, unterseits sammt den Blattstielen fast filzig; Blumenkrone weiss. Baden, Baumgarten im oberen Donauthale. d) Brachtii H. Br. Blättchen klein. eirund od. fast kreisrund; Blumenkrone tiefrosa. Wien, Bisamberg, Klosterneuburg. o o *Griffel wollig:* e) solstitialis (Bess.). Blättchen gross, elliptisch bis eilanzettlich, zum Stiel verschmälert, so bei Hardegg, Perchtholdsdorf, Mödling, Baden, oder (incanescens H. Br.) breiter, am Grunde abgerundet, so bei Salmannsdorf, Baden. f) cinerosa (Dés.). Blättchen klein, unterseits graugrün. Haglersberg. * * *Scheinfrucht eiförmig, eilänglich od. ellipsoidisch:* o *Blättchen einfach-gesägt:* · *Griffel dicht behaart bis wollig:* , *Blättchen klein:* g) Schreiberi H. Br. Blumenkrone lebhaft rosa. Röschitz. , , *Blättchen gross od. mittelgross:* h) leptotricha Borb. Blättchen oval oder elliptisch, so bei Hardegg, oder (Schultesii H. Br.) elliptisch bis länglich-elliptisch, beiderseits aschgrau, so bei Dornbach, zuweilen (Gremliana Christ. et Kell.) die Griffel nur unterwärts wollig, so bei Krems. · · *Griffel mehr minder behaart oder fast kahl:* i) submitis (Gren.). Blättchen eiförmig oder eiförmig-elliptisch, zuweilen (hypotricha H. Br.) am Grunde keilig verschmälert. Kalksburg, Mödling, Gumpoldskirchen, Baden, Kranichberg, Krems. o o *Blättchen unregelmässig doppelt-gesägt:* j) lembachensis Kell. Griffel weisswollig, so bei Gloggnitz, Kirchberg am Wechsel und Lembach oder (ciliata Borb.) kurzhaarig bis (subamblyphylla H. Br.) fast kahl, so bei Schletz nächst Asparn, Ernstbrunn, Krems, Wachau, Röschitz. o o o *Blättchen völlig doppelt-gesägt:* k) amblyphylla (Rip.). Blättchen eirund oder eiförmig-elliptisch, Griffel kahl od. fast kahl. Gloggnitz, Prein. l) Woloszczakii Kell.). Blättchen schmallanzettlich, Griffel schwachwollig; Blumenkrone sehr klein. Kampstein des Wechsels.

, , **Blättchen oberseits kahl od. schwach behaart, unterseits an den Nerven dichter, auf der Fläche schwächer behaart.**

638. **R. Forsteri Sm.** Stacheln gebogen od. hackig; Blättchen 5—7, mittelgross, elliptisch oder elliptisch-eiförmig, einfach oder etwas unregelmässig-gesägt; Blüthenstiele zu 1—3, kahl, drüsenlos; Kelchzipfel drüsenlos; Blumenkrone blassrosa; Griffel schwach behaart, oberwärts fast kahl; Scheinfrucht eiförmig oder eiförmig-ellipsoidisch. ♄ Grosses Höllenthal, Kirchberg am Wechsel. * *Griffel wenig behaart od. fast kahl:* b) myrtillina (H. Br.). Blättchen klein, elliptisch, einfach-gesägt; Blumenkrone weisslich; Schein-

frucht kuglig, erbsengross. In der Voralpenregion. Rax, Oetscher. Hochkohr, Gaming. * * *Griffel mehr minder behaart, doch nicht dicht wollig, Scheinfrucht eiförmig, ellipsoidisch bis länglich:* o *Blättchen einfach-gesägt:* c) t r i c h o n e u r a (R i p.). Blättchen elliptisch, am Grunde abgerundet, Scheinfrucht eiförmig. Kahlenberg, Bisamberg, Stockerau, Röschitz, Gloggnitz d) u r b i c o i d e s (C r é p.). Blättchen länglich bis eilänglich, am Grunde meist verschmälert. Scheinfrucht länglich-eiförmig. In der Voralpenregion des Schneeberges und der Rax. e) o b s c u r a (P u g.). Blättchen eiförmig-elliptisch, am Grunde abgerundet. Scheinfrucht verkehrteiförmig oder länglich. Neuwaldegg. o o *Blättchen unregelmässig gesägt:* f) u n c i n e l l o i d e s (P u g.). Blättchen eilänglich, etwas bläulichgrün; Scheinfrucht kurzeiförmig. Höllenthal. g) j u n c t a P u g.). Blättchen eiförmig bis eiförmig-elliptisch, kleiner; Scheinfrucht klein, eiförmig. Stockerau, Bisamberg, Kahlenberg, Perchtoldsdorf, Pfaffenberg bei Deutsch-Altenburg. o o o *Blättchen drüsig doppelt-gesägt:* h) H i l l e b r a n d t i i (W e i t e n w.). Stacheln derb, hackig, so bei Gutenstein, Prein, oder (affinita (Pug.) gerade oder gebogen, klein, so bei Stockerau. * * * *Griffel dicht zottig-wollig:* o *Scheinfrucht ellipsoidisch, eiförmig bis länglich:* · *Blättchen einfach-gesägt:* i) h i r t a (H. B r.). Blättchen eiförmig bis eilänglich, am Grunde abgerundet, so häufig, oder (puberula Kell.) oval bis eilanzettlich, am Grunde verschmälert, so bei Kottes. R. urbica Aut. non Lem. · · *Blättchen unregelmässig - gesägt.* j) e r y t h r a n t h a (Bor.). Blättchen breitelliptisch, am Grunde abgerundet. Kottes. k) r a m e a l i s (P u g.). Blättchen eilänglich, so im Prater, od. (heterotricha Borb.) eilanzettlich, so am Pfaffenberge bei Hundsheim. l) W i e d e r m a n n i a n a (K e l l.). Blättchen kleiner, elliptisch, Rappoltenkirchen. · · · *Blättchen völlig doppelt-gesägt.* m) h e m i t r i c h a (R i p.). Blättchen eiförmig oder elliptisch. Himmel bei Wien, Baumgarten im oberen Donauthale, Krems. Blumberg bei Fischau. o o *Scheinfrucht kuglig oder eikuglig:* · *Blättchen einfach-gesägt:* n) p e r o p a c a (H. B r.) Blättchen breit-eiförmig. Rodaun, Kaltenleutgeben, · · *Blättchen doppelt od. unregelmässig-gesägt:* o) h i r t i f o l i a (H. B r.). Blättchen eiförmig-elliptisch, Kelchzipfel am Rande nicht drüsig, so am Bisam- u. Kahlenberg, od. (perciliata H. Br.) drüsig, so bei Gaming; zuweilen (Wichurae H. Br.) die Blättchen etwas bläulichgrün u. die Griffel verlängert, so bei Stockerau. Juni.

, , , Blättchen nur unterseits an den Mittelnerven od. auch an den Seitennerven behaart.

639. **R. platyphylla Rau.** Stacheln hackig: Blüthenzweige meist unbewehrt; Blättchen 5—7, meist gross, eiförmig oder kreisrundlich, unregelmässig-gesägt, unterseits am Mittelnerven und den Seitennerven behaart; Blüthenstiele zu 1—3, kahl, drüsenlos: Kelchzipfel drüsenlos; Blumenkrone rosa: Griffel dicht behaart: Scheinfrucht eiförmig, seltner eikuglig. ♄ Kahlenberg, Giesshübel. * *Blättchen auf dem Mittelnerven und den Seitennerven behaart:*

o *Griffel mehr minder dicht behaart:* · *Scheinfrucht eiförmig, ellipsoidisch bis länglich.* b) uncinella (Bess.). Blättchen gross breitrundlich, unregelmässig-gesägt. In annähernden Formen bei Stockerau. c) pilosa (Op.). Blättchen elliptisch-lanzettlich, unregelmässig gesägt, Griffel dicht weisslich-zottig, so bei Gloggnitz. Kirchberg am Wechsel, od. (Anonniana Pug.) Griffel behaart, Blüthenzweige wehrlos, so bei Rappoltenkirchen oder (peracuta H. Br.) bestachelt, so bei Stockerau. d) Wiesbaurii Dichtl et Koll.). Blättchen eiförmig, einfach-gesägt. Griffel kurzhaarig. Steinriegel bei Kalksburg. · · *Scheinfrucht kuglig oder eikuglig:* e) contorta (H. Br.). Blüthenzweige fast wehrlos, Blättchen einfach-gesägt, klein. Gumpoldskirchen. f) semiglabra (Rip.). Blättchen mittelgross, theils einfach, theils unregelmässig gesägt, am Grunde zugerundet. so bei Kalksburg, Vöslau, oder (rivularis H. Br. et Borb.) verschmälert, so in der Prein, im Höllenthale. g) spinetorum (Dès. et Ozan.). Blättchen unregelmässig-gesägt, Kelchzipfel drüsenlos, so bei Schlosshof. oder (gracilenta H. Br.) am Rande drüsig-gewimpert. In der Griesleiten der Rax. o o *Griffel leicht behaart. öfter kahl:* · *Scheinfrucht kuglig:* h) sphaerocarpa (Pug.). Blättchen eiförmig od. eirundlich. Krems, Höllenthal. · · *Scheinfrucht eiförmig oder ellipsoidisch:* i) subatrichostylis (Borb.). Blättchen drüsig doppelt-gesägt, eiförmig-elliptisch, so bei Gloggnitz. Kranichberg, oder (saxicola H. Br.) elliptisch, klein. so bei Krems. j) platyphylloides (Chab.). Blättchen einfach-gesägt. Baden. Gumpoldskirchen, Krems, Deutsch-Altenburg, Bruck. * * *Blättchen nur am Mittelnerven behaart:* o *Blättchen einfach-gesägt:* · *Scheinfrucht eiförmig oder ellipsoidisch:* k) Reussii (H. Br.). Griffel kahl oder nur unterwärts fläumlich. Bisamberg. · · *Scheinfrucht eikuglig od. kuglig:* l) acanthina (Dès. et Ozan.). Griffel behaart, so in den Voralpen des Schneebergs und der Rax. oder (globata Dès.) wollig-zottig, so bei Baden. o o *Blättchen unregelmässig-gesägt:* · *Griffel mehr minder dicht behaart:* m) inaequiserrata (H. Br.). Blättchen elliptisch. Griffel wollig, Scheinfrucht ellipsoidisch oder eilänglich. Krems. n) eulanceolata (H. Br.). Blättchen elliptisch-lanzettlich, Griffel behaart. Scheinfrucht eilänglich bis kurzeiförmig. Gumpoldskirchen, Mödling. R. lanceolata Op. non Lindl. · · *Griffel wenig behaart oder kahl:* o) subglabra (Borb.). Scheinfrucht kuglig. Bisamberg, Grinzing, Gallizin. Kalksburg, Eichkogel. p) decalvata (Crèp.). Scheinfrucht ellipsoidisch, eilänglich bis kurzeiförmig. Mödling, Gumpoldskirchen, Baden, Leithagebirge. o o o *Blättchen drüsig doppelt-gesägt:* q) quadica (H. Br.). Griffel dicht behaart. so bei Litschau, od. (suboxyphylla Borb.) kahl, so bei Gloggnitz. Juni.

· · Blüthenstiele stets drüsig (Collinae).

640. **R. collina Jacq.** Stacheln gekrümmt. an den Zweigen schwächer od. öfters fehlend. selten einzelne Drüsenborsten vorhanden; Blättchen 5—7, breiteirund, einfach-gesägt, unterseits behaart;

Blüthenstiele zu 1—3: Kelchzipfel am Rücken drüsig; Blumenkrone gross, hellrosa; Griffel weisswollig: Scheinfrucht eiförmig. ♄ Wien. Stockerau. Oberbergern. * *Stacheln gleichförmig, höchstens hie u. da eine Drüsenborste vorhanden; Blättchen nicht aschgrau.* o *Blättchen breit-elliptisch, verkehrt-eiförmig oder fast kreisrundlich:* b) M y g i n d i (H. B r.). Blättchen einfach-gesägt, unterseits stärker behaart, Kelchzipfel am Rücken fast drüsenlos; Griffel fast kahl. Perchtholdsdorf. c) C h r i s t i i (W i e s b.). Blättchen ungleichmässig-gesägt, unterseits mit Ausnahme des Mittelnerven oft fast kahl. Liesing. Perchtholdsdorf. d) C l u s i a n a H. B r. Blättchen unregelmässig-gesägt, unterseits auf den Nerven behaart, daselbst drüsig; Kelchzipfel drüsig. Scheinfrucht kuglig oder eikuglig. Keilberg bei Retz. o o *Blättchen elliptisch, spitz:* · *Blättchen einfach-gesägt, beiderseits mehr minder behaart:* e) l e u c o g r a p h a K e l l. Blättchen eiförmig-elliptisch, Blüthen bald einzeln, bald zu 2—3. Baden. f) c o r y m b i f e r a (B o r k h.). Blättchen oval. Blüthen meist in vielblüthigen Doldentrauben. Wien. · · *Blättchen einfach gesägt. oberseits meist kahl:* g) c a t a r r a c t a r u m (B o r b.). Blättchen breit-elliptisch bis kreisrundlich, Scheinfrucht eiförmig bis eikuglig. Oberbergern. R. obergensis Han. h) p e r s i m i l i s (K e l l). Blättchen elliptisch, Scheinfrucht eilänglich od. fast walzlich. Haglersberg. · · · *Blättchen unregelmässig- oder doppelt-gesägt:* i) i n c e r t a (D è s.). Blättchen unterseits nur an den Nerven behaart, Scheinfrucht ellipsoidisch. St. Marxer Friedhof. Haglersberg. * * *Stacheln ungleichförmig. Drüsenborsten und Stachelchen eingemengt:* j) v i n e t i c o l a H. B r. Blättchen unregelmästig-gesägt, oberseits kahl. Griffel wollig. Höbesbrunn. R. Lloydii Kell. non Dès. k) B o r e y k i a n a (B e s s.). Blättchen eiförmig-elliptisch, beiderseits behaart. unterseits graugrün, Griffel dünn behaart. Wollmannsberg bei Stockerau. l) o r o g e n e s H. B r. Blättchen breit-elliptisch, oberseits dünn behaart, unterseits dicht weichhaarig; Griffel behaart, oberwärts flaumlich. Klosterneuburg, Bisamberg, Stockerau. Juni.

Anm. R. alba L. mit reinweissen, öfters halbgefüllten Blüthen kommt hie u. da an Hecken verwildert vor.

* * Blättchen 2—3fach drüsig-gesägt, unterseits wenigstens auf den Seitennerven od. vom Rande einwärts, oft auf der ganzen Fläche drüsig (Rubiginosae).

o Blättchen unterseits nur an den Seitennerven od. vom Rande einwärts mit zerstreuten geruchlosen Drüsen besetzt, ohne stark vortretendes Adernetz: Blüthen nicht gross (Spuriae).

· Blättchen unterseits mehr minder dicht od. doch auf dem Mittel- u. den Seitennerven behaart (Tomentellae).

641. **R. affinis Rau.** Stacheln breit hackig; Blättchen 5—7, eiförmig, scharf doppelt drüsig-gesägt, unterseits auf den Nerven beflaumt; Blüthenstiele zu 3—4 oder einzeln, drüsenlos; Kelchzipfel am Rücken drüsenlos, Blumenkrone weiss, rosa überlaufen; Griffel wollig; Scheinfrucht eikuglig od. kuglig. ♄ Gallizinberg bei Wien, Kalksburg (hier mit kahlen Griffeln). * *Blüthenstiele und Rücken*

der Kelchzipfel drüsenlos: b) tectiglanda Kell. Blättchen verkehrt eiförmig, unterseits reichlicher drüsig. Langenlois * * *Blüthenstiele und Rücken der Kelchzipfel drüsig:* c) Obornyana (Christ). Blättchen oberseits gelblichgrün, scharf 2—3fach gesägt; Blüthenstiele drüsenlos oder wenig drüsig; Griffel kahl; Scheinfrucht kuglig oder eikuglig. Röschitz. d) Halácsyi (H. Br.). Blättchen oberseits grasgrün, theils scharf 2—3fach, theils unregelmässig-gesägt; Blüthenstiele drüsenborstig; Griffel kahl; Scheinfrucht eiförmig od. länglich-ellipsoidisch, mit theils abstehenden, theils zurückgeschlagenen Kelchzipfeln. Weissenbach a. d. Triesting, Enzesreuth, Kranichberg, Raachberg bei Gloggnitz, Höllenthal bei Hirschwang, Krumbachgraben, Prein. Juni.

· · Blättchen kahl od. unterseits nur am Mittelnerven schwach flaumhaarig (Scabratae).

642. **R. Blondaeana Rip.** Stacheln derb, gebogen; Blättchen 5—7, elliptisch oder elliptisch-eiförmig, langgespitzt, zusammengesetzt drüsig-gesägt; Blüthenstiele zu 1—3, stieldrüsig; Kelchzipfel drüsenborstig; Blumenkrone blassrosa; Griffel wollig; Scheinfrucht breit-ellipsoidisch. ♄ Wachberg bei Krems. b) scabrata (Crép.). Blüthenstiele stieldrüsenlos, Blättchen elliptisch, so bei Rappoltenkirchen u. in der Prein, oder (sclerophylla Scheutz) eilanzettlich, so am Sonnberge in der Prein. Juni.

o o Blättchen wenigstens an den Seitennerven drüsig, oft aber vom Rande einwärts u. an der Fläche mit zerstreuten geruchlosen Drüsen bedeckt, mit hervortretendem blassen Adernetze; Blüthen gross (Glandulosae).

643. **R. trachyphylla Rau.** Stacheln derb, leicht gebogen; Blättchen 5—7, eiförmig bis eilänglich, kahl; Blattstiele deutlich beflaumt; Blüthenstiele einzeln oder zu 2—4, stieldrüsig; Kelchzipfel stieldrüsig; Blumenkrone rosa; Griffel wollig; Scheinfrucht kuglig od. eikuglig. ♄ Poisbrunn, Dürnschletz bei Asparn. * *Blüthenstiele und Kelchzipfel stieldrüsig:* o *Scheinfrucht kuglig od. eikuglig:* · *Stacheln gleichförmig od. fehlend:* , *Blättchen kahl:* b) leioclada (Borb.). Blüthenzweige wehrlos; Blattstiele deutlich beflaumt. Blättchen breit-elliptisch, so auf dem Laaerberg, Gumpoldskirchen oder (exacanthoclados Borb.) elliptisch-lanzettlich und der ganze Strauch wehrlos, so bei Gumpoldskirchen. c) reticulata (A. Kern.). Blüthenzweige bewehrt; Blattstiele kahl oder nur etwas fläumlich, Blättchen elliptisch-eiförmig. Oberbergern, Zöbing. , , *Blättchen unterseits an den Nerven behaart:* d) Godeti (Gren.). Strauch wehrlos, Blättchen eiförmig. Dürnschletz bei Asparn. · · *Stacheln ungleichförmig, Borsten und Drüsenborsten eingemengt:* e) Jundzilli (Bess.). Blättchen oberseits kahl, unterseits am Mittelnerven oder auch (ruthenica H. Br) an den Seitennerven behaart. Perchtholdsdorf, Gumpoldskirchen, Bisamberg, Krems, Hardegg. f) cremsensis (A. Kern. non Dés.). Blättchen oberseits zerstreut-, unterseits auf der ganzen Fläche dicht behaart. Geisberg bei Stein. o o *Scheinfrucht eiförmig bis eilänglich:* g) livescens (Bess.) Blüthenzweige wehrlos oder

mit zarten oder kräftigeren Stacheln, Borsten und Drüsenborsten bewehrt. Rodaun, Perchtholdsdorf, Mödling, Gumpoldskirchen, Baden, Vöslau, Hirtenberg. * * *Blüthenstiele u. Kelchzipfel drüsenlos:* h) decora (A. Kern). Blättchen eilanzettlich, Scheinfrucht breit-ellipsoidisch, Kelchzipfel mit linealen od. spatelig verbreiterten Anhängseln. Alaunthal bei Krems, Wildgrube bei Grinzing. i) Kuhbergensis (Kell. et Han.). Blüthen in dichten vielblüthigen Doldentrauben, Scheinfrucht kuglig od. eikuglig. Alaunthal bei Krems. Juni.

o o o Blättchen unterseits an der ganzen Fläche mit wohlriechenden Drüsen bedeckt.

· Blüthenstiele u. Rücken der Kelchzipfel drüsenlos,

, Griffel kahl od. behaart, nicht ein wolliges Köpfchen bildend; Kelchzipfel nach dem Verblühen abstehend od. herabgeschlagen, vor der Verfärbung der Frucht abfallend (Sepiaceae).

644. **R. inodora Fr.** Stacheln derb, hackig; Blättchen 5-7, elliptisch, kahl od. unterseits am Mittelnerven beflaumt, Blattstiele mehr minder dicht behaart; Blüthenstiele zu 1—3; Kelchzipfel am Rande drüsig, nach dem Verblühen abstehend; Blumenkrone rosa; Griffel behaart, Narben kahl; Scheinfrucht ellipsoidisch oder länglich. ♄ Im Schlossthale bei Röschitz. * *Griffel deutlich behaart:* b) osmoidea (Kell.). Blättchen unterseits zerstreut behaart. Scheinfrucht kugelig od. eikugelig. Mit der Grundform. * * *Griffel kahl od. undeutlich behaart; o Blattstiele dicht rundum behaart: · Scheinfrucht eiförmig od. eilänglich:* c) albiflora (Op.). Zweige bestachelt; Blättchen länglich-lanzettlich, unterseits behaart; Blumenkrone weiss; Griffel beflaumt. Hardegg. d) vinodora (A. Kern.). Zweige meist wehrlos; Blättchen elliptisch od. elliptisch-lanzettlich, unterseits dicht behaart; Blumenkrone weiss; Griffel kahl, so bei Rappoltenkirchen, Kalksburg, Baden, Weissenbach a. d. Triesting, Scheibbs, Bisamberg, Pfaffenberg u. Braunsberg bei Hainburg; od. (mentita Dès.) Blättchen grösser, schwächer behaart, Blumenkrone blassrosa, so am Michelsberg bei Stockerau, bei Eibenstein a. d Thaya · · *Scheinfrucht eikugelig:* e) belnensis (Ozan.). Blättchen oberseits anliegend, unterseits auf der ganzen Fläche behaart; Blumenkrone weiss; Griffel kahl oder beflaumt. Leithagebirge, Hainburger Berge. o o *Blattstiele dünn beflaumt od. fast kahl:* f) arvatica (Pug.). Blättchen elliptisch, am Grunde fast keilig; Scheinfrucht länglich-ellipsoidisch. Michelsberg bei Stockerau, Hundsheimerberg. g) robusta (Christ.). Blättchen eiförmig od. rundlich elliptisch, am Grunde abgerundet; Scheinfrucht kurzeiförmig. Gloggnitz, Prein, Gaming. Juni.

, , Griffel behaart, meist ein dicht wolliges Köpfchen bildend, Kelchzipfel nach dem Verblühen aufrecht, die Frucht bis zur Reife krönend (Graveolentes).

645. **R. Kluckii Bess.** Stacheln gebogen od. hackig, oft gepaart; Blättchen meist zu 7, rundlich-elliptisch od. kreisrundlich, oberseits kahl oder zerstreut-, unterseits mehr minder dicht behaart,

Blattstiele dicht fläumig; Blüthenstiele einzeln od. gebüschelt; Kelchzipfel am Rande drüsig; Blumenkrone blassrosa; Griffel weisszottig; Scheinfrucht kugelig bis ellipsoidisch. ♄ Gloggnitz, Prein, Höllenthal. b) e l l i p t i c a (T a u s c h). Blättchen elliptisch bis verkehrt-eilänglich, zum Grunde keilförmig verlaufend; Scheinfrucht eiförmig; Stacheln derb, hackig, zahlreich (calcarea Christ.) oder an den Blüthenzweigen oft fehlend (thuringiaca Christ.). Rappoltenkirchen, Thayathal. Juni.

· · Blüthenstiele u. Rücken der Kelchzipfel drüsig (Adenopodae).

, Blättchen länglich od. elliptisch, oft gegen den Grund fast keilig, scharfgesägt (Pseudomicranthae).

646. **R. Gizellae Borb.** *Bestachelung einfach,* höchstens hie und da eine Borste eingemengt; Blättchen 5—7, verkehrteiförmig bis elliptisch-lanzettlich, unterseits an den Nerven behaart; Blüthen zu 1—3; *Blumenkrone weiss; Griffel kahl;* Scheinfrucht eiförmig. ♄ Krems, Rossatz; Pötzleinsdorf, Rappoltenkirchen, Hohe Wand bis Buchberg, Hirschwang, Gloggnitz; Hundsheim. R. micranthoides Kell. Juni.

647. **R. lexnitzensis (Kell.)** Kelchzipfel am Rücken schwach drüsig; *Blumenkrone rosa; Griffel behaart, sonst w. v.* ♄ Keilberg bei Retz, Lexnitz u. Waidkirchen bei Dobersberg. R. anisopoda v. lexnitzensis Kell. Juni.

648. **R. zalana Wiesb.** *Bestachelung doppelt, Drüsenborsten eingemengt;* Blättchen 5—7, eiförmig bis länglich-elliptisch, oberseits oft zerstreut drüsig, unterseits schwach behaart; Blüthenstiele 1—3; *Blumenkrone blassrosa; Griffel dicht behaart;* Scheinfrucht eikugelig od. kugelig. ♄ Bei Goyss und auf dem Haglersberge. Juni.

, , Blättchen breitelliptisch bis rundlich, gegen den Grund abgerundet, kurz u. spitz-gesägt (Eurubiginosae).

— Griffel kahl od. behaart, im letzteren Falle von der Scheibe stielartig abgehoben (Micranthae).

649. **R. micrantha Sm.** Stacheln gleichförmig, breit, hackig; Blättchen 5—7, mittelgross, breitelliptisch, zum Grunde etwas verschmälert, oberseits zerstreut, unterseits dichter flaumhaarig; Blattstiele dicht behaart; Blüthenstiele zu 1—8; Kehlzipfel nach dem Verblühen herabgeschlagen; Blumenkrone klein, rosa Griffel kahl; Scheinfrucht eiförmig, glatt od. nur am Grunde drüsenborstig. ♄ Tullnerbach, Gumpoldskirchen, Klausgraben am Gans. * *Griffel kahl od. fast kahl: o Blattstiele dicht behaart; · Scheinfrucht eiförmig:* b) p e r m i x t a (D è s.) Blättchen mittelgross, breiteiförmig, am Grunde meist abgerundet; den derben Stacheln oft Stachelborsten und Stieldrüsen beigemengt; Scheinfrucht eiförmig, nur am Grunde drüsenborstig, so am Bisamberg, bei Stockerau, Rappoltenkirchen, Kalksburg, Gloggnitz, Kirchberg, Aspang, od. (nemorosa Lib.) eilänglich und überall drüsenborstig.

so am Bisamberg. bei Kalksburg, Neusiedl am See. c) diminuta (Bor.). Blättchen sehr klein; Scheinfrucht glatt od. etwas drüsenborstig. Gumpoldskirchen. Baden. - - *Scheinfrucht kugelig:* d) septicola (Dès.). Behaarung der Blattunterseite sehr dicht. an dem Mittelnerven filzig. fast weisslich schimmernd. Klausgraben am Gans. o o *Blattstiele sehr dünn behaart, öfter fast kahl:* · *Scheinfrucht eiförmig od. eilänglich:* e) operta (Pug.). Blättchen gross oder (Lemanii Bor.) klein. Gainfahrn. Merkenstein. Stockerau. - - *Scheinfrucht kugelig od. eikugelig:* f) subspoliata (Dés. et Ozan.). Blättchen unterseits seegrün. fast kahl. Leithagebirge bei Bruck. * * *Griffel mehr minder behaart bis wollig:* g) Gremlii (Christ.). Blättchen breit-elliptisch od. rundlichoval; Blumenkrone reinweiss; Scheinfrucht eiförmig od. eilänglich. Reichenau. h) pallidiflora (H. Br.). Blättchen fast kreisrundlich: Blumenkrone blassrosa: Scheinfrucht kurzeiförmig, dichtdrüsig. Michelsberg bei Stockerau Juni.

= Griffel behaart bis wollig, ein dichtes, der Scheibe aufliegendes Köpfchen bildend (Suavifoliae).

650. **R. rubiginosa L.** Stacheln breit. hackig; Blättchen 5—7 mittelgross. rundlich-elliptisch, unterseits angedrückt-behaart. Blattstiele behaart; Blüthenstiele einzeln, seltner gebüschelt; Kelchzipfel nach dem Verblühen herabgeschlagen. später ausgebreitet oder aufgerichtet; Blumenkrone sattrosa. oft klein; Griffel kurzhaarig: Scheinfrucht kugelig od. eikugelig. glatt od. am Grunde drüsenborstig. ♄ Baden, Vöslau. Gloggnitz. Pfaffenberg bei Deutsch-Altenburg, Krems. * *Griffel mehr minder behaart, nicht weisswollig:* o *Scheinfrucht kugelig od. eikugelig:* b) apricorum (Rip.). Blüthenzweige mit derberen und nadeligen Stacheln, wie auch mit gelblichen Drüsenborsten bewehrt; Scheinfrucht ziemlich gross. Gloggnitz, Höllenthal, Prein, Stockerau. Hainburg. Trautmannsdorf. Velm. c) rotundifolia (Rau). Stacheln dünn. wenig geneigt; Griffel dichter behaart; Scheinfrucht klein. glatt. Wöllersdorf. o o *Scheinfrucht eiförmig bis eilänglich:* d) comosa (Rip.). Kelchzipfel aufgerichtet. meist lange bleibend; Bestachelung derb, hackig, oft Stachelborsten und Stieldrüsen eingemengt, so in verschiedenen Formen auf dem Laaerberg. bei Vöslau. Gumpoldskirchen, Bisamberg. Höbesbrunn. Krems, Hainburg. od. (comosella Rip.) meist einfach. so bei Gloggnitz, Schottwien, Gumpoldskirchen, Laaerberg. Bisamberg. e) consanguinea (Gren.). Griffel fast kahl: Blumenkrone gross. purpurn. Gallizinberg. * * *Griffel wollig-zottig:* o *Scheinfrucht kugelig od. eikugelig:* f) umbellata (Leers). Blüthenzweige mit Stacheln, Nadeln und Borsten bewehrt; Blättchen und Scheinfrüchte meist gross. Wien. Stockerau, Mautern. Krems. g) leioclona (H. Br.). Blüthenzweige meist wehrlos, Blättchen und Scheinfrüchte meist klein. Stockerau. o o *Scheinfrucht eiförmig bis eilänglich:* h) scleroxylon Kell. Stacheln fast wirtelig, gerade und hackig. Blumenkrone lichtpurpurn. Alaunthal bei Krems. Juni.

b. Blätter mehr minder weich, weichfilzig od. unterseits sammtig; Stacheln kegelig, schwach geneigt od. gebogen, meist ziemlich dünn, selten am Grunde verbreitert; Blüthenstiele meist verlängert, sammt den Scheinfrüchten drüsenborstig; Kelchzipfel nach dem Verblühen aufgerichtet, erst bei der Reife der Scheinfrucht abfällig; Blumenkrone meist blassrosa (Tomentosae).

651. **R. tomentosa Sm.** *Stacheln aus wenig verbreitertem Grunde schwach geneigt od. gebogen,* ziemlich gleichförmig; *Blättchen* 5—7, elliptisch, doppelt-gesägt, graugrün, *unterseits nur an den Nerven drüsig od. drüsenlos;* Blüthenstiele meist zu 3—5; Kelchzipfel fiederspaltig, am Rücken dicht drüsig; Griffel kurzhaarig od. fast kahl; Scheinfrucht eiförmig bis länglich. ♄ Sofienalpe bei Wien. * *Blättchen unterseits drüsenlos od. nur an den Nerven drüsig:* o *Scheinfrucht eiförmig:* b) *Mareyana* (Boullu). Blüthenzweige reichlich mit Drüsenborsten und Stachelchen bewehrt, Blättchen halb einfach - gesägt; Griffel dichthaarig. Stockerau, Haglersberg. o o *Scheinfrucht kugelig od. eikugelig:* · *Blättchen doppelt-gesägt:* c) subglobosa (Sm). Blättchen eiförmig od. breitoval; Kelchzipfel mit blattigen Anhängseln. Krems, Gloggnitz, Krumbach. · · *Blättchen einfach- od. unregelmässig - gesägt:* . *Griffel fast kahl:* d) notha Kell. Blüthen klein, fast weiss. Buchberg. , , *Griffel steifhaarig:* e) micans (Dès.). Blüthenzweige flaumhaarig; Blättchen unterseits aschgrau; Blumenkrone sattrosa. Mautern, Kottes. f) cinerascens (Dum.). Blüthenzweige kahl; Blättchen beiderseits aschgrau; Blumenkrone blassrosa. Oberbergern, Mautern, Aggsbach, Wienerwald. * * *Blättchen unterseits völlig drüsig und alle doppelt drüsig gesägt:* g) floccida (Dès.). Blüthenzweige flaumhaarig, fast unbewehrt, Blättchen beiderseits dicht weissgrau behaart, schimmernd. Zwischen Priel und Wieden bei Melk. h) Seringeana (Dum.). Blüthenzweige unbehaart, oberseits dünn anliegend behaart, untereits matt u. wenig schimmernd. Sophienalpe, Gloggnitz, Aspang. R. cuspidatoides Dés. non Crép. R. pseudo-cuspidata Crép. Juni.

652. **R. cetica H. Br.** *Stacheln aus verbreitertem Grunde geneigt, oft fast hackig; Blättchen* 5—7, eilanzettlich od. länglich-elliptisch, zusammengesetzt feindrüsiger gesägt, oberseits kurzhaarig, *unterseits sammtig rauh und von wohlriechenden Drüsen dicht besetzt;* Blüthenstiele zu 2—4; Kelchzipfel mit wenigen schmalen Fiederlappen, am Rücken dicht drüsig; Griffel dicht behaart; Scheinfrucht kugelig. ♄ Rekawinkel, Purkersdorf. R. tomentosa var. anthracitica Kell. non Christ. Juni.

c. Blätter weichfilzig od. fast lederig; Stacheln pfriemlich, gerade; Blüthenstiele kurz od. verlängert; Kelchzipfel bleibend, die reife Scheinfrucht krönend, Blumenkrone sattrosa (Villosae).

* Blätter unterseits rauhhaarig-zottig; Blüthenstiele sehr kurz.

653. **R. mauternensis Kell.** Aeste weinroth; Blättchen 5—7, verkehrteiförmig, zusammengesetzt drüsig - gesägt, unterseits dichtdrüsig; Blüthenstiele einzeln; Kelchzipfel fiederspaltig, am Rücken

dicht drüsig; Griffel langhaarig; Scheinfrucht eikugelig. ♄ Mautern, Alaunthal bei Krems. Juni.

* * Blätter unterseits anliegend seidig behaart; Blüthenstiele länger.

654. **R. umbelliflora Sw.** Aeste reichbestachelt; *Blättchen* 5—7, *lanzettlich bis elliptisch-lanzettlich, dicklich,* zusammengesetzt drüsig gesägt, *graulich behaart,* unterseits dichtdrüsig; Blüthenstiele meist gebüschelt; Kelchzipfel fiederspaltig, am Rücken dichtdrüsig; Griffel weisswollig; *Scheinfrucht eiförmig, drüsenborstig bis fast glatt.* ♄ Hardegg. Juni.

655. **R. resinosa Sternb.** Aeste reichlich bestachelt; *Blättchen* 5—7, *elliptisch dünn,* zusammengesetzt drüsig-gesägt, *grün,* anliegend behaart, unterseits dichtdrüsig; Blüthenstiele zu 1—4; Kelchzipfel fiederspaltig, am Rücken dicht drüsig; Griffel weisswollig; *Scheinfrucht kugelig, stachlig.* ♄ Sulzberg in der Trauch. Schwarzau, Rohr, Hohenberger-Gschaid, Gaming, Reisalpe. R. cremsensis Dès. non Kern. Juni.

XXXIII. Familie. **Pomaceae Juss.**

1 Frucht ein Steinapfel mit knöchern erhärteten Fächern . . 2
Frucht mit papierartig-knorpeligen od. dünnhäutigen Fächern daher ein Kernapfel od. eine Beere 4
2 Steinapfel an der Spitze von einer zusammengezogenen Scheibe, die schmäler als der Querdurchmesser der Frucht ist geschlossen, 1—5fächerig 3
Steinapfel an der Spitze von einer erweiterten Scheibe, die fast so breit als der Querdurchmesser der Frucht ist geschlossen, 5fächerig . . . . **Mespilus**
3 Fächer 1—2samig, von allen Seiten in das Fruchtfleisch eingesenkt . . . . **Crataegus**
Fächer 1samig, an der Basis mit dem Rücken an die Kelchröhre angewachsen, an der Spitze frei . . . . **Cotoneaster**
4 Frucht ein Kernapfel 5
Frucht eine Beere 6
5 Kernapfel 2—5fächerig, 1—2samig . . . . **Pirus**
Kernapfel 5fächerig, 8—14samig . . . . **Cydonia**
6 Beere unvollständig 6—10fächerig, die 3—5 primären dünnhäutigen Fächer nämlich durch eine wandständige schmale halbe Scheidewand 2theilig . . . . **Amelianchier**
Beere 2—5fächerig, Fächer dünnhäutig, ungetheilt . . **Sorbus**

161. Crataegus L. Weissdorn. Steinapfel an der Spitze von einer zusammengezogenen Scheibe, die schmäler als der Querdurchmesser der Frucht ist, geschlossen, 1—3fächerig; Fächer knöchern erhärtet, 1—2samig, von allen Seiten in das Fruchtfleisch eingesenkt.

656. **C. oxyacantha L.** Strauch od. Baum, dornig; Blätter verkehrteiförmig, vorn seichtgelappt, *Lappen stumpf,* vorgestreckt, nebst

den Aestchen und *Blüthenstielen kahl;* Blüthen in Doldentrauben, weiss; *Griffel 2—3;* Früchte 1—3steinig. ♄ Hecken, Waldränder. gemein. H. 2,0—4,0 M. Mai-Juni.

657. **C. monogyna Jacq.** Blätter keilig verkehrteiförmig od. rautenförmig, fiederspaltig, *Lappen spitzer,* abstehend; Aestchen kahl, *Blüthenstiele behaart; Griffel meist 1;* Früchte meist 1steinig, sonst w. v. ♄ Hecken, Waldränder, gemein. H. 2,0—4,0 M. Mai-Juni.

656×657. **C. oxyacantha × monogyna.** In der Blattform bald der ersteren Art sich nähernd, doch die Lappen spitzer, Griffel meist 2; bald der zweiten, Griffel 2—3. Wienerwald, Bisamberg, Dürnkrut, Marchegg. C. media Bechst. C. intermedia Schur. C. intermixta Beck.

162. Cotoneaster Med. Bergmispel. Fächer 1samig, an der Basis mit dem Rücken an die Kelchröhre angewachsen, an der Spitze frei, sonst wie Crataegus.

658. **C. integerrima Med.** Strauch, wehrlos; Blätter eiförmig od. oval, unterseits weissfilzig; Blüthen rosa, in 1—5blüthigen überhängenden Doldentrauben; *Kelch kahl,* mit wollig-gewimperten Zipfeln; *Früchte kahl,* blutroth, meist überhängend. ♄ Steinige Hügel; verbreitet in den beiden südl. Kreisen; im Kreise U. M. B. bei Spillern, Hollenburg, Leisergebirge bei Ernstbrunn; im Kreise O. M. B. bei Spitz, Krems, Rehberg, Langenlois. C. vulgaris Lindl. Mespilus cotoneaster L. H. 0,5—1,50 M. April-Mai.

659. **C. tomentosa Lindl.** Blätter grösser, rundlich od. oval, abgerundet-stumpf; *Kelch weissfilzig; Früchte flaumig,* scharlachroth, meist aufrecht, sonst w. v. ♄ Steinige Hügel, Nadelwälder, mit voriger vermischt, aber seltner; zersteut auf den Kalkgebirgen der beiden südl. Kreise; im oberen Donauthale bisher nur bei Bergern u. Hollenburg. H. 0,6—2,0 M. Mai-Juni.

163. Mespilus L. Mispel. Steinapfel an der Spitze von einer erweiterten Scheibe, die fast so breit als der Querdurchmesser der Frucht ist, geschlossen, 5fächerig; Fächer knöchern-erhärtet, 1samig, von allen Seiten in das Fruchtfleisch eingesenkt.

660. **M. germanica L.** Strauch od. Baum, wehrlos (wild dornig); Blätter länglich-lanzettlich, ganzrandig, unterseits filzig; Blüthen einzeln, ansehnlich, weiss. ♄ In Obst- und Weingärten gepflanzt und dann besonders an Bergbächen oft verwildert, so bei der Wildgrube, am Cobenzl, Kahlen- und Leopoldsberge, bei Klosterneuburg. H. 2,0—5,0 M. Mai.

164. Cydonia Tourn. Quitte. Kernapfel 5fächerig, Fächer papierartig-knorpelig, 8—14samig.

661. **C. vulgaris Pers.** Blätter eiförmig, unterseits filzig; Blüthen einzeln, ansehnlich, rosa. ♄ Stammt aus dem Orient, wird oft gepflanzt und verwildert zuweilen. Pirus cydonia L. H. 2,0 bis 5,0 M. Mai.

165. Amelianchier Med. Felsenbirne. Beere unvollständig 6 bis 10fächerig, die 3—5 primären dünnhäutigen Fächer nämlich durch eine wandständige schmale halbe Scheidewand 2theilig.

662. **A. ovalis Med.** Blätter oval, unterseits in der Jugend filzig; Blüthen in kurzen gedrungenen Trauben. Kronblätter schmal, keilig-länglich, weiss. ♄ Buschige felsige Orte der Kalkgebirge, gemein. Mespilus amelianchier L. A. vulgaris Moench. Aronia rotundifolia Pers. H. 1,0—2,0 M. April-Mai.

166. Pirus L. Birn- und Apfelbaum. Kernapfel 2—5fächerig, Fächer papierartig-knorpelig, 1—2samig.

663. **P. communis L.** *Knospen kahl:* Blätter eiförmig od. rundlich, kleingesägt, etwa so lang als ihr Stiel; Kronblätter rundlich, weiss; Staubbeutel roth; *Griffel frei; Frucht am Grunde nicht genabelt.* ♄ Wälder, Auen, Gebüsche, gemein. H. 5,0—15,0 M. April-Mai. a) achras Wallr. Blätter längere Zeit, oft bis in den Herbst beiderseits oder doch unterseits wolligfilzig. b) piraster Wallr. Blätter kahl, glänzend.

Anm. P. nivalis Jacq. mit verkehrteiförmigen od. elliptischen, ganzrandigen, beiderseits weissfilzigen, sehr kurzgestielten Blättern, wird hie u. da in Weinbergen angepflanzt.

664. **P. malus L.** *Knospen behaart:* Blätter eiförmig, kerbig-gesägt, doppelt so lang als ihr Stiel; Kronblätter oval od. länglich, rosa; Staubbeutel gelb; *Griffel am Grunde verwachsen: Frucht am Grunde nabelförmig-vertieft.* ♄ Wälder, Auen, verbreitet. H. 5,0—15,0 M. April-Mai. a) glabra Koch. Blätter u. Fruchtknoten kahl. b) tomentosa Koch. Blätter unterseits nebst dem Fruchtknoten wollig.

167. Sorbus L. Eberesche. Beere 2—5fächerig, Fächer dünnhäutig, ungetheilt, 1—2samig oder durch Fehlschlagen die Beere 1samig.

a. Blätter ungetheilt, gelappt od. am Grunde tieffiederspaltig.

* Kronblätter fast aufrecht, rosa.

665. **S. chamaemespilus (L.) Cr.** Blätter oval, gesägt, beiderseits kahl, glänzend, etwa 10mal länger als ihr Stiel. ♄ Kalkalpen, zerstreut; Wassersteig und Saugraben des Schneeberges, Kuhschneeberg, Eishütten, Wetterkogel, Schlangenweg und Hohe Lehne der Rax, Göller oberhalb der Schindleralpe, Gippel, Oetscher, Klammstiegen bis auf den Gipfel des Hochkohrs, Voralpe. Mespilus chamaemespilus L. H. 1,0—1,5 M. Juni-Juli.

665×666. **S. aria×chamaemespilus.** Von S. aria durch unterseits graufilzige, zuletzt verkahlende Blätter und röthliche Blüthen; — von S. chamaemespilus durch längergestielte, unterseits lockerfilzige Blätter verschieden. Schneeberg, Alpl, Rax, Voralpe. Aria ambigua Dcne. A. Crantzii Beck. S. chamaemespilus v. lanuginosa Neilr. p. p. S. erubescens A. Kern.

665×667. **S. Mougeoti×chamaemespilus.** Von den Eltern durch dieselben Merkmale w. v. verschieden; von S. chamaemespilus. ausserdem noch durch zum Theil eingeschnitten-gesägte Blätter abweichend. Saugraben des Schneeberges. Aria Hostii Jacq. S. chamaemespilus v. lanuginosa Neilr. p. p. S. Hostii Beck.

* * Kronblätter abstehend, weiss.

o Blätter jederseits mit 7—11 Seitennerven, unterseits grau od. weissfilzig; Früchte roth.

666. **S. aria (L.) Cr.** *Blätter* aus keiligem Grunde *oval*, seltner länglich, *einfach od. undeutlich doppelt-gesägt*, oberseits hellgrün, *unterseits dicht weissfilzig.* ♄ Bergwälder, häufig, einzeln bis in die Krummholzregion. H. 5,0—12,0 M. Crataegus aria L. Mai-Juni.

667. **S. Mougeoti Soy. Will.** *Blätter oval bis rundlich*, am Grunde abgerundet, *eingeschnitten gelappt, doppelt-gesägt*, oberseits dunkelgrün, *unterseits graufilzig.* ♄ Wälder der Voralpen bis in die Krummholzregion. H. 5,0—20,0 M. Juni-Juli.

666×668. **S. aria×torminalis.** Von S. aria durch die mit 3 eckig-eiförmigen, zugespitzten Lappen versehenen Blätter; — von S. torminalis durch unterseits locker graufilzige Blätter verschieden. Anninger, Mitterberg, Badener-, Sooser Lindkogel, Vöslau, Merkenstein, Obereinthal, Griesthal bei Rohr. S. latifolia Pers.

666×669. **S. aria×aucuparia.** Von den Eltern durch vorn lappig-fiederspaltige od. doppelt-gesägte, am Grunde tieffiederspaltige od. gezähnte, mit lanzettlichen gegen die Spitze zu gesägten Zipfeln versehene Blätter verschieden. Schlossberg von Stixenstein, zwischen Stein und Krems, Ruine Dürnstein. Pirus thuringiaca Ilse

o o Blätter jederseits mit 3—5 stärkeren Seitennerven, unterseits flaumig; Früchte braun.

668. **S. torminalis (L.) Cr.** Blätter breiteiförmig, gelappt, im Alter kahl, Lappen ungleich scharf-gesägt, zugespitzt. ♄ Bergwälder zerstreut. Crataegus torminalis L. H. 10,0—20,0 M. Mai.

b. Blätter gefiedert.

669. **S. aucuparia L.** *Knospen behaart, trocken; Griffel meist 3;* Frucht kuglig, erbsengross, scharlachroth. ♄ Wälder, häufig. H. 5,0 bis 10,0 M. Mai-Juni.

670 **S. domestica L.** *Knospen kahl, klebrig; Griffel 5;* Frucht birnförmig, röthlichgelb, viel grösser. ♄ Häufig gepflanzt u. hin u. wieder verwildert. H. 10,0—20,0 M. April-Mai.

XXXIV. Familie. Onagraceae Juss.

168. Oenothera L. Nachtkerze. Kelchröhre viel länger als der Fruchtknoten, der freie Theil mit dem 4spaltigen Saume abfallend; Kronblätter 4. Staubgefässe 8. Narbe 4theilig; Kapsel pyramidenförmig 4kantig; Samen nackt.

671. **O. biennis L.** Blätter länglich-lanzettlich, die grundständigen rosettig: Kronblätter länger als die Staubgefässe, gelb, ansehnlich. ⊙ Stammt aus Amerika, bei uns jetzt an Flussufern überall eingebürgert. H. 0,3—0,6 M. Juni-Aug.

Anm. Oenothera muricata Murray u. der Bastart derselben mit vor. Art (O. Braunii Doell) wurde einmal bei den Kaisermühlen beobachtet.

169. Epilobium L. Weidenröschen. Kelchröhre so lang od. etwas länger als der Fruchtknoten: Kapsel lineal, 4eckig; Samen mit Haarschopf, sonst wie Oenothera.

A. Blätter sämmtlich wechselständig; Blumenkrone ausgebreitet; Staubgefässe u. Griffel abwärtsgeneigt.

672. **E. angustifolium L.** *Blätter lanzettlich, unterseits bläulich u. netzaderig; Traube verlängert*, kegelförmig, oberwärts mit kleinen pfriemlichen Deckblättern; *Kronblätter* verkehrteiförmig, *benagelt*, purpurn, selten weiss. ♃. Holzschläge, verbreitet. E. spicatum Lam. H. 0,5—1,5 M. Juni-Aug.

673. **E. Dodonaei Vill.** *Blätter lineal, gleichfarbig, ungeadert; Traube kurz*, meist gestutzt; *Kronblätter* länglich-elliptisch, *nicht benagelt*, purpurn. ♃. Ufer. Dämme. Steinbrüche; an der Donau bei Höflein, Kritzendorf, Klosterneuburg u. im Prater; bei Hütteldorf, Weidlingau, Purkersdorf, Tulbingerstrasse bei Neuwaldegg, Leopoldsberg, Greifenstein. Kaltenleutgeben, Gumpoldskirchen, Weichselthal bei Baden, Wöllerstorf, Brühl, Weissenbach, Sparbach, an der Schwarza u. Leitha von Gloggnitz bis Neustadt, am Steinfelde, längs der Bahn von Kottingbrunn bis Schottwien; im Kreise O. W. W. im Traisenthale bei Wilhelmsburg, St. Georgen und Herzogenburg, bei Losdorf, Hürm, Melk, Oberndorf, Kemmelbach, Seitenstetten. E. rosmarinifolium Hänke. H. 0,5—1,5 M. Juli-Aug.

B. Untere Blätter gegenständig; Blumenkrone trichterförmig; Staubgefässe u Griffel aufrecht.

a. Narben gesondert, abstehend; Stengel stielrund.

* Wurzelstock schon zur Blüthezeit lange unterirdische Ausläufer treibend; Blätter kurzherablaufend; Blüthen ansehnlich etwa 0,25 im Durchm.

674. **E. hirsutum L.** Stengel von kurzen meist drüsentragenden u. längeren abstehenden Haaren zottig; Blumenkrone purpurn. ♃. Auen, Ufer, gemein. H. 0,5—1,2 M. Juni-Aug.

* * Wurzelstock zur Blüthezeit od. meist erst nach derselben beschuppte oft eine Blattrosette bildende Sprosse treibend; Blätter nicht herablaufend; Blüthen klein, etwa 0,01 im Durchmesser.

o Stengel von abstehenden drüsenlosen Haaren zottig od. weichhaarig; Blätter sitzend; junge Blüthen mit den Astspitzen aufrecht.

675. **E. parviflorum Schreb.** Blätter lanzettl. od. länglich-lanzettlich, geschweift-gezähnelt, weichhaarig; Kapsel zerstreut behaart, an den Kanten kahl; Blüthen hellpurpurn, ♃. Gräben, Bäche, Sümpfe, häufig. H. 0,3—1,0 M. Juni-Aug. b) pubescens (Roth.), Blätter graufilzig. An gleichen Orten.

674 × 675. **E. parviflorum × hirsutum.** Stengel ästig, buschig; Blätter gezähnelt, die meisten wechselständig; Blüthen zwischen den Stammeltern in der Mitte; Ausläufer zur Blüthezeit fehlend. Penzing, Hütteldorf. E. intermedium Rchb.

675 × 676. **E. montanum × parviflorum.** Von E. montanum durch den abstehend-kurzzottigen Stengel. — von E. parviflorum durch eiförmige oder eilanzettliche Blätter verschieden. Sofienalpe. E. limosum Schur.

o o Stengel angedrückt-feinflaumig; Blätter kurzgestielt od. fast sitzend; junge Blüthen mit den Astspitzen nickend.

676. **E. montanum L.** *Stengel einfach- od. wenigästig; Blätter* eiförmig oder eilanzettlich, entfernt ungleich-gesägt, grauflaumig, die obersten wechselständig, *die übrigen gegenständig;* Blüthen lichtpurpurn; Kapsel weichbehaart, auf den Kanten am dichtesten. ♃. Bergwälder, häufig. H. 0,3—0,6 M. Juni-Juli. b) verticillatum Sturm. Untere und mittlere Stengelblätter zu 3 quirlig. Eichenwald von Schönbrunn, Heuberg u. Sofienalpe bei Dornbach, mittlerer Lunzersee, Burgerhofberg bei Scheibbs, Gföhler Wald.

677. **E. collinum Gm.** *Stengel reichästig; Blätter* eilanzettlich od. lanzettlich, genähert, viel kleiner, geschweift-gezähnelt, *nur die unteren gegenständig,* die mittleren u. oberen wechselständig, sonst w. v. ♃. Steinige Orte, selten; Weidlingbach, Vöslau, Aspang, Wechsel, Gloggnitz, Payerbach, Grünschacher, Kuhschneeberg, Gans; Scheibenhof bei Krems, Zwettl, Hardegg, Manhartsberg.

676 × 677. **E. montanum × collinum.** Von E. montanum durch niedrigeren Stengel, halb so grosse Blätter, von E. collinum durch geringere Verzweigung verschieden. Vöslau, Prein. E. confine Hausskn.

b. Narben keulenförmig zusammenschliessend; Stengel von 2—4 erhabenen, von den Blatträndern herablaufenden Linien 2—4seitig, seltner stielrund.

* Wurzelstock gewöhnlich erst nach der Blüthezeit schuppenförmig beblätterte, oft Blattrosetten bildende kurze aufrechte Sprosse treibend; Stengel 2—4seitig.

o Stengel am Grunde mit schuppenförmigen braunen Niederblättern; Blätter in der Regel zu 3—4quirlig.

678. **E. alpestre (Jacq.) Rchb.** Stengel meist einfach, oben fein flaumig; Blätter eilänglich od. länglich-lanzettlich, sitzend od. die

unteren sehr kurz gestielt, nicht herablaufend; Kronblätter lichtpurpurn, grösser als bei den Verwandten. ♃. Wälder der Kalkvoralpen, häufig. E. montanum v. alpestre Jacq. E. trigonum Schrank. H. 0,2—0,6 M. Juli-Aug.

676 × 678. **E. alpestre × montanum.** In der Tracht und der 3quirligen Blätter wegen dem E. alpestre sehr nahestehend, durch die kurzgestielten, schärfer gezähnelten Blätter und die verwischten, von den Blatträndern herablaufenden Linien am Stengel dem E. montanum sich nähernd. Grosser Scheibwald der Raxalpe. E. pseudotrigonum Borb.

o o Stengel ohne Niederblätter; Blätter nicht quirlig.

· Blätter deutlich, oft ziemlich lang gestielt, in den Blattstiel verschmälert.

679. **E. tetragonum L.** Stengel meist vielästig, oberwärts feinflaumig; Blätter länglich od. länglich-lanzettlich; Kronblätter klein, blassrosa, selten weiss. ♃. Gräben, Bäche, verbreitert. E. roseum Schreb. H. 0,3—0,8 M. Juli-Aug.

675 × 679. **E. tetragonum × parviflorum.** Von E. tetragonum durch den stielrunden, abstehend-kurzzottigen Stengel und dunklere Blüthen; von E. parviflorum durch die deutlich gestielten Blätter verschieden; Narben aufrecht. Langenlois, Gainfahrn. E. persicinum Rchb. E. Knafii Celak.

· · Blätter sitzend od. mit abgerundetem Grunde kurzgestielt.

680. **E. adnatum Griseb.** Stengel vielästig, fast kahl, 4kantig; *Blätter* lanzettlich od. lineal-lanzettlich, *scharf u. dicht gezähnelt-gesägt, sitzend, mittlere mit jedem ihrer beiden Ränder herablaufend;* Blüthenknospen schmal, langbespitzt; Blüthen lichtpurpurn, klein. ♃. Gräben, Waldränder, verbreitet; Kahlengebirge, südöstliche Niederung Wiens von der Schwechat bis zur Leitha, Marchfeld, Waldviertel. E. tetragonum Aut. H. 0,3—1,0 M. Juli-August.

675 × 679. **E. parviflorum × adnatum.** Von E. parviflorum durch den mit mehr minder erhabenen Blattspuren versehenen Stengel, schmallanzettliche Blätter; von E. adnatum durch oberwärts rundumflaumigen Stengel und zum Theil sitzende, zum Theil in einen kurzen verbreiterten Blattstiel zusammengezogene, entfernt gezähnte Blätter verschieden. Zwischen Lainz u. Ober-St. Veit, an der Wien bei Hütteldorf. E. weissenburgense F. W. Schultz.

679 × 680. **E. tetragonum × adnatum.** Von E. tetragonum durch kürzergestielte Blätter, von welchen die mittleren am Grunde abgerundet sind; von E. adnatum durch breitere, schwächer gezähnte, mehr minder kurzgestielte Blätter verschieden. Bei Salingstadt. E. Borbásianum Hausskn. E. palustri-tetragonum Neilr.

680 × 681. **E. adnatum × Lamyi.** Von E. adnatum durch nicht herablaufende, weniger dicht gezähnelte Blätter, dickere Blüthen-

knospen u. grössere Blüthen; von E. Lamyi durch schärfer u. dichter gezähnelte Blätter und hellere Blüthen verschieden. Bei Jedlesee. E. semiadnatum Borb.

681. **E. Lamyi F. W. Schultz.** Stengel einfach od. ästig, oberwärts grauflaumig; *Blätter* lineal-länglich, *entfernt gezähnelt, alle sehr kurz gestielt, nicht herablaufend*; Blüthenknospen etwas bauchig, kurzbespitzt; Blüthen um die Hälfte grösser, sonst w. v. ♃. Gräben, Waldränder, selten; St. Veit, Hacking, Sofienalpe, Weidlingau, Hochstrass, Kaltenleutgeben, Anninger; Hardegg. H. 0,2—0,6 M. Juli-Aug.

676 × 681. **E. Lamyi × montanum.** Von E. Lamyi durch den undeutlich kantigen Stengel, die eilanzettlichen Blätter, die eiförmigen, kaum bespitzten Blüthenknospen und die abstehenden Narben; von E. montanum durch den nicht stielrunden Stengel, schmälere Blätter, kleinere Blüthen u. die Tracht verschieden. Sofienalpe bei Wien. E. Haussknechtianum Borb.

* * Wurzelstock zur Blüthezeit od. bald darnach verlängerte entfernt beblätterte od. beschuppte Ausläufer treibend.

o Stengel durch erhabene von den Blatträndern herablaufende Linien 2—4seitig.

· Ausläufer oberirdisch, beblättert, zuletzt meist wurzelnd.

, Obere Stengelblätter mit breitem Grunde sitzend.

682. **E. obscurum Schreb.** Stengel meist vielästig, aufrecht; Blätter lanzettlich oder länglich-lanzettlich, geschweift-gezähnelt, mit abgerundetem Grunde sitzend, die unteren sehr kurz gestielt; Blüthen hellpurpurn, klein. ♃. Gräben, Bäche: bei Neuwaldegg; Harmannsdorf, Karlstift, Schrems. E. virgatum Lam. H. 0,3—0,8 M. Juli-August.

, , Obere Stengelblätter mit verschmälertem Grunde sitzend od. kurzgestielt.

683. **E. alpinum L.** *Wurzelstock verzweigt, blühende u. nicht blühende, an der Spitze nickende Stengel treibend,* armblüthig; Blätter verkehrt-eiförmig od. länglich, stumpf, ganzrandig od. unmerklich gezähnelt, kürzer od. länger gestielt; Blüthen klein, rosa; *Kapsel kahl.* ♃. Kalkalpen, besonders an Schneegruben; Ochsenboden des Schneebergs, Kuhschneeberg, Grünschacher, Eishütten-, Lichtensternalpe u. Heukuppe der Rax, Oetscher, Scheiblingstein, Dürnstein, Langfeld des Hochkohrs. E. anagallidifolium Lam. H. 0,05 bis 0,2 M. Juli-Aug.

684. **E. nutans Schmidt.** *Wurzelstock kriechend, einfach; Stengel einzeln,* oberwärts weichhaarig; Blätter sitzend oder kurzgestielt. *Kapsel weichhaarig,* sonst w. v. ♃. Bei Karlstift und auf dem Hochwechsel. H. 0,05—0,2 M. Juli-Aug.

· · Ausläufer unterirdisch, beschuppt.

685. **E. alsinefolium Vill.** Stengel einfach od. ästig, an der Spitze nickend; Blätter eiförmig od. eilanzettlich, stumpflich-zugespitzt,

geschweift-gezähnelt, kurzgestielt; Blüthen mittelgross, lichtpurpurn. ♃. Quellige Orte, Voralpen u. Alpen; Wechsel, Thrasikogel, Göstritzgraben bei Schottwien, Heukuppe und Geissloch der Rax, Grünschacher, Schneeberg, Kuhschneeberg, Göller, kleiner Oetscher, Dürnstein, Herrenalpe, Hetzkogel, Tegel des Hochkohrs, Voralpe, Neuhaus an der Ibbs. E. origanifolium Lam. H. 0,1—0,3 M. Juli-Aug.

683×685. **E. alsinefolium×alpinum.** Ausläufer theils ober-, theils unterirdisch; Stengel kräftiger als bei E. alpinum; Blätter eiförmig, stumpflich, ganzrandig, die mittleren und oberen schmäler, zugespitzt, feingezähnelt; Blüthen kleiner als bei E. alsinefolium. Schneeberg, Rax. E. Boissieri Hausskn. E. Darreri Richt.

676×685. **E. montanum × alsinefolium.** Von E. montanum durch den mit mehr minder deutlichen Linien belegten Stengel u. schmälere, kurzgestielte, entfernt-gezähnelte Blätter; von E. alsinefolium durch breitere, fein befläumte Blätter und mehr minder keulenförmig zusammenschliessende Narben verschieden. Obersberg in der Schwarzau. E. salicifolium Facch.

o o Stengel stielrund, ohne erhabene Linien.

686. **E. palustre L.** Stengel einfach od. ästig, an der Spitze nickend, oberirdische, fädliche, schuppige od. beblätterte Ausläufer treibend; Blätter lineal-lanzettlich od. lanzettlich, zur Spitze allmählig verschmälert, ganzrandig od. undeutlich gezähnelt, sitzend oder sehr kurzgestielt; Blüthen klein, rosa, selten weiss. ♃. Sumpfwiesen, Moore, quellige Orte; zwischen Lainz und St. Veit an der Wien, Rekawinkel, Hochstrass; Rosaliengebirge, Wechsel bei Aspang u. Kirchberg, Saubachthal bei Pottschach, Höllgraben und Göstritzgraben bei Schottwien, Semmering, Reichenau, Kraitzberg in der Prein, Preiner Gschaid, Unrecht-Traisenthal bei St. Aegyd, Rifflboden des Oetschers, Scheiblingstein bei Lunz, Schallbergerteich bei Seitenstetten, Oberbergern; gemein auf dem höheren Waldviertelplateau. H. 0,15—0,5 M. Juli-Aug.

675×686. **E. parviflorum × palustre.** Stengel u. Blätter wie bei E. palustre. Wurzelstock wie bei E. parviflorum und zur Blüthezeit ohne Ausläufer, Traube aufrecht, Blüthen wie bei letzterer Art. Zwischen Lainz u. St. Veit, bei Heiligenkreuz. E. rivulare Wahlenb. E. sarmentosum Celak.

170. Circaea L. Hexenkraut. Kelchröhre über dem Fruchtknoten etwas verlängert; Kelchsaum 2spaltig, abfallend; Kronblätter 2, 2spaltig; Staubgefässe 2, Narbe einfach; Frucht birnförmig; Samen nackt.

a. Blüthentrauben deckblattlos.

687. **C. lutetiana L.** Stengel aufrecht; *Blätter eiförmig,* mit gestutztem oder schwach-herzförmigem Grunde; Kronblätter so lang

als der Kelch, weiss od. röthlich; Narbe 2lappig; *Frucht verkehrt-eiförmig,* 2fächerig, mit hackigen Borsten besetzt. ♃. Schattige Wälder, verbreitet; seltner in Auen, wie im Prater, Stockerau. H. 0,2—0,6 M. Juli-Sept.

b. Blüthenstiele mit sehr kleinen hinfälligen, borstlichen Deckblättern.

688. **C. intermedia Ehrh.** *Frucht fast kuglig-verkehrt eiförmig, 2fächrig,* nur in einem Fache mit ausgebildetem Samen, sonst w. v. ♃. Schattige Wälder, nur im Kreise O. W. V., Lilienfeld. Annaberg, Burgerhofberg bei Scheibbs, Grubberg bei Gaming, Lunz, Gössling, Lassing, Hollenstein. C. alpino-lutetiana Rchb. H. 0,15—0,4 M. Juli-Aug.

689. **C. alpina L.** *Blätter herzeiförmig;* Kronblätter kürzer als der Kelch; Narbe ausgerandet; *Frucht ungleichseitig-keulenförmig, 1fächerig,* 1samig, sonst w. v. ♃. Schattige Wälder: Saubachgraben bei Pottschach, Göstritzgraben und Himmelreichwald bei Schottwien, Aspanger Klause, Feuchter und Thalhofriese bei Reichenau, Krumbachgraben des Schneebergs, Grosses Höllenthal, Grünschacher, Unterberg, Göller, Oetscher, Scheiblingstein, Hetzkogel, Bürgeralpl bei Maria Zell, Herrenalpe des Dürnsteins, Annaberg, St. Anton, und Buchberg bei Scheibbs, Steinbachthal bei Gössling, Stiftswald bei Seitenstetten; Loisthal bei Kronsegg, Isperthal bei Altenmarkt u. St. Oswald, Ostrong, Burgstein, Obergern, Schauenstein am Kamp, Klosterwald bei Zwettl, Heinrichs, Drosendorf. H. 0,5—0,2 M. Juli-Aug.

171. Trapa L. Wassernuss. Kelchröhre so lang als der Fruchtknoten, mit 4spaltigem, bleibendem Saume; Kronblätter 4; Staubgefässe 4, Narbe kopfförmig; Frucht nussartig, von den erhärteten Kelchzipfeln 4hörnig.

690. **T. natans L.** Untergetauchte Blätter gegenständig, haarförmig-fiedertheilig, schwimmende wechselständig, rautenförmig, an der Stengelspitze eine Rosette bildend; Blattstiele in der Mitte aufgeblasen; Blüthen einzeln, blattwinkelständig, klein, weiss; Früchte 4hörnig. ⨀ Stehende Gewässer, höchst selten; in den Hirschgrandeln der Marchegger Au und bei Klein-Schützen gegenüber von Drösing. H. 0,5—1,5 M. Juni-Juli.

XXXV. Familie. Halorrhagidaceae R. Br.

172. Myriophyllum Vaill. Tausendblatt. Blüthen 1häusig; ♂ Blüthe: Kelch 4theilig; Kronblätter 4, hinfällig; Staubgefässe 8. ♀ Blüthe: Kelchröhre 4kantig, Saum 4zähnig; Kronblätter 4, sehr klein; Narben 4; Spaltfrucht 4theilig, Früchtchen 1samig.

691. **M. verticillatum L.** Blätter quirlig, kammig-fiedertheilig mit haarförmigen Zipfeln; Blüthen in ährenförmigen Quirlen, untere Quirle weiblich, obere männlich, selten zwittrige eingemischt;

Deckblätter sämmtlich kammförmig-fiederspaltig, länger oder so lang als die Blüthen; Kronblätter grünlichweiss, abfallend. ♃. Stehende Gewässer häufig. H. 0.1—0.5 M. Juni-Aug. a) pinnatifidum Wallr. Deckblätter 3-mehrmal länger als die Blüthen, fiedertheilig, den Stengelblättern ähnelnd. b) intermedium Koch. Deckblätter 3mal länger als die Blüthen, fiederspaltig eingeschnitten, kleiner als die Stengelblätter. c) pectinatum Wallr. Deckblätter meist nur so lang als die Blüthen, fiederspaltig oder die obersten nur gezähnt, den Stengelblättern unähnlich.

692. **M. spicatum L.** *Deckblätter der unteren Blüthen fiederspaltig, die der oberen ganzrandig, kürzer als die Blüthen;* Kronblätter röthlich, sonst w. v. ♃. Stehende Gewässer häufig. H. 0,4—1,5 M. Juni-Aug.

173. Hippuris L. Tannwedl. Blüthen zwittrig; Kelchröhre bauchig, mit dem Fruchtknoten verwachsen, Saum verwischt; Blumenkrone fehlend; Staubgefäss 1; Narbe 1; Schliessfrucht steinfruchtartig, 1samig.

693. **H. vulgaris L.** Stengel aufrecht, röhrig, gegliedert; Blätter lineal, zu 8—12 in Quirlen; Blüthen blattwinkelständig, sitzend, grün. ♃. Stehende Gewässer, zertreut. H. 0,2—0,8 M. Juni-Aug.

XXXVI. Familie. Callitrichaceae Lk.

174. Callitriche L. Wasserstern. Charakter der Familie.

694. **C. verna L.** Blätter lineal, länglich-verkehrteiförmig bis spatlig; Deckblätter schwach sichelförmig, mit den Spitzen kaum zusammenneigend; *Früchte eiförmig od. rundlich, Fruchthälften* auf dem Rücken gewölbt, *mit scharfer Rückenfurche, an den Kanten mit kurzem, scharfem Kiele;* Griffel aufrecht, hinfällig. ♃. Stehende und fliessende Wässer, Pfützen, verbreitet; Donausümpfe, südöstl. Niederung Wiens bis an die Leitha, in der Wien, in der Mödling von Gaden bis Mödling, im südöstl. Schiefergebiete, Kreuzberg u. Bodenwiese bei Reichenau, in subalpinen Tümpeln am Dürnstein und Hochkohr, Oberndorf bei Scheibbs, Ruprechtshofen, Hiesberg bei Melk; gemein im Waldviertel. H. 0,03—0,5 M. Mai-Herbst. b) stellata (Hoppe). Oberste Blätter länglich-verkehrteiförmig, rosettig-gehäuft, schwimmend. c) minima (Hoppe). Rasig, Blätter sämmtlich lineal; die Landform. C. caespitosa, Schultz.

695. **C. stagnalis Scop.** Blätter meist sämmtlich verkehrteiförmig; Deckblätter sichelförmig, mit den Spitzen zusammenneigend od. sich kreuzend; *Früchte zusammengedrückt kreisrund, an den Kanten durchscheinend, breitgeflügelt*; Griffel zuletzt zurückgekrümmt, bleibend. ♃. Stehende u. fliessende Wässer, sehr selten;

am Heustadelwasser im Prater, Leithagebirge bei Mannersdorf Dachetwald bei Neunkirchen, Herrenalpe am Dürnstein u. Hochkohr, Bubendorf bei Seitenstetten, Ottenschlag. H. 0,1—0,4 M. Mai-Herbst.

XXXVII. Familie. **Ceratophyllaceae Gray.**

175. Ceratophyllum L. Wasserzinken. Charakter der der Familie

696. **C. demersum L.** *Blätter 1—2mal gabelspaltig getheilt, in 2—4, meist starre stachlig-gezähnte lineale Zipfel ausgehend; Früchte* oval, warzig, *am Grunde mit 2 gekrümmten kurzen Stacheln, in einen gleichlangen od. längeren stachelartigen Griffel auslaufend.* ♃. Stehende u. fliessende Wässer, häufig. H. 0,3—1,0 M. Juni-Sept.

697. **C. submersum L.** *Blätter 3mal gabelspaltig getheilt, in 4—8 glatte od. feinstachelig gezähnte borstliche Zipfel ausgehend; Früchte* oval, glatt od. warzig, *am Grunde ohne Stacheln, in eine kurze Griffelspitze auslaufend.* ♃. W. v., jedoch viel seltner; Heustadelwasser im Prater, Velm, Moosbrunn, Reisenberg. Goiss am Neusiedlersee, Wülzeshofen, Zwingendorf. b) Haynaldianum (Borb.) Frucht mit kurzen stumpfen Borsten besetzt. Simmering, Velm. H. 0,3—1,0 M. Mai-Sept.

XXXVIII. Familie. **Lythraceae Juss.**

176. Lythrum L. Weiderich. Kelch röhrig-walzlich, 8—12zähnig, Zähne 2reihig; Kronblätter 4—6; Staubgefässe 6 od. 12; Kapsel 2fächerig, vielsamig, unregelmässig zerreissend oder wandspaltig aufspringend.

a. Blüthen 12männig, eine scheinquirlige Aehre bildend.

698. **L. salicaria L.** Pflanze mehr minder behaart, meist einfach; *Blätter gegenständig od. quirlig, lanzettlich, am Grunde herzförmig; die 6 äusseren Kelchzähne 3eckig, noch einmal so kurz* als die 6 pfriemlichen inneren; Blüthen purpurn, bis zur Spitze gebüschelt. ♃. Auen, Gräben, Ufer, häufig. H. 0,3—1,0 M. Juli-Sept.

699. **L. virgatum L.** Pflanze kahl, meist ästig; *Blätter gegenständig, lineal-lanzettlich, am Grunde verschmälert; alle 12 Kelchzähne ziemlich gleich lang;* Blüthen oberwärts einzeln, kleiner, sonst w. v. ♃. Nasse Wiesen, Gräben, nicht häufig; an der March bei Baumgarten, Zwerndorf, Dürnkrut, Marchegg, Wagram, Gänserndorf, Donauinseln aufwärts bis Mautern; südöst. Niederung Wiens bei Margarethen am Moos, Achau, Laxenburg, Münchendorf, Ebreichsdorf, Baden, Vöslau; Laaerberg; zwischen Parndorf und Neusiedl am See. H. 0,3—1,0 M. Juli-Aug.

b. Blüthen 6männig, einzeln in den Blattwinkeln sitzend, keine Aehre bildend.

700. **L. hyssopifolia L.** Blätter länglich od. lanzettlich, abwechselnd; die 6 äusseren Kelchzähne 3eckig, noch einmal so kurz als die 6 inneren; Blüthen lila, hinfällig. ⊙ Ueberschwemmte Orte, stellenweise; Marchfeld, Thalweg der March, Zwingendorf; Margarethen am Moos, Laaerberg, Arsenal, Inzersdorf am Wiener Berge, Laxenburg, Münchendorf, Trumau, Vöslau, Kottingbrunn, Neustadt, Bruck a. d. Leitha, Goyss, Winden, Breitenbrunn. H. 0,1—0,3 M. Juli-Sept.

177. Peplis L. Afterquendel. Kelch zusammengedrückt-glockig, 12zähnig, Zähne 2reihig; Kronblätter 6 od. fehlend; Staubgefässe 6; Kapsel 2fächerig, vielsamig, unregelmässig zerreissend.

701. **P. portula L.** Stengel niederliegend, rasig oder im Wasser fluthend; Blätter gegenständig, verkehrteiförmig; Blüthen blattwinkelständig, rosa, sehr klein. ⊙ Ueberschwemmte Orte, stellenweise; an der March von Angern bis Schlosshof, Donauinseln. Dreimarkstein, oberes Halterthal bei Hütteldorf, Windthal bei Mödling, Mühlleiten bei Baden, zwischen Neunkirchen u. Diepolz, Wartholz bei Reichenau, Mönichkirchen und Kletten bei Aspang; St. Peterer Wald bei Seitenstetten, Soos bei Mank, Rosenfeld bei Melk, Unterbergern; Waldviertel; Elsarn bei Ravelsbach. H. 0,05 bis 0,2 M. Juni-Herbst.

XXXIX. Familie. Tamaricaceae Desv.

178. Myricaria Desv. Myrikarie. Kelch 5theilig; Kronblätter 5; Staubgefässe bis zur Mitte verwachsen; Griffel 3, verwachsen; Kapsel pyramidenförmig-3seitig, 1fächerig; Samen mit gestieltem Haarschopf.

702. **M. germanica (L.) Desv.** Strauch; Blätter lineal-lanzettlich, dachig sich deckend; Blüthen in Aehren, rosa. ♄. Auen, Ufer: entlang der ganzen Donau, an der Wien von Pressbaum bis Hütteldorf, an der Schwechat bei Aland und Traiskirchen, Steinapiesting bei Gutenstein, am Kaltengang im Klosterthale, an der Schwarza, Pitten, Leitha, längs der Bahn zwischen Gloggnitz u. Neustadt; an der Traisen, Enns, unteren Ibbs, bei Kemmelbach; an der Pressburger Bahn bei Weikendorf. Tamarix germanica L. H. 1,0—2,0 M. Juni Juli.

XL. Familie. Cucurbitaceae Juss.

179. Bryonia L. Zaunrübe. Blumenkrone glockig, 5theilig; Staubgefässe 5, 3brüderig, Staubbeutel frei, schlänglich; Griffel 3spaltig, Narben kopf- od. nierenförmig; Beere 2—6samig.

703. **B. dioica Jacq.** Stengel kletternd, rauh; Blätter herzförmig, 5lappig; *Blüthen 2häusig,* blattwinkelständig, doldentraubig; *Kelch-*

zähne der weiblichen Blüthen halb so lang als die gelblich-grüne Blumenkrone; Narben rauhhaarig; *Beeren roth.* ♃. Zäune; häufig im südl. Wiener Becken bis zur Leitha; bei Angern, Oberweiden; Rappoltenkirchen, Hollenburg, Melk, Lilienfeld, Gresten. H. 2,0—3,0 M. Juni-Juli.

704. **B. alba L.** *Blüthen 1häusig,* untere männlich, obere weiblich; *Kelchzähne der weiblichen Blüthen so lang als die Blumenkrone;* Narben kahl; *Beeren schwarz,* sonst w. v. ♃. Hecken, mit Ausnahme des südl. Wiener Beckens, in den 3 anderen Kreisen häufig. H. 2,0—3,0 M. Juni-Juli.

Anm. Sicyos angulatus L. in Nordamerika einheimisch, wird hin u. wieder in Gärten angepflanzt und kommt dann auch verwildert vor, so in Weikersdorf bei Baden u. bei Mautern. Gebaut auf Feldern od. in Gärten werden: Cucurbita pepo L. (Kürbis), Cucumis sativus L. (Gurke) u. C. melo L. (Melone).

XLI. Familie. **Portulaccaceae Juss.**

180. Portulacca L. Portulak. Kelch 2spaltig, mit abfallendem Saume; Kronblätter 4—6, am Grunde zusammenhängend od. frei, hinfällig; Staubgefässe 8—15; Griffel 3—8theilig; Kapsel 1fächerig, rundum aufspringend, vielsamig.

705. **P. oleracea L.** Stengel niedergestreckt: Blätter länglichkeilig, fleischig; Blüthen zu 1—3, gabelständig, gelb. ⊙ Brachen, Wege, bebaute Orte, selten; Marchfeld, Haglersberg, Bromberg, Stockerau, Langenlois, Hardegg. H. 0,1—0,25 M. Juni-Herbst.

181. Montia L. Montie. Kelch 2spaltig bleibend; Kronblätter 5, in eine vorn bis zum Grunde gespaltene Röhre verwachsen, hinfällig; Staubgefässe meist 3; Griffel 3theilig; Kapsel 1fächerig, 3klappig, 2-mehrsamig.

706. **M. fontana L.** *Stengel aufrecht;* Blätter lineallänglich, gelbgrün; Blüthen in kleinen, 2—5 blüthigen Trugdolden, weiss; *Samen höckerig-rauh, mattschwarz.* ⊙ Ueberschwemmte Stellen selten; im Kreise O. M. B. im Vierzigerwalde bei Schiltern, Persenbeug, Gross-Gerungs, Zwettl, Altmelon, Gmünd, Weitra, Schrems, Grossau, St. Oswald, Altenmarkt, Pöggstall, Jauerling; im Kreise O. W. W. an der Erlaf bei Scheibbs, Wieselburg, in der Terz; fehlt in den beiden unteren Vierteln. M. minor Gm. H. 0,02—0,08 M. Mai-Jul.

707. **M. rivularis Gm.** *Stengel niederliegend od. fluthend;* Blätter dunkelgrün; *Samen flachpunktirt, glänzend, dunkelbraun.* ⊙ Mit der vorigen. H. 0,1—0,25 M. Mai-Sept.

XLII. Familie. **Paronychiaceae St. Hil.**

182. Herniaria L. Bruchkraut. Kelchzipfel 5, concav, krautig Kronblätter u. Staubgefässe 5; Griffel 2; Frucht häutig, nicht aufspringend.

708. **H. glabra L.** Stengel niedergestreckt, sammt den Blättern kahl od. nur etwas kurzhaarig; Blüthen in blattwinkelständigen Knäulen, gelbgrün; *Kelch kahl, kürzer als die reife Frucht, Zipfel stumpf, wehrlos.* ♃. Sandige Orte, stellenweise; Marchfeld, Waldviertel, Ufer der Donau, March, Wien, Leitha, Piesting, Traisen bis in die Voralpenthäler der 3 letzteren Flüsse hinaufsteigend. H. 0,1—0,3 M. Juli-Herbst.

709. **H. hirsuta L.** Stengel, Blätter u. Kelche abstehend-kurzsteifhaarig: *Kelch länger als die reife Frucht, Zipfel spitz,* alle od. doch die äusseren von einer längeren endständigen Borste begrannt, sonst w. v. ♃. Sandplätze, seltner: am Tabor bei Wien, Marchegg, Breitensee, Moosbrunn, an der Sirning bei St. Johann, an der Traisen bei St. Pölten, ehemals auch bei Stockerau. H. 0,1—0,3 Juli-Herbst.

710. **H. incana Lam.** Pflanze dichter behaart; Knäule armblüthiger; *Kelchzipfel unbegrannt,* sonst w. v. ♃. Bisher nur bei Breitensee im Marchfelde. H. 0,1—0.3 M. Juli-Herbst.

183. Illecebrum L. Knorpelkraut. Kelchzipfel 5, knorplig verdickt, innen etwas concav; Kronblätter u. Staubgefässe 5; Griffel 1; Frucht häutig, in 5—10 oben zusammenhängende Klappen aufspringend.

711. **I. verticillatum L.** Stengel niedergestreckt; Blüthen in blattwinkelständigen Knäulen, weiss, am Grunde mit 2 häutigen, weissen Deckblättern. ⊙ Sandige, feuchte Plätze, sehr selten; nur im Waldviertel, Lainsitzufer bei Schwarzbach, Kirchberg am Walde, Hoheneich, Krumau. H. 0,05—0,25 M. Juli-Aug.

Anm. Corrigiola litoralis L. angeblich auf Inseln der Donau und Polycarpon tetraphyllum L. bei Klederling mögen durch Zufall einmal vorgekommen sein, existieren daselbst längst nicht mehr.

XLIII. Familie. Scleranthaceae Lk.

184. Scleranthus L. Kelch 4—5theilig; Staubgefässe 10, die 5 inneren ohne Staubbeutel od. fehlend; Frucht 1samig, sammt der erhärteten Kelchröhre abfallend.

712. **S. annuus L.** Wurzel 1—2jährig; Blätter pfriemlich; *Kelchzipfel zugespitzt, schmal-häutig-berandet, zur Fruchtzeit aufrecht-abstehend;* Staubgefässe 3—4mal kürzer als die Kelchzipfel. ⊙ u. ⊙⊙ Aecker, Brachen, Triften verbreitet. H. 0,05—0,2 M. Mai-Herbst.

713. **S. perennis L.** Wurzel ausdauernde Stämmchen treibend; *Kelchzipfel abgerundet, breit-häutig-berandet, zur Fruchtzeit zusammenneigend;* Staubgefässe fast so lang als die Kelchzipfel. ♃. Hügel, Raine; häufig im Kreise O. M. B. u. im oberen Donauthale von Mautern bis Melk, im Dunkelsteiner Walde; im Ernst-

brunnerwalde; an den Strassen von Neustadt nach Wöllersdorf u. Aspang. Hutweide zwischen Schwarzau u. Erlach; Waidhofen a. d. Ibbs. H. 0,05—0,2 M. Mai-Sept.

Anm. Von den zahllosen von Reichenbach aufgestellten Formen werden für Niederösterr. angegeben: S. leucoperas, obsoletus, Petronellae u. marginellus.

XLIV. Familie. Crassulaceae DC.

185. Bulliarda DC. Bulliarde. Kelch 4theilig; Kronblätter 4, frei; Staubgefässe 4, am Grunde mit 4 linealen Drüsen; Griffel 4; Balgkapseln 4, vielsamig.

714. **B. aquatica (L.) DC.** Blätter gegenständig, lineal, am Grunde verwachsen; Blüthen einzeln, fast sitzend, weiss. ⨀ Bisher bloss auf Teichboden bei Hoheneich. Tillaea aquatica L. H. 0,02—0,05 M. Juli-Sept.

186. Rhodiola L. Rosenwurz. Kelch 4theilig; Kronblätter 4, frei; Staubgefässe 8, am Grunde der 4 inneren mit 4 Drüsenschuppen; Griffel 4; Balgkapseln 4, vielsamig.

715. **R. rosea L.** Wurzelstock knotig; Blätter länglich-keilig, vorn gesägt; Blüthen 2häusig in endständigen Trugdolden, gelblich, oft röthlich überlaufen. ♃. Kalkalpen und benachbarte Voralpen, selten: Gösing bei Stixenstein, Schneeberg, Preiner Alpe, Herrenalpe bis gegen den Gipfel des Dürnstein, Hochkohr von der Klammstiege bis zur Spitze, Gamsstein bei Grosshollenstein. Sedum roseum Scop. S. rhodiola DC. H. 0,1—0,2 M. Juli-Aug.

187. Sedum L. Fetthenne. Kelch 5- od. 6theilig: Kronblätter 5, selten 6—7, frei: Staubgefässe 10 od. 12; am Grunde der 5 inneren mit 5 Drüsenschuppen; Griffel 5; Balgkapseln 5, meist vielsamig.

a. Wurzelstock knollig, vielköpfig, keine kriechenden Stämmchen treibend; Blätter flach, breit.

716. **S. telephium L.** Blätter eiförmig bis länglich, ungleichgezähnt, mit breitem geöhrtem Grunde sitzend; Blüthen in gedrängten Trugdolden, grünlichgelb, selten röthlich überlaufen. ♃. Steinige, buschige Orte; Kahlengebirge, Hügelland des Kreises U. M. B., oberes Donauthal, besonderz in der Wachau; bei Raabs; St. Anton, Wilhelmsburg an der Traisen. S. telephium v. maximum L. H. 0,3—0,6 M. Juli-Sept. — b) purpureum L. Blätter länglich-lanzettlich; Kronblätter purpurn. Braunsberg bei Hainburg, Laaerberg, St. Veit, Brühl, Rappoltenkirchen, Scheibbs, Gaming, Seitenstetten.

b. Wurzel dünn; Blätter mehr minder walzlich.

α. Wurzel kriechende Stämmchen treibend.

* Kronblätter weiss.

717. **S. album L.** Blätter länglich, stumpf, zerstreut, abstehend seegrün; Blüthen in endständigen, fast gleichhohen Trugdolden

Kelchzipfel oval, sehr stumpf; Kronblätter länglich-lanzettlich kurzzugespitzt, Antheren purpurn. ♃. Mauern, Felsen, verbreitet. H. 0,1—0,2 M. Juni-Sept. — b) micranthum (Bast). Blätter verkehrteilänglich od. fast kugelförmig, Kelchzipfel lanzettlich, stumpflich, Kronblätter kleiner. Gurhofgraben bei Aggsbach.

* Kronblätter gelb.

o Blätter kurz stachelspitzig; Kapseln aufrecht.

718. **S. rupestre L.** Blätter lineal-pfriemlich, an den Stengeln zerstreut, an den Stämmchen dachig, am Grunde in ein stumpfes Anhängsel vorgezogen, seegrün; Kelchzipfel spitz; Kronblätter doppelt so lang als der Kelch. ♃. Felsen, Nadelwälder; im Kreise U. W. W. sehr selten, bei Schottwien, Maaberg bei Mödling (verwildert); häufiger im oberen Donauthale u. im Kreise O. M. B., Alaunthal, Pfaffenberg u. Scheibenhof bei Stein, Ruine Dürrenstein, Achleiten, Hohewand bei Mautern, Wolfsteingraben bei Aggsbach, Dunkelsteinerwald, Senftenberg im Kremsthale, Steinegg am Kamp, Fuchsberg bei Horn, Kollmitz bei Raabs, Hardegg, Abfälle des Manhartsberges gegen das Pulkathal, Strass, Zöbingerberg bei Langenlois; Steinreutl bei Grossrussbach, Ernstbrunnerwald zwischen Enzersdorf u. Grossmugel. S. reflexum L. var. glaucum Neilr. H. 0,15—0,35 M. Juni-Aug.

o o Blätter stumpf; Kapseln spreizend.

719. **S. acre L.** *Blätter eiförmig od. stumpf-3kantig, mit stumpfem Grunde sitzend*, an den Stengeln zerstreut, an den Stämmchen dichtdachig; *Samen glatt.* ♃. Mauern, Felsen, Sandfelder, verbreitet. b) sexangulare (L). Blätter auch an den Stengeln dichtdachig. Für Niederösterreich noch nicht mit Sicherheit nachgewiesen. H. 0,05—0,15 M. Juni-Juli.

720. **S. boloniense Lois.** *Blätter lineal, stielrund, am Grunde in ein stumpfes Anhängsel vorgezogen*, an den Stämmchen oberwärts minder dicht stehend; *Samen feinwarzig.* ♃. An gleichen Orten, wie vorige, aber seltner. H. 0,05—0,1 M. Juni-Juli.

β. Wurzel keine kriechenden Stämmchen treibend.

721. **S. atratum L.** *Pflanze kahl; Blätter walzlich-keulenförmig*, stumpf; Kronblätter weisslich, mit röthlichem od. grünem Mittelnerv. ⊙ Kalkalpen u. angrenzende Voralpen, zerstreut. H. 0,02 bis 0,08 M. Juni-Juli.

722. **S. villosum L.** *Pflanze drüsig-flaumig; Blätter lineallänglich*, halbstielrund, stumpf; Kronblätter rosa, mit dunklem Mittelnerv. ⊙ Sumpfwiesen, Torfboden, nur in den zwei oberen Kreisen; Vierzigerwald bei Schiltern, Gföhl, Rasbach, Rudmans, Zwettl, Kirchberg am Walde, Schrems, Zemmendorf bei Raabs, Etzen, Wurmbrand, Oberkirchen, St. Oswald, Jauerling,

Oberbergern, Langegg, Hiesberg bei Melk. H. 0,06—0,15 M. Juni-Juli.

188. Sempervivum L. Hauswurz. Kelch 6—20theilig; Kronblätter 6—20, am Grunde unter sich u. mit den 12—40 Staubgefässen verwachsen; Drüsenschuppen, Griffel und Balgkapseln 6—20.

a. Kronblätter meist 12, rosa, sternförmig-ausgebreitet.

723. **S. tectorum L.** *Blätter gewimpert, sonst kahl*, die der Rosetten länglich-verkehrteiförmig, die des Stengels länglich od. lanzettlich; *Kronblätter noch einmal so lang als der Kelch*; Drüsenschuppen kurz, höckerförmig. ♃. Felsen, Mauern, Dächer, häufig gepflanzt, wild auf dem Haglersberge am Neusiedlersee, verwildert auf dem Klosterberge zu Melk. H. 0,3—0,5 M. Juli-Aug.

724. **S. montanum L.** *Blätter beiderseits drüsig-flaumig*, die der Rosetten länglich-keilig, die des Stengels länglich, vorne ein wenig breiter; *Kronblätter fast 4mal so lang als der Kelch*; Drüsenschuppen plättchenförmig, fast 4eckig. ♃. Ostabhang des Sonnwendsteins u. zwar auf der Erzberg genannten Kuppe, stellenweise massenhaft. H. 0,1—0,15 M. Juli-Aug.

b. Kronblätter meist 6, gelblich, glockig-aufgerichtet.

α. Stengelblätter beiderseits kurzhaarig.

725. **S. hirtum L.** Blätter der Rosetten länglich-lanzettlich, spitzgewimpert, die stengelständigen eilanzettlich od. dreieckig-eiförmig. ♃. Felsen, magere Grasplätze, Kalkberge, häufig; auch bei St. Peter in der Aspanger Klause, am Schauerberg an der Pitten; im oberen Donauthale zwischen Krems u. Dürrenstein, am Kamp bei Krumau, bei Raabs und Retz. H. 0,15—0,3 M. Juli-Sept.

β. Alle Blätter beiderseits kahl.

726. **S. soboliferum Sims.** *Blätter* der Rosetten 6—13 mm. breit, *keilig od. länglich-verkehrteiförmig*, gegen die Spitze verbreitert, spitz, gewimpert, die stengelständigen länglich od. länglich-lanzettlich. ♃. Felsen, magere Grasplätze, sehr selten; Steinberg bei Ernstbrunn, Drosendorf, Hardegg, zwischen Raabs u. Waidhofen an der Thaya, zwischen Grossgerungs u. Langschlag. H. 0,15—0,3 M. Juli-Aug.

727. **S. Neilreichii Schott.** *Blätter* der Rosetten 2—4 mm. breit, *schmallanzettlich, gegen die Spitze verschmälert*, spitz, gewimpert, die stengelständigen lanzettlich. ♃. Schieferfelsen an feuchten moosigen Stellen in der Aspanger Klause, angeblich auch auf Kalk zwischen Enzesreit u. Kranichberg. H. 0,1—0,15 M. Juli-August.

XLV. Familie. Grossulariaceae DC.

189. Ribes L. Stachel- u. Johannisbeere. Beere mit 2 wandständigen Samenträgern, vom vertrockneten Kelchsaume gekrönt.

a. Zweige stachlig; Blüthenstiele 1—3blüthig.

728. **R. grossularia L.** Stacheln einfach od. 2—3theilig; Blätter rundlich, 3—5lappig, Kelch glockig; Kronblätter grünlichweiss; Fruchtknoten u. Beeren drüsenborstig. ♄ Wälder, felsige Stellen, wirklich wild: Anninger, Pottenstein, Schrattenstein, Gösing, Gottschakogel bei Gloggnitz, Wechsel: Dunkelsteinerwald, Felsen an der Mündung der Pielach, Langegg bei Mautern; Kremsthal bei Hartenstein u. Meissling, Gföhler u. Horner Wald, Raabs, Abfälle des Manhartsberges gegen das Pulkathal; wird auch angepflanzt. H. 0,5—1,0 M. April-Mai. b) u v a c r i s p a (L). Fruchtknoten kurzhaarig, drüsenlos, Beeren zuletzt kahl. Gepflanzt, auch verwildert.

b. Zweige wehrlos; Blüthen in Trauben.

α. Trauben aufrecht; Deckblätter länger als die Blüthenstielchen; Blüthen zweihäusig.

729. **R. alpinum L.** Blätter meist 3lappig; Kelch beckenförmig, kahl; Kronblätter gelbgrünlich; Beeren roth. ♄ Steinige Abhänge; Kalvarienberg bei Perchtholdsdorf, Giesshübel; häufig auf dem Wechsel u. in den Kalkvoralpen bis in die untere Alpenregion. H. 0,5—1,5 M. April-Juni.

β. Trauben zuletzt hängend; Deckblätter kürzer als die Blüthenstielchen; Blüthen zwittrig.

* Blattunterseite u. Kelch drüsenlos.

730. **R. petraeum Wulf.** Blätter 3—5lappig, Lappen spitz od. zugespitzt, am Rande u. unterseits an den Nerven gewimpert; *Traubenspindel flaumig,* Deckblätter halb so lang als die Blüthenstielchen; *Kelch glockig, am Rande gewimpert;* Kronblätter grünlichgelb, röthlich überlaufen; Beeren roth. ♄ Voralpen, selten: Saurücken, Steiersberger Schwaig u. Kronabetsattel des Wechsels, Sonnwendstein, Prein, Kloben u. Hohe Lehne der Rax, Mitterberg in der Frein, Kuhschneeberg, Oetscher, Dürnstein oberhalb der Herrenalpe. H. 0,6—1,5 M. Mai-Juni.

731. **R. rubrum L.** Blätter 3—5lappig, Lappen meist stumpf, mehr weniger behaart; *Traubenspindel kahl,* Deckblätter 2—3mal kürzer als die Blüthenstielchen; *Kelch beckenförmig, ungewimpert;* Kronblätter grünlichgelb; Beeren roth, seltner gelblichweiss. ♄ Waldränder, selten; Saurücken des Wechsels, Auen der Fischa bei Neustadt, Wachberg bei Pöggstall, zwischen Moidrams u. Merzenstein bei Zwettl, auf dem Nebelstein bei Weitra; häufig angepflanzt. H. 0,6—1,5 M. April-Mai.

* * Blattunterseite u. Kelch drüsig.

732. **R. nigrum L.** Blätter 3—5lappig, Lappen spitz; Traubenspindel flaumig od. filzig; Deckblätter vielmal kürzer als die Blüthenstielchen; Kelch glockig, flaumig; Kronblätter gelblich od. röthlich; Beeren schwarz. ♄ Schattige Auen, sumpfige Stellen,

14*

sehr selten; an der Fischa unterhalb Neustadt, an der Schwarza bei Neunkirchen, zwischen Hohenberg u. dem Fischer'schen Kreuze bei Lilienfeld, bei Lunz, am Schlossteiche von St. Peter bei Seitenstetten, bei Zelking. H. 1,0—2,0 M. April-Mai.

XLVI. Familie. **Saxifragaceae DC.**

190. Saxifraga L. Steinbrech. Kelch 5zähnig bis 5theilig, frei od. mit dem Fruchtknoten mehr minder verwachsen; Kronblätter 5; Staubgefässe 10; Kapsel 2schnäbelig, 2fächerig, vielsamig, zwischen dem Griffel mit einem Loche aufspringend.

A. Blätter am Rande mit vertieften kalkabsondernden Punkten.

a. Kronblätter orangegelb.

733. **S. mutata L.** Blätter der Rosetten zungenförmig, mit einem knorpeligen, unten dichtgefransten, vorne undeutlich gesägten od. ganzen Rande; Kronblätter lineal-lanzettlich, spitz. ♃. Felsige Orte der Kalkalpen, selten; Grosser und Kleiner Oetscher, Lassingfall, Dürnstein, Saumauer des Hochkohrs, Stumpfmauer bei Hollenstein, Seeau, Voralpe, Kies der Enns bei Steyer u. der Salza am Fusse des Hochkohrs; ehemals auch in der Prein. H. 0,15—0,4 M. Juli-August.

b. Kronblätter weiss.

* Blätter zungenförmig, knorplig-gesägt.

734. **S. aizoon Jacq.** Blüthenäste 1—3blüthig, oberwärts drüsenhaarig; Kronblätter verkehrteirund, am Grunde meist rothpunktirt. ♃. Felsen der Kalkalpen u. Voralpen, häufig, manchmal auch auf niedrigen Bergen, wie bei Kaltenleutgeben, Giesshübel, am Ballenstein bei Schwarzensee, Emmerberger Klause, Ruine Hartenstein im Kremsthale. H. 0,1—0,3 M. Mai-Aug.

* * Blätter fast 3kantig, ganzrandig.

735. **S. caesia L.** *Blätter* der Stämmchen *zurückgekrümmt*, lineallänglich, spitzlich; Stengel 1—6blüthig; Kelchsaum oberständig; *Kronblätter verkehrt-eirund, 3 mm. breit,* weiss. ♃. Kalkalpen, verbreitet. H. 0,03—0,1 M. Juli-Sept. b) glandulosissima Engl. Pflanze dicht drüsig-klebrig. Heukuppe der Rax.

736. **S. Burseriana L.** *Blätter* der Stämmchen *gerade*, pfriemlich, stachelspitzig; Stengel 1blüthig; Kelchsaum halboberständig; *Kronblätter rundlich, 6—10 mm. breit,* weiss. ♃. Kalkalpen u. Voralpen, sehr selten; Saugraben des Schneebergs, Kalterberg in der Prein, St. Egyd am Neuwald, Notten des Hochkohrs. H. 0,03—0,08 M. April-Mai.

B. Blätter ohne vertiefte kalkabsondernde Punkte.

a. Wurzel ausdauernde ästige Stämmchen treibend.

* Kronblätter gelb.

o Stengel reichblättrig; Kelchsaum halboberständig; Blüthen sattgelb.

737. **S. aizoides L.** Blätter ungetheilt, lineal od. lineal-lanzettlich, stachelspitzig; Kronblätter lineal-länglich, stumpf, so breit als die Kelchzipfel. ♃. Kalkalpen, häufig. S. autumnalis L. H. 0,05 bis 0,15 M. Juli-Sept.

o o Stengel 0—3blättrig; Kelchsaum oberständig; Blüthen blassgelb.

· Kronblätter länglich od. oval, stumpf, so breit als die Kelchzipfel.

738. **S. varians Sieb.** Blätter lineal, ungetheilt oder linealkeilig, 2—5spaltig. ♃. Kalkalpen, häufig. S. muscoides Wulf. non All. H. 0,05—0,1 M. Juli-Aug. a) compacta M. et K. Stämmchen kurz, dichtrasig, Blätter meist ungetheilt, Stengel 1—3blüthig. b) laxa Sternb. Stämmchen verlängert, lockerrasig, Blätter meist 2—5spaltig, Stengel mehrblüthig. c) moschata (Wulf.). Pflanze drüsig-klebrig.

· · Kronblätter lanzettlich od. lineal, spitz od. zugespitzt, schmäler als die Kelchzipfel.

739. **S. aphylla Sternb.** Stengel blattlos od. 1blättrig, 1—2blüthig, drüsenhaarig; Blätter elliptisch od. lanzettlich, stumpf, theils ungetheilt, theils 2—3spaltig; *Kronblätter lineal, zugespitzt, 3—4mal schmäler als die Kelchzipfel.* ♃. Kalkalpen, selten; Saugraben, Ochsenboden, Klosterwappen u. Kaiserstein des Schneeberges. S. stenopetala Gaud. H. 0,03—0,06 M. Juli-Aug.

740. **S. sedoides L.** Stengel blattlos od. 1—2blättrig, 1—3blüthig, drüsenhaarig; Blätter lanzettlich, ungetheilt, stachelspitzig; *Kronblätter lanzettlich, spitz, etwas schmäler als die Kelchzipfel.* ♃. Kalkalpen, sehr selten; Hochkohr bei der Kohlgruberschwaig. H. 0,03—0,06. M. Juli-Aug.

* * Kronblätter weiss.

o Blätter handförmig 3—7spaltig.

741. **S. decipiens Ehrh.** Stengel wenigblättrig, in eine 3—9blüthige Trugdolde übergehend, oberwärts drüsenhaarig; Kronblätter verkehrt-eiförmig, 2—3mal so lang und viel breiter als die Kelchzipfel. ♃. Felsen, sehr selten; Thayathal bei Hardegg, Waidhofen an der Ybbs. S. caespitosa Koch. non L. H. 0,08—0,25 M. Mai-Juni.

Anm. S. caespitosa L., eine nordische, der vorigen verwandte Art, welche am Göller vorgekommen sein soll, ist daselbst nicht wieder gefunden worden.

o o Blätter ganzrandig od. vorn grobgezähnt.

742. **S. androsacea L.** Blätter verkehrteiförmig oder keilig, ganzrandig od. 2—3zähnig; *Kelchzipfel oberständig, aufrecht; Kronblätter verkehrt-eiförmig, ausgerandet, glockig-abstehend;* Antheren gelb. ♃. Kalkalpen, häufig. H. 0,03—0,08 M. Juni-Juli.

743. **S. stellaris L.** Blätter verkehrteiförmig od. keilig, vorn grobgesägt; *Kelch unterständig, Zipfel zurückgeschlagen; Kronblätter*

lanzettlich, in einen linealen Nagel verschmälert, spitz, sternförmig-ausgebreitet, am Grunde mit 2 gelben Flecken; Antheren roth. ♃. Kalkalpen, häufig. H. 0,05—0,15 M. Juli-Sept.

b. Wurzel keine Stämmchen treibend.

* Grundständige Blätter keilig in den Blattstiel verlaufend.

744. **S. tridactylites L.** Grundständige Blätter handförmig 3spaltig od. ganzrandig; *Blüthenstiele viel länger als der am Grunde verschmälerte Fruchtkelch;* Blüthen weiss, 4 mm. im Durchmesser. ⊙ Sonnige Hügel. stellenweise; Türkenschanze. Laaerberg, Steinfeld bei Neustadt. Kalkberge der Kreise U. u. O. W. W., oberes Donauthal, Kremsthal. Raabs. Hardegg. H. 0,05—0,15 M. b) exilis (Poll.). Stengel fädlich, 1—3blüthig, Blätter sämmtlich ganzrandig, lanzettlich. Mit der Grundform.

745. **S. adscendens L.** *Blüthenstiele höchstens so lang als der am Grunde abgerundete Fruchtkelch;* Blüthen 8 mm. im Durchmesser; Stengel und Blüthenstiele dicker, sonst w. v. ⊙ u. ⊙ Kalkalpen u. angrenzende Voralpen, selten; Unterberg bei Gutenstein, Oehler, Schober, Gans, Kuhschneeberg, Trauch, Raxalpe vom Grünschacher bis zur Heukuppe, Atlitzgraben. Oetscher, Göller, Hetzkogel, Dürnstein. S. controversa Sternb. H. 0,08—0,2 M. Juni-Aug.

* * Grundständige Blätter nierenförmig od. rundlich, gestielt.

o Wurzelstock Zwiebelknospen tragend; Kelchzipfel halboberständig, aufrecht; Kronblätter länglich-verkehrteirund, glockig abstehend, weiss.

746. **S. granulata L.** Stengel armblättrig; *Blattwinkel ohne Zwiebelknospen;* Kronblätter 3mal so lang als die Kelchzipfel. ♃. Bergwiesen. stellenweise; Kahlengebirge, Mariabrunn, Hohewand, Scheiblingstein, Steinriegel. Hermanskogel, Weidling, Kierling, Gugging, Hadersfeld, St. Andrä; Schieferberge der Kreise O. W. W. u. O. M. B., oberes Donauthal von Langenlois bis Melk, Kremsthal, Gföhl, Horn, Raabs, Litschau. H. 0,2—0,45 M. Mai-Juni.

747. **S. bulbifera L.** Stengel vielblättrig: *obere Blattwinkel Zwiebelknospen tragend;* Kronblätter doppelt so lang als die Kelchzipfel. ♃. Wiesen, Waldränder; häufig im Wiener Becken, am Kahlen- u. Rosaliengebirge; an der oberen Donau bei Kronsegg an der Lois, Kremsthal, Göttweig, Hardegg. H. 0,15—0,3 M. Mai-Juni.

o o Wurzelstock ohne Zwiebelknospen; Kelch unterständig, Zipfel abstehend; Kronblätter länglichlanzettlich. sternförmig-ausgebreitet, weiss, am Grunde gelb od. rothpunktirt.

748. **S. rotundifolia L.** Kronblätter doppelt so lang als die Kelchzipfel. ♃. Alpen, Voralpen, häufig. H. 0,2—0,5 M. Juni-Aug.

Anm. S. umbrosa L. wird in Bauerngärten mitunter angepflanzt.

191. Chrysosplenium Tourn. Kelch 4lappig, die Röhre grösstentheils mit dem Fruchtknoten verwachsen; Kronblätter fehlend; Staubgefässe 8; Kapsel 2schnäblig, 1fächerig, vielsamig, bis zur Mitte in 2 Klappen aufspringend.

749. **C. alternifolium L.** Blätter rundlich-nierenförmig, gekerbt, die stengelständigen abwechselnd; oberste Deckblätter u. Kelche sattgelb. ♃. Laubwälder, häufig, auch im Prater bei dem Jägerhause. H. 0,05—0,15 M., April-Juni.

XLVII. Familie. Umbelliferae Juss.

1 Eiweiss auf der Innenseite flach, seltner convex 2
Eiweiss auf der Innenseite mit den Rändern eingebogen od. eingerollt od. rinnig 35
Eiweiss auf der Innenseite fast halbkuglig ausgehöhlt . . 42
2 Blüthen in Köpfchen od. einfachen Dolden 3
Blüthen in zusammengesetzten Dolden 5
3 Blüthen auf walzlichem spreublättrigen Blüthenlager in Köpfchen gehäuft, Kelchzipfel dornig . . . . . **Eryngium**
Blüthen in Dolden mit kurzem spreublättrigen Blüthenlager, Kelchzipfel dornenlos 4
4 Frucht fast kuglig, mit hackigen Stacheln; Früchtchen ohne bemerkbare Riefen; Dolden mit einer sehr kurzen kleinen Hülle umgeben . . . . **Sanicula**
Frucht länglich, unbewehrt; Früchtchen mit 5 hohlen eine feine Riefe einschliessenden Rippen; Dolden von einer vielblättrigen sternförmigen Hülle umgeben . . . **Astrantia**
5 Früchtchen mit 5 Hauptriefen, ohne Nebenriefen 6
Früchtchen mit 5 Haupt- u. 4 Nebenriefen; Frucht vom Rücken her zusammengedrückt 32
6 Frucht von der Seite her deutlich zusammengedrückt . . . 7
Frucht stielrundlich 17
Frucht vom Rücken her zusammengedrückt 25
7 Blüthen 2häusig . . . . **Trinia**
Blüthen zwittrig od. zwittrig u. männlich 8
8 Hülle u. Hüllchen fehlend od. nur aus 1—3borstlichen Blättchen bestehend 9
Hülle u. Hüllchen od. doch die letzteren mehrblättrig . . 11
9 Kronblätter verkehrtherzförmig 10
Kronblätter eirund . . . . **Apium**
10 Thälchen u. Berührungsfläche der Früchtchen striemenlos **Aegopodium**
Thälchen 1striemig, Berührungsfläche 2striemig . . . **Carum**
Thälchen vielstriemig, Berührungsfläche 2striemig . **Pimpinella**
11 Blätter ganzrandig, ungetheilt . . . . **Bupleurum**
Blätter 1—3fach fiederschnittig 12
12 Kronblätter ungleich, die äusseren am Rande der Döldchen grösser . . . . **Ammi**

Kronblätter alle gleich 13
13 Kronblätter eirund, durch das eingeschlagene Endläppchen mehr minder ausgerandet 14
Kronblätter durch das eingeschlagene Endläppchen verkehrtherzförmig 15
Kronblätter eilanzettlich, manchmal mit der Spitze eingebogen **Helosciadium**
14 Kelchrand verwischt, Frucht eiförmig . . . . . **Petroselinum**
Kelch 5zähnig. Frucht kuglig-eiförmig . . . . **Cicuta**
15 Frucht länglich-walzenförmig . . . . **Falcaria**
Frucht eiförmig od. oval 16
16 Stengel feingerillt; Eiweiss auf der Innenseite convex **Berula**
Stengel kantig-gefurcht; Eiweiss auf der Innenseite flach **Sium**
17 Kronblätter gelb . . . . **Silaus**
Kronblätter weiss od. rosa 18
18 Kelch 5zähnig 19
Kelchrand verwischt 22
19 Fruchthalter mit der Berührungsfläche verwachsen . **Oenanthe**
Fruchthalter frei 20
20 Kronblätter verkehrteirund, durch das eingeschlagene Endläppchen mehr minder ausgerandet . . . . **Seseli**
Kronblätter durch das eingeschlagene Endläppchen verkehrtherzförmig 21
21 Blattzipfel breit-lanzettlich; Hülle vielblättrig . . . **Libanotis**
Blattzipfel lineal; Hülle armblättrig od. fehlend . **Athamanta**
22 Kronblätter ungleich, die äusseren am Rande der Döldchen grösser . . . . **Aethusa**
Kronblätter alle gleich 23
23 Hülle mehrblättrig, Blättchen derselben so lang als die Strahlen der Dolde . . . . **Neogaya**
Hülle 1—mehrblättrig, Blättchen derselben kürzer als die Strahlen der Dolde 24
24 Kronblätter durch das eingeschlagene Endläppchen verkehrtherzförmig; Thälchen 1striemig . . . . **Cnidium**
Kronblätter elliptisch, spitz, an der Spitze eingebogen: Thälchen 3—4striemig . . . . **Meum**
25 Seitenriefen randend, breitgeflügelt, Flügel beider Früchtchen von einander abstehend 26
Früchtchen am Rande geflügelt od. verdickt, Flügel beider Früchtchen flach an einander liegend, die Seitenriefen in den Flügel übergehend od. auf demselben 28
26 Kronblätter durch das eingeschlagene Endläppchen verkehrtherzförmig . . . . **Selinum**
Kronblätter lanzettlich od. elliptisch, zugespitzt, mit gerader od. eingebogener Spitze 27
27 Kronblätter lanzettlich; Flügel so breit als das Früchtchen **Angelica**
Kronblätter elliptisch; Flügel kaum halb so breit als das Früchtchen . . . . **Archangelica**

28 Früchtchen am Rande geflügelt 29
Früchtchen am Rande knorpelig verdickt . . . . **Tordylium**
29 Kronblätter 4eckig-rundlich, abgestutzt, sattgelb 30
Kronblätter verkehrteirund, durch das eingeschlagene Endläppchen mehr minder ausgerandet od. verkehrtherzförmig, weiss, rosa oder blassgelb 31
30 Blattzipfel lineal-pfriemlich . . . . **Anethum**
Blattzipfel eilänglich od. länglich . . . . **Pastinaca**
31 Kronblätter verkehrteirund, alle gleich . . . . **Peucedanum**
Kronblätter verkehrtherzförmig, die äusseren am Rande der Döldchen grösser, tief 2spaltig . . . . **Heracleum**
32 Nebenriefen stachellos 33
Nebenriefen bestachelt 34
33 Hauptriefen erhaben, Nebenriefen ungeflügelt . . . . **Siler**
Hauptriefen fädlich, Nebenriefen geflügelt . . . . **Laserpitium**
34 Nebenriefen 2—3reihig bestachelt . . . . **Orlaya**
Nebenriefen 1reihig bestachelt . . . . **Daucus**
35 Nebenriefen 4, stachlig od. stachelborstig 36
Nebenriefen fehlend 38
36 Nebenriefen flach, der dichten Bestachelung wegen undeutlich **Torilis**
Nebenriefen hervorragend, 1—3reihig, stachlig 37
37 Nebenriefen 1—3reihig, stachlig, viel höher als die Hauptriefen **Caucalis**
Nebenriefen 2—3reihig, stachlig, so hoch als die Hauptriefen **Turgenia**
38 Hauptriefen fädlich, niedergedrückt od. fehlend 39
Hauptriefen mehr minder flügelförmig erhaben 41
39 Schnabel vielmal länger als die Frucht . . . . . . **Scandix**
Schnabel kürzer als die Frucht od. fehlend 40
40 Schnabel vorhanden, Riefen nur an diesem deutlich **Anthriscus**
Schnabel fehlend, Früchtchen deutlich gerieft **Chaerophyllum**
41 Kelchrand verwischt; Kronblätter durch das eingeschlagene Endläppchen mehr minder ausgerandet; Riefen nicht hohl **Conium**
Kelch 5zähnig; Kronblätter nicht ausgerandet; Riefen flügelförmig-aufgeblasen . . . . **Pleurospermum**
42 Kelch 5zähnig; Frucht kuglig . . . . **Coriandrum**
Kelchrand verwischt; Frucht aus 2 fast kugligen Früchtchen gebildet . . . . **Bifora**

I. Unterfamilie. **Orthospermae Koch.** Eiweiss auf der Innenseite flach, seltner convex.

A. Blüthen in Köpfchen od. einfachen Dolden.

1. Gruppe. Saniculeae Endl. Frucht auf dem Querdurchschnitte fast kreisrund; Früchtchen riefenlos od. mit 5 Hauptriefen, am Rande nicht geflügelt; Nebenriefen fehlend.

192. Eryngium L. Mannstreu. Blüthen auf walzlichem spreublättrigen Blüthenlager in ein Köpfchen gehäuft; Kelch 5spaltig, Zipfel dornig; Frucht mit spreuartigen Schuppen besetzt, Früchtchen ohne Riefen u. Striemen, unter sich verwachsen.

750. **E. planum L.** *Untere Blätter herzeiförmig, gestielt, stumpf, gekerbt-gesägt, mittlere sitzend, ungetheilt, obere 5—3spaltig,* dornig-gesägt; Köpfchen eiförmig, blau überlaufen. ♃. Weiden. Wiesen; Donauthal von Krems über Rohrendorf, Theiss, Neu-Aigen, Stockerau bis Korneuburg; von Kagran durch das südöstl. Marchfeld bis zur March u. diesen Fluss aufwärts; an der Fischa bei Fischamend, bei Bruck a. d. Leitha. H. 0.2—0,6 M. Juni-Sept.

751. **E. campestre L.** *Blätter 3zählig, doppeltfiederspaltig,* dornig-gesägt. untere gestielt; Köpfchen kuglig, grünlichweiss. ♃. Weiden, Wegränder, gemein. H. 0,2—0,5 M. Juli-Sept.

193. Sanicula L. Sanikel. Blüthen in kopfförmig zusammengesetzten Dolden; Kelch 5spaltig; Frucht fast kuglig, mit hackigen Stacheln besetzt; Früchtchen ohne Riefen, vielstriemig, unter sich mehr minder verwachsen.

752. **S. europaea L.** Grundständige Blätter handförmig-getheilt, mit keiligen, 3lappigen, ungleich-gesägten Zipfeln; Döldchen kopfförmig; Blüthen weiss od. röthlich. ♃. Bergwälder, häufig. H. 0,25 bis 0,4 M. Mai-Juni.

194. Astrantia L. Thalstern. Blüthen in strahlenden Dolden; Kelch 5spaltig; Frucht unbewehrt, Früchtchen mit 5 faltig-gezackten, hohlen, eine feine Riefe einschliessenden Rippen, striemenlos, unter sich verwachsen.

753. **A. major L.** Untere Blätter handförmig-getheilt, mit länglichen 2—3spaltigen od. ungetheilten, ungleich-gesägten Zipfeln; Hüllblättchen lanzettlich, ganzrandig od. 2—3spaltig u. gesägt; Blüthen weisslich, oft rosa überlaufen. ♃. Bergwälder, verbreitet. H. 0,3 bis 0,6 M. Juni-Sept.

Anm. Hacquetia epipactis (L.) DC. angeblich im Fraisenthale bei Hohenberg, ist wahrscheinlich daselbst nie vorgekommen.

B. Blüthen in zusammengesetzten Dolden.

a. Früchtchen mit 5 Hauptriefen, Nebenriefen fehlend.

2. Gruppe. Ammineae Koch. Frucht von der Seite her zusammengedrückt; Früchtchen mit 5 Hauptriefen, am Rande nicht geflügelt; Nebenriefen fehlend.

§ Blüthen 2häusig.

195. Trinia Hoffm. Trinie. Kelchrand verwischt; Kronblätter gleich, ♂ lanzettlich, ♀ eiförmig, an der Spitze eingerollt; Frucht eiförmig, Riefen fädlich; Thälchen striemenlos od. undeutlich 1striemig, Berührungsfläche 2striemig.

754. **T. glauca (L.) Dum.** Blätter 2—3fach fiederschnittig; *Hülle u. Hüllchen fehlend;* Blüthen gelblichweiss. ⊙ Wiesen, Hügel, stellenweise; Kahlengebirge von der Türkenschanze bis Ternitz, Laaerberg. Schwadorf, Rauhenwart, Ebergassing, Velm. Münchendorf. Laxenburg. Neustadt. Fischau bis auf das Leithagebirge u. die Hainburger Berge. Primpinella glauca L. T. vulgaris DC. H. 0.1—0,3 M. April-Mai.

755. **T. Kitaibelii M. a. B.** Blätter 3—4fach-fiederschnittig; *Hülle fehlend, Hüllchen 3—6blättrig;* reichblüthiger, sonst w. v. ⊙ u. ♃ Wiesen. sehr selten; bei Schlosshof u. am Weidenbache bei Baumgarten im Marchfelde; ehemals auch im Gatterhölzchen bei Meidling u. zwischen Laxenburg u. Guntramsdorf. T. ramosissima Rchb. H. 0,3—0,7 M. Mai-Juni.

§ § Blüthen zwittrig od. männliche eingemischt; Hülle u. Hüllchen fehlend od. 1—3 hinfällige Blättchen.

196. Aegopodium L. Geissfuss. Kelchrand verwischt; Kronblätter gleich, verkehrtherzförmig; Frucht länglich, Riefen fädlich, Thälchen u. Berührungsfläche striemenlos.

756. **A. podagraria L.** Stengel gefurcht, kahl; Blätter meist doppelt-3schnittig, mit eilänglichen Blättchen; Blüthen weiss. ♃. Auen, Wälder, gemein. H. 0,4—0,6 M. Mai-Juli.

197. Carum L. Kümmel. Kelchrand verwischt; Kronblätter gleich, verkehrtherzförmig; Frucht länglich. Riefen fädlich. Thälchen 1striemig, Berührungsfläche 2striemig.

757. **C. carvi L.** Stengel kantig. kahl; Blätter doppelt-fiederschnittig, Blättchen fiedertheilig mit linealen Zipfeln; Blüthen weiss, seltner rosa. ⊙ Wiesen, gemein. H. 0.3—0.8 M. Mai-Juni.

Anm. C. bulbocastanum (L.) wurde am Gaisberge bei Rodaun beobachtet, wahrscheinlich ausgesäet.

198. Pimpinella L. Bibernell. Kelchrand verwischt; Kronblätter gleich, verkehrtherzförmig; Frucht eiförmig, Riefen fädlich, Thälchen vielstriemig, Berührungsfläche 2striemig.

a. Griffel während der Blüthe kürzer als der Fruchtknoten.

758. **P. alpestris (Spreng.) Beck.** *Stengel* stielrund, gestreift. *kahl;* Blätter einfach-fiederschnittig, kahl. glänzend. *Abschnitte handförmig eingeschnitten, mit lanzettlichen feinzugespitzten Zipfeln;* Dolde 5—7strahlig; Kronblätter gelblichweiss. ♃. Felsenschutt der Kalkalpen. stellenweise. P. saxifraga v. alpestris Spreng. P. alpina Host. H. 0,15—0,3 M. Juli-Aug.

759. **P. saxifraga L.** *Stengel* stielrund, feingerillt, der ganzen Länge nach od. doch unterwärts *kurzhaarig;* Blätter einfach-fiederschnittig. kurzhaarig bis fast kahl, *Abschnitte der Wurzelblätter unge-*

theilt, eingeschnitten-gesägt od. theilweise fiederspaltig; Dolde 9 bis vielstrahlig; Kronblätter weiss. ♃. Wiesen. Wege. gemein. H. 0,25—0,6 M. Juli-Oct.

b. Griffel schon während der Blüthe länger als der Fruchtknoten.

760. **P. magna L.** Stengel kantig-gefurcht, kahl; Blätter einfach-fiederschnittig, Abschnitte ungetheilt, eingeschnitten-gesägt; Kronblätter weiss. ♃. Wälder, Gebüsche, verbreitet. H. 0,8—1,0 M. Juli-Sept. b) rubra Hoppe. Stengel kurzhaarig. Blüthen tiefrosa. Alpen, Voralpen. c) laciniata Wallr. Abschnitte aller od. doch der oberen Blätter fiederspaltig, mit lanzettlichen Zipfeln. So selten, bei Hitzing, Schottwien, Saugraben des Schneebergs, Raxalpe, Lassingfall.

Anm. P. intermedia (magna×saxifraga) Fiegert. Wurde in Gärten von Währing beobachtet.

199. Apium L. Sellerie. Kelchrand verwischt; Kronblätter eirund, gleich; Frucht rundlich. Riefen fädlich. Thälchen 2—3striemig, Berührungsfläche 2striemig.

761. **A. graveolens L.** Stengel kantig-gefurcht, kahl; Blätter fiederschnittig; Dolden sehr kurzgestielt, vielstrahlig, Kronblätter weiss. ♃. Gräben, salzhaltige Orte, sehr selten; Simmering, Gallbrunn, zwischen Bruck a. d. Leitha u. Parndorf, Neusiedel am See; Zwingendorf; ehemals auch auf den Donauinseln am Tabor, an der Nussdorferstrasse u. bei Baden. H. 0,3—0,6 M. Juni-Aug.

§ § § Blüthen zwittrig od. männliche eingemischt; Hüllen u. Hüllchen od. doch letztere mehrblättrig.

200. Cicuta L. Wasserschierling. Kelch 5zähnig; Kronblätter gleich, eirund, mehr minder ausgerandet; Frucht kuglig-eiförmig. Riefen dicklich, Thälchen 1striemig, Berührungsfläche 2striemig; Fruchthalter frei, 2theilig.

762. **C. virosa L.** Wurzelstock dick, hohl; Stengel röhrig, feingerillt, kahl; Blätter 2—3fach fiederschnittig, Abschnitte 2—3theilig mit lineal-lanzettlichen Zipfeln; Kronblätter weiss. ♃. Sümpfe, Teiche, nur im Waldviertel; Kirchberg am Walde, Alt-Weitra, Gmünd, Schrems, Breitensee, Zuggers, Erdweiss, Geras. H. 0,6 bis 1,3 M. Juli-Aug.

201. Sium L. Wassermerk. Kelch 5zähnig; Kronblätter gleich, verkehrtherzförmig; Frucht oval, Riefen fädlich, Thälchen 3striemig, Berührungsfläche 6striemig; Fruchthalter mit der Berührungsfläche verwachsen.

763. **S. latifolium L.** Stengel kantig-gefurcht, röhrig, kahl; Blätter fiederschnittig, Abschnitte der untergetauchten vielfach zerschlitzt, der übrigen länglich-lanzettlich, gesägt; Blüthen weiss. ♃. Sümpfe, Gräben, Teiche; häufig in der südöstl. Niederung Wiens, in Süm-

pfen der Donau, Thaya, March, Leitha; Russbach, Stempfelbach u Weidenbach im Marchfelde. H. 0,6—1.5 M. Juli-Aug.

202. Berula Koch. Berle. Kelch 5zähnig; Kronblätter gleich, verkehrtherzförmig; Frucht eiförmig, Riefen fädlich, Thälchen u. Berührungsfläche reichstriemig, Striemen von der dicken Fruchtschale bedeckt; Fruchthalter mit der Berührungsfläche verwachsen.

764. **B. angustifolia (L.) M. et K.** Stengel röhrig, feingerillt, kahl; Blätter fiederschnittig, Abschnitte eilanzettlich, ungleich-scharfgesägt; Blüthen weiss. ♃. Sümpfe, Gräben, gemein. Sium angustifolium L. H. 0,3—0,8 Juli-Aug.

203. Falcaria Host. Sicheldolde. Kelch 5zähnig; Kronblätter gleich, verkehrtherzförmig; Frucht länglich, Riefen fädlich, Thälchen 1striemig, Berührungsfläche 2striemig; Fruchthalter frei, 2theilig.

765. **F. sioides (Wib.) Beck.** Stengel ausgesperrt-ästig, feingerillt, kahl; Blätter 1—2fach 3schnittig, mit langen, lineal-lanzettlichen, stachelspitzig-gesägten Abschnitten; Blüthen weiss. ⊙ Aecker, Wege, gemein. Sium falcaria L. F. vulgaris Bernh. F. Rivini Host. Drepanophyllum sioides Wib. H. 0,3—0,6 M. Juli-Aug.

204. Petroselinum Hoffm. Petersilie. Kelchrand verwischt; Kronblätter gleich, eirund, mehr minder ausgerandet; Frucht eiförmig, Riefen fädlich, Thälchen 1striemig, Berührungsfläche 2striemig; Fruchthalter frei, 2theilig.

766. **P. sativum Hoffm.** Stengel feingerillt, kahl; untere Blätter 2—3fach fiederschnittig, mit keilförmigen 3spaltigen Abschnitten, obere 3zählig; Hülle fehlend od. 1—2blättrig, Hüllchen 6—8blättrig. ⊙ Felder, Küchengärten, gebaut u. oft verwildert. Apium petroselinum L. H. 0.5—1,0 M. Juni-Juli.

205. Helosciadium Koch. Sumpfschirm. Kelchrand verwischt; Kronblätter eilanzettlich, sternförmig ausgebreitet; Frucht eiförmig od. länglich, Riefen fädlich, Thälchen 1striemig, Berührungsfläche 2striemig; Fruchthalter frei, ungetheilt.

767. **H. repens (Jacq.) Koch.** Stengel kriechend, kahl; Blätter einfach-fiederschnittig, mit rundlicheiförmigen, ungleich-gesägten od. gelappten Abschnitten; Hülle u. Hüllchen 3—mehrblättrig. ♃. Sumpfige Stellen, stellenweise; Stockerau, Zwischenbrückenau, Marchfeld, Thalweg der March; südöstl. Niederung Wiens bei Ebergassing, Trautmannsdorf, Münchendorf, Moosbrunn, Neustädter Canal bei Pfaffstätten, Gainfahrn bei Vöslau; Traisenthal bei Lilienfeld, Viehofen, Herzogenburg. Sium repens Jacq. H. 0.1 bis 0,2 M. Aug.-Sept.

206. Ammi L. Ammi. Kelchrand verwischt; Kronblätter unregelmässig 2lappig, ungleich, die äusseren am Rande der Döldchen grösser; Frucht eilänglich, Riefen fädlich, Thälchen 1striemig, Berührungsfläche 2striemig; Fruchthalter frei, 2theilig.

768. **A. majus L.** Stengel gerillt, kahl; Blätter 1—2fach fiederschnittig, Abschnitte stachelspitzig-gesägt od. fiederspaltig, die der unteren Blätter verkehrteirund bis länglich, die der oberen lanzettlich; Blättchen der Hülle 3theilig mit linealen Zipfeln, die der Hüllchen pfriemlich, ungetheilt. ⊙ Aecker, Kleefelder, sehr selten u. unbeständig; wurde gefunden auf der Schmelz, Türkenschanze, vor der St. Marxer Linie, bei Gaden, Baden, Soos; Langenlois. H. 0.3—1,0 M. Aug.-Oct.

207. Bupleurum L. Hasenohr. Kelchrand verwischt; Kronblätter gleich, rundlich, abgestutzt, eingerollt; Frucht oval, Riefen geflügelt, fädlich od. undeutlich; Thälchen u. Berührungsfläche 0 bis 4striemig; Fruchthalter frei, 2theilig.

a. Wurzel holzig, ausdauernd.

769. **B. falcatum L.** Stengel ästig; *untere Blätter länglich, obere schmal-lanzettlich, öfter sichelförmig, mit verschmälertem Grunde sitzend*; Dolden 6—9strahlig; Hülle 1—4blättrig od. fehlend; Hüllchenblätter 5, lanzettlich; Riefen schmalgeflügelt. ♃. Buschige Hügel, gemein. H. 0.3—1,0 M. Juli-Sept.

770. **B. longifolium L.** Stengel einfach od. oben etwas ästig; *untere Blätter verkehrteiförmig, obere eiförmig od. länglich, mit herzförmig-stengelumfassendem Grunde sitzend;* Dolden 5—8strahlig, Hülle 3—5blättrig, Hüllblättchen 5—7, eiförmig; Riefen fädlich. ♃. Bergwälder, Gebüsche, sehr selten; Sonnwendstein, Oetscher, Seeau bei Hollenstein a. d. Ibbs; Hardegg. H. 0,3—0,6 M. Juli-August.

b. Wurzel jährig.

* Blätter stumpf, untere eiförmig, obere rundlich, durchwachsen.

771. **B. rotundifolium L.** Stengel ästig; Dolden 5—8strahlig, Hülle fehlend. Hüllchenblätter rundlicheiförmig, doppelt so lang als das Döldchen. ⊙ Brachen, Felder, verbreitet. H. 0,2—0,5 M. Juni-Juli.

* * Blätter zugespitzt, schmallineallanzettlich, sitzend.

o Früchte glatt.

772. **B. junceum L.** Stengel ästig, Aeste an der Spitze doldentragend: *Dolden 1—3strahlig, Hülle 1—3blättrig, Hüllchen 3 bis 5blättrig, Blättchen kürzer als das Döldchen;* Blüthenstielchen $^1/_3$ bis $^1/_2$mal so lang als die Frucht; Früchte 5 cm. lang, rothbraun. *Thälchen striemenlos.* ⊙ Buschige Hügel, sehr selten; Kahlenberg gegen Grinzing zu, Kalksburg, Geissberg bei Rodaun, Giesshübel, Hundskogel in der Brühl. H. 0.3—1.2 M. Juli-Aug.

773. **B. affine Sadl.** Stengel traubig-ästig, Aeste ruthenförmig meist vom Grunde an mit kurzen aufrechten fast angedrückten Aestchen besetzt: *endständige Dolden meist 5strahlig,* seitenständige meist 2strahlig. *Hülle 3—5blättrig, Hüllchen 5blättrig, Blättchen etwas länger als das Döldchen;* Blüthenstielchen halb so lang als die Frucht; Frucht 2—3 cm. lang. *Thälchen 1striemig.* ⊙ Buschige Hügel, sehr zerstreut; Leopoldsberg, Neustift am Walde, Dornbach, Baumgarten a. d. Wien, Laaerberg, Hügelreihe zwischen Lainz u. St. Veit, Mauer, Giesshübel, Kreuzberg in der Brühl, Gumpoldskirchen, Soos, Vöslau, Leobersdorf; Stein bei Krems, Plattwald bei Hausbrunn, Staatzer Berg, Zwerndorf, Angern; Heiligen-Kreuzerwald bei Bruck a. d. Leitha. B. Gerardi Neilr. non Jacq. B. breviradium Wettst. H. 0,3—0,6 M. Juli-Aug.

o o Früchte körnigrauh.

774. **B. tenuissimum L.** Stengel ästig, Aeste ruthenförmig; Dolde 1—5strahlig, Hülle 1—5blättrig, Hüllchen 3—5blättrig, Blättchen zur Blüthezeit länger als das Döldchen. ⊙ Triften, salzige Stellen, sehr zerstreut; an der March bei Hohenau, Dürnkrut, Angern, im Marchfelde bei Baumgarten, Oberweiden, Gänserndorf, Mannersdorf, Protes, Weikendorf, Stripfing, Lassee; Weide des Laaerbergs, zwischen Gallbrunn u. Margarethen am Moos, Neusiedlersee zwischen Goyss u. Winden, Donnerskirchen; Eichenwäldchen zwischen Leesdorf u. Vöslau. H. 0,1—0,3 M. Juli-Sept.

3. Gruppe. **Seselineae Koch. Frucht** stielrundlich, im Querschnitte kreisrund; Früchtchen mit 5 Hauptriefen, am Rande nicht geflügelt, Nebenriefen fehlend.

§ Blumen weiss od. rosa.

208. Oenanthe L. Rebendolde. Kelch 5zähnig; Kronblätter verkehrtherzförmig, ungleich, die äusseren am Rande der Döldchen grösser; Frucht kreiselförmig od. länglich, Riefen stumpf, Thälchen 1striemig, Berührungsfläche 2striemig; Fruchthalter mit der Berührungsfläche verwachsen.

a. Wurzelfasern theilweise rübenförmig-verdickt; Randblüthen strahlend.

775. **O. fistulosa L.** *Stengel* am Grunde verlängerte *beblätterte Ausläufer treibend,* röhrig, kahl; obere Blätter einfach fiederschnittig, kürzer als ihr Stiel, untere 3—2fach fiederschnittig; Hauptdolde 1—3strahlig, fruchtbar, die übrigen 3—8strahlig, unfruchtbar; *Döldchen zur Fruchtzeit kuglig;* Hüllen 0—1-, Hüllchen vielblättrig; Kronblätter weiss; Früchte kreiselförmig. ♃. Sümpfe, Gräben, selten; Scheibenseewiesen bei Angern, Weidenbach bei Stripfing, Kaiser-Ebersdorf, Schwadorf, Fischamend, Himberg, Velm, Achau, Münchendorf, Laxenburg. H. 0,3—0,6 M. Juni-Juli.

776. **O. media Griseb.** Stengel röhrig, gefurcht, kahl, *Ausläufer fehlend;* obere Blätter 2—1fach fiederschnittig, so lang od. länger als ihr Stiel, untere 3fach fiederschnittig; Dolden 5—10strahlig, *Döldchen zur Fruchtzeit halbkuglig;* Hülle 0—1-, Hüllchen viel-

blättrig; Kronblätter weiss; Früchte kurzwalzlich, am Grunde mit einer Schwiele. ♃. Sumpfwiesen, selten; Laxenburg, Achau, Himberg, Moosbrunn; Kagran, Marchfeld bei Baumgarten, zwischen Weikendorf u. Stripfing, Scheibenseewiesen bei Angern, Magyarfalva. O. silaifolia Aut. non. M. a B. H. 0,2—0,6 M. Juni-Juli.

b. Wurzelfasern fädlich; Randblüthen nicht strahlend.

777. **O. aquatica (L.) Lam.** Stengel gerillt, röhrig, kahl, oft Ausläufer treibend; Blätter 2—3fach fiederschnittig; Dolden vielstrahlig, alle fruchtbar; Hülle meist fehlend, Hüllchen vielblättrig; Kronblätter weiss; Früchte eilänglich. ♃. Stehende Gewässer, stellenweise; Sümpfe der Donau, March, Marchfeld, südl. Wiener Becken, Waldviertel, Thayathal. Phellandrium aquaticum L. O. phellandrium Lam. H. 0,5—1,5 M. Juni-Juli.

209. Seseli L. Sesel. Kelch 5zähnig, Zähne dreieckig, bleibend; Kronblätter verkehrteirund, mehr minder ausgerandet, gleich; Frucht oval od. länglich, Riefen hervortretend od. dickflüglig, Thälchen 1—3striemig, Berührungsfläche 2—4striemig; Fruchthalter frei, 2theilig.

a. Blättchen der Hüllchen in eine beckenförmige gezähnte Scheibe verwachsen.

778. **S. hippomarathrum L.** Stengel kahl; Blätter 2—3fach fiederschnittig, mit linealen Zipfeln, kahl; Dolden 5—10strahlig; Hülle meist fehlend; Kronblätter weiss od. röthlich; Früchte oval, feinfilzig. ♃. Sonnige Hügel; Kalkberge von Rodaun bis Vöslau, Steinfeld, Kukuberg, Reisenberg, Leithagebirge, Hainburger Berge; sandige Erhebungen des Marchfeldes, Bisamberg, Tullner Boden, Traisenthal bei Herzogenburg, Donauthal von Langenlois bis Melk. S. articulatum Cr. H. 0,3—0,5 M. Juli-Aug.

b. Blättchen der Hüllchen frei.

* Stengel, Blätter u. Doldenstrahlen kahl; Blättchen der Hüllchen 2mal kürzer als das Döldchen.

779. **S. glaucum L.** Stengel bläulich bereift; Blätter 2—3fach fiederschnittig, mit lineallanzettlichen od. linealen Zipfeln; *Blattstiele stielrund, oberseits nicht rinnig, Dolden 5—15strahlig;* Hülle meist fehlend, Hüllchen 5—6blättrig; Kronblätter weiss; *Früchte oval, feinflaumig od. kahl, runzlig;* Thälchen 1-, Berührungsfläche 2striemig. ⊙ u. ♃. Buschige Hügel; verbreitet in der Kalkzone; Türkenschanze, Hainburger Berge, Leithagebirge; Leisergebirge, Ernstbrunnerwald, sandige Hügel im Marchfelde; zwischen Mautern u. Rossatz, Aggsbach, Gurhofgraben, Waidhofen an der Thaya, Raabs, Hardegg. S. osseum Cr. H. 0,3—1,2 M. Juli-Aug. b) austriacum (Beck). Früchte mehr eiförmig, kleiig-mehlig, Thälchen u. beide Seiten der Berührungsfläche 2—3striemig. Kalenderberg, Rauhenstein, Krummbachgraben des Schneebergs. Seselinia austriaca Beck.

780. **S. varium Trev.** Stengel wenig od. gar nicht bereift; *Blattstiele oberseits rinnig; Dolden 15—25strahlig; Früchte lineal-länglich, kahl, glatt,* sonst w. v. ⊙ Grasplätze; Laaerberg, zwischen Simmering u. dem Neugebäude, Leithagebirge zwischen Bruck u. Goyss, Haglersberg; sandige Hügel im Marchfelde, Staatz; oberes Donauthal bei Zöbing, Gödersdorf, Krems, Leiben. H. 0,5—1,2 M. Juli-Aug.

* * Stengel, Blätter u. Doldenstrahlen flaumig; Blättchen der Hüllchen so lang od. etwas länger als das Döldchen.

781. **S. annuum L.** Blätter 2—3fach fiederschnittig, mit linealen Zipfeln; Blattstiele oberseits rinnig; Dolden 10—15strahlig; Hülle meist fehlend, Hüllchen vielblättrig; Kronblätter weiss od. röthlich: Früchte oval, zuletzt kahl. ⊙ u. ♃. Waldränder, Triften, verbreitet. S. bienne Cr. S. coloratum Ehrh. H. 0,2—0,6 M. Juli-Sept.

210. Libanotis Cr. Weihrauchwurz. Kelch 5zähnig, Zähne lanzettlich-pfriemlich, abfällig; Kronblätter verkehrtherzförmig, gleich: Frucht oval, Riefen dicklich, Thälchen 1striemig, Berührungsfläche 2—4striemig: Fruchthalter frei, 2theilig.

782. **L. montana Cr.** Stengel tiefgefurcht; Blätter 2—3fach fiederschnittig, Abschnitte fiederspaltig, mit breitlanzettlichen Zipfeln, die unteren, an der Mittelrippe sitzenden Paare, gekreuzt: Hülle u. Hüllchen vielblättrig; Kronblätter weiss: Früchte eiförmig, kurzhaarig. ⊙ Buschige Hügel; verbreitet auf dem Kalk- u. Schiefergebirge der Kreise U. u. O. W. W., seltner auf Sandstein; Leithagebirge, Hainburger Berge bis in die Donauauen herab; Hügelkette von Ernstbrunn bis Stillfried; oberes Donauthal bei Langenlois, Gedersdorf, Stein, Mautern, Rossatz; Hardegg. Athamanta libanotis L. Seseli libanotis Koch. H. 0,5—1,2 M. Juli-Aug.

211. Athamanta L. Augenwurz. Kelch 5zähnig; Kronblätter verkehrtherzförmig, gleich; Frucht länglich, oberwärts verschmälert, Riefen fädlich, Thälchen 1—3striemig. Berührungsfläche 2—4-striemig; Fruchthalter frei, 2theilig.

783. **A. cretensis L.** Stengel gerillt, flaumig; Blätter 3fach fiederschnittig mit linealen od. lineallanzettlichen Zipfeln, weichflaumig Dolden 5—15strahlig; Hülle wenigblättrig, Hüllchen mehrblättrig, aus lanzettlichen, häutig-berandeten Blättchen bestehend; Früchte von abstehenden Haaren filzig. ♃. Kalkalpen und Voralpen, verbreitet. H. 0,1—0,4 M. Juni-Aug. b) m u t e l l i n o i d e s (Lam.). Höher, Blattzipfel schmäler u. länger, kahl od. fast kahl. Oed, Gutenstein, Klosterthal, Gaisstein bei Furt, Unterberg, Almesbrunnberg, Gösing, Hohe Wand, Atlitzgraben.

212. Meum Tourn. Bärenwurz. Kelchrand verwischt; Kronblätter elliptisch, spitz, gleich; Frucht länglich, Riefen gekielt, Thälchen 3—4striemig, Berührungsfläche 4—8striemig; Fruchthalter frei, 2theilig.

784. **M. athamanticum Jacq.** Blätter kahl, 2—3fach fiederschnittig, *Abschnitte* fiederspaltig, in viele *haardünne Zipfeln getheilt;* Hülle 0—mehrblättrig, Hüllchen mehrblättrig, pfriemlich, nicht berandet. ♃. Triften der Kalkalpen, verbreitet. Athamanta meum L. H. 0.2—0,4 M. Juni-Juli.

785. **M. mutellina (L.) Gärtn.** Blätter kahl, 2—3fach fiederschnittig, *Abschnitte* fiederspaltig, *mit lineallanzettlichen, stachelspitzigen Zipfeln;* Hülle 0—1blättrig. Hüllchen mehrblättrig, lanzettlich, häutig berandet. ♃. Triften der Kalkalpen; Schneeberg, Rax, Oetscher. Hochkohr. Phellandrium mutellina L. H. 0,05—0,3 M. Juli-Aug.

213. Neogaya Meisn. Alpendöldchen. Kelchrand verwischt; Kronblätter verkehrteirund, etwas ausgerandet, gleich; Riefen geflügelt, Thälchen striemenlos, Berührungsfläche 4striemig; Fruchthalter frei, 2theilig.

786. **N. simplex (L.) Meisn.** Blätter kahl, 2—3fach fiederschnittig, Abschnitte fiederspaltig mit linealen Zipfeln; Blättchen der Hülle theilweise 2—3spaltig. ♃. Kalkalpen. selten; Waxriegel des Schneebergs; Kloben, Hohe Lehne, Eishütten u. Lichtensternalpe der Rax. Laserpitium simplex L. Gaya simplex Gaud. Pachypleurum simplex Rchb. H. 0,05—0,1 M. Juli-Aug.

214. Aethusa L. Gleisse. Kelchrand verwischt; Kronblätter verkehrtherzförmig, ungleich, die äusseren am Rande der Döldchen grösser; Frucht eirundlich: Riefen erhaben, dick, gekielt, Thälchen 1striemig, Berührungsfläche 2striemig; Fruchthalter frei, 2theilig.

787. **A. cynapium L.** Stengel stielrund, feingerillt, kahl; Blätter 2—3fach fiederschnittig, Abschnitte fiederspaltig, mit lineallanzettlichen Zipfeln; Hülle fehlend, Hüllchen 3blättrig, zurückgeschlagen, so lang od. länger als das Döldchen. ⊙ Wüste Plätze, Brachen, verbreitet. H. 0,05—0,5 M. Juni-Sept. b) c y n a p i o i d e s (M. a. B.) Stengel bereift, 1,0—1,5 m hoch, Hüllchen meist kürzer als das Döldchen, Früchte kleiner. Auen, nicht selten; Augarten. Weidling, Wienthal, Halterbach, Mauerbach, Rodaun, Lichtenwörther Au. Marchauen bei Baumgarten, Kampauen, Gföhlerwald, Fugnitzthal bei Hardegg.

215. Cnidium Cuss. Brenndolde. Kelchrand verwischt; Kronblätter verkehrtherzförmig, gleich; Frucht kuglig od. oval. Riefen geflügelt. Thälchen 1striemig, Berührungsfläche 2striemig; Fruchthalter 2theilig, frei od. mehr minder mit der Berührungsfläche verwachsen.

788. **C. venosum (Hoffm.) Koch.** Stengel gerillt, kahl; Blätter doppelt fiederschnittig, mit linealen od. lineallanzettlichen Zipfeln; Blattscheiden verlängert, breit randhäutig; Hüllchen vielblättrig, so lang als das Döldchen. ⊙ Sumpfwiesen, Auen, selten; an der March bei Hohenau, Angern, Zwerndorf, Baumgarten, Oberweiden, Marchegg; an der Fischa bei Ebergassing, bei Achau. Seseli venosum Hoffm. S. lineare Schum. H. 0,4—0,6 M. Juli-Sept.

§ § Blumen gelb.

216. Silaus Bess. Silau. Kelchrand verwischt; Kronblätter verkehrteirund, mehr minder ausgerandet, gleich; Frucht länglich, Riefen geschärft, fast geflügelt, Thälchen vielstriemig, Berührungsfläche 4—6striemig; Fruchthalter frei, 2theilig.

789. **S. selinoides (Jacq.) Beck.** Stengel kantig-gefurcht, kahl; Blätter 2—3fach fiederschnittig, mit lanzettlichen, fein stachliggesägten Zipfeln; Hülle 0—2blättrig, Hüllchen vielblättrig. ♃. Nasse Wiesen; häufig im Wiener Becken, seltner im oberen Donauthale, fehlt im Waldviertel. Peucedanum silaus L. Seseli selinoides Jacq. Silaus pratensis Bess. H. 04,—1,0 M. Juni-Aug.

Anm. Foeniculum capillaceum Gilib. in Gärten gebaut, kommt zuweilen verwildert vor.

4. Gruppe. Angeliceae Koch. Frucht vom Rücken her zusammengedrückt, Hauptriefen des Früchtchens 5, die 2 seitlichen randend, breitgeflügelt, Flügel beider Früchtchen von einander abstehend, Frucht daher 2flügelig, Nebenriefen fehlend.

217. Selinum L. Silge. Kelchrand verwischt; Kronblätter verkehrtherzförmig; Frucht oval, Riefen geflügelt, Flügel der Seitenriefen doppelt breiter, so breit als das Früchtchen, Thälchen 1—2striemig, Berührungsfläche 2—4striemig.

790. **S. carvifolia L.** Stengel scharfkantig-gefurcht, kahl; Blätter 2—3fach fiederschnittig, Abschnitte fiederspaltig mit schmallanzettlichen Zipfeln; Hülle meist fehlend, Hüllchen vielblättrig; Blüthen weiss. ♃. Wälder, buschige sumpfige Wiesen, zerstreut; Kahlengebirge, Piestingauen bei Moosbrunn, Reichenau, Prein; Gresten, Berging nächst Amstetten, Schwandorf nächst St. Pölten, Mautern, Grafenwörth, Gföhl, Zwettl; Marchegg, Angern, Zwerndorf, Dürnkrut, Hohenau. H. 0,4—0,8 M. Juli-Aug.

218. Angelica L. Engelwurz. Kelchrand verwischt; Kronblätter lanzettlich, zugespitzt; Frucht oval. Rückenriefen schwachgeflügelt, Seitenriefen breitgeflügelt, Flügel so breit als das Früchtchen, Thälchen 1striemig, Berührungsfläche 2—4striemig.

791. **A. silvestris L.** Stengel feingerillt, oberwärts feinflaumig Blätter 2—3fach fiederschnittig, *Abschnitte eiförmig od. eilänglich, scharfgesägt, nicht herablaufend;* Blattscheiden gross, bauchig-aufgeblasen; Hülle 0—3blättrig, Hüllchen vielblättrig;

15*

Blüthen weiss. ♃. Wiesen, Auen, gemein. H. 0,3—1,2 M. Juli-Sept.

792. **A. montana Schleich.** *Blattabschnitte länglich-lanzettlich od. lanzettlich, oberste am Blattstiel keilförmig herablaufend; Blüthen rosa;* in allen Theilen kräftiger, sonst w. v. ♃. Voralpen bis in die Krummholzregion der Alpen; Atlitzgraben, oberes Höllenthal, unterer Scheibwald u. Griesleiten der Rax, Alpleck, Krummbachgraben, Saugraben u. Weichthal des Schneebergs, Kuhschneeberg, Buchberg, Joachimsberg nächst Annaberg, Lassingfall, Voralpe. H. 0,6—1,5 M. Aug.-Sept.

219. Archangelica Hoffm. Erzengelwurz. Kelch undeutlich 5zähnig; Kronblätter elliptisch, zugespitzt; Frucht oval, Rückenriefen gekielt, Seitenriefen schmalgeflügelt, Flügel so breit als das halbe Früchtchen.

793. **A. officinalis Hoffm.** Stengel gefurcht, oberwärts feinflaumig: Blätter 1—2fach fiederschnittig, Abschnitte eiförmig, ungleich-gesägt, Blattscheiden bauchig-aufgeblasen; Hülle 0—1blättrig, Hüllchen vielblättrig; Blüthen grünlichweiss. ♃. Gebirgsschluchten, selten; im südöstl. Schiefergebiete bei Bromberg; Schottwien, Schwarzau, Reisalpe, Aufgang zur Herrenalpe des Dürrensteins; Jauerling; auch in Bauerngärten. Angelica archangelica L. H. 1,0—2,0 M. Juli-Aug.

Anm. Levisticum officinale Koch wird in Bauerngärten cultivirt.

5. Gruppe. Peucedaneae DC. Frucht vom Rücken her zusammengedrückt, Hauptriefen des Früchtchens 5, Früchtchen am Rande geflügelt od. verdickt, Flügel beider Früchtchen flach aneinanderliegend, Frucht daher nur berandet od. 1flügelig, Nebenriefen fehlend.

220. Peucedanum L. Kelchrand 5zähnig od. verwischt; Kronblätter verkehrteirund, gleich, mehr minder ausgerandet; Frucht rundlich bis länglich, mit abgeflachtem glatten Rande, Rückenriefen fädlich, Seitenriefen geflügelt, Thälchen 1—3striemig, Striemen fädlich.

a. Hülle fehlend od. 1—3 hinfällige Blättchen; Striemen der Berührungsfläche oberflächlich sichtbar.

* Früchtchen schmal-geflügelt, Flügel schmäler als das halbe Früchtchen.

794. **P. officinale L.** Wurzel derb, dick; Stengel stielrund, feingerillt, steinern, kahl; *Blätter 5mal 3schnittig, mit schmallinealen Abschnitten; Hüllchen vielblättrig;* Kelchrand 5zähnig; Kronblätter gelb. ♃. Grasplätze, sehr selten; auf der Hochleiten gegen Schweinbart u. Pirawart, bei Baumgarten im Marchfelde; zwischen Bruck an der Leitha u. Parndorf, Podersdorf am Neusiedlersee. H. 0,8—1,5 M. Juli-Sept.

795. **P. Chabraei (Jacq.). Rchb.** Wurzel spindlig; Stengel gefurcht, ausgefüllt, kahl; *Blätter einfach fiederschnittig, Abschnitte*

der unteren Blätter einfach od. doppelt-fiedertheilig mit lineal-lanzettlichen Zipfeln, die der oberen ungetheilt od. 2—3spaltig; Hüllchen 0—3blättrig; Kelchrand undeutlich; Kronblätter grünlichgelb. ♃. Waldränder, selten: Himberg, Rodaun, Marswiese im Neuwaldegger-Parke, zwischen Pötzleinsdorf u. Neuwaldegg, Gallizin, Satzberg, Halterthal bei Hütteldorf, Hadersdorf, Hainbach, Steinbach, Gablitz, Tulbingerkogel, Tulln; Sebenstein; Petronell. Selinum Chabraei Jacq. Peucedanum carvifolium Vill. H. 0,5—1,0 M. Aug.-Sept.

* * Früchtchen breitgeflügelt, Flügel so breit als das Früchtchen; Kelchrand undeutlich.

796. **P. verticillare (L.) M. et K.** Wurzel dick, keine Ausläufer treibend; *Stengel* feingerillt, *sehr ästig,* röhrig, kahl. *obere Aeste quirlig; Blätter 3fach fiederschnittig,* Abschnitte eiförmig, ungleich grobgesägt; Scheiden aufgeblasen: Hüllchen aus wenigen fädlichen Blättchen bestehend od. fehlend; *Kronblätter grüngelblich.* ♃. Gebirgswälder, selten; Kaiserwald, Eichbühel u. Pötschinger Sauerbrunn am Rosaliengebirge, Flatzer Wand bei Neunkirchen, an der Schwarza bei Hirschwang, oberes Höllenthal, Geschaid in der Vois, Sulzberg in der Trauch, Rohrerberg, Geschaid zwischen Rohr u. Hohenberg, Bareben bei Hohenberg, Lilienfeld, Lilienfelder Alpe, Otterbachgraben am Wege von Schwarzau über den Gaissruck nach St. Aegyd. Angelica verticillaris L. Imperatoria verticillaris DC. Tommasinia verticillaris Bert. H. 1.0—2.0 M. Juli-Aug.

797. **P. osthruthium (L.) Koch.** Wurzel dick, walzliche Ausläufer treibend; *Stengel* feingerillt, röhrig, *einfach od. oben ästig,* unter den Dolden oft feinflaumig, *Aeste nicht quirlig; Blätter einfach od. doppelt 3zählig,* Blättchen breiteiförmig, ungleich grobgesägt; Scheiden erweitert; Hüllchen aus wenigen fädlichen Blättchen bestehend; *Kronblätter weiss.* ♃. Voralpen u. untere Alpenregion, selten: Kampstein u. Saurücken des Wechsels, Fröschnitzgraben am Pfaffen, Abfälle des Gans zwischen Gloggnitz u. Payerbach, Kuhschneeberg, Oetscher bei Lackenhof, Scheiblingstein, Grubwiesalp, Dürnstein, Langfeld, Hochkohr, Gamstein; Teichmühle im Gföhler Wald; wird auch in Bauerngärten angepflanzt u. verwildert oft. Imperatoria osthruthium L. P. imperatoria Endl. H. 0,3—1,0 M. Juni-Juli.

b. Hülle u. Hüllchen vielblättrig, bleibend.

* Früchtchen schmalgeflügelt, Flügel so breit als das halbe Früchtchen od. schmäler; Kelchrand 5zähnig.

o Striemen der Berührungsfläche unter der Fruchtschale verborgen; Wurzel nicht schopfig; Stengel röhrig.

798. **P. palustre (L.) Moench.** Stengel gefurcht, röhrig, kahl; Blätter 3—4fach fiederschnittig, Abschnitte fiedertheilig mit lineal-lanzettlichen Zipfeln. ⊙ Nasse Wiesen; südöstl. Niederung Wiens bei Ebergassing, Gramat-Neusiedl, Moosbrunn, Ebreichsdorf.

Neustadt; Tulln; Waldviertel: bei Kirchberg, Schrems, Hoheneich, Erdweiss, Sofienwald, Weissenbach, Wielands, Raabs. Selinum palustre L. Thysselinum palustre Hoffm. H. 0,8—1,5 M. Juli-Aug.

o o Striemen der Berührungsfläche oberflächlich sichtbar; Wurzel schopfig; Stengel ausgefüllt.

· Kronblätter gelb.

799. **P. alsaticum L.** Stengel gefurcht, ausgefüllt, rispig-ästig, kahl; Blätter 2—3fach fiederschnittig, Abschnitte eiförmig, fiederspaltig, mit lineal-lanzettlichen, feingesägt-rauhen Zipfeln. ♃. Trockene Hügel, verbreitet. H. 0,5—1,5 M. Juli-Aug.

· · Kronblätter weiss.

800. **P. cervaria (L.) Cuss.** Stengel stielrund, gerillt, ausgefüllt, kahl; Blätter 2—3fach fiederschnittig, *Verzweigungen des Blattstieles gerade, unter spitzen Winkeln abstehend,* Abschnitte eiförmig-länglich, doppelt-stachelspitzig-gesägt; *Striemen der Berührungsflanke parallel,* der Mittellinie genähert. ♃. Buschige Hügel, Wiesen, verbreitet. Selinum cervaria L. H. 0,3—1,2 M. Juli-Aug.

801. **P. oreoselinum (L.) Moench.** Stengel stielrund, feingerillt, ausgefüllt, kahl; Blätter 2—3fach fiederschnittig, *Verzweigungen des Blattstiels zurückgebogen, unter einem rechten od. stumpfen Winkel abstehend,* Abschnitte eiförmig, eingeschnitten bis fiederspaltig mit lanzettlichen Zipfeln; *Striemen der Berührungsflanke bogenförmig,* dem Rande genähert. ♃. Wiesen, Grasplätze; Marchfeld besonders gegen die March, Ernstbrunner Wald; Laaerberg, Türkenschanze bis hinter Pötzleindorf, Brigittenau, Klosterneuburg, Stockerau; oberes Donauthal von Melk bis Hollenburg u. Theiss; an der unteren Traisen; Hainburger Berge bis an die Donau, Leithagebirge, Rosaliengebirge bei dem Pötschinger Sauerbrunn, Hochwolkersdorf u. Stang; bei Witzelsdorf, Stuppach u. Schmidsdorf, Hinterleiten bei Reichenau, Hohenberg. Athamanta oreoselinum L. H. 0,3—1,0 M. Juli-Aug.

* * Früchtchen breitgeflügelt, Flügel so breit als das Früchtchen; Kelchrand 5zähnig; Striemen der Berührungsfläche oberflächlich sichtbar.

802. **P. austriacum (Jacq.) Koch.** Wurzelschopfig; Stengel gefurcht, ausgefüllt, kahl; Blätter 2—3fach fiederschnittig, Abschnitte fiederspaltig mit länglich- od. lineal-lanzettlichen Zipfeln. ♃. Waldränder der Kalkgebirge verbreitet, auch im Ernstbrunner Walde. H. 0,6—1,2 M. Selinum austriacum Jacq. Juli-Aug.

221. Anethum L. Dill. Kelchrand verwischt od. undeutlich-5zähnig; Kronbläter viereckig-rundlich, abgestutzt, gleich; Frucht elliptisch, mit abgeflachtem, glatten Rande, Rückenriefen gekielt, Seitenriefen geflügelt, Thälchen 1striemig, Striemen fädlich.

803. **A. graveolens L.** Stengel feingerillt, kahl; Blätter 3—mehrfach fiederschnittig, mit linealpfriemlichen Zipfeln; Hülle u. Hüllchen

fehlend; Kronblätter sattgelb. ⨀ Gebaut u. häufig verwildert. H. 0,3—1.0 M. Juli-Sept.

222. Pastinaca L. Pastinak. Kelchrand verwischt od. undeutlich, 5zähnig; Kronblätter viereckig-rundlich, abgestutzt, gleich; Frucht oval, mit abgeflachtem, glatten Rande, Riefen sehr fein, die 2 seitlichen entfernter, nahe dem verbreiteten Rande auf dem Fruchtflügel stehend, Thälchen 1striemig, Striemen fädlich.

804. **P. sativa L.** Stengel kantig-gefurcht, feinflaumig; Blätter einfach-fiederschnittig, oberseits kahl, Abschnitte eilänglich, gekerbt-gesägt, am Grunde oft eingeschnitten; Hülle u. Hüllchen fehlend; Kronblätter sattgelb. ⨀ Wiesen, Raine, gemein. H. 0.3—1.0 M. Juli-Sept.

223. Heracleum L. Heilkraut. Kelch 5zähnig; Kronblätter verkehrtherzförmig, die äusseren am Rande der Döldchen grösser; Frucht oval, mit abgeflachtem, glatten Rande. Riefen sehr fein, die 2 seitlichen entfernter, nahe dem verbreiteten Rande auf dem Fruchtflügel stehend, Thälchen 1striemig, Striemen keulig, verkürzt

a. Berührungsfläche deutlich 2striemig.

805. **H. spondylium L.** Stengel gefurcht, steifhaarig; *Blätter 1 bis 3paarig fiederschnittig, Abschnitte breit u. kurzgelappt, mit eiförmigen, meist stumpfen Lappen;* Blattscheiden aufgeblasen; Hülle 1—6blättrig od. fehlend, Hüllchen vielblättrig; Kronblätter weiss, seltner röthlich; Fruchtknoten fast kahl. Früchte kahl. ⨀ Wiesen, Raine, gemein. H. 0,5—1,5 M. Juli-Sept. b) a n g u s t i f o l i u m (Jacq.). Blattabschnitte fiederspaltig, Zipfel verlängert-lanzettlich od. lineal. Kalkvoralpen u. untere Alpenregion; Schluchten des Schneebergs gegen das Höllenthal, Saugraben, Grünschacher- u. Eishüttenalpe der Rax, Atlitzgraben, Lassingfall, Terz.

806. **H. pyrenaicum Lam.** *Blätter einfach, handförmig 5—7lappig. Zipfel zugespitzt,* die stengelständigen manchmal 3zählig; Fruchtknoten kurz-rauhhaarig. Früchte zuletzt kahl. sonst w. v. ⨀ Kalkvoralpen u. Alpen; Saugraben des Schneebergs, Raxalpe in der Nähe des Schutzhauses, wahrscheinlich weiter verbreitet. H. Pollinianum Bert. H. 0,5—1,0 M. Juli-Aug.

b. Berührungsfläche striemenlos od. verwischtstriemig.

807. **H. austriacum L.** Stengel gefurcht, steifhaarig; Blätter 1 bis 3paarig-fiederschnittig. Abschnitte ungetheilt od. am Grunde etwas gelappt, der endständige 3spaltig, die der unteren Blätter eiförmig, stumpf, der oberen lanzettlich, zugespitzt; Blattscheiden nicht aufgeblasen; Hülle fehlend od. armblättrig, Hüllchen vielblättrig; Kronblätter weiss od. röthlich; Fruchtknoten kurzhaarig. Frucht zuletzt kahl. ♃. Kalkalpen u. angrenzende Voralpen. H. 0.25—0.5 M. Juli-Aug.

224. Tordylium L. Zirmet. Kelch 5zähnig; Kronblätter verkehrtherzförmig, die äusseren am Rande der Döldchen grösser; Frucht rundlich od. oval, mit einem verdickten runzlig-knotigen Rande, Riefen undeutlich, die 2 seitlichen dem verdickten Rande anliegend, Thälchen 1—3striemig, Striemen fädlich.

808. **T. maximum L.** Stengel gefurcht, steifhaarig; Blätter einfach fiederschnittig, Abschnitte stumpfgekerbt, die der unteren Blätter eiförmig, die der oberen lanzettlich, der endständige verlängert; Hülle u. Hüllchen mehrblättrig; Kronblätter weiss; Früchte kurzborstlich. ⊙ Buschige Orte; sandige Hügel im Marchfelde, Kahlengebirge vom Bisamberg bis Vöslau stellenweise, Laaerberg, Leithagebirge, Haglersberg. H. 0,3—1,2 M. Juli-Aug.

6. Gruppe. Silerineae Koch. Frucht vom Rücken her zusammengedrückt; Früchtchen mit 5 erhabenen Hauptriefen u. 4 schwächeren ungeflügelten u. unbewehrten Nebenriefen.

225. Siler Scop. Rosskümmel. Kelch 5zähnig; Kronblätter verkehrtherzförmig, gleich; Frucht oval, Thälchen unter den Nebenriefen 1striemig.

809. **S. trilobum (Jacq.) Cr.** Stengel feingerillt, kahl; Blätter 2—3fach 3schnittig, Abschnitte rundlich, grobgekerbt, öfters 2 bis 3lappig; Hülle und Hüllchen fehlend od. einige hinfällige Blättchen; Kronblätter weiss. ♃. Buschige Hügel; Bergwälder, häufig auf dem Kahlengebirge vom Leopoldsberge bis Vöslau; auch auf den Buchbergen bei Mailberg. Laserpitium trilobum Jacq. S. aquilegifolium Gaertn. H. 0,6—1,5 M. Mai-Juni.

7. Gruppe. Thapsieae Koch. Frucht vom Rücken her zusammengedrückt; Früchtchen mit 5 fädlichen Hauptriefen u. 4 geflügelten Nebenriefen.

226. Laserpitium L. Laserkraut. Kelch 5zähnig; Kronblätter verkehrtherzförmig, gleich; Frucht oval od. länglich, Thälchen unter den Nebenriefen 1striemig

a. Wurzel schopfig; Stengel feingerillt, kahl; Kronblätter weiss.

810. **L. latifolium L.** Blätter 1—2fach 3schnittig od. 3schnittig-fiederförmig, *Abschnitte eiförmig, grobgesägt, am Grunde herzförmig;* Hülle u. Hüllchen mehrblättrig. ♃. Waldränder der Gebirge bis in die untere Alpenregion; verbreitet auf Kalk im Kreise U. u. O. W. W., auch auf den Hainburger Bergen u. im Ernstbrunner Walde; Rosaliengebirge; Melk und Jauerling auf Schiefer. H. 0,6—1,5 M. Juli-Aug. a) g l a b r u m (Cr.). Pflanze mit Ausnahme der Innenseite der Doldenstrahlen kahl od. fast kahl. Seltner u. mehr in höheren Lagen. b) a s p e r u m (Cr.). Blattstiele u. Blattunterseite kurzsteifhaarig. Häufiger.

811. **L. siler L.** Blätter 3fach fiederschnittig, bereift, *Abschnitte lanzettlich, ganzrandig, gegen den Grund keilig verschmälert;* Hülle u. Hüllchen mehrblättrig. ♃. Kalkgebirge, verbreitet. H. 0,3—1,0 M. Juli-Aug.

b. Wurzel nicht schopfig: Stengel kantig-gefurcht, unterwärts rauhhaarig; Kronblätter gelblichweiss.

812. **L. prutenicum L.** Blätter doppelt fiederschnittig, unbereift, Abschnitte fiederspaltig, mit lanzettlichen, am Rande steifhaarigen Zipfeln; Hülle u. Hüllchen vielblättrig. ♃. Wiesen, Wälder, stellenweise; Kahlenberg, Hermanskogel, Neuwaldegg, Hütteldorf, Rappoltenkirchen, Giesshübel, Gloggnitz, Eichberg, Semmering, Reichenau, Prein, Rosaliengebirge, Leithagebirge, Unter-Waltersdorf, Moosbrunn, Ebergassing; Ochsenburg bei St. Pölten, Oberbergern, Gansbach, Rosenfeld, Melk, Scheibbs; Jauerling; Ernstbrunner Wald. H. 0,5—1.0 M. Juli-Aug.

8. Gruppe. Dauclneae Koch. Frucht vom Rücken her zusammengedrückt; Früchtchen mit 5 fädlichen Hauptriefen u. 4 stachligen Nebenriefen.

227. Orlaya Hoffm. Strahldolde. Kelch 5zähnig; Kronblätter verkehrtherzförmig, die äusseren am Rande der Dolde viel grösser, strahlend; Frucht oval, Hauptriefen borstig, Nebenriefen viel höher, 2—3reihig stachlig. Thälchen unter den Nebenriefen 1striemig.

813. **O. grandiflora (L.) Hoffm.** Stengel gefurcht, kahl; Blätter 2—3fach fiederschnittig, Abschnitte fiederspaltig mit linealen Zipfeln; Hülle u. Hüllchen mehrblättrig; Kronblätter weiss. ⊙ Steinige, buschige Orte, ziemlich selten: Leopoldsberg, zwischen Kaltenleutgeben u. Giesshübel, Hundskogel in der Brühl, Kalvarienberg bei Gumpoldskirchen, Mitterberg bei Baden, Schlossberg bei Hainburg; Marchthal bei Angern, Langenlois, Stein, Alaun- u. Kremsthal. Caucalis grandiflora L. H. 0,15—0.5 M. Juni-Juli.

228. Daucus L. Möhre. Kelch 5zähnig: Kronblätter verkehrtherzförmig, die äusseren am Rande der Dolde grösser, öfter strahlend; Frucht eiförmig od. oval, Hauptriefen borstig, Nebenriefen viel höher, 1reihig stachlig.

814. **D. carota L.** Stengel gefurcht, steifhaarig; Blätter 2—3fach fiederschnittig, Abschnitte fiederspaltig mit lanzettlichen Zipfeln; Hülle u. Hüllchen vielblättrig, Hüllblättchen fiedertheilig, so lang als die Dolde; Kronblätter weiss. ⊙ Wiesen, Raine, gemein. H. 0,3—0,8 M. Juni-Sept.

II. Unterfamilie. **Campylospermae Koch.** Eiweiss auf der Innenseite mit den Rändern eingerollt, eingebogen od. rinnig.

9. Gruppe. Caucalineae Koch. Frucht von der Seite zusammengedrückt; Früchtchen mit 5 borstigen od. stachligen Hauptriefen u. 4 stachligen od. stachelborstigen Nebenriefen.

229. Caucalis L. Haftdolde. Kelch 5zähnig; Kronblätter verkehrtherzförmig, die äusseren am Rande der Döldchen grösser; Frucht oval od. eiförmig, Hauptriefen borstig od. stachlig, Nebenriefen viel höher, 1—3reihig stachlig.

815. **C. daucoides L.** Stengel gefurcht; Blätter 2—3fach fiederschnittig, Abschnitte fiederspaltig mit linealen Zipfeln; Hülle fehlend, Hüllchen 3—5blättrig; Kronblätter weiss; *Stacheln* der Nebenriefen 1reihig, aus kegelförmigem Grunde pfriemlich, an der Spitze hackig, *so lang od. länger als der Querdurchmesser des Früchtchens.* ⨀. Brachen, Getreide; häufig im Wiener Becken, im westlichen Gebiete selten. H. 0,15—0,3 M. Mai Juli.

816. **C. muricata Bisch.** *Stacheln* der Nebenriefen aus kurz-3eckigem Grunde haarspitzig, mit der Spitze aufwärtsgebogen, *viel kürzer als der Querdurchmesser des Früchtchens,* sonst w. v. ⨀ An gleichen Orten, seltner u. unbeständig: Stockerau, Marchfeld bei Kagran, Wagram, Oberweiden, Baumgarten; vor der Belvedere-Linie Wiens, Arsenal, Türkenschanze, Hernals, Währing, Döbling, Kahlenberg, Haschhof bei Kirling, Ebergassing, Laxenburg, Neudorf, Mödling, Eichkogel, Hinterbrühl, Giesshübel, Baden, Vöslau, Neustadt; Leithagebirge gegen Goyss u. Winden. H. 0,15—0,3 M. Mai-Juli.

230. Turgenia Hoffm. Turgenie. Kelch 5zähnig; Kronblätter verkehrtherzförmig, die äusseren am Rande der Döldchen grösser; Frucht eiförmig, die 3 rückenständigen Hauptriefen u. die Nebenriefen gleich hoch, 2—3reihig stachlig.

817. **T. latifolia (L.) Hoffm.** Stengel gefurcht, steifhaarig; Blätter fiederschnittig, mit länglichen, eingeschnitten-gesägten Abschnitten; Hülle u. Hüllchen mehrblättrig; Kronblätter weiss od. rosa; Stacheln der Riefen so lang als der Querdurchmesser des Früchtchens. ⨀ Aecker, Wege, selten u. unbeständig; wurde gefunden im Prater, Linienwall des Belvedere, Schönbrunn, Perchtholdsdorf, Hinterbrühl, Laxenburg, Guntramsdorf, Teesdorf, Leesdorf, Oienhausen, Unterwaltersdorf, Kottingbrunn; sicherer zwischen Hundsheim u. Edelthal; Parndorfer Haide. Tordylium latifolium L. sp. Caucalis latifolia L. syst. H. 0,2—0,5 M. Juli-Aug.

231. Torilis Adans. Klettendolde. Kelch 5zähnig; Kronblätter verkehrtherzförmig, die äusseren am Rande der Döldchen grösser; Hauptriefen borstig, kaum bemerkbar, Nebenriefen flach, breit, dicht stachelborstig.

818. **T. anthriscus (L.) Gm.** Stengel angedrückt-rauhhaarig; Blätter doppeltfiederschnittig, mit länglichen, eingeschnitten-gesägten Abschnitten; *Hülle u. Hüllchen vielblättrig;* Kronblätter weiss od. rosa; *Stacheln* der Früchte aufwärts gekrümmt, *nicht hackig.* ⨀ Zäune, Auen, gemein. Tordylium anthriscus L. H. 0,3—0,8 M. Juli-Aug.

819. **T. infesta (L.) Hoffm.** *Hülle 1blättrig od. fehlend; Stacheln* der Früchte *widerhackig.* ⨀ Brachen, Wege; verbreitet im Kreise U. M. B.; Vorberge des Kahlengebirges vom Leopoldsberge bis Vöslau, südöstl. Umgebung Wiens über das Leithagebirge bis zum

Neusiedlersee: oberes Donauthal; auf der Fucha, zwischen Krems u. Langenlois. Scandix infesta L. T. helvetica Gm. H. 0,3—0,8 M. Juli-Aug.

10. Gruppe. Scandicineae Koch. Frucht von der Seite her zusammengedrückt: Hauptriefen 5, fädlich od. fehlend, Nebenriefen fehlend.

232. Scandix L. Nadelkerbel. Kelchrand verwischt; Kronblätter verkehrt-eirund, ziemlich gleich; Frucht lineallänglich, geschnäbelt. Schnabel vielmals länger als die Frucht. Riefen stumpf, Thälchen striemenlos od. 1striemig.

820. **S. pecten veneris L.** Stengel feingerillt; Blätter 2—3fach fiederschnittig, Abschnitte fiederspaltig mit linealen Zipfeln; Dolden 1—3strahlig; Hülle fehlend, Hüllchen vielblättrig; Kronblätter weiss: Fruchtschnabel sehr lang, 2reihig-steifhaarig. ⊙ Brachen, wüste Plätze; nur im Wiener Becken, Angern, Semmelberg bei Ernstbrunn, Göllersdorf bei Oberhollabrunn, Stockerau, Magdalenenhof bei Lang-Enzersdorf; Laaerberg, Prater, Währing, Hernals, Dornbach, Breitensee, Laxenburg, Mödling, Brühl, Giesshübel, Gaden, Siegenfeld, Soos, Vöslau, Kottingbrunn. H. 0,1—0,25 M. Juni-Herbst.

233. Anthriscus Hoffm. Kerbel. Kelchrand verwischt; Kronblätter verkehrteirund, die äusseren am Rande der Döldchen öfter grösser: Frucht lineal bis eiförmig, geschnäbelt. Schnabel kürzer als die Frucht, Riefen u. Striemen fehlend.

a. Frucht eiförmig; Griffel sehr kurz.

821. **A. scandix (Scop.) Beck.** Stengel feingerillt, kahl; Blätter 2-3fach fiederschnittig, Abschnitte fiederspaltig mit lanzettlichen Zipfeln; Strahlen der Dolde kahl; Hülle fehlend, Hüllchen 2 bis 5blättrig; Kronblätter weiss; Früchte mit gekrümmten Borsten dichtbesetzt. ⊙ Wüste Plätze, Zäune, stellenweise; Prater, Simmering, Kaiser-Ebersdorf östlich bis an die Leitha, südlich bis Baden u. Ebreichsdorf. Scandix anthriscus L. Caucalis scandix Scop. A. vulgaris Pers. Cerefolium anthriscus Beck. H. 0,15 bis 0,4 M. Mai-Juni.

b. Frucht länglich lanzettlich od. lineal; Griffel länger als der Griffelpolster.

* Frucht lineal, 2mal länger als der Schnabel.

822. **A. cerefolium (L.) Hoffm.** Stengel feingerillt, an den Knoten kurzhaarig; Blätter 2—3fach fiederschnittig, Abschnitte fiederspaltig mit lanzettlichen Zipfeln; Strahlen der Dolde feinbehaart: Hülle fehlend, Hüllchen 1—4blättrig; Kronblätter weiss; *Früchte, kahl, glatt.* ⊙ Wird als Küchengewächs gebaut u. verwildert öfters. Scandix cerefolium L. Cerefolium sativum Bess. H. 0,3 bis 0,6 M. Mai-Juni.

823. **A. trichosperma (Schult.) R. et Sch.** *Früchte mit vorwärts gerichteten Borsten besetzt.* Schnabel glatt, sonst w. v. ⊙ Vorhölzer.

Hecken; gemein im Becken von Wien. Chaerophyllum trichospermum Schult. H. 0,3—0,6 M. Mai-Juni.

* * Frucht länglich-lanzettlich, mehrmal länger als der Schnabel.

824. **A. silvestris (L.) Hoffm.** Stengel röhrig, gefurcht, unterwärts rauhhaarig; *Blätter abnehmend 2—3fach fiederschnittig, die zwei untersten Hauptabschnitte kleiner als das ganze übrige Blatt,* Abschnitte fiederspaltig mit lanzettlichen spitzen Zipfeln; Hülle fehlend od. 1blättrig, Hüllchen mehrblättrig; *Randblüthen wenig grösser* als die übrigen, Kronblätter lange bleibend, weiss, nicht gewimpert; *Früchte länger od. so lang als ihr Stiel,* glatt od. zerstreutknotig. ♃. Wiesen, Bäche, Zäune, gemein. Chaerophyllum silvestre L. Cerefolium silvestre Bess. H. 0,5—1,5 M. Juni-Juli.

825. **A. nitida (Wahlenb.) Garcke.** *Blätter 3zählig, doppeltfiederschnittig, die 3 Hauptabschnitte fast gleich gross,* Abschnitte fiederspaltig mit eiförmigen od. länglichen, stumpfen od. spitzlichen Zipfeln; *Randblüthen meist weit grösser* als die übrigen: Kronblätter bald abfallend: *Früchte meist kürzer als ihr Stiel,* sonst w. v. ♃. Waldränder, Schluchten der Voralpen bis in die untere Alpenregion, stellenweise. Chaerophyllum nitidum Wahlenb. A. alpestris Wim. et Grab. H. 0,5—1,2 M. Juni-Juli.

234. Chaerophyllum L. Kälberkropf. Kelchrand verwischt; Kronblätter verkehrtherzförmig, die äusseren am Rande der Döldchen öfter grösser; Frucht lineal od. länglich, ungeschnäbelt, Riefen flach, Thälchen 1striemig.

a. Kronblätter gewimpert, weiss od. rosa; Früchte lineal; Griffel länger als der Griffelpolster.

826. **C. hirsutum L.** Stengel gerillt, steifhaarig od. fast kahl, unter den Gelenken fast gleich dick; Blätter doppelt-3schnittig, Abschnitte eiförmig od. länglich, fiederspaltig, mit ungleichgesägten Zipfeln; Hülle fehlend. Hüllchen vielblättrig, gewimpert: *Fruchthalter an der Spitze 2spaltig.* ♃. Waldränder, Hecken der Gebirge; verbreitet längs des Alpenzuges vom Wechsel bis Oberösterreich, selten in niedrigeren Thälern, wie im Helenenthale bei Baden, im Pistingthale bei Gutenstein u. Erlafthale bei Scheibbs; Waldviertel: Vierziger u. Gföhler Wald, Steinegg, Senftenberg, Jauerling Ostrong, Zwettl, Karlstift. C. cicutaria Vill. H. 0,3—0,6 M. Juni-Aug.

827. **C. Villarsii Koch.** Blätter doppelt fiederschnittig. Abschnitte länglich od. länglich-lanzettlich; *Fruchthalter bis auf die Mitte 2theilig,* sonst w. v. ♃. Kalkvoralpen, sehr selten; angeblich am Semmering u. auf der Herrenalpe des Dürnsteins; nicht am Göller. H. 0,6—1,2 M. Juni-Juli.

b. Kronblätter ungewimpert, weiss; Früchte länglich.

* Griffel länger als der Griffelpolster; Hüllchen gewimpert.

828. **C. aureum L.** Stengel kantig-gerillt, unterwärts steifhaarig, unter den Gelenken meist etwas angeschwollen; Blätter 2—3fach fiederschnittig, *Abschnitte aus eiförmigem Grunde lanzettlich, zugespitzt, am Grunde fiederspaltig, an der vorgezogenen Spitze ungetheilt u. scharfgesägt;* Hülle 0—1blättrig, Hüllchen vielblättrig. ♃. Zäune, Raine gebirgiger Gegenden; in den Thälern der Piesting, Sirning, Schwarza, Pitten, Traisen, Erlaf u. Ibbs u. deren Nebenbäche; im Kreise O. M. B. bei Steinegg am Kamp. H. 0,6—1,2 M. Juni-Juli.

829. **C. aromaticum L.** Stengel gerillt, unterwärts steifhaarig, unter den Gelenken angeschwollen; Blätter 2—3fach 3schnittig, *Abschnitte ungetheilt, eiförmig-länglich, gesägt;* Hülle 0—mehrblättrig, Hüllchen vielblättrig. ♃. Auen, Bäche; am Kierling- u. Haselbache, am Alserbache, Mauerbache, Halterbache, an der Wien, Liesing, Mödling, Schwechat, Pitten bei Petersbaumgarten, zwischen Gloggnitz u. Weissenbach; Traisenauen; Ernstbrunner Wald, im Kreise O. M. B. bei Weinzierl am Wald, Kottes, Rastenfeld, Zwettl, Fuggnitz- u. Thayathal bei Hardegg. H. 0,5—1,0 M. Juni-August.

* * Griffel so lang als der Griffelpolster.

830. **C. temulum L.** Stengel gerillt, kurzhaarig, unter den Gelenken angeschwollen; Blätter doppelt-fiederschnittig, *Abschnitte eiförmig, länglich, lappig-fiederspaltig, mit länglichen stumpfen Zipfeln;* Hülle 0—2blättrig, *Hüllchen* vielblättrig, *gewimpert.* ⊙ Auen, Zäune, sehr häufig. H. 0,3—0,6 M. Juni-Juli.

831. **C. bulbosum L.** Stengel gerillt, unterwärts steifhaarig, unter den Gelenken stark angeschwollen; Blätter 2—vielfach fiederschnittig, *Abschnitte fiederspaltig, mit lineal-lanzettlichen od. linealen, spitzen Zipfeln;* Hülle 0—1blättrig, *Hüllchen* vielblättrig, *ungewimpert.* ⊙ Hecken, Gebüsche, verbreitet. H. 0,8—1,7 M. Juni-Juli.

11. Gruppe. Smyrneae Koch. Frucht gedunsen, Hauptriefen 5, mehr minder flügelförmig erhaben, Nebenriefen fehlend.

235. Conium L. Schierling. Kelchrand verwischt; Kronblätter verkehrteirund, ausgerandet, ziemlich gleich; Frucht kuglig-eiförmig, Riefen erhaben, nicht hohl, Thälchen striemenlos.

832. **C. maculatum L.** Stengel gerillt, bereift, kahl; Blätter 2 bis 3fach fiederschnittig, Abschnitte fiederspaltig mit lanzettlichen Zipfeln; Hülle vielblättrig, Hüllchen 3—4blättrig; Kronblätter weiss. ⊙ Zäune, wüste Plätze, stellenweise; Kahlengebirge, südöstl. Umgebung Wiens; im Hügellande des Kreises U. M. B., im Pulkathale u. Marchfelde; unteres Traisenthal, Zelking, Schallaburg, Hollenburg a. d. Donau; Rastenberg, Zwettl, Weitra, Raabs. H. 1,0—2,0 M. Juli-Aug.

236. Pleurospermum Hoffm. Rippensame. Kelch 5zähnig, Kronblätter verkehrteirund, nicht ausgerandet, gleich; Frucht eiförmig, Riefen flügelförmig aufgeblasen, Thälchen 1—2striemig.

833. **P. austriacum (L.) Hoffm.** Wurzel schopfig; Stengel gefurcht, kahl; Blätter 1—2fach fiederschnittig od. 3schnittig fiederförmig, Abschnitte fiederspaltig mit lanzettlichen Zipfeln; Hülle u. Hüllchen vielblättrig; Kronblätter weiss. ♃. Schluchten, Waldränder der Kalkvoralpen bis in die untere Alpenregion. Ligusticum austriacum L. H. 0,6—1,5 M. Juni-Aug.

III. Unterfamilie. **Coelospermae Koch.** Eiweiss auf der Innenseite fast halbkuglig ausgehöhlt.

12. Gruppe. **Coriandreae Koch.** Frucht kuglig od. 2knotig; Hauptriefen 5, schlänglich od. undeutlich, Nebenriefen 4, mehr hervorragend od. fehlend.

237. Coriandrum L. Koriander. Kelch 5zähnig; Kronblätter verkehrtherzförmig, die äusseren am Rande der Dolde grösser; Frucht kuglig, Hauptriefen flach, schlänglich, Nebenriefen stärker, gekielt, Thälchen striemenlos.

834. **C. sativum L.** Stengel feingerillt, kahl; Blätter 1—2fach fiederschnittig, Abschnitte rundlich od. länglich, eingeschnitten-gesägt bis fiederspaltig; Hülle meist fehlend, Hüllchen mehrblättrig; Kronblätter weiss od. röthlich. ⊙ Als Küchengewächs gebaut u. verwildert. H. 0,3—0,5 M. Juli-Aug.

238. Bifora Hoffm. Hohlsame. Kelchrand verwischt; Kronblätter verkehrtherzförmig, die äusseren am Rande der Dolde grösser; Frucht aus 2 fast kugligen Früchtchen gebildet. Hauptriefen unmerklich, Nebenriefen u. Striemen fehlend.

835. **B. radians M. a. B.** Stengel gefurcht, kahl; Blätter 2—3fach fiederschnittig, Abschnitte fiedertheilig mit linealen od. fädlichen Zipfeln; Hülle fehlend, Hüllchen 2—3blättrig; Kronblätter weiss, ⊙ Brachen, Getreide, stellenweise u. meist ohne bleibenden Standort; im südl. Wiener Becken von Meidling bis Ternitz u. über das Leithagebirge bis zum Neusiedlersee. H. 0,2—0,5 M. Juni-Juli.

XLVIII. Familie. Araliaceae Juss.

239. Hedera L. Epheu. Kelchsaum sehr kurz; Kronblätter 5; Staubgefässe 5; Narben 5, auf kurzem Griffel fast sitzend; Beere 5—10fächerig.

836. **H. helix L.** Stengel mittelst Luftwurzeln kletternd; Blätter 5eckig-lappig, am Grunde herzförmig, die der blühenden Zweige eiförmig, zugespitzt; Blüthen in Dolden, grünlichgelb. ♄ Wälder, Felsen, Mauern; verbreitet im ganzen Gebirgszuge der beiden südl.

Kreise, dann in der Wachau, im Kremsthale u. bei Gars am Kamp. H. bis 12.0 M. Oct.-Nov.

XLIX. Familie. Cornaceae DC.

240. Cornus Tourn. Hartriegel. Kelchsaum sehr kurz: Narbe kopfig.

837. **C. mas L.** Blätter eiförmig od. elliptisch, fast kahl: *Blüthen gelb, in fast kugligen Dolden, vor den Blättern erscheinend. Dolden von einer 4blättrigen Hülle umgeben;* Früchte länglich, roth. ♄ Vorhölzer, Zäune, verbreitet. H. 2.5—6.0 M. März-April.

838. **C. sanguinea L.** Blätter eiförmig, unterseits zerstreut-kurzhaarig; *Blüthen weiss, in flachen Trugdolden, bei entwickelten Blättern erscheinend. Dolden ohne Hülle;* Früchte kuglig, schwarz. ♄ Vorhölzer, verbreitet. H. 2.0—4.0 M. Juni-Juli.

L. Familie. Loranthaceae Don.

241. Viscum L. Mistel. Blüthen 1- od. 2häusig: ♂ Blüthe mit 4theiligem Kelche; Blumenkrone fehlend: Staubbeutel meist 4, an die Kelchzipfel angewachsen, mit Löchern aufspringend, Staubfäden fehlend; ♀ Blüthe mit undeutlichem Kelchsaume: Kronblätter 4: Narbe sitzend: Beere 1samig.

839. **V. album L.** Stengel gabelspaltig-ästig: Blätter gegenständig, länglich od. lanzettlich, stumpf; Blüthen zu 3—5 geknäult, gelblichgrün; Beeren kuglig: Kerne verkehrtherzförmig mit 2 Keimlingen. ♄ Auf Laub- u. Nadelbäumen schmarotzend, verbreitet. H. 0,3—0,6 M. Februar-März. b) austriacum (Wiesb.). Blätter schmäler, Kerne ellipsoidisch, mit 1 Keimling. So auf Föhren u. Tannen.

242. Loranthus L. Riemenblume. Blüthen zwittrig od. 2häusig; Kelch schwachgezähnt; Kronblätter meist 6, Staubgefässe so viele als Kronblätter, mit den Staubfäden an letztere angewachsen, Staubbeutel der Länge nach aufspringend; Griffel 1, Narbe kopfig, Beere 1samig.

840. **L. europaeus L.** Stengel gabelspaltig-ästig; Blätter gegenständig, verkehrteiförmig od. länglich: Blüthen in einfachen Trauben, gelblichgrün; Beeren birnförmig-kuglig. ♄ Auf Eichen schmarotzend; im Hügellande des Kreises U. M. B. bis zur March: an der Donau bei Hollenburg, Grafenwörth, Loban: Bisamberg, Rappoltenkirchen, Neuwaldegg, Schönbrunn, Laxenburg, Schwadorfer u. Rauhenwarter Holz, Goldwäldchen, Ellenderwald, Leithagebirge, Thernberg, Schmidsberg u. Heufeld bei Gloggnitz, Reichenau: Seitenstetten, St. Pölten: Steinegg am Kamp. H. 0.3 bis 1.0 M. Mai-Juni.

41. Familie. Caprifoliaceae Juss.

243. Adoxa L. Bisamkraut. Kelchsaum halboberständig, 2—3-spaltig; Blumenkrone radförmig, 4—5spaltig; Staubgefässe 4—5, bis auf den Grund 2theilig; Griffel 5; Frucht von den Kelchzähnen u. Griffeln gekrönt.

841. **A. moschatellina L.** Wurzelstock schuppig, kriechend; Stengel oben 2blättrig, grund- u. stengelständige Blätter doppelt 3schnittig, Abschnitte eingeschnitten; Blüthen meist zu 5, in ein endständiges Köpfchen gehäuft, gelblichgrün. ♃. Auen, Wälder, stellenweise; Kierling, Hütteldorferau, Mauerbach, Höllenstein u. Sattelberg bei Giesshübel, Kienthal, Anninger, Gans, an der Schwarzau bei Payerbach bis in die obere Krummholzregion des Schneebergs, Prein, Sonnwendstein, Vorberge des Wechsels, Rosaliengebirge, Lichtenwörtherau, Hainburg, Prater, Stockerau, zwischen Langenlois u. Melk; Gföhl, Horn, Zwettl, Raabs; Voralpen des Oetscher bei Lunz, Gössling, Wolfsbach bei Seitenstetten. H. 0,08—0,18 M. April-Mai.

244. Sambucus L. Hollunder. Kelchsaum oberständig, 5zähnig; Blumenkrone radförmig, 5spaltig; Staubgefässe 5; Griffel kurz, mit 3—5theiliger Narbe; Beere saftig, 3—5samig.

a. Kronzipfel in der Knospe klappig; Staubfäden dick, nach innen vorspringend gekerbt, Staubbeutel purpurn; Stengel krautig; Nebenblätter blattartig, eiförmig.

842. **S. ebulus L.** Mark des Stengels weiss; Blätter fiederschnittig, mit länglich-lanzettlichen Abschnitten; Blüthen in flachen Doldenrispen, weiss, aussen röthlich, Hauptäste der Doldenrispe 3zählig; Beeren schwarz. ♃. Waldränder, Hecken, verbreitet. H. 0,5—1,5 M. Juni-Aug.

b. Kronzipfel in der Knospe dachig; Staubfäden dünn, glatt, Staubbeutel gelb; Stamm holzig; Nebenblätter verkümmert.

843. **S. nigra L.** *Mark* der Zweige *weiss;* Blätter fiederschnittig, mit eiförmigen od. eiförmig-länglichen Abschnitten; *Blüthen in flachen Doldenrispen,* gelblichweiss, Hauptäste der Doldenrispen 3zählig; Blüthenstiele kahl; *Beeren schwarz.* ♄ Auen, Zäune, gemein. H. 3,0 bis 6,0 M. Juni-Juli. b) virescens (Desf.). Beeren grüngelb. Bei St. Christof nächst Gloggnitz. c) laciniata (Mill.). Blätter doppeltfiederschnittig, Zipfel eingeschnitten. Bei Moosbrunn.

844. **S. racemosa L.** *Mark* der Zweige *zimmtbraun; Blüthen in eiförmigen Rispen;* Blüthenstiele behaart; *Beeren roth,* sonst w. v. ♄ Wälder, Schluchten; am Kahlengebirge stellenweise, Sofienalpe, Tulbinger Steig, Rappoltenkirchen, Purkersdorf, Pressbaum, Laab, Heiligenkreutz, Badner Berge; verbreitet am Rosaliengebirge, Wechsel u. in den Kalkvoralpen der beiden südl. Kreise, im oberen Donauthale u. Waldviertel. H. 2,0—3,0 M. April-Mai.

245. Viburnum L. Schneeball. Kelchsaum oberständig, 5zähnig; Blumenkrone radförmig, 5lappig; Staubgefässe 5; Griffel kurz mit 3lappiger Narbe; Beere saftig, 1samig.

845. **V. lantana L.** Junge Zweige, Blatt- u. Blüthenstiele filzig; *Blätter eiförmig, scharfgesägt,* unterseits flaumig od. filzig, Blattstiele ohne Drüsen; *Blüthen* in flachen Doldenrispen, schmutzigweiss, *alle gleichgestaltet u. fruchtbar;* Beeren länglich, zuletzt schwarz. ♄ Hecken, Vorhölzer, verbreitet. H. 1,25—2,0 M. Mai-Juni

846. **V. opulus L.** Zweige, Blatt- u. Blüthenstiele kahl: *Blätter 3 bis 5lappig, grobgezähnt,* unterseits flaumig, Blattstiele oberwärts mit einigen Sitzdrüsen; *Blüthen* in flachen Doldenrispen, weiss, *die randständigen grösser, fehlschlagend;* Beeren kuglig, roth. ♄ Vorhölzer, Auen, meist einzeln. H. 2,0—4,0 M. Mai-Juni.

246. Lonicera L. Lonitzere. Kelchsaum oberständig, 5zähnig; Blumenkrone röhrig, nach oben erweitert, fast 2lippig-5spaltig; Staubgefässe 5; Griffel verlängert, Narbe einfach; Beere saftig, 1—3fächerig.

a. Stengel windend; Blüthen kopfig-quirlig; Kelchsaum auf der Frucht bleibend.

847. **L. caprifolium L.** Blätter elliptisch, die oberen am Grunde zusammengewachsen; das endständige Köpfchen sitzend, Blüthen gelblich od. röthlich. ♄ Waldränder, buschige Hügel; Gatterhölzchen, Eichenwald von Schönbrunn, Gallizin, Hernals, Gersthof, Pötzleinsdorf, Neuwaldegg, Weidlingau, Perchtholdsdorf; Wasserburg u. Viehofner Au bei St. Pölten, Weinzierlau bei Krems; Stockerauer Au, Retz, Seefeld, Kadolz. L. pallida Host. H 2,0 bis 4,0 M. Mai-Juni.

b. Stengel aufrecht; Blüthen zu 2, in den Blattwinkeln gestielt; Kelchsaum abfallend.

* Fruchtknoten der beiden Blüthen u. später die Beeren nur am Grunde verwachsen.

848. **L. xylosteum L.** Blätter eiförmig od. oval, spitz od. stumpf, beiderseits flaumig, unterseits graugrün; *Blüthenstiele behaart, so lang als die gelbliche Blüthe; Beeren roth.* ♄ Vorhölzer, Hecken; im Waldviertel sehr selten, bei Klein-Meinharts; verbreitet in den übrigen Kreisen. H. 1,0—2,5 M. Mai-Juni.

849. **L. nigra L.** Blätter länglich, spitz, zuletzt ganz kahl, unterseits bläulich; *Blüthenstiele kahl, mehrmals länger als die röthliche Blüthe; Beeren schwarz.* ♄ Waldränder, buschige Stellen; verbreitet in den Kalkalpen u. angrenzenden Voralpen u. am Wechsel; im Waldviertel bei Grainbrunn, Gutenbrunn, Traunstein, Schönbach, Rappoltenstein, Karlstift, Weitra, Kirchberg u. auf dem Burgstein. H. 1.0—2 M. Mai-Juni.

* * Fruchtknoten der beiden Blüthen u. später die Beeren bis an die Spitze verwachsen.

850. **L. alpigena L.** Blätter elliptisch, zugespitzt, gewimpert; Blüthenstiele kahl od. drüsenhaarig, mehrmals länger als die trüb-

rothe Blüthe; Beeren roth. ♄ Kalkvoralpen, untere Alpenregion, häufig. H. 1,0—2,0 M. Mai-Juni.

LII. Familie. **Rubiaceae Juss.**

247. Sherardia L. Scherardie. Kelchsaum 4—6zähnig, bleibend, an der Frucht vergrössert; Blumenkrone trichterig, 4spaltig; Staubgefässe 4; Griffel 2spaltig; Frucht 2knotig, Theilfrüchtchen halbkuglig, 1samig.

851. **S. arvensis L.** Stengel ausgebreitet; Blätter quirlig, lanzettlich, oberseits u. am Rande borstlich, untere zu 4, obere zu 5—7; Blüthen in kopfförmigen Trugdolden, lila, von einer 8blättrigen, am Grunde verwachsenen Hülle umgeben. ⊙ Brachen, Felder, verbreitet. H. 0,1—0,2 M. Mai-Sept.

248. Asperula L. Waldmeister. Kelchsaum verwischt, an der Frucht kaum bemerkbar; Blumenkrone trichterig od. glockig, 4 seltner 3spaltig; Staubgefässe 4, seltner 3; Griffel 2spaltig; Frucht 2knotig, Theilfrüchtchen halbkuglig, 1samig.

a. Früchte kahl.

* Pflanze jährig; Blüthen fast sitzend, kopfig-gehäuft, blau, von einer aus 6—8 borstig-gewimperten Deckblättern bestehenden Hülle umgeben.

852. **A. arvensis L.** Stengel 4kantig, an den Kanten rauh; Blätter quirlig, die untersten zu 4, verkehrteiförmig, die folgenden zu 6—8, lineal-lanzettlich; Frucht feinkörnig. ⊙ Aecker, stellenweise; Kahlengebirge von Klosterneuburg über Giesshübel, Siegenfeld, Baden, Vöslau, Kottingbrunn, Aigen nächst Piesting, Neustadt, Neue Welt, Neunkirchen, Ternitz bis Gloggnitz u. Payerbach; Aspang, Kirchschlag, Hochwolkersdorf, Aichbichl am Rosaliengebirge, Leithagebirge, Haglersberg; im Kreise U. M. B. bei Gaunersdorf, Höbesbrunn, Ernstbrunn, Kammersdorf, Oberhollabrunn, Göllersdorf bis auf die östl. Abfälle des Manhartsberges; dann bei Doberndorf nächst Horn, Primmersdorf nächst Raabs, See nächst Langenlois u. bei Melk. H. 0,15 bis 0,3 M. Mai-Juli.

* * Pflanze ausdauernd; Blüthen gestielt, weiss od. rosa, in lockeren rispig-angeordneten Trugdolden; Deckblätter ungewimpert, keine Hülle bildend.

o Stengel an den Kanten stachlig-rauh; Blätter lanzettlich, vorn breiter.

853. **A. rivalis Sibth. et Sm.** Blätter zu 6—8quirlig, stachelspitzig, am Rande u. an den Rückennerven stachlig-rauh; Blumenkrone radförmig, weiss; Früchte körnig-rauh. ♃. Feuchte Gebüsche, höchst selten; bisher nur an den Teichen bei Feldsberg. A. aparine Schott. H. 0,8—2,0 M. Juli-Aug.

o o Stengel glatt; obere Blätter lineal.

· Wurzelstock rasig; Blumenkrone röthlichweiss bis dunkelrosa; Früchte körnig-rauh.

854. **A. cynanchica L.** *Stengel* 4kantig, *lockerrasig*; *Blätter* lineal, meist zu 4 quirlig, stachelspitzig, gleichfarbig, *kürzer als*

die Zwischenglieder des Stengels; Deckblätter lanzettlich od. lineal-lanzettlich; *Blumenkrone* 4spaltig, aussen rauh, seltner glatt, *mit fein zugespitzten Zipfeln.* ♃. Hügel, Wiesen, gemein. H. 0,2 bis 0.5 M. Juni-Sept.

855. **A. Neilreichii Beck.** *Stengel dichtrasig; Blätter* gegenständig, die untersten eiförmig, stumpflich, zurückgekrümmt, die oberen lineal, *länger als die Zwischenglieder des Stengels; Blumenkrone* kahl, *mit gerundet-zugespitzten Zipfeln,* sonst w. v. ♃. Gerölle der Kalkalpen, selten; Saugraben u. Bockgrube des Schneebergs, Preinerschütt der Rax. A. cynanchica. var. alpina Neilr. H. 0.05—0,1 M. Juli-Sept.

·· Wurzelstock kriechend; Blumenkrone weiss; Früchte glatt.

856. **A. glauca (L.) Bess.** Stengel stielrund; *Blätter zu 8 bis 10quirlig,* stachelspitzig, unterseits blaugrün; *Deckblätter lineal, stachelspitzig;* Blumenkrone glockig, 4spaltig, Röhre kürzer als der Saum. ♃. Buschige Abhänge; verbreitet am Kahlengebirge vom Bisamberge bis über Vöslau hinaus; Laaerberg über Rauhenwarth u. Schwadorf bis auf das Leithagebirge, Sebenstein; Wasserburg u. Viehofen bei St. Pölten, oberes Donauthal zwischen Melk u. Langenlois, Hardegg. Staatzer Berg. Galium glaucum L. A. galioides M. et B. H. 0,3—0,8 M. Juni-Juli.

857. **A. tinctoria L.** Stengel 4kantig; *Blätter zu 4—6quirlig,* spitz od. stumpf, gleichfarbig; *Deckblätter eiförmig od. oval, spitz;* Blumenkrone meist 3spaltig, Röhre so lang als der Saum. ♃. Buschige Abhänge; Kahlengebirge bis in die Voralpen, Fischau u. Sumpfwiesen bei Neustadt; Laaerberg über die Hügelreihe südöstl. Wiens bis auf das Leithagebirge; Höbesbrunn, Stockerau, Bisamberg. H. 0.3—0.6 M. Juni-Juli.

b. Früchte mit hackigen Borsten dichtbesetzt.

858. **A. odorata L.** Stengel 4kantig, glatt; Blätter zu 6—8 quirlig, länglich-lanzettlich; Blüthen langgestielt in einer endständigen Trugdolde; Deckblätter borstlich; Blumenkrone glockig, weiss. ♃. Schattige Wälder, verbreitet. H. 0,15—0.4 M. April-Mai.

249. Galium L. Labkraut. Kelchsaum verwischt, an der Frucht kaum bemerkbar; Blumenkrone radförmig, flach, ausgebreitet, 4-seltner 3spaltig; Staubgefässe 4, seltner 3 od. 5; Griffel 2spaltig; Frucht 2knotig, Theilfrüchtchen halbkuglig, 1samig.

A. Blätter 3nervig, zu 4quirlig.

a. Blüthen zwittrig u. männlich, gelb, in blattwinkelständigen quirligen Trugdolden; Blüthenstiele nach dem Verblühen zurückgekrümmt u. von den ebenfalls herabgeschlagenen Blättern bedeckt; Frucht glatt, kahl.

* Trugdolden mit Deckblättchen.

859. **G. cruciatum (L.) Scop.** Wurzelstock ausdauernde Stämmchen treibend; Stengel 4kantig, rauhhaarig; Blätter eiförmig bis länglich, rauhhaarig; Blüthenstiele meist steifhaarig. ♃. Gebüsche, Raine, gemein. Valantia cruciata L. H. 0,15—0,45 M. April-Juni.

16*

* * Trugdolden ohne Deckblättchen.

860. **G. glabrum (L.) Roehl.** Wurzelstock ausdauernde Stämmchen treibend; *Stengel* 4kantig, kahl, seltner kurzhaarig, *ohne Stachelchen;* Blätter elliptisch od. länglich, am Rande u. an den Nerven gewimpert; *Blüthenstiele kahl.* ♃. Waldränder, stellenweise; Ernstbrunnerwald über Höbesbrunn bis auf die Schricker Höhe; Kahlengebirge: oberer Weidlingbach über den Steinriegel bis St. Andrä, Cobenzl, Salmansdorf, Neuwaldegg, Hainbach, Mauerbach, Gablitz, Purkersdorf, Maria-Brunn; Föhrenwald bei Neustadt, Flatz, Ternitz, Pottschach, Ganswiese, Gloggnitz, Reichenau, Schottwien, Trattenbach, Kirchberg, bis auf die Voralpen des Wechsels, Rosalien- u. Leithagebirge; Oberndorf nächst Scheibbs. Valantia glabra L. G. vernum Scop. H. 0,1—0,4 M. April-Juni.

861. **G. pedemontanum All.** Wurzel jährig; *Stengel* 4kantig, kahl od. zottig, *an den Kanten von abwärts gerichteten Stachelchen rauh;* Blätter elliptisch od. länglich, mehr minder steifhaarig; *Blüthenstiele zottig.* ♃. Gebüsche, Waldränder, selten; Prater, Laaerberg, Gloriette u. Eichenwald von Schönbrunn, Hameau bei Neuwaldegg, Kaiserberg bei Giesshübel, Rauheneck bei Baden, Eichenwäldchen zwischen Baden u. Vöslau, Rauhenwarth, Braunsberg bei Hainburg, Königswarte bei Berg, Leithagebirge. G. retrorsum DC. H. 0,1—0,4 M. April-Mai.

b. Blüthen zwittrig, weiss, in endständigen Trugdolden; Blüthenstiele nach dem Verblühen gerade.

* Blätter kurz-stachelspitzig; Blüthen in lockeren, armblüthigen, ausgesperrten Trugdolden.

862. **G. rotundifolium L.** Stengel aufsteigend, schlaff, 4kantig; Blätter eiförmig-rundlich, borstig-gewimpert; Früchte borstig-steifhaarig. ♃. Gebirgswälder, zerstreut; im Wienerwalde am Anninger über Gaden, Siegenfeld, Heiligenkreuz, Sittendorf bis auf den Wöglerberg, Hochrotherd u. Breitenfurt, Rappoltenkirchen; Rosalien- u. Wechselgebirge; auf allen Kalkvoralpen; am Waschberge bei Stockerau; verbreitet im Waldviertel u. auf den Schiefern am rechten Donauufer bis St. Pölten. H. 0,15—0,3 M. Juni-Juli.

* * Blätter ohne Stachelspitze; Blüthen in reichblüthigen, rispigen Trugdolden.

863. **G. boreale L.** Stengel aufrecht, steif, 4kantig; *Blätter lanzettlich* kahl, am Rande etwas rauh, *2—7 mm. breit;* Früchte von kurzen Borsten rauh. ♃. Nasse Wiesen, sehr häufig. H. 0,3—0,5 M. Juni-Aug. b) m e s o c a r p o n H. Br. Früchte von angedrückten Härchen silberig punktiert. G. boreale intermedium DC. c) h y s s o p i f o l i u m (Hoffm.) Früchte kahl. Mit der Grundform.

864. **G. rubioides L.** *Blätter länglich od. eilänglich, 8—20 mm. breit;* Früchte runzlig-gefurcht, kahl; in allen Theilen auffällig grösser, sonst w. v. ♃. Nasse Wiesen, sehr selten; in einer Jagdremise zwischen Schlosshof u. Marchegg u. am linken March-

ufer bei Magyarfalva; bei Engelhardstetten. H. 0,5—1.0 M. Mai-Juni.

B. Blätter 1nervig; Blüthen zwitrig.

a. Pflanze 1jährig; Durchmesser der Blumenkrone kleiner als der der reifen Frucht.

* Blüthen in blattwinkelständigen Trugdolden; Rand u. Rückennerv der Blätter von abwärts gerichteten Stachelchen rauh.

o Trugdolden das Blatt nicht überragend, meist 3blüthig; Fruchtstiele abwärts-gekrümmt.

865. **G. tricorne With.** Stengel liegend od. aufsteigend, 4kantig, kahl, von abwärts gerichteten Stachelchen rauh; Blätter zu 6—8 quirlig, stachelspitzig; Blumenkrone sehr klein, weiss, Früchte warzig. ⊙ Aecker, wüste Plätze; verbreitet im Marchfelde u. Hügellande des Kreises U. M. B., auf den Vorhügeln des Kahlengebirges u. im südl. Wiener Becken; Baumgarten bei Mautern, scheint sonst in den 2 oberen Kreisen zu fehlen. H. 0,2—0,5 M. Mai-Sept.

o o Trugdolden länger als das Blatt, meist mehrblüthig; Fruchtstiele gerade

866. **G. aparine L.** Stengel kletternd, 4kantig, von abwärts ge; richteten Stachelchen rauh, an den Gelenken verdickt u. steifhaarig. Blätter zu 6—9 quirlig, lanzettlich od. die unteren verkehrt-eiförmig-lanzettlich, über der Mitte breiter, stachelspitzig; Blumenkrone sehr klein, weiss; *Früchte gross, 4—7 mm. breit, mit hackigen, am Grunde drüsentragenden Borsten dicht besetzt.* ⊙ Auen, Hecken, Gebüsche, gemein. H. 0.5—1,5 M. Mai-Herbst. b) K a l b r u n e r i Beck. Stengel u. Blätter ohne Stachelchen, an den Gelenken kahl od. nur etwas steifhaarig; Früchte 2—4 mm. breit. G. aparine v. glabrum Kalbr. Bisher bloss auf dem Gaissberg bei Kammern nächst Langenlois.

867. **G. spurium L.** Stengel schlanker, an den Gelenken kaum verdickt u. daselbst meist kahl; Blätter lineallanzettlich; *Früchte klein, 2—4 mm. breit, feinwarzig, kahl.* ⊙ Aecker, Weingärten, wüste Plätze, verbreitet. H. 0.15—0.45 M. Mai-Herbst. b) V a i l l a n t i i (DC.). Früchte mit hackigen, am Grunde drüsenlosen Borsten. G. infestum. W. et K. Mit der Grundform, aber häufiger.

* * Blüthen in seiten- u. endständigen rispigen Trugdolden; Rand u. Rückennerv der Blätter von vorwärtsgerichteten Stachelchen rauh.

868. **G. parisiense L.** Stengel aufrecht, 4kantig, von abwärts gerichteten Stachelchen rauh; Blätter zu 5—7quirlig, lineallanzettlich, stachelspitzig; Blüthenstielchen stets gerade, ausgesperrt; Blumenkrone unmerklich, grünlich-gelb; Früchte hackig-steifhaarig. ⊙ Aecker, Grasplätze, nur zufällig u. vorübergehend; Gallizin bei Wien, Schallaburg nächst St. Pölten, Häusling nächst Melk. G. microspermum Desf. G. litigiosum DC. H. 0,1—0,3 M. Aug.-Sept.

b. Pflanze ausdauernd; Durchmesser der Blumenkrone grösser als der der reifen Frucht; Blüthen in endständigen rispigen Trugdolden.

α. Blätter ohne Stachelspitze, zu 4, seltner zu 6quirlig.

869. **G. palustre L.** Stengel schlaff. liegend od. aufsteigend, 4kantig, glatt od. von sehr kleinen abwärts gerichteten Stachelchen etwas rauh; Blätter lineallänglich od. länglich, stumpf, am Rande meist stachlig-rauh; Blumenkrone weiss; Frucht fast glatt, kahl. ♃. Sumpfwiesen, Gräben, verbreitet. H. 0,2—0,6 M. Mai-Juli. b) e l o n g a t u m (Presl). Stengel höher, an den Kanten schwachgeflügelt, Blätter, Blüthen u. Frucht grösser. Donauauen, Baden. Sieghartskirchen, Krems.

β. Blätter stachelspitzig, zu 5—12quirlig.

* Stengel von abwärtsgerichteten Stachelchen rauh.

870. **G. uliginosum L.** Stengel schlaff, liegend od. aufsteigend, 4kantig; Blätter zu 6—8quirlig, lineallanzettlich, am Rande stachlig-rauh; Blumenkrone weiss; Frucht feinwarzig, kahl. ♃. Nasse Wiesen, Moore, Sümpfe; Brigittenau, Kronprinz Rudolfsbrücke, Rappoltenkirchen, Moosbrunn, Hölles, Neustadt, Voralpen des Wechsels, Reichenau, Prein, Erlafsee, Hechtensee, Mitterbach, Oberndorf nächst Scheibbs, Melk, Langegg, Oberbergern; verbreiteter im Waldviertel: Jauerling, Gutenbrunn, Traunstein, Ottenschlag, Gföhl, Zwettl, Karlstift, Raabs. H. 0,15—0,35 M. Mai-Juli.

* * Stengel ohne Stachelchen.

o Wurzel zahlreiche dünne, zerbrechliche Stämmchen treibend, rasig; Kronzipfel spitz, nicht zugespitzt; Früchte sehr fein warzig, kahl.

· Blätter flach, mit deutlicher Stachelspitze u. unterseits hervortretendem Mittelnerve; Blumenkrone weiss.

871. **G. asperum Schreb.** *Stengel* liegend od. aufsteigend, schlaff. 4kantig, *unterwärts sammt den Blättern dicht-kurzhaarig; Blätter* zu 6—8quirlig, lineal-lanzettlich, stachelspitzig, weich, *am Rande von feinen Stachelchen rauh.* ♃. Wiesen, grasige Hügel, verbreitet; scheint jedoch in der Kalkzone zu fehlen. G. scabrum Jacq. G. silvestre Poll. p. p. G. pusillum α. hirtum Neilr. H. 0,15—0,4 M. Mai-Juli. b) n i t i d u l u m (Thuill.) Stengel oben u. Blätter kahl. G. pusillum β. glabrum Neilr. Mit voriger.

872. **G. austriacum Jacq.** *Stengel* aufsteigend od. aufrecht, steif, 4kantig, *kahl; Blätter* zu 6—8quirlig, lineal, begrannt, steif, glänzend, kahl, *am Rande meist glatt.* ♃. Felsen u. Felsenschutt des Kalkgebirges. G. laeve Thuill. G. commutatum Jord. G. pusillum γ. nitidum Neilr. H. 0,1—0,2 M. Mai-Aug. b) a n i s o p h y l l u m (Vill.) Blätter gegen die Spitze zu verbreitert, am Rande glatt, Rispe kurz, die Blüthen ziemlich gleichhoch, manchmal (G. hirtellum Gaud.) die unteren Blätter sammt Stengel kurzhaarig. Kalkvoralpen u. untere Alpenregion.

·· Blätter dicklich, oberseits gedunsen, mit sehr kurzer Stachelspitze u. undeutlichem Mittelnerven; Blumenkrone lichtgelb.

873. **G. baldense Spreng.** Stengel niedergestreckt od. aufsteigend, steif, 4kantig, kahl, dichtrasig; Blätter zu 6—8quirlig, ver-

kehrt-lanzettlich, kahl, glänzend, am Rande glatt, im Trocknen schwarzwerdend; Trugdolden armblüthig. ♃. Triften der Kalkalpen, oft weite Strecken überziehend. G. pusillum δ. ochroleucum Neilr. H. 0,03—0,08 M. Juli-Aug.

o o Wurzelstock derb, einzelne od. zahlreiche, öfter holzige Stämmchen treibend, oft verdickt; Kronzipfel zugespitzt; Früchte glatt, feingrubig-punktirt, kahl.

· Kronblätter sattgelb; Blätter unterseits grausammtig.

874. **G. verum L.** Stengel stielrund, mit 4 erhabenen Linien, unterwärts undeutlich 4kantig, kurzhaarig od. kahl; Blätter zu 6—12quirlig, lineal, am Rande umgerollt; Rispe verlängert, mit kurzen fast vom Grunde an blüthentragenden Aesten; Kronzipfel kurzgespitzt. ♃. Wiesen, gemein. H. 0,2—0,6 M. Juni-Sept. b) praecox Lang. Stengel straff aufrecht, unterwärts deutlicher 4kantig; Blätter weniger umgerollt; Rispenäste kürzer, die unteren entfernt; Blüthen dunkler gelb. Wiesen bei Mauer, Kalksburg, Perchtholsdorf, Laxenburg, Vöslau, Rappoltenkirchen; sicher weiter verbreitet. G. Wirtgeni Schultz. Mai-Juni.

·· Kronblätter weiss od. gelblichweiss; Blätter kahl od. behaart, aber nie grausammtig.

, Stengel meist zahlreich, durchaus deutlich 4kantig; Rispe verlängert, mit kurzen meist vom Grunde an blüthentragenden Aesten.

875. **G. lucidum All.** Blätter zu 5—8quirlig, lineal od. linealpfriemlich, glänzend, kahl, am Rande umgerollt, rauh, unterseits blasser, *der Rückennerv von 2 glänzenden Seitenstreifen eingefasst;* Kronzipfeln feinzugespitzt. ♃. Kalkberge, bis in die untere Alpenregion, häufig. G. rigidum Vill. G. Neilreichii Wiesb. H. 0,15—0,6 M. Mai-Juli. b) scabridum (DC.) Blätter kurzhaarig. Mit der Grundform. c) corrudaefolium (Vill.) Blätter schmäler, stärker eingerollt, oft gekrümmt. Mödling, Baden. d) meliodorum Beck. Blätter schmal, in die lange Grannenspitze zugespitzt, Blüthenstiele etwas länger, Blüthen gelblich, nach Honig riechend: Krummholz- u. Alpenregion des Schneebergs u. der Raxalpe.

874×875. **G. lucidum×verum.** Von G. lucidum durch die kurz flaumhaarige Behaarung des Stengels, der Achsen des Blüthenstandes u. der Blattunterseite; von G. verum, durch kantigen, weniger behaarten Stengel, kürzere, glänzende Blätter, lockere Rispe u. hellgelbe Blumen verschieden. Bei Merkenstein. G. effulgens Beck.

876. **G. mollugo L.** Blätter zu 5—8quirlig, länglich-verkehrteiförmig od. lanzettlich, kahl od. behaart, am Rande rauh, flach, unterseits blasser, matt, *der Rückennerv ohne glänzende Seitenstreifen:* Kronzipfel fein zugespitzt. ♃. Wiesen, Hecken, gemein. H. 0,3 bis 1,5 M. Mai-Sept. a) latifolium Leers. Blätter verlängert, 18—20 mm. lang, 4—8 mm. breit, verkehrteiförmig, vorn abgerundet, kahl od. (G. pubescens Schrad.) etwas behaart, od. (G. pycnotrichum H. Br. = G. hirsutum Kit. non Ruiz et Pav.)

sammt Stengel stark behaart bis grauzottig. b) angustifolium Leers. Blätter verlängert, 12—26 mm. lang, 2—5 mm. breit, lanzettlich od. lineal-lanzettlich, kahl od. (subpubescens H. Br.) etwas behaart, manchmal (G. nemorosum Wierzb.) von derber Consistenz. c) elatum (Thuill.) Blätter länglich-verkehrteiförmig, kurz, 8—15 mm. lang, 5 mm. breit; Rispe ausgebreitet, mit wagrechten od. (brevifrons Borb. et Br.) aufrecht abstehenden Aesten. d) tyrolense (Willd.) Blätter verkehrteiförmig, kurz, 5—14 mm. lang, 4—6 mm. breit, dünn, weich, Blüthenstiele sehr fein, verlängert. G. insubricum Gaud. e) erectum (Huds) Blätter lanzettlich od. lineallanzettlich, kurz, 8 bis 15 mm. lang, 2—4 mm. breit, kahl od. (hirtifolium H. Br.) mehr minder behaart; Rispenäste aufrecht abstehend, armblüthig od. (G. dumetorum Jord.) wagrecht u. reichblüthig, mit verkürzten, 1—2 mm. langen od. (praticolum H. Br.) verlängerten, 3 mm. langen Blüthenstielen.

874×876. **G. mollugo × verum.** Stengel 4kantig; Blätter lineallanzettlich, unterseits dünn-sammtig; Blüthen blassgelb; Kronzipfel zugespitzt. Nicht selten unter den Eltern, übrigens bald der einen, bald der anderen Stammart näherstehend. Hieher G. ochroleucum Wolf; G. decolorans Gr. et Godr. (submollugo × verum); G. intercedens (mollugo × verum) A. Kern. u. G. ambiguum Gr. et Godr. (supermollugo × verum); G. eminens Gr. et Godr. (verum × erectum); G. spectabile et aberrans Beck.

,, Stengel meist einzeln, wenigstens am Grunde stielrundlich; Rispe weitschweifig, mit verlängerten unterwärts blüthenlosen Aesten.

877. **G. Schultesii Vest.** *Wurzelstock kriechend, ausläufertreibend; Stengel deutlich 4kantig,* nur am Grunde stielrundlich; Blätter zu 6—9quirlig, lanzettlich, graugrün; *Blüthenstielchen etwas steif, vor dem Aufblühen meist aufrecht;* Blumenkrone flach, mit lineallänglichen, langzugespitzten Zipfeln; Staubgefässe zuerst einwärts-gekrümmt, zuletzt zurückgebogen. ♃. Bergwälder, bisher nur am Rosaliengebirge bei Sauerbrunn. G. aristatum Aut. non. L. H. 0,5—1,0 M. Juli-Aug.

878. **G. silvaticum L.** *Wurzelstock zusammengezogen, knotigverdickt,* fast knollig; *Stengel stielrundlich, mit 4 Linien belegt;* Blätter zu 6—12quirlig, länglich-lanzettlich, unterseits blaugrün; *Blüthenstielchen haardünn, vor dem Aufblühen nickend;* Blumenkrone kleiner, beckenförmig-vertieft, mit eilänglichen, kurzgespitzten Zipfeln; Staubgefässe aufrecht, kürzer. ♃. Bergwälder, Voralpen, verbreitet; fehlt am Rosaliengebirge. H. 0,5—1,0 M Juli-Aug.

874×878. **G. silvaticum × verum.** Von G. silvaticum durch den 4kantigen, flaumhaarigen Stengel, die grasgrünen schmäleren Blätter u. die vor dem Aufblühen aufrechten Blüthenstielchen; von G. verum durch die breiteren, weichen, am Rande nicht umgerollten Blätter, die verlängerten Rispenäste u. die locker stehenden, weisslichen Blüthen, verschieden. Waldränder bei Ober-Bergern, Wölbling. G. digeneum Kern. G. Baumgartneri Beck.

LIII. Familie. Valerianeae DC.

250. Valeriana L. Baldrian. Kelchsaum an der Blüthe eingerollt, an der Frucht in eine federige Haarkrone (Pappus) verwandelt, abfällig; Blumenkrone 5spaltig; Frucht durch Verkümmerung der Scheidewände 1fächerig.

a. Blätter sämmtlich fiederschnittig; Blüthen zwittrig, gleichförmig.

879. **V. officinalis L.** *Wurzelstock kurz, unterirdische Ausläufer treibend od. ausläuferlos; Blätter 8—13paarig,* Abschnitte lanzettlich od. länglich, grobgesägt; Blüthen röthlichweiss. ♃. Feuchte Wiesen, Auen; häufig auf den Donauinseln, in den Marchauen, in der südöstl. Niederung Wiens u. stellenweise in Gebirgswäldern. H. 0,5—1,5 M. Juni-Aug. b) angustifolia (Tausch.) Blattabschnitte lineal od. lineal-lanzettlich, ganzrandig od. schwach gezähnt. Bergwälder; häufig auf dem Kahlengebirge.

880. **V. sambucifolia Mik.** *Wurzelstock stets lange, oberirdische Ausläufer treibend; Blätter 4—5paarig,* Abschnitte länglich-eiförmig od. eilanzettlich, grobgesägt; Blüthen u. Früchte grösser, sonst w. v. ♃. Wälder, Schluchten der Rax, des Schneebergs u. Dürrensteins; auch im Kreise O. M. B. bei Grafenegg, Harmannsschlag, Karlstift, Raabs u. Hardegg. V. repens Host. H. 0,5—1 2 M. Juni Juli.

b. Blätter sämmtlich od. doch die unteren ungetheilt; Blüthen vielehig-2häusig, ungleichförmig (auf der einen Pflanze grösser, zwittrig od. männlich mit vorragenden fruchtbaren Staubgefässen, auf der anderen kleiner, mit meist unfruchtbaren Staubgefässen u. vorragendem Griffel).

α. Blüthen weiss od. rosa; Trugdolde doldentraubig.

* Wurzelstock kriechende Ausläufer treibend.

881. **V. dioica L.** Blätter der Laubtriebe u. des Stengelgrundes ungetheilt, langgestielt, eiförmig od. elliptisch, *die übrigen Stengelblätter sitzend, fiedertheilig od. leierförmig-fiedertheilig.* Zipfel länglich od. lanzettlich, Endzipfel viel grösser. ♃. Sumpfwiesen der Ebene u. der Gebirge, verbreitet. H. 0.15—0,5 M. Mai-Juni.

882 **V. simplicifolia (Rchb.) Kab.** *Blätter sämmtlich ungetheilt,* die der Laubtriebe u. des Stengelgrundes rundlich-eiförmig, in den Blattstiel herablaufend, die übrigen Stengelblätter sitzend, keilförmig od. elliptisch, meist vorn grobgezähnt. ♃. Sumpfwiesen; bisher bloss bei Neuwaldegg u. auf der Bauernwiese zwischen Gloggnitz u. Schottwien. V. dioica var. simplicifolia Rchb. V. polygama Bess. H. 0,15—0,4 M. Mai-Juni.

* * Wurzelstock mehrköpfig, ohne Ausläufer.

o Wurzelstock nicht schopfig; Stengel mit 3—mehreren Blattpaaren; Blüthen röthlich od. weisslich.

883. **V. tripteris L.** *Blätter der Laubtriebe u. des Stengelgrundes ungetheilt,* herzeiförmig, geschweift-gezähnt, *die übrigen Stengelblätter 3schnittig od. 3theilig.* ♃. Gebirgswälder; vom Helenenthale bei Baden längs des ganzen Kalkalpenzuges, sowie auf dem Wechselgebirge verbreitet; auch im Kremsthale bei Meissling, bei Dürrenstein u. Melk. H. 0,2—0,4 M. Mai-Juli. b) intermedia (Hoppe). Stengelblätter ungetheilt. Selten unter der Grundform. Vielleicht Bastart letzterer mit der folgenden Art. V. Hoppii Rchb. Hieher auch V. Sternbergii Beck u. V. ambigua Gr. et Godr.

884. **V. montana L.** *Blätter sämmtlich ungetheilt,* die unteren u. die der Laubtriebe rundlich od. rundlich-eiförmig, am Grunde abgerundet, ganzrandig od. seichtgezähnt, die oberen eiförmig od. eiförmig-lanzettlich. ♃. Mit der vorigen, jedoch seltner; auch auf dem Anninger. H. 0,2—0,4 M. Mai-Juli.

o o Wurzelstock schopfig; Stengel, die blüthenständigen Blätter abgerechnet, blattlos od. mit 1 Blattpaare; Blüthen reinweiss.

885. **V. saxatilis L.** Blätter ungetheilt, ganzrandig od. geschweift-gezähnt, die grundständigen elliptisch od. eilänglich, die stengelständigen lineal-lanzettlich. ♃. Felsen der Kalkalpen u. der angrenzenden Voralpen, häufig. H. 0,1—0,3 M. Juni-Juli.

β. Blüthen schmutziggelb, röthlich überlaufen; Trugdolde rispig-traubig od. quirligährig.

886. **V. elongata Jacq.** *Stengel,* die blüthenständigen Blätter abgerechnet, *meist mit 1—2 Blattpaaren; Blätter* eiförmig od. eilänglich, die stengelständigen grösser, *grobeingeschnitten-gezähnt, am Grunde abgerundet od. herzförmig;* Trugdolde rispig-traubig. ♃. Felsenspalten u. Schneefelder der Kalkalpen, sehr selten; Saugraben, Ochsenboden u. Kaiserstein des Schneebergs; Schlangenweg, Wetterkogel u. Hohe Lehne der Rax; Oetscher. H. 0,05 bis 0,2 M. Juli-Aug.

887. **V. celtica L.** *Stengel,* die blüthenständigen Blätter abgerechnet, *meist mit einem Blattpaare; Blätter* länglich-verkehrteiförmig bis keilig, *sämmtlich ganzrandig,* die stengelständigen kleiner, linealkeilig, gegen den Grund allmählig verschmälert; Trugdolde quirlig-ährig. ♃. Angeblich auf dem Schneeberge, Oetscher u. Dürnstein, doch in neuerer Zeit nicht gefunden. H. 0,03 bis 0,2 M. Juli-Aug.

251. Valerianella Tourn. Rapunzel. Kelchsaum gezähnt od. verwischt, die Frucht krönend; Blumenkrone 5spaltig; Frucht 3fächerig, ein Fach 1samig, zwei leer.

a. Kelchsaum sehr kurz, undeutlich.

888. **V. olitoria (L.) Poll.** Stengel gabelspaltig-ästig; Blätter länglich-spatelig; Blüthen in gedrungenen Trugdolden, bläulich; *Früchte rundlich-eiförmig, seitlich zusammengedrückt, auf den Flächen mit je einer stärkeren Riefe u. Furche.* ⊙ Brachen. Hecken, häufig. V. locusta α. olitoria L. H. 0.1—0.2 M. April-Mai.

889. **V. carinata Lois.** *Früchte länglich, fast 4seitig, auf der hinteren Fläche tiefrinnig-ausgehöhlt,* sonst w. v. ⊙ An gleichen Orten w. v. H. 0.1—0,25 M. April-Mai.

b. Kelchsaum deutlich, schiefabgestutzt, gezähnt, der hintere Zahn auffallend grösser.

890 **V. dentata (L.) Poll.** Stengel gabelspaltig-ästig; Blätter länglich-spatelig, obere lanzettlich bis lineal, am Grunde oft gezähnt; Blüthen in lockeren Trugdolden, bläulich; *Früchte eikegelförmig,* hinten convex, vorne ziemlich flach, *mit einem länglichen, durch eine feine Riefe getheilten u. von einem erhabenen Rande umgebenen Mittelfelde, fruchtbares Fach viel grösser als die 2 leeren.* ⊙ Aecker, ziemlich häufig. V. locusta δ. dentata L. V. Morisonii DC. H. 0.15—0,35 M. Juni-Aug.

891. **V. rimosa Bast.** *Früchte kuglig-eiförmig, mit 5 feinen Riefen u. vorn mit einer Furche, fruchtbares Fach viel kleiner als die 2 aufgeblasenen leeren,* sonst w. v. ⊙ Aecker, zerstreut: Stockerau, Hintersdorf nächst Tulln, Hadersfeld, Klosterneuburg. Döbling, Weinhaus, Ottakring, Mauer, Rodaun, Gaden, Siegenfeld. Soos, Vöslau, Loipersbach, Küb. Pettenbach, Reichenau; Seitenstetten; im Waldviertel von Gföhl über Zwettl bis Gmünd. Merkersdorf bei Hardegg. V. auricula DC. H. 0.15—0,3 M. Juni-August.

LIV. Familie. **Dipsaceae DC.**

1 Blüthenlager mit Spreublättchen 2
  Blüthenlager ohne Spreublättchen, rauhhaarig . . . . **Knautia**
2 Hüllblätter länger als die Spreublättchen 3
  Hüllblätter kürzer als die Spreublättchen . . . . . **Cephalaria**
3 Stengel stachellos, Hüllblätter krautig 4
  Stengel u. Hüllblätter stachlig od. stachelborstig . . **Dipsacus**
4 Aussenkelch mit einem krautigen 4zähnigen Rande . **Succisa**
  Aussenkelch mit einem trockenhäutigen ausgeschweiftem Saume . . . . **Scabiosa**

252. Dipsacus L. Karde. Blüthenlager spreublättrig; Hullblätter abstehend od. aufsteigend, länger als die Spreublättchen; Aussenkelch mit kurzem ausgeschweiftem Rande; Innenkelch 4zähnig od. ganzrandig.

a. Blüthenköpfe eiförmig-länglich, 5—8 cm. lang; Hüllblätter stachlig, viel länger als die Spreublättchen.

892. **D. fullonum L.** Grundständige Blätter borstlich gewimpert u. besonders oberseits zerstreut bestachelt; *Stengelblätter mit breitzusammengewachsenem Grunde sitzend, meist ungetheilt, ungewimpert*, nur am Kiele u. bisweilen am Rande gestachelt; *Hüllblätter* lineal-pfriemlich, bogig-aufsteigend, *theilweise länger als der Blüthenkopf;* Blumenkrone dunkellila. ⊙ Unbebaute Orte, Ufer, verbreitet. D. silvestris Huds. H. 1,0—2,0 M. Juli-Aug.

893. **D. laciniatus L.** Grundständige Blätter borstlich-gewimpert, stachellos; *Stengelblätter mit beckenförmig-zusammengewachsenem Grunde sitzend, buchtig-fiederspaltig, borstlich-gewimpert*, am Kiele gestachelt; *Hüllblätter* lineallanzettlich, abstehend od. aufsteigend, *meist kürzer als der Blüthenkopf;* Blumenkrone blasslila od. weiss. ⊙ An gleichen Orten w. v., jedoch seltner. H. 0,6 bis 1,2 M. Juli-Aug.

Anm. D. fullonum var. β. sativus L. (D. fullonum Ant.) von den angeführten Arten durch die in einem starren zurückgekrümmten Stachel auflaufenden Spreublättchen verschieden, kam ehemals bei Traismauer u. Scheibbs verwildert vor.

b. Blüthenköpfe kuglig, 2—3 cm. im Durchm.; Hüllblätter feingraunig, wenig länger als die Spreublättchen.

894. **D. pilosus L.** Blätter gestielt, am Grunde meist geöhrt; Hüllblätter krautig, wagrecht od. abwärts gerichtet, sammt den feinzugespitzten Spreublättchen borstlich-gewimpert; Blumenkrone gelblichweiss. ⊙ Auen, Ufer; im Donauthale bei Schönbühel, im Gurhofgraben bei Aggsbach, Mautern u. von der Schmidamündung stellenweise bis Hainburg, an der Ibbs bei Seitenstetten u. Aschbach, der Erlaf bei Scheibbs, der Traisen bei Nussdorf, der March u. an der Leitha, am Sattelbache bei Heiligenkreuz u. von hier durch das Helenenthal bis Tribuswinkel. Cephalaria appendiculata Schrad. C. pilosa Gr. et Godr. H. 0,5—1,3 M. Juli-Aug.

253. Cephalaria Schrad. Kopfblume. Blüthenlager spreublättrig; Hülle halbkuglig, dichtdachig, kürzer als die Spreublättchen; Aussenkelch 4—vielzähnig; Innenkelch vielzähnig od, ganzrandig.

895. **C. transsilvanica (L.) Schrad.** Stengel mehr minder rauhhaarig; Blätter leierförmig, fiederspaltig od. fiedertheilig; Hüll- u. Spreublätter eilanzettlich, in eine feine violettbraune Spitze auslaufend; Blüthen gelblich, seltner lila, die randständigen strahlend. ⊙ Aecker, Raine, aus Ungarn eingeschleppt u. ohne bleibenden Standort; zwischen Simmering u. Kledering, bei Laa, zwischen Mödling, Neudorf u. der Laxenburger Bahn, um den Melker Keller bei Baden, bei Wördern; zwischen Parndorf u. dem Neusiedlersee. Scabiosa transsilvanica L. H. 0,3—1,0 M. Juli-August.

254. Knautia L. Knautie. Blüthenlager rauhhaarig; Hüllblätter sternförmig-ausgebreitet; Aussenkelch 4—mehrzähnig; Innenkelch mit 8—12 borstlichen Zähnen.

896. **K. arvensis (L.) Coult.** Stengel von kurzen Haaren etwas grau- u. von längeren steifhaarig; untere *Blätter* meist ungetheilt, *obere fiederspaltig, mit lanzettlichen Abschnitten;* Blüthen violett, die randständigen strahlend. ♃. Wiesen, gemein. Scabiosa arvensis L. H. 0,3—0,6 M. Juni-Sept. b) i n t e g r i f o l i a G. M e y. Blätter sämmtlich ungetheilt, länglich-lanzettlich. c) c a m p e s t r i s (Andrz.) Blüthen gleichgestaltet, die randständigen nicht strahlend. Scabiosa campestris Andrz. So seltner.

897. **K. pannonica (Jacq.) Wettst.** Stengel rauhhaarig; oberwärts flaumig: *Blätter sämmtlich ungetheilt, elliptisch od. eiförmig,* die stengelständigen *meist plötzlich in den breitgeflügelten Blattstiel verschmälert:* Blüthen röthlich-violett, die randständigen stralend. ♃. Auen, Ufer, Wälder, häufig. Scabiosa pannonica Jacq. K. drymeia Heuff. K. nympharum Bois. et Heldr. H. 0,3—1,2 M. Juli-Sept.

898. **K. silvatica (L.) Duby.** *Blätter lanzettlich od. eiförmig-lanzettlich,* die stengelständigen mit halbstengelumfassenden, *meist breit gestutztem Grunde sitzend od. in einen breitgeflügelten Blattstiel allmählig verschmälert;* Blüthen grösser, dunkler, sonst w. v. ♃. Voralpen bis in die Krummholzregion, häufig. Scabiosa silvatica L. S. dipsacifolia Host. K. dipsacifolia Schultz. H 0,3—1,2 M. Juli-Sept. b) p r a e s i g n i s Beck. Köpfchenstiele u. Hüllschuppen drüsenhaarig. Schneeberg beim Baumgartnerhause.

897 × 898. **K. pannonica × silvatica.** Hat die Tracht der K. silvatica, aber die oberen Stengelblätter der K. pannonica. Am Oehler. K. lancifolia Heuff.

255. Succisa M. et K. Teufelsbiss. Blüthenlager spreublättrig; Hüllblätter sternförmig ausgebreitet; Aussenkelch mit einem krautigen 4zähnigen Rande; Innenkelch mit 5 borstlichen Zähnen.

899. **S. pratensis Moench.** *Wurzelstock abgebissen;* Stengel aufrecht od. aufsteigend; grundständige Blätter eiförmig-länglich, stengelständige lanzettlich; Köpfchen zuletzt kuglig; *äusserer Kelch rauhhaarig. Zipfel eiförmig, spitz. Saum des inneren Kelches 5borstig;* Blumenkrone blau, sehr selten weiss. ♃. Feuchte Wiesen, verbreitet. Scabiosa succisa L. H 0,3—1.0 M. Juli-Sept. b) h i s p i d u l a P e t e r m. Stengel höher, sammt den Blättern ziemlich dicht behaart. Lassee, Gramat-Neusiedl, Himberg, Moosbrunn, Soos.

900. **S. inflexa (Kluk). Beck.** *Wurzelstock kriechend;* Stengel aufsteigend; grundständige Blätter keilig-länglich, stengelständige

lanzettlich; Köpfchen zuletzt länglicheiförmig; *äusserer Kelch kahl, Lappen kurz, stumpf, Saum des inneren Kelches ohne Borsten;* Blumenkrone bleichlila bis weisslich. ♃. Sumpfwiesen, sehr selten; Himberg, linkes Piestingufer zwischen Gramat-Neusiedel u. Moosbrunn, Friedhof von Moosbrunn, an der Fischa bei Ebergassing. Scabiosa inflexa Kluk. Sc. australis Wulf. Succisella inflexa Beck. Succisa australis Schott. S. repens Brign. H. 0,3 bis 1,0 M. Aug.-Sept.

256. Scabiosa L. Scabiose. Blüthenlager spreublättrig; Hüllblätter sternförmig ausgebreitet; Aussenkelch mit einem trockenhäutigen ausgeschweiftem Saume; Innenkelch mit 5—10borstlichen Zähnen od. selten zahnlos.

a. Blätter der Laubtriebe ganzrandig.

901. **S. canescens W. et K.** Grundständige Blätter länglich od. lanzettlich, ganzrandig od. fiederspaltig-eingeschnitten. stengelständige fiederspaltig od. -theilig mit ganzrandigen Zipfeln; Borsten des inneren Kelches gelblich, etwa doppelt so lang als der Saum des äusseren Kelches; Blumenkrone blau. ♃. Trockene Hügel, stellenweise: Hügelreihe von Gänserndorf über Schönfeld u. Breitensee bis Schlosshof, Hainburger Berge, Leithagebirge, von Velm u. Münchendorf bis auf das Steinfeld bei Neustadt u. Brunn: Türkenschanze bis Pötzleinsdorf, Kalkberge von Mauer bis Gutenstein; im Donauthale: Schiffberg bei Hollenburg, Stein, Mautern, auf der Fucha, bei Rossatz, Aggstein, Mölk. S. suaveolens Desf. H. 0,2—5,0 M. Juli-Sept.

b. Blätter der Laubtriebe gekerbt od. getheilt.

902. **S. agrestis W. et K.** Stengel meist kahl; Blätter glanzlos, die der Laubtriebe länglich, gekerbt, untere stengelständige leierförmig, obere fiedertheilig mit fiederspaltigen Abschnitten; *Borsten des inneren Kelches braunschwarz, meist nervenlos, so lang od. 2—4mal länger als der Saum des äusseren Kelches*; *Blumenkrone lila od. purpurn,* sehr selten weiss. ⨀ u. ♃. Wiesen, Hügel; häufig im Marchfelde, auf den Hainburger Bergen, dem Leithagebirge, Kahlengebirge, stellenweise im Donauthale bis Persenbeug, am Jauerling, bei Gföhl, Zwettl: Na-sthal, Lilienfeld, Scheibbs. S. columbaria Aut. non L. H. 0,3—1,0 M. Juli-Sept. b) l e i o c e p h a l a (Hoppe). Borsten des inneren Kelches fehlend. Mit der Grundform.

903. **S. ochroleuca L.** Stengel u. Blätter meist stärker behaart, Kelchborsten anfangs fuchsroth; *Blumenkrone blassgelb*, sonst w. v. ⨀ u. ♃. Wiesen, Hügel, verbreitet. H. 0,3—1,0 M. Juli-Sept.

904. **S. lucida Vill.** Stengel kahl od. oberwärts zerstreut behaart; Blätter glänzend, kahl od. feingewimpert, die der Laubtriebe u. die untersten stengelständigen eiförmig-länglich, gekerbtgesägt, die übrigen leierförmig od. fiedertheilig mit ganzrandigen od. fiederspaltigen Abschnitten; *Borsten des inneren Kelches*

dunkelbraun, einwärts mit einem hervortretenden Nerven, 4- bis 5mal länger als der Saum des äusseren Kelches; Blumenkrone purpurn. ♃. Buschige Stellen höherer Kalkgebirge bis in die Alpen, häufig; auch auf Schiefer bei Aggstein u. Aggsbach. H. 0,1—0,5 M. Juli-Sept.

903. × 904. **S. lucida × ochroleuca.** Stengel unterwärts sammt den unteren Blättern behaart od. kahl; Hüllblätter flaumhaarig; Blumen gelblichweiss od. die äusseren u. die Kronröhren lila überlaufen. S. lucidula u. psilophylla Beck. Thalhof bei Reichenau.

LV. Familie. Compositae Vaill.

1 Blüthen sämmtlich röhrig od. die randständigen zungenförmig; Griffel 2schenkelig, unterhalb der Theilung in die Schenkel nicht verdickt, Schenkel der Zwitterblüthen meist frei 2
Blüthen sämmtlich röhrig, die randständigen manchmal grösser; Griffel der Zwitterblüthen 2schenkelig, unterhalb der Theilung in die Schenkel knotig verdickt u. pinselförmig behaart, Schenkel frei od. zusammengewachsen 29
Blüthen sämmtlich zungenförmig; Griffel 2schenkelig, unter der Theilung in die Schenkel nicht verdickt, Schenkel frei, fädlich, zurückgerollt; Köpfchen stets gleichblüthig 38
2 Griffelschenkel der Zwitterblüthen fädlich, keulenförmig od. kurzeiförmig, vom Grunde an fläumlich od. drüsig-rauh 3
Griffelschenkel der Zwitterblüthen halbstielrund, auswendig flach, nur an der Spitze fläumlich 7
Griffelschenkel der Zwitterblüthen in ein behaartes fädliches od. kegelförmiges Anhängsel od. Spitze vorgezogen od. an der Spitze abgestutzt u. daselbst pinselförmig behaart 17
3 Blüthen sämmtlich zwittrig 4
Blüthen vielehig, oft 2häusig vielehig 5
4 Hüllschuppen 2—mehrreihig, Blüthen 5zähnig, Pappus einreihig . . . . **Eupatorium**
Hüllschuppen 1reihig, Blüthen 4spaltig, Pappus mehrreihig **Adenostyles**
5 Stengel vielköpfig . . . . **Petasites**
Stengel 1köpfig 6
6 Blüthen röthlich, die des Randes fädlich, schief abgeschnitten . . . . **Homogyne**
Blüthen goldgelb, die des Randes zungenförmig . . **Tussilago**
7 Staubbeutel ungeschwänzt 8
Staubbeutel am Grunde von 2 pfriemlichen Anhängseln geschwänzt 14
8 Blüthen sämmtlich röhrig, zwittrig . . . . **Linosyris**
Blüthen der Scheibe röhrig, zwittrig, des Randes zungenförmig od. fädlich, weiblich od. leer 9

9 Achenen stielrundlich, gerippt . . . . **Solidago**
Achenen zusammengedrückt, ungerippt 10
10 Hüllschuppen dachig 11
Hüllschuppen 1—3reihig, gleich lang 12
11 Randblüthen zungenförmig, 1reihig; Pappus vielreihig . **Aster**
Randblüthen schmalzungenförmig od. fädlich, vielreihig; Pappus einreihig . . . . **Erigeron**
12 Pappus fehlend . . . . **Bellis**
Pappus haarig 13
13 Stengel 1köpfig . . . . **Bellidiastrum**
Stengel vielköpfig . . . . **Stenactis**
14 Hüllschuppen 2reihig; Pappus fehlend . . . . **Micropus**
Hüllschuppen dachig; Pappus vorhanden 15
15 Blüthenlager spreublättrig . . . . **Buphthalmum**
Blüthenlager nackt 16
16 Pappus 2reihig, äussere Reihe in ein borstig-zerschlitztes Krönchen verwachsen, innere haarig . . . . . . **Pulicaria**
Pappus 1reihig, haarig . . . . **Inula**
17 Pappus aus 2—4 steifen Grannen gebildet . . . . . . **Bidens**
Pappus fehlend od. ein kurzer erhabener Rand 18
Pappus haarig 23
18 Blüthenlager spreublättrig 19
Blüthenlager nackt 20
19 Pflanze andauernd; Achenen länglich od. verkehrteiförmig, zusammengedrückt, glatt . . . . **Achillea**
Pflanze 1—2jährig; Achenen stielrundlich od. zusammengedrückt-4kantig, gerippt . . . . **Anthemis**
20 Staubbeutel geschwänzt; Achenen geschnäbelt . . **Carpesium**
Staubbeutel ungeschwänzt; Achenen ungeschnäbelt 21
21 Köpfchen klein, 2—5 mm. im Durchmesser . . . . **Artemisia**
Köpfchen gross, selbst bei fehlendem Strahle mindestens 8 mm. im Durchmesser 22
22 Achenen auf dem Rücken ohne, auf dem Bauche mit 3 bis 5 Rippen . . . . **Matricaria**
Achenen regelmässig 5—10riefig . . . . . . **Chrysanthemum**
23 Staubbeutel am Grunde von 2 pfriemlichen Anhängseln geschwänzt 24
Staubbeutel ungeschwänzt 26
24 Blüthenlager am Rande zwischen den weiblichen Blüthen spreublättrig . . . . **Filago**
Blüthenlager nackt 25
25 Randblüthen mehrreihig, Blüthenlager gewölbt . . **Gnaphalium**
Randblüthen einreihig, Blüthenlager flach . . . **Helichrysum**
26 Hülle walzlich od. kegelförmig . . . . **Senecio**
Hülle halbkugelig od. ziemlich flach 27
27 Griffelschenkel in eine kegelförmige Spitze vorgezogen **Arnica**
Griffelschenkel an der Spitze abgerundet 28
28 Pappus an den randständigen Achenen vorhanden . **Aronicum**
Pappus an den randständigen Achenen fehlend . . **Doronicum**

29 Köpfchen nur durch 1 Blüthe vertreten, in einen Kopf gehäuft . . . . **Echinops**
Köpfchen vielblüthig 30
30 Blüthen der Scheibe röhrig, zwittrig, des Randes 2lippig, weiblich . . . . **Xeranthemum**
Blüthen sämmtlich röhrig, zwittrig, manchmal zweihäusig od. die randständigen leer 31
31 Pappus 1reihig, abfällig . . . . **Carlina**
Pappus 2—vielreihig od. fehlend 32
32 Pappus fehlend od. vielreihig, bleibend, die vorletzte Reihe länger, die letzte (innerste) Reihe kürzer als die übrigen Reihen 33
Pappus vielreihig, abfällig, Reihen gleich lang 34
Pappus 2—vielreihig, abfällig, die letzte (innerste) Reihe länger als die übrigen Reihen 36
33 Achenen verkehrteiförmig, 4seitig; Pappus fehlend od. aus linealpfriemlichen schmutzigen Spreublättchen gebildet **Carthamus**
Achenen länglich, zusammengedrückt; Pappus fehlend od. borstlich, weiss . . . . **Centaurea**
34 Blüthenlager bienenzellig, mit zerrissen-gezähnten Grubenrändern, aber nicht spreuborstlich . . . . . . **Onopordon**
Blüthenlager spreuborstlich 35
35 Pappus haarig . . . . **Carduus**
Pappus federig . . . . **Cirsium**
Pappus spreuborstlich . . . . **Lappa**
36 Pappus federig . . . . **Saussurea**
Pappus spreuborstlich 37
37 Achenen länglich, zusammengedrückt . . . . **Serratula**
Achenen verkehrt-pyramidenförmig, 4seitig . . . . **Jurinea**
38 Pappus ein kurzer, oft unmerklicher Rand od. aus kurzen Spreuschuppen gebildet 39
Pappus aus Haaren gebildet 42
39 Blüthenlager glatt 40
Blüthenlager mit am Rande zerrissen-gezähnelten Grübchen **Cichorium**
40 Hüllschuppen bei der Fruchtreife fast kuglig-zusammenschliessend . . . . **Arnoseris**
Hüllschuppen aufrecht 41
41 Achenen vielriefig . . . . **Lapsana**
Achenen 5riefig . . . . **Aposeris**
42 Haare des Pappus federig 43
Haare des Pappus einfach, nicht federig 49
43 Blüthenlager nackt 44
Blüthenlager spreublättrig . . . . **Hypochoeris**
44 Federchen des Pappus untereinander frei 45
Federchen des Pappus verstrickt 47
45 Hüllschuppen dachig, gleichförmig 46
Hüllschuppen 3reihig, die äusseren anders gestaltet, eine Nebenhülle bildend . . . . **Helminthia**

46 Stengel blattlos, schaftförmig . . . . **Leontodon**
Stengel beblättert . . . . **Picris**
47 Hüllschuppen 1reihig, am Grunde verwachsen; Achenen geschnäbelt . . . . **Tragopogon**
Hüllschuppen dachig, frei; Achenen ungeschnäbelt 48
48 Achenen oberwärts verschmälert, am Grunde mit einer kurzen Schwiele . . . . **Scorzonera**
Achenen oberwärts nicht verschmälert, am Grunde mit einer hohlen Schwiele . . . . **Podospermum**
49 Achenen gegen die Spitze feinknotig, weichstachlig od. schuppig 50
Achenen glatt 52
50 Stengel röhrig, blattlos, 1köpfig . . . . **Taraxacum**
Stengel ausgefüllt, einfach od. ästig, meist beblättert . . . 51
51 Blüthen 7—12, 2reihig . . . . **Chondrilla**
Blüthen zahlreich, vielreihig . . . . **Willemetia**
52 Achenen vom Rücken her zusammengedrückt 53
Achenen stielrund od. 5eckig, manchmal von der Seite etwas zusammengedrückt 56
53 Achenen geschnäbelt . . . . **Lactuca**
Achenen ungeschnäbelt 54
54 Blüthen gelb . . . . **Sonchus**
Blüthen violett, sehr selten weiss 55
55 Bumenkrone 5, einreihig, Pappus reinweiss . . . **Prenanthes**
Blumenkrone zahlreich, vielreihig, Pappus schmutzigweiss **Mulgedium**
56 Achenen oben verschmälert bis kurz geschnäbelt; Pappus meist reinweiss u. weich . . . . **Crepis**
Achenen oben nicht verschmälert, ungeschnäbelt; Pappus meist schmutzigweiss, steif . . . . **Hieracium**

I. Unterfamilie. **Corymbiferae Juss.** Blüthen sämmtlich röhrig od. die randständigen zungenförmig; Griffel 2schenkelig, unterhalb der Theilung in die Schenkel nicht verdickt, Schenkel der Zwitterblüthen meist frei.

1. Gruppe. Eupatorieae Less. Griffelschenkel verlängert, fädlich od. keulenförmig, vom Grunde an fläumlich od. drüsigrauh; Köpfchen gleichblüthig.

257. Eupatorium L. Wasserdost. Hüllschuppen 2—mehrreihig, dachig; Blumenkrone röhrig-trichterig, 5zähnig; Staubbeutel ungeschwänzt; Achenen länglich, 5eckig; Pappus haarig, einreihig.

905. **E. cannabinum L.** Stengel aufrecht; Blätter gestielt, 3—5theilig, mit lanzettlichen grobgesägten Abschnitten; Köpfchen gebüschelt, wenigblüthig; Blüthen röthlich, selten weiss. ♃. Ufer, Gräben, feuchte Waldstellen, verbreitet. H. 0,6—1,5 M. Juli-Aug. b) indivisum DC. Alle od. die meisten Blätter ungetheilt. Selten unter der Grundform.

258. Adenostyles Cass. Drüsengriffel. Hüllschuppen 1reihig; Blumenkrone röhrig-trichterig, 4spaltig; Staubbeutel ungeschwänzt; Achenen stielrundlich; Pappus haarig, mehrreihig.

906. **A. alpina (L.) Bluff et Fingh.** *Blätter* gestielt, etwas steif, rundlich- od. 3eckig-herzförmig, stumpflich, *ziemlich gleichgezähnt, kahl od. unterseits auf den Adern mit kurzen Härchen, die stengelsändigen meist ungeöhrelt*; Hüllschuppen an der Spitze abgerundet; Blüthen röthlich. ♃. Kalkalpen u. Voralpen, häufig. A. glabra DC. Cacalia alpina L. p. p. A. viridis Cass. H. 0,2—0,6 M. Juni-Juli.

907. **A. alliariae (Gou.) Kern.** *Blätter* weich, nieren-herzförmig, meist 3eckig, mehr spitz *ungleich gezähnt, unterseits graufilzig, die stengelständigen meist geöhrelt*; Hüllschuppen spitz, sonst w. v. ♃. Wälder, Bäche, schattige Stellen; häufig in den Kalkvoralpen, auf Schiefer am Wechsel, auf Sandstein am Schöpfel u. bei Scheibbs. Cacalia alpina L. p. p. C. alliariae Gou. C. albifrons L. fil. C. tomentosa Jacq. A. albida Cass. A. petasites Bluff et Fingh. H. 0,5—1,3 M. Juni-Juli.

906×907. **A. alpina × alliariae.** Von A. alpina durch weniger lederige, unterseits schwach grau-spinnwebig-wollige Blätter; von A. alliariae durch derbere, regelmässiger gezähnte, unterseits minder dicht behaarte Blätter verschieden. Dürre Wand, Krumbachgraben u. Ochsenboden des Schneebergs. A. canescens Sennh.

2. Gruppe. Tussilagineae Less. Griffel der Zwitterblüthen tief 2schenkelig, mit fädlichen vom Grunde an flaumlichen Schenkeln od. ungetheilt bis seicht 2schenkelig mit kurzeiförmigen Schenkeln; Köpfchen verschiedenblüthig.

259. Tussilago L. Huflattig. Hüllschuppen 1reihig, am Grunde oft mit Nebenschuppen; Scheibenblüthen röhrig-trichterig, 5zähnig, zwittrig, Randblüthen zungenförmig, mehrreihig, weiblich; Staubbeutel ungeschwänzt; Achenen länglich; Pappus haarig, vielreihig.

908. **T. farfara L.** Schaft 1köpfig, beschuppt; Blätter grundständig, nach der Blüthe sich entwickelnd, herzförmig-rundlich, winklig-gezähnt, unterseits weissfilzig; Blüthen gelb. ♃. Ueberschwemmte Stellen, Ufer, gemein. H. 0,8—0,25 M. März-April.

260. Homogyne Cass. Alpenlattig. Hüllschuppen 1reihig, am Grunde oft mit Nebenschuppen; Scheibenblüthen röhrig-trichterig, 5zähnig, zwittrig, Randblüthen fädlich, 1reihig, weiblich; Staubbeutel ungeschwänzt; Achenen länglich; Pappus haarig, vielreihig.

909. **H. alpina (L.) Cass.** Schaft 1köpfig, oberwärts mit 2—4 Schuppen; *Blätter* grundständig, gestielt, herzförmig-rundlich od. nierenförmig, *gleichfarbig, unterseits auf den Adern behaart*; Blüthen röthlich. ♃. Triften, Waldränder der Voralpen u. Alpen,

17*

auf Kalk u. Schiefer; auch bei Karlstift u. am Nebelstein im Waldviertel. Tussilago alpina H. 0,15—0,3 M. Mai-Juli.

910. **H. discolor (Jacq.) Cass.** *Blätter zweifarbig, unterseits dicht weissfilzig;* sonst w. v. ♃. Triften der Kalkalpen, einzeln auch auf Voralpen u. im Kies der Alpenbäche. Tussilago discolor Jacq. 0,08—0,2 M. Juni-Juli.

261. Petasites Tourn. Pestwurz. Hüllschuppen 1reihig, am Grunde oft mit Nebenschuppen; Blüthen unvollständig 2häusig; Köpfchen der vorherrschend männlichen Pflanze: Blüthen der Scheibe zwittrig, des Randes weiblich, nur 1—5fruchtbar; Köpfchen der vorherrschend weiblichen: Blüthen der Scheibe zwittrig, des Randes weiblich, vielreihig, fruchtbar; Blumenkrone der zwittrigen od. männlichen Blüthen röhrig-trichterig, 5spaltig, Staubbeutel ungeschwänzt, Pappus haarig, 1reihig, die der weiblichen Blüthen fädlich, mit schief abgeschnittenem Saume, Achenen walzlich; Pappus haarig, vielreihig.

911. **P. officinalis Moench.** Stengel beschuppt, Schuppen röthlich; *Blätter grundständig, rundlich-herzförmig, ungleich-spitzgezähnt, unterseits grauwollig;* Rispe eiförmig od. länglich; *Blüthen fleischroth;* Narben der Zwitterblüthen sehr kurz, eiförmig, spitz. ♃. Flüsse, Bäche, Auen, verbreitet. Tussilago petasites L. T. hybrida L. H. 0,15—0,4 M. März-April.

912. **P. albus (L.) Gärtn.** Stengel beschuppt; Schuppen bleichgrün; *Blätter rundlich-herzförmig, stachelspitzig-gezähnt, unterseits wollig-filzig;* Rispe flachgewölbt od. halbkuglig; *Blüthen gelblichweiss;* Narben der Zwitterblüthen verlängert, lineallanzettlich, zugespitzt. ♃. Bäche, Waldschluchten, stellenweise; Kahlengebirge bis in die Prein- u. Aspanger Klause, Thäler der Traisen, Erlaf, Ibbs, Hiesberg bis Zelknig u. Grosspriel; im Waldviertel; Dunkelsteiner Wald. Tussilago alba L. T. ramosa Hoppe. H. 0,15 bis 0,4 M. März-April.

913. **P. niveus (Vill.) Baumg.** Stengel beschuppt; Schuppen bleichgrün, bräunlich überlaufen; *Blätter herzförmig-3eckig, ungleich-spitzgezähnt, unterseits dicht weiss-filzig;* Rispe eiförmig od. länglich; *Blüthen röthlichweiss,* Narben der Zwitterblüthen verlängert, lineallanzettlich, zugespitzt. ♃. Bäche, quellige Orte der Kalkalpen u. Voralpen, stellenweise; Schneeberg, Rax, Alpl. Höllenthal, Prein, in der Schwarza bei Neunkirchen, in den hohen Thälern der Traisen, Erlaf u. Ibbs u. ihrer Nebenbäche, an den Quellen der Mürz u. Salza, Hochkohr, im Kies der Enns. Tussilago nivea Vill. P. Lorezianus Sennh. non Brügg. H. 0,15—0,3 M. Mai-Juni.

3. Gruppe. Asterineae N. ab E. Griffelschenkel der Zwitterblüthen halbstielrund, auswendig flach, nur an der Spitze flaumlich; Staubbeutel ungeschwänzt.

262. Aster L. Aster. Hüllschuppen dachig; Scheibenblüthen röhrig-trichterig, 5zähnig, zwittrig, Randblüthen zungenförmig, 1reihig, weiblich od. leer; Achenen länglich, zusammengedrückt; Pappus haarig, vielreihig.

a. Hüllschuppen krautig od. an der Spitze trockenhäutig.

* Randständige Blüthen leer.

914. **A. canus W. et K.** Stengel vielköpfig, doldentraubig od. rispigästig, grauflaumig-wollig; Blätter 3nervig, länglich od. länlichlanzettlich, sitzend, grauflaumig-wollig; Hüllschuppen lanzettlich, die äusseren spitz, die inneren stumpf; Strahlblüthen bleichviolett. ♃. Grasige, buschige Orte, sehr selten; bisher nur bei Baumgarten im Marchfelde u. bei Münchendorf. Galatella cana Nees. H. 0,3—0,8 M. Aug.-Sept.

* * Randständige Blüthen weiblich.

o Stengel einköpfig.

915. **A. alpinus L.** Stengel kurzhaarig; Blätter 3nervig, kurzhaarig, untere länglich, in den Blattstiel verschmälert, obere lanzettlich, sitzend; Hüllschuppen lanzettlich, spitz, gewimpert; Strahlblüthen blau, sehr selten weiss. ♃. Kalkalpen, häufig; Schneeberg, Rax, Kleiner Göller, Dürnstein, Hochkohr. H. 0,03 bis 0,15 M. Juli-Sept.

o o Stengel oberwärts doldentraubig od. rispig-ästig.

916. **A. amellus L.** *Stengel kurzhaarig; Blätter* 3nervig, *kurzhaarig,* untere elliptisch, in den Blattstiel verschmälert, obere lanzettlich, sitzend; Hüllschuppen länglich stumpf, gewimpert; Strahlblüthen blauviolett. ♃. Steinige, buschige Orte; häufig im Wiener Becken, auch im oberen Donauthale u. auf den östl. Abfällen des Manhartsberges. H. 0,3—0.6 M. Juli-Sept.

917. **A. tripolium L.** *Stengel kahl,* am Grunde oft röhrig; *Blätter* 1—3nervig, *kahl,* etwas fleischig, untere länglich, in den Blattstiel verschmälert, obere lineallanzettlich, sitzend; Hüllschuppen länglich, stumpf, kahl; Strahlblüthen blau. ♃. Sumpfwiesen, salzige Triften; im Kreise U. M. B. bei Wülzeshofen, Zwingendorf, Feldsberg, Hausbrunn, Weidenbach bei Gaunersdorf über Schönkirchen, Weikendorf bis Baumgarten, Russbach bei Wolkersdorf über Wagram bis Siebenbrunn u. Breitensee, Eckartsau, Hof; im Kreise U. W. W. bei Biedermannsdorf, Laxenburg, Gallbrunn; häufig am Neusiedlersee; im Kreise O. M. B. im Plättelthal bei Horn, um See u. Kammern bei Langenlois. A. pannonicus Jacq. A. depressus Kit. H. 0,1—0,6 M. Juli-Sept.

b. Hüllschuppen mit einem trockenhäutigen weisslichen, am Grunde breiteren Rande eingefasst.

918. **A. salicifolius Scholl.** Stengel fast kahl, oberwärts kantig; Blätter 1nervig, lanzettlich, kahl, sitzend; Hüllschuppen lineal spitz, kahl; Strahlblüthen blasslila od. weisslich. ♃. Ufer, Auen; Heustadelwasser u. Lusthaus im Prater, Donauau bei Kaiser-Ebersdorf, Lobau bei Grossenzersdorf; Kierling, Hütteldorf, Mödling, Guntramsdorf, an der Piesting zwischen Moosbrunn u. Gramat-Neusiedl, Akademiepark in Neustadt; an der Melk, bei

St. Leonhard am Forst, an der Erlaf von Wieselburg bis zur Mündung, Peulenthal bei Scheibbs, an der Ibbs bei Ulmerfeld; Grundelbach bei Grossau, am Göllersbach; Stockerauer Au. A. salignus Willd. H .0,6—1,5 M. Aug.-Sept.

263. Erigeron L. Dürrwurz. Hüllschuppen dachig; Scheibenblüthen röhrig-trichterig, zwittrig, Randblüthen schmalzungenförmig od. fädlich, vielreihig, weiblich; Achenen länglich, zusammengedrückt; Pappus haarig, 1reihig.

* Köpfchen sehr klein; Randblüthen fädlich, schmutzigweiss.

919. **E. canadensis L.** Stengel rispig-ästig, Rispe verlängert, vielköpfig; Blätter lineallanzettlich, kurzhaarig, borstig-gewimpert; Randblüthen kaum länger als die Hülle. ⨀ Unbebaute Orte, gemein; stammt aus Nordamerika, ist aber völlig eingebürgert. H 0.3—1,0 M. Juli-Sept.

* * Köpfchen mittelgross; Randblüthen lila od. röthlich, selten weiss, die äusseren zungenförmig.

o Randblüthen so lang od. wenig länger als die Scheibenblüthen.

920. **E. acris L.** Stengel traubig- od. rispig-ästig, rauhhaarig; Blätter länglichlanzettlich, rauhhaarig; Köpfchenstiele meist kurz; Randblüthen unscheinbar, röthlich, fast 2mal so lang als die Hülle. ⨀ u. ♃. Trockene Hügel, Sandplätze, verbreitet. H. 0,2—0,5 M. Juli-Sept. b) d r o e b a c h e n s i s (Müll.). Stengel kahl od. spärlich-behaart; Blätter schmäler, kahl, am Rande gewimpert, die untersten oft zerstreut-behaart; Köpfchenstiele länger; Randblüthen deutlich lila. Ufer, feuchte schattige Stellen der Gebirge, zerstreut; Rekawinkel, Eisernes Thor bei Baden, Rosaliengebirge, Wartensteiner Schlossberg bei Gloggnitz, Krumbachgraben des Schneebergs, Unterer Scheibwald, Lassingfall, am Grossen Staff, Kleiner Oetscher, Langau, Königsberg bei Gössling, Oberndorf bei Scheibbs, Hiesberg bei Melk. E. angulosus Aut. non Gaud.

o o Aeussere Randblüthen noch einmal so lang als die Scheibenblüthen.

921. **E. alpinus L.** Stengel 1köpfig od. in mehrere 1köpfige Aeste getheilt, rauhhaarig; Blätter lanzettlich, rauhhaarig, die unteren in den Blattstiel verschmälert, etwas spatelig; Köpfchen 20—30 mm. im Durchmesser; *Hüllschuppen rauhhaarig, die inneren weiblichen Blüthen röhrig-fädlich;* Scheibenblüthen gelb. ♃ Triften der Kalkalpen u. Voralpen. H. 0,08—0,25 M. Juni-Sept. b) g l a b r a t u s (Hoppe.) Stengel ziemlich kahl, Blätter gewimpert, Hüllschuppen flaumig. Unter der Stammart, selten; Alpl, Oetscher, Dürnstein.

922. **E. uniflorus L.** Stengel 1köpfig; Köpfchen 15—25 mm. im Durchmesser; *Hüllschuppen dichtwollig-rauhhaarig, die weiblichen Blüthen sämmtlich zungenförmig;* Scheibenblüthen grün-

lich, sonst w. v. ♃. Kalkalpen, bisher bloss auf dem Schneeberge an den Abstürzen des Ochsenbodens gegen den Saugraben. H. 0,03—0,1 M. Juli-Aug.

264. Bellis L. Maasliebchen. Hüllschuppen 1—2reihig; Scheibenblüthen röhrig-trichterig, zwittrig; Randblüthen zungenförmig, 1reihig, weiblich; Achenen verkehrteiförmig; Pappus fehlend.

923. **B. perennis L.** Stengel 1köpfig; Blätter grundständig, verkehrteiförmig-spatelig, gekerbt; Hüllschuppen länglich, stumpf; Strahlblüthen weiss od. röthlich. ♃. Triften, bis in die Alpenregion, gemein. H. 00,5—0,15 M. März-Herbst.

265. Bellidiastrum Cass. Alpenmaasliebchen. Achenen länglich; Pappus haarig, 1—2reihig, sonst wie Bellis.

924. **B. Michelii Cass.** Stengel 1köpfig; Blätter grundständig, verkehrteiförmig-spatelig, grobgesägt; Hüllschuppen lanzettlich, spitz; Strahlblüthen weiss od. röthlich. ♃. Voralpen u. Alpen, auf Kalk u. Schiefer, häufig. Doronicum bellidiastrum L. H. 0,1 bis 0,25 M. Mai-Juli.

266. Stenactis Cass. Milchstrahl. Hüllschuppen 2—3reihig; Scheibenblüthen röhrig-trichterig, zwittrig, Randblüthen zungenförmig, 2reihig, weiblich; Achenen länglich, zusammengedrückt; Pappus der Zwitterblüthen 2reihig, äussere Reihe kurzborstlich, innere langhaarig, der weiblichen Blüthen 1reihig, kurzborstlich.

925. **S. annua (L.) Nees.** Stengel oberwärts doldentraubigästig, vielköpfig; untere Blätter länglich-verkehrteiförmig, obere lanzettlich; Hüllschuppen lineal, spitz, rauhhaarig; Strahlblüthen weiss od. bläulich. ⊙ u. ♃. Auen, Ufer, Waldränder, stammt aus Nordamerika, ist jedoch völlig eingebürgert; im Thalwege der Donau von der Ispermündung bis Wien, besonders bei Persenbeug, Mautern, Theiss, Neu-Aigen, Stockerau, Tulln, Kritzendorf, Klosterneuburg, Korneuburg; Hiesberg bei Melk, Grasberg bei St. Pölten u. Traisenauen; im Wienerwalde bei Kierling u. Hadersfeld, Greifenstein, Rappoltenkirchen, Krotenbach bei Döbling, Grinzing, Weidlingbach, Steinriegel, Steinbach, Sofienalpe, Neuwaldegg, Hainbach, Hadersdorf, Hundskogel in der Brühl; Akademiepark von Neustadt. Aster annuus L. S. bellidiflora A. Br. H. 0,3—0,6 M. Juni-Juli.

267. Solidago L. Goldruthe. Hüllschuppen dachig; Scheibenblüthen röhrig-trichterig, zwittrig, Randblüthen zungenförmig, 1reihig, weiblich; Achenen stielrundlich-vielseitig; Pappus haarig, 1reihig.

926. **S. virga aurea L.** Stengel oberwärts rispig-traubig, kahl od. flaumig; untere Blätter elliptisch, in den geflügelten Blattstiel herablaufend, obere lanzettlich; Blüthen gelb. ♃. Wälder, buschige

Hügel, häufig. H. 0,4—1,0 M. Juli-Sept. b) alpestris (W. et K.) Stengel niedriger, Blätter schmäler, Köpfchen grösser. Voralpen u. Alpen.

Anm. S. canadensis L. S. lanceolata L. u. S. serotina Ait. werden in Thiergärten häufig gepflanzt u. kommen oft, besonders an Ufern, verwildert vor.

268. Linosyris DC. Goldschopf. Blüthen sämmtlich röhrig-trichterig, zwittrig; Achenen länglich, zusammengedrückt; Pappus 1—2reihig. sonst wie Solidago.

927. **L. vulgaris Cass.** Stengel oberwärts doldentraubig-ästig, dicht mit linealen, zugespitzten Blättern besetzt; Hüllschuppen linealpfriemlich; Blüthen goldgelb. ♃. Sonnige, buschige Hügel; verbreitet auf dem Kahlengebirge, Brunn am Steinfeld; Inzersdorf bei Herzogenburg, Gudersdorfer Berg, Förthof oberhalb Stein; Hardegg; im Kreise U. M. B. auf der Hochleiten, Hügelreihe von Ernstbrunn bis an die March, Staatzer Kalkberg. Chrysocoma linosyris L. Aster linosyris Bernh. Galatella linosyris Rchb. H. 0,3 bis 0,5 M. Juli-Sept.

4. Gruppe. Inuleae Cass. Griffelschenkel der Zwitterblüthen halbstielrund, auswendig flach, nur an der Spitze fläumlich; Staubbeutel am Grunde von 2 pfriemlichen Anhängseln geschwänzt.

269. Micropus L. Falzblume. Hüllschuppen 2reihig, innere Reihe breiter, die Randblüthen u. später die Früchte einschliessend; Scheibenblüthen röhrig-trichterig, zwittrig, Randblüthen fädlich, 1reihig, weiblich; Achenen verkehrteiförmig; Pappus fehlend; Blüthenlager nackt.

928. **M. erectus L.** Stengel dichtgrauwollig; Blätter länglich-lanzettlich, stumpf, dichtgrauwollig; Köpfchen trugdoldig zusammengestellt, die obersten gehäuft; Blüthen unmerklich. ⨀ Brachen, trockene Aecker, selten; Ober-Waltersdorf, Oyenhausen, Tribuswinkel, Soos, Vöslau, Kottingbrunn, Leobersdorf, Solenau, Theresienfeld, Neustadt, Brunn am Steinfelde. Neunkirchen; vorübergehend auch bei Neuwaldegg. H. 0,05—0,15 M. Juni-Juli.

270. Buphthalmum L. Rindsauge. Hüllschuppen dachig; Scheibenblüthen röhrig-trichterig, zwittrig, Randblüthen zungenförmig, 1reihig, weiblich; Randachenen verkehrteiförmig-3kantig, mit geschärftem Rande, Achenen der Scheibe länglich-4seitig, mit einem kronenförmigen, aus zerissen-gezähnelten Spreuschuppen gebildeten Pappus; Blüthenlager spreublättrig.

929. **B. salicifolium L.** Blätter länglichlanzettlich, schwachgezähnt, obere sitzend, untere in den Blattstiel herablaufend; Hüllschuppen lanzettlich, feinzugespitzt; Blüthen gelb. ♃. Steinige, buschige Orte, verbreitet bis in die Krummholzregion, seltner in der Ebene. H. 0,3—0,5 M. Juli-Aug.

271. Pulicaria Gaertn. Flohkraut. Hüllschuppen dachig; Scheibenblüthen röhrig-trichterig, zwittrig, Randblüthen zungenförmig, 1reihig, weiblich; Pappus 2reihig, äussere Reihe kronenförmig, innere haarig; Blüthenlager nackt.

930 **P. vulgaris Gaertn.** Stengel aufrecht od. aufsteigend, oft schon vom Grunde an ausgebreitet-ästig; *Blätter* länglich-lanzettlich, behaart od. fast kahl. *obere mit abgerundetem Grunde sitzend; Blüthen gelb, die randständigen nur wenig länger, als die der Scheibe*, die Hüllschuppen nicht überragend. ⊙ Weiden, wüste Plätze, Gruben, stellenweise; Marchthal von Feldsberg bis zur Donau, Marchfeld von Grossenzersdorf u. Glinzendorf bis zur March, Tulln, Donauinseln bei Wien, Fasangasse in Wien; im Leithagebirge bei Reisenberg, Pischelsdorf, Götzendorf, Wilfleinsdorf, Gschiess am Neusiedlersee; bei Fischau nächst Neustadt; Fuglau bei Horn, Rabesreit bei Raabs, Weissenbach an der böhm. Grenze, Gratzen, Gmünd. Inula pulicaria L. H. 0,1 –0,3 M. Juli-August.

931. **P. dysenterica (L.) Bernh.** Stengel aufrecht; *Blätter* länglich, mit breitem *herzförmigem Grunde stengelumfassend*, unterseits graufilzig; Blüthen gelb, *die randständigen viel länger als die der Scheibe*, die Hüllschuppen weit überragend. ♃. Auen, Gräben, häufig im Becken von Wien, besonders am Kahlengebirge; fehlt im Waldviertel. Inula dysenterica L. H. 0,3—1,0 M. Juli-August.

272. Inula L. Alant. Pappus 1reihig, haarig, sonst wie Pulicaria.

a. Innere Hüllschuppen an der Spitze spatelig verbreitert.

932. **I. helenium L.** Blätter ungleich-gezähnt, unterseits filzig, die grundständigen länglich-elliptisch, in den Blattstiel verschmälert, die stengelständigen herzeiförmig, stengelumfassend; Köpfchen sehr gross, Blüthen gelb; Achenen kahl. ♃. Feuchte Wiesen, Zäune, selten u. nur aus Bauerngärten verwildert, so in der Grünsting bei Reichenau, bei Seitenstetten. H. 1.0—1.5 M. Juli-Aug.

b. Innere Hüllschuppen zugespitzt.

* Achenen kahl.

o Blätter mit herzförmigem Grunde stengelumfassend.

933. **I. germanica L.** *Stengel wollig-haarig*, doldentraubig-ästig, vielköpfig; *Blätter* länglich od. länglich-lanzettlich, netznervig, mit schwachherzförmigem halbumfassendem Grunde sitzend, *unterseits wollig-haarig;* Hüllschuppen wollig-haarig; *Blüthen* dottergelb, *die randständigen kaum länger als die der Scheibe.* ♃. Buschige Abhänge, selten; Stockerau, Hochleiten bei Wolkersdorf, Bisamberg, Leopolsberg, St. Veit, Eichkogel bei Mödling, Melker Keller bei Baden, Laaerberg, Lanzendorf, Haglersberg bei Goyss. H. 0,3—0,6 M. Juni-Juli.

934. **I. salicina L.** *Stengel kahl,* 1-wenigköpfig; *Blätter* länglich-lanzettlich, netznervig, mit herzförmig-halbumfassenden Grunde sitzend, *am Rande rauh, sonst kahl;* Hüllschuppen wollig-gewimpert, sonst kahl; *Blüthen* goldgelb, *die randständigen viel länger als die der Scheibe.* ♃. Wiesen, buschige Orte, verbreitet. H. 0.3—0,6 M. Juni-Juli.

o o Blätter mit verschmälertem Grunde sitzend.

935 **I. ensifolia L.** *Stengel kahl od. oberwärts wollig-haarig,* 1—5köpfig; *Blätter steif, lineallanzettlich od. lineal,* längsnervig, am Rande rauh od. wollig, sonst *kahl;* Hüllschuppen wollighaarig; Blüthen goldgelb. ♃. Sonnige, buschige Stellen, sowohl auf tertiären Hügeln, als in der Bergregion auf Sandstein u. Kalk, verbreitet, seltner auf Schiefer im oberen Donauthale. H. 0,2—0,5 M. Juli-Aug.

935×936. **I. ensifolia × hirta.** Von J. ensifolia durch die nicht allmählig-, sondern gerundet-gespitzten, netznervigen, am Rande borstig-behaarten Blätter u. die mehr minder rauhharigen Hüllschuppen; von I. hirta durch schmallanzettliche, gegen den Grund verschmälerte Blätter u. die geringere Bekleidung aller Theile verschieden. Hundskogel, Baden, Hollenburg, Thayathal unterhalb Hardegg. I. Hausmanni Hut.

936. **I. hirta L.** Stengel *rauhhaarig,* 1—3köpfig; *Blätter länglich od. länglichlanzettlich,* netznervig, beiderseits *rauhhaarig,* Hüllschuppen steifhaarig; Blüthen goldgelb. ♃. Sonnige Abhänge, verbreitet. H. 0,3—0,5 M Mai-Juni.

933×935. **I. germanica × ensifolia.** Von I. germanica durch schmallanzettliche, beiderseits verschmälerte, unterseits nicht wollighaarige Blätter; von I. ensifolia durch breitere netznervige Blätter, kleinere meist in einer Doldentraube stehende Köpfchen u. kurzstrahlende Randblüthen, verschieden. Eichkogel, Leopoldsberg u. Bisamberg. I. hybrida Baumg. I. sericata Beck. I. pseudoensifolia Borb.

934×935. **I. salicina × ensifolia.** Von I. salicina durch die mit verschmälerten, nicht mit geöhreltherzförmigem Grunde sitzenden Blätter; von I. ensifolia durch netznervige Blätter verschieden. Vöslau, Baden, Anninger, Eichkogel, Mödling, Hinterbrühl, Grinzing, Leopoldsberg, Bisamberg, Höbesbrunn. I. stricta Tausch. I. Neilreichii Beck.

934×936. **I. hirta × salicina.** Von I. hirta durch die am Rande rauhen, oberseits kahlen, unterseits nur an dem Mittelnerv etwas behaarten, mit schwachherzförmigem Grunde sitzenden Blätter; von I. salicina durch den rauhen, am Grunde meist kurzhaarigen Stengel, die mit schwachherzförmigem Grunde sitzenden Blätter, die borstlich gewimperten, theilweise behaarten Hüllschuppen u.

die grösseren an I. hirta erinnernden Köpfchen verschieden. Bisamberg, Dornbach, Hardegg. I. rigida Doell. I. spuria A. Kern. I. semicordata Borb.

* * Achenen kurzhaarig.

o Randblüthen zungenförmig, viel länger als die Scheibenblüthen.

937. **I. britanica L.** Wurzelstock walzlich, schief, mit langen Fasern besetzt; Stengel wolligkurzhaarig, 1—vielköpfig; *Blätter* lanzettlich, *oberseits ziemlich kahl, unterseits flaumig od. flaumig-wollig,* obere mit herzförmigem Grunde sitzend; *äussere Hüllschuppen* auswärts gekrümmt, *so lang od. länger als die inneren;* Blüthen goldgelb. ♃. Feuchte Wiesen, Gräben, verbreitet. H. 0,2—0,6 M. Juli-Aug.

938. **I. oculus Christi L.** Wurzelstock stielrund, ästig, kriechend; Stengel wollighaarig, 1—vielköpfig; *Blätter* länglich od. länglich-lanzettlich, *beiderseits seidenhaarig-wollig,* obere mit herzförmigem Grunde sitzend; *Hüllschuppen* angedrückt, *die äusseren kürzer als die inneren;* Blüthen dottergelb. ♃. Sonnige Abhänge; häufig auf den Kalkbergen, auch auf Sandstein am Kahlengebirge u. auf den tertiären Hügeln des südlichen u. nördlichen Wiener Beckens, auch in der Ebene bei Unter-Waltersdorf; auf Schiefer auf dem Rosaliengebirge, Haglersberg, Göttweiher Berge, Inzersdorf bei Herzogenburg, Förthof bei Stein, Rosenburg bei Horn, Hardegg. H. 0,2—0,5 M. Juni-Juli.

838×839. **I. vulgaris × oculus Christi.** Von I. vulgaris durch die stärkere Behaarung der Blätter, die grösseren Köpfchen, die dottergelben, zungenförmigen, die Scheibenblüthen um mehr als die Hälfte überragenden Randblüthen; von I. oculus Christi durch den nicht kriechenden Wurzelstock, schwächere Behaarung der Blätter, kleinere Köpfchen, borstlichgewimperte, zurückgekrümmte äussere Hüllschuppen, verschieden. Vöslau. Kienthal in der Hinterbrühl, Steinaweg bei Mautern. Hardegg. Merkensdorfer Berg; auch im bot. Garten von Wien, spontan. I. suaveolens Jacq. I. intermixta J. Kern. I. vindobonensis Beck.

o o Randblüthen röhrig, so lang als die Scheibenblüthen.

939. **I. vulgaris (Lam.) Trevis.** Wurzelstock walzlich, schief, mit langen Fasern besetzt; Stengel flaumig-filzig, oberwärts doldenrispig; Blätter elliptisch od. elliptisch-lanzettlich, oberseits flaumig, unterseits dünnfilzig, obere mit verschmälertem Grunde sitzend; äussere Hüllschuppen meist zurückgekrümmt, kürzer als die inneren; Blüthen bräunlichgelb. ⊙ u. ♃. Buschige Hügel, Holzschläge, verbreitet. I. conyza DC. Conyza squarrosa L. C. vulgaris Lam. H. 0,4—1,0 M. Juli-Aug.

Anm. Galinsoga parviflora Cav. aus Südamerika stammend, kommt an wüsten Plätzen häufig eingeschleppt vor.

5. Gruppe. Heliantheae Less. Griffelschenkel der Zwitterblüthen in ein behaartes fädliches od. kegelförmiges Anhängsel vorgezogen; Staubbeutel ungeschwänzt.

273. Bidens Tourn. Zweizahn. Hüllschuppen 2reihig, innere Reihe kronblattartig; Blüthen röhrig-trichterig, zwittrig od. die randständigen zungenförmig, 1reihig, leer; Achenen länglich-verkehrteiförmig; Pappus aus 2—4 steifen Grannen bestehend; Blüthenlager sprenblättrig.

940. **B. tripartita L.** *Blätter* gestielt, *3theilig od. fiederspaltig-5theilig,* mit lanzettlichen Zipfeln; Köpfchen meist aufrecht; Blüthen sämmtlich röhrig, schmutziggelb. ⊙ Ufer, Gräben, sumpfige Stellen, häufig. H. 0,1—1,0 M. Juli-Sept. b) integra C. Koch. Alle od. die meisten Blätter ungetheilt. Mit der Grundform.

941. **B. cernua L.** *Blätter* lanzettlich, *mit etwas zusammengewachsenem Grunde sitzend, ungetheilt;* Köpfchen nickend; Blüthen sämmtlich röhrig, schmutziggelb. ⊙ Ufer, Sümpfe, Gräben, stellenweise; Donauinseln, südöstliche Niederung Wiens von Himberg, Laxenburg bis Hölles u. Neustadt, Neusiedlersee; an der Leitha, March, Traisen, am Kamp; gemein auf Teichboden in den beiden nördl. Kreisen. H. 0,05—0,6 M. Juli-Sept. b) radiata DC. Randblüthen zungenförmig, strahlend. Mit der Grundform.

Anm. Helianthus annuus L. aus Peru stammend, bei uns überall auf Feldern gebaut, kommt in der Nähe von Dörfern oft verwildert vor. Rudbeckia laciniata L. aus Nordamerika stammend, kommt in Donauauen bei Kritzendorf, im unteren Prater, im südlichen Schiefergebiete längs dem Schlattenbache von Scheiblingkirchen bis über Bromberg u. bei der Kothmühle unterhalb Gschaid am Leithagebirge bei Eisenstadt, dann am Ramingbache bei Steyr u. bei Gmünd förmlich eingebürgert vor.

6. Gruppe. Anthemideae Cass. Griffelschenkel der Zwitterblüthen an der Spitze abgerundet od. abgestutzt, daselbst pinselförmig behaart; Staubbeutel ungeschwänzt; Pappus fehlend od. ein häutiger Rand od. kronenförmig.

274. Achillea L. Schafgarbe. Hüllschuppen dachig; Scheibenblüthen röhrig-trichterig, zwittrig, Randblüthen zungenförmig mit rundlichem Saume; Achenen länglich od. verkehrteiförmig, zusammengedrückt, glatt; Pappus fehlend od. ein häutiger Rand; Blüthenlager spreublättrig.

a. Strahlblüthen 6—12, so lang od. länger als die Hülle, weiss.

* Blätter fiederförmig zertheilt.

942. **A. Clavenae L.** Stengel doldentraubig-ästig; *Blätter seidenhaarig-graufilzig,* länglich verkehrteiförmig od. keilig, *fiederspaltig, mit länglichen, ganzrandigen od. 2—3zähnigen, stumpfen Zipfeln.* ♃. Kalkalpen, häufig, seltner auf Voralpen u. in deren Thälern, wie auf dem Ballenstein bei Pottenstein, Grosse Kanzel bei Grünbach, in der Oed. Ptarmica Clavenae DC. H. 0,1—0,3 M. Juni-Aug.

943. **A. atrata L.** Stengel doldentraubig-ästig; *Blätter mehr weniger behaart, länglich, kämmigfiedertheilig, mit 2—3spaltigen,*

linealen, stachelspitzigen Zipfeln. ♃. Kalkalpen sehr selten, Schneeberg, Raxalpe, Gamsstein bei Hollenstein. Ptarmica atrata DC. H. 0,1—0,2 M. Juli-Sept. b) monocephala Heim. Stengel 1köpfig. Köpfchen grösser. Schneeberg.

944. **A. Clusiana Tausch.** *Blätter doppeltfiedertheilig mit schmallinealen od. fädlichen Zipfeln,* sonst w. v. ♃. Kalkalpen, verbreitet. Ptarmica atrata v. Clusiana DC. H. 0,01—0,2 M. Jul.-Sept. b) Beckiana Heim. Stengel dicht beblättert; Blätter kleiner; Köpfchen zahlreich, in zusammengesetzter weiter Doldentraube. Geflötz der Rax.

942 944×. **A. Clavenae × Clusiana.** Von A. Clavenae durch doppeltfiedertheilige Blätter mit linealen feinzugespitzten Zipfeln; von A. Clusiana durch den seidenhaarig-graufilzigen Ueberzug derselben verschieden. Sehr selten; Saugraben des Schneebergs, Oetscher, Dürnstein. A. Reichardtiana Beck.

* * Blätter ungetheilt, scharfgesägt.

945. **A. ptarmica L.** Stengel doldentraubig-ästig; Blätter lineallanzettlich, kahl. ♃. Ufer, feuchte Wiesen, selten; zwischen Gaden u. Sittendorf, Donauinseln bei Wien, zwischen Schönau u. Fischamend, bei Krems, Stein, Mautern: an der Lainsitz bei Zuggers u. zwischen Peinhöfen u. Schwarzbach: Neuwaldgraben im Wechselgebiete. Ptarmica vulgaris DC. H. 0,2—1,5 M. Juli-Aug.

b. Strahlblüthen 4—5, halb so lang als die Hülle od. kürzer.

* Strahlblüthen ausgebreitet, halb so lang als die Hülle; Blätter 2—3fach fiedertheilig.

○ Blattspindel ganzrandig.

946. **A. setacea W. et K.** *Stengel sammt den Blättern wollighaarig;* Blätter graugrün, lineal, 2—6 mm. breit, *Zipfel borstlich,* genähert; Doldentraube gedrungen, *Blüthen gelblichweiss.* ♃. Sandige Grasplätze; Marchegg, Breitensee, Schlosshof; St. Marxer Linie von Wien, Laaerberg, Himberg, Neustädter Canal u. Akademiepark; Neusiedlersee bei Goyss; Kirchberg am Wagram, Raabs. H. 0,1—0,3 M. Mai-Juni.

947. **A. asplenifolia Vent.** *Stengel sammt den Blättern fast kahl;* Blätter dunkelgrün, lineal, 4—10 mm. breit, *Zipfel kurz, an der Spitze knorplig-verdickt,* weisslich, fast stechend; Doldentraube minder gedrungen, *Blüthen purpurn,* selten weiss. ♃. Nasse Wiesen; Donauauen bei Spillern; Marchfeld; von Himberg u. Laxenburg bis Hölles u. an den Neusiedlersee. A. rosea Desf. A. scabra Host. A. millefolium v. crustata Roch. H. 0,2—0.6 M. Mai-Juli.

948. **A. pannonica Scheele.** *Stengel sammt den Blättern wolligzottig;* Blätter graugrün, lineal, 4—10 mm. breit, *Zipfel lineal,* genähert; Doldentraube gedrungen; *Blüthen gelblichweiss.* ♃.

Trockene Grasplätze des Wiener Beckens, häufig; Marchfeld, Bisamberg, Leopoldsberg, Türkenschanze, Laaerberg, auf allen Kalkbergen bis Baden u. Vöslau, Leithagebirge. A. millefolium v. lanata Koch. Neilr. non A. lanata Spreng. H. 0,1—0,3 M. Juni-Sept.

949. **A. millefolium L.** *Stengel sammt den Blättern zerstreutwollig*; Blätter dunkelgrün, lineal od. lineallänglich, 5—15 mm. breit, *Zipfel lineal od. lanzettlich*, genähert; Doldentraube minder gedrungen; *Blüthen weiss*, selten rosa. ♃. Wiesen, Raine, bis in die Voralpen, gemein. H. 0.3—0,6 M. Juni-Sept. a) collina (Becker). Niedriger, Blätter schmäler, Zipfel dicht gehäuft. b) silvatica (Becker). Grösser. Blätter breiter, Zipfel entfernter, Spindel oft etwas gezähnt. Wälder, besonders in Voralpen. A. alpicola Heim.

o o Blattspindel einfach- od. doppelt-gezähnt.

950. **A. stricta Schleich.** Stengel sammt den Blättern mehr weniger wollig-zottig bis fast kahl; Blätter dunkelgrün, länglich od. die oberen lineallänglich, 1—7 cm. breit, Zipfel lanzettlich, entfernt; Doldentrauben meist umfangreich; Blüthen weiss, selten röthlich. ♃. Buschige Stellen der Gebirge; ziemlich selten; Geissberg, Sooser Lindkogel, Eisernes Thor, Merkenstein, Pottenstein; Pöggstall, Gföhler Wald. A. millefolium v. tanacetifolia Neilr. H. 0.3—1,0 M. Juli-Aug.

* * Strahlblüthen zurückgebogen, 3—4mal kürzer als die Hülle; Blätter 2fach fiedertheilig.

951. **A. nobilis L.** Stengel sammt den Blättern wolligflaumig; Blätter graugrün, länglich od. oval, Spindel gezähnt, Zipfel lineal, Doldentraube gedrungen. ♃. Grasplätze, sonnige Hügel, selten; um Wien in der Zwischenbrückenau u. zwischen Döbling u. Sievring, ehemals auch auf der Türkenschanze, dem Laaerberge, bei Simmering u. Margarethen am Moos; Steinfeld bei Neustadt, Leithagebirge bei Sz. György, Winden u. Goyss am Neusiedlersee, Wolfsthal bei Hainburg, Ebersdorf a. d. Donau; Stein, Rossatz, Klopfharzberg bei Stiefern, Manhartsberg bei Schönberg, Hardegg, Raabs, Reinprechtspölla, Franzen, Döllersheim. H. 0,2—0,5 M. Juni-Juli. a) genuina. Blüthen weiss. So hier nur einzeln. b) Neilreichii. (Kern.) Blüthen blassgelb.

Anm. A. crithmifolia W. et K. von voriger vorzugsweise durch ganzrandige Blattspindel u. längere Strahlblüthen verschieden, wurde einige Jahre hindurch am linken Donauufer beobachtet, scheint jedoch wieder verschwunden zu sein.

275. Anthemis L. Hundskamille. Randblüthen mit länglichem Saume; Achenen stielrundlich od. zusammengedrückt 4kantig, gerippt, sonst wie Achillea.

a. Spreublättchen lanzettlich od. länglich, starr-stachelspitzig; Strahlblüthen weiblich; Achenen mehr weniger 4kantig, glattgerieft; Blätter doppeltfiedertheilig, mit lanzettlichen Zipfeln.

* Blüthenlager halbkugelig: Achenen zusammengedrückt-4kantig, an der Spitze mit rautenförmigem Höfchen.

952. **A. tinctoria L.** Blätter unterseits grauwollig, Spindel gezähnt; Spreublättchen in eine Stachelspitze verschmälert; *Strahl u. Scheibenblüthen goldgelb;* Achenen jederseits 5riefig. ♃. Sonnige Abhänge, stellenweise. H. 0,3—0,5 M. Juli-Aug. b) pallida DC. Strahlblüthen blasschwefelgelb. Leithagebirge bei Goyss.

953. **A. austriaca Jacq.** Blätter flaumigwollig, Spindel fast ganzrandig; Spreublättchen plötzlich in eine Stachelspitze zugespitzt; *Strahl weiss, Scheibe gelb;* Achenen jederseits 3riefig. ⊙ Aecker, sandige Hügel, Raine; verbreitet im südl. Becken von Wien u. im Kreise U. M. B.; im oberen Donauthale bei Aggsbach; fehlt im Kreise O. W. W. H. 0,3—0,5 M. Mai-Juli.

* * Blüthenlager verlängert-kegelförmig; Achenen kreiselförmig 4kantig, an der Spitze mit rundlichem Höfchen.

954. **A. ruthenica M. a B.** Blätter wollig-grauzottig; *Spreublättchen länglichkeilig, vorn gezähnelt;* Achenen oben mit scharfem Rande, die äusseren oft mit halbseitigem Krönchen; Strahl weiss. ⊙ Aecker, Sandfelder, stellenweise im Becken von Wien, besonders im Marchfelde, auch auf der Türkenschanze. A. Neilreichii Ortm. H 0,1—0,3 M. Mai-Juli.

955. **A. arvensis L.** Blätter flaumigwollig od. fast kahl; *Spreublättchen lanzettlich, ganzrandig;* Achenen oben mit gedunsenem, die inneren oft mit scharfem Rande; Strahl weiss. ⊙ Aecker, wüste Plätze, Wege, verbreitet. H. 0,1—0,4 M. Juni Sept.

b. Spreublättchen linealborstlich; Strahlblüthen geschlechtslos; Achenen fast stielrund, knotiggerieft; Blätter 2—3fach-fiedertheilig, mit schmallinealen, fast fädlichen Zipfeln.

956. **A. cotula L.** Blätter ziemlich kahl; Blüthenlager verlängert-kegelförmig; Achenen an der Spitze mit rundlichem Höfchen; Strahl weiss. ⊙ Wüste Plätze, Brachen, Ufer, stellenweise, H. 0,2—0,5 M. Juni-Sept.

276. Matricaria L. Kamille. Achenen auf dem Rücken ohne, auf dem Bauche mit 3—5 Rippen; Blüthenlager nackt, sonst wie Anthemis.

957. **M. chamomilla L.** Blätter 2—3fach fiedertheilig, mit linealen Zipfeln; *Blüthenlager verlängert-kegelförmig, hohl;* Achenen auf der Bauchseite 5riefig, auf der Rückseite fein gestreift; Köpfchen klein, aromatisch riechend. Strahl weiss. ⊙ Aecker, wüste Plätze, stellenweise; Pulkathal zwischen Haugsdorf u. Laa, Marchfeld, Neusiedlersee; sonst selten u. mehr zufällig, so um Wien, Rappoltenkirchen, Melk, Krems, Mittelberg, Rastenberg, Idolsberg, Seitenstetten. H. 0,1—0,3 M. Mai-Sept.

958. **M. inodora L.** Blätter 2—3fach fiedertheilig mit linealen Zipfeln; *Blüthenlager halbkugelig, ausgefüllt;* Achenen querrunz-

lig, auf der Bauchseite 3kantig, auf der Rückseite mit 2 drüsigen Grübchen; Köpfchen grösser, geruchlos, Strahl weiss. ⊙ u. ⊙ selten ♃. Aecker, wüste Plätze; gemein im Wiener Becken, im westlichen Theile des Gebietes dagegen sehr selten od. fehlend. Chrysanthemum inodorum L. H. 0,2—0,8 M. Juni-Sept.

277. Chrysanthemum L. Wucherblume. Achenen regelmässig, 5—10 riefig, sonst wie Matricaria.

a. Randblüthen zungenförmig, strahlend.

* Stengel 1köpfig od. in einige 1köpfige Aeste getheilt; Blätter oft tiefgezähnt, aber ungetheilt.

959. **C. leucanthemum L.** Blätter dünn, unteren langgestielt, verkehrteiförmig-spatelig, gekerbt, obere länglichlineal, eingeschnittengesägt od. am Grunde fiederspaltig, halbumfassend sitzend; Hüllschuppen schmal, dunkelbraun berandet; Strahlblüthen weiss; *Achenen sämmtlich ohne Pappus,* ♃. Wiesen, Buschige Hügel gemein. Leucanthemum vulgare Lam. H. 0,2—0,5 M. Juni-Sept. b) montanum (L.) Blätter dicklich, untere länglich, in den Blattstiel verschmälert od. verkehrteiförmig, gekerbt, obere lanzettlich od. lineal, gesägt; Achenen des Randes mit einem krönchenförmigen Pappus. Waldränder, Holzschläge vom Kahlengebirge an bis in die Voralpen verbreitet.

960. **C. atratum Jacq.** Blätter fleischig-brüchig, glänzend, untere verkehrtlanzettlich od. schmalkeilig, entfernt-kämmiggezähnt, obere lanzettlich od. lineal; Hüllschuppen breit, schwarzbraun berandet; Strahlblüthen weiss; *Achenen sämmtlich mit krönchenförmigem Pappus.* ♃. Kalkalpen, stellenweise. C. coronopifolium Vill. H. 0,1—0,3 M. Juli-Aug.

Anm. C. segetum L. einst um Wien zufällig, ist gegenwärtig verschwunden.

* * Stengel doldentraubig-ästig, vielköpfig; Blätter fiederschnittig.

o Achenen sehr klein, 1 mm. lang, 10rippig, Pappus ein kurzer häutiger Rand.

961. **C. parthenium (L.) Bernh.** Blätter weich, gestielt, eiförmig, mit länglichen od. eiförmigen, stumpfen, fiederspaltigen Abschnitten u. kerbig gezähnten Zipfeln; Scheibe blassgelb, Strahl weiss. ♃. Zäune, Holzschläge, Dörfer, zerstreut u. nicht ursprünglich wild; Hameau bei Neuwaldegg, Sparbach, Payerbach, Kranichberg, einzeln im südöstl. Schiefergebiete, Reichenau, Lilienfeld, Scheibbs, Plankenstein, St. Leonhard am Forst, Zelking, Rossatz, Senftenberg, Hardegg. Matricaria parthenium L. Pyrethrum parthenium Sm. Tanacetum parthenium Schultz. H. 0,3—0,8 M. Juni-Juli.

o o Achenen grösser, 2—3 mm. lang, Pappus krönchenförmig.

962. **C. corymbosum L.** Blätter etwas derb, länglich, untere gestielt, mittlere sitzend, mit länglichen, spitzen, eingeschnittengesägten Abschnitten; Köpfchen ansehnlich, Köpfchenstiele rauh-

haarig, Hüllschuppen braunhäutig-berandet, Scheibe goldgelb. Strahl weiss, doppelt so lang als die Blüthen der Scheibe; Achenen 5rippig, Pappus krönchenförmig. ♃. Berge, Wälder, buschige Orte, verbreitet. Pyrethrum corymbosum Willd. Tanacetum corymbosum Schultz. H. 0,5—1,0 M. Juni-Juli. b) Clusii (Fisch.). Blätter schmäler, mit lanzettlichen, zugespitzten, scharfeingeschnitten-gesägten Abschnitten; Köpfchen grösser, Köpfchenstiele zerstreut-behaart, stärker gefurcht, Hüllschuppen schwarzbraun-häutig berandet, Strahl 3mal so lang als die Blüthen der Scheibe. Wälder der Voralpen bis in die Krummholzregion. Pyrethrum Clusii Fisch.

b. Randblüthen röhrig-fädlich, nicht strahlend.

963. **C. vulgare (L.) Bernh.** Stengel doldentraubig-ästig; Blätter fiederschnittig mit eingeschnitten-gesägten Abschnitten; Blüthen gelb; Achenen 5rippig. Pappus ein kurzer häutiger Rand; ♃. Auen, Ufer, Zäune, verbreitet. Tanacetum vulgare L. H. 0,5—1,2 M. Juli-Herbst.

278. Artemisia L. Beifuss. Hüllschuppen dachig; Blüthen sämmtlich röhrig-trichterig, zwittrig od. die des Randes fädlich, 1reihig, weiblich; Achenen verkehrteiförmig; Pappus fehlend; Blüthenlager nackt, dabei kahl od. behaart.

a. Randblüthen weiblich, fädlich; Scheibenblüthen zwittrig, röhrig.

* Blüthenlager behaart; äussere Hüllschuppen filzig.

964. **A. absinthium L.** *Blätter seidenhaarig-graufilzig*, 2—3 fach fiedertheilig, *mit lanzettlichen stumpflichen Zipfeln, Blattstiele nicht geöhrelt;* Köpfchen fast kuglig, nickend, Blüthen schwefelgelb. ♃. Buschige Plätze, Holzschläge; Kahlengebirge vom Bisamberge bis in die Voralpen, besonders auf Kalk; Hügelreihe des Kreises U. M. B., südl. Abfälle des Ellender Waldes; Steinfeld, südöstl. Schiefergebiet, Leithagebirge bis an den Neusiedlersee; oberes Donauthal von Langenlois, über Pöggstall, Weitenegg, Melk, bis Persenbeug; Hardegg. H. 0,5—1,0 M. Juli-Aug.

965. **A. camphorata Vill.** *Blätter zerstreut behaart od. fast kahl,* 1—2fach fiedertheilig, *mit schmallinealen Zipfeln, am Grunde des Blattstieles geöhrelt;* Köpfchen fast kuglig, nickend, Blüthen schwefelgelb. ♃. Bisher nur auf dem Haglersberge bei Winden. H. 0,3—1,0 M. Sept.-Oct.

* * Blüthenlager kahl.

o Aeussere Hüllschuppen filzig.

966. **A. pontica L.** *Blätter glanzlos, graufilzig od. oberseits kahl,* 2—3fach fiedertheilig, *mit linealen Zipfeln,* am Blattstiele geöhrelt, die obersten ungetheilt; Köpfchen fast kuglig, angedrückt-graufilzig, nickend, Blüthen schwefelgelb. ♃. Sonnige Abhänge, Raine, zerstreut; Hügelreihe zwischen Lainz u. St. Veit.

Eichkogel, Laaerberg über Inzersdorf, Vösendorf, Laxenburg, Münchendorf, Soos, Vöslau bis auf das Steinfeld; Leithagebirge bis an den Neusiedlersee; im Thalwege der March bis Feldsberg; Stockerau, Inzersdorf bei Herzogenburg. H. 0,4—1,0 M. Juli-September.

967. **A. austriaca Jacq.** *Blätter seidenartig-weissgraufilzig, 2—3fach fiedertheilig, mit linealen Zipfeln,* am Blattstiele geöhrelt, die oberen fast fingerig-getheilt, die obersten ungetheilt; Köpfchen eiförmig, rauhhaarig-weissfilzig, nickend, Blüthen schmutziggelb, ♃. Sonnige buschige Stellen, stellenweise; von der Hochleiten über Höbesbrunn u. Hohenruppersdorf bis Stillfried u. Angern; Leopoldsberg, Simmering, Schwechat, Fischamend, Petronell, Deutschaltenburg, Hainburg, Bruck, Leithagebirge bis an den Neusiedlersee; angeblich auch bei Fischau u. Brunn u. im grossen Föhrenwalde bei Neustadt; Langenlois, Gneixendorf, Krems, Hollenburg, Fucha, Wölbling, Göttweiher Berg bei Baudorf, zwischen Steinaweg u. Silberbühel bei Mautern; Traisenthal bei St. Pölten. H. 0,3—0,5 M. Juli-Oct.

968. **A. vulgaris L.** *Blätter* oberseits trübgrün, kahl, unterseits weissfilzig, *einfach fiedertheilig, mit lanzettlichen, grob-gesägten od. ganzrandigen Zipfeln,* am Blattstiele geöhrelt, die oberen sitzend; Köpfchen länglich-eiförmig, aufrecht od. nickend, Blüthen röthlich. ♃. Ufer, Hecken, gemein. H. 0,6—1,5 M. Aug.-Sept.

o o Hüllschuppen kahl od. fast kahl.

· Blattstiel am Grunde ohne Oehrchen.

969. **A. laciniata Willd.** Stengel einfach od. mit aufrechten traubigen Aesten; Blätter zuletzt kahl, 2—3fach fiedertheilig, blüthenständige ganzrandig; Köpfchen fast kuglig, nickend; Blüthen gelb. ♃. Bloss auf der oberen Heide bei Lasse. A. Mertensiana Wallr. H. 0,1—0,45 M.

· · Blattstiel am Grunde geöhrelt.

970. **A. campestris L.** *Wurzelstock ästig, holzig,* niedergestreckte, unfruchtbare u. aufsteigende blühende Stengel treibend; Blätter seidenhaarig-grau, später kahl, 2—3fach fiedertheilig, mit linealen Zipfeln, obere sitzend; Köpfchen eiförmig, aufrecht od. nickend, Blüthen röthlich. ♃. Sonnige Hügel, Raine, häufig. H. 0,3—1,2 M. Juli-Oct. b) s e r i c e a Fr. Blätter dicht silbergrau behaart. Kalenderberg, Haglersberg.

971. **A. scoparia W. et K.** *Wurzel spindlig, einzelne, krautige, aufrechte Stengel treibend;* Blätter kurzhaarig, später kahl, 2—3fach fiedertheilig, mit lanzettlichen Zipfeln, obere sitzend; Köpfchen rundlich-eiförmig, nickend, Blüthen röthlich. ⊙ u. ⊙ Ufer, Sandfelder, stellenweise; Matzleinsdorf, Steinfeld von Traiskirchen bis Neunkirchen, Donauinseln aufwärts bis Rossatz, Traisenthal zwischen St. Pölten u. Traismauer, Herrenmühle u.

Klosterberg bei Melk, Lunzen bei St. Leonhard am Forst: Staatzer Berg, Marchfeld. H. 0,2—0,5 M. Aug.-Sept.

b. Alle Blüthen röhrig, zwittrig u. fruchtbar.

972. **A. santonicum L.** Wurzelstock ästig, holzig; Blätter graufilzig od. ziemlich kahl, 2—3fach fiedertheilig, mit linealen Zipfeln, am Grunde des Blattstieles geöhrelt, obere sitzend; Köpfchen walzlich, aufrecht od. nickend, Hüllschuppen kahl od. die äusseren graufilzig, Blüthenlager kahl, Blüthen gelb. ♃. Sandige, salzige Stellen, sehr selten; Baumgarten im Marchfelde u. Goyss am Neusiedlersee. A. maritima Aut. H. 0,15—0,5 M. Aug.-Sept. a) salina (Willd.). Aeste ausgesperrt, Köpfchen nickend. b) monogyna (W. et K.). Aeste aufrecht abstehend, Köpfchen meist aufrecht.

7. Gruppe. Gnaphalieae Less. Griffelschenkel der Zwitterblüthen an der Spitze abgerundet od. abgestutzt, daselbst pinselförmig behaart; Staubbeutel am Grunde von 2 pfriemlichen Anhängseln geschwänzt.

279. Carpesium L. Kragenblume. Hülle halbkuglig, dachig, die äusseren Schuppen krautig, die inneren trockenhäutig; Blüthen röhrig, die der Scheibe glockig-erweitert, zwittrig, die des Randes dünner, weiblich; Achenen mit kurzem drüsig-punktirten Schnabel; Pappus fehlend; Blüthenlager nackt.

973. **C. cernuum L.** Blätter wechselständig, elliptisch: Köpfchen einzeln, end- u. blattwinkelständig, überhängend, Blüthen blassgelb. ♃. Lichte Waldstellen, sehr selten; bei Radelberg nächst Herzogenburg, an der Ibbs bei Rosenau u. am Fusse der Voralpe in der Nähe des Scheffabauers; einst auch bei Hütteldorf. H. 0,3 bis 0,6 M. Juli-Sept.

280. Filago L. Fadenkraut. Hülle 5kantig, dachig, die äusseren Schuppen krautig, die inneren trockenhäutig; Scheibenblüthen röhrig, zwittrig, Randblüthen fädlich, weiblich; Achenen stielrundlich; Pappus haarig od. bei den äusseren Blüthen fehlend; Blüthenlager am Rande spreublättrig, in der Mitte nackt.

a. Hüllschuppen feinzugespitzt, bei der Fruchtreife aufrecht; Blüthenlager dünn-walzlich.

974. **F. germanica L.** *Pflanze weisswollig-filzig;* Blätter lanzettlich; Köpfchen zu gabel- u. endständigen Knäueln gehäuft; Hüllschuppen von leicht löslichem, spinnwebigem Filze umgeben u. unter diesem kahl, *Spitzen der Hüllschuppen trockenhäutig, ungefärbt;* Blüthen gelblich. ⊙ Trockene Hügel, Holzschläge, Weiden; an der March bei Marchegg u. Magyarfalva; Kahlengebirge: am Gallizin, Satzberg, bei Mauerbach, Hintersdorf; Eichenwäldchen bei Leesdorf, Steinfeld bei Weikersdorf u. Neunkirchen, Thernberg, Edlitz, Wismatt, Aspang; St. Pölten, Scheibbs, Schönbühel, Melk, Scheibenhof bei Krems, Stockerau. F. canescens. Jord. H. 0,1—0,3 M. Juli-Aug.

975. **F. apiculata Sm.** *Pflanze grüngelblich-filzig;* Köpfchen zu gabel- u. endständigen Knäueln gehäuft; Hüllschuppen von bleibendem schwachen Filze bekleidet, *Spitzen der Hüllschuppen meist röthlich,* sonst w. v. ⊙ An gleichen Orten w. v. u. mit ihr öfters vermischt; die bei jener angegebenen Standorte beziehen sich daher theilweise auch auf diese; ausserdem bei Raabs u. Hardegg im Waldviertel. F. lutescens Jord. H. 0,1—0,3 M. Juli-Aug.

b. Hüllschuppen stumpflich, bei der Fruchtreife sternförmig ausgebreitet; Blüthenlager flach.

976. **F. arvensis L.** Pflanze dicht weisswollig-filzig; Stengel traubig- od. rispig-ästig; Blätter lanzettlich; *Köpfchen walzlich,* zu 2—7 gehäuft; *Hüllschuppen bis zur Spitze dichtwollig;* Blüthen gelblich. ⊙ Sandige Aecker, Weiden, stellenweise. H. 0,15 bis 0,3 M. Juli-Aug.

977. **F. montana L.** Pflanze dünn grauwollig-filzig; Stengel gabelspaltig- od. rispig-ästig; Blätter lineallanzettlich; *Köpfchen bauchig-kegelförmig,* zu 3—6 gehäuft; *Hüllschuppen an der Spitze trockenhäutig, kahl, glänzend;* Blüthen gelblich. ⊙ Sandige Aecker, lichte Wälder; häufig im südöstl. Marchfelde, Waldviertel u. auf den Schieferbergen des Kreises O. W. W. bis St. Pölten herab; seltner am Kahlengebirge, bei Salmannsdorf, Hameau, Troppberg, Schöpfel, Rappoltenkirchen; Eichenwald bei Leesdorf, Steinfeld bei Neustadt bis in das südöstl. Schiefergebiet. F. minima Fr. H. 0,1 bis 0,2 M. Juni-Juli.

281. Gnaphalium Tourn. Ruhrkraut. Hülle eiförmig bis walzlich, dachig, Schuppen trockenhäutig od. die äusseren am Grunde krautig; Blüthen der Scheibe röhrig, zwittrig, des Randes fädlich, mehrreihig, weiblich od. die Blüthen 2häusig; Achenen stielrund, länglich; Pappus haarig; Blüthenlager nackt, gewölbt.

a. Köpfchen 2häusig, entweder nur mit weiblichen fädlichen Blüthen u. fädlichen Pappushaaren od. nur mit zwittrigen, röhrigen, unfruchtbaren Blüthen u. oberwärts verdickten Pappushaaren.

978. **G. dioicum L.** Wurzelstock beblätterte Ausläufer treibend; Blätter unterseits weissfilzig, untere spatelig, obere lineallanzettlich; Köpfchen in endständiger Doldentraube, weiss od. rosa. ♃ Wiesen, sonnige Hügel, verbreitet. Antennaria dioica Gärtn. H. 0,1—0,2 M. Mai-Juni.

Anm. G. margaritaceum L. zuweilen in Bauerngärten angepflanzt, kommt obzwar sehr selten, verwildert vor, so am Knappenberge bei Reichenau.

b. Köpfchen 1häusig, Randblüthen weiblich, fädlich, Scheibenblüthen zwittrig; Haare des Pappus fädlich.

* Wurzelstock ausdauernd, ästig, rasig.

o Köpfchen an der Spitze des Stengels doldig-gehäuft u. von langen wollig-weissfilzigen Deckblättern sternförmig umgeben.

979. **G. leontopodium L.** Blätter lineal, wollig, weissfilzig; Köpfchen eiförmig, gelblich. ♃. Kalkalpen, stellenweise; Alpl, Waxriegel, Kuh- u. Heuplagge u. Salzriegeln des Schneebergs, Jakobskogel, Eishütten, Wetterkogel, Schlangenweg u. Heukuppe der Rax; herabgeschwemmt im Mürzthale zwischen Mürzsteg u. dem Todten Weibe, auf dem Obersberge. Leontopodium alpinum Cass. H. 0,05—0,2 M. Juli-Sept.

o o Köpfchen in Aehren od. Trauben od. einzeln.

· Hüllschuppen dachziegelig, die äussersten nur $^1/_3$ so lang als das Köpfchen.

980. **G. silvaticum L.** *Blätter 1nervig*, unterseits weissfilzig, oberseits verkahlend, untere lanzettlich, obere lineallanzettlich, *allmählig kleiner werdend; Köpfchen* kegelförmig, meist zahlreich, *in verlängerter, linealer, meist ästiger Aehre;* Hüllschuppen trockenhäutig, blassgelb od. an der Spitze bräunlich, äussere am Rücken krautig; Blüthen gelblich. ♃. Gebirgswälder, Holzschläge, häufig. H. 0,2 bis 0,8 M. Juli-Sept.

981. **G. norvegicum Gunn.** *Blätter 3nervig*, unterseits dicht-, oberseits dünnweissfilzig, breitlanzettlich, *mittlere so lang od. länger als die unteren; Köpfchen* kegelförmig, weniger zahlreich, *in verkürzter, gedrungener, länglicher, fast einfacher Aehre;* Hüllschuppen trockenhäutig, an der Spitze schwarzbraun, äussere am Rücken krautig; Blüthen gelblich. ♃. Voralpen, untere Alpenregion, selten; Wechsel, Kuhschneeberg, Grünschacher, Preiner Gschaid, Trasikogel, Dürnstein, Voralpe. H. 0,1—0,3 M. Juli-Sept.

982. **G. Hoppeanum Koch.** *Blätter undeutlich 3nervig*, beiderseits dicht weissfilzig, lanzettlich, alle ziemlich gleichlang; *Köpfchen* kegelförmig, *in kurzer, gedrungener, rundlicher, einfacher Aehre,* sonst w. v. ♃. Kalkalpen, stellenweise; Schneeberg, Rax, Gippl, Oetscher, Dürnstein, Hochkohr. H. 0,02—0,1 M. Aug.-Sept.

·· Hüllschuppen fast 2reihig, äussere fast $^2/_3$ so lang als das Köpfchen

983. **G. supinum L.** Blätter lineal od. lineallanzettlich, 1nervig, beiderseits dichtfilzig; Köpfchen eiförmig, 2—5, in kurzer gedrungener od. lockerer Aehre; Hüllschuppen trockenhäutig, lichtbraun, äussere am Rücken krautig; Blüthen gelblich. ♃. Alpentriften, meist truppenweise; Kuhschneeberg, Klosterwappen u. Ochsenboden des Schneebergs, Grünschacher, Rax, Oetscher, Zellerhut, Dürnstein, Hochkohr, Wechsel. H. 0,02—0,1 M. Juni-Aug. b) fuscum (Scop.) Köpfchen gestielt, fast traubig. c) pusillum (Haenke). Stengel 1blüthig. Mit der Grundform.

* * Wurzel spindlig, jährig.

o Köpfchen zu Knäueln gehäuft, Knäueln von mehreren längeren Blättern umgeben.

984. **G. uliginosum L.** Stengel aufrecht od. ausgebreitet-ästig; Blätter lineallanzettlich, allmählig in den Grund verschmälert,

grauwollig-filzig; Knäuel gedrungen, mehrköpfig; Hüllschuppen hellbraun, wollig; Blüthen gelblich. ⊙ Gruben, überschwemmte Stellen, stellenweise; Marchfeld, Donauinseln, südöstl. Niederung Wiens, Wiener Wald, südöstl. Schiefergebiet bis Eichberg u. Gloggnitz; Hiesberg bei Melk, Waldviertel. H. 0,08—0,2 M. Juli-Sept. b) n u d u m (Hoffm.). Grasgrün, kahl od. fast kahl. Angern, Zwerndorf, Neunkirchen, Wilhelmsburg, Gratzen.

o o Köpfchen zu Knäueln gehäuft, Knäuel von wenigen viel kürzeren Blättchen gestützt.

985. **G. luteoalbum L.** Stengel aufrecht od. aufsteigend; Blätter länglich, halbstengelumfassend, grauwollig-filzig, obere lineal, spitz; Hüllschuppen bleich-strohgelb, glänzend; Blüthen gelblich. ⊙ Sandfelder, Holzschläge, stellenweise; südöstl. Marchfeld bis an das linke Donauufer; Kahlengebirge bei Salmansdorf, Weidlingbach, Neuwaldegg, Hütteldorf, Mauerbach, Siegenfeld bei Baden, Reichenau, Gloggnitz, St. Christof, Prügglitz bis in das südöstl. Schiefergebiet u. Rosaliengebirge; St. Pölten, Melk, Ulmerfeld. Weissenkirchen, Bergern, Rossatz, Dürrenstein, Scheibenhof bei Krems, Allensteig, Steinegg bei Horn, Elsarn am Manhartsberge. H. 0,1—0,3 M. Juli-Sept.

282. Helichrysum DC. Immortelle. Randblüthen 1reihig, oft fehlend; Blüthenlager flach; Achenen 5kantig, sonst wie Gnaphalium.

986. **H. arenarium (L.) DC.** Wurzelstock ästig, rasig; Blätter wolligfilzig, untere länglich-verkehrteiförmig, obere lineallanzettlich; Köpfchen in gedrungener Doldenrispe, Hüllschuppen citrongelb, die inneren oft orange, Blüthen orange. ♃. Sandige Grasplätze; im Kreise U. M. B. bei Wagram, Gänserndorf, Siebenbrunn, Schönfeld, Breitensee, Kroissenbrunn, Weikendorf, Marchegg, Schlosshof, Oberweiden, Baumgarten, Angern, Rabensburg, Gayring; Hardegg; auf der Türkenschanze. Gnaphalium arenarium L. H. 0,15—0,3 M. Juli-Sept.

8. Gruppe. Senecioneae Cass. Griffelschenkel der Zwitterblüthen in eine behaarte, kegelförmige Spitze vorgezogen od. abgerundet u. pinselförmig behaart; Staubbeutel ungeschwänzt; Pappus haarig.

283. Arnica L. Wohlwerlei. Hülle halbkuglig, Schuppen 2reihig; Scheibenblüthen röhrig-trichterig, zwittrig, Randblüthen zungenförmig, weiblich; Griffelschenkel mit kegelförmiger Spitze; Achenen stielrundlich; Pappus aller Achenen haarig, 1reihig.

987. **A. montana L.** Stengel 1—5köpfig, drüsig-flaumig; grundständige Blätter länglich-verkehrteiförmig, stengelständige länglichlanzettlich, gegenständig, viel kleiner; Blüthen orange. ♃. Gebirgswiesen; häufig in den Voralpen vom Wechsel bis an die oberösterr. Grenze, ebenso auf den Schieferbergen des Kreises O. W. W.; Plateau des Waldviertels bis auf die Torfwiesen des Wittingauer Beckens; auf Sandstein: Haschberg bei Kierling, Rappoltenkirchen,

Hochrahmalpe bei Purkersdorf. Schöpfel, Scheibbser Berge, Seitenstetten. H. 0,3—0,5 M. Juni-Juli.

284. Aronicum Neck. Schwindelkraut. Hülle halbkuglig od. ziemlich flach; Griffelschenkel an der Spitze abgerundet, daselbst pinselförmig behaart; Achenen kreiselförmig; Pappus aller Achenen haarig, der inneren vielreihig, sonst wie Arnica.

988. **A. scorpioides (L.) Koch.** Stengel 1—4köpfig, sammt den Blättern mehr minder drüsig-rauhhaarig; *untere Blätter eiförmig od. herzeiförmig, grobbuchtig-gezähnt,* am Blattstiele herablaufend, *obere* eilänglich od. eilanzettlich, *stengelumfassend-sitzend;* Blüthen dottergelb. ♃. Bisher mit Sicherheit nur am Dürnstein auf der sog. Eisstätte in der oberen Alpenregion. Arnica scorpioides L. Doronicum Jacquini Tausch. H. 0,15—0,4 M. Juli-Aug.

989. **A. doronicum (Jacq.) Rchb.** Stengel 1köpfig, sammt den Blättern mehr minder rauhhaarig; *Blätter länglich od. lanzettlich, seicht ausgeschweift-gezähnt,* untere in den Blattstiel verschmälert, *obere mit verschmälertem Grunde sitzend;* Blüthen orange. ♃. Triften der Kalkalpen. häufig; auf dem Schneeberg, der Rax, dem Gippl, Göller u. Oetscher, fehlt in den westl. Alpen. A. Clusii Koch. Arnica doronicum Jacq. Arnica Clusii All. H. 0,1—0,3 M. Juli-August.

285. Doronicum L. Gamswurz. Pappus der randständigen Achenen fehlend, sonst wie Aronicum.

990. **D. cordatum (Wulf.) Schultz.** Stengel 1—3köpfig; *Blätter* kahl od. schwachflaumig, *grundständige herz- od. nierenförmig-rundlich,* grobgezähnt, langgestielt, stengelständige herzeiförmig, oft fast 3eckig, obere umfassend-sitzend, öfter geigenförmig; Blüthen sattgelb. ♃. Feuchte Stellen der Voralpen; bisher nur am Dürnstein bei Lunz u. da in neuerer Zeit nicht mehr gefunden. Arnica cordata Wulf. D. cordifolium Sternb. H. 0,25—0,4 M. Juli-August.

991. **D. austriacum Jacq.** Stengel 1—vielköpfig; *Blätter* geschweift-gezähnt, herzförmig-länglich, umfassend-sitzend, untere kleiner, am Blattstiele herablaufend, *grundständige fehlend;* Blüthen sattgelb. ♃. Kalkalpen u. Voralpen, auf Schiefer auch in der Bergregion; Schneeberg, Grünschacher, Rax, Oetscher, Dürnstein, Hochkohr u. deren Voralpen; Kampstein, Feistritzer Schwaig des Wechsels bis herab nach Aspang u. Hochneunkirchen; Waldviertel: Pöggstall, Ottenschlag, Gutenbrunn, Traunstein, Zwettl, Karlstift. H. 0,5—1,0 M. Juni-Aug.

Anm. D. pardalianches L. angeblich am Wechsel u. in der Prein, wächst nicht im Gebiete.

286. Senecio Tourn. Kreuzkraut. Hülle walzlich od. kegelförmig; Schuppen 1reihig, am Grunde oft mit Nebenschuppen; Scheibenblüthen röhrig-trichterig, zwittrig, Randblüthen zungenförmig, weiblich od. fehlend; Griffelschenkel an der Spitze abgerundet, daselbst pinselförmig behaart; Achenen stielrundlich od. länglich; Pappus aller Achenen haarig.

a. Nebenschuppen der Hülle fehlend.

* Untere Blätter herzförmig.

992. **S. crispus (Jacq.) Kitt.** Blätter kahl od. etwas spinnwebig-wollig, ungleich-gezähnt, untere herzeiförmig, in den Blattstiel herablaufend, obere spatlig od. länglich-lanzettlich, halbumfassend-sitzend; Hüllschuppen grün; Blüthen dottergelb; Fruchtknoten kahl; Pappus so lang als die Kronröhre. ♃. Bergwiesen, Gebirgswälder, bis in die untere Alpenregion, stellenweise; mit Ausnahme des Kreises U. M. B. im ganzen Lande. Cineraria crispa Jacq. Senecio crispatus DC. Cineraria rivularis W. et K. H. 0.3 bis 0,8 M. Mai-Juli. b) s u d e t i c u s (DC.). Hüllschuppen an der Spitze od. ganz purpurn, Blüthen dunkler. Cineraria sudetica DC. S. sudeticus Koch. Von gleicher Verbreitung wie die Grundform. c) c r o c e u s (DC.). Hüllschuppen durchaus purpurn, Pappus kürzer als die Kronröhre, Blüthen rothorange. Cineraria crocea Tratt. Bisher nur in der Krummholzregion des Oetschers u. der Herrenalpe.

* * Blätter niemals herzförmig.

o Fruchtknoten kahl.

993. **S. alpestris (Hoppe) DC.** Blätter spärlich spinnwebig-wollig, mit zahlreichen, dicklichen, schmutzigen Härchen bestreut, ganzrandig od. geschweift-gezähnt, untere eiförmig od. länglich in einen gleichlangen od. längeren Blattstiel verlaufend, obere länglich bis lineal, sitzend; Hüllschuppen an der Spitze od. ganz purpurn; Blüthen gelb bis orange. ♃. Bergwiesen, Waldränder, vorzugsweise auf Kalk; Piesting u. Sierningthal, Vois, Höllenthal, Semmering, besonders im Grestnitzgraben bis Schottwien. Voralpen des Göller, Oetscher, Scheiblingstein, Dürnstein, Hochkohr. H. 0,2 bis 0,5 M. Juni-Juli. b) C l u s i a n u s (Host). Blätter dicht spinnwebig-wollig, ganzrandig, Blattstiel der unteren beinahe um die Hälfte kürzer als die Scheibe. Mehr auf Schiefer; Ganswiese, Türkensturz bei Sebenstein, Rosaliengebirge; Ottenschlag, Gutenbrunn, Traunstein, Karlstift. Cineraria Clusiana Host. S. Clusianus Rchb.

o o Fruchtknoten kurzsteifhaarig.

994. **S. integrifolius (L.) A. Kern.** Blätter spinnwebig-wollig, untere eiförmig od. rundlich, meist ganzrandig, in den kürzeren Blattstiel geschweift, obere lanzettlich, sitzend; *Hüllschuppen grün; Blüthen hellgelb.* ♃. Wiesen, sonnige Hügel, nicht selten; Freudenau im Prater, auf allen Kalkbergen des Kahlengebirges von Rodaun bis in das Triestingthal, südöstl. Niederung Wiens von Lanzendorf u. Laxenburg bis auf das Leithagebirge, Hainburger Berge, Lichtenwörtherau u. Föhrenwald bei Neustadt, Stuppacherau bei Gloggnitz, unteres Traisenthal, Ruprechtshofen u. St. Leonhard am Forst; Plank u. Stiefern bei Langenlois.

Höbesbrunn. Cineraria alpina v. integrifolia L. S. campestris Retz. H. 0.2—0,4 M. Juni-Juli.

995. **S. aurantiacus (Hoppe) DC.** Blätter mehr minder flockig-grauwollig, untere eiförmig, meist ganzrandig, in den kürzeren Blattstiel geschweift, obere entfernt, lanzettlich bis lineal, sitzend; *Hüllschuppen purpurn überlaufen; Blüthen rothorange.* ♃. Gebirgswiesen, selten: Kitzberg u. Niesenbachthal bei Pernitz. Oehler u. Etschenberg bei Gutenstein. Dürnbachgraben bei Waldeck. Oed. Grünbach. Pfenning- u. Maumauwiese bei Buchberg; Pötschinger Sauerbrunn. Cineraria aurantiaca Hoppe. H. 0,2—0.4 M. Juni-Juli.

b. Hüllschuppen am Grunde von Nebenschuppen umgeben; Blüthen gelb.

α. Wurzel 2—vieljährig; randständige Zungenblüthen strahlend.

* Blätter ungetheilt od. nur die obersten am Grunde fiederspaltig, die unteren herzförmig.

996. **S. alatus (L.) A. Kern.** Blätter kahl od. unterseits auf den Adern dünnspinnwebig. so lang od. wenig länger als breit. grobgesägt, untere langgestielt, die folgenden kürzer gestielt, am Grunde des Blattstiels mit gespaltenem Oerchen halbumfassend, die obersten eiförmig bis länglich; Achenen kahl. ♃. Alpen u. angrenzende Voralpen, vom Wechsel bis an die oberösterreichische Grenze stellenweise. Cineraria alpina β. alata L. S. subalpinus Koch. C. cordifolia v. auriculata Jacq. S. alpinus α. cordifolius et β. auriculatus Neilr. H. 0.3—0,6 M. Juli-Sept.

* * Blätter niemals herzförmig.

o Blätter sämmtlich ungetheilt; Achenen kahl.

· Strahlblüthen 10—20.

997. **S. doronicum L.** *Stengel 1—3köpfig; Blätter* lederig, von kurzen Haaren etwas rauh u. spinnwebig-wollig, *untere eiförmig od. elliptisch,* gezähnelt, gestielt, obere lanzettlich, sitzend; Nebenschuppen so lang als die Hüllschuppen ♃. Bisher bloss in der Krummholzregion des Dürnsteins. H. 0,15—0.3 M. Juli-Aug.

998. **S. paludosus L.** *Stengel doldentraubig-ästig, vielköpfig; Blätter verlängert od. lineallanzettlich,* scharfgesägt, kahl od. unterseits filzig. mit halbumfassendem Grunde sitzend; Nebenschuppen halb so lang als die Hüllschuppen. ♃. Ufer, sumpfige Wiesen, selten; an der March bei Zwerndorf, Baumgarten, Marchegg, Schlosshof, an der Donau bei Eckartsau, Lobau, der Leitha bei Wilfleinsdorf, Bruck, Rohrau, der Triesting bei Münchendorf; zufällig am Rosskopf bei Neuwaldegg. H. 0.8—2.0 M. Juli-Aug.

· · Strahlblüthen 5—8.

, Blätter bläulichgrün, dicklich od. lederig, allmählig in Deckblätter übergehend; Nebenschuppen halb so lang od. kürzer als die Hüllschuppen.

999. **S. umbrosus W. et K.** *Stengel* doldentraubig-ästig, vielköpfig, *wollig-kraushaarig; Blätter* eiförmig od. länglich, gezähnt od.

ganzrandig, besonders *unterseits von angedrückten Haaren rauh*, in den Blattstiel herablaufend, obere mit schwachherzförmigem Grunde sitzend, an Grösse sehr abnehmend; *Strahlblüthen 8.* ♃. Waldränder, Wiesen, selten; Grabenweger Thal bei Pottenstein, über den Hals bis an die Strasse von Oed nach Pernitz, Kuhberg u. Weissenbach an der Triesting, Piestingufer bei Gutenstein u. bei der Jesuitenmühle von Moosbrunn; Ebenfurth, Kranichberg. H. 0,5—1,5 M. Juli-Sept.

1000. **S. doria L.** *Stengel sammt den Blättern kahl;* Blätter lederig, länglich, obere mit verschmälertem Grunde sitzend od. am Stengel etwas herablaufend; *Strahlblüthen meist 5,* sonst w. v. ♃. Wiesen, Auen, selten; südöstl. Marchfeld von Grossenzersdorf über Ort, Engelhardstetten u. Schlosshof bis an die March; zwischen Deutsch-Altenburg u. Hainburg, zwischen Bruck u. Parndorf. H. 0,4—1,0 M. Juli-Sept.

,, Blätter grasgrün, plötzlich in Deckblätter übergehend; Nebenschuppen so lang als die Hüllschuppen.

1001. **S. fluviatilis Wallr.** *Wurzelstock kriechend, lange Ausläufer treibend; Blätter* länglichlanzettlich, ungleich-gesägt mit vorwärts gerichteten Zähnen, *untere gestielt, obere mit verschmälertem Grunde sitzend;* Strahlblüthen 7—8. ♃. Ufer, Auen; Ufer u. Inseln der Donau; an der Triesting zwischen Achau u. Münchendorf. S. sarracenicus Koch, Neilr. S salicetorum Godr. H. 0,8 bis 1,5 M Juli-Sept.

1002. **S. nemorensis L.** *Wurzelstock ästig, öfter kurze Ausläufer treibend; Blätter* unterseits kurzhaarig, eiförmig bis länglich, ungleich gezähnt, mit abstehenden Zähnen, *untere in einen breitgeflügelten Blattstiel zusammengezogen, obere mit verschmälertem Grunde halbumfassend-sitzend;* Strahlblüthen 4—6. ♃. Bergwälder; verbreitet auf dem Sandsteingebirge bis in den Ernstbrunnerwald, auf den südöstl. Schiefern des Kreises U. W. W., im Dunkelsteiner Walde u. am Leithagebirge; seltner im Waldviertel. S. Jacquinianus Rchb. H. 0,5—1,2 M. Juli-Aug. b) octoglossus (DC.) Strahlblüthen 7—8. Purkersdorf, Giesshübel. Baden, südöstl. Schiefergebiet.

1003. **S. sarracenicus L.** Stengel meist purpurn; *Blätter* ziemlich kahl, länglichlanzettlich od. lanzettlich, *sämmtlich in einen schmalgeflügelten, am Grunde kaum verbreiterten Blattstiel zusammengezogen,* sonst w. v. ♃. Höhere Gebirgswälder u. Voralpen bis an die Grenze des Krummholzes, dann im Waldviertel, stellenweise. S. Fuchsii Gm. S. nemorenis β. angustifolius Neilr. H. 0,5 bis 1,2 M. Juli-Aug.

o o Untere Blätter ungetheilt od. leierförmig, obere leierförmig bis fiederspaltig; Achenen kahl od. die der Scheibe behaart.

1004. **S. barbareaefolius Krock.** Wurzelstock abgebissen, ohne Ausläufer u. unfruchtbare Stengel; *Stengel meist von der Mitte* *an schon ausgesperrt-doldentraubig-ästig;* untere Blätter eilänglich, ungetheilt, in die oberen leierförmigen übergehend, die obersten oft fiederspaltig; Nebenschuppen 1—2, mehrmals kürzer als die *breiten, plötzlich zugespitzten Hüllschuppen;* Achenen kahl od. die der Scheibe sehr fein behaart. ♃. Auen, nasse Wiesen, feuchte Waldstellen, verbreitet. S. erraticus Bert. H. 0,3—0,1 M. Juni-Sept.

1005. **S. jacobaea L.** Wurzelstock abgebissen, ohne Ausläufer u. unfruchtbare Stengel; *Stengel an der Spitze doldentraubig,* mit aufrecht abstehenden Aesten; untere Blätter fast ungetheilt od. leierförmig, in die oberen buchtig-fiederspaltigen od. -theiligen Blätter übergehend; Nebenschuppen 1—2, mehrmals kürzer als die *länglich-lanzettlichen Hüllschuppen;* Achenen der Scheibe steifhaarig. ♃. Wiesen, Hügel, verbreitet. H. 0,3—1,0 M. Juni-Sept.

o o o Blätter sämmtlich fiederspaltig od. 1—2fach fiedertheilig.

· Achenen zerstreut-steifhaarig.

1006. **S. erucaefolius L.** *Wurzelstock fleischige, kurzkriechende Ausläufer und unfruchtbare Stengel treibend;* Stengel doldentraubig-ästig; *Blätter einfach-fiedertheilig,* gestielt od. die unteren fiederspaltig, obere sitzend, Zipfel lineal, spitz, ganzrandig od. eingeschnitten; Nebenschuppen 4—6, halb so lang als die Hüllschuppen. ♃. Trockene Wiesen, Raine, Waldränder, zerstreut: Hochleiten bei Wolkersdorf, Angern, zwischen Baumgarten u. Oberweiden, Wagram, Kagran; Donauthal bei Kammern, Landersdorf, Grafenwöth, Stockerau; Schafberg bei Neuwaldegg, Perchtholdsdorf, Mödling, Hinterbrühl, Giesshübel, Gumpoldskirchen; Ebergassing, Laxenburg, Münchendorf, Fischau. S. tenuifolius Jacq. H. 0,5—1,0 M. Juli-Sept.

1007. **S. rupestris W. et K.** *Wurzelstock* schief od. wagrecht, *keine kriechenden Ausläufer treibend;* Stengel doldentraubig-ästig; *Blätter fiederspaltig,* untere gestielt, obere sitzend, Zipfel länglich, stumpf, ungleich-eckig-gezähnt; Nebenschuppen 6—12, viermal kürzer als die Hüllschuppen. ♃. Waldränder, Zäune, häufig in den Voralpen bis in die untere Alpenregion; auch in der Bergregion: Rosskopf, Purkersdorf, Geisberg, Kalenderberg, Mödlinger Klause, Weilburg, Sooser Lindkogel, Steinfeld bei Neustadt, Pötschinger Sauerbrunn; Senftenberg, Ober-Bergern, Rossatz, Zwettl. S. nebrodensis Aut. non. L. H. 0,2—0,6 M. Juni-Juli.

· · Achenen kahl.

1008. **S. abrotanifolius L.** Wurzelstock kriechend; Stengel 2—mehrköpfig; Blätter dicklich, untere doppelt-fiedertheilig, gestielt, obere einfach-fiedertheilig, sitzend, Zipfel schmallineal, spitz; Nebenschuppen halb so lang als die Hüllschuppen. ♃. Untere Kalkalpenregion u. benachbarte Voralpen, verbreitet. H. 0,15—0,3 M. Juli-Sept.

β. Wurzel jährig; randständige Zungenblüthen fehlend od. kurz, nur etwas länger als die Hülle.

* Randständige Zungenblüthen zurückgerollt.

1009. **S. silvaticus L.** *Blätter spinnwebig-flaumig, drüsenlos,* fiederspaltig, mit länglichen od. linealen, gezähnten Zipfeln: *Nebenschuppen sehr klein, vielmal kürzer als die kahlen od. flaumigen Hüllschuppen; Achenen steifhaarig.* ⊙ Wälder, Holzschläge der Berg-, Voralpen u. unteren Alpenregion, häufig. H. 0.3—0.6 M. Juli-Aug.

1009×1010. **S. viscosus×silvaticus.** Von S. silvaticus durch zahlreiche Drüsenhaare; von S. viscosus durch feinbehaarte Achenen, verschieden. Wittgenstein'scher Forst bei Kalksburg. Eichberg bei Gloggnitz. S. viscidulus Scheele. S. intermedius Rabenh. S. Wiesbaurii Hal. et Br.

1010. **S. viscosus L.** *Blätter drüsig-flaumig,* klebrig, fiederspaltig mit länglichen od. lanzettlichen Zipfeln; *Nebenschuppen halb so lang als die drüsig-flaumigen Hüllschuppen; Achenen kahl.* ⊙ Holzschläge gebirgiger Gegenden, gemein. H. 0,2—0,5 M. Juni-August.

* * Randständige Zungenblüthen fehlend.

1011. **S. vulgaris L.** Blätter kahl od. spinnwebig-wollig, fiederspaltig mit eiförmigen od. länglichen Zipfeln; Nebenschuppen viel kürzer als die kahlen Hüllschuppen; Achenen schwachbehaart. ⊙ Wüste Plätze, Aecker, gemein. H. 0.1—0.3 M. März-Herbst.

Anm. **Erechthites hieracifolia** Raf. (Senecio hieracifolius L. S. sonchoides Vuk. S. Vukotinovicii Schloss.) aus Nordamerika, wurde auf dem Kolbeterberge bei Hütteldorf, bei Rappoltenkirchen, Böheimkirchen, Herzogenburg, Spillern u. Litschau beobachtet. — Auch Calendula officinalis L. kommt hin u. wieder verwildert vor.

II. Unterfamilie. **Cynaraephalae Juss.** Blüthen sämmtlich röhrig, die randständigen manchmal grösser; Griffel der Zwitterblüthen 2schenkelig, unterhalb der Theilung in die beiden Schenkel knotig verdickt u. pinselförmig-behaart, Schenkel frei od. zusammengewachsen.

9. Gruppe. **Echinopsideae** Less. Köpfchen 1blüthig, in einen kugelförmigen Kopf gehäuft.

287. Echinops L. Kugeldistel. Hülle des Kopfes borstenförmig; Hülle der Köpfchen aus zahlreichen trockenhäutigen Schuppen gebildet, äussere Schuppen borstenförmig, mittlere spatelförmig, innere lineallanzettlich, länger; Blüthen röhrig-glockig, zwittrig; Staubbeutel ungeschwänzt; Achenen stielrund; Pappus kronenförmig.

1012. **E. sphaerocephalus L.** *Blätter fiederspaltig, oberseits grün, drüsig-flaumig, unterseits weissfilzig,* Zipfel dorniggezähnt;

innere Blättchen der Hüllchen auf dem Rücken *drüsig*, in eine weiche Spitze endigend, die äusseren borstenförmigen halb so lang; *Blumenkrone bläulich-weiss.* ♃. Sonnige Abhänge, zerstreut; vom Laaerberg östlich über die Hügelreihe bis Hainburg. Leithagebirge, bei Rappoltenkirchen, Vorberge des Kahlengebirges vom Bisam- u. Leopoldsberge bis Vöslau, Laxenburg, zwischen Muthmannsdorf u. Brunn am Steinfeld, Pötschinger Wald; Viehofen im Traisenthal, Göttweiher Berg, Senftenberg, Jetzelsdorf, Kreutthal bei Unter-Olberndorf, Thalweg der March. II. 0,5—1,5 M. Juli-August.

1013. **E. ritro L.** *Blätter doppeltfiederspaltig, oberseits grün, kahl od. etwas spinnwebig, unterseits dicht weissfilzig,* Zipfel dorniggezähnt; *innere Blättchen der Hüllchen kahl,* in einen stechenden Dorn endigend, die äusseren feinlinealen 3—4mal kürzer; *Blumenkrone azurblau.* ♃. Sonnige Hügel, sehr selten: Deutsch-Altenburg. Pfaffen- u. Hundsheimerberg, Hainburger Schlossberg u. Braunsberg, H. 0,3—0,6 M. Juli-Aug.

10. Gruppe. **Xeranthemeae Less.** Köpfchen vielblüthig; Scheibenblüthen röhrig, zwittrig, Randblüthen 2lippig, weiblich.

288. Xeranthemum L. Spreublume. Hüllschuppen trockenhäutig, die inneren strahlend; Staubbeutel geschwänzt; Achenen kreiselförmig; Pappus aus 5, selten bis 15 Schüppchen gebildet; Blüthenlager spreublättrig.

1014. **X. annuum L.** Blätter lanzettlich, graufilzig-wollig, sitzend; Hüllschuppen kahl, die inneren viel länger, kronblattartig, strahlend, pfirsichblühfarben, selten weiss; Blüthen unansehnlich, blasslila. ⊙ Sandige Plätze, nur im Wiener Becken; zwischen Grinzing u. Himmel, Unterlaa, Lassee, Königsberg an der Fischa u. von hier über den Ludwighof bis Gallbrunn, zwischen Deutsch-Altenburg u. Hundsheim, Reisenberger Hügel, Königswarte bei Berg, zwischen Bruck u. Goiss, Haglersberg; zwischen Neustadt u. Neunkirchen längs der Bahn; zwischen Seiring u. Olberndorf. H. 0,15—0,5 M. Juni-Aug.

11. Gruppe. **Carlineae Less.** Köpfchen vielblüthig; Blüthen röhrig, zwittrig; Pappus 1reihig, abfällig.

289. Carlina L. Eberwurz. Hüllschuppen dachig, die äusseren dornig, die inneren strahlend; Staubbeutel geschwänzt; Achenen walzlich; Pappus federig; Blüthenlager spreublättrig.

* Stengel 1köpfig, Köpfchen sehr gross, 5—12 cm. im Durchmesser, innere Hüllschuppen silberweiss.

1015. **C. acaulis L.** Stengel bis zum Unmerklichen verkürzt Blätter starr, kahl, gestielt, tief-buchtig-fiederspaltig, mit ungleichstachlig-gezähnten Abschnitten; äussere Hüllschuppen fiederspaltigstachlig, innere lineallanzettlich, viel länger, strahlend. ♃. Wiesen,

Grasplätze, verbreitet. H. 0,02—0,05 M. Juli-Aug. b) alpina (Jacq.) Stengel 0,1—0,3 M. hoch, Blätter minder starr, beiderseits spinnwebig-wollig, seicht-buchtig-fiederspaltig. Voralpen, Alpen, stellenweise. C. caulescens Lam.

* * Stengel 1- vielköpfig, Köpfchen 3—5 cm. im Durchmesser, innere Hüllschuppen lichtgelb.

1016. **C. vulgaris L.** *Blätter länglichlanzettlich, buchtig-stachlig-gezähnt,* unterseits spinnwebig-wollig, obere halbumfassend-sitzend; Deckblätter kürzer als die Köpfchen; äussere Hüllschuppen fiederspaltig-stachlig, innere lineal. viel länger, strahlend. ⊙ Sonnige Hügel, Holzschläge, häufig. H. 0.15—0,5 M. Juli-Aug.

1017. **C. longifolia Rchb.** *Blätter lanzettlich,* länger, *ungleich-stachlig-gezähnt,* unterseits spinnwebig-filzig; Deckblätter länger als die Köpfchen, sonst w. v. ⊙ Steinige buschige Orte der Voralpen; Goesing, Thalhofenge u. Höllenthal bei Reichenau, wahrscheinlich weiter verbreitet. C. nebrodensis Koch non Guss. H. 0,2 bis 0,5 M. Juli-Aug.

12. Gruppe. Carduineae Cass. Köpfchen vielblüthig; Blüthen röhrig, meist zwittrig; Pappus vielreihig, abfällig, Reihen gleichlang.

290. Cirsium Tourn. Kratzdistel, Hüllschuppen dachig; Köpfchen meist unvollständig 2häusig; Staubbeutel ungeschwänzt; Achenen zusammengedrückt; Pappus federig, am Grunde verwachsen; Blüthenlager spreuborstlich.

a. Blüthen alle zwittrig; Kronensaum 5spaltig; Staubfäden behaart.

α. Blätter oberseits stachlig-steifhaarig.

1018. **C. lanceolatum (L.) Scop.** *Blätter herablaufend,* unterseits spinnwebig-wollig, buchtig-fiederspaltig, Zipfel 2—3spaltig, stachlig; *Köpfchen eiförmig,* Hüllschuppen schwach-spinnwebig, in einen abstehenden Stachel zugespitzt; Blüthen purpurn, sehr selten weiss. ⊙ Wege, Zäune, wüste Plätze, gemein. Carduus lanceolatus L. H. 0,5—1,5 M. Juli-Aug. b) nemorale (Rchb.). Blätter unterseits dichter spinnwebig-wollig, weicher, mit breiteren, weniger bestachelten Zipfeln. Auen.

1019 **C. eriophorum (L.) Scop.** *Blätter* stengelumfassend, *nicht herablaufend,* unterseits weissfilzig, fiedertheilig, Zipfel ungetheilt od. 2theilig, derbstachlig; *Köpfchen kuglig,* Hüllschuppen dicht spinnwebig-wollig, in einen abstehenden od. zurückgekrümmten Stachel zugespitzt; Blüthen purpurn. ⊙ Waldränder, Wege, stellenweise; Leithagebirge; zwischen Laxenburg u. Möllersdorf, Pfalzau bei Pressbaum, Rappoltenkirchen, Höllenstein bei Giesshübel, Anninger, Gaden, Heiligenkreutz, Badner Berge, Leesdorf, durch die ganze Alpenkette vom Wechsel bis an die oberösterr. Grenze; fehlt in den beiden nördl. Kreisen. Carduus eriophorus L. H. 0,5 bis 1,5 M Aug.-Sept.

β. Blätter oberseits kahl od. behaart, aber nicht stachlig.

* Blüthen gelb.

o Köpfchen von grossen bleichen Deckblättern umhüllt.

1020. **C. oleraceum (L.) Scop.** *Stengel entfernt-beblättert; Blätter* ziemlich kahl, länglich od. eiförmig, eingeschnitten-gezähnt od. fiederspaltig, *mit ungleich-stachlig-gezähnten Zipfeln, obere mit herzförmigem Grunde umfassend-sitzend;* Deckblätter eiförmig od. länglich, ungetheilt, kahl, stachlig-gezähnt; Hüllschuppen lanzettlich, weiss-gekielt, in einen weichen 3mal kürzeren Stachel verlaufend. ♃. Nasse Wiesen, gemein. Cnicus oleraceus L. H. 0,5 bis 1,5 M. Juli-Herbst. b) atropurpureum Kell. Blüthen dunkelpurpurn. Semmering.

1021. **C. spinosissimum (L.) Scop.** *Stengel dicht beblättert; Blätter* etwas behaart, länglichlanzettlich, buchtig-fiederspaltig, *mit stachlig-gewimperten u. in einen derberen Stachel auslaufenden Zipfen, obere mit geöhreltem Grunde umfassend-sitzend;* Deckblätter lineallänglich, stachlig-fiederspaltig, ziemlich kahl; Hüllschuppen lineallanzettlich, nicht gekielt, in einen derben gleichlangen Stachel verlaufend. ♃. Bisher nur auf dem Dürnstein, unter der Spitze. Cnicus spinosissimus L. H. 0,2—0,4 M. Juli-Sept.

o o Köpfchen nicht von grossen bleichen Deckblättern umhüllt.

1022. **C. carniolicum Scop.** Stengel bis zur Spitze beblättert, oberwärts rostfarben-filzig; *Blätter ungetheilt bis fiederlappig,* stachlig-gewimpert, untere eiförmig, gestielt, obere eilänglich bis lanzettlich, mit herzförmigem Grunde umfassend-sitzend; *Köpfchen aufrecht, von einigen* lineallanzettlichen, stachlig-gewimperten, rostfarben-filzigen *Deckblättern gestützt; Hüllschuppen flockig-flaumig,* mit der Spitze abstehend, *äussere kämmig-stachlig-gewimpert.* ♃. Kalkalpen u. angrenzende Voralpen, sehr selten; Dürnstein am Wege zur Herrenalpe u. Voralpe, besonders am Fusse der Stumpfmauer. H. 0,6—1,2 M. Juli-Aug.

1023. **C. erisithales (Jacq.) Scop.** Stengel bis über die Mitte beblättert, oben fast blattlos, flaumig bis rauhhaarig; *Blätter fiedertheilig* mit stachlig-gewimperten, ganzrandigen od. eckig-gezähnten Zipfeln, obere mit geöhreltem Grunde umfassend-sitzend; *Köpfchen überhängend, deckblattlos; Hüllschuppen* abstehend od. zurückgekrümmt, *klebrig, nicht stachlig-gewimpert.* ♃. Kalkalpen u. Voralpen, häufig; seltner auf Sandstein; Steinbach, Rappoltenkirchen, Texing od. auf Schiefer: Gerolding, Dunkelsteiner Wald, Wolfstein bei Aggsbach. Carduus erisithales Jacq. H. 0,5—2,0 M. Juni-Aug.

* * Blüthen purpurn, sehr selten weiss.

o Blätter nicht herabfallend.

1024. **C. heterophyllum (L.) All.** Wurzelstock kriechend, Ausläufer treibend; *Blätter* elliptisch od. lanzettlich, ungetheilt od.

fiederspaltig-eingeschnitten, oberseits grasgrün, *unterseits weissfilzig*, untere in den Blattstiel verschmälert, obere mit herzförmigem Grunde umfassend-sitzend. ♃. Waldplätze, Bergwiesen, sehr selten u. nur im Waldviertel; Hirschenschlag bei Grainbrunn, Josefsdorf bei Etzen, Gross-Gerungs, Karlstift, Rosenauerwald bei Zwettl, Heinrichs. Carduus heterophyllus L. H. 0,4—1,0 M. Mai-Juni.

1025. **C. rivulare (Jacq.) Lk.** Wurzelstock kurzgliedrig, keine Ausläufer treibend; *Blätter* eiförmig od. länglich, buchtig-gezähnt od. fiederspaltig, *beiderseits grasgrün*, untere in den Blattstiel verschmälert, obere mit gerundetem od. herzförmigem Grunde sitzend. ♃. Nasse Wiesen, verbreitet. Carduus rivularis Jacq. H. 0,4—1,0 M. Mai-Juni.

o o Blätter herablaufend.

· Stengel 1köpfig od. in verlängerte 1köpfige Aeste getheilt, oberwärts fast blattlos.

1026. **C. pannonicum (L. fil.) Gaud.** *Wurzelstock* schief, *mit fädlichen Wurzeln*; Stengel 1—3köpfig; Blätter länglichlanzettlich, feinstachlig-gewimpert, ungetheilt, die unteren kurzherablaufend; *Hüllschuppen zugespitzt.* ♃. Wiesen; häufig auf dem Sandsteingebirge der Kreise U. u. O. W. W. u. in der Ebene des Wiener Beckens bis Neustadt; auch auf dem Goesing. Carduus serratuloides Jcq. non L. C. pannonicus L. fil. H. 0,3—1,0 M. Juni-Juli.

1027. **C. canum (L.) M. a B.** *Wurzelstock* kurz, *mit spindelförmig-verdickten Wurzeln*; Stengel 1—mehrköpfig; Blätter länglichlanzettlich, stachlig-gewimpert, ungetheilt od. buchtig-gezähnt bis fiederspaltig, die unteren kurzherablaufend; *Hüllschuppen gegen die Spitze etwas verbreitert,* dann zugespitzt. ♃. Nasse Wiesen, verbreitet. Carduus canus L. H. 0,5—1,5 M. Juli-Aug.

· · Stengel an der Spitze traubig od. doldentraubig-ästig, vielköpfig, bis hinauf beblättert.

1028. **C. palustre (L.) Scop.** *Stengel vom Grunde bis zur Spitze lappig- od. gekraust-geflügelt; Blätter* länglich od. lanzettlich, *buchtig-fiederspaltig*, zerstreut-behaart od. unterseits spinnwebig-wollig, Zipfel 2—3spaltig, stachlig-gezähnt od. gewimpert; *Hüllschuppen* vielreihig, *in einen kurzen Stachel zugespitzt.* ⊙ Auen, Wiesen, Holzschläge, gemein. Carduus palustris L. H. 0,5—2,0 M. Juli-September.

1029. **C. brachycephalum Jur.** *Stengel* unterwärts lappig od. gekraust-geflügelt, *oberwärts gar nicht od. nur schwachgeflügelt; Blätter* kahl, *untere ungetheilt*, länglichlanzettlich, geschweiftstachlig-gezähnt, obere lanzettlich, buchtig bis fiederspaltig; *Hüllschuppen* wenigreihig, *in einen langen gelben Stachel zugespitzt.* ⊙ Nasse Wiesen; Neusiedlersee, Bruck a. d. Leitha, Moosbrunn, Himberg, Achau, Laxenburg; zufällig bei der Sofienbrücke in Wien; Baumgarten im Marchfeld, Marchegg, Groissenbrunn, Wülzeshofen

a. d. Pulka, Krems. C. Chailleti Koch non Gaud. H. 0,6—1,0 M. Juli-Aug.

b. Blüthen 2häusig; Kronensaum bis zum Grunde 2spaltig; Staubfäden fast kahl.

1030. **C. arvense (L.) Scop.** Wurzelstock kriechend; Stengel ungeflügelt, doldentraubig-ästig, sterile beblätterte Seitenäste treibend; Blätter länglich od. lanzettlich, buchtig-gezähnt od. ausgeschweift, stachlig-gewimpert; Hüllschuppen lanzettlich, in einen kurzen Stachel zugespitzt. ♃. Aecker, wüste Plätze, Holzschläge, gemein. Serratula arvensis L. H. 0,6—1,5 M. Juli-Sept. b) h o r r i d u m K o c h. Blätter wellig, fiederspaltig, sehr stachlig. c) i n c a n u m (Fisch). Blätter unterseits weissfilzig. An gleichen Orten.

c. Bastarte.

1020×1027. **C. canum × oleraceum.** Von C. canum durch fädliche Wurzeln, nicht herablaufende Blätter u. blassgelbe, seltner röthliche Blüthen; von C. oleraceum durch schmälere, steifere, mehr stachlig-gewimperte, graugrüne Blätter, durch 1—3 viel kleinere, lanzettliche, nicht verbleichte Deckblätter u. die mehr an C. canum erinnernde Tracht, verschieden. Fast überall, wo die Stammeltern zusammen wachsen. Carduus tataricus Jacq. Cirsium tataricum All. C. suboleraceum Beck.

1027×1028. **C. canum × palustre.** Von C. canum durch fädliche Wurzeln, kleinere Köpfchen, weiter herablaufende Stengelblätter, daher stärker geflügelten Stengel; von C. palustre durch die längeren, nur mit einzelnen verkleinerten Blättern besetzten Köpfchenstiele, grössere Köpfchen, weniger getheilte, schwächer bestachelte Blätter, verschieden. Prater, Hütteldorf, Neuwaldegg, Weidlingau, Purkersdorf, Neustift, Giesshübel, Moosbrunn. C. silesiacum Schultz. C. Wimmeri Celak. non Schultz. C. urbanum et extraneum Beck.

1025×1027. **C. canum × rivulare.** Von C. canum durch fädliche Wurzeln; von C. rivulare durch ungetheilte Blätter, lange Köpfchenstiele u. eilanzettlich-erweiterte innere Hüllschuppen, verschieden. Ebergassing, Neuwaldegg, Kaltenleutgeben, Heufeld bei Gloggnitz, Reichenau u. Edlach. C. Siegerti Schultz. C. subrivulare Beck.

1026×1027. **C. canum × pannonicum.** Von C. canum durch fädliche Wurzeln, kleinere Köpfchen u. an der Spitze nicht verbreiterte Hüllschuppen; von C. pannonicum durch die Tracht, mehr zertheilte graugrüne Blätter u. grössere Köpfchen verschieden. Salmansdorf, Kalksburg, Ober St. Veit, Giesshübel, Laxenburg. C. pseudocanum Schur. C. subcanum et persimile Beck.

1025×1026. **C. pannonicum × rivulare.** Von C. pannonicum durch die breiteren, gezähnten bis fiederspaltigen, unterseits nicht spinnwebigen Blätter; von C. rivulare durch kurzherablaufende, weniger tief getheilte Blätter u. kleinere, einzeln stehende Köpfchen verschieden. Ebergassing, Gramat-Neusiedel, zwischen Laxenburg u. Achau, Weissenbach a. d. Triesting. C. Kornhuberi Heim.

1026×1028. **C. pannonicum×palustre.** Von C. pannonicum durch schmälere, buchtig-fiederspaltige, langherablaufende untere Blätter u. daher unterwärts lappig-geflügelten Stengel; von C. palustre durch fast blattlose Köpfchenstiele u. grosse Köpfchen verschieden. Münchendorf, Jesuitenmühle bei Moosbrunn, Gramat-Neusiedel, Ebergassing u. am Fusse des Eselsberges bei Kirchberg am Wechsel. C. hemipterum Borb. C. suspiciosum Beck.

1025×1028. **C. palustre×rivulare.** Von C. palustre durch oberwärts ungeflügelten Stengel, breitere schwächer bestachelte Blätter, wenigere aber grössere, an der Spitze des Stengels aneinander gedrängte Köpfchen; von C. rivulare durch unterwärts geflügelten Stengel, stärkere Bestachelung der mehr zertheilten Blätter u. kleinere Köpfchen verschieden. Pötzleinsdorf, Weidlingbach, Neuwaldegg, Halterthal, Pressbaum, Böheimkirchen, Moosbrunn, Gloggnitz, Trattenbach, Reichenau, Edlach, St. Egyd, Scheibbs, Purgstall, Oberndorf, Aggsbach, Oberbergern, Mautern. C. subalpinum Gaud. C. oenanum Treuinf.

1020×1028. **C. palustre×oleraceum.** Von C. palustre durch grössere, minder zertheilte, stachlig-gewimperte Blätter, armköpfigen Stengel, bleichgelbe od. röthlich-angehauchte Blüthen; von C. oleraceum durch den mehr minder geflügelten Stengel, den Mangel der grossen bleichen Deckblätter u. kleinere Köpfchen verschieden. Neuwaldegg, Weidlingbach, Pressbaum, Gleissenfeld bei Sebenstein, Gloggnitz, Reichenau, Prein, Schwarzau, Klosterthal, Lackenhof, Lunz, Scheibbs, Purgstall, Oberndorf, Wolfsteinerthal bei Aggsbach, Paltmühle bei Oberbergern, Seitenstetten, Debernitzthal bei Altpölla. C. hybridum Koch. C. lacteum Schleich.

1020×1025. **C. rivulare×oleraceum.** Von C. rivulare durch die mit einem lanzettlichen Deckblatte gestützten, meist gelb- od. röthlichblüthigen Köpfchen; von C. oleraceum durch den Mangel der grossen bleichen Deckblätter u. die weisslichgelben od. röthlichen Blüthen verschieden. Ueberall, wo die Stammeltern zusammentreffen. C. erucagineum DC.

1020×1026. **C. pannonicum×oleraceum.** Von C. pannonicum durch den bis an die Köpfchen beblätterten Stengel, breitere Blätter u. gelblichweisse Blüthen; von C. oleraceum durch schmale, kurze, grüne Deckblätter u. einzelnstehende Köpfchen mit langen oben schwach-spinnwebigen Stielen. verschieden. Weidling, Mödling u. im Blätterthal bei Gutenstein. C. pseudo-oleraceum Schur. C. Hugueninii Brügg. C. Müllneri Beck.

1022×1023. **C. erisithales×carniolicum.** Von C. erisithales durch die von linealen, stachlig-gewimperten Deckblättern gestützten Köpfchen, die rostfarbige Behaarung der oberen Theile u. breitere Blätter; von C. carniolicum durch den oberwärts nur mit kleinen Blättern besetzten Stengel, fiederspaltige Blätter u. nickende

Köpfchen verschieden. Am Fusse der Stumpfmauer bei Hollenstein. C. benacense Treuinf.

1020×1023. **C. erisithales × oleraceum.** Von C. erisithales durch den bis hinauf entfernt beblätterten Stengel, verkleinerte fiederspaltige od. buchtige obere Blätter u. lichtere Blüthen; von C. oleraceum durch nickende, etwas klebrige Köpfchen u. den Mangel der bleichen, die Köpfchen umhüllenden Deckblätter, verschieden. Steinbach, Rappoltenkirchen, Gutenstein. Kilb, Buchberg, Prigglitz, Höllenthal, Nasswald, Singerin, Schwarzau, Kampalpe, Grubberg bei Gaming, Scheibbs, Annaberg, Voralpe, Wolfsteingraben bei Aggsbach. C. Candolleanum Naeg. C. oenipontanum Treuinf. C. suberisithales Beck.

1020×1023×1025. **C. erisithales × oleraceum × rivulare.** Wie C. erisithales × oleraceum, aber die Blüthen purpurn. Bei Steinbach. C. vindobonense Hal.

1023×1025. **C. erisithales × rivulare.** Von C. erisithales durch gedrungene, etwas längliche Köpfchen, aufrechte Hüllschuppen u. purpurn überlaufene od. purpurne Blüthen; von C. rivulare durch die an C. erisithales erinnernden Blätter, etwas klebrige Hüllschuppen, nickende Köpfchen u. durch die meist lichtere Färbung der Blüthen verschieden. Bei Rohr, Semmering, Preiner Gschaid, St. Egyd, Salzbachthal bei Klein-Zell, Lackenhof, Luggraben bei Scheibbs, Grubberg, Föllbaumhöhe, Mitterau u. Polzberg bei Gaming, Rappoltenstein, Plankenstein u. Mank. C. Killiasii Brügg. C. praealpinum Beck. C. triste Kern. C. gamingense Beck.

1023×1028. **C. erisithales × palustre.** Von C. erisithales durch den bis hinauf entfernt beblätterten Stengel, stärker bestachelte, öfters herablaufende Blätter, grössere, kürzer gestielte, gehäufte Köpfchen u. purpurnüberlaufene Blüthen; von C. palustre durch oberwärts nackte Stengel, grosse fiederspaltige Blätter, nickende Köpfchen u. klebrige Hüllschuppen, verschieden. Lakerboden bei Reichenau, Kaiserbrunnen, Nasswald, Grosses Höllenthal, Preiner Gschaid, Buchberg bei Scheibbs, St. Egyd, Lackenhof, Lunzersee, zwischen Neuhaus u. Langau. C. ochroleucum All. C. Ausserdorferi et Huteri Hausm.

1023×1026. **C. erisithales×pannonicum.** Von C. erisithales durch die weniger tiefe Theilung der kurzherablaufenden Blätter, den leicht spinnwebigen Ueberzug der Blattunterseite u. des Stengels u. die röthlichen Blüthen; von C. pannonicum durch die tieflappigen bis fast fiederschnittigen Blätter verschieden. Muckendorf u. Bärenthal bei Gutenstein. C. polymorphum Doll. C. Linkianum Löhr. C. Dollineri Schultz. C. Portae Hausm. C. erisithaloides Hut.

1020×1030 **C. arvense × oleraceum.** Von C. arvense durch deckblättrige grössere Köpfchen u. bleichgelbe Blüthen; von C. oleraceum durch die sterilen, beblätterten Seitenäste, die an C. arvense erinnernden Blätter, mehr lockergestellte kleinere länglich-walzliche Köpfchen u. grüne Deckblätter verschieden. Gurhofgraben bei Aggsbach u. Gross-Haag bei Biberbach. C. Reichenbachianum Löhr.

291. Carduus L. Distel. Blüthen zwittrig; Pappus haarig, sonst wie Cirsium.

a. Hüllschuppen über dem eiförmigen Grunde eingeschnürt u. daselbst zurückgeknickt, in eine stechende lanzettliche Spitze auslaufend; Köpfchen gross.

1031. **C. nutans L.** Stengel bis zur Spitze od. nahe zu dieser lappiggeflügelt, stachlig; Blätter herablaufend, tieffiederspaltig, derbstachlig; Köpfchen einzeln, nickend; Blüthen purpurn, sehr selten weiss. ⊙ Raine, Wege, verbreitet. H. 0,3—1,0 M. Juli-Sept.

b. Hüllschuppen aufrecht od. bogigabstehend; Köpfchen mittelgross od. klein.

* Wurzel spindlig; Blätter kahl od. zerstreut-wollig, ziemlich derbstachlig; Köpfchen meist einzeln.

1032. **C. acanthoides L.** *Stengel bis zur Spitze od. nahe zu dieser lappiggeflügelt,* stachlig; Blätter herablaufend, fiederspaltig; Köpfchen meist einzeln, *Hüllschuppen* aus breitem Grunde lineallanzettlich, in eine kurze Spitze endigend, aufrecht od. nur wenig zurückgekrümmt, *grün;* Blüthen purpurn, selten weiss. ⊙ Wege, wüste Plätze, Zäune, gemein. H. 0,4—1,0 M. Juni-Sept. b) s u b m i t i s Neilr. Blätter seichter fiederspaltig, mehrlappig. sammt dem Stengel weichstachlig, kaum stechend. Schattigere Orte, meist einzeln.

1033. **C. hamulosus Ehrh.** *Stengel* lappiggeflügelt, kurzstachlig, *in verlängerte, ruthenförmige, 1köpfige, oberwärts meist nackte Aeste getheilt;* Blätter herablaufend, fiederspaltig, die obersten sehr klein; Köpfchen einzeln, grösser; *Hüllschuppen* linealpfriemlich, in eine feine Spitze auslaufend, die inneren hackig zurückgekrümmt, *dunkelpurpurn;* Blüthen purpurn. ⊙ Wüste Plätze, selten u. ohne bleibenden Standort; Kaiser-Ebersdorf, Prater, Grinzing, Giesshübel, Reichenau. H. 0,2—1,0 M. Juni-Sept.

* * Wurzel spindlig od. spindligästig; Blätter kurz u. weichstachlig, unterseits mehr weniger spinnwebig-filzig; Köpfchen meist gehäuft.

1034. **C. crispus L.** *Wurzel* spindlig, *2jährig;* Stengel bis zur Spitze lappig- od. gezähnt-geflügelt, stachlig; *Blätter* unterseits weissspinnwebig-filzig, buchtig-fiederspaltig bis buchtig-gezähnt, untere eiförmig, obere länglich od. länglich-lanzettlich, *breit-herablaufend; Hüllschuppen* linealpfriemlich, abstehend, *die äussersten 4mal kürzer als die innersten;* Blüthen hellpurpurn, sehr selten weiss. ⊙ Auen, Ufer, Zäune; Donauinseln, Wienufer von Purkersdorf bis Hietzing, Hainbach, Laxenburg, Traisenthal bei Lilienfeld, Pielachthhal bei Melk, an der Ibbs bei Neuhaus, Langau, Lunz,

Gössling; Krems- u. Kampauen, Gmünd, Thayaufer bei Raabs u. Hardegg. H. 0,5—1,5 M. Juli-Aug.

1035. **C. personata (L.) Jacq.** *Wurzel* spindlig ästig, *ausdauernd*; Stengel bis zur Spitze lappig od. ganzrandig-geflügelt, stachlig; *Blätter* unterseits grauspinnwebig-filzig, untere fiederspaltig od. fiederlappig, obere eiförmig-lanzettlich, ungetheilt, *schmal herablaufend; Hüllschuppen* linealpfriemlich zurückgekrümmt, *die äussersten kaum kürzer als die inneren*; Blüthen purpurn. ♃. Wiesen, Ufer, Schluchten der Gebirge, zerstreut: Wechsel, Scheiblingstein, Semmeringstrasse bei Steinhausen, Höllenthal, Saugraben u. Kuhplagge des Schneebergs, Weichthal u. Tränkgraben des Kuhschneebergs; Annaberg, Lunz, Mariazell; Rossatz, Rastenberg, Karlstift, Harmannschlag. Arctium personata L. H. 0,5—1,5 M. Juli-Aug.

* * * Wurzelstock walzlich, mehrköpfig; Blätter dicklich, kurz- u. feinstachlig, kahl od. unterseits auf den Adern behaart; Köpfchen einzeln, auf von der Mitte an fast blattlosen nackten Stielen.

1036. **C. defloratus L.** Stengel lang u. breit geflügelt; Blätter länglich, ungetheilt od. fiederspaltig, mit ungleich eingeschnittenen stachligen Zipfeln, unterseits seegrün; mittlere Hüllschuppen aus eiförmigem Grunde lineallanzettlich, 6—vielmal so lang als breit, über der Mitte abstehend od. auswärts gebogen, in ein pfriemliches Stachelchen allmälig verschmälert; Blüthen purpurn, sehr selten weiss; Achenen walzlich, etwas zusammengedrückt, 3—4mal so lang als breit. ♃. Buschige Stellen der Kalkvoralpen u. Alpen, häufig auch bei Krems. C. crassifolius Willd. C. summanus Poll. H. 0,2—0,8 M. Jul.-Aug. b) v i r i d i s (A. Kern.) Blätter beiderseits grün, buchtiglappig bis fiederspaltig, herablaufende Flügel meist stärker buchtigzähnig. Mit der Grundform. c) g l a u c u s (Baumg.) Stengel kurz u. schmal geflügelt; Blätter elliptisch, ungetheilt, unterseits seegrün; mittlere Hüllschuppen eilanzettlich, kurz, 3 bis 4mal so lang als breit, mit der Spitze etwas abstehend, oben plötzlich zusammengezogen u. mit einem sehr kurzen Stachelchen bespitzt; Achenen verkehrteiförmig, zusammengedrückt, $2^1/_2$mal so lang als breit. ♃. Kalkberge des Wiener Beckens, stellenweise; Geissberg, Höllenstein, Brühl, Anninger, Sooser Lindkogel, Helenenthal, Eisernes Thor, Heiligenkreuz.

c. Bastarte.

1031 × 1032. **C. acanthoides × nutans.** Von C. acanthoides durch grössere Köpfchen u. zurückgeknickt-abstehende mittlere Hüllschuppen; von C. nutans durch kleinere, auf den seitlichen Aesten kürzer od. länger gestielte, zu 3—4 beisammenstehende, aufrechte od. nickende Köpfchen, verschieden Tulln, Kierling, Grinzing, Prater, Inzersdorf, Rodaun, Atlitzgraben. C. orthosepalus Wallr.

1031 × 1034. **C. crispus × nutans.** Von C. crispus durch viel grössere Köpfchen, zurückgeknickt-abstehende mittlere Hüllschuppen u. die an C. nutans erinnernden oberen Blätter; von C. nutans durch kleinere, gehäufte Köpfchen. lineale Hüllschuppen u. die unterseits mehr weniger spinnwebigen Blätter, verschieden. Brigittenau, Prater. C. polyacanthus Schleich. C. Stangii Buck. C. vindobonensis Beck.

1031 × 1036. **C. defloratus × nutans.** Von C. defloratus durch den fast bis zur Spitze od. doch weit hinauf beblätterten Stengel, grössere Köpfchen, breitere Hüllschuppen, kräftigere Bestachelung u. stets buchtig-fiederspaltige Blätter; von C. nutans durch kleinere Köpfchen, allmählig-verschmälerte, oberhalb des Grundes nicht zusammengezogene Hüllschuppen, verschieden. Weissenbach bei Pottenstein, Thalhofenge u. Lakerboden bei Reichenau, Höllenthal, Schottwien. C. Brunneri Doell. Auch zwischen C. defloratus c. glaucus u. C. nutans ist der Bastart u. zwar im Helenen-, Weichselthale u. am Eisernen Thore beobachtet worden. Blätter unterseits seegrün, sonst dem vorigen ähnlich. C. Juratzkae Beck.

1032 × 1036. **C acanthoides × defloratus.** Von C. acanthoides durch schiefen Wurzelstock, verlängerte, 1köpfige Aeste, oberwärts nackte Köpfchenstiele u. eilanzettliche Hüllschuppen; von C. defloratus durch fiederspaltige, derber bestachelte Blätter u. den weit höher hinauf lappig-stachlig geflügelten Stengel verschieden. Schottwien, Prein, Kienberg, Gaming. C. Schulzeanus Ruhm. C. laxus Beck. Der ähnliche C. acanthoides × defloratus c. glaucus mit unterseits seegrünen Blättern, bei Kaltenleutgeben, auf dem Gaisberg u. Eisernen Thore.

1032 × 1036. **C. acanthoides × hamulosus.** Von C. acanthoides durch grössere Köpfchen u. theilweise ruthenförmige, kurz unter dem Köpfchen meist nackte Aeste; von C. hamulosus durch stärkere Bestachlung, die bis fast an die Köpfchen hinaufreichende Beflügelung des Stengels, die oft mehrköpfigen, kürzeren, weniger ruthenförmige Aeste u. die lichteren Hüllschuppen, verschieden. Prater von Wien. C. pseudohamulosus Schur.

1032 × 1034. **C. acanthoides × crispus.** Von C. acanthoides durch breitere, kürzer bestachelte, unterseits schwach spinnwebige Blätter, schmäler geflügelten Stengel u. etwas kleinere, am Ende des Stengels stets gehäufte Köpfchen; von C. crispus durch schmälere, unterseits nicht spinnwebig-filzige, stärker bestachelte Blätter, breiter geflügelten Stengel und etwas grössere Köpfchen verschieden. Prater bei Wien, Laxenburg, Baden. C. leptocephalus Peterm. C. Aschersonianus Ruhm.

1034 × 1036. **C. defloratus × crispus.** Von C. defloratus durch unterseits etwas spinnwebig-filzige, weiter hinaufreichende Blätter, weiter hinaufreichende Flügelung des mehr verzweigten Stengels u. kleinere kürzer gestielte, einzeln od. zu 2 stehende Köpfchen; von C. crispus durch viel schwächeren Filz der Blattunterseite u. nicht gehäufte, meist mit viel längeren Stielen versehene Köpfchen verschieden. Lunz. C. Moritzii Brügg. C. praticolus Beck.

1035 × 1036. **C. defloratus × personata.** Von C. defloratus durch unterseits etwas spinnwebig-filzige, weiter hinaufreichende Blätter, weiter hinaufreichende Flügelung des mehr verzweigten Stengels u. kürzer gestielte od. gehäufte Köpfchen; von C. personata durch schwächeren Filz der Blattunterseite u. die theilweise lang-gestielten Köpfchen verschieden. Von C. Moritzii im Herbar schwer zu unterscheiden. Reichenau, Krumbachgraben, Lunz, Mürzsteg u. Wegscheid, Kampalpe. C. Naegelii Brügger. C. digeneus, Michaletii, stiriacus u. peculiaris Beck.

292. Onopordon L. Eselsdistel. Staubbeutel kurzgeschwänzt; Achenen zusammengedrückt 4kantig; Pappus haarig od. fast federig; Blüthenlager bienenzellig, mit zerrissen-gezähnten Grubenrändern, aber nicht spreuborstlich, sonst wie Carduus.

1037. **O. acanthium L.** Stengel spinnwebig-wollig, von den herablaufenden Blättern breitgeflügelt; Blätter länglich, buchtig-gezähnt, stachlig; Hüllschuppen aus eiförmigem Grunde lineal-pfriemlich, äussere weitabstehend; Blüthen purpurn. ⊙ Wege, wüste Plätze, gemein. H. 0,3—2,0 M. Juli-Aug.

293. Lappa Tourn. Klette. Staubbeutel geschwänzt; Pappus spreuborstlich, einzeln abfallend; Blüthenlager spreuborstlich, sonst wie Cirsium.

* Hüllschuppen linealpfriemlich, mit hackenförmiger Spitze.

1038. **L. officinalis All.** Blätter eiförmig od. herzeiförmig, gestielt, unterseits mehr weniger graufilzig; *Blüthenstand doldentraubig, Hüllschuppen kahl, gleichfarbig grün, länger als die purpurnen Blüthen.* ⊙ Wege, wüste Plätze, Auen, gemein. Arctium lappa L. p. p. L. major Gärtn. H. 1,0—1,5 M. Juli-Aug.

1039. **L. nemorosa (Lej.) Körn.** *Blüthenstand traubig; Hüllschuppen fast kahl, die inneren purpurn, so lang als die Blüthen,* sonst w. v. ⊙ Pürschenwald bei Bruck. Arctium nemorosum Lej. A. intermedium Lge. L. macrosperma Wallr. H. 1,0—1,5 M. Juli-August.

1040. **L. minor (Schkuhr) DC.** *Blüthenstand traubig;* Köpfchen kleiner; *Hüllschuppen etwas spinnwebig, kürzer als die Blüthen, die inneren purpurn,* sonst w. v. ⊙ An gleichen Orten, jedoch seltner. Arctium minus Schkuhr. H. 0,5—1,2 M. Juli-Aug.

* * Hüllschuppen breitlineal, stumpflich, mit gerader Stachelspitze.

1041. **L. tomentosa (Mill.) Lam.** Blätter eiförmig od. herz-eiförmig, gestielt, unterseits graufilzig; Blüthenstand doldentraubig; Hüllschuppen dicht spinnwebig-wollig, purpurn, kürzer als die purpurnen Blüthen. ⊙ Wege, Zäune, Auen, gemein. Arctium bardana Willd. H. 0,7—1,3 M. Juli-Aug.

1038×1041. **L. officinalis × tomentosa.** Von L. officinalis durch schwach-spinnwebige Köpfchen u. purpurne, nur schwach gebogene innere Hüllschuppen; von L. tomentosa durch grössere, weniger spinnwebige Köpfchen u. mit hackenförmiger Spitze versehene äussere Hüllschuppen, verschieden. Wien, Moosbrunn, Bruck, Rekawinkel, Gloggnitz. L. ambigua Celak.

13. Gruppe. **Serratuleae** Less. Köpfchen vielblüthig; Blüthen röhrig, zwittrig; Pappus abfällig, 2—vielreihig, die innerste Reihe länger als die übrigen.

294. Saussurea DC. Saussurie. Hüllschuppen dachig; Staubbeutel geschwänzt; Achenen länglich; Pappus 2reihig, äussere Reihe spreuborstlich, innere federig, am Grunde verwachsen; Blüthenlager spreuborstlich.

1042. **S. lapatifolia (L.) Beck.** Wurzelstock unterirdische Ausläufer treibend; *Stengel* doldentraubig-ästig, *2—mehrköpfig; Blätter unterseits dicht weissfilzig, untere gestielt, eilanzettlich, am Grunde herzförmig, obere sitzend,* lanzettlich; Köpfchen mittelgross, Blüthen violett. ♃. Kalkalpen, stellenweise; Saugraben, Emmysteig, Luxboden u. Waxriegel des Schneeberges, Grünschacher, Wetterkogelsteig, Eishütten u. Hohe Lehne der Rax, Südseite des Oetschers, Scheiblingstein, Langfeld u. Ostseite des Hochkohrs, Voralpe oberhalb der Wentneralm. Serratula alpina γ. lapatifolia L. Serr. discolor Willd. Saussurea discolor DC. H. 0,1—0,3 M. Juli-Sept.

1043. **S. pygmaea (Jacq.) Spreng.** Wurzelstock ohne Ausläufer; *Stengel 1köpfig; Blätter lineal od. lineallanzettlich, sitzend, unterseits langhaarig*; Köpfchen gross, Blüthen violett. ♃. Kalkalpen, selten; Waxriegel des Schneeberges gegen die Kuhplagge zu; Grünschacher, Hohe Lehne, Wetterkogel u. zwischen den Eis- u. Lichtensternhütten der Rax. Carduus pygmaeus Jacq. H. 0,06 bis 0,12 M. Juli-Aug.

295. Serratula L. Scharte. Hüllschuppen dachig; Staubbeutel ungeschwänzt; Achenen länglich, zusammengedrückt; Pappus spreuborstlich, vielreihig, am Grunde nicht verwachsen; Blüthenlager spreuborstlich.

1044. **S. tinctoria L.** *Stengel* beblättert, doldentraubig-ästig, *vielköpfig;* Blätter länglich, kahl, untere langgestielt, obere sitzend; *Köpfchen klein, länglich-walzlich*, Blüthen purpurn. ♃. Wiesen, Wälder, Auen, bis in die untere Alpenregion, häufig. H. 0,15 bis 1,0 M. Juli-Sept. a) integrifolia Wallr. Blätter sämmtlich ungetheilt. b) dissecta Wallr. Alle od. doch die meisten Blätter fiederspaltig.

1045. **S. lycopifolia (Vill.) A. Kern.** *Stengel* einfach, *einköpfig*, oberwärts blattlos; Blätter flaumig, untere gestielt, eiförmig, grob- od. eingeschnitten-gezähnt, obere länglich-fiederspaltig, sitzend;

Köpfchen gross, kuglig-eiförmig, Blüthen purpurn. ♃. Nasse Wiesen bei Götzendorf, zwischen Laxenburg, Münchendorf u. Guntramsdorf, Giesshübel, Kalksburg; Nordseite des Hundsheimer Berges. Carduus lycopifolius Vill. S. heterophylla Desf. H. 0,5—1,0 M. Juni-Juli.

Anm. S. radiata M. a B. angeblich bei Bruck a. d. Leitha, wurde seit Jahren nicht mehr gefunden.

296. **Jurinea Cass.** Bisamdistel. Achenen verkehrt-pyramidenförmig, 4seitig; Pappus 2—3reihig, an eine kurzwalzliche Scheibe angewachsen u. mit dieser abfallend, sonst wie Serratula.

1046. **J. mollis (L.) Rchb.** Stengel meist 1köpfig, oberwärts blattlos; Blätter unterseits weissfilzig, ungetheilt bis fiedertheilig, mit linealen Zipfeln; Köpfchen gross, halbkuglig, Blüthen purpurn. ♃. Grasplätze, zerstreut; Bisamberg, Türkenschanze, Kalkberge von Rodaun bis Baden, Fischau, Münchendorf, Velm, Grammat-Neusiedel, Leithagebirge, Haglersberg, Hainburger Berge; Hollenburg, Spitz, Schwallenbach, Melk, Reichersdorf. Carduus mollis L. H. 0,2—0,5 M. Mai-Juni.

14. Gruppe. Centaurieae Less. Köpfchen vielblüthig; Blüthen röhrig, zwittrig od. die randständigen leer; Pappus fehlend od. vielreihig, bleibend, die vorletzte Reihe länger, die innerste kürzer als die übrigen.

297. **Carthamus L.** Saflor. Hüllschuppen dachig; Blüthen röhrig-trichterig, zwittrig; Staubbeutel ungeschwänzt; Achenen verkehrteiförmig, 4seitig; Pappus fehlend od. aus lineal-pfriemlichen schmutzigen Spreublättern gebildet; Blüthenlager spreuborstlich.

1047. **C. lanatus L.** Stengel 1—mehrköpfig; Blätter buchtig-fiederspaltig, mit in einen starren Stachel auslaufenden Zipfeln; Köpfchen gross, Blüthen gelb; Pappus der randständigen Achenen fehlend. ⊙ Wüste Plätze, sehr selten u. kaum wirklich wild; seit Jahren bei Moosbrunn. Kentrophyllum lanatum Duby. H. 0,15 bis 0,5 M. Juli-Aug.

Anm. Crupina vulgaris Cass. ehemals auf dem Haglersberge, kommt daselbst nicht mehr vor.

298. **Centaurea L.** Flockenblume. Hüllschuppen dachig; Blüthen röhrig, zwittrig od. die randständigen grösser, leer; Achenen länglich, zusammengedrückt; Pappus fehlend od. borstlich, weiss.

a. Hüllschuppen an der Spitze mit einem deutlichen trockenhäutigen Anhängsel versehen.

* Pappus fehlend od. nur ein sehr kurzer Ansatz.

o Anhängsel gross, gewölbt, die Hüllschuppen meist ganz verdeckend.

1048. **C. jacea L.** Blätter kahl, flaumig od. spinnwebig-wollig, länglich- bis lineal-lanzettlich, ganzrandig od. gezähnelt, die unteren oft buchtig bis fiederspaltig; *Anhängsel der Hüllschuppen* *rundlich-eiförmig, gelblich od. lichtbraun, ganzrandig od. am Rande unregelmässig eingerissen;* Blüthen hellpurpurn; Pappus fehlend. ♃. Wiesen, Triften, gemein. C. angustifolia Schrank. H. 0,1—1,0 M. Juni-Oct. b) Gaudini (Bois. et Reut.). Anhängsel der mittleren Hüllschuppen mit sehr breitem durchsichtigen Rande, die nicht aufgeblühten Köpfchen hiedurch schneeweiss. Zwischen Perchtholdsdorf u. Giesshübel, Brühl.

1049. **C. decipiens Thuill.** Blätter kahl od. flaumig, dunkelgrün, länglich od. länglichlanzettlich, ganzrandig od. entferntgezähnelt; *Anhängsel aller Hüllschuppen, mit Ausnahme der obersten, eiförmig-lanzettlich, regelmässig kämmig-gefranst, dunkelbraun;* Blüthen purpurn; Pappus fehlend. ♃. Wiesen, Triften; häufig längs der ganzen Voralpenkette vom Wechsel bis an die oberöst. Grenze. H. 0,3—1,0 M. Juli-Sept.

1048×1050. **C. jacea×nigrescens.** Von C. jacea durch kleinere Köpfchen u. die in der unteren Hälfte kämmig-fransigen Anhängsel; von C. nigrescens durch breitere, weniger getheilte Anhängsel verschieden. Ober-St. Veit, Giesshübel. C. extranea Beck.

1048×1058. **C. jacea × rhenana.** Von C. jacea durch die einfach fiedertheiligen, mit linealen od. lineallanzettlichen Zipfeln u. sehr schmaler Spindel versehenen Blätter, rispige, kleinere, walzliche Köpfchen u. gefranste Anhängsel; von C. rhenana durch weniger getheilte Blätter, breitere, weniger zerfranste Anhängsel u. sehr kurzen Pappus verschieden. Bei den Kaisermühlen von Wien. C. Beckiana Mülln.

o o Anhängsel klein, entfernt, die Hüllschuppen nicht verdeckend.

1050. **C. nigrescens Willd.** Blätter länglich od. eiförmig, ganzrandig od. entferntgezähnt, die unteren oft buchtig bis fiederspaltig; Anhängsel eiförmig-lanzettlich, schwärzlich, kämmiggefranst, an der Spitze meist zurückgebogen, die der obersten Hüllschuppen rundlich, zerrissen-gezähnt; Blüthen purpurn; Pappus fehlend od. ein kurzer Ansatz. ♃. Wiesen, Triften, selten; Ober-St. Veit, Perchtholdsdorf, Giesshübel, Gloggnitz, Rossatz, Raabs. C. vochinensis Bernh. C. Kochii. Schultz p. p. H. 0,3—1,0 M. Juli-Sept.

Anm. C. nigra L. wurde im Prater einige Jahre hindurch beobachtet, ist jedoch wieder verschwunden.

* * Pappus vorhanden, mehrmals kürzer als die Achene.

1051. **C. stenolepis A. Kern.** *Blätter* länglich od. eiförmig-länglich, *graugrün,* mit kleinen nach vorne abstehenden Zähnchen, mittlere u. obere mit verschmälertem Grunde sitzend; *Köpfchen aus eiförmigem Grunde kurzwalzlich, in der Jugend spinnwebig; Anhängsel* der unteren u. mittleren Hüllschuppen *schmallineal,* am Grunde kaum breiter als diese u. daselbst durch keine seitliche

Einbuchtung abgegrenzt, fiederförmig-gefranst, zurückgebogen, *die Hüllschuppen nicht vollständig verdeckend;* Blüthen lichtpurpurn; *Pappus 5mal kürzer als die Achene.* ♃. Waldränder, buschige Orte, stellenweise; Leithagebirge bei Bruck, Sommerein, Mannersdorf u. Eisenstadt, Kaiserwald, Rosaliengebirge, Lichtenwörther Au bei Neustadt, zwischen Giesshübel u. Perchtholdsdorf, Kalksburg, Cobenzl, St. Andrä, Rappoltenkirchen; Mautern. C. phrygia Neilr. p. p. C. austriaca v. cirrhata Rchb. fil. non. C. cirrata Rchb. pat. H. 0,3—1,0 M. Juli-Sept.

1048×1051. **C. jacea × stenolepis.** Von C. jacea durch die federig-zerschlitzten Anhängsel der Hüllschuppen; von C. stenolepis durch schmal lineallanzettliche Blätter des Blüthenstandes u. schwach nach aussen gebogene, breitere, deutlich sichtbare Anhängsel der Hüllschuppen verschieden. Zwischen Perchtholdsdorf u. Giesshübel. C. spuria Kern. C. Michaeli Beck. Hieher auch wahrscheinlich C. Müllneri Beck.

1052. **C. pseudophrygia C. A. Mey.** *Blätter* länglich od. eiförmig-länglich, *grasgrün,* grobgezähnelt, mittlere u. obere mit gestutztem, halbstengelumfassendem Grunde sitzend; *Köpfchen halbkuglig, nicht spinnwebig; Anhängsel* der unteren u. mittleren Hüllschuppen *eilanzettlich,* von diesen beiderseits durch eine seichte Einbuchtung abgegrenzt, fiederförmig-gefranst, zurückgebogen, *die Hüllschuppen ganz perückenartig umhüllend;* Blüthen hellpurpurn; *Pappus 3—4mal kürzer als die Achene.* ♃. Waldränder, Wiesen, stellenweise; Vorberge des Wechsels zwischen Trattenbach u. Aspang, Semmering, Atlitzgraben, Ganswiese, Wiener-Neustadt, Rosaliengebirge; Waschberg, Karnabrunn, Spitz; Granitplateau des Waldviersels. C. phrygia Neilr. p. p. non. L. H. 0,3—1,0 M. Juli-Sept.

b. Hüllschuppen gegen die Spitze zu mit einem trockenhäutigen gefärbten Rande umgeben.

* Blüthen, wenigstens die randständigen blau (sehr selten weiss).

o Obere Stengelblätter herablaufend; Pappus 3mal kürzer als die Achene.

1053. **C. montana L.** *Stengel breitgeflügelt;* Blätter eiförmig-länglich bis lanzettlich, ungetheilt, grasgrün, spinnwebig-flockig; *Hüllschuppen kämmig-gesägt, Fransen etwa so lang als der schwarze Rand.* ♃. Waldränder, Schluchten; vom Eisernen Thore bei Baden durch alle Kalkvoralpen bis in die untere Alpenregion häufig; dann im Kampthal bei Rosenberg, im Reisertwalde bei Mollands, am Hiesberg bei Weichselbach, im Isperthale, zwischen Weitenegg u. Leiben. H. 0,4—0,6 M. Juni-Juli.

1054. **C. axillaris Willd.** *Stengel schmalgeflügelt;* Blätter länglichlanzettlich od. lanzettlich, ungetheilt od. buchtig bis fiederspaltig, graugrün-wollig-filzig; *Hüllschuppen kämmig-gefranst, Fransen länger als der braune Rand.* ♃. Steinige, buschige Stellen; häufig auf allen Kalkbergen von Kalksburg bis Merkenstein, Steinfeld, Leopoldsberg; oberes Donauthal, Kampthal bei Rosenburg u. Horn, Thayathal bei Drosendorf, Hardegg u. auf den Buchbergen bei Mailberg, Ernstbrunner Wald, Staatzer Berg. H. 0,15—0,3 M. Mai-Juni.

o o Obere Stengelblätter sitzend; Pappus so lang als die Achene.

1055. **C. cyanus L.** Blätter lineallanzettlich, die untersten fiedertheilig od. 3theilig; Hüllschuppen schwarzbraun berandet u. kämmig-gefranst. ⊙ Getreide, Brachen, gemein, jedoch nicht ursprünglich willd. H. 0,3—0,6 M. Juni-Herbst.

* * Blüthen purpurn (sehr selten weiss).

o Wurzelstock walzlich, schopfig; Köpfchen gross, Hüllschuppen verwischt-längsnervig; Pappus so lang als die Achene.

· Hautrand der Hüllschuppen schmal, den grünen Theil der letzteren nicht verdeckend; Köpfchen ansehnlich, Blüthen hellpurpurn.

1056. **C. scabiosa L.** Blätter einfach- od. doppelt-fiederspaltig, kurzhaarig bis filzig, am Rande rauh; Hüllschuppen mehr weniger flockig, Hautrand schwärzlich, gefranst, ohne Stachelspitze. ♃. Wiesen, Wege, Raine, gemein. H. 0,4—1,2 M. Juli-Sept. b) b a d e n s i s (Tratt.). Blätter einfach-fiederspaltig, am Rande u. auf den Flächen kahl, lederig, glänzend, die grundständigen meist ungetheilt, länglich od. länglichlanzettlich; Hüllschuppen kahl. Nadelwälder u. Felsen der Kalkberge; Geissberg, Mödlinger Klause, Helenenthal von Rauheneck, Rauhenstein, Krainerhütten über das Eiserne Thor bis Merkenstein. c) s p i n u l o s a (Roch.). Blätter einfach- od. doppelt-fiederspaltig, kurzhaarig, am Rande rauh; Hüllschuppen flockig, in eine längere Stachelspitze auslaufend. Bisher bloss am linken Donauufer nächst der Kronprinz Rudolfsbrücke bei Wien.

· · Hautrand der Hüllschuppen breit, den grünen Theil der letzteren fast ganz verdeckend; Köpfchen sehr gross, Blüthen dunkelpurpurn.

1057. **C. alpestris Hegetschw.** Blätter einfach-fiederspaltig, flaumig-rauh od. fast kahl; Hüllschuppen kahl, Hautrand schwarz, langgefranst, ohne längere Stachelspitze. ♃. Alpel, Krumbach- u. Saugraben des Schneebergs, Griesthal bei Rohr, oberer Lunzer See, Oetscher, Voralpe. C. fuliginosa Doll. C. Kotschyana Koch, non Heuff. H. 0,4—0,6 M. Juli-Aug.

o o Wurzel spindlig, nicht schopfig; Köpfchen klein, Hüllschuppen erhaben-5nervig; Pappus halb so lang als die Achene.

1058. **C. rhenana Bor.** Stengel rispig-ästig; Blätter grauflaumig, untere doppelt-, obere einfach-fiedertheilig, mit linealen Zipfeln; Hüllschuppen mit braunem, kämmig-gefransten Hautrande. ⊙ Sandige Plätze, Raine, Wege, gemein. C. paniculata Jacq. non L. C. maculosa Aut. non Lam. H. 0,3—0,6 M. Juli-Oct.

c. Hüllschuppen in einen starren, fast handförmig-getheilten Stachel endigend.

1059. **C. calcitrapa L.** Stengel doldentraubig ästig, mit genäherten Köpfchen; *Blätter* wollig-flaumig, *fiedertheilig,* mit stachelspitzigen Zipfeln, die oberen sitzend, die obersten ungetheilt; *Hüllschuppen kahl; Blüthen purpurn: Pappus fehlend.* ⊙ Wüste Plätze, Weiden, selten; hinter dem Belvedere u. auf dem Linienwalle daselbst, am Alserbache bei Hernals, Ottakring, an der Wien von Penzing bis Hütteldorf, an der Schwechat bei Leesdorf u. Tribuswinkel; angeblich bei Schottwien u. in der Prein; scheint ehemals häufiger gewesen zu sein. H. 0,2—0,8 M. Juli-September.

1060. **C. solstitialis L.** Stengel ausgesperrt-ästig, mit ein, köpfigen Aesten; *Blätter* wollig-filzig, *lineallanzettlich,* stachelspitzig, am Stengel herablaufend, die untersten leierförmig; *Hüllschuppen wollig; Blüthen gelb; Pappus so lang als die Achene.* ⊙ Aecker, Raine, stellenweise u. oft vorübergehend; Gugging, Weidling, Klosterneuburg, Nussdorf, Grinzing, Neustift am Walde, Salmannsdorf, Sievring, Währing, Hernals, Schmelz, Hietzing, Mauer, Liesing, Mödling, Laxenburg, Neustadt, Fahrafeld, Pottenstein; Neu-Erlaa, Ober-Laa, Margarethen am Moos; oberes Donauthal bei Langenlois, Gneixendorf, Melk gegen Roggendorf zu; Marchfeld u. längs der mährischen Grenze. H. 0,2—0,8 M. Juli-September.

III. Unterfamilie. **Liguliflorae DC.** Blüthen sämmtlich zungenförmig; Griffel 2schenklig, unter der Theilung in die Schenkel nicht verdickt; Schenkel frei, fädlich, zurückgerollt; Köpfchen stets gleichblüthig.

15. Gruppe. Lapsaneae Less. Pappus ein sehr kurzer Rand; Blüthenlager nackt.

299. Lapsana L. Rainkohl. Hüllschuppen 1reihig, mit einigen kleinen Nebenschüppchen, bei der Fruchtreife aufrecht; Achenen zusammengedrückt, vielriefig, mit stumpfem Rande.

1061. **L. communis L.** Stengel rispig-ästig; Blätter eiförmig od. eilänglich, gezähnt, untere meist leierförmig; Köpfchen klein, Blüthen gelb. ⊙ Haine, Gebüsche, verbreitet. H. 0,4—1,0 M. Juni-Aug.

300. Aposeris Neck. Hainlattig. Achenen 5riefig, sonst wie Lapsana.

1062. **A. foetida (L.) Cass.** Stengel blattlos, 1köpfig; Blätter grundständig, rosettig, schrotsägeförmig-fiederspaltig, Zipfel fast rautenförmig, der endständige fast 3lappig; Blüthen gelb. ♃. Buschige Stellen der subalpinen Region, höchst selten; Saugraben des Schneeberges, Kuhschneeberg u. zwischen Neuberg u. Mürzsteg. Hyoseris foetida L. Lapsana foetida Scop. H. 0,1—0,2 M. Juli-Aug.

301. Arnoseris Gärtn. Lämmersalat. Hüllschuppen bei der Fruchtreife fast kuglig-zusammenschliessend; Achenen 10riefig mit 5 mehr vorspringenden Riefen u. geschärftem 5kantigen Rande, sonst wie Aposeris.

1063. **A. minima (L.) Lk.** Stengel blattlos, 1—3köpfig; Blätter grundständig. länglich-spatelförmig, vorn gezähnt; Köpfchenstiele oberwärts keulig-aufgeblasen, Köpfchen sehr klein, Blüthen gelb. ⊙ Brachen, sandige Aecker, stellenweise; zwischen Melk u. Kollaprill, Mittelberg, Scheibenhof bei Krems, Grafenschlag, Schönbach, Alt-Melon, Weitra, Weissenbach, Zuggers, Gmünd, Schrems, Heidenreichstein, Kautzen. Hyoseris minima L. Arnoseris pusilla Gärtn. H. 0,05—0,2 M. Juni-Aug.

16. Gruppe. Cichorineae Bisch. Pappus aus kurzen Spreuschuppen gebildet; Blüthenlager nackt.

302. Cichorium L. Wegwarte. Hüllschuppen 2reihig; Achenen kreiselförmig, 3—5kantig; Blüthenlager bienenzellig.

1064. **C. intybus L.** Stengel ausgesperrt-ästig; untere Blätter schrotsägeförmig, obere lanzettlich, halbstengelumfassend; Köpfchen sitzend u. gestielt; Blüthen blau, selten weiss od. rosa. ♃. Wege, Triften, gemein. H. 0,2—1,0 M. Juli-Sept.

17. Gruppe. Leontodonteae Sch. Bip. Pappus federig, Federchen frei; Blüthenlager nackt.

303. Leontodon L. Löwenzahn. Hülle dachig; Achenen kurzgeschnäbelt; Pappus bleibend, die äusseren Haare oft nur rauh.

a. Stengel in der Regel ästig, mehrköpfig; Strahlen des Pappus fast alle federig, gleichlang; Griffel schmutziggrün.

1065. **L. autumnalis L.** Wurzelstock abgebissen; Stengel über der Mitte doldentraubig-ästig, seltner einfach, meist blattlos; Blätter länglichlanzettlich, buchtig-fiederspaltig, in den Blattstiel herablaufend; Köpfchenstiele oben verdickt, daselbst mit mehreren pfriemlichen Schuppen besetzt; Köpfchen stets aufrecht; Hülle kahl od. flaumig; Grübchen des Blüthenlagers ungewimpert; Blüthen gelb. ♃. Triften, Raine, gemein. Apargia autumnalis Hoffm. Oporinia autumnalis Don. H. 0,1—0,4 M. Juli-Oct. b) p r a t e n s i s (Rchb.). Hüllen schwarz-zottig; Stengel manchmal (Hieracium taraxaci L.) nur 1köpfig. Mehr auf Alpen, besonders um Sennhütten.

b. Stengel stets einfach u. einköpfig; Strahlen des Pappus ungleich, die inneren federig, die äusseren rauh, kürzer; Griffel gelb.

* Wurzelstock abgebissen.

o Köpfchenstiele oben mehr weniger verdickt, daselbst nur mit 1—2pfriemlichen Schuppen besetzt od. nackt.

1066. **L. montanus Lam.** Stengel blattlos; Blätter länglichlanzettlich, ganzrandig, gezähnt od. fiederspaltig, in den Blattstiel herablaufend, kahl od. mit einfachen Haaren bestreut; *Köpfchen stets aufrecht*, Köpfchenstiele oberwärts u. Hülle schwarz-zottig; *Grübchen des Blüthenlagers ungewimpert;* Blüthen goldgelb. ♃. Kalkalpen, selten: Saugraben, Ochsenboden, Klosterwappen u. Kaiserstein des Schneeberges, Hohe Lehne u. Heukuppe der Rax, Grosser Oetscher. Hieracium taraxaci Retz. non L. L. taraxaci Lois. Picris taraxaci All. H. 0,03—0,1 M. Juli-Aug.

1067. **L. hastilis L.** Stengel blattlos; Blätter länglichlanzettlich, gezähnt bis fiederspaltig in den Blattstiel herablaufend, kahl od. mit gabligen Haaren bestreut; *Köpfchen vor dem Aufblühen nickend; Grübchen des Blüthenlagers mit gewimperten Rändern;* Blüthen gelb. ♃. Wiesen, Triften, bis in die Alpenregion, gemein, H. 0,1—0,3 M. Juni-Oct. a) g e n u i n u s. Pflanze in allen Theilen kahl od. nur spärlich behaart. b) h i s p i d u s (L.). Blätter gabligbehaart, Köpfchenstiele u. Hülle borstlich.

o o Köpfchenstiele oben verdickt, daselbst mit mehreren pfriemlichen Schuppen besetzt.

1068. **L. pyrenaicus Gou.** Stengel blattlos; Blätter länglichlanzettlich, ganzrandig od. gezähnt, in den Blattstiel verschmälert, kahl od. mit einfachen Haaren bestreut; Köpfchen vor dem Aufblühen nickend; Köpfchenstiele u. Hülle kahl, flaumig od. zottig; Grübchen des Blüthenlagers ungewimpert; Blüthen goldgelb. ♃. Alpen u. höhere Voralpen, selten; Schneeberg, Rax, Dürnstein, Kampstein, Umschuss u. Hochwechsel, Voraueralpe; herabgeschwemmt an der Enns bei Steyer. H. 0,1—0,2 M. Juli-Aug.

* * Wurzelstock spindelförmig, verlängert.

1069. **L. incanus (L.) Schrank.** Stengel blattlos; Blätter länglichlanzettlich, fast ganzrandig, in den Blattstiel herablaufend, von 3—4gabligen Haaren graufilzig; Köpfchen vor dem Aufblühen nickend, Köpfchenstiele oben verdickt, mit einigen pfriemlichen Schuppen besetzt; Grübchen des Blüthenlagers mit gewimperten Rändern; Blüthen goldgelb. ♃. Felsen, buschige Stellen der Kalkberge u. Voralpen, verbreitet. Hieracium incanum L. H. 0,15 bis 0,3 M. April-Juni.

304. Picris L. Bitterich. Hülle dachig; Achenen sehr kurz geschnäbelt; Pappus am Grunde verwachsen, abfällig, die äusseren Haare rauh.

1070. **P. hieracioides L.** Stengel doldenrispig, sammt den länglichlanzettlichen, buchtig-gezähnten Blättern steifhaarig; Hüllschuppen lanzettlich; Blüthen gelb. ⊙ Hügel, Wiesen, buschige Orte, verbreitet. H. 0,4—0,8 M. Juni-Aug. b) r u d e r a l i s (Schmidt). Minder steifhaarig, Köpfchen kleiner, obere Blätter meist schmäler. Verbreitet. c) p a l e a c e a (Vest). Köpfchen gross, sammt den Hochblättern mit schwarzen hackenlosen Borsten besetzt. Höllenthal, Krumbachgraben, Nasswald, Lackaboden des Schneebergs, Polzberg bei Gaming.

305. Helminthia Juss. Wurmkraut. Hüllschuppen 3reihig, die äusseren anders gestaltet: Achenen geschnäbelt, die mittelständigen mit verlängertem haarfeinen Schnabel; Pappus bleibend.

1071. **H. echioides (L.) Gärtn.** Stengel ästig, sammt den länglichlanzettlich-geschweiften od. buchtig-gezähnten Blättern borstlich; äussere Hüllschuppen herzeiförmig; Blüthen gelb. ⊙ Aecker, Kleefelder, selten u. unbeständig; wurde gefunden: Belvedere-Linie, Krotenbach bei Döbling u. Neustift, Währing, Hernals, Dornbach, Ottakring über die Schmelz bis Hietzing, Vorderbrühl, zwischen Laxenburg u. Münchendorf; Mannersdorf a. d. March. Picris echioides L. H. 0,3—0,8 M. Juli-Sept.

18. Gruppe. Scorzonereae Sch. Bip. Pappus federig, Federchen verstrickt; Blüthenlager nackt.

306. Tragopogon L. Bocksbart. Hüllschuppen 1reihig, am Grunde verwachsen; Achenen langgeschnäbelt.

1072. **T. orientalis L.** Blätter lineallanzettlich, obere am Grunde fast bauchig-stengelumfassend; *Köpfchenstiele nicht od. nur schwach verdickt; Hüllschuppen so lang od. kürzer als die randständigen Blüthen;* randständige Achenen ziemlich stielrund, weichstachlig; Blüthen gelb. ♃. Wiesen, gemein. H. 0,3—0,8 M. Mai-Juli.

1073. **T. major Jacq.** Blätter lineallanzettlich, obere aus eiförmigem, nicht stengelumfassendem Grunde in eine lineale Spitze auslaufend; *Köpfchenstiele oben keulenförmig-verdickt; Hüllschuppen länger als die randständigen Blüthen*; randständige Achenen scharfkantig, weichstachlig; Blüthen gelb. ♃. Sonnige Plätze, Raine, stellenweise; St. Marxer Linie, über die Hügel längs der Donau bis zur ungar. Grenze, Kalkberge von Rodaun bis Vöslau; Marchfeld u. Hügelland des Kreises U. M. B.; Dämme der Westbahn von Wien bis St. Pölten, oberes Donauthal; Scheibbs. H. 0,3—0,8 M. Mai-Juli.

1072×1073. **T. orientalis × major.** Von T. orientalis durch verdickte Köpfchenstiele u. längere Hüllschuppen; von T. major durch grössere Köpfchen, dunklere Blüthen u. halbstengelumfassende obere Blätter verschieden. Im Rodauner Steinbruche u. bei den Kaisermühlen. T. Crantzii Dichtl.

307. Scorzonera L. Schwarzwurz. Hüllschuppen dachig, frei; Achenen oberwärts verschmälert, ungeschnäbelt, am Grunde mit kurzer, fast unmerklicher Schwiele.

a. Blüthen gelb.

* Wurzelstock oben faserig-schopfig; Pappus reinweiss.

1074. **S. austriaca Willd.** Stengel blattlos od. mit einigen Schuppenblättern. 1köpfig, sehr selten 2köpfig; Blätter lineal bis elliptisch: Hüllschuppen halb so lang als die Randblüthen: Achenen 10riefig, Riefen glatt od. gezackt bis knotig-runzlig. ♃. Sonnige steinige Hügel, stellenweise; Leopoldsberg, Türkenschanze, Kalkberge von Rodaun bis Vöslau, Blumberg bei Fischau, Hainburger Berge; Wetterkreuz bei Hollenburg, zwischen Krems u. Dürrenstein, Spitz, Alaunthal. H. 0,05—0,25 M. April-Mai.

* * Wurzelstock von lanzettlichen Schuppen gekrönt; Pappus bräunlichweiss.

o Randblüthen so lang als die Hüllschuppen.

1075. **S. parviflora Jacq.** Stengel 1—3köpfig; Blätter lanzettlich od. lineallanzettlich; Achenen 10riefig, Riefen glatt. ♃. Sumpfige Wiesen; Mailberg, Wülzeshofen, Zwingendorf, Laa, Kadolz, Feldsberg, Angern, Zwerndorf, Oberweiden, Schönkirchen, Gänserndorf, Wagram; Simmering, Laxenburg, Soos bei Vöslau, Traiskirchen, Münchendorf, Velm, Margarethen am Moos, Gallbrunn; Neusiedlersee. H. 0.15—0,45 M. Mai-Juli.

o o Randblüthen doppelt so lang als die Hüllschuppen.

1076. **S. humilis L.** *Stengel* armblättrig, *1köpfig, seltner 2—3 köpfig;* Blätter lineal bis elliptisch; Hülle bauchig, vielblättrig, Hüllschuppen stumpflich. randhäutig; *Achenen* 10riefig, *Riefen glatt.* ♃. Nasse Wiesen, verbreitet. H. 0,1—0,4 M. Mai-Juni.

1077. **S. hispanica L.** *Stengel* unterwärts dicht-, oberwärts entfernt-beblättert. *in 2 bis viele einköpfige Aeste getheilt;* Blätter lineal bis elliptisch; Hülle walzlich, 10blättrig, Hüllschuppen spitz, kaum randhäutig; *Achenen* 10riefig, *die randständigen* an den Riefen *feingezackt.* ♃. Wiesen, grasige Hügel; Stopfenreith, Angern, Baumgarten; Neusiedlersee zwischen Goyss u Breitenbrum; Laxenburg, Guntramsdorf, Münchendorf, Schwarzenbach bei Neustadt, Piesting, Sooser Lindkogel, Helenenthal bei Baden, Sittendorf, Gaden, Anninger, Brühl, Eichkogel, Grosser Flössel, Geissberg, Bisamberg, Kierling; Altmannsdorf u. Stadersdorf bei St. Pölten, Merking u. Walpersdorf bei Herzogenburg; fehlt im Kreise O. M. B. H. 0,3—1,2 M. Juni-Juli.

b. Blüthen blassviolett.

1078. **S. purpurea L.** Wurzelstock dichtschopfig; Stengel beblättert, 1—4köpfig: Blätter lineal; Hüllschuppen stumpf, etwa halb so lang als die Randblüthen; Achenen 10riefig, Riefen glatt bis feinknotig-runzlig; Pappus bräunlichweiss. ♃. Grasplätze: Kalkberge von Kalksburg bis Vöslau u. Brunn am Steinfeld, Fischau, Neustadt; Laxenburg, Münchendorf, Grammat-Neusiedel, Ebergassing; Hainburger Berge; Wagram; Wetterkreuz bei Hollenburg. H. 0,2—0,45 M. Mai-Juni.

308. Podospermum DC. Stielsame. Hüllschuppen dachig, frei; Achenen oberwärts nicht verschmälert, ungeschnäbelt, am Grunde mit hohler Schwiele.

1079. **P. laciniatum (L.) DC.** Wurzel 2jährig, einfach, keine unfruchtbaren Blätterbüschel treibend; *Stengel u. Aeste stielrund, oberwärts feingerillt;* Blätter fiedertheilig, mit linealen am Grunde verengten Zipfeln; Köpfchen klein, 12 mm. im Durchmesser; *Hüllschuppen so lang od. nur wenig kürzer als die Randblüthen, die inneren inwendig kahl;* Blüthen blassgelb. ⊙ Aecker, Raine, selten; Arsenal, Hernals, Perchtholdsdorf, Mödling, Teesdorf, Baden, zwischen Kottingbrunn u. Leobersdorf; zwischen Bruck a. d. Leitha u. Goyss; Zwingendorf; von Langenlois bis Dürnstein, zwischen Mautern u. Rossatz. Scorzonera laciniata L. H. 0,1—0,45 M. Mai-Juli.

1080. **P. Jacquinianum Koch.** Wurzelstock vielköpfig, unfruchtbare Blätterbüschel treibend; *Stengel u. Aeste oberwärts gefurcht;* Blätter fiedertheilig, mit linealen am Grunde nicht verengten Zipfeln; Köpfchen gross, 25—30 mm. im Durchmesser; *Hüllschuppen halb so lang als die Randblüthen, die inneren inwendig seidig-flaumig;* Blüthen blassgelb. ♃. Grasplätze, verbreitet im Wiener Becken. H. 0,1—0,5 M. Mai-Juni.

19. Gruppe. Hypochoerideae Less. Pappus federig, Federchen frei; Blüthenlager spreublättrig.

309. Hypochoeris L. Ferkelkraut. Hülle dachig; Achenen geschnäbelt od. die randständigen ungeschnäbelt; Pappus 1reihig, federig od. 2reihig u. dann die äussere Reihe haarig.

* Pappus 2reihig, innere Reihe federig, äussere haarig.

1081. **H. glabra L.** *Wurzel 1jährig, spindlig;* Stengel einfach od. gablig-ästig, blattlos; grundständige Blätter buchtig-gezähnt; Köpfchen 1 cm. im Durchmesser; *Randblüthen so lang als die Hülle,* gelb; Achenen alle geschnäbelt od. die randständigen ungeschnäbelt. ⊙ Sandäcker, höchst selten; an der Strasse von Grafenschlag nach Traunstein im Kreise O. M. B. H. 0,08—0,3 M. Juli-Aug.

1082. **H. radicata L.** *Wurzelstock walzlich, abgebissen;* Stengel einfach od. gablig-ästig, blattlos; grundständige Blätter buchtig-gezähnt od. buchtig-fiederspaltig; Köpfchen etwa 3 cm. im Durchmesser; *Randblüthen länger als die Hülle,* gelb; Achenen geschnäbelt. ♃. Grasplätze, stellenweise. H. 0,3—0,5 M. Juni-Aug.

* * Pappus 1reihig, federig.

1083. **H. maculata L.** Stengel 1—3köpfig, meist 1blättrig; Blätter länglich, buchtig-gezähnt, meist purpurn gefleckt; Köpfchen gross, Randblüthen länger als die Hülle, gelb. ♃. Sonnige Hügel, Wiesen, verbreitet. Achyrophorus maculatus Scop. H. 0,3 bis 0,6 M. Juni-Juli.

20. Gruppe. Chondrilleae Koch. Pappus haarig; Achenen gegen die Spitze feinknotig, weichstachlig od. schuppig.

310. Taraxacum Hall. Pfaffenröhrlein. Hüllschuppen mehrreihig, die äusseren dachig, viel kürzer als die innerste Reihe; Blumenkronen zahlreich, vielreihig; Achenen zusammengedrückt-4eckig, oberwärts schuppig-weichstachlig od. knotig, in einen haarförmigen Schnabel verschmälert. Schuppen od. Knötchen zerstreut, kein Krönchen bildend.

a. Stengel besonders oberwärts dichtweisswollig; Achenen lineallänglich, feinknotig, beiderseits verschmälert, der farblose Theil des Schnabels so lang als die Achene sammt der Vorspitze.

1084. **T. serotinum (W. et K.) Poir.** Blätter grundständig, derb, oberseits rauh, unterseits in der Jugend graufilzig, gezähnelt bis schrotsägeförmig; Blüthen gelb; Achenen gelblich, Pappus weiss. ♃. Weiden, sandige Hügel, nur im Wiener Becken; Feldsberg, Höbesbrunn, Hochleiten bei Wolkersdorf, Wagram, Gänserndorf, Angern, Lassee; Gross-Enzersdorf, Simmeringer Heide, Freudenau, Kaiserebersdorf, Schwechat, Kettenhof, Laaer u. Wiener Berg, über Lanzendorf bis auf den Kukuberg, Ellender Wald u. Petronell bis Hainburg u. Wolfsthal; Moosbrunn, Laxenburg, Neudorf, Mödling, Eichkogel. Leontodon serotinum W. et K. H. 0,1—0,3 M. Juli-October.

b. Stengel kahl od. schwachwollig; Achenen lineal-verkehrteiförmig, schuppig-weichstachlig, der farblose Theil des Schnabels 2—3mal länger als die Achene sammt der Vorspitze.

* Aeussere Hüllschuppen zurückgeschlagen od. abstehend.

o Aeussere Hüllschuppen breiter od. so breit als die inneren; Pappus reinweiss.

1085. **T. officinale Wigg.** Blätter grundständig, dünn, grasgrün, schrotsägeförmig; Köpfchen 3—5 cm. im Durchmesser; *äussere Hüllschuppen* lineallänglich, während der Blüthe *zurückgeschlagen*, innere aufrecht, *schwielenlos*, mit ihren Spitzen in gleicher Höhe mit den Spitzen des Pappus der noch geschlossenen Köpfchen stehend; Blüthen goldgelb; Achenen olivengrün, zuletzt grau, *Vorspitze* kurz und dick, *kaum* $^1/_4$ *so lang als die Achene.* ♃. Wiesen, gemein. Leontodon taraxacum L. H. 0,1 bis 0,3 M. April-Sept. b) nigricans (Kit.) Aeussere Hüllschuppen eiförmig od. eilanzettlich, der farblose Theil des Schnabels wenig länger als die Achene sammt der Vorspitze. Leontodon nigricans Kit. Alpentriften.

1086. **T. corniculatum (Kit.) DC.** Blätter grundständig, dünn, grasgrün, schrotsägeförmig; Köpfchen 1—2 cm. im Durchmesser; *äussere Hüllschuppen* lanzettlich, während der Blüthe *abstehend*, innere aufrecht, *unterhalb der Spitze mit einer Schwiele versehen*, mit ihren Spitzen die Spitzen des Pappus der noch geschlossenen Köpfchen nicht erreichend; Blüthen blassgelb; Achenen rothbraun, *Vorspitze* dünn, *wenigstens* $^1/_3$ *so lang als die Achene.* ♃. Sonnige Hügel, Weiden, verbreitet. Leontodon corniculatus Kit.

L. laevigatus Willd. T. erythrospermum Andrz. L. glaucescens M. a B. H. 0,05—0,2 M. März-Mai.

o o Aeussere Hüllschuppen schmäler als die inneren; Pappus röthlich od. bräunlich.

1087. **T. leptocephalum Rchb.** Blätter grundständig, dicklich, grasgrün, ungetheilt bis schrotsägeförmig; Köpfchen 10—15 mm. im Durchmesser; äussere Hüllschuppen lanzettlich, innere aufrecht, schwielenlos, mit ihren Spitzen die Spitzen des Pappus der noch geschlossenen Köpfchen nicht erreichend; Blüthen sattgelb, aussen röthlich; Achenen grau, Vorspitze $^1/_3$ so lang als die Achene. ♃. Feuchte und salzige Triften; Baumgarten, Weikersdorf, Breitensee u. Kroissenbrunn im Marchfelde; Langenlois; Simmering, Achau, Velm, Kaltleutengeben, Neusiedlersee. H. 0,03 bis 0,15 M. Juli-Herbst.

* * Aeussere Hüllschuppen anliegend od. aufrecht.

1088. **T. paludosum (Scop.) A. Kern.** Blätter grundständig, dicklich, bläulichgrün, ungetheilt bis schrotsägeförmig; Köpfchen 2—4 cm. im Durchmesser, äussere Hüllschuppen eilanzettlich bis eiförmig, innere lanzettlich, aufrecht, schwielenlos, mit ihren Spitzen in gleicher Höhe mit den Spitzen des Pappus der noch geschlossenen Köpfchen stehend; Blüthen sattgelb; Achenen gelblich, Vorspitze $^1/_3$ so lang als die Achene; Pappus weiss. ♃. Sumpfwiesen; südöstliche Niederung Wiens von der Kriegau im Prater über die Schwechat u. Leitha bis zum Neusiedlersee u. Neunkirchen, Helenenthal bei Baden: sumpfige Thäler der Voralpen; auf den Schiefern des Kreises O. M. B. Hedypnois paludosa Scop. Leontodon palustre Sm. T. palustre DC. H. 0,05—0,2 M. April-Juni. a) s a l i n u m (Poll.) Blätter lineallanzettlich, gezähnt od. fast ganzrandig. Leontodon salinum Poll. b) e r e c t u m (Sturm.) Blätter lanzettlich, buchtig-fiederspaltig od. schrotsägeförmig. Leontodon erectum Sturm.

311. Chondrilla L. Knorpelsalat. Hüllschuppen 2reihig, äussere Reihe sehr kurz, eine Nebenhülle bildend; Blumenkronen 7—12, 2reihig; Achenen 5eckig, an der Spitze schuppig-weichstachlig, in einen haarförmigen Schnabel verschmälert, Schuppen am Grunde des Schnabels ein Krönchen bildend.

1089. **C. juncea L.** Stengel ruthenförmig-ästig; untere Blätter schrotsägeförmig, obere lineallanzettlich; Köpfchen klein, kurzgestielt, einzeln od. zu 2—3; Blüthen gelb: Achenen kürzer als ihr Schnabel. ♃. Sandige Plätze, zerstreut. H. 0,3—1,0 M. Juli-Sept.

312. Willemetia Neck. Willemetie. Hüllschuppen 2reihig, äussere viel kürzer, ungleich; Blumenkronen zahlreich, vielreihig; Achenen 5eckig, an der Spitze knotig-runzlig, in einen haarförmigen Schnabel verschmälert, Kanten der Achenen am Grunde des Schnabels ein 5zackiges Krönchen bildend.

1090. **W. stipitata (Jacq.) Beck.** Stengel 1—5köpfig; grundständige Blätter länglich-verkehrteiförmig, buchtig-gezähnt, stengelständige 1—2, lanzettlich, sitzend; Köpfchen gross, nebst ihren Stielen schwarzhaarig; Blüthen sattgelb. ♃. Nasse Wiesen der Gebirge, stellenweise; Aspanger Klause, Wechsel, Kampstein, Schottwien, Klamm, Semmering, Trasikogel, Prein, Griesleiten u. Schlangenweg der Rax, Hubner'scher Durchschlag, Kuhschneeberg, Saugraben des Schneebergs, Voralpen des Dürnsteins u. Hochkohrs, Seitenstetten, Scheibbs, Gaming, Lunz, Neuhaus, Wienerbrückel, Hechtensee; Pyrabruck, Heinrichs, Harbach, Lauterbach, Hirschenwiese bei Weitra, Gföhler Wald, Gutenbrunn, Etzen, Jauerling, Burgstein, Oberbergern. Hieracium stipitatum Jacq. Crepis apargioides Willd. Borkhausia apargioides Spreng. W. hieracioides Monn. W. apargioides Less. H. 0,2—0,45 M. Juni-Aug.

21. Gruppe. **Lactuceae** Koch. Pappus haarig; Achenen vom Rücken her zusammengedrückt, glatt.

313. Lactuca Tourn. Lattig. Hüllschuppen 2—4reihig, die äusseren kürzer; Blumenkrone 5—18. 1—3reihig; Achenen flach, in einen fädlichen Schnabel verschmälert; Pappus reinweiss.

a. Stengel hohl, krautig, grün; Achenen 2—3mal länger als ihr Schnabel.

* Wurzelstock walzlich, schief, abgebissen: Köpfchen 5blüthig, Hülle 2reihig, die äussere Reihe viel kürzer.

1091. **L. muralis (L.) Gaertn.** Stengel rispig-ästig, mit ausgesperrten Aesten; Blätter leierförmig-fiedertheilig; Abschnitte eckig-gezähnt, der endständige sehr gross; Blüthen gelb; Achenen schwarz mit bleichem Schnabel. ♃. Gebirgswälder, Holzschläge, häufig. Prenanthes muralis L. Phoenixopus muralis Koch. H. 0,3—1.0 M. Juli-Aug.

* * Wurzel spindlig-rübenförmig; Köpfchen 8—13blüthig, Hülle mehrreihig, dachig.

1092. **L. quercina L.** Stengel doldentraubig-ästig, mit aufrecht-abstehenden Aestchen; Blätter schrotsägig-leierförmig bis fiedertheilig, die oberen mit pfeilförmigem Grunde sitzend; Blüthen gelb; Achenen sammt Schnabel schwarz. ⊙ Auen, Holzschläge, selten; Prater, Geissberg, Aichkogel bei Kaltenleutengeben, Hundskogel, Anninger, Seibersdorf u. Spittlwald an der Leitha, zwischen Hainburg u. Edelsthal; Marchegg, Baumgarten u. Angern an der March, Höbesbrunn, Gross-Kadolz, Thayathal zwischen Hardegg u. Neuhäusel; an der Traisen bei St. Pölten. L. stricta W. et K. H. 0,5—1,2 M. Juni-Aug. b) sagittata (W. et K.) Grundständige Blätter des ersten Jahres schrotsägig-leierförmig, Stengelblätter ungetheilt, eilanzettlich, ungleich-scharfgezähnelt, die oberen mit tief pfeilförmigem Grunde sitzend. Seltner u. mehr an schattigen Orten.

b. Stengel fest, beinartig, weisslich; Achenen so lang od. kürzer als ihr Schnabe

* Köpfchen 5blüthig; Blätter herablaufend.

1093. **L. viminea (L.) Presl.** Aeste ruthenförmig; Blätter wehrlos, schrotsägig-fiedertheilig mit linealen Zipfeln, die obersten lanzettlich, sitzend; Blüthen blassgelb; Achenen sammt Schnabel schwarz. ⊙ Abhänge, steinige Hügel; Kalkberge von St. Veit bis Vöslau, Brunn am Steinfeld. St. Aegyd; Leopolds- u. Bisamberg, Zöbinger- u. Loiserberg, Kronsegg, Aggsbach, Alaunthal bei Krems, Dürrenstein, Herzogenburg, Hardegg; Haglersberg. Prenanthes viminea L. H. 0,4—1,0 M. Juli-Aug.

* * Köpfchen 10—16blüthig; Blätter mit pfeilförmigem Grunde sitzend.

1094. **L. saligna L.** Aeste ruthenförmig; *Blätter lineal, ganzrandig,* am Rande rauh, am Rückennerven öfters stachlig, mit abstehenden spitzen Oehrchen pfeilförmig sitzend, die untersten schrotsägig; Blüthen blassgelb; *Achenen schwarzbraun, doppelt kürzer als der weissliche Schnabel.* ⊙ Raine, Wege; Hernals, St. Veit, Mauer, Mödling, Baden, Vöslau, Steinfeld; Bruck an der Leitha, Wilfleinsdorf, Goyss, Margarethen am Moos; im Thalwege der March, bei Gross-Kadolz; fehlt in den beiden westl. Kreisen. H. 0,4—1,0 M. Juli-Aug.

1095. **L. scariola L.** Stengel oberwärts pyramidal-ästig, Aeste vor dem Aufblühen nickend; *Blätter schrotsägig-fiederspaltig,* seltner ungetheilt, länglich od. länglich-verkehrteiförmig, *alle stachlig-gezähnt,* am Rückennerven meist derbstachlig, mit grossen gerundeten Oehrchen pfeilförmig sitzend; Blüthen blassgelb; *Achenen graubraun, etwa so lang als der weissliche Schnabel.* ⊙ Zäune, Wege, gemein. H. 0,5—1,5 M. Juli-Sept. b) angustana (All.) Blätter ungetheilt, gezähnelt. Seltner; Angern, Simmering, Gumpoldskirchen, Tribuswinkel, Neustadt, Brunn am Steinfeld.

Anm. L. sativa L. mit stets aufrechten Aesten, eiförmig-länglichen, selten fiederspaltigen Blättern, wird zum Küchengebrauche überall gebaut.

314. Prenanthes L. Hasenlattig. Hüllschuppen 2reihig, die äusseren kürzer; Blumenkronen 5, 1reihig; Achenen fast 3kantig, ungeschnäbelt; Pappus reinweiss.

1096. **P. purpurea L.** Stengel rispig-ästig; Blätter buchtig-fiederspaltig, obere länglich-lanzettlich, mit herzförmigem Grunde stengelumfassend; Köpfchen nickend; Blüthen purpurn. ♃. Bergwälder, häufig. H. 0,5—1,2 M. Juli-Sept.

315. Sonchus L. Saudistel. Hüllschuppen dachig; Blumenkronen zahlreich, vielreihig; Achenen flach, ungeschnäbelt; Pappus reinweiss.

a. Wurzel spindlig, 1jährig; Köpfchen mittelgross; Achenen flachgedrückt, beiderseits fein 3rippig.

1097. **S. oleraceus L.** Blätter länglich, stachelspitzig-gezähnt, ungetheilt, fiederspaltig od. schrotsägeförmig, obere herz- od.

pfeilförmig stengelumfassend-sitzend, mit abstehenden zugespitzten Oehrchen; Blüthen gelb; *Achenen querrunzlig.* ⊙ Aecker, wüste Plätze, gemein. S. laevis Vill. H. 0,2—1,0 M. Juni-Sept.

1098. **S. asper All.** Blätter länglich, stachlig-gezähnt, ungetheilt od. seltner schrotsägeförmig, obere herzförmig-stengelumfassend, mit abgerundeten, angedrückten Oehrchen; Blüthen gelb; *Achenen ohne Querrunzeln.* ⊙ Aecker, wüste Plätze, gemein. H. 0,2—0,5 M. Juni-Sept.

b. Wurzelstock walzlich; Köpfchen gross; Achenen gewölbt, beiderseits mit 5 stärkeren Rippen.

* Wurzelstock walzlich, kriechend; Achenen dunkelbraun, mit gleichhohen Rippen.

1099. **S. arvensis L.** Blätter lanzettlich, stachelspitzig-gezähnt, buchtig-fiederspaltig bis schrotsägeförmig, obere ungetheilt, alle mit herzförmigem Grunde u. abgerundeten, angedrückten Oehrchen sitzend; Köpfchenstiele u. Hülle mit gelben Drüsenhaaren besetzt; Blüthen goldgelb. ♃. Aecker, Weingärten, Wege, gemein. H. 0,5 bis 1,5 M. Juli-Sept. b) uliginosus (M. a. B.) Köpfchen kleiner, Köpfchenstiele u. Hülle kahl. Feuchte Gebüsche u. sumpfige Wiesen der Ebene; im Thalwege der March, der unteren Thaya, Grossenzersdorf, Moosbrunn. S. intermedius Brückn.

* * Wurzelstock dickwalzlich, nicht kriechend; Achenen gelblich, die mittlere Rippe viel stärker als die 4 seitlichen, hervorspringend.

1100. **S. palustris L.** Blätter sehr gross, stachlig-gezähnt od. gewimpert, schrotsägeförmig, obere ungetheilt, alle mit pfeilförmigem Grunde u. zugespitzten, abstehenden Oehrchen sitzend; Köpfchenstiele u. Hülle dicht drüsenborstig; Blüthen blassgelb. ♃. Sümpfe, Wassergräben, sehr selten; zwischen Kadolz u. Zwingendorf, bei Feldsberg, an der Fischa bei Schwadorf, der Piesting bei Gramat-Neusiedl, Moosbrunn. H. 1,2—2,0 M. Juli-Septemb.

316. Mulgedium Cass. Milchkraut. Hüllschuppen 2reihig, dachig; Pappus schmutzigweiss, sonst wie Sonchus.

1101. **M. alpinum (L.) Cass.** Stengel traubig-ästig; Blätter schrotsägig-leierförmig, obere mit herzförmig-geöhreltem Grunde stengelumfassend; Blüthen blauviolett; Achenen langstreifig, glatt. ♃. Holzschläge, Waldränder; häufig in den Kalkvoralpen bis in die untere Alpenregion; am Wechsel; im Waldviertel bei Ottenschlag u. zwischen Grosspertholz, Karlstift u. Hirschenstein. Sonchus alpinus L. H. 0,5—1,5 M. Juli-Aug.

22. Gruppe. Crepideae Koch. Pappus haarig; Achenen stielrund od. 5eckig, manchmal von der Seite etwas zusammgedrückt, glatt.

317. Crepis L. Pippau. Hüllschuppen 2reihig, die äusseren meist kürzer; Achenen stielrund od. 5eckig, oben verschmälert bis kurzgeschnäbelt; Pappus meist reinweiss u. weich.

a. Wurzel spindlig, bleich, 1—2jährig; Pappus reinweiss, weich, biegsam.

* Achenen 10riefig, alle od. doch die inneren mit einem deutlichen, fädlichen Schnabel.

1102. **C. rhoeadifolia M. a. B.** Stengel steifhaarig; Blätter buchtig-gezähnt od. fiederspaltig; *Köpfchen ansehnlich, 25—35 mm. im Durchmesser, vor dem Aufblühen nickend; Hüllschuppen u. Köpchenstiele grau-steifhaarig;* Blüthen gelb, randständige aussen purpurn gestreift; *Griffel gelb; Achenen* ungleich-geschnäbelt, die randständigen sammt Schnabel *kürzer, die inneren so lang als die Hülle;* Pappus aus letzterer weit heraustretend. ⊙ Brachen, Wege, Hügel, verbreitet. C. foetida Neilr. non L. Barkhausia rhoeadifolia M. a. B. H. 0,15—0,45 M. Juni-Aug.

1103. **C. setosa Hall.** Stengel mehr weniger steifhaarig; Blätter buchtig-gezähnt bis schrotsägeförmig; *Köpfchen klein, 14 bis 18 mm. im Durchmesser, stets aufrecht; Hüllschuppen und Köpfenstiele dicht gelb-steifhaarig;* Blüthen gelb; *Griffel schwärzlichgrün; Achenen* alle kurzgeschnäbelt, *sammt Schnabel kürzer als die Hülle;* Pappus aus letzterer wenig heraustretend. ⊙ Wiesen, Kleefelder, stellenweise; Prater, Krotenbach bei Döbling, Sievring, Weidling, Mauer, Währing, Hernals, Schmelz, Hietzing, Lainz, Hetzendorf, Rothneusiedl, Mödling, Neustadt, Gramat-Neusiedl, Simmering, Breitenfurt; Oberweiden im Marchfelde; Bruck an der Leitha; Langenlois, Amstetten. C. hispida W. et K. Barkhausia setosa DC. H. 0.2—0,5 M. Juni-Aug.

1104. **C. taraxacifolia Thuill.** Stengel mehr weniger kurzhaarig od. ziemlich kahl; Blätter schrotsägeförmig od. buchtig-fiederspaltig; *Köpfchen 20—25 mm. im Durchmesser, stets aufrecht; Hüllschuppen u. Köpfchenstiele grauflaumig od. kahl;* Blüthen gelb, grundständige aussen purpurn gestreift; *Griffel schwärzlichgrün; Achenen* alle kurzgeschnäbelt, *sammt Schnabel kürzer als die Hülle;* Pappus aus letzterer weit heraustretend. ⊙ Brachen, Grasplätze, sehr selten u. nur vorübergehend; Laxenburger Park, zwischen Vöslau, Kottingbrunn u. Leobersdorf. Barkhausia taraxacifolia DC. H. 0,2—0,5 M. Mai-Juni.

* * Achenen 10—13riefig, ungeschnäbelt od. höchstens in einen kurzen dicken Schnabel zusammengezogen.

o Hüllschuppen kahl, äussere angedrückt, vielmal kürzer als die inneren.

1105. **C. pulchra L.** Stengel unten flaumig od. rauhhaarig, oft drüsig-klebrig, oben meist kahl; Blätter länglich bis lanzettlich, untere buchtig-gezähnt od. schrotsägeförmig, obere gezähnt od. ganzrandig, mit abgeschnittenem od. fast spiessförmigem Grunde sitzend; Blüthen gelb; Griffel schwärzlichgrün; Achenen gegen die Spitze verschmälert; Blüthenlager kahl. ⊙ Brachen, buschige Hügel; Vierjochkogel des Anninger, Eichkogel u. Kalenderberg bei Mödling, jedoch in neuerer Zeit nicht mehr gefunden. H. 0,3 bis 0,6 M. Juni-Juli.

o o Hüllschuppen grauflaumig, äussere abstehend, 2—3mal kürzer als die inneren.

· Köpfchen mittelgross, äussere Hüllschuppen lanzettlich, halb so lang als die inneren.

1106. **C. biennis L.** Stengel zerstreut-steifhaarig bis fast kahl Blätter buchtig-gezähnt od. schrotsägeförmig, seltner fast ganzrandig, die mittleren mit kurzgeöhrt-gezähntem Grunde sitzend: *Hüllschuppen* meist zerstreut-borstlich, *die inneren auf der Innenseite seidenhaarig; Blüthen u. Griffel gelb: Blüthenlager zottig.* ⊙ Wiesen, Raine, gemein. H. 0.4—1,0 M. Mai-Aug.

1107. **C. nicaeensis Balb.** Stengel mehr weniger rauhhaarig, seltner drüsenhaarig; Blätter buchtig-gezähnt od. schrotsägeförmig, seltner fast ganzrandig, mittlere mit pfeilförmigem Grunde sitzend; *Hüllschuppen* meist drüsig-rauhhaarig, *die inneren auf der Innenseite kahl:* Blüthen gelb: *Griffel schwärzlichgrün; Blüthenlager kurzhaarig.* ⊙ Wiesen, buschige Stellen, sehr selten u. unbeständig: bei Döbling, zwischen Pötzleinsdorf u. Salmansdorf, zwischen dem Steinhofe u. der Laxenburger Allee, Laxenburger Park, Kaltenleutgeben, Halterkogel in der Hinterbrühl, Mauerbach. H. 0,3—0.6 M. Mai-Juni.

· Köpfchen kleiner, äussere Hüllschuppen schmallineal, ⅓ so lang als die inneren.

1108. **C. virens L.** Stengel kahl od. flaumig; *Blätter* buchtig-gezähnt od. schrotsägeförmig-fiederspaltig, *am Rande nicht umgerollt,* obere mit pfeilförmigem Grunde sitzend; Köpfchen etwa 15 mm. im Durchmesser. Köpfchenstiele gleich dick; *Hüllschuppen auf der Innenseite kahl;* Blüthen u. Griffel gelb; Achenen hellbraun, gegen die Spitze verschmälert, glatt; *Blüthenlager kahl.* ⊙ Wiesen, Auen, Aecker, häufig. C. polymorpha Wallr. C. pinnatifida Wallr. H. 0,3—0,6 M. Juni-Oct.

1109. **C. tectorum L.** Stengel kahl od. flaumig; *Blätter* buchtig-gezähnt od. schrotsägeförmig-fiederspaltig, *obere am Rande umgerollt,* mit pfeilförmigem Grunde sitzend; Köpfchen 20—25 mm. im Durchmesser. Köpfchenstiele oben etwas verdickt; *innere Hüllschuppen auf der Innenseite seidenhaarig;* Blüthen gelb; Griffel schwärzlichgrün: Achenen dunkelbraun, in einen kurzen dicken Schnabel zusammengezogen, oberwärts auf den Rippen rauh; *Blüthenlager kurzborstlich.* ⊙ Brachen, Triften; Prater, Staatsbahnhof, Laaerberg, Türkenschanze, zwischen Leobersdorf u. Matzendorf, Steinfeld bei Neustadt, Aspanger Klause, Rappoltenkirchen, zwischen St. Pölten u. Loosdorf bis Melk; verbreitet im Marchfelde u. im Kreise O. M. B. H. 0,15—0,45 M. Mai-Juni.

b. Wurzelstock braunschwarz, ausdauernd; Achenen gegen die Spitze verschmälert.

α. Pappus reinweiss, weich, biegsam.

* Blüthen orange bis purpurn.

1110. **C. aurea (L.) Cass.** Stengel 1köpfig, blattlos, selten 2-3köpfig u. 1—2blättrig; Blätter gezähnt od. schrotsägeförmig; Hüllschuppen schwarzzottig, äussere halb so lang als die inneren; Achenen 20riefig. ♃. Kalkalpen u. angrenzende Voralpen, häufig; auch auf dem Jauerling. Leontodon aureum L. H. 0,05—0,3 M. Juli-Aug.

* * Blüthen gelb.

o Stengel blattlos; Köpfchen klein, 15—20 mm. im Durchmesser, in traubiger Rispe.

1111. **C. praemorsa (L.) Tausch.** Blätter länglichverkehrt-eiförmig; Hüllschuppen flaumig, äussere 1/3 so lang als die inneren; Achenen 10—13riefig. ♃. Wiesen, buschige Orte, verbreitet. Hieracium praemorsum L. H. 0,25—0,6 M. Mai-Juni.

o o Stengel beblättert, selten blattlos, 1—vielköpfig; Köpfchen 25—50 mm. im Durchmesser.

· Stengel 10—60 cm. hoch, 1—vielköpfig, oberwärts nackt, meist wenig beblättert.

1112. **C. alpestris (Jacq.) Tausch.** *Stengel* kahl od. flaumig, 1—3köpfig, *0—3blättrig; Blätter mit verschmälertem Grunde sitzend*, verkehrtlanzettlich od. spatelig, gezähnt od. schrotsägeförmig, *bleibend*; Köpfchen 25—40 mm. im Durchmesser; Hüllschuppen graufilzig od. zerstreut zottig, äussere 2—3mal kürzer als die inneren; *Griffel gelb; Achenen 10riefig.* ♃. Kalkvoralpen, zerstreut; manchmal auch in niedrigeren Gegenden, wie am Geissberg bei Perchtholdsdorf, Sooser Lindkogel, Gaier bei Pottenstein, Piestingthal bei Gutenstein, Schrattenstein, Lassingfall. Hieracium alpestre Jacq. H. 0,1—1,0 M. Mai-Juli.

1113. **C. mollis (Jacq.) Beck.** *Stengel* kurzhaarig, *beblättert*, 2—vielköpfig; *Blätter* länglich, ganzrandig od. geschweift-gezähnt, kurzhaarig, weich, untere in den Blattstiel herablaufend, *bleibend, obere mit gerundetem Grunde stengelumfassend;* Köpfchen 25—40 mm. im Durchmesser; Hüllschuppen schwärzlichgrün-drüsenhaarig, äussere 2—3mal kürzer als die inneren; *Griffel schwärzlichgrün; Achenen 20riefig.* ♃. Kalkalpen bis in die untere Alpenregion; Ganswiese, Wassersteig, Heu- u. Kuhplagge u. Waxriegel des Schneebergs, Kuhschneeberg, Griesleiten u. Geflötz der Rax, Handlesberg, Sonnwendstein, Oetscher. Hieracium molle Jacq. Juli-Aug. b) s u c c i s a e f o l i a (All.) Stengel u. Blätter kahl od. fast kahl. Wiesen im Waldviertel bei Hessendorf, Harmannsschlag, Karlstift, Weitra, Nieder-Greinbach u. Gföhl. Hieracium succisaefolium All. Crepis succisaefolia Tausch.

1114. **C. blattarioides (L.) Vill.** *Stengel* kahl od. zerstreut-behaart, *beblättert*, 1—vielköpfig; *Blätter* länglich, buchtig-gezähnt, *die untersten zur Zeit der Blüthe verwelkt, obere mit herz- od. pfeilförmigem Grunde stengelumfassend;* Köpfchen 4—5 cm. im Durchmesser; Hüllschuppen rauhhaarig, äussere fast so lang als die inneren: *Griffel gelb; Achenen 20 riefig.* ♃. Kalkalpen u. angrenzende Voralpen; Ganswiese, Alpl,

Schneeberg. Kuhschneeberg, Grünschacher, Rax, Göller, Reisalpe, Oetscher, Dürnstein. Grubwiesalpe. Zellerrain bei Neuhaus. Brandeben bei Buchenstuben, Hochkohr, Eslingalpe. Hieracium blattarioides L. Crepis austriaca Jacq. H. 0,2—0,5 M. Juli-Aug.

· · Stengel 2—7 cm. hoch, 1köpfig, bis dicht an das Köpfchen beblättert.

1115. **C. terglouensis (Jacq.) A. Kern.** Stengel oberwärts keulig-verdickt; Blätter buchtig- bis schrotsägeförmig-fiederspaltig, die obersten das Köpfchen beinahe umhüllend; Köpfchen 4—5 cm. im Durchmesser; Hüllschuppen schwärzlichgrün, zottig, ungleich, fast dachig; Griffel gelb; Achenen 13riefig. ♃. Kalkalpen, sehr selten; Abstürze des Kaisersteins des Schneebergs gegen die breite Ries u. am Dürnstein. Leontodon terglouensis Jacq. Hieracium hyoseridifolium Vill. Crepis hyoseridifolia Tausch. Soyera hyoseridifolia Koch. Juli-Aug.

β. Pappus schmutzig-weiss od. röthlich, starr, zerbrechlich.

* Köpfchen 4—5 cm. im Durchmesser: Köpfchenstiele oben stark verdickt; Achenen 5riefig.

1116. **C. montana (L.) Tausch.** Stengel 1- sehr selten 2köpfig; Blätter länglich, ungleich-gezähnelt u. gewimpert, die stengelständigen mit gerundetem Grunde halbumfassend-sitzend; Hüllschuppen schwärzlich-zottig; Blüthen u. Griffel gelb; Achenen 5riefig. ♃. Kalkalpen, sehr selten; Oetscher, Dürnstein, Hochkohr. Hypochoeris montana L. Soyera montana Monn. H. 0,25—0,3 M. Juli-Aug.

* * Köpfchen 25—35 mm. im Durchmesser; Köpfchenstiele nicht od. nur etwas verdickt; Achenen 10—12riefig.

1117. **C. paludosa (L.) Moench.** Stengel doldentraubig-ästig, 3—vielköpfig; *Blätter buchtig-gezähnt,* untere länglich-verkehrteiförmig, *obere länglich,* mit herzförmig-geöhreltem Grunde stengelumfassend; Hüllschuppen schwarzdrüsenhaarig, äussere kürzer als die inneren; Blüthen gelb; *Griffel schwärzlichgrün.* ♃. Sumpfwiesen, zerstreut; Piesting u. Fischauen, Gramat-Neusiedl, Moosbrunn, Ebergassing, Neuwaldegg, Mauerbach, Gablitz, Purkersdorf. Breitenfurt, Sulz, Grub, Weissenbach, Brühl, Siegenfeld, Baden. Heiligenkreuz; Grafendorf u. Leitzersdorf bei Stockerau; Voralpen des Wechsels u. der Kalkzone bis in die untere Alpenregion; auf den Schiefern des Kreises O. W. W. u. im Waldviertel. Hieracium paludosum L. H. 0,3—1,0 M. Juni-Juli.

1118. **C. chondrilloides (L.) Froel.** Stengel doldentraubig-ästig, 2—mehrköpfig, selten 1köpfig; *Blätter* lanzettlich, die unteren ganzrandig od. gezähnt, *die oberen fiederspaltig od. -theilig,* sitzend; Hüllschuppen schwärzlich-zottig, äussere fast so lang als die inneren; Blüthen u. *Griffel gelb.* ♃. Kalkalpen, nicht häufig; Sonnwendstein, Schneeberg, Rax, Göller, Oetscher, Hochkohr, Reisalpe. Hieracium chondrilloides L. C. Jacquini Tausch. H. 0,05—0,25 M. Juli-Aug.

318. Hieracium L. Habichtskraut. Hüllschuppen dachig; Achenen stielrund od. 5eckig, oben nicht verschmälert, ungeschnäbelt; Pappus meist schmutzigweiss, steif.

a. Achenen klein, höchstens 2,5 mm. lang, am oberen Rande gekerbt-gezähnt; Haare des Pappus sehr fein, 1reihig, gleichlang; Wurzelstock meist ausläufertreibend; Stengel blattlos od. wenigblättrig. (Pilosella).

α. Blumen schwefel- od. citronengelb; Stengel 1—5köpfig.

1119. **H. pilosella L.** Wurzelstock kriechend u. oberirdische Ausläufer treibend; *Stengel* blattlos, *1 bis selten 2köpfig, sternfilzig* und ausserdem mit Borsten und Drüsenhaaren mehr minder besetzt; *Grundblätter* rosettig, verkehrteilänglich, *borstig-behaart, unterseits grau-sternfilzig;* Hülle 6—14 mm. lang, eikugelig, Schuppen 1—2 mm. breit, spitz, einreihig, grau-sternfilzig. ♃. Wiesen, Triften, bis in die Alpenregion. H. 0,05—0.5 M. Mai-Aug. b) macranthum (Ten.) Wurzelstock und Ausläufer kürzer, dicker; Hülle 8—12 mm. lang, Schuppen 1—2,3 mm. breit, am Scheitel abgerundet, meist stumpf, mehrreihig. Laaerberg, Gallizin, Kalkberge von Kalksburg bis Vöslau.

1120. **H. auricula L.** Wurzelstock kriechend, unterirdische u. wurzelnde oberirdische Ausläufer treibend; *Stengel* blattlos, seltner 1blättrig, *2—6(meist 3)köpfig,* selten 1köpfig, *unten ziemlich kahl,* oben stern- und drüsenhaarig; *Grundblätter* rosettig, zungenförmig, *seegrün, am Grunde spärlich langhaarig, sonst kahl*; Hülle 4—9 mm. lang, oval, Schuppen am Rande blassgrün, mehr minder drüsig und borstig. ♃. Wiesen, Triften, bis in die Alpenregion. H. 0,1—0,3 M. Mai-Aug.

β. Blumen citronen- od. orangegelb; Stengel 10—vielköpfig, nur ausnahmsweise bei Kümmerlingen armköpfig.

* Blätter graugrün, ohne Sternhaare.

1121. **H. praealtum Vill.** Wurzelstock kurz, dick, keine Ausläufer treibend; Stengel schlank, kahl od. mit zerstreuten Borsten besetzt, unten 1—3 seltner mehrblättrig; Blätter lineal bis länglich-lanzettlich, kahl od. mehr minder steifhaarig; Köpfchen klein, zahlreich, locker doldenrispig; Hülle eiwalzlich, nebst den Köpfchenstielen schwach sternfilzig, drüsig u. borstenhaarig. ♃. Wiesen, Grasplätze, in zahlreichen Formen verbreitet. H. 0,25—0,6 M. Mai-Juli. b) Bauhini (Schult.). Wurzelstock beblätterte Ausläufer treibend. An gleichen Orten.

* * Blätter gras- od. hellgrün.

o Stengel 5—vielblättrig, Blätter nach oben allmälig an Grösse abnehmend; Grundblätter zur Blüthezeit vertrocknet.

1122. **H. echioides Lumn.** Wurzelstock kurz, dick, ohne od. seltner mit beblätterten Ausläufern; Stengel steif, sternhaarig, 5—12blättrig, sammt den Blättern dicht, fast anliegend steifborstlich; Blätter lanzettlich, die grundständigen zur Blüthezeit fehlend; Köpfchen kaum mittelgross, ziemlich zahlreich; Hülle eiwalzlich, nebst den Köpfchenstielen weisssternfilzig, weissborstig, drüsenlos; Blumenkrone goldgelb. ♃. Sandige Triften; im Marchfelde bei Gänserndorf, Siebenbrunn, Oberweiden, Marchegg, Schlosshof; Türkenschanze, Kalenderberg, Braunsberg bei Hainburg, Neusiedlersee: Krems, Dürrenstein, Weissenkirchen, Keilberg bei Retz, Hardegg. H. 0,3—0,8 M. Juni-Juli. b) albocinereum Tausch. Köpfchen kleiner, Hülle dicht weisssternfilzig, meist ohne Borstenhaare. Bei Marchegg, Breitensee, Hardegg.

o o Stengel 1—3blättrig; Grundblätter zur Blüthezeit frisch.

1123. **H. cymosum L.** *Wurzelstock meist ohne Ausläufer; Stengel* sternhaarig, mehr weniger *mit kurzen steifen Haaren besetzt,* oberwärts drüsenhaarig; Blätter hellgrün, länglich bis lanzettlich, die untersten stumpf, mit zerstreuten Borstenhaaren besetzt, unterseits sternhaarig; Köpfchen klein, zahlreich, mehr weniger dicht doldenrispig; *Hüllschuppen* von längeren, weichen, abstehenden Haaren mehr minder dicht besetzt, *meist grauzottig,* mit spärlichen Drüsenhaaren. ♃. Wiesen, sonnige Hügel; zerstreut auf den Kalkbergen von Rodaun bis auf den Gösing; Leithagebirge; Krems, Wachau, Mautern, Rossatz, Aggsbach, Langenlois, Mollands, Gföhl, Plank, Pulkau. H. Nestleri Vill. H. Anningeri Wiesb. H. 0,3—0,8 M. Mai-Juli.

1124 **H. pratense Tausch.** *Wurzelstock verlängerte, schuppige, unterirdische und öfter auch beblätterte Ausläufer treibend; Stengel* sternhaarig, *unten meist dicht mit langen weichen Haaren,* oben zerstreut mit Borsten- und Drüsenhaaren besetzt; Blätter grasgrün, länglich bis lanzettlich, die untersten stumpflich, beiderseits, besonders auf dem Mittelnerven mit langen weichen Haaren besetzt, unterseits bisweilen auch sternhaarig; Köpfchen ziemlich klein, zahlreich, dicht doldenrispig; *Hüllschuppen schwärzlich,* sternfilzig, drüsen- und borstenhaarig ♃. Wiesen sehr selten; Arsenal von Wien, Brigittenau, Handlesberg, Nasswald, Mitterbacher Torfmoor, Wechsel: Haglersberg. H. collinum Aut. non Gochn. H. 0,3—0,8 M. Mai-Juli.

γ. Blumen dunkelorangeroth; Stengel 2—vielköpfig.

1125. **H. aurantiacum L.** Wurzelstock schuppige, unterirdische, oft auch beblätterte Ausläufer treibend; Stengel sternhaarig u. mit langen einfachen Haaren besetzt; Blätter grasgrün, länglich bis lanzettlich, langhaarig; Köpfchen mittelgross, 3—10, locker, doldenrispig; Hüllschuppen sternhaarig, mit schwarzen drüsentragenden u. drüsenlosen Haaren dichtbesetzt. ♃. Voralpenwiesen; Gans, Alpl, Waxriegel des Schneebergs, Voralpe, häufiger auf dem Wechsel vom Saurücken u. Kampstein bis zum Möselberg; am Holzkogl bei Neudörfl im Rosaliengebirge. H. 0,2—0,5 M. Juli-August.

Bastarte:

1119 × 1120. **H. auricula × pilosella.** Von H. pilosella durch die etwas seegrünen, minder behaarten Blätter; von H. auricula durch die sternhaarige Blattunterseite; von beiden durch den gabelspaltigen Stengel verschieden. Wien, Hütteldorf, Kalksburg, Rax, Sonnwendstein, Kirchberg a. d. Wild. H. Schultesii Schultz. H. auriculiforme Fr.

1119 × 1121. **H. praealtum × pilosella.** Von H. pilosella durch 2—5, seltner vielköpfige Stengel, kleinere Köpfchen u. meist schwächere Behaarung; von H. praealtum durch grössere Köpfchen u. lockeren armköpfigen Köpfchenstand verschieden. H. brachiatum Ber. H. Ferdinandi Beck. Das diesem nahestehende H. Bauhini × pilosella (H. leptophyton Näg. et Pet.) hat gewöhnlich sehr verlängerte Ausläufer. Ueberall wo die Stammeltern zusammen vorkommen.

1119 × 1122. **H. echioides × pilosella.** Von H. pilosella durch 2—3blätterigen gabelspaltigen Stengel u. kleinere Köpfchen; von H. echioides durch die zur Blüthezeit nicht vertrockneten Grundblätter, wenig- (2—3) blätterigen Stengel, unterseits weissgrau-filzige Blätter, grössere Köpfchen und blassgelbe Blumen verschieden. Sievring, Kobenzl, Türkenschanze, Kalenderberg bei Mödling, Marchegg, Breitensee, Hardegg. H. bifurcum M. a B. H. setigerum Tausch. H. Michaeli Beck.

1119 × 1123. **H. cymosum × pilosella.** Von H. pilosella durch hellgrüne Blätter u. kleinere Köpfchen; von H. cymosum durch unterseits dicht sternfilzige Blätter u. grössere Köpfchen; von beiden durch gabelig-getheilten Stengel verschieden. Wien, Perchtholdsdorf, Brühl; Hardegg. H. canum et cymiflorum Näg. et Pet.

1119 × 1124. **H. pratense × pilosella.** Von H. pilosella durch grasgrüne, unterseits nur dünn sternhaarige Blätter, 3—8köpfigen Stengel; von H. pratense durch gabelspaltigen od. lockerrispigen Stengel, verlängerte, entfernt beblätterte Ausläufer u. grössere Köpfchen verschieden. Bei Wien. H. repens Willd. H. prussicum Näg. et Pet.

1121 × 1123. **H. praealtum × cymosum.** Von H. praealtum durch grössere, breitere, oft stumpfliche, reichlicher behaarte Blätter, meist gedrungeren Köpfchenstand; von H. cymosum durch schmälere, länger behaarte, seegrüne Blätter u. schwächere Behaarung verschieden. H. Zizianum Tausch. Das verwandte H. Bauhini × cymosum (H. umbelliferum Näg. et Pet.) weicht durch verlängerte Ausläufer ab. Wien, Langenlois, Lengenfeld, Eibenstein a. d. Thaya.

1122 × 1123. **H. echioides × cymosum.** Von H. echioides durch geringere Anzahl der Stengelblätter, drüsige Hülle u. hellgelbe Blumen; von H. cymosum durch die borstige Behaarung und dichter filzige Hüllen verschieden. Bei Wien. H. fallax Willd.

1121 × 1122. **H. echioides × Bauhini.** Von H. echioides durch die verlängerten dünnen Ausläufer, die meist drüsige Hülle u. hellgelbe Blumen; von H. Bauhini durch die steifborstlishe Behaarung u. dichter filzige Hüllen verschieden. H. auriculoides Láng. H. sarmentosum Fröl. H. pannonicum Näg. et. Pet. Wien, Braunsberg bei Hainburg, Neusiedlersee.

b. Achenen grösser, meist über 3 mm. lang, am oberen Rande mit ungekerbtem ringförmigen Wulste; Haare des Pappus ungleichlang, fast 2reihig; Wurzelstock keine Ausläufer treibend; Stengel mehr weniger beblättert, selten blattlos; Blumen gelb (Archhieracium).

α. Die Vermehrung aus der Axe geschieht durch Blattrosetten; Grundblätter bis über die Fruchtreife bleibend, Stengelblätter nach oben allmählig an Grösse abnehmend, manchmal wenige od. fehlend (Aurella).

* Stengel u. Blätter kahl, höchstens der Stengel stellenweise sternhaarig od. die Blätter am Grunde gewimpert od. unterseits spärlich behaart; Köpfchenstiele u. Hüllen graumehlig od. fast kahl, selten mit einigen längeren Haaren bekleidet.

o Wurzelstock stielrund, ästig, unter der Erde wagrecht kriechend; Blätter kahl; Blumen hellgelb, getrocknet grün.

1126. **H. staticefolium Vill.** Stengel blattlos od. 1blättrig, 1—3köpfig; Blätter schmal, lineal od. lineallänglich, die grundständigen in den Blattstiel verlaufend, das stengelständige sitzend, viel kleiner; Hüllen graumehlig. ♃. Sandige Orte, Gerölle; Kaltenleutgeben, Mödling, Brühl, Baden, Leesdorf, Vöslau, Kottingbrunn, Steinfeld, Gösing, Gans, Semmering, Gloggnitz, Prein, Höllenthal, Sebenstein; Herzogenburg, Scheibbs, Grünau; im oberen Donauthale bei Obritzberg, Wölbling, Mautern, Langenlois, Krems, Jauerling, Göttweig, Pyrrha. H. 0,15—0,3 m. Chlorocrepis staticefolia Griseb. Juni-Juli.

o o Wurzelstock walzlich, knotig, schief od. senkrecht, abgebissen; Grundblätter am Grunde gewimpert; Blumen stets gelb.

· Grundblätter nicht od. undeutlich gestielt, ganzrandig od. entfernt gezähnelt.

1127. **H. bupleuroides Gm.** Stengel 2—vielköpfig; *Blätter lanzettlich bis lineallanzettlich, geschweift-gezähnelt,* seegrün, unten zahlreich, am Stengel 3—23 u. allmählig in Bracteen übergehend; Hülle 10—15 mm. lang, meist kugelig, arm sternflockig, meist haar- und drüsenlos; *Achenen dunkelbraun bis schwärzlich.* ♃. Im Felsenschutte bei Baden, am Gans und im Saugraben des Schneebergs. H. vindobonense Wiesb. H. 0,2—1,3 M. Aug.-Sept.

1128. **H. porrifolium L.** Stengel 2—vielköpfig; *Blätter schmallineal, zugespitzt, fast ganzrandig,* seegrün, unten zahlreich, am Stengel abnehmend; Hülle 9—12 mm. lang, oval, arm sternflockig, meist haar- und drüsenlos; *Achenen strohfarben* ♃. Im Felsenschutte der Kalkvoralpen häufig. H. 0,2—0,7 M. Juni-Sept.

· · Grundblätter deutlich, wenn auch oft kurz gestielt, mehr minder gezähnt.

1129. **H. saxatile Jacq.** Stengel 3—12blättrig, 2—15köpfig; Blätter seegrün, die grundständigen länglich-lanzettlich, am Grunde verschmälert, kurzgestielt, die stengelständigen lineal, schmal, meist ganzrandig, rasch in Bracteen übergehend; Hülle 9—11 mm. lang, eiförmig, sternflockig od. nebstbei auch spärlich drüsig u. behaart; Achenen braun bis schwärzlich. ♃. Im Felsenschutte der Kalkzone von Perchtholdsdorf bis in die Voralpen. H. glaucum All. H. saxetanum Fr. H. helenium Dichtl et Wiesb. H. 0,2 bis 0,7 M. Juni-Sept. b) W i l l d e n o w i i (Monn.). Blätter lanzettlich oder lineallanzettlich, schmäler. H. badense Wiesb. c) g a d e n s e (Wiesb.). Unterste Blätter elliptisch, die folgenden breitlanzettlich, langgestielt. Hüllen reichlicher behaart. Kaltenleutgeben. Mödling. Brühl, Gaden, Baden, Vöslau, Eisernes Thor, Gösing, Schwarzau, Trauch.

1129 × 1142. **H. saxatile × vulgatum.** Von H. saxatile durch länger gestielte, tiefer buchtig-gezähnte, gegen den Grund mehr minder wimperig-zottige Blätter u. reichlich flockige u. drüsige Hüllen; von H. vulgatum durch seegrüne, lanzettliche, beidendig lang zugespitzte, dicklichere, an den Flächen fast kahle Blätter verschieden. In der Kalkzone von Rodaun bis in die Voralpen, überall wo die Stammeltern zusammen wachsen. H. Dollineri Schultz. H. austriacum Britt. H. apricorum Wiesb.

* * Stengel, Blätter u. Hüllen flaumig, rauhhaarig, zottig od. drüsig-klebrig, seltner der untere Theil des Stengels u. die unteren Blätter kahl, aber dann die Köpfchenstiele u. Hüllen zottig.

o Blätter verschieden behaart od. kahl, aber nicht drüsig.

· Köpfchenstiele ohne Drüsenhaare (selten spärlich drüsenhaarig).

; Hülle von langen, abstehenden, weissen, am Grunde meist schwarzen Haaren zottig, drüsenlos od. sehr spärlich drüsenhaarig.

, Stengel 1—mehrblättrig, 1—mehrköpfig.

1130. **H. villosum Jacq.** Stengel 3—12blättrig, 1—4köpfig, flockig u. langhaarig bis zottig; *Blätter* grau od. bläulichgrün, ganzrandig od. seichtgezähnt, rauhhaarig od. zottig, die grundständigen länglich bis lanzettlich, *am Grunde verschmälert od. in einen mehr minder deutlichen Stiel verlaufend, die oberen mit gerundetem od. fast herzförmigem Grunde sitzend;* Köpfchen vor dem Aufblühen kugelig, *Hüllschuppen* abstehend, *die äusseren elliptisch bis lanzettlich, die inneren lineal,* drüsenlos. ♃. Kalkalpen u. deren Voralpen, häufig; selten in Thälern, wie auf Felsen der Kirche von Schwarzau. H. 0,15—0,4 M. Juni-Sept. b) v a l d e p i l o s u m (Vill.) Stengel bis 0,55 m. hoch, 7—20blättrig, 2—6-, selten mehrköpfig, Köpfchen vor dem Aufblühen eiförmig, Hüllschuppen alle ziemlich gleichförmig, lineal od. lanzettlich. Schneeberg, Rax, Oetscher. H. elongatum Willd c) g l a b r a t u m (Hoppe.) Blätter kahl od. fast kahl, länglich-lanzettlich od. (H. sconzonerae-folium Vill.) lineallanzettlich. Mit der Grundform, besonders häufig auf der Ganswiese.

1129 × 1130. **H. villosum × saxatile.** Von H. saxatile durch grössere Köpfchen u. dichtzottige Hüllen, von H. villosum durch kahle Blätter, von H. glabratum durch höheren Wuchs u. schmallanzettliche, oft fädliche obere Stengelblätter verschieden. Sonnwendstein, Rax, Schneeberg, Oetscher. H. trichoneurum Prantl.

1129 × 1130. **H. villosum × porrifolium.** Von den Stammeltern durch die gleichen Merkmale, wie H. villosum × saxatile verschieden: von letzterem durch schmälere Blätter u. den rispigästigen Blüthenstand abweichend. Griesleiten der Rax. H. Petteri Hal. et Br.

1131. **H. Gaudini Christen.** Stengel 2—4blättrig, 1—5köpfig, mehr minder behaart, oben flockig; *Blätter* grün, etwas buchtiggezähnt, reichlich behaart, *die grundständigen* elliptisch od. breitlanzettlich, *in den Stiel verschmälert, die stengelständigen* rasch verkleinert, *mit verschmälertem Grunde sitzend;* Köpfchen eikugelig; *Hüllschuppen* aufrechtabstehend, zugespitzt, *alle gleichförmig, lineallanzettlich,* meist drüsenlos. ♃. Rax, Dürnstein, namentlich im Seethale gegen die Herrenalpe, am Hetzkogel. H. 0,15—0,3 M. Juli-Aug.

1132. **H. Neilreichii Beck.** Stengel 1—3blättrig, 1—mehrköpfig, reichlich behaart; *Blätter* grün, mehr minder buchtiggezähnt, reichlich behaart, *die grundständigen* elliptisch, *in einen langen Stiel ziemlich plötzlich zusammengezogen, die stengelständigen länglich-lanzettlich, mit verschmälertem Grunde sitzend od. das unterste gestielt;* Köpfchen fast kuglig: Hüllschuppen aufrecht-abstehend, langzugespitzt, lineallanzettlich, meist etwas drüsig. ♃. Krummbachgraben u. Heuplagge des Schneebergs, Schlangenweg, Preinerschütt u. Kloben der Rax, Dürnstein, Scheiblingstein, Hochkohr. Hohenstein bei Kirchberg, Lilienfelder Alpen. H. 0,15—0.5 M. Juni-Aug.

1130 × 1132. **H. Neilreichii × valdepilosum** Von H. Neilreichii durch die fast herzförmigen u. kurz stielförmig zusammengezogenen Stengelblätter u. die in den Stiel langverschmälerten, weniger tief gezähnten Grundblätter; von H. valdepilosum durch die nicht herzförmig umfassenden Stengelblätter, kugelige Köpfchen u. schmälere Hüllschuppen verschieden. Bockgrube des Schneebergs. H. interjectum et subinterjectum Beck.

• , , Stengel blattlos (selten mit 1—2 sehr verkleinerten Blättern), 1köpfig.

1133. **H. piliferum Hoppe.** Stengel flockig u. langhaarig bis zottig; Blätter hellgrün, elliptisch bis lanzettlich, gegen den Grund verschmälert, ganzrandig; Köpfchen kugelig, Hüllschuppen lanzettlich, spitz. ♃. Alpenmatten, selten; Rax, Oetscher, Dürnstein, Scheiblingstein. H. 0,05—0,2 M. H. Schraderi Koch. Juli-Aug.

; ; Hülle von weissen, am Grunde meist schwarzen Haaren reichlich besetzt, aber nicht lang abstehend zottig, meist drüsenlos.

, Blätter am Grunde verschmälert.

— Blätter auf beiden Flächen reichlich kraushaarig bis zottig, am Rande, unterseits auf dem Hauptnerven u. den Blattstielen zottig.

1134. **H. Wiesbaurianum Uechtr.** Stengel blattlos od. 1blättrig, schwach-behaart u. flockig, 1—10köpfig; *Blätter unterseits meist seegrün,* die grundständigen langgestielt, *die äusseren elliptisch bis länglich,* am Grunde tief buchtig gezähnt, *die innersten lanzettlich;* Griffel gelb; Achenen 3 mm. lang. ♃. Kalkberge bei Rodaun, Perchtholdsdorf, Kaltenleutgeben, Mödling, Brühl, Gumpoldskirchen, Baden. H. 0,25—0,5 M. Mai-Juni.

1135. **H. incisum Hoppe.** Stengel blattlos od. 1blättrig, unten reichlich behaart, oben flockig, 1—wenigköpfig; *Blätter grün, bis gelbgrün, die grundständigen alle elliptisch,* kürzer od. länger gestielt, mehr minder buchtig-gezähnt; Griffel dunkel; Achenen 3—4 mm. lang. ♃. In der höheren Voralpen- u. in der Krummholzregion, auf dem Schneeberg, Rax, Hochkohr. H. 0,25—0,5 M. Mai-Juni. b) c i n e r a s c e n s (Jord.) Köpfchenstiele u. Hüllen schwächer behaart, aber ziemlich drüsenreich. Mauerbach, Gablitz, Hadersfeld, Retz, Hardegg.

= Blätter oberseits kahl od. fast kahl, am Rande, auf dem Mittelnerven u. den Blattstielen mehr minder behaart, oft zottig, unterseits od. beiderseits seegrün.

1136. **H. caesium Fr.** Stengel 1—2blättrig, unten wimperig, oben kahl od. etwas flockig, 2—wenigköpfig: *Grundblätter kurzgestielt,* entfernt buchtiggezähnt, *die äusseren elliptisch od. verkehrteiförmig, fast stumpflich, die folgenden elliptisch,* Stengelblätter breitlanzettlich; *Hüllen grauflockig* u. mit spärlichen, hellen, am Grunde schwärzlichen Haaren besetzt, drüsenlos od. sehr spärlich drüsig; Griffel dunkel. ♃. Gaisberg, Kaltenleutgeben, Brühl, Pfaffstettner Kogel, Baden, Muckendorf. H. 0,3—0,5 M. Mai-Juni. b) c a r n o s u m (Wiesb.) Blätter fleischig, derb, breitelliptisch, beidendig kurzverschmälert, sehr kurz gestielt. Rodaun, Perchtholdsdorf, Mödling, Brühl, Gaden, Gumpoldskirchen, Anninger, Raxalpe.

1133×1142. **H. caesium×vulgatum.** Von H. caesium durch wenige, langgestielte Grundblätter und meist reichlich beblätterten Stengel; von H. vulgatum durch unterseits seegrüne Blätter u. drüsenlose Köpfchenstiele u. Hüllen verschieden. Gaden, Brühl, Sebenstein. H. Dichtlianum Wiesb.

1137. **H. Trachselianum Christen.** Stengel 0—2blättrig, fast kahl, 2—4köpfig; *Grundblätter meist langgestielt, länglichlanzettlich,* gegen den Grund buchtiggezähnt, Stengelblätter lanzettlich; *Hüllen fast schwarz,* flockig u. mit hellen, am Grunde schwärzlichen Haaren mehr minder reichlich besetzt; Griffel schwärzlich. ♃. Alpenregion der Rax u. des Dürnsteins. H. 0,2—0,4 M. Juni-Juli.

, , Blätter am Grunde gestutzt od. abgerundet.

1138. **H. bifidum Kit.** Stengel blattlos od. 1blättrig, behaart, 2—wenigköpfig: Blätter langgestielt, oval bis elliptisch, schwach blaugrün, mehr minder wollig-behaart, gegen den Grund buchtig-gezähnt; *Hüllschuppen schmallineal, lang u. fein zugespitzt, mit der borstlichen Spitze die jungen Köpfchen merklich überragend,* reichflockig u. kraushaarig. ♃. Kalksburg, Gaisberg, Kaltenleutgeben, Mödling, St. Veit an der Triesting, am Gösing. H. 0,2—0,4 M. Mai-Juni.

1139. **H. subcaesium Fr.** *Hüllschuppen lanzettlich,* zugespitzt, nicht borstlich, *die jungen Köpfchen nicht überragend,* sonst wie vorige. ♃. Zerstreut durch die ganze Kalkzone bis in die Krummholzregion. H. 0,2—0,5 M. H. medelingense Wiesb. Juni-Juli.

. . Köpfchenstiele reichlich drüsenhaarig.

; Blätter gegen den Grund keilig verschmälert.

, Grundblätter mehrere, rosettig, Stengelblätter 0—1; Griffel gelb.

1140. **H. Schmidtii. Tausch.** Stengel 3—8köpfig, am Grunde borstlich-wimperig, sonst fast kahl; *Blätter* länglich bis eilänglich, stumpflich, rasch in den ziemlich langen Stiel verschmälert, geschweift-gezähnt, *hellgraugrün, am Rande u. an den Nerven, seltner auf der ganzen Fläche langborstig-steifhaarig; Hüllen etwas bauchig, hellfärbig, etwas flockig, oft auch hellhaarig, drüsig.* ♃. Bei Kalksburg u. im Thayathale bei Hardegg. H. 0,15 bis 0,4 M. Juni-Juli.

1141. **H. Clusii Dichtl.** Stengel 2—7köpfig, unten behaart, oben flockig; *Blätter* elliptisch, spitz, in den Stiel verschmälert, buchtiggezähnt, *am Rande reichlich behaart, am Mittelnerven unterseits zottig, oft purpurnschwarz gefleckt; Hüllen kugelig, dunkel, flockig, mit am Grunde schwärzlichen Haaren besetzt, drüsig.* ♃. Kalkfelsen bei Gumpoldskirchen. H. Sommerfeltii Wiesb. non Lindeb. H. 0,15—0,5 M. Mai-Juni.

, , Grundblätter meist wenige u. auseinandergerückt, oft nur 1, Stengelblätter 2—viele; Griffel dunkel.

1142. **H. vulgatum Fr.** Stengel reichköpfig, behaart; Blätter grasgrün, eilänglich bis länglich-lanzettlich, zerstreut behaart, die grundständigen in den Stiel verschmälert, die stengelständigen sitzend od. kurzgestielt; Hüllen eiförmig, flockig, drüsenhaarig. ♃. Waldränder, Holzschläge, verbreitet. H. 0,3—1,0 M. Juni-Aug. b) alpestre Uechtr. Stengel zart, 2—3blättrig, 1—3köpfig; Hülle schwärzlich, wenigdrüsig od. (H. diaphanum Fr.) dicht schwarzdrüsig. So auf dem Schneeberg u. kleinen Oetscher.

; ; Blätter am Grunde herzförmig, gestutzt od. abgerundet.

1143. **H. murorum L.** Stengel 0—1blättrig, vielköpfig: Grundblätter eiförmig bis länglich, gestielt, gezähnt, grün, kurzhaarig;

Hüllen glockig, flockig-filzig, drüsig. ♃. Waldränder, Holzschläge, gemein. H. 0,3—0,7 M. Mai-Juli. b) praecox (Schultz.) Blätter seegrün, oberseits fast kahl, Hülle dichter sternflockig, aber spärlicher drüsenhaarig. An gleichen Orten.

1142 × 1143. **H. vulgatum × murorum.** Von H. vulgatum durch breiteiförmige, tief-buchtig-gezähnte Stengelblätter; von H. murorum durch die 6—7 Stengelblätter verschieden. Schönbrunn. H. schoenbrunnense Beck.

o o Blätter drüsenhaarig.

· Stengel, Blätter u. Hülle drüsig-klebrig.

1144. **H. amplexicaule L.** Stengel beblättert, gabelspaltig bis rispig-ästig; Blätter buchtig-gezähnt, die grundständigen länglich bis verkehrt-eilänglich, in den mehr minder zottigen Stiel verlaufend, die stengelständigen eiförmig, mit gerundetem od. herzförmigem Grunde stengelumfassend-sitzend. ♃. Ruine Thernberg, bis auf den Gipfel des Habachtberges. H. 0,2—0,5 M. Juli-Aug.

· · Stengel, Blätter u. Hülle nicht klebrig.

; Blätter tief buchtig-gezähnt.

1145. **H. humile Jacq.** Stengel beblättert, meist vom Grunde an gabelspaltig, rauhhaarig od. zottig, oben reichlich drüsig; Blätter eiförmig bis lanzettlich, zerstreut behaart, die unteren gestielt, die oberen sitzend; Hüllen langhaarig bis zottig, kurzdrüsig. ♃. Kalkfelsen; Merkenstein, Guttenstein, Stixenstein, Wirflacher Klause, Pottschach, Gans bei Payerbach, Saurüssel, Eng bei Reichenau. Höllenthal, Atlitzgraben, Göller, Todtes Weib; Diluvialfelsen bei Scheibbs u. Steyer. H. 0,1—0,3 M. H. Jacquini Vill. Mai-Juli.

; ; Blätter ganzrandig od. seichtgezähnt.

1146. **H. alpinum L.** Stengel 0—3blättrig, 1—3köpfig, flockig langhaarig bis zottig, oberwärts spärlich drüsig; Blätter ganzrandig od. gezähnelt, zottig od. rauhhaarig, die grundständigen keilig od. spatlig, in den Stiel verschmälert, die stengelständigen lanzettlich, sitzend; Hüllschuppen breit lanzettlich, die äusseren stumpflich, bisweilen blattartig. ♃. Alpenmatten; Umschuss, Hochwechsel, Kampstein, Voraueralpe. H. 0,1—0,3 M. Juli-Aug. b) eximium (Backh.) Grundblätter länglich, die inneren lanzettlich, meist lang zugespitzt, grobgezähnt; Hüllschuppen verlängert lineallanzettlich, die äusseren nie blattartig. Mit der Grundform.

β. Die Vermehrung an der Axe geschieht durch geschlossene Knospen; Grundblätter fehlend, Stengelblätter meist zahlreich, die untersten zur Blüthezeit mehr weniger vertrocknet (Accipitrina).

* Hüllen u. Köpfchenstiele mehr minder reichlich drüsig, oft nebstbei haarig bis zottig.

o Nur im unteren Theile spärlich behaart, sonst Stengel u. Blätter kahl.

1147. **H. orthophyllum Beck.** Stengel reichlich beblättert, 2—vielköpfig; Blätter graugrün, entfernt-gezähnelt, die untersten lineal-lanzettlich, gegen den Grund verschmälert, die folgenden länglich, mit abgerundetem Grunde stengelumfassend - sitzend; Hüllen walzlich-glockig, dunkel, wie die Köpfchenstiele flockig und schwarz-drüsenhaarig ♃. Saugraben und Heuplagge des Schneebergs. H. 0,4—0,75 m. Aug.-Sept.

1127 × 1147. **H. bupleuroides × orthophyllum.** Von H. bupleuroides durch die zur Blüthezeit meist vertrockneten unteren Blätter, die wenigeren, eilanzettlichen, am Grunde fast abgerundeten oberen Stengelblätter; von H. orthopyllum durch die nicht stengelumfassend-sitzenden, länglich - lanzettlichen Blätter verschieden. Heuplagge des Schneebergs, höchst selten. H. glaucoides Mülln.

1130. × 1147. **H. valdepilosum × orthophyllum.** Von H. valdepilosum durch die lang-lanzettlichen, gegen den Grund langkeilig verschmälerten, oberseits fast kahlen Blätter; von H. orthophyllum durch die zerstreut-behaarten, nicht stengelumfassend-sitzenden Blätter u. die flockigen, haarigen Hüllen verschieden. Saugraben des Schneebergs, selten. H. digeneum Beck, non Burn. et Gremli. H. Beckianum Gremli.

o o Stengel u. Blätter mehr minder behaart.

· Hüllen u. Köpfchenstiele reichlich mit langen, am Grunde schwarzen Haaren besetzt, nebstbei dunkeldrüsig u. flockig; Hüllschuppen zugespitzt.

1148. **H. breyninum Beck.** Stengel reichlich beblättert, vielköpfig; Blätter gezähnelt od. ganzrandig, unterseits graugrün, die untersten länglich-lanzettlich, am Grunde verschmälert, die folgenden gegen den Grund etwas geigenförmig od. aus fast herzförmigem Grunde oval, spitz, die oberen eiförmig-dreieckig, mit breit-herzförmigem Grunde stengelumfassend ♃. Krummholzregion des Schneeberges. H. 0,3—0,5 M. H. villoso — prenanthoides Neilr. Aug.-Sept.

·· Hüllen u. Köpfchenstiele od. nur erstere mit schwarzen Drüsenhaaren besetzt, einfache Haare fehlend od. spärlich, selten reichlich; Hüllschuppen stumpflich.

Hüllen u. Köpfchenstiele reich schwarzdrüsig, oft drüsig-zottig, nebstbei flockig; einfache Haare fehlend od. vorhanden; Hüllschuppen kaum dachig; Saum der Blumen gewimpert; Achenen bleich.

1149. **H. prenanthoides Vill.** Stengel reichlich beblättert, vielköpfig, oben drüsig; Blätter ganzrandig od. feingezähnelt, unterseits etwas seegrün, die untersten lanzettlich, verschmälert, die folgenden eilanzettlich, aus abgerundetem Grunde stengelumfassend od. geigenförmig, die oberen eiförmig-dreieckig, langzugespitzt; Hüllen meist ohne einfache Haare ♃. Krummholzregion des Schneebergs u. der Rax. H. 0,4—0,8 M. H. spicatum All. H. bupleurifolium Tausch. Juli-Aug. b) s t r i c t i s s i m u m (Froel). Stengel höher, oben kaum drüsig, Blätter schärfer bis buchtig gezähnt, mit weiterem Adernetze versehen. Hüllen mit einfachen Haaren besetzt. Alpl, Emmysteig u. Heuplagge des Schneebergs, Reisalpe.

; ; Köpfchenstiele flockig, meist ohne Drüsen u. Haare; Hüllen spärlich drüsig, vereinzelt kurzhaarig, kaum flockig; Hüllschuppen dachig; Achenen braun od. schwärzlich.

1150. **H. inuloides Tausch.** Stengel reichlich beblättert, meist wenig köpfig, oben kahl; Blätter fast gleichgestaltet, länglich bis lineal-lanzettlich, nach oben sehr verkleinert, gezähnelt, mit abgerundetem, halbstengelumfassenden Grunde sitzend. ♃. Lassingfall nächst Wienerbrückl. H. 0,3—0,8 M. H. crocatum Fr. p. p. August.

* * Hüllen u. Köpfchenstiele drüsenlos od. nur sehr zerstreut drüsig u. haarig.

o Köpfchenstand doldentraubig, fast traubig od. rispig, nie doldig; Hüllschuppen nicht zurückgekrümmt.

· Blätter nicht stengelumfassend, untere u. mittlere gestielt, obere sitzend, alle gegen den Grund verschmälert od. die oberen fast abgerundet; innere Hüllschuppen gegen die Spitze verschmälert.

1151. **H. laevigatum Willd.** Stengel entfernt beblättert, meist reichköpfig, wenig behaart; Blätter länglich bis lanzettlich, mit wenigen entfernten od. durch kleinere Zähnchen getrennten Zähnen; Köpfchenstiele meist drüsenlos; Hülle meist hellgrün, am Grunde oft flockig; Hüllschuppen schmal, äussere stumpflich; Blüthenboden zähnig. ♃. Vorhölzer, Holzschläge; Wienerwald, Wechselgebiet; Voralpe, zwischen Neuhaus u. Langau; Zwettl. H. 0,5 bis 1.0 M. H. tridentatum Fr. H. affine Tausch. H. rigidum Hartm. Juni-Aug. b) polycladum (Jur.) Blätter genähert, mehr weniger buchtig od. oft eingeschnitten-gezähnt; Köpfchenstiele mit wenigen Drüsen u. Haaren; Hülle schwärzlich. Kalkberge bei Wien. c) virescens (Sond.) Blätter genähert, langzugespitzt, entfernt-gezähnt, mittlere gegen den Grund langverschmälert; Hüllschuppen kaum spitz, grün. Wienerwald. Leitha- u. Rosaliengebirge. d) dolosum (Burn. et Gremli.) Blätter genähert, lineallanzettlich, langzugespitzt, die unteren u. mittleren gegen den Grund langverschmälert; Hüllschuppen dunkler od. heller grün, etwas spitz, Wienerwald.

· · Mittlere u. obere Blätter mit breitem Grunde sitzend od. schwach umfassend, nur die unteren gegen den Grund verschmälert; Hüllschuppen stumpflich.

1152. **H. sabaudum L.** *Stengel* dicht beblättert, unten meist steifhaarig, *an der Spitze doldentraubig-rispig;* Blätter buchtig u. grob gezähnt, untere länglich, in den kurzen Stiel verschmälert, die folgenden lanzettlich od. eilanzettlich, oft wirtelförmig gehäuft, kurzgestielt od. sitzend, die oberen eiförmig, mit fast herzförmigem Grunde stengelumfassend sitzend; Hüllen meist schwärzlich; *Blüthenboden langgefranst od. doch borstig.* ♃. Waldränder, Holzschläge, bis in die Voralpen verbreitet. H. 0,3—1,3 M. Aug.-Sept. b) silvestre (Tausch). Obere Blätter mit abgerundetem

Grunde sitzend. H. boreale Fr. H. tenuifolium Host. c) philomenae Beck. Blätter schmallanzettlich. Beide mit der Grundform.

1153. **H. racemosum W. et K.** *Stengel* dicht beblättert, unten meist steiflich behaart, *an der Spitze traubig;* Blätter gezähnt, untere länglich bis elliptisch, in den Stiel langverschmälert, oft wirtelförmig gehäuft, nach oben rasch verkleinert, eiförmig od. länglich, die obersten lanzettlich; Hüllen hellgrün od. am Rücken dunkler; *Blüthenboden kurzzähnig.* ♃. Waldränder, Holzschläge; häufig im Wienerwalde, Leitha- u. Rosaliengebirge, Wechselgebiete, Waldviertel. H. 0,3—0,8 M. H. barbatum Tausch. Aug.-Sept.

o o Köpfchenstand wenigstens an der Spitze doldig; Hüllschuppen an der Spitze zurückgekrümmt.

1154. **H. umbellatum L.** Stengel reichlich beblättert; Blätter lineal, länglich od. lanzettlich, gezähnelt, mit verschmälertem Grunde sitzend, kahl od. behaart; Hüllen trübgrün, anfangs kreiselförmig, später fast gestutzt. ♃. Vorhölzer, Holzschläge, bis in die Voralpen. H. 0,3—1,0 M. Juli-Sept. b) linearifolium Wallr. Blätter schmallineal, meist ganzrandig, die oberen fast fädlich. Wienerwald, Aggsbach.

LVI. Familie. Ambrosiaceae Link.

319. Xanthium L. Spitzklette. Männliche Blüthen in kugeligen Köpfchen; Hülle vielblättrig; Blüthenlager spreublättrig; Blumenkrone röhrig; weibliche Blüthen paarweise von einer verwachsenblättrigen 2fächerigen Hülle eingeschlossen; Achenen in den Fächern der zuletzt erhärteten dornigen Hülle eingeschlossen.

1155. **X. strumarium L.** *Stengel wehrlos; Blätter herzförmig-3eckig,* 3—5lappig, *kurzhaarig;* Fruchthüllen eiförmig. ⊙ Wüste Plätze, gemein. H. 0,3—0,8 M. Juli-Sept.

1156. **X. spinosum L.** *Stengel* unter den Blattstielen *mit dreitheiligen, gelben Dornen besetzt; Blätter* rautenförmig, 3lappig, *unterseits graufilzig;* Fruchthüllen elliptisch. ⊙ Hie u. da in den Umgebungen Wiens, im Marchfelde, an der mährischen Grenze, dringt westlich bis Mautern u. Krems vor, südlich bis W.-Neustadt. H. 0,3—0.5 M. Juli-Sept.

LVII. Familie. Campanulaceae Juss.

1 Blumenkrone bis fast zum Grunde in 5 lineale, von unten nach oben sich trennende Zipfel getheilt 2
  Blumenkrone glocken- od. radförmig, 5lappig 3
2 Staubfäden fädlich, Staubbeutel am Grunde zusammenhängend; Narben 2, kurz; Kapsel 2fächerig, an der Spitze mit einem Loch aufspringend . . . . **Jasione**

Staubfäden am Grunde verbreitert, Staubbeutel frei; Narben 2—3, fädlich; Kapsel 2—3fächerig, oben mit ebensoviel seitlichen Löchern aufspringend . . . . **Phyteuma**

3 Kapsel ei- od. kreiselförmig, mit seitlichen Löchern aufspringend 4

Kapsel prismatisch. 3fächerig, mit Seitenritzen aufspringend **Specularia**

4 Griffel mit 3—5 fädlichen Narben, am Grunde ohne Ring; Kapsel 3—5fächerig . . . . **Campanula**

Griffel mit 3 fädlichen Narben, am Grunde mit einem kurzröhrigen Drüsenringe umgeben; Kapsel 3fächerig . **Adenophora**

320. Jasione L. Jasione. Blumenkrone vor dem Aufblühen röhrig, dann vom Grunde nach oben in 5 lineale Zipfel sich trennend; Staubfäden 5, fädlich. Staubbeutel am Grunde zusammenhängend; Narben 2, kurz; Kapsel 2fächerig, an der Spitze mit einem Loche aufspringend.

1157. **J. montana L.** Stengel unterwärts sammt den Blättern rauhhaarig; Blätter sitzend, lineallanzettlich; Blüthen blau, sehr selten weiss, in endständigen, von einer vielblättrigen Hülle umgebenen Köpfchen. ⊙ Buschige, steinige Plätze, trockene Wälder; Grossrussbach, Ernstbrunnerwald, über die Schricker Höhe u. Hohenruppersdorf bis Hohenau, Stillfried u. Baumgarten an der March; bei Rappoltenkirchen, von Greifenstein bis Kirchbach, Sallmannsdorf, Gallizin, Satzberg, Gloggnitz, Payerbach, Klamm, Schottwien, bis Aspang u. das Rosalien- u. Leithagebirge; häufig auf den Schieferbergen des Kreises O. W. W. u. von hier durch das Hügelland zwischen der Erlaf u. Traisen bis St. Pölten, Seitenstetten; verbreitet im Kreise O. M. B. H. 0,3—0,6 M. Juni-Juli.

321. Phyteuma L. Teufelskrallen. Staubfäden am Grunde verbreitert; Staubbeutel frei; Narben 2—3, fädlich; Kapsel 2—3 fächerig, mit ebensoviel seitlichen Löchern aufspringend, sonst wie Jasione.

* Köpfchen kuglig od. kurz-eiförmig.

1158. **P. orbiculare L.** Grund- und untere Blätter gekerbtgesägt, herzförmig, eiförmig od. eilanzettlich, langgestielt, Blattstiel meist mehrfach länger als die Blattspreite, obere lanzettlich od. lineal sitzend, meist bogig-zurückgekrümmt; Hüllblätter langzugespitzt, meist länger als das Köpfchen, zusammengefaltet, zurückgekrümmt od. abstehend; Blüthen dunkelblau. ♃. Triften der Kalkberge bis in die Voralpen, feuchte Wiesen der Sandsteinberge u. auf Niederungen des südl. Wiener Beckens; auf Schiefer bei Mautern, Rossatz. Melk, am Jauerling, im Reisertwalde bei Mollands. H. 0,2—0,4 M. Mai-Juni. b) austriacum (Beck.) Grund- u. untere Blätter gekerbt-gesägt, eiförmig od. eilanzettlich, am Grunde gestutzt. gestielt mit einem der Blattspreite gleichlangen od. kürzeren Stiele, obere lanzettlich, sitzend, nicht zurückgekrümmt; äussere Deckblätter eine Hülle bildend, breiteiförmig, kurzbespitzt, meist so lang als das Köpfchen, aufrecht. Schneeberg, Rax, Oetscher, Dürrenstein.

* * Köpfchen länglich, zuletzt walzlich.

1159. **P. spicatum L.** Blätter doppelt-gekerbtgesägt, untere herzeiförmig, gestielt, obere lanzettlich od. lineal, sitzend; äussere Deckblätter lineal, wenige, keine eigentliche Hülle bildend; Blüthen weiss, selten blassblau. ♃. Gebirgswälder, häufig. H. 0,3—0,8 M. Mai-Juni. b) nigrum (Schmidt). Untere Blätter einfachgekerbtgesägt; Blüthen dunkelviolettblau. Karlstift, Harmannschlag.

322. Campanula L. Glockenblume. Blumenkrone glockig, 5spaltig; Staubfäden 5, am Grunde verbreitert, Staubbeutel frei; Griffel am Grunde ohne Ring; Narben 3—5; Kapsel ei- od. kreiselförmig, mit seitlichen Löchern aufspringend.

A. Buchten zwischen den Kelchzipfeln mit herabgeschlagenen Anhängseln.

* Blumenkrone bauchig-glockig.

1160. **C. alpina Jacq.** Stengel mehr minder zottig; Blätter fast ganzrandig, untere keilig, obere lineallanzettlich; Blüthen auf langen überhängenden Stielen einzeln in den Blattwinkeln; *Anhängsel viel kürzer als die Kelchröhre*; *Blumenkrone* hellviolett, *am Saume meist mit langen Haaren.* ♃. Triften der Kalkalpen, häufig. H. 0,05—0,15 M. Juli-Aug.

1161. **C. barbata L.** Stengel rauhhaarig; Blätter länglich, fast ganzrandig; Blüthen in einer meist einseitig-überhängenden, einfachen od. zusammengesetzten Traube; *Anhängsel fast so lang als die Kelchröhre; Blumenkrone* blauviolett, *am Saume dichtbärtig.* ♃. Gebirgswiesen; auf dem Gans u. Schwarzenberge, zwischen Reichenau u. Schottwien bis auf den Semmering u. Sonnenwendstein; Wechsel u. seine Vorberge. H. 0,1—0,3 M. Juni-Juli.

* * Blumenkrone trichterig-glockig.

1162. **C. sibirica L.** Stengel kurzhaarig; Blätter lanzettlich, randschweifig; Blüthen in einer aufrechten, rispig-zusammengesetzten Traube; Anhängsel so lang als die Kelchröhre; Blumenkrone violett, sehr selten weiss, am Saume kahl. ⊙ Wiesen, sonnige Hügel; Bisamberg, Türkenschanze, Prater, Himberg, Velm, Moosbrunn, Münchendorf, Guntramsdorf; Kalkberge von Rodaun bis Gutenstein, Neunkirchen; Leitha u. Rosaliengebirge; Braunsberg bei Hainburg; Hollenburg, Melk, im Kalkschotter der Traisen bei Herzogenburg, Gerolding; Dürrenstein, Mautern, Spitz, Krems bis Stiefern u. Dürrnenstift im Kampthale. H. 0,2—0,5 M. Mai-Juni.

B. Buchten zwischen den Kelchzipfeln ohne Anhängsel.

a. Blüthen sitzend, aufrecht.

1163. **C. glomerata L.** *Stengel grau-weichhaarig* od. fast kahl; *untere Blätter eiförmig od. eilanzettlich, am Grunde abgerundet od. herzförmig, gestielt,* obere sitzend: *Blüthen violettblau in end- u. seitenständigen Büscheln;* Kelchzipfel schmallanzettlich. ♃. Wiesen, Hügel, verbreitet. H. 0,2—0,8 M. Juni-Sept.

1164. **C. cervicaria L.** *Stengel borstig-steifhaarig; untere Blätter länglich-lanzettlich, in den Blattstiel verschmälert,* obere sitzend; *Blüthen hellblau, in end- u. seitenständigen Büscheln;* Kelchzipfel eiförmig, stumpf. ♃. Nasse Wiesen, Wälder; Gallbrunn, Margarethen am Moos, Ebergassing, Gramat-Neusiedel, Himberg, Moosbrunn, Hölles bis in das Piestingthal bei Pernitz, Brunn am Steinfelde. Raach bei Gloggnitz, Kaiserwald des Rosaliengebirges: Kierling, Epping, Rappoltenkirchen, Neuntagwerkswiese bei Oberbergern, Spitz, Stixendorf, Schiltern, Senftenberg, Melk, Poisdorf, Jauerling. H. 0.3—0.7 M. Juni-Juli.

1165. **C. thyrsoidea L.** *Stengel steifhaarig;* untere Blätter keilig, in den Blattstiel verlaufend, obere lineallänglich od. lanzettlich, sitzend: *Blüthen blassgelb, in walzlicher gedrungener Aehre;* Kelchzipfel eilanzettlich. ♃. Kalkvoralpen, bis untere Krummholzregion selten; Ganswiese, Grünschacher, Preiner Schütt, Schlangenweg u. Geflötz der Rax. H. 0,15—0,4 M. Juli-Aug.

b. Blüthen gestielt.

* Kapseln aufrecht, gegen die Spitze zu aufspringend.

1166. **C. persicifolia L.** Wurzelstock kriechend; untere Blätter länglich-verkehrteiförmig, kleingesägt, obere lanzettlich: *Blumenkronen halbkugelig-glockig, gross, blau, sehr selten weiss, in wenigblüthigen Trauben:* Kelchzipfel lanzettlich. ♃. Bergwälder, häufig; manchmal auch auf den Donauinseln. H. 0,4—1,0 M. Juni-Juli.

1167. **C. patula L.** Wurzel spindlig, dünn; Blätter gekerbt, untere länglich-verkehrteiförmig, obere lanzettlich; *Blumenkronen trichterig-glockig, violett, in lockerer, oft doldentraubiger Rispe;* Kelchzipfel pfriemlich. ⨀ Wiesen, gemein. H. 0,3—0,7 M. Mai Juni.

1168. **C. rapunculus L.** Wurzel dick, fleischig; Blätter gekerbt, untere länglich-verkehrteiförmig, obere lanzettlich: *Blumenkronen trichterig-glockig, violett, in verlängerter einfacher od. zusammengesetzter kegelförmiger Traube;* Kelchzipfel pfriemlich. ⨀ Buschige Orte; auf dem Haglersberge am Neusiedler See; im Gatterhölzchen u. am Cobenzl nicht mehr. H. 0,5—1,0 M. Mai-Juni.

* * Kapseln überhängend, am Grunde aufspringend.

o Kelchzipfel lanzettlich bis eilanzettlich.

Blüthen abstehend od. aufrecht; Kelchzipfel eilanzettlich.

1169. **C. latifolia L.** *Stengel* rundlich, oberwärts, stumpfkantig, *kahl;* Blätter weichhaarig, ungleich grobgesägt-gezähnt, untere eiförmig, schwach herzförmig, langgestielt, obere eilänglich, langzugespitzt; *Blüthenäste 1blüthig, über der Mitte mit 2 Deckblättern; Kelch kahl;* Blumenkrone blauviolett. ♃. Bergwälder; bisher bloss auf dem Gipfel des Hohenstein bei Schrambach. H. 0,5—1,2 M. Juli-Aug.

1170. **C. trachelium L.** *Stengel* oberwärts scharfkantig, *kurzsteifhaarig;* Blätter kurzsteifhaarig, ungleich grobgesägt-gezähnt, untere herzeiförmig, gestielt, obere eilänglich; *Blüthenäste 1 bis 3blüthig, am Grunde mit 2 Deckblättern; Kelch steifhaarig;* Blumenkrone blauviolett, sehr selten weiss. ♃. Wälder, buschige Orte, bis in die Krummholzregion gemein. H. 0,5—1,0 M. Juli-Aug.

· · Blüthen nickend; Kelchzipfel lanzettlich.

1171. **C. rapunculoides L.** Wurzelstock unterirdische Ausläufer treibend; *Stengel* stumpfkantig, *kurzhaarig; Blätter kurzhaarig,* ungleich gekerbt-gesägt, untere herzeiförmig, gestielt, *obere lanzettlich, mit verschmälertem Grunde sitzend;* Blüthen in einseitswendiger Traube; Blumenkrone blauviolett, mit gewimperten Zipfeln. ♃. Raine, Aecker, Wälder, verbreitet. H. 0,3—0,8 M. Juni-Sept.

1172. **C. bononiensis L.** Wurzelstock ohne Ausläufer; *Stengel* stielrundlich, *flaumig-filzig; Blätter* gekerbt-gesägt, oberseits kurzhaarig, *unterseits graufilzig,* untere herzförmig-länglich, langgestielt, *obere eiförmig, mit herzförmigem Grunde sitzend;* Blüthen in allseitswendiger, rispenförmiger Traube; Blumenkrone hellblau, mit kahlen Zipfeln. ♃. Sonnige Abhänge, Vorhölzer; Leopoldsberg, vom Rosenhügel bei Lainz über Perchtholdsdorf, Hinterbrühl, Eichkogel, Baden, Vöslau, bis in das Piestingthal u. Neustadt, Brunn, Aichbühel, Altaquelle, Linsberg; Laaerberg, Neugebäude von Simmering, Schwadorf, Rauhenwarth, Goldwäldchen von Ebergassing, Leithagebirge, Königswarte u. Braunsberg, Haglersberg; Baumgarten u. Höbesbrunn; Alaunthal bei Krems, Teufelhofwald bei St. Pölten. H. 0,3—1,2 M. Juli-Sept.

o o Kelchzipfel linealpfriemlich.

· Alle od. doch die oberen Stengelblätter lanzettlich bis lineal, ganzrandig.

; Grundblätter ei-, herz- od. nierenförmig, langgestielt, 2—3mal kürzer als der Stiel

, Stengel rasig, niedrig, 5 bis höchstens 20 cm. hoch, 1—vielblüthig; Trauben oft einfach.

1173. **C. pusilla Hänke.** Stengel sammt den Blättern kahl od. behaart; untere Blätter elliptisch, gesägt; Blumenkrone bauchig-glockig, blassviolett. ♃. Kalkalpen u. benachbarte Voralpen. H. 0,05—0,2 M. Juli-Aug.

, , Stengel einzeln od. büschelig vereinigt, 20—50 cm. hoch, meist vielblüthig; Trauben meist zusammengesetzt.

— Untere Stengelblätter schmallanzettlich, in einen feinen Stiel verschmälert, die oberen lineal, am Grunde meist borstlich zusammengefaltet.

1174. **C. praesignis Beck.** Stengel kahl od. unten flaumig; *Blätter desselben verschieden gekrümmt, abstehend,* die unteren lanzettlich, etwas gesägt, die oberen allmählich lineal; *Kelchzähne zurückgekrümmt,* 1—3mal so lang als die Kelchröhre, $^1/_4$—$^1/_2$ so lang als die blauviolette Blumenkrone. ♃. Schluchten des Schneeberggebietes, Eng, Miesleiten, Höllenthal, Klausgraben. H. 0,2—0,3 M. Juni-Aug.

1175. **C. rotundifolia L.** Stengel kahl od. unten flaumig; *Blätter desselben aufrecht od. abstehend,* die unteren lanzettlich, etwas gesägt, die oberen lineal; *Kelchzähne aufrecht-abstehend,* $1^1/_2$—4mal so lang als die Kelchröhre, $^1/_3$—$^3/_4$ so lang als die blauviolette Blumenkrone. ♃. Bergwiesen, Waldränder bis in die Voralpen. H. 0,2—0,5 M. Juli-Sept. b) Hostii (Baumg.) Stengel höher, reichblüthig, Blätter länger, schlaffer, Kelchzipfel länger, borstlich. Wienerwald, Jauerling.

= Untere Stengelblätter lanzettlich, gegen den Grund verschmälert, nicht gestielt, die oberen lanzettlich od. lineallanzettlich, nicht borstlich gefaltet.

1176. **C. Scheuchzeri Vill.** Stengel 1—mehrblüthig, *untere Blätter* desselben lanzettlich, 5 mm. breit, *ganzrandig,* obere lineal; *Kelchzähne aufrecht-abstehend, 2—4mal so lang als ihre Röhre,* $^1/_2$—$^3/_4$ *so lang als die 15—22 mm. lange, dunkelviolette Blumenkrone.* ♃. Auf Triften u. im Gerölle der Kalkalpen. H. 0,1—0,2 M. Juli-Sept. b) Schleicheri (Sut.) Höher, bis 40 cm., eine einfache, seltner zusammengesetzte Traube tragend. Vornehmlich in der Krummholzregion.

1177. **C. pseudolanceolata Pant.** Stengel mehrblüthig, *untere Blätter* desselben breitlanzettlich, 8—18 mm. breit, *feingezähnt,* obere lanzettlich, meist ganzrandig; *Kelchzähne aufrecht, seltner abstehend, meist 2mal so lang als ihre Röhre,* $^1/_3$—$^1/_2$ *so lang als die 13—16 mm. lange, blauviolette Blumenkrone.* ♃. Wiesen, lichte Wälder, vom Badner Lindkogel bis an den Schneeberg u. die Traisen, besonders häufig auf den Lilienfelder Alpen; auch am Ramberge bei Gablitz. C. lanceolata Beck. non Lap. C. linifolia Lam. non Scop. H. 0,3—0,6 M. Juli-Aug.

; ; Grundständige Blätter verkehrteiförmig, in den Blattstiel herablaufend, so lang od. länger als der Blattstiel.

1178. **C. caespitosa Scop.** Stengel dichtrasig, 3—6blüthig; Stengelblätter lanzettlich od. lineal, ganzrandig; Blumenkrone walzlich-glockig, lichtviolett 10—15 mm. lang ♃. Felsenschutt der Kalkvoralpen; auch bei Merkenstein u. im Kies der Enns bei Steyer. H. 0,15—0,3 M. Juli-Aug.

· · Blätter eiförmig od. elliptisch, gekerbt.

1179. **C. pulla L.** Stengel 1blättrig; Blätter kurzgestielt, länger als der Blattstiel; Blumenkrone bauchig-glockig, dunkelviolett.

20—25 mm. lang. ♃. Kalkalpen u. angrenzende höhere Voralpen; Pischingbach am Wechsel; auch herabgeschwemmt, wie an der Enns bei Steyer. H. 0,05—0,15 M. Juni-Aug.

323. Adenophora Fisch. Becherglocke. Griffel am Grunde mit einem kurzröhrigen Drüsenringe umgeben; Narben 3: Kapsel 3fächerig, sonst wie Campanula.

1180. **A. lilifolia (L.) Bess.** Grundständige Blätter herzeiförmig, stengelständige länglich bis lanzettlich; Blüthen in pyramidenförmiger Rispe, hellblau. ♃. Sumpfwiesen, selten; zwischen Ebergassing u. Gramat-Neusiedel. Jesuitenmühle bei Moosbrunn. zwischen Velm u. Münchendorf, Solenau. Lichtenwörth bei Neustadt, Dornau a. d. Triesting, Pernitz, Kaiserwald bei Schiltern. Campanula lilifolia L. A. suaveolens Mey. H. 0,3—1,0 M. Juli-Sept.

324. Specularia Heist. Venusspiegel. Blumenkrone radförmig, 5lappig; Staubfäden 5, am Grunde verbreitert, Staubbeutel frei; Griffel am Grunde ohne Ring. Narben 3; Kapsel prismatisch, mit seitlichen Ritzen aufspringend.

1181. **S. speculum (L.) DC.** Stengel ausgesperrt-ästig; Blätter länglich-verkehrteiförmig: Blüthen in end- u. seitenständigen Trugdolden. violett. ⊙ Brachen, Getreide, zerstreut. Campanula speculum L. Prismatocarpus speculum L'Herit. H. 0,1—0,2 M. Juni-Juli.

LVIII. Familie. Ericaceae Endl.

1 Fruchtknoten oberständig; Frucht eine Kapsel od. Steinfrucht 2
Fruchtknoten unterständig; Frucht eine 4—5fächerige Beere, Fächer vielsamig 8
2 Blumenkrone 4zählig. vertrocknend, bleibend 3
Blumenkrone 5zählig, abfällig 4
3 Blumenkrone 4spaltig. glockig. im Kelche eingeschlossen; Kapsel wandbrüchig-4klappig, Scheidewände von den Klappenrändern gelöst, am Mittelsäulchen stehenbleibend **Calluna**
Blumenkrone 4zähnig, kuglig. krugförmig od. glockig, länger als der Kelch; Kapsel fachspaltig-4klappig. Scheidewände auf der Mitte der Klappen . . . . **Erica**
4 Frucht eine Kapsel 5
Frucht eine Steinfrucht . . . . **Arctostaphylos**
5 Blumenkrone 5zähnig od. 5spaltig 6
Blumenkrone 5blättrig . . . . **Ledum**
6 Blumenkrone 5zähnig; Kapsel fachspaltig-5klappig, Scheidewände auf der Mitte der Klappen . . . . . **Andromeda**
Blumenkrone 5spaltig; Kapsel wandspaltig 2—5klappig, Scheidewände durch die eingeschlagenen Klappenränder gebildet

7 Blumenkrone glockig, Staubgefässe 5 . . . . **Azalea**
Blumenkrone trichterig od. radförmig, Staubgefässe 10 **Rhododendron**
8 Blumenkrone krugförmig od. glockig, 4—5spaltig . **Vaccinium**
Blumenkrone radförmig, tief, 4theilig . . . . **Oxycoccos**

325. Calluna Salisb. Besenheide. Kelch 4theilig, unterständig, frei, bleibend; Blumenkrone glockig, 4spaltig, vertrocknend, sammt den 8 Staubgefässen im Kelche eingeschlossen; Kapsel 4fächerig, wandbrüchig-4klappig, Scheidewände von den Klappenrändern gelöst, am Mittelsäulchen stehenbleibend.

1182. **C. vulgaris (L.) Salisb.** Strauchig; Blätter dachig-4zeilig, lineal, 3kantig; Blüthen in meist einseitswendiger Traube, lila, sehr selten weiss. ♄ Triften, Waldstellen, Torfmoore, verbreitet. Erica vulgaris L. H. 0,25—1,0 M. Juli-Herbst. b) hirsuta Presl. Aeste u. Blätter abstehend-graubaarig. Bei Erdweis, Sofienwald u. Beinhöfen im Waldviertel; Retz; Hechtensee bei Maria-Zell.

326. Erica L. Glockenheide. Kelch 4theilig, unterständig, frei, bleibend; Blumenkrone kuglig, krugförmig od. glockig, 4spaltig, länger als der Kelch; Staubgefässe 8; Kapsel 4fächerig, fachspaltig-4klappig, Scheidewände auf der Mitte der Klappen.

1183. **E. carnea L.** Strauchig; Blätter quirlig, nadelförmig, abfällig; Blüthen in meist einseitswendiger Traube, rosa, sehr selten weiss; Antheren purpurn. ♄ Waldränder, lichte Wälder der Kalkgebirge vom Anninger u. die Badner Berge durch die ganze Voralpenkette bis in die Krummholzregion; auch bei Ramplach, Natschbach, Sebenstein, Witzelsberg u. Kirchschlag; Hiesberg bei Melk, Grein, Ibbs. H. 0,25—1,0 M. April-Mai.

327. Andromeda L. Gränke. Kelch 5theilig, unterständig, frei; Blumenkrone eiförmig-glockig, 5zähnig, abfällig; Staubgefässe 10; Kapsel 5fächerig, fachspaltig-5klappig; Scheidewände auf der Mitte der Klappen.

1184. **A. polifolia L.** Strauchig; Blätter lineallanzettlich, am Rande umgerollt, oberseits dunkelgrün, unterseits seegrün; Blüthenstiele fast doldig, 3mal länger als die Blüthen; Kelch rosa; Blumenkrone weiss oder röthlich. ♄ Torfmoore; im Waldviertel bei Gföll, Schrems, Sofienwald, Beinhöfen, Karlstift, Etzen, Traunstein, Altmelon, Ottenschlag, Gutenbrunn; Hechtensee und Mitterbacher Torfmoor bei Mariazell, Lassing und Ofenau bei Gössling. H. 0,15 bis 0,3 M. Mai-Juni.

328. Azalea L. Azalee. Kelch 5theilig, unterständig, frei; Blumenkrone glockig, 5spaltig, abfällig; Staubgefässe 5, Staubbeutel der Länge nach aufspringend; Kapsel 2—3fächerig, wandspaltig 2—3-klappig, Scheidewände durch die eingeschlagenen Klappenränder gebildet; Samen auf 2—3 an die Mittelsäule angewachsenen Samenträgern.

1185. **A. procumbens L.** Strauchig, niedergestreckt; Blätter länglich, am Rande umgerollt; Blüthen fast doldig gehäuft, rosa ♄ Alpentriften auf Kalk und Schiefer, häufig. Loiseleuria procumbens Desv. H. 0,03—0,1 M. Mai-Juni.

329. Rhododendron L. Alpenrose. Blumenkrone trichterig od. radförmig; Staubgefässe 10, Staubbeutel an der Spitze mit 2 Löchern aufspringend; Kapsel 5fächerig, wandspaltig 5klappig; Samenträger 5, sonst wie Azalea.

* **Blüthen in Doldentrauben, nickend; Blumenkrone trichterig, dunkelrosa, aussen drüsig punktiert.**

1186. **R. ferrugineum L.** Strauchig; *Blätter* elliptisch, *kahl,* am Rande umgerollt, *unterseits durch dichtstehende Harzpunkte rostbraun; Kelchzipfel kurzeiförmig,* querbreiter. ♄ Alpen, selten: Ochsenboden des Schneebergs und dessen Abdachung gegen den Kuhschneeberg, Grünschacher, Kloben, Hohe Lehne, Eishüttenalpe und Heukuppe der Rax, Wechsel gegen den Pfaffen zu. H. 0,2—0,5 M. Juni-Juli.

1187. **R. hirsutum L.** Strauchig; *Blätter* elliptisch, am Rande *gewimpert, unterseits grün, mit zerstreuten Harzpunkten; Kelchzipfel länglich-lanzettlich,* länger als breit. ♄ Alpen und angrenzende Voralpen, oft in die Thäler herabsteigend; verbreitet in den Kalkalpen, vereinzelt auch auf Schiefer in der Aspanger Klause. H. 0.2—0.5 M. Juni-Aug.

1186 × 1187. **R. ferrugineum × hirsutum.** Von R. ferrugineum durch spärlich gewimperte, von R. hirsutum durch dicht harzigpunktirte Blätter verschieden. Selten; Ochsenboden des Schneeberges, auf der Rax vom Grünschacher bis zur Heukuppe. R. intermedium Tausch.

* * **Blüthen zu 1—3 am Ende der Zweige; Blumenkrone radförmig, hellrosa, drüsenlos.**

1188. **R. chamaecistus L.** Strauchig; Blätter länglich, gesägtgewimpert, beiderseits grün, unpunktirt; Kelchzipel lanzettlich. ♄ Kalkalpen, verbreitet, manchmal auch in subalpine Gegenden herabsteigend. Rhodothammus chamaecistus Rchb. H. 0,05 bis 0,15 M. Juni-Juli.

330. Ledum L. Porst. Blumenkrone 5blättrig, flach; Samen auf 5 von der Spitze der Mittelsäule herabhängenden Samenträgern, sonst wie Rhododendron.

1189. **L. palustre L.** Strauchig; Blätter lineal, am Rande umgerollt, unterseits nebst den Aestchen rostbraun-filzig; Blüthen in Doldentrauben, weiss. ♄ Torfwälder, selten; am linken Lainsitzufer zwischen Erdweiss und Beinhöfen, besonders bei Sofienwald, seltner bei Julienhain, Heinrichs, Schrems und Brand, Kösslersdorf, Schönau, Litschau; angeblich auch bei Seitenstetten. H. 0,7—1,4 M. Juni-Juli.

331. Arctostaphylos Adans. Bärentraube. Kelch 5theilig, unterständig, frei; Blumenkrone eikrugförmig, mit 5zähnigem zurückgekrümmten Saume, abfällig; Staubgefässe 10; Steinfrucht mit 5 einsamigen Steinen.

1190. **A. alpina (L.) Spreng.** Stämme kriechend; *Blätter* länglich-verkehrteiförmig, *kleingesägt,* gewimpert, *immergrün;* Trauben 2—6blüthig, mit den Blättern hervorbrechend; Blumenkrone weiss od. röthlich; *Beeren* im nächsten Jahre reifend, *blauschwarz,* früher roth. ♄ Kalkalpen und angrenzende Voralpen, selten; Abstürze des Schneebergs gegen Buchberg, Kuhschneeberg, Wetterkogl, Schlangenweg, Hohe Lehne und Eishütten der Rax, Handlesberg, Gippl, Göller, Oetscher, Noten des Hochkohrs, Stumpfmauer der Voralpe. Arbutus alpina L. H. 0,3—0,5 Mai-Juni.

1191. **A. uva ursi (L.) Spreng.** Stämme kriechend; *Blätter* länglich-verkehrteiförmig, *ganzrandig,* kahl, *immergrün;* Trauben 6—10blüthig, nach den Blättern hervorbrechend; Blumenkrone weiss oder rosa; *Beeren* im ersten Jahre reifend, *roth.* ♄ Voralpen bis in die untere Alpenregion auf Kalk und Schiefer, häufig. A. officinalis W. et Gr. Arbutus uva ursi L. H. 0,3—1,0 M. Mai-Juli.

332. Vaccinium L. Heidelbeere. Kelchröhre mit dem Fruchtknoten verwachsen, Saum oberständig; Blumenkrone krugförmig od. glockig, 4—5spaltig, abfällig; Staubgefässe 8—10; Beere 4—5fächerig, Fächer vielsamig.

a. Blätter abfällig, krautig; Blumenkrone krugförmig; Staubbeutel auf dem Rücken 2hörnig.

1192. **V. myrtillus L.** Strauchig, Aeste scharfkantig; *Blätter eiförmig, spitz, kleingesägt, hellgrün;* Blüthen einzeln, blattwinkelständig; *Kelchsaum ungetheilt;* Blumenkrone kuglig-krugförmig, grün, röthlich überlaufen; Beeren blauschwarz, sehr selten weiss. ♄ Gebirgswälder, verbreitet. H. 0,2—0,4 M. April-Juni.

1193. **V. uliginosum L.** Strauchig, Aeste stielrund; *Blätter verkehrteiförmig, stumpflich, ganzrandig, unterseits blaugrün;* Blüthen zu 1—4 an der Spitze seitenständiger Zweige; *Kelchsaum 4—5zähnig;* Blumenkrone eikrugförmig, weiss od. rosa; Beeren blauschwarz. ♃. Torfmoore, moorige Wälder bis in das Hochgebirge, stellenweise; Schneeberg, Rax, Göller, Oetscher, Dürnstein, Hochkohr, mit den Alpenbächen öfters in die Thäler herabsteigend; Hechtensee, Mitterbach, Terz bei Mariazell, Lassing u. Ofenau bei Gössling; gemein im Waldviertel. H. 0,2—0,4 M. Mai-Juni.

b. Blätter immergrün, lederig; Blumenkrone glockig; Staubbeutel unbewehrt.

1194. **V. vitis idaea L.** Strauchig, Aeste stielrund; Blätter verkehrteiförmig, stumpf, ganzrandig; Blüthen in nickenden

Trauben, weiss od. rosa; Beeren roth. ♃. Gebirgswälder bis in die Alpen, verbreitet; auf Sandstein selten, so am Dreimarkstein u. Troppberg des Kahlengebirges; Waldviertel. H. 0,1—0,2 M. Mai-Juli.

333. **Oxycoccos Tourn.** Moosbeere. Blumenkrone radförmig, tief 4theilig, mit zurückgeschlagenen Zipfeln, sonst wie Vaccinium.

1195. **O. palustris Pers.** Stämme fadenförmig, kriechend, verschlungen; Blätter eiförmig, spitz, unterseits graugrün; Blüthen zu 1—3, langgestielt, rosa; Beeren roth. ♄ Torfmoore; verbreitet im Waldviertel, bei Gföhl, Schrems, Gmünd, Hoheneich, Gross-Weissenbach, Erdweiss, Sofienwald, Beinhöfen, Karlstift, Etzen, Traunstein, Guttenbrunn, Ottenschlag, am Burgstein; im Kreise O. W. W.: Annaberg, Terz, Hechtensee, Mitterbach, oberer Lunzer See, Lassing, Ofenau. Vaccinium oxycoccos L. Juni-Juli.

LIX. Familie. Hypopityaceae Klotzsch.

334. **Pirola L.** Wintergrün. Kelch 5theilig; Kronblätter 5, ohne Höcker; Staubgefässe 10, Staubbentelhälften getrennt, jede am Grunde mit einem Loche aufspringend; Fruchtknoten ohne unterständige Scheibe; Kapsel 5fächerig, 5klappig, Klappen oben u. unten verbunden bleibend.

a. Stengel 1blüthig.

1196. **P. uniflora L.** Stengel einfach; Blätter grundständig, rundlich; Blumenkrone flach, weiss, gross. ♃. Schattige Gebirgswälder bis in die Krummholzregion; verbreitet in den Voralpen der beiden südl. Kreise, nördlich bis Scheibbs u. Rabenstein, im Dunkelsteiner Walde u. auf dem Hiesberge bei Melk, bei Obergern; im Waldviertel bei Raabs, Tiefenbach, Heinrichs, Gföhl, Karlstift, Schönbach, Gutenbrunn, Ottenschlag, am Jauerling; Rosalien- u. Wechselgebirge. Moneses grandiflora Salisb. H. 0,05—0,1 M. Juni-Juli.

b. Blüthen in endständiger Traube.

α. Stengel nur am Grunde beblättert; Traube allseitswendig; Fruchtknoten am Grunde ohne Anhängsel.

* Staubgefässe aufwärts nach einer Seite hin gekrümmt; Griffel von ihnen abgewendet, am Grunde abwärts gekrümmt.

1197. **P. chlorantha Sw.** Stengel am Grunde mit schmalen, linealen Niederblättern; Blätter rundlich; Deckblätter kürzer als die Blüthenstiele; *Kelchzipfel breiteiförmig, 4mal kürzer als die gelblichgrüne Blumenkrone.* ♃. Gebirgswälder; verbreitet in den Voralpen der Kalkzone; seltner in der Bergregion: Hameau gegen Weidlingbach, Sooser Lindkogel, Eisernes Thor, Leitha- u. Rosaliengebirge, oberes Donauthal von Zöbling bis Melk, St. Pölten, Jauerling, Langenlois, Dreieichen, Raabs, Gross-Russbach, Hochleithen bei Wolkersdorf, Weikersdorfer Remise im Marchfelde. H. 0,1—0,3 M. Juni-Juli.

1198. **P. rotundifolia L.** Stengel am Grunde mit breiten scheidigen Niederblättern; Blätter rundlich bis eiförmig; Deckblätter so lang als die Blüthenstiele; *Kelchzipfel lanzettlich, zugespitzt, halb so lang als die weisse Blumenkrone.* ♃. Schattige Gebirgswälder, zerstreut. H. 0,2—0,4 M. Juni-Juli.

* * Staubgefässe gleichförmig um den Griffel zusammenneigend; Griffel gerade, abwärtsgerichtet.

1199. **P. media Sw.** Blätter eiförmig od. rundlich; Kelchzipfel eiförmig-lanzettlich, mit der Spitze abstehend, 2—3mal kürzer als die Blumenkrone; *Griffel oben tellerförmig verdickt, daselbst so breit od. breiter als die Narbe, aus der weissen od. röthlichen Blumenkrone herausragend.* ♃. Schattige Gebirgswälder, sehr selten; Feuchtenberg bei Reichenau, Kapellenholz bei dem Bürschhofe am Gans, Sonnwendstein oberhalb Maria Schutz. H. 0,1—0,3 M. Juni-Juli.

1200. **P. minor L.** Blätter eiförmig od. rundlich; Kelchzipfel 3eckig-eiförmig, angedrückt, 4mal kürzer als die Blumenkrone; *Griffel oben nicht verdickt, 2mal schmäler als die Narbe, in der weissen od. röthlichen Blumenkrone eingeschlossen.* ♃. Gebirgswälder bis in die Krummholzregion, stellenweise. H. 0,1—0,3 M. Juni-Juli.

β. Stengel bis zur Mitte beblättert; Trauben einseitswendig; Fruchtknoten am Grunde mit 10 fädlichen Anhängseln.

1201. **P. secunda L.** Stengel etwa bis zur Mitte beblättert; Blätter eilänglich, spitz; Kelchzipfel 3eckig-eiförmig, viel kürzer als die weisse Blumenkrone; Griffel hervorragend. ♃. Gebirgswälder auf Kalk u. Schiefer häufig; selten auf Sandstein, wie am Heuberg bei Dornbach, bei Rappoltenkirchen. Ramischia secundiflora Op. H. 0,08—0,2 M. Juni-Juli.

335. Chimaphila Pursh. Winterlieb. Fruchtknoten am Grunde von einer napfförmigen Scheibe umgeben, sonst wie Pirola.

1202. **C. umbellata (L.) Nutt.** Stengel etwa bis zur Mitte beblättert; Blätter keilig-lanzettlich; Dolde überhängend, armblüthig; Griffel kurz, so breit als die 5lappige Narbe. ♃. Trockene Wälder, sehr selten; Mörtersdorf, Langau, Drosendorf, Wiedendorf u. Reitgraben bei Langenlois, Wald- u. Scheibenhof bei Krems, Nöhagen an der Krems, Dürrenstein, Gutenbrunn, Albrechtsbergerhölzel bei Gerolding; Nasswald, Sebenstein. H. 0,08—0,2 M. Pirola umbellata L. Juni-Juli.

336. Monotropa L. Ohnblatt. Kelch 4—5blättrig; Kronblätter 4—5, am Grunde höckerig, fast gespornt; Staubgefässe 8—10, Staubbeutelhälften oben verbunden, mit einem halbmondförmigen Spalt aufspringend; Fruchtknoten von 10 Drüsen umgeben; Kapsel halb 4—5fächerig, 4—5klappig.

1203. **M. hypopitys L.** Stengel wachsartig, beschuppt; Blüthen in endständiger Traube, blassgelb. ♃. Schattige Wälder, besonders an modernden Baumstämmen, zerstreut. H. 0,1—0,25 M. Juli-Aug. a) glabra Roth. Ganz kahl. b) hirsuta Roth. Oberwärts kurzhaarig.

III. Unterclasse. COROLLIFLORAE DC.

LX. Familie. Aquifoliaceae DC.

337. Ilex L. Stechpalme. Kelch krugförmig, 4—6zähnig; Blumenkrone radförmig, 4—6theilig; Staubgefässe 4—6; Narben 4—5; Steinfrucht 4—5steinig.

1204. **I. aquifolium L.** Baum od. Strauch; Blätter eiförmig, immergrün, dorniggezähnelt od. ganzrandig u. mit einem Dorn endigend; Blüthen in blattwinkelständigen Doldentrauben, weiss; Beeren roth. ♄ Wälder, selten; Gruberau bei Heiligenkreuz, Alland, Hollenthon u. Lichtenegg bei Kirchschlag, Krummbachgraben, Wasseröfen u. Weichthal des Schneeberges, Abhang des Kuhschneeberges gegen den Höhbauer, grosses Höllenthal, Geisrücken in der Schwarzau, St. Egyd, Unterberg gegen Klein-Zell, Kaumberg, Lilienfeld, Maria-Zell, Scheibbs. Plankenstein, Gössling, Seitenstetten; fehlt in den 2 nördl. Kreisen. H. 1,0—7,0 M. Mai-Juni.

LXI. Familie. Oleaceae Lindl.

338. Ligustrum L. Liguster. Kelch 4zähnig, abfällig; Blumenkrone trichterig, Saum 4spaltig; Beere 2fächerig, Fächer 1—2 samig.

1205. **L. vulgare L.** Strauch; Blätter länglich od. elliptisch, ganzrandig; Blüthen in endständigen Rispen, weiss; Beeren schwarz. ♄ Hecken, Vorhölzer, verbreitet. H. 1,0—3,0 M. Juni-Juli.

339. Syringa L. Flieder. Kelch bleibend; Kapsel 2fächerig, 2klappig; Fächer 2samig, sonst wie Ligustrum.

1206. **S. vulgaris L.** Strauch; Blätter herzförmig, ganzrandig; Blüthen in endständigen Rispen, lila od. weiss. ♄ Ueberall gepflanzt u. häufig verwildert. H. 2,0—5,0 M. April-Mai.

340. Fraxinus L. Esche. Kelch u. Blumenkrone 4theilig od. fehlend; Flügelfrucht 1—2fächerig, Fächer 1samig od. eines fehlschlagend.

1207. **F. excelsior L.** Baum; Blätter gefiedert, Blättchen länglich-lanzettlich, gesägt; Blüthen vor den Blättern erscheinend in Rispen; Kelch u. Blumenkrone fehlend. ♄ Wälder, Auen; Donauinseln, besonders aufwärts zwischen der Schmidamündung u. Krems, bei Altenwerth u. Theiss; Kahlengebirge, Leithagebirge, Hainburger Berge; Abfälle des Waldviertels gegen die Donau u. in den Thaleinschnitten der Flüsse; unteres Traisenthal; auf Voralpen einzeln. H. 15,0—35,0 M. April-Mai.

LXII. Familie. **Asclepiadaceae R. Br.**

341. Vincetoxicum Moench. Schwalbenwurz. Blumenkrone radförmig, Nebenkrone 5—10lappig; Staubgefässe 5. in eine Röhre verwachsen; Pollenmassen 10, bauchig, vom Narbenrande herabhängend; Frucht 2 Balgkapseln, eine meist fehlschlagend; Samen haarschopfig.

1208. **V. officinale Moench.** Stengel stielrund; Blätter gegenständig, herzeiförmig, ganzrandig; Blüthen in blattwinkelständigen Trugdolden, weiss. ♃. Buschige Orte, häufig. Asclepias vincetoxicum L. Cynanchum vincetoxicum R. Br. H. 0,25—1,0 M. Mai-Juni.

LXIII. Familie. **Apocynaceae R. Br.**

342. Vinca L. Singrün. Kelch 5theilig; Blumenkrone stieltellerförmig; Samen 5theilig; Frucht 2 Balgkapseln; Samen ohne Haarschopf.

1209. **V. minor L.** *Stengel* holzig, kriechend, *wurzelnd*, blühende aufrecht; *Blätter elliptisch od. länglich-lanzettlich, ungewimpert*, immergrün; Blüthen blattwinkelständig, einzeln, blau, selten weiss od. rosa; Kelchzipfel ungewimpert; *Narbe mit einem dichten Haarkranze umgeben.* ♃. Auen, Wälder, zerstreut. H. 0,1—0,3 M. April-Mai.

1210. **V. herbacea W. et K.** *Stengel* krautig, liegend, *nicht wurzelnd*; *Blätter länglich bis lineallanzettlich, feingewimpert*, jährlich absterbend; Blüthen blattwinkelständig, einzeln, blau, selten weiss; Kelchzipfel zerstreut gewimpert; *Narbe mit 5 Haarbüscheln umgeben.* ♃. Buschige Hügel, sehr selten; Bisamberg, gegen Langenzersdorf u. Strebersdorf, Hochleithen bei Wolkersdorf, Bockflüsser Wald, Remisen bei Schlosshof; Schiefer- u. Zeilerberg bei Bruck. H. 0,1—0,3 M. April-Mai.

LXIV. Familie. **Gentianaceae Juss.**

1 Kronzipfel in der Knospe einwärtsgeschlagen; Samenschale holzig; Blätter meist wechselständig 2
  Kronzipfel in der Knospe gedreht; Samenschale häutig; Blätter meist gegenständig 3

2 Blätter dreischnittig; Blumenkrone trichterig, weisslich-rosa, innen der Länge nach gebärtet . . . . **Menyanthes**
Blätter herzförmig-rundlich; Blumenkrone radförmig, goldgelb, am Schlunde bärtig . . . . **Limnanthemum**
3 Staubgefässe 6—8 . . . . **Chlora**
Staubgefässe 4—5 4
4 Staubbeutel nach dem Verblühen spiralig gedreht; Kapsel unvollkommen 2fächerig . . . . **Erythraea**
Staubbeutel nach dem Verblühen nicht spiralig gedreht; Kapsel 1fächerig 5
5 Blumenkrone radförmig, tief 5theilig, Zipfel am Grunde mit 2 gewimperten Honiggrübchen . . . . **Sweertia**
Blumenkrone keulen-, glocken- od. stieltellerförmig, mit 4—10spaltigem Saume, ohne Honiggrübchen . . . . **Gentiana**

343. Menyanthes L. Fieberklee. Kelch 5theilig; Blumenkrone trichterig, 5theilig, Zipfel in der Knospe einwärtsgeschlagen, innen der Länge nach gebärtet; Staubgefässe 5; Kapsel 1fächerig, an den Nähten 2—3klappig zerreissend; Samen glatt, Samenschale holzig.

1211. **M. trifoliata L.** Stengel aufsteigend; Blätter grundständig, 3zählig, Blättchen verkehrteiförmig; Blüthen in endständiger Traube, weisslichrosa. ♃. Sumpfige Wiesen, Sümpfe; Grafendorf u. Leitzersdorf bei Stockerau, Ebersdorf, Eibesbrunn, Seiring, Oberweiden; Ebergassing, Margarethen am Moos, Gramat-Neusiedel, Moosbrunn, Velm, Münchendorf, Unterwaltersdorf, Reisenberg, Vöslau, Hölles, Winzendorf; Grünbach, Würflach, Heufeld, Schmidsdorf, Reichenau, zwischen Stixenstein u. Buchberg, Erlafsee, Mitterbach, Hechtensee, Walpersdorf, Unter-Bergern, Ruprechtshofen, St. Leonhard am Forst, Schallaburg, Merkendorf, Roggendorf, Waidhofen a. d. Ibbs; verbreitet im Waldviertel. H. 0.1 bis 0.3 M. April-Mai.

344. Limnanthemum Gm. Seekanne. Kelch 5theilig; Blumenkrone radförmig, 5theilig, Zipfel in der Knospe einwärts geschlagen, am Schlunde bärtig; Staubgefässe 5; Kapsel 1fächerig, nicht aufspringend, durch Fäulniss sich öffnend; Samen am Rande gewimpert, Samenschale holzig.

1212. **L. nymphoides (L.) Lk.** Stengel am Grunde kriechend; Blätter schwimmend, herzförmig-rundlich; Blüthenstiele 1blüthig, in den Blattwinkeln doldenförmig-gehäuft; Blumenkrone gelb. ♃. Stehende Gewässer, mit Sicherheit nur zwischen Angern u. Magyarfalva. Menyanthes nymphoides L. Villarsia nymphoides Vent. L. peltatum Gm. H. 0,8—1,5 M. Juni-Aug.

345. Chlora L. Bitterling. Kelch 6—8theilig; Blumenkrone trichterig-radförmig, mit 6—8spaltigem Saume, Zipfel in der Knospe gedreht; Staubgefässe 6—8; Kapsel 1fächerig, 2klappig; Samenschale häutig.

1213. **C. serotina Koch.** Stengel aufrecht; Stengelblätter ei- od. eilanzettförmig, am abgerundeten Grunde verwachsen; Kelchzipfel etwa so lang als die gelbe Blumenkrone. ⊙ Feuchte Stellen, sehr selten; zwischen Oberweiden, Zwerndorf u. Baumgarten im Marchfelde, bei Weikendorf, Engelhartstetten, Wolfsthal; Neusiedlersee. C. perfoliata Neilr. non L. Blackstonia serotina Beck. H. 0,15—0,3 M. Juni-Aug.

346. Sweertia L. Sweertie. Kelch 5theilig; Blumenkrone radförmig, tief 5theilig, Zipfel am Grunde mit 2 gewimperten Honiggrübchen, in der Knospe gedreht; Staubgefässe 5; Kapsel 1fächerig, 2klappig, Samenschale häutig.

1214. **S. perennis L.** Stengel aufrecht; Blätter gegenständig od. wechselständig, untere elliptisch, obere länglich; Blüthen in endständiger Rispe, stahlblau, dunkler punktirt, selten gelbgrün. ♃. Sumpfwiesen, Torfmoore, selten; bei Furt am Buchbach, bei Mukendorf nächst Gutenstein, in der Trauch gegen den Geissrücken zu, am Kuhschneeberg; am Fusse des Göllers bis in die Terz, Mitterbach, Hechtensee, Erlafsee u. Grünau bei Mariazell, Lassingfall, Oetscher, Neuhaus, oberer Lunzer See, Gössling. H. 0,15—0,5 M. Juli-Aug.

347. Gentiana L. Enzian. Kelch 4—10spaltig od. theilig; Blumenkrone keulen-, glocken- od. stieltellerförmig, mit 4—10spaltigem Saume, Zipfel ohne Honiggrübchen, in der Knospe gedreht; Staubgefässe 4—5; Kapsel 1fächerig, 2klappig; Samenschale häutig.

a. Schlund der Blumenkrone kahl.

α. Kronzipfel ungefranst; zwischen denselben eine, meist in ein 1—2spitziges Anhängsel ausgehende Falte.

* Blumenkrone keulenförmig, in den glockigen Saum übergehend.

o Blumenkrone trübpurpurn.

1215. **G. pannonica Scop.** Stengel aufrecht; untere Blätter elliptisch, gestielt, obere eilanzettlich, kurz verwachsen sitzend; Blüthen einzeln od. zu 2—5 gebüschelt, Kelchzipfel zurückgekrümmt, Blumenkrone 5—7spaltig. ♃. Höhere Voralpen bis in die Krummholzregion der Alpen, häufig auf Kalk; Unterberg, Gans, Schneeberg, Rax, Gippl, Göller, Reisalpe, Oetscher, Zellerhut, Scheiblingstein, Dürnstein, Hochkohr, Esslinger Alpe. Torfmoor bei Neuhaus, im Flussgebiete der Pielach bis an die Grenze der Sandsteinzone herabgehend; selten auf Schiefer: höhere Kuppen des Wechsels. H. 0,3—0,5 M. Juli-Aug.

o o Blumenkrone azurblau, sehr selten weiss.

· Saum der Blumenkrone 4spaltig.

1216. **G. cruciata L.** Stengel aufsteigend; Blätter lanzettlich, am Grunde scheidenartig verbunden; Blüthen einzeln od. zu 2—5 gebüschelt, klein. etwa 2 cm. lang. ♃. Grasplätze, sehr zerstreut. H. 0,15—0,5 M. Juli-Aug.

·· Saum der Blumenkrone 5spaltig.

1217. **G. asclepiadea L.** Stengel reichblättrig, am Grunde blattlos; *Blätter* eilanzettlich, langzugespitzt, *5—7nervig, mit abgerundetem od. herzförmigem Grunde sitzend; Blüthen* einzeln od. zu 2—3 gebüschelt, *in den oberen Blattwinkeln gegenständig;* Kelchzipfel 4—5mal kürzer als die Kelchröhre. ♃. Voralpen, untere Alpenregion. auf Kalk durch die ganze Alpenkette, dann auf den Grauwacken- u. kryst. Schiefern des Kreises. U. W. W. H. 0,3—1,0 M. Aug.-Sept.

1218. **G. pneumonanthe L.** Stengel reichblättrig, am Grunde blattlos; *Blätter* lineal od. lineallanzettlich, *1—3nervig, mit verschmälertem, etwas scheidigem Grunde sitzend; Blüthen* einzeln od. zu 2—3 gebüschelt, *gegen- u. wechselständig;* Kelchzipfel so lang od. etwas kürzer als die Kelchröhre. ♃. Nasse Wiesen; Zistersdorf bei Stockerau, Angern, Baumgarten, Marchegg, Siebenbrunn im Marchfelde; südöstliche Niederung Wiens von Ebergassing, über Gramat-Neusiedel, Velm, Himberg, Laxenburg, östlich bis an die Leitha, südlich bis Hölles, Winzendorf u. Neustadt; im Wienerwalde: Laab, Breitenfurt, Riederberg, Rappoltenkirchen; Moosbirnbaum, Wilhelmsburg a. d. Traisen, Schallaburg, Rosenfeld, Ernegg, Scheibbs, Gresten, Ober-Bergern; Reisertwand bei Mollands. Neu-Pölla, Gross-Siegharts bei Raabs. H. 0,1—0,45 M. Juli-Sept. b) l a t i f o l i a Scholler. Blätter länglich-eiförmig od. eiförmiglanzettlich. Unter der Grundform, bei Baumgarten im Marchfelde.

1219. **G. vulgaris (Neilr.) Beck.** *Stengel armblättrig,* manchmal fast fehlend; *grundständige Blätter rosettig,* lanzettlich od. elliptisch, stengelständige viel kleiner, sitzend; *nur eine einzige endständige Blüthe;* Kelchzipfel etwa so lang, als die Kelchröhre. ♃. Kalkalpen, Voralpen, öfters auch in niedrigere Gegenden herabsteigend, so am Grabenwege bei Pottenstein, Dürnbachthal, Hernstein, Neusiedl, Steinhof nächst Berndorf, Traisenthal bei Türnitz, Peulenthal oberhalb Scheibbs. G. acaulis v. vulgaris Neilr. G. acaulis α firma Neilr. G. acaulis β Linné. G. Clusii Perr. et Song. H. 0,05—0,1 M.

Anm. G. excisa Presl. (G. acaulis α. Linné) wächst nicht in Niederösterreich.

* * Blumenkrone stieltellerförmig, mit walzlicher Röhre, 5spaltig.

○ Wurzel ausdauernd, blühende Stengel u. sterile beblätterte Stämmchen treibend, rasig.

1220. **G. pumila Jacq.** Stengel mehrblättrig, 1blüthig; *Blätter lineal, zugespitzt, 1nervig,* die unteren mehr minder rosettig gehäuft; Blumenkrone dunkelazurblau. sehr selten weiss; *Griffel ungetheilt.* ♃. Triften der Kalkalpen; Schneeberg, Sonnwendstein, Rax, Oetscher, Dürnstein, Hochkohr, Eslinger Alpe. H. 0,03—0,1 M. Juli-Aug.

1221. **G. verna L.** Stengel armblättrig, 1blüthig: *Blätter eiförmig bis lanzettlich, spitz, 3nervig*, die untersten rosettig: Blumenkrone azurblau, sehr selten weiss; *Griffel ungetheilt.* ♃. Wiesen der Berg- u. Voralpenregion bis auf Triften der Alpen, auf Kalk- und Sandstein, häufig; seltner in der Ebene: Föhrenwald bei Neustadt, Blindendorf, Donauinseln bei Melk, Pöchlarn. Neumarkt: auf Schiefer bisher nur im Gurhofgraben bei Aggsbach. H. 0,05—1,0 M. April-Mai, auf Alpen Juni-Juli.

1222. **G. bavarica L.** Stengel vielblättrig, 1blüthig; *Blätter verkehrteiförmig od. fast spatlig, stumpf, 3nervig*, die untersten nicht rosettig; Blumenkrone dunkelazurblau; *Griffel tief 2spaltig.* ♃. Kalkalpen; bisher bloss auf dem Dürnstein u. Oetscher. H. 0,03—0,1 M. Juli-Aug.

o o Wurzel spindlig, einfach, jährig.

1223. **G. utriculosa L.** Stengel vielblättrig, 1—mehrblüthig; Blätter eiförmig od. länglich, stumpflich, die untersten rosettig; *Kelch bauchig-aufgeblasen, an den Kanten breitgeflügelt;* Blumenkrone azurblau. ⨀ Gebirgswiesen, sehr selten; Riederberg. Oed, Wetterkogelsteig der Rax, Voralpe. H. 0,05—0,25 M. Juni-Aug.

1224. **G. nivalis L.** Stengel vielblättrig, meist vielblüthig, seltner 1blüthig: Blätter eiförmig od. länglich, stumpflich, die untersten rosettig; *Kelch walzlich, mit 5 vorspringenden Kanten;* Blumenkrone dunkelazurblau, sehr selten weiss. ⨀ Kalkalpen u. angrenzende Voralpen, ziemlich häufig. H. 0,02—0.1 M. Juli-August.

β. Kronzipfel an den Seitenrändern langgefranst, in den Buchten ohne Zwischenzähne.

1225. **G. ciliata L.** Stengel 1—mehrblüthig; Blätter lineal-lanzettlich; Blumenkrone keulenförmig, 4theilig, lichtazurblau. ♃. Buschige Hügel, bis an die Grenze des Krummholzes, sehr zerstreut im ganzen Lande. H. 0.1—0,3 M. Aug.-Sept.

b. Schlund der trichterigen Blumenkrone langgebärtet; Zipfel ungefranst, in den Buchten keine Zwischenzähne.

α. Kelchzipfel lineal-lanzettlich, nicht zurückgerollt, Kelchbuchten am Grunde abgerundet.

1226. **G. austriaca A. et J. Kern.** *Stengel niedrig, 5—20 cm. hoch*, oft vom Grunde an pyramidenförmig-ästig, *mit verhältnissmässig langen Aesten; mittlere Stengelblätter eilanzettlich, lang-zugespitzt, 3—5mal so lang als breit; Blüthenstand ebensträussig;* Blumenkrone 5spaltig, 24—45 mm. lang, lichtviolett, sehr selten weiss. ⨀ Triften, Wiesen, häufig; im Wiener Becken u. auf den Kalkgebirgen von Rodaun bis in die Alpenregion, auch auf Schiefer am Rosaliengebirge. G. amarella Jacq. non L. Juli-Sept. b) praeflorens Wettst. Stengelblätter stumpf. Gans, Schneeberg,

Grünschacher. Rax. Oetscher. Dürnstein. G. obtusifolia Willd. p. p. Juni-Juli.

1227. **G. carpathica Wettst.** *Stengel 15—40 cm. hoch, einfach od. oben ästig, mit verhältnissmässig kurzen Aesten: mittlere Stengelblätter eilanzettlich, zugespitzt, doppelt so lang als breit; Blüthenstand traubig*; Blumenkrone 5spaltig, 18—25 mm. lang, violett. ⊙ Bei Sallingstadt. G. caucasica Janka non M. a. B. Juli-Sept. b) praecox (A. Kern.) Stengelblätter stumpf. Jauerling, Ostrong, Oberbergern, Münichreit. G. obtusifolia Willd. p. p. Juni-Juli.

β. Kelchzipfel dreieckig-lanzettlich, am Rande oft zurückgerollt, Kelchbuchten am Grunde spitz.

1228. **G. stiriaca Wettst.** Stengel 20—25 cm. hoch, meist vom Grunde an ästig: *mittlere Stengelblätter eilanzettlich,* zugespitzt, 2—3mal so lang als breit: Blüthenstand ebensträussig: *Kelchzipfel kahl;* Blumenkrone 5spaltig. 25—35 mm. lang, lichtviolett. ⊙ Seebachthal bei Lunz, Erlafsee. Juli-Sept.

1229. **G. Sturmiana A. et J. Kern.** Stengel 10—40 cm. hoch, meist vom Grunde an ästig: *mittlere Stengelblätter eiförmig-3eckig,* spitz. 1½—3mal so lang als breit; Blüthenstand ebenstäussig: *Kelch entweder vollständig od. doch am Rande u. an den Mittelnerven der Zipfeln, sowie an den Kanten der Röhre flaumhaarig;* Blumenkrone 5spaltig. 25—35 mm. lang, violett. ⊙ Bei Kritzendorf. Rappoltenkirchen. Baumgarten. Mautern, Melk, Waidhofen an der Ybbs, Seitenstetten. Juli-Sept.

Anm. G. amarella L. u. G. germanica Willd. sind für Niederösterreich noch nicht sichergestellt.

348. **Erythraea Ren.** Tausendguldenkraut. Kelch 5spaltig: Blumenkrone trichterig mit 5spaltigem Saume, Zipfel ohne Honiggrübchen, in der Knospe gedreht; Staubgefässe 5. Staubbeutel nach dem Verblühen spiralig gedreht: Kapsel unvollständig 2fächerig, 2klappig: Samenschale häutig.

a. Untere Blätter rosettig.

1230. **E. centaurium (L.) Pers.** *Stengel kahl,* oben trugdoldigästig: *Blätter* länglich-verkehrteiförmig od. länglich, *am Rande glatt;* Trugdolden gebüschelt. ziemlich flach: Blüthen rosa, selten weiss. ⊙ Wiesen, Holzschläge verbreitet. Gentiana centaurium α. L. H. 0,1—0,45 M. Juli-Aug.

1231. **E. linariaefolia (Lam.) Pers.** *Stengel feinflaumig od. doch rauh,* oben trugdoldig-ästig; *Blätter* länglich od. lineal, *am Rande feingewimpert;* Trugdolden gebüschelt, zuletzt rispenförmig ausgebreitet; Blüthen rosa. ⊙ Nasse Wiesen; Tulln, Wagram. Gänserndorf. Oberweiden. Baumgarten. Obersiebenbrunn. Breitensee im Marchfelde; südöstl. Niederung Wiens, von Simmering südlich bis Ebreichsdorf, Hölles u. Blindendorf bei Neunkirchen, östlich bis Hainburg u. an den Neusiedlersee: Fahrafeld im Triestingthale, Exercierwiese bei St. Pölten. Gentiana linariaefolia Lam. H. 0,1—0,3 M. Juli-Aug.

b. Untere Blätter entfernt, nicht rosettig.

1232. **E. pulchella (Sw.) Fr.** Stengel kahl, trugdoldig-ästig, zerstreutblüthig; Blätter eilänglich od. lanzettlich, am Rande glatt; Blüthen rosa, selten weiss. ⊙ Ueberschwemmte Stellen, Gruben, feuchte Aecker; häufig im Marchfelde, Donauinseln, südöstl. Niederung Wiens, Neusiedlersee; Rappoltenkirchen, oberes Donauthal zwischen den Kampmündungen u. Rosatz, an der Traisen bei St. Pölten, Viehofen u. Herzogenburg, Mank, Melk, Scheibbs, Oberndorf, Ernegg, Fahrafeld, Gloggnitz, Seitenstetten; Grossau, Hardegg. E. ramosissima Pers. Gentiana pulchella Sw. H. 0,05—0,2 M. Juli-Sept.

LXV. Familie. Polemoniaceae Lindl.

349. Polemonium L. Sperrkraut. Kelch 5spaltig; Blumenkrone glockig-radförmig; Staubfäden am Grunde verbreitert, behaart, den Schlund der Blumenkrone verschliessend; Kapsel 3fächerig; Fächer ein- bis vielsamig.

1233. **P. coeruleum L.** Stengel hohl, Blätter fiederschnittig, mit eilanzettlichen Abschnitten; Rispe drüsigflaumig; Blüthen violett od. weiss. ♃. Bisher nur in der Terz zwischen dem Wirtshause u. der Höllenseige u. im Griesthale bei Rohr; häufig cultiviert u. dann mitunter verwildert. H. 0,3—0,8 M. Juni-Juli.

LXVI. Familie. Convolvulaceae Vent.

350. Convolvulus L. Windling. Kelch 5blättrig; Blumenkrone trichterig-glockig, mit gefaltetem 5eckigen Saume; Staubgefässe 5; Griffel 1, mit 2 Narbenlappen; Kapsel 1—2fächerig, 2klappig od. unregelmässig aufspringend, Fächer 2samig od. die einfächerige Kapsel 4samig.

a. Blüthen am Grunde von 2 grossen Deckblättern eingeschlossen; Kapsel 1fächerig, mit unregelmässigen Längsritzen aufspringend.

1234. **C. sepium L.** Stengel kahl, windend; Blätter pfeilförmig, mit abgestutzten, oft gezähnten Oehrchen; Deckblätter herzförmig; Blumenkrone gross, weiss. ♃. Auen, Ufer, Gebüsche häufig. H. 1,5—3,0 M. Juli-Sept.

b. Deckblätter klein, von der Blüthe entfernt; Kapsel 2fächrig, 2klappig.

1235. **C. arvensis L.** *Stengel meist kahl,* niederliegend od. windend; *Blätter gestielt, pfeilförmig,* mit spitzen Oehrchen; Deckblätter pfriemlich; Blumenkrone weiss od. rosa. ♃. Grasplätze, Wege, gemein. H. 0,2—0,6 M. Mai-Sept.

1236. **C. cantabrica L.** *Stengel rauhhaarig, wie die ganze Pflanze,* aufrecht, nicht windend; *Blätter lanzettlich od. lineal-lanzettlich, sitzend, die unteren in den Blattstiel verlaufend;* Deckblätter lineal; Blumenkrone rosa. ♃. Sonnige, buschige Hügel, sehr selten; Gumpolskirchen, Kalvarienberg, Mitterberg u. Rauheneck bei Baden. H. 0,2—0,5 M. Juni-Juli.

351. Cuscuta L. Flachsseide. Kelch 4—5spaltig; Blumenkrone krugförmig od. glockig, mit 4—5spaltigem Saume; Staubgefässe 4—5, unter der Anheftungsstelle mit 4—5 schuppenförmigen Anhängseln; Griffel 1—2; Kapsel 1—2fächerig, 2—4samig, am Grunde rundum aufspringend.

a. Blüthen in ährenförmigen Rispen; Griffel verwachsen, Narbe kopfig.

1237. **C. lupuliformis Krock.** Stengel kletternd; Blüthen weisslich, Kronröhre walzlich, doppelt so lang als ihr Saum. ☉ Gebüsche, besonders auf Weiden und Pappeln, selten: Thayaufer bei Lundenburg, Marchufer bei Hohenau, Marchegg u. Schlosshof; am Neubache zwischen Himberg u. Münchendorf, Eichkogel bei Mödling. Schwarzaufer bei Neunkirchen, in der Terz, um Winden u. am Hiesberg bei Melk. C. monogyna Aut. non Vahl. Juni-Juli.

b. Blüthen in kugligen Knäueln; Griffel getrennt. Narben fädlich.

* Kronröhre doppelt so lang als ihr Saum; Knäule deckblattlos.

1238. **C. epilinum Wh.** Stengel fädlich; Blüthen gelblichweiss, Kronröhre fast kuglig, so lang als der Kelch, mit kleinen angedrückten Schuppen; Staubgefässe herausragend. ☉ Leinfelder; am häufigsten daher im Waldviertel u. in Thälern der Voralpen, Juni-Juli.

* * Kronröhre so lang als ihr Saum; Knäule von einem Deckblatte gestützt.

o Staubgefässe aus der Kronröhre herausragend.

1239. **C. epithymum L.** Stengel fädlich; Blüthen weiss oder rosa, Kronröhre walzlich, länger als der Kelch, durch die grossen zusammenneigenden Schuppen geschlossen. ☉ Wiesen gemein; Juni-Juli. b) t r i f o l i i (Bab.) Stengel kräftiger; Blüthen grösser, Kronröhre so lang als der Kelch, Staubgefässe weit herausragend, Griffel kürzer. Klee- u. Luzernenfelder.

o o Staubgefässe aus der Kronröhre nicht herausragend.

1240. **C. europaea L.** Stengel stielrund, bis 1,5 M. hoch kletternd; Blüthen weiss od. röthlich, Kronröhre walzlich, länger als der Kelch, mit kleinen angedrückten Schuppen. ☉ Auen, Hecken, meist auf Nesseln, Hopfen, Erlen, Weiden, zerstreut; Auen der Donau, March, Leitha, Wien, Thaya, des Kamps, im Marchfelde, südöstl. Hügelreihe von Wien über das Leithagebirge bis an den Neusiedlersee, Kahlengebirge, Reichenau;

im Erlafthal bei Scheibbs, Mank, Melk, Donauthal zwischen Mautern u. Langegg, Jauerling. Juli-Aug.

Anm. C. suaveolens Ser. wurde in neuester Zeit im Donaufelder Schulgarten auf Luzernerklee gefunden.

LXVII. Familie. **Boraginaceae Jus.**

1 Griffel an der Spitze des Fruchtknotens . . . . **Heliotropium**
Griffel zwischen den Fruchtfächern durchgehend 2
2 Theilfrüchtchen an die Griffelbasis angewachsen 3
Theilfrüchtchen am Grunde ausgehöhlt, mit einem gedunsenen Ringe umgeben, an dem Fruchtknoten angewachsen; Griffel frei 6
Theilfrüchtchen mit dem flachen Grunde dem Fruchtboden eingefügt; Griffel frei 8
3 Kelch bei der Fruchtreife stark vergrössert, in 2 buchtig-gezackte Platten zusammengedrückt . . . . . . **Asperugo**
Kelch bei der Fruchtreife unverändert od. nur regelmässig vergrössert 4
4 Theilfrüchtchen glatt . . . . **Omphalodes**
Theilfrüchtchen weichstachlig 5
5 Theilfrüchtchen pyramidenförmig-3kantig, am Rande weichstachlig . . . . **Lappula**
Theilfrüchtchen oval, vom Rücken her flachgedrückt, weichstachlig . . . . **Cynoglossum**
6 Blumenkrone walzlich-glockig . . . . **Symphytum**
Blumenkrone trichterig 7
7 Schlund der Blumenkrone durch 5 Deckklappen geschlossen **Anchusa**
Schlund der Blumenkrone offen, gebärtet . . . . **Nonea**
8 Theilfrüchtchen 2 . . . . **Cerinthe**
Theilfrüchtchen 4 9
9 Staubbeutel pfeilförmig, am Grunde zusammenhängend **Onosma**
Staubbeutel oval od. länglich, frei 10
10 Schlund der Blumenkrone ohne Deckklappen 11
Schlund der Blumenkrone durch 5 behaarte Falten od. Deckklappen verengt 12
11 Kelch röhrig, 5theilig, Blumenkrone trichterig-glockig mit schief-5lappigem Saume . . . . **Echium**
Kelch prismatisch-5eckig, 5zähnig, bei der Fruchtreife aufgeblasen, Blumenkrone trichterig, 5lappig . . **Pulmonaria**
12 Theilfrüchtchen mit dem flachen Grunde auf dem Fruchtboden sitzend . . . . **Lithospermum**
Theilfrüchtchen mit einem punktförmigen Hofe auf dem Fruchtboden angeheftet . . . . **Myosotis**

352. Heliotropium L. Sonnenwende. Kelch 5theilig; Blumenkrone trichterig, 5spaltig; Griffel kurz, an der Spitze des Fruchtknotens; Frucht grobhöckerig-warzig, in 4 Theilfrüchtchen zerfallend.

1241. **H. europaeum L.** Stengel aufrecht, filzigrauh; Blätter eiförmig, gestielt; Blüthen weiss, in ährenförmigen deckblattlosen Wickeln. ⊙ Brachen, Aecker; Thalweg der March von Hausbrunn bis Schlosshof, Schönfeld, Loimersdorf, Glinzendorf, Wagram, Schönkirchen im Marchfelde; im Steinbruch des Gallizin, vor der St. Marxer Linie Wiens, Simmering, Schwechat, Kaiser-Ebersdorf, Maria-Lanzendorf, Himberg, Velm, Moosbrunn, Perchtoldsdorf, Mödling, Neudorf, Biedermannsdorf, Weikersdorf am Steinfeld, Theresienfeld, Neustadt, Lichtenwörth, Pottendorf, Neusiedlersee zwischen Gschiess u. Purbach; Gemeinlebarn bei Traismauer, Steinmasslberg bei Langenlois. H. 0.15—0,3 M. Juli-Aug.

353. Asperugo L. Scharfkraut. Kelch 5spaltig, bei der Fruchtreife in 2 buchtig-gezackte Platten zusammengedrückt; Blumenkrone trichterig, 5spaltig, am Schlunde mit 5 Deckklappen; Griffel zwischen den Fruchtfächern durchgehend; Theilfrüchtchen 4, seitlich zusammengedrückt, etwas warzig, an die Griffelbasis angewachsen.

1242. **A. procumbens L.** Stengel schlaff, durch abwärts gerichtete Stachelchen rauh; Blätter länglich; Blüthen klein, blau, kurzgestielt, einzeln od. zu 2—3, nebenblattständig. ⊙ Wüste Plätze, Zäune, gemein im Becken von Wien; in den 2 oberen Kreisen dagegen selten, bei Förthof oberhalb Stein, Göttweih, St. Pölten, Melk. H. 0,15—0,6 M. April-Juni.

354. Lappula Gilib. Igelsame. Kelch 5theilig; Blumenkrone trichterig, 5spaltig, am Schlunde mit 5 Deckklappen; Griffel zwischen den Fruchtfächern durchgehend; Theilfrüchtchen 4, pyramidenförmig-3kantig, am Rande weichstachlig, an die Griffelbasis angewachsen.

1243. **L. myosotis Moench.** Stengel aufrecht, steifhaarig; Blätter lanzettlich, steifhaarig; Blüthen blau, in deckblättrigen traubenförmigen Wickeln; *Blüthenstiele stets aufrecht*; Theilfrüchtchen am Rande mit 2 Reihen Stacheln besetzt. ⊙ Wüste Plätze, Brachen, gemein. Myosotis lappula L. Echinospermum lappula Lehm. H. 0,2—0,4 M. Mai-Sept.

1244. **L. deflexa (Wahlenb.) Garcke.** Stengel aufrecht, steifhaarig; Blätter lanzettlich, weichhaarig; Blüthen blau, in deckblättrigen traubenförmigen Wickeln; *Blüthenstiele nach dem Verblühen herabgebogen;* Theilfrüchtchen am Rande mit 1 Reihe Stacheln besetzt. ⊙ Holzschläge der Kalkgebirge bis in die Voralpen, stellenweise in den beiden südl. Kreisen; im Kr. O. M. B. bei der Deinmühle nächst Raabs. Myosotis deflexa Wahlenb. Echinospermum deflexum Lehm. H. 0,2—0,6 M. Mai-Juni.

355. Cynoglossum L. Hundszunge. Theilfrüchtchen 4, eiförmig od. oval, vom Rücken her flachgedrückt, weichstachlig, am Rande stumpf od. berandet, sonst wie Lappula.

1245. **C. officinale L.** Stengel aufrecht, zerstreut-zottig; *Blätter beiderseits weichgraufilzig,* untere elliptisch in den Stiel verschmälert, obere lanzettlich, halbstengelumfassend; Blumenkrone schmutzig-blutroth; Theilfrüchtchen mit hervorragendem wulstigen Rande, *Weichstacheln zerstreut, keine Knötchen eingemischt.* ⊙ Wiesen, Wege, Dämme, verbreitet. H. 0,3—1,0 M. Mai-Juni.

1246. **C. germanicum Jacq.** Stengel aufrecht, zerstreut-zottig; *Blätter oberseits ziemlich kahl, fast glänzend, unterseits von zerstreuten auf einem Knötchen aufsitzenden Haaren rauh,* untere elliptisch in den Stiel verschmälert, obere länglich, halbstengelumfassend; Blumenkrone trübblauroth; Theilfrüchtchen nicht wulstig berandet, *Weichstacheln gedrungen, mit Knötchen untermischt.* ⊙ Gebirgswälder, selten; Ramasek u. Höllenstein bei Kaltenleutgeben. Wöglerin, Weissenbach, Eisernes Thor; Klauswald bei St. Anton nächst Scheibbs, Voralpe; Vierziger Wald bei Schiltern; angeblich auch in der Ebene zwischen Achau u. Maria-Lanzendorf. C. montanum Lam. C. silvaticum Hänke. H. 0,3—1,0 M. Mai-Juni.

356. Omphalodes Tourn. Nabelnuss. Kelch 5theilig, bei der Fruchtreife grösser, abstehend; Blumenkrone radförmig, 5spaltig. am Schlunde mit 5 Deckklappen; Griffel zwischen den Fruchtfächern durchgehend; Theilfrüchtchen 4, kreisrund, napfförmig ausgehöhlt, glatt, häutig berandet, an die Griffelbasis angewachsen.

1247. **O. scorpioides (Haenke) Schrank.** Wurzel spindligfaserig; Stengel aufsteigend, ziemlich kahl; untere *Blätter* gestielt, *spatelförmig,* gegenständig, obere *lanzettlich,* wechselständig; *Blüthen in verlängerten beblätterten Wickeln;* Blumenkrone hellblau. mit gelben Deckschuppen. ⊙ u. ⊙ Auen, Wälder sehr selten; Hundsheimer Berg, Lichtenwörtherau bei Neustadt, Gallizin bei Wien; Senftenberg, Pommersdorfer Berg bei Raabs, Auen der unteren Thaya. Cynoglossum scorpioides Haenke H. 0,1—0,3 M. April-Mai.

1248. **O. verna Moench.** Wurzelstock kriechend, beblätterte Ausläufer treibend; Stengel aufrecht oder aufsteigend, ziemlich kahl; *Blätter* wechselständig, untere langgestielt, *ei- od. herzförmig,* obere eilanzettlich; *Blüthen in 2 endständigen, deckblattlosen, armblüthigen, verkürzten Wickeln;* Blumenkrone hellblau, mit weissen Deckschuppen. ♃ Wälder, sehr selten; Neuwaldegger Park gegen das chinesische Lusthaus, Kalksburger Park, im grossen Föhrenwald zwischen Neustadt u. Neunkirchen, an der Ibbs bei Rosenau, verwildert. Cynoglossum omphalodes L. H. 0,08—0,2 M. April-Mai.

357. Cerinthe L. Wachsblume. Kelch 5theilig; Blumenkrone walzlich-glockig, 5zähnig; Staubbeutel pfeilförmig, am Grunde zusammenhängend; Griffel zwischen den Fruchtfächern durchgehend; Theilfrüchtchen 2, 2fächerig, mit einem halbkreisrunden Hofe dem Fruchtboden angeheftet; Griffel frei.

1249. **C. minor L.** Stengel aufrecht, kahl; Blätter verkehrteiförmig od. herzförmig-länglich, bläulich bereift, kahl; Blüthen gelb, in traubenförmigen deckblättrigen Wickeln. ⊙ Wege, Wiesen, Gebüsche, verbreitet. H. 0,2—0,6 M. Mai-Juli.

358. Pulmonaria L. Lungenkraut. Kelch prismatisch 5eckig, 5zähnig, bei der Fruchtreife aufgeblasen; Blumenkrone trichterig, 5lappig; Griffel zwischen den Fruchtfächern durchgehend, frei. Theilfrüchtchen 4, mit dem flachen Grunde auf dem Fruchtboden sitzend.

* Blätter der seitlichen Blattriebe gestielt, alle herzförmig od. elliptische eingemischt.

1250. **P. officinalis L.** Stengel borstigrauh, oberwärts mit eingemischten Drüsenhaaren; Blätter rauhhaarig, weisslich gefleckt, die der seitlichen Blattriebe herzeiförmig, $1^1/_2$mal so lang als breit, deren Stiel meist etwas kürzer als das Blatt, die stengelständigen spatlig-eiförmig, die obersten halbstengelumfassend; Blüthen lichtviolettblau, bei dem Aufblühen rosa. ♃. Laubwälder, Gebüsche, verbreitet. H. 0,1—0,3 M. März-Mai. b) obscura (Dum.) Stengel dichter behaart; Blätter ungefleckt, seltner undeutlich gefleckt, die der seitlichen Blattriebe herzförmig-länglich, 2mal so lang als breit, deren Stiel länger als das Blatt, die stengelständigen alle zum Grunde verschmälert. Wienerwald, Bisamberg, Matzen, Mistelbach, Zwettl, Hardegg.

1250×1252. **P. angustifolia × officinalis.** Von den Eltern durch eiförmig-längliche, in den geflügelten Stiel plötzlich zusammengezogene, zugespitzte Blätter der Blattriebe; von P. officinalis überdies durch öfters ungefleckte Blätter u. dunkelazurblaue Blüthen verschieden. Bisher nur bei Kalksburg u. Speising. P. hybrida A. Kern.

* * Blätter der seitlichen Blattriebe elliptisch bis verlängert-lanzettlich, in den geflügelten Blattstiel verlaufend.

1251. **P. mollissima A. Kern.** *Stengel drüsigzottig; Blätter ungefleckt, weichhaarig, mit eingemischten Drüsenhaaren, die der seitlichen Blattriebe elliptisch od. elliptisch-lanzettlich,* die stengelständigen eilanzettlich, die unteren gegen den Grund verschmälert, die folgenden mit gerundetem od. seichtherzförmigem Grunde sitzend; Blüthen lichtviolettblau, bei dem Aufblühen rosa. ♃. Buschige Abhänge, Waldränder selten; Sirnitzthal bei Langenlois, Burgberg in Spitz a. d. Donau, Kohlgraben bei Zöbing, Horn, Plattwald bei Hausbrunn. P. mollis Aut. non Wolff. H. 0,2—0,5 M. April-Mai.

1252. **P. angustifolia L.** *Stengel steifhaarig, fast drüsenlos; Blätter ungefleckt, anliegend steifhaarig, die der seitlichen Blatttriebe lanzettlich bis länglich lanzettlich,* die stengelständigen elliptisch- bis lineallanzettlich, die unteren gegen den Grund verschmälert, die folgenden etwas herablaufend, sitzend; Blüthen dunkelazurblau, bei dem Aufblühen rosa. ♃. Wiesen, buschige Hügel; Fuchsberg bei Horn, Ernstbrunner Wald bis auf die Schricker Höhe; Laaerberg, Gatterhölzchen, Salmansdorf, Dornbach, Gallizin, Mariabrunn, Mauerbach, Rappoltenkirchen, Kalksburg, Sparbach; Königsberg a. d. Fischa, Lichtenwörtherau bei Neustadt, Wolfsthal, Pötsching; Kuhberg bei Fahrafeld; Püverding, Zelking, Oberbergern. P. azurea Bess. P. media Host H. 0,1—0,25 M. April-Mai.

359. Anchusa L. Ochsenzunge. Kelch 5spaltig; Blumenkrone trichterig, 5spaltig, am Schlunde mit 5 Deckklappen; Griffel zwischen den Theilfrüchtchen durchgehend, frei; Theilfrüchtchen 4, am Grunde mit einem gedunsenen Ringe umgeben, an den Fruchtboden angewachsen.

* Blumenkronröhre gerade.

1253. **A. officinalis L.** Stengel aufrecht, steifhaarig; Blätter lanzettlich, steifhaarig, graugrün; Blüthen violett, selten weiss, in deckblättrigen traubenförmigen Wickeln; *Deckklappen eiförmig, durch sehr kurze Haare sammtig.* ⊙ u. ♃. Wege, Raine, sehr häufig. H. 0,25—1,0 M. Mai-Sept.

1254. **A. italica Retz.** Stengel aufrecht, steifhaarig; Blätter lanzettlich, steifhaarig, grasgrün; Blüthen grösser, azurblau, in deckblättrigen traubenförmigen Wickeln; *Deckklappen länglich, durch fast 2 mm. lange Haare pinselig.* ⊙ u. ♃. Wüste Plätze, vorübergehend; am häufigsten in der Umgebung Wiens, Laaerberg, Belvedere, Prater, Kaiser-Ebersdorf, Grinzersdorf, Heiligenstadt, Döbling, Türkenschanze, Pötzleinsdorf, Sievering, Gallizin, Breitensee, Schönbrunn, Perchtholdsdorf, Maria-Enzersdorf, Giesshübel, Mödling, Eichkogel, Baden, Vöslau, Unterwaltersdorf; im südöstl. Schiefergebiete zwischen Lembach u. Kirchschlag; St. Pölten. H. 0,5—1,5 M. Mai-Sept.

Anm. A. Barrelieri Vitm. wurde in neuerer Zeit in einem abgetriebenen Föhrenbestande gefunden, offenbar aus Ungarn eingeschleppt.

* * Blumenkronröhre in der Mitte gekrümmt.

1255. **A. arvensis (L.) M. a. B.** Stengel aufrecht, stechend-steifhaarig; Blätter lanzettlich, ausgeschweift-gezähnt; Blüthen klein, lichtblau, in deckblättrigen traubenförmigen Wickeln. ⊙ Brachen, Raine zerstreut; Laaerberg, Türkenschanze, Gersthof, Pötzleinsdorf, Sievering, Ottakring, Penzing, Pfaffstetten, Baden, Soos, Vöslau, Rappoltenkirchen; Leitha- u. Rosaliengebirge; Hochwolkersdorf, Neunkirchen, Ramplach, Diepolz, Wartmannsstetten, Hafning; oberes Donauthal von Langenlois bis Melk, Laach am Jauerling, Kremsthal bei Senftenberg, Rappoltenstein; Gross-Russbach, Angern. Lycopsis arvensis L. H. 0,15—0,5 M. Mai-Juli.

Anm. Borago officinalis L. wird mitunter in Gemüsegärten gebaut u. kommt hin u. wieder verwildert vor.

360. Nonea Med. Nonea. Kelch 5spaltig; Blumenkrone trichterig, 5spaltig; Griffel zwischen den Theilfrüchtchen durchgehend; Theilfrüchtchen 4, am Grunde mit einem gedunsenen Ringe umgeben, an den Fruchtboden angewachsen.

1256. **N. pulla (L.) DC.** Stengel aufrecht, von Drüsenhärchen u. längeren steifen Haaren graugrün; Blätter lanzettlich; Blüthen dunkelpurpur-braun, sehr selten gelb, in deckblättrigen traubenförmigen Wickeln. ⊙ u. ♃. Raine, Aecker, verbreitet. Lycopsis pulla L. H. 0,15—0,4 M. Mai-Juli.

361. Symphytum L. Beinwurz. Kelch 5theilig; Blumenkrone walzlich-glockig, 5zähnig, am Schlunde mit 5 Deckklappen; sonst wie Nonea.

1257. **S. officinale L.** *Wurzel dick, spindelig, senkrecht;* Stengel aufrecht, ästig, steifhaarig; *Blätter* lang herablaufend, *eilanzettlich od. lanzettlich;* Blüthen schmutzig-purpurn, seltner weisslich, in deckblattlosen traubenförmigen Wickeln. ♃. Auen, Gräben, Sümpfe häufig. H. 0,3—1,0 M. Mai-Juli.

1258. **S. tuberosum L.** *Wurzelstock fleischig-verdickt, schief od. wagrecht;* Stengel aufrecht, meist einfach, steifhaarig; *Blätter* etwas herablaufend, *eiförmig od. elliptisch;* Blüthen bleichgelb, in deckblattlosen traubenförmigen Wickeln. ♃. Bergwälder häufig; auch auf Donauinseln bei Stockerau. H. 0,15—0,3 M. April-Mai.

1257×1258. **S. officinale×tuberosum.** Von S. officinale durch knotigen Wurzelstock, weniger ästigen Stengel u. gelblichweisse Blumenkrone, mit in der Mittellinie violetten Zipfeln; von S. tuberosum durch höheren Wuchs, die in end- u. seitenständigen Wickeln stehenden Blüthen u. die in der Mittellinie violetten Zipfel derselben verschieden. Kalksburg, zwischen Waldegg u. Oed. S. Wettsteinii Sennh. S. Zahlbruckneri Beck.

362. Onosma L. Lotwurz. Kelch 5theilig; Blumenkrone walzlich-glockig, 5zähnig; Staubbeutel pfeilförmig, am Grunde zusammenhängend; Griffel zwischen den Theilfrüchtchen durchgehend, frei; Theilfrüchtchen 4, mit einem flachen Hofe auf dem Fruchtboden angeheftet.

1259. **O. Visianii Clem.** *Wurzel* neben dem Stengel *keine seitlichen unfruchtbaren Blätterbüschel treibend;* Stengel aufrecht, steifhaarig; Blätter lineallanzettlich, die oberen eilanzettlich; Blüthen blassgelb, in deckblättrigen traubenförmigen Wickeln; *Staubbeutel am Rande glatt; Theilfrüchtchen verwischt-warzig, matt, oben schnabelförmig zugespitzt, gegen den abgestutzten Grund nicht verschmälert.* ⊙ Triften, nicht häufig; Maaberg und Jennyberg bei Mödling, Gumpoldskirchen, Mitterberg bei Baden, Vöslau, Merkenstein, Grillenbergerthal bei Pottenstein,

Brunn, Fischau; zwischen Schlosshof u. Breitensee im Marchfelde; Pfaffen- u. Hundsheimerberg bei Hainburg. O. echioides Jacq. non L. O. calycinum Stev. non Lall. H. 0,2—0,45 M. Mai-Juni.

1260. **O. arenarium W. et K.** *Wurzel neben dem Stengel seitliche, unfruchtbare Blätterbüschel treibend;* Stengel aufrecht, steifhaarig; Blätter lineallanzettlich, die oberen eilanzettlich; Blüthen blassgelb, in deckblättrigen traubenförmigen Wickeln; *Staubbeutel am Rande feingezähnelt; Theilfrüchtchen glatt, glänzend, oben spitz, gegen den Grund verschmälert.* ♃. Sandige Gehölze, Grasplätze; Laaerberg gegen Unter-Laa, Rauherwartherи. Schwadorfer Holz, zwischen Himberg, Velm u. Ebergassing, grosser Föhrenwald zwischen Neustadt u. Neunkirchen, an der Pittner Strasse bei Haderswerth; Leithagebirge zwischen Bruck und Goyss bis auf den Haglersberg; Petronell. H. 0,2—0,5 M. Mai-Juli. b) austriacum Beck. Stengel zahlreicher, an der Spitze wenigere, meist nur einen Doppelwickel tragend, Blumen grösser, aussen kurzborstig; Grundscheiben der Borsten oft kurzsteifborstig. Oberes Donauthal bei Försthof, Dürrenstein, Senftenberg, Melk.

363. Echium L. Natterkopf. Blumenkrone trichterig-glockig, mit schief 5lappigem Saume; Staubbeutel oval, frei, sonst wie Onosma.

* Griffel an der Spitze 2spaltig, mit getrennten Narben.

1261. **E. vulgare L.** Stengel aufrecht, steifhaarig; Blätter lanzettlich; *Blüthenäste meist einfach;* Blüthen in deckblättrigen ährenförmigen Wickeln; *Blumenkrone gross, blau,* selten weiss od. rosa, *ihre Röhre kürzer als der Kelch.* ⊙ Wiesen, Wege gemein. H. 0,25—1,0 M. Juni-Sept.

1262. **E. altissimum Jacq.** Stengel aufrecht, steifhaarig; Blätter lanzettlich; *Blüthenäste meist 2spaltig;* Blüthen in deckblättrigen ährenförmigen Wickeln; *Blumenkrone klein, weiss,* bleichviolett od. röthlich, *ihre Röhre so lang als der Kelch.* ⊙ Weiden, Raine, selten; Simmering, zwischen Ober- u. Unter-Lanzendorf, zwischen der Schwechat u. dem Mitterbache bei Rannersdorf, zwischen Schwechat u. Fischamend, bei Petronell, am Neusiedlersee zwischen Donnerskirchen, Gschiess u. Oggau. E. italicum Neilr. non L. H. 0,45—1,0 M. Juni-Sept.

* * Griffel ungetheilt, mit einer 2knotigen Narbe.

1263. **E. rubrum Jacq.** Stengel aufrecht, steifhaarig; Blätter lanzettlich; Blüthenäste einfach; Blüthen in deckblättrigen ährenförmigen Wickeln; Blumenkrone blutroth, ihre Röhre 2mal länger als der Kelch. ⊙ Lichte, grasige Waldplätze, selten; von Rauhenwarth bis gegen Wiener-Herberg u. Ebergassing stellenweise, häufig im Eichenwalde von Hohenruppersdorf. H. 0,3—1,0 M. Juni.

364. Lithospermum. L. Steinsame. Kelch 5theilig; Blumenkrone trichterig, 5spaltig, am Schlunde mit 5 Falten od. Deckklappen;

Griffel zwischen den Theilfrüchtchen durchgehend, frei: Theilfrüchtchen 4, mit dem flachen Grunde auf dem Fruchtboden sitzend.

* Krone klein, 5—7 mm. lang, weiss, seltner hellbläulich.

1264. **L. officinale L.** *Wurzel ausdauernd;* Stengel aufrecht, anliegend-steifhaarig: Blätter lanzettlich; Blüthen in deckblättrigen traubenförmigen Wickeln; *Theilfrüchtchen glatt, glänzend.* ♃. Buschige Orte, häufig auf den Donauinseln u. auf allen Vorbergen des Kahlengebirges; Holzkogel bei Katzelsdorf; Mank, Matzleinsdorf, Melk; Grossmotten bei Gföhl; Feldsberg. H. 0,3 bis 0,8 M. Mai-Juli.

1265. **L. arvense L.** *Wurzel jährig;* Stengel aufrecht, anliegend-steifhaarig; Blätter länglich-lanzettlich; Blüthen in deckblättrigen traubenförmigen Wickeln; *Theilfrüchtchen warzig, glanzlos.* ⊙ Brachen, wüste Plätze, gemein. H. 0,2—0,45 M. April-Juni.

* * Krone gross, 15 mm. lang, dunkelazurblau.

1266. **L. purpureocoeruleum L.** Wurzelstock beblätterte Ausläufer treibend; Stengel aufrecht, rauhhaarig; Blätter lanzettlich; Blüthen in deckblättrigen traubenförmigen Wickeln; Theilfrüchtchen glatt, glänzend. ♃. Steinige buschige Orte, verbreitet; fehlt jedoch im Waldviertel. H. 0,2—0,4 M. Mai-Juni.

365. Myosotis L. Vergissmeinnicht. Kelch 5zähnig od. spaltig; Blumenkrone stieltellerförmig od. trichterig, 5spaltig, am Schlunde mit 5 Deckklappen; Griffel zwischen den Theilfrüchtchen durchgehend, frei; Theilfrüchtchen 4, mit einem punktförmigen Hofe auf dem Fruchtboden angeheftet.

a. Kelch angedrückt-behaart.

1267. **M. palustris (L.) Roth.** Wurzelstock kriechend, öfters verzweigt; *Stengel* von den ganz herablaufenden Blättern *kantig,* behaart, wenig glänzend; Blätter länglich-lanzettlich; *Blüthen mittelgross,* himmelblau, selten weiss, in blattlosen traubenförmigen Wickeln; Blüthenstiele so lang od. nur wenig länger als der Kelch; *Kelch* meist auf $^1/_3$, seltner tiefer 5spaltig, *so lang od. kürzer als die Kronröhre;* Griffel so lang od. kürzer als der Kelch; Theilfrüchtchen beiderseits gewölbt. ♃. Sumpfige Stellen, verbreitet. M. scorpioides β palustris L. H. 0,1—0,4 M. Mai-Sept.

1268. **M. strigulosa Rchb.** Wurzelstock kriechend, verzweigt; *Stengel stielrund,* zerstreut behaart, glänzend; Blätter länglich-lanzettlich, wenig herablaufend; *Blüthen klein,* licht-himmelblau, in am Grunde meist beblätterten traubenförmigen Wickeln; Blüthenstiele zuletzt $1^1/_2$—3mal so lang als der Kelch; *Kelch* bis zur Hälfte 5spaltig, *länger als die Kronröhre;* Griffel winzig;

Theilfrüchtchen innen gewölbt, aussen ziemlich flach. ♃. Feuchte Bergwiesen, verbreitet. M. caespitosa Schultz. H. 0,1—0,4 M. Mai-Sept.

b. Kelch unterwärts mit abstehenden hackigen Haaren.

α. Wickeln fast bis zur Spitze beblättert; Fruchtstiele unter dem Kelche kreiselförmig verdickt, vom eigentlichen Kelche durch eine Einschnürung abgegliedert.

1269. **M. sparsiflora Mik.** Stengel schlaff, zerstreut-behaart; Blätter länglich, untere spatelförmig; Blüthenstiele 2—3mal länger als der Kelch, zuletzt herabgeschlagen; Blumenkrone klein, hellblau, ihre Röhre im Kelche eingeschlossen. ⊙ Auen, schattige Stellen, ziemlich selten; Augarten, Prater, Dornbach, Lichtenwörther Au, Gloggnitz, Katzelsdorf, Neudörfl, Neusiedlersee bei Goyss; Kadolz, Loisbach bei Langenlois, Horner Fasangarten. H. 01,5—0,4 M. Mai-Juni.

β. Wickeln blattlos od. nur am Grunde beblättert; Fruchtstiele allmälig in den Kelch übergehend, von diesem durch keine Einschnürung abgegliedert.

* Wickeln am Grunde beblättert, tief unten am Stengel beginnend.

1270. **M. arenaria Schrad.** Stengel aufrecht, abstehend-behaart; Blätter länglich od. oval; Kelche fast stiellos sitzend; Blumenkrone hellblau, ihre Röhre im Kelche eingeschlossen. ⊙ Sonnige Hügel, Dämme, verbreitet. M. stricta Lk. H. 0,05—0.2 M. April-Mai.

* * Wickeln blattlos.

o Blumenkrone klein, Saum beckenförmig, 3—4 mm. breit; Wurzel spindlig faserig.

1271. **M. hispida Schlecht.** Stengel aufrecht, abstehend-behaart; Blätter länglich; *Blüthenstiele so lang als der Kelch od. etwas kürzer; Kelch nach dem Verblühen glockig-offen: Blumenkrone hellblau, ihre Röhre im Kelche eingeschlossen.* ⊙ Sonnige Hügel, Gebüsche, häufig. M.' collina Rchb. M. arvensis Lk. H. 0,05—0,25 M. April-Mai.

1272. **M. versicolor (Pers.) Schlecht.** Stengel aufrecht, abstehend-behaart; Blätter länglich od. lineallänglich; *Blüthenstiele kürzer als der Kelch*; *Kelch nach dem Verblühen geschlossen*; *Blumenkrone zuerst gelb, zuletzt himmelblau, ihre Röhre 2mal länger als der Kelch.* ⊙ Bergwiesen, selten: Kierling, Agneswiese bei Sievering, Dreimarkstein, zwischen Salmannsdorf u. Neuwaldegg, zwischen Hameau u. Rosskopf, Steinriegel; Hinterleiten bei Reichenau; Wolfenreith, Neuntagwerkwiese bei Oberbergern, Hiesberg bei Melk; Krems, Zwettl, Salingstadt, Moidrams, Merzenstein, Gross-Weissenbach, Katschenhof, Hoheneich, Grossau bei Raabs, Mannersdorf. M. arvensis v. versicolor Pers. H. 0,1—0,25 M. Mai-Juni.

1273. **M. arvensis (L.) Roth.** Stengel aufrecht, abstehend-behaart; Blätter länglich od. länglich-lanzettlich; *Blüthenstiele* *meist 2mal länger als der Kelch; Kelch nach dem Verblühen geschlossen; Blumenkrone hellblau, ihre Röhre im Kelche eingeschlossen.* ⊙ Brachen, Aecker, häufig. M. scorpioides α. arvensis L. H. 0,2—0,45 M. Juni-Aug.

o o Blumenkrone ansehnlich, Saum flach, 6—10 mm. breit; Pflanze meist mit einem Blattbüschel u. blühende Stengel treibenden Wurzelstock.

1274. **M. silvatica Hoffm.** *Stengel* aufrecht, *abstehend-behaart; Blätter* länglich od. länglich-lanzettlich; Wickeln blattlos, zuletzt verlängert; *Blüthenstiele zuletzt meist 2mal länger als der Kelch,* wagrecht-abstehend; *Kelch locker-steifhaarig,* nach dem Verblühen geschlossen; *Blumenkrone himmelblau,* sehr selten weiss, *ihre Röhre kürzer als die Zipfel u. der Kelch.* ⊙ u. ♃ Wiesen, Wälder, bis in die untere Alpenregion, verbreitet. H. 0,15—0,45 M. Mai-Juni.

1275. **M. alpestris Schmidt.** *Stengel* aufrecht, *dicht-steifhaarig;* Blätter länglich od. länglich-lanzettlich; Wickeln blattlos, kurz; *Blüthenstiele dicker, so lang od. kürzer als der Kelch,* aufrecht-abstehend; *Kelch dicht-steifhaarig,* nach dem Verblühen geschlossen: *Blumenkrone himmelblau,* grösser, *ihre Röhre kürzer als die Zipfel u. der Kelch.* ⊙ u. ♃. Triften der Kalkalpen u. der angrenzenden Voralpen. H. 0,5—0,15 M. Juli-Sept. b) suaveolens (W. et K.) Obere Stengelblätter lineallänglich, schmäler. Gurhofgraben bei Melk; grosses Höllenthal, Rax.

1276. **M. variabilis Ang.** *Stengel* aufrecht, *abstehend-behaart;* Blätter oval od. länglich; Wickeln blattlos, zuletzt verlängert; *Blüthenstiele* $1-1\frac{1}{2}$*mal so lang als der Kelch,* abstehend; Kelch steifhaarig, nach dem Verblühen geschlossen; *Blumenkrone anfangs röthlich,* dann himmelblau, *ihre Röhre gelb, zuletzt noch einmal so lang als die Zipfel u. der Kelch.* ⊙ u. ♃. Sonnwendstein, Pinkenkogel, Wechselgraben. H. 0,15—0,45 M. Juni-Juli.

LXVIII. Familie. **Solanaceae Juss.**

1 Frucht eine Kapsel 2
  Frucht eine Beere 3
2 Kelch röhrig, von dem ringförmig bleibenden Grunde abfallend; Kapsel unvollständig 4fächerig, unvollständig 4-klappig . . . . **Datura**
  Kelch krugförmig, bleibend; Kapsel 2fächerig, an der Spitze rundum aufspringend . . . . **Hyoscyamus**
3 Beere im stark vergrösserten aufgeblasenen Kelche eingeschlossen . . . . **Physalis**
  Beere im offenen Kelche sitzend 4
4 Blumenkrone radförmig; Staubbeutel mit 2 Löchern aufspringend . . . . **Solanum**
  Blumenkrone walzlich-glockig od. trichterig; Staubbeutel der Länge nach aufspringend 5
5 Staude; Blumenkrone walzlich-glockig . . . . **Atropa**
  Strauch, meist dornig; Blumenkrone trichterig . . . **Lycium**

a. Frucht eine Kapsel.

366. Datura L. Stechapfel. Kelch röhrig, 5zähnig, von dem ringförmig bleibenden Grunde abfallend; Blumenkrone trichterig, 5lappig; Kapsel unvollständig 4klappig.

1277. **D. stramonium L.** Stengel gespreizt-ästig; Blätter eiförmig, ungleich-buchtig-gezähnt; Blüthen einzeln, achselständig, weiss; Kapsel weichstachelig. ⊙ Wüste Plätze, in der Nähe von Dörfern; häufig im Marchfelde; bei Moosbrunn; im Pulkathale; an der unteren Thaya. H. 0,2—1,0 M. Juli Aug.

367. Hyoscyamus L. Bilsenkraut. Kelch krugförmig, 5zähnig, bleibend; Blumenkrone trichterig, 5lappig; Kapsel an der Spitze rundum aufspringend.

1278. **H. niger L.** Stengel einfach od. ästig; Blätter eilänglich, buchtig-fiederspaltig; Blüthen schmutziggelb, violett geadert, in beblätterten Wickeln. ⊙ u. ⊙ Aecker, wüste Plätze, verbreitet. H. 0,3—0,8 M. Juni-Juli.

b. Frucht eine Beere.

368. Physalis L. Judenkirsche. Kelch 5spaltig, bei der Fruchtreife stark vergrössert, aufgeblasen; Blumenkrone radförmig, 5-lappig; Staubbeutel der Länge nach aufspringend; Beere im Kelche eingeschlossen.

1279. **P. alkekengi L.** Stengel einfach od. ästig; Blätter eiförmig, randschweifig; Blüthen blattwinkelständig, einzeln, weiss; Beeren sammt dem aufgeblasenen Kelche zuletzt mennigroth. ♃. Auen, Haine, Weingärten, Waldschluchten, zerstreut; im oberen Donauthale selten, bei Göttweih, Arnsdorf, Aggsbach, Senftenberg, H. 0,3—0,8 M. Mai-Juni.

369. Solanum L. Nachtschatten. Kelch 5spaltig, bei der Fruchtreife unverändert; Blumenkrone radförmig, 5spaltig od. 5lappig; Staubbeutel an der Spitze mit 2 Löchern aufspringend; Beere im offenen Kelche sitzend.

* Pflanze halbstrauchig; Hauptstengel holzig, Aeste krautig.

1280. **S. dulcamara L.** Stengel kletternd: Blätter eilänglich, am Grunde oft herzförmig, obere spiessförmig; Blüthen violett, in rispenartigen Wickeln; Beeren ellipsoidisch, scharlachroth. ♄ Gräben, Ufer, feuchte Gebüsche, zerstreut. H. 0,5—2,0 M. Juni-August.

* * Pflanze krautig.

1281. **S. nigrum L.** Wurzel spindlig; Stengel aufrecht, kantig, zerstreut behaart; Blätter eiförmig, randschweifig od. buchtig-gezähnt; Blüthen weiss, in überhängenden doldenförmigen Trugdolden; *Beeren* kuglig, *schwarz*. ⊙ Wüste Plätze, Zäune, Weinberge, gemein. H. 0,2—0,6 M. Juli-Oct. b) humile (Bernh.) Stengel fast kahl; Beeren grün od. grüngelblich, durchscheinend.

Selten, in grösseren Gärten Wiens, bei Baden, Langenlois, Krems, Mautern.

1282. **S. alatum Moench.** Stengel fast flügelig-kantig, dichter behaart; Blätter meist tiefer-buchtig-gezähnt; *Beeren mennigroth,* sonst wie vorige. ⊙ An gleichen Orten, jedoch minder verbreitet, am häufigsten im Marchfelde. S. miniatum Bernh. H. 0,2 bis 0,5 M. Juli-Oct. b) flavum (Kit.) Beeren wachsgelb. Vor der St. Marxer Linie Wiens u. in Schottergruben bei Neustadt.

Anm. S. tuberosum L. (Erdapfel) wird im Grossen gebaut. — Lycopersicum esculentum Mill. wird zum Küchengebrauche cultivirt.

370. Atropa L. Tollkirsche. Kelch 5spaltig, bei der Fruchtreife vergrössert, ausgebreitet; Blumenkrone walzlich-glockig, 5lappig; Staubbeutel der Länge nach aufspringend; Beere auf dem flachen Kelche sitzend.

1283. **A. belladonna L.** Stengel ästig; Blätter eiförmig; Blüthen einzeln od. in armblüthigen Wickeln, blattnebenständig, schmutzig-violett; Beeren kuglig, schwarz. ♃. Wälder, Holzschläge, Schluchten, zerstreut; auch auf den Donauinseln. H. 0,5 bis 1,5 M. Juni-Juli.

371. Lycium L. Bocksdorn. Kelch 3—5zähnig, fast 2lippig, bei der Fruchtreife unverändert; Blumenkrone trichterig, 5spaltig; Staubbeutel der Länge nach aufspringend; Beere im offenem Kelche sitzend.

1284. **L. barbarum L.** Strauch, mit dornigen, ruthenförmigen Zweigen; Blätter länglich od. lanzettlich; Blüthen zu 1—3, achselständig, lichtviolett; Beeren ellipsoidisch, scharlachroth. ♄ Südlichen Ursprungs, wird überall in Hecken gepflanzt u. ist jetzt ganz einheimisch. H. 1,0—3,0 M. Juni-Aug.

LXIX. Familie. Scrofulariaceae Lindl.

1 Staubbeutel am Grunde stumpf 2
Staubbeutel am Grunde doppelt stachelspitzig 7
2 Staubgefässe 5 . . . . **Verbascum**
Staubgefässe 4, 2mächtig 3
Staubgefässe 2 . . . . **Veronica**
3 Blumenkrone ohne Sporn od. Höcker 4
Blumenkrone am Grunde mit sackartigem Höcker **Antirrhinum**
Blumenkrone am Grunde mit Sporn . . . . **Linaria**
4 Kapsel 2fächerig 5
Kapsel 1fächerig 6
5 Kronröhre fast kuglig-aufgeblasen, mit kurzem, fast 2lippigem Saume; Kapsel wandspaltig 2klappig . . . . . . **Scrofularia**

Blumenkrone glockig, mit schiefem 2lippigem Saume: Kapsel wandspaltig 2klappig . . . . **Digitalis**

Blumenkrone trichterig mit 4spaltigem, fast 2lippigem Saume; Kapsel fachspaltig 2klappig . . . . **Gratiola**

6 Blumenkrone 2lippig, Oberlippe ausgerandet, Unterlippe länger, 3spaltig . . . . **Lindernia**

Blumenkrone glockig-radförmig, fast regelmässig 5spaltig **Limosella**

7 Kelch 4zähnig 8

Kelch 5zähnig 11

8 Kelch röhrig od. glockig, nicht aufgeblasen; Staubbeutel begrannt 9

Kelch zusammengedrückt, aufgeblasen; Staubbeutel unbegrannt . . . . **Rhinanthus**

9 Samen der Länge nach gerippt 10

Samen glatt . . . . **Melampyrum**

10 Rippen der Samen flügellos . . . . **Euphrasia**

Rippen der Samen flügelförmig verbreitert . . . . **Bartsia**

11 Blumenkrone rachenförmig, Oberlippe helmartig, stumpf od. geschnäbelt, Unterlippe 3spaltig; Samen netzig-runzlig **Pedicularis**

Blumenkrone röhrig-trichterig, mit 5spaltigem Saume; Samen glatt . . . . **Tozzia**

1. Gruppe. Verbasceae Bartl. Staubgefässe 5, Staubbeutel am Grunde stumpf.

372. Verbascum L. Königskerze. Kelch 5theilig; Blumenkrone radförmig, mit sehr kurzer Röhre u. 5lappigem Saume, der vordere Lappen grösser; Staubgefässe ungleich, die 2 vorderen länger; Kapsel 2fächerig, wandspaltig 2klappig.

a. Blüthenstand eine aus gebüschelten Blüthen zusammengesetzte, einfache od. ästige Traube.

* Die 3 kürzeren Staubfäden dicht weisswollig, die 2 längeren kahl.

1285. **V. thapsus L.** Stengel sammt den Blättern dichtfilzig; *Blätter* kleingekerbt, länglich, obere länglich-lanzettlich, *bis zum nächsten Blatte herablaufend;* Blumenkrone trichterig-vertieft, lichtgelb, klein, 15—20 mm. breit; *die 2 längeren Staubfäden 4mal so lang als die kurz herablaufenden Staubbeutel*; Narbe kopfig. ⊙ Abhänge, Ufer, Waldränder, zerstreut. V. Schraderi Mey. H. 0,5—1,5 M. Juli-Aug.

1286. **V. thapsiforme Schrad.** Stengel sammt den Blättern dichtfilzig; *Blätter* deutlich-gekerbt, länglich od. länglich-verkehrteiförmig, obere länglich-elliptisch, *ganz od. fast ganz bis zum nächsten Blatte herablaufend:* Blumenkrone flach, gelb, sehr selten weiss, ansehnlich, 30—50 mm. breit; *die 2 längeren Staubfäden höchstens 2mal länger als ihre lang herablaufenden Staubbeutel;* Narbe keulig. ⊙ Waldränder, Ufer, sehr zerstreut u. mehr in Berggegenden. H. 0,5—1,5 M. Juli-Aug.

1287. **V. phlomoides L.** *Blätter* gekerbt, länglich od. länglich-verkehrteiförmig, obere eiförmig, *gar nicht od. nur schwach herablaufend;* sonst w. v. ⊙ Ufer, wüste Plätze, Auen, gemein. H. 0,5—1,5 M. Juli-Aug.

1285 × 1287. **V. thapsus × phlomoides.** Von V. thapsus durch nur etwas herablaufende Blätter; von V. phlomoides durch trichterige, kleine Blumenkronen u. durch die Staubfäden, von welchen die 2 längeren 4mal länger sind als ihre kurz herablaufenden Staubbeutel, verschieden. Windthal bei Mödling, Semmering, Prein. V. montanum Schrad. V. Kerneri Fritsch.

* * Alle 5 Staubfäden dichtwollig.

o Wolle der Staubfäden weiss.

1288. **V. speciosum Schrad.** *Stengel* sammt den Blättern *dichtfilzig; Blätter ganzrandig,* obere länglich od. eiförmig, *mit herzförmigem, halbumfassendem Grunde sitzend;* Blüthenstiele 2—3mal länger als der Kelch; Blumenkrone 12—25 mm. breit, gelb. ⊙ Buschige Hügel, Wiesen, Waldränder; Leopoldsberg, Eichenwald von Schönbrunn, Rekawinkel, Anninger, Gaden, Pfaffstettner Kogel, Leesdorf, Weikersdorf, Helenenthal bei Baden, Laxenburg, Himberg, Münchendorf, Erbeichsdorf, Leithagebirge bis auf den Haglersberg, Margarethen am Moos; Göttweiher Berg, Unterbergern, Rossatz, Pöchlarn, Schlossberg von Schönberg am Kamp, Neuhäusel bei Hardegg. V. thapsoides Host. non L. H. 0,5—1,5 M. Juli-Aug.

1287 × 1288. **V. speciosum × phlomoides.** Von V. speciosum durch die gekerbten breiteren, deutlich herablaufenden Blätter, grössere Blumenkronen u. die herablaufenden Staubbeutel der 2 längeren Staubfäden; von V. phlomoides durch den pyramidenförmigen Wuchs, kleinere Blumenkronen u. die Staubfäden, die alle dicht weisswollig sind, verschieden. Leesdorf, Rauheneck u. Helenenthal bei Baden; Göttweiher Berg, Hardegg. V. Neilreichii Reichardt. V. badense Beck.

1289. **V. lychnitis L.** *Stengel* sammt der Blattunterseite *weisslich-bepudert; Blätter gekerbt,* oberseits ziemlich kahl, obere eiförmig od. eilänglich, *kurzgestielt od. mit abgerundetem od. verschmälertem Grunde sitzend;* Blüthenstiele 2mal länger als der Kelch; Blumenkrone 10—20 mm. breit, gelb, sehr selten weiss. ⊙ Abhänge, Waldränder, Ufer; zerstreut im ganzen Gebiete. H. 0,5 bis 1,2 M. Juni-Juli.

1288 × 1289. **V. speciosum × lychnitis.** Von V. speciosum durch schwachgekerbte Blätter; von V. lychnitis durch die mit schwach-herzförmigem Grunde sitzenden, oberen Blätter; von beiden durch den leicht abwischbaren staubig-dichtfilzigen Ueberzug der Stengel u. Blätter verschieden. Neuhäusel bei Hardegg. V. Obornyi.

1287 × 1289. **V. lychnitis × phlomoides.** Tracht, Ueberzug u. Blattform wie bei V. phlomoides; Blumenkronen in der Grösse zwischen jenen der Eltern in der Mitte u. die 3 kürzeren Staubfäden durchaus, die 2 längeren doch am Grunde weisswollig, hierin also mit V. lychnitis näher verwandt. Lobau, Rauhenstein bei Baden, Ternitz, Gloggnitz, Kemmelbach, Hardegg. V. denudatum Pfund. V. Bischofii C. Koch. V. Reissekii A. Kern. V. dimorphum Franch. V. bohemicum Borb.

1289 × 1290. **V. nigrum × lychnitis.** Dem V. nigrum höchst ähnlich, doch durch die nicht deutlich herzförmigen Grundblätter u. die weisse Wolle der Staubfäden verschieden. Kierling, Schwarzau, Reisalpe, Melk. V. Schiedeanum Koch. V. leucerion Grütt. V. infidum et praesigne Beck.

o o Wolle der Staubfäden purpurn.

1290. **V. nigrum L.** Stengel zerstreut-sternhaarig: *Blätter* eilänglich, ungleich-gekerbt, unterseits dünnfilzig, untere langgestielt, *am Grunde herzförmig, obere fast sitzend; Blüthen* dunkelgelb, etwa 13 mm. breit, in dichter, *gedrungener, meist einfacher Traube; Blüthenstiele zerstreut sternhaarig, 2mal länger als der Kelch.* ⊙ Auen, Ufer, Wiesen, zerstreut im ganzen Gebiete. H. 0,5—1,2 M. Juli-Aug.

1291. **V. austriacum Schott.** Stengel zerstreut sternhaarig; *Blätter* eilänglich, ungleich-gekerbt, ziemlich kahl od. unterseits lockerfilzig, untere langgestielt, *meist in den Blattstiel zugespitzt,* obere kürzer, die obersten sehr kurz gestielt; *Blüthen* lichtgelb, etwa 20 mm. breit, in lockeren, *in eine endständige Rispe zusammengestellten Trauben; Blüthenstiele feinfilzig, so lang als der Kelch* ⊙ Waldränder, Hügel, Gebüsche, häufig; im westlichen Gebiete jedoch viel seltner u. nur vereinzelt. V. orientale Neilr. non M. a. B. H. 0,3—1,0 M. Juni-Juli.

1285 × 1290. **V. thapsus × nigrum.** Von V. thapsus durch dünnfilzige od. oberseits fast kahle Blätter u. purpurnwollige Staubfäden; von V. nigrum durch die in den Blattstiel zugeschweiften unteren u. kurzherablaufenden oberen Blätter u. die gegen die Spitze weisslichen Haare der Staubfäden verschieden. Aspanger Klause. V. collinum Schrad. V. Thomaeanum Wirtg.

1287 × 1290. **V. phlomoides × nigrum.** Von V. phlomoides durch gekerbte, oberseits fast kahle Blätter u. purpurnwollige Staubfäden; von V. nigrum durch grössere Blüthen, etwas herablaufende Staubbeutel der längeren Staubfäden u. eine dichtere Bekleidung verschieden. Bei Dörfl nächst Reichenau. V. Brockmülleri Ruhm.

1290 × 1291. **V. nigrum × austriacum.** Von V. nigrum durch feinfilzige Blüthenstiele u. Kelche, traubige Rispe, kürzer gestielte, grössere Blüthen; von V. austriacum durch herzförmige, untere

Blätter u. dichter stehende Blüthen verschieden. St. Veit, Hütteldorf, Brühl, Fahrafeld; Waldviertel. V. subnigrum Beck.

1285 × 1291. **V. thapsus × austriacum.** In der Tracht, Gestalt u. Farbe der Blätter, im Blüthenstande, Grösse der Blüthen u. in der Purpurwolle der Staubfäden mit V. orientale näher verwandt, durch den dichteren Ueberzug, die etwas herablaufenden Blätter u. die 2 kahlen längeren Staubfäden zu V. thapsus sich nähernd. Aichkogel bei Kaltenleutgeben, Giesshübel, Prein, Rappoltenkirchen. V. Juratzkae Dichtl.

1287 × 1291. **V. phlomoides × austriacum.** Von V. phlomoides durch schwächer filzige Blätter, kleinere Blüthen u. purpurwollige Staubfäden; von V. austriacum durch filzigere Blätter, dichte, gedrungene, meist einfache Traube u. grössere Blüthen verschieden. V. danubiale Simk. V. breyninum Beck. Brigittenau, Rother Stadl, Neunkirchen u. Schlagl, Wartenstein bei Gloggnitz, Payerbach.

1288 × 1291. **V. speciosum × austriacum.** Von V. speciosum durch schwachgekerbte, minder filzige Blätter u. durchaus od. theilweise purpurnwollige Staubfäden; von V. austriacum durch robustere Tracht, dichteren Ueberzug, gedrungenere Blüthen u. längere Blüthenstiele, verschieden. Leopoldsberg, Brühl, Gaden, Helenenthal u. Eisernes Thor bei Baden; Spitz in der Wachau, Göttweih, Neuhäusel bei Hardegg; Haglersberg am Neusiedlersee. V. Schottianum Schrad. V. Beckeanum Beck.

1298 × 1291. **V. lychnitis × austriacum.** Von V. lychnitis durch kürzere Blüthenstiele u. purpurnwollige Staubfäden; von V. austriacum durch fast sitzende trübgrüne Blätter, bepudert-filzige Kelche u. kleinere Blüthen verschieden. Baden, Prein, Hardegg. V. pseudolychnitis Schur. V. Hausmanni Celak. V. leucothrix Beck.

b. Blüthenstand eine aus einzelnen Blüthen zusammengesetzte, einfache od. ästige Traube; alle 5 Staubfäden purpurnwollig.

1292. **V. blattaria L.** Stengel oberwärts drüsig-flaumig; *Blätter kahl,* untere länglich-verkehrteiförmig, *buchtig,* in den Stiel verschmälert, mittlere länglich, sitzend, obere halbumfassend sitzend; Blüthenstiele 2mal länger als der Kelch; *Blumenkrone gelb.* ⊙ Raine, Ufer, Waldränder, zerstreut. H. 0,5—1,0 M. Juni-Juli.

1286 × 1292. **V. thapsiforme × blattaria.** Von V. thapsiforme durch die drüsigbehaarte, aus nicht gebüschelten Blüthen bestehende Traube; von V. blattaria durch gekerbte, sternförmig-behaarte Blätter; von beiden durch die theils weiss, theils purpurwolligen Staubfäden verschieden. Baumgarten im Marchfelde. V. pilosum Doell. V. Bastardi R. a Sch.

1293. **V. phoeniceum L.** Stengel oberwärts drüsig-flaumig; *Blätter unterseits flaumig,* untere gestielt, eiförmig od. länglich, *gekerbt, mittlere u. obere viel kleiner,* sitzend; Blüthenstiele

3—4mal länger als der Kelch; *Blumenkrone dunkelviolett.* ⊙ Sonnige, buschige Stellen: Hohewand bei Hainbach, Bisamberg über die Hochleiten, Höbesbrunn, Hohenruppersdorf, Schricker Höhe bis Hausbrunn, Thalweg der March von Stillfried bis Schlosshof; Laaerberg, Rauhenwarther u. Schwadorfer Holz, Ellender Wald, Hainburger Berge, Leithagebirge, Ebenfurth, Akademiepark zu Neustadt, Rosaliengebirge; Wolfspassing bei Scheibbs; Horner Fasangarten, Unter-Retzbach. H. 0,3 - 0,8 M. Mai-Juni.

1288 × 1293. **V. speciosum × phoeniceum.** Von V. speciosum durch gekerbte Blätter, grosse, röthlichgelbe, im Schlunde violett u. safranfarb-gefleckte Blüthen; von V. phoeniceum durch die Tracht, den blaugrauen, filzigen Ueberzug, die an V. speciosum erinnernde Blattform u. gebüschelte Blüthen; von beiden durch die theils weiss, theils purpurnwollige Staubfäden verschieden. Winden am Leithagebirge. V. insignitum Beck.

1291 × 1293. **V. austriacum × phoeniceum.** Von V. austriacum durch die langen Blüthenstiele u. die drüsig-behaarte Traube; von V. phoeniceum durch reichblättrigen Stengel u. die aus 3—4 blüthigen Büscheln gebildete Traube; von beiden durch die rothgelben Kronen verschieden. Spitlwald u. Windberg am Leithagebirge. V. rubiginosum W. et K.

1292 × 1293. **V. blattaria × phoeniceum.** Von V. blattaria durch schwach flaumigen Stengel u. violette Blüthen mit gelblichweissem Schlunde; von V. phoeniceum durch reichlich beblätterten Stengel u. länglich-lanzettliche, buchtig-gezähnte untere Blätter verschieden. In einem Gemüsegarten von Döbling. V. pseudophoeniceum Reichardt.

2. Gruppe. **Antirrhineae Duby.** Staubgefässe 4 u. 2mächtig od. nur 2; Staubbeutel am Grunde stumpf.

373. **Scrofularia L.** Braunwurz. Kelch 5theilig; Blumenkrone spornlos, Röhre fast kuglig, Saum kurz, fast 2lippig, Oberlippe 2spaltig, Unterlippe 3lappig, Schlund offen; Staubgefässe 4, das fünfte verkümmert; Kapsel 2fächerig, wandspaltig 2klappig.

1294. **S. nodosa L.** *Wurzelstock knotig-verdickt; Stengel geschärft-4kantig, nebst den Blattstielen ungeflügelt;* Blätter eilänglich od. herzeiförmig, doppeltgesägt; *Kelchzipfel eiförmig, schmalrandhäutig;* Blumenkrone schmutzig-olivengrün; Ansatz zum fünften Staubfaden oben schwachausgerandet. ♃. Auen, Wälder, Bäche, häufig. H. 0,5—1,0 M. Juni-Juli.

1295. **S. alata Gilib.** *Wurzelstock walzlich, nicht verdickt, Stengel 4kantig, nebst den Blattstielen breitgeflügelt;* Blätter eilänglich od. herzeiförmig, scharfgesägt; *Kelchzipfel rundlich, breitrandhäutig;* Blumenkrone schmutziggrün, rothbraun überlaufen; Ansatz zum fünften Staubfaden oben 2lappig. ♃. Ufer, Gräben, Sümpfe, verbreitet; auf den Donauinseln jedoch sehr selten. S. aquatica Aut. non L. S. Ehrharti Stev. H. 0.5—1,0 M. Juli-Aug.

374. Digitalis L. Fingerhut. Kelch 5theilig; Blumenkrone spornlos, glockig, mit schief 2lippigem Saume, Oberlippe ungetheilt bis 2zähnig, Unterlippe 3spaltig, Schlund offen; Staubgefässe 4; Kapsel 2fächerig, wandspaltig 2klappig.

a. Trauben allseitwendig, Blumenkrone kurzglockig, Mittelzipfel der Unterlippe fast so lang als die Kronröhre.

1296. **D. lanata Ehrh.** Stengel oben weisswollig; Blätter lanzettlich, ganzrandig. kahl; Kelchzipfel lanzettlich, spitz, weisswollig; Blumenkrone drüsig-behaart, 15—20 mm. lang, bräunlich-lila, innen braun-netzaderig, mit weisser Unterlippe. ♃. Buschige Stellen, höchst selten u. in neuerer Zeit nicht wieder gefunden; zwischen Katzelsdorf u. Aichbügel u. am Leithagebirge zwischen Eisenstadt u. St. György. H. 0,3—0,6 M. D. Winterli Roth. Juni-Juli.

Anm. D. ferruginea L. einst auf Rauheneck u. im Kalkgraben bei Baden, ist von beiden Standorten vollständig verschwunden.

b. Traube einseitwendig; Blumenkrone röhrig- od. bauchig-glockig, Mittelzipfel der Unterlippe viel kürzer als die Kronröhre.

* Blumenkrone röhrig, 15—20 mm. lang.

1297. **D. lutea L.** Stengel kahl; Blätter länglich-lanzettlich, gesägt, kahl; Kelchzipfel lanzettlich, spitz, drüsig-gewimpert; Blumenkrone drüsig-behaart od. ziemlich kahl, lichtgelb. ♃. Buschige Stellen, sehr selten; Rauheneck u. Kalkgraben bei Baden; Petzenkirchen. H. 0,3—0,6 H. Juli-Aug.

* * Blumenkrone bauchig-glockig, 30—45 mm. lang.

1298. **D. ambigua Murray.** Stengel mehr minder behaart, oben drüsenhaarig; *Blätter* länglich-lanzettlich, gesägt, *kurzhaarig od. fast kahl;* Kelchzipfel lanzettlich, spitz, drüsig-flaumig; *Blumenkrone drüsig-behaart, blassgelb,* innen braun-netzaderig, *Zipfel der Unterlippe 3eckig,* der mittlere grösser. ♃. Bergwälder, häufig. D. ochroleuca Jacq. D. grandiflora Lam. H. 0,4—1,0 M. Juni-Juli.

1299. **D. purpurea L.** Stengel graufilzig; *Blätter* eilanzettlich, gekerbt, *unterseits graufilzig;* Kelchzipfel eiförmig, stumpf, drüsig-flaumig; *Blumenkrone aussen kahl, purpurn,* mit weissrandigen Flecken, sehr selten weiss. *Zipfel der Unterlippe kurzeiförmig,* abgerundet. ⊙ Waldschluchten. Holzschläge; bisher bloss am Eulenberg bei Litschau, hier häufig. H. 0,4—1,2 M. Juli-Aug.

375. Gratiola L. Gnadenkraut. Kelch 5theilig; Blumenkrone spornlos, trichterig, mit 4spaltigem, fast 2lippigem Saume. Schlund offen; Staubgefässe 4, die 2 längeren verkümmert; Kapsel 2fächerig, fachspaltig 2klappig.

1300. **G. officinalis L.** Stengel aufrecht od. aufsteigend; Blätter lanzettlich, sitzend; Blüthenstiele blattwinkelständig, 1blüthig;

Blumenkrone weiss od. röthlich. ♃. Sumpfige Wiesen, Gräben; im Thalwege der unteren Thaya u. der March; Laaerberg, Simmering, Achau, Velm, Laxenburg, Münchendorf, Laab, Gaden; scheint weiter westlich, wie auch im Waldviertel zu fehlen. H. 0,15—0,3 M. Juni-Aug.

376. Lindernia All. Lindernie. Kelch 5theilig; Blumenkrone spornlos, 2lippig, Oberlippe ausgerandet, Unterlippe 3spaltig. Schlund zusammengezogen; Staubgefässe 4; Kapsel 1fächerig, fachspaltig 2klappig.

1301. **L. pyxidaria L.** Stengel meist niederliegend; Blätter länglich-eiförmig, sitzend; Blüthenstiele blattwinkelständig, 1blüthig; Blumenkrone sehr klein, weisslich-rosa. ⊙ Feuchte, sandige Orte, sehr selten; Marchufer von Stillfried über Angern u. Zwerndorf bis gegen Baumgarten, Magyarfalva; Hoheneich bei Schrems. H. 0,05—0,15 M. Aug.-Sept.

377. Limosella L. Schlammling. Kelch 5zähnig; Blumenkrone spornlos, glockig-radförmig, 5spaltig, Schlund offen; Staubgefässe 4; Kapsel 1fächerig, fachspaltig 2klappig.

1302. **L. aquatica L.** Stengel meist sehr verkürzt, mit fädlichen Ausläufern; Blätter länglich, spatelförmig verschmälert; Blüthenstiele einzeln, grundständig, 1blüthig, kürzer als die Blattstiele; Blumenkrone sehr klein, weisslich od. lila. ⊙ Ueberschwemmte Stellen; Marchfeld, Ufersand der March u. Donau, Inzersdorf, Margarethen am Moos; Traisenthal bei Viehofen, Hiesberg bei Melk; an Teichrändern u. auf Teichboden im Waldviertel; Schweingraben bei Mannersdorf. H. 0,03—0,07 M. Aug.-Sept.

378. Linaria Tourn. Leinkraut. Kelch 5theilig; Blumenkrone 2lippig, gespornt, Oberlippe 2spaltig, Unterlippe 3spaltig, ihr Gaumen den Schlund meist schliessend; Staubgefässe 4; Kapsel 2fächerig, mit 2 meist 3spaltigen Klappen aufspringend.

a. Stengel in rankenartige, fädliche niedergestreckte Aeste getheilt; Blätter eirund od. spiesseiförmig, gestielt.

1303. **L. elatine (L.) Mill.** Stengel zottig; *Blätter zottig, spiesseiförmig*, untere eiförmig; *Blüthenstiele meist kahl*, blattwinkelständig, einzeln, länger als das Blatt; Blumenkrone blassgelb, mit innen violetter Oberlippe, *Sporn gerade*. ⊙ Aecker, Brachen; häufig im Marchfelde u. in der südlichen Bucht des Wiener Beckens. Antirrhinum elatine L. H. 0,1—0,3 M. Juli-Oct.

1304. **L. spuria (L.) Mill.** Stengel zottig; *Blätter rundlich-eiförmig*, zottig; *Blüthenstiele zottig*, blattwinkelständig, einzeln, länger als das Blatt; Blumenkrone gelb, mit innen purpurschwarzer Oberlippe, *Sporn gekrümmt*. ⊙ Mit der vorigen, aber etwas seltner; auch auf Aeckern bei Rappoltenkirchen, Herzogenburg u. Melk. Antirrhinum spurium L. H. 0,1—0,4 M. Juli-Oct.

Anm. L. cymbalaria (L.) Mill. kommt hier u. da auf Mauern verwildert vor.

b. Stengel aufrecht od. aufsteigend; Blätter länglich-lanzettlich bis lineal, sitzend.

* Blüthen bleichlila bis violett.

1305. **L. minor (L.) Desf.** *Stengel sammt den Blättern drüsigflaumig;* Blüthen lockere Trauben bildend, *Blüthenstiele 2—3mal länger als der Kelch,* sowie letzterer drüsig-flaumig; Blumenkrone bleichlila, mit gelblichen Lippen, Schlund offen; *Samen* ellipsoidisch, *tiefgefurcht.* ⊙ Aecker, Mauern, Steinbrüche, häufig. Antirrhinum minus L. H. 0,06—0,2 M. Juni-Sept.

1306. **L. arvensis (L.) Desf.** *Stengel sammt den Blättern kahl,* bläulichbereift; Blüthen zuerst gedrungene, später verlängerte Trauben bildend, *Blüthenstiele 2—3mal kürzer als der Kelch,* sowie letzterer drüsigflaumig; Blumenkrone blauviolett mit weissem Gaumen, Schlund geschlossen; *Samen* rundlich, flach, *glatt,* randhäutig. ⊙ Aecker, selten; Schwarzenbach nächst Hollenthon; Schönbühel bei Melk, Meissling, Hartenstein, Stixendorf, Weinzierl, Mühlfeld bei Horn, Maissau, Wilhalms bei Gföhl, Hardegg, Zabernreit u. Grossau bei Raabs. Antirrhinum arvense L. H. 0,15—0,3 M. Juli-Aug.

1307. **L. alpina (L.) Mill.** *Stengel sammt den Blättern kahl,* bläulichbereift; Blüthen kurze Trauben bildend, *Blüthenstiele so lang als der Kelch, so wie letzterer kahl;* Blumenkrone azurviolett, mit orangerothem Gaumen, Schlund geschlossen; *Samen* oval, flach, *glatt,* randhäutig. ♃. Kalkalpen u. höhere Voralpen; öfters auch herabgeschwemmt, wie: Oed, Gutensteiner Thal, Höllenthal, Lassingfall, Ullmersfeld an d. Ibbs, an der Enns bei Steyer. Antirrhinum alpinum L. H. 0.05—0.15 M. Juli-Sept.

* * Blüthen gelb.

1308. **L. vulgaris Mill.** Stengel meist einfach, sammt den Blättern kahl u. unbereift; Blätter dichtstehend, lineal bis lineallanzettlich; *Trauben dicht,* Blüthenstiele so lang als der Kelch; Blumenkrone gelb mit orangenem Gaumen; *Samen kreisrund, flach, feinwarzig, breitgeflügelt.* ♃. Raine, Wegränder, Holzschläge gemein. Antirrhinum linaria L. 0,3—0,6 M. Juni-Oct.

1309. **L. genistifolia (L.) Mill.** Stengel rispig-ästig, sammt den Blättern kahl u. bläulichbereift; Blätter zerstreut, länglich-lanzettlich bis lineal; *Trauben locker,* Blüthenstiele meist kürzer als der Kelch; Blumenkrone gelb mit dunklem Gaumen; *Samen eiförmig-3kantig, grubig-runzlig, ungeflügelt.* ♃. Steinige buschige Stellen; häufig auf den Kalkbergen der beiden südl. Kreise, sowie auf den Hainburger Bergen u. dem Leithagebirge, Leopolds- u. Bisamberg; Sandhügel im Marchfelde; Hohenau, Pulkau, Gedersdorfer Berg, Plättelthal bei Horn, Hardegg, Kampthal von Steinegg bis Langenlois, Senftenberg; Haglersberg bei Goyss. Antirrhinum genistifolium L. H. 0.3—0,6 M. Juli-Aug.

379. Antirrhinum L. Löwenmaul. Blumenkrone 2lippig, am Grunde mit sackartigem Höcker; Kapsel an der Spitze mit 3 Löchern aufspringend, sonst wie Linaria.

1310. **A. majus L.** Stengel oben drüsigflaumig; Blätter lanzettlich; *Blüthen in endständigen Trauben, Kelchzipfel* eiförmig, stumpf, *viel kürzer* als die purpurrothe od. weisse, *35—40 mm. lange Blumenkrone.* ♃. Mauern, Felsen; bei Pottenstein u. in der Emmerberger Klause u. Ruine, vielleicht wirklich wild; sonst nur als Gartenflüchtling. H. 0,3—0,6 M. Juni-Oct.

1311. **A. orontium L.** Stengel oben drüsigflaumig; Blätter lineal-lanzettlich; *Blüthen einzeln, blattwinkelständig, Kelchzipfel* lineal, spitz, *länger als die 8—12 mm. blassrothe Blumenkrone.* ⊙ Brachen, Aecker; Laaerberg, Vorhügel des Kahlengebirges bei Weidling, Sievering, Gersthof, Hernals, Hitzing, Mauer, Brühl, Baden, Soos, Vöslau, Katzelsdorf, Neunkirchen, Eichberg u. Weissenbach bei Gloggnitz, Küb; Schwarzenbach nächst Hollenthon; Goyss am Neusiedlersee; Rappoltenkirchen, St. Pölten, Lilienfeld, Scheibbs, Purgstall, Oberndorf, Melk, Rossatz, Mautern; Alaunthal bei Krems, Emmersdorf, Raabs; Göllersdorf, Hausbrunn, Stockerau. H. 0,1—0,3 M. Juli-Aug.

380. Veronica L. Ehrenpreis. Kelch 4—5theilig; Blumenkrone spornlos, radförmig, 4spaltig, der obere Abschnitt meist grösser, Schlund offen; Staubgefässe 2, Kapsel 2fächerig, fachspaltig 2klappig od. wandbrüchig.

a. Blüthen in blattwinkelständigen Trauben; Kronröhre sehr kurz, Saum flach; Samen flach-convex.

α. Kelch 4theilig.

* Stengel u. Blätter kahl.

o Trauben meist wechselständig; Blüthenstiele zuletzt wagrecht-abstehend od. zurückgebogen; Kapseln querbreiter, tiefausgerandet.

1312. **V. scutellata L.** Stengel schlaff, aufsteigend; Blätter lineallanzettlich, spitz, entfernt-abwärts-gezähnelt; Blumenkrone bläulich oder weiss; Kapsel länger als der Kelch. ♃. Gräben, Sümpfe, Teiche; Zwerndorf, Magyarfalva, Baumgarten, Marchegg; Laaerberg, Kaiser-Ebersdorf, Ebergassing, Himberg, Moosbrunn, Laxenburg, Münchendorf, Ebreichsdorf; Knödelhütten bei Hütteldorf, Breitenfurth, zwischen Baden u. Vöslau, Neunkirchen, Bodenwiese, Kraitzberg u. Hinterleiten bei Reichenau, Preiner Gschaid, Krumbach; häufig auf den Schieferbergen des Kreises O. W. W. bis St. Pölten herab u. im Waldviertel; Laa a. d. Thaya. H. 0,1—0,3 M. Juni-Sept.

o o Trauben meist gegenständig; Blüthenstiele zuletzt aufrecht-abstehend; Kapseln rundlich, schwachausgerandet.

· Mittlere u. obere Blätter mit halbumfassendem od. herzförmigem Grunde sitzend.

1313. **V. anagalloides Guss.** *Stengel ausgefüllt; Blätter* lineallanzettlich od. lanzettlich, zugespitzt, gesägt; *Traube drüsenhaarig,* zuletzt ziemlich locker; Fruchtstiele wagrecht od. wenig spitz abstehend; Blumenkrone weiss, bläulich gescheckt; *Kapsel länglich-elliptisch, fast doppelt so lang als breit, gestutzt,* länger als die Kelchzipfel. ♃. Ueberschwemmte Stellen, Lachen, Sümpfe; Brigittenau, Prater bei dem Constantinhügel, häufig in der südöstl. Niederung Wiens, Leithasümpfe, Neusiedlersee; Marchfeld, untere Thaya, Gayring, Laa, Wülzeshofen. V. anagallis α limosa Neilr. H. 0,1—0,5 M. Mai-Sept.

1314. **V. aquatica Bernh.** *Stengel hohl;* Blätter eilänglich bis lanzettlich, spitz, fast ganzrandig; *Traube meist drüsenhaarig,* sehr locker; Fruchtstiele wagrecht abstehend; Blumenkrone blassröthlich; *Kapsel rundlich-elliptisch,* ausgerandet, länger als die Kelchzipfel. ♃. Heustadelwasser im Prater, Engelhartstetten. H. 0,1—1,0 M. Juni-Sept.

1315. **V. anagallis L.** *Stengel hohl;* Blätter eilanzettlich od. lanzettlich, spitzlich, entferntgesägt; *Traube gedrungen, ohne Drüsenhaare;* Fruchtstiele spitzwinklig abstehend; Blumenkrone bläulichlila; *Kapsel eiförmig bis rundlich,* ausgerandet, so lang od. kürzer als die Kelchzipfel. ♃. Sümpfe, Bäche, Wassergräben, häufig. V. anagallis β aquatica et γ fluitans Neilr. V. anagallidi-beccabunga Neilr. p. p. H. 0,1—1,0 M. Mai-Sept.

· · Blätter sämmtlich kurzgestielt.

1316. **V. beccabunga L.** Stengel aufsteigend; Blätter oval od. länglich, stumpf, gekerbt-gesägt; Blumenkrone himmelblau, sehr selten rosa; Kapsel rundlich, so lang als die Kelchzipfel. ♃. Bäche, Gräben, Ufer, häufig. V. anagallidi-beccabunga Neilr. p. p. H. 0,1—0,5 M. Mai-Aug.

* * Stengel u. Blätter behaart.

o Stengel verkürzt od. fast fehlend; Blätter gedrungen, fast rosettig-gehäuft.

1317. **V. aphylla L.** Stengel kriechend; Blätter verkehrteiförmig, schwach gekerbt-gesägt, in den Blattstiel verlaufend; Trauben meist einzeln, 3—5blüthig, scheinbar endständig; Blüthenstiele zuletzt aufrecht, länger als die verkehrtherzförmige Kapsel; Blumenkrone blau. ♃. Triften der Kalkalpen häufig; manchmal auch herabgeschwemmt, wie bei Buchberg, Thalhofenge bei Reichenau, Göstritzgraben bei Schottwien. H. 0,05—0,1 M. Juni-Aug.

o o Stengel deutlich; Blätter mehr minder entfernt.

· Stengel ringsum behaart.

1318. **V. montana L.** *Stengel kriechend;* Blätter eiförmig, langgestielt, gekerbt-gesägt; Trauben meist wechselständig, 3—5blüthig; Blüthenstiele aufrecht-abstehend, länger als die Kapsel; Blumenkrone bläulichweiss; *Kapsel queroval,* fast brillenförmig, länger als der Kelch. ♃. Schattige Gebirgswälder der beiden südl. Kreise stellenweise; Vierzigerwald bei Schiltern, Zwettl. H. 0,1—0,4 M. Mai-Juni.

1319. **V. officinalis L.** *Stengel kriechend*; Blätter eiförmig bis länglich, kurzgestielt, gesägt; Trauben gegenständig, vielblüthig; Blüthenstiele fast angedrückt, kürzer als die Kapsel; Blumenkrone hellblau; *Kapsel dreieckig-verkehrtherzförmig*, länger als der Kelch. ♃. Gebirgswälder, Holzschläge, verbreitet H. 0,1—0,3 M. Juni-Juli.

1320. **V. latifolia L.** *Stengel aufrecht;* Blätter eiförmig od. eilanzettlich, geschärft-gesägt, untere kurzgestielt, obere halbumfassend-sitzend; Trauben gegenständig, vielblüthig; Blüthenstiele aufrecht-abstehend, länger als die Kapsel; Blumenkrone hellblau od. röthlich; *Kapsel rundlich*, oben ausgerandet, länger als der Kelch. ♃. Kalkvoralpen bis in die Krummholzregion, selten; Alpl, Saugraben des Schneebergs, Sonnwendstein, Semmering, Atlitzgraben, Voralpe: auch an der Donau bei Ibbs, zufällig. V. urticaefolia Jacq. H. 0,2—0,5 M. Juni-Juli.

·· Stengel 2reihig-behaart.

1321. **V. chamaedrys L.** Stengel aufsteigend; Blätter eiförmig, fast sitzend, gekerbt-gesägt; Trauben meist gegenständig, vielblüthig; Blüthenstiele aufrecht, länger als die Kapsel; Blumenkrone himmelblau, selten weiss od. rosa; Kapsel 3eckig-verkehrtherzförmig, kürzer als der Kelch. ♃. Wiesen, Gebüsche, Wälder gemein. H. 0,15—0,3 M. Mai-Juni. b) l a m i i f o l i a (H a y n e). Blätter kurzgestielt. Wienerwald.

β. Kelch 5theilig; Trauben meist gegenständig, vielblüthig.

* Blumenkrone 10—12 mm. breit; Wurzelstock wenige aufrechte od. aufsteigende Stengel treibend.

1322. **V. teucrium L.** Stengel ringsum gekraust-behaart; *Blätter eiförmig od. länglich*, ausgeschnitten-gesägt, *sitzend*; Blüthenstiele aufrecht; Blumenkrone blau; Kapsel rundlich-verkehrtherzförmig. ♃. Buschige Orte; häufig auf dem Kahlengebirge, vom Laaerberge längs der Donau in allen Gehölzen bis Hainburg, Leithagebirge, Gebüsche der südöstl. Niederung Wiens, Werning bei Payerbach, Thalhof bei Reichenau; oberes Donauthal nördlich bis Gföhl, Hardegg. V. latifolia Jacq. V. pseudochamaedrys Jacq. H. 0,3—0,8 M. Mai-Juni.

1323. **V. austriaca L.** Stengel ringsum gekraust-behaart: *Blätter lineallanzettlich od. lineal*, entferntgesägt od. theilweise ganzrandig, *kurzgestielt;* Blüthenstiele aufrecht; Blumenkrone blau; Kapsel rundlich-verkehrtherzförmig. ♃. Buschige Hügel. Wiesen, selten; am Kahlengebirge, auf dem Bisamberge u. vom Geissberge bis auf das Eiserne Thor, Gloggnitz; Hundsheimerberg: Himberg, Velm, Laxenburg, Münchendorf; Staatzer Berg; Hollenburg, Mauternbach, Baumgarten, Schaberg bei Mautern. V. dentata Schmidt. H. 0,15—0,45 M. Mai-Juni.

* * Blumenkrone 6—8 mm. breit; Wurzelstock zahlreiche niederliegende od. aufsteigende Stengel treibend.

1324. **V. prostrata L.** Stengel ringsum gekraust-behaart; Blätter eilanzettlich bis lineal, gekerbt-gesägt, kurzgestielt; Blüthenstiele aufrecht; Blumenkrone blau; Kapsel rundlich-verkehrtherzförmig. ♃. Wiesen, Grasplätze, verbreitet. H. 0.1—0,2 M. April-Mai.

b. Blüthen in endständigen, deutlich abgesetzten Trauben; Blumenkrone länger als breit, Saum 2lippig; Samen flachconvex.

* Blätter zu 2—4, vom Grunde bis zur Spitze scharf- od. eingeschnitten-gesägt.

1325. **V. longifolia L.** Stengel aufrecht; Blätter länglich-lanzettlich, am Grunde herzförmig od. abgerundet, kurzgestielt; Blüthenstiele so lang als der Kelch od. länger; Blumenkrone blau; Kapsel rundlich-verkehrt-herzförmig. ♃. Auen, sumpfige Wiesen: Höhesbrunn, Gaunersdorf, Eibesbrunn, Thalweg der March bei Hohenau, Dürnkrut, Zwerndorf, Baumgarten, Marchegg; Margarethen am Moos, Ebergassing, Himberg, Moosbrunn, Achau, Münchendorf, Laxenburg; Leithaauen. H. 0,5—1,3 M. Juni-Aug. b) maritima (L.) Blätter lanzettlich bis lineallanzettlich, oft eingeschnittengesägt, am Grunde keilförmig. Mit der Grundform.

* * Blätter alle gegenständig, einfachgekerbt, am Grunde u. an der Spitze ganzrandig.

1326. **V. spicata L.** Stengel aufrecht od. aufsteigend; Blätter länglich od. lanzettlich, gegen den Grund verschmälert od. abgerundet; Blüthenstiele kaum halb so lang als der Kelch; Blumenkrone blau, selten weiss, od. rosa, *Zipfel spitz, bei dem Aufblühen vorgestreckt, zusammengelegt, nicht gewunden;* Kapsel rundlich-verkehrtherzförmig. ♃. Hügel, Triften, häufig. H. 0,15—0,3 M. Juni-Sept.

1327. **V. orchidea Cr.** Stengel aufrecht; Blätter dicklich, länglich, untere eilänglich; *Kronzipfel lang-zugespitzt, der obere grösser, zusammengelegt, die drei anderen gewunden* s. w. v. ♃. Wiesen, buschige Orte, nur im Becken von Wien; Baumgarten, Ober-Weiden, Marchegg, Margarethen am Moos, Enzersdorf a. d. Fischa, Pötzleinsdorf, Dornbach, Neuwaldegg, Gallizin, Hütteldorf, Laab, Breitenfurth, Kalksburg, Giesshübel, Perchtholdsdorf, Brunn am Steinfeld, Aichbichl am Rosaliengebirge, Leithagebirge, Goyss am Neusiedlersee. H. 0,3—0,45 M. Juli-Sept.

c. Blüthen einzeln in den Blattwinkeln od. in den Winkeln der allmälig aus den Blättern hervorgegangenen Deckblätter, daher die Trauben nicht deutlich abgesetzt; Kronröhre sehr kurz, Saum flach; Samen flachconvex od. beckenförmig.

α. Samen flachconvex.

* Wurzelstock ausdauernd, kriechend.

1328. **V. alpina L.** Stengel aufsteigend, unten zerstreut-, oben dicht-behaart; Blätter elliptisch, gekerbt od. ganzrandig; *Blüthen* blau, 6 mm. breit, *in einer armblüthigen gedrungenen Doldentraube; Blüthenstiele kürzer als die länglich-verkehrt-eirunde, schwach ausgerandete Kapsel.* ♃. Triften der Kalkalpen, häufig. H. 0,5—0,15 M. Juli-Aug.

Anm. V. bellidioides L. angeblich am Oetscher u. Semmering, kommt in Niederösterreich nicht vor.

1329. V. **fruticans** Jacq. Stengel halbstrauchig mit aufsteigenden Aesten, unten kahl, oben feinbehaart; Blätter länglich, ganzrandig od. gekerbt: *Blüthen* blau, 10—12 mm. breit, *in einer armblüthigen lockeren Doldentraube; Blüthenstiele länger als die eiförmige od. ovale, schwach od. nicht ausgerandete Kapsel.* ♃. Felsige, buschige Stellen der Kalkalpen u. angrenzender Voralpen, häufig. V. saxatilis Scop. V. fruticulosa α azurea Neilr. H. 0,05—0,15 M. Juli-Aug.

1330. V. **serpyllifolia** L. Stengel aufsteigend, flaumig; Blätter eiförmig od. länglich, schwachgekerbt; *Blüthen* lila od. weiss, 3—4 mm. breit, *in einer verlängerten lockeren Traube; Blüthenstiele so lang od. länger als die verkehrtherzförmige Kapsel.* ♃. Feuchte Wiesen, Triften, Waldränder, bis in die Alpenregion häufig. H. 0,1—0,2 M. Mai-Juli.

* * Wurzel spindlig, jährig.

1331. V. **arvensis** L. Stengel liegend od. aufsteigend; *Blätter herzeiförmig, gekerbt,* unterste kurzgestielt, Deckblätter lineallänglich, ganzrandig: *Blüthenstiele halb so lang als die tief spitzwinkelig ausgerandete Kapsel;* Blumenkrone hellblau. ⊙ Grasplätze, Wiesen, häufig. H. 0,1—0,25 M. April-Mai.

1332. V. **verna** L. Stengel meist aufrecht; *untere Blätter eiförmig,* gestielt, *mittlere fiederspaltig,* oberste 3—2spaltig, allmälig in lineale ganzrandige Deckblätter übergehend; *Blüthenstiele so lang od. kürzer als die seicht stumpfwinkelig ausgerandete Kapsel;* Blumenkrone hellblau. ⊙ Triften, grasige Hügel, stellenweise; Angern; Laaerberg, Wolfsthal bei Hainburg, Haglersberg, Salmannsdorf, Türkenschanze, Schönbrunn, Mauer, Mödling, Eichkogel, Eichenwäldchen bei Leesdorf, Blumberg bei Fischau; Melk, Rossatz, Mautern, Krems, Weinzierl, Mittelberg, Gföhl, Schiltern, bis auf den Manhartsberg bei Altenburg, Eggenburg, Horn. H. 0,05—0,15 M. April-Mai. b) Dillenii (Cr.) Kräftiger, Blumen grösser, dunkelblau; Kapsel rundlicher, grösser, reichsamiger. Griffel länger, die Ausbuchtung der Kapsel weit überragend. Türkenschanze, Neustadt, Krems, Mautern, Dürrenstein, Rossatz, Langenlois; Finsternau bei Brand, Bruck an der Leitha. V. campestris Schmalh.

β. Samen beckenförmig.

* Blüthen, mit Ausnahme der untersten, in den Winkeln von Deckblättern; Blüthenstiele aufrecht.

1333. V. **praecox** All. Stengel aufrecht od. aufsteigend; *Blätter eiförmig,* kurzgestielt, *grob- od. eingeschnitten-gekerbt; Deckblätter gezähnt od. ganzrandig;* Blüthenstiele so lang od. länger als die verkehrtherzförmige Kapsel; Blumenkrone blau. ⊙ Brachen, grasige Hügel, häufig im Becken von Wien u. im oberen Donauthale. H. 0,05—0,15 M. April-Mai.

1334. V. **triphyllos** L. Stengel liegend od. aufsteigend; *Blätter handförmig-getheilt,* unterste gestielt, die folgenden sitzend; *Deck-*

blätter 3theilig: Blüthenstiele so lang od. länger als die rundlich-verkehrtherzförmige Kapsel; Blumenkrone dunkelblau. ⊙ Aecker, Raine, sehr häufig. H. 0,05—0,15 M. März-Mai.

* * Blüthen alle in den Winkeln von Laubblättern; Blüthenstiele zuletzt zurückgebogen.

o Blätter gekerbt od. gesägt; Kelchzipfel eiförmig bis lanzettlich; Kapsel ausgerandet 2lappig.

· Blüthenstiele 2-3mal länger als das Blatt; Blumenkrone 10—15 mm. breit; Kapsel stumpfwinkelig-ausgerandet.

1335. **V. Tournefortii Gm.** Stengel ausgebreitet-ästig; Blätter rundlich-eiförmig, zerstreut-behaart; Kelchzipfel eilanzettlich od. lanzettlich, spitz; Blumenkrone himmelblau; Kapsel verkehrt-nierenförmig, querbreiter, netzaderig. ⊙ Aecker, Brachen, Zäune, verbreitet im Becken von Wien; dann bei Ranna im oberen Spitzer Graben. V. persica Poir. V. Buxbaumii Ten. H. 0,1—0.4 M. April-Sept.

·· Blüthenstiele so lang od. etwas länger als das Blatt; Blumenkrone 5—7 mm. breit; Kapsel spitzwinkelig ausgerandet.

1336. **V. agrestis L.** Stengel ausgebreitet-ästig; Blätter länglich-eiförmig, hellgrün, zerstreut-behaart; Kelchzipfel eilänglich, stumpf, an der Frucht sich nicht deckend; Blumenkrone bläulichweiss; *Kapsel wenig breiter als lang*, aderlos, reichdrüsig-behaart, *am Rande gekielt;* Fächer 5—7samig, fast doppelt so hoch als breit. ⊙ Brachen, Aecker; Krems, Schönbach, Jauerling. Gemsbach, Amstetten. H. 0,1—0,3 M. März-Herbst.

1337. **V. polita Fr.** Stengel ausgebreitet-ästig; Blätter rundlich-eiförmig, grasgrün, dicklich, zerstreut-behaart; Kelchzipfel breiteiförmig, spitzlich, an der Frucht sich deckend; Blumenkrone dunkelblau; *Kapsel doppelt so breit als lang,* aderlos, kurz- u. drüsenhaarig, *am Rande abgerundet;* Fächer 10—12samig, so lang als breit. ⊙ Brachen, Aecker, gemein. H. 0,05—0,25 M. März-Herbst.

Anm. V. opaca Fr. wurde hier noch nicht beobachtet.

o o Blätter 3—7lappig; Kelchzipfel herzförmig; Kapsel kuglig, 4lappig.

1338. **V. hederifolia L.** Stengel ausgebreitet-ästig; Blätter rundlich-eiförmig, 5—7lappig, kurzhaarig; Blüthenstiele 4—6mal so lang als der meist kahle Kelch; Blumenkrone hellblau. ⊙ Aecker. Gebüsche, gemein. H. 0,05—0,3 M. März-Juni. b) triloba (Op.). Blätter meist 3lappig; Blüthenstiele kurz, höchstens 2mal länger als der meist rauhhaarige Kelch; Blumenkrone dunkelblau. An gleichen Orten, aber viel seltner.

3. Gruppe. Rhinantheae Juss. Staubgefässe 4, 2mächtig; Staubbeutel am Grunde doppelt stachelspitzig.

381. **Euphrasia L.** Augentrost. Kelch röhrig od. glockig, 4spaltig; Blumenkrone rachenförmig, Oberlippe helmartig-gewölbt,

2lappig bis abgestutzt, Unterlippe 3spaltig: Kapsel 2fächerig, 2klappig, Fächer vielsamig; Samen ellipsoidisch, längsrippig, Rippen flügellos.

a. Kronenoberlippe 2lappig, an den Rändern zurückgeschlagen; Zipfel der Unterlippe tief ausgerandet.

* Kronröhre weit aus der Kelchröhre vorragend; Griffel nach der Authese fast gerade.

o Pflanze oberwärts drüsenhaarig.

1339. **E. Rostkoviana Hayne.** *Stengel aufsteigend, meist verzweigt, weichhaarig; Blätter genähert*, breiteiförmig, grobgesägt, beiderseits 3—5zähnig, untere mit stumpflichen, obere mit spitzen Zähnen; *Deckblätter* scharfgesägt, mit kurz bespitzten Zähnen, *sammt den Kelchen dicht drüsig-flaumig;* Blumenkrone bis 10 mm. lang, weiss, violett gestrichelt, am Schlunde mit einem gelben Fleck. ⊙ Wiesen, Triften, bis in die Alpen, gemein. E. officinalis α. pratensis Koch. E. pratensis Fr. E. officinalis Aut. plur. H. 0,5 bis 0,25 M. Juli-Herbst.

1339 × 1341. **E. Rostkoviana × Kerneri.** Von E. Rostkoviana durch spärliche kürzere Drüsen, von E. Kerneri durch das Vorhandensein derselben verschieden. Deutsch-Altenburg. E. Rechingeri Wettst.

1339 × 1342. **E. Rostkoviana × picta.** Von E. Rostkoviana durch spärliche Drüsen, von E. picta durch das Vorhandensein derselben verschieden. Krumbachgraben des Schneebergs. E. calvescens Beck.

1340. **E. montana Jord.** *Stengel aufrecht*, weichhaarig. *meist einfach; Blätter entfernt*, breiteiförmig, grobgesägt, beiderseits 3—5zähnig, mit stumpflichen Zähnen; *Deckblätter* scharfgesägt, mit zugespitzten Zähnen, *sammt den Kelchen spärlich-drüsig;* Blumenkrone 10—14 mm. lang, weiss, violett gestrichelt, am Schlunde mit einem gelben Fleck. ⊙ Gans, Schneeberg, Semmering, Jauerling. H. 0,05—0,25 M. Mai-Juni.

o o Pflanze ohne Drüsenhaare.

1341. **E. Kerneri Wettst.** Stengel kurzhaarig; *Blätter eiförmig*, starr, etwas glänzend, *scharfgesägt, beiderseits 5—6zähnig*, Zähne spitz od. stachelspitzig; *Deckblätter* scharfgesägt, *mit langbespitzten stachelspitzigen Zähnen;* Kelch kahl; Blumenkrone bis 10 mm. lang, weiss, violett gestrichelt, am Schlunde mit einem gelben Fleck. ⊙ Wiesen: Prater, Lobau. Lassee, Deutsch-Altenburg, Margarethen am Moos, Velm, Moosbrunn, Münchendorf, Kalksburg, Soos, Vöslau, Hölles, Gutenstein. E. speciosa A. Kern. non R. Br. E. arguta A. Kern. non R. Br. H. 0,05—0,25 M. Juli-Herbst.

1342. **E. picta Wim.** Stengel kurzhaarig; *Blätter breiteiförmig, weich, grobgesägt, beiderseits 3—4zähnig*, Zähne stumpflich, der Endzahn spitzlich; *Deckblätter* grobgesägt, *mit kurzen, spitzen Zähnen*; Kelch fast kahl; Blumenkrone bis 10 mm. lang, weiss, violett gestrichelt, am Schlunde mit einem gelben Fleck. ⊙ Wiesen, Triften der Voralpen u. der unteren Alpenregion; Alpl,

Schneeberg, Lunz; sicher weiter verbreitet. H. 0,05—0,2 M. Juli-Sept.

1343. **E. minima Jacq.** Stengel kurzhaarig; *Blätter keilig-verkehrteiförmig, beiderseits 1—4zähnig. Zähne stumpflich;* Deckblätter grobgesägt, mit zugespitzten Zähnen; Kelch fast kahl; *Blumenkrone klein, 5—6 mm. lang,* ganz gelb od. violett, mit einem gelben Fleck auf der Unterlippe. ⊙ Schlangenweg u. in der Nähe des Schutzhauses auf der Rax, angeblich auch auf dem Schneeberge. H. 0,05—0.25 M. Juli-Aug.

* * Kronröhre aus der Kelchröhre nicht od. nur wenig vorragend; Griffel nach der Anthese halbkreisförmig herabgebogen.

o Blätter lanzettlich od. lineallänglich, am Grunde keilig, Zähne tief, entfernt, fast wagrecht abstehend.

1344. **E. salisburgensis Funk.** Stengel weichhaarig, drüsenlos, oft vom Grunde an reichästig; Blätter beiderseits 2—3zähnig, zwischen den Zähnen der Blattrand fast geradlinig sich fortsetzend; Deckblätter lineallanzettlich, mit langzugespitzten Zähnen; Kelchzähne an der Spitze borstlich; Blumenkrone 6—8 mm. lang, weiss, violett-gestreift, am Schlunde mit einem gelben Fleck; Kapsel kahl. ⊙ Felsen, Waldränder der Kalkgebirge, häufig. H. 0.05—0,25 M. Juli-Herbst. b) alpicola Beck. Stengel niedrig, kaum 10 cm., dicklich, einfach od. wenigästig; Deckblätter breiter, Aehre kürzer u. dichter. Kalkvoralpen bis in die untere Alpenregion. c) styriaca (Wettst.) Blätter schmäler; Blumenkrone grösser, 8—10 mm. lang. Mariahilferberg bei Gutenstein.

o o Blätter länglich od. eilänglich, am Grunde nicht od. kurz keilig, Zähne seichter, vorwärts-gerichtet.

· Blätter weich, untere u. mittlere stumpflich gezähnt.

1345. **E. nivalis Beck.** Stengel kurzhaarig, drüsenlos; Blätter beiderseits 1—2zähnig: *Deckblätter* eiförmig, keilig *mit rückwärtsgekrümmten spitzen Zähnen;* Kelchzähne eiförmig-lanzettlich, spitz; Oberlippe röthlich-violett, mit spitzlichen, meist ganzrandigen Zipfeln. Unterlippe violett-überlaufen, dunkler gestreift, am Schlunde mit einem gelben Fleck; *Zipfel weniger tief ausgerandet.* ⊙ An Schneefeldern der Kalkalpen, truppenweise: Ochsenboden. Schauer- u. Kaiserstein des Schneebergs, Heukuppe der Rax. H. 0,02—0,06 M. Aug.-Sept.

1346. **E. pulchella A. Kern.** Stengel kurzhaarig, drüsenlos; Blätter beiderseits 1—3zähnig; *Deckblätter* eiförmig, keilig, *mit geraden stachelspitzigen Zähnen;* Kelchzähne eiförmig-lanzettlich, stachelspitzig; Oberlippe blauviolett, dunkler gestreift, mit stumpflichen ganzrandigen Zipfeln, Unterlippe reinweiss, violett gestreift, am Schlunde mit einem gelben Fleck, *Zipfel tief ausgerandet.* ⊙ Triften der Kalkalpen; bisher nur auf der Voralpe. H. 0,04—0,08 M. Aug.-Sept.

· · Blätter starr, Zähne pfriemlich-zugespitzt.

1347. **E. stricta Host.** Stengel steifaufrecht, drüsenlos; *Blätter beiderseits 3—5zähnig,* kahl od. oberseits spärlich kurzhaarig,

6—12 mm. lang; *Deckblätter* eilänglich, *so lang od. länger als die Frucht;* Blumenkrone 5—8 mm. lang, blassblau, violett gestreift, am Schlunde mit einem gelbem Fleck; Kapsel behaart. ⊙ Grasplätze, Holzschläge hügeliger Gegenden bis in die untere Alpenregion. E. officinalis γ. nemorosa Koch. H. 0,1—0,3 M. Juli-Sept. b) tatarica (Fisch.) Blätter besonders unterseits u. Kelche dicht borstlich behaart. Krieau im Prater, Rossatz.

1348. **E. gracilis Fr.** Stengel zart, aufrecht, drüsenlos; *Blätter beiderseits 1—3zähnig,* kahl, 2—5mm. lang; *Deckblätter* eilänglich, *kürzer als die Frucht;* Blumenkrone 4—6 mm. lang, blassblau, violett gestreift, am Schlunde mit einem gelben Fleck; Kapsel am Rande gewimpert. ⊙ Sandige, dürre Hügel; bisher nur im Waldviertel bei Schrems. E. micrantha Rchb. H. 0,05—0,15 M. Juli-Sept.

b. Kronenoberlippe ungetheilt od. seicht ausgerandet, mit nicht zurückgeschlagenen Rändern; Zipfel der Unterlippe ganz od. seicht ausgerandet.

1349. **E. odontites L.** Stengel ästig, angedrückt-behaart; Blätter lanzettlich od. lineallanzettlich; *Blumenkrone fleischroth,* sehr selten weiss; *Staubbeutel* gelbbraun, *an der Spitze durch Zotten verbunden.* ⊙ Triften, feuchte Aecker, häufig. E. serotina Lam. Odontites rubra Gilib. H. 0,15—0,3 M. Juni-Sept.

1350. **E. lutea L.** Stengel ästig, feinflaumig; Blätter lineallanzettlich od. lineal; *Blumenkrone goldgelb; Staubbeutel* orange, *frei u. kahl.* ⊙ Triften; Kahlengebirge, besonders auf Kalk; Traisenthal bei Lilienfeld, Walpersdorf, Traismauer, Donauthal von Hollenburg bis Melk; Plättelthal bei Horn über den Manhartsberg bis in das obere Pulkathal; im Hügellande des Kreises U. M. B.; Donauauen bei Hainburg. Odontites lutea Rchb. H. 0,15—0,3 M. Aug.-Sept.

382. Bartsia L. Bartsie. Samen eiförmig, längsrippig, Rippen flügelförmig verbreitert, sonst wie Euphrasia.

1351. **B. alpina L.** Stengel einfach; Blätter eiförmig, die untersten schuppenförmig; Blüthen einzeln, blattwinkelständig, dunkelviolett. ♃. Kalkalpen u. angrenzende höhere Voralpen, häufig. H. 0,1—0,25 M. Juni-Juli.

383. Melampyrum L. Wachtelweizen. Kelch röhrig od. glockig, 4zähnig, fast 2lippig; Blumenkrone rachenförmig, Oberlippe zusammengedrückt, ausgerandet, Unterlippe 3spaltig, 2höckerig; Kapsel 2fächerig, 2klappig, Fächer 1—2samig; Samen ellipsoidisch, glatt, flügellos.

a. Aehren 4kantig od. kegelförmig.

* Deckblätter kämmig-gesägt, zusammengelegt.

1352. **M. cristatum L.** Blätter lanzettlich; Blüthen dachziegelig, in geschärft 4kantigen Aehren; Deckblätter herzförmig, purpurn;

Kelch 2zeilig-behaart; Blumenkrone purpurn mit gelber Unterlippe; Kapsel 2mal länger als die Kelchröhre. ⊙ Buschige Hügel. Vorhölzer, stellenweise; im westlichen Gebiete jedoch fehlend. H. 0,15—0,4 M. Juni-Juli. b) pallidum Tausch. Deckblätter bleichgrün; Blumenkrone blassgelb, mit dunkler Unterlippe. Seltner.

* * Deckblätter fiederspaltig-gezähnt, nicht zusammengelegt.

1353. **M. arvense L.** Blätter lanzettlich; Blüthen in gedrungenen kegelförmigen Aehren; *Deckblätter* eiförmig-lanzettlich. *flach, purpurn,* unterseits schwarz punktirt; *Kelch flaumig; Blumenkrone purpurn,* mit gelbem Gaumen; Kapsel etwas länger als die Kelchröhre. ⊙ Buschige Hügel, Aecker, häufig. H. 0,15 bis 0,4 M. Juni-Juli. b) pseudobarbatum (Schur). Deckblätter bleichgrün; Blumenkrone blassgelb. Seltner.

1354. **M. barbatum W. et K.** Blätter lanzettlich; Blüthen in gedrungenen kegelförmigen Aehren; *Deckblätter* eiförmig-lanzettlich. *gelblichgrün,* nicht punktirt, *am Grunde rinnig; Kelch langhaarig-zottig; Blumenkrone gelb;* Kapsel von der Kelchröhre eingeschlossen. ⊙ Aecker, sonnige Hügel, selten; Nussdorf. Giesshübel, Hinterbrühl, Eichkogel. Gumpoldskirchen. Soos, Schönau, Kottingbrunn, Leobersdorf. Weikersdorf, Winzendorf, Fahrafeld. Weissenbach an der Triesting, Prigglitz. Reichenau; Laaerberg. Rauhenwart, Gallbrunn, Petronell; Pframa u. Haringsee im Marchfelde; Leithagebirge von Bruck bis Eisenstadt. H. 0,15—0,3 M. Juni-Juli.

b. Aehren einseitswendig.

o Obere Deckblätter zur Blüthezeit violettblau; Kelch behaart.

. . Kronenschlund halbgeöffnet, Unterlippe gerade vorgestreckt.

1355. **M. nemorosum L.** *Blätter eiförmig bis länglich-lanzettlich, deutlich gestielt,* 15—30 mm. breit; obere Deckblätter aus geöhrelt-spiessförmigem Grunde zugespitzt, gegen den Stiel behaart, so breit als lang; *Kelch* sehr kurz gestielt, *fast zottig,* Zähne feinzugespitzt, länger als ihre Röhre. 1/4—1/3 so lang als die Blumenrone; Blumenkrone goldgelb, *Oberlippe 2lappig,* mit gerundeten, aufgeschlagenen Lappen; Kapsel so lang als die Kelchzähne od. kürzer. ⊙ Bergwälder, seltner in den Voralpen, wie im Saubachgraben des Gans. H. 0,2—0,5 M. Juli-Sept. b) moravicum (H. Br.) Stengel meist einfach; Blätter kurz, schmäler; Aehre dichter; Kelchzähne nicht zugespitzt. Karlstift.

1356. **M. subalpinum (Jur.) A. Kern.** *Blätter lanzettlich* od. lineallanzettlich, *fast gestielt,* bis 12 mm. breit; obere Deckblätter spärlich behaart, aus spiessförmig-geöhreltem zähnigem Grunde zugespitzt, meist länger als breit; *Kelch* kurzgestielt. *behaart.* Zähne feinzugespitzt, länger als ihre Röhre. 1/3 so lang als die Blumenkrone; Blumenkrone goldgelb. *Oberlippe gestutzt,* mit undeutlichen Lappen; Kapsel so lang als die Kelchzähne. ⊙ Bergwälder vom Anninger über die Badener Berge, Vöslau u. Merkenstein bis Pernitz, Guttenstein u. die Hohe Wand. M. nemorosum v. subalpinum Jur. H. 0,5—0,3 M. Juli-Sept.

· · Kronenschlund ausgesperrt, Unterlippe herabgeschlagen.

1357. **M. grandiflorum A. Kern.** Blätter lanzettlich bis lineal, fast gestielt, 3—8 mm. breit; *obere Deckblätter fast kahl, reichzähnig, kurzzugespitzt, fast so breit als lang;* Kelch sehr kurz gestielt, spärlich behaart, Zähne borstlich, doppelt so lang als ihre Röhre, ½ so lang als die Blumenkrone; *Blumenkrone ansehnlich, 20—25 mm. lang,* goldgelb, Oberlippe ausgeschweift mit rundlichen Lappen; Kapsel fast so lang als die Kelchzähne. ⊙ Kalkvoralpen, stellenweise; Schwarzau, Vois, Kuhschneeberg, Schober, Oehler, Buchberger Feld, Semmering. H. 0,15—0,3 M. Juli-Sept.

1358. **M. angustissimum Beck.** Blätter lineal, fast gestielt, 1—5 mm. breit; *obere Deckblätter gegen den wenig gezähnten Grund behaart, in eine lange Spitze auslaufend, vielmal länger als breit;* Kelch deutlich gestielt, spärlich behaart, Zähne borstlich, 1½mal so lang als ihre Röhre, ½ so lang als die Blumenkrone; *Blumenkrone klein, 11—14 mm. lang,* goldgelb, Oberlippe ausgeschweift, mit undeutlichen Lappen; Kapsel kürzer als die Kelchzähne. ⊙ Kalkvoralpen; Eisernes Thor, Gnadenthal bei Vöslau, Hohe- u. Dürre-Wand, Oehler, Buchberg, Kuhschneeberg, Höllenthal, Krummbachgraben des Schneeberges, Reisalpe. M. stenotaton Wiesb. H. 0,15—0,3 M. Juli-Sept.

o o Deckblätter sämmtlich grün; Kelch kahl.

. Blumenkrone röhrig keulenförmig, ansehnlich, 15-20 mm. lang, viel länger als der Kelch, fast wagrecht abstehend, Schlund geschlossen; Kapsel schiefgeschnäbelt.

1359. **M. commutatum Tausch.** Blätter eilanzettlich od. lanzettlich; *obere Deckblätter handförmig 5—7spaltig,* mit in eine dünne Spitze vorgezogenen Zipfeln; Kelchzipfel lang zugespitzt, länger als die Kelchröhre; Blumenkrone gelb; *Griffel über die Oberlippe deutlich vorragend;* Staubbeutel gelb. ⊙ Wälder, Vorhölzer, häufig. H. 0,15—0,3 M. Juli-Sept.

1360. **M. pratense L.** Blätter lineallanzettlich od. lineal *obere Deckblätter ganzrandig od. mit 1—2 Zähnen* beiderseits; Kelchzipfel zugespitzt, so lang als die Kelchröhre; Blumenkrone weisslich-gelb; *Griffel über die zottige Oberlippe nicht vorragend;* Staubbeutel rothbraun. ⊙ Auf Torf u. Schiefer-Voralpen; Wechsel, Hechtensee, Lunz, Kirchberg am Wald, Schrems. H. 0,15—0,3 M. Juli-Sept.

· Blumenkrone kurzröhrig, trichterförmig, klein, 5—8 mm. lang, 1½ mal so lang als der Kelch, aufrecht, Schlund offen; Kapsel mit geradem Schnabel.

1361. **M. silvaticum L.** Blätter lanzettlich od. lineal; Deckblätter ganzrandig, seltner am Grunde gezähnt; Blumenkrone goldgelb. ⊙ Wälder der Voralpen, bis in die Krummholzregion u. in der Bergregion höherer Urgebirge der beiden westl. Kreise. H. 0,15—0,25 M. Juni-Aug.

384. Rhinanthus L. Klapper. Kelch zusammengedrückt, aufgeblasen, 4zähnig; Blumenkrone rachenförmig, Oberlippe zusammengedrückt, 2zähnig, Unterlippe 3spaltig; Kapsel 2fächerig, 2klappig Fächer mehrsamig; Samen rundlich, flach, glatt, am Rande meist geflügelt.

* Kronlippen gerade vorgestreckt, Schlund daher mehr minder geschlossen.

o Blumenkrone klein, 10—17 mm. lang, ihre Röhre fast gerade, aus dem Kelch nicht hinausragend.

1362. **R. crista galli L.** Stengel meist einfach, fast kahl; Blätter länglich-lanzettlich, gesägt, mit herzförmigem Grunde sitzend; Deckblätter grün, oft bräunlich überlaufen, am Grunde mit 3eckig-lanzettlichen spitzen Zähnen: Blumenkrone gelb, Zähne der Oberlippe weisslich od. violett; Samen häutig-geflügelt. ⨀ Wiesen, häufig. R. minor Ehrh. Alectrolophus minor Rchb. A. parviflorus Wallr. H. 0,15—0,3 M. Mai-Juni.

o o Blumenkrone anschnlich, 17—25 mm. lang, ihre Röhre gekrümmt, aus dem Kelche hinausragend.

1363. **R. major Ehrh.** *Stengel* einfach od. wenig-ästig, *fast kahl;* Blätter länglich od. länglich-lanzettlich, gesägt, am Grunde etwas stengelumfassend, sitzend; *Deckblätter* bleich, *am Grunde mit 3eckig-lanzettlichen, fein zugespitzten Zähnen;* Kelche gross, mit 3eckig-eiförmigen, zugespitzten, etwas spreitzenden Zähnen; Blumenkrone gelb, Zähne der Oberlippe violett; *Samen häutig-geflügelt.* ⨀ Wiesen, häufig. Alectrolophus major Rchb. A. grandiflorus Wallr. H. 0,2—0,5 M. Juni-Juli.

1364. **R. serotinus (Schönh.) A. Kern.** *Stengel* meist vielästig, *fast kahl;* Blätter lineal od. lineallanzettlich, scharfgesägt, am Grunde abgerundet, die unteren kurz gestielt; *Deckblätter* klein, blassgrün, *kämmig-gesägt, mit schmalen, langen, borstlich bespitzten, fast begrannten Zähnen;* Kelche kleiner, mit 3eckigen, spitzen, zusammenneigenden Zähnen; Blumenkrone gelb, Zähne der Oberlippe violett; *Samen häutig-geflügelt.* ⨀ Wiesen, Abhänge; Prater bei Wien, Moosbrunn, Angern, an der mähr. Grenze bei Zlabings, wahrscheinlich weiter verbreitet. R. major v. serotinus Schönh. R. angustifolius Celak. non Gm. H. 0,25—0,6 M. Juli-Sept.

1365. **R. alectrolophus Poll.** *Stengel* ästig, weichhaarig, *oben sammt den Blüthenstielen u. Kelchen zottig;* Blätter länglich od. länglich-lanzettlich, scharf gekerbt-gesägt, am Grunde schwach-herzförmig, sitzend; *Deckblätter* bleich, *eingeschnitten-gezähnt, mit zugespitzten Zähnen;* Kelche gross, mit 3eckig-eiförmigen, spitzen Zähnen; Blumenkrone gelb, Zähne der Oberlippe violett; *Samen nicht od. sehr schmal-geflügelt.* ⨀ Felder, Raine, verbreitet. Alectrolophus hirsutus All. R. villosus Pers. H. 0,3—0,8 M. Juni-Juli.

* * Kronlippen abstehend, Schlund daher ausgesperrt.

1366. **R. angustifolius Gm.** Stengel meist vielästig, fast kahl; Blätter lineal od. lineallanzettlich, scharfgesägt, am Grunde abgerundet, die unteren kurzgestielt; Deckblätter bleich, am breiteren Grunde fein kämmig-eingeschnitten, mit in feine haarförmige Grannen auslaufenden Zähnen; Kelche ungefleckt; Blumenkrone gelb, Zähne der Oberlippe violett, Unterlippe mässig gross, mit dünnen geschweiften Lappen; Samen häutig-geflügelt. ⊙ Kalkalpen u. Voralpen, häufig; auch herabgeschwemmt an der Schwarza bei Neunkirchen, Maunauwiese, an der Enns bei Steyer. R. aristatus Celak. H. 0,2—0,5 M. Juli-Aug.

385. **Pedicularis L.** Läusekraut. Kelch röhrig od. glockig, ungleich 5zähnig od. 2lippig; Blumenkrone rachenförmig, Oberlippe helmartig-gewölbt, stumpf od. geschnäbelt, Unterlippe 3spaltig; Kapsel 2fächerig, 2klappig, Fächer vielsamig; Samen eiförmig, netzig-runzlig, flügellos.

a. Kronenoberlippe in einen deutlichen zahnlosen Schnabel vorgezogen.

* Blüthen in Doldentrauben; Kelche kahl, Zipfel ungleichgekerbt, zurückgekrümmt.

1367. **P. rostrata L.** Blätter doppelt-fiedertheilig, Zipfel kleingesägt; Blumenkrone purpurn. *Schnabel der Oberlippe verlängert-lineal, Unterlippe kurzgewimpert.* ♃. Kalkalpen, häufig. P. Jacquini Koch. H. 0,05—0,15 M. Juli-Aug.

1368. **P. geminata Port.** Blätter einfach-fiedertheilig, Zipfel ungleich-gesägt; Blumenkrone purpurn, *Schnabel der Oberlippe kurzkegelförmig. Unterlippe ungewimpert.* ♃. Kalkalpen, selten; auf der Rax von der Heukuppe über die Eishütten bis am Grünschacher, Ochsenboden des Schneebergs gegen die Bockgrube. P. Portenschlagii Saut. H. 0,03—0,08 M. Juni-Juli.

* Blüthen in verlängerten Aehren; Kelche weisswollig, Zipfel ganzrandig gerade.

1369. **P. rostratospicata Cr.** Blätter fiedertheilig, Zipfel eingeschnitten-gesägt; Blumenkrone fleischfarben, Schnabel der Oberlippe verlängert-lineal, Unterlippe ungewimpert. ♃. Kalkalpen; Kuh- u. Heuplagge, Saugraben u. Bockgrube des Schneebergs; Wetterkogel, Schlangenweg u. Heukuppe der Rax. Dürnstein, Hochkohr, Voralpe. P. incarnata Jacq. H. 0,15—0,4 M. Juli-Aug.

b. Kronenoberlippe mit einem sehr kurzen, an der Spitze mit 2 spitzen Zähnen versehenen Schnabel.

1370. **P. palustris L.** Stengel vom Grunde bis gegen die Hälfte ästig, Aeste aufrechtabstehend; Blätter fiedertheilig; *Kelch 10—15kantig, 2spaltig, mit krausen Abschnitten;* Blumenkrone purpurn, Oberlippe mehr minder deutlich 2zähnig; *Kapsel länger als der Kelch.* ⊙ Sumpfwiesen, stellenweise; südliches Wiener

Becken bis an den Neusiedlersee; nördliches Becken bis an die March; Granit- u. Schieferberge der beiden westlichen Kreise, sowie in sumpfigen Thälern der Voralpen. H. 0,15–0,3 M. Mai-Juli.

1371. **P. silvatica L.** Stengel nur am Grunde ästig, Aeste niederliegend od. aufsteigend; Blätter fiedertheilig; *Kelch 5kantig, ungleich 5zähnig, mit gezähnelten Zähnen;* Blumenkrone hellpurpurn; *Kapsel kürzer als der Kelch.* ♃. Sumpfwiesen; häufig auf dem Schiefer- u. Granitplateau des Waldviertels, auch auf dem Hiesberg bei Melk u. im Dunkelsteiner Walde; bei Gurhof; angeblich auch in der Schwarzau, Prein, bei Mariaschutz am Semmering u. bei Breitenbrunn am Leithagebirge. H. 0,03—0,15 M. Mai-Juni.

c. Kronenoberlippe helmartig-stumpf, weder geschnäbelt noch 2zähnig.

* Blumenkrone roth, kahl.

1372. **P. recutita L.** *Stengel kahl od. oberwärts fläumlich; Blätter* fiederspaltig, mit lanzettlichen, eingeschnitten-gesägten Zipfeln, *die stengelständigen abwechselnd; Blüthen in einer gedrungenen länglichen Aehre; Kelch* glockig, 5spaltig, mit lanzettlichen, *gewimperten Zipfeln.* ♃. Kalkalpen u. höhere Voralpen; Waichthal des Schneebergs, Plateau des Kuhschneebergs, Unterer Scheibwald gegen das Nassthal, Gaisloch u. Grünschacher der Rax. H. 0,3—0,6 M. Juni-Juli.

1373. **P. rosea Wulf.** *Stengel oben weisswollig; Blätter* fiedertheilig, mit linealen, ungleich-gesägten Zipfeln, *die stengelständigen abwechselnd od. fehlend; Blüthen in einer gedrungenen kopfförmigen Aehre; Kelch* röhrig, 5spaltig, *weisswollig,* mit lanzettlichen Zipfeln. ♃. Kalkalpen, selten; Ochsenboden, stellenweise bis auf die Gipfel des Schneebergs, auch im Saugraben, angeblich auch auf der Rax. H. 0,03—0,1 M. Juli-Aug.

1374. **P. verticillata L.** *Stengel ziemlich kahl; Blätter* tieffiederspaltig, mit länglichen, ungleich-gesägten Zipfeln, *die stengelständigen gegenständig od. quirlig; Blüthen in einer gedrungenen quirligen Aehre: Kelch aufgeblasen, langhaarig,* kurz 5zähnig. ♃. Kalkalpen u. höhere Voralpen, häufig. H. 0,05—0,2 M. Juni-Aug.

* * Blumenkrone gelb, Oberlippe zottig.

1375. **P. foliosa L.** Blätter fiedertheilig, mit fiederspaltigen Zipfeln; Blüthen in gedrungenen, länglichen, beblätterten Aehren; Kelche röhrig, ungleich 5zähnig, an den Nerven zottig. ♃. Kalkalpen u. angrenzende Voralpen; Ganswiese, Saugraben, Heuplagge bis in die Bockgrube des Schneebergs, Kuhschneeberg, Preiner Schütt u. südliche Abdachung der Rax; Scheiblingstein, Dürnstein, Voralpe. H. 0,15—0,4 M. Juni-Juli.

386. Tozzia L. Tozzie. Kelch röhrig, 4—5spaltig; Blumenkrone röhrig-trichterig, mit 5spaltigem Saume; Frucht fast steinfruchtartig, 1fächerig, 1samig; Samen eiförmig, glatt, flügellos.

1376. **T. alpina L.** Wurzelstock mit fleischigen Schuppen bedeckt; Stengel 4kantig, Blätter eiförmig, sitzend; Blüthen blattwinkelständig, einzeln; Blumenkrone gelb, Unterlippe roth punktirt. ♃. Krummholzregion der Kalkalpen u. angrenzende Voralpen; Waxriegel, Saugraben u. Heuplagge des Schneebergs, Kuhschneeberg, Obersberg nächst Schwarzau, Nasswald, Breitensteinalpe im grossen Scheibwald, Reisalpe, Wildalpe bei Mariazell, Riffel am Oetscher, Scheiblingstein, Dürnstein. H. 0,15—0,3 M. Juni-Juli.

LXX. Familie. **Orobanchaceae Juss.**

387. Orobanche L. Kelch 4—5spaltig od. -theilig; Blumenkrone mit ungetheilter bis 2lappiger Oberlippe u. 3spaltiger Unterlippe, zuletzt sich über dem bleibenden Grunde quer abtrennend.

I. Blüthen kurzgestielt, von einer grösseren Deckschuppe u. 2 gegenständigen, dem Kelche anliegenden Schüppchen gestützt; Kelch verwachsen blättrig, 4—5spaltig.

* Stengel meist ästig, dünn; Aehre locker, Blüthen 10—12 mm; Kapsel länger als die Kelchzähne.

1377. **O. ramosa L.** Blumenkrone am Grunde bauchig, gelblich, vorwärts gekrümmt, Saum blasslila, Zipfel der Unterlippe abgerundet, beinahe ganzrandig; Staubbeutel kahl. ⊙ Hanffelder, selten; Bruck a. d. Leitha, Velm, Moosbrunn; Rabensburg a. d. March, Ober-Hollabrunn u. Aspersdorf; Ochsenburg, Kilb, Ober- und Unter-Bergern, Melk, Kottes, Mühldorf; St. Leonhard am Forst, Seitenstetten. Phelipaea ramosa. C. A. Mey. H. 0,03—0,3 M. Juni-Herbst.

* * Stengel meist einfach, kräftig; Aehre gedrungen, Blüthen 20—35 mm.; Kapsel kürzer als die Kelchzähne.

1378. **O. caesia Rchb.** *Stengel* einfach, *reichlich beschuppt*, oberwärts weiss drüsenhaarig; Aehre dichtblüthig; Blüthen klein: *Kelch röhrig*, ringsum verwachsen, *Zähne länger als die Kelchröhre od. gleichlang*; *Blumenkrone* bleichlila, ober der Einfügung der Staubgefässe eingeschnürt, dann stark vorwärtsgekrümmt, *gegen den Schlund wenig erweitert*, Zipfel der Unterlippe abgerundet, gezähnelt; Staubfäden kahl. ♃. Sonnige Hügel, auf Artemisien, bisher bloss bei Neustadt u. am Haglersberge bei Goyss. Phelipaea caesia Rchb. O. peisonis Beck. H. 0,1—0,3 M. Juni. b) homoiosprolcon Beck. Kelch vorne u. rückwärts gespalten. Haglersberg.

1379. **O. purpurea Jacq.** *Stengel* einfach, mehlig-drüsig, *sehr spärlich beschuppt*; Aehre zuletzt locker; Blüthen gross; *Kelch glockig, Zähne meist kürzer als die Röhre; Blumenkrone* bleichviolett, anfangs aufrecht, später vorwärtsgekrümmt, *gegen den Schlund wenig erweitert,* Zipfel der Unterlippe meist verschmälert, fast ganzrandig; Staubfäden kahl od. am Grunde wenig behaart. ♃. Sonnige Hügel. Raine, besonders auf Achillea, selten; Türkenschanze u. auf der gegenüberliegenden Höhe zwischen Gersthof u. Pötzleinsdorf, Hernals, Grinzing, zwischen Klosterneuburg u. Kierling, Simmering, Oberlaa, Giesshübel, Liechtenstein u. Eichkogel bei Mödling, Weilburg u. Soos bei Baden, Stixenstein; Höbesbrunn, Ernstbrunnerwald; Wachtberg bei Karlsstetten, Mörking bei St. Pölten, Matzleinsdorf bei Melk; Dürrenstein, Krems; zwischen Wimpassing u. dem Neusiedlersee. O. coerulea Vill. Phelipaea coerulea C. A. Mey. H. 0,15—0,5 M. Juni-Juli.

1380. **O. arenaria Borkh.** *Stengel* kräftig, einfach od. selten ästig, mehlig-drüsig, *reichlich beschuppt;* Aehre dichtblüthig: Blüthen gross; *Kelch glockig, Zähne so lang od. länger als die Röhre; Blumenkrone* blauviolett, aufrecht, *gegen den Schlund trichterförmig,* Zipfel der Unterlippe abgerundet, mit aufgesetztem Spitzchen; Staubbeutel längs der Naht wollig-behaart. ♃. Trockene Hügel, Raine, auf Artemisia campestris, selten: Simmering, Laaerberg, Kalvarienberg von Perchtholdsdorf, Grinzing, Sievering, Neustift, Gersthof, Weinhaus, Türkenschanze, Weidling, Oberweiden, Absdorf, am Wagram bei Stattelsdorf, Stiefern nächst Langenlois, Alaun- u. Kremsthal bei Krems, Dürrenstein, Spitz, Rossatz, Retz; Haglersberg bei Goyss. Phelipaea arenaria Walp. H. 0,2—0,45 M. Juli.

II. Blüthen sitzend od. fast sitzend, von 1 Deckschuppe gestützt; Kelch 2blättrig mit ungetheilten od. 2spaltigen Blättern.

A. Blumenkrone unter der Einfügungsstelle der Staubgefässe bauchig aufgeblasen, bogig gekrümmt.

1381. **O. coerulescens Steph.** Stengel oberwärts spinnwebigbehaart; Aehre dichtblüthig; Kelchblätter ganzandig od. 2zähnig; Blumenkrone blauviolett, Zipfel der Unterlippe kreisförmig, concav; Staubgefässe fast in der Mitte der Kronröhre eingefügt, unterwärts schwach behaart; Griffel fast kahl, Narbe gelblichweiss. ♃. Sandige Hügel, sehr selten: Heiligenstadt, Türkenschanze, zwischen Ottakring u. Dornbach, Laaerberg, Maaberg bei Mödling (an allen diesen Standorten jedoch in neuerer Zeit nicht mehr gefunden), zwischen Neustadt u. Neunkirchen: Rappoltenkirchen: Angern, Retz, Stattelsdorf am Wagram, Rehberg u. unteres Kremsthal, Försthof, Dürrnstein, Haindorf, Zöbing, Alaunthal, Mautern, Spitz, Langenlois. H. 0,1—0,3 M. Juni-Juli.

B. Blumenkrone röhrig, unter der Einfügungsstelle der Staubgefässe verengt.

a. Rückenlinie auf der Oberlippe abschüssig, meist winkelig gebrochen, am Ende der Oberlippe manchmal wieder aufwärts gebogen.

* Oberlippe od. der obere Theil der Blumenkrone mit dunklen, oft auf Knötchen sitzenden Drüsenhaaren besetzt.

1382. **O. alba Steph.** *Stengel* am Grunde *wenig od. gar nicht verdickt; Kelchblätter lanzettlich, ganzrandig od. seltner ungleich*

2zähnig, 3nervig; Blumenkrone weissgelblich, purpurn überlaufen, Oberlippe etwas ausgerandet, mit aufwärts gekrümmten u. abstehenden Zipfeln; *Staubgefässe* etwas ober dem Grunde der Kronröhre eingefügt, unten spärlich behaart, *oben wie der Griffel, reichlich drüsenhaarig;* Narbe dunkelroth. ♃. Wiesen, Hügel, bis an die Krummholzregion, auf Labiaten; Prater, Laxenburg, Ebreichsdorf, Solenau; auf allen Kalkbergen des Wiener Beckens u. allen Kalkvoralpen von der Raxalpe bis zur Voralpe; bei St. Pölten, Kalbling, am Wachberge, bei Seitenstetten, Karlsstetten, Krems, Retz; Leithagebirge; Hainburger Berge. O. rubra Sm. O. epithymum DC. H. 0,1—0,6 M. Juni-Juli. b) r u b i g i n o s a (Dietr.) Narbe gelb. Seltner.

1383. **O. pallidiflora Wim. et Grab.** *Stengel am Grunde stark verdickt; Kelchblätter aus eiförmigem Grunde plötzlich in eine lange, lanzettlich pfriemliche Spitze ausgezogen, selten 2spaltig, verwischtnervig;* Blumenkrone bleichgelb, getrocknet schwärzlich. Oberlippe bleichviolett, ausgerandet, mit abstehenden Zipfeln; *Staubgefässe* im ersten Viertel der Kronröhre eingefügt, unten kahl od. fast kahl, *oben wie der Griffel spärlich drüsenhaarig;* Narbe rothbraun. ♃. Sonnige, kräuterreiche Orte, auf Cirsium u. Carduusarten, selten: bei Stockerau, Weltausstellungsplatz im Prater, Helenen- u. Weichselthal bei Baden, zwischen Neustadt u. Katzelsdorf, Pürscherwald bei Bruck a. d. Leitha; Hundsheimer Berg. O. cirsii Fr. O. procera Koch. H. 0,25—0,5 M. Juni-Juli.

1384. **O. reticulata Wallr.** *Stengel am Grunde wenig verdickt; Kelchblätter länglich, zugespitzt, selten 2spaltig, verwischtnervig,* getrocknet schwarz; Blumenkrone gelblichweiss, Oberlippe violett od. schwärzlich, ausgerandet, mit abstehenden Zipfeln; *Staubgefässe* im ersten Viertel der Kronröhre eingefügt, unten kahl od. fast kahl, *oben wie der Griffel spärlich drüsenhaarig;* Narbe schwarzviolett. ♃. Steinige Haiden der Kalkvoralpen bis in die Krummholzregion, selten; Gans bei Pottschach, Thalhofriese bei Reichenau, Höllenthal, Krumbachgraben, Saugraben, Heuplagge, Bockgrube und Waichthal des Schneeberges, Raxalpe, Voralpe; St. Veit a. d. Gölsen, Gaming. O. scabiosae Koch. O. platystigma Rchb. O. Sauteri F. Sch. H. 0,25—0,5 M. Juli-Aug.

* * Oberlippe mehr minder reichlich mit hellen Drüsenhaaren besetzt.

o Blumenkrone gross, 20—30 mm. lang; Kelchzähne spitz, so lang als die halbe Kronröhre, selten kürzer.

1385. **O. lutea Baumg.** Stengel am Grunde meist knollig verdickt; Kelchblätter beiteiförmig, 2zähnig, mehrnervig; Blumenkrone bleich-röthlichgelb od. strohgelb, oberwärts öfters hellviolett, auf dem Rücken ziemlich gerade, im letzten Viertel stark vorwärts-gekrümmt, abschüssig, *Lappen der Oberlippe umgestülpt; Staubgefässe im ersten Drittel der Kronröhre eingefügt,* unten dichtbehaart, oben wie der Griffel mehr minder drüsenhaarig.

Narbe gelb. ♃. Wiesen. Kleefelder, auf Papilionaceen häufig; fehlt im Wechselgebiete u. auf den kryst. Schiefern des Waldviertels. O. rubens Wallr. O. medicaginis Duby. O. elatior Neilr. non Sutt. H. 0,2—0,7 M. Mai-Juni. b) Buekiana (Koch). Blumenkrone kleiner, hellfärbig, am Rücken etwas gekrümmt. Leopoldsberg, Kalvarienberg bei Baden.

1386. **O. caryophyllacea Sm.** Stengel am Grunde wenig verdickt; Kelchblätter eiförmig, ganzrandig od. ungleich 2zähnig, mehrnervig; Blumenkrone gelblich bis braunroth, auf dem Rücken mehr minder bogenförmig, im letzten Drittel stark abschüssig, *Lappen der Oberlippe vorgestreckt; Staubgefässe fast am Grunde der Kronröhre eingefügt*, unten behaart, oben wie der Griffel drüsenhaarig; *Narbe meist carminroth*, selten gelb. ♃. Wiesen buschige Orte, auf Galien, zerstreut; Kahlengebirge, Laa, Rauhenwarther Holz, Deutsch-Altenburg, Leithagebirge bei Bruck, Haglersberg; Gloggnitz, Grünschacher, Nass- und Reisthal bis an den Fuss der Raxalpe. Kuhschneeberg, zwischen Saugraben u. Bockgrube des Schneebergs, Schwarzau, Rohr, Voralpe, Lassingfall, Seitenstetten; Langenlois, Raabs, Hardegg. O. galii Duby. O. vulgaris Lam. H. 0,2—0,5 Juni-Juli. b) strobiligena (Rchb.) Stengel u. Blüthen hellgefärbt, Narbe gelb od. hellroth. Seltner.

1387. **O. teucrii Holand.** Stengel am Grunde wenig verdickt; Kelchblätter eiförmig, 2zähnig, verwischtnervig; Blumenkrone röthlich-violettbraun, auf dem Rücken gerade, im letzten Drittel stark bogig vorwärts gekrümmt, *Lappen der Oberlippe seitlich abstehend; Staubgefässe im ersten Drittel der Kronröhre eingefügt*, unten behaart, oben wie die Griffel drüsenhaarig; *Narbe purpurbraun.* ♃. Buschige Hügel, auf Teucrium; Kahlenberg, Geissberg, Kalenderberg, Jennyberg, Anninger, Gumpoldskirchen, Weilburg, Sooser Lindkogel, Kottingbrunn, Leobersdorf, Steinfeld bei Spratzen, Kuhberg bei Fahrafeld, Piesting, Geisstein bei Furth, Sierningthal von Stixenstein bis in das Buchbergerfeld, Schober, Oehler, subalpine Thäler des Schneebergs u. der Raxalpe, Höllenthal, Saurüssel bei Reichenau, Raachberg u. Wartensteiner Schlossberg bei Gloggnitz; Scheibbs, an der Ibbs gegenüber Uhnerfeld u. Althartsberg, Voralpe bei der Seeau, Lilienfeld; angeblich auch bei Rabesreit nächst Raabs. O. atrorubens et atropurpurea Schultz. H. 0,15 bis 0,4 M. Juli.

o o Blumenkrone klein, 8—20 mm. lang; Kelchzähne pfriemlich zugespitzt, fast so lang als die Kronröhre; Narben violett.

• Blumenkrone 15—20 mm. lang, Schlund weit offen, Zipfel der Oberlippe nach auf- u. seitwärts umgeschlagen; Schuppen des Stengels lanzettlich.

1388. **O. picridis Schultz.** Stengel am Grunde wenig verdickt; Deckschuppen so lang als die Unterlippe; *Kelchblätter ganzrandig od. bis zur Mitte 2zähnig*, Zähne verwischt 1nervig; Blumenkrone weisslich, mit röthlichen Adern; *Staubgefässe* im ersten Drittel der Kronröhre eingefügt, unten behaart, *oben kahl od. fast kahl.*

⊙ Brachen, Raine, sehr selten: Laxenburg, Mödling, Hundskogel in der Hinterbrühl, Schafberg bei Neuwaldegg, Bisamberg. H. 0,2 bis 0,6 M. Juni-Juli.

1389. **O. loricata Rchb.** Stengel am Grunde wenig verdickt; Deckschuppen meist etwas länger als die Unterlippe; *Kelchblätter 2zähnig od. fast bis zum Grunde 2spaltig*, Zähne deutlich 1nervig; Blumenkrone weisslich, mit röthlichen Adern; *Staubgefässe* im ersten Drittel der Kronröhre eingefügt, unten behaart, *oben zerstreut drüsenhaarig*. ♃. Sonnige Abhänge, auf Artemisia campestris; bisher bloss bei Gumpoldskirchen. H. 0,15—0,4 M. Juni-Juli.

.. Blumenkrone 8—15 mm. lang, Schlund ziemlich geschlossen, Zipfel der Oberlippe vorgestreckt; Schuppen des Stengels eiförmig.

1390. **O. minor Sm.** Stengel am Grunde wenig verdickt; Kelchblätter ganzrandig od. 2spaltig, Zähne 1—3nervig; Blumenkrone gelblichweiss, gegen die Oberlippe violett überlaufen; Staubgefässe im ersten Viertel der Kronröhre eingefügt, unten behaart, oben kahl od. spärlich behaart. ♃. Kleefelder; bisher nur bei Giesshübel. O. nudiflora Wallr. H. 0,1—0,5 M. Juni-Juli.

b. Rückenlinie vom Grunde aus bogig, auf der Oberlippe nicht abschüssig abgebrochen, am Ende der Oberlippe selten aufwärtsgebogen; Narbe gelb od. orange.

* Staubgefässe am Grunde der Kronröhre eingefügt; Fruchtknoten vorne am Grunde mit 3 rundlichen Höckern.

1391. **O. gracilis Sm.** Stengel am Grunde verdickt; Kelchblätter aus eiförmigem Grunde 2zähnig, mehrnervig, selten ganzrandig; Blumenkrone weitglockig, vorn am Grunde stark bauchig erweitert, aussen gelb, purpurn überlaufen, innen trübblutroth glänzend. Oberlippe ausgerandet mit umgeschlagenen Zipfeln; Staubgefässe unten behaart, oben wie der Griffel drüsenhaarig. ♃. Wiesen, buschige Orte, auf Papilionaceen verbreitet; scheint im Waldviertel zu fehlen. O. cruenta Bert. H. 0,2—0,5 M. Juni-August.

* * Staubgefässe im ersten Drittel der Kronröhre eingefügt; Fruchtknoten ohne Höcker.

o Stengel in der Mitte sehr reichlich beschuppt, Schuppeninternodien kleiner als die Schuppen; Blumenkrone rosa, später gelblich, vertrocknet nicht dunkler.

1392. **O. major L.** Stengel am Grunde verdickt. Schuppen eilanzettlich; Aehre walzlich, dichtblüthig, durch die Deckschuppen schopfig; Kelchblätter ungleich 2zähnig, verwischtnervig; Blumenkrone wenig erweitert, Oberlippe ganzrandig od. schwachausgerandet, Lappen derselben flach ausgebreitet; Staubgefässe unten dicht behaart, oben wie der Griffel drüsenhaarig. ♃. Raine, Brachen, auf Centaurea; Grinzing, Sievering, Türkenschanze, Rodaun, Kalksburg, Ebreichsdorf, Moosbrunn, Marchfeld, Bisamberg; Wachberg bei Karlsstetten. O. elatior Sutt. O stigmatodes Wim. O. Kochii Schultz. O. echinopis Panc. H. 0,15—0,6 M. Juli-Aug.

o o Stengel in der Mitte spärlich beschuppt, Schuppeninternodien meist grösser als die Schuppen; Blumenkrone gelblich od. hellviolettbraun, vertrocknet dunkler.

· Oberlippe ganzrandig, Zipfel der Blumenkrone reichdrüsig.

1393. **O. salviae Schultz.** Stengel am Grunde verdickt, Schuppen lanzettlich; Aehre walzlich, zuletzt verlängert, lockerblüthig; Kelchblätter ganzrandig od. 2zähnig, verwischtnervig; Blumenkrone wenig erweitert, Oberlippe gekielt, mit seitlich od. aufwärts gestülpten Zipfeln; Staubgefässe unten behaart, oben wie der Griffel spärlich drüsenhaarig. ♃. Kalkalpenthäler, auf Salvia glutinosa; Hals, Grabenwegerthal, Türkenluke bei Furth, Handlesberg, Höchbauer, Oehler, Schober, Gans, Thalhofenge bei Reichenau, Höllenthal, Krumbachgraben, Preiner Gschaid, Reisalpe, Luggraben bei Scheibbs, Gaming, Lackenhof, Dürrnstein. O. alpestris Schultz. H. 0,12—0,55 M. Juli-Aug.

·· Oberlippe tief 2lappig od. ausgerandet, Zipfel der Blumenkrone fast kahl.

, Blumenkrone gelb, Lappen der Oberlippe anfangs kappenförmig vorgezogen, später zurückgeschlagen.

1394. **O. flava Mart.** Stengel am Grunde wenig verdickt; Aehre walzlich, zuletzt verlängert, lockerblüthig; Kelchblätter ganzrandig od. 2zähnig, Zähne 1nervig; Blumenkrone ober der Einfügung der Staubgefässe bauchig erweitert; Staubgefässe unten dicht behaart, oben wie der Griffel spärlich drüsighaarig. ♃. Kalkalpenthäler, auf Petasites; Bockgrube des Schneebergs, mittlerer Lunzer See, Dürrnstein, Lassingfall bei Weyer, Ennsufer bei Steyer. O. tussilaginis Mut. H. 0,2—0,65 M. Juni-Juli.

, , Blumenkrone bräunlichviolett mit dunkleren Adern, Lappen der Oberlippe abstehend.

1395. **O. laserpitii sileris Reut.** *Stengel* am Grunde *keulig verdickt;* Aehre walzlich, dichtblüthig; Kelchblätter eiförmig, fein zugespitzt, 2zähnig, mehrnervig; *Blumenkrone 25 mm. lang u. darüber,* gegen den Grund heller gefärbt, ober der Einfügung der Staubgefässe erweitert, Zipfel der Unterlippe gelblich, mit einem grösseren Zähnchen in der Mitte; Staubgefässe unten dicht behaart, oben spärlich drüsenhaarig; *Griffel dichtdrüsig.* ♃. Steinige, kräuterreiche Abhänge, selten; Eisernes Thor, Weichselthal bei Baden, Bacherstein bei Vöslau, Saugraben, Heuplagge, Bockgrube, Waichthal des Schneebergs, Abstürze des Kuhschneebergs gegen die Singerin. H. 0,4—0,8 M. Juli-Aug.

1396. **O. cervariae Kirschl.** *Stengel* am Grunde *wenig verdickt;* Aehre walzlich, dichtblüthig; Kelchblätter eiförmig, fein zugespitzt, 2zähnig, mehrnervig; *Blumenkrone 12—20 mm. lang,* ober der Einfügung der Staubgefässe erweitert, Zipfel der Unterlippe kraus gezähnelt; Staubgefässe unten behaart, oben wie der *Griffel spärlich drüsenhaarig bis kahl.* ♃. Buschige Abhänge, auf Peucedanum cervaria u. Libanotis; Leopoldsberg, Eichkogel, Rappoltenkirchen. O. alsatica Kirschl. O. brachysepala Schultz. H. 0,2 bis 0,55 M. Juni.

25*

388. Lathraea L. Schuppenwurz. Kelch 4spaltig; Blumenkrone mit ungetheilter Oberlippe u. 3zähniger Unterlippe, zuletzt sammt dem Grunde abfällig.

1397. **L. squamaria L.** Wurzelstock mit fleischigen Schuppen dachig besetzt; Stengel beschuppt, wie die Blüthen rosa, Blüthen nickend, in einseitswendigen Trauben. ♃. Auen, Ufer; Angarten, Donauinseln, Schönbrunn; an Bergbächen des Sandsteingebirges; oberes Donauthal, Waldviertel. H. 0,1—0,25 M. März-Mai.

LXXI. Familie. Labiatae Juss.

1 Blumenkrone trichterig, fast regelmässig 4spaltig 2
Blumenkrone 2lippig 3
Blumenkrone 1lippig. Oberlippe unmerklich od. auf die Unterlippe herabgeschlagen und daher scheinbar fehlend . . 25
2 Staubgefässe 4 . . . . **Mentha**
Staubgefässe 2 . . . . **Lycopus**
3 Staubgefässe 2 . . . . **Salvia**
Staubgefässe 4 4
4 Staubgefässe von einander entfernt, oberwärts auseinandertretend od. unter der Oberlippe zusammenneigend . . . 5
Staubgefässe genähert, unter der Oberlippe parallel laufend 9
5 Kelch 5zähnig 6
Kelch 2lippig 7
6 Staubbeutelhälften an das fast 3eckige Connectiv schiefangewachsen . . . . **Origanum**
Staubbeutelhälften nur an der Spitze zusammengewachsen, dann wagrecht auseinandertretend . . . . **Hyssopus**
7 Staubgefässe oberwärts auseinandertretend . . . . . **Thymus**
Staubgefässe unter der Oberlippe zusammenneigend . . . 8
8 Staubbeutelhälften an das fast 3eckige Connectiv schiefangewachsen . . . . **Calamintha**
Staubbeutelhälften an der Spitze zusammengewachsen, dann wagrecht auseinandertretend . . . . **Melissa**
9 Die 2 oberen Staubgefässe länger 10
Die 2 oberen Staubgefässe kürzer 12
10 Kelch 2lippig, Kronenoberlippe gewölbt . . . **Dracocephalum**
Kelch 5zähnig, Kronenoberlippe flach 11
11 Unterlippe der Blumenkrone concav, Staubbeutelhälften wagrecht auseinandertretend . . . . **Nepeta**
Unterlippe der Blumenkrone flach, Staubbeutelhälften in stumpfem Winkel auseinandertretend, daher die genäherten Staubbeutel paarweise in ein Kreuz gestellt **Glechoma**
12 Staubgefässe u. Griffel aus dem Kronschlunde herausragend 13
Staubgefässe u. Griffel in der Kronröhre eingeschlossen . . 24
13 Kelch 2lippig 14
Kelch 5zähnig 16
14 Haarkranz in der Kronröhre vorhanden . . . . . . **Prunella**

Haarkranz in der Kronröhre fehlend 15
15 Kelch bei der Fruchtreife offen, Oberlippe der Blumenkrone flach, ganz od. ausgerandet, Unterlippe 3lappig . . **Melittis**
Kelch bei der Fruchtreife geschlossen, Oberlippe der Blumenkrone gewölbt, 3spaltig, Unterlippe ungetheilt **Scutellaria**
16 Unterlippe der Blumenkrone mit fehlenden od. unmerklichen Seitenzipfeln . . . . **Lamium**
Unterlippe der Blumenkrone 3spaltig 17
17 Haarkranz in der Kronröhre vorhanden 18
Haarkranz in der Kronröhre fehlend 22
18 Obere Staubgefässe unter dem angewachsenen Grunde mit einem fädlichen Anhängsel . . . . **Phlomis**
Staubgefässe ohne Anhängsel 19
19 Theilfrüchtchen eiförmig, an der Spitze abgerundet . . . 20
Theilfrüchtchen 3kantig, an der Spitze mit einer 3eckigen Fläche abgeschnitten 21
20 Die 2 unteren Staubgefässe nach dem Verblühen gedreht u. auswärts gebogen . . . . **Stachys**
Die 2 unteren Staubgefässe nach dem Verblühen nicht auswärts gebogen . . . . **Ballota**
21 Oberlippe der Blumenkrone gewölbt, gekerbt . **Galeobdolon**
Oberlippe der Blumenkrone concav, später flach, ganz **Leonurus**
22 Mittelzipfel der Unterlippe der Blumenkrone zahnlos . . . 23
Mittelzipfel der Unterlippe der Blumenkrone am Grunde beiderseits mit einem hohlen Zahne . . . . . . **Galeopsis**
23 Theilfrüchtchen 3kantig, an der Spitze mit einer 3eckigen Fläche abgeschnitten . . . . **Chaiturus**
Theilfrüchtchen eiförmig, an der Spitze abgerundet **Betonica**
24 Theilfrüchtchen eiförmig, an der Spitze abgerundet **Sideritis**
Theilfrüchtchen 3kantig, an der Spitze mit einer 3eckigen Fläche abgeschnitten . . . . **Marrubium**
25 Oberlippe der Blumenkrone 2 kurze, unmerkliche Läppchen, Unterlippe 3spaltig . . . . **Ajuga**
Oberlippe der Blumenkrone tief 2spaltig, die Zipfel auf die 3spaltige Unterlippe herabgeschlagen, diese daher scheinbar 5spaltig . . . . **Teucrium**

1. Gruppe. Menthoideae Benth. Blumenkrone trichterig, fast regelmässig 4spaltig; Staubgefässe 2—4, von einander entfernt, oberwärts auseinandertretend.

389. Mentha L. Minze. Blüthen vielehig-2häusig; Kelch 5zähnig; Staubgefässe 4.

I. Kelch fünfzähnig, innen behaart, doch die Haare keinen den Schlund absperrenden Ring bildend.

A. Hauptachse durch eine unbeblätterte ährenförmige Folge von Scheinquirlen, nur selten durch kurze fast kopfförmige Blüthenquirle abgeschlossen; obere Deckblätter pfriemlich; Blumenkrone innen kahl, selten schwach behaart.

a. Obere Stengelblätter sitzend od. unmerklich gestielt.

* Blätter breiteiförmig od. elliptisch bis eilänglich, spitz od. stumpflich.

1398. **M. nemorosa Willd.** Stengel einfach od. ästig, weichhaarig bis filzig; Blätter oberseits dunkelgrün, kurzhaarig, unterseits grau- od. weissfilzig, gesägt; Blüthenquirle zahlreich, gedrungen, höchstens die untersten entfernt, in eine walzliche Scheinähre vereinigt; Kelch kurzglockig, dichtbehaart, mit dreieckig-pfriemlichen Zähnen; Blumenkrone blasslila, selten weisslich; Früchte klein, an der Spitze kleinwarzig. ♃. An Ufern, Gräben. a) Dumortieri (Dés. et Dur.). Stengel dicht weisslich-befläumt; Blätter klein, eiförmig, spitzlich, 3—4,5 cm. lang, oberseits kurzhaarig, unterseits dicht weissfilzig, seicht ungleich gesägt; Scheinähren schlank, untere Deckblätter lineallanzettlich, länger als die Quirle. Bei Hollern nächst Hainburg. b) pascuicola (Dés. et Dur.). Stengel dicht kurzhaarig; Blätter gross, breit elliptisch, spitz 4,5—10 cm. lang, oberseits ziemlich dicht anliegend behaart, unterseits dicht weisslichgrau behaart, nicht tief gesägt; Scheinähren schlank, untere Deckblätter lanzettlich, kürzer als die Quirle. Bei Hainburg. c) mosoniensis (H. Br.). Stengel dicht behaart bis filzig; Blätter breitelliptisch, kurzbespitzt, 4—8 cm. lang, oberseits fein anliegend-behaart, unterseits dicht weissfilzig, sehr scharf gesägt; Scheinähren dicklich, Deckblätter weisszottig. Im Höllenthale bei Hirschwang u. bei Winden am Neusiedlersee. H. 0,4—0,9 M. Juli-Sept.

* * Blätter lanzettlich oder länglichlanzettlich, seltner eilanzettlich u. dann in eine lange Spitze vorgezogen.

1399. **M. mollissima Borkh.** Stengel meist ästig, weichhaarig bis filzig; *Blätter kurzlanzettlich, 5—8 cm. lang, oberseits dicht weissgrau behaart, unterseits weissfilzig,* scharf gesägt; Blüthenquirle zahlreich, gedrungen, die untersten oft entfernt, in eine ziemlich lange walzliche Scheinähre vereinigt; Kelch kurzglockig, weissfilzig, mit linealpfriemlichen Zähnen; Blumenkrone blasslila, selten weisslich; Früchte klein, an der Spitze kleinwarzig. ♃. Bei Hainburg, Deutsch-Altenburg. M. villosa Huds. p. p. M. incana Sm. b) ligustrina (H. Br.). Blätter kurzlanzettlich, 2—5 cm. lang, oberseits matt graugrünlich, fein und dichtgesägt; Scheinähre schlank; Kelchzähne dreieckig-pfriemlich, dichtbehaart. Bei Goyss am Neusiedlersee. c) Rocheliana (Borb. et Br.). Blätter länglich-lanzettlich, 4—8 cm. lang. scharfgesägt, oft mit bogigen Zähnen; Scheinähre verlängert, gedrungen; Kelchzähne dreieckig pfriemlich, dicht weisslich behaart. Bei Winden am Neusiedlersee. d) Wierzbickiana (Op.). Blätter kurz lanzettlich-elliptisch 2—3,5 cm. lang, ziemlich scharf gesägt; Scheinähre locker, ziemlich breit u. verlängert, oft alle od. die meisten Quirle entfernt; Kelchzähne dreieckig-pfriemlich, weisswollig. Donauauen bei Deutsch-Altenburg. e) stenantha (Borb.). Blätter länglich-lanzettlich, sehr spitz und schärfer gesägt, sonst w. v. Bei Perchtholdsdorf, Neusiedl am See. H. 0,5—0,8 M. Juli-Sept.

1400. **M. silvestris L.** Stengel einfach od. ästig, dünn feinflaumig; *Blätter verlängert lanzettlich, 6—12 cm. lang, oberseits* *grün, wenig behaart od. fast kahl, unterseits gleichmässig graufiaumig,* scharf gesägt; Blüthenquirle zahlreich, gedrungen, in eine walzliche Scheinähre vereinigt; Kelch kurzglockig, dicht behaart. mit 3eckig-pfriemlichen Zähnen; Blumenkrone blasslila; Früchte klein, an der Spitze kleinwarzig. ♃. Im oberen Saubachgraben am Gans. auf der Lilienfelder Alpe. b) D o s s i n i a n a (Dés. et Dur.). Blätter schmallanzettlich od. fast eilanzettlich. 3—5 cm. lang, oft in eine pfriemliche Spitze vorgezogen. schmal u. sehr fein gesägt. Scheinähren häufig schlank. am Grunde öfter unterbrochen. Bei Mödling. Giesshübel. Heuberg bei Dornbach, zwischen Michelsberg und Haselbach. Hainburg. Deutsch-Altenburg, Purbach am Neusiedlersee. c) c u s p i d a t a (Op.). Blätter lanzettlich od. schmallanzettlich. 4—7 cm. lang, schärfer u. spitz gesägt. Scheinähre locker od. gedrungen. öfter am Grunde unterbrochen. Bei Perchtholdsdorf. Rappoltenkirchen. d) N e i l r e i c h i a n a H. Br. Blätter gewellt, geschlitzt-gesägt. Bei Hütteldorf. H. 0,5—0,8 M. Juli-Sept.

1401. **M. candicans Cr.** Stengel einfach od. ästig, dicht weissflaumig; *Blätter lanzettlich. 5—7 cm. lang, oberseits grün, dichtbehaart, unterseits weisslich-filzig,* scharf und spitz, etwas unregelmässig gesägt; Blüthenquirle zahlreich. gedrungen, in eine walzliche Scheinähre vereinigt; Kelch kurzglockig. weisslich-filzig, mit linealpfriemlichen Zähnen; Blumenkrone blasslila; Früchte klein, an der Spitze kleinwarzig. ♃. Häufig bei Wien. Grinzing, bei Vöslau. Gainfahren, gemein in der südöstlichen Ebene; bei Krems. Aggsbach. M. serrulata Op. b) B r i t t i n g e r i (Op.). Stengel weniger dichthaarig, Blätter meist lang zugezpitzt, weniger scharf gesägt, Scheinähre kurz, 3—4 cm. lang. durch die meist längeren Deckblätter fast schopfig. Bei Baden, Vöslau, Leobersdorf u. in der südöstlichen Ebene. c) v e r o n i c a e f o r m i s (Op.). Blätter spitz od. kurzbespitzt, kurz und spitz gesägt, Scheinähre kurz. nicht schopfig, Kelch dicht weisszottig. In der Stockerauer Au. d) c o e r u l e s c e n s (Op.). Scheinähre dick, verlängert 6—10 cm. lang. In der Prein. e) m a c r o s t e m m a (Borb.). Blätter klein. ungefähr 3 cm. lang. Scheinähre verlängert 6—7 cm. lang. Bei Baden. Vöslau. f) n o r i c a (H. Br.). Blattzähne entfernt, Scheinähren nicht verlängert. Bei Ober-St.-Veit. Baden, Vöslau. Pottenstein, südöstliche Ebene. g) H u g u i n i n i i (Dès. et Dur.). Blätter gross, 8—12 cm. lang, verlängert-lanzettlich, scharfgesägt, Kelch dicht weisshaarig. Zweierwiese bei Fischau. h) E i s e n s t e i n i a n a (Op.). Blätter noch schärfer gesägt, Kelch weichfilzig. sonst wie g. Bei Schwarzau. i) H a l l e r i (Gm.). Blätter schmäler. mehr zugespitzt, Scheinähre kürzer. Deckblätter länger, sonst wie g. Bei Mödling. j) a l p i g e n a (Kern.). Blätter schmallanzettlich, 7—10 cm. lang. mit meist nach auswärts gekehrten Zähnen, Scheinähren kurz, Fruchtknoten behaart. Am Rifflboden des Oetschers. k) d i s c o l o r (Op.). Blätter schmallanzettlich 8—10 cm. lang, kurz gesägt, Scheinähren schmäler, kurz. Semmering. l) m o n t i c o l a

(Dès. et Dur.). Blätter schmallanzettlich, 8—10 cm. lang. Scheinähren auffallend dick u. breit. Im Höllenthal bei Hirschwang.

Anm. M. viridis L. mit kahlen Stengeln und Blättern wird in Bauerngärten oft cultiviert u. kommt ab und zu verwildert in deren Nähe vor.

b. Alle Blätter deutlich gestielt, die obersten nie sitzend.

* Serratur stumpflich, Sägezähne klein, kerbähnlich.

1402. **M. Braunii Ob.** Stengel einfach od. ästig, oberwärts beflaumt; Blätter eilänglich, dunkelgrün, ziemlich lang gestielt, am Grunde abgerundet, oberseits fast kahl, unterseits zerstreut anliegend behaart; Blüthenquirle zu einer unten unterbrochenen walzlichen Scheinähre vereinigt, durch die längeren, eilanzettlichen Deckblätter meist schopfig; Kelch röhrenförmig-glockig, behaart, mit 3eckig-pfriemlichen Zähnen; Blumenkrone blasslila, innen schwach behaart. ♃. Im Saubachthale bei Gloggnitz. b) nemophila H. Br. Stengel oberwärts dichter behaart; Deckblätter kürzer, Scheinähre daher nicht schopfig; Kelchzähne kürzer. Donauauen bei Stockerau. Vermuthlich M. candicans × riparia. H. 0,5—0,75 M. Aug.-Sept.

* * Serratur spitz, fein u. scharf in den Blattrand einschneidend.

1403. **M. carnuntiae H. Br.** *Stengel* ästig, dicht *weissflaumig*; *Blätter eilanzettlich, oberseits dicht grau-behaart, unterseits filzig*, am Grunde abgerundet, die unteren lang-, die oberen kürzer gestielt; Blüthenquirle zu kurzen, kopfförmigen Scheinähren vereinigt; *Kelch* röhrig-glockig, *weisszottig*, mit pfriemlichen Zähnen; Blumenkrone blasslila, innen meist kahl. ♃. In Wassergräben bei Deutsch-Altenburg. H. 0,5—0,7 M. Aug.-Sept.

1404. **M. hirta Willd.** *Stengel* ästig, *kurzhaarig; Blätter eiförmig od. eilänglich, deutlich gestielt, beiderseits anliegend, kurzhaarig, grün*, am Grunde abgerundet; Blüthenquirle zu kurzen od. verlängerten, am Grunde unterbrochenen Scheinähren vereinigt; *Kelch* röhrig-glockig, *dichtbehaart*, mit 3eckig pfriemlichen Zähnen; Blumenkrone blasslila. ♃. Bei Leobersdorf, Vöslau, Rappoltenkirchen. b) dissimilis (Dès.). Blätter lanzettlich, meist langzugespitzt, oberseits fast kahl, hellgrün; Kelch feinbehaart, mit 3eckig-pfriemlichen Zähnen. Bei Mauer, Kaltenleutgeben, am Göllersbach bei Breitenweide. c) nepetoides (Lej.). Stengel dicht anliegend-behaart; Blätter eiförmig od. elliptisch, die oberen am Grunde fast schief-herzförmig, tief u. grob-gesägt; Kelchzähne fast borstlich. Bei Kierling, Zistersdorf nächst Stockerau. d) limnogena (H. Br.). Blätter klein, eiförmig od. eilanzettlich, fein spitz-gesägt, fast kahl; Blüthen röthlich-lila. Bei Mödling. H. 0,5—0,7 M. Aug.-Sept.

Anm. M. piperita L. durch die Kahlheit od. nur spärliche Behaarung aller Theile ausgezeichnet kommt an Bauerngärten verwildert manchmal vor.

B. Hauptachse durch einen kopfförmigen Blüthenquirl od. durch ein Blattbüschel abgeschlossen; Blumenkrone innen deutlich behaart. Ohne Bergamotten- od. Citronengeruch.

a. Kelch trichterförmig, mit spitzen od. pfriemlichen Zähnen.

* Stengel und Aeste durch gedrängte, kopfig od. länglich angeordnete Scheinquirle abgeschlossen, überdies zahlreiche Blüthenquirle in den Blattwinkeln.

1405. **M. paludosa Sole.** Stengel ästig, rauhhaarig; Blätter gestielt, breiteiförmig od. eiförmig-länglich, spitz, am Grunde abgerundet, grob u. scharfgesägt, beiderseits grün u. zerstreut-behaart, die oberen allmählig in eilanzettliche od. lanzettliche Deckblätter übergehend; Blüthenquirle 4—viele in den Blattwinkeln, das endständige kopfig; Blüthenstiele u. Kelch dicht behaart; Kelchzähne aus 3eckigem Grunde pfriemlich, etwas violett überlaufen; Blumenkrone lila. ♃. Bei Pottschach, Kaltenleutgeben, Mauer, Hainburg. M. melissaefolia Host. b) subspicata (Wh.). Blätter kleiner, eiförmig, mit fast herzförmigem Grunde, beiderseits dicht anliegend behaart; Blüthenquirle entfernt. M. paludosa Schreb. Bei Solenau. c) serotina (Host). Blätter klein, länglich-eiförmig, am Grunde abgerundet, beiderseits ziemlich dicht anliegend behaart, schon von der Mitte des Stengels in Deckblätter übergehend. Bei Pressbaum, Sieghartskirchen, Weinzierl, Hainburg. d) Schleicheri (Op.). Dicht zottig-behaart; Kelche kürzer mit 3eckig-spitzen Zähnen, sonst wie c. Bei Goyss am Neusiedlersee. e) heleonastes H. Br. Blätter eiförmig, klein, beiderseits dicht behaart, verwischt-gezähnt; Blumenkrone purpurröthlich. Bei Solenau, Neustadt. f) Lobeliana Becker. Dichtrauhhaarig; Blätter eiförmig, allmählig in lineale Deckblätter übergehend; Blüthenquirle oft mit einem Blattbüschel endigend: Kelch röhrig-glockig, mit pfriemlichen Zähnen. Bei Kottingbrunn. g) plicata (Op.). Rauhbehaart; Blätter scharfgesägt; Blüthenquirle oft mit einem Blattbüschel endigend; Kelchzähne kurz, 3eckig-spitz. Bei Hainburg. H. 0,3—0,8 M. Juli-Sept.

* * Stengel u. Aeste durch gedrängte, kopfig od. länglich angeordnete Scheinquirle abgeschlossen, Blüthenquirle in den Blattwinkeln fehlend od. 1—2.

1406. **M. aquatica L.** Stengel ästig, von nach abwärts gerichteten Haaren mehr minder rauh; Blätter gestielt, eiherzförmig bis länglich, kurz-gesägt, beiderseits zerstreut-behaart; Blüthenquirle gross; Deckblätter lanzettlich-pfriemlich; Kelchröhre gefurcht, behaart, mit 3eckig-pfriemlichen vorgestreckten Zähnen; Blumenkrone röthlich-lila; Früchte warzig-punktirt. ♃. Gräben, Ufer, Sümpfe, bis in die Voralpen, häufig (mit den kleinen Formen β) pedunculata (Pers.). Blätter spitz- u. scharf-gesägt. M. stolonifera (Op.). γ) pseudopiperita (Tausch). Blätter mit vorgezogener Spitze u. zum Blattstiel zugeschweiftem Grunde. δ) crenatodentata (Strail). Blätter stumpflich, fast kerbig-gesägt.) * *Pflanze nicht dicht behaart, manchmal fast kahl*: b) Ortmanniana (Op.). Blätter klein, dünn, eilanzettlich, feingesägt, wenig behaart, in den Stiel fast keilig zulaufend; Blüthenstiele u. Kelche kurz flaumlich behaart od. als f. minoriflora (Borb.) in allen Theilen stärker behaart. Bei Mauer, Mödling, Leesdorf, Vöslau, Fahrafeld. M. intermedia Host. c) riparia (Schreb.). Blätter länglich, spitz u.

kurz-gesägt, zum Stiel zugerundet; Blüthenquirle meist kleiner, mit den Formen: umbrosa (Op.). Blätter gross, papierdünn, langgestielt, Quirle grösser; acuta (Op.). Blätter in eine lange Spitze vorgezogen u. angustata (Op.). Blätter schmal, mit fast parallelen Rändern. Bei Melk, Klosterneuburg, Kritzendorf, Kaltenleutgeben, Baden, Vöslau, Pottschach. d) ranina (Op.). Blätter unregelmässig doppelt-gesägt. Gräben an der Bahn zwischen Mödling u. Eichkogel. * * *Pflanze dicht behaart bis zottig:* o *Blätter zum Grunde verschmälert od. zum Stiel keilig-zugeschweift:* e) limicola (Strail.). Stengel dichthaarig; Blätter stumpflich-gesägt. Hie u. da. o o *Blätter am Grunde abgerundet od. herzförmig:* · *Blätter scharf u. spitz-gesägt:* f) Weiheana (Op.). Blätter breitoval, dichtbehaart. Bei Vöslau. g) elongata (Pèr.). Blätter oval-oblong, dicht zottig-behaart, sehr lang gestielt. Hie u. da. · · *Blätter nicht scharf (tief) gesägt:* h) hirsuta (Huds.). Blätter eilänglich, klein u. spitz gesägt, kurzgestielt, oft die ganze Pflanze purpurn (M. purpurea Host) überlaufen. In der südöstlichen Niederung, dann bei Mauer, Kaltenleutgeben, Mödling, Baden, Vöslau. i) obtusifolia (Op.). Blätter breieiförmig, stumpflich-gesägt, länger gestielt. Hie u. da. j) viennensis (Op.). Blätter eiförmig, in den Blattstiel breit zugeschweift, kurz u. spitz gesägt, die unteren langgestielt. Hie u. da. k) calaminthifolia (Vis.). Blätter kurzeiförmig, am Grunde abgerundet, sehr fein u. spitz gesägt, die unteren langgestielt. Bei Hainburg. H. 0,3—1,0 M. Juli-Sept.

* * * Stengel u. Aeste mit Blattbüscheln abgeschlossen; Blüthenquirle mehr weniger entfernt in den Blattwinkeln od. die obersten genähert.

1407. **M. verticillata L.** Stengel einfach od. ästig, dicht behaart; Blätter 1—2,5 cm. lang, eiförmig-elliptisch, spitz, ziemlich kurzgestielt, fein u. spitz gesägt, am Grunde abgerundet, beiderseits anliegend-behaart, alle ziemlich gleich gross, höchstens die blüthenständigen etwas kleiner; Blüthenquirle zahlreich; Deckblätter lanzettlich-pfriemlich; Kelchröhre undeutlich gefurcht, behaart, mit spitzen pfriemlichen Zähnen; Blumenkrone roth- od. blaulila; Früchte warzig-punktirt. ♃. Bei Mauer, Kaltenleutgeben, Vöslau. * *Blätter mittelgross od. klein, 1—2,5 cm. lang, beiderseits deutlich behaart, am Grunde breit abgerundet:* o *Blätter spitz, gesägt, vorne spitz:* b) atrovirens (Host). Blätter sehr fein gesägt, alle ziemlich gleich gross od. (M. tortuosa Host) gröber gesägt u. die oberen viel kleiner, der obere Theil des Stengels daher fast ruthenförmig. Erstere bei Baumgarten, Marchegg, Hundsheim, letztere bei Persenbeug, Rappoltenkirchen, Hundsheim, Hainburg. o o *Blätter stumpfgesägt, vorne stumpflich:* c) obtusata (Op.). Blätter anliegend od. (M. calaminthoides H. Br.) zottig-behaart. Erstere bei Marchegg, letztere bei Purkersdorf, Rappoltenkirchen. * * *Blätter mittelgross bis gross, 2—8 cm. lang, beiderseits deutlich od. oberseits schwächer behaart, eiförmig od. kurz eiförmig-elliptisch:* o *Obere Blätter nicht deckblattartig:* . *Blätter auffallend stumpflich, oft wie gekerbt-gesägt:* d) crenatifolia (Op.). Blätter eiförmig, oberseits fast kahl. Bei Weinern. e) clinopodiifolia (Host). Blätter in den Stiel fast herzförmig verlaufend, beiderseits dicht behaart. Hie u. da. · · *Blätter spitz od. scharf gesägt:* f) ballotaefolia (Op.). Blätter eiförmig, ziemlich dichtbehaart od. (M. valdepilosa H. Br.) zottig-behaart. Bei Kagran, Leopoldau u. auf den Donauinseln bei Wien. g) parviflora (Schultz.). Blätter nicht dicht behaart, breiteiförmig, die untersten stumpflich-gesägt od. (M. peduncularis Bor.) eiförmig mit etwas zusammengezogenem Grunde u. spitzgesägtem Rande. Erstere bei Vöslau, Rappoltenkirchen, Sieghartskirchen, Stockerau, Hainburg, letztere bei Vöslau u. Baden. M. pekaensis et motoliensis Op. h) ovalifolia (Op.). Blätter scharf gesägt, nicht dichtbehaart, am Grunde abgerundet. Hie u. da. o o *Obere Blätter deckblattartig:* . *Blätter oberseits fast kahl:* i) Beneschiana (Op.). Blätter rundlich-eiförmig, stumpflich, kleingesägt. Bei Mauer, Klosterneuburg, Rappoltenkirchen. · · *Blätter beiderseits dicht behaart:* j) Speckmoseriana (Op.). Blätter eiförmig, spitz u. sehr schmal-gesägt; Deckblätter u. Kelchzähne dicht weisslich-zottig. M. grazensis H. Br. Hie u. da. k) rubrohirta Lej. et Court. Blätter breiteiförmig, scharfgesägt; Deckblätter u. Kelchzähne dicht behaart. Bei Hundsheim. * * * *Blätter lanzettlich bis eiförmig-elliptisch, mit vorgezogener Spitze:* o *Obere Blätter deckblattartig:* l) florida (Tausch). Blätter spitzgesägt; Blüthenquirle oben genähert; Blüthenstiele wenig od. (M. Austiana H. Br.) dicht behaart. Erstere bei Grafendorf, Hainburg, letztere bei Hundsheim. o o *Obere Blätter zwar viel kleiner, aber nicht deckblattartig:* m) viridula (Host). Blätter lanzettlich od. länglich-lanzettlich, scharf gesägt, zerstreut behaart od. (M. acuteserrata Op.) reichlicher behaart. Bei Weinzierl, Pressbaum. n) Libertiana (Strail). Blätter ovallanzettlich, ungleich-gesägt, auffallend langgestielt. Donauinseln bei Wien u. Wienerwald. o o o *Alle Blätter ziemlich gleich gross:* . *Blätter fein u. spitz, nicht scharf gesägt:* o) nitida (Host). Blätter elliptisch-oblong, oberseits fast kahl, glänzend od. (M. prachinensis Op.) zerstreut-behaart. Bei Hardegg, Stockerau. p) stachyoides (Host). Blätter lanzettlich, dicht feinflaumig. Bei Weinzierl, im Längapiestingthal. q) rivularis (Sole). Blätter eiförmig-elliptisch, mit vorgezogener Spitze. Bei Moosbrunn. r) elata (Host). Blätter zerstreut anliegend-behaart, elliptisch-länglich od. (M. montana Host) länglich, bis länglich-lanzettlich. Bei Wien, Kaltenleutgeben, Pressbaum, Rappoltenkirchen, Weinzierl. · · *Blätter scharf, gesägt:* s) acutifolia (Sm.). Blätter lanzettlich, beiderseits behaart. In der Lobau. t) hardeggensis (H. Br.). Blätter lanzettlich, dichter behaart die unteren stumpflich gesägt. Bei Hardegg. u) rhomboidea (Strail). Blätter rhombisch-lanzettlich, dicht behaart. Donauinseln. H. 0,25—0,8 M. Juli-Sept.

b. Kelch kurzglockig, mit kurzdreieckigen, seltner spitzen Zähnen. Stengel u. Aeste durch Blattbüschel abgeschlossen.

* Blätter elliptisch bis elliptisch-lanzettlich, in den Stiel zugeschweift od. verschmälert.

o Kelchzähne spitz, oft fast pfriemlich; Früchtchen feinwarzig.

1408. **M. origanifolia Host.** Stengel meist ästig, oben dicht behaart; Blätter grün, eilanzettlich, behaart, feingesägt, oft gefaltet, die oberen allmählig in Deckblätter übergehend; Blüthenquirle zahlreich, schon im zweiten od. dritten Blattpaare beginnend; Kelch dichtbehaart; Blumenkrone klein, purpurn. ♃. Auf dem Laaerberge, am Neustädter Canal bei Semmering, im Wienerwalde, bei Horn. H. 0,2—0,35 M. Aug.-Sept.

o o Kelchzähne 3eckig-spitz, nicht fast pfriemlich; Früchtchen glatt.

1409. **M. parietariaefolia Becker.** Stengel einfach od. ästig, oben an den Kanten behaart; Blätter grün, länglich-lanzettlich, spitz od. etwas stumpflich-gezähnt, langgestielt, *untere Blattstiele viel länger als die in ihren Winkeln befindlichen Blüthenquirle*, kahl; Blüthenquirle zahlreich, entfernt; Kelch fast kahl, seltner reicher behaart; Blumenkrone klein, purpurn. ♃. Donauinseln bei Wien, Hainburg, Marchauen, Wienerwald, häufig im Waldviertel. b) tenuifolia (Host). Blätter etwas kleiner, stärker behaart. Bei Purkersdorf, Gmünd. c) silvatica (Host). Blatt- u. Blüthenstiele behaart; Kelchzähne kurz, spitzlich. Bei Weinzierl. H. 0,2—0,6 M. Juli-Aug.

1410. **M. austriaca Jacq.** Stengel einfach od. ästig, oben an den Kanten behaart; Blätter grün, oft purpurn überlaufen, elliptisch, seicht spitzgezähnt, *Blattstiele kürzer od. so lang wie die in ihren Winkeln befindlichen Blüthenquirle*, selten etwas länger, kahl; Blüthenquirle zahlreich, entfernt; Kelch kurz, flaumlich; Blumenkrone klein, purpurn. ♃. Donauauen bei Wien, Moosbrunn, Hainburg, Hardegg (mit den kleineren Formen: α) prostrata (Host). mit elliptisch-lanzettlichen, undeutlich gesägten unteren Blättern. M. Obornyana H. Br. Donauauen bei Wien, Hainburg u. Deutsch-Altenburg. β) sparsiflora (H. Br.) mit länglich-lanzettlichen Blättern u. armblüthigen Blüthenquirlen. In den Voralpen. γ) diffusa (Lej.) mit eilanzettlichen, kleinen, nur 1—2.5 cm. langen Blättern u. dünnem schwachen Stengel. Bei Ebergassing.) * *Blätter oberseits wenig behaart od. fast kahl, unterseits nur an den Nerven behaart*: o *Blätter mittelgross od. klein, 1—4 cm. lang; Blüthenstiele kahl od. mit einigen Härchen*: b) Kitaibeliana (H. Br.). Blätter rhombisch-lanzettlich, spitzgesägt, beiderseits langverschmälert. Stockerauer Au. c) foliicoma (Op.). Blätter elliptisch-lanzettlich, sehr seicht, fast gewelltgesägt. Donauinseln bei Wien, Hardegg: o o *Blätter ziemlich gross, 4—7 cm. lang*: d) nemorum (Bor.). Blätter breiteiförmig, seichtgesägt; Blüthenstiele kahl. Purkersdorf, Weinzierl, Stockerau. e) Hostii (Bor.). Blätter eiförmig-länglich, deutlich gesägt; Blüthenstiele rauhhaarig. Donauauen bei Wien. * * *Blätter beiderseits mehr minder dicht anliegend behaart*: o *Blätter länglich-*

lanzettlich, $2^{1}/_{2}$—4mal länger als breit: f) lanceolata (Becker). Blätter spitz u. schmal gesägt; Kelche u. Blüthenstiele behaart od. (M. sublanata H. Br.) Blätter dichter behaart; Kelche u. Blüthenstiele weisszottig. Bei Pressbaum, Rekawinkel, am Jauerling. o o *Blätter nicht länglich-lanzettlich*: . *Blüthenstiele kahl od. fast kahl*: f) pulchella (Host). Blätter lanzettlich bis elliptisch-lanzettlich, klein bis mittelgross, fein- u. scharf-gesägt; Blüthenquirle entfernt, so bei Wieselburg a. d. Erlaf, Donauinseln bei Wien, Hundsheim, Hainburg, od. (M. approximata Wirtg.) Blätter grösser u. obere Blüthenquirle gedrängt. So bei Moosbrunn u. Velm. g) polymorpha (Host). Blätter lanzettlich, zum Stiele sehr verschmälert, sehr schmal gesägt. Bei Purkersdorf. h) multiflora (Host). Blätter eilanzettlich, nach oben meist deutlich an Grösse abnehmend, spitz gesägt, so bei Purkersdorf u. Hollern, od. (agrestina H. Br.) schmal u. fast kerbig-gesägt, so bei Unter-Rohrbach. · · *Blüthenstiele dicht behaart*: i) fontana (Wh.). Blätter länglich, spitz, spitzgesägt; untere Deckblätter breitlanzettlich, die Quirle überragend. Bei Stockerau, im Prater u. auf den Donauinseln bei Wien. j) ocymoides (Host). Blätter ziemlich klein, elliptisch-lanzettlich, spitz, dichtgesägt; untere Deckblätter lineal, die entfernten Quirle nicht überragend, so bei Weinzierl, Vöslau, Wien, od. (M. campicola H. Br.) mit gedrängten Quirlen, bei Grossau, od. (M. fossicola H. Br.) mit etwas längerer walzlich-glockiger Kelchröhre, bei Laa u. Moosbrunn. Hieher auch M. pumila Host, mit kleinen eiförmigen Blättern, bei Moosbrunn, Trumau u. Vöslau; ferner M. lamiifolia Host, mit zottigem Stengel u. Blattstielen u. dicht weichhaarigen Blättern, bei Weinzierl u. Rappoltenkirchen, endlich M. slichovensis Op. mit grösseren breiten Blättern, so an der Längapiesting, bei Spillern, Hainburg, in der südöstlichen Niederung von Wien, im Wienerwalde, bei Rappoltenkirchen, Gloggnitz. k) Neesiana (Op.). Blätter lanzettlich, mit lang vorgezogener Spitze. M. intermedia Nees non Becker. Bei Rekawinkel. H. 0,2—0,6 M. Juli-Aug.

* * Blätter eiförmig bis elliptisch, am Grunde breit zugerundet, nicht in den Stiel verschmälert; Früchtchen glatt.

o Blätter wenig behaart od. fast kahl, oft glänzend; Blüthenstiele meist kahl.

1411. **M. palustris Moench.** Stengel meist reichverzweigt, oben an den Kanten behaart; Blätter grün, breiteiförmig-elliptisch, scharf gesägt, ziemlich langgestielt, 3—6 cm. lang, die oberen meist etwas kleiner; Blüthenquirle zahlreich; Kelch behaart; Blumenkrone klein, purpurn. ♃. Purkersdorf, Weidlingau, Dornbach, Donauinseln bei Wien, Stockerau. M. nuslensis Op. * *Blattstiele der unteren Quirle viel länger als letztere*: b) silvicola (H. Br.). Blätter eiförmig-elliptisch bis lanzettlich. Unter-Zögersdorf, Donauinseln bei Wien, Hainburg. * * *Blattstiele der unteren Quirle so lang od. kaum etwas länger als letztere*: o *Untere Blätter fast kreisrund*: c) nummularia (Schreb.). Blätter gewellt u. undeutlich-gesägt, die oberen eiförmig-elliptisch, so bei Weinern od. (M.

uliginosa Strail) mit kleinen, spitz gesägten Blättern, so bei Stockerau u. Mautern. o o *Untere Blätter nicht fast kreisrund:* d) procumbens (Thuill.). Blätter mittelgross od. klein, dunkelgrün, schlaff, gewellt-gesägt, so bei Moosbrunn, Ebergassing, Hainburg, Marchegg, od. (M. salebrosa Bor.) hellgrün u. undeutlich-gesägt, so bei Hundsheim, Vöslau. e) segetalis (Op.). Blätter klein, schmal- u. spitzgesägt; Kelch langhaarig, so bei Moosbrunn u. Neustadt od. (M. ruralis Pér.) der Kelch feinflaumig, so bei Ebergassing. H. 0,15—0,4 M. Juli-Sept.

o o **Blätter beiderseits mehr minder, meist sehr dichtbehaart; Blüthenstiele meist dicht anliegend behaart.**

1412. **M. arvensis L.** Stengel einfach od. ästig, dichtbehaart: Blätter graugrün, eiförmig, fein- u. stumpfgesägt, ziemlich kurzgestielt, 2,5—4 cm. lang, alle fast gleich mittelgross; Blüthenquirle zahlreich; Kelch dicht behaart; Blumenkrone klein, lila. ♃. Mauer, Rappoltenkirchen, Moosbrunn, Vöslau, Gloggnitz. Kleinere Formen derselben sind: β) distans (H. Br.) mit kleinen deckblattartigen oberen Blättern. Häufig im südlichen Wiener Becken u. im Wienerwalde. γ) submollis (H. Br.) mit langzottig u. dicht borstigem Stengel. Im Helenenthale. M. mollis Schultz non Koch. * *Blätter mittelgross, 2,5—4 cm. lang:* o *Blätter sämmtlich breiteiförmig od. elliptisch, stumpflich gesägt, am Grunde abgerundet:* b) scordiastrum (Schultz). Mittlere Blätter ziemlich langgestielt, dicht behaart, wie die ganze Pflanze. Bei Vöslau. o o *Blätter sämmtlich eiförmig-elliptisch od. eilanzettlich, scharf u. spitz gesägt, die unteren am Grunde abgerundet, die oberen verschmälert:* c) pulegiformis (H. Br.). Anliegend behaart; untere Blattstiele länger als die Blüthenstiele. Bei Aspern. d) marrubiastrum (Schultz). Dicht zottig-behaart; Blattstiele so lang als die Blüthenstiele. Bei Theresienfeld, Neustadt. o o o *Blätter eiförmig-elliptisch od. eilanzettlich, kurz u. scharf gesägt, am Grunde abgerundet od. die obersten verschmälert, die untersten breitelliptisch, oft fast kreisförmig, undeutlich gewellt-gesägt:* d) diversifolia (Dum.). Dichtflaumig; Blattstiele ziemlich lang. In der Prein u. Kleinau am Fusse der Rax. * * *Blätter klein, 1—2,5 cm. lang:* o *Blüthenstiele behaart:* e) varians (Host). Blätter eiförmig, am Grunde abgerundet, fein u. stumpflichgesägt, dicht behaart. Bei Pettenbach, Hundsheim, Deutsch-Altenburg, Moosbrunn, Weinzierl, Wieselburg an der Erlaf. f) arvicola (Pér.). Die oberen Blätter viel kleiner, die obersten deckblattartig, sonst wie e. Bei Simmering. o o *Blüthenstiele kahl od. fast kahl:* g) deflexa (Dum.). Blätter elliptisch, am Grunde abgerundet, ziemlich scharf gesägt, schwächer behaart. Bei Stockerau. * * * *Blätter gross, 4—7 cm. lang:* h) agrestis (Sole). Blätter breiteiförmig, scharf u. spitz gesägt, dicht behaart. Bei Vöslau, Pottenstein. i) lata (Op.). Blätter eiförmig, 3eckig-stumpflich-gesägt, die oberen an Grösse abnehmend, deckblattartig, so bei Vöslau, od. (M. agraria H. Br.) alle ziemlich gleich gross, so bei Hütteldorf, Pressbaum. H. 0,15—0,4 M. Juli-Sept.

C. Achsen mit Blattbüscheln od. mit beblätterten Blüthenquirlen abgeschlossen; Kelche glockig od. glockig-trichterig; Blumenkrone innen kahl; Früchtchen glatt. Von intensivem Citronen- od. Bergamottengeruche.

a. Blätter beiderseits wenig behaart, oberseits meist kahl; Kelche kahl, nur im oberen Theile behaart, Kelchzähne gewimpert.

1413. **M. rubra Sm.** Stengel meist ästig, fast kahl; *Blätter* deutlich gestielt, dunkelgrün, breit- od. länglich-eiförmig, spitz, *am Grunde abgerundet*, 2,5—8 cm. lang, *scharf u. tief gesägt, oberseits kahl*, an Grösse wenig abnehmend; Blüthenquirle zahlreich; Kelch röhrig-glockig, Zähne 3eckig-pfriemlich; Blumenkrone gross, 5—6 mm. lang, blasslila. ♃. Bei Marchegg, Baumgarten, Angern, Dürnkrut, Schlosshof; Langenlois; Maria-Zell. b) resinosa (Op.). Blätter eiförmig-elliptisch bis länglich-lanzettlich, oben allmählig in Deckblätter übergehend. Bei Marchegg, Klosterneuburg, Vöslau, Wolkersdorf, Langenlois. H. 0,4—0,7 M. Juli-Sept.

1414. **M. grata Host.** Stengel einfach od ästig, fast kahl; *Blätter* gestielt, grün, eiförmig-länglich bis elliptisch-lanzettlich, spitz, *am Grunde zugeschweift*, 1,5—6 cm. lang, *seicht spitzlich od. stumpflich gesägt, oberseits zerstreut-behaart*, an Grösse nicht auffällig abnehmend; Blüthenquirle zahlreich; Kelch glockig, Zähne spitz, 3eckig bis 3eckig-pfriemlich; Blumenkrone gross, 5—6 mm. lang, rothlila. ♃. Bei Leobersdorf, Vöslau, Gainfahren, Grossau, Kottingbrunn, in der Längapiesting, Mühlhof nächst Gloggnitz. b) Pauliana (Schultz). Deckblätter breiter, sammt den Kelchen u. Blättern mehr behaart. Bei Stockerau, Baumgarten u. Marchegg. H. 0,4—0,8 M. Juli-Sept.

b. Blätter beiderseits mehr minder dicht anliegend behaart bis wollig; Kelch langzottig-behaart.

1415 **M. quadica H. Br.** Stengel oben dicht behaart; *Blätter dünn*, kurzgestielt, eiförmig-elliptisch, spitz od. zugespitzt, oberseits dicht-, unterseits langhaarig, *sehr tief u. scharfgesägt, zum Stiel zugeschweift*, die oberen eilanzettlich, etwas kleiner; Blüthenquirle entfernt; *Kelch glockig*, dicht weisszottig, Zähne 3eckig, spitz od. stumpflich; Blumenkrone lila. ♃. Auf dem Jauerling. M. Andersoniana H. Br. p. p. H. 0,4—0,6 M. Juli-Sept.

1416. **M. Reissekii H. Br.** Stengel oben dicht behaart; *Blätter dicklich*, kurzgestielt, eiförmig-elliptisch, spitz od. stumpflich, oberseits dicht-, unterseits langhaarig, *grob 3eckig-stumpflich gesägt, am Grunde abgerundet*, die oberen fast sitzend, etwas kleiner; Blüthenquirle entfernt; *Kelch röhrig-glockig*, dichtzottig; Zähne 3eckig, spitz; Blumenkrone lila. ♃. Bei Hainburg, Wolfsthal, Deutsch-Altenburg, Hundsheim. H. 0.4—0,6 M. Juli-Sept.

Anm. M. gentilis L. u. M. dentata Moench werden häufig in Bauerngärten cultiviert.

II. Kelch fast zweilippig, die Zähne mit einem den Schlund absperrenden Haarringe geschlossen.

1417. **M. pulegium L.** Stengel ästig, sammt den Blättern kahl od. flaumlich; Blätter elliptisch od. länglich, in Deckblätter übergehend; Blüthenquirle kugelig, zahlreich, entfernt od. genähert; Blumenkrone innen zerstreut behaart, violett; Früchtchen glatt. ♃. Im Thalwege der Thaya u. March, im Marchfelde, südöstliche Niederung Wiens bis zur Leitha, Laaerberg; St. Pölten. b) hirtiflora (Op.). Stengel abstehend behaart; Blätter flaumlich; Blüthenstiele u. Kelche dichter behaart. So seltner. H. 0,1—0,4 M. Juli-Sept.

390. Lycopus L. Wolfsfuss. Blüthen zwittrig; Kelch 5zähnig; Staubgefässe 2.

1418. **L. europaeus L.** *Blätter* länglich-lanzettlich, *eingeschnitten-gezähnt, die unteren am Grunde fiederspaltig,* Zipfel ganzrandig; Blumenkrone weiss, roth punktirt; *Ansätze zu den 2 oberen Staubgefässen fädlich, fast unmerklich.* ♃. Gräben, Bäche, verbreitet. H. 0,2—1,0 M. Juli-Sept.

1419. **L. exaltatus L. fil.** *Blätter* eiförmig-länglich, *alle fiederspaltig od. fiedertheilig,* Zipfel ganzrandig od. gezähnt; Blumenkrone weiss; *Ansätze zu den 2 oberen Staubgefässen kopfig.* ♃. Gräben, Sümpfe, Auen, selten; Hohenau, Dürnkrut, Angern, Zwerndorf, Baumgarten, Marchegg; Mauerbach, Schafhof bei Baden, Himberg, Enzersdorf a. d. Fischa, Wilfleinsdorf. H. 0,6—1,4 Juli-Sept.

2. Gruppe. Monardeae Benth. Blumenkrone 2lippig; Staubgefässe 2, genähert, unter der Oberlippe parallel verlaufend.

391. Salvia L. Salbei. Kelch 2lippig, Oberlippe 3zähnig od. ungetheilt, Unterlippe 2spaltig; Oberlippe der Blumenkrone gewölbt od. zusammengedrückt, Unterlippe 3spaltig.

* Scheinquirle wenig—10blüthig; Kronröhre innen nackt; Griffel aus der Oberlippe heraustretend.

o Blumenkrone gelb.

1420. **S. glutinosa L.** Stengel oberwärts drüsig-klebig; *Blätter sämmtlich gegenständig u. gestielt, 3eckig-eiförmig, am Grunde herzspiessförmig;* Blumenkrone 30—40 mm. lang, schwefelgelb; *Staubgefässe so lang als die Blumenkrone, aus derselben nicht herausragend.* ♃. Bergwälder, häufig auch in Donauauen. H. 0,5—1,2 M. Juli-Sept.

1421. **S. austriaca Jacq.** Stengel oberwärts dichtzottig mit eingemischten Drüsenhaaren; grundständige *Blätter rosettig, gestielt eiförmig, stengelständige gegenständig, sitzend, länglich,* viel kleiner; Blumenkrone 15—20 mm. lang, weisslichgelb; *Staubgefässe 2mal länger als die Blumenkrone, aus derselben weit herausragend.*

♃. Triften, Wiesen: Nussberg, Türkenschanze, Prater, Schwechat, Schwadorf, Rauhenwarth, über Fischamend, Trautmannsdorf bis Hainburg u. das Leithagebirge; Laxenburg, Pfaffstetten, Baden, Steinabrueckel, Schönau, Neustadt; Angern: zwischen Horn u. Burgerwiesen. H. 0,3—0,8 M. Mai-Juni.

○ ○ Blumenkrone violett, rosa od. weiss.

• Stengel buschig ästig, pyramidenförmig; Deckblätter gross, breit herzförmig-rundlich; Kelchzähne in einen pfriemlichen Dorn auslaufend.

1422. **S. aethiopis L.** Stengel sammt den Kelchen weisswollig; Blätter herzeiförmig, buchtig od. lappig, weisswollig, grundständige rosettig, gestielt, stengelständige gegenständig, die obersten sitzend; Blumenkrone weiss. ⊙ Dämme, Haine; Simmering, Klederling, Laaerberg, Ober- und Unter-Laa, Inzersdorf, Vösendorf, Lanzendorf, Himberg bis Laxenburg, Neustadt, Katzelsdorf, Bruck a. d. Leitha u. zwischen Berg u. Gattendorf, Goyss, Winden, Breitenbrunn. H. 0,3—1,2 M. Juni-Juli.

• Stengel einfach od. ästig; Deckblätter klein, eiförmig; Kelchzähne stachelspitzig.

1423. **S. pratensis L.** *Stengel* armblättrig, flaumig od. zottig, *oberwärts* sammt den Deckblättern u. Blüthen *drüsig-zottig*; Blätter gestielt, eiförmig, doppeltgekerbt, grundständige rosettig, stengelständige gegenständig: *Deckblätter grün;* Blumenkrone 22—26 mm. lang, violett, selten rosa od. weiss, Oberlippe stark gekrümmt. ♃. Wiesen, gemein. H. 0,3—0,6 M. Mai-Juli. b) dumetorum (Andrz.) Blumenkrone klein, 12—16 mm. lang, dunkler. Oberlippe weniggekrümmt, Griffel weit herausragend. Seltner.

1424. **S. nemorosa L.** *Stengel* reichblättrig, feinflaumig, *oberwärts drüsig-punktiert;* Blätter gegenständig, gestielt, eiförmiglänglich, gekerbt, die oberen sitzend; *Deckblätter purpurn überlaufen;* Blumenkrone 8—13 mm. lang, violett, selten rosa od. weiss, Oberlippe fast gerade. ♃. Wiesen, Raine, häufig; fehlt im Gebiete von St. Pölten u. Seitenstetten. S. silvestris Aut. non L. H. 0,3—0,6 M. Juni-Aug.

1423×1424. **S. pratensis × nemorosa.** Von S. pratensis durch drüsigpunktierte, nicht drüsigzottige Deckblätter u. Blüthen u. viel kleinere Blumenkronen mit fast gerader Oberlippe; von S. nemorosa durch entfernt beblätterte Stengel, grössere Blätter u. Blüthen u. grüne Deckblätter verschieden. Wiesen, selten; zwischen Laxenburg u. Münchendorf, bei Neustadt, bei Gruselsdorf u. Dornau a. d. Triesting; Mannersdorf; Bisamberg. S. silvestris L. S. elata Host. S. ambigua Celák.

* * Scheinquirle 20 bis mehrblüthig; Kronröhre innen mit einem Haarkranze; Griffel auf die Unterlippe herabgebogen.

1425. **S. verticillata L.** Stengel kurzhaarig; Blätter gegenständig, gestielt, 3eckig-herzförmig, meist geöhrelt; Blumenkrone klein, hellviolett, sehr selten weiss. ♃. Wiesen, Raine, häufig. H. 0,3—0,6 M. Juni-Aug.

3. Gruppe. Satureieae Benth. Blumenkrone 2lippig; Staubgefässe 4, von einander entfernt, oben auseinandertretend od. zusammenneigend, die 2 oberen kürzer.

392 Origanum L. Dost. Blüthen vielehig-2häusig; Kelch 5zähnig; Staubgefässe oben auseinandertretend, Staubbeutelhälften an das fast 3eckige Connectiv schief angewachsen.

1426. **O. vulgare L.** Blätter eiförmig, zerstreut behaart; Scheinquirle in gedrängten Aehren; Blumenkrone purpurn, selten weiss. ♃. Buschige Orte, häufig. H. 0.3—0,6 M. Juni-Aug. b) glabrescens Beck. Blätter kleiner, glänzend, sammt den Deckblättern fast kahl. Voralpen bis in die Krummholzregion.

393. Hyssopus L. Ysop. Blüthen zwittrig; Kelch 5zähnig; Staubgefässe oben auseinandertretend, Staubbeutelhälften nur an der Spitze zusammengewachsen, später wagrecht auseinandertretend.

1427. **H. officinalis L.** Blätter lanzettlich; Blüthen dunkelblau, selten weiss od. roth, in einseitswendigen, scheinquirligen Aehren. ♃. Steinige Orte, schwerlich wirklich wild; Stammersdorf, Steinbruch bei Dornbach, Maaberg u. Eichkogel bei Mödling, Mitterberg, Rauheneck u. oberes Helenenthal bei Baden, zwischen Theresienfeld u. Neustadt, Schwarzensee, Stixenstein, zwischen Schlöglmühl u. Payerbach, Scheibbs. H. 0,3—0,5 M. Juli-Aug.

394. Thymus L. Thymian. Blüthen vielehig-2häusig; Kelch 2lippig, obere Lippe 3zähnig, untere 2theilig; Staubgefässe oben auseinandertretend, Staubbeutelhälften an das fast 3eckige Connectiv schief angewachsen.

a. Blattnerven gewebeläufig, mit einem kielförmigen Mittelnerv u. obsoleten, an der frischen Pflanze nicht sichtbaren Seitennerven.

1428. **T. angustifolius Pers.** Stengel kriechend, wurzelnd, zahlreiche, rundliche, rundum behaarte Blüthenzweige treibend; Blätter linealkeilig, unmerklich gestielt, am Grunde u. an den Rändern zottig-bewimpert; Kelch zottig behaart; Blüthen gebüschelt, klein, lichtpurpurn, in kleinen kopfförmigen gedrungenen Scheinquirlen. ♃. Sandige Orte; bisher nur im Marchfelde bei Magyarfalva u. Baumgarten. H. 0,05—0,2 M. Mai-Juli.

b. Blattnerven bogenläufig, mit allmälig sich verschmälernden u. am Blattrande sich verlierenden Seitennerven.

* Stengel rundlich, rundum behaart; Blätter lineal od. linealllanzettlich.

1429. **T. Marschallianus Willd.** Stengel kriechend, wurzelnd, reihenweis angeordnete Blüthenzweige treibend; Blätter lineallanzettlich, sehr kurz gestielt, zerstreut behaart od. am Grunde bewimpert; Blüthen gebüschelt, in entfernten Scheinquirlen; Kelch dichtzottig, Zähne gewimpert; Blumenkrone ansehnlich, purpurn, selten weiss. ♃. Triften, gemein. T. serpyllum Aut. non L. T. senilis Dichtl. H. 0,1—0,25 M. Mai-Juli. b) lanuginosus (Mill.) Stengel und Blätter dichtzottig behaart. T. austriacus

Bernh. c) collinus (M. a. B.) Blätter lineal od. elliptisch, spärlich behaart. T. Lövyanus Op. T. ellipticus Op. T. Kosteleckyanus Op. T. linearifolius Wim et Grab. T. arenarius Bernh. An gleichen Orten.

* * Stengel deutlich 4kantig, zweizeilig- od. an den Kanten behaart; Blätter eiförmig.

1430. **T. chamaedrys Fr.** *Stengel kriechend,* am Grunde *wurzelnd, zweizeilig behaart;* Blätter deutlich gestielt, kahl od. am Grunde spärlich bewimpert; *Blüthen* gebüschelt, *in entfernten kugeligen Scheinquirlen;* Kelch kahl od. spärlich behaart, die 2 unteren Zähne stark-, die 3 oberen schwach- od. nicht bewimpert; Blumenkrone ansehnlich, 5—6 mm. lang, rosa. ♃. Grasige Abhänge der Bergregion bis in die Voralpen, stellenweise. H. 0,1—0,2 M. Mai-Juli. b) alpestris (Tausch). Blüthen grösser, den Kelch doppelt überragend. Voralpen bis in das Krummholz.

1431. **T. ovatus Mill.** *Stengel aufsteigend od. aufrecht, selten wurzelnd, an den Kanten behaart;* Blätter deutlich gestielt, kahl od. am Grunde spärlich bewimpert; *Blüthen* gebüschelt, *in meist gedrängt stehenden, länglichen Scheinquirlen;* Kelch behaart, die 2 unteren Zähne stark-, die 3 oberen schwach bewimpert; Blumenkrone klein, 4 mm. lang, purpurviolett. ♃. Bergwälder, Holzschläge, stellenweise: Weidlingbach, Mariabrunn, Giesshübel, Vöslau, Sonnwendstein, Wechsel. H. 0,1—0,25 M. Aug.-Oct. b) subcitratus (Schreb.) Kelche wenig behaart. c) montanus (W. et K.) Kelche fast kahl. An gleichen Orten.

c. Blattnerven stark vorspringend, mit in den callösen Blattrand mündenden Seitennerven.

1432. **T. praecox Op.** Stengel kriechend, wurzelnd, rundlich, rundum behaart; Blätter eiförmig bis fast kreisrund, deutlich gestielt, kahl, am Grunde lang bewimpert; Blüthen gebüschelt, in gedrängt stehenden, kugeligen Scheinquirlen; Kelch steifhaarig, Zähne lang bewimpert; Blumenkrone ansehnlich, rosa. ♃. Sonnige Hügel; häufig auf allen Kalkbergen des südl. Wiener Beckens, bis in die untere Alpenregion. T. humifusus Bernh. H. 0,1—0,2 M. Mai-Juli. b) spathulatus (Op.) Stengel sammt den Kelchen länger abstehend behaart. c) badensis (H. Br.) Stengel sammt den Blättern langhaarig-zottig. Mit der Grundform.

395. Calamintha Tourn. Bergminze. Staubgefässe unter der Oberlippe zusammenneigend, sonst wie Thymus.

a. Allgemeine Blüthenhülle fehlend.

* Blüthen kurzgestielt, zu 3—5, in blattwinkelständigen Scheinquirlen.

1433. **C. acinos (L.) Clairv.** *Wurzel jährig;* Stengel rauhhaarig; Blätter eiförmig; Blüthen klein, 10 mm. lang, lila; *Fruchtkelch durch die anliegenden Zähne geschlossen.* ⊙ Brachen, häufig. Thymus acinos L. Acinos thymoides Moench. C. arvensis Lam. H. 0,10—0,35 M. Juni-Aug.

1434. **C. alpina (L.) Lam.** *Wurzel ausdauernd*; Stengel flaumig; Blätter eiförmig; Blüthen gross. 15—20 mm. lang, violett; *Fruchtkelch offen, mit abstehenden Zähnen.* ♃. Kalkberge bis in die Alpenregion. Thymus alpinus L. H. 0,1—0,35 M. Mai-Juli.

1433. × 1434. **C. acinos × alpina.** Von C. acinos durch die vielköpfige ausdauernde Wurzel, kräftigere Tracht und kürzer behaarte Stengel; von C. alpina durch kleinere Blüthen u. schmälere kraushaarige Blätter verschieden. Mayersdorf an der hohen Wand. C. mixta Ausserd.

* * Blüthen in gestielten, blattwinkelständigen Trugdolden.

1435. **C. nepetoides Jord.** Stengel rauhhaarig; Blätter eiförmig-rundlich: Trugdolden 12—15blüthig; Blüthen klein, lila, Fruchtkelch offen. ♃. Buschige Stellen, selten; Eisenstadt am Leithagebirge; Fuss des Oetschers, an der unteren Pielach von der Ruine Osterburg bis zur Mündung, Melk, Schönbühel, Weissenkirchen bei Spitz. H. 0,2—0,4 M. Aug.-Sept.

b. Scheinquirle mit einer aus borstlichen Deckblättern gebildeten Hülle umgeben.

1436. **C. vulgaris L.** Stengel rauhharig; Blätter eiförmig: Scheinquirle reichblüthig; Blumenkrone purpurn, sehr selten weiss. ♃. Buschige Hügel, häufig. Clinopodium vulgare L. C. clinopodium Spenn. H 0,3—0,6 M. Juni-Aug.

396. Melissa Tourn. Melisse. Blüthen zwittrig; Kelch 2lippig, obere Lippe 3zähnig, untere 2spaltig; Staubgefässe unter der Oberlippe zusammenneigend, Staubbeutelhälften nur an der Spitze zusammengewachsen, später wagrecht auseinandertretend.

1437. **M. officinalis L.** Stengel aufrecht-ästig; Blätter eiförmig od. die unteren herzförmig, gekerbt gesägt; Blüthen gebüschelt, weiss, in einseitswendigen Scheinquirlen. ♃. Südlichen Ursprungs, bei uns öfters verwildert; Kaltenleutgeben, Weissenbach in der Brühl, Perchtholdsdorf, Baden, Merkenstein; Gerolding. H. 0,4—0,8 M. Juli-Aug.

4. Gruppe. Blumenkrone 2lippig; Staubgefässe 4, unter der Oberlippe parallel laufend, die 2 oberen länger.

397. Nepeta L. Katzenminze. Blüthen zwittrig; Kelch 5zähnig; Oberlippe der Blumenkrone flach, Mittelzipfel der Unterlippe concav; Staubbeutelhälften in kein Kreuz gestellt.

1438. **N. cataria L.** Stengel grauflaumig; *Blätter gestielt*, herzeiförmig, oberseits kahl od. flaumig, mattgrün, *unterseits graufilzig;* Blumenkrone weiss od. röthlich; Theilfrüchte glatt. ♃. Zäune, Dörfer, buschige Orte, allem Anscheine nach nur verwildert, zerstreut im ganzen Gebiete. H. 0,6—1.25 M. Juli-Aug.

1439. **N. pannonica Jacq.** Stengel ziemlich kahl; *Blätter sitzend* od. die unteren kurzgestielt, herzförmig-länglich, *beiderseits* *grasgrün u. grösstentheils kahl;* Blumenkrone lila od. weisslich; Theilfrüchte gegen die Spitze zu warzig-weichstachlig. ♃. Waldränder, buschige Orte: Stillfrieder Wald; Gayring, Baumgarten a. d. March; Rotherstadl bei Kalksburg, Mühlleiten u. Jungendbrunnen bei Baden, Heiligenkreuz, Dreistetten an der Wand, Grünbach, Sieding, Vestenhof, Reichenau, Warth, zwischen Edlitz u. Krumbach; Rosaliengebirge bei Pösching, Katzelsdorf; Pitten, Zillingsdorf; Leithagebirge bei Mannersdorf, Kaisersteinbruch, Wilfleinsdorf, Bruck, Winden, Petronell a. d. Donau. N. nuda Neilr. non L. H. 0,5—1,25 M. Juli-Aug.

398. Glechoma L. Gundelrebe. Blüthen vielehig-2häusig; Kelch 5zähnig: Oberlippe der Blumenkrone flach, Mittelzipfel der Unterlippe flach; Staubbeutelhälften paarweise in ein Kreuz gestellt.

1440. **G. hederacea L.** Stengel kriechend; Blätter gestielt, nierenförmig od. herzförmig, gekerbt; Scheinquirle einseitswendig, armblüthig; Blumenkrone hellviolett. ♃. Zäune, Wiesen, verbreitet. Nepeta glechoma Benth. H. 0,1—0,2 M. April-Juni. b) hirsuta (W. et K.) Kräftiger. Stengel oft fast zottig. Kelchzähne lang grannig zugespitzt. Leopoldsberg, Hainburger Berge. G. rigida A. Kern.

399. Dracocephalum L. Drachenkopf. Blüthen zwittrig; Kelch 2lippig, obere Lippe aus 1 Zahne, untere aus 4 kleinen Zähnen gebildet; Oberlippe der Blumenkrone gewölbt, Mittelzipfel der Unterlippe verkehrtherzförmig.

1441. **D. austriacum L.** Stengel aufrecht, rauhhaarig; Blätter u. Deckblätter fiedertheilig, mit 3—7 linealen Zipfeln; Blüthen gebüschelt, in genäherten Scheinquirlen; Blumenkrone gross, dunkelviolett. ♃. Sonnige buschige Stellen der Kalkberge, sehr selten; Geissberg bei Perchtholdsdorf an mehreren Stellen, in der Nähe der Ruine Starhemberg, auf der Steinernen Wand; Hundsheimer Berg. H. 0,2—0,3 M. Mai-Juni.

5. Gruppe. **Stachydeae Benth. Blumenkrone 2lippig, Staubgefässe 4, unter der Oberlippe parallel laufend, die 2 oberen kürzer.**

a. **Staubgefässe sammt Griffel aus dem Schlunde der Blumenkrone herausragend; Kelch 2lippig, bei der Fruchtreife offen.**

400. Melittis L. Immenblatt. Oberlippe der Blumenkrone ganz od. ausgerandet, Unterlippe 3lappig, Mittellappen viel grösser, rundlich.

1442. **M. melissophyllum L.** Stengel aufrecht, rauhhaarig; Blätter herzeiförmig, gekerbt; Blüthen zu 1—3, in den Blattwinkeln; Blumenkrone gross, weiss od. rosa, purpurn gefleckt. ♃. Steinige, buschige Orte, verbreitet. H. 0,3—0,05 M. Mai-Juni.

b. **Staubgefässe sammt Griffel aus dem Schlunde der Blumenkrone herausragend; Kelch 2lippig, bei der Fruchtreife geschlossen.**

401. Scutellaria L. Helmkraut. Kelchlippen ungetheilt, obere auf dem Rücken mit einer hohlen Schuppe; Oberlippe der Blumenkrone ganz od. ausgerandet. Unterlippe 3spaltig, Seitenzipfel mit der Oberlippe verwachsen, diese daher scheinbar 3spaltig u. die Unterlippe scheinbar ungetheilt; Haarkranz fehlend.

1443. **S. galericulata L.** Stengel aufrecht, ziemlich kahl; *Blätter* länglich od. lanzettlich, *am Grunde meist herzförmig, gekerbt;* Blüthen einzeln, achselständig; *Kelch kahl od. kurzhaarig;* Blumenkrone blauviolett. ♃. Auen, Gräben, Ufer, verbreitet. H. 0,2 bis 0,6 M. Juli-Aug.

1444. **S. hastifolia L.** Stengel aufrecht, ziemlich kahl; *Blätter* länglich-lanzettlich, *durch 1—2 wagrechtabstehende Oehrchen spiessförmig, ganzrandig;* Blüthen einzeln, achselständig; *Kelch drüsig-flaumig;* Blumenkrone blauviolett. ♃. Gräben, Bäche, stellenweise; an der March von Rabensburg bis Marchegg, bei Gänserndorf, Wagram, Seiring, Eibesbrunn, Stadelau; Prater, Margarethen am Moos, Ebergassing, Lanzendorf, Achau, Laxenburg, Himberg, Traiskirchen; Pötzleinsdorf, zwischen St. Veit u. Lainz, Mauer, Laab, Purkersdorf, zwischen Soos u. Baden, Brunn am Steinfelde, Neustadt, Hartmanstetten, Hafning, Hassbach, Kirchau, Payerbach, Reichenau; Stockerau, Tulln, Mautern, Winden oberhalb der Melkmündung. H. 0,1—0,3 M. Juli-Aug.

402. Prunella L. Brunelle. Obere Lippe des Kelches kurz 3zähnig, untere 2spaltig; Oberlippe der Blumenkrone ungetheilt, Unterlippe 3spaltig; ein Haarkranz in der Kronröhre.

a. Das oberste Blattpaar dicht unter der Scheinähre stehend; Blumenkrone 8—16 mm. lang; längere Staubfäden unter der Anthere mit einem sichelförmigen spitzen Zahne.

1445. **P. vulgaris L.** *Stengel zerstreut behaart;* Blätter eilänglich, zerstreut behaart, grün, ganzrandig od. am Grunde etwas gezähnt; Zähne der Kelchoberlippe sehr kurz, stachelspitzig. *Unterlippe spärlich bewimpert;* Blumenkrone violett, selten rosa od. weiss. ♃. Wiesen, Wälder, häufig. H. 0,05—0,3 M. Juni-Herbst.

1446. **P. laciniata L.** *Stengel* wie die ganze Pflanze *von dichten kurzen Haaren graugrün;* Blätter eilänglich, die untersten ganzrandig od. gezähnt, die folgenden fiederspaltig; Zähne der Kelchoberlippe sehr kurz, stachelspitzig, *Unterlippe steifhaarig-gewimpert;* Blumenkrone gelblichweiss. ♃. Buschige, sonnige Plätze, häufig. P. alba Pall. H. 0,05—0,3 M. Juni-Herbst.

1445 × 1446. **P. vulgaris × laciniata.** Von P. vulgaris durch fiederspaltige od. gezähnte Blätter u. stärkere Behaarung aller Theile; von P. laciniata durch spärlich bewimperte Kelchunterlippe u. violette Blüthen verschieden. Unter den Eltern, nicht selten. P. pinnatifida Pers. P. violacea Op. P. hybrida Knaf.

b. Das oberste Blattpaar von der Scheinähre entfernt; Blumenkrone 20—25 mm. lang; längere Staubfäden unter der Anthere mit einem kurzen stumpfen Höcker.

1447. **P. grandiflora (L.) Jacq.** Stengel kurz- od. rauhhaarig, wie die ganze Pflanze; Blätter eilänglich, ganzrandig od. entfernt gezähnt; Zähne der Kelchoberlippe breiteiförmig, zugespitzt, stachelspitzig, Unterlippe spärlich bewimpert; Blumenkrone violett, selten weiss. ♃. Wiesen, sonnige Hügel, häufig. P. vulgaris. β. grandiflora L. H. 0,1—0,3 M. Juni-Herbst.

1446 × 1447 **P. grandiflora × laciniata.** Der P. grandiflora in der Tracht ähnlich, von ihr jedoch durch fiederspaltige, meist dichter behaarte Blätter, kürzere Zähne der Kelchoberlippe u. öfters auch eine blassere Unterlippe der Blumenkrone verschieden; von P. laciniata durch schwächere Behaarung aller Theile, das von der Scheinähre entfernte oberste Blattpaar, die mit einem stumpfen Höcker versehenen Staubfäden u. violette Blüthen abweichend. P. variabilis Beck. Eine zweite denselben Eltern entstammende Bastartform, P. bicolor Beck, steht der P. laciniata näher, unterscheidet sich aber von dieser durch zugespitzte Zähne der Kelchoberlippe, die violette Blumenkrone mit blassgelblicher Unterlippe u. manchmal auch durch das von der Scheinähre etwas entfernte oberste Blattpaar; von P. grandiflora weicht sie ab durch die dichte Behaarung, das meist dicht unter der Scheinähre stehende oberste Blattpaar, die mit einem sichelförmigen Zahn versehenen Staubfäden u. die blassgelbliche Unterlippe. Beide Formen fast überall, wo die Stammeltern zusammen wachsen.

1445 × 1447. **P. grandiflora × vulgaris.** Von P. grandiflora durch das dicht unter der Scheinähre befindliche od. nur wenig von ihr entfernte oberste Blattpaar; von P. vulgaris durch grosse Blüthen verschieden. Sebenstein, Rappoltenkirchen, Spitz. P. spuria Stapf.

c. Staubgefässe sammt Griffel aus dem Schlunde der Blumenkrone herausragend; Kelch 5zähnig, bei der Fruchtreife offen.

403. Lamium L. Taubnessel. Oberlippe der Blumenkrone ganz od. gezähnelt, Unterlippe verkehrtherzförmig, Seitenzipfel unmerklich od. fehlend; meist ein Haarkranz in der Kronröhre; Staubgefässe ohne Anhängsel, Staubbeutel mit einer Längsritze aufspringend.

* Wurzel 1jährig; Kronröhre gerade, dünn, Oberlippe ungekielt.

1448. **L. amplexicaule L.** *Blätter rundlich-nierenförmig*, stumpf, eingeschnitten-gekerbt, *blüthenständige stengelumfassend sitzend*, untere gestielt; *Kelch* rauhhaarig, *Zähne nach dem Verblühen zusammenneigend;* Blumenkrone purpurn, innen kahl. ☉ Brachen, Weingärten, gemein. H. 0,1—0,3 M. April-Sept.

1449. **L. purpureum L.** *Blätter gestielt, herzeiförmig*, ungleichgekerbt, *blüthenständige spitz; Kelch* zerstreut-behaart, *Zähne* *nach dem Verblühen abstehend;* Blumenkrone purpurn, sehr selten weiss, innen mit einem Haarkranze. ⊙ Brachen, Zäune, gemein. H. 0,1—0,3 M. März-Oct.

* * Wurzel ausdauernd, Ausläufer treibend; Kronröhre gekrümmt, am Grunde eingeschnürt, darüber bauchig-erweitert mit einem Haarkranze, Oberlippe doppelt gekielt.

1450. **L. maculatum L.** Blätter gestielt, ei- od. 3eckig-herzförmig, grobgesägt; Blumenkrone purpurn, selten weiss, *Haarkranz u. Einschnürung querlaufend, Oberlippe am Rande kurzhaarig.* ♃. Auen, Gebüsche, gemein, bis in die Krummholzregion. H. 0,3—0,6 M. April-Sept.

1451. **L. album L.** Blätter gestielt, herzeiförmig od. herzförmig-länglich, grobgesägt; Blumenkrone weiss, Unterlippe grünlich-gefleckt, *Haarkranz u. Einschnürung schräg, Oberlippe am Rande abstehend-zottig.* ♃. Zäune, wüste Plätze; um Wien nur bei Pressbaum u. Rappoltenkirchen, häufiger in subalp. Thälern der beiden südlichen Kreise u. im Kreise U. M. B. von Stockerau bis Langenlois, auch bei Melk, Ottenschlag u. Raabs. H. 0,3—0,6 M. Mai-Juli.

404. Phlomis L. Filzkraut. Oberlippe der Blumenkrone ausgerandet, Unterlippe 3spaltig, Mittelzipfel grösser, verkehrtherzförmig; ein Haarkranz in der Kronröhre; die 2 oberen Staubgefässe unter dem angewachsenen Grunde mit einem fädlichen Anhängsel, Staubbeutel mit einer Längsritze aufspringend.

1452. **P. tuberosa L.** Stengel aufrecht, kahl; Blätter gestielt, untere 3eckig-herzförmig, obere herzförmig-länglich; Scheinquirle kuglig; Blumenkrone rosa, Oberlippe zottig. ♃. Buschige Orte, sehr selten; Bisamberg, Zögersdorf bei Stockerau, Höbesbrunn, Wolkersdorf, Marchegg, Altmannsdorf, Eichkogel bei Mödling, Schwadorfer Holz, zwischen Bruck an der Leitha u. Parndorf. H. 0,5—1,0 M. Juni-Juli.

405. Stachys L. Ziest. Oberlippe der Blumenkrone ganz od. ausgerandet, Unterlippe 3spaltig, Mittelzipfel grösser, verkehrtherz- od. verkehrteiförmig; eine Haarkranz in der Kronröhre; Staubgefässe ohne Anhängsel, die 2 unteren nach dem Verblühen gedreht u. auswärts gebogen, Staubbeutel mit einer Längsritze aufspringend.

a. Scheinquirle meist vielblüthig; Deckblätter der einzelnen Blüthen lineallanzettlich, so lang als der Kelch od. etwas kürzer.

1453. **S. germanica L.** *Stengel weisswollig-filzig, wie die ganze Pflanze, drüsenlos;* Blätter gestielt, eilänglich, am Grunde oft herzförmig; Scheinquirle 15—50blüthig; Kelchzähne ungleich, stachelspitzig; Blumenkrone hellpurpurn. ⊙ u. ♃. Raine, buschige Orte, stellenweise; Hügelkette von Zögersdorf u. Ernstbrunn bis an die March, Thalweg der March; zerstreut am Kahlengebirge

u. am Steinfelde. Leithagebirge bei Goyss; oberes Donauthal zwischen Langenlois u. Melk; Gföhl, Zwettl, Waidhofen an der Thaya, Raabs. H. 0,3—0,8 M. Juli-Aug.

1454. **S. alpina L.** *Stengel rauhhaarig, wie die ganze Pflanze, oberwärts sammt den Kelchen drüsenhaarig;* Blätter gestielt, herzeiförmig; Scheinquirle 5—20blüthig: Kelchzähne breiteiförmig, stumpflich, stachelspitzig; Blumenkrone schmutzig-purpurn. ♃. Waldränder, Holzschläge; zerstreut in der Berg- u. Voralpenregion der beiden südlichen Kreise. H. 0,3—1,0 M. Juni-Aug.

b. Scheinquirle wenigblüthig; Deckblätter der einzelnen Blüthen fädlich, viel kürzer als der Kelch.

* Blätter am Grunde herzförmig; Blumenkrone purpurn.

1455. **S. silvatica L.** Wurzelstock kriechend, walzlich; *Stengel* rauhhaarig, *oberwärts sammt den Kelchen drüsenhaarig; Blätter herzeiförmig, untere lang-, obere kurz-gestielt;* Scheinquirle meist 6blüthig; Blumenkrone dunkelpurpurn, Röhre über dem Grunde verengert, dann bis zum Schlunde gleichweit. Unterlippe weisslich gestreift. ♃. Auen, Wälder, häufig. H. 0,5—0,8 M. Juni-Juli.

1456. **S. palustris. L.** Wurzelstock kriechend, im Herbste an der Spitze knollig-verdickt; *Stengel* steifhaarig, *drüsenlos; Blätter länglich bis lanzettlich, untere kurzgestielt, obere sitzend;* Scheinquirle 6—12blüthig; Blumenkrone hellpurpurn, Röhre über der Einschnürung allmälig erweitert. Unterlippe weisslich gestreift. ♃. Ufer, feuchte Aecker, häufig. H. 0,3—1,0 M. Juli-Aug.

1455×1456. **S. silvatica × palustris.** Von der Tracht der S. palustris, von derselben aber durch kurzgestielte obere Blätter, dunklere Blüthen u. die Drüsenhaare; von S. silvatica durch länglich-lanzettliche, kurzgestielte Blätter u. den an der Spitze knollig verdickten Wurzelstock verschieden. Mauer, Schönbrunner Park, Auen bei Kagran, Buchberg bei Scheibbs, Lunz. S. ambigua Sm. S. Baumgartneri Beck.

* * Blätter am Grunde verschmälert; Blumenkrone gelblichweiss.

1457. **S. annua L.** *Stengel* kahl od. oberwärts flaumig, *krautig;* Blätter eiförmig bis länglich-lanzettlich; *Scheinquirle 2—6blüthig;* Kelch zottig, Zähne lanzettlich, stachelspitzig, behaart, kürzer als die Kronröhre; Unterlippe rothpunktiert. ⊙ Brachen, wüste Plätze, gemein. H. 0,15—0,3 M. Mai-Sept.

1458. **S. recta L.** *Stengel* steifhaarig, *am Grunde holzig*; Blätter länglich-lanzettlich: *Scheinquirle 6—12blüthig*; Kelch steifhaarig, Zähne 3eckig, mit kahler Stachelspitze, so lang als die Kronröhre; Unterlippe rothpunktiert. ♃. Buschige Hügel, verbreitet. H. 0,3—0,6 M. Juni-Aug.

406. Ballota L. Ballote. Die 2 unteren Staubgefässe nach dem Verblühen nicht auswärts gebogen, sonst wie Stachys.

1459. **B. nigra L.** Stengel kurzhaarig; Blätter gestielt, herzeiförmig; Scheinquirle vielblüthig; Kelchzähne 3eckig-lanzettlich, in eine Granne auslaufend, welche länger als der Zahn ist; Blumenkrone purpurn, selten weiss. ♃. Hecken, Wege, gemein. H. 0,5—1,0 M. Juni-Sept. b) alba (L.) Kelchzähne kurz, 3eckig, kurzstachelspitzig. So selten, bei Klosterneuburg.

407. Galeobdolon Huds. Goldnessel. Oberlippe der Blumenkrone gekerbt, Unterlippe 3spaltig, mit eilanzettlichen Zipfeln; ein Haarkranz in der Kronröhre; Staubgefässe ohne Anhängsel, Staubbeutel mit einer Längsritze aufspringend.

1460. **G. luteum Huds.** Stengel beblätterte Ausläufer treibend; Blätter herzeiförmig, manchmal weissgefleckt; Scheinquirle meist 6blüthig; Blumenkrone sattgelb. ♃. Bergwälder bis in die Krummholzregion, seltner in der Ebene. Galeopsis galeobdolon L. H. 0,3—0,6 M. April-Juni.

408. Leonurus L. Löwenschwanz. Oberlippe der Blumenkrone ganz, Unterlippe 3spaltig, in einen lanzettlichen Zipfel zusammengewachsen; ein Haarkranz in der Kronröhre; Staubgefässe ohne Anhängsel, die 2 unteren nach dem Verblühen gedreht u. auswärts gebogen, Staubbeutel mit einer Längsritze aufspringend.

1461. **L. cardiaca L.** Blätter gestielt, untere handförmig 5—7spaltig, eingeschnitten-gesägt, am Grunde herzförmig, obere 3spaltig, am Grunde keilig; Scheinquirle in langer, beblätterter Aehre; Blumenkrone zottig, blassröthlich, weit aus dem Kelche ragend. ♃. Zäune, wüste Plätze, verbreitet. H. 0,4—1,2 M. Juni-August.

409. Chaiturus Ehrh. Katzenschwanz. Oberlippe der Blumenkrone ganz, Unterlippe 3spaltig, Mittelzipfel grösser, verkehrteiförmig; Haarkranz in der Kronröhre fehlend; Staubgefässe ohne Anhängsel, die 2 unteren nach dem Verblühen nicht auswärts gebogen, Staubbeutel mit einer Längsritze aufspringend.

1462. **C. marrubiastrum (L.) Rchb.** Blätter gestielt, grobgesägt, untere eiförmig, obere lanzettlich; Scheinquirle in langer beblätterter Aehre; Blumenkrone flaumig, blassrosa, kürzer als der Kelch. ⊙ Gebüsche, Auen, Gruben; häufig im Thalwege der March u. im südöstlichen Marchfelde bis auf die Hochleiten; Laaerberg über Lanzendorf u. Laxenburg bis an die Leitha u. an den Neusiedlersee; Kahlengebirge bei Weidlingau, Breitenfurth, Wolfsgraben, zwischen Baden u. Vöslau; Winzersdorf, Peisching, Urschendorf, Loipersbach, Natschbach, Bromberg; fehlt in den 2 westlichen Kreisen. Leonurus marrubiastrum L. H. 0,5—1,0 M. Juli-Aug.

410. Betonica L. Betonie. Oberlippe der Blumenkrone ganz od. ausgerandet. Unterlippe 3spaltig, Mittelzipfel grösser, verkehrtherz- od. verkehrteiförmig; Haarkranz in der Kronröhre fehlend; Staubgefässe ohne Anhängsel, die 2 unteren nach dem Verblühen auswärts gebogen, Staubbeutel mit einer Längsritze aufspringend.

1463. **B. officinalis L.** Stengel kurzhaarig; Blätter herzförmiglänglich, grobgekerbt; Scheinquirle in gedrungener, meist verkürzter Aehre; *Kelch* rauhhaarig, *kürzer als die Kronröhre; Blumenkrone purpurn,* höchst selten weiss. ♃. Wiesen, buschige Hügel, bis in die Voralpen, häufig. H. 0,3—0,6 M. Juni-Aug. b) glabrata Koch. Scheinquirle in langer unterbrochener Aehre; Kelch kahl, glänzend; Blumenkrone dunkler. Moorwiesen bei Moosbrunn.

1464. **B. Jacquini Gr. et Godr.** Stengel rauhhaarig; Blätter herzeiförmig, grobgekerbt; Scheinquirle in gedrungener, meist verkürzter Aehre; *Kelch* rauhhaarig, *so lang als die Kronröhre; Blumenkrone blassgelb.* ♃. Kalkalpen u. benachbarte Voralpen. B. alopecurus Jacq., L. p. p. H. 0,15—0,5 M. Juli-Aug.

411. Galeopsis L. Hohlzahn. Oberlippe der Blumenkrone ganz od. ausgerandet. Unterlippe 3spaltig, Mittelzipfel verkehrtherzförmig od. rundlich 4eckig, am Grunde beiderseits mit einem hohlen Zahne; Haarkranz in der Kronröhre fehlend; Staubgefässe ohne Anhängsel, Staubbeutel mit Klappen aufspringend.

a. Stengel unter den Gelenken nicht verdickt.

1465. **G. ladanum L.** Stengel mit abwärts angedrückten Haaren besetzt, oberwärts drüsenhaarig; *Blätter eilänglich od. länglich, gleichmässig grobgesägt,* grasgrün; Scheinquirle entfernt; *Kelch angedrückt-behaart,* Zähne stachelspitzig, so lang als die Kronröhre od. kürzer; Blumenkrone hellpurpurn. ⊙ Aecker, Brachen, zerstreut. G. intermedia Vill. G. latifolia Hoffm. H. 0,1 bis 0,4 M. Juli-Herbst.

1466. **G. angustifolia Ehrh.** Stengel mit abwärts angedrückten Haaren besetzt, oberwärts spärlich drüsenhaarig; *Blätter lanzettlich od. lineallanzettlich, entfernt-gesägt od. ganzrandig,* grasgrün; Scheinquirle entfernt; *Kelch angedrückt-behaart,* Zähne stachelspitzig, kürzer als die Kronröhre; Blumenkrone hellpurpurn. ⊙ Aecker, buschige, felsige Stellen, besonders auf Kalk, bis in die Voralpen. H. 0,1—0,5 M. Juli-Herbst.

1467. **G. canescens Schult.** Stengel mit abwärts angedrückten Haaren besetzt, oberwärts spärlich drüsenhaarig; *Blätter lanzettlich od. lineallanzettlich, entfernt gesägt od. ganzrandig,* grasgrün; Scheinquirle oben genähert; *Kelch von abstehenden Haaren grauzottig;* Zähne stachelspitzig, kürzer als die Kronröhre; Blumenkrone hellpurpurn. ⊙ Brachen, Steinschutt, zerstreut. H. 0,1—0,4 M. Juli-Herbst.

b. Stengel unter den Gelenken verdickt.

* Blumenkrone purpurn od. weiss.

1468. **G. tetrahit L.** *Stengel* von abwärts gerichteten Borsten *steifhaarig-stechend;* Blätter eiförmig od. eilänglich, grobgesägt; *Kelchzähne* in einen feinen Dorn auslaufend, *etwa so lang als die Kronröhre;* Blumenkrone hellpurpurn od. weiss. Mittelzipfel der Unterlippe fast 4eckig, flach, mit einem gelben Fleck. ⊙ Brachen, Aecker, verbreitet; einzeln bis in die Krummholzregion, wie bei dem Baumgartner auf dem Schneeberge. H. 0,15—0,7 M. Juli-Herbst. b) bifida (Boenningh.) Mittelzipfel der Unterlippe länglich, deutlich ausgerandet, fast 2spaltig, am Rande umgerollt. So hie u. da.

1469. **G. pubescens Bess.** *Stengel angedrückt-weichhaarig,* mit eingemischten, abwärts gerichteten Borsten; Blätter eiförmig od. eilänglich, grobgesägt; *Kelchzähne* in eine stechende Spitze auslaufend, *kürzer als die Kronröhre;* Blumenkrone purpurn, am Grunde gelblich, Mittelzipfel der Unterlippe fast 3eckig, flach, mit 2 gelben Flecken. ⊙ Zäune, Wälder, bis in die Voralpen. H. 0.3—1,0 M. Juli-Herbst.

* * Blumenkrone schwefelgelb, mit violettem Mitelzipfel der Unterlippe.

1470. **G. speciosa Mill.** Stengel von abwärts gerichteten Borsten steifhaarig; Blätter eiförmig od. eilänglich, am Grunde verschmälert, grobgesägt; Kelchzähne in eine stechende Spitze auslaufend, kürzer als die Kronröhre. ⊙ Wälder, Holzschläge, Aecker, niedriger bis subalpiner Gegenden, verbreitet. G. versicolor Curt. G. cannabina Roth. H. 0,3—1,0 M. Juli-Herbst. b) sulphurea (Jord.) Blätter am Grunde abgerundet; Blumen kleiner. An gleichen Orten.

1468×1470. **G. tetrahit × speciosa.** Von G. tetrahit durch gelbe Blüthen, von G. speciosa durch spärlichere Bekleidung der Kelche u. kleinere Blüthen verschieden. Waidhofen an der Ybbs. G. Murriana Borb. et Wettst.

1469×1470. **G. pubescens × speciosa.** Von G. pubescens durch das Zurücktreten der weichen Behaarung am Stengel u. gelbe Blüthen; von G. speciosa durch ganz rothe Unterlippe u. Vordertheile der kleineren Blüthen, verschieden. Knappendörfl bei Reichenau. G. polychroma Beck.

d. Staubgefässe sammt Griffel in der Blumenkronröhre eingeschlossen; Kelch bei der Fruchtreife offen.

412. Sideritis L. Gliedkraut. Kelch 5zähnig od. 2lippig; Oberlippe der Blumenkrone ganz od. ausgerandet, Unterlippe 3spaltig. Mittelzipfel grösser, eiförmig; Haarkranz in der Kronröhre oft fehlend; Theilfrüchtchen an der Spitze abgerundet.

1471. **S. montana L.** Stengel wollig-zottig; Blätter lanzettlich, ganzrandig od. vorne gesägt; Blüthen in langen scheinquirligen Aehren; Kelch länger als die Kronröhre; Blumenkrone klein, gelb, mit purpurbraun eingefassten Lippen. ⊙ Brachen, sonnige Hügel, stellenweise. H. 0,15—0,3 M. Juli-Aug.

413. Marrubium L. Andorn. Kelch 5—10zähnig; Oberlippe der Blumenkrone ganz od. 2spaltig, Unterlippe 3spaltig, Mittelzipfel grösser, rundlich; Haarkranz in der Kronröhre unterbrochen; Theilfrüchtchen an der Spitze mit einer 3eckigen Fläche abgeschnitten.

1472. **M. peregrinum L.** Stengel ausgebreitet-ästig, weissfilzig, wie die ganze Pflanze; Blätter eilänglich bis länglich-lanzettlich; Scheinquirle gedrängt; *Kelch 5zähnig, Zähne gerade, bis an die Spitze dichtfilzig;* Blumenkrone klein, weiss ♃. Weiden, wüste Plätze; verbreitet in der südöstlichen Niederung Wiens, südlich bis Neustadt u. Katzelsdorf, gegen Ungarn immer häufiger; massenhaft im Thalwege der March u. im südöstlichen Marchfelde, auch im Thayathale bis Raabs hinauf; bei Kirchberg am Wagram. M. creticum Mill. H. 0,3—0,6 M. Juli-Aug.

1473. **M. vulgare L.** Stengel ästig, weissfilzig; Blätter rundlich-eiförmig, unterseits graufilzig, oberseits flaumig; Scheinquirle gedrängt, dichtblüthig; *Kelch 10zähnig, Zähne hackig gebogen, von der Mitte an kahl;* Blumenkrone klein, weiss. ♃. Wege, Zäune, wüste Plätze, sehr zerstreut im ganzen Gebiete, auch im Waldviertel. H. 0,3—0,5 M. Juli-Sept.

1472 × 1473. **M. peregrinum × vulgare.** Von M. peregrinum durch weniger ästigen Stengel, minder dichten Ueberzug, breitere Blätter, blüthenreichere Scheinquirle, ungleich 5—10zähnigen Kelch mit an der Spitze kahlen, gebogenen Zähnen; von M. vulgare durch ästigere Stengel, dichteren Ueberzug, schmälere Blätter minder reichblüthige Scheinquirle u. den Kelch, verschieden. Simmeringer Heide, Deutsch-Altenburg, Baumgarten im Marchfelde, Angern. M. remotum Kit. M. pannonicum Rchb.

6. Gruppe. Ajugoideae Benth. Blumenkrone 1lippig, Oberlippe unmerklich od. scheinbar fehlend; Staubgefässe 4, genähert, parallel laufend.

414. Ajuga L. Günsel. Kelch 5zähnig; Oberlippe der Blumenkrone 2 kurze unmerkliche Läppchen, Unterlippe 3spaltig, Mittelzipfel grösser, verkehrtherzförmig; ein Haarkranz in der Kronröhre.

a. Blüthen blau, selten rosa od. weiss, in 6—12blüthigen Scheinquirlen.

* Wurzelstock beblätterte Ausläufer treibend.

1474. **A. reptans L.** Stengel 2reihig behaart od. fast kahl; Blätter länglich-verkehrteiförmig, ausgeschweift od. schwachgekerbt, die unteren oft rosettig; Deckblätter ungetheilt, die oberen kürzer od. so lang als die Blumenkrone. ♃. Wälder, Auen, Raine, bis in die Voralpen, häufig. H. 0,1—0,3 M. April-Juni.

* * Wurzelstock keine beblätterten Ausläufer treibend.

1475. **A. genevensis L.** Stengel wollig-zottig; Blätter länglich-verkehrteiförmig, am Grunde keilförmig, eingeschnitten gekerbt-gezähnt, die unteren keine Rosette bildend, zur Blüthezeit meist verwelkt; *Deckblätter 3lappig, die oberen kürzer od. so lang als die Blumenkrone,* meist ungetheilt. ♃. Brachen, Wiesen, Waldränder, häufig, bis in die Krummholzregion, so am Waxriegel des Schneeberges. H. 0,1—0,3 M. Mai-Juni.

1474 × 1475. **A. genevensis × reptans.** Von A. genevensis durch schwach gekerbte untere u. ganzrandige obere Deckblätter, kürzere Stengelblätter u. schwächere Stengelbehaarung; von A. reptans durch den Mangel der Ausläufer u. zerstreut-behaarte, aufsteigende Stengel verschieden. Eichenwäldchen von Schönbrunn, Laxenburger Park. A. hybrida Kern.

1476. **A. pyramidalis L.** Stengel wollig-zottig; Blätter länglich-verkehrteiförmig, geschweift-gezähnt, die unteren oft rosettig; *Deckblätter geschweift-gekerbt, auch die oberen 2mal länger als die Blumenkrone.* ♃. Triften der Schiefer-Voralpen, am Kampstein, Saurücken, Salbl, Wechsel; Raxalpe; angeblich auch bei Fischau, Litschau. H. 0,05—0,15 M. Juni-Juli.

b. Blüthen gelb, einzeln blattwinkelständig.

1477. **A. chamaepitys (L.) Schreb.** Stengel zottig; Blätter 3theilig, mit schmallinealen Zipfeln. ☉ Brachen, verbreitet. Teucrium chamaepitys L. H. 0,05—0,15 M. Juni-Sept.

415. Teucrium L. Gamander. Kelch 5zähnig; Oberlippe der Blumenkrone tief 3spaltig. Zipfel auf die 3spaltige Unterlippe herabgeschlagen, diese daher scheinbar 5spaltig, Mittelzipfel grösser, rundlich od. länglich; Haarkranz in der Kronröhre fehlend.

a. Kelchzähne ungleich, der hintere viel breiter.

1478. **T. scorodonia L.** Wurzelstock kriechend; Stengel weichhaarig; Blätter gestielt, herzförmig-länglich, gekerbt-gesägt; Blüthen einzeln, in end- u. blattwinkelständigen, einseitswendigen Trauben; Blumenkrone blassgrünlich-gelb. ♃. Waldränder, bisher nur im Stadelmeyerholze bei Steyer an der oberösterreichischen Grenze. Scorodonia silvestris Lk. H. 0,3—0,5 M. Juli-Aug.

b. Kelchzähne ziemlich gleich.

* Blätter ungetheilt, ganzrandig.

1479. **T. montanum L.** Stengel niedergestreckt; Blätter sitzend, lineallanzettlich, unterseits weissfilzig; Blüthen gelblichweiss, zu 1—2 in den obersten Blattwinkeln kopfförmig-zusammengedrängt. ♃. Steinige, sonnige Stellen, Wiesen; häufig auf den Kalkbergen der beiden südl. Kreise, bis in die Voralpen; Hainburger Berge,

Leithagebirge; Hollenburg a. d. Donau, Gneixendorf, Gedersdorf, Aggsbach; Angern an der March; Ebergassing, Velm, Moosbrunn, Laxenburg, Steinfeld; Wilhelmsburgerheide a. d. Traisen. T. supinum Jacq. H. 0,05—0,15 M. Juli-Aug.

* * Blätter getheilt od. gezähnt.

o Blüthen blattwinkelständig, lockere meist einseitswendige Scheinquirle bildend.

1480. **T. botrys L.** *Wurzel* spindlig, *jährig;* Stengel drüsig-flaumig, wie die ganze Pflanze; *Blätter gestielt, doppelt-, die obersten einfach-fiederspaltig;* Blumenkrone hellpurpurn. ⊙ Aecker, Raine, steinige Abhänge; zerstreut auf den Kalkbergen u. Aeckern des südl. Wiener Beckens bis in die Voralpen, auf dem Waschberg bei Stockerau, im oberen Donau-Becken; im Kreise O. M. B. um Schönberg am Kamp, Gedersdorfer Berg, Rehbergerthal bei Krems. H. 0,1—0,3 M. Juli-Sept.

1481. **T. scordium L.** *Wurzelstock kriechend, beblätterte Ausläufer treibend;* Stengel zottig; *Blätter sitzend, länglich-lanzettlich, grobgezähnt,* flaumig; Blumenkrone hellpurpurn. ♃. Gräben, feuchte Wiesen; Thalweg der Pulka zwischen Haugsdorf u. Laa, der March von Rabensburg bis Marchegg, bei Wagram, Gänserndorf, Grafendorf, Leitzersdorf; südöstl. Ebene Wiens von Simmering u. Laxenburg bis an die Laitha; zwischen St. Veit u. Lainz; Baden, Soos, Vöslau, Kottingbrunn, Fischau; jenseits des Kahlengebirges bei Langegg u. St. Pölten. H. 0,15 – 0,4 M. Juli-Aug.

o o Blüthen blattwinkelständig, in eine an der Spitze des Stengels gedrungene Traube zusammengestellt.

1482. **T. chamaedrys L.** Stengel 2reihig-zottig od. rundum flaumig; Blätter gestielt, länglich-verkehrteiförmig, ungleich eingeschnitten-gekerbt; Blumenkrone hellpurpurn, selten weiss. ♃. Steinige, sonnige Abhänge, häufig. H. 0,15—0.25 M. Juli-Sept.

LXXII. Familie. **Verbenaceae Juss.**

416. Verbena L. Eisenkraut. Kelch 4—5spaltig; Blumenkrone stieltellerförmig, mit schiefem, 5lappigem, fast 2lippigem Saume; Staubgefässe 4; Frucht in 4 einsamige Steinkerne sich spaltend.

1483. **V. officinalis L.** Stengel rauh; Blätter eilänglich, 3spaltig od. fiederlappig, mit grobeingeschnitten-gesägten Zipfeln; Blüthen klein, lila, in ruthenförmigen, fast fädlichen Aehren. ⊙ Wege, wüste Plätze, bis in die Voralpen häufig. H. 0,3—0,6 M. Juni-September.

LXXIII. Familie. **Lentibulariaceae Lindl.**

417. Pinguicula L. Kelch fast 2lippig, 5spaltig; Oberlippe der Blumenkrone ausgerandet od. 2spaltig, Unterlippe 3lappig; Staubbeutel quer aufspringend; Kapsel 2klappig. Landpflanzen mit ungetheilten grundständigen Blättern.

1484. **P. vulgaris L.** Stengel einblüthig; Blätter grundständig, rosettig, länglich, fleischig, drüsig-klebrig; Blumenkrone hellviolett. *Sporn* walzlich-pfriemlich, schlank, *2mal kürzer als die Blumenkrone.* ♃. Nasse Wiesen, Moore bis in die Voralpen; südöstl. Niederung Wiens von Himberg bis Neustadt, so wie auf den Sandstein- u. Schieferbergen u. in Voralpenthälern der beiden südl. Kreise; im Waldviertel. H. 0,1—0,2 M. Mai-Juni.

1485. **P. alpina L.** Blumenkrone weiss, mit 2 gelben Flecken auf der Unterlippe, *Sporn* kegelförmig, dick, *4mal kürzer als die Blumenkrone,* s. w. v. ♃. Sumpfige Wiesen, feuchte Felsen der Voralpen bis in die Alpenregion; dann auf Moorwiesen bei Moosbrunn, bei Furt, Seitenstetten. P. flavesces Floercke. H. 0,05—0,15 M. April-Juni.

418. Utricularia L. Wasserschlauch. Kelch 2blättrig; Ober- u. Unterlippe der Blumenkrone ungetheilt od. ausgerandet; Staubbeutel mit Längsritze aufspringend. Kapsel unregelmässig zerreissend. Wasserpflanzen mit vieltheiligen Blättern.

a. Blattzipfel borstig-gewimpert; Gaumen gewölbt, den Schlund schliessend; Sporn 3—4mal länger als breit.

1486. **U. vulgaris L.** Blätter allseitig abstehend, gleich gestaltet, fiederförmig-vieltheilig mit haardünnen Zipfeln, die meisten rundliche lufthältige Blasen tragend; Traube 5—10blüthig; Blumenkrone gross, dottergelb, *Oberlippe ungetheilt, so lang als der orangegestreifte Gaumen,* Unterlippe am Rande zurückgeschlagen; *Fruchtstiele zurückgebogen.* ♃. Sümpfe der Donau, Leitha, March, Traisen, des Kamp, Wassergräben bei Schwadorf, Moosbrunn, Unterwaltersdorf, Hölles, Neustadt, H. 0,1—0,3 M. Juni-Aug.

1487. **U. intermedia Hayne.** Blätter zweizeilig, doppeltgestaltet, die einen gabelspaltig-vieltheilig mit schmallinealen Zipfeln, ohne Blasen, die anderen verkümmert, wenige grosse lufthältige Blasen tragend; Traube 2—6blüthig; Blumenkrone kleiner, citronengelb, *Oberlippe ungetheilt, doppelt so lang als der bluthrothgestreifte Gaumen;* Unterlippe flach; *Fruchtstiele aufrecht.* ♃. Sümpfe, Wassergräben, Moorbrüche; angeblich in den Donauauen, dann bei Oberweiden u. Moosbrunn, in neuerer Zeit jedoch nicht wieder gefunden. H. 0,1—0,2 M. Juli-Aug.

b. Blattzipfel glatt; Gaumen flach, den Schlund offen lassend; Sporn so lang als breit.

1488. **U. minor L.** Blätter allseitig abstehend, gleich gestaltet, gabelspaltig-vieltheilig, mit haardünnen Zipfeln, die meisten rundliche lufthältige Blasen tragend; Traube 2—6blüthig; Blumenkrone klein, blassgelb, Oberlippe ausgerandet, so lang als der blutrothgestreifte Gaumen, Unterlippe am Rande breit zurückgeschlagen; Fruchtstiele zurückgebogen. ♃. Sümpfe, Wassergräben, Moorbrüche, sehr selten; Prater, Ebergassing, Schwadorf, Götzendorf, Moosbrunn, Kottingbrunn, Hölles, an der unteren Melk bei

Grosspriel u. am Fusse des Hiesberges, im Schallbergerteiche bei Seitenstetten. H. 0,5—0,15 M. Juli-Aug.

LXXIV. Familie. Primulaceae Vent.

1 Fruchtknoten mit der Kelchröhre verwachsen, halbunterständig . . . . **Samolus**
Fruchtknoten frei, oberständig 2
2 Kapsel rundum aufspringend 3
Kapsel klappig aufspringend 4
3 Kelch 4theilig; Blumenkrone krugförmig, 4spaltig; Staubgefässe 4 . . . . **Centunculus**
Kelch 5theilig; Blumenkrone radförmig, 5theilig; Staubgefässe 5 . . . . **Anagallis**
4 Wasserpflanze mit kämmig-fiedertheiligen Blättern . **Hottonia**
Landpflanzen mit ganzrandigen bis gelappten Blättern . . 5
5 Stengel beblättert 6
Stengel blattlos, schaftartig 8
6 Blüthen einzeln in den Blattwinkeln sitzend; Blumenkrone fehlend . . . . **Glaux**
Blüthen gestielt, Blumenkrone vorhanden 7
7 Blumenkrone radförmig mit 5theiligem Saume; Staubgefässe 5 **Lysimachia**
Blumenkrone sternförmig mit 7theiligem Saume; Staubgefässe 7 . . . . **Trientalis**
8 Wurzelstock knollig; Kronzipfel plötzlich zurückgebrochen **Cyclamen**
Wurzelstock nicht knollig; Kronzipfel aufrecht od. abstehend 9
9 Blumenkrone glockig od. glockig-radförmig 10
Blumenkrone trichterig od. stieltellerförmig 11
10 Kronzipfel zerschlitzt, vielspaltig, meist blau . . . **Soldanella**
Kronzipfel ganzrandig . . . . **Cortusa**
11 Kronröhre eiförmig, im Schlunde verengt . . . . **Androsace**
Kronröhre walzlich, im Schlunde erweitert . . . . **Primula**

1. Gruppe. Samoleae Endl. Fruchtknoten mit der Kelchröhre verwachsen, halbunterständig; Kapsel klappig aufspringend; Samen umgewendet.

419. Samolus L. Pungen. Kelchsaum 5spaltig; Blumenkrone kurzglockig, Saum 5theilig. Schlund nackt; Staubgefässe 10, die 5 äusseren verkümmert; Kapsel 5klappig.

1489. **S. Valerandi L.** Blätter länglich-verkehrteiförmig, die grundständigen rosettig; Trauben zuletzt verlängert; Blumenkrone klein, weiss. ♃. Wiesengräben, Moorbrüche; zwischen Wülzeshofen u. Zwingendorf, bei Wagram, Gänserndorf; Margarethen am Moos, Ebergassing, zwischen Liesing u. Erlaa, von Himberg u. Laxenburg über Ebreichsdorf, Vöslau bis Hölles u. Winzendorf; Neusiedler See; fehlt in den 2 westl. Kreisen. H. 0,1—0,4 M. Juni-Juli.

2. Gruppe. Anagallideae Endl. Fruchtknoten frei, oberständig; Kapsel rundum aufspringend; Samen doppelwendig.

420. Centunculus L. Kleinling. Kelch 4theilig; Blumenkrone krugförmig. Saum 4spaltig, Schlund nackt; Staubgefässe 4.

1490. **C. minimus L.** Blätter wechselständig, eiförmig; Blüthen klein, weiss od. röthlich, einzeln in den Blattwinkeln sitzend. ⊙ Feuchte Triften, Furchen, Gruben, selten; Fuss des Hermannskogels, Dreimarkstein, Salmannsdorf, Hameau, Neuwaldegg, Halterthal bei Hütteldorf, Rekawinkel; Tulln, Schallaburg, Pyhra, Rosenfeld bei Melk, Soos bei Mank, Oberndorf; Zwettl, Ottenschlag, Grossau bei Raabs; zwischen Witzelsberg u. Scheiblingkirchen, Gloggnitz. H. 0,03—0,07 M. Mai-Aug.

421. Anagallis L. Gauchheil. Kelch 5theilig; Blumenkrone radförmig, Saum 5theilig, Schlund nackt; Staubgefässe 5.

1491. **A. arvensis L.** Stengel 4kantig, ausgebreitet-ästig; Blätter gegenständig od. zu 3 quirlig, eiförmig; Blüthen einzeln, blattwinkelständig; Kelchzipfel bis zur Mitte breithautrandig, etwa so lang als die Blumenkrone; *Blumenkrone mennigroth*, seltner weiss mit rothem Grunde, Zipfel vorne gezähnt, *dicht drüsig-gewimpert.* ⊙ Brachen, Raine, häufig. A. phoenicea Scop. H. 0,05—0,3 M. Jun-Herbst.

1492. **A. coerulea Schreb.** Kelchzipfel hautrandig, kürzer als die Blumenkrone; *Blumenkrone dunkelblau, nicht od. nur selten drüsig-gewimpert*, sonst wie vorige. ⊙ Brachen, Raine, häufig. H. 0,05—0,3 M. Juni-Herbst.

3. Gruppe. Hottonieae Endl. Fruchtknoten frei, oberständig; Kapsel klappig aufspringend; Samen ungewendet.

422. Hottonia L. Hottonie. Kelch 5theilig; Blumenkrone stieltellerförmig, Saum 5theilig, Schlund nackt; Staubgefässe 5; Kapsel 5klappig.

1493. **H. palustris L.** Stengel mit dem Grunde im Schlamme kriechend; Blätter quirlig, kämmig-fiedertheilig, untergetaucht; Blüthen bleichrosa, quirlig, eine endständige Traube bildend. ♃. Stehende Gewässer, Sümpfe, selten; in Sümpfen der Melk bei Melk, in jenen der Donau von Pöchlarn bis Fraisingau, Mautern, Theiss, Grafenwörth, Klosterneuburg, Heustadlwasser im Prater, der Traisen bei Herzogenburg, der Thaya bei Rabensburg, Drösing, der Leitha bei Bruck. H. 0,15—0,5 M. Mai-Juli.

4. Gruppe. Primuleae Endl. Samen doppelwendig, sonst wie vorige Gruppe.

423. Glaux L. Milchkraut. Kelch 5theilig, kronblattartig; Blumenkrone fehlend; Staubgefässe 5; Kapsel 5klappig.

1494. **G. maritima L.** Stengel an den unteren Gelenken wurzelnd; Blätter lineallanzettlich, fleischig, dicht stehend;

Blüthen einzeln, blattwinkelständig. ♃. Feuchte, salzige Orte, selten; Staatz, unteres Pulkathal von Merkersdorf über Hadres, Mailberg, Zwingendorf u. Wülzeshofen bis Laa, Retz. H. 0,05—0,15 M. Mai-Juni.

424. Lysimachia L. Lysimachie. Kelch 5theilig; Blumenkrone radförmig, Saum 5theilig, Schlund nackt; Staubgefässe 5; Kapsel 5klappig, zuweilen mehrere Klappen zusammenhängend.

a. Blüthen sehr klein, 5—7zählig, in blattwinkelständigen dichten walzlichen Trauben, ein kleiner Zahn zwischen den Kronzipfeln.

1495. **L. thyrsiflora L.** Wurzelstock kriechend; Stengel hohl, unten beschuppt; Blätter gegenständig od. zu 3—4quirlig, sitzend, lanzettlich; Blumenkrone gelb; Staubfäden am Grunde kurz zusammengewachsen; Kapsel 5klappig. ♃. Sümpfe, Torfgräben, moosige Nadelwälder; Grafenwörth, Hiesberg bei Melk, Waldteich bei Zwettl, Kirchberg am Walde, Karlstift, Pürbach, Hoheneich, Weissenbach, Erdweiss, Thiergarten, Schrems, Gmünd, Eisgarn, Heidenreichstein, Waidhofen an der Thaya. Naumburgia thyrsiflora Rchb. H. 0,2—0,6 M. Juni-Juli.

b. Blüthen ansehnlich, 5zählig, zu 1—4, blattwinkelständig, kein Zahn zwischen den Kronzipfeln.

* Stengel aufrecht; Blüthen zu 1—4 einen endständigen traubigen od. rispigen Blüthenstand bildend; Blüthenstiele auch bei der Fruchtreife gerade.

1496. **L. vulgaris L.** Wurzelstock kriechend; Blätter gegenständig od. zu 3—4quirlig, kurzgestielt, eilänglich; *Kelchzipfel* zugespitzt, *braunberandet;* Blumenkrone goldgelb, *Zipfel ungewimpert;* Staubfäden fast bis zur Mitte verwachsen; Kapsel 5klappig. ♃. Gräben, Ufer, feuchte Gebüsche, verbreitet. H. 0,5 bis 1,2 M. Juni-Juli.

1497. **L. punctata L.** Wurzelstock kriechend; Blätter meist zu 3—4quirlig, kurzgestielt, eilänglich; *Kelchzipfel* stumpflich, *unberandet;* Blumenkrone citrongelb, *Zipfel drüsig-gewimpert;* Staubfäden fast bis zur Mitte verwachsen; Kapsel 5klappig. ♃. Bergwälder, feuchte Gebüsche, verbreitet. H. 0,5—1,0 M. Juni-Juli.

* * Stengel kriechend; Blüthen einzeln; Fruchtstiele herabgebogen.

1498. **L. nummularia L.** Wurzel faserig; Blätter gegenständig, kurzgestielt, eirundlich, stumpflich, drüsig punktiert; Blumenkrone gelb; *Kelchzipfel herzförmig, spitz;* Staubfäden am Grunde kurz zusammengewachsen; Kapsel 5klappig. ♃. Nasse Wiesen, Gräben, häufig. H. 0,2—0,4 M. Juni-Sept.

1499. **L. nemorum L.** Wurzel faserig; Blätter gegenständig, kurzgestielt, eiförmig, spitz, nicht punktiert; Blumenkrone gelb; *Kelchzipfel lineal-pfriemlich, feinzugespitzt;* Staubfäden frei; Kapsel 2klappig, mit 2—3spaltigen Klappen. ♃. Schattige Bergwälder, bis in die Voralpen, stellenweise. H. 0,15—0,3 M. Juni-Sept.

425. Trientalis L. Siebenstern. Kelch 7theilig; Blumenkrone sternförmig, Saum 7theilig, Schlund nackt; Staubgefässe 7; Kapsel 7klappig. Blüthentheile zuweilen 5—9zählig.

1500. **T. europaea L.** Wurzelstock dünn, kriechend; Stengel oben mit 5—7 elliptischen, eine Rosette bildenden Blättern; Blüthen 1—2, langgestielt, weiss. ♃. Torfmoore, nur im Waldviertel bei Karlstift, Altmelon, Gutenbrunn, am Burgstein. H. 0,1 bis 0,2 M. Mai-Juni.

426. Cyclamen L. Erdscheibe. Kelch 5theilig; Blumenkrone kurzglockig, Saum tief 5spaltig, plötzlich zurückgebrochen, Schlund nackt; Staubgefässe 5; Kapsel 5klappig.

1501. **C. europaeum L.** Wurzelstock knollig; Blätter herzförmig-rundlich, oberseits dunkelgrün, weissgefleckt, unterseits purpurn; Blüthenstiele grundständig, 1blüthig; Blumenkrone rosapurpurn. ♃. Berg- u. Voralpenwälder, verbreitet. H. 0,05—0,1 M. Aug.-Sept.

427. Soldanella L. Alpenglöckchen. Kelch 5theilig; Blumenkrone glockig, 5theilig-vielspaltig, Schlund mit 5 Schuppen od. nackt; Staubgefässe 5; Kapsel mit einem Deckel aufspringend u. sonach in 5 Zähne sich spaltend.

a. Blumenkrone bis zur Hälfte gespalten, im Schlunde zwischen den Staubfäden mit 5 häutigen Schuppen; Staubfäden an der Grenze des 1—2 Viertels eingefügt; Griffel so lang od. länger als die Blumenkrone.

1502. **S. montana Willd.** *Stengel* 3—10blüthig, *sowie die Blüthen- u. Blattstiele fein drüsenhaarig;* Blätter gross, rundlich-nierenförmig, seicht gekerbt od. geschweift; Blumenkrone trichterig-glockig, hellviolett, Schlundschuppen eilänglich, nach oben keilig verschmälert u. ausgerandet. ♃. Moosige Wälder der Berg- u. Voralpenregion; Pommersdorfer Wald bei Raabs, Pyrabruck, Heinrichs, Harbach, Wulschau, Gföhl, Hartenstein, am Jauerling, bei Pöggstall, im Isperthal, am Burgstein, Gutenbrunn, Karlstift. Klosterwald bei Zwettl; Buchenberg u. Stiftswald bei Seitenstetten, Waidhofen an der Ybbs, Voralpe. Schwatzaberg bei Gresten, Hetzkogel bei Lunz, Lassing, Gaming, Lackenhof, Annaberg, Lilienfeld, Göller, Preinthal hinter Nasswald, am Baumeck, Grünschacher, Kuhschneeberg, Gans, Wechsel vom Saurücken bis zum Möselberge. H. 0,06—0,2 M. Mai-Juni.

1503. **S. alpina L.** *Stengel* 1—3blüthig, *sowie die Blüthen- u. Blattstiele von Sitzdrüsen rauh;* Blätter kleiner, rundlich-nierenförmig, geschweift od. ganzrandig; Blumenkrone trichterig-glockig, hellviolett, Schlundschuppen breit, niedrig, gezähnt. ♃. Feuchte, steinige Stellen der Krummholz- u. Alpenregion, häufig. H. 0,05—0,1 M. Juni-Aug.

1503 × 1504. **S. alpina × pusilla.** Von S. alpina durch die bis zu $^{1}/_{3}$ gespaltene Blumenkrone, die auf eine kantige Leiste reducierten Schlundschuppen, etwas tiefer eingefügte Staubfäden u. den kürzeren, die Mittelhöhe der Kronzipfel erreichenden Griffel; von S. pusilla durch die tiefer gespaltene, aussen u. innen gleichfarbige Blumenkrone, die als Leiste vorhandenen Schlundschuppen u. höher eingefügte Staubfäden, den etwas längeren, über den Grund der Kronzipfel ragenden Griffel, verschieden. Am Schlangenwege der Raxalpe, wahrscheinlich auch an anderen Orten. S. hybrida Kern.

1503 × 1505. **S. alpina × minima.** Von S. alpina durch die hellere bis zu $^{1}/_{3}$ gespaltene, mehr walzlich-glockige Blumenkrone; von S. minima durch das Vorhandensein von etwas konischen, vorn abgestutzten 1—2zähnigen Schlundschuppen verschieden. Rax, Bockgrube des Schneebergs. S. Ganderi Hut.

b. Blumenkrone bis auf $^{1}/_{3}$—$^{1}/_{4}$ gespalten, Schlundschuppen fehlend; Staubgefässe an der Grenze des 1—2 Sechstels eingefügt; Griffel kürzer als die Blumenkrone.

1504. **S. pusilla Baumg.** Stengel 1—2blüthig, sowie die Blüthen- u. Blattstiele kahl od. von Sitzdrüsen rauh; *Blätter rundlich-nierenförmig,* ganzrandig od. geschweift; *Blumenkrone trichterig-glockig,* hellviolett, innen lichter, mit dunklen striemenförmig zerflossenen Mackeln. ♃. Kalkalpen, besonders an Schneegruben; Schneeberg, Rax, Göller, Oetscher, Dürnstein, Hochkohr, Voralpe. H. 0,04—0,1 M. Juni-Juli.

1505. **S. minima Hoppe.** Stengel 1blüthig, sowie die Blüthen u. Blattstiele fein drüsenhaarig; *Blätter kreisförmig,* ganzrandig; *Blumenkrone walzlich-glockig,* blasslila, innen mit dunkleren Streifen. ♃. Kalkalpen, mit voriger. H. 0,03—0,05 M. Juni-Juli.

428. Cortusa L. Cortuse. Kelch 5spaltig; Blumenkrone glockig-radförmig, Saum 5theilig, Schlund nackt; Staubgefässe 5; Kapsel 5klappig.

1506. **C. Matthioli L.** Blätter grundständig, langgestielt, herzförmig-rundlich, handförmig-gelappt, Lappen grobgesägt; Dolde einseitig-nickend; Deckblätter lanzettlich; Blumenkrone lichtpurpurn. ♃. Feuchte Wälder, quellige Orte der Kalkvoralpen bis in die Krummholzregion; Obersberg bei Schwarzau, Nasswald, Uebelthal, unterer Schweibwald der Rax gegen den Kloben, im grossen Kesselgraben u. am Steige gegen das Haberfeld, Lilienfelder Voralpen, im Neuwalde durch die Frein bis zum Todten Weib, Gemeinalpe, Oetscher, Scheiblingstein, mittlerer Lunzer See, Herrnalpe, Dürnstein, Hochkohr bis zu den Klammstiegen u. Lassinggräben herab, Voralpe. H. 0,1—0,3 M. Mai-Juni.

429. Primula L. Primel. Kelch 5spaltig; Blumenkrone stieltellerförmig od. trichterig, Röhre walzlich, am Schlunde erweitert, Saum 5theilig, Schlund mit od. ohne Deckklappen; Staubgefässe 5; Kapsel 5klappig.

a. Blätter dünn, in der Jugend zurückgerollt; Kelch 5kantig.

* Blätter eben, unterseits dicht-weissbepudert.

1507. **P. farinosa L.** Blätter länglich-verkehrteiförmig; Deckblätter lineal, am Grunde sackartig-verdickt; Dolde reichblüthig; Blumenkrone rosa. ♃. Nasse Wiesen, zerstreut in der südöstlichen Niederung Wiens von Himberg, Moosbrunn bis Hölles, Winzendorf, Neustadt, Blindendorf, Flatz, in allen Voralpenthälern, nördlich bis auf die Bergwiesen von Gaden, Brühl, Höllenstein bei Giesshübel, Mitterbacher u. Hechtensee Torfmoor; fehlt in den 2 nördlichen Kreisen. H. 0,1—0,2 M. April-Mai.

Anm. P. longiflora L. wurde in 1 Exemplare in Donauauen bei Emmersdorf gefunden.

* * Blätter runzelig, unterseits behaart bis filzig.

o Kronsaum flachausgebreitet; Kelch walzlich, Zipfel lanzettlich, zugespitzt.

1508. **P. acaulis (L.) Lehm.** *Blätter* länglich-verkehrteiförmig, *allmälig in den Stiel verlaufend; Blüthenstiele grundständig*, sammt den Kelchen zottig; Blumenkrone blassschwefelgelb, am Grunde dottergelb. Saum 25—35 mm. im Durchmesser; Kapsel kürzer als der Kelch. ♃. Wiesen, Auen, Wälder, bis in die Voralpen, verbreitet; fehlt im Waldviertel. P. veris γ. acaulis L. P. vulgaris Huds. P. grandiflora Lam. H. 0,03—0,1 M. März-April. b) caulescens Neilr. Blüthenstiele auf einem 10—20 cm. hohen Stengel in einer Dolde, von einigen od. vielen grundständigen Blüthenstielen umgeben od. ohne diese; Blumenkronen kleiner. Mit der Grundform.

1509. **P. elatior (L.) Jacq.** *Stengel* an der Spitze *eine meist einseitig-nickende Dolde tragend*; *Blätter* eiförmig, *mit abgerundetem od. herzförmigem Grunde in den geflügelten Blattstiel zugeschweift*, unterseits wie die Blüthenstiele u. Kelche kurzbehaart; Blumenkrone schwefelgelb, am Schlunde dottergelb, Saum 15 bis 25 mm. im Durchmesser: Kapsel so lang als der Kelch od. etwas länger. ♃. Wiesen, Auen, Wälder, bis in die Krummholzregion; Hadersdorf, Mauerbach, Troppberg, Purkersdorf, Rekawinkel, Hochstrass; von Neustadt, durch die ganze Kalkzone der Alpen; bei Scheibs, Gresten, Seitenstetten; im oberen Donauthale von Melk bis Krems, Jauerling, Gföhler Wald, Wachau, Kottes, Raabs, Friedersbach bei Hardegg; Donauauen zwischen Mautern u. Stockerau, bei Kaiser-Ebersdorf; an der March bei Schlosshof, Angern, Stillfried, im Plattwalde bei Hausbrunn. P. veris β elatior L. H. 0,15—0,3 M. April-Mai, in den Alpen bis Aug.

o o Kronsaum beckenförmig vertieft; Kelch aufgeblasen, Zipfel eiförmig, fast 3eckig, spitz.

1510. **P. officinalis (L.) Scop.** Stengel an der Spitze eine einseitig überhängende Dolde tragend; Blätter eiförmig, allmälig in den Stiel verlaufend od. mit abgerundetem od. herzförmigem Grunde in denselben zugeschweift, unterseits wie die Blüthenstiele u. Kelche dünn sammtfilzig; Blumenkrone dottergelb, am Schlunde orange, 8—12 mm. im Durchmesser; Kapsel kürzer als der Kelch. ♃. Waldränder, Hügel, Wiesen, verbreitet. P. veris α. officinalis L. H. 0,15—0.3 M. April-Mai. b) canescens (Op.). Blätter unterseits graufilzig. So besonders auf Kalk. P. pannonica A. Kern.

1508×1510. **P. acaulis × officinalis.** Von P. officinalis durch die nicht einseitig nickende Dolde, grössere lichtere Blumenkronen u. den flachen Saum derselben; von P. acaulis durch den eine Dolde tragenden Stengel, kürzere Haare an den Blüthenstielen u. Kelchen u. kleinere dunklere Blumenkronen verschieden. P. brevistyla DC. P. variabilis Goup. Eine zweite denselben Eltern entstammende Bastartform (P. flagellicaulis A. Kern.) steht wegen der nur 2—7blüthigen Dolde, der längeren Haare u. der grösseren Blumenkronen der P. acaulis näher u. ist von P. acaulis b. caulescens, von welcher schon P. brevistyla oft schwer zu unterscheiden ist, kaum mit Sicherheit zu trennen. Ueberall, wo die Stammeltern zusammen wachsen.

1508×1509. **P. acaulis × elatior.** Von P. elatior durch die allmälig in den Blattstiel verlaufenden Blätter, den kürzeren Stengel mit einer armblüthigeren Dolde u. grössere dunklere Blumenkronen; von P. acaulis durch den eine Dolde tragenden Stengel u. ausserdem, wie auch von P. acaulis b. caulescens, durch kürzere Behaarung u. saturiertere kleinere Blumenkronen abweichend. Von den Bastarten der P. acaulis u. officinalis, durch grössere, lichtere Blüthen, wohl nur in der freien Natur mit Sicherheit zu unterscheiden. Unter den Eltern bei Mauerbach, Purkersdorf, Wolfsgraben, Hochstrass, St. Corona, Gutenstein, Gloggnitz, Schwarzau u. Gaming. P. digenea A. Kern. P. anisiaca Stapf.

1509×1510. **P. elatior × officinalis.** Von P. elatior durch die allmälig in den Blattstiel verlaufenden Blätter, etwas aufgeblasene Kelche u. kleinere, dunkler gelbe Blumenkronen; von P. officinalis durch unterseits kurzbehaarte Blätter, grössere lichtere Blumenkronen mit flachausgebreitetem Saume verschieden. Unter den Eltern sehr selten, bei Rekawinkel, Hochstrass, Muckendorf, Schwarzenbach an der Gölsen, zwischen Mautern u. Rossatz, bei Hardegg. P. media Peterm.

b. Blätter fast fleischig, in der Jugend einwärtsgerollt; Kelch ohne Kanten.

* Kelch kurzglockig, 2—3mal kürzer als die Kronröhre; Blumenkrone sattgelb, mit ausgerandeten Zipfeln.

1511. **P. auricula L.** Blätter verkehrteiförmig, am Rande feindrüsig-flaumig od. mehlig bepudert; Dolde 2—vielblüthig, Deckblätter oval, stumpf. ♃. Kalkfelsen der Berg- u. Voralpenregion, bis in die Alpenregion aufsteigend; von der Mödlinger

Klause u. dem Anninger durch die ganze Alpenkette; auch am Türkensturz bei Sebenstein u. an der Enns bei Steyr. P. Balbisii Hal. et Br. non Lehm. H. 0,05—0,15 M. April-Juli.

* * Kelch walzlich-glockig, länger als die halbe Kronröhre; Blumenkrone hellpurpurn, selten weiss, mit halb 2spaltigen Zipfeln.

1512. **P. Clusiana Tausch.** *Stengel eine 1—5blüthige Dolde tragend; Blätter länglich-lanzettlich od. elliptisch, ganzrandig,* seltner seichtgezähnt, am Rande feindrüsig-flaumig; Deckblätter lineal, stumpf od. spitz; Blüthenstiele u. Kelche feindrüsig-flaumig. ♃. Kalkalpen, verbreitet; seltner in tieferen Regionen, wie am Oberberge, Maumauwiese u. Klosterthal bei Gutenstein, Boding bei Rohr, Lassingfall, Lunzer Thal, Gössling. H. 0,03—0,1 M. Mai-Juli.

1513. **P. minima L.** *Stengel 1- seltner 2blüthig; Blätter keilig, vorne gestutzt u. eingeschnitten-gezähnt,* kahl od. etwas flaumig; Deckblätter lineal, spitz; Kelch drüsigrauh. ♃. Kalkalpen; häufig auf dem Schneeberge, auf dem Wetterkogel u. Plateau der Rax u. Oetscher. H. 0,01—0,03 M. Juni-Juli.

1512 × 1513. **Clusiana × minima.** Von der Tracht der P. Clusiana, aber die Blätter mehr keilig, vorne grobgekerbt-gezähnt, u. hierin der P. minima sich nähernd. Sehr selten; Ochsenboden, Bockgrube u. Kaiserstein des Schneeberges, Wildalpe bei Mariazell. P. intermedia Port. non Sims. P. Portenschlagii Beck. P. Wettsteinii Wiem.

430. **Androsace L.** Mannsschild. Kronröhre eiförmig, im Schlunde verengt u. mit 5 Deckklappen versehen, sonst wie Primula.

* Wurzel ausdauernde rosettentragende Stämmchen treibend, rasig.

1514. **A. chamaejasme Host.** *Blätter* lanzettlich, am *Rande wie die Stengel, Blüthenstiele u. Kelche von einfachen Haaren zottig*; Blumenkrone röthlichweiss. ♃. Kalkalpen u. angrenzende Voralpen; Schneeberg, Kuhschneeberg, Gans, Rohrbachgraben, Buchberger Thal u. Raxalpe. H. 0,03—0,1 M. Mai-Juli.

1515. **A. obtusifolia All.** *Stengel wie die Blüthenstiele u. Kelche fein sternhaarig;* Blätter lanzettlich, feingewimpert; Blumenkrone röthlichweiss. ♃. Kalkalpen, selten; Saugraben, Ochsenboden, Kaiserstein u. Klosterwappen des Schneebergs, Schlangenweg u. Heukuppe der Rax. H. 0,03—0,15 M. Juni-Aug.

1516. **A. lactea L.** *Stengel wie Blüthenstiele u. Kelche kahl;* Blätter lineallanzettlich, kahl od. vorne zerstreut-gewimpert; Blumenrone weiss. ♃. Kalkalpen u. höhere Voralpen, steigt auch in die Thäler herab. H. 0,05—0,15 M. Juni-Juli.

* * Wurzel jährig, einfach, eine Blattrosette treibend.

1517. **A. elongata L.** Stengel wie Blüthenstiele u. Kelche fein sternhaarig, so lang bis doppelt so lang als die Blüthenstiele;

Blätter lanzettlich, gezähnt; *Hüllblätter* lanzettlich, spitz, zuletzt *viel kürzer als die Blüthenstiele; Kelch länger als die weisse Blumenkrone.* ⊙ Brachen, Grasplätze, stellenweise; Belvedere, Laaerberg, Türkenschanze bei Döbling, Dornbach, Schmelz, Baumgarten a. d. Wien, Bierhäuselberg bei Rodaun, Mödling, Laxenburger Bahndamm; Bräuner'sches Gut am Manhartsberge, Scheibenhof bei Krems, Horn. H. 0,03—0,1 M. April-Mai.

151·. **A. septentrionalis L.** Stengel fein-sternhaarig, vielmal länger als die Blüthenstiele; Blätter keilig-lanzettlich, gezähnt; *Hüllblätter* lanzettlich, spitz, *viel kürzer als die Blüthenstiele; Kelch kahl, kürzer als die weisse Blumenkrone.* ⊙ Sonnige Hügel, Nadelwälder; bisher bloss auf dem Rauhenecker Berge, Sooser Lindkogel u. dem Eisernen Thore bei Baden. H. 0,1—0,3 M. Mai-Juni.

1519. **A. maxima L.** Stengel weichhaarig, meist viel länger als die Blüthenstiele; Blätter elliptisch od. lanzettlich, gezähnt; *Hüllblätter* blattartig, elliptisch, stumpf, *so lang als die Blüthenstiele,* zuletzt kürzer; *Kelch weichhaarig, länger als die röthlichweisse Blumenkrone,* zur Fruchtzeit sehr vergrössert. ⊙ Brachen, Raine; zerstreut im südl. Wiener Becken bis Ternitz, oberes Donauthal, Marchfeld, bei Staatz, Ernstbrunn, Horn, Kottes. H. 0,05 bis 0,15 M. April-Mai.

LXXV. Familie. Globulariaceae DC.

431. Globularia L. Kugelblume. Gattungscharakter wie der der Familie.

* Stengel beblättert; Köpfchen kugelig.

1520. **G. vulgaris L.** Stengel einköpfig; grundständige Blätter spatelförmig, stengelständige sitzend, lanzettlich, viel kleiner; Blumenkrone blau, sehr selten weiss. ♃. Wiesen, buschige Orte in der Bergregion u. Ebene, verbreitet. G. Willkommii Nym. H. 0,05—0,3 M. Mai-Juni.

* * Stengel nackt, nur mit einigen Schuppen besetzt; Köpfchen plattkugelig.

1521. **G. nudicaulis L.** *Wurzelstock* mehrköpfig, *keine Stämmchen treibend;* Stengel einköpfig; Blätter länglich-keilförmig; *Stengelschuppen ungewimpert;* Blumenkrone blassviolett. ♃. Kalkalpen u. angrenzende Voralpen, häufig: Schneeberg, Raxalpe bis in die subalp. Wälder der Prein, Göller, Oetscher, Zellerhut, Dürnstein, Hochkohr, Eslinger Alpe. H. 0,1—0,2 M. Juni-Juli.

1522. **G. cordifolia L.** *Wurzelstock kriechende, holzige Stämmchen treibend;* Stengel einköpfig; Blätter spatelförmig; *Stengelschuppen gewimpert;* Blumenkrone blassviolett. ♃. Sonnige Abhänge der Kalkberge bis in die Krummholzregion, auf Kalkschotter auch in der Ebene, wie am Steinfelde bei Neustadt. H. 0,05—0,1 M. Mai-Juli.

LXXVI. Familie. Plumbaginaceae Juss.

432. Armeria Willd. Kelch trichterförmig, oben häutig; Kronblätter 5, am Grunde verwachsen; Griffel 5, Frucht schlauchartig, zuletzt am Grunde abreissend; Blüthen in einem endständigen halbkugeligen Köpfchen, am Grunde von einer dachigen Hülle umgeben, die äussersten Hüllblätter in eine abwärtslaufende, die Spitze des Stengels röhrig umfassende Scheide verlängert.

1523. **A. vulgaris Willd.** *Blätter* grundständig, 1nervig, lineal, *feingewimpert; die 3—4 äusseren Hüllblätter zugespitzt, die übrigen stumpf, stachelspitzig;* Blumenkrone rosa. ♃. Grasplätze, Weiden; an der östl. Abdachung des Manhartsberges von der Pulka bis zur Thaya und über Staatz bis Feldsberg u. an die March, bei Rabensburg, Hohenau, Baumgarten, Marchegg, Breitensee, Schlosshof; zufällig auch im Prater u. in der Brigittenau. Statice armeria L. S. elongata Hoffm. H. 0,2—0,5 M. Juni-Sept.

1524. **A. alpina Willd.** *Blätter* grundständig, lineal od. lineallanzettlich, undeutlich 3nervig, *ungewimpert; Hüllblätter stumpf, die äusseren kurzstachelspitzig, die inneren wehrlos;* Köpfchen grösser; Blumenkrone rosa. ♃. Kalkalpen; Schneeberg, Rax, Göller, Gippel, Oetscher. Statice armeria Jacq. H. 0,1—0,25 M. Juni-Aug.

LXXVII. Familie. Plantaginaceae Juss.

433. Litorella L. Strandling. Blüthen einhäusig; männliche einzeln, langgestielt, Kelch 4theilig, Blumenkrone röhrenförmig mit 4spaltigem Saume; weibliche am Grunde der männlichen Blüthenstiele zu 2—3 sitzend, Kelch 2—3blättrig, Blumenkrone krugförmig, 3—4 zähnig, Frucht eine 1samige, durch den langen Griffel geschnäbelte Nuss.

1525. **L. uniflora (L.) Aschers.** Wurzel fädliche Ausläufer treibend; Blätter grundständig, scheidig, lineal-pfriemlich; männliche Blüthenstiele grundständig, aus der Blattscheide hervorkommend, etwas kürzer als die Blätter; Blumenkrone weisslich; Staubfäden sehr lang, hervorragend. ♃. Teichränder; bisher bloss bei Naglitz im Waldviertel, dann am Stankauer Teiche u. bei Gratzen am Teiche der Forstschule, schon in Böhmen. Plantago uniflora L. L. juncea Berg. L. lacustris L. H. 0,05—0,1 M. Juni-Juli.

434. Plantago L. Wegerich. Blüthen zwittrig, in Aehren; Kelch 4theilig; Blumenkrone röhrenförmig, mit 4theiligem Saume; Frucht eine queraufspringende Kapsel mit zwei 1—mehrsamigen Fächern.

a. Stengel verkürzt, scheinbar fehlend; Blätter sämmtlich grundständig, in ihren Achseln schaftartige Aehrenstiele tragend.

* Kronröhre kahl.

o Blätter eiförmig od. elliptisch.

1526. **P. major L.** Blätter 5—9nervig, kahl od. zerstreut-behaart, plötzlich in einen ziemlich langen Stiel verschmälert; *Aehrenstiele sammt der Aehre länger als die Blätter, auch vor dem Aufblühen gerade*, Aehre dicht, lineal-walzlich, zuletzt sehr verlängert; Kronsaum bräunlich; Staubfäden weiss; Kapsel 6—18 samig. ♃. Wege, Weiden, Gräben, gemein. H. 0.1—0.3 M. Mai-Sept. b) asiatica (L.). Blätter dünn, 3—5nervig, allmälig in den Stiel verschmälert, Aehrenstiele sammt der Aehre kürzer als die Blätter, Aehre locker, armblüthig. Feuchte Stellen.

1527. **P. media L.** Blätter 5—9nervig, kurzhaarig, in einen kurzen breiten Stiel verschmälert; *Aehrenstiele auch ohne Aehre viel länger als die Blätter, vor dem Aufblühen herabgebogen*, Aehre dicht, länglich-walzlich; Kronsaum weiss, Staubfäden lila; Kapsel 2—4samig. ♃ Wiesen, Raine, gemein. H. 0,25—0,5 M. Mai-September.

o o Blätter lanzettlich.

1528. **P. altissima L.** *Wurzelstock dick, wagrecht, kriechend;* Blätter lanzettlich 0,2—0,35 m. lang, dicklich, gezähnelt, 5—7nervig, kahl; Aehrenstiele vielfurchig, Aehre walzlich, dicht; *die 2 hinteren Kelchzipfel gekielt, an der Spitze abgerundet-stumpf*, am Kiele bewimpert; Kronsaum bräunlich; Kapsel 2samig. ♃. Sümpfe, selten; Marchegg, Schlosshof, Weikendorf, Kronprinz Rudolf-Brücke u. Militärschiesstätte bei Wien, Kaiser-Ebersdorf, Gramat-Neusiedl, zwischen Himberg u. Achau, Laxenburg; Amstetten. H. 0,8—1,0 M. Mai-September.

1529. **P. lanceolata L.** *Wurzelstock senkrecht;* Blätter lanzettlich, 0,1—0,15 m. lang, 5nervig, ganzrandig od. gezähnelt, weiss-flaumig; Aehrenstiele 5furchig, Aehre kugelig bis walzlich, dicht; *die 2 hinteren Kelchzipfel gekielt, kurz-stachelspitzig*, am Kiele bewimpert; Kronsaum bräunlich; Kapsel 2samig. ♃. Wiesen, Triften, Wege, gemein. H. 0,15—0,5 M. Mai-September.

o o o Blätter schmallineal.

1530. **P. tenuiflora W. et K.** Wurzel spindlig, jährig; Blätter fleischig, rinnig, unterseits verwischt 3nervig, kahl od. zerstreut behaart; Aehrenstiele stielrund, Aehre lineal-walzlich, locker; die 2 hinteren Kelchzipfel gekielt, kurzstachelspitzig, kahl; Kronsaum bräunlich; Kapsel 6—8samig. ⊙ Sandige, salzige Stellen; bisher bloss auf der Viehweide von Baumgarten im Marchfeld; häufig bei St. Andrä am Ostufer des Neusiedler Sees. H. 0,03—0,15 M. Mai-Juni.

* * Kronröhre behaart.

1531. **P. maritima L.** Blätter lineal od. lineallanzettlich, ganzrandig od. entfernt-gezähnt, fleischig, rinnig, unterseits verwischt

2nervig; Aehrenstiele stielrund, Aehre lineal-walzlich, dicht; die 2 hinteren Kelchzipfel gekielt, feingewimpert; Kronsaum bräunlich; Kapsel 2—4samig. ♃. Weiden, salzige Triften. sonnige Hügel; verbreitet im Wiener Becken: Pulkathal, Staatz, Feldsberg, Marchfeld, Simmering gegen den Laaerberg, südöstl. Niederung Wiens, Mauer, Ruine Mödling, Rauheneck u. Kalvarienberg bei Baden, Leesdorf, Soos, Vöslau, Neue Welt, Seibersdorf a. d. Leitha, Neusiedlersee; See u. Kammern bei Langenlois; Statzendorf bei Herzogenburg. H. 0,1—0,3 M. Juni-Sept. b) Wulfenii (Spreng.) Blätter eingerollt, sehr schmal, meist nur 1 mm. breit. An trockenen Stellen.

b. Stengeltreibend; Blätter u. Aehrenstiele stengelständig.

1532. **P. arenaria W. et K.** *Stengel krautig* aufrecht, kurzrauhhaarig, wie die ganze Pflanze; Blätter lineal; Aehren eiförmig od. länglich, obere fast doldig gehäuft; *die 2 vorderen Kelchzipfel spatelförmig, stumpf*; Blumenkrone durchscheinend; Kapsel 2samig. ⊙ Aecker, Sandplätze, Dämme; Marchfeld, Thalweg der unteren Zaia u. der March, oft massenhaft; im südlichen Wiener Becken auf den Donauinseln, Arsenal, Gramat-Neusiedl, Türkenschanze, zwischen Sievering u. Weidlingbach, Weidling, Rodaun, Mödling, zwischen St. Egyden u. Neunkirchen, bei Eisenstadt; Statzendorf nächst Herzogenburg, Plank bei Langenlois. H. 0,15 bis 0,3 M. Juli-Aug.

1533. **P. cynops L.** *Stengel halbstrauchig*, liegend; Aeste aufrecht, ziemlich kahl, wie die ganze Pflanze; Blätter lineal; Aehren eiförmig, obere fast doldig gehäuft, *die 2 vorderen Kelchzipfel breiteiförmig, stachelspitzig;* Blumenkrone durchscheinend; Kapsel 2samig. ♃. Sonnige Hügel; bisher bloss am Kalvarienberge bei Baden. H. 0,15—0,3 M. Mai-Juni.

IV. Unterclasse. MONOCHLAMYDEAE DC.

LXXVIII. Familie. **Amarantaceae Juss.**

435. Albersia Kunth. Albersie. Blüthen 1häusig, in blattwinkelständigen od. zu Aehren vereinigten Knäulen; Perigon 3—selten 5zählig, von 3 Deckblättern gestützt; Staubgefässe 3 od. 5, frei; Narben 2—3; Schlauchfrucht 1samig, nicht aufspringend, mit dem Perigon abfallend.

1534. **A. viridis (L.)** Stengel ausgebreitet, aufsteigend, kahl; Blätter eirautenförmig, stumpf od. ausgerandet; Knäule blattwinkelständig od. zu endständigen Aehren vereinigt; Deckblätter kürzer als das grüne Perigon; Staubgefässe 3. ⊙ Raine, Wege, wüste Plätze. Amarantus viridis L. Albersia blitum Kunth. Euxolus viridis Moq. H. 0,15—0,3 M. Juli-Sept.

436. Amarantus L. Amarant. Perigon 5—selten 3zählig; Schlauchfrucht rundum aufspringend, sonst wie Albersia.

a. Stengel kahl; Deckblätter spitz, so lang als das Perigon; Staubgefässe 3.

1535. **A. blitum L.** Stengel aufrecht, Nebenstengel aufsteigend; Blätter eirautenförmig; Knäule sämmtlich blattwinkelständig; Blüthen grün; Samen deutlich berandet. ⊙ Weingärten, Brachen, Raine; häufig im oberen Donauthale von Spitz bis Langenlois; im nördl. Hügellande des Kreises U. M. B. im Marchfelde bei Floridsdorf. Kagran; Vorberge des Kahlengebirges bei Grinzing, Döbling. Weinhaus. Pötzleinsdorf, Dornbach, Mödling, Baden, Leesdorf, Soos, Vöslau, Laaerberg. Arsenal, Leithagebirge bis an den Neusiedlersee. A. silvestris Desf. H. 0,2—0,45 M. Juli-Aug. b) commutatus (A. Kern.). Stengel niederliegend od. nur der verkürzte Hauptstengel aufrecht; Blätter eiförmig, oval od. verkehrteirund, plötzlich in den langen Blattstiel zusammengezogen; Knäule in nackte endständige Aehren vereinigt; Blüthen grösser; Samen undeutlich berandet. Weingärten bei Dürrenstein, Staatz u. Asparn an der Zaia; angeblich auch um Wien. A. blitum b. polygonoides Moq. A. blitum b. prostratus Fenzl. A. prostratus Sadl. non Balb.

b. Stengel kurzrauhhaarig; Deckblätter fast dornig-stachelspitzig, 2mal länger als das Perigon; Staubgefässe 5.

1536. **A. retroflexus L.** Stengel aufrecht; Blätter eiförmig; Knäule in endständige, nackte, meist zusammengesetzte Aehren vereinigt; Blüthen grün. ⊙ Brachen, wüste Plätze, Felder, gemein. H. 0,3—1,0 M. Juli-Sept.

437. Polycnemum L. Knorpelkraut. Blüthen zwittrig, einzeln in den Blattwinkeln; Perigon 5blättrig, von 2 Deckblättern gestützt; Staubgefässe meist 3, am Grunde in einen Ring verwachsen; Narben 2; Schlauchfrucht 1samig, nicht aufspringend.

* Deckblätter länger als das Perigon.

1537. **P. majus A. Br.** Stengel dick, steif, niederliegend od. aufsteigend, ziemlich kahl od. warzig-flaumig; Blätter pfriemlich, genähert, 5—6mal länger als das trockenhäutige Perigon; Frucht fast 2 mm. lang. ⊙ Sandige Aecker, zerstreut; im Thalwege der March, Marchfeld, südliches Wiener Becken von Wien, über Neustadt, Pitten bis auf den Semmering bei Eichberg u. östlich bis an den Neusiedlersee; Haschhof bei Weidling, oberes Donauthal. H. 0,1 bis 0,5 M. Juli-Oct.

* * Deckblätter kaum so lang als das Perigon.

1538. **P. arvense L.** *Stengel* dünn, schlank, niederliegend od. aufsteigend, *ziemlich kahl od. warzig-flaumig; Blätter* pfriemlich, genähert, *3—4mal länger als das trockenhäutige Perigon; Frucht kaum 1 mm. lang.* ⊙ Sandige Aecker, selten; im Marchfelde bei Breitensee, Marchegg, Kroissenbrunn, Wagram; am Tabor bei

Wien, zwischen Simmering u. dem Laaerberg, zwischen Bruck an der Leitha u. Goyss; bei Hardegg. H. 0,05—0,25 M. Juli-Oct.

1539. **P. verrucosum Lang.** *Stengel* dünn, liegend, hin u. hergebogen, *warzig-rauh; Blätter* pfriemlich, entfernt, *höchstens $1^1/_2$mal so lang als das trockenhäutige Perigon; Frucht 1 mm. lang.* ⊙ Wagram, Baumgarten, Zwerndorf, Marchegg, Breitensee, Haglersberg bei Goyss, Pitten. H. 0,1—0,25 M. Juli-Oct.

LXXIX. Familie. Chenopodiaceae Vent.

1 Blüthen ohne Deckblätter od. nur die weiblichen an Stelle des fehlenden Perigons mit 2 Deckblättern, Perigon meist krautig; Keim ring- od. hufeisenförmig 2
Blüthen alle mit Deckblättern, Perigon trockenhäutig; Keim schraubenförmig 7
2 Stengel gegliedert, blattlos . . . . **Salicornia**
Stengel nicht gegliedert, beblättert 3
3 Blüthen 1häusig 4
Blüthen zwittrig, seltner vielehig od. durch Verkümmerung der Staubgefässe weiblich 5
4 Halbstrauchig, junge Aeste sammt Blätter sternhaarig-graufilzig . . . . **Eurotia**
Einjährige unbehaarte Kräuter . . . . **Atriplex**
5 Blätter fädlich bis lineallanzettlich 6
Blätter breit, verschiedengestaltet . . . . **Chenopodium**
6 Perigon 4spaltig, ohne Anhängsel; Schlauchfrucht seitlich zusammengedrückt . . . . **Camphorosma**
Perigon aus 1—5 durchsichtigen Schüppchen gebildet od. fehlend; Frucht nussartig, seitlich zusammengedrückt **Corispermum**
Perigon 5spaltig, Zipfel der weiblichen Perigone zur Fruchtzeit am Rücken mit einem Anhängsel; Schlauchfrucht von oben her zusammengedrückt . . . . **Kochia**
7 Perigon ohne Anhängsel . . . . **Suaeda**
Perigon auf dem Rücken mit Anhängseln . . . . . **Salsola**

1. Gruppe. **Salicornieae C. A. Mey.** Blüthen zwittrig od. durch Fehlschlagen vielehig; Keim hufeisenförmig; Stengel gegliedert.

438. Salicornia L. Glasschmalz. Blüthen in Aushöhlungen der Stengelglieder eingesenkt; Perigon 1blättrig, krugschildförmig, am Rücken durch eine Ritze aufspringend; Staubgefässe 1—2; Narben 2; Schlauchfrucht seitlich zusammengedrückt.

1540. **S. herbacea L.** Stengel aufrecht; Aeste gegenständig; Glieder walzlich-verkehrt-kegelförmig, an der Spitze ausgerandet, 2paltig mit häutigem Rande; Blüthen sehr klein, auf jeder Seite eines blüthentragenden Gliedes je 3 in ein Dreieck gestellt. ⊙ Salzige Tritten; Pulkathal zwischen Platt u. Watzelsdorf u. von Hangsdorf bis Laa; zwischen Lassee u. Breitensee; zwischen Gallbrunn u. Margarethen am Moos; Neusiedlersee. H. 0,1—0,3 M. Aug.-Sept.

2. Gruppe. Atriplicene C. A. Mey. Blüthen 1 od. 2häusig; Keim ring- od. hufeisenförmig. Stengel nicht gegliedert.

439. Eurotia Adans. Hornsame. Blüthen 1häusig; ♂ deckblattlos, Perigon 4theilig, Staubgefässe 4; ♀ deckblättrig, Perigon fehlend, Narben 2, Schlauchfrucht von der Seite zusammengedrückt. Deckblätter 2, zuletzt in eine röhrige, 2spaltige, die Frucht als 2hörnige Kapsel einschliessende Hülle auswachsend.

1441. **E. ceratoides (L.) C. A. Mey.** Strauchig od. halbstrauchig, Aeste graufilzig; Blätter lanzettlich; männliche Blüthen in gelblichen, geknäuelten Aehren an der Spitze der Aeste, weibliche darunter in blattwinkelständigen grünen Knäueln; Deckblätter seidig-zottig. ♄. Strassen- u. Weingartenränder; ehemals bei Retz u. Jetzelsdorf, jedoch beide Standorte durch Abgraben verloren gegangen, angeblich auch bei Oberhollabrunn, Ernstbrunn u. Feldsberg, doch in neuerer Zeit nicht wieder gefunden. Axyris ceratoides L. Diotis ceratoides Willd. H. 0,5—1,2 M. Aug.-Sept.

440. Atriplex L. Melde. Blüthen 1häusig; ♂ deckblattlos, Perigon 3—5theilig, Staubgefässe 3—5; ♀ alle od. doch die meisten deckblättrig, Narben 2, Schlauchfrucht seitlich od. von oben zusammengedrückt, Deckblätter zur Fruchtzeit vergrössert, mit od. ohne Anhängsel, auf der Frucht flachaufliegend, frei od. mit dem Grunde derselben verwachsen.

a. Weibliche Blüthen 2erlei: zahlreiche deckblättrige ohne Perigon, mit seitlich zusammengedrückten Früchten u. wenige deckblattlose mit 3—5theiligem Perigon u. von oben her zusammengedrückten Früchten.

1542. **A. nitens Schkuhr.** Blätter länglich 3eckig, meist buchtig-gezähnt, am Grunde herz- od. spiessförmig, oberseits glänzend, unterseits silberweiss-schilferig; Knäule in ästigen Aehren; Deckblätter eirautenförmig. ⊙ Wege, Zäune, wüste Plätze, stellenweise; zwischen Stockerau u. Göllersdorf, Hadres u. Seefeld an der Pulka, am Russbach zwischen Wagram u. Markgrafneusiedl, Marchthal bei Hausbrunn, Stillfried, Angern, Weikendorf, Baumgarten, Marchegg, Breitensee, Schlosshof, Eckartsau, Leopoldsdorf, Haringsee; Kierling, Klosterneuburg, Kahlenbergerdörfel, unterer Prater, Simmering, Rannersdorf, Laaerberg, Unterlaa, Rauhenwarth, Laxenburg, Neudorf, Mödling, Brühl, Eggendorf an der Leitha, Schlossberg bei Hainburg; Göttweig, Melk, Herzogenburg, Scheibbs; fehlt im Waldviertel. H. 0,5—1,2 M. Juli-Aug.

Anm. A. hortensis L. von voriger durch gleichfarbige matte Blätter verschieden, wird hin u. wieder in Bauerngärten cultivirt u. verwildert zuweilen.

b. Alle weiblichen Blüthen deckblättrig, mit seitlich zusammengedrückten Früchten.

* Deckblätter krautig, bis an den Grund frei.

o Blätter lineal od. lineallanzettlich, ganzrandig.

1543. **A. litoralis L.** Stengel aufrecht, mit aufrecht abstehenden Aesten; Knäule in dichten Aehren; Deckblätter zur Fruchtzeit eirautenförmig, gezähnt. auf dem Mittelfelde mit zahnartigen Anhängseln. ⊙ Salzige Triften, bisher bloss an den Ufern des Neusiedlersees. H. 0,15—0,6 M. Juli-Sept.

o o Untere Blätter eilanzettlich bis spiessförmig.

· Untere Blätter eilanzettlich, gezähnt, oft spiessförmig mit vorgestreckten Spiessecken; Deckblätter zur Fruchtzeit eirautenförmig.

1544. **A. oblongifolia W. et K.** Stengel aufrecht, mit kurzen, aufrecht-abstehenden Aesten; Blätter keilig in den Stiel verschmälert, graugrün, obere lanzettlich, ganzrandig; Knäule in lockeren Aehren; *Deckblätter zur Fruchtzeit eiförmig od. eirautenförmig, ohne Zähne.* ⊙ Wege, Hecken, Weingärtenränder, nur im Wiener Becken; häufig auf den Vorhügeln des Kahlengebirges. A. tatarica Koch. non L. A. patula v. tatarica Neilr. A. campestris Koch. et Ziz. H. 0,3—1,0 M. Juli-Sept.

1545. **A. patula L.** Stengel liegend, aufsteigend od. aufrecht, mit ausgespreitzten Aesten; Blätter keilig in den Stiel verschmälert, gras- od. graugrün; Knäule in meist lockeren Aehren; *Deckblätter zur Fruchtzeit spiess-rautenförmig, mehr minder gezähnelt.* ⊙ Wüste Plätze, Wege, Brachen, gemein. A. angustifolia Sm. H. 0,3 bis 1,0 M. Juli-Sept.

· · Untere Blätter spiessförmig 3eckig, mit abstehenden od. etwas abwärtsgerichteten Spiessecken; Deckblätter zur Fruchtzeit 3eckig.

1546. **A. hastata L.** Stengel liegend od. aufsteigend, selten aufrecht, mit ausgesperrten Aesten; Blätter meist abwechselnd, grasgrün, am Grunde gestutzt, oberste lanzettlich, ganzrandig; Knäule in meist lockeren Aehren; Deckblätter ganzrandig od. gezähnt. ⊙ Wege, Zäune, wüste Plätze, zerstreut. A. latifolia Wahlenb. H. 0,1—1,0 M. Juli-Sept. b) oppositifolia (DC.) Blätter gegen- od. wechselständig, mehr minder grauschilferig. A. patula v. salina Wallr. A. hastata b. incana Neilr. A. Sackii Rostk. et Schm. Salzige Triften am Neusiedlersee.

* * Deckblätter zur Fruchtzeit knorpelig, bis zur Mitte verwachsen.

1547. **A. tatarica L.** Stengel ausgebreitet-ästig; Blätter buchtig-gezähnt, oberseits meist trübgrün, unterseits grauschilferig, untere 3eckig-rautenförmig, obere spiessförmig-länglich; *Knäule in endständige, gedrungene, schweifartige, blattlose Aehren vereinigt*; Deckblätter zur Fruchtzeit rautenförmig od. 3lappig, meist gezähnelt. ⊙ Wüste Plätze, Wege; häufig im Wiener Becken u. im Donauthale bis Krems; scheint nicht weiter westlich vorzudringen. A. laciniata Aut. non L. H. 0,3—0,6 M. Juli-Sept.

1548. **A. rosea L.** Stengel ausgesperrt-ästig; Blätter buchtig-gezähnt, beiderseits mehr minder grauschilferig, untere rautenförmig, obere eiförmig; *Knäule blattwinkelständig, oberwärts in beblätterte unterbrochene Aehren übergehend;* Deckblätter zur

Fruchtzeit 3eckig-rautenförmig, meist gezähnelt. ⊙ Wüste Plätze, Wege; häufig in Dörfern der südöstlichen Umgebung Wiens bis Neustadt u. im Marchfelde, auch bei der Kampmündung u. bei Raabs. A. alba Scop. H. 0,3—0,6 M. Juli-Sept.

Anm. Spinacia oleracea L. wird häufig in Gemüsegärten gebaut u. kommt mitunter verwildert vor.

3. Gruppe. Chenopodieae C. A. Mey. Blüthen zwittrig, seltner vielehig; Keim ring- od. hufeisenförmig; Stengel nicht gegliedert.

441. Camphorosma L. Kampferkraut. Blüthen zwittrig; Perigon 4spaltig, ohne Anhängsel; Staubgefässe 4; Griffel verlängert, 2spaltig; Schlauchfrucht seitlich zusammengedrückt.

1549. **C. ovata W. et K.** Stengel meist ausgebreitet-ästig; Blätter stielrundlich-fädlich; Blüthen blattwinkelständig, geknäuelt-ährig; Perigonzipfel an der Spitze sparsam behaart. ⊙ u. ⊙⊙ Salzige Triften am Neusiedlersee bei Weiden u. Podersdorf. H. 0,15—0,3 M. Juli-Sept.

442. Corispermum L. Wanzensame. Blüthen zwittrig; Perigon aus 1—5 durchsichtigen Schüppchen gebildet od. fehlend; Staubgefässe 1—5; Narben 2; Frucht nussartig, seitlich zusammengedrückt.

1550. **C. nitidum Kit.** Stengel ausgebreitet-ästig, grün od. purpurn überlaufen; Blätter lineal, die blüthenständigen lanzettlich; Blüthen einzeln, blattwinkelständig, fast ruthenförmige Aehren bildend; Früchte geflügelt. ⊙ Sandfelder, Ufer, sehr selten; nur an der Donau: Stockerau, Brigittenau, Zwischenbrücken, Kagran, Stadlau, Lobau. C. purpurascens Host. H. 0,15 bis 0,6 M. Aug.-Sept.

443. Kochia Roth. Kochie. Blüthen vielehig, theils zwittrig, theils weiblich; Perigon 5spaltig; Zipfel der weiblichen Perigone zur Fruchtzeit am Rücken mit einem Anhängsel, jene der zwittrigen ohne od. mit minder ausgebildetem Anhängsel; Staubgefässe 5; Narben 2; Schlauchfrucht von oben zusammengedrückt.

* Blätter lineallanzettlich, flach.

1551. **K. scoparia (L.) Schrad.** Wurzel spindlig, jährig; Stengel krautig; Blüthen zu 1—5, blattwinkelständig, endständige Aehren bildend; Anhängsel der Fruchtperigone krautig, 3eckig. ⊙ Ausländischen Ursprungs, auf wüsten Plätzen u. salzigen Stellen jedoch stellenweise fast völlig eingebürgert; am häufigsten im Kreise U. M. B., bei Wagram, Markgrafneusiedel, Gänserndorf, Laa, Angern, Marchegg, Breitensee, Grossenzersdorf, dann bei Bruck an der Leitha u. am Neusiedlersee, an allen anderen Orten nur vorübergehend, so im Prater, bei Himberg, Hernals, Mödling, Baden, Soos, Weikersdorf, am Steinfeld bei Neustadt; Kammern, Krems,

Scheibbs, Wieselburg, Ulmerfeld. Chenopodium scoparia L. Salsola scoparia M. a. B. H. 0,3—1,5 M. Juli-Sept.

* * Blätter fädlich-pfriemlich bis lineal.

1552. **K. arenaria (M. a. B.) Roth.** *Wurzel spindlig, jährig; Stengel krautig;* Blätter fädlich-pfriemlich, wechselständig od. die unteren gebüschelt; Blüthen zu 1—3, blattwinkelständig, endständige Aehren bildend; Anhängsel der Fruchtperigone trockenhäutig, fast rautenförmig. ⊙ Sandige Orte, sehr selten; Viehweide u. Kirche von Baumgarten, Breitensee, Magyarfalva, Neudorf an der March, Dürnkrut, Hohenau, Deimwald bei Feldsberg. Salsola arenaria M. a. B. H. 0,15—0,5 M. Juli-Sept.

1553. **K. prostrata (L.) Schrad.** *Wurzel walzlich-ästig, holzig, ausdauernd; Stengel halbstrauchig;* Blätter lineal od. linealfädlich, die unteren gebüschelt, die oberen wechselständig; Blüthen zu 3—5, blattwinkelständig, endständige Aehren bildend; Anhängsel der Fruchtperigone trockenhäutig, rundlich. ♃. Sandige Orte, bei Retz u. Wolkersdorf, in neuerer Zeit jedoch nicht wieder gefunden. Salsola prostrata L. H. 0,15—0,5 M. Juli-Sept.

444. Chenopodium L. Gänsefuss. Blüthen zwittrig, seltner durch Verkümmerung der Staubgefässe, weiblich; Perigon 3—5theilig, deckblattlos, ohne Anhängsel; Staubgefässe 3—5; Narben 2; Schlauchfrucht von oben od. von der Seite zusammengedrückt, von unverändertem Perigone eingeschlossen.

a. Pflanze ausdauernd, kahl; Narben weit hervorragend; Samen seitlich zusammengedrückt, senkrecht.

1554. **C. bonus henricus L.** Stengel aufrecht; Blätter spiessförmig-3eckig, ganzrandig od. ausgeschweift, in der Jugend mehlig bestreut; Knäule in endständige, gedrungene, blattlose Aehren vereinigt. ♃. Wüste Plätze, Wege, bis an die Sennhütten der Alpen. Blitum bonus henricus C. A. Mey. H. 0,2—0,5 M. Mai-Sept.

b. Pflanze jährig, kahl; Narben kurz; Samen alle od. doch die obersten eines jeden Knäuels von oben her linsenförmig zusammengedrückt, wagrecht.

α. Blätter gezähnt od. buchtig-ausgeschnitten.

* Blätter am Grunde herzförmig od. einige abgerundet.

1555. **C. hybridum L.** Stengel aufrecht; Blätter 3eckigeiförmig, buchtig-ausgeschnitten, schwach glänzend, in der Jugend etwas mehlig; Knäule in end- u. seitenständigen, zusammengesetzten, blattlosen Aehren od. ausgesperrten Trugdolden; Perigon 5spaltig; Samen wagrecht, grubig-punktiert. ⊙ Wüste Plätze, Zäune, verbreitet. H. 0,3—1,0 M. Juli-Sept.

* * Blätter am Grunde gestutzt od. verschmälert.

o Blätter glatt, meist glänzend, höchstens in der Jugend etwas mehlig-bestreut.

· **Perigon der Endblüthe eines jeden Knäuels 5spaltig u. 5männig mit wagrechtem Samen, die übrigen 2—3spaltig u. 1—3männig mit senkrechtem Samen.**

1556. **C. rubrum L.** *Stengel aufrecht; Blätter* 3eckig-eiförmig od. spiessförmig-3lappig, *ungleich buchtig-gezähnt; Knäule dichtgedrängt,* in end- u. seitenständigen, beblätterten od. blattlosen Aehren; Samen feinpunktiert. ⊙ Wüste Plätze, Gräben, Aecker; Zwingendorf, Hohenau, Angern, Zwerndorf, Baumgarten, Oberweiden, Marchegg, Breitensee, Siebenbrunn, Kirchberg am Wagram; Prater, Simmering, Kiederling, Oberlaa, Moosbrunn, Neudorf, Neustadt, Gloggnitz; Nussdorf an der Traisen, Furt bei Mautern, Melk, Haindorf bei Langenlois, Zwettl, Raabs. Blitum rubrum Rchb. H. 0,3—0,8 M. Juli-Oct.

1557. **C. botryoides Sm.** *Stengel niederliegend; Blätter dicklich,* 3eckig od. spiessrautenförmig, *wenig gezähnt; Knäule locker,* in end- u. seitenständigen, wenig beblätterten Aehren; Samen feinpunktiert. ⊙ Salzige od. überschwemmte Stellen, selten; Stillfried, Angern, Zwerndorf, Siebenbrunn, Leopoldsdorf, Gross-Enzersdorf, Matzleinsdorf, Neusiedlersee. C. crassifolium R. et Sch. H. 0,1—0,4 M. Aug.-Oct.

·· **Perigone sämmtlich 5spaltig u. 5männig mit wagrechtem Samen.**

1558. **C. urbicum L.** Stengel aufrecht; Blätter 3eckig, am Grunde gestutzt, ausgeschweift-gezähnt; *Knäule* in end- u. seitenständigen, zusammengesetzten, meist blattlosen, *steifaufrechten, dem Stengel anliegenden Aehren; Samen* feinpunktiert, *glänzend, am Rande stumpf.* ⊙ Wüste Plätze, Mauern; häufig im Marchfelde u. im südlichen Wiener Becken von Klosterneuburg, Prater über Kaiserebersdorf bis an die Leitha, südlich über Katzelsdorf, Pitten bis Krummbach u. Schönau; in den 2 westlichen Kreisen viel seltner, doch häufig in den Dörfern an der Thaya. H. 0,3 bis 1,0 M. Juli-Sept. b) intermedium (M. et K.) Blätter rautenförmig, in den Stiel verlaufend, buchtig-gezähnt mit längeren Zähnen; Aehren minder steif, mehr abstehend. Oberweiden, Baumgarten, Zwerndorf, Hacking, Oberlaa, Biedermannsdorf, Himberg, Moosbrunn, Baden, Neustadt. C. urbicum β. rhombifolium Neilr.

1559. **C. murale L.** Stengel meist ausgebreitet-ästig; Blätter eirautenförmig, ungleich buchtig-gezähnt; *Knäule* in blattlosen *zuletzt ausgesperrten Trugdolden; Samen* feinpunktiert, *matt, am Rande geschärft-gekielt.* ⊙ Wüste Plätze, Mauern, häufig. H. 0,2 bis 0,5 M. Juli-Oct.

o o **Blätter mehr minder mehlig bestreut, matt.**

· **Perigon 2—5spaltig, nicht mehlig bestreut, Zipfel die Frucht nicht ganz bedeckend.**

1560. **C. glaucum L.** Stengel liegend od. aufrecht; Blätter länglich, entfernt buchtig-gezähnt, oberseits sattgrün, unterseits mehlig-bläulichgrau; Knäule in fast blattlosen Aehren; Samen

28*

feinpunktiert, meist wagrecht. ⊙ Gräben, feuchte Stellen, verbreitet. H. 0,1—0,5 M. Juli-Oct.

.. Perigon 5spaltig, mehlig bestreut, Zipfel die Frucht ganz bedeckend.

, Samen sehr fein punktirt.

1561. **C. album L.** Stengel aufrecht; *Blätter eirautenförmig od. eilänglich, doppelt so lang als breit, buchtig od. ausgebissen gezähnt,* die obersten länglich od. lanzettlich; Knäule in dichten blattlosen Aehren; Samen wagrecht, am Rande geschärft. ⊙ Aecker, Wege, wüste Plätze, gemein. H. 0,2—1,2 M. Juli-Oct. b) viride (L.) Pflanze wenig mehlig-bestreut, fast grün; Knäule in lockeren Rispeln. c) lanceolatum (Mühlenb.) Blätter länglich-lanzettlich, gezähnt, oberwärts in lanzettliche, ganzrandige übergehend. Mit der Grundform.

1562. **C. opulifolium Schrad.** Stengel aufrecht; *Blätter rundlich-rautenförmig, fast so breit als lang, seicht 3lappig mit verkürztem, abgerundet-3eckigen Mittellappen,* die obersten elliptisch bis lanzettlich, ganzrandig; Knäule in fast zusammengesetzten, fast blattlosen Aehren od. ausgesperrten Trugdolden; Samen wagrecht, am Rande stumpflich. ⊙ Wüste Plätze, Zäune, zerstreut. H. 0,2—0,7 M. Juli-Sept.

,, Samen grubig punktiert.

1563. **C. serotinum L.** Stengel aufrecht; Blätter fast spiessförmig-3lappig mit verlängertem, länglich-lanzettlichen, stumpfen, fast ganzrandigen Mittellappen, obere lineallanzettlich, ganzrandig; Knäule in fast blattlosen Aehren od. ausgesperrten Trugdolden; Samen wagrecht, am Rande stumpf. ⊙ Wüste Plätze, Aecker, sehr zersreut; am häufigsten in der südöstl. Niederung Wiens vom Prater u. Simmering bis Moosbrunn u. im Marchfelde; im Kreise O. W. W. bei Furt, Nussdorf a. d. Traisen, Lilienfeld; fehlt im Waldviertel. C. ficifolium Sm. H. 0,2—0,7 M. Juli-Sept.

β. Alle Blätter ganzrandig.

1564. **C. vulvaria L.** *Stengel* ausgebreitet, *graumehlig, wie die ganze (eckelhaft stinkende) Pflanze;* Blätter eirautenförmig; Knäule in zusammengesetzten fast blattlosen Aehren; *Perigon* 5spaltig, *bei der Fruchtreife zusammenschliessend;* Samen wagrecht, feinpunktiert. ⊙ Mauern, wüste Plätze, verbreitet. C. olidum Curt. H. 0,1—0,3 M. Juli-Sept.

1565. **C. polyspermum L.** *Stengel* aufsteigend, *grün od. purpurnüberlaufen, wie die ganze Pflanze;* Blätter eiförmig od. länglich; Knäule in zusammengesetzten fast blattlosen Aehren od. ausgesperrten Trugdolden; *Perigon* 5spaltig, *bei der Fruchtreife sternförmig-abstehend;* Samen wagrecht, feinpunktiert. ⊙ Gräben, Brachen, Gartenland, zerstreut. H. 0,25—0,6 M. Aug.-Sept.

c. Pflanze jährig, drüsigflaumig; Narben mässig lang; Samen alle von oben her linsenförmig zusammengedrückt, wagrecht.

1566. **C. botrys L.** Stengel aufrecht; Blätter länglich, buchtig-fiederspaltig; Knäule in zusammengesetzten, fast blattlosen Trauben;

Perigon 5spaltig; Samen glatt. ⊙ Sandige Orte; Türkenschanze, Prater, Kukuberg, zwischen Himberg u. Ebergassing, Seitenstetten, ehemals auch in der Wien bei Hietzing u. bei Haindorf am Kamp. H. 0,1—0,4 M. Juni-Aug.

Anm. **Beta vulgaris L.** wird in mehreren Abarten (Burgunder-, Rothe-, u. Zuckerrübe) in Grossem gebaut.

4. Gruppe. Salsoleae C. A. Mey. Blüthen zwittrig, seltner vielehig; Keim schraubenförmig; Stengel nicht gegliedert.

445. Suaeda Forsk. Sodakraut. Blüthen zwittrig, selten durch Verkümmerung der Staubgefässe weiblich; Perigon 5theilig, mit 2—3 Deckblättchen, Zipfel ohne Anhängel; Staubgefässe 5; Narben 2—3; Schlauchfrucht von oben od. seitlich zusammengedrückt; Keimling flach schraubig.

1567. **S. maritima (L.) Dum.** Stengel ausgebreitet-ästig, kahl wie die ganze Pflanze; Blätter halbwalzlich, saftig; Blüthen meist zu 3, blattwinkelständig, in beblätterten Aehren; *Samen wagrecht, schwarz, netzförmig-gefurcht.* ⊙ Salzige Triften; Retz, Pulkaniederung bei Hadres, Seefeld, Zwingendorf, Laa; zwischen Gallbrunn u. Margarethen am Moos; Neusiedlersee. Chenopodium maritimum L. Schoberia maritima C. A. Mey. Chenopodina maritima Moq. H. 0,15—0,4 M. Aug.-Sept.

1568. **S. salsa (L.) Pall.** Stengel ausgebreitet-ästig, kahl wie die ganze Pflanze; Blätter halbwalzlich, länger, saftig; Blüthen meist zu 3, blattwinkelständig, in beblätterten Aehren; *Samen wagrecht, röthlichschwarz, glatt od. am Rande schwach-punktiert.* ⊙ Salzige Triften am Neusiedlersee; Pottaschensiederei bei Gross-Enzersdorf, zufällig u. vorübergehend auch bei Klosterneuburg u. hinter dem Arsenale bei Wien. Chenopodium salsum L. Schoberia salsa C. A. Mey. H. 0,15—0,5 M. Aug.-Sept.

446. Salsola L. Salzkraut. Blüthen zwittrig; Perigon 5theilig, mit 2 Deckblättern, Zipfel auf dem Rücken mit queren Anhängseln; Staubgefässe 5; Narben 2; Schlauchfrucht von oben zusammengedrückt; Keimling kegelig schraubig.

1569. **S. kali L.** Stengel ausgebreitet-ästig, rauh- od. kurzhaarig; Blätter pfriemlich, an der Spitze dornig; Blüthen einzeln, blattwinkelständig; Perigon zur Fruchtzeit knorpelig. ⊙ Sandige Aecker, Wege; verbreitet im Wiener Becken, im oberen Donauthale bei Melk, zwischen Gneixendorf u. Gobelsburg, Weinzierl, Mautern, Kirchberg am Wagram, am Manhartsberge von Eggenburg bis Retz. H. 0,15—0,4 M. Juli-Sept.

LXXX. Familie. Polygonaceae Juss.

447. Rumex L. Ampfer. Blüthen zwittrig, vielehig od. 2häusig; Perigon 6theilig, krautig, die 3 inneren Zipfel grösser, nach dem

Verblühen fortwachsend, die Frucht einschliessend, häufig aussen mit einer Schwiele; Staubgefässe 6, paarweise am Grunde der 3 äusseren Perigonzipfel eingefügt; Narben 3; Frucht 3kantig.

a. Blüthen zwittrig, in reichblüthigen Scheintrauben; Blätter am Grunde verschmälert, abgerundet od. herzförmig, aber nicht spiessförmig.

α. Alle od. doch einer der 3 inneren Zipfel des Fruchtperigons eine Schwiele tragend.

* Die 3 inneren Zipfel des Fruchtperigons gezähnt, Zähne deutlich, 3eckig bis borstlich.

o Jeder Scheinquirl mit einem Deckblatte gestützt; Fruchtperigone klein, etwa 2 mm. lang, 1 mm. breit.

1570. **R. maritimus L.** Blätter lanzettlich od. lineallanzettlich; *Blüthen in dichten, beblätterten, zuletzt schmutziggelben Scheintrauben;* innere Zipfel des Fruchtperigons rautenförmig-länglich, jeder eine Schwiele tragend, beiderseits 2zähnig, *Zähne* borstlich, *von der Länge des Zipfels.* ⊙ u. ⊙ Sümpfe, überschwemmte Stellen, Gräben; zwischen Lainz und St. Veit, bei Simmering, Maria-Lanzendorf, Himberg, Velm, Moosbrunn, Guntramsdorf, Traiskirchen, Vöslau, zwischen Bruck a. d. Leitha u. Rohrau, Neusiedlersee; Donauinseln, zufällig; Marchthal bei Breitensee, Kroissenbrunn, Marchegg, Zwerndorf, Angern, Hohenau u. Rabensburg bei Feldsberg, Laa, Zwingendorf, Kadolz, Sitzendorf a. d. Schmida, Theiss, Hiesberg bei Melk, Zwettl. R. aureus With. H. 0,1—0,5 M. Juli-Aug.

1571. **R. limosus Thuill.** Blätter lanzettlich od. lineallanzettlich; *Blüthen in lockeren, am Grunde unterbrochenen, beblätterten, zuletzt grünlichgelben Scheintrauben;* innere Zipfel des Fruchtperigons länglich-eiförmig, jeder eine Schwiele tragend, beiderseits 2zähnig, *Zähne* pfriemlich-borstlich, *kürzer als die Zipfel.* ⊙ u. ⊙ Ueberschwemmte Stellen; Simmering, Achau, Götzendorf, Bruck a. d. Leitha; Donauinseln, zufällig; Marchfeld bei Wagram, Gänserndorf, Probstdorf, Gross-Enzersdorf, Breitensee, Thaya-Niederungen an der mähr. Grenze. R. palustris Sm. H. 0,3—0,5 M. Juli-Aug.

o o Scheinquirle nackt, höchstens die untersten mit einem Deckblatte gestützt; Fruchtperigone gross, etwa 4 mm. lang u. fast ebenso breit.

1572. **R. obtusifolius L.** Untere Blätter eilänglich od. länglich, am Grunde herzförmig od. abgerundet, obere lanzettlich; Scheintrauben gedrungen; *innere Zipfel des Fruchtperigons* 3eckig, oft herzförmig, *bedeutend länger als breit,* meist eine Schwiele tragend, *gegen den Grund undeutlicher 3eckig gezähnt.* ♃. Wiesen, Gräben, Wege, häufig. R. silvestris Wallr. H. 0,5 bis 1,0 M. b) agrestis (Fr.) Innere Zipfel des Perigons scharfgezähnt. R. Wallrothii Nym. R. Friesii Gr. et Godr. An gleichen Orten.

1573. **R. biformis Menyh.** Untere Blätter herzförmig-länglich od. länglich, obere länglich-lanzettlich; Scheintrauben gedrungen;

innere Zipfel des Fruchtperigons herzeiförmig, so *lang* od. *wenig länger als breit,* alle od. nur zum Theile Schwielen tragend, *fast bis zur Spitze scharfgezähnt.* ⊙ Donaukanal bei Wien. Wienthal. Laaerberg, Lanzendorf, Moosbrunn, Baden; Marchegg, Seefeld, Dürnkrut. R. obtusifolius α. cristatus Neilr. R. stenophyllus Led.? R. pratensis Aut. non M. et K. H. 0,5—1,0 M. Juli-Aug.

1573 × 1577. **R. patientia × biformis.** Von R. patientia durch den mit zahlreichen linealen Blättern durchsetzten Fruchtstand u. durch kleinere zugespitzte innere Perigonzipfel; von R. biformis durch breitere Blätter u. die fast ganzrandigen od. nur seitlich mit kurz 3eckigen Zähnchen versehenen inneren Perigonzipfel verschieden. Moosbrunn. R. pannonicus Rech.

1570 × 1572. **R. maritimus × obtusifolius.** Von R. maritimus durch breit-längliche untere Blätter, oberwärts blattlose Scheintrauben, grössere, 3eckig-längliche, deutlich netzaderige Zipfel der inneren Fruchtperigone u. die 2—4 lanzettlich-pfriemlichen Zähne derselben; von R. obtusifolius durch schmälere Blätter, meist höher hinauf beblätterte Scheintrauben u. kleinere, relativ längere u. länger gezähnte innere Perigonzipfel, verschieden. Bei Maria-Lanzendorf, Simmering. R. Steinii Becker. R. Heimerlii Beck.

1572 × 1576. **R. crispus × obtusifolius.** Von R. crispus durch herzförmig-längliche, untere Blätter u. die mit 3eckig-pfriemlichen Zähnen versehenen inneren Perigonzipfel; von R. obtusifolius durch schmälere, etwas wellige Blätter u. kürzere (so lang od. wenig länger als breit) innere Perigonzipfel, verschieden. Wiener Becken bis an den Neusiedlersee, nicht selten. R. pratensis M. et K. R. bihariensis Simk.

1572 × 1574. **R. conglomeratus × obtusifolius.** Von R. conglomeratus durch die zum Theil am Grunde mit einigen Zähnchen versehenen inneren Perigonzipfel; von R. obtusifolius durch die bis zur Spitze durchblätterte Scheintraube u. längliche, zum Theil ganzrandige innere Perigonzipfel, verschieden. Bei Wien. R. abortivus Ruhm.

1572 × 1575. **R. sanguineus × obtusifolius.** Von R. sanguineus durch die grossen Blätter, länger gestielte Blüthen u. die grossen spitz vorgezogenen inneren Perigonzipfel; von R. obtusifolius durch die fast ganzrandigen inneren Perigonzipfel verschieden. Vöslau. R. Dufftii Hausskn.

*1572 × 1577. **R. patientia × obtusifolius.** Von R. patientia durch die vorgezogene Spitze der inneren Perigonzipfel; von R. obtusifolius durch die verhältnissmässig kürzeren, fast ganzrandigen inneren Perigonzipfel verschieden. R. erubescens Simk. Bei Wien.

* * Die 3 inneren Zipfel des Fruchtperigons ganzrandig od. gegen den Grund undeutlich ausgeschweift-gezähnelt.

o Innere Zipfel des Fruchtperigons lineal-länglich, klein, 3 mm. lang, ganzrandig.

1574. **R. conglomeratus Murray.** Untere Blätter herzförmig od. eilänglich, obere lanzettlich; *Scheintrauben* unterbrochen, *beblättert; innere Zipfel des Fruchtperigons jeder eine Schwiele tragend.* ♃. Ufer, Wege, Gräben, gemein. H. 0,3—0,6 M. Juli-August.

1575. **R. sanguineus L.** Untere Blätter herzförmig od. eilänglich, obere lanzettlich; *Scheintrauben* unterbrochen, *blattlos; von den inneren Zipfeln des Fruchtperigons nur einer mit einer Schwiele.* ♃. Auen. Wälder, häufig. R. nemorosus Schrad. H. 0,5 bis 1,0 M. Juli-Aug. .

o o Innere Zipfel des Fruchtperigons rundlich- od. 3eckig-eiförmig, fast so breit als lang, gross, 4—8 mm. lang, ganzrandig od. einige schwachgekerbt.

· Blattstiele oberseits rissig.

1576. **R. crispus L.** *Blätter wellig-gekraust,* lanzettlich; Scheintrauben blattlos, oberwärts gedrungen; *innere Zipfel des Fruchtperigons rundlich-eiförmig* od. fast herzförmig, *jeder eine Schwiele tragend,* 2 Schwielen manchmal weniger deutlich. ♃. Wiesen, Ufer, Gräben, gemein. H. 0,5—1,0 M. Juli-Aug.

1574×1576. **R. crispus×conglomeratus.** Von R. crispus durch kleinere, am Grunde gestutzte Blätter, beblätterte Scheintrauben u. schmälere innere Perigonzipfel; von R. conglomeratus durch etwas wellige Blätter u. grössere, länglich-eiförmige innere Perigonzipfel, verschieden. Floridsdorf, Kottingbrunn. R. Schulzei Hausskn.

1576×1577. **R. crispus×patientia.** Von R. crispus durch die nur zum Theil Schwielen tragenden inneren Perigonzipfel; von R. patientia durch wellig-gekrauste, lanzettliche Blätter verschieden. Wien, Moosbrunn. R. confusus Simk.

1577. **R. patientia L.** *Blätter wellig, aber nicht gekraust,* untere herzförmig-länglich, obere lanzettlich; Scheintrauben blattlos, gedrungen; *innere Zipfel des Fruchtperigons rundlich-herzförmig, nur einer eine Schwiele tragend.* ♃. Gräben, Raine, Zäune, selten; Hietzing, Lainz. Laaerberg, Simmering, Mannswörth, Fischamend, Bruck, Neusiedel, Goyss, Winden; Langenlois. H. 0,5 bis 1,5 M. Juli-Aug.

·· Blattstiele oberseits flach.

1578. **R. hydrolapathum Huds.** Blätter wellig, aber nicht gekraust, länglich-lanzettlich, in den Blattstiel verschmälert; Scheintrauben blattlos, gedrungen; innere Zipfel des Fruchtperigons 3eckig-eiförmig, jeder eine Schwiele tragend. ♃. Sümpfe, Gräben;

Seefeld, Angern, Baumgarten, Marchegg, Breitensee, Schlosshof, Stempfelbach bei Siebenbrunn; Donauauen bei Stockerau, Grafenegg u. Ebersdorf; Himberg, Velm, Gramat-Neusiedel, Moosbrunn, Ebergassing, Götzendorf, Wilfleinsdorf, Bruck an der Leitha, am Kanal bei Neustadt, Flatzer Teich bei Neunkirchen; am Kamp bei Sebarn. H. 0,1—1,5 M. Juli-Aug.

β. Alle 3 Zipfel des Fruchtperigons schwielenlos, ganzrandig od. verwischt-gezähnelt.

1579. **R. aquaticus L.** *Untere Blätter eilänglich, am Grunde tief-herzförmig,* obere länglich bis lanzettlich; Scheintrauben blattlos, gedrungen; *Fruchtstiele dünn, oben schwach verdickt, vom Perigon nicht abgegliedert;* innere Zipfel des Fruchtperigons rundlich-eiförmig, etwas herzförmig. ♃. Ufer, Sümpfe, Gräben, sehr selten; unteres Rehbergerthal bei Krems, Donauauen bei Theiss u. Stadlau, am Kamp von Gars über Stiefern u. Haindorf bis Hadersdorf, an der Thaya bei Raabs u. Hardegg. R. hippolapathum Fr. H. 1,0—1,5 M. Juli.-Aug.

1580. **R. alpinus L.** *Untere Blätter herzförmig-rundlich* od. herzeiförmig, obere eilänglich bis lanzettlich; Scheintrauben blattlos, gedrungen; *Fruchtstiele oben kreiselförmig verdickt, unter dem Perigon abgeschnürt;* innere Zipfel der Fruchtperigons herzeiförmig. ♃. Feuchte Stellen höherer Voralpen bis in die Alpen, häufig; auch auf dem Granitplateau des Waldviertels bei Karlstift. H. 0,3—1,0 M. Juli-Aug.

b. Blüthen vielehig od. 2häusig, in blattlosen minder reichblüthigen Scheintrauben; Blätter pfeil- od. spiessförmig.

* Blüthen vielehig, d. i. zwittrige u. männliche Blüthen auf derselben Pflanze.

1581. **R. scutatus L.** Blätter meist rundlich-herzförmig od. geigenförmig, am Grunde mehr minder spiessförmig; innere Zipfel des Fruchtperigons rundlich-herzförmig, ganzrandig, häutig, schwielenlos. ♃. Felsenschutt der Kalkvoralpen, bis in die Krummholzregion häufig. R. alpestris Jacq. R. glaucus Jacq. H. 0,3—0,5 M. Mai-Juli.

* * Blüthen 2häusig.

o Innere Zipfel des Fruchtperigons häutig, länger als die Frucht, am Grunde mit einer herabgebogenen Schwiele, äussere herabgeschlagen.

1582. **R. acetosa L.** *Blätter dicklich, aus pfeil- od. spiessförmigem Grunde eiförmig-länglich, obere lanzettlich, mit verlängerten spitzen, abwärts-gerichteten Lappen,* oberste auf einer deutlichen Scheide sitzend od. kurzgestielt: *Tuten fransig-geschlitzt.* ♃. Wiesen, buschige Stellen, bis in die Voralpen, häufig. H. 0,3—1,0 M. Mai-Juli. b) thyrsiflorus (Fingh.) Scheintrauben dichter, reichästig; Samen um die Hälfte kleiner. Prater, Neustadt.

1583. **R. arifolius All.** *Blätter dünn, aus spiessförmigem Grunde dreieckig-eiförmig, mit stumpfen od. kurzbespitzten ab-*

stehenden od. aufwärts gerichteten Lappen, oberste fast ohne Scheide sitzend; *Tuten ganzrandig.* ♃. Alpen u. angrenzende Voralpen, zerstreut. H. 0,4—1,0 M. Juli-Aug.

o o Innere Zipfel des Fruchtperigons krautig, so lang als die Frucht, schwielenlos, äussere aufrecht.

1584. **R. acetosella L.** Blätter alle gestielt, länglich bis lineal, die meisten am Grunde spiessförmig; Tuten zuletzt fransig-geschlitzt; innere Perigonzipfel frei. ♃. Wiesen, Aecker, im Felsenschutte bis in die Voralpen, verbreitet. H. 0,1—0,3 M. Mai-Juli. b) angiocarpus (Murb.) Innere Perigonzipfel der Frucht anhaftend. Bei Weidlingau.

448. Polygonum L. Knöterich. Blüthen zwittrig; Perigon 5-, seltner 3—4theilig, meist gefärbt. Zipfel ziemlich gleich; Staubgefässe 5—8, einzeln vor den Perigonzipfeln od. vor den inneren paarweise stehend; Narben 2—3; Frucht 2—3kantig.

a. Wickeln in den Winkeln häutiger Deckblättchen, endständige ährenförmige od. doldenrispige Scheintrauben bildend.

α. Stengel seitlich aus dem Wurzelstock entspringend, meist einfach, mit 1 Scheintraube; Griffel 3, getrennt; Narben klein.

1585. **P. bistorta L.** *Blätter* eilänglich bis länglich-lanzettlich, *nicht zurückgerollt,* untere am Grunde herzförmig, in den geflügelten Stiel zugeschweift, obere sitzend; *Scheintraube* länglich-walzlich, *ohne Zwiebelknospen;* Perigon gesättigt-rosa. ♃. Feuchte Wiesen gebirgiger Gegenden bis in die Alpenregion; häufig in den Voralpen der beiden südlichen Kreise, dann bei Viehofen, Harmannsdorf u. Ammelsdorf am Manhartsberge, Kremsthal, St. Oswald bei Persenbeug u. fast auf allen Wiesen des Granitplateaus im Waldviertel. H. 0,3—1,0 M. Juni-Aug.

1586. **P. viviparum L.** *Blätter* elliptisch bis lanzettlich, *am Rande zurückgerollt,* in den ungeflügelten Blattstiel zusammengezogen, obere sitzend; *Scheintraube* lineal-walzlich, unterwärts *mit Zwiebelknospen;* Perigon weiss. ♃. Kalkalpen u. benachbarte Voralpen, häufig. H. 0,1—0,25 M. Juni-Aug.

β. Stengel endständig, meist ästig, mit mehreren Scheintrauben; Griffel 2—3, halbverwachsen; Narben gross.

* Wurzelstock stielrund, kriechend; Griffel 2.

1587. **P. amphibium L.** Blätter länglich-lanzettlich, am Grunde herzförmig od. abgerundet; Perigon rosa; Staubgefässe 5. ♃. Teiche, Sümpfe, Gräben, verbreitet. H. 0,3—1,5 M. Juni-August. a) natans Moench. Stengel fluthend; Blätter lederig, kahl. b) terrestre Leers. Stengel kriechend, aufsteigend od. aufrecht; Blätter schmäler, meist kurzhaarig.

* * Wurzel spindlig-faserig, jährig; Griffel 2—3.

o Blätter eiförmig bis lineal; Blüthen in ährenförmigen Scheintrauben.

· Scheintrauben länglich-walzlich, gedrungen; Staubgefässe meist 6.

Tuten locker anliegend, kahl od. etwas wollig, kurz- u. feinbewimpert; Samen beiderseits eingedrückt, glänzend.

1588. **P. lapathifolium** L. Stengel aufrecht od. aufsteigend, vielästig, mit kegelförmig-verdickten Knoten; Blätter lanzettlich, langzugespitzt, höchst selten gefleckt, kahl od. unterseits auf den Nerven angedrückt-behaart; *Scheintrauben schlank, oben verschmälert, nickend; Perigon* röthlich od. weiss, *drüsenlos,* zur Fruchtzeit nur am Rande mit wenig vortretenden Nerven. ⊙ Aecker, Weinberge, Gräben, Ufer, verbreitet. P. nodosum Pers. H. 0,3—1,0 M. Juli-Oct. b) procumbens Neilr. Stengel niedergestreckt; Blätter rundlich-eiförmig bis eilänglich, stumpflich od. spitz, oberseits gefleckt, alle od. doch die untersten unterseits wollig-graufilzig. Vorzüglich im Sande der Flüsse, so an der Donau, Thaya.

1589. **P. tomentosum Schrank.** Stengel aufrecht od. aufsteigend, wenig ästig, mit walzlich-verdickten Knoten; Blätter eiförmig bis länglich-lanzettlich, spitz, in der Regel schwarzgefleckt, unterseits meist dünn-graufilzig; *Scheintrauben kurz, dick, oben nicht verschmälert, aufrecht; Perigon* meist grünröthlich, *drüsig,* zur Fruchtzeit mit stark vortretenden Nerven. ⊙ Ufer, Gräben, feuchte Aecker, verbreitet. H. 0,25—0,5 M. Juli-Oct.

,, Tuten enganliegend, kurzhaarig, langborstig-bewimpert.

1590. **P. persicaria L.** Stengel aufrecht od. aufsteigend; Blätter länglich-lanzettlich od. lanzettlich; Scheintrauben meist aufrecht; Perigon röthlich od. weiss, drüsenlos; Samen beiderseits flach od. gewölbt, glänzend. ⊙ Gräben, wüste Plätze, Ufer, verbreitet. H. 0,3—0,8 M. Juli-Oct.

·· Scheintrauben locker, schlank, verlängert.

, Perigon 5theilig, nicht od. sehr schwach drüsig-punktiert; Staubgefässe 5. Pflanze nicht pfefferartig schmeckend.

1591. **P. mite Schrank.** Stengel aufrecht; *Blätter lanzettlich, in den kurzen Blattstiel ziemlich schnell verschmälert;* Tuten rauhhaarig, langborstig-bewimpert, etwas locker-anliegend; Scheintrauben lineal od. fädlich, nickend od. überhängend; Perigon röthlich od. weisslich; *Samen meist 3kantig, fast glanzlos.* ⊙ Ufer, Gräben, überschwemmte Stellen, verbreitet. P. laxiflorum Wh. P. hybridum Chaub. H. 0,2—0,5 M. Juli-Oct.

1592. **P. minus Huds.** Stengel schlaff, aufsteigend; *Blätter breitlineal mit abgestutztem od. abgerundetem Grunde;* Tuten spärlich-behaart, langborstig-bewimpert, mehr weniger anliegend; Scheintrauben lineal od. fädlich, nickend od. ziemlich aufrecht; Perigon röthlich, seltner weiss, kleiner; *Samen meist beiderseits gewölbt od. 3kantig, glänzend, halb so gross als bei vorigem.* ⊙ Gräben, feuchte Stellen, selten; Klosterneuburger Sumpf, Taborhaufen, Kaisermühlen, Zwischenbrücken, Kagran bis Grossenzersdorf, Lobau; Marchsümpfe bei Angern, Elsarn bei Ravelsbach, Kampauen bei Sittendorf, Hoheneich. H. 0,1—0,5 M. Juli-Oct.

, , Perigon 4theilig, grob drüsig-punktiert; Staubgefässe 6. Pflanze scharf pfefferartig schmeckend.

1593. **P. hydropiper L.** Stengel aufsteigend od. aufrecht; Blätter lanzettlich; Tuten kahl, kurzborstig-bewimpert, lockeranliegend; Scheintrauben fädlich, überhängend; Perigon grünlich od. röthlich; Samen gewölbt od. 3kantig, matt. ⨀ Auen, feuchte Wälder, Sümpfe, verbreitet. H. 0,3—0,6 M. Juli-Oct.

o o Blätter 3eckig-rundlich, herz-pfeilförmig; Blüthen in doldenrispigen Scheintrauben.

1594. **P. fagopyrum L.** Stengel aufrecht; untere Blätter gestielt, obere sitzend; Perigon rosa od. weiss; Staubgefässe 8; Frucht scharf-3kantig. ⨀ Im Grossen gebaut, besonders im Marchfelde u. am Steinfelde; häufig auf wüsten Plätzen als Unkraut. Fagopyrum esculentum Moench. H. 0,3—0,5 M. Juli-Aug.

Anm. P. tataricum L. mit ausgeschweift-gezähnten Kanten der Früchte, kommt zuweilen vermischt mit vorigem vor.

b. Wickeln blattwinkelständig, entfernt od. nur an der Spitze der Aeste ährenförmig genähert.

α. Stengel nicht windend, glatt; Tuten silberweiss-glänzend; Griffel 3.

1595. **P. aviculare L.** Stengel niedergestreckt od. aufsteigend, ausgebreitet-ästig; Blätter elliptisch bis lineal; Tuten 2spaltig, mit zuletzt zerschlitzten Zipfeln; *Blüthen* zu 2—4, in den Blattwinkeln sitzend, *an der Spitze der Aeste öfter in unterbrochene beblätterte Scheinähren übergehend*; Perigon röthlich od. weisslich. ⨀ Weiden, Sandstellen, Wege, gemein. H. 0,15 bis 0,5 M. Juni-Oct.

1596. **P. Bellardi All.** Stengel aufrecht od. aufsteigend, mit langen, ruthenförmigen, feinen Aesten; Blätter länglich bis lineallanzettlich, zuletzt in verkleinerte oft unmerkliche Deckblätter übergehend; Tuten feinzerschlitzt; *Blüthen* zu 1—4, in den Blattwinkeln sitzend, *an der Spitze der Aeste in unterbrochene blattlose Scheinähren übergehend.* ⨀ Wege bei Schlosshof im Marchthal. P. Kitaibelianum Sadl. H. 0,3—0,6 M. Juni-Juli.

β. Stengel windend, kantig-rauh; Tuten nicht glänzend; Griffel 1, mit köpfiger Narbe.

1597. **P. convolvulus L.** Blätter herzpfeilförmig; Perigon grün, *Zipel zur Fruchtzeit stumpfgekielt, ungeflügelt;* Frucht 3kantig, matt. ⨀ Aecker, Brachen, häufig. H. 0,1—1,0 M. Juli-October.

1598. **P. dumetorum L.** Blätter herzpfeilförmig; Perigon grün, *die äusseren Zipfel zur Fruchtzeit am Kiele häutig-geflügelt;*

Frucht 3kantig, glänzend. ⊙ Hecken, Zäune, häufig. H. 1,0—2, M. Juli-Oct.

LXXXI. Familie. Thymelaeaceae Juss.

449. Thymelaea Tourn. Spatzenzunge. Perigon trichterig, 4spaltig, wenig gefärbt, bleibend; Staubgefässe 8, zweireihig; Schalfrucht nussartig, 1samig, mit dem verwelkten Perigone umgeben.

1599. **T. passerina (L.) Coss. et Germ.** Stengel aufrecht; Blätter sitzend, lineallanzettlich; Perigone zu 1—5, blattwinkelständig, gelbgrün. ⊙ Sandige Aecker, Raine, stellenweise; häufig im Marchfelde u. im Hügellande der Kreise U. M. B.; im südl. Wiener Becken sehr zerstreut, so einzeln bei Döbling, Gersthof, Dornbach, Hietzing, Mödling, am meisten zwischen Baden, Vöslau, Leobersdorf, über das Steinfeld bis Ternitz u. Eichberg, bei Bruck a. d. Leitha; Horn, im Donauthal bei Stockerau, Grafendorf, von Langenlois bis Melk, Wachtberg bei Karlstetten, Inzersdorf bei Herzogenburg. Stellera passerina L. Passerina annua Wickstr. T. arvensis Lam. H. 0,15—0,3 M. Juli-Aug.

450. Daphne L. Seidelbast. Perigon trichterig, 4spaltig, meist gefärbt, abfällig; Staubgefässe 8, 2reihig; Steinfrucht 1samig, mit weichem od. lederigem Fleische.

a. Blätter abfällig, nach den Blüthen erscheinend.

1600. **D. mezereum L.** Strauch, aufrecht; Blätter keilig-lanzettlich; Blüthen hellpurpurn, sehr selten weiss, meist zu 3 seitenständig sitzend; Früchte saftig, roth. ♃. Gebirgswälder bis in die Krummholzregion, häufig H. 0,5—1,0 M. März-Juni.

b. Blätter immergrün.

1601. **D. laureola L.** *Strauch, aufrecht;* Blätter keilig-lanzettlich, lederig; *Blüthen gelbgrün, in blattwinkelständigen meist 5blüthigen überhängenden Trauben;* Früchte schwarz, saftig. ♃. Gebirgswälder bis in die Voralpen stellenweise; fehlt in den 2 nördl. Kreisen. H. 0,3—0,8 M. März-April.

1602. **D. cneorum L.** *Strauch, rasenförmig umherkriechend;* Blätter keilig-lineal, steif; *Blüthen hellpurpurn,* sehr selten weiss, kurzgestielt, *in endständigen doldenförmigen Büscheln;* Früchte trocken, gelbbraun. ♃. Grasplätze, lichte Waldstellen; häufig in der Kalkzone der 2 südl. Kreise; auf tertiären Hügeln am Wetterkreuz bei Hollenburg, im Horner Stadtwalde, bei Kematen, Hardegg; in der Ebene bei Siebenbrunn, Gänserndorf, Weikendorf, Oberweiden. H. 0,1—0,3 M. Mai-Juni.

LXXXII. Familie. Santalaceae R. Br.

451. Thesium L. Bergflachs. Perigon trichterig; Staubgefässe am Grunde von einem Haarbüschel gebärtet; Frucht steinfruchtartig.

a. Stengel bis zur Spitze mit Blüthen besetzt, unter jeder Blüthe 3 Deckblätter, das mittlere länger.

α. Perigonsaum zur Fruchtzeit bis auf seinen Grund eingerollt, 3mal kürzer als die Frucht.

* Mittleres Deckblatt ungefähr so lang als die Frucht.

1603. **T. montanum Ehrh.** *Wurzelstock aufrecht-ästig,* vielstengelig, *ohne Ausläufer;* Stengel aufrecht, oben rispig-ästig; *Blätter lanzettlich, langzugespitzt, 3—5nervig;* Perigon innen weiss; Frucht kuglig-eiförmig. ♃. Grasplätze der Berg- u. Voralpenregion; Rosskopf bei Neuwaldegg, Königswinkelberg bei Mauerbach, Geissberg bei Perchtholdsdorf, Gutenstein, Oehler, Dürre Wand nächst Blätterthal, Pfennigwiese, Buchberg, Zweierwiese bei Fischau, Grünbach, Hinterleiten bei Reichenau, Thernberg, zwischen Schwarzenbach u. Wiesmatt, Grubberg bei Gaming, Oberbergen; einige der angeführten Standorte vielleicht zur folgenden Art gehörig. H. 0,3—0,5 M. Juli-Aug.

1604. **T. linophyllum L.** *Wurzelstock kriechend, unterirdische Ausläufer treibend;* Stengel aufsteigend od. aufrecht, oben rispigästig; *Blätter lineal* od. *lineallanzettlich, spitz, undeutlich 3nervig;* Perigon innen weiss; Frucht ellipsoidisch. ♃. Wiesen, Grasplätze der Ebene bis in die Voralpen, häufig. T. intermedium Schrad. H. 0,15—0,35 M. Juni-Aug.

* * Mittleres Deckblatt 2—4mal länger als die Frucht.

1605. **T. ramosum Hayne.** Wurzel 1—vielstengelig, ohne Ausläufer; *Stengel* aufrecht od. aufsteigend, *oben od. schon vom Grunde an rispig-ästig, seltner einfach-traubig, Aestchen der Traube länger als die Frucht, abstehend;* Blätter lineallanzettlich, zugespitzt, 1—3nervig; Perigon sehr klein, innen weiss; Früchte ellipsoidisch. ☉ ⊙ u. ♃. Brachen, Wiesen; zerstreut im Marchfelde, im südl. Wiener Becken, vom Prater, Arsenal u. dem Laaerberge über Himberg, Laxenburg, Eichkogel bei Mödling, Vöslau bis Neustadt u. Gloggnitz, Königsberg bei Hainburg, Türkenschanze, Schafberg bei Pötzleinsdorf, Hackinger Au; oberes Donauthal bei Spillern, Langenlois, Gneixendorf, Mittelberg. H. 0,1—0,3 M. Juni-August.

1604 × 1605. **T. ramosum × linophyllum.** Von T. ramosum durch grössere Blüthen u. den Wurzelstock mit den zerstreut stehenden aufrechten Stengeln; von T. linophyllum durch die fast einfache Traube u. die langen Deckblätter verschieden. Diernberg bei Falkenstein. T. hybridum Beck.

1606. **T. subreticulatum DC.** Wurzel vielstengelig, ohne Ausläufer; *Stengel* liegend od. aufsteigend, *einfach, mit ährigem*

Blüthenstande od. oben verzweigt, Aestchen der Aehre kürzer als die Frucht, diese daher fast sitzend; Blätter lineallanzettlich, zugespitzt, 1—3nervig; Perigon sehr klein, innen weiss; Früchte ellipsoidisch ⊙ ⊙ u. ♃. Brachen, Grasplätze, selten; Angern, Oberweiden, Gross-Enzersdorf, zwischen Floridsdorf u. Jedlersee, Langenzersdorf; Simmering, Klederling, Velm, Himberg, Ebergassing, Moosbrunn, Lanzendorf, Ebreichsdorf, zwischen Vösendorf u. Neudorf, Priessnitzthal bei Mödling, Brühl, zwischen Neustadt u. Katzelsdorf, zwischen Wolfsthal, Edelsthal u. Kitsee, Goyss am Neusiedlersee; Langenlois. T. decumbens Doll. non Gm. T. humile Neilr. non Vahl. T. diffusum Simk. non Andrz. T. Dollineri Murb. H. 0,1—0,3 M. April-Mai.

β. Perigonsaum zur Fruchtzeit nur an der Spitze eingerollt, so lang od. länger als die Frucht.

* Aestchen der Traube meist einseitswendig, Perigon meist 4spaltig.

1607. **T. alpinum L.** Wurzelstock gedrungen, vielstengelig, ohne Ausläufer; Stengel aufsteigend od. liegend, meist einfach traubig, Aestchen der Traube aufrecht-abstehend; Blätter lineal, 1nervig; Perigon innen weiss, Deckblätter am Rande meist glatt; Früchte fast kugelig ♃. Steinige, buschige Stellen der Kalkgebirge bis in die Krummholzregion. H. 0,1—0,3 M. Mai-Juni.

* * Aestchen der Traube allseitswendig, Perigon meist 5spaltig.

1608. **T. tenuifolium Saut.** Wurzelstock aufrecht, vielstengelig, ohne Ausläufer; Stengel aufsteigend, meist einfach-traubig, *Aestchen der Traube aufrecht-abstehend; Blätter* schmallineal, *1nervig; Deckblätter am Rande meist glatt,* das mittlere viel länger als die Frucht; Perigon innen weiss; Früchte fast kugelig. ♃. Bei Mödling am Wege von der goldenen Stiege zum Husarentempel, Badner Lindkogel, Gaisloch der Rax. H. 0,1—0,3 M. Juni-Juli.

1609. **T. pratense Ehrh.** Wurzelstock aufrecht, vielstengelig, ohne Ausläufer; Stengel aufsteigend od. liegend, einfach-traubig od. oben rispig-ästig, *Aestchen der Traube wagrechtabstehend; Blätter* lineal od. lineallanzettlich, *undeutlich 3nervig; Deckblätter am Rande gezähnelt-rauh,* das mittlere ziemlich so lang als die Frucht; Perigon innen weiss; Früchte fast kuglig-eiförmig. ♃. Wiesen, Grasplätze; nur im Waldviertel, am Jauerling, bei Grosmotten, Grainbrunn, Ratzenhof u. Ritzmannshof, Erdweiss, Zuggers, Schrems, Kirchberg am Wald. H. 0,1—0,3 M. Juni-Juli.

b. Stengel an der Spitze durch leere Deckblätter schopfig, unter jeder Blüthe nur 1 Deckblatt.

1610. **T. ebracteatum Hayne.** Wurzelstock fädlich, kriechend; Stengel aufrecht od. aufsteigend, einfach traubig; Blätter lineallanzettlich, 1nervig; Perigon innen weiss, zur Fruchtzeit eingerollt, halb so lang als die eiförmige Frucht. ♃. Wiesen zwischen Laxenburg, Guntramsdorf u. Münchendorf, Moosbrunn, Velm. H. 0,1 bis 0,25 M. Mai-Juni.

LXXXIII. Familie. Elaeagnaceae R. Br.

452. Hippophaë L. Sanddorn. Blüthen 2häusig. Männliches Perigon 2blättrig, Staubbeutel 4, im Grunde des Perigons sitzend. Weibliches Perigon röhrig, 2spaltig. Schalfrucht nussartig, vom saftigen Perigone beerenartig eingeschlossen.

1611. **H. rhamnoides L.** Strauch mit in einen Dorn auslaufenden Zweigen; Blätter lineal, unterseits silberweiss-schülferig; Blüthen in den Winkeln schuppiger Deckblätter, vor den Blättern hervorbrechend; Perigon rothbraun; Früchte oval, orangeroth. ♄. Ufer; auf den Donauinseln von Wien bis Melk, stellenweise; bei Seitenstetten u. an der Enns bei Haag; wird auch in Gärten cultiviert u. kommt zuweilen verwildert vor, wie bei Gersthof, Grinzing, Nussdorf. H. 1,0—3,0 M. April-Mai.

LXXXIV. Familie. Aristolochiaceae Juss.

453. Aristolochia L. Osterluzei. Perigon röhrig, am Grunde bauchig, abfällig; Staubbeutel 6, dem hohlen Griffel unter der 6lappigen Narbe angewachsen; Kapsel 6fächerig, 6klappig.

1612. **A. clematitis L.** Stengel aufrecht; Blätter rundlich-3eckig, am Grunde tiefherzförmig; Blüthen lichtgelb, in den Blattwinkeln büschelig; Kapseln birnförmig, überhängend. ♃. Zäune, Weinberge, Auen; im Hügellande des Kreises U. M. B., auf den Donauinseln, Marchauen; südöstl. Niederung Wiens bei Lanzendorf, Achau, Laxenburg, Möllersdorf; Weingartenränder bei Mödling, Gumpoldskirchen, Pfaffstetten, Baden, Soos, Vöslau, bei Stuppach; Manhartsberg, oberes Donauthal von Langenlois, über Schönberg, Mautern, Wachau, Aggsbach bis Melk. H. 0,5 bis 0,8 M. Mai-Juni.

454. Asarum L. Haselwurz. Perigon glockig, bleibend, 3—4spaltig; Staubgefässe 12, 2reihig, abwechselnd länger u. kürzer, frei; Narbe scheibenförmig, 6strahlig; Kapsel 6fächerig, unregelmässig aufspringend.

1613. **A. europaeum L.** Wurzelstock kriechend; Stengel aufsteigend, sehr kurz, am Grunde beschuppt, an der Spitze 2 gestielte nierenförmige Blätter tragend u. durch eine schmutzig-braunrothe Blüthe abgeschlossen. ♃. Gebüsche, schattige Bergwälder bis in die Voralpen, auch im Hügellande des Kreises U. M. B. u. selbst in Auen der Donau. H. 0,03—0,06 M. April-Mai.

LXXXV. Familie. Empetraceae Nutt.

455. Empetrum Tourn. Rauschbeere. Kelch von 6 dachigen Schuppen umgeben.

1614. **E. nigrum L.** Strauch, niedergestreckt; Aeste dichtbeblättert; Blätter lineal, immergrün; Blüthen blattwinkelständig, röthlich; Beeren kuglig, schwarz. ♄ Felsige, buschige Stellen der Kalkalpen u. auf höheren Kuppen des Wechsels, häufig. H. 0,15 bis 0,45 M. Mai-Juli.

LXXXVI. Familie. Euphorbiaceae R. Br.

456. Euphorbia L. Wolfsmilch. Blüthen 1häusig, 10—viele männliche u. 1 weibliche Blüthe in ihrer Mitte, von einer gemeinschaftlichen Blüthenhülle umgeben; Blüthenhülle glockig, mit 4—5 häutigen u. ebensovielen auswärtsgewendeten, drüsigen Zipfeln (Drüsen). Männliche Blüthe: 1 Staubgefäss, ohne Perigon; weibliche Blüthe langgestielt, perigonlos od. mit einem kleinen lappig-gezähnten Perigone; Griffel 3, jeder 2spaltig; Spaltfrucht 3fächerig, 3samig.

A. Drüsen der Blüthenhülle queroval od. theilweise halbmondförmige eingemischt.

a. Wurzel spindlig, jährig; Drüsen sämmtlich queroval.

α. Früchte glatt, Samen grubig-netzig.

1615. **E. helioscopia L.** Stengel zerstreut-behaart; Blätter länglich-verkehrteiförmig; Trugdolden 4—5strahlig, Strahlen 2—3gabelig, mit gabelspaltigen Aestchen; Hüllchen oval. ⊙ Brachen, Aecker, häufig. H. 0,1—0,3 M. April-Herbst.

β. Früchte warzig, Samen glatt.

1616. **E. platyphyllos L.** Stengel kahl; Blätter hellgrün, länglich-lanzettlich, vorn feingesägt, untere länglich-verkehrteiförmig; Blüthenstand meist doldenförmig od. unregelmässig; endständige Trugdolden meist 5strahlig, Strahlen 3gabelig, mit gabelspaltigen Aestchen; Hüllchen eirautenförmig, gelblich; Früchte 3—4 mm. breit, *Warzen fast halbkugelig; Samen zusammengedrückt-3seitig*, schwarzbraun. ⊙ Aecker, Gräben, Wege, häufig. H. 0,15—0,45 M. Juni-Sept.

1617. **E. stricta L.** Stengel kahl; Blätter dunkler grün, lanzettlich od. länglich-lanzettlich, vorn feingesägt, untere länglich-verkehrteiförmig; Blüthenstand mehr traubig; endständige Trugdolde 3—5strahlig, Strahlen 3gabelig, mit gabelspaltigen Aestchen; Hüllchen eirautenförmig, dunkler grün: Früchte 2 mm. breit, *Warzen kurzwalzlich; Samen fast stielrund, schwach 3kantig*, kastanienbraun. ⊙ u. ⊙ Auen, feuchte, schattige Stellen, häufig. H. 0,15 bis 0,45 M. Juni-Juli.

b. Wurzelstock ausdauernd; Samen glatt.

α. Wurzelstock kriechend, gegliedert; Drüsen sämmtlich queroval.

* Stengel stielrund, behaart.

1618 **E. dulcis L.** Wurzelstock kurzgliedrig, zackig, bedeutend dicker als der Stengel; Stengel zerstreut behaart; Blätter länglich; endständige Trugdolde meist 5strahlig. Strahlen ungetheilt od. 1mal, seltner 2mal 2gablig, so lang od. kürzer als die Hülle; *Hüllchen eiförmig-länglich, doppelt so lang als breit; Früchte* warzig, *zerstreut behaart.* ♃. Wälder, Gebüsche, Schluchten, verbreitet. E. solisequa Rchb. E. dulcis α lasiocarpa Neilr. H. 0,3 bis 0,6 M. Mai-Juni.

1619. **E. purpurata Thuill.** Wurzelstock langgliedrig, stielrundlich, kaum dicker als der Stengel; Stengel flaumhaarig; Blätter länglich; endständige Trugdolde meist 5strahlig. Strahlen ungetheilt od. 1mal, seltner 2mal 2gablig, so lang od. länger als die Hülle; *Hüllchen 3eckig-eiförmig, so lang als breit; Früchte* warzig, *kahl.* ♃. Wälder, selten od. übersehen; Gurhofgraben bei Aggsbach, Schweingraben bei Mannersdorf, zwischen Hainburg u. Berg. E. incompta Ces. E. dulcis β verrucosa Neilr. E. alpigena A. Kern. H. 0,2—0,5 M. Mai-Juni.

* * Stengel kahl, besonders oben geschärft-kantig.

1620. **E. angulata Jacq.** Wurzelstock langgliedrig, stielrundlich, stellenweise fast knollenförmig verdickt, kaum dicker als der Stengel; Blätter länglich; endständige Trugdolde meist 5strahlig, Strahlen 1—2mal 2gablig, länger als die Hülle; Hüllchen 3eckig-rundlich, so lang als breit od. querbreiter; Früchte warzig, kahl. ♃. Waldränder, buschige Orte; stellenweise in der Kalkzone vom Geissberge, dem Richardshofe über den Anninger, die Badener u. Vöslauer Berge, Emmerberg bis in die Voralpen; am Steinfelde bei Neustadt, Fischau, Remisen von Kottingbrunn, Goldwäldchen bei Ebergassing; Leithagebirge; Rappoltenkirchen; Ernstbrunnerwald, Reisertwald bei Mollands, Sirnitz- u. Rehbergerthal, Scheibenhof bei Krems, Mautern, Hardegg. H. 0,2—0,5 M. Mai-Juni.

β. Wurzelstock aufrecht-ästig.

* Stengel am Grunde in zahlreiche fast halbstrauchige liegende od. aufsteigende kahle Aeste aufgelöst; Drüsen sämmtlich queroval.

1621. **E. verrucosa L.** Blätter länglich od. eilänglich, kahl od. besonders unterseits behaart; endständige Trugdolde meist 5strahlig. Strahlen 2—3gablig, mit 2gabligen Aestchen; Früchte warzig, kahl, Warzen kurzwalzlich. ♃. Wiesen niedriger u. gebirgiger Gegenden, verbreitet. H. 0,15—0,4 M. Mai-Juni.

* * Stengel vom Grunde an krautig, einfach od. oben ästig.

o Blätter mehr minder zottig; Drüsen sämmtlich queroval.

· Früchte warzig, Warzen verlängert fädlich, röthlich.

1622. **E. polychroma A. Kern.** Stengel einfach, zottig; Blätter länglich od. lanzettlich, unterseits dicht-, oberseits spärlicher zottig; Blüthenstand eine endständige 5strahlige Trugdolde, Strahlen 2—3gablig, mit 2gabligen Aestchen; Hülle u. Hüllchen zur Blüthezeit orange; Früchte kahl. ♃. Steinige, buschige Orte; häufig im Hügellande des Kreises U. M. B. u. auf den Abfällen des Kahlengebirges gegen das Wiener Becken, südlich bis auf den Goesing; in den oberen Kreisen bei Hollenburg, Nussdorf an der Traisen, Viehofen, Alaun-, Rehbergerthal, Gföhlerwald, Gurhofgraben bei Aggsbach. Kollmitzberg bei Raabs. E. epithymoides Jacq. non L. H. 0,15—0,45 M. April-Mai.

· · Früchte glatt od. mit wenig erhabenen, halbkugligen Warzen.

1623. **E. villosa W. et K.** Stengel einfach od. oben ästig, kahl od. kurzhaarig; *Blätter lanzettlich od. länglich-lanzettlich, am Grunde abgerundet od. schwach herzförmig,* besonders unterseits feinzottig; Blüthenstand doldenförmig od. traubig-doldenförmig, endständige Trugdolde 5—vielstrahlig, *Strahlen* 3gablig, mit 2gabligen Aestchen, *länger als die Hüllen;* Hüllen eiförmig od. eilänglich, zur Blüthezeit, wie die Hüllchen gelblich; *Früchte* glatt od. etwas warzig, *kahl.* ♃. Nasse Wiesen; zwischen Neuwaldegg u. Salmannsdorf, in der südöstlichen Niederung Wiens von Laxenburg u. Himberg bis Neustadt u. an die Leitha; an der oberen March u. an den Thayamündungen. E. procera M. a. B. E. pilosa Neilr. p. p. non L. H. 0,3—1,0 M. Mai-Juni.

1624. **E. austriaca A. Kern.** Stengel einfach od. oben ästig, kurzhaarig; *Blätter* gross, *länglich-spatelig, gegen den Grund verschmälert,* besonders unterseits feinzottig; Blüthenstand doldenförmig, endständige Trugdolde 5—vielstrahlig, *Strahlen* 2—3gablig, mit 2gabligen Aestchen, *so lang od. kürzer als die Hüllen;* Hüllen länglich od. eilänglich, zur Blüthezeit wie die Hüllchen gelblich; *Früchte* grösser, warzig, *zerstreut-langhaarig.* ♃. In den hohen Thälern der Traisen, Erlaf, Ibbs, am Oetscher, Scheiblingstein, Hetzkogel, Dürnstein, Hochkohr. E. pilosa δ. lasiocarpa Neilr. H. 0,3—1,0 M Juni-Juli.

o o Blätter kahl wie die ganze Pflanze.

· Früchte warzig; Drüsen sämmtlich queroval.

1625. **E. palustris L.** Stengel oben ästig; Aeste meist unfruchtbar, die Spitze des Stengels überhöhend; Blätter lanzettlich; endständige Trugdolden 5—vielstrahlig, Strahlen 3gablig, mit 2gabligen Aestchen; Hüllchen oval. ♃. Sumpfige Wiesen, Gräben; Auen der unteren Donau-, March- u. der Thayamündungen, an der Kamp- u. Traisenmündung, südöstliche Niederung Wiens von Himberg, Laxenburg u. Kottingbrunn bis an die Leitha, Neusiedlersee; Bergsümpfe bei Melk, auf dem Burgstein. H. 0,6 bis 1,5 M. Mai-Juni.

· · Früchte glatt; Drüsen queroval od. halbmondförmige eingemischt.

1626. **E. Gerardiana Jacq.** Stengel einfach; *Blätter lineal od. lineal-lanzettlich,* 3—6 mm. breit; endständige Trugdolde, 5—vielstrahlig, Strahlen 1—2mal 2gablig; Hüllchen rautenförmig od. herzförmig-3eckig; Früchte kahl. ♃. Sandige Grasplätze, Wege; zerstreut im Becken von Wien, sowohl in der nördlichen u. südlichen Bucht, als auch auf den Donauinseln, am Neusiedlersee u. im oberen Donauthale. H. 0,1—0,4 M. Mai-Herbst.

1627. **E. glareosa M. a B.** Stengel dicker als bei voriger; *Blätter länglich od. länglich-lanzettlich,* 7—17 mm. breit; endständige Trugdolde vielstrahlig, 1—2mal 2gablig; Hüllchen herzförmig 3eckig bis lanzettlich; Früchte kahl. ♃. Grasplätze, Raine; nur im südlichen Wiener Becken, Gaisberg bei Rodaun, vom Laaerberg über den Johannesberg, Himberg, Velm, Moosbrunn, Rauhenwarth längs der Raaber Bahn bis Bruck; auf den Donauinseln, zufällig. E. pannonica Host. E. nicaeensis Neilr. non All. H. 0,3—0,6 M. Juni-Juli. b) **trichocarpa Neilr.** Früchte behaart. Mit der Grundform.

B. Drüsen der Blüthenstiele halbmondförmig od. kurz 2hörnig. Früchte kahl, glatt od. höchstens erhaben punktiert.

a. Wurzelstock ausdauernd; Samen glatt.

α. Blätter um die Mitte der blühenden Stengel rosettig gehäuft.

1628. **E. amygdaloides L.** Stengel zerstreut behaart, die sterilen gedrungenblättrig; Blätter verkehrteiförmig-länglich, weichhaarig, obere länglich od. oval; endständige Trugdolde 5—vielstrahlig, Strahlen 1—2mal 2gablig; *Hüllchen paarweise in ein kreisrundliches od. durch 2 seitliche Einschnitte brillenförmiges Blatt zusammengewachsen;* Drüsen 2hörnig. ♃. Auen, Wälder niedriger u. gebirgigerer Gegenden bis in die Krummholzregion. E. silvatica Jacq. H. 0,3—0,6 M. April-Juni.

1629. **E. saxatilis Jacq.** Stengel kahl wie die ganze Pflanze, die sterilen gedrungenblättrig; Blätter lineal-keilig, obere länglich od. oval; endständige Trugdolde meist 5strahlig, Strahlen 2gablig; *Hüllchen frei, rautenförmig od. herzförmig-3eckig;* Drüsen halbmondförmig. ♃. Nadelwälder der Kalkgebirge; vom Anninger, Rauhenecker Berg, Eisernes Thor, Sooser Lindkogel, Vöslauer Berge bis in die Voralpen bei Pernitz, Guttenstein, Weissenbach, Prigglitz, Stixenstein u. die Vorberge bei Fischau u. Brunn im Steinfelde, auch im Höllenthale. H. 0,1—0,2 M. Mai-Juni.

β. Blätter am Stengel nicht rosettig gehäuft.

* Blätter grauflaumig.

1630. **E. salicifolia Host.** *Stengel flaumig; Blätter* lanzettlich od. länglich-lanzettlich, 8—18 mm. breit, *in der Mitte am breitesten;* endständige Trugdolde vielstrahlig, Strahlen 2mal 2gablig; Hüllchen rautenförmig od. herzförmig 3eckig, querbreiter. ♃. Wege, Raine; Gaden, am Canale u. bei dem Neugebäude bei Simmering, bei Schwechat, Himberg, Rauhenwarth, Schwadorf, Margarethen am Moos, Trautmannsdorf, Bruck an der Leitha, zwischen Sommerein u. Kaisersteinbruch, Neusiedl, Goyss, Winden, Breitenbrunn, zwischen Wolfsthal u. Edelsthal; bei Baumgarten im Marchfelde. H. 0,3—0,6 M. Mai-Juni.

1631. **E. paradoxa Schur.** *Stengel kahl; Blätter* lanzettlich od. länglich-lanzettlich, 4—8 mm. breit, *vorn am breitesten,* gegen den Grund allmälig verschmälert; endständige Trugdolde vielstrahlig, Strahlen 1—2mal 2gablig; Hüllchen rautenförmig od. herzförmig 3eckig, querbreiter. ♃. Wege, Raine; Laaerberg,

Prater, im Wiener Becken wahrscheinlich weiter verbreitet, aber mit E. esula verwechselt. E. esula v. pubescens Grisb. E. puberula Simk. E. esula-salicifolia Neilr. H. 0,2—0,6 M. Mai-Aug.

* * Blätter kahl wie die ganze Pflanze.

o Blätter gegen die Spitze allmälig verschmälert, unter der Mitte am breitesten.

1632. **E. lucida W. et K.** *Blätter länglich od. länglich-lanzettlich*, unten 10—20 mm. breit, *mit breitem Grunde sitzend;* endständige Trugdolde vielstrahlig, Strahlen 2mal 2gablig; *Hüllchen* rautenförmig, *so breit als lang;* Samen hellgrau. ♃. Gräben, nasse Wiesen; Thayaufer bei Lundenburg, Magyarfalva, Zwerndorf, Marchegg, Margarethen am Moos, Kaltergang bei Velm, Laxenburg, Münchendorf, Möllersdorf. H. 0,6—1,2 M. Juni-Juli.

1633. **E. virgata W. et K.** *Blätter lineal-lanzettlich,* unten 3—8 mm. breit, *plötzlich in einen sehr kurzen Stiel verschmälert;* endständige Trugdolde vielstrahlig, Strahlen 1—2mal 2gablig; *Hüllchen* rautenförmig, *querbreiter;* Samen bräunlich. ♃. Raine, Wiesen, Wege; gemein im Becken von Wien: wird nach Westen seltner u. fehlt stellenweise, wie um St. Pölten. H. 0,4—0,7 M. Mai-Aug.

o o Blätter gegen den Grund allmälig verschmälert, vorn am breitesten od. gleichbreit.

1634. **E. esula L.** *Blätter lanzettlich od. lineallanzettlich,* die der unfruchtbaren Seitenäste ziemlich gleichgestaltet; endständige Trugdolde vielstrahlig, Strahlen 1—2mal 2gablig; *Hüllchen eirautenförmig,* grün od. gelblich; Früchte feinpunktiert. ♃. Raine, Wege, Gebüsche, gemein. H. 0,2—0,6 M. Mai-Aug.

1635. **E. cyparissias L.** *Blätter lineal od. linealkeilig,* die der unfruchtbaren Seitenäste viel schmäler, oft fast borstlich; endständige Trugdolde vielstrahlig. Strahlen 1—2mal 2gablig; *Hüllchen rautenförmig,* gelb, zuletzt purpurn; Früchte erhabenpunktiert. ♃. Wiesen, Raine, Wege, gemein. H. 0,15—0,3 M. April-Juli.

b. Wurzel jährig; Samen grubig od. runzelig.

α. Blätter kurzgestielt, verkehrteiförmig.

1636. **E. peplus L.** Endständige Trugdolde meist 3strahlig, Strahlen 2—mehrmal 2gablig; Früchte auf dem Rücken mit 2 schwachgeflügelten Kielen; Samen 6kantig, 2 Flächen mit je 1 Furche, die 4 anderen mit je 3—4 Grübchen. ☉ Gemüsefelder, Gartenland, häufig. H. 0,1—0,25 M. Juli-Herbst.

β. Blätter sitzend, lanzettlich od. lineal.

1637. **E. falcata L.** Blätter lanzettlich, am Grunde verschmälert; Trugdolde 3—5strahlig, Strahlen 2—vielmal 2gablig; *Hüllchen rautenförmig od. schiefeiförmig; Früchte auf dem Rücken schwachkantig; Samen* 4kantig, *jede Fläche mit 4 Querreihen von Grübchen.* ☉ Brachen, Stoppelfelder, häufig. H. 0,05—0,2 M. Juli-Herbst.

1638. **E. exigua L.** Blätter lineal; endständige Trugdolde 3–5strahlig, Strahlen 2—mehrmal 2gablig; *Hüllchen aus verbreitertem, fast herzförmigem Grunde lineal; Früchte auf dem Rücken abgerundet; Samen* 4kantig, *höckerig-runzlig.* ⊙ Brachen, Stoppelfelder, häufig. H. 0,05—0,2 M. Juli-Herbst. b) retusa L. Blätter vorn gestutzt od. ausgerandet. Seltner.

Anm. E. lathyris L. wurde bei dem Wassergesprenge nächst Weissenbach u. bei dem Kaiserbrunnen im Höllenthale verwildert gefunden.

457. Mercurialis L. Ringelkraut. Blüthen (hier) 2häusig; Perigon 3—4theilig; Staubgefässe 8—12; Fruchtknoten meist 2fächerig, mit ebensovielen Griffeln; Spaltfrucht meist 2fächerig, 2samig.

a. Wurzelstock kriechend, stellenweise knotig verdickt; Stengel einfach, nur oben beblättert.

1639. **M. perennis L.** Stengel oben beblättert; *Blätter eilänglich od. länglich-lanzettlich, deutlich gestielt;* Blüthen in blattwinkelständigen, langgestielten, unterbrochenen Scheinähren, die der weiblichen Pflanze nur 1—3blüthig. ♃. Wälder, Vorhölzer, bis in die Krummholzregion, häufig. H. 0,15—0,3 M. April-Mai.

1640. **M. ovata Sternb. et Hoppe.** Stengel meist tiefer herab beblättert; *Blätter rundlich-eiförmig od. eiförmig, sitzend* od. höchstens die untersten kurzgestielt; sonst wie vor. ♃. Lichte Wälder der Kalkberge bis in die Voralpen; auch bei Stillfried an der March. H. 0,15—0,3 M. April-Mai.

b. Wurzel spindlig, jährig; Stengel vom Grunde an ästig u. beblättert.

1641. **M. annua L.** Stengel buschig; Blätter eiförmig od. eilänglich, gestielt; männliche Blüthen in blattwinkelständigen, langgestielten, unterbrochenen Aehren, weibliche zu 1—3 in den Blattwinkeln fast sitzend. ⊙ Bebaute Orte, Brachen, Wege, gemein. H. 0,15—0,3 M. Juni-Sept.

LXXXVII. Familie. Urticaceae Endl.

458. Urtica L. Nessel. Blüthen 1- od. 2häusig. Männliche Blüthe: Perigon 4—5theilig; Staubgefässe 4—5; weibliche Blüthe: Perigon 4blättrig, die äusseren Blättchen klein od. fehlend, die 2 inneren blattartig, zuletzt vergrössert, die 1samige Schalfrucht einschliessend; Narbe sitzend, pinselförmig.

a. Wurzel spindlig, jährig.

1642. **U. urens L.** Stengel aufrecht, sammt den Blättern mit Brennborsten besetzt; Blätter eiförmig, eingeschnitten-gesägt; Blüthen 1häusig, geknäuelt, in Rispen; Rispen blattwinkelständig, beiderlei Blüthen enthaltend, ziemlich aufrecht, kürzer als der Blattstiel. ⊙ Wüste Plätze, Zäune, häufig. H. 0,15—0,3 M. Juli-Sept.

b. Wurzelstock stielrund, kriechend.

1643. **U. dioica L.** *Stengel aufrecht, sammt den Blättern kurzhaarig*, mit eingemischten Brennborsten; Blätter herzeiförmig od. herzförmig-länglich, grobgesägt, dunkelgrün; Blüthen 2häusig, selten 1häusig, geknäuelt, in Rispen: Rispen blattwinkelständig, hängend, länger als der Blattstiel. ♃. Wüste Plätze, Auen, Schluchten bis in die Alpenregion, gemein. H. 0,5—1,5 M. Juli-Sept.

1644. **U. Kioviensis Rog.** *Stengel anfangs niederliegend, wurzelnd, kahl*, mit zerstreuten Brennborsten; *Blätter* herzeiförmig-länglich od. länglich-lanzettlich, langgestielt, grobgesägt, hellgrün, *meist ganz kahl;* Blüthen meist 1häusig, geknäuelt, in Rispen: Rispen blattwinkelständig, hängend, etwa so lang als der Blattstiel, obere weiblich, mittlere u. untere männlich. ⊙ Bisher bloss in Auen der March bei Baumgarten. U. radicans Bolla non Sw. U. Bollae Kan. H. 0,5—2,0 M. Juli-Sept.

459. Parietaria L. Glaskraut. Blüthen vielehig; männliche u. Zwitterblüthe: Perigon 4—5theilig; Staubgefässe 4—5; weibliche Blüthe: Perigon krugförmig, 4zähnig; Griffel kurz; Narbe sprengwedelförmig; Schalfrucht 1samig, vom unveränderten Perigon eingeschlossen.

1645. **P. officinalis L.** Stengel aufrecht; Blätter länglich-eiförmig, ganzrandig; Blüthen in achselständigen Knäueln fast scheinquirlig, von einer 2—vielblättrigen Hülle umgeben, Knäule meist männliche u. weibliche Blüthen enthaltend. ♃. Haine, Zäune, Schluchten, bis in die höheren Voralpen, stellenweise; im oberen Donauthale selten, bei Hollenburg, Göttweig, Arnsdorf, Melk; fehlt im Waldviertel. P. erecta M. et K. H. 0,3—0,8 M. Juni-Sept.

LXXXVIII. Familie. Cannabaceae Endl.

460. Cannabis L. Hanf. Weibliche Blüthen paarweise in den Blattachseln, jede von einem scheidenartigen Deckblatte umhüllt, scheinbar kurze beblätterte Achren bildend; Keim hackenförmig gekrümmt.

1646. **C. sativa L.** Stengel aufrecht; Blätter handförmig 3—9schnittig, Abschnitte lanzettlich, scharfgesägt; männliche Blüthen trugdoldig, endständige Rispen bildend, weibliche rispigährig. ⊙ Stammt aus Indien u. wird im Grossen gebaut; oft auch verwildert. H. 0,4—1,5 M. Juli-Aug.

461. Humulus L. Hopfen. Weibliche Blüthen in Kätzchen; Kätzchen aus dachigen, 2blüthigen Deckblättern gebildet, zuletzt zapfenartig, jede Blüthe am Grunde von einem schuppenförmigen Deckblättchen umfasst; Keim schraubenförmig.

1647. **H. lupulus L.** Stengel windend; Blätter herzförmig-rundlich 3—5lappig, ungleich-gesägt; männliche Blüthen in end-

u. seitenständigen Rispen, weibliche Kätzchen einzeln od. in lockeren end- u. seitenständigen, öfter ästigen Trauben. ♃. Auen, Hecken, häufig. H. bis 5,0 M. Juni-Aug.

Anm. Morus alba L. u. M. nigra L. aus dem Orient, werden insbesondere erstere oft angepflanzt.

LXXXIX. Familie. **Ulmaceae Mirb.**

462. Ulmus L. Ulme. Perigon meist 5spaltig; Flügelfrucht häutig, zusammengedrückt.

a. Blüthen langgestielt, hängend; Fruchtflügel zottig gewimpert.

1648 **U. pedunculata Foug.** Baum, junge Zweige behaart bis fast kahl; Blätter eiförmig od. eilänglich, doppeltgesägt, am Grunde ungleich, unterseits flaumig; Perigone röthlich; Griffelcanal 2mal kürzer als der Samen. ♄ Wälder, Auen, zerstreut. U. effusa Willd. U. ciliata. Ehrh. H. 10,0—30,0 M. März-April.

b. Blüthen fast sitzend, aufrecht; Fruchtflügel kahl.

1649. **U. montana Sm.** Baum, *junge Zweige fast filzig;* Blätter breiteiförmig, scharf doppelt-gesägt, am Grunde ungleich, oberseits rauh, unterseits mehr minder kurzhaarig; Perigone röthlich; *Griffelcanal doppelt so lang als der fast im Mittelpunkt der Frucht gelegene Samen.* ♄ Bergwälder, zerstreut. U. major Sm. H. bis 30,0 M. März-April.

1650. **U. campestris L.** Baum od. Strauch, *junge Zweige zerstreut behaart, später kahl;* Blätter eiförmig, doppeltgekerbtgesägt, am Grunde ungleich, oberseits rauh oft glatt werdend, fast glänzend, unterseits fast kahl; Perigone röthlich; *Griffelcanal sehr kurz, kürzer als der im oberen Drittel der Frucht gelegene Samen.* ♄ Auen, Wälder, häufig. U. glabra Mill. H. bis 30,0 M. März-April.

Anm. Juglans regia L. Wallnussbaum. Stammt aus dem Orient u. wird überall angepflanzt.

XC. Familie. **Cupuliferae Rich.**

463. Fagus L. Männliche Blüthen mit hinfälligem Deckblatt in fast kugeligen Kätzchen; Perigon 5—6spaltig; Staubgefässe 8—12; weibliche Blüthen zu 2 von einer krugförmigen, fast 4lappigen Hülle umgeben; Perigon am Saume zerschlitzt; Fruchtknoten 3fächerig, Narben 3; Frucht 3kantig, 1samig; Fruchthülle geschlossen, 4klappig, mit 2—5 Früchten, weichstachelig.

1651. **F. silvatica L.** Baum; Blätter eiförmig, undeutlichgezähnt, zottig-gewimpert; männliche Kätzchen langgestielt, hängend, gelb, weibliche Blüthen aufrecht. ♄ Wälder der Berg- u. Voralpenregion, grosse Bestände bildend. H. bis 35,0 M. Mai.

Anm. Castanea sativa Mill. Kastanie. Stammt aus Südeuropa u. wird hin u. wieder angepflanzt.

464. Quercus L. Eiche. Männliche Blüthen in walzlichen deckblattlosen Kätzchen. Perigon 6—8 theilig, Staubgefässe 6—10; weibliche Blüthen einzeln od. an einer gemeinschaftlichen verkürzten Spindel, von mehreren schuppenförmigen, später vergrösserten u. zu einem halbkugeligen Becher zusammenfliessenden Hüllblättern umgeben; Fruchtknoten 3fächerig. Narben 3—4; Frucht walzlich-elliptisch, 1—3samig, in der halbkugeligen Hülle sitzend.

a. Nebenblätter häutig, noch während der Entwicklung der Blätter abfallend; Früchte schon im ersten Jahre reifend, end- u. blattwinkelständig; Schuppen der Fruchthülle angedrückt.

* Junge Zweige kahl od. nur in der Jugend etwas behaart, nie filzig.

1652. **Q. sessiliflora Sm.** Baum; *Blätter* länglich-verkehrteiförmig, buchtig-gelappt, *unterseits feinflaumig*, später verkahlend, *langgestielt, Blattstiele länger als die halbe Breite des Blattgrundes*, Nebenblätter hinfällig; *Früchte sitzend od. nur sehr kurz gestielt.* ♄ In der Hügel- u. Bergregion, seltner in den Voralpen, einzeln od. grössere Bestände bildend. Q. robur β L. H. bis 40,0 M. Mai.

1652 × 1653. **Q. robur × sessiliflora.** Von Q. robur durch die längeren Blatt- u. viel kürzeren Fruchtstiele; von Q. sessiliflora durch die auch in der Jugend kahlen Blattunterseiten, die nicht sitzenden Früchte u. die kürzeren Blattstiele verschieden. Eichenwäldchen bei Ober-St.-Veit. Q. intermedia Boenningh.

1653. **Q. robur L.** Baum; *Blätter* länglich-verkehrteiförmig, buchtig-gelappt, *auch in der Jugend kahl, kurzgestielt od. fast sitzend;* Nebenblätter hinfällig; *Früchte zuletzt langgestielt.* ♄ In der Hügel- u. Bergregion, besonders im Kreise U. M. B., als im Rohrwalde, Ernstbrunner Walde, Hochleiten, Matzner Wald, Feldsberg, Manhartsberg, Gföhler- u. Horner Wald; auch in der Ebene auf den Donauinseln, Traisenthal, an der March, Laxenburger Park; am Kahlengebirge wie überhaupt im Kreise U. u. O. W. W. meist einzeln. Q. pedunculata Ehrh. H. bis 50,0 M. Mai.

* * Junge Zweige graufilzig.

1654. **Q. lanuginosa Lam.** Baum od. Strauch; Blätter gestielt, länglich-verkehrteiförmig, buchtig-gelappt, in der Jugend unterseits sammt den Blattstielen u. heurigen Aestchen graufilzig, später flaumig; Nebenblätter minder hinfällig; Früchte kürzer od. länger gestielt. ♄ Am Kahlengebirge vom Bisamberge bis Vöslau, Laaerberg, Rauhenwarter- u. Schwadorfer Holz, Goldwäldchen bei Ebergassing, Ellender Wald, Leithagebirge; im Hügellande des Kreises U. M. B.; seltner in den 2 oberen Kreisen, im Kreise O. M. B. an den Abfällen des Schieferplateaus gegen die Donau u. das Wiener Becken, im Kreise O. W. W. bei Melk, Steinaweg, Göttweig, Hollenburg, Viehofen; auf den Donauinseln nur einzeln. Q. robur v. lanuginosa Lam. Q. pubescens Willd. H. 3,0—20,0 M. Mai.

1652 × 1654. **Q. lanuginosa × sessiliflora.** Von Q. lanuginosa durch die im Sommer verkahlenden u. dann nur mehr auf den Nerven mit Haaren bekleideten, gewöhnlich auch weniger ausgebuchteten Blätter; von Q. sessiliflora durch die flaumigen Aestchen verschieden. Unter den Eltern bei Ober St.-Veit, Vöslau, Klein-Neusiedl, Bruck, Hainburg. Q. Streimii Heuff. Q. glabrescens Kern. non Seem. Q. Kerneri u. Q. Tiszae Simk. Q. intercedens u. badensis Beck.

1653 × 1654. **Q. lanuginosa × robur.** Von Q .lanuginosa durch kürzere Blattstiele, ziemlich langgestielte Früchte u. die schwächere Bekleidung aller Theile; von Q. robur durch graufilzige junge Zweige, längere Blatt- u. kürzere derbere Fruchtstiele verschieden. Zwischen Ober St.-Veit u. Lainz. Q. Kanitziana Borb.

b. Nebenblätter von dichterer Consistenz, bleibend; Früchte erst im 2. Jahre reifend, seitenständig, unter den Blättern; Schuppen der Fruchthülle zurückgekrümmt.

1655. **Q. cerris L.** Baum; Blätter länglich od. länglich-verkehrteiförmig, buchtig od. fiederspaltig-eingeschnitten, mit spitzen od. zugespitzten Zipfeln, unterseits graufilzig, später flaumig; Früchte kürzer od. länger gestielt. ♄ Im Hügellande des Kreises U. M. B. im Schwarzwalde bei Göllersdorf, Ernstbrunner Wald, Plattwald bei Hausbrunn, Feldsberg; am Kahlengebirge bei Kierling, Weidlingbach, Neuwaldegg, Hütteldorf, Schönbrunn, Mauer, Kalksburg, Weissenbach, Brühl, Baden, Heiligenkreuz; vereinzelt am Rosaliengebirge u. im südöstl. Schiefergebiete; im Traisenthale bei Pihra, Viehofen, Herzogenburg, Hollenburg; fehlt im Waldviertel. H. bis 30,0 M. Mai. b) a u s t r i a c a (Willd.) Blätter seicht buchtig gelappt mit stumpflichen Lappen. Mit der Grundform.

465. Corylus L. Haselnuss. Männliche Blüthen mit bleibendem Deckblatte, in walzlichen Kätzchen, Perigon aus 2 Schüppchen gebildet, Staubgefässe 8; weibliche Blüthen in knospenartigen Kätzchen, nur 1—4 oberste Fruchtknoten zur Reife gelangend, Fruchtknoten 2fächerig, Narben 2; Frucht eikugelig, 1samig, von der krautigen zerschlitzten Hülle umgeben od. eingeschlossen.

1656. **C. avellana L.** Strauch; Blätter rundlich-herzförmig, doppeltgesägt; männliche Kätzchen zu 2—4, end- u. seitenständig, gelbbraun, weibliche sehr klein, röthlichgelb mit fädlichen purpurnen Narben. ♄ Buschige, steinige Hügel von der Ebene bis in die Voralpen, häufig. H. 3,0—6,0 M. März-April.

Anm. C. colurna L. wird in Parkanlagen gepflanzt u. kommt bei Merkenstein verwildert vor.

466. Carpinus L. Hainbuche. Männliche Blüthen in walzlichen deckblattlosen Kätzchen, Perigon eine eiförmige zugespitzte Schuppe, Staubgefässe 12—viele; weibliche Blüthen in linealen Kätzchen, Fruchtknoten 2fächerig, Narben 2; Frucht 1samig, von der vergrösserten blattartigen, fast flachen Hülle bedeckt.

1657. **C. betulus L.** Baum; Blätter eilänglich, doppelt-gesägt; Kätzchen einzeln, hängend, männliche seitenständig, sitzend, Deckblätter mit rostbraunen Spitzen, weibliche endständig, gestielt. ♄ Hügel- bis Voralpenregion, einzeln oder seltner grössere Bestände bildend. C. carpinizza Host. H. bis 25,0 M. April-Mai.

XCI. Familie. Betulaceae Bartl.

467. Betula L. Birke. Deckblätter der ♂ u. ♀ Kätzchen je 3blüthig mit 2 Nebenschuppen, Perigone der ♂ Blüthe 4blättrig, durch Verkümmerung scheinbar 2blättrig; Schuppen bei der Fruchtreife 3lappig, papierartig, am Grunde verdickt, einen walzlichen Zapfen bildend, mit der Frucht od. etwas später abfallend.

a. Blätter deutlich gestielt, rautenförmig-dreieckig od. eiförmig, spitz.

1658. **B. alba L.** Baum, seltner Strauch, *mit meist kahlen Zweigen*; Blätter rautenförmig-3eckig, lang zugespitzt, scharf doppeltgesägt, kahl; männliche Kätzchen endständig; Fruchtkätzchen seitenständig mit angedrückten Schuppen; *Nüsschen elliptisch, schmäler als die Flügel.* ♄ Sonnige Hügel, lichte Wälder bis in die Voralpen, zerstreut, seltner in geschlossenen Beständen. B. verrucosa Ehrh. H. 3.0—20,0 M. April-Mai.

1659. **B. pubescens Ehrh.** Strauch, seltner Baum, *mit meist behaarten jungen Zweigen;* Blätter eiförmig od. eirautenförmig, spitz od. kurzzugespitzt, ungleich od. doppeltgesägt, unterseits behaart u. in den Winkeln der Nerven gebärtet; männliche Kätzchen endständig; Fruchtkätzchen seitenständig mit abstehenden Schuppen; *Nüsschen verkehrteiförmig, etwa so breit als die Flügel.* ♄ Torfmoore, torfige Wälder, selten; Mitterbach, Hechtensee Torfmoor, Neuhaus, Lassing, Ofenau bei Gössling, Hiesberg bei Melk; Waldhof bei Krems, Karlsstift, Traunstein, Gutenbrunn, St. Oswald, Altmelon, Schrems, Sofienwald, Erdweiss, Weissenbach. B. odorata Bechst. B. glutinosa Wallr. H. 2,0—15,0 M. April-Mai. b) carpathica (Willd.) Blätter rundlich-eiförmig, derber, nebst dem Blattstiele kahl. Karlsstift, Burgstein bei Gutenbrunn. c) rotundata (Celak.) Blätter bis nahe zum Blattstiel einfach gesägt, fast kahl. Litschau, Karlstift, Gutenbrunn.

b. Blätter fast sitzend, rundlich, stumpf.

1660. **B. nana L.** Strauch, mit flaumigen jungen Zweigen; Blätter gekerbt, kahl; Kätzchen aufrecht, seitenständig; Nüsschen eiförmig, doppelt so breit als die Flügel. ♃. Torfmoore, sehr selten: nur bei Altmelon u. Karlstift. H. 0,5—1,0 M. Mai.

468. Alnus Tourn. Erle. Deckblätter der ♂ Kätzchen mit 3, die der ♀ mit 2 Blüthen u. je 4 Nebenschuppen; Perigon der ♂ Blüthe 4, seltner 2—5spaltig; Schuppen bei der Fruchtreife kurz 4—5lappig, holzig, an der Spitze verdickt, einen eiförmigen Zapfen bildend, bleibend.

a. Männliche Perigone 4spaltig; Früchte mit einem undurchsichtigen Flügelrande. Blätter nach der Blüthe hervorbrechend.

1661. **A. incana (L.) DC.** Baum mit grauer glatter Rinde; *Blätter* eiförmig, spitz, doppeltgesägt, *unterseits bläulichgrün, flaumig, ungebärtet; seitliche Fruchtstände sitzend od. sehr kurz gestielt.* ♄ Auen, Ufer der Ebene bis in die Voralpenthäler, meist gesellschaftlich, stellenweise jedoch fehlend. Betula alnus β. incana L. H. 3,0—25,0 M. Februar-März.

1662. **A. glutinosa (L.) Gaertn.** Baum mit graubrauner rissiger Rinde; *Blätter* rundlich-verkehrteiförmig, stumpf od. abgestutzt, ungleich gesägt, gleichfarbig, *unterseits in den Winkeln der Seitennerven gebärtet, sonst kahl; seitliche Fruchtstände ziemlich langgestielt.* ♄ Auen, Ufer der Ebene bis in die Voralpenthäler; auf den Donauinseln selten. Betula alnus α. glutinosa L. H. 3,0—25,0 M. Februar-März.

1661 × 1662. **A. incana × glutinosa.** Von A. incana durch rundliche od. verkehrteiförmige, an den oberen Zweigen kurz zugespitzte, in den Winkeln der Seitennerven etwas gebärtete, von A. glutinosa durch fast doppeltgesägte, unterseits flaumige Blätter verschieden. Prater bei Wien, Penzing, Marchegg, Redlschlag an der ung. Grenze. A. barbata C. A. Mey. A. pubescens Tausch. A. ambigua Beck.

b. Männliche Perigone 3—5blättrig; Früchte mit einem durchscheinenden Flügelrande. Blätter gewöhnlich mit den Blüthen hervorbrechend.

1663. **A. viridis (Vill.) DC.** Strauch; Blätter eiförmig, spitz, doppeltgesägt, unterseits in den Winkeln der Seitennerven gebärtet, sonst kahl; seitliche Fruchtstände ziemlich lang gestielt. ♄ Torfige Wiesen, Waldränder, Schluchten der Gebirge bis in die Krummholzregion, längs des Alpenzuges vom Wechsel bis an die oberöst. Grenze; auf dem Granitplateau des westl. Waldviertels, auch bei der Ruine Aggstein am rechten Donauufer u. am Buchberg bei Scheibbs. Betula viridis Vill. B. ovata Schrank. B. alpina Borkh. H. 1,0—3,0 M. April-Juni.

XCII. Familie. **Salicaceae Rich.**

469. Salix L. Weide. Kätzchenschuppen ungetheilt, einfärbig gelblichgrün od. zweifärbig, am Grunde heller u. an der Spitze schwärzlich; Perigon durch 1—2 Honigdrüsen angedeutet; Staubgefässe 2—12; Frucht 2 klappig, vielsamig.

I. Kätzchenschuppen einfärbig gelbgrün; männliche Blüthen mit 2 (innere u. äussere) Drüsen, Staubbeutel nach dem Stäuben gelb; Fruchtknoten kahl, (nur bei S. Trevirani schwach behaart), Griffel kurz. Kätzchen gleichzeitig mit den Blättern herausbrechend.

A. Kätzchenschuppen vor der Fruchtreife abfallend.

a. Blätter kahl, oberseits glänzend, in der Jugend klebrig; weibliche Blüthen mit 2 Drüsen.

1664. **S. pentandra L.** Strauch od. Baum; Aeste kahl, glänzend; *Blätter eiförmig-elliptisch,* 2—2½mal länger als breit, spitz, alle gesägt; Kätzchenschuppen länglich, unterwärts etwas zottig; *Staubgefässe 5—12; Fruchtknotenstiel so lang als die innere Drüse.* ♄ Ufer, Hochmoore, sehr selten; im Alpenzuge nur bei Annaberg; im Waldviertel bei Etlas, Naglitz bei Weitra; am Heustadelwasser im Prater gepflanzt. H. bis 8,0 M. Mai.

1664 × 1665. **S. pentandra × fragilis.** Von S. pentandra durch länglich-lanzettliche, langzugespitzte, schmälere Blätter, meist 4männige Blüthen u. durch längere (2—3mal länger als die innere Drüse) Fruchtknotenstiele; von S. fragilis durch die drüsig-gesägten Blätter der Kätzchenstiele, minder behaarte Kätzchenschuppen u. meist 4männige Blüthen verschieden. Bei Heinrichs u. bei der Marktmühle zwischen Grossgerungs u. Etzen im Waldviertel, männlich. S. cuspidata Schultz. S. tetrandra L. nach Fr. S. Meyeriana Willd. p. p.

1665. **S. fragilis L.** Baum od. Strauch; Aeste kahl, glänzend; *Blätter lanzettlich od. länglich-lanzettlich*, 4—6mal länger als breit, langzugespitzt, gesägt, oberseits dunkelgrün, unterseits blasser od. bläulichbereift, die der Kätzchenstiele ganzrandig; Kätzchenschuppen verkehrteiförmig, langhaarig-zottig; *Staubgefässe 2; Fruchtknotenstiel 2—3mal länger als die innere Drüse.* ♄ Auen, Ufer, häufig. S. fragilissima Host. H. 4,0—12,0 M. April-Mai. b) Pokornyi A. Kern. Blüthen in demselben Kätzchen 2—5männig. S. fragilis β polyandra Neilr. Bei Penzing u. im Auhof an der Wien, Langenlois, Zwettl.

b. Blätter wenigstens in der Jugend seidig-behaart, nicht klebrig; weibliche Blüthen mit 1 Drüse.

1666. **S. alba L.** Baum; Aeste in der Jugend seidig-behaart; Blätter lanzettlich od. länglich-lanzettlich, 5—6mal länger als breit, langzugespitzt, gesägt, beiderseits od. doch unterseits seidenhaarig, oberseits trübgrün, unterseits weissgrau, die der Kätzchenstiele ganzrandig, seltner gesägt; Kätzchenschuppen ziemlich kahl, nur am Grunde gekraust-behaart; Staubgefässe 2: Fruchtknoten unmerklich gestielt od. sitzend. ♄ Auen, Ufer, häufig. H. 5,0—20,0 M. April-Mai.

1665 × 1666. **S. fragilis × alba.** Von S. fragilis durch die in der Jugend seidenhaarigen Blätter, kürzere (nur so lang od. länger als die Drüse) Fruchtknotenstiele u. den Mangel einer zweiten Drüse der weiblichen Blüthen; von S. alba durch die oberseits dunkelgrünen, zuletzt kahlen Blätter, die zerstreut-zottigen Kätzchenschuppen u. die kurzgestielten Fruchtknoten verschieden. Ufer, Auen, häufig. S. excelsior Host. S. Russeliana Koch, non Sm. S. viridis Fr. Die denselben Eltern entstammende S. palustris Host. mit oberseits trübgrünen Blättern, oberwärts fast kahlen Kätzchenschuppen u. mit kürzer gestielten Fruchtknoten, steht der S. alba näher.

B. Kätzchenschuppen bis zur Fruchtreife bleibend; weibliche Blüthen mit 1 Drüse.

a. Strauch aufrecht mit verlängerten kahlen Aesten; Blätter zugespitzt.

1667. **S amygdalina L.** Niedriger od. baumartiger Strauch; Blätter länglich bis lanzettlich, 2—8mal länger als breit, spitz od. zugespitzt, gesägt, kahl, nicht klebrig, unterseits bläulich bereift od. bechtgrau, die der Kätzchenstiele auch ganzrandig; Kätzchenschuppen ziemlich kahl, nur am Grunde gekraust-behaart; Staubgefässe 3; Fruchtknotenstiel 2—5mal länger als die Drüse. ♄ Zahlreich auf den Donauinseln, auch an der Wien u. im Marchthale; im Alpenzuge nur vereinzelt; auf den Höhen des Waldviertels fehlend. S. amygdalina v. discolor. Koch. Neilr. H. bis 6,0 M. April-Mai. b) triandra (L.) Blätter manchmal fast oval, unterseits blassgrün, etwas glänzend. Südöstliche Niederung Wiens, an Ufern der aus dem Kahlengebirge u. den Alpen kommenden Flüsse u. Bäche im Kreise U. W. W. u. O. W. W. u. in den Thälern des Kreises O. M. B., in den Donauauen selten. S. ligustrina Host.

1665 × 1667. **S. amygdalina × fragilis.** Von S. amygdalina durch dicke Kätzchen u. langhaarige Kätzchenschppen; von S. fragilis durch verlängerte Kätzchen, 3männige Blüthen u. theils gesägte, theils ganzrandige Kätzchenstielblätter verschieden. S. alopeuroides Tausch. S. speciosa Host. Bei uns so noch nicht beobachtet, sondern in einer Form mit 2—3männigen Blüthen u. durchaus ganzrandigen Kätzchenstielblättern. Nur männlich; zwischen Gaden u. der Hinterbrühl u. auf der Viehweide bei Mattersdorf am Rosaliengebirge. S. fragilis v. subtriandra Neilr. S. subtriandra A. Kern. Von denselben Eltern herstammend, aber der S. amygdalina näherstehend, ist S. Kovátsii A. Kern. u. unterscheidet sich von vorigen durch dünne Kätzchen, fast kahle Kätzchenschuppen u. gesägte Kätzchenstielblätter; Blüthen 2—3-männig. Bei Kaltenleutgeben u. an der Schwarza bei Gloggnitz, männlich.

1666 × 1667. **S. amygdalina × alba.** Von S. amygdalina durch am Rande langhaarige Kätzchenschuppen; von S. alba durch kahle Blätter, meist 3männige Blüthen u. längere Fruchtknotenstiele verschieden. Donauauen bei Stockerau. S. lanceolata Sm.

1667 × 1674. **S. amygdalina × viminalis.** Von S. amygdalina durch die in der Jugend seidenhaarigen Blätter u. den meist schwachbehaarten Fruchtknoten; von S. viminalis durch die später kahlen Blätter u. den fast kahlen od. nur schwachbehaarten Fruchtknoten; von beiden durch die gleichfärbigen bräunlichen Kätzchenschuppen verschieden. Donauauen bei Krems. S. Trevirani Spreng.

b. Strauch niederliegend, zwergig, mit verkürzten kahlen Aesten; Blätter stumpf od. spitz, kahl; Fruchtknoten kurzgestielt.

1668. **S. retusa L.** Strauch, niedergestreckt, knorrig, oft kriechend; *Blätter verkehrteiförmig od. länglich-keilig*, stumpf od.

ausgerandet, in einen sehr kurzen Stiel verschmälert, etwa 2mal so lang als breit, ganzrandig, gleichfarbig, *parallel aderig;* Kätzchenschuppen kahl; Staubgefässe 2, kahl; Fruchtknotenstiel so lang als die Drüse. ♄ Triften der Kalkalpen, häufig. H. 0,03 bis 0,5 M. Juni-Juli.

1668 × 1672. **S. retusa × glabra.** Von S. retusa durch aufsteigende Aeste, durch grössere, gesägte, theilweise spitze, unterseits seegrüne Blätter, reichblüthigere Kätzchen u. am Grunde flaumige Staubgefässe; von S. glabra durch die Tracht, die am Grunde behaarten Staubgefässe u. die 2 Drüsen verschieden. Am westlichen Abfall des Hohen Schneeberges, 1 männliches Sträuchlein. S. Fenzliana A. Kern.

1669. **S. herbacea L.** Strauch, niedergestreckt, oft kriechend; *Blätter rundlich od. rundlich-eiförmig,* gestielt od. ausgerandet, sehr selten spitz, am Grunde abgerundet, so breit als lang, gesägt, gleichfarbig, *netzig aderig;* Kätzchenschuppen kahl od. etwas behaart; Staubgefässe 2, kahl; Fruchtknotenstiel kürzer als die Drüse. ♄ Schneegruben, bisher bloss am Ochsenboden des Schneeberges u. auf der Rax. H. 0,03—0,3 M. Juni-Juli.

II. Kätzchenschuppen zweifärbig od. einfärbig gelbgrün; Blüthen mit nur 1 (inneren) Drüse; Staubgefässe 2, Staubbeutel nach dem Stäuben gelb od. schwarz; Fruchtknoten kahl od. behaart, Griffel dünn fädlich verlängert.

A. Blätter kahl, behaart od. unterseits seidenhaarig-glänzend, im ausgewachsenen Zustande nicht graufilzig.

a. Kätzchen gleichzeitig mit den Blättern hervorbrechend; Staubfäden frei.

α. Staubbeutel anfangs purpurn, dann gelb, zuletzt schwärzlich; Griffel purpurn; Drüse fädlich, purpurn; Kätzchen langgestielt.

1670. **S. Jacquini Host.** Strauch, niedergestreckt, mit in der Jugend seidenhaarigen Aesten; Blätter elliptisch od. verkehrteiförmig, spitz, 2mal so lang als breit, ganzrandig, beiderseits gleichfärbig, in der Jugend langhaarig, später kahl; Kätzchenschuppen zottig, röthlich, gegen die Spitze schwärzlich; Staubgefässe kahl; Fruchtknoten anfangs behaart, später kahl, sehr kurzgestielt. ♄ Kalkalpen, häufig, seltner auf höheren Voralpen, wie am Obersberge bei 1400 m. S. fusca Jacq. non L. S. Jacquiniana Willd. S. myrsinites v. integrifolia Neilr. H. 0,1—0,6 M. Juni-Juli.

1668 × 1670. **S. retusa × Jacquini.** Von der Tracht der S. retusa, aber durch die seidighaarigen jungen Triebe u. Blattränder, die zottigen an der Spitze schwärzlichen Kätzchenschuppen u. den anfangs schwach behaarten Fruchtknoten verschieden; von S. Jacquini durch den gedrungenen Bau, die steifen, stumpfen od. ausgerandeten Blätter mit unterseits stark hervortretendem Adernetze abweichend. Waxriegel des Schneebergs, männlich, Schlangenweg der Rax, weiblich, u. auf Schneegruben zwischen dem Terzer u. Grossen Göller, in Blättern, hier aber häufig. S. retusoides J. Kern. S. semiretusa Beck.

β. Staubbeutel gelb; Griffel gelb; Drüse länglich od. kurzwalzlich, gelb.

* Blätter im Verwelken braun werdend; Drüse länglich; Staubbeutel auch nach dem Verstäuben gelb; Fruchtknoten sitzend od. kurzgestielt, Narben fädlich, meist tief 2theilig; Fruchtklappen sichelförmig zurückgekrümmt; Kätzchen gestielt.

1671. **S. arbuscula L.** Strauch, aufrecht od. aufsteigend; Blätter elliptisch, 2mal so lang als breit, ganzrandig od. entfernt-gesägt, kahl od. etwas behaart, unterseits seegrün, glanzlos; Kätzchenschuppen zottig, rothbraun, gegen die Spitze dunkler; Staubgefässe kahl; Fruchtknoten filzig. ♄ Kalkalpen, besonders in der Krummholzregion: Saugraben, Ochsenboden des Schneebergs, Kuhschneeberg, Raxalpe, Göller, Oetscher, Zellerhut, Dürnstein, Hochkohr, Voralpe. S. Waldsteiniana Willd. S. pulchella, alpestris et flavescens Host. H. bis 1,0 M. Juni-Juli.

* * Blätter im Verwelken bläulichschwarz werdend; Drüse kurz; Staubbeutel nach dem Verstäuben schmutziggelb; Fruchtknoten deutlich gestielt, Narben fleischig, dicklich 2lappig; Fruchtklappen schneckenförmig zurückgerollt.

1672. **S. glabra Scop.** Strauch, aufrecht od. aufsteigend, mit völlig kahlen Aehren; *Blätter* elliptisch od. verkehrteiförmig, 2mal so lang als breit, gesägt, kahl, *unterseits bläulich bereift od. hechtgrau;* Kätzchen gestielt; *Kätzchenschuppen behaart, die der männlichen Kätzchen goldgelb, an der Spitze scharlachroth, der weiblichen gleichfarbig, gelbgrün;* Staubgefässe unterwärts dicht zottig; Fruchtknoten kahl, sein Stiel wenig- bis 2mal länger als die Drüse. ♄ Höhere Kalkvoralpen, bis in die untere Alpenregion, meist einzeln; Kuhschneeberg, Schwarzau, Schlangenweg u. Preiner Schütt der Rax, St. Egyd, Göller, Oetscher, Lassingfall, Gaming, Lackenhof, Neuhaus, Lunz, Gössling, Dürnstein, Hochkohr, Voralpe. S. Wulfeniana Willd. H. bis 1,0 M. Mai-Juni.

1672×1673. **S. glabra×nigricans.** Von S. glabra durch die kurzflaumigen jungen Triebe u. die unterseits auf den Nerven ebenfalls flaumigen Blätter; von S. nigricans durch den niedrigen Wuchs u. die einfarbigen gelblichgrünen Kätzchenschuppen verschieden. Bei dem Fischer'schen Kreuze zwischen Hohenberg u. St. Egyd, am Lassingfall u. in der Mausrodel bei Lunz, Gaming, weiblich. S. subglabra A. Kern.

1673. **S. nigricans Sm.** Strauch, mit in der Jugend kurzhaarigen od. flaumigen Aesten; *Blätter* lanzettlich, elliptisch bis rundlich, wellig-gesägt, in der Jugend behaart, später meist kahl, *unterseits blasser od. bläulich;* Kätzchen fast sitzend; *Kätzchenschuppen mehr minder behaart, zweifarbig, an der Spitze schwärzlich;* Staubgefässe kahl od. unterwärts behaart; Fruchtknoten kahl, seltner behaart, sein Stiel 2—3mal länger als die Drüse. ♄ Bäche, Waldränder, Moorwiesen; Moosbrunn, Neustadt, Bockbrunnen bei Kaltenleutgeben, bei Piesting, Pernitz, am Kuhschneeberg, in der Prein, Schottwien, Mariensee am Wechsel,

Schwarzau, Hallbach- u. Hohenbergerthal, Lilienfeld, im Thale der Unrecht-Traisen vom Kandelhof an der Lilienfelder Alpe bis zu den Achner Mauern des Göller, Annaberg, Josefsberg, Scheibbs, Gresten, Gaming, Waidhofen, Lackenhof, Lunz, Ibbsitz, Gössling, Lassing, Hollenstein, Mitterbacher Moor. S. phylicifolia L. nach Wahlenb. S. stylaris Ser. S. ovata, glaucescens, aurita, menthaefolia, rivalis, prunifolia et parietariaefolia Host. H. 1,0—3,0 M. April-Mai.

1673×1679. **S. cinerea × nigricans.** Von S. cinerea durch den verlängerten Griffel, die glänzende Blattoberfläche u. die beim Verwelken schwärzlich werdenden Blätter; von S. nigricans durch den filzigen Fruchtknoten, ferner den relativ kürzeren Griffel u. die dichtblüthigeren Kätzchen verschieden. Jesuitenmühle bei Moosbrunn u. bei Neustadt, nur weiblich u. in einer durch dichterblüthige Kätzchen u. abstehende Narben etwas abweichenden, der S. nigricans sehr nahestehenden Form. S. vaudensis Forb. S. Heimerlii H. Br. S. puberula Doell.

b. Kätzchen vor den Blättern hervorbrechend; Kätzchenschuppen zweifärbig an der Spitze schwärzlich; Staubfäden frei od. theilweise verwachsen.

α. Zweige unbereift; Kätzchen sitzend; Fruchtknoten sitzend od. kurzgestielt seidigfilzig; Drüse lineal, gelb.

1674. **S. viminalis L.** Strauch od. Baum, mit in der Jugend graufilzigen Aesten; Blätter lanzettlich od. lineallanzettlich, 10 bis mehrmal länger als breit, ganzrandig od. schwachausgeschweift, unterseits seidenhaarig, silberweiss-glänzend; Staubfäden frei, kahl; Narben verlängert, so lang als der Griffel, zurückgebogen. ♄ Ufer; an der Donau von Melk bis Hainburg, zerstreut, an der March zwischen Angern u. Marchegg, an der Liesing bei Unterlaa, am Tullnerbach bei Sieghartskirchen, an der Wien von Purkersdorf bis Penzing, an der Traisen bei Herzogenburg, an der unteren Melk, an der Erlaf bei Purgstall, um Langenlois, Zöbing. H. bis 5,0 M. März-April.

1674×1678. **S. viminalis × caprea.** Von S. viminalis durch länglich-lanzettliche (4—5mal länger als breit), unterseits seidigfilzige, kaum glänzende Blätter u. gestielte Fruchtknoten; von S. caprea durch schmächtigere Kätzchen, kürzer gestielten Fruchtknoten u. die erwähnte Form u. Behaarung der Blätter verschieden. Ehemals in der Brigittenau, bei Hacking u. an der Bahn bei dem Arsenale; bei Purkersdorf, Spillern. S. sericans Tausch. S. longifolia Host. p. p. Von denselben Eltern stammt S. Hostii A. Kern., sie steht der S. viminalis näher u. unterscheidet sich von S. sericans durch längere (7—8mal länger als breit), unterseits seidenhaarig-glänzende Blätter u. sehr kurz gestielte Fruchtknoten. An der Donau bei Mautern in männlichen u. weiblichen Sträuchen.

1674×1681. **S. viminalis × angustifolia.** Von S. viminalis durch den niedrigen, nur 0,6—1,0 m. hohen Wuchs, kleinere

Blätter u. den deutlich gestielten Fruchtknoten; von S. repens durch die verlängerten lineallanzettlichen Blätter, den fädlichen, zwar kurzen, aber deutlichen Griffel u. die linealen, längeren Narben verschieden. Ein weiblicher Strauch bei Moosbrunn. S. rosmarinifolia L. S. angustifolia Fr.

1674 × 1682. **S. viminalis × purpurea.** Von S. viminalis durch dünnere, relativ längere weibliche Kätzchen, kürzere Griffel u. schmutziggelb werdende Staubbeutel; von S. purpurea durch den deutlichen Griffel u. fädliche Narben; von beiden durch die ungefähr in der Mitte gabelspaltigen Staubgefässe u. die verwischt-gesägten, gegen die Spitze nicht wie bei S. purpurea verbreiterten, aber auch nicht wie bei S. viminalis verlängerten, unterseits mehr minder seidig behaarten, weder bläulich-bereiften, noch silberweiss-glänzenden Blätter verschieden. An der Wien von Schönbrunn bis Hütteldorf, Prater, Marchegg, Traisenauen bei Herzogenburg, Haunoldstein an der Pielach, Donauauen bei Klosterneuburg, Stockerau, Krems; Marchegg, Neusiedel am See. S helix L. S. rubra Huds. S. concolor Host. S. angustissima Wim. Kommt auch in, der S. viminalis näherstehenden Formen (S. elaeagnifolia Tausch) mit längeren, unterseits seidig-graugrünen Blättern u. tiefer sich spaltenden Staubgefässen, mit gelb bleibenden Staubbeuteln u. in, der S. purpurea näherstehenden Formen (S. Forbyana Sm.) mit gegen die Spitze hin sich verbreiternden, unterseits blassgrünen, kahlen od. sehr spärlich behaarten Blättern, höher sich spaltenden Staubgefässen u. zuletzt schwärzlich werdenden Staubbeuteln vor.

β. Zweige mehr minder hechtblau-bereift; Kätzchen sitzend od. kurzgestielt; Fruchtknoten sitzend od. kurzgestielt, kahl od. spärlich seidighaarig; Drüse gelb, länglich.

1675. **S. daphnoides Vill.** Baum, seltner Strauch, junge Aeste manchmal behaart; Blätter länglich-lanzettlich, gesägt, unterseits bläulich bereift, in der Jugend etwas seidenhaarig; Kätzchen länglich-walzlich, dick, sitzend, die männlichen gerade; Staubfäden frei, kahl; Fruchtknoten kahl, sitzend, Drüse über den Grund desselben hinaufreichend; Narben aufrecht-abstehend. ♄ Ufer, Auen; an der Wien bei Penzing, Baumgarten, Hütteldorf u. von hier bis in das Halterthal u. nach Mauerbach, bei Hochstrass, Rappoltenkirchen; an der Donau bei Langenzersdorf, Tulln, Hollenburg, Theiss, Mautern, Baumgarten, Rossatz, Krems u. von hier im Kremsthale bis Senftenberg, am Aggsbach bei Wolfstein, bei Limbach, am Loiserbach, am Kamp bei Haindorf, an der Schmida bei Wiesendorf, im Traisenthale bei Herzogenburg, St. Pölten, Wilhelmsburg, Türnitz, am Annaberg, an der Erlaf bei Scheibbs, Wieselburg u. Weinzierl, an der Ibbs in der Langau, an der Schwarza bei Gloggnitz u. Reichenau. S. praecox Hoppe. H. 5,0—10,0 M. März-April.

1674 × 1675. **S. daphnoides × viminalis.** Von S. daphnoides durch schmälere, relativ längere, unterseits seidenhaarig-glänzende

Blätter u. behaarte Fruchtknoten; von S. viminalis durch kürzere, breitere, gesägte Blätter, den nur spärlich behaarten Fruchtknoten, die meist aufrecht-abstehenden Narben u. die dunkelolivengrünen Aeste verschieden. Auf einer Donauinsel bei Krems, weiblich. S. digenea J. Kern.

1675×1682. **S. daphnoides × purpurea.** Von S. daphnoides durch die gabelspaltigen Staubgefässe, von S. purpurea durch dasselbe Merkmal, dann die dicken länglich-walzlichen Kätzchen, die länglichen, viel breiteren Blätter u. die theilweise hechtblau bereiften Zweige verschieden. Bei St. Pölten, Rossatz, männlich; ehemals auch bei dem Arsenal. S. calliantha J. Kern.

1675×1676. **S. daphnoides × incana.** Von S. daphnoides durch kurzgestielte, am Grunde mit zeitlich abfallenden, sitzenden Blättchen umgebene, bogig-gekrümmte Kätzchen, am Grunde verwachsene u. zerstreut behaarte Staubfäden, kurzgestielte Fruchtknoten u. anfangs spinnwebig-filzige Blätter; von S. incana durch dickere Kätzchen, langzottige, an der Spitze schwärzliche Kätzchenschuppen, kürzer gestielte Fruchtknoten, breitere, im ausgewachsenen Zustande unterseits blaugraue, kahle od. doch grösstentheils kahle Blätter u. meist bereifte Aeste verschieden. S. Reuteri Moritzi. S. Wimmeri A. Kern., non Hartig, nec S. Wimmeriana Gr. et Godr. Helenenthal bei Baden, Donauauen bei Krems, zwischen Mautern u. Rossatz.

1675×1678. **S. daphnoides × caprea.** Der S. daphnoides näherstehend u. von ihr durch relativ breitere, verkehrteiförmige od. elliptische Blätter u. die zerstreut seidenhaarigen, gestielten Fruchtknoten; von S. caprea durch die nur in der ersten Entwicklung seidig-filzigen, später ganz kahlen Blätter, die viel schwächer behaarten, nicht silbergrauen, kürzer gestielten Fruchtknoten u. den deutlichen Griffel verschieden. Zwischen Hundsheim u. Rossatzbach, ehemals auch bei dem Arsenal, weiblich. S. Erdingeri J. Kern. Denselben Eltern entstammend, aber in der Tracht der S. caprea näherstehend ist S. cremsensis A. et J. Kern. u. weicht von S. Erdingeri vorzüglich durch den länger bleibenden bläulich-filzigen Ueberzug der Blattunterseite u. die selbst im völlig entwickelten Zustande wenigstens an den Nerven unterseits kurzhaarigen Blätter ab. Rehbergerthal bei Krems, Baumgarten nächst Mautern.

B. **Blätter unterseits verworren-graufilzig, am Rande in der Jugend umgerollt; Staubfäden theilweise verwachsen; Fruchtknoten langgestielt; Narben 2spaltig, mit fädlichen zurückgerollten Lappen; Drüse kurz, linsenförmig.**

1676. **S. incana Schrank.** Strauch od. Baum, mit in der Jugend grauflaumigen Zweigen; Blätter lineallanzettlich, gezähnelt; Kätzchen schlank, vor od. fast gleichzeitig mit den Blättern hervorbrechend, fast sitzend, bogig-gekrümmt; Kätzchenschuppen fast kahl, die männlichen einfärbig od. an der Spitze bräunlich.

30*

die weiblichen gelbgrün; Staubfäden unter der Mitte verwachsen u. behaart; Fruchtknoten kahl. ♄ Auen, Ufer; an der Enns, Ibbs, Erlaf, Pielach, Traisen, an dem Hallbach, Perschling-, Weidlingbach, an der Wien, Schwechat, Mödling, Piesting, Prein, Sirning, Schwarza; seltner auf den Donauinseln, bei Krems, Gföhl, vereinzelt auf Kalkfelsen der Voralpenthäler, auch im Feistritzer Thale bei Sebenstein u. bei Kranichberg, dann in den präalpinen Niederungen, wie am Steinfelde, der Wilhelmsburger u. Wieselburger Haide. S. riparia Willd. H. bis 10,0 M. April-Mai.

1674×1676. **S. incana×viminalis.** Von S. incana durch dickere, länglich-walzliche Kätzchen, an der Spitze schwärzliche Kätzchenschuppen u. die lineale Drüse; von S. viminalis durch getrennte Staubfäden, von beiden durch unterseits weissfilzige, mit einem schwachen Schimmer von Seidenglanz versehene Blätter verschieden. Auf einer Donauinsel bei Krems, männlich. S. Kerneri Erd.

1674×1677. **S. incana×grandifolia.** Von S. incana durch breitere Blätter, an der Spitze schwärzliche Kätzchenschuppen, freie Staubfäden u. seidig-filzige Fruchtknoten; von S grandifolia durch schmälere, unterseits dünn-graufilzige Blätter, schlanke Kätzchen u. den verlängerten Griffel verschieden. Bei Lunz u. am Josefsberg bei Mariazell, nur in Blättern. S. intermedia Host. Von gleichen Eltern stammen S. subalpina A. Kern. S. oenipontana A. et J. Kern., erstere der S. grandifolia, letztere der S. incana näherstehend.

1676×1679. **S. incana×cinerea.** Von S. incana durch die dicken, länglich-walzlichen, von S. cinerea durch die theilweise bogig-gekrümmten Kätzchen, von beiden durch die länglichen 7—10 cm. langen u. 15—25 mm. breiten Blätter abweichend. Ein männlicher Strauch im Kremsthale bei Senftenberg u. bei Marchegg. S. capnoides A. et J. Kern.

1676×1678. **S. incana×caprea.** Von S. incana durch breitere Blätter, dicke länglich-walzliche Kätzchen, rothbraune langzottige Kätzchenschuppen, freie Staubfäden u. filzige Fruchtknoten; von S. caprea durch schmälere Blätter, verhältnismässig längere, dünnere, sanftgekrümmte Kätzchen u. den deutlichen Griffel verschieden. Bei Kaltenleutgeben, im Helenenthal bei Baden, im Traisenthale zwischen Schwaighof u. St. Pölten, Grubberg bei Gaming, Josefsberg bei Mariazell, zwischen Hohenberg u. dem Fischer'schen Kreuze, Baumgarten nächst Mautern, bei Mauternbach, zwischen Hundsheim u. Rossatzbach, Kremsthal bei Senftenberg, Reichagraben bei Krems, an allen diesen Standorten weiblich od in Blättern; an der Trefling u. in der Hofau bei Seitenstetten, männlich; an letzterem Orte auch weiblich in einer der S. incana näherstehenden (S. hircina J. Kern.) Form. S. Seringeana Gaud.

1674 × 1782. **S. incana × purpurea.** Der S. incana nahestehend, von dieser bloss durch die verkehrtlanzettlichen d. i. gegen die Spitze zu verbreiterten Blätter; von S. purpurea durch die gleichfarbigen od. gegen die Spitze zu röthlichen Kätzchenschuppen, die ganz od. bis auf 2 Drittel verwachsenen Staubfäden u. die unterseits auch im Alter graufilzigen Blätter verschieden. An der Schwarza bei Gloggnitz, der Traisen bei St. Pölten u. Herzogenburg, zwischen Rossatz u. Dürrenstein, männlich; Seitenstetten, weiblich. S. bifida Wulf. Denselben Eltern entstammt der weibliche Bastart S. Wichurae Pok., derselbe steht der S. purpurea näher u. hat im Alter ziemlich kahle bläuliche Blätter, unterscheidet sich aber von S. purpurea durch die gegen die Spitze wenig od. gar nicht verbreiterten, in der Jugend unterseits mehr minder graufilzigen Blätter, von S. incana durch filzige Fruchtknoten. Stockerau, Krems, Schwarzau, Gloggnitz.

III. Kätzchenschuppen zweifärbig; Blüthen mit nur 1 (inneren) kurzen abgestutzten Drüse; Staubgefässe 2, Staubbeutel nach dem Stäuben gelb od. schwarz; Fruchtknoten behaart od. kahl, Griffel sehr kurz od. fehlend.

A. Blätter breitoval od. länglich-verkehrteiförmig, wellig-gesägt, oberseits mehr minder runzelig, unterseits vorspringend-geadert u. meist bläulichfilzig, beim Verwelken braun werdend; Kätzchen eiförmig od. kurzwalzlich; Staubgefässe frei, Staubbeutel anfangs hell-, später schmutziggelb, seltner vor dem Aufblühen etwas röthlich; Fruchtknoten graufilzig, langgestielt, Stiel wenigstens 3mal länger als die Drüse, Narben kurz, eiförmig.

* Blätter meist mit den Blüthen herausbrechend, die ausgewachsenen unterseits zerstreut behaart.

1677. **S. grandifolia Ser.** Strauch od. Baum mit flaumigfilzigen heurigen Aesten; Knospenschuppen kahl od. flaumig; Blätter länglich-verkehrteiförmig, 2—4mal länger als breit, zuletzt oberseits rein grün, etwas glänzend, kahl, unterseits auf den Nerven flaumhaarig, mit stark hervortretendem Adernetze; Nebenblätter halbherz- oder halbpfeilförmig; Kätzchen vor od. mit den Blättern herausbrechend, am Grunde mit 2—3 schuppenartigen Blättchen, Kätzchenschuppen behaart; Staubbeutel rundlich; Griffel sehr kurz, Narben abstehend. ♃. Bäche, Schluchten, buschige Stellen im Wechselgebiete u. in den Kalkvoralpen bis in die Krummholzregion verbreitet; auch im Sendelbachgraben bei Ober-Bergern u. ein Strauch bei Neuwaldegg. S. monandra Host. H. bis 12,0 M. April-Juni.

1677. × 1678. **S. grandifolia × caprea.** Der S. grandifolia nahestehend, von derselben durch den elliptischen Zuschnitt der Blätter u. kürzere dickere, jenen der S. caprea fast gleiche Kätzchen verschieden; von S. caprea durch den zwar kurzen, aber doch deutlichen Griffel, die flaumigen heurigen Aeste, die im Alter unterseits fast kahlen Blätter mit hervortretendem Adernetze, die halbpfeilförmigen Nebenblätter u. die minder behaarten Kätzchenschuppen abweichend. S. dendroides A. et. J. Kern. S. attenuata A. Kern. non Ands. Alpl bei Reichenau, zwischen Hohenberg u. St. Egyd, Erlafufer bei Scheibbs. S. macrophylla

A. Kern. der S. caprea näherstehend weicht von S. attenuata durch kahle heurige Aeste, unterseits filzige Blätter u. zottige Kätzchenschuppen ab. Grubberg bei Gaming, Erlaufufer bei Scheibbs, Mariensee u. Kronabe‘graben am Wechsel.

1677. × 1679. **S. cinerea × grandifolia.** Von S. cinerea durch die oberseits kahlen, unterseits auf den Nerven flaumhaarigen ausgewachsenen Blätter; von S. grandifolia, durch die „Spanrückigkeit, sowie durch die strauchige Natur“ verschieden. Am Fusse des Sulzbergs bei Schwarzau, männlich. S. scrobigera Wol.

* * Blätter nach der Blüthe herausbrechend, unterseits filzig.

1678. **S. caprea L.** Strauch od. Baum, *mit kahlen heurigen Aesten u. Knospenschuppen; Blätter elliptisch od. eirund,* $^1/_2$ mal bis $2^1/_2$ mal länger als breit, *zuletzt oberseits rein grün, etwas glänzend, kahl,* unterseits weissfilzig, mit wenig hervortretendem Adernetze; Nebenblätter halbnierenförmig; Kätzchen am Grunde mit 4—7 schuppenartigen Blättchen, vor den Blättern heraustretend, Kätzchenschuppen langzottig; Staubbeutel länglich; Griffel fehlend, Narben zusammenneigend. ♄ Waldränder, Holzschläge des Hügel- u. Berglandes verbreitet; auch in den Donauauen, jedoch sehr selten. H. bis 10,0 M. März-April.

1678. × 1679. **S. caprea × cinerea.** Von S. caprea durch grauflaumige heurige Aeste u. Knospenschuppen, den verkehrteiförmigen Zuschnitt der Blätter, den flaumlichen Ueberzug auf der Oberseite derselben u. den sehr kurzen Griffel; von S. cinerea durch längliche Staubbeutel, zusammenneigende Narben u. die wenig erhabenen Seitennerven der Blattunterseite verschieden. Bei Döbling, Dornbach, Bergern nächst Mautern. S. aquatica Sm. S. polymorpha Host. p. p. S. Reichardtii A. Kern.

1679. **S. cinerea L.** Strauch, *mit grausammtigen heurigen u. 2jährigen Aesten u. Knospenschuppen; Blätter verkehrteiförmig,* 3mal länger als breit, *zuletzt oberseits trübgrün, glanzlos, kurzhaarig,* unterseits graufilzig, mit hervortretendem Adernetze; Nebenblätter halbnierenförmig; Kätzchen vor den Blättern herausbrechend, am Grunde mit 4—9 schuppenartigen Blättchen. Kätzchenschuppen langzottig; Staubbeutel fast rundlich; Griffel sehr kurz, Narben aufrecht-abstehend. ♄ Feuchte Wiesen, Bäche, Moorbrüche der Ebene, häufig; in gebirgigen Gegenden vorzüglich auf Sandstein u. Schiefer, auf Voralpen nur ausnahmsweise. S. polymorpha Host. p. p. S. acuminata Hoffm. H. 1,5 bis 3,0 M. März-April.

1679. × 1680. **S. cinerea × aurita.** Von S. cinerea durch kahle heurige Aeste u. Knospenschuppen u. das kleinere Ausmass aller Blüthentheile; von S. aurita durch längere Kätzchen, den zwar sehr kurzen, aber deutlichen Griffel u. die länglich-verkehrteiförmigen Blätter verschieden. Weidlingbach, Jauerling u. Gross-weissenbach im Waldviertel, weiblich. S. multinervis Doell. S.; lutescens A. Kern.

1680. **S. aurita L.** Strauch, *mit kahlen od. flaumlichen heurigen Zweigen u. Knospenschuppen; Blätter verkehrteiförmig, mit zurückgekrümmter Spitze,* $1\frac{1}{2}$—2mal länger als breit, *zuletzt oberseits trübgrün, glanzlos, kurzhaarig,* unterseits graufilzig, mit stark hervortretendem Adernetze; Nebenblätter halbherz- od. halbnierenförmig; Kätzchen vor od. mit den Blättern herausbrechend, am Grunde mit 4—7 schuppenartigen Blättchen, Kätzchenschuppen behaart; Staubbeutel rundlich; Griffel fehlend, Narben aufrechtabstehend. ♄ Waldränder, quellige Stellen, kalkfeindlich; im Wienerwalde, am Rosaliengebirge u. auf den Voralpen des Wechsels stellenweise, bei Gloggnitz, Klamm, Prein, Gresten, Burgerhofwald u. Hochpyra bei Scheibbs, Teufelhofwald bei St. Pölten; häufig im Waldviertel. S. heterophylla Host. H. 0,5—2,0 M. April-Mai.

1677 × 1680. **S. aurita × grandifolia.** Von S. aurita durch oberseits kahle, nur an den Nerven spärlich behaarte ausgewachsene Blätter, nur 2—3 schuppenartige Blättchen am Grunde des Kätzchens u. etwas längere Fruchtknotenstiele; von S. grandifolia durch kürzere, mehr runzelige Blätter u. sitzende Narben verschieden. Neuwaldgraben im Wechselgebiete. S. limnogena A. Kern.

B. Blätter lanzettlich, lineal od. elliptisch, kahl od. mit geraden, dem Mittelnerv parallel anliegenden seidigen Haaren, seltner unterseits mit kurzen sammtig anzufühlenden Härchen, oberseits meist glatt, beim Verwelken schwarz werdend; Kätzchen eiförmig od. verlängert-walzlich; Staubbeutel anfangs roth, dann gelb, zuletzt schmutziggelb od. schwarz werdend; Fruchtknoten gestielt od. sitzend, meist behaart, Narben kurz, rundlich od. eiförmig.

a. Niedere Sträucher mit kriechendem Stamme u. aufsteigenden Zweigen, Staubfäden frei; Fruchtknoten seidig filzig, langgestielt, sein Stiel 2—4mal länger als die Drüse, Narben meist purpurn.

1681. **S. angustifolia Wulf.** Strauch, mit flaumigen jungen Aesten; Blätter lineal od. lineal-lanzettlich, am Rande meist etwas umgerollt, ganzrandig od. schwach gesägt, mit gerader Spitze, oberseits kahl od. behaart, unterseits seidenhaarig, silberweissglänzend od. im Alter kahl u. seegrün; Kätzchen meist vor den Blättern herausbrechend, eiförmig od. fast kuglig; Drüse purpurn; Staubbeutel zuletzt schwärzlich. ♄ Sumpfige Wiesen, Gräben; südöstl. Marchfeld, Leitzersdorf, Grafendorf u. Zistersdorf bei Stockerau; südöstl. Niederung Wiens bis zur Leitha u. Neustadt, Flatz, Altenhof bei Krumbach; Wienerwald bei Lainz, Mauer, Kaltenleutgeben, Haschhof bei Kierling, Rappoltenkirchen; Viehofen, Penigstetten bei St. Pölten, Ober-Bergern, Gansbach, Losdorf, Rosenfeld, Melk, St. Egyd, Fahrafeld; Waldviertel östlich bis Gföhl, südlich bis auf den Jauerling. S. tenuis et pratensis Host. S. rosmarinifolia Koch non L. S. repens L. p. p. Neilr. H. 0,2 bis 1,0 M. April-Mai. b) l a t i f o l i a Neilr. Blätter länglich od. länglich-lanzettlich. Mit der Grundform.

1680 × 1681. **S. angustifolia × aurita.** Von S. angustifolia durch derbere knorrige Aeste, relativ kürzere breitere Blätter, die filzige Beimischung in dem seidigen Ueberzuge derselben, das stärker hervortretende Adernetz auf deren Unterseite, die gelbliche Drüse u. schmutziggelbe Staubbeutel; von S. aurita durch niedrigen Wuchs, länglich-lanzettliche od. elliptische, in der Jugend beiderseits, später unterseits seidig-filzige Blätter, fast kuglige Kätzchen verschieden. Jauerling, Neuntagwerkswiese bei Ober-Bergern, Gföhl, Rastenberg, Etzen, Döllersheim. S. plicata Fr. S. globosa A. Kern.

b. Kleine Bäume od. Sträucher mit aufrechtem Stamme u. geraden Zweigen; Staubfäden verwachsen; Fruchtknoten sitzend od. gestielt, sein Stiel höchstens 2mal länger als die Drüse, Narben gelb, selten röthlich.

1682. **S. purpurea L.** Strauch od. Baum, mit kahlen Aesten; Blätter lanzettlich, vorn breiter u. gesägt, zuletzt ganz kahl, oberseits glänzend, unterseits blaugrün; Kätzchen vor den Blättern herausbrechend, walzlich, meist gekrümmt; Staubfäden bis zur Spitze verwachsen, Staubbeutel anfangs purpurn, zuletzt schwärzlich; Fruchtknoten sitzend, filzig. ♄ Ufer, Auen, bis in die Voralpen verbreitet. S. monandra Hoffm. S. mutabilis Host. H. 1,5 bis 5,0 M. März-April. b) e r i a n t h a (Wim.) Kätzchenschuppen der weiblichen Blüthen dicht zottig. c) m i r a b i l i s (Host) Staubfäden nur bis zur Hälfte verwachsen. S. carniolica Host. d) o p p o s i t i f o l i a (Host) Blätter gegenständig. An gleichen Orten.

1681 × 1682. **S. purpurea × angustifolia.** Von S. purpurea durch niedrigen Wuchs, flaumige heurige Aeste, unterseits in der Jugend seidig-behaarte Blätter u. kurze gerade Kätzchen; von der näherstehenden S. angustifolia durch den aufrechten Stamm u. nach vorne verbreiterte Blätter; von beiden durch die theils nur am Grunde, theils bis zur Mitte verwachsenen Staubfäden verschieden. Bei Himberg u. Wagram, doch ist ersterer Standort nicht näher bekannt u. letzterer durch Verschüttung verloren gegangen. S. parviflora Host.

1680 × 1682. **S. purpurea × aurita.** Hier nur weiblich u. in einer der S. aurita näherstehenden Form, von derselben durch längere, schmälere Blätter, schlanke walzliche Kätzchen u. kürzer gestielte Fruchtknoten; von S. purpurea durch breitere, unterseits mehr minder behaarte Blätter u. gestielte Fruchtknoten verschieden. Bei Moidrams nächst Zwettl; zwischen Sebenstein u. Natschbach. S. dichroa Döll. S. auritoides A. Kern.

1679 × 1682. **S. purpurea × cinerea.** Von S. purpurea durch sammtig-filzige heurige Aeste, dickere Kätzchen u. gestielte Fruchtknoten; von der ihr näherstehenden S. cinerea durch anfangs rothe Staubbeutel u. kürzer gestielte Fruchtknoten, von beiden durch die etwa bis zur Mitte verwachsenen Staubfäden u. verkehrteiförmig-lanzettlichen, oberseits trübgrünen mehr minder flaumigen, unterseits blaugrauen, lockerfilzigen Blätter verschieden. Bei Mariabrunn, männlich. bei Giesshübel, männlich u. weiblich. Neuwaldegg. Stockerau. Traisenauen bei Herzogenburg weiblich, bei Viehofen männlich u. weiblich. S. sordida A. Kern. S. Pontederana Schleich., Koch non Willd. Die der S. purpurea näherstehende Form, mit unterseits fast kahlen Blättern, wurde hier noch nicht beobachtet.

1677 × 1682. **S. purpurea × grandifolia.** Der S. purpurea näherstehend, von ihr durch breitere Blätter, dickere Kätzchen, gestielte Fruchtknoten, nie vollständig verwachsene Staubfäden u. nicht schwarz werdende Staubbeutel; von S. grandifolia durch kahle, heurige Aeste, verkehrt-lanzettliche, nur vorn gesägte, zuletzt unterseits ganz kahle, blaugraue Blätter, walzliche längere Kätzchen, gabelspaltige Staubfäden u. nur kurzgestielte Fruchtknoten verschieden. S. austriaca Host. S intercedens Beck. Denselben Eltern entstammend, aber der S. grandifolia näherstehend ist S. Neilreichii A. Kern. u. unterscheidet sich von S. austriaca durch kürzere Kätzchen, nur am Grunde verwachsene Staubfäden u. verkehrt-eiförmig-lanzettliche, am ganzen Rande gesägte Blätter. Grubberg bei Gaming. männlich, Preiner Gschaid. weiblich. zwischen Haltberghof u. Oehler u. am Josefsberg bei Mariazell, in Blättern.

1678 × 1682. **S. purpurea × caprea.** Von S. purpurea durch elliptische od. elliptisch-verkekrteiförmige Blätter, dickere Kätzchen u. gestielte Fruchtknoten; von S. caprea durch dünnere Kätzchen u. kürzer gestielte Fruchtknoten, von beiden durch unterseits zuletzt zerstreut behaarte Blätter u. gabelspaltige Staubfäden verschieden. Brühler Thal gegen Gaden, Mautern, Scheibbs, Josefsberg bei Mariazell. weiblich; bei Kalkburg. männlich; Hacking, Kaltenleutgeben, Aspang. Mauternbach, Wolfsteingraben bei Melk, in Blättern. S. discolor Host non Mühlb. S. mauternensis A. Kern. S. calliantha J. Kern. p. p., die der S. purpurea näherstehende Form. Hicher S. syntriandra Beck, mit 3 bis zur Mitte verwachsenen Staubfäden.

1673 × 1682. **S. purpurea × nigricans.** Von S. purpurea durch flaumig-filzige, junge Aeste, breitere, an den Nerven behaarte Blätter u. nur am Grunde verwachsene Staubfäden; von der näherstehenden S. nigricans durch die am Grunde verwachsenen Staubfäden u. zuletzt schwärzliche Staubbeutel verschieden. Aspanger Klause, mit androgynen Kätzchen. S. fallax Wol. Denselben Eltern entstammt S. vandensis A. Kern. u. unterscheidet sich von S. fallax durch kahle heurige Aeste u. bis zur Mitte od. darüber verwachsene Staubfäden. S. gusenionsis Forb? S. Beckeana Beck.

470. Chamitea A. Kern. Zwergweide. Kätzchenschuppen ungetheilt, einfärbig, purpurröthlich; Perigon durch einen becherförmigen Kranz vom fleischigen Läppchen angedeutet; Staubgefässe 2; Frucht 2klappig, vielsamig.

1683. **C. reticulata (L.) A. Kern.** Stamm niedergestreckt, knorrig. Aeste kurz; Blätter oval, oberseits dunkelgrün, glänzend, unterseits bläulichgrau, glanzlos; Kätzchen endständig, beblättert; Staubbeutel purpurn; Fruchtknoten sitzend, filzig. ♄ Kalkalpen; Schneeberg, Rax, Oetscher. Salix reticulata L. H. 0,08—0,15 M. Juni-Juli.

471. Populus L. Pappel. Kätzchenschuppen zerschlitzt, braun; Perigon durch eine becherförmige, schiefabgeschnittene, fleischige Ausbreitung angedeutet; Staubgefässe 8—30; Frucht meist 2, seltner 3—4klappig, vielsamig.

a. Kätzchenschuppen gewimpert; Staubgefässe 8.

1684. **P. alba L.** Baum; *Knospen weissfilzig, nicht klebrig; Blätter* rundlich-eiförmig, ungleich eckiggezähnt od. buchtiggelappt, *unterseits, sammt den jungen Aesten weissfilzig; Kätzchenschuppen gezähnelt od. fast ganzrandig;* Narben gelb. ♄ Ufer, Auen, besonders niedriger Gegenden. H. 20,0—30,0 M. März-April.

1684 × 1685. **P. alba × tremula.** Von P. alba durch unterseits dünngraufilzige, zuletzt kahle Blätter; von P. tremula durch meist dünngraufilzige junge Aeste u. Knospen u. gelbe Narben; von beiden durch ungleich-geschlitzte Kätzchenschuppen verschieden. Münchendorf, Moosbrunn, Prater, Stockerau, Theiss, Mautern, Baumgarten, am Kamp bei Hadersdorf. P. canescens Sm. P. ambigua Beck.

1685. **P. tremula L.** Baum od. Strauch; *Knospen kahl, klebrig; Blätter* rundlich-eiförmig, eckig od. geschweift-gezähnt, anfangs seidenhaarig-zottig, *später sammt den Aesten kahl; Kätzchenschuppen handförmig-geschlitzt;* Narben purpurn. ♄ Wälder, Vorhölzer, verbreitet. H. 5,0—20,0 M. März-April. b) v i l l o s a (Láng) Blätter beiderseits angedrückt-wollig. Kobenzl, Prater, Rohrwald, Ernstbrunnerwald, Stockerau. P. albotremula var. sericea Neilr.

b. Kätzchenschuppen kahl; Staubgefässe 12—20.

1686. **P. nigra L.** Baum mit ausgebreiteten, abstehenden Aesten; Knospen kahl, klebrig; Blätter 3eckig-eiförmig, kahl; Kätzchenschuppen handförmig-zerschlitzt; Narben gelb. ♄ Auen, Ufer, verbreitet. H. 20,0—30,0 M. b) p y r a m i d a l i s (Roz.) Aeste aufrecht, pyramidenförmig gestellt. Ueberall an Strassen, Wegen gepflanzt. H. 20—35 M. April.

Anm. P. monilifera Ait. u. P. balsamifera L. aus Amerika stammend, werden in Anlagen gepflanzt u. kommt letztere bei Marchegg förmlich verwildert vor.

II. Classe. MONOCOTYLEDONES JUSS.

XCIII. Familie. Hydrocharidaceae DC.

472. Elodea Rich. Blüthen 2häusig od. zwittrig; männliche Blüthen: Staubgefässe 3—9; Zwitterblüthen: Staubgefässe 3—6, Fruchtknoten lineal-länglich, 1fächerig, Narben 3, lineal; Weibliche Blüthen ebenso, aber die Staubgefässe verkümmert; Frucht länglich, fast 3kantig.

1687. **E. canadensis Michaux.** Stengel untergetaucht; Blätter zu 3—4quirlig, länglich od. lanzettlich, kleingesägt; Hülle der Blüthen blattwinkelständig, 1blüthig; Blüthen meist mit verlängerter Röhre, röthlichweiss, die männlichen mit 9 sitzenden Staubbeuteln. ♃. In Nordamerika einheimisch, hier erst in neuester Zeit eingewandert; an der Donau bei Mautern, Thallern, bei Stockerau, im Kaiserwasser in der Nähe der Restauration zum Franz Josefs-Land, Hainburg, Seibersdorf an der Leitha, in der Fischa bei Neustadt. Anacharis alsinastrum Bab. H. 0,25—1,0 M. Mai-Aug.

473. Stratiotes L. Wasserscheere. Blüthen 2häusig. Männliche Blüthen in Dolden, mit 2blättriger endständiger Blüthenscheide: Perigon 6theilig; Staubgefässe zahlreich, die äusseren ohne Staubbeutel. Weibliche Blüthen einzeln, mit 2blättriger, endständiger Blüthenscheide; Perigonröhre mit dem Fruchtknoten verwachsen, mehrfächerig, mit zahlreichen Staminodien; Narben 6; Frucht eiförmig, 6kantig.

1688. **S. aloides L.** Blätter untergetaucht, rosettig, lineal-schwertförmig, 3kantig, stachlig-gesägt; die 3 inneren Perigonzipfel ansehnlich, weiss. ♃. Stehende Gewässer; bei Mautern, Donausümpfe zwischen Theiss u. Neu-Aigen, Zögersdorf, Stockerau, Langenzersdorf, Schwarze Lacke, zwischen dem Augarten u. der Brigittenau, Kriegau u. zwischen dem Lusthaus u. der Freudenau im Prater, Lobau; Marchsümpfe bei Baumgarten, Zwerndorf, Angern, Dürnkrut, an der Thaya bei Lundenburg. H. 0,1—0,25 M. Mai-Aug.

474. Hydrocharis L. Froschbiss. Blüthen 2häusig; ♂ in Dolden mit 2blättriger, endständiger Blüthenscheide, Perigon 6theilig, Staubgefässe 12, wovon 3—6 ohne Staubbeutel; ♀ einzeln mit fast grundständiger, 1blättriger Blüthenscheide, Perigonröhre mit dem Fruchtknoten verwachsen, mehrfächerig, mit 3—6 Staminodien, Narben 6, Frucht eiförmig, stielrundlich.

1689. **H. morsus ranae L.** Stengel ästig; Blätter schwimmend, rundlich-nierenförmig, ganzrandig; die 3 inneren Perigonzipfel weiss, am Grunde gelblich. ♃. Stehende Gewässer; Donausümpfe bei Theiss, Grafenwörth, Neu-Aigen, Stockerau, Klosterneuburg, Prater, zwischen Hirschstetten u. Aspern, Lobau; Thaya- u. Marchsümpfe bei Rabensburg, Angern, Zwerndorf, Baumgarten an der Leitha bei Bruck. H. 0,15—0,3 M. Juli-Aug.

XCIV. Familie. Alismaceae Juss.

475. Alisma L. Froschlöffel. Blüthen zwittrig; Perigon 6blättrig; Staubgefässe 6—12; Früchtchen 6—viele, auf einem scheibenförmigen Fruchtboden in einen Kreis gestellt od. kopfig gehäuft.

1690. **A. plantago L.** *Schaft* aufrecht, *mit aufrecht-abstehenden Aesten; Blätter* grundständig, gestielt, eiförmig bis elliptisch, *am Grunde abgerundet od. herzförmig; Perigonblätter* bleichlila, *die 3 inneren 2—4mal länger als die 3 äusseren; Staubgefässe doppelt so lang als die Griffel;* Staubbeutel länglich; Früchtchen am Rücken tieffurchig. ♃. Ufer, schlammige Stellen, Sümpfe, häufig. H. 0,15 bis 0,8 M. Juni-Sept. b) graminifolium (Ehrh.) Blätter untergetaucht, lineal, sitzend. Viel seltner, vorzüglich in Sümpfen der Donau u. March.

1691. **A. arcuatum Michal.** *Schaft* aus bogigem Grunde aufsteigend, *mit sparrig-abstehenden Aesten; Blätter* grundständig, gestielt, breitlanzettlich, *am Grunde verschmälert; Perigonblätter* bleichlila, *die 3 inneren um die Hälfte länger als die 3 äusseren; Staubgefässe so lang als die Griffel;* Staubbeutel rundlich; Früchtchen am Rücken seicht 2furchig. ♃. Sümpfe, selten; Donauauen bei Wien, Neustädter Canal, Hernals. H. 0,15—0,8 M. Juni-Sept. b) angustifolium Beck. Blätter lineal, untergetaucht, sitzend. Mit der Grundform.

476. Sagittaria L. Pfeilkraut. Blüthen 1häusig; Perigon 6blättrig; Staubgefässe zahlreich; Früchtchen zahlreich, auf einem fast kugeligen Fruchtboden in ein Köpfchen gestellt.

1692. **S. sagittaefolia L.** Blätter grundständig, langgestielt, tief-pfeilförmig, die ersten untergetaucht, lineal; Blüthen in 3blüthigen Quirlen, untere Quirle weiblich, obere männlich; die 3 inneren Perigonblätter weiss, mit purpurnem Nagel. ♃. Stehende Gewässer, häufig in den Auen der Donau u. March. H. 0,15—0,5 M. Juni-August.

XCV. Familie. Butomaceae Rich.

477. Butomus L. Wasserliesch. Perigonblätter 6, blumenkronartig, bleibend; Staubgefässe 9; Früchtchen 6, am Grunde zusammengewachsen.

1693. **B. umbellatus L.** Blätter grundständig, lineal, 3kantig; Blüthen rosa, in einfacher endständiger Dolde. ♃. Sümpfe, Gräben; zerstreut im Wiener Becken u. in den oberen Donausümpfen zwischen Hollenburg u. Mautern, zwischen Melk u. Pöchlarn, in den Niederungen der Thaya. H. 0,6—1,5 M. Juni-Sept.

XCVI. Familie. Juncaginaceae Rich.

478. Scheuchzeria L. Scheuchzerie. Perigon 6theilig, bleibend; Früchtchen meist 3, seltner bis zu 6, am Grunde zusammengewachsen, bei der Reife sparrig-abstehend.

1694. **S. palustris L.** Wurzelstock kriechend; Stengel beblättert; Blätter lineal, scheidig; Blüthen grünlich-gelb, in armblüthiger Traube; Früchtchen aufgeblasen. ♃. Torfsümpfe, sehr selten; Erlafsee, Hechtensee u. Mitterbacher Torfmoor u. bei Ofenau nächst Gössling. H. 0,1—0,25 M. Mai-Juni.

479. Triglochin L. Dreizack. Perigon 6blättrig, abfällig; Früchtchen 3—6, ganz verwachsen, zuletzt von einem stehenbleibenden Mittelsäulchen sich ablösend.

1695. **T. palustre L.** Schaft am Grunde kaum verdickt; Blätter grundständig, schmallineal, am Grunde scheidig; Blüthen grün od. röthlich, in lockeren verlängerten Trauben; *Früchtchen lineal-keilig, gegen den Grund verdünnt,* an die Spindel angelehnt, *nur 3 Früchtchen ausgebildet.* ♃. Feuchte Wiesen niedriger u. gebirgiger Gegenden. H. 0.15—0,45 M. Juli-Aug.

1696. **T. maritimum L.** Schaft am Grunde fast zwiebelförmig verdickt; Blätter grundständig, schmallineal, am Grunde scheidig; Blüthen grün od. röthlich, in dichten verlängerten Trauben; *Früchte eiförmig, unter der Spitze eingeschnürt,* von der Spindel aufrecht-abstehend, *alle 6 Früchtchen ausgebildet.* ♃. Sumpfige Wiesen; Klosterneuburg, Brigittenau, Simmering, Kaiser-Ebersdorf. Himberg, Velm, Ebergassing, Margarethen am Moos, Moosbrunn, Laxenburg, Mitterndorf, Reisenberg; Lassee, Neusiedlersee. H. 0,25—0,75 M. Juli-Aug.

XCVII. Familie. Najadaceae Rich.

480. Najas L. Najade. Blüthen 1 od. 2häusig: ♂ Blüthe: 1 Staubgefäss, von einer häutigen Blumenscheide umgeben; Staubbeutel 4fächerig, fast sitzend; ♀ Blüthe: Blumenscheide fehlend; Fruchtknoten 1; Griffel 2—5, pfriemlich; Frucht steinfruchtartig.

1697. **N. marina L.** Stengel gabelspaltig; *Blätter lineal,* buchtig-stachlig-gezähnt, *nicht zurückgekrümmt, Blattscheiden ganzrandig;* Blüthen 2häusig, einzeln in den Blattwinkeln; Staubbeutel 4fächerig, 4klappig aufspringend; Frucht feingrubig. ⊙ Stehende od. langsam fliessende Wässer; bloss bei Angern. N. major All. H. 0,1—0,5 M. Aug.-Sept.

1698. **N. minor All.** Stengel gabelspaltig; *Blätter linealborstlich,* geschweift-stachlig-gezähnt, *zurückgekrümmt, Blattscheiden wimperig-gezähnelt;* Blüthen 1häusig, seltner 2häusig, einzeln od. gehäuft in den Blattwinkeln; Staubbeutel 1fächerig, zerreissend; Frucht längsstreifig. ⊙ An gleichen Orten wie vorige; im Teiche zu Zwerbach nächst Mank, bei Spielberg nächst Melk. Donausümpfe zwischen Mautern u. Thalern, Floridsdorf, Freudenau im Prater, Stadlau, Aspern, Lobau; Marchsümpfe bei Angern, Zwerndorf, Dürnkrut; ehemals auch bei Klosterneuburg, Brigittenau.

Tabor, Zwischenbrückenau. Caulinia fragilis Willd. H. 0,1—0.3 M. Aug.-Sept.

481. Zannichellia L. Zannichellie. Blüthen 1häusig, blattwinkelständig; ♂ ohne Perigon, einzeln od. mit den ♀ beisammenstehend, aus 1 Staubgefäss bestehend; Staubfaden fädlich; Staubbeutel 2—4fächerig; ♀ Blüthen mit kurzglockigem, häutigem Perigon; Fruchtknoten meist 4; Früchtchen nussartig.

1699. **Z. palustris L.** Stengel gabelspaltig; Blätter schmallineal od. borstlich; Früchte zu 3—6, kurz gestielt od. fast sitzend, länglich, doppelt so lang als der Griffel. ♃. Stehende u. fliessende Wässer; Lachen der Wien von Hütteldorf bis Hietzing, Neustädter Canal, in der Liesing zwischen Unterlaa u. Klederling. bei Moosbrunn, Möllersdorf. Tribuswinkel, Vöslau, Hölles, Neustadt, zwischen Neunkirchen u. Diepolz, Marchsümpfe bei Angern; Donausümpfe: Lobau, Aspern, Kriegau im Prater, Kagran. Klosterneuburg, zwischen Thalern u. Mautern, Pöchlarn; Sümpfe der Pielach bei Melk u. der Ibbs bei ihrer Mündung; Mühlbach bei Oberndorf; am Kamp bei Idolsberg. Ernstbrunn bei Kirchberg am Wagram. H. 0,1—0.5 M. Juni-Sept. b) pedunculata (Rchb.) Früchte langgestielt, so lang als der Griffel. Moosbrunn, Engabrunn.

482. Potamogeton L. Laichkraut. Blüthen zwittrig, in Aehren; Perigon 4blättrig; Staubbeutel 4, sitzend od. fast sitzend, 2fächerig; Fruchtknoten 4; Früchtchen steinfruchtartig.

a. Blätter sämmtlich gegenständig, untergetaucht, durchsichtig.

1700. **P. densus L.** Blätter lanzettlich bis elliptisch, dachig, stengelumfassend-sitzend, am Rande rauh; Aehren armblüthig, kurzgestielt; Früchtchen schiefeiförmig, breitgekielt, mit hakenförmiger Spitze. ♃. Häufig im südlichen Wiener Becken; hin u. wieder in den Donausümpfen; in Seitenarmen der Pielach, Traisen, Ibbs bei Kemmelbach, Sümpfe der Melk zwischen Winden u. Melk; Debernitzthal bei Altpölla. Juli-Aug.

b. Blätter wechselständig, nur die blüthenständigen gegenständig.

α. Blätter am Grunde mit einer engen 12—25 mm. langen Scheide den Stengel umfassend, alle untergetaucht, durchsichtig; Nebenblätter wie ein Blatthäutchen aus der Scheide entspringend.

1701. **P. pectinatus L.** Blätter lineal od. borslich, 1nervig; Aehren vielblüthig, langgestielt; Früchtchen schiefellipsoidisch. aussen stumpfgekielt, kurzbespitzt. ♃. Donauinseln, südöstliche Niederung Wiens, Leithasümpfe; in der Sierning bei Stixenstein, in der unteren Traisen; Donauauen bei Mautern, Sümpfe der Pielach, der Melk, zwischen Winden u. Melk, bei Kemmelbach, Oberndorf, im unteren Lunzer See. Juni-Juli.

β. Blätter ohne Scheide; Nebenblätter tutenförmig, vom Blatte gesondert.

* Blätter lineal, grasartig, sitzend, alle untergetaucht, durchsichtig.

o Stengel etwas zusammengedrückt, mit abgerundeten Kanten.

1702. **P. trichoides Cham. et Schlecht.** *Blätter* feinlineal od. borstlich, langzugespitzt, *1nervig; Aehren* 4—8blüthig, *locker, 2—3mal kürzer als ihr Stiel; Früchtchen halbkreisrund*, kurzbespitzt, aussen mit warzig-gekerbtem Kiele. ♃ Bisher nur am Kamp zwischen Zwettl u. der Gfelleser Mühle; in der kleinen Sonnlacke bei Stockerau; an der Thaya bei Eisgrub, noch in Mähren. Juli-Aug.

1703. **P. pusillus L.** *Blätter* lineal od. fast borstlich, zugespitzt od. haarspitzig, *3—5nervig; Aehren* 4—8blüthig, *locker, 2—3mal kürzer als ihr Stiel; Früchtchen schiefellipsoidisch*, kurzbespitzt, aussen mit stumpfem Kiele. ♃. Donauinseln bei Mautern, Klosterneuburg, am Tabor, Lobau, Neustädter Canal bei Simmering u. Neustadt, Wassergräben bei Möllersdorf, Laxenburg, Achau, Himberg, Moosbrunn, Lachen der Schwechat, Piesting, Triesting, Schwarza bei Hirschwang, Traisen bei St. Pölten u. Herzogenburg, bei Seitenstetten, im unteren Lunzer See; am Kamp bei Etzdorf, bei Rabesreit. Juli-Aug. b) latifolius Neilr. Blätter breiter, 2 mm. breit, kurzbespitzt. P. mucronatus Schrad. Viel seltner.

1704. **P. obtusifolius M. et K.** *Blätter* lineal, *3—5nervig*, stumpf od. kurzbespitzt; *Aehren* 4—8blüthig, *gedrungen, so lang als ihr Stiel; Früchtchen schiefeiförmig*, kurzbespitzt, aussen mit stumpfem Kiele. ♃. In Fischteichen bei Gmünd im Waldviertel, in der alten Donau im Prater. P. gramineus Sm. Juli-Aug.

o o Stengel flachgedrückt, 2schneidig.

1705. **P. acutifolius Lk.** Blätter lineal, feinzugespitzt, feinvielnervig, mit 1—3stärkeren Nerven; Aehren 4—8blüthig, gedrungen, etwa so lang als ihr Stiel; Früchtchen halbkreisrund, kurzbespitzt, aussen mit runzligem Kiele. ♃. Donauinseln, Marchsümpfe südlich von Magyarfalva; Unterbergern bei Mautern, Mandelhof bei Egelsee, an der Strasse von Scheibbs nach Gaming. Juli-Aug.

Anm. P. compressus L. (P. zosteraefolius Schum.) angeblich ehemals in der Brigittenau, kommt daselbst nicht mehr vor.

* * Blätter rundlich bis lanzettlich, sitzend od. gestielt.

o Blätter alle untergetaucht, durchsichtig.

1706. **P. perfoliatus L.** *Blätter herzeiförmig od. herzeiförmiglänglich, ganzrandig*, am Rande rauh, *stengelumfassend-sitzend;* Aehren vielblüthig, gedrungen; *Früchtchen* schiefeiförmig, *kurzbespitzt*, am Rande stumpf. ♃. Stehende u. fliessende Gewässer, verbreitet. Juni-Juli.

1707. **P. crispus L.** *Blätter lineallänglich, wellig od. gekraust,* am Rande etwas rauh, *feingesägt, sitzend;* Aehren vielblüthig, gedrungen; *Früchtchen* schiefeiförmig, *langgeschnäbelt,* am Rande schwachgekielt. ♃. Im Wiener Becken, in der Traisen, Pielach, Erlaf, Krems, im Kamp u. deren Nebenbächen. Juni-Aug.

1708. **P. lucens L.** *Blätter elliptisch bis lanzettlich,* am Rande rauh, *feingesägt, wellig, in den kurzen Blattstiel verschmälert;* Aehren vielblüthig, gedrungen; *Früchtchen* schiefeiförmig, *kurzbespitzt,* am Rande schwachgekielt. ♃. Prater, Stadlau, Aspern, Lobau, Neustädter Canal, besonders bei Simmering, Pionnierteich in Neustadt, Heideteich bei Vöslau; Erlafsee, unterer Lunzersee; Stockerau; Kremser Au, im Kamp bei Krumau, Wilhalms. Juli-August.

Anm. P. praelongus Wulf. Angeblich im Kanal bei Simmering, wurde seit Jahren nicht mehr gefunden.

o o Untere Blätter untergetaucht, durchsichtig, obere schwimmend von dichterem Gewebe od. lederig.

· Untergetauchte Blätter sitzend, schwimmende gestielt.

1709. **P. gramineus L.** *Untergetauchte Blätter* lineallanzettlich od. lanzettlich, *am Rande rauh,* nie fehlend, schwimmende elliptisch od. eiförmig, kürzer od. länger gestielt, öfter fehlend; Aehren vielblüthig, gedrungen, *Aehrenstiele nach oben verdickt; Früchtchen* schiefeiförmig, *am Rande stumpf.* ♃. Bei Mollands; angeblich auch im Neustädter Canal u. in der Brigittenau, doch in neuerer Zeit hier nicht gefunden. Juli-Aug.

1710. **P. alpinus Balb.** *Untergetauchte Blätter* lanzettlich od. länglich-lanzettlich, *am Rande glatt,* nie fehlend, schwimmende länglich od. länglich-verkehrteiförmig, in den kurzen Stiel verschmälert, öfter fehlend; Aehren vielblüthig, gedrungen, *Aehrenstiele nach oben nicht verdickt; Früchtchen* schiefeiförmig, *am Rande scharfgekielt.* ♃. Stehende Wässer gebirgiger Gegenden, sehr selten; Torfsümpfe bei Traunstein; Lachen zwischen Ernegg u. Purgstall, oberer Lunzersee; Sümpfe der Voralpen des Dürnsteins, Hechtensee. P. semipellucidus Koch. et Ziz. P. rufescens Schrad. P. obtusus Ducr. Juli-Aug.

· · Alle Blätter gestielt.

1711. **P. coloratus Horn.** Untergetauchte Blätter lanzettlich bis elliptisch, am Rande glatt, nie fehlend, *schwimmende eiförmig, kurzgestielt,* öfter fehlend; Aehren vielblüthig, gedrungen; *Früchtchen* schiefeiförmig, *am Rande stumpfgekielt.* ♃. Wassergräben bei Ebergassing, Gramat-Neusiedel, Himberg, Moosbrunn, Münchendorf, Ebreichsdorf; in der March unterhalb Zwerndorf; Hartenstein an der kleinen Krems, Teiche bei Nondorf nächst Gmünd. P. plantagineus Ducr. P. Hornemanni Mey. Juni-Aug.

1712. **P. fluitans Roth.** Untergetauchte Blätter lanzettlich od. länglich-lanzettlich, am Rande glatt, zur Blüthezeit meist noch vorhanden; *schwimmende elliptisch od. länglich, langgestielt*, nie fehlend; Aehren vielblüthig, gedrungen; *Früchtchen* schiefeiförmig, *am Rande scharfgekielt*. ♃. Fliessende Wässer; Mitterbach bei Kaiser-Ebersdorf, in der Liesing zwischen Unterlaa u. Klederling, in der Schwechat von Traiskirchen über Möllersdorf, Achau bis Schwechat, Triesting-Canal zwischen Laxenburg u. Münchendorf; Wassergräben bei Gmünd. Juni-Juli.

1713. **P. natans L.** Untergetauchte Blätter lanzettlich od. lineallanzettlich, am Rande glatt, zur Blüthezeit fehlend; *schwimmende eirund od. oval,* am Grunde schwachherzförmig, *langgestielt,* nie fehlend; Aehren vielblüthig, gedrungen; *Früchtchen* schiefeiförmig, *am Rande stumpfgekielt*. ♃. Stehende u. fliessende Wässer, verbreitet; am häufigsten in den Donausümpfen, in der südöstlichen Niederung Wiens u. im Waldviertel. Juni-Juli.

XCVIII. Familie. Lemnaceae Duby.

483. Lemna L. Wasserlinse. Charakter der Familie.

a. Wurzel haarförmig, zu 6—7 büschelig.

1714. **L. polyrrhiza L.** Laub rundlich-verkehrteiförmig, beiderseits flach; Früchte 2—mehrsamig. ♃. Stehende Gewässer; an der Als bei Hernals; Donausümpfe: Kaiser-Ebersdorf, Prater, Langenzersdorf, Stockerau, Theiss, Krems, Spitz, Mautern: Tümpel bei St. Pölten, Hiesberg bei Melk; Grossau, Waidhofen u. Gmünd im Waldviertel; an der March bei Baumgarten, Angern. Spirodela polyrrhiza Schleid. Telmatophace polyrrhiza Godr. Mai.

b. Nur eine einzige haarförmige Wurzel.

* Laub oberseits flach, unterseits polsterförmig gedunsen; Frucht mehrsamig, rundum-aufspringend.

1715. **L. gibba L.** Laub verkehrteirund, unterseits schwammig. ♃. Stehende Gewässer: Sümpfe des Marchfeldes, der Donau, Traisen, Erlaf, des Kamp, der March u. Leitha; Wassergräben der südöstlichen Niederung Wiens von Simmerung bis Hölles. Telmatophace gibba Schleid. Mai.

* * Laub beiderseits flach; Frucht 1samig, nicht aufspringend.

1716. **L. minor L.** *Laub verkehrteirund, nicht gestielt*. ♃. Stehende Gewässer, häufig. Mai.

1717. **L. trisulca L.** *Laub elliptisch od. lanzettlich, spitz, an einem Ende stielartig verschmälert*. ♃. Stehende Gewässer, an gleichen Orten wie L. gibba. Mai.

XCIX. Familie. **Typhaceae Juss.**

484. Typha L. Rohrkolben. Blüthen in zwei, auf derselben Achse übereinander stehenden Scheinähren, einen Kolben bildend; Perigon aus zahlreichen Haaren gebildet; Staubfäden am Grunde verwachsen; Frucht nussartig, von dem bleibenden Griffel u. der Narbe gekrönt.

a. Blätter so lang od. länger als der Blüthenstengel; Samen mit der Fruchtschale nicht verwachsen.

1718. **T. latifolia L.** Blätter lineal, 10—20 mm. breit; Scheinähre walzlich, *die männliche u. weibliche an einander stossend; weibliche Blüthen deckblattlos;* Narben länglich-spatelig. ♃. Stehende Gewässer, Ufer, zerstreut. H. 1,0—2,0 M. Juli-Aug.

1719. **T. angustifolia L.** Blätter lineal, 5—10 mm. breit; Scheinähre walzlich, *die männliche von der weiblichen getrennt; weibliche Blüthen mit einem Deckblatte;* Narben lineal. ♃. An gleichen Orten wie die vorige. H. 1,0—2,0 M. Juli-Aug.

b. Blätter viel kürzer als der Blüthenstengel; Samen mit der Fruchtschale verwachsen.

1720. **T. minima Funk.** Blätter der grundständigen Seitenbüschel feinlineal, stengelständige lanzettlich, fast schuppenförmig; Scheinähren nicht zusammenstossend, walzlich, die weibliche zuletzt dicker, länglich od. fast kuglig; weibliche Blüthen mit einem Deckblatte; Narben lineal. ♃. Donauinseln: Mühl- u. Schierlinghaufen, unterer Neuboden, Tamariskenhaufen, zwischen Klosterneuburg u. Kritzendorf, Greifenstein, Stockerau, bei der Kremsmündung, Weissenkirchen oberhalb Krems; in Gräben bei dem Bahnhofe von Kemmelbach. H. 0,3—0,8 M. Mai-Juni.

485. Sparganium L. Igelkolben. Blüthen auf verschiedenen Achsen, kuglige Köpfchen bildend; Perigon aus 3 Schüppchen gebildet; Staubfäden frei; Frucht steinfruchtartig; Narbe von derselben abfallend.

a. Köpfchen zu 5—zahlreich; Narbe lineal.

1721. **S. erectum L.** *Stengel* aufrecht, *oben ästig;* Blätter lineal, am Grunde 3kantig, mit concaven Seiten; Köpfchen gestielt od. sitzend, zahlreich, an den Aesten u. der Spitze des Stengels traubig zusammengestellt; *Früchtchen sitzend, kurzgeschnäbelt.* ♃. Gräben, Ufer, verbreitet. S. ramosum Huds. H. 0,3—0,6 M. Juli-Aug.

1722. **S. simplex Huds.** *Stengel* aufrecht, *einfach*; Blätter lineal, am Grunde 3kantig, mit flachen Seiten; Köpfchen gestielt od. sitzend, zu 5 bis mehr, in einer endständigen Traube; *Früchtchen gestielt, langgeschnäbelt.* ♃. An gleichen Orten wie vorige. H. 0,3—0,5 M. Juli-Aug.

b. Köpfchen selten mehr als 3; Narbe länglich.

1723. **S. minimum Fr.** Stengel liegend od. schwimmend, einfach; Blätter lineal, flach; Köpfchen meist sitzend; Früchtchen sitzend, sehr kurz geschnäbelt. ♃. Teiche, Sümpfe, sehr selten; Inzersdorf nächst Herzogenburg, Fraisingau nächst Melk, Grossweinberg nächst Seitenstetten; Waldhof bei Krems, Mollands, Dürrnenstift am Kamp, Edelhof bei Zwettl, Arbesbach, Schrems, Gmünd, Thiergarten; ehemals auch im Pielacher Teiche. S. natans β. L. H. 0,2—0,5 M. Juli-Aug.

C. Familie. Araceae Juss.

486. Acorus L. Kalmus. Blüthen zwittrig, den scheidelosen Kolben bis an die Spitze bedeckend; Perigon 6blättrig; Staubgefässe 6; Fruchtknoten 1, 3fächerig; Frucht eine saftlose Beere.

1724. **A. calamus L.** Wurzelstock walzlich, kriechend; Blätter lineal-schwertförmig; Kolben scheinbar seitenständig, gelbgrün. ♃. Stammt angeblich aus dem Oriente, jetzt an vielen Orten wie einheimisch; im Gangwasser von Stockerau, Marchsümpfe von Hohenau bis Marchegg; bei Schwadorf, Velm, am Neustädter Canal, zwischen Moosbrunn u. Götzendorf, Bruck an der Leitha, Matzendorf nächst Vöslau, Kottingbrunn, Heufeld bei Gloggnitz, Rappoltenkirchen, Inzersdorf nächst Herzogenburg, St. Pölten, zerstreut im Hügellande von der Pielach, über Oberndorf, Wieselburg u. Weinzierl bis an die Ibbs u. Seitenstetten; Egelsee, Waldhof u. Rehbergerthal bei Krems, Gföhler- u. Hornerwald, Hoheneich, Kirchberg, Schrems, Langegg, Waidhofen, Raabs. H. 0,5—1,2 M. Juni-Juli.

487. Calla L. Drachenwurz. Blüthen vielehig, den von einer flach-ausgebreiteten Scheide umgebenen Kolben bis an die Spitze bedeckend, die obersten ♂, die übrigen zwittrig; Perigon fehlend; Staubgefässe zahlreich; Fruchtknoten 1, 1fächerig; Frucht eine saftige Beere.

1725. **C. palustris L.** Wurzelstock walzlich, kriechend; Blätter herzeiförmig; Scheide innen weiss; Beeren roth. ♃. Torfsümpfe, sehr selten; am Burgstein, bei Altmelon, Schrems, Heidenreichstein, zwischen Litschau u. Schwarzbach, Finsternau. H. 0,15—0,3 M. Juni-Juli.

488. Arum L. Aron. Blüthen 1häusig, Kolben von einer dütenförmigen Scheide umgeben, an der Spitze nackt, in der Mitte mit ♂, am Grunde mit ♀ Blüthen besetzt; Perigon fehlend; Staubgefässe zahlreich; Fruchtknoten zahlreich, 1fächerig; Frucht eine saftige Beere.

1726. **A. maculatum L.** Wurzelstock knollig; Blätter spiess-pfeilförmig; Scheide grünlich, Kolben röthlich. ♃. Auen, Wälder, Gebüsche; Augarten, Prater, Kahlengebirge vom Hermannskogel bis auf das Eiserne Thor u. die Vorberge des Hochecks bis in das Triestingthal bei Tasshof u. Alteumarkt, bei Neuhaus, in Auen der Triesting bei Münchendorf, der Leitha bei Bruck; an der Traisen bei St. Pölten u. Wasserburg; Ernstbrunner Wald, unteres Thayathal. H. 0,3—0,5 M Mai.

CI. Familie. **Orchidaceae Juss.**

1 Blattlose od. bloss mit bleichen Schuppen besetzte Pflanzen . . 2
Mit grünen Blättern besetzte Pflanzen 5
2 Lippe gespornt 3
Lippe spornlos 4
3 Perigon umgewendet, Lippe obenstehend, hinten in einen sackförmigen aufwärts gerichteten Sporn vertieft **Epipogum**
Perigon nicht umgewendet, Lippe untenstehend, hinten in einen pfriemlichen, abwärts gerichteten Sporn auslaufend **Limodorum**
4 Wurzelstock walzlich, mit nestartig verflochtenen fleischigen Fasern besetzt; Lippe am Grunde sackförmig, an der Spitze 2lappig . . . . **Neottia**
Wurzelstock korallenförmig, faserlos; Lippe flach, seicht 3lappig . . . . **Corallorhiza**
5 Lippe schuhförmig aufgeblasen . . . . **Cypripedium**
Lippe nicht aufgeblasen 6
6 Staubbeutel frei 7
Staubbeutel an die Befruchtungssäule angewachsen; Wurzelstock 2knollig 12
7 Wurzelstock 2—mehrknollig . . . . **Spiranthes**
Wurzelstock zwiebelförmig 8
Wurzelstock walzlich 9
8 Lippe stumpf . . . . **Sturmia**
Lippe zugespitzt . . . . **Malaxis**
9 Lippe unterbrochen, gekniet 10
Lippe nicht unterbrochen 11
10 Alle 5 Perigonzipfel aufrecht, die Lippe verdeckend; Fruchtknoten gedreht, sitzend . . . . **Cephalanthera**
Alle 5 Perigonzipfel glockig-abstehend, Lippe abstehend; Fruchtknoten nicht gedreht, in einen gedrehten Stiel verschmälert . . . . **Epipactis**
11 Stengel mit 2 gegenständigen Blättern besetzt (selten noch ein drittes über demselben) . . . . **Listera**
Stengel mit mehreren abwechselnden Blättern besetzt **Goodyera**
12 Lippe spornlos 13
Lippe gespornt 15
13 Perigonzipfel abstehend, Lippe sammtig . . . . **Ophrys**
Perigonzipfel zusammenschliessend, Lippe kahl 14
14 Blätter meist 2, länglich-elliptisch, die Aehre nicht erreichend **Herminium**

Blätter mehrere, schmallineal, die Achre erreichend **Chamorchis**
15 Perigon umgewendet, alle 5 Zipfel sammt der Lippe aufwärts gerichtet . . . . **Nigritella**
Perigon rachig, Lippe abwärts gerichtet 16
16 Lippe ungetheilt, stumpf . . . . **Platanthera**
Lippe 3spaltig od. 3zähnig 17
17 Perigon grün, Lippe an der Spitze 3zähnig . . **Coeloglossum**
Perigon gefärbt, Lippe 3theilig, 3spaltig od. 3lappig . . . 18
18 Lippe herabhängend, Mittelzipfel lineal, gewunden, flatternd, 3—4mal länger als die seitlichen . . . . **Himantoglossum**
Lippe abwärts gerichtet, Mittelzipfel verkehrtherzförmig, nicht gewunden, so lang od. nur wenig länger als die seitlichen 19
19 Jedes Stielchen der Blüthenstaubmassen mit einer besonderen am Grunde des Staubbeutelfaches eingeschlossenen Klebdrüse; sackförmige Vertiefung des Narbenrandes fehlend **Gymnadenia**
Jedes Stielchen der Blüthenstaubmassen mit einer besonderen Klebdrüse u. beide Drüsen in eine gemeinschaftliche sackförmige Vertiefung des Narbenrandes eingeschlossen **Orchis**
Stielchen der Blüthenstaubmassen mit einer gemeinschaftlichen, in e'ne sackförmige Vertiefung des Narbenrandes eingeschlossenen Klebdrüse . . . . **Anacamptis**

1. Gruppe. **Ophrydeae** Lindl. Blüthen 1männig; Staubbeutel angewachsen: Blüthenstaubmassen 2, kleinlappig, gestielt.

489. Orchis L. Knabenkraut. Perigon rachig, alle 5 Zipfel helmartig zusammenschliessend od. nur 3 u. die 2 seitlichen abstehend; Lippe 3theilig bis 3lappig, abwärts gerichtet, gespornt; jedes Stielchen der Blüthenstaubmassen mit einer besonderen Klebdrüse u. beide Drüsen in eine gemeinschaftliche sackförmige Vertiefung des Narbenrandes eingeschlossen; Fruchtknoten zusammengedreht.

a. Alle 5 Perigonzipfel helmartig zusammenschliessend; Knollen ungetheilt.

* Lippe 3spaltig, der Mittelzipfel 2lappig, oft mit einem Zwischenzähnchen: Sporn abwärtsgerichtet.

o Deckblätter schuppenförmig, vielmal kürzer als der Fruchtknoten.

1727. **O. purpurea Huds.** Stengel oben blattlos; Blätter elliptisch od. länglich; *Helm* kurzeiförmig, *braunpurpurn*, dunkler als die Lippe; Lippe weiss od. hellrosa, purpurn-sammtig punktiert, Seitenzipfel lineal, *Mittelzipfel viel grösser, vom Grunde an allmählig verbreitert;* Sporn halb so lang als der Fruchtknoten. ♃. Steinige, buschige Stellen; Thalesbrunner Remise bei Angern, Stillfried, Höbesbrunn, Hochleiten bei Wolkersdorf, Waschberg, Bisamberg, Kahlenberg, Kobenzl, Himmel, Schafberg, Ober-St.-Veit, Perchtholdsdorf, Giesshübel, Hinterbrühl, Weissenbach, Mitterberg bei Baden, Kottingbrunner Remisen, Leithagebirge. O. fusca Jacq. O. moravica Jacq. H. 0,3—0,6 M. Mai.

1728. **O. militaris L.** Stengel oben blattlos; Blätter elliptisch od. länglich: *Helm eilanzettlich*, heller als die Lippe, *aussen blassrosa, innen dunkler;* Lippe rosa od. hellpurpurn, gegen den Grund purpurn-haarig punktiert, Seitenzipfel lineal, *Mittelzipfel* viel grösser, *am Grunde lineal, vorne plötzlich verbreitert;* Sporn halb so lang als der Fruchtknoten. ♃. Wiesen, Waldränder von der Ebene bis in die Krummholzregion, häufig. O. Rivini Gou. O. galeata Lam. H. 0,2—0,5 M. Mai-Juni.

1727 × 1728. **O. purpurea×militaris.** Von O. purpurea durch den eilanzettlichen Helm, von O. militaris durch den allmählig verbreiterten Mittelzipfel der Lippe, von beiden durch die intermediäre Färbung der Blüthen verschieden. Rothgraben bei Weidling u. Geissberg bei Perchtholdsdorf. O. hybrida Bönningh.

o o Deckblätter halb od. fast so lang als der Fruchtknoten od. länger.

1729. **O. tridentata Scop.** Stengel beblättert od. oben blattlos; Blätter länglich od. lanzettlich; Aehre kurzeiförmig od. fast kuglig; Deckblätter fast so lang, als der Fruchtknoten; *Perigon gross, rosa, Zipfel zugespitzt, einen eilanzettlichen Helm bildend,* Lippe purpurngefleckt, Seitenzipfel länglich, Mittelzipfel verkehrteiförmig; Sporn länger als der halbe Fruchtknoten. ♃. Bergwiesen bis in die Voralpen, zerstreut; am häufigsten am Kahlengebirge u. im oberen Donauthale von Hollenberg bis Melk. O. variegata All. H. 0,15 bis 0,35 M. Mai-Juni.

1730. **O. ustulata L.** Stengel beblättert od. oben blattlos. Blätter länglich; Aehre walzlich-länglich; Deckblätter halb so lang als der Fruchtknoten; *Perigon klein, die inneren Zipfel stumpf, Helm halbkuglig, schwarzpurpurn;* Lippe weiss, purpurngefleckt, Seitenzipfel linealläglich, Mittelzipfel grösser, mit lineallänglichen Lappen; Sporn 3—4mal kürzer als der Fruchtknoten. ♃. Wiesen niedriger u. gebirgiger Gegenden, zerstreut. H. 0,1 bis 0,35 M. Mai-Juni.

1729 × 1730. **O. tridentata × ustulata.** Von O. tridentata durch die walzliche Aehre u. die nicht zugespitzten, dunkler gefärbten Perigonzipfel; von O. ustulata durch die mit dem Fruchtknoten fast gleichlangen Deckblätter, spitze innere Perigonzipfel u. den blasspurpurnen Helm verschieden. Braunsberg bei Hainburg, Helenenthal u. Jägerhaus bei Baden, Rothgraben bei Weidling, Wachau zwischen Schwalbenbach u. Spitz, Traisenauen bei St. Pölten, rechtes Ennsufer bei Steyer. O. Dietrichiana Bogenh. O. austriaca A. Kern.

* * Lippe 3spaltig od. 3lappig, Mittelzipfel ungetheilt; Deckblätter so lang als der Fruchtknoten od. länger.

o Lippe 3spaltig, Sporn abwärts-gerichtet, 2 - 3mal kürzer als der Fruchtknoten.

1731. **O. coriophora L.** Stengel beblättert; Blätter lineallanzettlich; *Aehre länglich;* Perigon grünlich-purpurn, Zipfel spitz od. zugespitzt; *Mittelzipfel der Lippe spitz, Seitenzipfel fast* *rautenförmig*. ♃. Wiesen; Hadersfeld, St. Andrä, Hintersdorf, Kierling, Hermannskogel, Neuwaldegg, Sofienalpe, Weidlingau, Mauerbach, Giesshübel, Sparbach, Gaden, Sulz, Kaltenleutgeben, Siegenfeld, Heiligenkreuz, Gumpoldskirchen, Soos, Kottingbrunn, Winzendorf, Würflach, Neue Welt, Lichtenwörther Au bei Neustadt, Brunn am Steinfeld, Gloggnitz; dann im Prater, bei Velm, Moosbrunn, Münchendorf, Laxenburg; bei Spitz, Zaising am Jauerling. H. 0,15—0,3 M. Mai-Juni.

1732. **O. globosa L.** Stengel beblättert; Blätter länglich-lanzettlich; *Aehre kurz, kegelförmig od. fast kuglig;* Perigon rosa, Zipfel in eine nach oben keilig verbreiterte Spitze auslaufend; *Mittelzipfel der Lippe stumpf od. ausgerandet, Seitenzipfel länglich.* ♃. Wiesen der Kalkvoralpen bis in die Krummholzregion; seltner in der Bergregion: Rappoltenkirchen, Güterthal u. Rother Stadl bei Kalksburg, Schloss Wildegg, Grünbach; Melk, Rossatz, Jauerling, Ober-Bergern, Ottenschlag, Traunstein, Karlstift. O. Halleri Cr. H. 0,25—0,5 M. Mai-Juni.

o o Lippe schwach 3lappig, Sporn wagrecht od. aufwärts gerichtet, so lang als der Fruchtknoten.

1733. **O. morio L.** Stengel beblättert; Blätter länglich-lanzettlich; Aehre länglich; Perigon purpurn, selten rosa od. weiss, Zipfel stumpf; Lappen der Lippe fast gleich gross, der mittlere ausgerandet, die seitlichen abgerundet. ♃. Wiesen, häufig. H. 0,1 bis 0,3 M. April-Mai.

b. Die 2 seitlichen Perigonzipfel abstehend od. zurückgeschlagen, die 3 oberen helmartig zusammenschliessend.

* Sporn wagrecht od. aufwärts-gerichtet; Deckblätter etwa so lang als der Fruchtknoten; Knollen ungetheilt.

o Perigon hellgelb.

1734. **O. pallens L.** Stengel oben blattlos; Blätter länglich-verkehrt-eiförmig; Aehre eiförmig; Perigonzipfel stumpf; Lippe seicht 3lappig, mit fast gleichgrossen ganzrandigen Lappen; Sporn etwas kürzer als der Fruchtknoten. ♃. Bergwälder, Vorhölzer; Hermannskogel, Schafberg, Gallizin, Sofienalpe, Halterthal, Mariabrunn, Weidlingau, St. Veit, Geissberg, Grosser Flössel, Kaltenleutgeben, Perchtholdsdorf, Giesshübel, Hundskogel, Anninger; seltner auf Voralpen: Reingupf, Hocheck, Tasshof, Hutwischberg bei Kirchschlag, Höllenthal, Prein, Vois, Kuhschneeberg, Lilienfeld; Scheibbs; dann an der Triesting bei Seitenstetten, Rabenstein a. d. Pielach, Hiesberg bei Zelking, Braunstorferberg bei Stein, Wachberg u. Scheibenhof bei Krems H. 0,2—0,4 M. April-Mai.

o o Perigon purpurn, sehr selten weiss.

1735. **O. speciosa Host.** Stengel beblättert; Blätter länglich od. lanzettlich, aus schmälerem Grunde bis über die Mitte verbreitert; Aehre länglich; *Perigonzipfel lang zugespitzt;* Lippe tief-3lappig, Seitenlappen abgerundet, Mittellappen etwas grösser ausgerandet; Sporn so lang als der Fruchtknoten. ♃. Wiesen; auf dem Kahlengebirge: Sofienalpe, Weidlingau, Rekawinkel, Kaltenleutgeben, Sparbach, Wildegg, Gaden, Heiligenkreuz, Augustinerhütten bei Baden; verbreitet in den Kalkvoralpen bis in die Krummholzregion der beiden südl. Kreise bis Waidhofen u. Seitenstetten; auf tertiären Hügeln von St. Leonhard am Forst bis Plankenstein, dann am Hiesberg bei Melk, Jauerling, bei Arnsdorf oberhalb Rossatz. O. mascula Jacq. non L. H. 0,25—0,45 M. Mai-Juni.

1734 × 1735. **O. pallens × speciosa.** Von den Eltern durch bleichröthliche, in den Knospen grünlichgelbe, theils stumpfliche, theils spitzliche Perigonzipfel verschieden. Am Königsbache bei Rabenstein an der Pielach. O. Kisslingii Beck. Daselbst auch O. erythrantha Beck, die der O. speciosa in der Blüthenfarbe näherstehende Hybride.

1736. **O. palustris Jacq.** Stengel beblättert; Blätter lanzettlich od. lineallanzettlich, vom Grunde an verschmälert; Achre länglich: *Perigonzipfel stumpflich;* Lippe 3lappig, Seitenlappen abgerundet. Mittellappen gleich lang od. länger, ausgerandet: Sporn kürzer als der Fruchtknoten. ♃. Sumpfwiesen; Seefeld, Kadolz, Marchfeld bei Wagram, Gänserndorf, Weikendorf, Zwerndorf, Angern; Simmering, Ebergassing, Schwadorf bis an die Leitha, Himberg, Moosbrunn, Münchendorf, Laxenburg, zwischen Brunn u. Mödling, Guntramsdorf, Kottingbrunn, Solenau, Hölles, Felbring u. Netting in der Neuen Welt; Neusiedel am See, Goyss, Winden, Breitenbrunn. O. laxiflora Lam. β longiloba Döll. H. 0,25 bis 0,5 Mai-Juni.

1736 × 1740. **O. palustris × incarnata.** In der Tracht der O. palustris gleichend, durch die dichteren Achre, die längeren Deckblätter u. die kleineren Blüthen jedoch sich der O. incarnata nähernd, Knollen ungetheilt od. eine schwache Theilung zeigend; Perigon rosa. Ein Exemplar bei Laxenburg. O. Uechtritziana Hausskn. O. Eichenfeldii Beck.

* * **Sporn abwärts gerichtet.**

o **Knollen ungetheilt.**

1737. **O. Spitzelii Saut.** Stengel oben blattlos; Blätter länglich od. länglich-verkehrteiförmig: Achre länglich; Deckblätter so lang als der Fruchtknoten od. die unteren etwas länger; Perigonzipfel stumpf, grünlichpurpurn; Lippe 3lappig, purpurn, Seitenlappen abgerundet, Mittellappen grösser; Sporn so lang als der halbe Frucktknoten. ♃. Bisher bloss auf den Abstürzen des Ochsenbodens zwischen dem Saugraben u. der Bockgrube am Schneeberge, höchst selten. H. 0,15—0,3 M. Juni-Juli.

o o **Knollen handförmig getheilt od. kurz 2—3spaltig.**

· **Stengel hohl, untere Deckblätter länger als die Blüthen.**

1738. **O. sambucina L.** *Knollen meist nur kurz 2—3spaltig;* Stengel beblättert; *Blätter* länglich bis lanzettlich, *vorn verbreitert,* etwas seegrün, ungefleckt; Aehre länglich; Perigon gelblichweiss mit dunklerer Lippe od. trübpurpurn; Lippe seicht 3lappig od. fast ungetheilt, Seitenlappen abgerundet, Mittellappen grösser; *Sporn so lang als der Fruchtknoten od. länger.* ♃. Gebirgswiesen; Geissberg bei Rodaun, Giesshübel, Kaltenleutgeben, Hochrotherd, Pressbaum, Rekawinkel, Hochstrass, Schöpfel, Sparbach, Sittendorf, Gaden, Anninger, Hutwischberg bei Kirchschlag, Ausläufer des Wechsels, Schottwien, Semmering, Goesing, Vois, Tränkwiese am Kuhschneeberg, Handlesberg, Klein-Zell, Reisalpe, Neuhaus, Göller, St. Egyd, Lilienfeld, Scheibbs, Klauswald, Staatzberg u. Brandeben bei Scheibbs, Oberndorf, Kematen bei Seitenstetten; oberes Donauthal bei Oberbergern, Rossatz, Arnsdorf, Jauerling, Alaunthal, zwischen Persenbeug u. Altenmarkt. H. 0,15—0,3 M. Mai-Juni.

1735 × 1738. **O. speciosa × sambucina.** Von O. sambucina durch rothgefleckte Blätter u. die kurzen etwas mehr zugespitzten Perigonzipfel; von O. speciosa durch schwach getheilte Knollen, kürzere u. gedrungenere Aehre, längere Deckblätter u. kürzere weniger spitze Perigonzipfel verschieden. Klein-Zell u. zwischen der Brenn- u. Reisalpe. O. speciosissima Wettst. et Sennh.

1739. **O. latifolia L.** *Knollen handförmig-getheilt*; Stengel beblättert; *Blätter* länglich-elliptisch bis lanzettlich, *in der Mitte am breitesten,* abstehend, trübgrün, meist gefleckt, das oberste meist den Grund der länglichen Aehre erreichend; Perigon purpurn; Lippe dunkler gezeichnet, 3lappig, mit abgerundeten Seitenlappen u. sehr kleinem Mittellappen; *Sporn kürzer als der Fruchtknoten.* ♃. Feuchte, sumpfige Wiesen der Ebene bis in die Voralpen häufig. O. majalis Rchb. H. 0,15—0,4 M. Mai-Juni.

1740. **O. incarnata L.** *Knollen handförmig-getheilt;* Stengel beblättert; *Blätter schmallanzettlich, vom Grunde an verschmälert,* aufrecht, an der Spitze kappenförmig zusammengezogen, hellgrün, meist ungefleckt, das oberste mindestens den Grund der länglichen Aehre erreichend; Perigon hellpurpurn od. weisslichgelb; Lippe dunkler gezeichnet, seicht 3lappig od. ungetheilt; *Sporn etwas kürzer als der Fruchtknoten.* ♃. Sumpfige Wiesen; im Marchfelde bei Wagram, Gänserndorf, Zwerndorf, Marchegg, am Kahlengebirge im oberen Halterthale, bei Mariabrunn, Kalksburg, Laab; südöstliche Niederung Wiens bei Simmering, Himberg, Ebergassing, Gramat-Neusiedel, Moosbrunn, Münchendorf, Neustadt, Fischau, Gloggnitz; im Donauthale bei Lengenfeld, Klein-Wilfersdorf, Ober-Olberndorf, Waldhof bei Krems, Jauerling. O. angustifolia Wim. et Grab. H. 0,25—0,5 M. Mai-Juni.

· · Stengel ausgefüllt, Deckblätter kürzer als die Blüthen.

1741. **O. maculata L.** Knollen handförmig-getheilt; Stengel 6—10blättrig; Blätter gefleckt, untere länglich, in der Mitte am breitesten, obere lanzettlich, das oberste von der länglichen Aehre entfernt; Deckblätter so lang als der Fruchtknoten; Perigon hellpurpurn od. fast weiss, Lippe dunkler gezeichnet, 3lappig, Seitenlappen abgerundet, Mittellappen kleiner; Sporn etwas kürzer als der Fruchtknoten. ♃. Bergwiesen, lichte Wälder bis in die Krummholzregion, häufig. H. 0,3—0,5 M. Mai-Juni.

1735 × 1741. **O. maculata × speciosa.** Von O. maculata durch kürzere Blätter, längere, lockerere Aehre, spitze Perigonzipfel u. den fast wagrechten Sporn; von O. speciosa durch etwas getheilte Knollen, schmälere, stark gefleckte Blätter, dichtere Achre, blasspurpurne Blüthen, kürzere, nicht zugespitzte Perigonzipfel u. den etwas nach abwärts gerichteten Sporn verschieden. Reisalpe. O. pentecostalis Wettst. et Sennh.

1738 × 1741. **O. maculata × sambucina.** Von O. maculata durch die weniger tief getheilten Knollen, den etwas längeren Sporn u. die gegen den Schlund gelblich gefärbten Blüthen; von O. sambucina durch die tiefer getheilten Knollen, den verlängerten, mehr beblätterten Stengel, die schwachgefleckten Blätter, die längere Achre, den etwas kürzeren Sporn u. die blasspurpurnen Blüthen verschieden. Im Myrthengraben u. beim Erzherzog Johann am Semmering. O. influenza Sennh.

1740 × 1741. **O. maculata × incarnata.** Vom O. maculata durch ungefleckte, nicht plötzlich, sondern allmälig von unten nach oben verkleinerte Blätter; von O. incarnata durch den ausgefüllten Stengel, längliche Blätter, die in der Mitte am breitesten sind, u. das vom Grunde der Aehre entfernte oberste Blatt verschieden. Bei Oberndorf am Jauerling. O. ambigua A. Kern.

1739 × 1741. **O. maculata × latifolia.** Von O. maculata durch ungefleckte, nicht plötzlich, sondern allmälig von unten nach oben verkleinerte Blätter; von O. latifolia durch den ausgefüllten Stengel, das vom Grunde der Achre entfernte oberste Blatt u. kürzere Deckblätter verschieden. Bei Haimbach. O. Braunii Hal.

1741 × 1746. **O. maculata × odoratissima.** Von O. maculata durch schmale, fast lineale, ungefleckte Blätter u. viel kleinere rothlilafarbige Blüthen; von Gymnadenia odoratissima durch die lockere Aehre u. grössere rothlila Blüthen verschieden. Josefsberg bei Mitterbach, ein Exemplar. O. Regeliana Brügg. O. intuta Beck.

1741 × 1745. **O. maculata × conopsea.** Von O. maculata durch lineallanzettliche, verschwommen gefleckte Blätter, walzliche Achre, kleinere Perigone u. längeren Sporn; von Gymnadenia conopsea durch breitere, kürzere, gefleckte Blätter, grössere Perigone mit purpurn gezeichneter Lippe, dickeren, kürzeren Sporn u. die sackförmige Vertiefung des Narbenrandes verschieden. Am Grafensteig des Schneeberges u. am Freinsattel bei Mürzsteg. O. Heinzeliana Reichardt.

490. Anacamptis Rich. Kammorche. Perigon rachig, die 3 oberen Zipfel helmartig zusammenschliessend, die 2 seitlichen abstehend; Lippe 3spaltig, abwärts gerichtet, gespornt, in der Knospenlage anfrecht, von den äusseren Perigonzipfeln dachig bedeckt; Stielchen der Blüthenstaubmassen mit einer gemeinschaftlichen in eine sackförmige Vertiefung des Narbenrandes eingeschlossenen Klebdrüse; Fruchtknoten zusammengedreht.

1742. **A. pyramidalis (L.) Rich.** Knollen ungetheilt; Stengel beblättert; Blätter lineallanzettlich; Aehre kurzkegelförmig, später eiförmig; Perigon carminroth, sehr selten weiss; Lippe am Grunde oberseits mit 2 länglichen Plättchen, Lappen länglich; Sporn fädlich. ♃. Bergwiesen; zwischen dem Harschhofe u. Kierling. Hundsheimer u. Hainburger Schlossberg, Braunsberg, Leithagebirge im Spittelwalde, bei Sommerein u. Mannersdorf, bei Lichtenwörth; häufiger auf den Kalkvoralpen: Dürngraben bei Piesting, Kuhberg bei Fahrafeld, zwischen Altenmarkt u. Furth, Gutenstein, Mariahilferberg, Matzinger Graben, Unterberg, Gschaid im Klosterthale. Tränkwiese, Otterbauer u. Preinthal bei Schwarzau, Weichthal am Kuhschneeberge, Oehler, Gösing, Krummbachgraben, Si gerin, Hinterleitenalpe, Nasswald, Kleinzell, Hohenberg, Lilienfeld, Peulenthal u. Ginselhöhe bei Scheibbs, Lassingfall, Göller, Hochkohr, Seitenstetten. Orchis pyramidalis L. Aceras pyramidalis Rchb. H. 0,2—0,6 M. Juni-Juli.

491. Himantoglossum Spreng. Riemenzunge. Perigon rachig, alle 5 Zipfel helmartig zusammenschliessend; Lippe herabhängend, in der Knospenlage zusammengerollt, sonst wie Anacamptis.

1743. **H. hircinum (L.) Spreng.** Knollen ungetheilt; Stengel beblättert; Blätter länglich od. lanzettlich; Aehre verlängert; Perigonzipfel spitz, weissgrünlich, innen purpurn gestreift; Lippe olivengrün, purpurn punktiert, mit linealen Lappen, der mittlere sehr lang; Sporn sehr kurz. ♃. Vorhügel des Kahlengebirges vom Bisamberge bis Vöslau u. Kottingbrunn, sehr zerstreut; dann im Pittnerthale bei den Pulverstampfen, im grossen Föhrenwalde bei Neustadt, Katzelsdorf, Silbersberg bei Gloggnitz, Buchberg, Kaiserbrunnen, Nasswald, Reisthal; Hollenburg, Krems, Dürnstein, Mautern; Hochleithen u. Matznerwald; Spittelwald bei Bruck an der Leitha; Königswarte bei Berg. Satyrium hircinum L. Loroglossum hircinum L. Aceras hircina Lindl. H. 0,3—0,6 M. Juni-Juli.

492. Gymnadenia R. Br. Nacktdrüse. Jedes Stielchen der Blüthenstaubmassen mit einer besonderen, am Grunde des Staubbeutelfaches eingeschlossenen Klebdrüse, sackförmige Vertiefung des Narbenrandes fehlend, sonst wie Orchis.

a. Alle 5 Zipfel des Perigons helmartig-zusammenschliessend; Sporn walzlich-keulenförmig, 2—3mal kürzer als der Fruchtknoten.

1744. **G. albida (L.) Rich.** Knollen tief handförmig-getheilt; Stengel beblättert; Blätter länglich-verkehrteiförmig, obere lanzettlich; Aehren walzlich; Perigon gelblichweiss, Zipfel stumpf, Lappen der Lippe zungenförmig, der mittlere breiter. ♃. Wiesen.

Waldränder der Voralpen, bis in die Alpenregion, vom Wechsel bis zur Voralpe, nicht selten, auch auf dem Hechtensee Torfmoor. Satyrium albidum L. Orchis alpina Cr. O. albida Scop. Habenaria albida R. Br. Peristylus albidus Lindl. Coeloglossum albidum Hartm. Leucorchis albida Mey. H. 0,05—0,3 M. Juni-Juli.

b. Die 3 oberen Zipfel des Perigons helmartig-zusammenschliessend, die 2 seitlichen abstehend od. zurückgeschlagen; Sporn fädlich.

1745. **G. conopsea (L.) R. Br.** Knollen handförmig-getheilt; Stengel beblättert; Blätter lineallanzettlich; Aehre walzlich; Perigon lila-purpurn, selten weiss, Zipfel stumpf, Lippe mit fast gleichen Lappen; *Sporn* fädlich, *$1^1/_2$—2mal länger als der Fruchtknoten.* ♃. Wiesen der Ebene bis in die Krummholzregion, häufig. Orchis conopsea L. O. ornithis Jacq. (die weissblühende Spielart). H. 0,2—0,6 M. Juni-Juli.

1746. **G. odoratissima (L.) Rich.** Knollen handförmig-getheilt; Stengel beblättert; Blätter lineallanzettlich; Aehre walzlich; Perigon kleiner, hellpurpurn od. weiss, Zipfel stumpf, Lippe mit fast gleichen Lappen; *Sporn* fädlich, *kürzer od. höchstens so lang als der Fruchtknoten.* ♃. Sumpfwiesen, zwischen dem Kaltengang u. der Triesting bei Ebergassing, Gramat-Neusiedel, Moosbrunn, Trumau, Vöslau, Hölles, Netting; häufiger auf Voralpen bis in die Krummholzregion: Waxeneck, Dürnbachgraben bei Piesting, Ganswiese, Wassersteig, Saugraben u. Heuplagge des Schneebergs, Semmering, Raxalpe, Göller, St. Egyd, Erlafsee, Dürnstein, Klauswald bei Scheibbs, Zellerhut. Orchis odoratissima L. H. 0,15 bis 0,45 M. Juni-Juli. b) oxyglossa Beck. Lippe ganzrandig, keilförmig. In der Nähe des Baumgartners am Schneeberge. Vielleicht Bastart von G. odoratissima u. G. albida.

1745 × 1746. **G. conopsea × odoratissima.** In der Tracht mehr der ersten ähnelnd, steht jedoch bezüglich der Dimensionen der Blüthentheile in der Mitte zwischen beiden u. besitzt den kurzen Sporn der letzteren. Semmering, Saugraben des Schneebergs, Maria-Zell. G. intermedia Peterm. G. gracillima Schur.

493. Coeloglossum Hartm. Hohlzunge. Perigon rachig, alle 5 Zipfel helmartig zusammenschliessend; Lippe 3zähnig, herabgeschlagen, gespornt; jedes Stielchen der Blüthenstaubmassen mit einer besonderen nackten Klebdrüse; sackförmige Vertiefung des Narbenrandes fehlend; Fruchtknoten zusammengedreht.

1747. **C. viride (L.) Hartm.** Knollen meist 2spaltig; Stengel beblättert; Blätter elliptisch, obere lanzettlich; Aehre walzlich; Perigonzipfel spitz, Lippe breitlineal; Sporn kegelförmig, viel kürzer als der Fruchtknoten; Staubbeutelfächer auseinander fahrend. ♃. Wiesen; zerstreut am Kahlengebirge, häufiger auf allen Kalkvoralpen bis in die Alpenregion, auch am Wechsel; bei Lengenfeld nächst Langenlois u. am Jauerling; sehr selten in der Ebene, auf Moorwiesen bei Götzendorf. Satyrium viride L.

Habenaria viridis R. Br. Gymnadenia viridis Rich. Platanthera viridis Lindl. Peristylus viridis Lindl. H. 0,1—0,3 M. Mai-Juli.

1738 × 1747. **C. viride × sambucinum.** Von Coeloglossum viride durch die kurze, dicke Aehre, doppelt grössere grünlich-purpurne Perigone, längeren Sporn u. parallele Staubbeutelfächer; von Orchis sambucina durch die Blüthenfarbe, 3zähnige Lippe, kürzeren Sporn u. die auf nackten Klebdrüsen angehefteten Blüthenstaubmassen verschieden. Zwei Exemplare, auf dem Plateau des Klauswaldes bei St Anton im Erlafthale, dann 1 Exemplar am Semmering mit citronengelber, rothgestreifter Lippe. C. Erdingeri A. Kern. Platanthera Erdingeri A. Kern.

494. Platanthera Rich. Stendelwurz. Perigon rachig, alle 5 Zipfel helmartig zusammenschliessend od. die 2 seitlichen abstehend; Lippe ungetheilt, stumpf, sonst wie Coeloglossum.

1748. **P. bifolia (L.) Rchb.** Knollen ungetheilt; grundständige Blätter 2, selten 3, verkehrteiförmig od. länglich, stengelständige sehr klein, lanzettlich; Aehre länglich; Perigon weiss od. grünlichweiss, Zipfel stumpflich; Lippe lineal; Sporn fädlich, $1\frac{1}{2}$—2mal länger als der Fruchtknoten; *Staubbeutelfächer parallel.* ♃. Waldwiesen, Bergwälder bis in die Krummholzregion, häufig, selten in der Ebene, wie auf Donauinseln. Orchis bifolia L. Habenaria bifolia R. Br. P. solstitialis Boenningh. H. 0,25—0,5 M. Mai-Juli.

1749. **P. montana (Schmidt) Rchb.** Sporn fast etwas keulenförmig; *Staubbeutelfächer nach unten auseinanderfahrend,* sonst wie vorige. ♃. Bergwälder; Bisamberg, Kierling, Hermannskogel, Weidlingbach, Sofienalpe, Neuwaldegg, Pötzleinsdorf, Gallizin, Geissberg, Merkenstein, Gans, Schneeberg in der Nähe des Touristenhauses, Sonnwendstein, Mannersdorf am Leithagebirge u. Hundsheimer Berg; St. Pölten, Mühling u. Almwiese bei Scheibbs, Seitenstetten, Schlattenthal bei Ruprechtshofen; Hub, Winden, Pöverding u. Hiesberg bei Melk, Schafberg bei Mautern, Egelsee, Scheibenhof u. Alaunthal bei Krems, Langenlois, Horner Wald, Zemmendorf, Kollmitzberg u. Georgiwald bei Raabs, Hardegg; Gaunersdorf bei Höbesbrunn. Orchis montana Schmidt. P. chlorantha Cust. H. 0,25—0,5 M. Mai-Juni.

495. Nigritella Rich. Kohlröschen. Perigon umgewendet, alle 5 Zipfel sammt der gespornten Lippe aufwärts gerichtet; jedes Stielchen der Blüthenstaubmassen mit einer besonderen Klebdrüse u. jede Drüse in eine besondere sackförmige Vertiefung des Narbenrandes halbeingeschlossen; Fruchtknoten nicht zusammengedreht.

1750. **N. nigra (L.) Rchb.** Knollen handförmig-getheilt; Stengel beblättert; Blätter lineal, obere viel kleiner; Aehre eiförmig, dicht; Perigon schwarzpurpurn, Zipfel lanzettlich, wie die Lippe zugespitzt; Sporn verkehrteiförmig, vielmal kürzer als der Fruchtknoten. ♃. Kalkvoralpen bis in die Alpenregion; Mandling, Hohe Wand, Ganswiese, Knofelebene, Maumauwiese, Hengst, Schneeberg, Grünschacher, Plateau u. Geflötz der Raxalpe, Semmering, Traisenberg u. Reisalpe bei Lilienfeld, Göller, Oetscher, Dürnstein, Ginselhöhe bei Scheibbs, Klauswald bei St. Anton. Satyrium nigrum L. Orchis miniata Cr. N. angustifolia Rich. H. 0,08—0,2 M. Juni-Aug. b) rubra (Wettst.) Perigon rosa, Lippe allmälig geschweiftzugespitzt. Mit der Grundform.

1745×1750. **N. nigra × conopsea.** Von N. nigra durch die längere Aehre, hellere Perigone u. den längeren, mit dem Fruchtknoten fast gleichlangen Sporn; von Gymnadenia conopsea durch die Tracht, das mehr minder umgewendete carminrothe Perigon, die meist nur seicht gelappte Lippe u. den nicht gedrehten Fruchtknoten verschieden. Angeblich in der Prein u. auf der Raxalpe, doch nicht wieder gefunden; die Pflanze der Maumauwiese ist N. nigra. Orchis suaveolens Vill. N. fragrans Saut. N. suaveolens Koch. N. Moritziana Gremli.

496. Chamorchis Rich. Zwergorche. Perigon rachig, alle 5 Zipfel in einen nickenden Helm zusammenschliessend, Lippe herabhängend, spornlos; jedes Stielchen der Blüthenstaubmassen mit einer besonderen Klebdrüse u. jede Drüse in eine besondere sackförmige Vertiefung des Narbenrandes eingeschlossen; Fruchtknoten nach dem Verblühen zusammengedreht.

1751. **C. alpina (L.) Rich.** Stengel nackt; Blätter lineal; Aehre kurz; Deckblätter so lang od. länger als die Blüthe; Perigon gelblichgrün, Zipfel stumpf od. spitz, Lippe meist seicht 3lappig. ♃. Kalkalpen; Waxriegel, Kaiserstein u. Klosterwappen des Schneeberges, Wetterkogel, Hohe Lehne u. Heukuppe der Raxalpe; Göller, Oetscher, Dürnstein. Ophrys alpina L. Orchis graminea Cr. Chamaecrepes alpina Spreng. Herminium alpinum Lindl. H. 0,03—0,13 M. Juli-Aug.

497. Herminium R. Br. Herminie. Alle 5 Perigonzipfel sammt der Lippe glockig zusammenschliessend, Lippe aufrecht, spornlos; jedes Stielchen der Blüthenstaubmassen mit einer besonderen nackten Klebdrüse; sackförmige Vertiefung des Narbenrandes fehlend; Fruchtknoten zusammengedreht.

1752. **H. monorchis (L.) R. Br.** Knollen von einander entfernt, der jüngere an der Spitze eines Ausläufers; Stengel oben blattlos; Blätter meist 2, länglich; Aehre walzlich; Deckblätter so lang od. länger als der Fruchtknoten; Perigon gelbgrün, Zipfel spitzlich od. stumpf, Lippe 3spaltig, mit langem Mittelzipfel. ♃. Waldränder, Wiesen, besonders der Berg- u. Voralpenregion; Inzersdorf, Moorwiesen bei Moosbrunn; Katzelsdorf am Rosaliengebirge, Sebenstein, Blindendorf, Gutenstein, Grünbach, Stixenstein, Schrattenstein, Gans, Gloggnitz, Semmering, zwischen

Reichenau u. Hirschwang, Geflötz der Raxalpe, Wechsel; Fuss des Göllers, Hallbachthal bei Kleinzell, St. Egyd, Hohenberg, Lilienfeld, Mariazell, Lunz, Buchberg bei Scheibbs, Bärenkopf der Voralpe, Waidhofen, Seitenstetten, Fucha bei Göttweig, zwischen Mauternbach, Rossatz u. Melk, hier bis in den Thalweg der Donau. Ophrys monorchis L. Orchis monorchis Cr. Satyrium monorchis Pers H. 0.1—0,25 M. Juni-Juli.

498. Ophrys L. Ragwurz. Perigon rachig, alle 5 Zipfel abstehend; Lippe abwärts gerichtet, spornlos; jedes Stielchen der Blüthenstaubmassen mit einer besonderen Klebdrüse u. jede Drüse in eine besondere sackförmige Vertiefung des Narbenrandes eingeschlossen: Fruchtknoten etwas zusammengedreht.

a. Lippe ohne Anhängsel.

1753. **O. myodes (L.) Jacq.** Knollen ungetheilt; Blätter länglich od. lanzettlich; *Lippe länglich, 3spaltig, tiefpurpurn,* in der Mitte mit einem kahlen, fast 4eckigen Fleck, ohne Höcker. Seitenlappen kurz. Mittellappen doppelt so lang, vorn 2lappig: die 3 äusseren *Perigonzipfel* länglich, kahl, grünlich, *die 2 inneren fädlich, kurzhaarig, purpurbraun.* ♃. Buschige Hügel, zerstreut: Kahlengebirge vom Bisamberg bis Vöslau, Kammberg, Fahrafeld, Thäler der Piesting, Sierning u. Schwarza bis auf die Voralpen des Schneeberges u. der Raxalpe, Sonnwendstein, Hutwisch bei Kirchschlag; Schildberg bei Mechters u. Grasberg bei Wasserburg nächst St. Pölten, St. Egyd, Lilienfeld, Buchenstuben, Scheibbs, Wieselburg, Gaming, Neuhaus, Waidhofen, Seitenstetten; Melk, Pielachberg, Arnsdorf, Baumgarten; Schafberg bei Mautern, Alaun- u. Rehbergerthal bei Krems; Manhartsberg, Rohrwald bei Stockerau, Höbesbrunn, Hochleithen, Grossenzersdorf. O. insectifera α. myodes L. O. muscifera Huds. H. 0,15—0,4 M. Mai-Juli.

1754. **O. aranifera Huds.** Knollen ungetheilt; Blätter länglich od. lanzettlich; *Lippe länglich-verkehrteiförmig, ungetheilt,* purpurnbraun, später verbleichend, in der Mitte mit 2—4 kahlen Streifen, am Grunde meist 2 höckerig, vorn oft seicht ausgerandet; *Perigonzipfel länglich, kahl,* grünlich od. seltner rosa überlaufen. ♃. Grasplätze; auf allen Hügeln u. Vorbergen des Wiener Beckens, auch auf Moorwiesen bei Götzendorf, in der Lichtenwörther Au, bei Blindendorf; im oberen Donauthale von Hollenburg bis Melk; an der Ibbs bei Ulmerfeld. H. 0,15—0,3 M. April-Mai.

1753 × 1754. **O. myodes × aranifera.** In der Tracht u. den Perigonzipfeln der O. myodes, in der Gestalt der höckerlosen od. (O. gibbosa Beck.) höckerigen Lippe der O. aranifera näherstehend. Bisamberg, Gans. O. hybrida Pok.

b. Lippe vorn mit einem Anhängsel.

1755. **O. arachnites (L.) Murray.** Knollen ungetheilt; Blätter länglich od. lanzettlich; *Lippe* breit-verkehrteiförmig, *ungetheilt,* purpurbraun, am Grunde 2höckerig u. mit kahlen Zeichnungen, vorn seicht ausgerandet, *mit einem aufwärts-gebogenen Anhängsel;* die 3 äusseren Perigonzipfel länglich, kahl, weiss od. rosa, die 2 inneren sehr klein, 3eckig, kurzhaarig. ♃. Grasplätze; zerstreut auf dem Kahlengebirge vom Bisamberg bis Vöslau, in der Ebene bei Guntramsdorf, Kottingbrunn; Pottenstein, Fahrafeld, Piesting, Gutenstein, Netting, Blindendorf, Gloggnitz, Reichenau; St. Pölten, Herzogenburg, Arnsdorf, Pielachberg, Melk, Ulmerfeld. O. insectifera η. arachnites L. O. fuciflora Rchb. H. 0,15 bis 0,4 M. Mai-Juni. b) obscura (Beck). Lippe höckerlos; vielleicht Bastart mit O. aranifera. Bisamberg.

1756. **O. apifera Huds.** Knollen ungetheilt; Blätter länglich od. lanzettlich; *Lippe* rundlich-verkehrteiförmig, *3lappig,* tiefpurpurbraun, am Grunde meist 2höckerig, gelblich-gescheckt, Seitenlappen länglich, Mittellappen grösser, öfters seicht 2lappig, *mit einem abwärts gerichteten Anhängsel;* die 3 äusseren Perigonzipfel länglich, kahl, weiss od. rosa, die 2 inneren sehr klein, 3eckig, kurzhaarig. ♃. Grasplätze, selten u. meist einzeln: Bisamberg, Leopoldsberg, Gehwendgraben bei Klosterneuburg, Kritzendorf, Schafberg bei Pötzleinsdorf, Ober-St.-Veit, zwischen Purkersdorf u. Gablitz, Perchtholdsdorf, Gumpoldskirchen, Vöslau, Gainfahrn, Heiligenkreuz, Kottingbrunner Remisen. Lichtenwörther Au, Minnathal nächst Unterpiesting; Geissberg bei Viehofen. O. austriaca Wiesb. H. 0,2—0,4 M. Juni-Juli.

2. Gruppe. Epipogoneae Parl. Blüthen 1männig; Staubbeutel frei; Blüthenstaubmassen 2, kleinlappig, gestielt.

499. Epipogum Gm. Bananenorche. Perigon rachig, umgewendet, alle 5 Zipfel abstehend, Lippe obenstehend, 3lappig, gespornt; beide Stielchen der Blüthenstaubmassen mit einer gemeinschaftlichen Klebdrüse; Fruchtknoten nicht zusammengedreht.

1757. **E. aphyllum (Schmidt) Sw.** Wurzelstock korallenförmig; Stengel bescheidet; Blüthen in 1—8blüthiger Traube, hängend; Perigon weisslich, violett überlaufen, Zipfel lanzettlich; Lippe 3lappig, violett-punktirt, Sporn kurz. ♃. Feuchte schattige Wälder, sehr selten; zwischen Hainbach u. der Hohenwand; Gans, Alpleck, Hengst, Frohnbachgraben, Nasswald, Scheibwald, Neuwald bis an die Quellen der Mürz u. Salza, am Fuss des Oetschers. Satyrium epipogium L. Orchis aphylla Schmidt Epipactis epipogium Cr. Limodorum epipogium Sw. E. Gmelini Rich. M. H. 0,08—0,2 M. Juli-Aug.

3. Gruppe. Neottieae Lindl. Blüthen 1männig; Staubbeutel frei; Blüthenstaubmassen 2, mehlartig, ungestielt.

A. Lippe gespornt.

500. Limodorum Tourn. Dingel. Alle 5 Perigonzipfel aufrechtabstehend, Lippe unterbrochen, Lippenfuss aufrecht, rinnig, Lippenplatte ungetheilt, an der Spitze zurückgekrümmt; Fruchtknoten nicht zusammengedreht.

1758. **L. abortivum (L.) Sw.** Wurzelstock walzlich, verschlungen; Stengel bescheidet; Blüthen in lockerer Aehre, aufrecht;

Perigon violett, Zipfel länglich-lanzettlich; Lippenplatte länglich ungetheilt, violett punktirt; Sporn so lang als der Fruchtknoten. ♃. Wälder. Weinberge, selten: Kahlenberg, Heuberg, Neuwaldegg, Purkersdorf, Pressbaum, St. Veit, Mauer, Perchtholdsdorf, Kalksburg, Kaltenleutgeben, Wildegg, Hundskogel, Anninger, Rauheneck u. Mitterberg bei Baden, Vöslau, Gainfahrn, Wirflacher Klause, Hocheck, Gans, Saurüssel, Thalhofenge bei Reichenau, Neunkirchen, Sebenstein, Leithagebirge. Orchis abortiva L. Serapias abortiva Scop. Epipactis abortiva Wettst. Jonorchis abortiva Beck. H. 0,3—0.6 M. Juni-Juli

B. Lippe spornlos, unterbrochen.

501. Cephalanthera Rich. Cefalanthere. Alle 5 Perigonzipfel aufrecht, zusammenneigend, die Lippe verdeckend; Lippenfuss aufrecht, sackförmig ausgehöhlt. Lippenplatte ungetheilt, rinnig, an der Spitze zurückgekrümmt; Staubbeutel länglich; Fruchtknoten zusammengedreht, stiellos.

a. Fruchtknoten kahl; Perigon weiss, Lippenplatte rundlich 3eckig, querbreiter, innen mit gelbem Fleck.

1759. **C. alba (Cr.) Simk.** Stengel kahl; *Blätter eiförmig-länglich*, spitz; *Deckblätter länglich-lanzettlich, die unteren viel länger als die Blüthen;* die 3 äusseren Perigonzipfel spitz. ♃. Wälder, Vorhölzer, bis in die Voralpen verbreitet. Epipactis alba Cr. Serapias grandiflora Scop. Epipactis pallens Willd. C. pallens Rich. C. grandiflora Bab. H. 0,25—0,45 M. Mai-Juni.

1760. **C. longifolia (L.) Fritsch.** Stengel kahl; *Blätter lanzettlich*, obere lineallanzettlich, zugespitzt; *Deckblätter eipfriemlich, viel kürzer als der Fruchtknoten;* die 3 äusseren Perigonzipfel zugespitzt. ♃. An gleichen Orten wie vorige. Serapias helleborine v. longifolia L. S. grandiflora L. Epipactis ensifolia Schm. C. ensifolia Rich. C. xyphophyllum Rchb. Epipactis longifolia Wettst. H. 0,3—0,5 M. Mai-Juni.

b. Fruchtknoten flaumig-drüsig; Perigon hellkarmin, Lippenplatte eilanzettlich, länger als breit, weisslich, gelbgestreift.

1761. **C. rubra (L.) Rich.** Stengel oben flaumig; Blätter länglich-lanzettlich od. lanzettlich, spitz; Deckblätter lineal-lanzettlich, so lang od. länger als der Fruchtknoten; Perigonzipfel zugespitzt. ♃. Wälder, Vorhölzer bis in die Voralpen, zerstreut; am häufigsten auf dem Sandstein- u. Kalkgebirge der 2 südl. Kreise, am Leithagebirge, auch in der Ebene bei Gutenhof, Ebreichsdorf, Kottingbrunn; auf Schiefer im oberen Donauthale bei Pöverding, Oberbergern, Krems, Hollenburg, Schönbübel, Hub u. Winden. Serapias rubra L. Epipactis purpurea Cr. E. rubra All. H. 0,25—0,5 M. Juni-Juli.

502. Epipactis Rich. Sumpfwurz. Alle 5 Perigonzipfel glockig abstehend, Lippe abstehend, Lippenfuss sackförmig ausgehöhlt,

Lippenplatte ungetheilt, gewölbt, an der Spitze zurückgekrümmt; Staubbeutel 3eckig; Fruchtknoten nicht zusammengedreht, in einen gedrehten Stiel verschmälert.

a. Wurzelstock kurz; Lippenplatte herz- od. eiförmig, zugespitzt, vertieft.

* Blätter am Rande u. auf den Nerven flaumigrauh, länger als die Zwischenglieder des Stengels.

1762. **E. latifolia (L.) All.** Blätter eiförmig od. eiförmig-länglich; Perigon grünlich od. purpurn überlaufen; *Lippenplatte meist ganzrandig, die Höcker am Grunde derselben glatt;* Fruchtknoten zerstreut behaart od. fast kahl. ♃. Bergwälder, Vorhölzer bis in die Voralpen verbreitet, auch auf den Donauinseln. Serapias helleborine v. latifolia L. E. viridans Cr. E. purpurata Sm. E. viridiflora Rchb. E. orbicularis Richt. H. 0,3—0,6 M. Juli-Aug.

1763. **E. rubiginosa Cr.** Blätter eiförmig od. eiförmig länglich; Perigon dunkelpurpurn; *Lippenplatte feingefranst, die Höcker am Grunde derselben faltig-gekerbt;* Fruchtknoten flaumig. ♃. Bergwälder, bis in die Voralpen, vorherrschend auf Kalk. E. atrorubens Schult. H. 0,25—0,5 M. Juli-Aug.

Anm. E. speciosa Wettst., ein muthmasslicher Bastart zwischen Cephalanthera alba u. E. rubiginosa wurde in einem Exemplare im Luggraben bei Scheibbs gefunden.

* * Blätter kahl, nur am Rande flaumigrauh, kürzer als die Zwischenglieder des Stengels.

1764. **E. microphylla (Ehrh.) Sw.** Blätter lanzettlich; Perigon grünlich, oft purpurn überlaufen; Lippenplatte schwach gekerbt, die Höcker am Grunde derselben faltig gekerbt; Fruchtknoten flaumig. ♃. Bergwälder, selten; in der Baunzen bei Purkersdorf, zwischen Gablitz u. dem Riederberg, Waldmühle bei Kaltenleutgeben, Sparbach, Sittendorf, Gaden, Heiligenkreuz, Doblhoff'scher Park u. Weichselthal bei Baden, Gans; Burgerhofberg bei Scheibbs, Stiftswald bei Seitenstetten. Serapias microphylla Ehrh. H. 0,15 bis 0,5 M. Juni-Juli.

b. Wurzelstock ausläufertreibend; Lippenplatte rundlich, stumpf, flach.

1765. **E. palustris (L.) Cr.** Blätter länglich bis lanzettlich, kahl, länger als die Zwischenglieder des Stengels; äussere Perigonzipfel schmutzig-purpurn, innere sammt der Lippe weiss od. blassrosa; Fruchtknoten flaumig. ♃. Sumpfwiesen, zerstreut: Wagram, Gänserndorf, Gaunersdorf, Weikendorf; Schwadorf, Ebergassing, Gramat-Neusiedl, Himberg, Moosbrunn, Ebreichsdorf, Laxenburg, Münchendorf, Kottingbrunn, Hölles, Blindendorf nächst Neunkirchen; Neusiedl u. Goyss am Neusiedlersee; Kahlengebirge bei Kierling, Rappoltenkirchen, Salmannsdorf, Mariabrunn, Wassergesprenge; Dürrenbachgraben bei Piesting, Wiesenthal, Fuchsloch bei Scheuchenstein, Tränkwiese in der Vois, Hinterleiten u. Knappenberg bei Reichenau, zwischen Payerbach u. Gloggnitz, Semmering, Lilienfeld, Hechtensee bei Mariazell, Voralpe, Waidhofen a. d. Ybbs,

Steinakirchen. Mank, St. Leonhard. Klausprïel u. Hiesberg bei Melk. Pöverding, Oberbergern, Göttweig, Jauerling, Ostrong, Klosterwald bei Zwettl, Freischling bei Horn. Serapias helleborine v. palustris L. Arthrochilium palustre Beck. H. 0,3—0,5 M. Juni-Juli.

C. Lippe spornlos, nicht unterbrochen.

503. Neottia Rich. Nestwurz. Perigon rachig, alle 5 Zipfel zusammenneigend; Lippe herabgeschlagen, am Grunde sackförmig, an der Spitze 2lappig; Staubbeutel vorn dem Schnäbelchen anliegend. am Rücken unbedeckt, nackt; Fruchtknoten nicht zusammengedreht.

1766. **N. nidus avis (L.) Rich.** Wurzelstock mit zahlreichen, nestartig verflochtenen Wurzeln; Stengel blattlos, bescheidet; Lippe 2lappig, mit länglichen Lappen. ♃. Bergwälder. häufig; auch auf der tertiären Hügelkette des Kreises U. M. B. Ophrys nidus avis L. Epipactis nidus avis Cr. H. 0,15—0,4 M. Juni-Juli.

504. Listera R. Br. Zweiblatt. Perigon rachig, alle 5 Zipfel zusammenneigend; Lippe herabhängend, am Grunde rinnig. an der Spitze 2 od. 5spaltig; Staubbeutel am Grunde od. an die Spitze eines hinteren Fortsatzes des kurzen Säulchens angewachsen; Fruchtknoten nicht zusammengedreht.

1767. **L. ovata (L.) R. Br.** Wurzelstock walzlich, nicht kriechend; Stengel 2blättrig; *Blätter eiförmig*, gegenständig; Perigon gelblichgrün, *Lippe tief 2spaltig*, mit linealen Zipfeln. ♃. Feuchte Bergwiesen, Wälder. häufig; auch auf den Donauinseln. Ophrys ovata L. Epipactis ovata Cr. Neottia latifolia Rich. H. 0,3 bis 0,5 M. Juni-Juli.

1768. **L. cordata (L.) R. Br.** Wurzelstock dünn, kriechend; Stengel 2blättrig; *Blätter herzförmig*, gegenständig; Perigon grünlich, *Lippe 3spaltig*. seitliche Zipfel lineal, kurz, der mittlere 2spaltig. lang. ♃. Moosige Wälder, selten; Ruine Emmerberg, Klosterthal bei Gutenstein, Gans gegen das Alpleck. Höllenthal. Preiner Gschaid, Wechsel bei Trattenbach, Hubner'scher Durchschlag im Neuwald, Schindleralpe am Göller, Oetscher, Hollenstein a. d. Ibbs, Sonntagsberg bei Waidhofen, Seitenstetten; Weinsberger Wald bei Gutenbrunn im Waldviertel. Ophrys cordata L. Epipactis cordata All. Neottia cordata Rich. H. 0,08—0,2 M. Juli-Aug.

505. Goodyera R. Br. Goodyere. Perigon rachig, die 3 oberen Zipfel helmartig-zusammenklebend, die 2 seitlichen abstehend; Lippe vorgestreckt, am Grunde sackförmig, vorne in ein rinniges ganzrandiges zurückgekrümmtes Züngelchen zugespitzt; Staubbeutel auf dem 2zähnigen Fortsatze des Schnäbelchens aufliegend; Fruchtknoten nicht zusammengedreht.

1769. **G. repens (L.) R. Br.** Stengel oberwärts flaumig; Blätter eiförmig, netzaderig; Aehre schwach gewunden; Perigon weiss,

Lippe zugespitzt. ♃. Moosige Wälder; Kleiner und Hoher Anninger, Windthal bei Mödling, Eisernes Thor, Heiligenkreuz; häufiger in den Voralpen von Gutenstein bis in die Prein u. an den Erlafsee; am Sebensteiner Schlossberg, Wechsel, am Wachberg bei Karlstetten nächst St. Pölten; Karnabrunn bei Nieder-Hollabrunn, Georgiwald bei Raabs. Satyrium repens L. Epipactis repens Cr. Neottia repens Sw. H. 0,1—0,25 M. Juli-Aug.

506. Spiranthes Rich. Drehähre. Lippe am Grunde rinnig, kurzbenagelt, aufrecht, die Befruchtungssäule umfassend, vorne flach, stumpf, gefranst, zurückgekrümmt; Staubbeutel auf dem 2spaltigen Schnäbelchen aufliegend, sonst wie Listera.

1770. **S. spiralis (L.) C. Koch.** Stengel blattlos, bescheidet, oberwärts flaumig; Blätter grundständig, gebüschelt, eiförmig, an der Seite des Stengels; Aehre traubenförmig-gewunden; Perigon weiss, Lippe wellig-gekerbt. ♃. Wiesen, Waldränder, selten; auf der Neustifter Höhe über Salmannsdorf bis auf den Dreimarkstein, Neuwaldegger Park, Rohrerhütte u. Moschinger Wiese, Gallizin, Halterthal am Fusse des Rosskopfes, am Thiergarten zwischen Weidlingau u. Laab, am Grossen Steinbach bei Purkersdorf, Pressbaum, Sittendorf, Siegenfeld; im südöstl. Schiefergebiete von Horndorf bis Landsee, Eichberg bei Gloggnitz, Schwarzaauen zwischen Reichenau u. Hirschwang; St. Egyd, Göller, Lilienfeld, Oberndorf, St. Georgen u. Buchberg bei Scheibbs, Waidhofen, Seitenstetten, Lonitzberg u. Ernegg bei Steinakirchen, Wachberg bei Melk, Plankenstein, Oberbergern, Rossatz, Dunkelsteiner Wald. Ophrys spiralis L. S. autumnalis Rich. Helleborine spiralis Bernh. Neottia spiralis Sw. N. autumnalis Pers. H. 0,1—0,25 M. August-September.

Anm. S. aestivalis (DC.) angeblich bei Thernberg u. bei Pöverding nächst Melk, wurde in neuerer Zeit nicht mehr gefunden.

4. Gruppe. Malaxideae Lindl. Blüthen 1männig, Staubbeutel frei; Blüthenstaubmassen in 2—8 ungestielte wachsartige Massen zusammengeballt.

507. Corallorhiza Hall. Korallenwurz. Perigon nicht umgewendet, alle 5 Zipfel glockig zusammenneigend; Lippe untenstehend, abwärts gerichtet, spornlos, seicht 3lappig, am Grunde sackförmig; Staubbeutelfächer fast queraufspringend, Staubmassen fast kugelig; Fruchtknoten nicht zusammengedreht.

1771. **C. innata R. Br.** Stengel bescheidet; Aehre armblüthig; Lippe länglich, auf dem Mittelfelde der Länge nach 2schwielig. ♃. Schattige Wälder; in der Bergregion selten: Hermanskogel, Giesshübel, Bodenberg bei Heiligenkreuz, Rauheneck, Weichselthal, Kalkgraben u. Eisernes Thor, Frohsdorf am Fuss des Rosaliengebirges; viel häufiger in den Voralpen der beiden südl. Kreise: Hohe Wand, Gans, Alpleck, Gfäller Alpe, Göller, Scheiblingstein, Hetzkogel bei Lunz, Langau an der Ibbs, Seitenstetten, Neuhaus, am Zellerrain; im oberen Donauthale bei

Hollenburg, Scheibenhof bei Krems, Hiesberg bei Melk; am Oberstein bei Karlstift, Hardegg. Ophrys corallorhiza L. Epipactis corallorhiza Cr. C. dentata Host. H 0,1—0.25 M. Juni-Juli.

508. Malaxis Sw. Weichkraut. Perigon umgewendet, alle 5 Zipfel abstehend; Lippe obenstehend, aufrecht, spornlos, ungetheilt; Staubbeutelfächer am Rücken der Griffelsäule der Länge nach aufspringend, Staubmassen keulenförmig; Fruchtknoten nicht zusammengedreht.

1772. **M. monophyllos (L.) Sw.** *Stengel* oberwärts 3kantig, *meist 1blättrig;* Blatt eiförmig od. eilanzettlich; Perigon gelbgrün, *die äusseren Zipfel lanzettlich, die inneren lineal;* Lippe eiförmig, lang zugespitzt. ♃. Waldränder der Kalkvoralpen, selten; Wartenstein, Semmering, Sonnwendstein, Preinthal, Geflötz der Raxalpe, Nassthal, Alplleiten, Miesleiten u. Krumbachgraben des Schneebergs, Kuhschneeberg, Falkenstein in der Schwarzau, Hohenberg, St. Egyd, Gaming, Neuhaus, Lehngraben am Fuss des Dürnsteins, Erlafsee, Todtes Weib, Bürgeralpl bei Mariazell; Vierzigerwald bei Schiltern auf Schiefer. Ophrys monophyllos L. Microstylis monophylla Lindl. H. 0,8—0,25 M. Juli-Aug.

1773. **M. paludosa (L.) Sw.** *Stengel* 5kantig, *am Grunde 3—4blättrig*; Blätter eiförmig bis lanzettlich; Perigon gelbgrün, *die äusseren Zipfel länglich 3eckig, die inneren länglich,* Lippe länglich, nach vorn verschmälert, stumpf, ♃. Bisher nur auf nassen Hochmooren bei Schrems. Ophrys paludosa L. H. 0.05—0,15 M. Juli-Aug.

509. Sturmia Rchb. Sturmie. Staubbeutelfächer vorn der Länge nach aufspringend, Staubmassen ziemlich kugelförmig, sonst wie Malaxis.

1774. **S. Loeselii (L.) Rchb.** Stengel oberwärts fast flügelig-3kantig, am Grunde meist 2blättrig; Blätter elliptisch od. lanzettlich; Perigon gelbgrün, Zipfel lineal, Lippe länglich, stumpf. ♃. Sumpfige Orte, sehr selten; Jesuitenmühle bei Moosbrunn, Neusiedl am See. Ophrys Loeselii L. Malaxis Loeselii Sw. Liparis Loeselii Rich. H. 0,08—0,2 M. Juni-Juli.

5. Gruppe. Cypripedieae Lindl. Blüthen 2männig; Blüthenstaubmassen pulverförmig.

510. Cypripedium L. Frauenschuh. Alle 5 Perigonzipfel abstehend, die 2 seitlichen äusseren zu einem meist 2spaltigen Zipfel zusammengewachsen; Lippe aufgeblasen; Befruchtungssäule 3spaltig, der mittlere Fortsatz blattartig, die seitlichen die Staubbeutel tragend; Fruchtknoten nicht zusammengedreht.

1775. **C. calceolus L.** Stengel 1—2blüthig; Blätter elliptisch, unterseits flaumig; Perigonzipfel kreuzweise abstehend, purpurbraun, äussere eilanzettlich, innere lineallanzettlich. Lippe hellgelb, innen purpurn-gefleckt. ♃. Buschige Stellen, zerstreut;

Kahlengebirge: Rohrwald, Bisamberg, Rothgraben bei Weidling, Kritzendorf, St. André, Leopoldsberg, Kahlenberg, Cobenzl, St. Veit, Hainbach, Rappoltenkirchen; Voralpen: Obersberg, Gans, Feuchter u. Saurüssel bei Reichenau, Lackaboden, Wassersteig des Alpl. Saugraben des Schneebergs, Höllenthal, Griesleiten, Nasswald, St. Egyd, Lilienfeld, Josefsberg, Neuhaus, Lunz, Lassingfall, Erlafsee, Luggraben bei Scheibbs, St. Michael u. Biberbach bei Seitenstetten, Waidhofen, Voralpe; Schildberg u. Einöd im unteren Traisenthale, Wetterkreuz bei Hollenburg; auf den Schiefergebirgen bei Melk, Schafberg bei Mautern, Alaun- u. Rehbergerthal bei Krems, Dross. Mittelberg, Krumau, Stockerau; Horner Stadtwald, östl. Abfälle des Manhartsberges, Buchberg bei Kadolz, Grünern bei Ravelsbach, Patzmannsdorf, Ernstbrunn, Höbesbrunn, Wolkersdorf, Matzen; Hainburger Berge, Leithagebirge H. 0,2—0,4 M. Mai-Juni.

CII. Familie. **Iridaceae Juss.**

511. Crocus L. Safran. Perigon regelmässig, mit langer Röhre, Saum 6theilig, trichterig, mit aufrecht abstehenden Zipfeln; Griffel fädlich; Narben keilförmig, eingerollt.

1776. **C. albiflorus Kit.** Blätter lineal; Blüthen grundständig; Perigonröhre schaftartig, von häutigen Scheiden eingeschlossen, Perigonzipfel länglich, flach, weiss; *Griffel so lang als die Staubgefässe od. kürzer.* ♃. Bergwiesen; im Wiener Walde bei Hochstrass u. im südöstlichen Schiefergebiete bei Hochneunkirchen, Schönau, Ungerbach, Lembach u. Kirchschlag. C. vernus var. parviflorus Gay., Neilr. H. 0,08—0,15 M. März-April.

1777. **C. vernus Wulf.** Blätter lineal; Blüthen grundständig; Perigonröhre schaftartig, von häutigen Scheiden eingeschlossen; Perigonzipfel länglich-verkehrteiförmig, gewölbt, violett od. weiss u. violett gestreift od. ganz weiss; *Griffel länger als die Staubgefässe.* ♃. Bisher bloss auf der Himmelreichwiese bei Gresten u. auf der Parzwiese bei Scheibbs. C. vernus var. grandiflorus Gay., Neilr. H. 0,08—0,2 M. März-April.

Anm. C. sativus L. stammt aus Kleinasien und wird hie u. da im freien Felde cultivirt, so bei Königsbrunn, Neustift, Bierbaum, Oberabsdorf, Hollenstein, Maissau, Krems, Hilpersdorf nächst Traismauer, Schönbühel, Matzleinsdorf, Loosdorf.

512. Gladiolus L. Siegwurz. Perigon unregelmässig, mit kurzer Röhre, Saum 6theilig, Zipfel fast 2lippig; Griffel fädlich; Narben spatelförmig verbreitert.

1778. **G. palustris Gaud.** Knollendecke netzig-faserig; Blätter schwertförmig; Blüthen in lockerer, einseitswendiger Aehre; Perigon hellpurpurn. ♃. Sumpfige Wiesen, selten; Auen bei Stockerau, Moorwiesen bei Münchendorf, Gramat-Neusiedl, Ebergassing, Moosbrunn, Unter-Waltersdorf, Matzendorf u. Hölles, im

Dürnbachgraben bei Piesting, zwischen Pernitz u. Gutenstein, Hinterleiten bei Reichenau. G. Boucheanus Schlecht. H. 0,3 bis 0,6 M. Mai-Juni.

513. **Iris L.** Schwertlilie. Perigon regelmässig, Saum 6theilig, die 3 äusseren Zipfel zurückgekrümmt, die 3 inneren aufrecht; Griffel 3kantig; Narben blumenblattartig.

a. Aeussere Perigonzipfel innen gebärtet.

* Stengel mehrblüthig.

o Blüthenscheiden kürzer als die Perigonröhre.

1779. **I. germanica L.** Blätter schwertförmig; Blüthenscheiden häutig, am Grunde krautig; *Perigonzipfel so wie die Narben reinvioletblau,* die 3 äusseren dunkler; Narbenlappen auseinandergehend. ♃. Wird überall cultiviert u. kommt an sonnigen Orten, Felsen zuweilen verwildert vor; so in den Remisen des Laaerberges, am Kalenderberg bei Mödling, Calvarienberg, Mitterberg u. Helenenthal bei Baden, Pottenstein; Langenlois, in der Wachau von Krems bis Spitz, Arnsdorf, Ruine Osterburg, Spielberg an der Pielach, Weitenegg, Maria-Taferl, Kematen an der Ibbs. H. 0,4 bis 1,0 M. April-Mai.

1780. **I. sambucina L.** Blätter schwertförmig; Blüthenscheiden häutig, am Grunde krautig; *die 3 äusseren Perigonzipfel violettblau, gegen den Grund weiss, mit gelblichem Nagel,* der ganzen Länge nach dunkelviolett geadert, *die 3 inneren graubläulich; Narben schmutzig-gelb,* Narbenlappen zusammenstossend. ♃. Weingartenränder u. Mauern bei Langenlois. H. 0,4—1,0 M. Mai-Juni.

Anm. I pallida Lam. mit durchaus häutigen Blüthenscheiden u. blassviolettem Perigon kommt verwildert auf Felsen des Urthelsteins bei Baden vor.

o o Blüthenscheiden so lang als die Perigonröhre.

1781. **I. variegata L.** Blätter schwertförmig; Blüthenscheiden krautig; Perigonzipfel u. Narben gelb, die 3 äusseren lichter u. dunkelviolett geadert. ♃. Steinige, buschige Orte; Tertiärhügel von Oberhollabrunn über Ernstbrunn, Höbesbrunn, Schrick, Hoheruppersdorf bis Stillfried, Hochleithen bei Wolkersdorf, Schweinbart, Bisamberg; Kahlenberg, Himmel, Neustifter Höhe, Schafberg, Einsiedelei von St. Veit, zwischen Mauer u. Liesing, Kalksburg, Brühl; Rauhenwarther u. Schwadorfer Holz, Hainburger Berge, Königswarte bei Berg, Leithagebirge bei Mannersdorf, Bruck, Winden. Breitenbrunn; Wachtberg u. Rehberg bei Krems, Traismauer. H. 0,2—0,45 M. Mai-Juni.

* Stengel 1blüthig.

1782. **I. pumila L.** Blätter schwertförmig; Blüthenscheiden häutig; Perigonzipfel heller od. dunkler violett, blassgelb od. weiss. ♃. Felsen, sonnige Plätze; Lorenzmühle im Kreutwalde, Bisamberg; Kalksburger Klause, Geissberg, Calvarienberg von Perchtholdsdorf, Sattelkogel, Hundskogel u. Kreuzberg in der

Brühl, Eichkogel, Mitterberg bei Baden; trockene Wiesen zwischen Velm u. Achau, dann zwischen Laxenburg u. Münchendorf, Engelsberg bei Brunn am Steinfelde, Reisenberger Hügel; Leithagebirge bei Bruck, Haglersberg, bei Prellenkirchen, Königsberg an der Fischa, Hainburger Berge; Rehberger Ruine im Kremsthale, Dürrenstein, Klosterberg von Schönbühel. H. 0,05—0,15 M. April-Mai.

b. Perigonzipfel bartlos.

* Fruchtknoten 3kantig.

1783. **I. pseudacorus L.** Stengel stielrund, 1—5blüthig; Blätter schwertförmig, lineallanzettlich; *Perigon gelb*, die 3 äusseren Zipfel länglich-verkehrteiförmig, in den Nagel verschmälert, am Grunde mit einem dunkleren braungeaderten Fleck, *die inneren* länglich-keilig. *kleiner als die Narben.* ♃. Sümpfe, Gräben, Ufer, verbreitet. H. 0,5—1,0 M. Juni-Juli.

1784. **I. sibirica L.** Stengel stielrund, 1—5blüthig; Blätter lineal; *Perigon hellviolett,* die 3 äusseren Zipfel länglich-verkehrteiförmig, in den Nagel verschmälert, violett-geadert, *die inneren* länglich, *grösser als die Narben.* ♃. Feuchte Wiesen; Kahlengebirge bei Mauer, Neuwaldegg, Steinbach, in der Walchen bei Rappoltenkirchen; südliches Wiener Becken bei Margarethen am Moos, Gallbrunn, Ebergassing, Himberg, Moosbrunn, Achau, Münchendorf, Laxenburg, Guntramsdorf, Kottingbrunn, Neustadt, Brunn am Steinfeld, Bürgerwiese bei Gloggnitz; Auen der March u. Donau, selten; zwischen Wagram u. Grossenzersdorf, Mühlbach bei Ravelsbach, Reisertwald bei Mollands, Schiltern, Unterlaa bei Kirchberg am Wagram; zwischen Traismauer u. der Donau. H. 0,3—1,0 M. Mai-Juni.

* * Fruchtknoten 6kantig.

1785. **I. spuria L.** Stengel stielrund, 1—4blüthig; *Blätter* schwertförmig, lineallanzettlich, *kürzer als der Stengel;* Perigon hellviolett, *die 3 äusseren Zipfel spatlig, Platte rundlich,* dunkler geadert u. weiss gefleckt, Nagel weisslich mit einem gelben Längsstreifen, die inneren länglich, grösser als die Narben. ♃. Sumpfwiesen, selten; Margarethen am Moos, Loretto, Mannersdorf, Ober-Waltersdorf, Laxenburg, Münchendorf, zwischen Achau u. Himberg, Gramat-Neusiedel, Ebergassing, Goyss am Neusiedlersee; Bockflüss, Zwerndorf an der March, Hohenau. H. 0,3—0,6 M. Mai-Juni. b) s u b b a r b a t a (Joó). Blätter breiter, innere Perigonzipfel mit tief violetten Strichen u. Flecken. Im Marchfelde.

1786. **I. graminea L.** Stengel 2schneidig, 1—2blüthig; *Blätter* schwertförmig, lineal, *viel länger als der Stengel;* Perigon violett, *die 3 äusseren Zipfel geigenförmig, Platte eiförmig,* dunkler geadert u. weissgefleckt, mit einem gelben Längsstreifen, Nagel lichtpurpurn, die inneren länglich, so gross als die Narben. ♃. Buschige Hügel, Wiesen, selten; Stillfried an der March, Remisen des Laaerberges, zwischen Himberg u. Achau, Laxenburg, Guntramsdorf, Kottingbrunner Remise, Föhrenwald zwischen Neustadt u. Neunkirchen; am Kahlengebirge bei Mariabrunn, Mauerbach, Geissberg, Gaden, Bodenberg bei Heiligenkreuz, Mühlleiten bei Baden, Schelmenloch am Fusse des Sooser Lindkogels. H. 0,15 bis 0,3 M. Mai-Juni.

CIII. Familie. **Amaryllidaceae R. Br.**

514. Narcissus L. Narcisse. Perigon stieltellerförmig, Nebenkrone glockig od. schüsselförmig; Staubgefässe der Perigonröhre eingefügt.

1787. **N. poeticus L.** Zwiebel eiförmig; Schaft 2schneidig, 1blüthig; Blätter lineal; *Perigon weiss, Nebenkrone schüsselförmig,* am Rande gekerbt, *gelb mit rothem Saume, viel kürzer als die Perigonzipfel.* ♃. Wiesen u. Thäler der Kalkvoralpen; von den Quellen der Traisen über St. Egyd, Hohenberg, Josefsberg, Mariazell, Lackenhof, Gaming, Gresten, Lunz, Gössling, Hollenstein, Hochkohr, bis Waidhofen u. Seitenstetten, stellenweise massenhaft; verwildert auch im Wiener Becken bei Neuwaldegg, Hainbach, Steinbach, Hadersdorf. N. stelliflorus Schur. H. 0,2 bis 0.4 M. April-Juni.

1788. **N. pseudonarcissus L.** Zwiebel eiförmig; Schaft 2schneidig, 1blüthig; Blätter lineal; *Perigon blassgelb, Nebenkrone glockig,* ungleich lappig-gekerbt, *sattgelb. so lang als die Perigonzipfel.* ♃. Wiesen, Obst- u. Bauerngärten, nirgends wirklich wild; Cobenzl, Steinbach, Krummnussbaum bei Pöchlarn, Mank, Oberndorf, Reinsberg bei Gresten, St. Michel u. Primsgrub bei Seitenstetten, Waidhofen. H. 0,2—0,4 M. April-Mai.

Anm. N. incomparabilis Curt. wurde ehemals bei Weidling, Steinbach u. Neuwaldegg verwildert gefunden.

515. Leucojum L. Knotenblume. Perigon glockig, Zipfel ziemlich gleich, stumpflich, an der Spitze verdickt, ohne Nebenkrone; Staubgefässe dem Blüthenboden eingefügt.

1789. **L. vernum L.** Zwiebel eiförmig; *Schaft* 2schneidig, *meist 1blüthig;* Blätter lineal; Perigonzipfel weiss, mit grünlich-gelber Spitze; *Griffel stark keulenförmig verdickt;* Samen punktiert. ♃. Feuchte Wälder u. Wiesen; Triestingthal bei dem Josefsbrunnen u. dem Tasshofe, Hocheck, Lichtenwörther Au u. Kuhwald oberhalb Schleinz bei Neustadt, Würflach, Spanauer- u. Hochneunkirchner Bach, Semmering, am Fusse des Göller, Furthof bei Hohenberg, Oberndorf, Zelking, Schlattenthal bei Ruprechtshofen, Weidenburg u. Lampelberg bei Scheibbs, Gresten, Waidhofen, Seitenstetten, Kemmelbach, Langegg, Oberbergern, Steinaweg, Furth. Wölbling, Karlstetten, Stockerau, Vierzigerwald bei Schiltern, Gföhler Wald, Pöggstall, Ottenschlag, Zwettl, Kirchberg am Walde, Schrems, Gmünd, Litschau, Pommersdorf. Erinosma vernum Herb. H. 0,1—0,3 M. März-April.

1790. **L. aestivum L.** Zwiebel eiförmig; *Schaft* 2schneidig, *3—5blüthig;* Blätter lineal; Perigonzipfel weiss mit grünlicher Spitze; *Griffel oberwärts wenig verdickt;* Samen glatt. ♃. Nasse Wiesen, Auen; Drösing, Angern, Magyarfalva, Engelhartstetten; Donauauen bei Hainburg, Poigenau unterhalb Mannswörth, Schwarze Lacke bei Wien, Spillern, Stockerau, Achau. H. 0,3 bis 0,45 M. April-Mai.

516. Galanthus L. Schneeglöckchen. Perigon unregelmässig, Zipfel ungleich, die 3 äusseren abstehend, spitz, die 3 inneren zusammenschliessend, viel kürzer, ausgerandet, ohne Nebenkrone; Staubgefässe dem Blüthenboden eingefügt.

1791. **G. nivalis L.** Zwiebel eiförmig; Schaft 2schneidig, 1blüthig; Blätter lineal; Perigonzipfel weiss, die inneren unter der Spitze gelbgrün. ♃. Auen, Wälder, stellenweise in grosser Menge; fehlt im Wechselgebiete. H. 0,05—0,2 M. Febr.-April.

CIV. Familie. Liliaceae DC.

1 Wurzelstock eine Zwiebel (nur bei Anthericum die Wurzel büschlig); Frucht eine Kapsel 2
   Wurzelstock walzlich, gegliedert od. knotig, meist kriechend; Frucht eine Beere 8
2 Perigon kurz, 6zähnig . . . . **Muscari**
   Perigon 6blättrig 3
3 Wurzel büschlig . . . . **Anthericum**
   Wurzelstock zwiebelig 4
4 Kapselfächer vielsamig 5
   Kapselfächer 1—6samig 6
5 Perigon ohne Honigbehälter; Fruchtknoten 3kantig, Griffel fehlend; Narbe 3lappig . . . . **Tulipa**
   Perigonblätter am Grunde mit einer Honigfurche; Fruchtknoten 6furchig; Griffel fast keulenförmig; Narbe 3seitig **Lilium**
6 Blüthenstand vor dem Aufblühen mit einer 1—2blättrigen Scheide umschlossen . . . . **Allium**
   Blüthenscheide fehlend 7
7 Perigon blau . . . . **Scilla**
   Perigon innen gelb . . . . **Gagea**
   Perigon innen weiss . . . . **Ornithogalum**
8 Blätter verkümmert, schuppenförmig 9
   Blätter ausgebildet 10
9 Blüthen büschelig, auf der Mitte blattähnlich verbreiterter Stengel, fast ungestielt . . . . **Ruscus**
   Blüthen blattwinkel- od. blattgegenständig, gegliedertgestielt, nickend . . . . **Asparagus**

10 Perigon 4- od. 8theilig, wagrecht-abstehend od. zurückgebogen 11
Perigon 6theilig od. 6zähnig, glockig od. röhrig-walzlich 12
11 Perigon 8theilig, grün; Staubgefässe 8; am Stengel 4 Laubblätter im Quirl . . . . **Paris**
Perigon 4theilig, weiss; Staubgefässe 4; am Stengel 2 wechselständige Laubblätter . . . . **Majanthemum**
12 Perigon bis zum Grunde 6theilig . . . . **Streptopus**
Perigon 6zähnig 13
13 Perigon röhrig-walzlich, weiss mit grünem Saume; Beere schwarzblau . . . . **Polygonatum**
Perigon kurzglockig, ganz weiss; Beere roth . . **Convallaria**

1. Gruppe. Liliceae Eichl. Blüthen zwittrig, typisch 3zählig; Frucht eine fachspaltig-3klappige Kapsel.

A. Wurzel büschlig.

517. Anthericum L. Graslilie. Perigon 6blättrig, abstehend; Staubbeutel am Rücken befestigt; Kapselfächer 4—6samig.

1792. **A. liliago L.** *Schaft einfach;* Blätter lineal; Perigon weiss; Griffel abwärts geneigt; *Kapsel eiförmig, spitz.* ♃. Wiesen, buschige Orte; bisher bloss bei der Rohrerhütte hinter Neuwaldegg u. bei Altenmarkt an der Enns. Phalangium liliago Schreb. H. 0,3—0,6 M. Mai-Juni.

1793. **A. ramosum L.** *Schaft ästig;* Blätter lineal; Perigon weiss, kleiner; Griffel gerade; *Kapsel rundlich,* stumpf. ♃. Steinige, buschige Anhöhen, bis in die Krummholzregion verbreitet. Phalangium ramosum Moench. H. 0,3—0,6 M. Juni-Juli.

Anm. Hemerocallis fulva L. mit grossen orangegelben Blüthen, wurde bei Himberg, Thallern u. an der Ibbs bei Kematen verwildert gefunden.

B. Wurzelstock eine Zwiebel.

a. Perigon 6blättrig, Kapselfächer vielsamig.

518. Tulipa L. Tulpe. Perigon glockig, ohne Honigbehälter; Fruchtknoten 3kantig, Griffel fehlend; Narbe 3lappig.

1794. **T. silvestris L.** Stengel 1blüthig; Blätter lineallanzettlich; Blüthe vor dem Aufblühen überhängend; Perigon gelb, die 3 inneren Blätter u. die Staubfäden am Grunde gebärtet. ♃. Aecker, Haine, Parkanlagen, stellenweise, jedoch selten zur Blüthe kommend; in allen grösseren Parkanlagen Wiens, in Schönbrunn, Liesing, Laxenburg; Neugebäude bei Simmering, Kaiser-Ebersdorf, Jesuitenmühle von Moosbrunn, Hütteldorfer Au; ehemals auch auf Aeckern zwischen Ottakring u. Hernals, dann bei Weinhaus; Alaunthal bei Krems, Zöbing bei Langenlois, hier vielleicht wild. H. 0,25—5,0 M. Mai.

519. Lilium L. Lilie. Perigon glockig od. zurückgerollt, Perigonblätter am Grunde mit einer Honigfurche; Fruchtknoten 6furchig. Griffel fast keulenförmig; Narbe 3seitig.

1795. **L. martagon L.** Stengel oberwärts etwas flaumig; *Blätter* elliptisch-lanzettlich, *meist quirlig; Blüthen überhängend*, in lockerer Traube; *Perigonblätter* rosa, purpurn gefleckt, sehr selten weiss, *zurückgerollt*. ♃. Wälder, Holzschläge; zerstreut am Kahlen-, Leitha- u. Rosaliengebirge, im ganzen Kalkalpenzuge bis in die Krummholzregion; oberes Donauthal von Langenlois bis Melk, Jauerling; Hardegg, Drosendorf, Ernstbrunn, Hochleithen bei Wolkersdorf, Kreutwald bei Hornsburg. H. 0,5—1,2 M. Juni-Juli.

1796. **L. bulbiferum L.** Stengel oberwärts wollig-haarig, in den Blattwinkeln Zwiebelknospen tragend; *Blätter* lineallanzettlich, *zerstreut; Blüthen aufrecht*, einzeln od. zu 2—3; *Perigon glockig*, rothorange, mit braunrothen Flecken. ♃. Gebirgswiesen, Waldränder; Hocheck bei Altenmarkt, Gschaid im Klosterthal, Gansleiten, Bodenwiese u. Schwarzenberg des Gans, Stuppacher Au bei Gloggnitz, Sonnwendstein, Atlitzgraben, Kalterberg bei Prein; Wasserburger Au bei Herzogenburg, Lilienfelder Voralpen über Annaberg u. Josefsberg bis auf den Frainsattel u. Mariazell, Erlafsee, Terz, Lassingfall, Knollenhals am Fusse des Göllers, Buchberg bei Scheibbs, St. Anton, Gaming, Waidhofen; Leiben bei Persenbeug, Grossmotten bei Gföhl, Litschau. H. 0,3—0,6 M. Juni-Juli.

b. Perigon 6blättrig, Kapselfächer 1—6samig.

520. Ornithogalum L. Milchstern.

Perigon abstehend, innen weiss; Staubgefässe dem Fruchtknoten eingefügt; Staubbeutel am Rücken angeheftet; Blüthenscheide fehlend.

a. Perigon sternförmig; Staubfäden lanzettlich, zahnlos.

* Schaft 0,5—1,0 m.; Blüthen in zuletzt sehr verlängerten, 20—50blüthigen Trauben; Blüthenstiele anfangs abstehend, bei der Fruchtreife sammt der Kapsel der Spindel mehr minder angedrückt.

1797. **O. sphaerocarpum A. Kern.** Blätter lineallanzettlich, ohne weissen Längsstreifen, am Rande glatt; Deckblätter $^1/_3$—$^1/_2$ so lang, als die Blüthenstiele; *Perigonblätter lineallänglich*, 3—4mal so lang als breit, grünlich- od. gelblichweiss, mit grünem Rückenstreifen; Fruchtknoten kugelig, 2,5—3 mm. lang; Griffel etwas länger als der Fruchtknoten; *Kapsel kugelig, fast so breit als lang*. ♃. Wiesen, Aecker, Grasgärten; Kalksburg, Mauer, Laxenburg, Rotherstadl, Laab, Breitenfurth, Kaltenleutgeben, Gaden, Sittendorf, Sulz, Stangau, Heiligenkreuz; Traisenthal von Hohenberg über Lilienfeld u. Wilhelmsburg bis St. Pölten, Melkthal bei Oberndorf, Matzleinsdorf u. Winden, Erlafthal bei Scheibbs, Purgstall, Wieselburg, Kemmelbach, Forsthaide bei Seitenstetten, Waidhofen an der Ibbs. O. pyrenaicum Jacq. non L. Juni-Juli.

1798. **O. pyramidale L.** Blätter lineallanzettlich, ohne weissen Längsstreifen, am Rande glatt; Deckblätter $^1/_4$ so lang, als die Blüthenstiele; *Perigonblätter länglich*, $2^1/_2$—3mal so lang als breit, milchweiss mit grünem Rückenstreifen; Fruchtknoten ellipsoidisch,

3—4 mm. lang; Griffel etwas kürzer als der Fruchtknoten; *Kapsel ellipsoidisch, $1^{1}/_{2}$mal so lang als breit.* ♃. Grasplätze, buschige Stellen, selten u. meist ohne bleibenden Standort; Haschhof bei Weidling, Grinzing, Salmannsdorf, Schafberg bei Dornbach, Hernals, Speising, Giesshübel, Kalksburg, Liesing, Laab, Kaltenleutgeben, Hinterbrühl, Siegenfeld, Baden, zwischen Gramat-Neusiedel u. Moosbrunn; Schlossgarten von Walpersdorf bei Herzogenburg. O. narbonense Neilr. non L. Juli.

* * Schaft 0,1—0,3 m.; Blüthen in Doldentrauben od. länglichen bis 20blüthigen Trauben; Blüthenstiele auch bei der Fruchtreife abstehend od. abwärtsgerichtet.

o Blätter ohne weissen Längsstreifen, am Rande feinstachlig-gewimpert, meist kürzer als der Schaft, zur Zeit der Blüthe grösstentheils verwelkt.

1799. **O. comosum L.** Blätter lineallanzettlich; Blüthen in gedrungener Doldentraube od. länglicher Traube; Blüthenstiele bei der Blüthe u. Fruchtreife abstehend; Perigonblätter länglich, milchweiss, mit grünem Rückenstreifen. ♃. Grasplätze, Weiden, buschige Hügel; zwischen Laab u. Kalksburg, bei Perchtholdsdorf, Mödling, Brühl, Gumpoldskirchen, Baden, am Steinfelde bei Brunn, Tattendorf, Eggendorf, Fischau; Laaerberg, Rauhenwarth, Schwadorf, Hainburger Berge, Haglersberg. Mai-Juni.

o o Blätter mit einem weissen Längsstreifen, am Rande glatt, meist länger als der Schaft, zur Zeit der Blüthe nicht verwelkt

1800. **O. umbellatum L.** *Zwiebel* kuglig-eiförmig, *mit zahlreichen Brutzwiebelchen;* Blätter lineal; Blüthen in lockerer Doldentraube; *untere Blüthenstiele zur Fruchtzeit wagrecht abstehend od. abwärts gerichtet;* Perigonblätter länglich, milchweiss mit grünem Rückenstreifen; *Kapsel* keulenförmig, *an der Spitze fast gestutzt,* wenig vertieft, 6kantig, *mit geraden gleichweit entfernten Kanten.* ♃. Auf Wiesen u. unter Lustgebüschen in Gärten häufig, sonst selten; im Belvedere, Theresianum, Augarten, Schönbrunn, Grasgärten von Hadersdorf am Kamp u. Langenlois, bei Seitenstetten. O. umbellatum β. hortense Neilr. April-Mai.

1801. **O. Kochii Parl.** *Zwiebel* länglich-eiförmig, *meist ohne Brutzwiebelchen;* Blätter schmallineal; Blüthen in lockerer Doldentraube; *Blüthenstiele auch zur Fruchtzeit mehr minder schief aufrecht;* Perigonblätter länglich, milchweiss mit grünem Rückenstreifen; *Kapsel* verkehrteiförmig, *an der Spitze stark vertieft,* 6kantig, *mit bogigen paarweise genäherten Kanten.* ♃. Wiesen, Triften, Gebüsche, häufig; im Becken von Wien u. im Donauthale aufwärts bis Krems, Matzleinsdorf u. Melk; St. Leonhard am Forst, Zwettl. O. collinum Koch, non Guss. O. tenuifolium Rchb. non Guss. O. umbellatum α. silvestre Neilr. April-Mai.

b. Perigon glockig; Staubfäden blattartig, neben den Staubbeuteln 2zähnig.

1802. **O. nutans L.** Blätter lineal, zur Blüthezeit aufrecht, nicht verwelkt; Traube einseitswendig; *Perigonblätter länglich,* *stumpf,* graulichweiss, mit breitem grünem Rückenstreifen; *Innenleiste der Staubfäden zahnlos;* Fruchtknoten eiförmig, kürzer als der Griffel; Kapsel an der Spitze genabelt. ♃. Fast in allen grösseren Gärten Wiens, dann im Prater, Schönbrunn, Laxenburg, Neustadt, bei Eichbühel am Rosaliengebirge; Schlossgarten von Angern, Schlosshof, Klostergärten von Langegg u. Zwettl, Plättelthal bei Horn. Wiesen bei Purgstall, Scheibbs, an der Triesting bei Seitenstetten. Myogalum nutans Lk. Albucea nutans Rchb. H. 0,3—0,5 M. April-Mai.

1803. **O. Boucheanum (Kunth) Aschers.** Blätter lineal, zur Blüthezeit schlaff u. gegen die Spitze zu verwelkt; Traube zuletzt einseitswendig; *Perigonblätter länglich-lanzettlich, zugespitzt,* graulichweiss, aussen u. innen mit breitem grünem Streifen; *Innenleiste der Staubfäden oben mit einem spitzen Zahne endigend;* Fruchtknoten kegelförmig, so lang als der Griffel; Kapsel nicht genabelt. ♃. In Lustgebüschen des Theresianums u. des Baron Hauser'schen Gartens in Wien, am Linienwall gegen St. Marx, Lichtenwörther Au bei Neustadt, Aecker bei Winden am Neusiedlersee. Myogalum Boucheanum Kunth. O. chloranthum Saut. Albucea chlorantha Rchb. H. 0,3—0,5 M. April-Mai.

521. **Gagea Salisb.** Goldstern. Perigon abstehend, innen gelb; Staubgefässe am Grunde des Perigons eingefügt; Staubbeutel am Grunde angeheftet; Blüthenscheide fehlend.

a. Wurzelstock aus 3 wagrechten, von keiner gemeinschaftlichen Haut eingeschlossenen Zwiebeln bestehend.

1804. **G. pratensis (Pers.) Schult.** Stengel kahl; grundständiges Blatt fast immer einzeln, lineal; Deckblätter 2—3, genähert, lineallanzettlich, gewimpert; Blüthen 1—5, Blüthenstiele kahl; Perigonblätter länglich, stumpflich. ♃. Raine, Grasplätze, sehr zerstreut; Stillfried an der March; Belvedere, Schwarzenberg'scher Garten in Wien, Gloriette von Schönbrunn, Hernals, Wienthal von Penzing bis Hütteldorf, Mariabrunn, Mauerbach, Leonhardiberg bei Perchtholdsdorf, Kalenderberg bei Mödling, Laaerberg. Schwechat, Kettenhof; Mittelberg bei Langenlois, Egelsee bei Krems, Unterbergern, Mautern, Spitz, Gföhl, Emmersdorf u. Winden bei Melk. Ornithogalum pratense Pers. G. bracteolaris Salisb. G. stenopetala Rchb. Ornithogalum stenopetalum Fr. H. 0,08—0,15 M. April-Mai.

b. Wurzelstock aus 2 aufrechten, von einer gemeinschaftlichen Haut eingeschlossenen Zwiebeln bestehend.

* Grundständige Blätter 2.

1805. **G. arvensis (Pers.) Schult.** Stengel oben flaumig; grundständige Blätter lineal; Deckblätter 2—3, genähert, lanzettlich, gewimpert; Blüthen 1—viele, Blüthenstiele flaumig; *Perigonblätter länglich-lanzettlich,* gegen die Spitze verschmälert, *spitz.* ♃. Brachen, Grasplätze, Aecker, häufig. Ornithogalum arvense Pers. H. 0,05—0,15 M. März April.

1806. **G. bohemica (Zauschn.) Schult.** Stengel kahl; grundständige Blätter fast fädlich; Deckblätter mehrere, oft weit herabgerückt, lanzettlich, meist gewimpert; Blüthen 1—2, selten mehr, Blüthenstiele flaumig; *Perigonblätter länglich-keilig, gegen die Spitze verbreitert, stumpf.* ♃. Sandige Grasplätze, sehr selten; Laaerberg gegen Simmering, doch in neuerer Zeit nicht mehr gefunden; Wienerberg; Magyarfalva; Horner Schlossgarten u. am Taffabache bei Horn. Ornithogalum bohemicum Zauschn. G. pygmaea Salisb. H. 0,03—0,08 M. März-April.

* * Grundständiges Blatt einzeln, lineal.

1807. **G. minima (L.) Schult.** Stengel kahl; Deckblätter 1—2, genähert, lanzettlich, kahl od. gewimpert; Blüthen 1—7, Blüthenstiele kahl od. etwas flaumig; Perigonblätter lineallanzettlich, zugespitzt. ♃. Mit Sicherheit im Dietrichstein'schen Garten in Wien u. beim Kaisersteinbruch am Leithagebirge, Sirnitzthal bei Langenlois; angeblich auch bei Weidlingbach, Neuwaldegg, Brühl, doch seit langer Zeit nicht mehr gefunden. Ornithogalum minimum L. O. Sternbergii Hoppe. H. 0,1—0,15 M. April-Mai.

c. Wurzelstock aus einer einzigen aufrechten Zwiebel bestehend.

1808. **G. lutea (L.) Schult.** Stengel kahl; *grundständiges Blatt* einzeln, *breit-lineallanzettlich, breiter als die Deckblätter, flach;* Deckblätter 2, lanzettlich od. lineallanzettlich, kahl od. gewimpert; Blüthen 1—7, Blüthenstiele kahl; *Perigonblätter* länglich, *stumpf.* ♃. Auen, Wälder, bis in die Krummholzregion. Ornithogalum luteum L. O. silvaticum Pers. G. fascicularis Salisb. H. 0,15—0,25 M. März-April.

1809. **G. pusilla (Schmidt) Schult.** Stengel kahl; *grundständiges Blatt* einzeln, *schmallineal, schmäler als das unterste Deckblatt, rinnig;* Deckblätter mehrere, lanzettlich bis borstlich, kahl od. gewimpert; Blüthen 1—10, Blüthenstiele kahl; *Perigonblätter länglich, spitzlich.* ♃. Sandige Grasplätze; Bisamberg, Türkenschanze, Laaerberg, Gatterhölzchen, Münchendorf; Angern, Lundenburg. Ornithogalum pusillum Schmidt. H. 0,05—0,15 M. März-April.

1805 × 1809. **G. pusilla × arvensis.** Angeblicher Bastart von der Tracht u. dem Ueberzuge der G. arvensis, in der Gestalt des Perigons u. dem einzigen grundständigen Blatte aber mit G. pusilla übereinstimmend, soll einstens auf der Türkenschanze vorgekommen sein. G. hybrida Schur. G. Welwitschii Beck.

522. Scilla L. Meerzwiebel. Perigon abstehend, blau; Staubgefässe am Grunde des Perigons eingefügt, Staubbeutel am Rücken angeheftet; Blüthenscheide fehlend.

1810. **S. bifolia L.** Stengel einzeln, stielrund; Blätter meist 2, lineallanzettlich; Traube 3—10blüthig; Deckblätter fehlend od. verkümmert; untere Blüthenstiele viel länger als das Perigon;

Samen mit Anhängsel. ♃. Auen, Gebüsche, Wiesen; an der Donau von Melk abwärts, Hütteldorfer Au, Schwechater Auen, Laxenburg, Achau, Lanzendorf, Zwölfaxing, Hinterbrühl; Traisenauen bei Lilienfeld, St. Pölten, Ossarn, Herzogenburg u. St. Andrä, Pielachthal bei Haunoldstein, Albrechtsberg u. Spielberg; Ibbsthal bei Waidhofen, Neumarkt u. Ibbs; Strass bei Langenlois, Wilfersdorf bei Stockerau, Kreutwald. H. 0,1—0,2 M. März-April. b) bracteata Hal. et Br. Blüthenstiele von langen Deckblättern gestützt. So am Vogelsang des Kahlengebirges u. im Prater.

Anm. S. amoena L. Selten in Grasgärten verwildert; Purgstall, Waidhofen a. d. Ibbs; auch in Gebüschen grösserer Parkanlagen; stammt aus dem Süden.

523. Allium L. Lauch. Perigon glockig bis sternförmig: Staubgefässe am Grunde des Perigons eingefügt, Staubbeutel am Rücken angeheftet; Blüthenscheide 1—2blättrig.

a. Staubfäden einfach, zahnlos od. die 3 inneren am Grunde beiderseits kurz-1zähnig.

α. Perigon sternförmig od. trichterig offen; Blüthenscheide kürzer als die Dolde; Dolde kapseltragend.

* Blätter flach; Staubfäden zahnlos.

o Blätter 1—5 cm. breit.

1811. **A. victorialis L.** *Zwiebel* einem schiefen od. wagrechten Wurzelstock aufsitzend, *von netzfaserigen Scheiden umhüllt;* Stengel bis zur Mitte beblättert; *Blätter* elliptisch od. lanzettlich, *kurzgestielt;* Dolde kugelig; *Perigon grünlichweiss*, kürzer als Staubgefässe u. Griffel. ♃. Bisher bloss auf der Südostseite des Oetschers in der Nähe der Höhlen u. auf der Hofreiteralm des Dürnsteins. H. 0,3—0,5 M. Juli-Aug.

1812. **A. ursinum L.** *Zwiebel dünn*, senkrecht, *mit glatten Scheiden*; Stengel am Grunde 2blättrig; *Blätter* elliptisch-lanzettlich, *langgestielt;* Dolde flach; *Perigon schneeweiss*, länger als Staubgefässe u. Griffel. ♃. Auen, feuchte Wälder niedriger u. gebirgiger Gegenden bis in die Voralpen verbreitet. H. 0,15 bis 0,3 M. April-Mai.

1813. **A. atropurpureum W. et K.** *Zwiebel kugelig-eiförmig*, mit fleischigen Schalen; Stengel am Grunde beblättert; *Blätter* lineallanzettlich, *ungestielt;* Dolde gewölbt; *Perigon schwarzpurpurn*, länger als Staubgefässe u. Griffel. ♃. Bisher bloss bei der Jesuitenmühle von Moosbrunn. H. 0,5—1,0 M. Mai-Juni.

Anm. A. nigrum L. von voriger Art durch grünlichweisse Perigone verschieden, wurde in Lustgebüschen älterer Gärten Wiens verwildert beobachtet.

o o Blätter lineal, höchstens 7 mm. breit.

· Zwiebel wenig entwickelt, mit dünnhäutigen nicht netzigen Scheiden, einem schiefen od. wagrechten Wurzelstock aufsitzend; Stengel kantig, nur am Grunde beblättert.

1814. **A. montanum Schmidt.** Blätter grasgrün, rückwärts ungekielt, am Grunde convex; Dolde gewölbt; *Perigone* rosa, *kürzer als die Staubgefässe.* ♃. Felsen, buschige Hügel der Kalkgebirge bis in die Krummholzregion, häufig; im oberen Donauthale bei Langenlois, Stein, Dürrenstein, Weitenegg, Mautern, Melk; im Thayathale bei Hardegg u. am Kollmitzberge bei Raabs. A. senescens Jacq. non L. A. fallax R. et Sch. A. acutangulum Schrad. β. petraeum DC. H. 0,2—0,4 M. Juli-Sept.

1815. **A. angulosum L.** Blätter grasgrün, rückwärts geschärft-gekielt, am Grunde 3kantig; Dolde ziemlich flach; *Perigone* sattrosa, selten weiss, *so lang als die Staubgefässe.* ♃. Nasse Wiesen, Ufer, besonders niedriger Gegenden. A. acutangulum Schrad. A. acutangulum α. pratense DC. H. 0,8—0,5 M. Juni-Juli.

· · Zwiebel mit derben schopfig-faserigen Scheiden, einem senkrechten Wurzelstocke aufsitzend; Stengel stielrund, im unteren Drittel beblättert.

1816. **A. suaveolens Jacq.** Blätter bläulich-bereift, rückwärts geschärft-gekielt, am Grunde 3kantig; Dolde fast kugelig; Perigone weisslich, gegen die Spitze röthlich, kürzer als die Staubgefässe. ♃. Sumpfwiesen der südöstlichen Niederung Wiens bei Himberg, Laxenburg, Münchendorf, Ebreichsdorf, Moosbrunn, Gramat-Neusiedel, Ebergassing, Reisenberg, Bruck an der Leitha, Hölles. H. 0,4—0,6 M. Aug. Sept.

* * Blätter stielrund od. halbstielrund, hohl.

1817. **A. sibiricum L.** Zwiebel keulig; Stengel stielrund, im unteren Drittel od. bis zur Mitte beblättert; Blätter theilweise halbstielrund; Dolde fast kugelig; Perigonblätter purpurn, lang-zugespitzt, länger als die am Grunde zahnlosen Staubgefässe. ♃. Voralpenwiesen; bisher nur am Sattelbauer-Gschaid bei St. Egyd. A. foliosum Clar. H. 0,2—0,45 M. Juni-Juli.

Anm. A. schoenoprasum L. von voriger durch niedrigeren, nur am Grunde beblätterten Stengel, stielrunde Blätter u. lichtere spitze Perigonblätter verschieden, wird in Küchengärten gebaut. — Ebenfalls in Küchen- u. Weingärten cultiviert werden: A. ascalonicum L. Stengel stielrund, Blätter pfriemlich, Perigon lila, innere Staubfäden am Grunde beiderseits kurz 1zähnig; A. fistulosum L. Stengel in der Mitte aufgeblasen, Blätter bauchig, Perigon grünlichweiss, Staubfäden zahnlos; A. cepa L. Stengel unter der Mitte aufgeblasen, Blätter bauchig, Perigon grünlichweiss, innere Staubfäden am Grunde beiderseits kurz 1zähnig.

β. Perigon glockig; Blüthenscheide länger als die Dolde, der eine grössere Theil derselben lang zugespitzt; Zwiebel dicht; Staubfäden zahnlos.

* Dolde zwiebeltragend; Perigon grünlichweiss, rosa od. hellpurpurn.

1818. **A. oleraceum L.** Blätter schmallineal, gras- od. graugrün, am Grunde rinnig u. öfter hohl; Dolde zerstreutblüthig; *Perigone* überhängend, grünlichweiss od. röthlich, *etwa so lang* *als die Staubgefässe.* ♃. Gebüsche, Raine, verbreitet. H. 0,3 bis 0,6 M. Juni-Aug.

1819. **A. carinatum L.** Blätter schmallineal, grasgrün, am Grunde schwachrinnig; Dolde zerstreutblüthig; *Perigone* überhängend, hellpurpurn, *kürzer als die Staubgefässe.* ♃. Nasse Wiesen, Gräben, zerstreut; im Marchthale; bei Rappoltenkirchen, Kierling, Weidlingbach, Neuwaldegg, Kalksburg, Laab, Breitenfurth, Augustinerhütten bei Baden, Himberg, Moosbrunn, Münchendorf, Ebreichsdorf, Hölles, Zweierwiese bei Fischau, Schmidsdorf bei Gloggnitz, Reichenau; Kamp- u. Donauauen bei Grafenwörth, zwischen Mautern u. Rossatz, Neuntagwerkswiese bei Ober-Bergern, St. Pölten, Lilienfeld, Pielachthal bei Kirchberg, Plankenstein, Lackenhof, Hollenstein. H. 0,3—0,6 M. Juli-Aug.

* * Dolde kapseltragend; Perigon citrongelb.

1820. **A. flavum L.** Blätter schmallineal, seegrün, am Grunde hohl od. ziemlich flach u. rinnig; Dolde locker; Perigone kürzer als die Staubgefässe, die äusseren überhängend. ♃. Steinige, buschige Orte; häufig auf den Vorhügeln u. Kalkbergen des Kahlengebirges vom Leopoldsberge bis Gutenstein, dem Leithagebirge u. den Hainburger Bergen; Staatzer Berg, Hügelkette von Stillfried bis Ernstbrunn, Kreutwald, Hochleiten, Schieferberge bei Hardegg, Horn, Kampthal bei Steinegg, Rosenburg, Gars, Schönberg, Langenlois, oberes Donauthal bei Spitz, Aignerthal bei Mautern, Göttweig, Obritzberg. H. 0,3—0,6 M. Juli-August.

b. Perigon glockig; die 3 inneren Staubfäden 3theilig, die seitlichen Theile haarspitzig, länger als der mittlere die Staubbeutel tragende Theil; die 3 äusseren Staubfäden einfach.

* Dolde dichtblüthig, kugelig, kapseltragend.

1821. **A. rotundum L.** Zwiebel eiförmig, mit zahlreichen Brutzwiebelchen; *Blätter lineal, flach;* Blüthenscheide kürzer als die Dolde; *Perigone* purpurn, *länger als die Staubgefässe.* ♃. Trockne Abhänge, Gebüsche, selten; Wolkersdorf, Höbesbrunn, Stillfried, Oberweiden; Tulln, Haselhof bei Weidling, Leopoldsberg, Satzberg bei Hütteldorf, Linienwall bei St. Marx, Laaerberg, Schwadorf, Goldwäldchen bei Ebergassing, Gallbrunn; Leithagebirge zwischen Bruck u. Goyss, Haglersberg, Mannersdorf, Eisenstadt; zwischen Baden u. Vöslau; Auen der unteren Traisen; oberes Donauthal bei Langenlois, Weinzierl, Rehberg, Melk. A. ampeloprasum Jacq. non L. H. 0,4—0,6 M. Juli-Aug.

1822. **A. sphaerocephalum L.** Zwiebel eiförmig, mit zahlreichen Brutzwiebelchen; *Blätter halbstielrund, rinnig,* am Grunde meist hohl; Blüthenscheide kürzer als die Dolde; *Perigone* purpurn, *kürzer als die Staubgefässe.* ♃. Steinige, buschige Orte; auf Kalkbergen von Kalksburg bis Gutenstein, am Steinfelde, bei Buchberg; zwischen Simmering u. dem Neugebäude; Zöbinger

Berg bei Langenlois, Abfälle des Manhartsberges gegen das obere Pulkathal. H. 0,3—0,6 M. Juni-Juli.

* * Dolde zerstreutblüthig, zwiebeltragend.

1823. **A. vineale L.** Zwiebel eiförmig, mit mehreren Brutzwiebelchen; *Blätter stielrund, gras- od. seegrün, am Grunde hohl;* Blüthenscheide kürzer als die Dolde; *Perigonblätter glatt,* dunkelrosa, *kürzer als die Staubgefässe.* ♃. Raine, sandige Aecker, selten; Wagram, Marchegg, Schlosshof, Magyarfalva; Grub nächst Heiligenkreuz; Zwettl. A. arenarium L. H. 0,3—0,5 M. Juni-Juli.

1824. **A. scorodoprasum L.** Zwiebel eiförmig, mit einigen Brutzwiebelchen; *Blätter lineallanzettlich, flach,* bläulich bereift; Blüthenscheide kürzer als die Dolde; *Perigonblätter mit aussen rauhem Kiele,* purpurn, *länger als die Staubgefässe.* ♃. Auen, Wiesen, Waldränder, zerstreut. H. 0,5—1,0 M. Juni-Juli.

Anm. A. sativum L., A. ophioscorodon Don u. A. porrum L. mit die Dolde überragender Blüthenscheide, werden zum Küchengebrauche cultivirt.

c. Perigon kurz 6zähnig; Frucht eine Kapsel.

524. Muscari Tourn. Bisamhyacinthe. Perigon walzlich od. eiförmig; Staubgefässe der Perigonröhre eingefügt, Staubbeutel unter der Mitte des Rückens angeheftet; Blüthenscheide fehlend.

* Traube zuletzt sich stark verlängernd; Perigone der unteren Blüthen fruchtbar, walzlich-stumpfkantig, wagrecht abstehend, der oberen unfruchtbar, röhrig-glockig, aufsteigend, schopfig.

1825. **M. comosum (L.) Mill.** Blätter grundständig, breitlineal; *Perigone* der fruchtbaren Blüthen trübgelbgrün, in der Mitte olivenbraun, *kaum so lang als ihr Stiel,* mit weit offener Mündung, *obere Perigone* amethystblau (höchst selten weiss). *4—6mal kürzer als ihr Stiel.* ♃. Getreide, Aecker, Weingärten, zerstreut u. ohne bleibenden Standort. Hyacinthus comosus L. Bellevalia comosa Kunth. Leopoldia comosa Parl. H. 0,5—0,8 M. Mai-Juni.

1826. **M. tenuiflorum Tausch.** Blätter grundständig, breitlineal; *Perigone* der fruchtbaren Blüthen grünlich, *so lang od. länger als ihr Stiel,* mit kleiner stark eingeschnürter Mündung, *obere Perigone* amethystblau, *so lang od. etwas länger als ihr Stiel.* ♃. Buschige Hügel, zerstreut; Kritzendorf, Bisamberg, Türkenschanze, Perchtholdsdorf, Kalenderberg u. Eichkogel bei Mödling, Gumpoldskirchen, Pudschandellucke u. Mitterberg bei Baden, Rehleiten bei Brunn am Steinfeld, Leithagebirge zwischen Bruck u. Goyss, Braunsberg bei Hainburg, Rauhenwarter u. Schwadorfer Holz. Bellevalia tenuiflora Nym. Leopoldia tenuiflora Heldr. M. tubiflorum Stev. H. 0,3—0,5 M. Mai-Juni.

* * Traube gedrungen; Perigone eiförmig od. kuglig-eiförmig, die unteren fruchtbar, überhängend, die oberen unfruchtbar, aufrecht.

1827. **M. racemosum (L.) DC.** *Blätter* grundständig, *schmallineal,* rinnig, *zurückgebogen; Perigone eiförmig,* dunkelblau mit weissem Rande, sehr selten weiss. ♃. Wiesen, Aecker, gemein.

33*

Hycianthus racemosus L. Botryanthus odorus Kunth. H. 0,1 bis 0,25 M. April-Mai.

1828. **M. neglectum Guss.** Blätter breiter, wenig gekrümmt, meist deutlich länger als der Schaft; Traube lockerer; *Perigone eiförmig-walzlich,* etwas grösser, sonst wie vorige. ♃. Kahlengebirge, Perchtholdsdorf, Brühl. Botryanthus neglectus Kunth. H. 0,2—0,35 M. April-Mai.

1829. **M. botryoides (L.) DC.** *Blätter* grundständig, *lineal-lanzettlich,* rinnig, gegen den Grund verschmälert, *aufrechtabstehend; Perigon kuglig-eiförmig,* himmelblau. ♃. Wiesen, Raine, sehr selten; Reichenau, an der Erlaf unterhalb Scheibbs, Waidhofen a. d. Ibbs. Hyacinthus botryoides L. Botryanthus vulgaris Kunth. H. 0,1—0,25 M. April-Mai.

2. Gruppe. Smilaceae Eichl. Blüthen zwittrig, seltner durch Fehlschlagen 2häusig; Frucht eine 1—mehrsamige Beere; Wurzelstock walzlich, gegliedert od. knotig, meist kriechend.

a. Blüthen auf der Mitte blattähnlich verbreiterter Stengel (Cladodien).

525. Ruscus L. Mäusedorn. Blüthen 2häusig; Perigon bis auf den Grund 6theilig; Staubgefässe 3, in eine Röhre verwachsen; Griffel 1, mit kurz 3lappiger Narbe.

1830. **R. hypoglossum L.** Halbstrauch; Blätter schuppenförmig, blattartige Zweige länglich-lanzettlich, oberseits auf ihrer Mitte aus dem Winkel eines lanzettlichen Deckblattes die Blüthenbüschel tragend; Perigon grünlich; Beeren roth. ♄ Minichwald oberhalb Kreisbach nächst Wilhelmsburg, Reisalpe, Muckenkogel. H. 0,2 bis 0,5 M. April-Mai.

b. Blüthen blattwinkel- od. blattgegenständig.

* Samenschale schwarz, krustig; Blätter verkümmert, schuppenförmig.

526. Asparagus L. Spargel. Blüthen 2häusig; Perigon glockig, am Grunde in ein vom Blüthenstiel sich abgliederndes Röhrchen verschmälert; Staubgefässe 6; Griffel an der Spitze 3theilig, mit 3 abstehenden Narben; Beere 3fächerig, Fächer 2samig.

1831. **A. officinalis L.** Stengel ruthenförmig-ästig; Blätter schuppenförmig, in den Winkeln derselben borstliche Zweige büschelförmig sitzend; Blüthen am Grunde dieser Zweige überhängend; Perigon grünlichgelb; Beeren roth. ♃. Wiesen, buschige Orte, zerstreut; Donau-, Kamp-, Traisen- u. Marchauen, Marchfeld, Hügelland des Kreises U. M. B., Kahlengebirge, südöstl. Niederung Wiens. H. 0,5—1,5 M. Juni-Juli.

* * Samenschale dünn, häutig; Blätter ausgebildet.

527. Paris L. Einbeere. Perigon wagrecht-abstehend od. zurückgebogen, tief 8theilig, die 4 äusseren Zipfel viel grösser; Staubgefässe 8; Griffel 4, getrennt; Beere 4fächerig, Fächer 6—8samig.

1832. **P. quadrifolia L.** Stengel an der Spitze 4 (selten 3, 5 od. 6) blättrig; Blätter quirlig, eiförmig; Blüthenstiel endständig, 1blüthig; Perigon grün, äussere Zipfel lanzettlich, innere borstlich; Beere schwarzblau. ♃. Auen, Wälder; zerstreut in den Donauauen, in den meisten Bergwäldern der beiden südl. Kreise u. des Waldviertels; im Ernstbrunner Walde. H. 0,2—0,4 M. Mai-Juni.

528. Majanthemum Wigg. Schattenblume. Perigon wagrecht-abstehend od. zurückgebogen, 4theilig; Staubgefässe 4; Griffel verwachsen, kurz, dick; Beere 1—3fächerig, 1—3samig.

1833. **M. bifolium (L.) DC.** Stengel 2blättrig; Blätter wechselständig, herzförmig; Blüthen weiss, in endständiger Traube; Beeren roth. ♃. Schattige Bergwälder bis in die Krummholzregion; zerstreut auf dem Kahlengebirge u. auf allen Voralpen der beiden südl. Kreise; Rosaliengebirge; Teufelhofwald bei St. Pölten, in Wäldern bei Melk u. Mank; Lois-, Rehberger- u. Alaunthal, Gföhler Wald, Jauerling, Gutenbrunn, Karlstift, Sofienwald, Schrems, Zwettl, Horn, Ravelsbach, Grossau; Auen der Donau u. Kampmündungen bei Mautern u. Grunddorf; Stockerauerau, Ernstbrunner Wald, Hochleiten bei Wolkersdorf, Marchauen bei Angern u. Zwerndorf. Convallaria bifolia L. H. 0,1—0,2 M. Mai-Juni.

529. Streptopus Rich. Knotenfuss. Perigon glockig, bis am Grund 6theilig; Staubgefässe 6; Griffel verwachsen, fädlich; Beere 3fächerig, Fächer vielsamig.

1834. **S. amplexifolius (L.) DC.** Blätter herzförmig-länglich, stengelumfassend; Blüthen einzeln, blattgegenständig, ihre Stiele um den Stengel gedreht u. abwärts-geknickt; Perigon grünlich-weiss, innen meist röthlich. ♃. Gebirgswälder, sehr selten; am Wechsel gegen Mariensee, Trattenbach, im Fröschnitzgraben des Pfaffens, Sonnwendstein, Dürnstein, Hallthal bei Mariazell. Uvularia amplexifolia L. Streptopus distortus Michaux. H. 0,2—1,0 M. Juni-Juli.

530. Polygonatum Tourn. Weisswurz. Perigon röhrig-walzlich, 6zähnig; Staubgefässe 6, in der Mitte des Perigons eingefügt, Griffel verwachsen, säulenförmig; Beere 3fächerig, Fächer 1—2samig.

* Blätter abwechselnd-2reihig, eiförmig od. elliptisch.

1835. **P. officinale All.** *Stengel kantig,* oben 2schneidig zusammengedrückt, *kahl; Blätter kahl,* unterseits graugrün; Blüthenstiele blattwinkelständig, 1—2blüthig; *Staubgefässe kahl.* ♃. Steinige, buschige Hügel bis in die untere Krummholzregion, häufig. Convallaria polygonatum L. P. vulgare Dsf. P. anceps Moench. H. 0,25—0,5 M. Mai-Juni.

1836. **P. latifolium (Jacq.) Desf.** *Stengel kantig, oben flaumig; Blätter* glänzendgrün, *unterseits flaumig;* Blüthenstiele blattwinkelständig, 1—4blüthig; *Staubgefässe kahl.* ♃. Auen, Wälder, Gebüsche, bloss im Wiener Becken; auf der Hochleiten, Schweinbarter u. Matzner Wald. Grossenzersdorf; Augarten, Prater, Lobau, Ebersdorf, Goldwäldchen von Ebergassing, am Kaltengang bei Velm, Rauhenwarter u. Schwadorfer Holz, Remisen des Laaerbergs, Neugebäude von Simmering, Theresianumpark, Schönbrunn, Gatterhölzchen, Laxenburger- u. Unter-Waltersdorfer-Park, Guntramsdorf, Schlossgärten von Gutenbrunn u. Weikersdorf bei Baden, Remisen von Kottingbrunn, Neustädter Akademie-Park; Leithagebirge u. Hainburger Berge. Convallaria latifolia Jacq. H. 0,25 bis 0,5 M. Mai-Juni.

1837. **P. multiflorum (L.) All.** *Stengel stielrund, kahl; Blätter kahl*, unterseits graugrün; Blüthenstiele blattwinkelständig, 2—6blüthig; *Staubgefässe behaart*. ♃. Wälder bis in die Voralpen, häufig; auch in Donauauen. Convallaria multiflora L. H. 0,3 bis 0,6 M. Mai-Juni.

* * Blätter zu 3—7 quirlig, lineallanzettlich

1838. **P. verticillatum (L.) All.** Stengel kantig, kahl; Blätter kahl, unterseits graugrün; Blüthenstiele blattwinkelständig, 1—3 blüthig; Staubgefässe kahl. ♃. Voralpenwälder, auf Kalk u. Schiefer häufig; auch im Waldviertel bei Karlstift, Gutenbrunn, Grainbrunn, am Nebelstein, Burgstein. Convallaria verticillata L. H. 0,3 bis 1,0 M. Juni-Juli.

531. Convallaria L. Maiglöckchen. Perigon kurzglockig, Staubgefässe am Grunde desselben eingefügt, sonst wie Polygonatum.

1839. **C. majalis L.** Stengel am Grunde mit Scheidenblättern; Blätter 2—3, grundständig, elliptisch; Blüthen in endständiger Traube. ♃. Vorhölzer, Wälder bis in die Krummholzregion. H. 0,15 bis 0,25 M. Mai-Juni.

CV. Familie. **Colchicaceae DC.**

532. Colchicum L. Zeitlose. Blüthen zwittrig, einzeln; Perigon trichterig, mit langer schaftartiger Röhre u. 6theiligem Saume; Staubbeutel 2fächerig, der Länge nach aufspringend; Griffel sehr lang; Früchtchen bis über die Mitte verwachsen.

1840. **C. autumnale L.** Knollen von braunen Scheiden umhüllt; Blätter breitlanzettlich; Perigon rosa; Balgkapseln aufgeblasen, sammt den Blättern erst im Frühjahre erscheinend. ♃. Nasse Wiesen, häufig. H. 0,15—0,3 M. Aug.-Oct., sehr selten im Frühling zugleich mit den Blättern. (C. vernale Hoffm.).

533. Veratrum L. Germer. Blüthen vielehig, in rispigästiger Traube; Perigon 6blättrig; Staubbeutel fast 1fächerig, mit einer gemeinschaftlichen Längsspalte aufspringend; Griffel sehr kurz; Früchtchen am Grunde etwas verwachsen.

1841. **V. nigrum L.** Stengel am Grunde zwiebelförmig verdickt; *Blätter beiderseits kahl*, untere elliptisch, mittlere länglich-lanzettlich, oberste lineal; *Perigonblätter ganzrandig, purpurbraun,* so lang als die Blüthenstiele. ♃. Wälder der Kalkberge vom Geissberg durch die Brühl über Baden u. Pottenstein bis Gutenstein; auch bei Sebenstein; bei Stockerau. H. 0,5—1,5 M. Juli-August.

1842. **V. album L.** Stengel am Grunde zwiebelförmig verdickt: *Blätter unterseits flaumig,* untere breitelliptisch, mittlere länglich-elliptisch, oberste lanzettlich; *Perigonblätter gezähnelt, aussen grünlich, innen weiss,* länger als die Blüthenstiele. ♃. Sumpfige Wiesen niedriger u. gebirgiger Gegenden bis in die Alpenregion; häufig in der südöstl. Niederung Wiens u. auf dem ganzen Alpenzuge der 2 südl. Kreise; zerstreut im Waldviertel u. am rechten Donauufer, bei Traunstein, Gutenbrunn, Karlstift, am Burgstein, bei Oberbergern u. Langegg. H. 0,5—1,5 M. Juni-Aug. b) Lobelianum (Bernh.) Perigon beiderseits grün. Selten, Knofelebene u. Kuhplagge des Schneeberges, Eishüttenalpe der Rax.

534. Tofieldia Huds. Tofieldie. Blüthen zwittrig in meist einfacher Traube; Perigon 6blättrig; Staubbeutel 2fächerig, der Länge nach aufspringend; Griffel sehr kurz; Früchtchen bis über die Mitte verwachsen.

1843. **T. calyculata (L.) Wahlenb.** Blätter schwertförmig-lineal; Traube einfach, verlängert; Blüthenstiele unter der Blüthe mit einer kelchförmigen 3lappigen Hülle, am Grunde mit einem Deckblatte; Perigon gelblich. ♃. Wiesen, Waldränder der Voralpen bis in die Alpenregion häufig; seltner auf niedrigeren Bergen od. in der Ebene: Bisamberg, Gaden, Moosbrunn, Kottingbrunn, Hölles, Neustadt u. Blindendorf, dann bei Krems, Mautern u. Melk. Anthericum calyculatum L. H. 0,15—0,4 M. Juni-Aug. b) ramosa Hoppe. Blüthen unterwärts in rispig-ästiger Traube. Voralpe, Hochkohr. c) glacialis (Gaud.) Stengel 0,03—0,12 M. Traube kopfig verkürzt. In der Hochalpenregion des Schneebergs, der Raxalpe, am Oetscher.

CVI. Familie. Juncaceae Bartl.

535. Juncus L. Kapsel 3klappig, unvollkommen 3fächerig, Klappen in der Mitte scheidewandtragend; Samen zahlreich.

A. Pflanze blattlos, mit am Grunde bescheideten blühenden u. nichtblühenden Stengeln; Samen ohne Anhängsel.

a. Spirre trugseitenständig, zusammengesetzt, vielblüthig.

α. Scheiden glanzlos, hellbraun; Stengel mit ununterbrochenem Marke ausgefüllt.

1844. **J. Leersii Marss.** *Stengel* oberwärts *scharfgerillt,* graugrün, *glanzlos;* Spirre meist gedrängt; Staubgefässe 3; Kapsel hellbraun, verkehrteiförmig, gestutzt; *Griffelrest auf einer buckelförmigen Erhöhung.* ♃. Gräben, feuchte Orte, selten; Vöslau, Weitra, Weikartschlag. J. communis Mey. p. p. J. conglomeratus Aut. non L. H. 0,25—0,5 M. Juni-Juli.

1845. **J. effusus L.** *Stengel glatt*, im getrockneten Zustande oft zartgestreift, dunkelgrün, *etwas glänzend;* Spirre ausgebreitet; Staubgefässe 3; Kapsel hellbraun, verkehrteiförmig, an der Spitze vertieft; *Griffelrest in der Vertiefung stehend*. ♃. Feuchte Orte, verbreitet. J. communis Mey. p. p. H. 0,25—0,5 M. Juni-Juli. b) conglomeratus (L.) Spirre gedrungen. An gleichen Orten.

β. Scheiden glänzend, schwarzbraun; Stengel mit fächerig-unterbrochenem Marke ausgefüllt.

1846. **J. glaucus Ehrh.** Stengel gerillt, blaugrün; Spirre locker; Staubgefässe 6; Kapsel dunkelbraun, länglich-elliptisch, stumpf 3kantig, stachelspitzig. ♃. Feuchte Orte, verbreitet. H. 0,3 - 0,8 M. Juni-Juli.

1845 × 1846. **J. effusus × glaucus.** Von J. effusus durch die glänzenden schwarzbraunen Scheiden u. 6 männige Blüthen, von dessen b) conglomeratus überdies durch die ausgebreitete, lockere Spirre; von J. glaucus durch den schwachgerillten, mit ununterbrochenem Marke ausgefüllten Stengel u. die verkehrteiförmige, kurzbespitzte Kapsel verschieden. Bisher bloss bei Hütteldorf u. am Rosaliengebirge oberhalb Frohsdorf. J. diffusus Hoppe.

b. Spirre trugseitenständig, einfach, nur 3—7blüthig.

1847. **J filiformis L.** Stengel sehr dünn, feingestreift, grasgrün; Scheiden glanzlos, hellbraun; Staubgefässe 6; Kapsel kuglig, kurz stachelspitzig. ♃. Sumpfige Orte; häufig auf dem Wechsel u. dessen Voralpen, am Preiner Gschaid, Grubwiesalpe des Dürnsteins, im Tegel u. längs der Tümpel bis zur Saumauer am Hochkohr, Voralpe; im Waldviertel bei Litschau, Altmelon, Schrems, Gmünd, Weitra, Karlstift, Schönbach, Traunstein, Gutenbrunn, Ottenschlag, am Jauerling, bei der Mooshammer Mühle nächst Krems. H. 0,2—0,5 M. Juni-Juli.

B. Pflanze mit Blättern.

a. Grundständige Blätterbüschel fehlend; Samen mit häutigen Anhängseln.

1848. **J. Jacquini L.** Stengel stielrundlich, grasgrün, am Grunde hellbraun-bescheidet, die blühenden oberwärts 1blättrig, die nichtblühenden blattlos; Blüthen zu 2—mehreren in endständigen Köpfchen; Perigon glänzend, schwarzbraun; Staubgefässe 6; Kapsel länglich-verkehrteiförmig. ♃. Kalkalpen, sehr selten; auf dem Ochsenboden des Schneeberges u. den Abstürzen desselben gegen Saugraben u. Bockgrube, Raxalpe, Oetscher. H. 0,1—0,25 M. Juli-Aug.

Anm. J. triglumis L. angeblich auf dem Schneeberge, ist von den jetzigen Botanikern nicht wieder gefunden worden.

b. Grundständige Blätterbüschel vorhanden; nichtblühende Stengel fehlend.

α. Blüthen zu 2—mehreren in Köpfchen; Köpfchen einzeln, endständig od. in einseitigen Wickeln od. in endständiger Spirre; Samen ohne Anhängsel.

* Wurzelstock walzlich, ästig, meist kriechend; Blätter stielrund od. zusammengedrückt, innen hohl, durch beim Trocknen deutlich sichtbar werdende Querwände gefächert; Staubgefässe 6.

o Perigonblätter gleichlang, gerade, stumpf od. spitz (nicht zugespitzt); Kapsel kurzstachelspitzig.

1849. **J. obtusiflorus Ehrh.** *Stengel* aufrecht, stielrund, *am Grunde mit blattlosen Scheiden besetzt,* 1—3blättrig; Blätter stielrund; *Spirre* mehrfach zusammengesetzt, *mit meist zurückgebrochenen Aesten; Perigonblätter stumpf,* mit kleinem einwärts-gebogenen Spitzchen, *lichtgelbbraun,* etwa so lang als die eiförmige Kapsel. ♃. Feuchte Wiesen, Sümpfe; stellenweise in Thälern des Kahlengebirges; häufig in der südöstlichen Niederung Wiens von der Schwechat bis an die Leitha, auch bei Neunkirchen u. Gloggnitz; Grafendorf bei Stockerau, am Manhartsberge, bei Langenlois, Gföhl. H. 0,5—1,0 M. Juni-Aug.

1850. **J. alpinus Vill.** *Stengel* aufrecht, aus dem stielrunden zusammgedrückt, 1—3blättrig, *auch die unteren Scheiden blatttragend;* Blätter zusammengedrückt; *Spirre* zusammengesetzt, *mit aufrecht-abstehenden Aesten; Perigonblätter stumpf,* dunkelbraun, *äussere kurz stachelspitzig,* kürzer als die eiförmige Kapsel. ♃. Sumpfige Wiesen, zerstreut. J. fuscoater Schreb. J. ustulatus Hoppe. J. lampocarpus v. obtusiflorus Neilr. H. 0,2—0,4 M. Juli-Sept.

1851. **J. articulatus L.** *Stengel* aufrecht od. aufsteigend, manchmal fluthend, aus dem stielrunden zusammengedrückt, 2—3blättrig, *auch die unteren Scheiden blattragend;* Blätter zusammengedrückt; *Spirre* zusammengesetzt, *mit meist ausgesperrten Aesten; Perigonblätter rothbraun od. grünlich, kurz stachelspitzig. äussere spitz,* innere mehr minder stumpf, kürzer als die länglich-eiförmige Kapsel. ♃. Gräben, feuchte Orte, häufig. J. lampocarpus Ehrh. H. 0,15—0,5 M. Juni-Sept.

o o Perigonblätter alle zugespitzt u. stachelspitzig, innere länger, an der Spitze etwas zurückgekrümmt; Kapsel in einen pfriemlichen Schnabel zugespitzt.

1852. **J. silvaticus Reichard.** Stengel aufrecht, aus dem stielrunden zusammengedrückt, 2—4blättrig, auch die unteren Scheiden blattragend; *Blätter* etwas zusammengedrückt, *glatt;* Spirre mehrfach zusammengesetzt, mit ausgesperrten Aesten; *Perigonblätter* heller od. dunkler braun, *kürzer als die eiförmige Kapsel.* ♃. Angeblich im Klosterthale bei Gutenstein, in neuerer Zeit nicht gefunden. J. acutiflorus Ehrh. J. articulatus γ L. H. 0,4—1,0 M. Juli-Aug.

1853. **J. atratus Krok.** Stengel aufrecht, stielrundlich, 2—4 blättrig, auch die unteren Scheiden blattragend; *Blätter von vorspringenden Nerven 7—9kantig, getrocknet deutlich gefurcht;* Spirre zusammengesetzt, mit meist aufrecht abstehenden Aesten; *Perigonblätter* glänzend-schwarzbraun, *so lang als die eilanzettliche Kapsel.* ♃. Sumpfige Wiesen, sehr selten; Baumgarten im Marchfelde; Mollands, Stiefern u. Schiltern bei Langenlois, Waldhof bei Krems; Traisenauen bei Kugelfang; unterer Lunzer See. J. melananthus Rchb. H. 0,4—1.0 M. Juni-Aug.

* * Pflanze meist rasig; Blätter borstenförmig, ohne deutlich sichtbare Querwände; Staubgefässe 3.

1854. **J. capitatus Weig.** *Wurzel jährig;* Stengel aufrecht; Blätter sämmtlich grundständig; Köpfchen endständig, einzeln od. noch 1—2seitliche; *Perigonblätter* häutig mit grünem Kiele, *feinzugespitzt, auswärts gekrümmt, länger als die eiförmige*, stachelspitzige *Kapsel*. ♃. Bisher nur an der böhmischen Grenze bei Gratzen. H. 0,05—0,15 M. Juni-Juli.

1855. **J. bulbosus L.** *Wurzelstock ausdauernd:* Stengel aufrecht, aufsteigend od. kriechend, beblättert; Köpfchen in einseitigen Wickeln od. endständiger Spirre, seltner einzeln; *Perigonblätter* lichtbraun od. grünlich, randhäutig, *spitz, gerade, kürzer als die längliche*, stachelspitzige *Kapsel*. ♃. Ueberschwemmte Stellen, Sumpfwiesen; Mannersdorf an der March; am Tabor bei Wien, Himberg, Moosbrunn; St. Peterwald bei Seitenstetten; häufig im Waldviertel. J. supinus Moench. J. uliginosus Roth. (die niederliegende Form.) J. subverticillatus Wulf. H. 0,05 bis 0,25 M. Juli-Aug. b) fluitans (Lam.) Stengel fluthend, oft sehr verlängert. Vom Wasserstande abhängig; viel seltner.

β. Blüthen einzeln (nicht in Köpfchen), in einseitigen Wickeln od. in endständiger Spirre od. eine einzige endständige Blüthe; Staubgefässe 6.

* Blätter an der Mündung der Blattscheiden mit zerschlitzt-gewimpertem Blatthäutchen; Samen mit häutigen Anhängseln.

1856. **J. trifidus L.** *Stengel* fädlich, oben in der Nähe der Spirre *mit 3—4 genäherten Blättern besetzt, sonst nackt*, nur am Grunde bescheidet, aber die Scheiden gewöhnlich blattlos; *Spirre* 1—4blüthig; Perigonblätter zugespitzt, dunkelbraun, etwa so lang als die ellipsoidische Kapsel. ♃. Triften der Schieferalpen; Vorauer Alpe, Hochwechsel u. Umschuss. J. trifidus α. vaginatus Neilr. H. 0,1—0,2 M. Juli-Aug.

1857. **J. monanthos Jacq.** *Stengel* fädlich, *der ganzen Länge nach entfernt beblättert*, nur die untersten vertrockneten Scheiden blattlos; Spirre häufig nur 1blüthig; Perigonblätter zugespitzt, dunkelbraun, etwa so lang als die ellipsoidische Kapsel. ♃. Kalkalpen, stellenweise; Schneeberg, Raxalpe, Göller, Oetscher, Scheiblingstein, Dürnstein, Hochkohr. J. Hostii Tausch. J. trifidus β. foliosus Neilr. H. 0,1—0,2 H. Juli-Aug.

* * Blätter an der Mündung der Blattscheiden ungewimpert; Samen ohne Anhängsel.

o Wurzelstock ausdauernd.

· Wurzelstock dickfaserig; Stengel blattlos.

1858. **J. squarrosus L.** Stengel zusammengedrückt, am Grunde fast zwiebelförmig verdickt; Blätter grundständig, starr, tiefrinnig; Spirre zusammengesetzt, mit ebensträussigen Aesten; Perigonblätter stumpflich, bräunlich, so lang als die verkehrteiförmige Kapsel. ♃. Torfige Orte, nur im Waldviertel, bei

Langegg, Brand, Weissenbach, Naglitz, Thiergarten, Heinrichs, Erdweis, Langschlag. H. 0,2—0,4 M. Juli-Aug.

· · Wurzelstock kriechend; Stengel 1 - mehrblättrig.

1859. **J. compressus Jacq.** Stengel zusammengedrückt, am Grunde nicht od. wenig verdickt; Blätter ziemlich steif, etwas rinnig; Spirre meist zusammengesetzt; *Perigonblätter* stumpf, grünlichbraun, *kürzer als die fast kuglige Kapsel; Griffel halb so lang als der Fruchtknoten.* ♃. Nasse Triften, häufig. J. compressus α. sphaerocarpus Neilr. H. 0,2—0,4 M. Juni-Aug.

1860. **J. Gerardi Lois.** Stengel stielrundlich, am Grunde nicht od. wenig verdickt; Blätter ziemlich steif, etwas rinnig; Spirre meist zusammengesetzt; *Perigonblätter* stumpf, bräunlich, *etwa so lang als die ellipsoidische Kapsel; Griffel so lang als der Fruchtknoten* ♃. Sumpfige Orte, selten; bei Kronstein, Laxenburg, zwischen Himberg u. Lanzendorf, Neusiedlersee; Poisdorf, zwischen Wülzeshofen u. Zwingendorf, Grossau, See bei Langenlois; Schlatten nächst Ruprechtshofen. J. compressus β. ellipsoideus Neilr. H. 0,15—0,35 M. Juni-Aug.

o o Wurzel jährig, faserig.

· Spirrenäste meist ausgesperrt; Kapsel fast kuglig.

1861. **J. tenageia Ehrh.** Stengel fädlich, 1—mehrblättrig; Blätter fast borstlich; Blüthen stets entfernt; *Perigonblätter eilanzettlich, dunkelbraun, schmalrandhäutig, mit bleicherem Rückenstreifen, so lang als die dunkelbraune Kapsel;* Samen längsnervig. ⊙ Feuchte Orte, bisher bloss an Teichrändern bei Schrems u. an der Wand hinter Baden. J. tenageia α. brunneus Neilr. H. 0,1—0,3 M. Juni-Aug.

1862. **J. sphaerocarpus Nees.** Stengel fädlich, 1—mehrblättrig; Blätter fast borstlich; Blüthen stets entfernt; *Perigonblätter lanzettlich, grün, breitrandhäutig, länger als die rothbraune Kapsel; Samen glatt,* höchstens zerrissen gestrichelt. ⊙ Ueberschwemmte Stellen, stellenweise; Zwingendorf, Laa, Marchegg, Schlosshof, Grossenzersdorf, Margarethen am Moos, Goyss u. Winden am Neusiedlersee; Laaerberg, zwischen Lainz u. Ober-St. Veit, Rappoltenkirchen, Siegenfeld, an der Bahn zwischen Mödling u Laxenburg, Achau, Trumau, Vöslau, Neustadt; Donauauen bei Mautern. J. tenageia β. pallidus Neilr. H. 0,1—0,3 M. Juni-Aug.

· · Spirrenäste aufrecht; Kapsel ellipsoidisch.

1863. **J. bufonius L.** Stengel stielrundlich, 1—mehrblättrig; Blätter schmallineal; Perigonblätter lanzettlich, grün, schmalrandhäutig, länger als die rothbraune Kapsel; Samen fein- u. dichtgestreift. ⊙ Feuchte Orte, gemein. H. 0,05—0,3 M. Juni-Herbst. a) compactus Celak. Niedrig, dichtrasig, mit endständig gebüschelten Blüthen. b) laxus Celak. Verlängert, schlaff, mit trugdoldig zerstreuten Blüthen.

536. Luzula DC. Marbel. Kapsel 3klappig, 1fächerig, jede Klappe mit einem Samen an ihrem Grunde.

a. Büthen der Spirren einzeln od. zu 2—4 gebüschelt.

* Blüthen einzeln, entfernt, in einer doldenförmigen Spirre; Samen an der Spitze mit grossem sichelförmigem od. geradem Anhängsel.

1864. **L. flavescens (Host) Gaud.** *Wurzelstock schuppig, kriechend; Blätter* lineal, *2—3 mm. breit;* Spirrenäste 1—3 blüthig, aufrecht, seltner die oberen wagrecht od. herabgebogen; Perigon gelblich; *Anhängsel des Samens sichelförmig, spitzlich.* ♃. Wälder der Voralpen bis in die Krummholzregion; Unterberg, Oehler, Handlesberg, Maumauwiese, Thalhofriese u. Lackerboden bei Reichenau, Alpl, bei dem kalten Wasser auf dem Schneeberg, Kuhschneeberg, Sonnwendstein, Prein bis auf das Gschaid, Wetterkogel der Raxalpe, Traisenberg bei St. Egyd, Reisalpe, Oberndorf u. Burgerhofberg bei Scheibbs, Buchenstuben, Königsberg bei Gössling. Juncus flavescens Host L. Hostii Desv. H. 0,1—0,2 M. Mai-Juni.

1865. **L. Forsteri (Sm.) DC.** *Wurzelstock faserig, rasig; Blätter* lineal, *2—3 mm. breit;* Spirrenäste meist 1—3blüthig, aufrecht, seltner die oberen wagrecht od. herabgebogen; Perigon dunkelbraun; *Anhängsel des Samens länglich, gerade, stumpf.* ♃. Vorhölzer, Bergwälder; Hadersfeld, Kierling, Mariabrunn, Hadersdorf, Mauerbach, Eichenwald von Schönbrunn, Mauer, Kalksburg, Laab, Föhrenkogel über den Sattelkogel u. Giesshübel bis auf den Hundskogel; Rosaliengebirge. Juncus Forsteri Sm. H. 0,15—0,3 M. April-Mai.

1866. **L. pilosa (L.) Willd.** *Wurzelstock faserig, rasig; Blätter* lineallanzettlich, *6—10 mm. breit;* Spirrenäste meist 1—3blüthig, die oberen nach der Blüthe herabgebogen; Perigon dunkelbraun; *Anhängsel des Samens sichelförmig, spitzlich.* ♃. Gebirgswälder; häufig im Wiener Walde bis in die Voralpen; Burgerhofberg bei Scheibbs, Hiesberg bei Melk, Alaunthal bei Krems; Torfwälder zwischen Schrems u. Kirchberg am Walde, Zwettl, Raabs, Hardegg. Juncus pilosus L. L. vernalis Desv. H. 0,15 - 0,3 M. April-Mai.

** Blüthen einzeln u. gebüschelt, in zusammengesetzter Spirre; Samen ohne od. mit sehr kleinem Anhängsel.

o Hüllblätter vielmal kürzer als die Spirre.

1867. **L. silvatica (Huds.) Gaud.** Wurzelstock dichtrasig; *Blätter* lineallanzettlich, 5—14 mm. breit, *am Rande zerstreut-langhaarig;* Spirrenäste ausgesperrt, zuletzt überhängend; *Perigon grünlichbraun.* ♃. Voralpenwälder bis in die Krummholzregion, auf Kalk u. Schiefer; auch im Waldviertel, am Nebelstein, Burgstein, bei Gutenbrunn, Karlstift, dann am Hiesberg bei Melk. L. maxima DC. Juncus silvaticus Huds. J. maximus Reichard. H. 0,3—1,0 M. Mai-Juni.

1868. **L. glabrata (Hoppe) Desv.** Wurzelstock beblätterte Ausläufer treibend; *Blätter* lineallanzettlich, 5—10 mm. breit, *kahl*, höchstens die oberen an der Mündung der Scheiden etwas gebärtet; Spirrenäste aufrecht od. abstehend, zuletzt überhängend; *Perigon kastanienbraun*. ♃. Kalkalpen, stellenweise; Schneeberg, Raxalpe, Dürnstein, Hochkohr. Juncus glabratus Hoppe J. intermedius Host. L. intermedia Baumg. H. 0,15—0,3 M. Juni-Juli.

o o Das unterste Hüllblatt so lang od. länger als die Spirre.

1869. **L. angustifolia (Wulf.) Garcke.** Wurzelstock beblätterte Ausläufer treibend; Blätter lineallanzettlich, 3—5 mm. breit, am Rande langhaarig; Spirrenäste aufrecht od. abstehend; Perigon weiss od. gelblich. ♃. Gebirgswälder, häufig. L. albida DC. Juncus angustifolius Wulf. H. 0,3—0,7 M. Juni-Juli. b) rubella Hoppe. Perigon hell bis dunkelkupferbraun. Mehr in höheren Voralpen. c) fuliginosa Aschers. Perigon schwarzbraun. Selten, bei dem Baumgartner am Schneeberge.

b. Blüthen der Spirren in dichten Aehren; Samen am Grunde mit kegelförmigem Anhängsel.

* Innere Perigonblätter so lang od. etwas länger als die äusseren.

1870. **L. campestris (L.) DC.** *Wurzelstock locker-rasig, kurze Ausläufer treibend;* Blätter lineal, am Rande langhaarig; Aehren eiförmig, 2—5, die endständigen meist sitzend, die seitlichen gestielt, zuletzt herabgebogen; Perigon braun; *Staubbeutel mehrmals länger als die Staubfäden;* Samen fast kugelig, mit grossem Anhängsel. ♃. Waldwiesen, Vorhölzer, Holzschläge, häufig. Juncus campestris L. H. 0,1—0,25 M. März-Mai.

1871. **L. multiflora (Ehrh.) Lej.** *Wurzelstock dicht-rasig;* Blätter lineal, am Rande langhaarig; Aehren meist länglich, 5—15, gestielt, aufrecht od. etwas abstehend; Perigon braun; *Staubbeutel so lang als die Staubfäden*; Samen eiförmig mit kleinem Anhängsel. ♃. An gleichen Orten wie vorige. Juncus multiflorus Ehrh. L. erecta Desv. H. 0,15—0.45 M. Mai-Juni. b) pallescens (Hoppe). Perigon gelblich od. grünlich. An schattigen, mehr feuchten Orten. c) congesta (Thuill.). Aehren eiförmig, 2—7, fast sitzend od. kurzgestielt, zu einem kopfartigen Blüthenstande vereinigt; Perigon braun. Kalkalpen, selten; Saugraben u. Ochsenboden des Schneebergs, Schlangenweg, Wetterkogel u. Hohe Lehne der Raxalpe, Kleiner Oetscher u. bei Lackenhof, Hochkohr, Königsberg bei Gössling. L. alpina Hoppe.

* * Innere Perigonblätter kürzer als die äusseren.

1872. **L. sudetica (Willd.) Presl.** Wurzelstock kurz-kriechend; Blätter lineal, oft kahl werdend; Aehren 5—10, gedrängt, aufrecht od. die seitlichen abstehend; Perigon schwarzbraun; Samen eikugelig, mit sehr kleinem Anhängsel. ♃. Wechsel, Oetscher. Juncus sudeticus Willd. H. 0,15—0,4 M. Juni-Juli.

CVII. Familie. **Cyperaceae Juss.**

1 Blüthen sämmtlich od. grösstentheils zwittrig 2
Blüthen eingeschlechtig, 1 od. 2häusig . . . . **Carex**
2 Bälge in 2zeiligen Aehrchen 3
Bälge in einer ziegeldachigen Aehre 4
3 Aehrchen in dichten Köpfchen, aus 6—9 undeutlich 2zeilig gereihten Bälgen gebildet . . . . **Schoenus**
Aehrchen in einen Büschel od. eine Spirre vereinigt, aus zahlreichen regelmässig 2zeilig gereihten Bälgen gebildet **Cyperus**
4 Aehrchen wenigblüthig, die 3—4 unteren Bälge kleiner u. leer 5
Aehrchen mehrblüthig, die unteren Bälge grösser u. 1 od. einige derselben leer 6
5 Perigon fehlend, Griffel abfällig . . . . **Cladium**
Perigon aus 3—10 Borsten gebildet, Griffel bleibend **Rhynchospora**
6 Perigon aus 6—vielen fortwachsenden, zuletzt den Balg weit überragenden, einen wolligen Schopf bildenden Haaren bestehend . . . . **Eriophorum**
Perigon fehlend od. aus 1—12 Borsten gebildet, Borsten kürzer als der Balg 7
7 Griffel abfällig . . . . **Scirpus**
Griffelgrund zwiebelförmig verdickt, bleibend . . . **Heleocharis**

1. Gruppe. Cypereae Nees. Blüthen zwittrig; Bälge in 2reihigen Aehrchen; Perigon fehlend od. 1—mehrere unterständige Borsten.

537. **Cyperus L.** Cypergras. Aehrchen in einen Büschel od. eine Spirre vereinigt, aus zahlreichen regelmässig 2zeilig gereihten Bälgen gebildet, alle Bälge fruchtbar, selten die 2—3 untersten leer; Staubgefässe 3; Narben 2—3.

a. Wurzelstock kriechend, knotig, ausdauernd.

1873. **C. longus L.** Halm aufrecht, 3schneidig; Blätter lineal, gekielt; Hüllblätter 3—6, die unteren viel länger als die Spirre; Aehrchen lineal, rothbraun, zu 3—9 in lockeren Büscheln, Büschel in endständiger doldenförmiger Spirre; Narben 3; Früchte scharf 3kantig. ♃. Bisher nur an der Mündung der Schwefelquellen von Baden in die Schwechat u. an dem Heideteiche von Vöslau. H. 0,5 bis 1,3 M. Juli-Aug.

b. Wurzel faserig, jährig.

* Narben 2; Halme stumpfkantig.

1874. **C. flavescens L.** Halm aufrecht; Blätter rinnig; *Hüllblätter 2—3, fast wagrecht-abstehend od. zurückgeschlagen, die unteren viel länger als die Spirre; Aehrchen* länglich-lanzettlich, *schmutziggelb*, in endständigem Büschel od. endständiger Spirre; Früchte rundlich-verkehrteiförmig. ⊙ Lachen, überschwemmte Stellen, zerstreut; Angern, Marchegg, Breitensee, Kroissenbrunn, Schlosshof, Siebenbrunn; Tabor u. Schüttau im Prater, Moosbrunn, Ebergassing, Hölles, Neustadt, Hinterleiten bei Reichenau, Aspang,

Mariensee; in den 2 oberen Kreisen bei St. Pölten, Hiesberg bei Melk, Rosenfeld, Pöverding, Zelking, Obersdorf, Scheibbs, St. Veit bei Seitenstetten, St. Oswald im Isperthale, Aignerthal u. Ober-Bergern bei Mautern. H. 0,05—0,25 M. Aug.-Sept.

1875. **C. pannonicus Jacq.** Halm meist liegend; Blätter rinnig; *Hüllblätter meist 2, eines länger als die Spirre, aufrecht od. abstehend; Aehrchen* länglich, *grünlich-roth,* in einen trugseitenständigen Büschel; Früchte verkehrteiförmig. ⨀ Salzige nasse Stellen, bloss bei Gross-Enzersdorf u. am Neusiedlersee zwischen Neusiedel u. Goyss. H. 0,05—0,25 M. Aug.-Oct.

* * Narben 3; Halme 3schneidig.

1876. **C. fuscus L.** Halm schiefaufrecht; Blätter flach; Hüllblätter 2—3, fast wagrecht-abstehend od. zurückgeschlagen, die unteren viel länger als die Spirre; Aehrchen lineallanzettlich, in einer endständigen Spirre; Deckblätter licht- od. schwarzbraun mit grünem Rückenstreifen; Früchte 3kantig. ⨀ Ueberschwemmte Stellen; häufig im Wiener Becken, viel seltner in den 2 oberen Kreisen, so an der Donau u. Pielach bei Melk. C. virescens Hoffm. H. 0,05—0,25 M. Aug.-Sept.

538. Schoenus L. Kopfgras. Aehrchen in Köpfchen, aus 6—9 undeutlich 2zeilig gereihten Bälgen gebildet, nur die 2—3 obersten Bälge fruchtbar, die 3—4 unteren leer; Staubgefässe 3; Narben 3.

1877. **S. nigricans L.** Blätter pfriemlich, kürzer als der Halm; *Aehrchen schwarzbraun, 5—10,* in endständigem eiförmigen Köpfchen; Hüllblätter 2, das äussere länger als das Köpfchen; *Perigon fehlend od. aus 1 Borste bestehend.* ♃. Sumpfwiesen; Angern, Lassee: hinter Neuwaldegg u. Laab, Moorwiesen bei Himberg, Ebergassing, Moosbrunn, Ebreichsdorf, Laxenburg, Vöslau, Kottingbrunn, Saubachgraben bei Pottschach, Pfennigwiese bei Buchberg; Hiesberg bei Melk; Torfmoore bei Gutenbrunn. H. 0,15—0,5 M. April-Mai.

1878. **S. ferrugineus L.** Blätter pfriemlich, viel kürzer als der Halm; *Aehrchen rothbraun, 2—3,* in länglichem an der Spitze des Halmes trugseitenständigen Köpfchen: Hüllblätter 2, das äussere so lang als das Köpfchen; *Perigon aus 3—6 Borsten bestehend.* ♃. Moorwiesen; Himberg, Ebergassing, Moosbrunn, Ebreichsdorf, Kottingbrunn, Neustadt, Piesting, Teichmühle in der Neuen Welt, im Furterthale, Fuchsloch bei Scheuchenstein, Buchberg, Neusiedlersee. H. 0,1—0,3 M. April-Mai.

1877 × 1878. **S. nigricans × ferrugineus.** Von S. nigricans durch 2—5blüthige Aehrchen u. das aus 3—5 Borsten bestehende Perigon; von S. ferrugineus durch längere Blätter u. ein längeres äusseres Hüllblatt verschieden. Moosbrunn, Ebreichsdorf. S. Scheuchzeri Brügg. S. intermedius Celak.

2. Gruppe. Scirpeae Nees. Blüthen zwittrig od. vielehig; Bälge in ziegeldachiger Aehre; Perigon fehlend od. 1– viele unterständige Borsten.

a. Perigon fehlend od. aus 1—12 kurzen Borsten gebildet.

539. Cladium Patr. Br. Sumpfgras. Aehrchen gebüschelt, in Spirren, aus 5—7 Bälgen gebildet, die 3—4 unteren Bälge kleiner u. leer; Perigon fehlend; Staubgefässe 2—3; Griffel abfällig; Narben 2—3; Früchte steinfruchtartig.

1879. **C. mariscus (L.) R. Br.** Halm beblättert; Blätter geschärft-gekielt, am Rande sehr rauh; Aehrchen braun, kopfförmig-gebüschelt, Büschel in end- u. blattwinkelständigen Spirren. ♃. Sümpfe, Gräben; Höbesbrunn; Fischamend, Himberg, Velm, Münchendorf, Moosbrunn, Ebreichsdorf, Kottingbrunn, Breitenbrunn am Neusiedlersee. Schoenus mariscus L. C. germanicum Schrad. H. 1,0—1,5 M. Juli-Aug.

540. Rhynchospora Vahl. Moorsimse. Aehrchen in end- und seitenständigen Büscheln, aus 5—7 Bälgen gebildet, die 3—4 unteren Bälge kleiner u. leer; Perigon 3—10 Borsten; Staubgefässe 3; Griffel bleibend; Narben 2; Früchte nussartig, geschnäbelt.

1880. **R. alba (L.) Vahl.** Wurzelstock faserig; Halm 3kantig; Aehrchen weiss, später röthlich, in endständiger kopfartig-gedrängter Spirre, von den Hüllblättern nicht überragt. ♃. Torfige Wiesen, selten; Ofenauer Torfmoor bei Gössling; zwischen Altenmarkt u. Oswald im Isperthale, Gutenbrunn, am Burgstein, bei Heinrichs, Pyrabruck, Etzen, Weissenbach, Zuggers, Gross-Gerungs. Schoenus albus L. H. 0,15—0,4 M. Juli-Aug.

541. Heleocharis R. Br. Riet. Blüthenstand eine endständige Aehre, Aehre mehrblüthig, die unteren Bälge grösser u. 1 od. einige leer; Perigon 2—6 Borsten; Staubgefässe 2—3; Griffelgrund verdickt, bleibend; Narben 2—3; Früchte nussartig.

a. Narben 2; Früchte glatt od. feinpunktirt.

1881. **H. palustris (L.) R. Br.** *Wurzelstock kriechend, ausdauernd;* Halm stielrundlich, bläulichgrün, fast glanzlos; *Aehre länglich, braun;* Bälge ziemlich spitz, untere stumpf, *der unterste den Grund der Aehre halb umfassend;* Frucht abgerundet, glatt. ♃. Sümpfe, Gräben, häufig. Scirpus palustris L. H. 0,1—0,5 M. Juni-September.

1882. **H. uniglumis (Lk.) Schult.** *Wurzelstock kriechend, ausdauernd;* Halm stielrundlich, grasgrün, glänzend; *Aehre eilänglich,* braun; Bälge ziemlich spitz, *der unterste den Grund der Aehre ganz umfassend;* Frucht abgerundet, fein punktirt. ♃. Mit voriger, jedoch seltner. Scirpus uniglumis Lk. H. 0,1—0,4 M. Juni-Sept.

1883. **H. ovata (Roth.) R. Br.** *Wurzel rasig, jährig:* Halm stielrundlich, grasgrün, glänzend; *Aehre eiförmig,* braun; Bälge abgerundet-stumpf; Frucht scharfrandig, glatt. ⊙ Abgelassene Teiche, Ufer; nur im Waldviertel, bei Gföhl, Rastenberg, Eschabruck, Rudmans, Zwettl, Kirchberg, Nonndorf, Hoheneich, Schrems, Gmünd, Naglitz, Weissenbach, Weitra. Scirpus ovatus Roth. H. 0,15 bis 0,25 M. Juli-Aug.

b. Narben 3; Früchte fein-querstreifig.

1884. **H. acicularis (L.) R. Br.** Wurzelstock kriechend, ausdauernd; Halm fädlich, gefurcht-4kantig; Aehre länglich, braun; Bälge stumpflich; Frucht abgerundet. ♃. Ueberschwemmte Stellen; Inseln u. Ufer der Donau, March u. Leitha; Waldviertel: an der Lainsitz bei Schwarzbach, Rudmanser u. Edelhofer Teich, Stadtteich von Waidhofen. Scirpus acicularis L. H. 0,03—0,15 M. Juni-Sept.

542. Scirpus L. Binse. Blüthenstand eine endständige Aehre od. aus mehreren Aehrchen gebildet, Aehre od. Aehrchen meist vielblüthig, die unteren Bälge grösser u. 1 od. einige leer; Perigon fehlend od. 3—6 Borsten; Staubgefässe 1—3; Griffel abfällig; Narben 2—3; Früchte nussartig.

a. Blüthenstand eine einfache endständige Aehre; Narben 3.

1885. **S. caespitosus L.** Wurzelstock dichtrasig; Halm gefurcht, am Grunde bescheidet, *oberste Scheide in ein kurzes Blatt endigend;* Aehre rothgelb; *Bälge* stumpf, *abfällig, der unterste stachelspitzig,* die Aehre umfassend u. etwa so lang als dieselbe; *Perigonborsten glatt, länger als die glatte Frucht.* ♃. Torfige Stellen, sehr selten; Grubwiesalpe bei Neuhaus; dann bei dem Bauernhofe Göbhard nächst Mariazell u. im Nassköhr der Schneealpe, beide Standorte schon in Steiermark. Limnochloa caespitosa Rchb. Baeothryon caespitosus Nees. H. 0,1—0,3 M. Mai-Juni.

1886. **S. pauciflorus Lightf.** Wurzelstock rasig, kurze Ausläufer treibend; Halm feingestreift, am Grunde bescheidet, *Scheiden sämmtlich blattlos;* Aehre rothbraun; *Bälge* stumpf, *bleibend, der unterste wehrlos,* die Aehre halbumfassend, so lang od. kürzer als dieselbe; *Perigonborsten rauh, etwas kürzer als die netzig-streifige Frucht.* ♃. Sumpfige, quellige Stellen; Zwerndorf, zwischen Oberweiden u. Baumgarten; Schwadorf, Moosbrunn, Velm, Münchendorf, bei dem Laxenburger Bahnhofe, zwischen Baden u. Vöslau, Kottingbrunn, Mirathal bei Muckendorf, Blindendorf, Grillenberg bei Payerbach, Kohlberg bei Hirschwang, Prein, Semmering, Otterthal, Kirchberg am Wechsel, Schwarzau; Traisenauen bei Kugelfang; Kottes. S. baeothryon Ehrh. Limnochloa pauciflora Wim. H. 0,08—0,2 M. Juni-Juli.

b. Blüthenstand aus mehreren bis vielen Aehrchen zusammengesetzt.

α. Halme am Grunde bescheidet, blattlos od. die obersten 1—2 Scheiden in ein kurzes Blatt endigend; Blüthenstand wegen des einer Fortsetzung des Halmes gleichenden Hüllblattes trugseitenständig.

* Aehrchen in mehreren kugeligen dichten Köpfchen.

1887. **S. holoschoenus L.** Wurzelstock kriechend; Halm stielrundlich; Köpfchen schmutziggelb, zu 1—8, in einer Spirre; Deckblätter gefranst; Perigonborsten fehlend; Narben 3; Frucht glatt. ♃. Feuchte Wiesen; häufig im Wiener Becken bei Angern, Baumgarten, Marchegg, Gänserndorf, Wagram, Stockerau, Stetteldorf, auf den Donauinseln, in der südl. Bucht von Schwechat bis an die Leitha u. über Blindendorf, Gloggnitz bis Schottwien, auch in Bergwäldern zwischen Kaltenleutgeben u. Breitenfurt; fehlt in den 2 westl. Kreisen. Isolepis holoschoenus R. Br. Holoschoenus vulgaris Lk. H. 0,4—0,8 M. Juli-Aug.

* * Aehrchen zu 2 od. mehreren büschelig-gehäuft, nicht in kugeligen Köpfchen.

o Wurzel rasig, jährig; Bälge stumpf, oft stachelspitzig; Narben 3.

1888. **S. setaceus L.** Halm fädlich,; Aehrchen grünlichbraun, zu 1—3 gehäuft; *Hüllblatt vielmal kürzer als der Halm;* Perigonborsten fehlend; *Früchte längsrippig.* ⊙ Ueberschwemmte Plätze; an der Donau bei Floridsdorf u. im Prater, bei Schwadorf, Trautmannsdorf, Bruck a. d. Leitha, Neustadt, Tann bei Neunkirchen, Heufeld nächst Gloggnitz, Hinterleiten bei Reichenau, Kranichberg, zwischen Warmannstetten u. Hafning, Witzelsberg, Scheiblingkirchen, Ramplach, Gleissenfeld, Altenhof nächst Krumbach, Edlitz, Aspang, Mariensee u. in den höheren Thälern des Wechsels; Veltendorfer Waldrand bei St. Pölten, Soos, Mank, Hiesberg bei Melk, Winden, Eichberg bei Scheibbs, St. Veit nächst Seitenstetten; Ottenschlag, Weissenbach, Erdweiss, Schrems, Kirchberg, Zwettl, Gföhl, Georgswald bei Grossau. Isolepis setacea R. Br. H. 0,05—0,2 M. Juli-Aug.

1889. **S. supinus L.** Halm stielrund; Aehrchen lichtbraun, meist zu 3—5 gehäuft; *Hüllblatt fast so lang als der Halm;* Perigonborsten fehlend; *Früchte querrunzlig.* ⊙ Ueberschwemmte Stellen bei Staatz u. Bruck an der Leitha, seit langer Zeit jedoch nicht mehr gefunden. Isolepis supina. R. Br. H. 0,1—0,2 M. Juli-Aug.

o o Wurzelstock ausdauernd, kriechend; Bälge ausgerandet, mit einer Stachelspitze in der Bucht.

· Halm stielrund.

1890. **S. lacustris L.** *Halm grasgrün,* unten oft daumendick; Aehrchen rothbraun, in Büscheln gehäuft; *Bälge glatt;* Perigonborsten 6; Narben 3; Früchte 3kantig, glatt. ♃. Stehende u. fliessende Wässer häufig. H. 1,0—2,5 M. Juni-Aug.

1891. **S. Tabernaemontani Gm.** *Halm seegrün,* dünn; Aehrchen rothbraun, in Büscheln gehäuft; *Bälge punktiert, rauh;* Perigonborsten 6; Narben 2; Früchte zusammengedrückt, glatt. ♃. Teichränder, Sümpfe, häufig. S. glaucus Sm. H. 0,4—1,0 M. Juni-Aug.

· · Halm 3schneidig.

1892. **S. triqueter L.** Halm grasgrün; Aehrchen rothbraun, in Büscheln gehäuft; Bälge glatt; Perigonborsten 4—6; Narben 2: Früchte zusammengedrückt, glatt. ♃. Ueberschwemmte Stellen; häufig auf den Inseln u. Ufern der Donau. S. trigonus Roth. S. Pollichii Gr. et Godr. H. 0,3—1,0 M. Juli-Sept.

1890×1892. **S. lacustris × triqueter.** Von den Eltern durch den stumpf-3kantigen, auf der einen Seite flachen, auf den 2 anderen Seiten convexen Halm, verschieden. Am Tabor, im Prater, am Heustadelwasser u. unterhalb der Bäder an der Donau; Neusiedlersee S. carinatus Sm. S. Duvalii Hoppe. S. trigonus Nolte

β. Halme beblättert; Blüthenstand endständig.

* Aehrchen einzeln od. gebüschelt, in einfacher od. verzweigter Spirre; Perigonborsten 3—6; Narben 3.

o Aehrchen gross, rothbraun; Bälge 2spaltig, mit einer Stachelspitze in der Ausrandung.

1893. **S. maritimus L.** Wurzelstock kriechend, stellenweise knollig verdickt; Halm 3kantig; Blätter rinnig, scharfgekielt; Spirre locker od. zusammengezogen, mitunter der ganze Blüthenstand aus einem, aus 3—5 Aehrchen gebildeten Büschel bestehend. ♃. Stehende u. fliessende Wässer, häufig. H. 0,3—1,0 M. Juni-Juli.

o o Aehrchen klein, schwärzlichgrün; Bälge stumpf, mit od. ohne Stachelspitze.

1894. **S. silvaticus L.** Wurzelstock unterirdische Ausläufer u. Laubsprosse treibend; Halm 3kantig; Blätter flach; Spirre doldentraubig-ausgebreitet; *Aehrchen eiförmig, meist zu 3—5 gehäuft* u. sitzend; *Bälge mit Stachelspitze*; *Perigonborsten gerade, abwärts rauh.* ♃. Feuchte Gebüsche, Auen, Gräben, häufig. H. 0,5—1,0 M. Juni-Juli.

1895. **S. radicans Schkuhr.** Wurzelstock verlängerte, bogenförmig zur Erde neigende, an der Spitze wurzelnde Laubsprosse treibend; Halm 3kantig; Blätter flach; Spirre doldentraubig-ausgebreitet; *Aehrchen eilanzettlich, fast alle einzeln u. langgestielt; Bälge ohne Stachelspitze; Perigonborsten gewunden, glatt.* ♃. Sümpfe, überschwemmte Stellen; Donauinseln: Prater, Taborau, Jedlersee, Klosterneuburg, Sauhaufen u. grosse u. kleine Sonnlacke bei Stockerau; am oberen Teiche im Neuwaldegger Parke, Blindendorf bei Neunkirchen; Melk; Waldviertel von Gföhl über Zwettl bis Schrems, Gmünd, Beinhöfen u. Alt-Weitra. H. 0,5—1,0 M. Juni-Juli.

* * Aehrchen zu einem dichten Köpfchen gehäuft; Perigonborsten fehlend; Narben 2.

1896. **S. Michelianus L.** Wurzel rasig; Halme 3kantig; Blätter flach; Aehrchen klein, bleichgrün; Bälge länglich, zugespitzt. ♃. Ueberschwemmte Stellen, selten; am Donauufer bei Floridsdorf, häufiger im Thalwege der March bei Stillfried, Mannersdorf, Angern, Zwerndorf, Magyarfalva. Dichostylis Micheliana Nees. H. 0,01—0,15 M. Aug.-Sept.

* * * Aehrchen in eine 2zeilige, am Grunde öfter zusammengesetzte Aehre gereiht; Narben 2.

1897. **S. compressus (L.) Pers.** Wurzelstock kriechend; Halme stumpfkantig; Blätter am Grunde rinnig; Aehre rothbraun; Bälge spitz; Perigonborsten abwärts rauh. ♃. Sumpfige Wiesen bis in die Voralpen zerstreut. Schoenus compressus L. Blysmus compressus Panz. H. 0,1—0,25 M. Juni-Juli.

b. Perigon aus 6—vielen, zuletzt den Balg überragenden, einen wolligen Schopf bildenden Haaren bestehend.

543. Eriophorum L. Wollgras. Aehren einzeln od. in doldenförmiger Spirre, vielbüthig, die untersten Bälge grösser, leer; Staubgefässe 1—3; Griffel abfällig; Narben 3; Früchte nussartig.

a. Perigonborsten wenige, nach der Blüthezeit in gekraust-schlängliche Wollhaare verlängert.

1898. **E. alpinum L.** Wurzelstock kriechend; Halme 3kantig, rauh, am Grunde bescheidet, die oberste Scheide in ein kurzes Blättchen übergehend, die unteren blattlos; Aehre aufrecht; Bälge stumpflich. ♃. Moorige, nasse Wiesen; Herrenteich bei Schrems, zwischen Karlstift u. Rindlberg, Altmelon, Grossweissenbach, St. Oswald, Jauerling; oberer Lunzersee, am Fusse des Göllers gegen die Terz, Hechtensee, Mitterbach, Erlafsee. H. 0,05—0,25 M. April-Mai.

b. Perigonborsten zahlreich, nach der Blüthezeit in gerade Wollhaare verlängert.

* Aehre einzeln, endständig.

1899. **E. vaginatum L.** Wurzelstock dichtrasig; Halme oberwärts 3kantig, glatt, etwa bis zur Mitte bescheidet, die 1—2 untersten Scheiden blatttragend, die oberen blattlos; Aehre aufrecht; Bälge langzugespitzt. ♃. Sümpfe, Torfmoore; Wechsel, Hechtensee, Mitterbach, Neuhaus, Lassing, Ofenau, oberer Lunzer See; Jauerling u. Burgstein, bei Gutenbrunn, Traunstein, Karlstift, Altmelon, Beinhöfen, Sofienwald, Erdweiss, Gmünd, Hoheneich, Schrems. E. caespitosum Host. H. 0,2—0,5 M. April-Mai.

* * Aehren mehrere, in doldenförmiger Spirre.

o Halm stielrundlich; Aehrenstiele glatt.

1900. **E. polystachium L.** Wurzelstock unterirdische Ausläufer treibend; Halme beblättert; Blätter lineal, rinnig; Aehren 3—5, zuletzt überhängend; Bälge zugespitzt. ♃. Sumpfwiesen, häufig. E. angustifolium Roth. H. 0,2—0,6 M. April-Mai.

o o Halm stumpfkantig; Aehrenstiele rauh.

1901. **E. latifolium Hoppe.** Wurzelstock öfter beblätterte Ausläufer treibend; Halme beblättert; *Blätter lineallanzettlich, flach;* Aehren 5—10, zuletzt überhängend, *deren Stiele von feinen Zäckchen rauh;* Bälge zugespitzt. ♃. Sumpfwiesen, häufig. H. 0,2 bis 0,6 M. April-Mai.

1902. **E. gracile Koch.** Wurzelstock kriechend; Halme beblättert; *Blätter schmallineal, rinnig-3kantig;* Aehren 3—4, *deren Stiele von kurzen Härchen rauh;* Bälge zugespitzt. ♃. Sumpfwiesen, Torfmoore, selten; Hechtensee bei Mariazell; Jauerling, St. Oswald, Pirbach, Hoheneich, Traunstein, Gmünd, Weissenbach, Weitra, Altmelon. E. triquetrum Hoppe. H. 0,2 bis bis 0,4 M. April-Mai.

3. Gruppe. Cariceae Nees. Blüthen 1geschlechtig, 1- od. 2häusig.

544. Carex L. Segge. Blüthen in ziegeldachigen Aehren od. Aehrchen, letztere aus ♂ od. ♀. od. ♂ u. ♀ Blüthen bestehend. ♂ Blüthe: 2—3 Staubgefässe in der Achsel eines schuppenförmigen Balges; ♀ Blüthe: ein krugförmiger, ebenfalls achselständiger, zuletzt abfälliger Schlauch; Narben 2—3; Frucht im Schlauche eingeschlossen.

I. Blüthen in einer einzigen endständigen einfachen Aehre.

a. Aehre 1geschlechtig; Narben 2.

1903. **C. dioica L.** *Wurzelstock kriechend; Halme* stielrundlich, *sammt den Blättern glatt;* Bälge bleibend; *Früchte eiförmig,* zuletzt abstehend od. fast aufrecht. ♃. Torfige, sumpfige Wiesen, nur im Waldviertel; Jauerling, Pretrobruck, Grossgerungs, Etzen, Gmünd, Weitra, Altmelon, Lichtegg. C. laevis Hoppe. C. Linnaeana Host. H. 0,06—0,2 M. Mai-Juni. b) Metteniana (Lehm.) Aehren 2geschlechtig. Zufällig.

1904. **C. Davalliana Sm.** *Wurzelstock dichtrasig; Halme* 3kantig, *sammt den Blättern rauh;* Bälge bleibend; *Früchte länglichlanzettlich,* zuletzt abwärts gerichtet. ♃. Sumpfwiesen der Ebene bis in die Voralpen, häufig. C. scabra Hoppe. H. 0,1 bis 0,3 M. April-Mai. b) Sieberiana (Op.). Aehren 2geschlechtig. C. Custoriana Heer. Zufällig.

b. Aehre 2geschlechtig, unten weiblich, oben männlich.

* Narben 2.

1905. **C. pulicaris L.** Wurzelstock dichtrasig; Halme stielrundlich, sammt den Blättern glatt; Bälge der weiblichen Blüthen abfällig; Früchte länglich-lanzettlich, zuletzt herabgeschlagen. ♃. Feuchte Triften, selten; bei dem Augenbrünnl bei Hirschwang, bei Steinbach, Rappoltenkirchen, Ochsenburg bei St. Pölten, Hiesberg bei Melk, Hoderberg bei Gresten, Seitenstetten; Kottes, am Jauerling. C. psyllophora Ehrh. H. 0,05—0,2 M. April-Mai.

* * Narben 3.

1906. **C. pauciflora Lightf.** Wurzelstock dünn, kriechend; Halme stielrundlich, sammt den Blättern rauh; Aehre meist 4blüthig; *Bälge strohgelb, die der weiblichen Blüthen abfällig; Früchte lineallanzettlich, in einen langen Schnabel verschmälert, zuletzt herabgeschlagen.* ♃. Torfmoore, selten; oberer Lunzer See, Ofenau bei Gössling, Mitterbach, Hechtensee; Waldviertel: am Burgstein, bei Gutenbrunn, Karlstift, Altmelon, Weitra, Gratzen. C. patula Huds. C. leucoglochin Ehrh. H. 0,08—0,2 M. Mai-Juni.

1907. **C. rupestris All.** Wurzelstock beblätterte Ausläufer treibend; Halme 3kantig, sammt den Blättern rauh; Aehre mehrblüthig; *Bälge bleibend, rothbraun; Früchte verkehrteiförmig-3seitig, sehr kurz geschnäbelt, aufrecht.* ♃. Felsen der Kalkalpen, sehr selten; Waxriegel des Schneebergs gegen den Saugraben u. Abstürze des Ochsenbodens gegen die Bockgrube, dann auf der Raxalpe gegen das Raxenthal. C. petraea Schkuhr. H. 0,05—0,1 M. Juni-Juli.

II. Blüthen in Aehrchen; Aehrchen 2geschlechtig (selten einige 1geschlechtig), in ein endständiges Köpfchen od. in eine Aehre od. Rispe vereinigt; Narben 2.

a. Aehrchen in der Regel 1geschlechtig, die obersten u. die unteren der Aehre weiblich, die mittleren männlich.

1908. **C. disticha Huds.** Wurzelstock kriechend; Halme 3kantig; Aehrchen in länglicher, gedrungener, am Grunde oft lappiger Aehre; Bälge rothbraun; Früchte eiförmig, längsnervig. ♃. Sumpfwiesen; Donauinseln bei Wien, südöstliche Niederung von der Triesting bis an die Leitha zerstreut, Neusiedlersee bei Winden u. Breitenbrunn; Marchegg, Bockflüss, Gänserndorf, Wagram, Stockerau, Grossweikersdorf bis an den Manhartsberg bei Pulkau u. bis an den Kamp bei Langenlois, bei Lengenfeld, Krems; Berging nächst Melk, Mooshöfen bei St. Pölten, bei dem Wasenbauer u. bei St. Peter nächst Seitenstetten. C. intermedia Good. H. 0,5—1,0 M. Mai-Juni.

b. Jedes Aehrchen 2geschlechtig, die oberen Blüthen des Aehrchens männlich, die unteren weiblich.

* Wurzelstock kriechend.

1909. **C. stenophylla Wahlenb.** Wurzelstock dünn; Halme stumpfkantig; *Blätter schmallineal, etwa so breit als der Halm;* Aehrchen in kopfförmiger Aehre; Deckblätter häutig; Früchte eiförmig, in einen kurz-2zähnigen Schnabel zugespitzt. ♃. Grasplätze, stellenweise; unteres Belvedere, Türkenschanze, zwischen Penzing u. Baumgarten, Prater, Freudenau, Kaiser-Ebersdorf, Laaerberg, Lanzendorf, zwischen Himberg u. Moosbrunn, Rappoltenkirchen, Maaberg bei Mödling, zwischen Leobersdorf u. Solenau, Neustadt über Katzelsdorf bis an das Rosaliengebirge, zwischen Sebenstein u. Natschbach, Goyss am Neusiedlersee, Hainburg; zwischen Angern u. Zwerndorf, Patzmannsdorf, Zöbinger Berg bei Langenlois, Landersdorf u. Alaunthal bei Krems, St. Pölten. C. juncifolia et glomerata Host. C. Hostii Schkuhr. H. 0,1—0,25 M. April-Mai.

1910. **C. divisa Huds.** Wurzelstock dick; Halme stumpfkantig; *Blätter lineal, 2—3mal breiter als der Halm;* Aehrchen in länglicher, gedrungener Aehre; Deckblätter häutig od. die unteren in ein borstliches Blättchen auslaufend; Früchte eiförmig, in einen 2spaltigen Schnabel zugespitzt. ♃. Sandige u. sumpfige Stellen, jetzt nur mehr am Neusiedlersee bei Podersdorf; ehemals auf der Türkenschanze u. bei den Kaisermühlen im Prater; angeblich auch um Mariazell. C. schoenoides Host. C. austriaca Schkuhr. H. 0,2—0,4 M. Mai-Juni.

* * Wurzelstock rasig.

o Früchte planconvex, sparrig-abstehend.

· Halm 3kantig mit flachen Seiten; Früchte nervenlos od. undeutlich längsnervig.

1911. **C. muricata L.** Blätter lineal, der häutige Theil ihrer Scheidenmündung dünn, leicht zerreissbar, den Anfang der Blattfläche deutlich überragend; Aehrchen in länglicher, meist gedrungener Aehre; *Früchte eilanzettlich*, ziemlich lang geschnäbelt, *zuletzt wagrecht-abstehend, ihre Wandung am Grunde verdickt, eine deutlich gestielte eigentliche Frucht einschliessend.* ♃. Auen, Haine, Waldränder, häufig. C. contigua Hoppe. H. 0,2—0,5 M. Mai-Juni. b) interrupta Wallr. Aehre verlängert, unterbrochen; Bälge bleicher. C. nemorosa Lumn. An gleichen Orten.

1912. **C. virens Lam.** Blätter lineal, der häutige Theil ihrer Scheidenmündung derber, den Anfang der Blattfläche nicht od. wenig überragend; Aehrchen in linealer, unterbrochener Aehre; *Früchte eiförmig*, ziemlich kurz geschnäbelt, *zuletzt aufrecht-abstehend, ihre Wandung dünnhäutig, eine fast sitzende eigentliche Frucht einschliessend.* ♃. Schattige Wälder; zerstreut im Wiener Walde bis in die Voralpen; auch bei Wilfersdorf nächst Stockerau, im Kampthale bei Plank, bei Dürrenstein. C. divulsa Good. C. Pairaei Schultz. H. 0,5—1,0 M. Mai-Juni.

· · Halm 3kantig mit vertieften Seiten; Früchte erhaben-längsnervig.

1913. **C. vulpina L.** Halme geflügelt-3kantig, mit stark vertieften Seiten, an den Kanten sehr rauh; Aehrchen in länglicher, meist gedrungener Aehre; Deckblätter steif, borstlich, kaum so lang als die Aehrchen; Bälge eiförmig, dunkelbraun, mit dunkelgrünem Rückenstreifen, in eine längere, borstliche Spitze auslaufend; Früchte eilänglich, braun, mit kurzem undeutlich 2zähnigem Schnabel, am Rücken deutlich nervig, vorn nervenlos, zuletzt aufrecht-abstehend, mit meist noch vorhandenen Narbenresten. ♃. Ufer, Gräben, besonders niedriger Gegenden häufig. H. 0,4—1,0 M. Mai-Juni. b) nemorosa Reb. Halme 3kantig, mit wenig vertieften Seiten, an den Kanten etwas rauh; Aehrchen in lineallänglicher, am Grunde öfter unterbrochener Aehre; Deckblätter schlaff, meist länger als die Aehrchen, das unterste oft laubartig; Bälge länglich, hellbräunlich, mit hellgrünem Mittelstreifen, in eine kurze Spitze auslaufend; Früchte eiförmig, grünlich bis hellbräunlich, mit längerem deutlich 2spaltigem Schnabel, beiderseits nervig, zuletzt wagrecht-abstehend, ohne Narbenreste. Auen, feuchte Gebüsche, zerstreut.

o o Früchte beiderseits gewölbt, aufrecht.

· Halme unten stielrundlich, oben 3kantig.

1914. **C. diandra Roth.** Wurzelstock locker-rasig; Halme oberwärts 3kantig, mit ziemlich convexen Seiten; Blätter schmallineal, untere Scheiden braun, glanzlos, wenig zerfasert; Aehrchen in länglicher, am Grunde manchmal zusammengesetzter Aehre; Früchte eiförmig, glänzend, braun, vorn nervenlos, am Rücken undeutlich längsnervig, in einen 2zähnigen Schnabel verschmälert. ♃. Torfmoore, sumpfige Wiesen, sehr selten; Hechtensee bei Mariazell, Teich der Ziegelei u. Stiftteich bei Seitenstetten; Egelsee bei Krems, Reittern bei Gföhl, Döllersheim, Langegg, Etzen, Karlstift. C. teretiuscula Good. H. 0,25—0,5 M. Mai-Juni.

·· Halme durchaus 3kantig.

1915. **C. paradoxa Willd.** Wurzelstock dichtrasig; *Halme* 3kantig, *mit ziemlich convexen Seiten;* Blätter schmallineal, *untere Scheiden* schwarzbraun, *glanzlos, faserig-schopfig*; Aehrchen in mehr minder zusammengesetzter Aehre; *Früchte* eiförmig, *glanzlos,* dunkelbraun, *beiderseits deutlich längsnervig,* in einen 2zähnigen Schnabel verschmälert. ♃. Sumpfwiesen, selten; Schüttau im Prater, Moosbrunn, Himberg, Ebergassing, Bruck an der Leitha; Mooshöfen nächst St. Pölten, Unterbergern, Melk, Stiftsteich u. Hofau bei Seitenstetten; Stockerau, Krems, Senftenberg, Lengenfeld, Stiefern, Rassbach, Kottes, Etzen. H. 0,3—0,6 M. Mai-Juni.

1916. **C. paniculata L.** Wurzelstock dichtrasig; *Halme* 3kantig, *mit flachen Seiten;* Blätter breitlineal, *untere Scheiden* braun, *glänzend, nicht zerfasert;* Aehrchen in mehr minder rispig-ästiger Aehre; *Früchte* eiförmig, *etwas glänzend,* grünlichbraun, *am Grunde verwischt längsnervig,* in einen 2zähnigen Schnabel verschmälert. ♃. Ufer, Sümpfe, Gräben der Ebene bis in die Voralpenregion, stellenweise in den beiden südl. Kreisen; dann zwischen Spielberg u. Rohrbach bei Krems, bei Gföhl u. Nieder-Grünbach. H. 0,4—1,0 M. Mai-Juni.

c. Jedes Aehrchen 2geschlechtig, die oberen Blüthen des Aehrchens weiblich, die unteren männlich.

* Wurzelstock kriechend.

1917. **C. praecox Schreb.** Halme dünn, scharfkantig; *Blätter* schmallineal, *etwa so breit als der Halm*; *Aehrchen gerade,* dunkelbraun, in länglicher, 2zeiliger Aehre; Deckblätter häutig; *Früchte eilänglich,* aufrecht, in den 2spaltigen Schnabel zugespitzt. ♃. Trockene Wiesen, grasige Abhänge der Ebene u. Bergregion. C. Schreberi Schrank. H. 0,1—0,3 M. Mai-Juni.

1918. **C. brizoides L.** Halme dünn, scharfkantig; *Blätter* lineal, *2—3mal breiter als der Halm; Aehrchen gekrümmt,* blassgelblich, in länglicher, 2zeiliger Aehre; Deckblätter häutig; *Früchte lanzettlich,* abstehend, in den 2spaltigen Schnabel verschmälert. ♃. Bergwälder, stellenweise; Tulbinger Steig, Rappoltenkirchen, Hainbach, Mauerbach, Gablitz, am Burbach bei Pottenstein, Kirchberg am Wechsel; bei Josefsberg, Gresten, zwischen Wieselburg u. Kemmelbach, Ruprechtshofen, Dunkelsteiner Wald, Hiesberg bei Melk, Langegg, Gansbach, Obergern, Aignerthal bei Mautern; am Kamp bei Kammern, im Loisthale, bei Meissling an der Krems, Kirchberg am Wald, Nonndorf, Karlstift, Weitra, Pürbach, Schrems, Eisgarn, Waidhofen, Raabs, Dobersberg, am Ostrong u. Burgstein; Ernstbrunnerwald, Gross-Russbach; angeblich auch in Donauauen bei Mannswörth. H. 0,3—0,6 M. Mai-Juni. b) curvata (Knaf.) Aehrchen braun. Hinterbrühl, Wördern.

1918×1920. **C. remota × brizoides.** Von C. remota durch den kriechenden Wurzelstock, das kurze, unterste Deckblatt u. lanzettliche Früchte; von C. brizoides durch mehr entfernte Aehrchen, von denen wenigstens das unterste von einem schmalen grünen Deckblatte gestützt ist, u. durch aufrechte am Rande rauhe Früchte verschieden. Zwischen Mauerbach u. Gablitz, bei Purkersdorf gegen den Troppberg. C. Ohmülleriana O. F. Lang.

* * Wurzelstock rasig.

o Aehrchen in fast kugligen von einer 3—4blättrigen Hülle umgebenen Köpfchen.

1919. **C. cyperoides L.** Halme 3kantig; Blätter lineal; Aehrchen grün; Früchte lanzettlich, in einen langen doppelt-haarspitzigen Schnabel verschmälert. ⊙ Teichränder; feuchte Sandstellen; bei Gföhl, Rastenberg, Eschabruck, Rudmans, Zwettl, Kirchberg, Nonndorf, Hoheneich, Schrems, Gmünd, Naglitz, Weissenbach, Weitra, manchmal in die Niederungen des Kamps herabgeschwemmt u. selbst in die Brigittenau von Wien; an der March bei Mannersdorf. H. 0,1—0,4 M. Juli-Aug.

o o Aehrchen in einfachen, von keiner Hülle umgebenen Aehren.

· Die 2—4 unteren Aehrchen weit entfernt, mit einem laubartigen, über den Halm hinausragenden Deckblatte gestützt.

1920. **C. remota L.** Halme schlaff, 3kantig; Aehrchen grünlichweiss; Früchte eilänglich, fast aufrecht, in einen 2zähnigen Schnabel verschmälert. ♃. Bergwälder, Holzschläge, verbreitet; auch in der Freudenau im Prater. H. 0,25—0,6 M. Mai-Juni.

1916×1920. **C. remota × paniculata.** Von C. remota durch steiferen Halm, nur ein das unterste Aehrchen stützendes laubartiges Deckblatt u. hellbräunliche Aehrchen; von C. paniculata durch schmälere Blätter, entfernte untere Aehrchen, das von einem laubartigen Deckblatte gestützte unterste Aehrchen; von beiden durch die am Grunde u. an der Spitze od. durchaus männlichen oberen Aehrchen u. selten vollständig entwickelten Früchte verschieden. Bisher bloss auf sumpfigen Wiesen bei Seitenstetten. C. Boenninghausiana Wh.

· · Aehrchen mehr minder genähert, mit meist häutigen, den Halm nicht überragenden Deckblättern.

, Früchte aufrecht.

1921. **C. canescens L.** Halme 3kantig; *Aehrchen* 4—8, eiläng-lich, grünlichweiss, *in linealer, unterbrochener Aehre, die unteren* *etwas entfernt*; *Früchte* eiförmig, zusammengedrückt, *schwach längsnervig,* mit ungeflügeltem Rande u. sehr kurzem, *schwach ausgerandetem Schnabel.* ♃. Moore, sumpfige Wiesen; Rossgraben bei Rappoltenkirchen, Dachetwald bei Hafning nächst Neunkirchen, subalp. Wiesen des Wechsels, am Kampstein, Saurücken u. auf der Feistritzer Schwaig; Grubwiesalpe am Dürnstein, Hochkohr, Lassinger u. Ofenauer Torfmoor, am Stumpf der Voralpe, St. Peterer Wald bei Seitenstetten; Waldviertel bei Gföhl, Zwettl, Eisgarn, Schrems, Gmünd, Sofienwald, Wieländer Moos, Etzen, Karlstift, Schönbach, Traunstein, Gutenbrunn, am Jauerling, bei Imbach im Kremsthale. C. curta Good. H. 0,2 bis 0,5 M. Mai-Juni. b) subloliacea Laest. Aehrchen 3—4, rundlich, wenigblüthig. Weitra.

1922. **C. heleonastes Ehrh.** Halme 3kantig; *Aehrchen 3—4, genähert,* eiförmig, bräunlich, in eiförmiger od. länglicher 2zeiliger Aehre; *Früchte* eiförmig, zusammengedrückt-3kantig, *glatt* mit ungeflügeltem Rande u. *kurzem, ungetheiltem Schnabel.* ♃. Bisher nur auf dem Hechtenseemoor bei Mariazell. H. 0,15—0,3 M. Mai-Juni.

1923. **C. leporina L.** Halme stumpfkantig; *Aehrchen* meist 6, *genähert,* eiförmig, hellbraun, in eiförmiger od. länglicher 2zeiliger Aehre; *Früchte* eiförmig, zusammengedrückt, längsnervig, *mit rauhem Flügelrande u. ziemlich langem 2zähnigen Schnabel.* ♃. Wiesen, Wälder, zerstreut. C. ovalis Good. H. 0,15—0,3 M. Mai-Juni b) argyroglochin (Horn.). Aehre weisslich, silberglänzend. Dreimarkstein bei Sievering.

,, Früchte abstehend.

1924. **C. echinata Murray.** Halme stumpfkantig, unter der Aehre fast glatt; *Aehrchen meist 4,* genähert, *fast kuglig,* bräunlichgrün, in linealer meist unterbrochner Aehre; *Früchte eiförmig, sparrig-abstehend,* längsnervig, in einen langen 2zähnigen Schnabel verschmälert. ♃. Nasse Wiesen; Rosskopf bei Neuwaldegg, zwischen Pressbaum u. Rekawinkel; Voralpen des Wechsels, Ganswiese, Gloggnitz, Reichenau, Klamm, Prein bis an den Fuss der Raxalpe, in der Terz, bei Scheibbs, Gaming, Lunz, Neuhaus, Gössling bis auf den Dürnstein u. das Hochkohr, Hechtensee, Mitterbach, Seitenstetten, Hiesberg bei Melk, Ruprechtshofen bei Mank, Veltend bei St. Pölten; gemein im Waldviertel u. im tertiären Becken von Wittingau. C. Leersii Willd. C. stellulata Good. H. 0,15 bis 0,4 M. Mai-Juni.

1925. **C. elongata L.** Halme 3kantig, unter der Aehre sehr rauh; *Aehrchen 6—10, länglich,* grünlichbraun in linealer unterbrochener Aehre, die unteren etwas entfernt; *Früchte lanzettlich, fast wagrecht-abstehend,* längsnervig, in einen kurz 2zähnigen Schnabel verschmälert. ♃. Sumpfige Stellen, sehr selten; zwischen dem Tegel u. der Saumauer am Hochkohr, Hechtensee Torfmoor, St. Peter bei Seitenstetten, Mooshöfen nächst St. Pölten, Waldhof bei Krems, Langenlois, Gföhler Wald, Reittern, Fuggnitzthal bei Hardegg. H. 0,25—0,5 M. Mai-Juli.

III. Blüthen in 2—vielen einfachen Aehren, das od. die endständigen männlich, die unteren weiblich (selten die männlichen Aehren am Grunde weiblich od. die weiblichen an der Spitze männlich).

A. Narben 2.

a. Blätter fast borstlich, rinnig; Früchte schwach behaart, in einen 2spaltigen Schnabel verlaufend.

1926. **C. mucronata All.** Wurzelstock dichtrasig; Halme stumpfkantig; männliche Aehre einzeln, weibliche 1—2, länglich; Deckblätter häutig, braun mit grünem Rückenstreifen; Früchte länglich-lanzettlich, planconvex. ♃. Kalkalpen u. Voralpen; Wassersteig, Krumbachgraben, Saugraben u. Heuplagge des Schneebergs; Heukuppe, Hohe Lehne, Eishütten, Wetterkogel u. Griesleiten der Raxalpe; St. Egyd, Göller, Hetzkogel bei Lunz, Dürnstein, Scheiblingstein, Voralpe. H. 0,08—0,25 M. Juni-Juli.

b. Blätter lineal, flach; Früchte kahl, mit kurzem stielrunden, ungetheilten Schnabel.

* Wurzelstock dichtrasig, ohne Ausläufer.

1927. **C. stricta Good.** *Halme steif, graugrün, Blattscheiden hellbraun, alle netzfaserig;* männliche Aehren 1—2, weibliche 2—3, walzlich, sitzend od. die unterste kurzgestielt; *Früchte elliptisch, flach, 5—7nervig, seegrün.* ♃. Sumpfwiesen, besonders im Wiener Becken; im Rohrwalde bei Gaunersdorf, Gänserndorf, Angern, Marchegg; Brigittenau u. Kaisermühlen im Prater, Simmering, Himberg, Moosbrunn, Laxenburg, Ebreichsdorf, am Burbach bei Pottenstein, Neustadt, Blindendorf, am Kahlengebirge bei Laab; Stockerau, Egelsee bei Krems, Strass nächst Langenlois, Jauerling, Rosenfeld u. Hiesberg bei Melk, Seitenstetten. H. 0,3—0,7 M. April Mai.

1928. **C. caespitosa L.** *Halme ziemlich schlaff, gelblichgrün, Blattscheiden purpurn, nur die untersten netzfaserig;* männliche Aehren meist einzeln, weibliche 2—3, walzlich bis eiförmig, sitzend, sehr genähert; *Früchte eiförmig, beiderseits etwas gewölbt, nervenlos, grün.* ♃. Bisher bloss bei Witzendorf u. den Mooshöfen nächst St. Pölten u. in der Brigittenau bei Wien. C. pacifica Drej. C. Drejeri O. F. Lang. H. 0,25—0,5 M. April-Mai.

* * Wurzelstock rasig, beblätterte Ausläufer treibend.

1929. **C. turfosa Fr.** Halme dünn, *am Grunde mit blattlosen Scheiden umgeben; untere Blattscheiden oft etwas netzfaserig;* Blätter am Rande schwach zurückgerollt; männliche Aehren 1—2, weibliche 2—3, aufrecht, sitzend; *das unterste Deckblatt* blattartig, *über die Spitze der obersten männlichen Aehre nicht hinausragend; Früchte* eiförmig, *planconvex,* längsnervig. ♃. Sumpfwiesen, torfige Wälder; Wechsel, Reichenau, überall auf dem Schiefer- u. Granitplateau des Waldviertels vom Gföhler Walde bis an die westl. Grenze des Gebietes. H. 0,25—0,45 M. Mai-Juni.

1930. **C. nigra (L.) Beck.** Halme steif, *Blattscheiden alle beblättert, nicht netzfaserig;* Blätter am Rande eingerollt; männliche Aehren 1—2, weibliche 2—4, aufrecht sitzend od. die unterste kurzgestielt; *das unterste Deckblatt* blattartig, *über die Spitze der obersten männlichen Aehre nicht hinausragend; Früchte* elliptisch, *planconvex,* längsnervig. ♃. Feuchte Wiesen, Gräben; Prater, Taborau, Klosterneuburger Au, Neuwaldegg, Mariabrunn, Weidlingbach, Himberg, Moosbrunn; Voralpen des Wechsels, Reichenau, Prein, Gaming, Lunz, Neuhaus, Gössling, Mariazell; häufig auf den nördl. Schiefern des Kreises O. W. W. u. im Kreise O. M. B. C. acuta α. nigra L. C. Goodenouwii Gay. C. vulgaris Fr. H. 0,15—0,3 M. April-Juli.

1931. **C. ruffa (L.) Simk.** Halme steif; *Blattscheiden alle beblättert, nicht netzfaserig;* Blätter am Rande eingerollt; männliche Aehren 2—4, weibliche 3—5, oft überhängend, die unteren gestielt; Deckblätter blattartig, wenigstens das unterste *über die Spitze der obersten männlichen Aehre hinausragend; Früchte* elliptisch, *beiderseits convex,* verwischt-längsnervig. ♃. Ufer, Sümpfe, Gräben, verbreitet. C. acuta β ruffa L. C. gracilis Curt. H. 0,25 bis 0,75 M. April-Mai.

B. Narben 3.

a. Die endständige Aehre unten männlich, an der Spitze weiblich; Früchte mit sehr kurzem undeutlich-2zähnigem Schnabel.

1932. **C. Buxbaumii Wahlenb.** Wurzelstock kriechend; Halme oben rauh; *Blattscheiden* röthlich, *netzfaserig;* Aehren 3—5, die unteren 1—2 Deckblätter blattartig, kurzscheidig; *Bälge* zugespitzt, *braun mit grünem Rückenstreifen;* Früchte 3kantig, kahl, verwischt-längsnervig. ♃. Bisher bloss am Dürnhofer Teiche bei Zwettl. H. 0,3—0,5 M. April-Mai.

1933. **C. atrata L.** Wurzelstock rasig, beblätterte Ausläufer treibend; Halme glatt; *Blattscheiden* braun, *nicht netzfaserig:* Aehren 3—5, die unteren Deckblätter meist blattartig; *Bälge* stumpflich od. spitz, *schwarzviolett;* Früchte zusammengedrückt, kahl, nervenlos. ♃. Kalkalpen, häufig. H. 0,1—0,3 M. Juni-Aug.

b. Die endständige Aehre typisch durchaus männlich.

α. Früchte mit kurzem gestutzten, ausgerandeten od. mehr minder deutlich 2zähnigen Schnabel.

* Früchte behaart; männliche Aehre 1.

o Wurzelstock kriechend.

· Unteres Deckblatt blattartig, zuletzt wagrecht abstehend.

1934. **C. tomentosa L.** Halme 3kantig; untere Blattscheiden schwarzpurpurn, netzfaserig; weibliche Aehren 1—3, kurzwalzlich, sitzend od. die unterste kurzgestielt; Früchte kuglig-verkehrteiförmig, dichtfilzig, fast schnabellos. ♃. Wiesen, Waldränder, bis in die Voralpen. H. 0,15—0,4 M. April-Mai. b) N o r d m a n n i (A. Kern.) Weibliche Aehren länglich, deutlich gestielt. Wördern.

· · Deckblätter häutig od. zuweilen das unterste blattartig, aufrecht.

1935. **C. ericetorum Pollich.** Halme stumpfkantig; Blattscheiden braun, nicht netzfaserig; weibliche Aehren 1—3, eilänglich, sitzend; Decklätter häutig; *Bälge* der weiblichen Aehren *verkehrteirund, sehr stumpf, mit häutigem fransig-gewimperten Rande*; Früchte verkehrteiförmig, flaumig, fast schnabellos. ♃. Sandige trockene Waldstellen, sehr selten; Weyerkogel bei St. Egyd, Wachberg bei Melk, St. Peter nächst Seitenstetten. C. ciliata Willd. H. 0,1—0,25 M. April-Mai.

1936. **C. verna Vill.** Halme stumpfkantig; Blattscheiden hellbraun, wenig zerfasernd; weibliche Aehren 1—4, eilänglich, sitzend od. die unterste kurzgestielt; Deckblätter häutig od. das unterste blattartig, aufrechtabstehend; *Bälge* der weiblichen Aehren *eiförmig, spitz, weder randhäutig, noch gefranst;* Früchte verkehrteiförmig, flaumig, mit sehr kurzem schwach ausgerandetem Schnabel. ♃. Grasplätze, Hügel, bis in die Voralpen. C. praecox Jacq. non Schreb. H. 0,05—0,3 M. April-Mai. b) u m b r o s a (Host.) Halme höher, Blätter länger, weibliche Aehren kurzwalzlich. Viel seltner u. mehr an schattigen Orten, wie bei Mauerbach, St. Pölten, Hardegg.

o o Wurzelstock rasig, ausläuferlos.

· Weibliche Aehren nicht über die männliche Achre hinausragend.

, Weibliche Achren alle od. doch die unterste gestielt; Deckblätter alle od. doch das unterste scheidig.

1937. **C. polyrrhiza Wallr.** Halme zuletzt niedergebogen od. liegend; Blätter lineal, flach; *weibliche Aehren* 1—3, eilänglich od. länglich, *10—15blüthig, genähert, die unterste eingeschlossen;* Deckblätter häutig, das unterste scheidig; Bälge ohne weissen Hautrand; Früchte verkehrteiförmig, erhaben-längsnervig, mit schwach ausgerundetem Schnabel. ♃. Wälder, Vorhölzer, zerstreut; Rosskopf bei Neuwaldegg, Rahmberg bei Weidlingbach, Hohe Wand gegen Hainbach über Steinbach u. Mauerbach bis Gablitz, Rappoltenkirchen, Moorwiesen bei Moosbrunn, Neustadt u. Fischau, Gutenstein; Teufelhofwald bei St. Pölten, Grasberg bei Herzogenburg, Gresten, Melk, Hiesberg, Oberbergern, Krems, Langenlois, Wolfsteingraben bei Aggsbach, Oberndorf auf dem Jauerling, Debernitzthal bei Altpölla. C. longifolia Host. non R. Br. C. umbrosa Neilr. non Host. H. 0,15—0,45 M. April-Mai.

1938. **C. Halleriana Asso.** Halme zuletzt niedergebogen od. liegend; Blätter lineal, flach; *weibliche Aehren* 2—4, eiförmig, *3—5blüthig, obere genähert, die unterste fast grundständig, sehr langestielt,* nicht eingeschlossen; Deckblätter häutig od. blattartig, das unterste von der Gestalt der Wurzelblätter, scheidig; Bälge weiss-hautrandig; Früchte länglich-verkehrteiförmig, undeutlichnervig, mit schwach ausgerandetem Schnabel. ♃. Kalkberge, von Perchtholdsdorf über die Brühl, Baden, Pottenstein u. Gutenstein bis in die Voralpen des Schneeberges, der Raxalpe u. des Göllers zerstreut. C. alpestris All. C. gynobasis Vill. C. diversiflora Host. H. 0,1—0,3 M. Mai-Juni.

1939. **C. humilis Leyss.** Halme aufrecht; Blätter schmallineal, rinnig, zuletzt länger als der Halm; *weibliche Aehren* 2—4, länglich, *2—4bläthig, längs des ganzen Halmes vertheilt, gestielt*, Stiele von den Scheiden der Deckblätter eingeschlossen; Bälge weisshautrandig; Früchte verkehrteiförmig, undeutlich-nervig, mit gestutztem Schnabel. ♃. Sonnige Hügel; Ernstbrunn, Höbesbrunn, Wolkersdorf, Schliefberg bei Stockerau; Greifenstein, Türkenschanze, Kalksburg, Perchtholdsdorf, Mödling, Brühl, Baden, Pottenstein, Feuchtenbachgraben, Hals, Oed, zwischen Piesting u. Emmerberg, vordere Wand, Dürnbachgraben bei Waldegg, Fischau, Peterwald bei Neunkirchen, Fuss des Feuchters bei Reichenau, zwischen Natschbach u. Sebenstein, Katzelsdorf, Leithagebirge, Hügelreihe zwischen Hainburg u. Wolfsthal, Kukuberg bei Ebergassing, Moorwiesen bei Moosbrunn; Wetterkreuz bei Hollenburg, Schilternberg bei Langenlois, zwischen Krems u. Stein, Alaunthal, Mauternbach, Wachberg u. an der Pielach bei Melk, Traisenthal bei Hohenberg u. St. Egyd, Erlafthal bei Scheibbs u. Neustift, Buchenstuben, Seitenstetten. C clandestina Good. H. 0,03—0,1 M. April-Mai.

, , Weibliche Aehren ungestielt mit scheidenlosen Deckblättern.

1940. **C. montana L.** Halme am Grunde purpurn bescheidet: *männliche Aehre länglich-bauchig, Bälge purpurschwarz ohne weissen Hautrand;* weibliche Aehren 1—3, eiförmig, Bälge häutig, schwarzbraun mit hellem Rückenstreifen; das unterste Deckblatt borstlich; Früchte länglich-verkehrteiförmig, kurzhaarig, mit ausgerandetem Schnabel. ♃. Lichte Wälder, Bergwiesen, bis in die Voralpen. H. 0,1—0,25 M. April-Mai.

1941. **C. pilulifera L.** Halme am Grunde braun-bescheidet: *männliche Aehre lineal, Bälge lichtbraun, weiss-hautrandig:* weibliche Aehren 1—3, eiförmig od. kuglig, Bälge lichtbraun mit grünem Rückenstreifen; das unterste Deckblatt blattartig; Früchte kuglig-verkehrteiförmig, flaumig, mit schwach ausgerandetem Schnabel. ♃. Wälder, Holzschläge; Weidlingthal bis auf den Steinrigel, Knödelhütten bei Hütteldorf, Hadersdorf, Hainbach, Steinbach, Hohe Wand, Mauerbach, Gablitz, Rappoltenkirchen, Pressbaum, Hochstrass; Wechsel, Preiner Gschaid, Hoderberg bei Gresten, Neuländ bei Lunz, St. Peterer Wald bei Seitenstetten, Hiesberg u. Rosenfeld bei Melk, Geyersberg nächst Aggsbach, Teufelhofwald bei St. Pölten; Kottes, Gföhl, Altmelon, Eisgarn. H. 0,1—0,25 M. April-Mai.

· · Weibliche Aehren gestielt mit scheidigen Deckblättern, wenigstens die oberste über die männliche hinausragend.

1942. **C. digitata L.** *Halme zusammengedrückt; weibliche Aehren* 2—4, lineal, *5—9bläthig, entfernt*, abwechselnd od. die 2 oberen genähert u. mit der männlichen fingerförmig zusammengestellt; *Bälge* rostbraun, *so lang als die Früchte*, Schnabel fast ungetheilt. ♃. Holzschläge, Wälder, bis in die untere Krummholzregion. H. 0,1—0,25 April-Mai.

1943. **C. ornithopoda Willd.** *Halme stielrund; weibliche Aehren* 2—4, lineal, *3—5blüthig, sehr genähert*, meist fingerförmig zusammengestellt; *Bälge* bleich, gelblich od. röthlich, *kürzer als die Früchte*. Schnabel fast ungetheilt. ♃. Wiesen, lichte Wälder der Kalkvoralpen, häufig; seltner in der Ebene u. in der Bergregion: Donauauen bei Stockerau, Langenzersdorf. Rothgraben bei Weidling, Geissberg bei Rodaun. Helenenthal. Föhrenwald bei Neustadt. Neunkirchen, Blindendorf, Katzelsdorf. Haselbachthal bei Fahrafeld. Teufelhofwald bei St. Pölten, Zelking bei Melk. Alaunthal bei Krems. Haindorf am Kamp. C. pedata Host non L. H. 0,05—0,12 M. April-Mai.

* * Früchte kahl.

o Blätter kahl.

· Aehren meist fingerförmig zusammengestellt, wenigstens die oberste weibliche über die männliche hinausragend.

1944. **C. ornithopodioides Hausm.** Wurzelstock rasig; weibliche Aehren 2—4, lineal. 3—5blüthig, eingeschlossen-gestielt, mit häutigen scheidigen Deckblättern; Bälge schwarzbraun, kürzer als die Früchte. Schnabel fast ungetheilt. ♃. Bisher bloss auf der Heukuppe der Raxalpe. C. ornithopoda v. Hausmanni Döll. H. 0,03—0,12 M. Juli.

· · Aehren nicht fingerförmig zusammengesellt, männliche über die weiblichen hinausragend.

; Blätter schmallineal, rinnig, etwa 1 mm. breit; Wurzelstock kriechend.

, Weibliche Aehren sitzend.

1945. **C. supina Wahlenb.** Männliche Aehre 1, weibliche 1—2, kuglig od. eiförmig; Deckblätter scheidenlos, häutig, rostbraun mit weisslichem Rande; Früchte ellipsoidisch, glänzend, mit kurz-2lappigem Schnabel. ♃. Trockne Grasplätze, selten; Breitensee im Marchfelde: Türkenschanze. Laaerberg, Kaiserberg bei Giesshübel. Neustadt, Holzkogel bei Katzelsdorf. Wolfsthal, Braunsberg bei Hainburg; Stein. C. campestris Host. H. 0,05—0,2 M. April-Mai.

, , Weibliche Aehren gestielt.

1946. **C. alba Scop.** Halme am Grunde lichtbraun bescheidet; männliche Aehre 1, *weibliche* 1—3, lineal od. länglich, *lockerblüthig*, halbeingeschlossen-gestielt, *aufrecht; Deckblätter häutig, scheidig; Bälge weisslich, glänzend;* Früchte eiförmig, schwach gerillt, gelbgrün, mit gestutztem Schnabel. ♃. Holzschläge, Wälder, Auen, verbreitet; auf den Kalkbergen des Wiener Beckens bis in die Voralpen der beiden südl. Kreise; Hainburger Berge. Rosaliengebirge bei Katzelsdorf. Akademiepark u. Föhrenwald bei Neustadt; Bisamberg. Donauauen bei Stockerau, Grafenwörth, Frainingau, Theiss u. Mantern, Schiffberg bei Hollenburg, Hiesberg u. Bergern bei Melk, unteres Traisenthal, Erlafthal bei Wieselburg, an der unteren Ibbs. H. 0,1—0,3 M. April-Mai.

1947. **C. limosa L.** Halme am Grunde rothbraun bescheidet; männliche Aehren 1—2, *weibliche* 1—2 selten 3, eilänglich, *gedrungenblüthig*, gestielt, *meist überhängend*; *Deckblätter blattartig, scheidenlos; Bälge rostbraun*, mit grünem Rückenstreifen; Früchte eiförmig, längsnervig, seegrün mit gestutztem Schnabel. ♃. Moorige Sümpfe, sehr selten; in der Terz, am Mitterbacher u. Hechtensee-Torfmoore, oberer Lunzersee; Jauerling, Kottes, Gross-Meinharts. H. 0,2—0,45 M. Mai-Juni.

; ; Blätter lineal, flach, 2—18 mm. breit.

, Wurzelstock kriechend; Blätter 2—5 mm. breit.

1948. **C. oboesa All.** Halme am Grunde braun bescheidet; männliche Aehre 1, *weibliche* 2—3, eilänglich, *gedrungenblüthig, aufrecht, halbeingeschlossen-gestielt, die obere sitzend;* Deckblätter häutig, das unterste blattartig, scheidig; Bälge weiss-randhäutig, in eine pfriemliche Spitze auslaufend; Früchte eiförmig, längsnervig, grünlichbraun, mit kurz-2lappigem Schnabel. ♃. Sonnige Hügel, selten; Türkenschanze, Kalvarien- u. Rauheneckerberg bei Baden, Vöslau, Braunsberg u. Schlossberg von Hainburg, Leithagebirge bei Goyss; Marchfeld, Schliefberg bei Stockerau. C. nitida Host. H. 0,1—0,3 M. April-Mai. b) conglobata (Kit.) Schmächtiger, armblüthig, nur 1—3früchtig, Deckblätter etwas zugespitzt. Prater in der Nähe der Kriegau u. bei Vöslau.

1949. **C. panicea L.** Halme am Grunde gelblichbraun bescheidet; männliche Aehre 1, *weibliche* 2—3, länglich, *lockerblüthig, halbeingeschlossen-gestielt, aufrecht;* Deckblätter blattartig, scheidig; Bälge weiss-randhäutig; Früchte verkehrteiförmig, nervenlos, gelbgrün, mit gestutztem Schnabel. ♃. Sumpfige Wiesen der Ebene bis in die Voralpen. H. 0,15—0,4 M. Mai-Juni.

1950. **C. flacca Schreb.** Halme am Grunde purpurröthlich bescheidet; männliche Aehren 1—3, *weibliche* 2—3, walzlich, *gedrungenblüthig, heraustretend-gestielt, zuletzt überhängend*; Deckblätter nicht od. sehr kurz-scheidig, das unterste meist blattartig; Bälge ohne weissen Hautrand; Früchte oval, nervenlos, rauh, mit undeutlich ausgerandetem Schnabel. ♃. Raine, Gräben, Wälder, in der Ebene bis in die untere Krummholzregion. C. glauca Scop. C. recurva Huds. H. 0,2—0,5 M. Mai-Juli.

, , Wurzelstock rasig; Blätter 5—18 mm. breit.

1951. **C. pendula Huds.** Wurzelstock keine Ausläufer treibend, am Grunde purpurröthlich bescheidet; *männliche Aehre 1, nebst den weiblichen zuletzt hängend, weibliche* 4—7, linealwalzlich, *gedrungenblüthig*, halbeingeschlossen-gestielt; Bälge rothbraun, mit grünem Rückenstreifen; *Früchte* klein, *ellipsoidisch, nervenlos,* mit ausgerandetem Schnabel. ♃. Schattige Wälder, zerstreut auf dem Sandsteingebirge u. an der Grenze der Kalkzone, besonders im Wienerwalde, auch am Rosaliengebirge; im oberen Donauthale im Sendelbachgraben bei Bergern, Waldhof bei Krems, Hiesberg bei Melk. C. maxima Scop. H. 0,7—1,2 M. Mai-Juni.

1952. **C. strigosa Huds.** Wurzelstock Ausläufer treibend; Halme am Grunde braun bescheidet; *männliche Aehre 1, aufrecht, weibliche* meist 5. lineal, *lockerblüthig, nickend,* halbeingeschlossen-gestielt; Bälge weiss, mit grünem Rückenstreifen; *Früchte länglich-lanzettlich, längsnervig,* mit gestutztem Schnabel. ♃. Bergwälder, selten; zwischen Hainbach u. Steinbach, bei Mauerbach, Gablitz, Purkersdorf. C. leptostachys Ehrh. H. 0,6—1,0 M. Mai.

o o Blätter behaart.

1953. **C. pilosa Scop.** *Wurzelstock kriechend; Blätter haarig-gewimpert, sonst kahl;* männliche Aehre 1, *weibliche 2—3, lineal, lockerblüthig,* halbeingeschlossen-gestielt, mit behaarten Stielen, *entfernt;* Bälge grün, braun berandet; Früchte verkehrteiförmig, starknervig, mit kurz 2zähnigem Schnabel. ♃. Bergwälder; häufig in der Sandsteinzone des Wienerwaldes, am Leitha- u. Rosaliengebirge: seltner auf tertiären Hügeln: Ernstbrunnerwald, Würzendorfer Wald bei St. Pölten, Herzogenburg; auf Kalk u. Schiefer der 2 oberen Kreise: Langenlois, Mautern, Jauerling, Gurhofgraben, Dunkelsteiner Wald, Pöverding, Hiesberg. H. 0,3—0,5 M. April-Mai.

1954. **C. pallescens L.** *Wurzelstock rasig; Blätter sammt den Scheiden zerstreut-behaart;* männliche Aehre 1. *weibliche 2—3, eiförmig od. länglich, gedrungenblüthig,* heraustretend-gestielt, mit ziemlich kahlen Stielen. *genähert;* Bälge gelblich-grün; Früchte ellipsoidisch, feinnervig, fast schnabellos. ♃. Bergwälder, Vorhölzer, verbreitet. H. 0,15 –0.35 M. Mai-Juni.

β. Früchte in einen deutlichen Schnabel verschmälert od. in denselben zugespitzt.

* Schnabel berandet, am Rücken gewölbt, auf der inneren Seite flach, 2zähnig mit 3eckigen gerade vorgestreckten Zähnen.

o Wurzelstock kriechend.

· Deckblätter blattartig, scheidig; Schnabel der Früchte fein-stachlig-gewimpert.

1955. **C. ferruginea Scop.** Halme am Grunde trübpurpurn bescheidet; *männliche Aehre 1, rostbraun, weibliche 2—3,* walzlich, heraustretend-gestielt, *die unteren zuletzt überhängend; Bälge rothbraun,* weiss-hautrandig; *Früchte* ellipsoidisch, gegen die Spitze *kurzhaarig-rauh,* schwach längsnervig, in einen kurzen Schnabel verschmälert. ♃. Steinige buschige Stellen der Voralpen bis in die Alpenregion, zerstreut; an der Steinapiesting u. im Matzinger Graben bei Gutenstein, Obersberg bei Schwarzau, Miesleiten, Höllenthal, Alpl, Saugraben, Waxriegel u. Kaiserstein des Schneeberges, Grünschacher, Prein, Geflötze der Raxalpe, Göller, Lassingfall, Oetscher, Lunzer Thal, Dürnstein, Hochkohr, Voralpe. C. Scopoliana Willd. C. Mielichhoferi Schkuhr. H. 0,2—0,4 M. Juni-Juli.

1956. **C. Michelii Host.** Halme am Grunde braun bescheidet; *männliche Aehre* 1, *bleichgelblich, weibliche 1—2,* länglich, eingeschlossen-gestielt, *aufrecht; Bälge grünlich,* weiss-hautrandig; *Früchte* verkehrteiförmig, *kahl,* längsnervig, in einen linealen Schnabel zugespitzt. ♃. Steinige, buschige Hügel bis in die Voralpen; Hügelkette von Ernstbrunn bis Stillfried; Leithagebirge, auf allen Vorbergen des Kahlengebirges, im Dürnbachgraben bei Waldegg, Miesleiten am Schneeberge, Gans; oberes Donauthal zwischen Langenlois u. Melk, St. Pölten, Herzogenburg, Seitenstetten. H. 0,2—0,4 M. Mai-Juni.

.. Deckblätter blattartig, scheidenlos od. das unterste kurzscheidig; Schnabel der Früchte glatt.

, Blätter schmallineal, 2—3 mm. breit; Früchte fein-eingedrückt-gestreift.

1957. **C. nutans Host.** Blätter grasgrün, Scheiden bräunlich-purpurn; männliche Aehren 1—3, purpurnbraun, mit zugespitzten Bälgen, weibliche 2—4, länglich od. walzlich, sitzend od. gestielt, mit haarspitzigen Bälgen; Früchte eikegelig, aufgeblasen, abgerundet-3seitig, kahl. ♃. Gruben, Lachen, Sumpfwiesen, selten; Angern, Zwerndorf, Baumgarten, Marchegg, zwischen Wagram u. Grossenzersdorf; Brigittenau, Laaerberg, Neustädter Canal bei Simmering, an der Leitha zwischen Wilfleinsdorf u. Bruck u. am rechten Ufer gegen das Leithagebirge. H. 0,2—0,6 M. Mai-Juni.

, , Blätter breitlineal, 5—15 mm. breit; Früchte erhaben-längsnervig.

1958. **C. acutiformis Ehrh.** Blätter oberseits grasgrün, unterseits blaugrün, Scheiden bräunlich-purpurn; *männliche Aehren* 1—4, purpurbraun, *mit stumpfen od. stumpflichen Bälgen,* weibliche 2—4, walzlich, mit zugespitzten Bälgen, untere kurzgestielt; *Früchte eiförmig od. eilänglich, zusammengedrückt,* längsnervig, *matt.* ♃. Feuchte Orte, häufig. C. paludosa Good. H. 0,4—1,0 M. Mai-Juni. b) Kochiana (DC.) Deckblätter der weiblichen Aehren mit einer langen Haarspitze endigend. So seltner.

1959. **C. riparia Curt.** Blätter seegrün, Scheiden hellbraun; *männliche Aehren* 2—5, dunkelbraun, *mit zugespitzten Bälgen,* weibliche 2—5, walzlich, mit zugespitzten Bälgen, die unterste ziemlich langgestielt; *Früchte eikegelig, aufgeblasen,* längsnervig, *glänzend.* ♃. Sümpfe, Ufer der Ebene, truppenweise; Donauinseln, Marchsümpfe, südliches Wiener Becken bis Gloggnitz. C. crassa Ehrh. H. 0,6—1,3 M. Mai-Juni.

o o Wurzelstock rasig.

. Weibliche Aehren schlank, lockerblüthig, heraustretend- od. nur die oberste eingeschlossen-gestielt, zuletzt meist überhängend od. nickend.

, Blätter rinnig.

1960. **C. capillaris L.** Blätter schmallineal, etwas rinnig, grundständige Scheiden schopfig-faserig; männliche Aehre blassgelb, *weibliche 2—3,* länglich, *fast doldig-gehäuft; Bälge hell-*

braun, weiss-hautrandig; Früchte länglich-elliptisch, nervenlos, kahl, glänzend-braun. ♃. Kalkalpen u. angrenzende Voralpen, häufig; Unterberg, Maumauwiese bei Buchberg, Schneeberg, Sonnwendstein, Raxalpe, Göller, Oetscher, Dürnstein, Hochkohr, Voralpe. H. 0,05—0,2 M. Juni-Juni.

1961. **C. brachystachys Schrank.** Blätter fast borstlich, tiefrinnig od. eingerollt, grundständige Scheiden nicht schopfig; männliche Aehre licht-rostbraun, *weibliche 2—5*, dünnwalzlich, *entfernt; Bälge purpurbraun*, weissrandhäutig; Früchte länglich-elliptisch, längsnervig, kahl, grün. ♃. Feuchte, felsige Stellen der Voralpen bis in die Krumholzregion, zerstreut; Saurüssel u. Thalhofenge bei Reichenau, Höllenthal, Nass- u. Reisthal, Wassersteig des Alpl, Schluchten des Schneeberges, Abdachung des Kuhschneeberges gegen die Vois, Obersberg, Martinsbrüche am Semmering, Grünschacher, Griesleiten u. Geflötz der Raxalpe, St. Egyd, Göller, in der Terz, Hohenberg, Lassingfall, Lunzer Thal, Voralpe. C. tenuis Host. C. linearis Clairv. H. 0,15—0,3 M. Juni-Juli.

, , Blätter flach.

1962. **C. sempervirens Vill.** *Blätter schmallineal, 1—2 mm. breit, grundständige Scheiden schopfig-faserig;* männliche Aehre braun, weibliche 2—3, länglich-walzlich, entfernt, die unteren zuletzt nickend; Deckblätter blattartig, scheidig, kürzer als die Aehren; Bälge rothbraun; Früchte ellipsoidisch, schwach längsnervig, *Schnabel feinstachlig-gewimpert.* ♃. Kalkalpen u. benachbarte höhere Voralpen, häufig. C. varia Host. H. 0,15—0,4 M. Juni-Juli.

1963. **C. silvatica Huds.** *Blätter breitlineal, 4—8 mm. breit, grundständige Scheiden nicht schopfig;* männliche Aehre grünlich-gelb, weibliche 2—5, dünnwalzlich, entfernt, zuletzt überhängend; Deckblätter blattartig, scheidig, länger als die Aehre; Bälge blassgelb; Früchte ellipsoidisch, nervenlos, *Schnabel glatt.* ♃. Wälder der Berg- u. Voralpenregion, verbreitet, seltner in niedrigen Gegenden, wie im Augarten bei Wien, an den Kampmündungen, bei Melk, in der Niederung an der unteren Erlaf u. Ibbs. C. drymeia Ehrh. H. 0,3—0,6 M. Mai-Juni.

. . Weibliche Aehren kurz, dick, gedrungenblüthig, stets aufrecht, sitzend od. eingeschlossen-gestielt, nur die unterste manchmal heraustretend.

; Deckblätter nicht über die männliche Aehre hinausragend.

, Halme nackt; Blätter steif, dreihig-abstehend; Deckblätter häutig, scheidig.

1964. **C. firma Host.** Weibliche Aehren 2—4, länglich od. eilänglich; Deckblätter blassbraun; Früchte länglich-elliptisch, kahl, längsnervig, Schnabel feinstachlig-gewimpert. ♃. Triften der Kalkalpen, stellenweise auch in subalpine Gegenden herabsteigend. H. 0,05—0,15 M. Juni-Juli.

35*

, , Halme beblättert; Blätter schlaff, aufrecht; Deckblätter blattartig, scheidig.

1965. **C. distans L.** Blätter bläulichgrün; *weibliche Aehren 2—3,* eilänglich, *weit-entfernt,* mit schmal weiss-berandeten rauhstachelspitzigen Bälgen; Früchte anliegend, eiförmig, kahl, blassgrün, *Zähne des Schnabels, innen feinstachlig-gewimpert.* ♃. Sumpfige Wiesen der Ebene bis in die Voralpenthäler verbreitet. H 0,15—0,5 M. Mai-Juni.

1966. **C. Hornschuchiana Hoppe.** Blätter grasgrün; *weibliche Aehren 2—3,* eilänglich, *die oberen meist genähert,* mit breitweiss-berandeten, glatten Bälgen, ohne Stachelspitze; Früchte aufrecht-abstehend, eiförmig, kahl, blassgrün, *Zähne des Schnabels innen glatt,* trockenhäutig. ♃. Sumpfige Wiesen; häufig in der südöstlichen Niederung Wiens bei Himberg, Velm, Moosbrunn, Münchendorf, Vöslau, Kottingbrunn, seltner auf Donauinseln; Bergwiesen des Kahlengebirges u. in den Voralpenthälern; in den 2 oberen Kreisen: bei Kammern nächst Langenlois, Ochsenburg, Scheibbs; im Marchfelde bei Weikendorf. C. Hostiana DC. H. 0,15—0,4 M. Mai-Juni.

1966×1967. **C. Hornschuchiana×flava.** Von C. Hornschuchiana durch grössere, die männliche Aehre erreichende od. überragende Deckblätter, die wagrecht-abstehenden unteren Früchte und die gelbgrüne Farbe derselben; von C. flava durch meist kürzere Deckblätter, die entfernteren Aehren u. die meist fehlschlagenden, nicht sparrig-abstehenden Früchte verschieden. Nasse Wiesen, sehr selten; Kalksburg, Helenenthal bei Baden, Vöslau, Heufeld bei Gloggnitz, Höllgraben bei Klamm, Semmering. C. fulva Good. C. xanthocarpa Dés.

; ; Deckblätter blattartig, scheidig, länger als der Halm.

. Deckblätter wagrecht-abstehend od. abwärts-gerichtet; weibliche Aehren von den sparrig-abstehenden Früchten morgensternförmig; Schnabel am Rande schwachgesägt.

1967. **C. flava L.** Blätter gelbgrün, kürzer als der Halm; männliche Aehre 1, weibliche 1—3, eiförmig od. kuglig, genähert; Früchte eiförmig, aufgeblasen, kahl, *Schnabel lineal, herabgekrümmt, so lang als die Frucht.* ♃. Nasse Wiesen, verbreitet. H. 0,15—0,4 M. Mai-Juni.

1968. **C. Oederi Ehrh.** Blätter grasgrün, länger als der Halm; männliche Aehre 1, weibliche 1—3, eiförmig od. kuglig, genähert; Früchte eiförmig, aufgeblasen, kahl, viel kleiner als bei voriger, *Schnabel pfriemlich, gerade, halb so lang als die Frucht.* ♃. Gruben, überschwemmte Stellen; Marchfeld, stellenweise: Kaisermühlen u. Kricau im Prater, südöstliche Umgebung Wiens von Simmering über Neustadt bis Blindendorf; Traisenauen bei St. Pöltern; Ober-Olberndorf u. Goldgeben bei Stockerau; häufig im Waldviertel. H. 0,05—0,2 M. Mai-Juli. b) fallax Heim. Halm bis über 0,3 m. hoch, die Blätter überragend, weibliche Aehren ellipsoidisch bis walzlich, mehr weniger entfernt. Wiesengräben bei Laxenburg.

, , Deckblätter aufrecht, weit über die männlichen Aehren hinausragend; Früchte aufrecht, Schnabel stachlig-gesägt.

1969. **C. hordeistichos Vill.** Männliche Aehren 1—2, *weibliche 2—4*, eilänglich, *fast regelmässig 4—5zeilig;* Früchte ellipsoidisch, 3seitig, kahl; *Nüsse* dunkelbraun, *glänzend,* 5 mm. lang. ♃. Gräben, Lachen; Patzmannsdorf, Angern, Marchegg, Gänserndorf, Wagram; südliches Wiener Becken: Laaerberg, Maria-Enzersdorf, Himberg, Gramat-Neusiedel, Moosbrunn, München-Sorg, Laxenburg, Traiskirchen, Vöslau, Kottingbrunn, Schönau, Solenau, Neustadt, Bruck an der Leitha, Weiden, Neusiedel am See, Goyss, Winden, Breitenbrunn; Thäler des Kahlengebirges: Fuss des Hermannkogels, Neuwaldegg, Breitenfurth, Kaltenleutgeben, Windthal, bei Mödling, Gaden, Einödgraben u. Helenenthal bei Baden, Piesting; Haindorf nächst Langenlois. C. hordeiformis Wahlenb. H. 0,1—0,3 M. Mai-Juni.

1970. **C. secalina Wahlenb.** Männliche Aehren 1—2, *weibliche 2—8*, länglich, *unregelmässig-vielzeilig*; *Früchte* ellipsoidisch, zusammengedrückt, kahl, *um die Hälfte kleiner als bei voriger; Nüsse* schwarz, *glanzlos,* 3 mm. lang. ♃. Salzboden bei Laa, Wülzeshofen, Kadolz, Zwingendorf u. bei Neusiedel am See. H. 0,1—0,3 M. Mai-Juni.

* * Schnabel zusammengedrückt, doppelt-haarspitzig, mit auseinanderstehenden Spitzen.

o Früchte kahl.

· Wurzelstock rasig, weibliche Aehren überhängend; Bälge pfriemlich, borstlich-gewimpert, grün.

1971. **C. pseudocyperus L.** Halm scharf-3kantig; männliche Aehre 1, weibliche 3—6, walzlich, langgestielt; Deckblätter blattartig, kurzscheidig, sehr verlängert: Früchte eilanzettlich, allmälig in den Schnabel verschmälert. ♃. Sumpfige Orte, sehr selten: Zwingendorf, Thayamündungen bei Rabensburg, Weikersdorfer Remise im Marchfelde. Zögersdorf bei Stockerau, Auen zwischen Langenzersdorf u. Jedlersee; Heustadelwasser im Prater, Himberg, Moosbrunn, Stadtau bei Bruck an der Leitha, Soos nächst Baden, Grüner Baum bei Breitenfurth; Scheibbs, Schallbergerteich bei Seitenstetten, Pielachsümpfe bei Spielberg. H. 0,3 bis 1,0 M. Mai-Juni.

· Wurzelstock kriechend; weibliche Aehren aufrecht od. die unteren zuletzt nickend; Bälge lanzettlich, glatt, bräunlich.

1972. **C. vesicaria L.** Halme scharf-3kantig; männliche Aehren 2—4, weibliche 2—4, länglich-walzlich, kurzgestielt; Deckblätter blattartig, nicht od. sehr kurzscheidig; *Früchte eikegelig, allmälig in den Schnabel verschmälert.* ♃. Sumpfige Orte niedriger u. gebirgiger Gegenden. H. 0,3—0,6 M. Mai-Juni.

1973. **C. rostrata With.** Halme stumpfkantig; männliche Aehren 2—4, weibliche 2—4, linealwalzlich, kurzgestielt; Deckblätter blattartig, nicht od. sehr kurzscheidig; *Früchte kugeligeiförmig, plötzlich in den Schnabel verschmälert.* ♃. Sumpfige Orte: Prater, Kaltergang, Gramat-Neusiedel, Moosbrunn, zwischen Reichenau u. Hirschwang, Semmering, Rohr, St. Egyd, Scheibbs. Gaming, Lunz, Erlafsee, Hechtensee, Mitterbach, unteres Traisenthal, Winden, Frainingau u. Herrenmühle bei Melk; häufig im Waldviertel; zwischen Stockerau u. Leitzersdorf, zwischen Höflein u. Korneuburg. C. obtusangula Ehrh. C. ampullacea Good. H. 0,3 bis 0,6 M. Mai-Juni.

o o Früchte behaart; Wurzelstock kriechend.

1974. **C. filiformis L.** Halme stumpfkantig; *Blätter schmallineal, eingerollt, kahl,* grasgrün; männliche Aehren 1—2, weibliche 2—3, eiförmig od. länglich, sitzend od. kurzgestielt, aufrecht: *Deckblätter blattartig, scheidenlos od. das unterste kurzscheidig;* Bälge rostbraun; Früchte eilänglich, mit kurzem Schnabel. ♃. Moorige Gräben, sehr selten; Moosbrunn, Himberg, Ebergassing. doch an den 2 letzteren Orten nicht wieder gefunden; Mitterbacher u. Hechtensee Torfmoor; Waldhof bei Krems, Kottes. Weissenbach bei Weitra. C. lasiocarpa Ehrh. H. 0,5—1,0 M. Mai-Juni.

1975. **C. hirta L.** Halme stumpfkantig; *Blätter lineal, flach, behaart,* grasgrün; männliche Aehren 1—2, weibliche 2—4, länglich-walzlich, die unterste hervortretend-gestielt, aufrecht; *Deckblätter* blattartig, *langscheidig;* Bälge hellbraun; Früchte eiförmig, mit langem Schnabel. ♃. Sandige, feuchte Orte, häufig. H. 0,5—0,6 M. Mai-Juni. b) hirtaeformis Pers. Blätter kahl; Früchte zerstreut-behaart. Selten; Brigittenau, Prater, Laaerberg. Hernals, Rodaun, Hochrotherd, Laxenburg, Heufeld bei Gloggnitz, Schottwien.

CVIII. Familie. **Gramineae Juss.**

1 Aehrchen in einer Rispe, Scheinähre od. in fingerförmig zusammengestellten Aehren 2
  Aehrchen in endständiger Aehre, an Ausschnitten od. in den Aushöhlungen der Spindel sitzend 36
2 Aehrchen alle 1blüthig, höchstens mit einem unmerklichen Ansatze zu einer zweiten Blüthe 3
  Aehrchen 2—vielblüthig, die oberste Blüthe der Aehrchen häufig verkümmert 19
3 Hüllspelzen fehlend 4
  Hüllspelzen 2 5
4 Halme 2—8 cm. hoch, Staubgefässe 2 . . . . . . **Coleanthus**
  Halme 30—100 cm. hoch, Staubgefässe 3 . . . . **Leersia**
5 Aehrchen sitzend u. gestielt, die sitzenden zwittrig, die gestielten männlich 6
  Aehrchen alle zwittrig 7

6 Aehrchen in einfachen fingerig-zusammengestellten Aehren, paarweise den Gelenken der Spindel eingefügt, das eine sitzend, das andere gestielt . . . . **Andropogon**
Aehrchen in einer ausgebreiteten Rispe, zu 3 an der Spitze der Aeste, das mittlere sitzend, die 2 seitlichen gestielt . . . . **Pollinia**
7 Aehrchen vom Rücken her zusammengedrückt 8
Aehrchen von der Seite zusammengedrückt 11
Aehrchen stielrundlich od. etwas vom Rücken her zusammengedrückt 18
8 Aehrchen am Grunde mit einer aus fehlschlagenden grannenförmigen Blüthenstielchen gebildeten Nebenhülle . . **Setaria**
Aehrchen am Grunde ohne Nebenhülle 9
9 Obere Hüllspelze mit widerhackigen Dornen besetzt . . **Tragus**
Obere Hüllspelze ohne widerhackige Dornen 10
10 Aehrchen in ästiger zusammengesetzter Aehre, Hüllspelzen kahl . . . . **Echinochloa**
Aehrchen in fingerig zusammengestellten Aehren, Hüllspelzen behaart . . . . **Digitaria**
11 Aehrchen in einseitigen, doldig zusammengesetzten Aehren auf der unteren Seite der Spindel sitzend . . . . . **Cynodon**
Aehrchen gestielt, in einer Scheinähre od. Rispe 12
12 Griffel verlängert, aus der Spitze des Aehrchens hervortretend 13
Griffel kurz, am Grunde des Aehrchens hervortretend . . 17
13 Aehrchen in einer Scheinähre 14
Aehrchen in einer Rispe . . . . **Digraphis**
14 Blüthenspelze 1, schlauchförmig . . . . **Alopecurus**
Blüthenspelzen 2 15
15 Honigspelzen 2, Staubgefässe 3 . . . . **Phleum**
Honigspelzen fehlend, Staubgefässe 2–3 16
16 Aehrchen aus 2 Hüllspelzen u. einer Zwitterblüthe bestehend . . . . **Crypsis**
Aehrchen aus 2 Hüllspelzen, einer Zwitterblüthe u. 2 unteren leeren Spelzen bestehend . . . . **Anthoxanthum**
17 Blüthenspelzen am Grunde mit 2 sehr kurzen, fast unmerklichen Haarbüscheln . . . . **Agrostis**
Blüthenspelzen am Grunde mit Haarbüscheln, welche länger als die Breite der Blüthenspelze sind . . **Calamagrostis**
18 Aehrchen stielrundlich-lanzettlich, Hüllspelzen haarspitzig od. begrannt . . . . **Stipa**
Aehrchen eiförmig od. eilanzettlich, Hüllspelzen ungegrannt . . . . **Milium**
19 Hüllspelzen gross, fast das ganze Aehrchen umgebend . . 20
Hüllspelzen kürzer als die nächsten Blüthenspelzen . . . 27
20 Griffel verlängert, an der Spitze der Blüthenspelzen hervortretend 21
Griffel kurz, am Grunde der Blüthenspelzen hervortretend 22
21 Aehrchen in einer ährenförmigen Rispe . . . . . . **Sesleria**
Aehrchen in einer ausgebreiteten Rispe . . . . **Hierochloa**

22 Aehrchen 2blüthig, eine Blüthe männlich, die andere zwittrig 23
Aehrchen 2—vielblüthig, Blüthen alle zwittrig od. die oberste unausgebildet 24
23 Untere Blüthe zwittrig, obere männlich . . . . **Holcus**
Untere Blüthe männlich, obere zwittrig . . **Arrhenatherum**
24 Aehrchen 2—3blüthig, die unteren Blüthen zwittrig, die oberste stets unausgebildet u. wieder 1—3 keulenförmige Blüthenansätze einschliessend . . . . **Melica**
Aehrchen 2—vielblüthig, zwittrig 25
25 Blüthenspelzen ungegrannt, die untere ungetheilt, zugespitzt . . . . **Koeleria**
Untere Blüthenspelze 2zähnig od. 2spaltig, gegrannt od. ungegrannt 26
26 Untere Blüthenspelze ungegrannt, od. am Grunde od. auf der Mitte des Rückens gegrannt . . . . **Avena**
Untere Blüthenspelze doppelthaarspitzig od. 2zähnig, mit einer zwischen den Zähnen stehenden endständigen Granne **Danthonia**
27 Früchte frei 28
Früchte mit beiden od. doch mit der oberen Blüthenspelze verwachsen 33
28 Unterste Blüthe männlich, nackt, die übrigen zwittrig, mit langen Haaren umgeben . . . . **Phragmites**
Blüthen sämmtlich zwittrig, nackt od. durch spinnwebige Haare verbunden 29
29 Untere Blüthenspelze auf dem Rücken zusammengedrückt-gekielt 30
Untere Blüthenspelze auf dem Rücken abgerundet . . . 32
30 Untere Blüthenspelze aus der Spitze kurzgegrannt . **Dactylis**
Blüthenspelzen ungegrannt 31
31 Untere Blüthenspelze abfällig, obere sammt der Spindel bleibend . . . . **Eragrostis**
Blüthenspelzen sammt der an den Gelenken sich trennenden Spindel abfällig . . . . **Poa**
32 Untere Blüthenspelze länglich, stumpf od. abgestutzt **Glyceria**
Untere Blüthenspelze aus einem einwärts bauchig-ausgeschweiften Grunde kegelförmig verschmälert . . . **Molinia**
33 Jedes Aehrchen von einem kammförmigen Deckblatte gestützt . . . . **Cyrosurus**
Kammförmige Deckblätter fehlend 34
34 Untere Blüthenspelze herzeiförmig, stumpf . . . . . . **Briza**
Untere Blüthenspelze elliptisch bis lineallanzettlich, spitz od. kurz 2spaltig 35
35 Griffel auf der Spitze des Fruchtknotens eingefügt . **Festuca**
Griffel unter der Spitze des Fruchtknotens eingefügt **Bromus**
36 Aehrchen an Ausschnitten der Spindel sitzend, Hüllspelzen 1—2, Griffel 2 37
Aehrchen in die Aushöhlungen der Spindel eingesenkt, Hüllspelzen fehlend, Griffel 1 . . . . **Nardus**

37 Hüllspelzen 2, gegenständig, Aehrchen zwischen denselben stehend 38
Hüllspelzen 1 od. 2, Aehrchen zwischen der Spindel u. den 1—2 Hüllspelzen stehend 39
38 Aehrchen mittelst eines sehr kurzen, oft unmerklichen Stieles den Ausschnitten der Spindel eingefügt **Brachypodium**
Aehrchen auf den Ausschnitten der Spindel stiellos sitzend **Triticum**
39 Hüllspelze 1 . . . . **Lolium**
Hüllspelzen 2 40
40 Aehrchen aus 1—3 Zwitterblüthen u. einem keulenförmigen Blüthenansatze bestehend . . . . **Elymus**
Aehrchen aus 1 Blüthe u. einem borstenförmigen Blüthenansatze bestehend . . . . **Hordeum**

§ 1. Aehrchen in Rispen, Scheinähren od. fingerig-zusammengestellten Aehren, 1blüthig, höchstens mit einem unmerklichen Ansatz zu einer zweiten Blüthe.

1. Gruppe. Oryzeae Kunth. Aehrchen von der Seite her zusammengedrückt, zwitirig; Hüllspelzen fehlend od. verkümmert.

545. Coleanthus Seidel. Scheidengras. Aehrchen in traubenförmiger Rispe; Blüthenspelzen 2, die untere gegrannt; Staubgefässe 2; Griffel 2, verlängert, aus der Spitze des Aehrchens hervortretend.

1976. **C. subtilis Seid.** Halme fädlich; Blätter lineal. rinnig, Scheiden aufgeblasen. ⊙ Ausgetrocknete Fischteiche; Ritzmannshofer Teich bei Zwettl, Brandteich bei Heidenreichstein, Gemeindeteich bei Schrems. Schmidtia utriculosa Sternb. H. 0,03 bis 0,08 M. Juli-Sept.

546. Leersia Sw. Leersie. Aehrchen in ausgebreiteter Rispe; Blüthenspelzen 2, ungegrannt; Staubgefässe 3; Griffel 2, kurz, aus dem Grunde des Aehrchens hervortretend.

1977. **L. oryzoides (L.) Sw.** Ausläufer treibend; Blätter gelbgrün, am Rande rauh; Rispe ausgebreitet, Aeste geschlängelt; Aehrchen gewimpert, abfällig. ♃. Gräben, Ufer; an der Donau u. deren Inseln von Melk bis Wien, stellenweise, am Wien-Neustädter Canale von Wien bis Gumpoldskirchen, bei Gramat-Neusiedl, an der Wien bei Penzing; bei Hardegg u. fast überall an der unteren Thaya; an der March bei Angern. Phalaris oryzoides L. Oryza clandestina A. Br. Homalocenchrus oryzoides Mieg. H. 0,3—1,3 M. Aug.-Sept.

2. Gruppe. Andropogoneae Kunth. Aehrchen nicht zusammengedrückt, sitzend u. gestielt, die sitzenden zwittrig, die gestielten männlich; Hüllspelzen 2.

547. Andropogon L. Bartgras. Aehrchen in einfachen fingerig-zusammengestellten Aehren, zu 2 den Gelenken der Spindel eingefügt, das eine sitzend, das andere gestielt; sitzende Aehrchen: 2 Hüllspelzen, 1 Zwitterblüthe u. 1 leere untere ungegrannte

Spelze, Hüllspelzen ungegrannt, Blüthenspelzen 1—2, die untere gegrannt od. die ganze Spelze nur aus einer Granne bestehend, obere klein od. fehlend, Staubgefässe 3, Griffel 2; Blüthenspelzen der gestielten Aehrchen 1, selten 2, wie die Hüllspelzen ungegrannt, leere Spelze fehlend, Staubgefässe 3.

1978. **A. ischaemum L.** Blätter rinnig; Aehren zu 5—12; Spindel, Blüthenstielchen u. untere Hüllspelze des zweigeschlechtigen Aehrchens langbehaart. ♃. Trockene Hügel, Wegränder, sandige Grasplätze, stellenweise. H. 0,3—0,6 M. Juli-Sept.

548. Pollinia Spreng. Goldbart. Aehrchen in ausgebreiteter Rispe, zu 3 an der Spitze der Aeste, das mittlere sitzend, die 2 seitlichen gestielt; sitzende Aehrchen: 2 Hüllspelzen, 1 Zwitterblüthe u. 1 leere untere ungegrannte Spelze, obere Hüllspelze gegrannt, Blüthenspelzen 2, die untere gegrannt, Staubgefässe 3, Griffel 2; Hüllspelzen der gestielten Aehrchen gegrannt, Blüthenspelzen 2, wie die leere Spelze ungegrannt, Staubgefässe 3.

1979. **P. gryllus (L.) Spreng.** Blätter zusammengelegt, langhaarig; Aehrchen am Grunde mit einem fuchsrothen Haarkranze. ♃. Trockene Grasplätze, selten; zwischen Münchendorf u. Velm, am Königsberge gegen Enzersdorf an der Fischa, an der Leitha bei Bruck, auf dem Pfaffen- u. Braunsberge bei Hainburg, zwischen Untersiebenbrunn u. Weikendorf im Marchfelde, bei Weiden u. Podersdorf am Neusiedlersee; auch auf der Fucha bei Krems. Andropogon gryllus L. Chrysopogon gryllus Trin. H. 0,3—1,0 M. Juni-Juli.

3. Gruppe. Paniceae Kunth. Aehrchen vom Rücken her zusammengedrückt, zwittrig; Griffel verlängert, unter der Spitze des Aehrchens hervortretend; Hüllspelzen 1—2.

549. Tragus Hall. Klettengras. Aehrchen in traubenförmiger Rispe; Hüllspelzen ungegrannt, obere am Rücken mit wiederhackigen Borsten; Blüthenspelzen häutig, ungegrannt; leere Spelzen fehlend; Staubgefässe 3; Griffel 2; Nebenhülle am Grunde der Aehrchen fehlend.

1980. **T. racemosus (L.) Desf.** Halm ästig, ausgebreitet, an den Gelenken oft wurzelnd; Aehrchen in linealer, traubenförmig zusammengezogener Rispe, klettenartig sich anhängend. ⊙ Sandige Orte; Türkenschanze gegen Döbling u. Weinhaus, Marchfeld von Wagram, bis Angern und Marchegg stellenweise; Deutsch-Altenburg, Langenlois, Retz, Hardegg. Cenchrus racemosus L. Lappago racemosa Schreb. Halm 0,1—0,3 M. Juli-Sept.

550. Setaria P. B. Borstengras. Aehren in walzlicher Scheinähre; Hüllspelzen ungegramt, kahl; leere untere Spelzen 1—2, ungegrannt; Blüthenspelzen knorplig, ungegrannt, Staubgefässe 3; Griffel 2; am Grunde der Aehrchen eine aus grannenförmigen Blüthenstielchen gebildete Nebenhülle.

* Blüthenspelzen ziemlich glatt.

1981. **S. verticillata (L.) P. B.** Rispe ährenförmig, gedrungen, am Grunde unterbrochen; *Hüllen durch abwärts gerichtete Zäckchen rauh* (daher die Rispe beim Aufwärtsstreichen rauh). ⊙ Bebaute Orte. zerstreut. Panicum verticillatum L. H. 0,3—0,5 M. Juli-August.

1982. **S. viridis (L.) P. B.** Rispe ährenförmig, unterbrochen: *Hüllen durch aufwärts gerichtete Zäckchen rauh* (daher die Rispe beim Aufwärtsstreichen glatt). ⊙ Bebaute Orte, gemein. Panicum viride L. H. 0,1—0,6 M. Juli-Sept. b) ambigua (Guss.). Rispe am Grunde unterbrochen, Nebenhülle nur aus 1—2 Borsten unter jedem Aehrchen bestehend. Wien, Baden, Neustadt.

* * Blüthenspelzen querrunzlig.

1983. **S. glauca (L.) P. B.** Rispe ährenförmig, dicht; Hüllen rothgelb, von aufwärts gerichteten Zäckchen rauh. ⊙ Aecker, Sandfelder, stellenweise massenhaft. Panicum glaucum L. H. 0,1 bis 0,3 M. Juli-Aug.

Anm. S. italica (L.) P. B. wird stellenweise gebaut.

551. Echinochloa P. B. Stachelgras. Aehrchen in ästiger zusammengesetzter Achre; Hüllspelzen auf den Nerven borstlich, stachelspitzig od. gegrannt; leere untere Spelzen 1—2, die äussere stachelspitzig od. gegrannt; Blüthenspelzen knorplig, ungegrannt; Staubgefässe 3; Griffel 2; Nebenhülle am Grunde der Aehrchen fehlend.

1984. **E. crus galli (L.) P. B.** Grannen der leeren Spelzen kurz. ⊙ Gräben, wüste Plätze, gemein. Panicum crus galli L. H. 0,1—0,7 M. Juli-Sept. b) stagnina (Host.) Grannen der leeren Spelzen länger als das Aehrchen. Panicum stagninum Host. An gleichen Orten.

Anm. Panicum miliaceum L. u. P. capillare L. werden gebaut u. kommen hin u. wieder verwildert vor.

252. Digitaria Scop. Fingergras. Aehrchen in einfachen fingerig zusammengestellte Achren; Hüllspelzen 1—2, behaart, ungegrannt, leere untere Spelze 1, ungegrannt; Blüthenspelzen knorplig, ungegrannt; Staubgefässe 3; Griffel 2; Nebenhülle am Grunde der Aehrchen fehlend.

1985. **D. sanguinalis (L.) Scop.** *Blätter u. Scheiden* mehr weniger *behaart;* Aehrchen länglich-lanzettlich; *leere Spelze feinbehaart.* ⊙ Aecker, gemein. Panicum sanguinale L. H. 0,1—0,5 M. Juli-Sept.

1986. **D. ciliaris (Retz) Koel.** *Blätter u. Scheiden* mehr weniger *behaart;* Achrchen länglich-lanzettlich; *leere Spelze am Rande steifborstig-gewimpert.* ⊙ Sandige Aecker; Laaerberg, Marchfeld bei Schlosshof, Breitensee, Marchegg, Baumgarten, Angern, Wagram; bei Rossatz, Pulkau u. Allensteig. Panicum ciliare Retz. H. 0,1—0,5 M. Juli-Sept.

1987. **D. linearis (Krock.) Crép.** *Blätter u. Scheiden kahl; Aehrchen elliptisch, kurzhaarig.* ⊙ Aecker, Sandfelder; Donauthal bei Melk, Mautern, Rossatz, Krems bis ins Marchfeld immer häufiger und hier stellenweise massenhaft; an der Lainsitz bei Beinhöfen; auch bei Witzelsberg u. Würth nächst Gloggnitz. Panicum lineare Krock. D. filiformis Koel. P. glabrum Gaud. H. 0,05—0,4 M. Juli-Sept.

4. Gruppe. Chlorideae Kunth. Aehrchen von der Seite her zusammengedrückt, alle zwittrig, in einseitigen doldig geordneten Aehren, auf der unteren Seite der Spindel eingefügt; Griffel lang, unter der Spitze des Aehrchens hervortretend; Hüllspelzen 2.

553. Cynodon Rich. Hundszahn. Hüllspelzen u. Blüthenspelzen ungegrannt; Staubgefässe 3; Griffel 2.

1988. **C. dactylon Pers.** Wurzelstock mit kriechenden, wurzelnden Ausläufern; Aehrchen zu 3—6, fingerig zusammengestellt. ♃. Wege, Sandfelder, Dämme. Panicum dactylon L. H. 0,2—0,5 M. Juni-Aug.

5. Gruppe. Phalarideae Kunth. Aehrchen von der Seite her zusammengedrückt, zwittrig, gestielt, in einer Scheinähre od. Rispe; Griffel aus der Spitze des Aehrchens hervortretend; Hüllspelzen 2.

554. Alopecurus L. Fuchsschwanz. Aehrchen in einer Scheinähre; Hüllspelzen so lang als die Blüthenspelze, ungegrannt; Blüthenspelze 1, schlauchförmig, am Rücken gegrannt; Staubgefässe 3; Griffel 2, verlängert.

* Hüllspelzen spitz, bis od. fast bis zur Mitte verwachsen.

1989. **A. pratensis L.** *Wurzelstock ausdauernd;* Halm aufrecht glatt; *Hüllspelzen* spitz, bis unter die Mitte verwachsen, *an dem nichtgeflügelten Kiele zottig-gewimpert.* ♃. Wiesen, gemein. H. 0,4 bis 1,0 M. Mai-Juni.

1990. **A. myosuroides Huds.** *Wurzel jährig;* Halm aufrecht, oberwärts rauh; *Hüllspelzen* zugespitzt, bis zur Mitte zusammengewachsen, *an dem geflügelten Kiele kurzgewimpert.* ⊙ Wiesen, Raine, sehr selten u. nur vorübergehend; wurde bisher gefunden im Prater, Weinhaus, Bahndamm bei Hetzendorf, Perchtholdsdorf, Viehofen nächst St. Pölten. A. agrestis L. H. 0,3—0,5 M. Juni-Juli.

* * Hüllspelzen stumpf, nur am Grunde verwachsen.

1991. **A. geniculatus L.** Halm aufsteigend; *Blüthenspelze unter der Mitte lang gegrannt;* Antheren blassgelb. ♃. Gräben, Lachen selten; Laaerberg, zwischen Hernals u. Neulerchenfeld, an der Bahn zwischen Penzing u. Baumgarten; Engelhartsstetten, Feldsberg, Retz, Schrems. H. 0,1—0,4 M. Mai-Aug.

1992. **A. fulvus Sm.** Halm aufsteigend; *Blüthenspelze aus der Mitte kurz gegrannt;* Antheren orange. ♃. Gräben, Lachen verbreitet. H. 0,1—0,4 M. Mai-Aug.

555. Crypsis Ait. Dornengras. Aehrchen in einer Scheinähre; Hüllspelzen am Kiele nicht geflügelt, etwas kürzer, als die Blüthenspelzen, ungegrannt; Blüthenspelzen 2, ungegrannt; Honigspelzen fehlend; Staubgefässe 2—3; Griffel 2, verlängert.

1993. **C. alopecuroides (Host) Schrad.** Halm fast immer einfach; *Rispe* endständig, *länglich-walzenförmig*, nackt oder am Grunde von einer kaum aufgedunsenen Blattscheide bedeckt; *Staubgefässe 3.* ⊙ Lachen, überschwemmte Stellen; im Marchfelde bei Angern, Baumgarten, Marchegg, Schlosshof, Breitensee, St. Johann; bei Hernals (ehemals), Perchtholdsdorf, Münchendorf, Moosbrunn, Trautmannsdorf, Rauhenwarth, bei Goyss u. Oggau am Neusiedlersee. Heleochloa alopecuroides Host. H. 0.03—0,3 M. Aug.-Sept.

1994. **C. schoenoides (L.) Lam.** Halm meist ästig; *Rispe* an der Spitze des Halmes und der Aeste, *eiförmig-länglich*, am Grunde von 1—2 oberen aufgedunsenen Blattscheiden eingeschlossen; *Staubgefässe 3.* ⊙ Lachen, überschwemmte Stellen, selten; im Marchfelde bei Baumgarten, Breitensee, Angern, bei Wülzeshofen, Zwingendorf; Winden u. Oggau am Neusiedlersee. Phleum schoenoides L. Heleochloa schoenoides Host. H. 0,03—0,3 M. August-September.

1995 **C. aculeata (L.) Ait.** Halm ästig; *Rispe* an der Spitze der Aeste, *halbkugelig*, in die aufgeblasenen 2 oberen Blattscheiden eingeschlossen; *Staubgefässe 2* ⊙ Salzige überschwemmte Stellen; Laa, Staatz, Zwingendorf, Kaiser-Ebersdorf, Breitensee im Marchfelde, häufig am Neusiedlersee. Schoenus aculeatus L. H. 0,03 bis 0,3 M. Aug.Sept.

556. Phleum L. Lieschgras. Achrchen in einer Scheinähre; Hüllspelzen am Kiele nicht geflügelt, länger als die Blüthenspelzen, stachelspitzig od. gegrannt; Blüthenspelzen 2, ungegrannt od. die untern kurzgegrannt; Honigspelzen 2; Staubgefässe 3; Griffel 2, verlängert.

* Hüllspelzen am Kiele rauh.

1996. **P. phleoides (L.)** Hüllspelzen lineal-länglich, schiefabgestutzt, zugespitzt-stachelspitzig. ♃ Wiesen, sonnige Hügel gemein. Phleum Boehmeri Wib. P. phalaroides Koel. Phalaris phleoides L. H. 0,3—0,6 M. Juni-Juli.

* * Hüllspelzen am Kiele langborstig gewimpert.

1997. **P. Michelii All.** *Hüllspelzen* lineal-lanzettlich, *in eine kurze Stachelspitze allmählig verlaufend.* ♃ Triften der Kalkvoralpen bis in die Krummholzregion der Alpen. H. 0,2—0,4 M. Juli-August.

1998. **P. pratense (L.)** *Hüllspelzen* lineal-länglich, *querabgestutzt, plötzlich zugespitzt-begrannt, 3mal länger als die Granne.*

♃. Wiesen, Triften. H. 0.3—1,0 M. Juni-Aug. b) stoloniferum (Host) Wurzelstock Ausläufer treibend. Bei Krems, Melk, Weinzierl u. Wieselburg, am Jauerling. c) nodosum (L.) Halme am Grunde zwiebelig-verdickt. Häufig an trockeneren Stellen.

1999. **P. alpinum L.** *Hüllspelzen* lineallänglich, *schiefabgestutzt, plötzlich zugespitzt begrannt, so lang als die Granne.* ♃. Triften der Alpen, überall. H 0,1—0,3 M. Juli-Aug. b) subalpinum (Hack.) Rispe rein cylindrisch, Granne nur halb so lang als die Hüllspelze. So auf der Reisalpe und am Waxriegel des Schneeberges.

Anm. P. asperum Vill. in früheren Jahren einigemale um Wien gefunden, wurde nicht wieder beobachtet. Ebenso P. arenarium L. u. P. tenne Schrad. im Prater.

557. Anthoxanthum L. Ruchgras. Aehrchen in einer Scheinähre, nebst der Zwitterblüthe noch 2 untere leere gegrannte Spelzen enthaltend; Hüllspelzen am Kiele nicht geflügelt, ungegrannt, die untere kürzer, die obere länger als die Blüthenspelzen; Blüthenspelzen 2, ungegrannt; Honigspelzen fehlend; Staubgefässe 2; Griffel 2, verlängert.

2000. **A. odoratum (L.)** Blätter gewimpert; Rispe länglich, ährenartig; Aehrchen lanzettlich-pfriemlich. ♃. Wiesen, lichte Wälder gemein. H. 0,2—0,4 M. Mai-Juni. b) villosum (Lois.) Untere Hüllspelzen behaart. Rohrerwiese u. Hameau bei Neuwaldegg.

558. Digraphis Trin. Bandgras. Aehrchen in einer Rispe, nebst der Zwitterblüthe einen schuppenförmigen Ansatz zu 1—2 unteren Blüthen enthaltend; Hüllspelzen am Kiele nicht geflügelt, ungegrannt, länger als die Blüthenspelzen; Blüthenspelzen 2, ungegrannt; Staubgefässe 3; Griffel 2, verlängert.

2001. **D arundinacea (L.) Trin.** Wurzelstock kriechend; Aehrchen in einer ausgebreiteten Rispe; Hüllspelzen flügellos. ♃. Ufer, Wassergräben, gemein. Phalaris arundinacea L. H. 0,6 bis 1,5 M. Juni-Juli. In Gärten wird häufig eine Spielart (P. picta L.) mit weissgestreiften Blättern gezogen.

Anm. Phalaris canariensis L. kommt hin u. wieder verwildert vor.

6. Gruppe. Stipaceae Kunth. Aehrchen nicht od. vom Rücken her etwas zusammengedrückt, zwittrig; Griffel kurz, am Grunde des Aehrchens hervortretend; Früchte von den erhärteten Blüthenpelzen eingeschlossen; Hüllspelzen 2.

559. Milium L. Flattergras. Aehrchen in ausgebreiteter Rispe, eiförmig od. eilanzettlich; Hüllspelzen ungegrannt; Blüthenspelzen ungegrannt od. die untere gegrannt, Granne am Grunde gegliedert. abfällig; Staubgefässe 3; Griffel 2,

2002. **M. effusum L.** Wurzelstock kriechend; Rispe ausgebreitet, Aeste wagrecht od. herabgeschlagen; *Aehrchen ungegrannt.* ♃. Schattige Wälder, verbreitet. H. 0,5—1,0 M. Mai-Juni.

2003. **M. paradoxum L.** Wurzelstock faserig; Rispe ausgebreitet, Aeste aufrecht-abstehend; *untere Blüthenspelze gegrannt.* ♃. Vorhölzer, Wälder, sehr selten; bisher bloss am Leithagebirge bei Bruck. Piptatherum paradoxum P. B. H. 0,5—1,0 M. Mai-Juni.

Anm. M. multiflorum Cav. in früheren Jahren einigemal um Wien gefunden, wurde nicht wieder beobachtet.

560. Stipa L. Pfriemengras. Aehrchen in zusammengezogener Rispe, stielrundlich-lanzettlich; Hüllspelzen haarspitzig od. gegrannt; untere Blüthenspelze sehr lang gegrannt, Granne am Grunde gegliedert, bleibend; Staubgefässe 3; Griffel 2.

2004. **S. pennata L.** Blätter zusammengerollt; Granne der Hüllspelzen länger als diese; *untere Blüthenspelze in eine* sehr lange von weichen Haaren *federige Granne auslaufend.* ♃. Sonnige Hügel, verbreitet, doch in den beiden oberen Vierteln seltner. S. Joannis Celak. H. 0,3—0,8 M. Mai-Juni. b) Grafiana (Stev.) Blätter flach, Blüthenspelzen grösser mit sehr langer Granne. Bisamberg, Dürrenstein, Felsen der Pielach-Mündung bei Melk, Weitenegg.

2005. **S. capillata L.** Blätter zusammengerollt; Granne der Hüllspelzen so lang od. kürzer als diese; *untere Blüthenspelze in eine* sehr lange *kahle Granne auslaufend.* ♃. Sonnige Hügel; an gleichen Orten wie vorige. H. 0,5—1,0 Juni-Juli.

7. Gruppe. Agrostideae Kunth. Aehrchen von der Seite her zusammengedrückt, zwitterig; Griffel kurz, am Grunde des Aehrchens hervortretend; Früchte von den häutigen Blüthenspelzen bedeckt; Hüllspelzen 2.

561. Agrostis L. Straussgras. Aehrchen in einer Rispe, nebst der Zwitterblüthe manchmal mit einem Ansatze zu einer zweiten Blüthe; Hüllspelzen ungegrannt; Blüthenspelzen 1—2, am Grunde mit 2 sehr kurzen, fast unmerklichen Haarbüscheln, ungegrannt od. die untere gegrannt; Staubgefässe 3; Griffel 2.

a. Wurzelstock ausdauernd; Hüllspelzen gleich; Ansatz zu einer zweiten Blüthe fehlend.

α. Blätter sämmtlich flach.

2006. **A. vulgaris With.** *Blatthäutchen sehr kurz, abgestutzt;* Rispe länglich-eiförmig, nach der Blüthe ausgebreitet, Aeste fast glatt; Blüthenspelzen ungegrannt. ♃. Wiesen, Grasplätze, gemein. A. stolonifera L. p. p. H. 0,2—0,8 M. Juni-Juli.

2007. **A. alba L.** *Blatthäutchen lang, vorgezogen;* Rispe länglich-kegelförmig, nach der Blüthe zusammengezogen, Aeste rauh; Blüthenspelzen meist ungegrannt. ♃. Wiesen, Gräben, gemein. H. 0,3—1,0 M. Juni-Sept. b) aristata Neilr. Untere Blüthenspelzen kurz gegrannt. Viel seltner.

β. Grundständige Blätter borstlich zusammengefaltet.

2008. **A. canina L.** Blatthäutchen lang, vorgezogen; Rispe nach der Blüthe zusammengezogen; *untere Blüthenspelze unter* *der Mitte gegrannt, Granne um die Hälfte länger als die Hüllspelzen.* ♃. Wiesen, Triften. Trichodium caninum Schrad. H. 0,3 bis 0,6 M. Juni-Juli. b) mutica (Gaud.). Grannen fehlend. St. Pölten.

2009. **A. alpina Scop.** Blatthäutchen lang, vorgezogen; Rispe nach der Blüthe ausgebreitet; *untere Blüthenspelze am Grunde gegrannt, Granne noch einmal so lang als die Hüllspelzen.* ♃. Alpentriften, gemein. Trichodium rupestre Schrad. H. 0,1—0,25 M. Juli-Aug.

* * Rispenäste glatt.

2010. **A. rupestris All.** Blatthäutchen lang, vorgezogen; Rispe nach der Blüthe ausgebreitet; untere Blüthenspelze unter der Mitte gegrannt, Granne noch einmal so lang als die Hüllspelzen. ♃. Alpentriften, mit der vorigen. Trichodium alpinum Schrad. H. 0,1—0,2 M. Juli-Aug.

b. Wurzel jährig, untere Hüllspelze kürzer als die obere; Ansatz zu einer zweiten Blüthe vorhanden.

2011. **A. spica venti L.** Halm 3—5knotig, *Rispe weitschweifig;* untere Blüthenspelze unter der Spitze begrannt; *Antheren lineallänglich.* ⊙ Unter Getreide, stellenweise. Apera spica venti P. B. H. 0,3—1,0 M. Juni-Juli.

2012. **A. interrupta L.** Halm 2knotig. *Rispe schmal,* zusammengezogen; untere Blüthenspelze unter der Spitze begrannt; *Antheren rundlich-oval.* ⊙ Aecker, wüste Plätze, selten; Prater, Marchfeld, Waidhofen a. d. Thaya. Goyss u. Neusiedl am See, Apera interrupta P. B. H. 0,2—0,4 M. Juni-Juli.

562. Calamagrostis Adans. Reitgras. Blüthenspelzen 2, am Grunde mit Haarbüscheln, welche länger als die Breite der Blüthenspelzen sind, sonst wie Agrostis.

a. Blüthenspelzen häutig, durchscheinend-weiss; Aehrchenaxe nicht über die Blüthe verlängert; Granne gerade.

* Granne der unteren Blüthenspelze endständig.

2013. **C. lanceolata Roth.** Halm unter der Rispe meist rauh; *Granne der unteren Blüthenspelze vielmal kürzer als diese.* ♃. Ufer, Gräben; auf den Donauinseln, bei Angern, an der Fischa bei Neustadt, im unteren Traisenthale; am Dürnhofer Teich bei Zwettl, Kautzen, Gmünd. Arundo calamagrostis L. H. 0,6—1,3 M. Juni-Juli.

2014. **C. laxa Host.** Halm unter der Rispe meist glatt; *Granne so lang oder länger als die Hälfte der unteren Blüthenspelze.* ♃. Ufer, Gräben; häufig entlang der Donau, Triesting, Piesting. Fischa, Traisen, Ibbs, auch in Lachen der Ziegelöfen um Wien; bei Zwingendorf, Gmünd. C. litorea Neilr. H. 0,6—1,0 M. Juni-Juli.

* * Granne der unteren Blüthenspelze rückenständig.

2015. **C. epigeios (L.) Roth.** *Halm* unter der Rispe *sehr rauh: Rispe steifaufrecht,* geknäuelt-lappig: *Hüllspelzen lineal-pfriemlich.* ♃. Waldränder, Holzschläge, Ufer, gemein. Arundo epigeios L. H. 1,0—1,5 M. Juni-Juli.

2016. **C. alpina Host.** *Halm* unter der Rispe *glatt; Rispe abstehend,* gleichmässig ausgebreitet, schlaff; *Hüllspelzen lanzettlich.* ♃. Gebirgswälder, sehr selten; Schneeberg, Gföhler Wald, Burgstein bei Isper, Karlstift, Raabs. C. Halleriana DC. Arundo pseudophragmites Schrad. H. 0,6—1,0 M. Juli-Aug.

b. Blüthenspelzen von dichterem Gewebe, am Rücken grün od. violett, nur am Rande durchscheinend-weiss; Aehrchenaxe über die Blüthe stielartig verlängert; Granne meist gekniet.

2017. **C. varia (Schrad.) Host.** *Haare des Aehrchens so lang oder nur wenig kürzer als die kurzzugespitzten Hüllspelzen; Granne gar nicht oder nur wenig über die Hüllspelzen hinausragend.* ♃. Bergwälder, Voralpen bis in die Krummholzregion. Arundo varia Schrad. C. montana DC. H. 0,5—1,0 M. Juni-Juli. b) a c u t i f l o r a (DC.) Halm höher; Hüllspelzen schmäler, pfriemlich zugespitzt. Anninger, Schneeberg.

2018. **C. arundinacea (L.) Roth.** *Haare des Aehrchens 2—4-mal kürzer als die langzugespitzten Hüllspelzen; Granne weit über die Hüllspelzen hinausragend.* ♃. Wälder, Holzschläge, gemein. Agrostis arundinacea L. C. silvatica DC. H. 0,6—1,2 M. Juni-Juli.

A n m. tenella Host. angeblich am Schneeberge u. Oetscher, wurde in neuerer Zeit nicht mehr gefunden.

§ 2. Aehrchen in Rispen, 2—vielblüthig, die oberste Blüthe der Aehrchen oft verkümmert.

8. G r u p p e. A v e n a c e a e K u n t h. Hüllspelzen gross, fast das ganze Aehrchen einschliessend.

a. Griffel verlängert, aus der Spitze der Blüthenspelzen hervortretend.

563. Sesleria Scop. Seslerie. Aehrchen in ährenförmiger Rispe, mit 2—3, seltner mehr Zwitterblüthen; Hüllspelzen 2, stachelspitzig od. kurzgegrannt; Blüthenspelzen 2, die untere ungetheilt, stachelspitzig od. kurzgegrannt od. 2—3zähnig: Staubgefässe 3; Griffel 2.

2019. **S. coerulea (L.) Ard.** Blätter flach, unbereift, mit stark vorragenden Nerven; Aehre eiförmig-länglich, meist blau; Aehrchen 2—3blüthig; untere Blüthenspelze in 2—4 borstliche Zähne u. in eine Granne aus der Mitte der Spitze endigend, Zähne und Granne nicht halb so lang als die Blüthenspelze. ♃. Verbreitet auf Kalkfelsen. Cynosurus coeruleus L. Aira varia Jacq. S. Sadleriana Jka. S. varia Wettst. H. 0,1—0,6 M. April-Mai. b) u l i g i n o s a (Op.) Blätter schmäler, eingerollt, bereift, mit wenig vorspringenden Nerven. Sumpfwiesen.

564. Hierochloa Gm. Mariengras. Aehrchen in ausgebreiteter Rispe, 3blüthig, die 2 unteren Blüthen ♂ mit 3 Staubgefässen.

die oberen zwittrig, mit 2 Staubgefässen; Hüllspelzen 2, ungegrannt; Blüthenspelzen 2, ungegrannt, stachelspitzig od. die untere der ♂ Blüthen gegrannt; Griffel 2.

2020. **H. australis (Schrad.) R. et Sch.** Wurzelstock faserig, kurze Ausläufer treibend; Aehrchenstiele am Grunde des Aehrchens behaart; obere männliche Blüthe auf der Mitte des Rückens mit längerer geknieter Granne. ♃. Wälder, Vorhölzer, verbreitet. Holcus australis Schrad. H. 0,3—0,6 M. April-Mai.

Anm. H. odorata Wahlenb. mit kriechendem Wurzelstock, kahlen Aehrchenstielen, kurzer gerader Granne, ist für die niederösterreichische Flora höchst zweifelhaft.

b. Griffel kurz, am Grunde der Blüthenspelzen hervortretend.

565. Holcus L. Honiggras. Aehrchen in ausgebreiteter Rispe. 2blüthig, untere Blüthe zwittrig, obere in der Regel ♂; Hüllspelzen 2, ungegrannt; Blüthenspelzen 2, die untere der ♂ Blüthe gegrannt; Staubgefässe 3; Griffel 2.

2021. **H. lanatus L.** Wurzelstock faserig; *Blätter sammt Scheiden weichhaarig; Granne* der männlichen Blüthe sehr kurz, zuletzt hackenförmig zurückgebogen, *die Hüllspelzen nicht überragend.* ♃. Wiesen, gemein. H. 0,3—0,8 M. Juni-Juli.

2022. **H. mollis L.** Wurzelstock kriechend, Ausläufer treibend; *Blätter u. Blattscheiden kahl* od. spärlich behaart; *Granne* der männlichen Blüthe lang, gekniet, *die Hüllspelzen weit überragend.* ♃. Wälder, Gebüsche, Felder, Wiesen; Blindendorf nächst Neunkirchen, Semmering, Wechselgebiet; viel häufiger im Waldviertel; auch im Viertel O. W. W. von Mautern bis Melk u. bei Seitenstetten. H. 0,3—0,6 M. Juli-Aug.

566. Arrhenatherum P. B. Glatthafer. Aehrchen in ausgebreiteter Rispe, 2blüthig, mit einem Ansatze zu einer 3ten Blüthe. untere Blüthe ♂, obere zwittrig; Hüllspelzen 2, ungegrannt; Blüthenspelzen 2, die untere der ♂ Blüthe lang-, die der Zwitterblüthe kurz-gegrannt; Staubgefässe 3; Griffel 2.

2023. **A. elatius (L.) Presl.** Wurzelstock faserig; Rispe ausgebreitet; Granne der männlichen Blüthe gekniet, viel länger als die Hüllspelzen. ♃. Wiesen, gemein. Avena elatior L. A. avenaceum P. B. H. 0,5—1,3 M. Juni-Juli. b) bulbosum (Schrad.) Halme am Grunde knollenförmig verdickt. So vereinzelt.

567. Melica L. Perlgras. Aehrchen in zusammengezogener od. abstehender Rispe, 2—3blüthig, die unteren Blüthen zwittrig, die oberste unausgebildet, 1—3 Blüthenansätze einschliessend; Hüllspelzen 2, ungegrannt; Blüthenspelzen 2, ungegrannt; Staubgefässe 3; Griffel 2.

* Untere Blüthenspelze langseidig-gewimpert.

2024. **M. ciliata L.** *Blattscheiden kahl; Rispe locker,* Spindel auf einer Seite weniger mit Aehrchen besetzt und daselbst überall sichtbar; *Aeste* an die Spindel angedrückt, *mit wenigen Aehrchen besetzt*, die primären 5—10, der basale Sekundärzweig 3—5 Aehrchen tragend, wovon das grundständige auf einem nicht weiter getheilten Tertiärzweiglein sitzt; Hüllspelzen fast gleich. ♃. Trockene Hügel, gemein. M. nebrodensis Gr. et Godr. M. glauca Schultz. H. 0,3—0,6 M. Juni-Juli.

2025. **M. transsilvanica Schur.** *Untere Blattscheiden behaart; Rispe sehr dicht*, Spindel gleichförmig mit Aehrchen besetzt; *Aeste* aufrecht-abstehend, *reich mit Aehrchen besetzt*, die primären 12—20, der basale Sekundärzweig 5—6 und ein an dessen Grunde entspringender weiter verästelter Tertiärzweig 3—5 Aehrchen tragend; Hüllspelzen ungleich. ♃. Trockene Hügel, selten; Laaerberg bei Wien, Weingartenränder bei Grinzing, Hermannskogel; Krems, Herrenmühle an der Pielach bei Melk, Retz, Hardegg. M. ciliata Godr. M. lobata Schur. H. 0,3—0,6 M. Juni-Juli.

* * Sämmtliche Spelzen kahl.

2026. **M. nutans L.** Wurzelstock kurzkriechend; *Blatthäutchen blattwinkelständig, gestutzt*; Rispe einseitswendig; *Aehrchen nickend*, meist mit 2 vollkommenen Blüthen. ♃. Wälder, Auen, gemein. H. 0,3—0,6 M. Mai-Juni.

2027. **M. uniflora Retz.** Wurzelstock weitkriechend; *Blatthäutchen blattgegenständig, zugespitzt;* Rispe mit abstehenden Aesten; *Aehrchen aufrecht*, mit einer vollkommenen Blüthe. ♃. Wälder, seltner als vorige. H. 0,3—0,5 M. Mai-Juni.

568. Koeleria Pers. Kölerie. Aehrchen in zusammengezogener Rispe, mit 2—4 Zwitterblüthen; Hüllspelzen 2, ungegrannt; Blüthenspelzen 2, (bei unseren Arten) ungegrannt, die untere zugespitzt; Staubgefässe 3; Griffel 2.

2028. **K. cristata (L.) Pers.** *Blätter* flach, *grasgrün, untere nebst den Scheiden behaart;* Rispe ährenförmig, öfter gelappt; *Blüthenspelzen zugespitzt, seltner stachelspitzig.* ♃. Trockene Grasplätze, häufig. Aira cristata L. H. 0,3—0,5 M. Mai-Juli. b) gracilis (Pers.) Untere Blätter fast fadenförmig, Rispe kürzer u. schmäler, Aehrchen kleiner. Mit der Grundform, jedoch früher blühend.

2029. **K. glauca (Schkuhr) DC.** *Blätter* schmal, rinnig, *seegrün, nebst den Scheiden kahl* od. gegen den Grund sehr feinflaumig; Rispe ährenförmig, nicht od. nur schwach gelappt; *Blüthenspelzen stumpflich.* ♃. Heiden zwischen Weikendorf u. Siebenbrunn. Poa glauca Schkuhr H. 0,3—0,6 M. Mai-Juni.

569. Avena Tourn. Hafer. Aehrchen in ausgebreiteter od. zusammengezogener Rispe, mit 2 bis vielen Zwitterblüthen; Hüllspelzen 2, ungegrannt; Blüthenspelzen 2, untere 2zähnig od. 2spaltig, ungegrannt od. am Grunde od. auf der Mitte gegrannt; Staubgefässe 3; Griffel 2.

a. Untere Blüthenspelze an der Spitze abgestutzt-gezähnelt, kurz ober dem Grunde gegrannt.

2030. **A. flexuosa (L.) M. K.** Wurzelstock rasig, manchmal kurze Ausläufer treibend; *Blätter borstlich, glatt;* Rispe eiförmig, mit aufrechtabstehenden, meist geschlängelten Aesten; *Granne* geknict, *weit über die Hüllspelzen hinausragend.* ♃. Lichte Wälder, Holzschläge, verbreitet. Aira flexuosa L. Deschampsia flexuosa Trin. H. 0,3—0,7 M. Juni-Aug. b) montana (L.) Rispe mehr zusammengezogen, Aehrchen dunkler gefärbt, Aira montana L. In alpinen Gegenden.

2031. **A. caespitosa (L.) Griessel.** Wurzelstock dichtrasig; *Blätter flach, oberseits rauh;* Rispe pyramidal, mit wagrecht-abstehenden Aesten; *Granne* fast gerade, *über die Hüllspelzen nicht od. nur wenig hinausragend.* ♃. Auen, feuchte Wiesen u. Wälder, verbreitet. Aira caespitosa L. Deschampsia caespitosa P. B. H. 0,5 bis 1,0 M. Juni-Aug. b) alpina (Jacq.) Rispe gedrungen, steif, Aehrchen grösser, gescheckt. Aira alpina Jacq. Auf Alpen.

b. Untere Blüthenspelze 2spaltig od. doppelthaarspitzig, ungefähr auf der Mitte des Rückens gegrannt, seltner an der Spitze gegrannt od. ungegrannt.

α. Wurzel jährig; obere Hüllspelze 7—9nervig.

* Aehrchen 6—8 mm. lang; untere Spelze der untersten Blüthe in der Spitze gegrannt, die der 1—2 folgenden Blüthen 2spaltig-gegrannt u. überdiess auf dem Rücken eine dritte geknicte Granne; Fruchtknoten kahl.

2032. **A. tenuis Moench.** Rispe gleichmässig ausgebreitet; obere Blüthen aus der Spitze 2grannig u. auf dem Rücken eine geknicte dritte längere Granne. ⊙ Lichte Eichenwälder, sehr selten; am Gallizin, Hameau bei Neuwaldegg, Schiesstätte bei Mauer; Spitelmaisberg bei Retz, Höllnerberg bei Ober-Retzbach, Hardegg. Trisetum tenue R. et Sch. Ventenata avenacea Koel. H. 0,3—0,5 M. Juni-Juli.

* * Aehrchen 2—5 cm. lang; untere Blüthenspelze ungegrannt od. auf der Mitte des Rückens gegrannt; Fruchtknoten behaart.

∘ Blüthen nicht von der Aehrchenspindel abgegliedert; Aehrchenspindel kahl.

2033. **A. sativa L.** Rispe allseitswendig, mit abstehenden Aesten; *untere Blüthenspelze an beiden Blüthen unbegrannt od. die der unteren Blüthe aus dem Rücken begrannt.* ⊙ Gebaut u. überall verwildert. H. 0,5—1,2 M. Juli-Aug. b) orientalis (Schreb.) Rispe einseitswendig, mit anliegenden Aesten. Wie die Grundform.

2034. **A. strigosa Schreb.** Rispe fast einseitswendig; *untere Blüthenspelze an beiden Blüthen aus dem Rücken begrannt.* ⊙ Unter der Saat, selten; bei Gramat-Neusiedl, Moosbrunn u. bei St. Pölten. H. 0,4—1,0 M. Juli-Aug.

∘ ∘ Blüthen der Aehrchenspindel gliedartig aufsitzend; Aehrchenspindel rauhhaarig.

2035. **A. fatua L.** Rispe allseitswendig, mit abstehenden Aesten; untere Blüthenspelze gezähnt-2spaltig, bis zur Mitte behaart, bei allen Blüthen aus dem Rücken begrannt (bei 3blüthigen Aehrchen die oberste Blüthe manchmal unbegrannt). ⊙ Unter der Saat, dann auf wüsten Plätzen, häufig. H. 0,5—1,2 M. Juli-Aug. b) glabrata Peterm. Blüthen ganz kahl od. nur mit vereinzelten Haaren. A. hybrida Koch non Peterm. A. ambigua Schönh. Unter der Saat.

β. Wurzelstock ausdauernd; obere Hüllspelze 3nervig.

* Untere Blüthenspelze 2spaltig, auf der Mitte des Rückens gegrannt; Fruchtknoten behaart auf der Innenseite gefurcht, mit der oberen Blüthenspelze verwachsen; Aerchen gross, 12—20 mm.

2036. **A. Parlatorii Woods.** *Blätter oberseits rauh, sammt den Blattscheiden kahl; Rispe ausgebreitet,* überhängend, untere Aeste zu 2—4; *Aehrchen 3—4blüthig;* untere Hüllspelze 1nervig. ♃. Alpenmatten; Saurüssel unter der Ziegenhöhle, Wassersteig des Alpl, Heu- u. Kuhplagge des Schneeberges, Kuhschneeberg, Grünschacher, Eishüttenalpe u. Heukuppe der Rax, Oetscher, Göller, Dürnstein, Hochkohr. A. sempervirens Host non Vill. A. Hostii Bois. H. 0,5—0,8 M. Juli-Aug.

2037. **A. pubescens Huds.** *Blätter oberseits nicht rauh, sammt den Blattscheiden kurzzottig: Rispe etwas traubenförmig zusammengezogen,* aufrecht od. mit der Spitze überhängend, untere Aeste zu 3—5; *Aehrchen 2—3blüthig;* untere Hüllspelze 1nervig. ♃. Wiesen, gemein. H. 0,3—1,0 M. Mai-Juni. b) glabra Fr. Blätter u. Blattscheiden kahl od. die Blätter nur spärlich gewimpert. Selten, auf der Türkenschanze u. im Prater, bei St. Pölten.

2038. **A. pratensis L.** *Blätter oberseits sehr rauh, nebst den Blattscheiden kahl; Rispe schmal, traubig,* aufrecht, Aeste meist einzeln u. 1ährig; *Aehrchen 3—6blüthig;* untere Hüllspelze 3nervig. ♃. Trockene Wiesen, nicht häufig; Laaerberg, Türkenschanze, zwischen Gersthof u. Dornbach, Geissberg, Eichkogel, Fischau bei Wiener-Neustadt; im Marchfelde bei Wagram, Marchegg, Schlosshof; St. Pölten, Jauerling, Zwettl, Gföhl, Weitra. H. 0,3—0,7 M. Juni-Juli.

* * Untere Blüthenspelze doppelt-haarspitzig, ober der Mitte des Rückens gegrannt; Fruchtknoten kahl od. an der Spitze flaumig, ungefurcht; Früchte auf der Innenseite längsfurchig, frei; Aehrchen klein, 4—8 mm.

o Wurzelstock faserig, ohne Ausläufer.

2039. **A. flavescens L.** Wurzelstock faserig; Blattoberfläche u. Blattscheiden behaart; Blüthenspelzen am Grunde mit kurzen Haaren, vielmal länger als die Haare; *Fruchtknoten kahl.* ♃. Wiesen, gemein. Trisetum flavescens P. B. H. 0,4—0,6 M. Juni-Juli.

2040. **A. alpestris Host.** *Fruchtknoten an der Spitze flaumig;* Rispe kürzer; Aehrchen grösser, gescheckt, sonst wie vorige. ♃.

Triften der Kalkalpen, nicht selten. A. sesquitertia Host non L. Trisetum alpestre P. B. H. 0,15—0,3 M. Juli-Aug.

o o Wurzelstock kriechend, 2seitig beblätterte Ausläufer treibend.

2041. **A. distichophylla Vill.** Blätter kahl; Blüthenspelzen am Grunde mit langen Haaren, nur um die Hälfte länger als die Haare; Fruchtknoten kahl. ♃. Gerölle der Kalkalpen, sehr selten; Geissloch, Hohe Lehne u. Preiner Schütt der Rax, Breite Ries des Schneeberges. A. brevifolia Host. Trisetum distichophyllum P. B. H. 0.1—0,25 M. Juli-Auug.

γ. Wurzel jährig; obere Hüllspelze 1nervig.

2042. **A. caryophyllea (L.) Wigg.** Blätter borstlich-gefaltet; Rispe locker, ausgebreitet; Aehrchen klein, 2 mm. lang, 2blüthig, untere Blüthenspelze 2spaltig, um die Hälfte kürzer als die Granne. ⊙ Lichte Waldstellen; Gallizin, Mauer, Pressbaum, Hochstrass, Pettenbach, Gloggnitz, Semmering, Wechselgebiet, Rosalienkapelle; Oberndorf bei Scheibbs, Steckkogel bei Schallaburg, Krems, Oberbergern, Jauerling. Aira caryophyllea L. H. 0,05—0,3 M. Juni-Juli.

Anm. A. capillaris M. et K. wurde zufällig einmal bei Mauer nächst Wien gefunden.

570. Danthonia DC. Aehrchen in traubenförmiger Rispe, mit 2—5 Zwitterblüthen; Hüllspelzen 2, ungegrannt; Blüthenspelzen 2, untere doppelhaarspitzig od. 2zähnig, mit einer dazwischen stehenden endständigen Granne; Staubgefässe 3; Griffel 2.

2043. **D. calycina (Vill.) Rchb.** Halm aufrecht; Blätter u. Scheiden kahl; *untere Blüthenspelze doppelthaarspitzig, Granne gekniet, gedreht, über die Hüllspelzen hinausragend.* ♃. Bergwiesen; bisher bloss bei Neuwaldegg von der Marswiese bis gegen die Rohrerhütte u. im Eichenwalde am Hameau u. am Hermannskogel. Avena calycina Vill. A. stricta Host. D. provincialis DC. D. alpina Vest. H. 0,3—0,45 M. Juni-Juli.

2044. **D. decumbens (L.) DC.** Halm liegend od. aufsteigend; Blätter u. Scheiden behaart; *untere Blüthenspelze kurz 2zähnig, Granne gerade, nicht gedreht, so lang als die Zähne.* ♃. Wiesen, Wälder, Raine, stellenweise häufig; Türkenschanze, Salmannsdorf, Neuwaldegg, Steinbach, Purkersdorf, Laab, Breitenfurth, Hochstrass, Schöpfel, Weidling, Kierling, Hadersfeld, Mauer, Grossau bei Vöslau, Gloggnitz, Gans, im südöstlichen Schiefergebiete von Ramplach über Gleissenfeld bis Thernberg, von Walpersdorf bis Bromberg, in der Aspanger Klause; St. Pölten, Scheibbs, Seitenstetten, Voralpe; Pielach u. Geiersberg nächst Aggsbach, Zwettl, Schrems, Weitra, Traunstein, Gutenbrunn, Hardegg. Festuca decumbens L. Poa dec. Scop. Triodia dec. P. B. Sieglingia dec. Bernh. H. 0,15—0,45 M. Juni-Juli.

9. Gruppe. Festucaceae Kunth. Hüllspelzen kürzer als die nächsten Blüthenspelzen.

a. Früchte frei.

571. Phragmites Trin. Schilf. Aehrchen in ausgebreiteter Rispe, 3—7blüthig, unterste ♂, nackt, die übrigen zwittrig, mit langen Haaren umgeben; Hüll- u. Blüthenspelzen 2, ungegrannt; Staubgefässe 3; Griffel 2, verlängert.

2045. **P. communis Trin.** Wurzelstock kriechend; Rispe schlaff; Aehrchen 4—6blüthig, rothbraun. ♃. Ufer, stehende Gewässer, gemein. Arundo phragmites L. H. 1,0—3,0 M. Aug.-Sept.

572. Eragrostis Host. Liebesgras. Blüthen in ausgebreiteter Rispe, mit 3—vielen nackten Zwitterblüthen; Hüllspelzen 2, ungegrannt; Blüthenspelzen 2, ungegrannt, die untere zusammengedrückt-gekielt, die obere sammt der Aehrchenspindel bleibend; Staubgefässe 3; Griffel 2, kurz.

2046. **E. minor Host.** *Rispenäste einzeln od. zu zweien;* Aehrchen lineallanzettlich, 5—9 mm. lang, 8—20blüthig. ⊙ Sandplätze, Wege, stellenweise; in Wien am Ballhausplatze, Schwarzenberg'sches Palais, Belvedere; Zwischenbrückenau, Schönbrunn, Neulengbach, Laaerberg, Gramat-Neusiedel, Leithagebirge, Pitten; Marchfeld; Hollenburg bis Melk, Herzogenburg, Hardegg. Poa eragrostis L. E. poaeoides P. B. H. 0,05—0,45 M. Aug.-Octob. b) major (Host). In allen Theilen grösser, mit lineallänglichen, 6—18 mm. langen, 10—30blüthigen Aehrchen. Im Marchfelde.

2047. **E. pilosa (L.) P. B.** *Unterste Rispenäste im Halbquirl zu 4—5;* Aehrchen lineal, 3—5 mm. lang, 5—12blüthig. ⊙ Sandplätze, sehr selten; nur an der March bei Baumgarten, Zwerndorf, Angern, Neudorf u. Gayring. Poa pilosa L. H. 0,05 bis 0,4 M. Aug.-Sept.

573. Poa L. Rispengras. Aehrchen in zusammengezogener od. ausgebreiteter Rispe, mit 2—vielen, nackten od. durch spinnwebige Haare verbundenen Zwitterblüthen; Hüllspelzen 2, ungegrannt; Blüthenspelzen 2, ungegrannt, die untere zusammengedrückt-gekielt, sammt der oberen mit der an den Gelenken sich trennenden Aehrchenspindel abfällig; Staubgefässe 3; Griffel 2, kurz.

a. Aehrchen auf kurzen dicken Blüthenstielchen in einfacher Aehre od. gedrungener Rispe fast sitzend; Spelzen lederig.

2048. **P. dura (L.) Scop.** Halme liegend od. aufsteigend; Blatthäutchen länglich; Aehrchen 3—6blüthig. ⊙ Wege, Weiden; häufig im Wiener Becken, sonst selten. Cynosurus durus L. Sclerochloa dura P. B. H. 0,05—0,2 M. Mai-Juni.

b. Aehrchen feingestielt, in lockerer od. zusammengezogener Rispe; Spelzen krautig.

α. Untere Blüthenspelze mit schwachen, kaum wahrnehmbaren Nerven.

* Wurzel jährig; untere Hüllspelze 1-, obere 3nervig.

2049. **P. annua L.** Halme am Grunde nicht verdickt: Blätter flach; Rispe locker, aufrecht; Aehrchen 3—7blüthig. ⊙ Grasplätze, gemein. H 0,05—0,3 M. Mai-Novemb. b) supina (Schrad.) Stengel wurzelnd, überwinternd, Achrchen violett-gefleckt. Alpentriften.

* * Wurzelstock ausdauernd; Hüllspelzen 3nervig.

o Wurzelstock faserig, ohne Ausläufer; Halm am Grunde verdickt.

· Blätter flach; Halme am Grunde verdickt.

, Halme lockerrasig; Blattsprosse am Grunde des Halmes abzweigend, nicht in Scheiden eingeschlossen.

2050. **P. minor Gaud.** Blätter 1—1,5 mm. breit, die halmständigen verhältnissmässig lang; Blatthäutchen vorgezogen; Rispe armblüthig, manchmal nur aus 5 Achrchen bestehend, mit der Spitze überhängend; Aehrchen 2kantig, 4—6blüthig; Hüllspelzen spitz. ♃. Kalkalpen; Schneeberg, Rax, Göller, Oetscher. P. supina Panz. non Schrad. H. 0,05—0,2 M. Juli-Sept.

, , Halme dichtrasig, am Grunde von trockenen, zuletzt zerreissenden Scheiden dicht umhüllt u. innerhalb derselben gewöhnlich Blattbüschel tragend.

2051. **P. alpina L.** Grundblätter 1—4 mm. breit; *Blatthäutchen so lang als breit,* meist verdeckt; *Rispe* vielblüthig, *locker, mit der Spitze überbogen, unterste Rispenäste zur Blüthezeit wagrecht-abstehend;* Aehrchen schwach 2kantig, 2—6blüthig; Hüllspelzen spitz. ♃. Kalkalpen u. Voralpen, verbreitet. H. 0,15 bis 0,5 M. Juni-Sept. b) pumila (Host). Blätter schmäler, kürzer. Rispenäste aufrecht, meist rauh. Kalkfelsen der Voralpen; Schober, Oehler, Unterberg.

2052. **P. badensis Haenke.** Grundblätter 2—3 mm. breit, meist callos berandet; *Blatthäutchen 2—3mal so lang als breit,* abstehend, auch an den unteren Blättern deutlich sichtbar; *Rispe* reichblüthig, *gedrungen, aufrecht, untere Rispenäste zur Blüthezeit aufrecht;* Aehrchen scharf 2schneidig, 5—10blüthig; Hüllspelzen bespitzt. ♃. Kalkberge des südlichen Wiener Beckens, Steinfeld, Leithagebirge. Hainburger Berge, Haglersberg bei Goyss; bei Falkenstein. P. collina Host. P. brevifolia DC. H. 0,1 bis 0,4 M. Mai-Juli.

· · Grundblätter zusammengerollt, fast fädlich; Halm am Grunde zwiebelförmig verdickt.

2053. **P. bulbosa L.** Blatthäutchen länglich; Rispe gedrungen, aufrecht; Aehrchen 4—7blüthig, meist in blattige röthliche Knospen auswachsend. ♃. Trockene Hügel, überall H. 0,15—0,3 M. Mai-Juni.

o o Wurzelstock meist kürzere od. längere Ausläufer treibend; Halm am Grunde nicht verdickt.

· Halme u. Blattscheiden stielrundlich.

; Untere Rispenäste einzeln od. gepaart.

2054. **P. cenisia All.** Wurzelstock 2zeilig beblätterte, verlängerte Ausläufer treibend; Blatthäutchen kurz; Aehrchen 3—5 blüthig. ♃. Kalkalpen, selten; Griesleiten u. Preiner Schütt der Rax. Oetscher, Herrenalpe u. Lehngraben am Dürnstein, Grosser Zellerhut, herabgeschwemmt im Kies der Enns bei Steyer. P. flexuosa Host. P. Halleridis R. et Sch. P. distichophylla Gaud. H. 0,15—0,4 M. Juli-Aug.

; ; Untere Rispenäste halbquirlig, meist zu 5.

, Blatthäutchen kurz, abgestutzt.

2055. **P. caesia Sm.** Wurzelstock faserig, rasig; Blätter flach, *das oberste kürzer als seine Scheide; Blattscheiden länger als die Halmglieder, die Halmknoten bedeckend;* Rispe aufrecht. ♃. Auf dem Kirchenhügel von Statzendorf. H. 0,2—0,3 M. Juni-Juli.

2056. **P. nemoralis L.** Wurzelstock kurze Ausläufer treibend; Blätter flach, *das oberste länger als seine Scheide; Blattscheiden kürzer als die Halmglieder, die Halmknoten nicht bedeckend;* Rispe aufrecht od. überhängend. ♃. Wälder, gemein. H. 0,3—0,8 M. Juni-Juli.

, , Blatthäutchen länglich, spitz.

2057. **P. palustris L.** Wurzelstock kurze Ausläufer treibend; Blätter flach, das oberste länger als seine Scheide; Rispe überhängend. ♃. Nasse Wiesen, Auen, Ufer, bis in die Bergregion verbreitet. P. serotina Ehrh. P. fertilis Host. H. 0,3—0,8 M. Juni-Juli.

.. Halme und Blattscheiden 2schneidig flachgedrückt.

2058. **P. compressa L.** Wurzelstock verlängerte Ausläufer treibend; Blatthäutchen kurz, gestutzt; Rispe fast einseitswendig; Aehrchen länglich, 5—9blüthig. ♃. Sonnige Plätze, Mauern, häufig. H. 0,15—0,4 M. Juni-Juli. b) Langeana (Rchb.) Höher, Rispe grösser, ausgebreitet, Aehrchen breiter. Seltner u. mehr an nassen Orten.

β. Untere Blüthenspelze erhaben 5nervig.

* Wurzelstok verlängerte Ausläufer treibend.

2059. **P. pratensis L.** Halme sammt Blattscheiden glatt; Blatthäutchen kurz, gestutzt; Aehrchen 3—5blüthig. ♃. Wiesen, Triften, gemein. H. 0,15—0,7 M. Mai-Juni. b) angustifolia (L.) Grundständige Blätter borstlich zusammengerollt. So auf sandigem Boden; Türkenschanze, Prater.

* * Wurzelstock ohne lange Ausläufer.

2060. **P. trivialis L.** *Halme sammt Blattscheiden rauh, stielrundlich; Blätter* schmal, *allmälig zugespitzt; Blatthäutchen länglich,* spitz; Rispe aufrecht od. mit der Spitze überhängend. ♃. Wiesen, gemein. H. 0,3—1,0 M. Juni-Juli.

2061. **P. hybrida Gaud.** *Halme sammt Blattscheiden kahl, 2schneidig zusammengedrückt; Blätter* breiter, *allmälig langzugespitzt; Blatthäutchen kurz, abgestutzt;* Rispe nach der Blüthe überhängend. ♃. Waldränder der Voralpen u. Alpen; Wassersteig, Saugraben u. Heuplagge des Schneeberges, Kuhschneeberg, Preiner Gschaid, Geflötz u. Geissloch der Rax, Sonnwendstein, Göller, Reis- u. Lilienfelderalpe, Grubwiesalpe am Dürnstein, Voralpe. Festuca montana Sternb. P. sudetica Schult. non Hänke. H. 0,6—1,2 M. Juli-Aug.

2062. **P. Chaixi Vill.** *Blätter plötzlich zugespitzt, an der Spitze kappenförmig zusammengezogen,* sonst wie vorige. ♃. Park von Rappoltenkirchen. P. silvatica Vill. P. sudetica Hänke. H. 0,5—1,2 M. Juni-Juli.

574. **Glyceria R. Br.** Schwaden. Aehrchen in ausgebreiteter od. zusammengezogener Rispe, mit 2—vielen, nackten Zwitterblüthen; Hüllspelzen 2, ungegrannt; Blüthenspelzen 2, ungegrannt, untere länglich, stumpf od. abgestutzt, auf den Rücken abgerundet; Staubgefässe 3; Griffel 2, kurz.

* Untere Blüthenspelze 5nervig.

2063. **G. distans (L.) Wahlenb.** Wurzelstock faserig; *Rispe* pyramidal, *mit wagrecht abstehenden od. herabgeschlagenen Aesten;* Aehrchen 4—7blüthig. ♃. Gräben, feuchte Orte, verbreitet. Poa distans L. Festuca distans Kunth. Atropis distans Griseb. H. 0,2—0,6 M. Mai-Juni.

2064. **G. peisonis Beck.** Wurzelstock faserig; *Rispe* länglich, *mit anliegenden od. aufrecht-abstehenden Aesten;* Aehrchen 3—6-blüthig. ♃. Wiesen, höchst selten; Goyss am Neusiedlersee. Atropis peisonis Beck. Glyceria festucaeformis Neilr. non Heynh. H. 0,3—0,5 M. Juni-Juli.

* * Untere Blüthenspelze 7nervig.

o Aehrchen von der Seite zusammengedrückt.

2065. **G. altissima (Moench) Garcke.** Wurzelstock kriechend; Halme aufrecht, gefurcht; Blätter breitlineal; Blatthäutchen sehr kurz, gestutzt; Aehrchen länglich, 5—9blüthig, abstehend. ♃. Ufer, Gräben; Sümpfe der Donau, Wien, March, des Neustädter Canals, der Schwechat, Piesting, Fischa, Leitha u. Thaya, an den Teichen des Waldviertels. Poa aquatica L. P. altissima Moench. G. spectabilis M. et K. H. 1,0—2,0 M. Juli-Aug.

o o Aehrchen vor der Anthese stielrund.

2066. **G. fluitans (L.) R. Br.** Wurzelstock kriechend; Halme aufsteigend, glatt; Blätter in der Knospenlage einfach gefaltet; *Rispe lang, schmal,* die untersten Aeste meist zu 2; Aehrchen 7—11blüthig, 15—25 mm. lang, *untere Blüthenspelze schmalelliptisch, spitzlich; Staubbeutel violett.* ♃. Lachen, Bäche, Ufer, verbreitet. Festuca fluitans L. Poa fluitans Scop. H. 0,5—1,2 M. Juni-Aug.

2067. **G. plicata Fr.** Wurzelstock kriechend; Halme aufsteigend, glatt; Blätter in der Knospenlage doppelt gefaltet;

Rispe ziemlich breit, oft überhängend, die untersten Aeste zu 3—5: Aehrchen 5—10blüthig, 10—15 mm. lang, *untere Blüthenspelze breit-verkehrteiförmig, stumpf; Staubbeutel gelb.* ♃. Lachen, Gräben, Ufer, verbreitet, um Wien häufiger als vorige. H. 0,5 bis 1,2 M. Juni-Aug.

* * * Untere Blüthenspelze 3nervig.

2068. **G. aquatica (L.) Presl.** Wurzelstock kriechend; Halme aufrecht od. aufsteigend; Rispe pyramidal; Aehrchen klein. eilänglich. ♃. Stehende Gewässer, Gräben, Ufer, zerstreut; bei Wagram, Baumgarten, Breitensee im Marchfelde; Einödgraben u. Mühlleiten bei Baden, Schwimmschule von Mödling, Vöslau, Solenau, Möllersdorf, Traiskirchen, Ebreichsdorf, Moosbrunn, Laxenburg, Schwadorf, an der Leitha bei Bruck. Neusiedlersee von Goyss bis Breitenbrunn; Zwettl, Kirchberg am Walde, Gmünd; St. Pölten. an der Enns bei Steyer. Aira aquatica L. Molinia aquatica Wib. Catabrosa aquatica P. B. H. 0,2—0,5 M. Juni-Juli.

575. Molinia Schrank. Pfeifengras. Achrchen in ausgebreiteter od. zusammengezogener Rispe. mit 2—6 nackten Zwitterblüthen; Hüllspelzen 2, ungegrannt; Blüthenspelzen 2, die unteren aus einem einwärts bauchig ausgeschweiften Grunde kegelförmig verschmälert, spitz, ungegrannt od. kurzgegrannt. auf dem Rücken abgerundet; Staubgefässe 3; Griffel 2, kurz.

2069. **M. coerulea (L.) Moench.** *Halm* am Grunde mit 1—2 genäherten Knoten, sonst knotenlos, *nur am Grunde beblättert;* Rispe zusammengezogen; *Aehrchen* 2—4blüthig, *ungegrannt.* ♃. Feuchte Wiesen, Quellen, verbreitet. Aira coerulea L. Molinia litoralis Host. H. 0,3—0,8 M. Aug.-Sept. b) arundinacea (Schrank.) Stengel höher (bis über 2 m.); Rispe länger mit aufrecht abstehenden Aesten u. zahlreicheren Aehrchen. Seltner.

2070. **M. serotina M. u. K.** *Halm bis an die Rispe beblättert;* Rispe ausgebreitet; Aehrchen 2—5blüthig; *untere Blüthenspelze unter der Spitze kurzgegrannt.* ♃. Bebuschte Hügel, sehr selten; Kalvarien- u. Mitterberg bei Baden sehr spärlich, häufiger auf dem Haglersberge am Neusiedlersee. Festuca serotina L. Diplachne serotina Lk. H. 0,3—0,5 M. Sept.-Octob.

576. Dactylis L. Knäuelgras. Achrchen in ausgesperrter Rispe, mit 2—mehreren nackten Zwitterblüthen; Hüllspelzen 2, ungegrannt; Blüthenspelzen 2, untere zusammengedrückt-gekielt, kurzgegrannt; Staubgefässe 3; Griffel 2, kurz.

2071. **D. glomerata L.** Wurzelstock faserig; Rispe lappig-geknäult, einseitswendig; Aehrchen meist 3blüthig. ♃. Wiesen, Auen, sehr gemein. H. 0,3—1,0 M. Juni-Sept.

b. Früchte mit beiden od. doch mit der oberen Blüthenspelze verwachsen.

577. Cynosurus L. Kammgras. Aehrchen in zusammengezogener Rispe, mit 2—5 Zwitterblüthen; Hüllspelzen 2, kurzgegrannt; Blüthenspelzen 2, untere stachelspitzig od. gegrannt; Staubgefässe 3; Griffel 2, kurz; Aehrchen von einem kammförmigen Deckblatte gestützt.

2072. **C. cristatus L.** Wurzelstock faserig; Rispe lineal, ährenförmig, einseitswendig. ♃. Wiesen, häufig. H. 0,3—0,6 M. Juni-Juli.

Anm. C. echinatus L. mit jähriger Wurzel, eiförmiger Rispe u. lang begrannten Aehrchen, im Süden einheimisch, wurde seit vielen Jahren zwischen Steyr u. Ramingdorf unter der Saat beobachtet.

578. Briza L. Zittergras. Aehrchen in ausgebreiteter Rispe, mit 3—vielen Zwitterblüthen; Hüllspelzen 2, ungegrannt; Blüthenspelzen 2, ungegrannt, untere herzeiförmig, stumpf; Staubgefässe 3; Griffel 2, kurz; kammförmige Deckblätter fehlend.

2073. **B. media L.** Wurzelstock kurze Ausläufer treibend; Aehrchen herzeiförmig, 5—9blüthig. ♃. Wiesen, gemein. H. 0,3 bis 0,45 M. Juni-Juli.

579. Festuca L. Schwingel. Aehrchen in ausgebreiteter od. zusammengezogener Rispe od. in einer Aehre, mit 3—vielen Zwitterblüthen; Hüllspelzen 2, ungegrannt; Blüthenspelzen 2, untere lanzettlich, spitz od. zugespitzt, gegrannt od. ungegrannt; Staubgefässe 1—3; Griffel 2, kurz, auf der Spitze des Fruchtknotens eingefügt; kammförmige Deckblätter fehlend.

A. Wurzelstock ausdauernd; Aehrchenstiele fädlich; Staubgefässe 3.

a. Alle Blätter borstlich zusammengefaltet; Blatthäutchen sehr kurz 2öhrig.

α. Bastfasern der Blätter in eine zusammenhängende Schicht od. in 3 Bündel vereinigt.

* Scheiden der grundständigen Blätter gespalten, die alten Blätter abwerfend; Blätter meist cylindrisch, mit einer zusammenhängenden Bastschichte, 5—9nervig.

o Blätter haardünn.

2074. **F. ovina L.** Halme oben mehr weniger kantig, schärflich; Blätter rauh, unbereift, 5—7nervig; Rispe länglich mit rauher Spindel u. Aesten; Aehrchen klein, meist 5 mm. lang, *untere Blüthenspelze kurzgegrannt.* ♃. Hügel, trockene Wälder. H. 0,2—0,7 M. Mai-Juni. a) genuina Hack. Halm dünn; Blätter schlaff, haardünn, 5nervig, grün; Rispe länglich, mit aufrecht abstehenden Aesten, der unterste Primärzweig 3mal kürzer als die Rispe; Aehrchen klein, untere Blüthenspelze kahl. Verbreitet im ganzen Waldviertel, Dunkelsteiner Wald bei St. Pölten, Wach- u. Hiesberg bei Melk. b) hispidula Hack. Halm

* Angaben über Aehrchenlänge beziehen sich der Vergleichbarkeit halber auf 4blüthige Aehrchen; mehrblüthige Aehrchen sind nur bis zur Spitze der 4. Blüthe zu messen.

oben sehr scharf; untere Blüthenspelze kurzborstlich, sonst wie vorige. St. Pölten. Pötschinger Sauerbrunn. c) firmula Hack. Halm steifer: Blätter breiter, steiflich, 7nervig; Aehrchen grösser, untere Blüthenspelze meist rauh, sonst wie a. Bei St. Pölten, Melk, Aggsbach. d) guestphalica (Boenningh.). Noch kräftiger, bis 70 cm. hoch; Blätter graugrün (aber nicht bereift); Rispe gross, eiförmig-pyramidal, zur Blüthezeit ausgesperrt, der unterste Primärzweig so lang als die halbe Rispe. Granitfelsen zwischen Neidling u. Hausenbach.

2075. **F. capillata Lam.** Halm oben mehr weniger kantig, schärflich; Blätter haardünn-borstlich, schlaff, rauh, unbereift, meist 5nervig; Rispe länglich, mit rauher Spindel u. Aesten; Aehrchen klein, meist 5 mm. lang, *untere Blüthenspelze ungegrannt.* ♃. Schattige Buchenwälder, bisher nur bei Rekawinkel. F. tenuifolia Sibth. F. mutica Wulf. H. 0,1—0,4 M. Mai-Juni.

o o Blätter dicklich, steif.

. Blätter bläulich bereift.

2076. **F. glauca Lam.** Halm oben stumpfkantig, glatt; *Blätter* glatt, *9nervig*; Rispe nach dem Verblühen zusammengezogen, mit im unteren Theile glatter Spindel; Aehrchen 5—7 mm. lang, *untere Blüthenspelze kurzgegrannt.* ♃. Sonnige, felsige Orte. H. 0,2—0,5 M. Mai-Juni. a) genuina Hack. Rispe steif-aufrecht, 3—4 cm. lang, länglich, Spindel gerade. Bisher bloss an der Burgruine Staatz. b) pallens (Host). Höher, Rispe meist etwas nickend, 5—9 cm. lang, eiförmig, Spindel sammt Aesten meist hin u. hergebogen. Verbreitet auf Felsen der Kalkberge, dann auf den Hainburger Bergen, auch auf Schieferfelsen bei der Ruine Senftenberg, am Bäckerberge bei Stein, bei Göttweig, Melk, am Wagram bei Stattelsdorf, Staatzer Schlossberg, Retz, Hardegg.

2077. **F. vaginata W. et K.** Halm oben rundlich, glatt; *Blätter* glatt, *9nervig;* Rispe zur Blüthezeit weit ausgesperrt, nach derselben nur halbgeschlossen, mit glatter, sammt den Aesten oft hin u. hergebogener Spindel: Aehrchen 5 mm. lang, *untere Blüthenspelze wehrlos od. stachelspitzig.* ♃. Hügel, sandige Orte; Türkenschanze, Neustift, Sievring, Marchfeld. F. amethystina Host, non L. H. 0,3—0,6 M. Mai-Juni.

2077×2081. **F. vaginata × pseudovina.** Von F. vaginata durch dünnere, rauhe, 7nervige Blätter, etwas grössere Aehrchen u. kurzgegrannte untere Blüthenspelzen; von F. pseudovina durch dicklichere, bereifte, 7nervige Blätter verschieden. Türkenschanze bei Wien. F. Hackelii Beck.

.. Blätter unbereift.

2078. **F. duriuscula L.** *Halm* oben stumpfkantig, *glatt: Blätter glatt, 7—9nervig;* Rispe meist zusammengezogen, mit glatter Spindel; Aehrchen 6—10 mm. lang, *untere Blüthenspelze mehr minder langgegrannt.* ⊙ Steinige, felsige Stellen. H. 0,25 bis 0,4 M. Mai-Juni. a) genuina Hack. Blattscheiden u. Spelzen kahl. St. Egyd am Neuwalde. b) trachyphylla Hack. Blattscheiden flaumig. Spelzen kahl. In der Trauch. c) pubescens Hack. Blattscheiden flaumig, Spelzen kurzbehaart. Keilberg bei Retz.

2079. **F. stricta Host.** *Halm* oben rundlich, *rauh; Blätter rauh, 5nervig;* Rispe steif-aufrecht, länglich, mit rauher Spindel; Aehrchen 7—8 mm. lang, *untere Blüthenspelze kurzgegrannt.* ♃. Sonnige Hügel, Kalkfelsen, nicht häufig; Föhrenkogel, Predigerstuhl bei Rodaun, Brühl, Sooser Lindkogel, Ruine Gutenstein. H. 0,3—0,4 M. Mai-Juni.

* * **Scheiden der grundständigen Blätter gespalten, die alten Blätter abwerfend; Blätter seitlich zusammengedrückt, mit 3 Bastbündeln, 5nervig.**

o **Blätter unbereift.**

2080. **F. sulcata (Hack.)** Halm oben scharfkantig, meist rauh; Blätter borstlich, meist sehr rauh; Aehrchen 7—8 mm. lang; *obere Hüllspelze lanzettlich, sammt den anderen Spelzen rauh;* untere Blüthenspelze gegrannt. ♃. Wiesen, Triften, gemein im Wiener Becken u. im Donauthale. F. duriuscula Host non L. H. 0,3—0,5 M. Mai-Juni. b) hirsuta (Host.) Spelzen rauhhaarig. Mit voriger. c) glaucantha Hack. Spelzen bereift, kahl od. rauhhaarig. Bei St. Pölten.

2081. **F. pseudovina (Hack.).** Halm oben kantig, glatt; Blätter haardünn od. schwach borstlich, rauh; Aehrchen klein, bis 6 mm. lang; *obere Blüthenspelze breitlanzettlich, sammt den übrigen Spelzen kahl u. glatt;* untere Blüthenspelze kurzgegrannt. ♃. Hügel, Wiesen, wahrscheinlich im ganzen Gebiete. F. ovina Host non L. H. 0,2—0,3 M. Mai-Juni. b) angustiflora Hack. Rispe länger, Hüllspelzen u. untere Blüthenspelzen pfriemlich-lanzettlich. Mit voriger.

o o **Blätter bläulich bereift**

2082. **F. valesiaca Schleich.** Halm oben kantig, glatt; Blätter haardünn, schlaff, sehr rauh; Aehrchen 7—8 mm. lang; Hüll- u. untere kurzgegrannte Blüthenspelzen pfriemlich-lanzettlich. ♃. Sonnige Hügel, selten; Kalenderberg bei Mödling, Geissberg bei Rodaun, Baden, Pfaffenberg bei Deutsch-Altenburg, Hainburger Berge; Ernstbrunn, Ober-Leiss, Burgruine von Staatz u. Falkenstein, Feldsberg, Walterskirchen, Hardegg. H. 0,2—0,4 M. Mai-Juni.

* * * **Scheiden der grundständigen Blätter nicht gespalten, die alten Blätter nicht abwerfend; Blätter seitlich zusammengedrückt, mit 3 Bastbündeln, 5nervig.**

2083. **F. rupicaprina (Hack.).** Halm kantig, *sein oberster Knoten im unteren $^1/_6$—$^1/_4$ befindlich;* Aehrchen 6 mm. lang, elliptisch; *obere Hüllspelze breitlanzettlich,* etwas über die Mitte der nächsten Blüthenspelze reichend; untere Blüthenspelze breitlanzettlich, kurz gegrannt. ♃. Alpentriften, häufig; Schneeberg, Rax, Sonnwendstein, Göller, Oetscher, Dürnstein. H. 0,1—0,2 M. Juli-Aug.

2084. **F. stenantha (Hack.).** Halm kantig, *der oberste Knoten in der Mitte desselben befindlich;* Aehrchen 8—9 mm. lang, länglich; *Hüllspelzen pfriemlich,* die obere bis zur Spitze der nächsten Blüthenspelze reichend; untere Blüthenspelze pfriemlich-lanzettlich, langgegrannt. ♃. Schober, Oehler, Miessleitengraben des Schneeberges, kleines u. grosses Höllenthal, Mürzsteg. H. 0,15—0,2 M. Juni-Juli.

β. Bastfasern der Blätter in 7 Bündel vereinigt.

2085. **F. amethystina L.** Scheiden der grundständigen Blätter in der unteren Hälfte geschlossen u. daselbst von einer tiefen engen Längsfurche durchzogen, in der oberen Hälfte gespalten; Blätter 5—7nervig; Rispe weitschweifig, meist nickend, unterste Aeste zu 2—3; Aehrchen lineallänglich, ungegrannt. ♃. Bergwälder, nicht häufig: Hütteldorf, Geissberg, Föhrenkogel, Kienthal in der Hinterbrühl, Hoher Lindkogel bei Baden, Semmering, Mechters u. Radelberg bei St. Pölten, zwischen Melk u. Schönbüchel. F. austriaca Hack. H. 0,6—0,8 M. Juni-Juli.

b. Grundständige Blätter borstlich zusammengefalzt, Halmblätter flach od. doch hohlkehlig offen; Blatthäutchen sehr kurz, 2öhrig.

* Fruchtknoten am Scheitel feinborstig.

2086. **F. heterophylla Lam.** Wurzelstock faserig; *grundständige Blätter* haardünn, 3kantig, *3nervig,* rauh, in- u. ausserhalb der Scheide des Tragblattes sich entwickelnd, *letztere wenig zahlreich, unter den ersteren versteckt;* Rispe gross, 6—16 cm. lang; *Aehrchen* 3—9blüthig, *lineallänglich, grün od. gescheckt; Hüllspelzen pfriemlich-lanzettlich, untere Blüthenspelze lineallanzettlich, letztere ungegrannt.* ♃. Bergwälder: im Wienerwalde, stellenweise, so bei Hütteldorf, Mauerbach, Kautberg bei Kalksburg, Giesshübel, Hundskogel; Radelberg u. St. Georgen bei St. Pölten, waldige Hügel des Viertels U. M. B.: Hainburger Berge. H. 0,5—1,0 M. Juni-Aug.

2087. **F. picta Kit.** Wurzelstock faserig; *grundständige Blätter* fadenförmig, 5kantig, *5—7nervig,* rauh, in- u. ausserhalb der Scheide des Tragblattes sich entwickelnd, *letztere weit zahlreicher als die* (bisweilen fehlenden) *ersteren;* Rispe klein, 6—7 cm. lang; *Aehrchen* 3—4blüthig, *elliptisch-lanzettlich, tief violett gescheckt; Hüll- u. untere Blüthenspelzen breitlanzettlich, letztere kurzgegrannt.* ♃. Alpenwiesen, sehr selten, bisher nur am Wechsel. H. 0,3—0,4 M. Juli-Aug.

* * Fruchtknoten kahl.

2088. **F. rubra L.** *Wurzelstock locker-rasig, ausläufertreibend;* grundständige Blätter grobborstlich, 5kantig, 5—7nervig, glatt;

Aehrchen länglich-elliptisch: obere Hüllspelze u. untere Blüthenspelze breitlanzettlich, letztere kurzgegrannt. ♃. Triften, Sandplätze, Waldränder, gemein. H. 0,3—0,6 M. Juni-Juli. b) grandiflora Hack. Aehrchen grösser, 1 cm. lang, länger gegrannt. St. Pölten. c) glaucescens (Heg. et Heer.). Bereift. Auf der Reisalpe. d) juncea Hack. Grundständige Blätter binsenartig, steif, Aehrchen bereift. Flussufer. e) barbata (Schrank). Spelzen kurz rauhhaarig od. gebärtet. St. Pölten, Krems, Wetzles. f) planifolia Hack. Alle Blätter flach, Rispe u. Aehrchen gross. Währing, Radelberg bei St. Pölten.

2089. **F. fallax Thuill.** *Wurzelstock dichtrasig, ohne od. nur mit sehr verkürzten Ausläufern,* sonst wie vorige. ♃. Bergwälder, Holzschläge, wahrscheinlich überall, aber mit F. heterophylla verwechselt. H. 0,5—1,0 M. Juni-Aug. b) puberula Hack. Aehrchen schwach flaumig. Schildberg bei St. Pölten. c) nigrescens (Lam.) Aehrchen schwarz-violett gescheckt, kahl. Alpen, Voralpen, häufig; Waxriegel u. Saugraben des Schneeberges, Oetscher, Reisalpe.

c. Alle Blätter borstlich zusammengefalzt, Blatthäutchen länglich, ohne Oehrchen.

2090. **F. varia Haenke.** Wurzelstock faserig; Blätter starr, mit zusammenhängender Bastschichte; *untere Blüthenspelze lanzettlich, von der Mitte an verschmälert, spitz, ungegrannt,* obere Blüthenspelze an den Kielen scharf. ♃. Triften der Kalkalpen, stellenweise sehr häufig. H. 0,2—0,3 M. Juli-Aug. b) pallidula Hack. Aehrchen blassgrün, nicht violett gescheckt. An der Thalhofriese bei Reichenau.

2091. **F. pumila Vill.** Wurzelstock faserig; Blätter schlaffer, mit 7 getrennten Bastbündeln; *untere Blüthenspelze verkehrteilanzettlich, vom oberen Drittel an verschmälert, zugespitzt, kurz gegrannt,* obere Blüthenspelze an den Kielen flaumig-gewimpert. ♃. Alpentriften; Raxalpe, Ochsenboden u. Kaiserstein des Schneeberges. H. 0.1—0,2 M. Juli-Aug. b) rigidior (Mut.) Blätter steifer, seegrünlich, mit zusammenfliessenden Bastbündeln. Schneeberg.

d. Alle Blätter flach; Blatthäutchen kurz-gestutzt, ohne Oehrchen.

α. Fruchtknoten kahl.

* Untere Blüthenspelze wehrlos od. kurzgegrannt.

2092. **F. elatior L.** *Halm u. Blattscheiden glatt;* Rispe länglich, oft einseitswendig, mit aufrecht-abstehenden Aesten, *der unterste Primärzweig 4—6, der Sekundärzweig 1—3 Aehrchen tragend;* Aehrchen lineallänglich, locker, untere Blüthenspelze ungegrannt; Frucht länglich-verkehrteiförmig. ♃. Wiesen, gemein. F. pratensis Huds. H. 0,3—1,0 M. Juni-Juli. b) pseudololiacea (Fr.). Rispe lineal, untere Aehrchen zu 2, obere einzeln auf der Spindel stehend. Pfaffenberg bei Altenburg.

2093. **F. arundinacea Schreb.** *Halm u. Blattscheiden glatt;* Rispe länglich-eiförmig, mit bogig-abstehenden Aesten, oft nickend, *der unterste Primärzweig viele, der Sekundärzweig 4—8 Aehrchen tragend;* Aehrchen elliptisch, gedrungen, untere Blüthenspelze stachelspitzig od. kurzgegrannt; Frucht länglich. ♃. Feuchte Wiesen, Ufer, stellenweise: Donauauen, Bergwiesen des Kahlengebirges, Moorwiesen südöstlich von Wien von der Schwechat bis an die Fischa; bei St. Pölten. H. 0.6—1.8 M. Juni-Juli.

2094. **F. Uechtritziana Wiesb.** *Halm u. Blattscheiden rauh:* Rispe lineallänglich, steif aufrecht, mit aufrecht abstehenden Aesten, *der unterste Primärzweig 4—7, der Sekundärzweig 2—4 Aehrchen tragend;* Hüllspelzen sehr ungleich, sonst wie vorige. ♃. Bisher nur auf Wiesen bei Kalksburg u. Brunn am Gebirge. H. 0.6—1,5 M. Juni-Juli.

* * Untere Blüthenspelze mit 2—3mal so langer geschlängelter Granne.

2095. **F. gigantea (L.) Vill.** Halm glatt, untere Blattscheiden rauh; Rispe schlaff, zuletzt überhängend; Aehrchen lanzettlich. ♃. Auen, Wälder, häufig. Bromus giganteus L. H. 0,6—1,8 M. Juli-Aug.

β. Fruchtknoten an der Spitze behaart.

* Wurzelstock kriechend.

2096. **F. pulchella Schrad.** Halm glatt: Blatthäutchen kurz, gestutzt: *Blätter 2—3 mm. breit, schlaff, kahl;* Rispe eiförmig, überhängend, *Aeste glatt;* Aehrchen meist violett überlaufen; untere Blüthenspelze fein rauh-borstlich. ♃. Alpentriften; Saugraben, Heuplagge, Breite Ries des Schneeberges, Wetterkogelsteig u. Eishütten der Rax. Oetscher, Göller, Dürnstein. F. Scheuchzeri Gaud. F. nutans Host. F. cernua Schult. H. 0,2 bis 0,45 M. Juli-Aug.

2097. **F. montana M. a B.** Halm glatt, am Grunde von 2—3 blattlosen, bald zerfallenden Scheiden umgeben, nicht verdickt: Blatthäutchen gewimpert; *Blätter 5—10 mm. breit, steif, am Rande gewimpert;* Rispe überhängend, *Aeste rauh;* Aehrchen seegrün; untere Blüthenspelze lanzettlich, fein rauh-punktiert. ♃. Schattige Bergwälder, Voralpen: am Kahlengebirge von Neuwaldegg bis an die steierische Grenze, auf den Lilienfelder Voralpen, St. Veit an der Gölsen, Ochsenburg bei St. Pölten, Dunkelsteiner u. Gföhler Wald, Pöggstall, Senftenberg, Rossatz. F. drymeia M. et K. H. 1.0—1.3 M. Juni-Juli.

* * Wurzelstock faserig.

2098. **F. silvatica (Poll.) Vill.** Halm am Grunde von 5—6 derben, ausdauernden, schuppenartigen Niederblättern umgeben u. dadurch verdickt; Blatthäutchen kahl: Blätter 5—10 mm. breit, schlaff, am Rande von vorwärts gerichteten Stachelchen rauh; Rispe überhängend, Aeste rauh; untere Blüthenspelze pfriemlich-lanzettlich, fein rauh-borstlich. ♃. Bergwälder, selten: beim Wasserfall im Aufstieg zur Lilienfelder Alpe; am Thurnfelsen bei Hardegg, auf dem Nebelstein nächst Harbach. Poa silvatica Poll. Bromus triflorus Ehrh. non L. F. altissima All. F. calamaria Sm. Poa trinervata Schrad. H. 0,6—1,0 M. Juni-Juli.

B. Wurzel jährig; Aehrchenstiele fast keulenförmig; Staubgefässe 1.

2099. **F. myurus L.** Halm kahl, bis zur Rispe beblättert; Rispe ährenförmig, lineal, einseitswendig, nickend, die unteren Aeste kürzer als die halbe Rispe; obere Hüllspelze 3mal so lang als die untere, nur die Mitte der nächsten Blüthenspelze erreichend. ⊙ Trockene Grasplätze; mit Sicherheit nur auf dem Gebirgszuge zwischen Schottwien u. dem Schwarzathale von Klamm über Küb bis Gloggnitz u. an den Abhängen des Gans zwischen Payerbach u. Gloggnitz; alle anderen Standorte, wie Arsenal, Harrach'scher Garten, Prater, Nussdorfer Linie sind zufällige, auch bei Bruck an der Leitha u. Breitenbrunn wurde sie nicht mehr gefunden. Vulpia myurus Gm. V. pseudomyurus Rchb. Festuca pseudomyurus Soy. Vill. H. 0,15—0,4 M. Mai-Juni

580. Bromus L. Trespe. Aehrchen in ausgebreiteter od. zusammengezogener Rispe, mit 2—vielen Zwitterblüthen; Hüllspelzen 2, ungegrannt; Blüthenspelzen 2, untere elliptisch bis lineallanzettlich, spitz od. kurz 2spaltig, ungegrannt od. gegrannt; Staubgefässe 3; Griffel 2, kurz, unter der Spitze des Fruchtknotens eingefügt; kammförmige Deckblätter fehlend.

a. Untere Hüllspelze 1nervig, obere 3nervig.

α. Wurzel jährig; obere Blüthenspelze von starren Borsten kammförmig gewimpert.

2100. **B. sterilis L.** *Halm kahl;* Rispenäste sehr rauh; *Aehrchen kahl od. fast kahl;* untere Blüthenspelze lineal-pfriemlich, kürzer als die Granne. ⊙ Wege, wüste Plätze, gemein. H. 0,3 bis 1,0 M. Mai-Juli.

2101. **B. tectorum L.** *Halm oberwärts u. Rispenäste weichhaarig; Aehrchen zottig;* untere Blüthenspelze lanzettlich, so lang als die Granne. ⊙ Brachen, Mauern, Wege, gemein. H. 0,2 bis 0,5 M. Mai-Juni.

β. Wurzelstock ausdauernd; obere Blüthenspelze am Rande feinflaumig.

* Rispe sehr locker, zuletzt überhängend.

2102. **B. asper Murray.** Wurzelstock faserig; *Blattscheiden* lang-abstehend-behaart, *die oberste kahl od. kurzflaumig;* Deckschüppchen am Grunde der untersten Rispenäste kahl; *Rispenäste haarfein, die untersten zu 3—5, der kürzeste davon 1ährig.* ♃. Wälder, verbreitet. Festuca aspera M. et K. Schedonorus Benekeni Lge. H. 0,6—1,5 M. Juni-Juli.

2103. **B. ramosus Huds.** Wurzelstock faserig; *alle Blattscheiden lang-abstehend-behaart;* Deckschüppchen lang-gewimpert;

Rispenäste stärker, *die untersten nur zu 2, beide mehr-ährig.* ♃. Wälder, Auen, wahrscheinlich verbreitet; bisher auf der Sofienalpe, zwischen Hadersdorf u. Purkersdorf u. um St. Pölten. B. montanus Poll. B. hirsutus Curt. B. nemoralis Huds. B. serotinus Benek. Schedonorus serotinus Rostr. et Lge. H. 0,8—1,8 M. Juli, später als voriger.

* * Rispe dichter, aufrecht.

2104. **B. erectus Huds.** Wurzelstock faserig; *grundständige Blätter zusammengefaltet,* sehr schmal, *langhaarig-gewimpert,* die halmständigen breiter, fast kahl; *untere Blüthenspelze gegrannt, 2mal länger als die Granne.* ♃. Wiesen, Raine, gemein. Festuca erecta Wallr. H. 0,3—1,0 M. Mai-Juli.

2105. **B. inermis Leyss.** Wurzelstock kriechend; *Blätter sämmtlich flach,* breiter, *kahl; untere Blüthenspelze stachelspitzig od. kurz gegrannt u. dann vielmal länger als die Granne.* ♃. Raine, Gesträuche, gemein. Festuca inermis DC. H. 0,3—1,2 M. Juni-Juli.

b. Untere Hüllspelze 3—5nervig, obere 5—vielnervig.

α. Spelzen zur Fruchtzeit mit eingerollten Rändern, von einander gesondert; Frucht auf der Innenseite mit einer tiefen Rinne, auf der Rückseite mit einer Randfurche.

2106. **B. secalinus L.** Blattscheiden kahl; Rispe zuletzt überhängend; Aehrchen kahl od. behaart; untere Blüthenspelze 7nervig, so lang als die obere, unmerklich od. länger gegrannt. ☉ Brachen, Getreide, zerstreut. H. 0,3—1,0 M. Juni-Juli. b) grossus Koch. Aehrchen grösser, vielblüthig. Seltner.

β. Spelzen auch zur Fruchtzeit sich deckend; Frucht auf der Innenseite flach concav, auf der Rückseite ohne Randfurche.

* Rispe nach dem Verblühen eng zusammengezogen, aufrecht; Staubbeutel 1 mm. lang.

2107. **B. mollis L.** Rispe gedrungen, die kürzesten Aeste mehrmals kürzer als ihre Aehrchen; Aehrchen eilanzettlich, zottig; untere Blüthenspelze erhaben-nervig, Granne gerade-vorgestreckt. ☉ Wiesen, gemein. H. 0,1—0,6 M. Mai-Juni b) glabratus Doell. Aehrchen kahl. So sehr selten, bei St. Pölten.

* * Rispe nach dem Verblühen einseitig überhängend; Staubbeutel 1 mm. lang.

2108. **B. squarrosus L.** Rispe locker, Aeste dünn, stark überhängend, *die kürzesten kürzer als ihre Aehrchen;* Aehrchen eilanzettlich, kahl, flaumig od. zottig; *untere Blüthenspelze breitrhombisch-elliptisch,* sehr deutlich stumpfwinklig, *Granne meist stark auswärts gespreizt.* ☉ Sonnige Grasplätze, selten; Haglersberg, Braunsberg, östliches Marchfeld; alle übrigen Standorte wie Linienwall, Penzing, Pötzleinsdorf, Kahlenbergerdörfl, Türkenschanze, Prater, Persenbeug sind zufällig. H. 0,15—0,4 M. Mai-Juni.

2109. **B. commutatus Schrad.** Rispe locker, Aeste stärker, weniger überhängend, *die kürzesten etwa so lang als ihre Aehrchen*; Aehrchen eilanzettlich, kahl; *untere Blüthenspelze breit-elliptisch*, stumpfwinklig, *Granne gerade, selten schwach gespreizt.* ☉ Wiesen, Schuttplätze, gemein. H. 0,3—1,0 M. Mai-Juni.

2110. **B. patulus M. et K.** Rispe locker, Aeste sehr dünn, stark überhängend, *der kürzeste länger als sein Aehrchen;* Aehrchen lineallanzettlich od. länglich-lanzettlich, kahl; *untere Blüthenspelze elliptisch-lanzettlich*, beträchtlich länger als die obere, *schwach-stumpflich, Granne gerade od. schwach gespreizt.* ☉ Brachen, Weingartenränder, selten; Prater, Donaucanal, Rudolfsheim, Leopoldsberg, Dornbach, Baumgarten, Perchtholdsdorf, Kalenderberg bei Mödling, Kalvarienberg bei Baden; Wagram, Schlosshof an der March, Prellenkirchen, Hainburg, Hollein. H. 0,2—0,7 M. Juni-Juli.

* * * Rispe aufrecht, nach dem Verblühen ausgebreitet, allseitswendig; Staubbeutel 3 mm. lang.

2111. **B. arvensis L.** Rispe locker, Aeste sehr dünn, die kürzesten viel länger als ihre Aehrchen; Aehrchen lineallanzettlich, kahl; untere Blüthenspelze schmal-elliptisch, etwa so lang als die obere, undeutlich stumpfwinklig, Granne gerade od. schwach gespreizt. ☉ Wege, wüste Plätze, zerstreut u. nicht häufig. H. 0,3—1,2 M. Juni-Jli.

§ 3. Aehrchen in endständiger Aehre, an den Ausschnitten od. in den Aushöhlungen der Spindel sitzend.

10. Gruppe. Hordeaceae Kunth. Aehrchen an den Ausschnitten der Spindel sitzend; Hüllspelzen 1—2; Griffel 2.

a. Hüllspelzen 2, gegenständig, Aehrchen zwischen denselben stehend.

581. Brachypodium P. B. Zwecke. Aehrchen mittelst eines sehr kurzen, oft unmerklichen Stieles einzeln den Querschnitten der Spindel eingefügt, mit 2—vielen Zwitterblüthen; Hüllspelzen 2, lanzettlich, ungegrannt; Blüthenspelzen 2, untere gegrannt; Staubgefässe 3; Griffel kurz.

2112. **B. silvaticum (Huds.) P. B.** *Wurzelstock faserig;* Blätter schlaff; Traube überhängend; Aehrchen 5—15blüthig; *Grannen der oberen Blüthen der Aehrchen länger als die Blüthenspelze.* ♃ Auen, Wälder, gemein. Festuca silvatica Huds. H. 0,5—1,0 M. Juli-Aug.

2113. **B. pinnatum (L.) P. B.** *Wurzelstock kriechend;* Blätter steif; Traube aufrecht; Aehrchen 8—24blüthig; *Grannen kürzer als die Blüthenspelze.* ♃ Hügel, lichte Wälder, gemein. Bromus pinnatus L. H. 0,5—1,0 M. Juni-Juli.

582. Triticum L. Weizen. Aehrchen einzeln auf den Ausschnitten der Spindel stiellos sitzend, mit 3—vielen Zwitterblüthen; Hüllspelzen 2, eiförmig od. lanzettlich, gegrannt od. ungegrannt; Blüthenspelzen 2, gegrannt od. ungegrannt; Staubgefässe 3; Griffel kurz.

* Aehre oval od. länglich; Wurzelstock faserig, rasig.

2114. **T cristatum (L.) Schreb.** Wurzelstock Ausläufer treibend: Aehre kämmig-zweizeilig, Aehrchen lineal-lanzettlich, kahl bis rauhhaarig, 3—4blüthig. ♃. Sonnige Grasplätze, sehr selten; Leithagebirge bei Neusiedl, Podersdorf am Neusiedlersee, ferner zufällig im Prater, am Laaerberg, zwischen Lassee u. Breitensee. Bromus cristatus L. Agropyrum cristatum. P. B. H. 0,3—0,6 M. Mai-Juni.

* * Aehre lineal; Wurzelstock kriechend.

2115. **T. repens L.** Blätter meist weich, mit zerstreuten langen Haaren; Aehre ziemlich dicht; *Hüllspelzen lanzettlich, spitzlich, länger als das halbe Aehrchen;* untere Blüthenspelze spitz. ♃. Raine, Zäune, gemein. Agropyrum repens P. B. H. 0,4—1,0 M. Juni-Juli. b) aristatum (Doell.). Untere Blüthenspelze verschieden lang gegrannt. c) caesium (Presl) Blätter u. Aehre blaugrün bereift, Aehrchen meist wehrlos. So seltener.

2116. **T. intermedium Host.** Blätter derb, ohne längere Haare; Aehre locker: *Hüllspelzen länglich, gestutzt, kürzer als das halbe Aehrchen;* untere Blüthenspelze stumpflich, stachelspitzig od. gegrannt. ♃. Sonnige Hügel, Raine, gemein. Agropyrum intermedium P. B. H. 0,4—1,0 M. Juni-Juli. a) viride (Hack.). Grasgrün. Seltner. b) glaucum (Hack.). Blaugrau bereift. Häufig. c) Savignonii (Not.) Aehrchen behaart. Bei Simmering u. St. Pölten. d) pseudocristatum (Hack). Internodien der Aehrenspindel sehr stark verkürzt, Aehrchen sich dachziegelig deckend. Seltene Abnormität, Türkenschanze.

* * * Aehre lineal; Wurzelstock faserig.

2117. **T. caninum L.** Blätter schlaff, dunkelgrasgrün; Aehre überhängend; Hüllspelzen u. untere Blüthenspelze lanzettlich, zugespitzt, gegrannt, Granne geschlängelt. ♃. Auen, Wälder, verbreitet. Elymus caninus L. Agropyrum caninum P. B. H. 0,5—1,2 M. Juni-Juli.

Anm. T. vulgare Vill., T. turgidum L., T. spelta L., T. dicoccum Schrank u. T. monococcum L. werden gebaut. — Secale cereale L. (Roggen) ebenfalls.

b. Hüllspelzen 1—2, Aehrchen zwischen der Spindel u. den Hüllspelzen stehend.

583. Elymus L. Haargras. Aehrchen mit 1—3 Zwitterblüthen u. einem keulenförmigen Blüthenansatze, zu 3, seltener zu 2 od. 4 sitzend; Hüllspelzen 2, lineal-pfriemlich, gegrannt od. ungegrannt: Blüthenspelzen 2, ungegrannt od. die untere gegrannt; Staubgefässe 3; Griffel kurz.

2118. **E. europaeus L.** Untere Blattscheiden zottig; Aehre länglich-walzlich, aufrecht; Grannen der Blüthenspelzen 2—3 und länger als die Spelze. ♃. Laubwälder, verbreitet. Cuviera europaea Koel. H. 0,6—1,2 M. Juni-Juli.

584. Hordeum L. Gerste. Aehrchen 1blüthig, mit einem borstenförmigen Blüthenansatze, zu 3 sitzend, das mittlere zwittrig, die seitlichen ♂, od. leer od. zwittrig; Hüllspelzen 2, lanzettlich od. borstlich, gegrannt; Blüthenspelzen 2, ungegrannt od. die untere gegrannt; Staubgefässe 3; Griffel kurz.

2119. **H. murinum L.** Blätter behaart; *Hüllspelzen gegrannt, die des mittleren Aehrchens lineallanzettlich, borstig-gewimpert, die der seitlichen (männlichen) Aehrchen borstlich, rauh, die innere auf einer Seite bewimpert.* ⊙ Wege, Schuttplätze, gemein. H. 0,2 bis 0,4 M. Juni-Juli.

2120. **H. maritimum With.** Blätter mehr minder zottig; *Hüllspelzen gegrannt, alle kurzborstig-rauh, die 2 des mittleren Aehrchens u. die äussere der seitlichen (männlichen) Aehrchen borstlich,* die innere halblanzettlich. ⊙ Wege, Raine, sehr selten und nur vorübergehend; Nussdorf, Arsenal, Belvedere, Simmering, Laaerberg, Wienerberg, Bruck an der Leitha. H. 0,1—0,2 M. Juni-Juli.

Anm. H. vulgare L., H. distichon L., H. zeocriton L. u. H. hexastichon L. werden gebaut.

585. Lolium L. Lolch. Aehrchen mit 3—vielen Zwitterblüthen, einzeln sitzend; Hüllspelzen 1, ungegrannt; Blüthenspelzen 2, ungegrannt od. die untere gegrannt; Staubgefässe 3; Griffel kurz.

a. Wurzel jährig, ohne seitliche Blätterbüschel.

2121. **L. temulentum L.** *Hüllspelze so lang od. länger als das Aehrchen,* untere Blüthenspelze kürzer od. länger gegrannt. ⊙ Unter der Saat, nicht überall. H. 0,3—0,8 M. Juli-Aug. b) speciosum (M. a. B.). Untere Blüthenspelze ungegrannt. L. robustum Rchb. So seltner.

2122. **L. remotum Schrank.** *Hüllspelze kürzer als das Aehrchen;* untere Blüthenspelze wehrlos od. sehr kurz gegrannt: zarter als vorige. ⊙ Meist in Leinfeldern, aber auch unter Getreide u. auf Wiesen, zerstreut. L. linicolum A. Br. H. 0,3—0,6 M. Juni-Juli.

b. Wurzelstock ausdauernd, dichtrasig.

2123. **L. multiflorum Lam.** Blätter in der Jugend gerollt; Aehrchen 3—20blüthig; Aehrchenspindel zur Fruchtzeit sehr zerbrechlich; Hüllspelze 2—3mal kürzer als das Aehrchen; *untere Blüthenspelze vorne 2spaltig, gegrannt* od. die untersten der Aehrchen ungegrannt. ♃. Durch Grassamen aus dem Süden eingeführt, daher meist auf künstlichen Wiesen vorkommend, so im allg. Krankenhause, Belvedere, Hernals, Hietzing, Mariabrunn, Liesing, Bahndamm bei Klederling, Rehberger Thal bei Krems. L. Boucheanum Kunth. L. italicum A. Br. H. 0,3—1,0 M. Juni-Herbst.

2124. **L. perenne L.** Blätter in der Jugend gefaltet; Aehrchen 3—12blüthig; Aehrchenspindel weniger zerbrechlich; Hüllspelze $1^1/_2$mal kürzer als das Aehrchen; *untere Blüthenspelze wehrlos* *od. stachelspitzig.* ♃. Wiesen. Wege. gemein. H. 0,3—1,0 M. Juni-Herbst. b) tenue (L.) Aehrchen 3—4blüthig. Seltner. c) compositum (Thuill.) Aehre an der Basis ästig. Zufällig.

2092 × 2124. **L. perenne × elatius.** Blätter in der Jugend gefaltet; Aehrchen 5—10blüthig, die unteren kurzgestielt, deutlich mit einer zweiten Hüllspelze versehen, die oberen sitzend mit einer Hüllspelze. ♃. Wiesen, sehr selten; wurde gefunden im Prater hinter den Kaffeehäusern der Hauptallee, in der oberen Brigittenau, bei Kalksburg, auf der Exercierwiese bei St. Pölten, bei Scheibbs. L. festucaceum Lk. Festuca loliacea Curt. H. 0,3 bis 1,0 M. Mai-Juni.

11. Gruppe. **Rottboelliaceae** Kunth. Aehrchen in den Aushöhlungen der Spindel eingesenkt; Hüllspelzen fehlend; Griffel 1.

586. Nardus L. Bürstengras. Aehrchen aus 1 Zwitterblüthe bestehend; Blüthenspelzen 2, die untere kurzgegrannt; Staubgefässe 3; Griffel verlängert.

2125. **N. stricta L.** Blätter borstlich; Aehre einseitwendig; untere Blüthenspelze lanzettlich-pfriemlich, kurzgegrannt. ♃. Unfruchtbare Wiesen, Alpentriften; um Wien bei Salmannsdorf, Neuwaldegg, Steinbach, Kammersberg bei Weidling, Rappoltenkirchen, Eichenwäldchen zwischen Baden u. Vöslau, zwischen Gaden u. Siegenfeld, häufig im südöstl. Schiefergebiete bis auf die Kuppen des Wechsels. Unter- u. Obersberg, Schneeberg, Raxalpe; Oetscher, Königsberg, Gössling, Voralpe, Dürnstein, Hochkohr, Hochpira bei Randegg, Buchberg bei Scheibbs. Rupprechtshofen, St. Pölten, Melk, Elsarn; gemein im Waldviertel H. 0,1–0,3 M. Mai-Juni.

Anm. Zea mays L. (Kukurutz) eine in die Gruppe der Olyreae gehörige Grasart wird häufig im Grossen gebaut.

II. Hauptabtheilung. **Gymnospermae** *Brong.*

CIX. Familie. **Coniferae Juss.**

1	Blüthen 2häusig, Frucht beerenartig	2
	Blüthen 1häusig, Frucht ein Zapfen	3
2	Blätter einzeln, wechselständig; Früchte scharlachroth .	**Taxus**
	Blätter zu 3 quirlig; Früchte schwarz, blaubereift . .	**Juniperus**
3	Blätter zu 15—30 in einem Büschel	**Larix**
	Blätter zu 2—5, in häutiger Scheide	**Pinus**
	Blätter einzeln	4
4	Blätter flach, an der Spitze ausgerandet, kammförmig 2reihig	**Abies**
	Blätter 4kantig, spitz, rund um die Zweige zerstreut .	**Picea**

a. Zapfenbildung unvollkommen.

1. Gruppe. **Taxineae** L. C. Rich. Blüthen 2häusig, die ♂ fast kuglig, die ♀ aus einem nackten Eichen bestehend, Samen von einem fleischigen Mantel umgeben; Keimblätter 2.

587. Taxus L. Eibenbaum. ♂ Blüthen aus 6—14 nackten Staubgefässen gebildet, am Grunde mit schuppigen Deckblättern. Connectiv schildförmig, an der unteren Seite mit 5—8 Staubbeutelfächern; ♀ Blüthen einzeln, am Grunde mit schuppigen Deckblättern.

2126. **T. baccata L.** Baum od Strauch; Blätter lineal, flach, spitz, kammförmig-2reihig, unterseits blasser; Blüthen blattwinkelständig. ♄ Gebirgswälder, meist einzeln; am Voglsang des Kahlengebirges (1 Strauch zufällig): am Hals, bei Feuchtenbach, Purbachgraben bei Pernitz, Rosenkogel u. Mandling, Abstürze der Hohen Wand gegen Starhemberg u. die Neue Welt, Schrattenstein, Rohrbachgraben bei Buchberg, Goesing, Thernberg über Bromberg bis Wiesmat u. Hollenthon, Hofwald u. Atlitzgraben bei Schottwien, Griesleiten in der Prein, Hirschwang, Trauchberg in der Schwarzau, Ramsau bei Hainfeld, St. Egyd, Furthof, Lilienfeld, Blassenstein u. Buchberg bei Scheibbs, St. Georgen, Voralpe, Waidhofen, Seitenstetten, Erlafthal zwischen Weinzierl u. Wieselburg, Plankenstein, Gurhofgraben bei Aggstein, zwischen Oberbergern u. Langegg; zwischen Dürrnstein u. dem Scheibenhofe, Kremsthal bei Senftenberg, Meierling, Kronsegg bei Schiltern, Horner Wald, Fuggnitzthal u. Stadtwald bei Hardegg, Raabs, Rohregg im Isperthale. H. 3,0—12,0 M. April-Mai.

b. Zapfenbildung vollkommen.

2. Gruppe. Cupressineae L. C. Rich. Blüthen 1 od. 2häusig; Staubbeutel 3—6fächerig, Connectiv halbschildförmig; ♀ Blüthen in Kätzchen; Keimblätter 2—3.

588. Juniperus L. Wachholder. Blüthen 2häusig; ♂ Blüthen aus zahlreichen Staubgefässen gebildet, am Grunde mit schuppigen Deckblättern, Connectiv auf der unteren Seite mit 3—6 Staubbeutelfächern; ♀ Blüthen aus 3—6, grösstentheils verwachsenen, oben offenen, 1—3 Samen enthaltenden Schuppen gebildet, am Grunde mit schuppenartigen Deckblättern; Frucht beerenartig, 1—3samig.

2127. **J. communis L.** Strauch meist aufrecht, mit abstehenden Aesten, selten baumartig; *Blätter lineal-pfriemlich, allmählig zugespitzt,* starr, stechend, abstehend, gerade; *Scheinbeere* schwarz, blaubereift, $^{1}/_{2}$—$^{1}/_{3}$ *so lang als die Blätter.* ♄ Buschige, waldige Plätze bis in die Krummholzregion häufig, in der Ebene seltner, selbst auf Donauinseln, jedoch spärlich. H. 1,0—6,0 M. April-Mai.

2128. **J. nana Willd.** Strauch niederliegend, mit gestreckten od. aufsteigenden Aesten; *Blätter lanzettlich-pfriemlich, kurz-zugespitzt,* minder stechend, abstehend-einwärts-gekrümmt od. fast dachziegelartig anliegend; *Scheinbeere* schwarz, blaubereift, *so lang als die Blätter.* ♄ Kalkalpen; Abstürze der Raxalpe gegen das Reisthal, Wildalpe, Oetscher, Dürnstein bis zur Herrenalpe herab, Hochkohr, Voralpe. H. 0,3—1,5 M. Mai-Juni.

3. Gruppe. Abietineae L. C. Rich. Blüthen 1häusig; Staubbeutel 2fächerig, Connectiv schuppenförmig; ♀ Blüthen in Kätzchen; Keimblätter mehrere.

589. Pinus L. Föhre. ♂ Blüthen aus zahlreichen Staubgefässen gebildet, Staubbeutelfächer der Länge nach aufspringend; ♀ Blüthen aus zahlreichen mit einer Deckschuppe versehenen Fruchtblättern gebildet, Deckschuppen kürzer als die Fruchtblätter, später verschwindend, Fruchtblätter zuletzt holzig, an der Spitze schildförmig (Apophyse) verdickt; Samen meist einseitig geflügelt, erst im zweiten Jahre reifend, Flügel abfallend.

a. Blätter zu 2 in einer Scheide vereinigt; Apophysen mit einem Querkiele.

* Blätter 1—7 cm. lang; Zapfen 2,5—7 cm. lang, mit bis 10 mm. breiten Schuppen

o Zapfen meist deutlich ungleich entwickelt, d. h. die Apophysen der Lichtseite meist stark gewölbt, die der Schattenseite verflacht.

· Zapfen deutlich gestielt, hängend; Apophysen meist grau.

2129. **P. silvestris L.** Baum mit geradem Hauptstamme u. röthlichbrauner Rinde; Blätter seegrün, 3—7 cm. lang; Zapfen 2,5—7 cm. lang, Apophysen grau, die der Lichtseite gewölbt bis pyramidenförmig mit concavem od. flachem Aussenfelde. ♄ Auf sandigem, steinigem Boden, einzeln od. Bestände bildend, verbreitet. H. bis 40,0 M. Mai-Juni. b) brevifolia Lk. Blätter kurz, 1—2 cm. lang. Geier bei Pottenstein.

2129 × 2130. **P. silvestris × uliginosa.** Aufrechter Baum mit see- bis dunkelgrünen, 4-5 cm. langen Blättern u. graubräunlicher Rinde; Zapfen 4—5 cm. lang, Apophysen graubraun, an der Lichtseite pyramidenförmig erhöht u. sämmtlich gegen den Zapfenstiel gekrümmt, mit convexem od. etwas eingedrücktem Aussenfelde. Torfmoore bei Kösslersdorf, Brand, Erdweiss. P. digenea Beck.

·· Zapfen ungestielt, wagrecht-abstehend; Apophysen braun.

2130. **P. uliginosa Neum.** Aufrechter Baum, seltner Strauch, mit grauer Rinde; Blätter dunkelgrün, 3—5 cm. lang; Zapfen kegel- bis eiförmig, Aussenhälfte der Apophysen an den mittleren, der Lichtseite zugewendeten Schuppen stark, oft kapuzenförmig od. sammt dem stumpfen Nabel pyramidenförmig erhöht u. sämmtlich gegen den Grund des Zapfens gekrümmt, an der Schattenseite des Zapfens verflacht. ♄ Torfmoore bei Kösslersdorf, Erdweiss, Lassing. P. uncinata Rchb. non Ram. H. bis 18,0 M. Juni. b) pseudopumilio (Willk.). Zapfen eiförmig, Apophysen der Lichtseite im Aussenfelde stark verdickt u. gebuckelt mit aussenliegendem etwas niedergedrückten Nabel. Kösslersdorf, Erdweiss, Karlstift, Raxalpe.

o o Zapfen meist regelmässig, d. h. die Apophysen gleicher Höhe gleichartig.

2131. **P. mughus Scop.** Strauch mit hingestreckten knorrigen Aesten, seltner baumartig; Blätter dunkelgrün, 4—5 cm. lang; Zapfen eikegel- od. kegelförmig, 4—5 cm. lang, Apophysen mit scharfem Querkiele u. meist schwach gewölbten, ziemlich gleichen Hälften. ♄ Schneeberg, Rax, Dürnstein, selten unter b) pumilio (Hänke). Zapfen eiförmig od. fast kugelig, 3—4,5 cm. lang, kürzer als die Blätter. Ausgedehnte Bestände bildend, auf den Kalkalpen, seltner am Wechsel, dann auf Torfmooren der Kalkvoralpenthäler u. im Waldviertel. H. 0,3—5,0 M. Juni-Juli.

* * Blätter 6—11 cm. lang; Zapfen 6—7 cm. lang, mit 10—15 mm. breiten Schuppen.

2132. **P. nigra Arn.** Baum mit niedergedrückt eiförmiger od. schirmförmig ausgebreiteter Krone u. aschgrauer Rinde; Blätter dunkelgrün; Zapfen eikegelförmig, regelmässig, wagrecht-abstehend, beinahe sitzend, Apophysen hellbraun-glänzend, ihr Aussenfeld an den untersten Schuppen halbkreis- od. trapezförmig, stark bucklig gewölbt, an den mittleren abgerundet, gewölbt, mit rhombischem, erhöhtem Nabel. ♄ Wild von Kalksburg bis nach Sebenstein, zum Höllenthale u. in die Ramsau, bis in die Krummholzregion ansteigend; häufig aufgeforstet. P. nigricans Host. P. pinaster α. austriaca Höss. P. laricio Neilr. non Poir. H. bis 20,0 M. Mai-Juni.

2129 × 2132. **P. silvestris × nigra.** Von P. silvestris durch längere dichterstehende Blätter, wagrecht-abstehende, am Grunde schwachglänzende Zapfen; von P. nigra durch die gegen den Gipfel zu röthlichbraune Rinde, kürzere Blätter, kurzgestielte Zapfen, schwach glänzende untere u. glanzlose obere Schuppen verschieden. Je ein Baum, auf dem von Grossau nach Pottenstein führenden Wege unweit des Purbaches, bei dem Heidelhofe nächst Merkenstein, nächst der Waldwiese bei Vöslau u. ein der P. silvestris näher stehender (P. permixta Beck) in der Weikendorfer Remise. P. Neilreichiana Reichardt.

b. Blätter zu 5 in einer Scheide vereinigt; Apophysen ohne Querkiel.

2133. **P. cembra L.** Baum; Blätter seegrün, 5—8 cm. lang; Zapfen eikugelig, ungestielt, aufrecht, 5—8 cm. lang; Samen ungeflügelt, dick. ♄ Bisher bloss in der Krummholzregion des Gamssteins. H. bis 25,0 M. Juni.

590. Larix Tourn. Lärche. ♂ Blüthen aus zahlreichen Staubgefässen gebildet; Staubbeutel der Länge nach aufspringend; ♀ Blüthen aus zahlreichen, mit einer Deckschuppe versehenen Fruchtblättern gebildet. Deckschuppen länger als die Fruchtblätter, zuletzt verkümmernd, Fruchtblätter zuletzt holzig, gegen die Spitze verdünnt, ohne Schild, mit bleibendem Flügel, im ersten Jahre reifend.

2134. **L. decidua Mill.** Baum; Blätter zu 15—30 in einem Büschel; Kätzchen seitenständig; Zapfen eiförmig, aufrecht. ♄ Berg- u. Voralpenregion, meist eingemengt, seltner in geschlossenen Beständen. Pinus larix L. Abies larix Lam. L. europaea DC. H. bis 30,0 M. April-Mai.

591. Picea Lk. Fichte. Deckschuppen der ♀ Blüthen kürzer als die Fruchtblätter, zuletzt verkümmernd, Fruchtblätter lederig. Samen vom Flügel sich ablösend, sonst wie Larix.

2135. **P. abies (L.)** Baum; Blätter zusammengedrückt-4kantig, stachelspitzig, rund um die Zweige zerstreut; männliche Kätzchen end- u. seitenständig, weibliche endständig; Zapfen länglich-walzlich, hängend; Schuppen vorn gezähnelt. ♄ Berg- u. Voralpenregion, einzeln od. grosse Bestände bildend; fehlt im Kreise U. M. B.; wird häufig cultiviert. Pinus abies L. P. picea Du Roi. Abies picea Mill. Pinus excelsa Lam. A. excelsa Poir. Picea vulgaris Lk. Picea excelsa Lk. H. bis 50,0 M. Mai-Juni.

592. Abies Tourn. Tanne. Staubbeutelfächer quer zerreissend; Deckschuppen der ♀ Blüthen länger als die Fruchtblätter, bleibend; Samen mit bleibendem Flügel; Zapfen noch am Baume zerfallend, sonst wie Picea.

2136. **A. picea (L.) Lindl.** Baum; Blätter lineal, flach, vorn ausgerandet, kammförmig 2reihig; männliche Kätzchen blattwinkelständig, weibliche end- u. seitenständig; Zapfen länglich-walzlich, aufrecht; Schuppen sehr stumpf. ♄ Berg- u. Voralpenregion, selten reine Bestände bildend. Pinus picea L. Pinus abies Du Roi. Pinus pectinata Lam. Abies pectinata DC. H. bis 50,0 M. Mai-Juni.

Register.

AUS DEN ALPEN.

Von

ROBERT VON LENDENFELD.

Mit 403 Text-Abbildungen und 2 Farbendrucktafeln, ausgeführt nach Originalzeichnungen von

E. T. COMPTON und PAUL HEY.

Das Werk umfasst zwei Bände:

I. Die Westalpen

enthaltend:

I. **Die Alpen und das Meer:** 1. Die Riviera. 2 Die Seealpen und der Monte Viso. II. **Von Turin in die Dauphiné:** 1. Turin und der Mont Cenis. 2. Pelvoux und Meije. III. **Das Isèrethal und die Grajischen Alpen:** 1. Der Annecysee und das Isèrethal. 2. Der Kleine St. Bernhard und das Aostathal. 3. Die Grajischen Alpen. IV. **Genfer See und Montblanc:** 1. Der Genfer See. 2. Chamonix und der Montblanc. 3. Aiguille Verte und Dent du Géant. V. **Die westlichen und südlichen Thäler der Penninischen Alpen:** 1. Der Große St. Bernhard. 2. Das Bagnesthal und seine Berge. 3. Die Südabdachung der Penninischen Alpen. VI. **In der Monterosa-Gruppe:** 1. Vom Macugnagathale nach Zermatt. 2. Matterhorn und Weißhorn. 3. Von Zermatt ins Saasthal. VII. **Am Vierwaldstätter See:** 1. Von Zürich nach Luzern. 2. Pilatus und Rigi. 3. Urner See und Titlis. VIII **Im Berner Oberlande:** 1. Von Bern ins Kanderthal. 2. Interlaken und Grindelwald. 3. Wetterhorn und Schreckhorn. IX. **Im Firnreiche des Finsteraarhorn:** 1. Die Jungfrau. 2. Der Aletschgletscher und das Finsteraarhorn. X. **Die Rhône und der Rhein:** 1. Vom Genfer See zur Oberalp. 2. Das Rheinthal. 3. Säntis und Tödi. XI. **Über die Alpen zu den italienischen Seen:** 1. Der St. Gotthard. 2. Die italienischen Seen. 3. Splügen und Albula. XII. **Bernina und Engadin:** 1. Der Piz Bernina und seine Gletscher. 2. Veltlin und Bergell. 3. Den Inn hinab.

Mit 1 Farbendrucktafel und 186 Text- und Vollbildern.

Lex.-8⁰. XII u. 488 Seiten.

Preis geheftet 15 M. = 9 fl.

In Original-Einband 20 M. = 12 fl.

II. Die Ostalpen

enthaltend:

I. **Von Baiern ins Innthal:** 1. Das Unterinnthal. 2. Innsbruck und Umgebung. 3. Achenthal, Scharnitz und Fern. II. **Von Vorarlberg nach Innsbruck:** 1. Lechthal und Algäu. 2. Bregenzer Wald und Bodensee. 3. Die Arlbergbahn. 4. Rätikon und Silvretta. III. **Die obere und die untere Straße:** 1. Der Brenner. 2. Die Stubaier Berge. 3. Von Franzensfeste nach Bozen. 4. Die untere Straße. IV. **Die Ötzthaler Firnwelt:** 1. Das Centralmassiv. 2. Die Thäler. V. **Der König Ortler und seine Vasallen:** 1. Die Stilfserjochstraße und das Centralmassiv. 2. Martell und Ulten. VI. **Im welschen Süden:** 1. Die Tonalstraße. 2. Trient und das Suganathal. 3. Vom Gardasee zum Adamello. VII. **Das Pusterthal und die Dolomiten:** 1. Das Pusterthal. 2. Höhlenstein und Ampezzo. 3. Die westlichen Dolomiten. VIII. **Das Zillerthal und seine Bergwelt:** 1. Das Zillerthal und der Hauptkamm. 2. Ahrnthal und Hochgall. IX. **Im Gebiete des Großglockner:** 1. Von Wörgl nach Gastein. 2. Vom Pinzgau nach Lienz. 3. In der Glocknergruppe. 4. Das Pinzgau und der Venediger. X. **Königssee und Dachstein:** 1. Von Salzburg ins Pongau. 2. Das Steinerne Meer und der Königssee. 3. Von Gmunden nach Aussee. 4. Der Dachstein. XI. **Vom Semmering zum Wörther-See:** 1. Vom Semmering nach Hieflau. 2. Vom Ennsthal nach Graz. 3. Das Kärntner Seengebiet. XII. **Von der Adria zum Triglav:** 1. Vom Meere über den Karst nach den Sannthaler Alpen. 2. Im Gebiete des Triglav.

Mit 1 Farbendrucktafel und 217 Text- und Vollbildern.

Lex.-8⁰. XII u. 512 Seiten.

Preis geheftet 15 M. = 9 fl.

In Original-Einband 20 M. = 12 fl.

Der Einband wurde nach einem Entwurf von E. T. Compton ausgeführt.

Das Werk ist auch in 30 Lieferungen à 1 M. = 60 kr. zu beziehen.

VERLAG VON

F. TEMPSKY in WIEN und PRAG. | G. FREYTAG in LEIPZIG.

Zeitfracht Medien GmbH
Ferdinand-Jühlke-Straße 7
99095 Erfurt, Deutschland
produktsicherheit@kolibri360.de